KUKA

工业机器人应用技术全集

龚仲华　编著

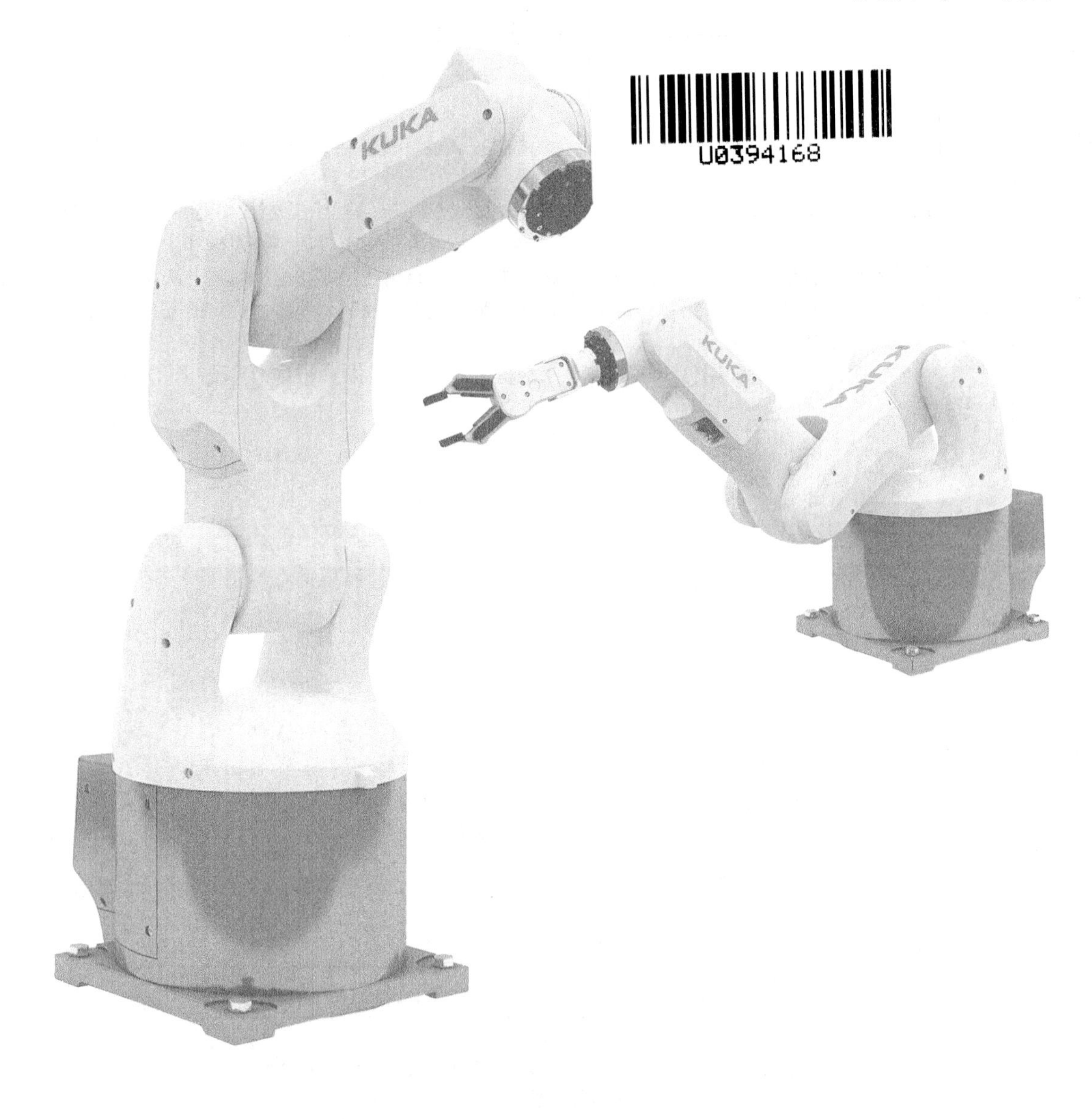

U0394168

人民邮电出版社
北京

图书在版编目（CIP）数据

KUKA工业机器人应用技术全集 / 龚仲华编著. -- 北京 : 人民邮电出版社, 2022.11(2023.12重印)
ISBN 978-7-115-59449-5

Ⅰ. ①K… Ⅱ. ①龚… Ⅲ. ①工业机器人 Ⅳ. ①TP242.2

中国版本图书馆CIP数据核字(2022)第102907号

内容提要

本书对 KUKA 工业机器人的应用技术进行了全面描述，内容涵盖机器人常识、机械结构、控制系统、程序编制、操作使用及安装调试、故障诊断、日常维护等。

全书以工业机器人应用为主旨，在介绍工业机器人发展历程、分类应用、组成特点、性能参数的基础上，深入说明了工业机器人本体、谐波减速器、RV 减速器、变位器等关键部件的结构原理和安装维护要求；详细叙述了电气控制系统的组成部件、电路原理和连接要求；全面介绍了程序结构、编制方法及指令格式；完整阐述了手动操作与示教编程、程序输入与编辑、程序调整与变换及控制系统参数设定的方法；全面说明了机器人安装连接、零点校准、程序调试、系统监控、故障诊断与维修、日常维护等调试维修技术。

本书内容全面、选材典型、案例丰富，可供工业机器人的使用人员、维修人员及高等学校机器人相关专业师生参考。

◆ 编　著　龚仲华
责任编辑　李　强
责任印制　马振武

◆ 人民邮电出版社出版发行　　北京市丰台区成寿寺路 11 号
邮编　100164　　电子邮件　315@ptpress.com.cn
网址　https://www.ptpress.com.cn
固安县铭成印刷有限公司印刷

◆ 开本：787×1092　1/16
印张：33　　2022 年 11 月第 1 版
字数：908 千字　　2023 年 12 月河北第 2 次印刷

定价：169.80 元

读者服务热线：(010)81055493　印装质量热线：(010)81055316
反盗版热线：(010)81055315
广告经营许可证：京东市监广登字 20170147 号

PREFACE 前言

工业机器人是集机械、电子、控制、计算机、传感器、人工智能等多学科先进技术于一体的机电一体化设备，是现代工业自动化的三大支柱之一。随着社会的进步和劳动力成本的增加，工业机器人在我国的应用也越来越广泛。

本书涵盖了工业机器人从入门到 KUKA 工业机器人产品应用的全部知识与技术。

第 1、2 章为入门篇，介绍了机器人发展历程、分类及应用；具体说明了工业机器人的组成特点、结构形态、技术参数及 KUKA 工业机器人产品。

第 3、4 章为原理篇，详细叙述了工业机器人本体及谐波减速器、RV 减速器等核心部件的结构原理、安装维护要求，以及电气控制系统的组成部件、电路原理和连接要求。

第 5～7 章为编程篇，全面说明了工业机器人的运动控制要求、坐标系、姿态及 KRL 程序结构与语法、指令格式与编程示例等内容。

第 8、9 章为操作篇，系统阐述了 KUKA 工业机器人的操作部件及手动操作、示教、指令输入、程序编辑和程序自动运行、机器人监控与系统状态显示的方法和步骤。

第 10、11 章为调试维修篇，具体介绍了 KUKA 工业机器人的运输安装、调整校准、系统设定，以及故障诊断与处理、部件更换、日常维护等调试维修技术。

由于编者水平有限，书中难免有疏漏和不足之处，殷切期望广大读者提出批评、指正，以便进一步提高本书的质量。

编者编写本书的参阅了 KUKA、Harmonic Drive System、Nabtesco Corporation 及其他相关公司的技术资料，并得到了 KUKA 技术人员的大力支持与帮助，在此表示衷心的感谢！

编者

2022.3

CONTENTS 目录

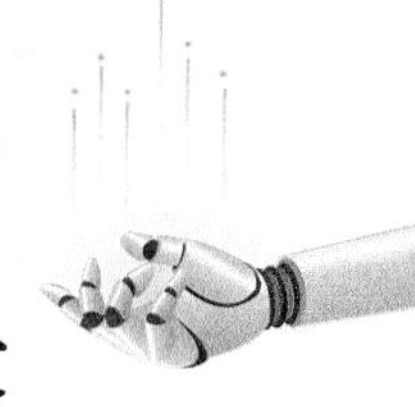

第 1 章 概述

1.1 机器人的产生及发展

1.1.1 机器人的产生与定义

1. 概念的出现

1959 年，世界上第一台工业机器人（Robot）问世，由于它能够协助、代替人类完成那些重复、频繁、单调、长时间的工作，或可进行危险、恶劣环境下的作业，因此其发展较为迅速。随着人们对机器人研究的不断深入，机器人技术逐步发展成为一门新的综合性学科——机器人学（Robotics）。机器人技术与数控技术、PLC 技术被称为现代工业自动化的三大支柱。

机器人（Robot）一词源自于捷克著名剧作家 Karel Čapek（卡雷尔·恰佩克）1921 年创作的剧本 *Rossumovi univerzální roboti*（*R.U.R*，罗萨姆的万能机器人），由于 *R.U.R* 剧中的人造机器被取名为 Robota（捷克语，即奴隶、苦力），因此，英文 Robot 一词开始代表机器人。

机器人概念一经出现，就引起了科幻小说作家的广泛关注。自 20 世纪 20 年代起，机器人就成了很多科幻小说、电影的重要角色，如《星球大战》中的 C-3PO 等。科幻小说作家的想象力是无限的。为了预防机器人给人类带来灾难，1942 年，美国科幻小说作家艾萨克·阿西莫夫（Isaac Asimov）在 *I*，*Robot* 的第 4 个短篇“Runaround”中，首次提出了“机器人三原则”，它被称为“现代机器人学的基石”，这也是“机器人学（Robotics）”这个名词在人类历史上的首度亮相。

机器人三原则的主要内容如下。

原则 1：机器人不能伤害人类，或因不作为而使人类受到伤害。

原则 2：机器人必须执行人类的命令，除非这些命令与原则 1 相抵触。

原则 3：在不违背原则 1、原则 2 的前提下，机器人应保护自身不受伤害。

到了 1985 年，艾萨克·阿西莫夫在机器人系列的最后作品 *Robots and Empire* 中，又补充了凌驾于“机器人三原则”之上的“原则 0”。

原则 0：机器人必须保护人类的整体利益不受伤害，其他 3 条原则都必须在这一前提下才能成立。

继阿西莫夫之后，其他科幻作家也不断提出了对“机器人三原则”的补充、修正意见，但是，这些绝大多数是科幻小说作家对想象中机器人所施加的限制；实际上，“人类整体利益”等概念本身就是模糊的，甚至连人类自己都搞不明白，更不要说机器人了。因此，目前人类的认识和科学技术，实际上还远未达到制造科幻片中的机器人的水平，制造出具有类似人类智慧、感情、思维的机器人，仍属于科学家的梦想和追求。

2. 机器人的产生

现代机器人的研究起源于 20 世纪中期的美国，它从工业机器人的研究开始。

第二次世界大战期间（1939—1945），由于军事、核工业的发展，原子能实验室需要机械代替人类进行放射性物质的处理。为此，美国的 Argonne National Laboratory（阿尔贡国家实验室）开发了一种遥控机械手（Teleoperator）。接着，在 1947 年，又开发出了一种伺服控制的主-从机械手（Master-Slave Manipulator），这些都是工业机器人的雏形。

工业机器人的概念由美国发明家 George Devol（乔治·德沃尔）最早提出，他在 1954 年申请了专利，并在 1961 年获得授权。1957 年，美国著名的机器人专家 Joseph F.Engelberger（约瑟夫·恩格尔伯格）建立了 Unimation 公司，并利用 George Devol 的专利，于 1959 年研制出了世界上第一台真正意义上的工业机器人 Unimate，如图 1.1-1 所示，开创了机器人发展的新纪元。

Joseph Engelberger 对世界工业机器人的发展作出了杰出的贡献，被人们称为“工业机器人之父”。1983 年，就在工业机器人销售日渐增长的情况下，他又毅然地将 Unimation 公司出让给了美国 Westinghouse Electric Corporation（西屋电气公司，又译威斯汀豪斯），并创建了 TRC 公司，前瞻性地开始了服务机器人的研发工作。

图 1.1-1　工业机器人 Unimate

从 1968 年起，Unimation 公司先后将机器人的制造技术转让给了日本 KAWASAKI（川崎）和英国 GKN 公司，机器人开始在日本和欧洲得到了快速发展。据有关方面的统计，目前世界上至少有 48 个国家在研发机器人，其中 25个国家已在进行智能机器人研发工作，美国、日本、德国、法国等都是机器人的研发和制造大国，无论在基础研究还是产品研发、制造方面都居世界领先水平。

3. 国际标准化组织

随着机器人技术的快速发展，在发达国家，机器人及其零部件的生产已逐步形成产业，为了能够宣传、规范和引导机器人产业的发展，世界各国相继成立了相应的行业协会。目前，世界机器人生产与使用国的机器人行业协会主要有以下几个。

（1）International Federation of Robotics（IFR，国际机器人联合会）：该联合会成立于 1987 年，目前已有来自二十多个国家的数十个成员。它是世界公认的机器人行业代表性组织，已被联合国列为非政府正式组织。

（2）Japan Robot Association（JRA，日本机器人协会）：该协会原名为 Japan Industrial Robot Association（JIRA，日本工业机器人协会），也是全世界最早的机器人行业协会。JIRA 成立于 1971 年 3 月，最初称“工业机器人恳谈会”；1973 年 10 月成为正式法人团体；1994 年更名为 Japan Robot Association（JRA）。

（3）Robotics Industries Association（RIA，机器人工业协会）：该协会成立于 1974 年，是美国机器人行业的专业协会。

（4）Verband Deutscher Maschinen Und Anlagebau（VDMA，德国机械设备制造业联合会）：VDMA 是拥有 3400 多家企业会员、400 余名专家的大型行业协会，其下设有 36 个专业协会和一系列跨专业的技术论坛、委员会及工作组，是欧洲目前最大的工业联合会，以及工业投资品领域中最大、最重要的组织机构。自 2000 年起，VDMA 设立了专业协会 Deutschen Gesellschaft Association für Robotik（DGR，德国机器人协会），专门进行机器人产业的规划和发展等相关工作。

（5）French Research Group in Robotics（FRGR，法国机器人研究协会）：该协会原名 Association Francaise de Robotique Industrielle（AFRI，法国工业机器人协会），后来随着服务机器人的发展，在 2007 年更为现名。

（6）Korea Association of Robotics（KAR，韩国机器人协会）：亚洲较早的机器人协会之一，成立于 1999 年。

4. 机器人的定义

由于机器人的应用领域众多、发展速度快，加上它又涉及人类的有关概念，因此，对于机器人，世界各国标准化机构，甚至同一国家的不同标准化机构，至今尚未形成一个统一、准确、世界所公认的严格定义。

例如，欧美国家一般认为，机器人是一种“由计算机控制、可通过编程改变动作的多功能、自动化机械”。而日本作为机器人的生产大国，则将机器人分为“能够执行人体上肢（手和臂）类似动作”的工业机器人和“具有感觉和识别能力，并能够控制自身行为”的智能机器人两大类。

客观地说，欧美国家的机器人定义侧重其控制方式和功能，其定义和现行的工业机器人定义较接近；而日本的机器人定义，关注的是机器人的结构和行为特性，且已经考虑到了现代智能机器人的发展需要，其定义更为准确。

作为参考，目前在相关资料中使用较多的机器人定义主要有以下几种。

（1）International Organization for Standardization（ISO，国际标准化组织）定义：机器人是一种“自动的、位置可控的、具有编程能力的多功能机械手，这种机械手具有几个轴，能够借助可编程序操作来处理各种材料、零件、工具和专用装置，执行各种任务”。

（2）Japan Robot Association（JRA，日本机器人协会）将机器人分为了工业机器人和智能机器人两大类，工业机器人是一种“能够执行人体上肢（手和臂）类似动作的多功能机器”；智能机器人是一种“具有感觉和识别能力，并能够控制自身行为的机器”。

（3）NBS（美国国家标准局）定义：机器人是一种“能够进行编程，并在自动控制下执行某些操作和移动作业任务的机械装置”。

（4）Robotics Industries Association（RIA，美国机器人工业协会）定义：机器人是一种“用于移动各种材料、零件、工具或专用装置的，通过可编程的动作来执行各种任务的，具有编程能力的多功能机械手”。

（5）我国 GB/T12643 中定义：工业机器人是一种“能够自动定位控制，可重复编程的，多功能的、多自由度的操作机，能搬运材料、零件或操持工具，用于完成各种作业”。

以上标准化机构及专门组织对机器人的定义，都是在特定时期所得出的结论，多偏重于工业机器人。但未来的科学技术是无限开放的，当代智能机器人无论在外观，还是功能、智能化程度等方面，都已超出了传统工业机器人的范畴。机器人正在源源不断地向人类活动的各个领域渗透，它所涵盖的内容越来越丰富，其应用领域和发展空间正在不断延伸和扩大，这也是机器人与其他自动化设备的重要区别。

可以想象，未来的机器人不但可接受人类指挥、运行预先编制的程序，而且也可根据人工智能技术所制定的原则纲领，选择自身的行动；甚至可能像科幻片所描述的那样，脱离人们的意志而自主行动。

1.1.2 机器人的发展

1. 技术发展水平

机器人最早用于工业领域，它主要用来协助人类完成重复、频繁、单调、长时间的工作，或进行高温、粉尘、有毒、有辐射、易燃、易爆等恶劣、危险环境下的作业。但是，随着社会进步、科学技术发展和智能化技术研究的深入，各式各样具有感知、决策、行动和交互能力，可适应不同领域特殊要求的智能机器人相继被研发，机器人已开始进入人们生产、生活的各个领域，并在某些领域逐步取代人类独立进行相关作业。

根据机器人现有的技术水平，人们一般将机器人产品分为以下 3 代。

（1）第一代机器人。第一代机器人一般是指能通过离线编程或示教操作生成程序，并再现动作的机器人。第一代机器人所使用的技术和数控机床十分相似，它既可通过离线编制的程序控制机器人的运动，也可通过手动示教操作（数控机床称为 Teach in 操作），记录运动过程并生成程序，并进行再现运行。

第一代机器人的全部行为完全由人控制，它没有分析和推理能力，不能改变程序动作，无智能性，其控制以示教、再现为主，故又称示教再现机器人。第一代机器人现已实用和普及，大多数工业机器人都属于第一代机器人，如图 1.1-2 所示。

图 1.1-2　第一代机器人

（2）第二代机器人。第二代机器人装备有一定数量的传感器，它能获取作业环境、操作对象等的简单信息，并通过计算机的分析与处理，作出简单的推理，并适当调整自身的动作和行为。

例如，图 1.1-3（a）所示的探测机器人可通过所安装的摄像头及视觉传感系统来识别图像，判断和规划探测车的运动轨迹，它对外部环境具有了一定的适应能力。图 1.1-3（b）所示的人机协同作业机器人安装有触觉传感系统，以防止人体碰撞，它可取消第一代机器人作业区间的安全栅栏，实现安全的人机协同作业。

第二代机器人已具备一定的感知和简单推理等能力，有一定程度上的智能，故又称感知机器人或低级智能机器人，当前使用的大多数服务机器人已经具备第二代机器人的特征。

（a）探测机器人

（b）人机协同作业机器人

图 1.1-3　第二代机器人

（3）第三代机器人。第三代机器人应具有高度的自适应能力，它有多种感知机能，可通过复杂的推理，作出判断和决策，自主决定机器人的行为，具有相当程度的智能，故称为智能机器人。第三代机器人目前主要用于家庭、个人服务及军事、航天等行业，总体尚处于试验和研究阶段，目前还只有美国、日本、德国等少数发达国家能掌握和应用。

例如，日本 HONDA（本田）公司研发的 Asimo 机器人，如图 1.1-4（a）所示，不仅能实现跑步、爬楼梯、跳舞等动作，且还能完成踢球、倒饮料、打手语等简单智能动作。日本 Riken Institute（理化学研究所）研发的 Robear 护理机器人，如图 1.1-4（b）所示，其肩部、关节等部位都安装有测力感应系统，可模拟人的怀抱感，它能够像人一样，柔和地将卧床者从床上扶起，或将坐着的人抱起，其样子亲切可爱、充满活力。

（a）Asimo 机器人

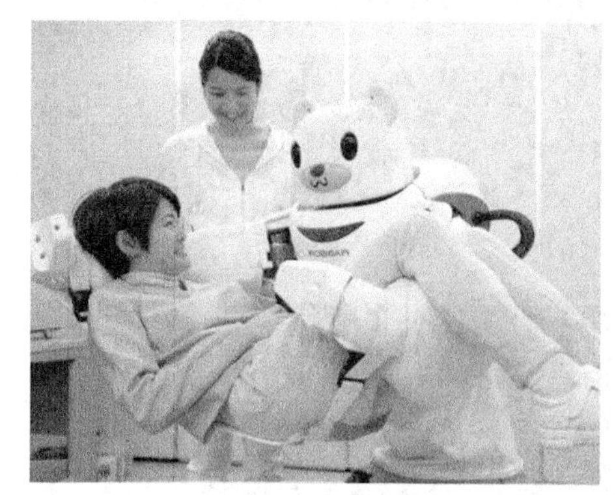

（b）Robear 机器人

图 1.1-4　第三代机器人

2. 主要生产国及产品水平

机器人自问世以来，得到了世界各国的高度重视，美国、日本和德国为机器人研究、制造和应用大国，英国、法国、意大利、瑞士等国的机器人研发水平也居世界前列。目前，世界主要机器人生产制造国的研发、应用情况如下。

（1）美国

美国是机器人的发源地，其机器人研究领域广泛、产品技术先进，机器人的研究实力和产品水平均居世界前列，Adept Technology、American Robot、Emerson Industrial Automation、S-T Robotics、iRobot、Remotec 等都是美国著名的机器人生产企业。

美国的机器人研究从最初的工业机器人开始，目前已更多地转向军用、医疗、家用服务及军事、场地等高层次智能机器人的研发。据统计，美国的智能机器人占据了全球约 60%的市场，iRobot、Remotec 等都是全球著名的服务机器人生产企业。

美国的军事机器人（Military Robot）更是遥遥领先于其他国家，无论在基础技术研究、系统开发、生产配套方面，还是在技术转化、实战应用方面等都具有强大的优势，其产品研发与应用已涵盖陆、海、空、天等诸多兵种，美国是目前全世界唯一具有综合开发、试验和实战应用能力的国家。

美国现有的军事机器人产品包括无人驾驶飞行器、无人地面车、机器人武装战车及多功能后勤保障机器人、机器人战士等。

图 1.1-5（a）所示为 Boston Dynamics（波士顿动力）研制的多功能后勤保障机器人。其中，BigDog（大狗）系列机器人的军用产品 Legged Squad Support Systems（LS3），重达 1250 磅（约 570kg），它可

在搭载 400 磅（约 181kg）重物情况下，连续行走 20 英里（约 32km），并能穿过复杂地形、应答士官指令；图 1.1-5（b）所示为 WildCat（野猫）机器人，它能在各种地形上，以超过 25km/h 的速度奔跑和跳跃。

（a）BigDog-LS3

（b）WildCat

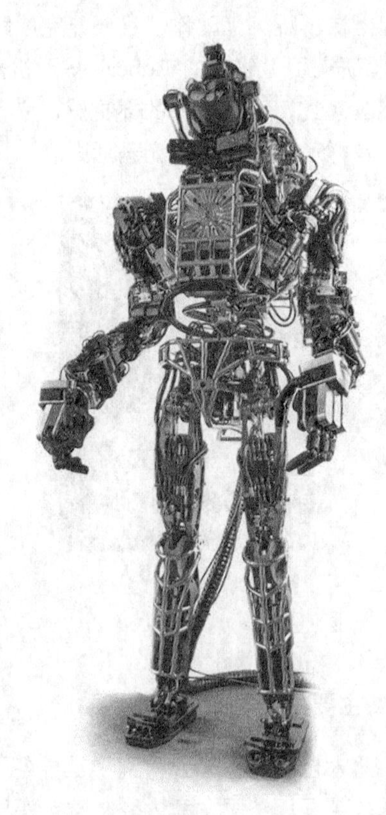

（c）Atlas

图 1.1-5　Boston Dynamics 研发的军事机器人

此外，Boston Dynamics 还研制出了类似科幻片中的“机器人战士”。如“哨兵”机器人能够自动识别声音、烟雾、风速、火等环境数据，而且还可说 300 多个单词，向可疑目标发出口令，一旦目标不能正确回答，便可迅速、准确地瞄准并射击。该公司最新研发的 Atlas（阿特拉斯）机器人，如图 1.1-5（c）所示，高 1.88m、重 150kg，其四肢共拥有 28 个自由度，能够直立行走、攀爬、自动调整重心，其灵活性已接近于人类，堪称当今世界上最先进的机器人战士。

美国的场地机器人（Field Robots）研究水平同样令其他各国望尘莫及，其研究产品遍及陆地、水下，并已经被用于月球、火星等天体的探测。

早在 1967 年，National Aeronautics and Space Administration（NASA，美国国家航空航天局）所发射的“海盗”号火星探测器已着陆火星，并对火星土壤等进行了采集和分析，以寻找生命迹象；同年，还发射了“观察者”3 号月球探测器，该探测器也对月球土壤进行了分析和处理。在 2003 年，NASA 又接连发射了 Spirit MER-A（勇气号）和 Opportunity（机遇号）两个火星探测器，这两个火星探测器于 2004 年 1 月先后着陆火星表面，它们可在地面的遥控下，在火星上自由行走，通过它们对火星岩石和土壤的分析，科学家们收集到了表明火星上曾经有水流动的强有力证据，发现了形成于酸性湖泊的岩石、陨石等。2011 年 11 月，NASA 又成功发射了 Curiosity（好奇号）核动力火星探测器，该探测器于 2012 年 8 月 6 日安全着陆火星，开启了人类探寻火星生命元素的历程，Curiosity 火星车如图 1.1-6（a）所示。图 1.1-6（b）所示是 Google 最新研发的 Andy（安迪号）月球车。

（a）Curiosity 火星车

（b）Andy 月球车

图 1.1-6　美国的场地机器人

（2）日本

日本是目前全球产量最大的机器人研发、生产和使用国，在工业机器人及家用服务、护理及医疗等智能机器人的研发上具有世界领先水平。

日本在工业机器人的生产和应用居世界领先地位。20 世纪 90 年代，日本就开始普及第一代和第二代工业机器人，截至目前，它仍保持工业机器人产量、安装数量世界第一的地位。据统计，日本的工业机器人产量约占全球的 50%，安装数量约占全球的 23%。

日本在工业机器人的主要零部件供给、研究等方面同样居世界领先地位，其主要零部件（精密减速机、伺服电动机、传感器等）占全球市场的 90%以上。日本的哈默纳科公司（Harmonic Drive System，InC.）是全球最早的谐波减速器生产企业和目前全球最大、最著名的谐波减速器生产企业，其产品规格齐全，产量占全世界总量的 15%左右。日本的 Nabtesco Corporation（纳博特斯克公司）是全球最大、技术最领先的 RV 减速器生产企业，其产品占据了全球 60%以上的工业机器人 RV 减速器市场及日本 80%以上的数控机床自动换刀装置（ATC）RV 减速器市场。世界著名的工业机器人绝大多数使用 Harmonic Drive System 生产的谐波减速器和 Nabtesco Corporation 生产的 RV 减速器。

日本在发展第三代智能机器人上，同样取得了举世瞩目的成就。为了攻克智能机器人的关键技术，自 2006 年起，政府每年都投入巨资用于服务机器人的研发，如前述的 HONDA 公司 Asimo 机器人、Riken Institute 的 Robear 护理机器人等家用服务机器人的技术水平均居世界前列。

（3）德国

德国的机器人研发稍晚于日本，但其发展十分迅速。在 20 世纪 70 年代中后期，德国政府在“改善劳动条件计划”中，强制规定了部分有危险、有毒、有害的工作岗位必须用机器人来代替人工，这为机器人的应用开辟了广大的市场。据 VDMA 统计，目前德国的工业机器人密度已是法国的 2 倍和英国的 4 倍以上，它是目前欧洲最大的工业机器人生产和使用国。

德国的工业机器人和军事机器人中的地面无人作战平台、水下无人航行体的研究和应用水平居世界领先地位。德国的 KUKA（库卡）、REIS（徕斯，现为 KUKA 成员）、Carl-Cloos（卡尔-克鲁斯）等都是全球著名的工业机器人生产企业；德国宇航中心、德国机器人技术商业集团、karcher 公司、Fraunhofer Institute for Manufacturing Engineering and Automatic（弗劳恩霍夫制造技术和自动化研究所）及 STN 公司、HDW 公司等是有名的服务机器人及军事机器人研发企业。

德国在智能服务机器人的研究和应用上，同样具有世界公认的领先水平。例如，弗劳恩霍夫制造技术和自动化研究所最新研发的服务机器人 Care-O-Bot4，不但能够识别日常的生活用品，且还能听懂语音命令、看懂手势命令，按声控或手势的要求进行自我学习。

（4）中国

我国航天航空、深海探测领域的场地机器人研究水平处于世界领先水平。从 1970 年发射第一颗人造卫星“东方红一号”、1999 年发射第一艘无人试验飞船“神舟一号”、2013 年“嫦娥三号”登陆月球，到 2020 年 7 月“天问一号”火星探测器发射升空、2021 年 5 月成功着陆火星；从 2012 年“蛟龙号”在马里亚纳海沟创造的 7062 米深潜记录，到 2020 年 5 月，“海斗一号”在马里亚纳海沟创造的 10 907 米深潜记录；这些均标志着我国在航天航空、深海探测领域的场地机器人研究水平已位于世界前列。

我国的机器人研发起始于 20 世纪 70 年代初期，到了 20 世纪 90 年代，先后研制出了点焊、弧焊、装配、喷漆、切割、搬运、包装码垛等工业机器人，在工业机器人及零部件研发等方面取得了一定的成绩。但是总体而言，我国的工业机器人研发目前还处于初级阶段，产品以低档工业机器人为主，核心技术尚未掌握，关键部件绝大多数依赖进口，国产机器人的市场占有率十分有限。

中国是全世界工业机器人增长最快、销量最大的市场，总销量已经连续多年位居全球第一。2013 年，工业机器人销量近 3.7 万台，占全球总销售量（17.7 万台）的 20.9%；2014 年的销量为 5.7 万台，占全球总销售量（22.5 万台）的 25.3%； 2014 年的销量为 5.7 万台，占全球总销售量（22.5 万台）的 25.3%；2015 年的销量为 6.6 万台，占全球总销售量（24.7 万台）的 26.7%；2016 年的销量为 8.7 万台，占全球总销售量（29.4 万台）的 29.6%；2017 年的销量为 14.1 万台，占全球总销售量（38 万台）的 37.1%；2018 年的销量为 15.6 万台，占全球总销售量（42.2 万台）的 37%；2019 年的销量为 14.4 万台，占全球总销售量（37.3 万台）的 38.2%；2020 年的销量为 17 万台，占全球总销售量（39.7 万台）的 42.8%。

高端装备制造产业是国家重点支持的新兴产业之一，工业机器人作为高端装备制造业的重要组成部分，有望迎来快速发展期。

1.2 机器人分类

1.2.1 机器人分类

机器人的分类方法很多，但由于人们观察问题的角度有所不同，直到今天，还没有一种分类方法能够满意地对机器人进行世界所公认的分类。总体而言，通常的机器人分类方法主要有专业分类法和应用分类法两种。

1. 专业分类法

专业分类法一般是机器人设计、制造和使用厂家技术人员所使用的分类方法，其专业性较强，行业外较少使用。目前，可按机器人控制系统的技术水平、机械结构形态和运动控制方式 3 种方式进行专业分类。

（1）按控制系统的技术水平分类。根据机器人目前的控制系统技术水平，一般可分为前述的示教再现机器人（第一代）、感知机器人（第二代）、智能机器人（第三代）3 类。第一代机器人已实用和普及，绝大多数工业机器人都属于第一代机器人，第二代机器人的技术已部分实用化，第三代机器人尚处于试验和研究阶段。

（2）按机械结构形态分类。根据机器人现有的机械结构形态，有人将其分为圆柱坐标（Cylindrical Coordinate）、极坐标（Polar Coordinate）、直角坐标（Cartesian Coordinate）及关节型（Articulated）、并联型（Parallel）等，以关节型机器人较为常用。不同形态的机器人在外观、机械结构、控制要求、工作空间等方面均有较大的区别。例如，关节型机器人的动作类似人类手臂；而直角坐标及并联型机器人的外形和结构，则与数控机床十分类似。有关工业机器人的结构形态，将在第 2 章进行详细阐述。

（3）按运动控制方式分类。根据机器人的控制方式，有人将其分为顺序控制型、轨迹控制型、远程控制型、智能控制型等。顺序控制型又称点位控制型，这种机器人只需要按照规定的次序和移动速度，运动到指定点进行定位，而不需要控制移动过程中的运动轨迹，它可以用于物品搬运等。轨迹控制型机器人需要同时控制移动轨迹、移动速度和运动终点，它可用于焊接、喷漆等连续移动作业。远程控制型机器人可实现无线遥控，故多用于特定的行业，如军事机器人、空间机器人、水下机器人等。智能控制型机器人就是前述的第三代机器人，多用于军事、场地、医疗等专门行业，智能型工业机器人目前尚未有实用化的产品。

2. 应用分类

应用分类是根据机器人应用环境（用途）进行分类的大众分类方法，其定义通俗，易为公众所接受。例如，日本分为工业机器人和智能机器人两类；我国则分为工业机器人和特种机器人两类等。然而，由于对机器人的智能性判别尚缺乏严格、科学的标准，工业机器人和特种机器人的界线也较难划分。因此，本书参照国际机器人联合会（IFR）的相关定义，根据机器人的应用环境，将机器人分为工业机器人和服务机器人两类，前者用于环境已知的工业领域；后者用于环境未知的服务领域。如进一步细分，目前常用的机器人，基本上可分为以下几类，如图 1.2-1 所示。

（1）工业机器人。工业机器人（Industrial Robot，IR）是指在工业环境下应用的机器人，它是一种可编程的、多用途自动化设备。当前实用化的工业机器人以第一代示教再现机器人居多，但部分工业机器人（如焊接、装配等）已能通过图像的识别、判断，来规划或探测途径，对外部环境具有了一定的适应能力，初步具备了第二代感知机器人的一些功能。

工业机器人可根据其用途和功能，分为加工、装配、搬运、包装 4 大类；在此基础上，还可对每类进行细分。

（2）服务机器人。服务机器人（Personal Robot，PR）是服务于人类非生产性活动的机器人总称，它在机器人中的比例高达 95%。根据 IFR 的定义，服务机器人是一种半自主或全自主工作的机械设备，它能完成有益于人类的服务工作，但不直接从事工业品的生产。

服务机器人的涵盖范围非常广，简言之，除工业生产用的机器人外，其他所有的机器人均属于服务机器人的范畴。因此，人们根据其用途，将服务机器人分为个人/家庭服务机器人（Personal/Domestic Robots）和专业服务机器人（Professional Service Robots）两类，在此基础上还可对每类进行细分。

以上两类产品研发、应用的简要情况如下。

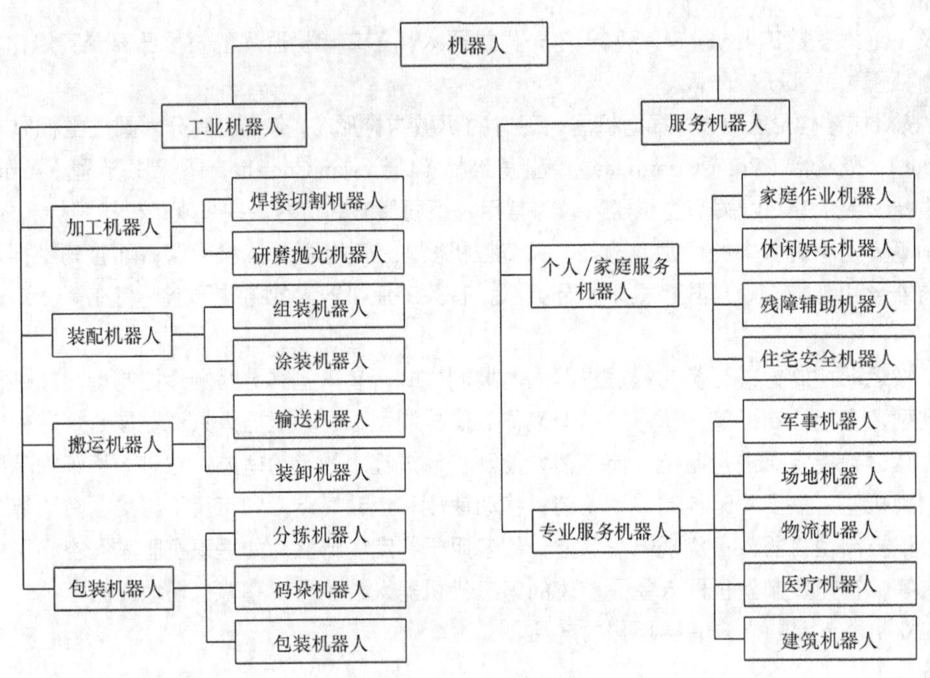

图 1.2-1　机器人的分类

1.2.2　工业机器人

工业机器人是用于工业生产环境的机器人总称。用工业机器人替代人工操作，不仅可保障人身安全、改善劳动环境、减轻劳动强度、提高劳动生产率，而且还能够起到提高产品质量、节约原材料消耗及降低生产成本等多方面作用，因此，它在工业生产各领域的应用也越来越广泛。

根据工业机器人的功能与用途，其主要产品分为加工机器人、装配机器人、搬运机器人、包装机器人 4 大类机器人，如图 1.2-2 所示。

（a）加工机器人

（b）装配机器人

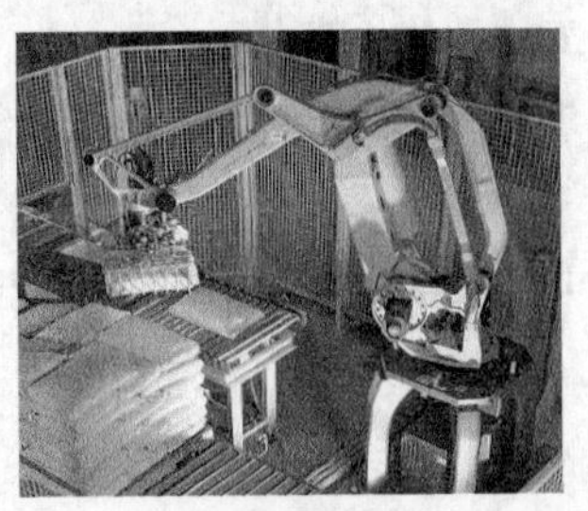
（c）搬运机器人

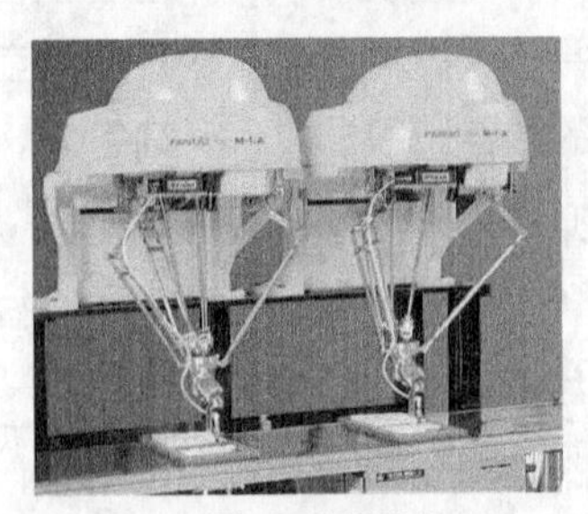
（d）包装机器人

图 1.2-2　工业机器人的分类

1. 加工机器人

加工机器人是直接用于工业产品加工作业的工业机器人，常用于金属材料焊接、切割、折弯、冲压、研磨、抛光等；此外，也有部分用于建筑、木材、石材、玻璃等行业的非金属材料切割、研磨、雕刻、抛光等加工作业。

焊接、切割、研磨、雕刻、抛光加工的环境通常较恶劣，加工时所产生的强弧光、高温、烟尘、飞溅、电磁干扰等都有害于人体健康。这些行业采用机器人自动作业，不仅可改善工作环境，避免人体伤害，而且还可自动连续工作，提高工作效率和改善加工质量。

焊接机器人（Welding Robot）是目前工业机器人中产量最大、应用最广的产品，被广泛用于汽车、铁路、航空航天、军工、冶金、电器等行业。自 1969 年美国 GM（通用汽车）公司在美国 Lordstown 汽车组装生产线上装备首台汽车点焊机器人以来，机器人焊接技术已日臻成熟，通过机器人的自动化焊接作业，可提高生产率、确保焊接质量、改善劳动环境，它是当前工业机器人应用的重要方向之一。

材料切割是工业生产不可缺少的加工方式，从传统的金属材料火焰切割、等离子切割，到可用于多种材料的激光切割加工都可通过机器人完成。目前，薄板类材料的切割大多采用数控火焰切割机、数控等离子切割机和数控激光切割机等数控机床加工；但异形、大型材料或船舶、车辆等大型废旧设备的切割已开始使用工业机器人。

研磨、雕刻、抛光机器人主要用于汽车、摩托车、工程机械、家具建材、电子电气、陶瓷卫浴等行业的表面处理。使用研磨、雕刻、抛光机器人不仅能使操作者远离高温、粉尘、有毒、易燃、易爆的工作环境，而且能够提高加工质量和生产效率。

2. 装配机器人

装配机器人（Assembly Robot）是将不同的零件或材料组合成组件或成品的工业机器人，常用的有组装机器人和涂装机器人两大类。

计算机（Computer）、通信（Communication）和消费性电子（Consumer Electronic）行业（简称 3C 行业）是目前组装机器人最大的应用市场。3C 行业是典型的劳动密集型产业，采用人工装配，不仅需要使用大量的员工，而且操作工人的工作高度重复、频繁，劳动强度极大，人工难以承受；此外，随着电子产品不断向轻薄化、精细化方向发展，产品对零部件装配的精细程度在日益提高，部分作业已是人工无法完成的。

涂装机器人用于部件或成品的油漆、喷涂等表面处理，这类处理通常含有影响人体健康的有害、有毒气体，采用机器人自动作业后，不仅可改善工作环境，避免有害、有毒气体的危害，而且还可自动连续工作，提高工作效率和改善加工质量。

3. 搬运机器人

搬运机器人是从事物体移动作业的工业机器人的总称，常用的主要有输送机器人（Transfer Robot）和装卸机器人（Handling Robot）两大类。

工业生产中的输送机器人以自动导引车（Automated Guided Vehicle，AGV）为主。AGV 具有自身的计算机控制系统和路径识别传感器，能够自动行走和定位停止，可广泛应用于机械、电子、纺织、卷烟、医疗、食品、造纸等行业的物品搬运和输送。在机械加工行业，AGV 大多用于无人化工厂、柔性制造系统（Flexible Manufacturing System，FMS）的工件、刀具的搬运和输送，它通常需要与自动化仓库、刀具中心及数控加工设备、柔性制造单元（Flexible Manufacturing Cell，FMC）的控制系统互连，以构成无人化工厂、柔性制造系统的自动化物流系统。

装卸机器人多用于机械加工设备的工件装卸（上下料），它通常和数控机床等自动化加工设备组合，构成柔性制造单元，成为无人化工厂、柔性制造系统的一部分。装卸机器人还经常用于冲剪、锻压、铸造等设备的上下料，以替代人工完成高风险、高温等恶劣环境下的危险作业或繁重作业。

4. 包装机器人

包装机器人（Packaging Robot）是用于物品分类、成品包装、码垛的工业机器人，常用的主要有分拣机器人、包装机器人和码垛机器人三大类。

计算机、通信和消费电子行业（3C 行业）和化工、食品、饮料、药品工业是包装机器人的主要应用领域。3C 行业的产品产量大、周转速度快，成品包装任务繁重；化工、食品、饮料、药品包装由于行业特殊性，人工作业涉及安全、卫生、清洁、防水、防菌等方面的问题；因此，都需要利用装配机器人，来完成物品的分拣、包装和码垛作业。

1.2.3 服务机器人

1. 基本情况

服务机器人是服务于人类非生产性活动的机器人总称。从控制要求、功能、特点等方面看，服务机器人与工业机器人的本质区别在于：工业机器人所处的工作环境在大多数情况下是已知的，因此，利用第一代机器人技术即可满足其要求；然而，服务机器人的工作环境在绝大多数情况下是未知的，故都需要使用第二代、第三代机器人技术。从行为方式上看，服务机器人一般没有固定的活动范围和规定的动作行为，它需要有良好的自主感知、自主规划、自主行动和自主协同等方面的能力，因此，服务机器人较多地采用仿人或生物、车辆等结构形态。

早在 1967 年，在日本举办的第一届机器人学术会议上，人们就提出了两种描述服务机器人特点的代表性意见。一种意见认为服务机器人是一种“具有自动性、个体性、智能性、通用性、半机械半人性、移动性、作业性、信息性、柔性、有限性等特征的自动化机器”；另一种意见认为服务机器人是具备以下 3 个条件的机器。

① 具有类似人类的脑、手、脚等功能要素。

② 具有非接触和接触传感器。

③ 具有平衡觉和固有觉的传感器。

当然，鉴于当时的情况，以上定义都强调了服务机器人的“类人”含义，突出了其由“脑”统一指挥、靠“手”进行作业、靠“脚”实现移动；通过非接触传感器和接触传感器，机器人能识别外界环境；利用平衡觉和固有觉等传感器感知本身状态等基本属性，这对服务机器人的研发具有参考价值。

服务机器人的出现虽然晚于工业机器人，但由于它与人类进步、社会发展、公共安全等诸多重大问题息息相关，应用领域众多，市场广阔，因此，其发展非常迅速、潜力巨大。有国外专家预测，在不久的将来，服务机器人产业可能成为继汽车、计算机后的另一新兴产业。国际机器人联合会（IFR）2013 年世界服务机器人统计报告等有关统计资料显示，目前已有 20 多个国家在进行服务型机器人的研发，有四十余种服务型机器人已进入商业化应用或试用阶段。2012 年全球服务机器人的总销量约为 301.6 万台，约为工业机器人（15.9 万台）的 20 倍；其中，个人/家用服务机器人的销量约为

300 万台，销售额约为 12 亿美元；专业服务机器人的销量为 1.6 万台，销售额为 34.2 亿美元。

在服务机器人中，个人/家用服务机器人（Personal/Domestic Robots）为大众化、低价位产品，其市场潜力最大。在专业服务机器人中，则以涉及公共安全的军事机器人（Military Robot）、场地机器人（Field Robots）、医疗机器人的应用较广。

在服务机器人的研发领域，美国不但在军事、场地、医疗等高科技专业服务机器人的研究上遥遥领先于其他国家，而且在个人/家用服务机器人的研发上同样也占有显著的优势，其服务机器人总量约占全球服务机器人市场的 60%。此外，日本的个人/家用服务机器人产量约占全球市场的 50%；欧洲的德国、法国也是服务机器人的研发和使用大国。我国在服务机器人领域的研发起步较晚，在 2005 年开始初具市场规模，总体水平与发达国家相比存在较大的差距；目前，我国的个人/家用服务机器人主要有吸尘、教育娱乐、保安、智能玩具等；专用服务机器人主要有医疗及部分军事、场地机器人等。

2. 个人/家用机器人

个人/家用服务机器人（Personal/Domestic Robots）泛指为人们日常生活服务的机器人，包括家庭作业、娱乐休闲、残障辅助、住宅安全等。个人/家用服务机器人是被人们普遍看好的未来最具发展潜力的新兴产业之一。

在个人/家用服务机器人中，家庭作业机器人和娱乐休闲机器人的产量最大，两者占个人/家用服务机器人总量的 90%以上；残障辅助机器人、住宅安全机器人的普及率目前还较低，但市场前景被人们普遍看好。

家用清洁机器人是家庭作业机器人中最早被实用化和最成熟的产品之一。早在 20 世纪 80 年代，美国已经开始进行吸尘机器人的研究，iRobot 等公司是目前家用服务机器人行业公认的领先企业，其产品技术先进、市场占有率为全球最大；德国的 KARCHER 公司也是著名的家庭作业机器人生产商，它在 2006 年研发的 Rc3000 家用清洁机器人是世界上第一台能够自行完成所有家庭地面清洁工作的家用清洁机器人。此外，美国的 Neato、Mint，日本的 SHINK、Panasonic（松下），韩国的 LG、三星等公司也都是全球较著名的家用清洁机器人研发、制造企业。

在我国，绝大多数家庭的作业服务目前还是由自己或家政服务人员承担，所使用的设备以传统工具和普通吸尘器、洗碗机等简单设备为主，家庭作业服务机器人的使用率非常低。

3. 专业服务机器人

专业服务机器人（Professional Service Robots）的涵盖范围非常广，简言之，除工业生产用的工业机器人和为人们日常生活服务的个人/家用机器人外，其他所有的机器人均属于专业服务机器人。在专业服务机器人中，军事、场地和医疗机器人是应用最广的产品，3 类产品的概况如下。

（1）军事机器人

军事机器人（Military Robot）是为了军事服务而研制的自主、半自主式或遥控的智能化装备，它可用来帮助或替代军人，完成特定的战术或战略任务。军事机器人具备全方位、全天候的作战能力和极强的战场生存能力，可在超过人类承受能力的恶劣环境，或在遭到毒气、冲击波、辐射等袭击时，继续进行工作；加上军事机器人也不存在人类的恐惧心理，可严格地服从命令、听从指挥，有利于指挥者对战局的掌控。

军事机器人的研发早在 20 世纪 60 年代就已经开始，产品已从第一代的遥控操作器，发展到了现在的第三代智能机器人。目前，世界各国的军事机器人已达上百个品种，其应用涵盖侦察、排雷、防化、进攻、防御及后勤保障等各个方面。用于监视、勘察、获取危险领域信息的无人驾驶飞行器（UAV）和地面车（UGV）、具有强大运输功能和精密侦查设备的机器人武装战车（ARV）、在战斗中担任补充作战物资的多功能后勤保障机器人（MULE）是当前军事机器人的主要产品。

（2）场地机器人

场地机器人（Field Robots）是除军事机器人外，其他可进行大范围作业的服务机器人的总称。场地机器人多用于科学研究和公共事业服务，如太空探测、水下作业、危险作业、消防救援、园林作业等。

美国的场地机器人研究始于20世纪60年代，其产品已遍及陆地、水下和太空，从1967年的海盗号火星探测器，到2003年的Spirit MER-A（勇气号）和Opportunity（机遇号）火星探测器、2011年的 Curiosity（好奇号）核动力驱动的火星探测器，都无一例外地代表了全球空间机器人研究的最高水平。此外，俄罗斯和欧盟在太空探测机器人等方面的研究和应用也居世界领先地位，如早期的空间站飞行器对接、燃料加注机器人等；德国于 1993 年研制、由哥伦比亚号航天飞机携带升空的ROTEX远距离遥控机器人等，也都代表了当时的空间机器人技术水平；我国在探月、水下机器人方面的研究也取得了较大的进展。

（3）医疗机器人

医疗机器人是今后专业服务机器人的重点发展领域之一。医疗机器人主要用于伤病员的手术、救援、转运和康复，它包括诊断机器人、外科手术或手术辅助机器人、康复机器人等。例如，通过外科手术机器人，医生可利用其精准性和微创性，大面积减小手术伤口、迅速恢复正常生活等。据统计，目前全世界已有30个国家、近千家医院成功开展了数十万例机器人手术，手术种类涵盖泌尿外科、妇产科、心血管外科、胸外科、肝胆外科、耳鼻喉科等。

当前，医疗机器人的研发与应用大部分都集中于美国、欧洲、日本等发达国家，发展中国家的普及率还很低。美国的Intuitive Surgical（直觉外科）公司是全球领先的医疗机器人研发、制造企业，该公司研发的达芬奇机器人是目前世界上最先进的手术机器人系统，它可模仿外科医生的手部动作，进行微创手术，目前已经成功用于普通外科、胸外科、泌尿外科、妇产科、头颈外科及心血管外科等手术。

1.3 工业机器人应用

1.3.1 技术发展与产品应用

1. 技术发展简史

工业机器人自1959年问世以来，经过六十多年的发展，在性能和用途等方面都有了很大的变化；现代工业机器人的结构越来越合理、控制越来越先进、功能越来越强大、应用越来越广泛。世界工业机器人的简要发展历程、重大事件和重要产品研制的简况如下。

（1）1959年，Joseph F.Engelberger（约瑟夫·恩格尔伯格）利用 George Devol（乔治·德沃尔）的专利技术，研制出了世界上第一台真正意义上的工业机器人 Unimate。该机器人具有水平回转、上下摆动和手臂伸缩3个自由度，可用于点对点搬运。

（2）1961年，美国 GM（通用汽车）公司首次将 Unimate 工业机器人应用于生产线，机器人承担了压铸件叠放等部分工序。

（3）1968 年，美国斯坦福大学研制出了首台具有感知功能的第二代机器人 Shakey。同年，Unimation 公司将机器人的制造技术转让给了日本 KAWASAKI（川崎）公司，日本开始研制、生产机器人。次年，瑞典的 ASEA 公司（阿西亚公司，现为 ABB 集团）研制了首台喷涂机器人，并在挪威投入使用。

（4）1972 年，日本 KAWASAKI（川崎）公司研制出了日本首台工业机器人“Kawasaki -Unimate2000”。次年，日本 HITACHI（日立）公司研制出了世界首台装备有动态视觉传感器的工业机器人；而德国 KUKA（库卡）公司则研制出了世界首台 6 轴工业机器人 Famulus。

（5）1974 年，美国 Milacron（米拉克龙，著名的数控机床生产企业）公司研制出了首台微机控制的商用工业机器人 Tomorrow Tool（T3）；瑞典 ASEA 公司研制出了世界首台微机控制、全电气驱动的 5 轴涂装机器人 IRB6；全球最著名的数控系统（CNC）生产商、日本 FANUC 公司（发那科）开始研发、制造工业机器人。

（6）1977 年，日本 YASKAWA（安川）公司开始工业机器人研发生产，并研制出了日本首台采用全电气驱动的机器人 MOTOMAN-L10（MOTOMAN 1 号）。次年，美国 Unimate 公司和 GM（通用汽车）公司联合研制出了用于汽车生产线的垂直串联型（Vertical Series）可编程通用装配机器人 PUMA（Programmable Universal Manipulator for Assembly）；日本山梨大学研制出了水平串联型（Horizontal Series）自动选料、装配机器人 SCARA（Selective Compliance Assembly Robot Arm）；德国 REIS（徕斯，现为 KUKA 成员）公司研制出了世界首台具有独立控制系统、用于压铸生产线的工件装卸的 6 轴机器人 RE15。

（7）1983 年，日本 DAIHEN 公司（日本大阪变压器集团 Osaka Transformer Co.,Ltd 所属，国内称 OTC 或欧希地）研发了世界首台具有示教编程功能的焊接机器人。次年，美国 Adept Technology（娴熟技术）公司研制出了世界首台电机直接驱动、无传动齿轮和铰链的机器人 Adept One。

（8）1985 年，德国 KUKA（库卡）公司研制出了世界首台具有 3 个平移自由度和 3 个转动自由度的 Z 型 6 自由度机器人。

（9）1992 年，瑞士 Demaurex 公司研制出了世界首台采用 3 轴并联结构的包装机器人 Delta。

（10）2005 年，日本 YASKAWA（安川）公司推出了新一代、双腕 7 轴工业机器人。次年，意大利 COMAU（柯马，菲亚特成员、著名的数控机床生产企业）公司推出了首款 WiTP 无线示教器。

（11）2008 年，日本 FANUC 公司（发那科）、YASKAWA（安川）公司的工业机器人累计销量相继突破 20 万台，成为全球工业机器人累计销量最大的企业。次年，ABB 公司研制出全球精度最高、速度最快的 6 轴小型机器人 IRB 120。

（12）2013 年，谷歌公司开始大规模并购机器人公司，至今已相继并购了 Autofuss、Boston Dynamics（波士顿动力）、Bot & Dolly、DeepMind（英）、Holomni、Industrial Perception、Meka、Redwood Robotics、Schaft（日）、Nest Labs、Spree、Savioke 等多家公司。

（13）2014 年，ABB 公司研制出世界上首台真正实现人机协作的机器人 YuMi。同年，德国 REIS（徕斯）公司并入 KUKA（库卡）公司。

2. 典型应用

根据国际机器人联合会（IFR）等部门的最新统计，当前工业机器人的应用行业分布情况大致如图 1.3-1 所示。其中，汽车制造业、电子电气工业、金属制品及加工业是目前工业机器人的主要应用领域。

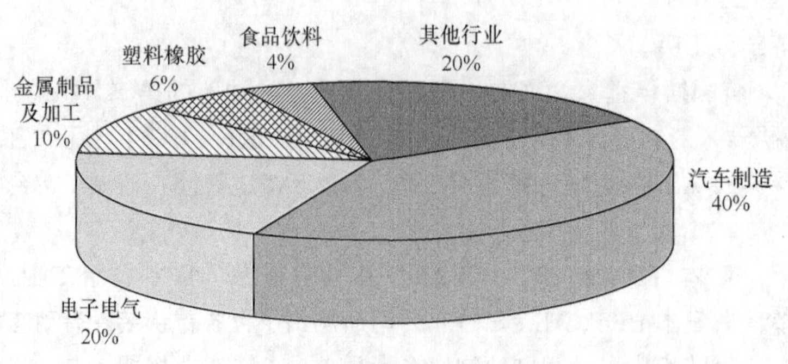

图 1.3-1　工业机器人的应用

汽车及汽车零部件制造业历来是工业机器人用量最大的行业，其使用量长期保持在工业机器人总量的 40%以上，使用的产品以加工、装配类机器人为主，是焊接、研磨、抛光及装配、涂装机器人的主要应用领域。

电子电气（包括计算机、通信、家电、仪器仪表等）是工业机器人应用的另一主要行业，其使用量也保持在工业机器人总量的 20%以上，使用的主要产品为装配、包装类机器人。

金属制品及加工业的机器人用量大致在工业机器人总量的 10%左右，使用的产品主要为搬运类的输送机器人和装卸机器人。

建筑、化工、橡胶、塑料和食品、饮料、药品等其他行业的机器人用量都在工业机器人总量的 10%以下，橡胶、塑料、化工、建筑行业使用的机器人种类较多；食品、饮料、药品行业使用的机器人通常以加工、包装类为主。

1.3.2　主要生产企业

目前，全球工业机器人的生产厂家主要集中于东亚和欧洲，例如，日本的 FANUC（发那科）、YASKAWA（安川）、KAWASAKI（川崎）、NACHI（不二越）、DAIHEN（OTC 或欧希地）、Panasonic（松下）及韩国的 HYUDAI（现代），瑞士与瑞典的 ABB，德国的 KUKA（库卡，现已被美的控股）、REIS（徕斯，现为 KUKA 成员）及意大利的 COMAU（柯马），奥地利的 IGM（艾捷莫）等。

以上企业从事工业机器人研发的时间基本可分为图 1.3-2 所示的 20 世纪 60 年代末、70 年代中、70 年代末 3 个时期，FANUC、YASKAWA、ABB、KUKA 是当前工业机器人产销量最大的代表性企业；KAWASAKI、NACHI 公司是全球最早从事工业机器人研发生产的企业；DAIHEN 焊接机器人是国际名牌，以上企业的产品在我国应用最为广泛，简介如下，KUKA 机器人的产品将在第 2 章详述。

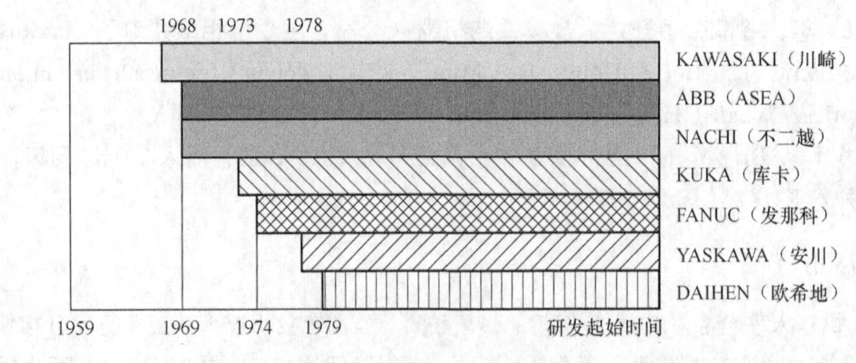

图 1.3-2　工业机器人研发起始时间

1. FANUC（发那科）

FANUC（发那科）从 1956 年起就开始从事数控和伺服的民间研究，1972 年公司正式成立，1974 年开始工业机器人研发、生产，是目前全球最大、最著名的数控系统（CNC）生产厂家和工业机器人生产厂家，工业机器人产销量自 2008 年至今一直位居世界第一。

FANUC 公司自 1977 年开始批量生产、销售工业机器人（ROBOT-MODEL1），1992 年在美国成立了 GE Fanuc 机器人公司（GE Fanuc Robotics Corporation），1997 年和上海电气集团合资，成立了上海发那科（FANUC）机器人有限公司，是最早进入中国市场的国外工业机器人企业之一。

FANUC 工业机器人产品主要包括图 1.3-3 所示的垂直串联通用及专用（弧焊、涂装、食品药品等）工业机器人、并联 Delta 结构机器人、多轴运动平台和变位器等。

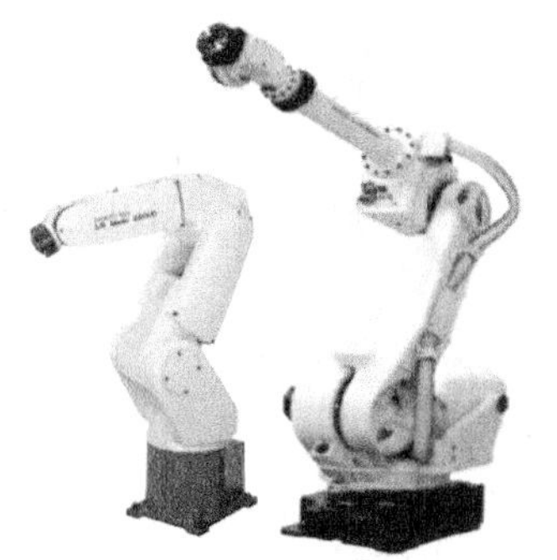

（a）垂直串联通用及专用工业机器人

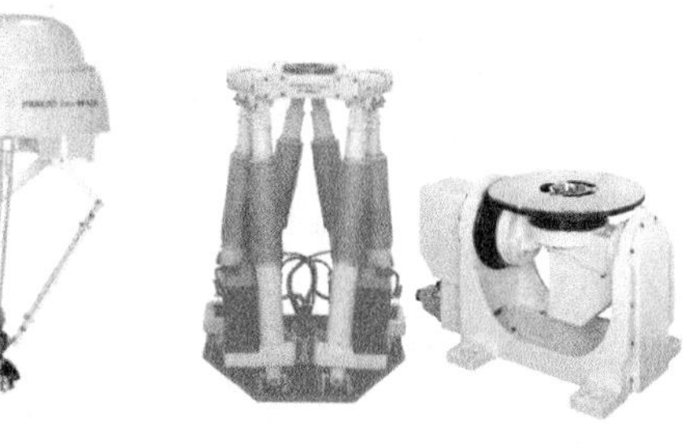

（b）并联 Delta 结构　（c）多轴运动平台及变位器

图 1.3-3　FANUC 工业机器人产品

图 1.3-4 所示的 CR 系列协作型机器人（Collaborative Robot）是 FANUC 近期推出的新产品，属于第二代智能工业机器人。

CR 系列协作型机器人带有触觉传感器等智能检测器件，可感知人体接触并安全停止，因此，可取消第一代机器人作业区间的防护栅栏等安全保护措施，实现人机协同作业。

CR 系列协作型机器人采用 6 轴垂直串联标准结构，产品可用于装配、搬运、包装类作业，目前还不能用于焊接、切割等加工作业。

图 1.3-4　CR 系列协作型机器人

2. YASKAWA（安川）

YASKAWA（安川）公司成立于 1915 年，是全球著名的伺服电机及驱动器、变频器和工业机器人生产厂家，2003—2008 年的工业机器人产销量为全球第一，目前产销仅次于 FANUC 位居世界第二。

YASKAWA 的工业机器人研发始于 1977 年，随后创立了 MOTOMAN 工业机器人品牌，1990 年正式成立 MOTOMAN 机器人中心，1996 年成立北京工业机器人合资公司，成为首家进入中国的工业机器人企业。

YASKAWA 工业机器人产品主要包括图 1.3-5 所示的垂直串联通用及专用（弧焊、涂装、食品药品等）工业机器人、并联 Delta 结构机器人、水平串联 SCARA 机器人和变位器等。

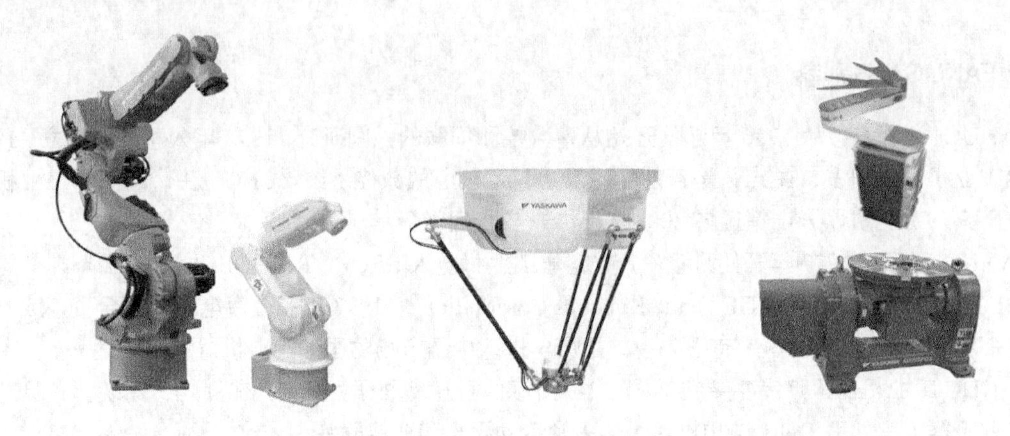

（a）垂直串联通用及专用工业机器人 （b）并联 Delta 结构机器人 （c）水平串联 SCARA 机器人及变位器

图 1.3-5 YASKAWA 工业机器人产品

图 1.3-6 所示的手臂型机器人（Arm Robot）是 YASKAWA 近年研发的第二代智能工业机器人产品。手臂型机器人同样带有触觉传感器等智能检测器件，可感知人体接触并安全停止，实现人机协同安全作业。

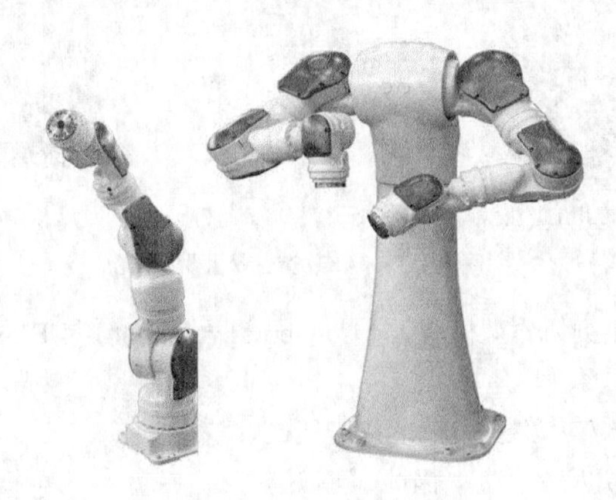

图 1.3-6 安川手臂型机器人

安川手臂型机器人采用的是 7 轴垂直串联、类人手臂结构，其运动灵活、几乎不存在作业死区。安川手臂型机器人目前有图 1.3-6 所示的 SIA 系列 7 轴单臂（Single-arm）、SDA 系列 15 轴（2×7 单臂+基座回转）双臂（Dual-arm）两类，机器人可用于 3C、食品、药品等行业的人机协同作业。

3. ABB

ABB（Asea Brown Boveri）集团公司是由 ASEA（阿西亚，总部位于瑞典）和 Brown. Boveri & Co., Ltd（布朗勃法瑞，简称 BBC，总部位于瑞士）两个具有百年历史的著名电气公司于 1988 年合并而成，集团总部现在位于瑞士苏黎世。

ASEA 公司成立于 1890 年，是世界著名的电力设备制造企业；BBC 公司成立于 1891 年，是世界著名的电力设备、低压电器、电气传动设备生产企业，产品遍及工商业、民用建筑配电、各类自动化设备和大型基础设施工程。ASEA 公司在 1969 年研发出了全球第一台喷涂机器人，并开始进入工业机器人的研发制造领域，在 1974 年，又研发出了世界首台微机控制、全电气驱动的 5 轴涂装机器人 IRB6。组建 ABB 后，在 2009 年研制出了当时全球精度最高、速度最快的 6 轴小型工业机器人 IRB 120；在 2011 年研制出了当时全球最快的码垛机器人 IRB 460；2014 年研发了第二代人机协作机器人 YuMi。2005 年，在上海成立了 ABB 机器人研发中心；2010 年，中国机器人整车喷涂实验中心建成。

ABB 工业机器人产品主要包括图 1.3-7 所示的垂直串联通用及专用（弧焊、涂装、食品药品等）工业机器人、并联 Delta 结构机器人、水平串联 SCARA 机器人和变位器等。

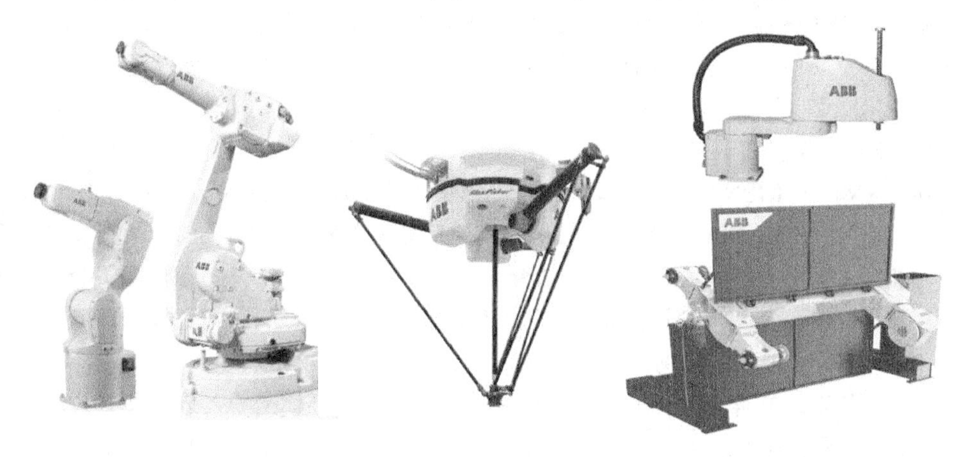

（a）垂直串联通用及专用工业机器人　（b）并联 Delta 结构机器人　（c）水平串联 SCARA 机器人及变位器

图 1.3-7　ABB 工业机器人产品

ABB 公司第二代智能工业机器人的代表性产品为图 1.3-8 所示的 YuMi 协作型机器人。YuMi 协作型机器人的结构和安川手臂型机器人基本相同，机器人同样有 7 轴单臂和 15 轴双臂两种，机器人带有触觉传感器等智能检测器件，可感知人体接触并安全停止，实现人机协同安全作业。

图 1.3-8　YuMi 协作型机器人

4. 其他

（1）KAWASAKI。KAWASAKI（川崎）公司成立于 1878 年，是具有悠久历史的日本著名大型企业集团，业务范围涵盖航空、航天、军事、电力、铁路、造船、工程机械、钢结构、发动机、摩托车、机器人等众多领域。其产品代表了日本科技的先进水平。

KAWASAKI（川崎）公司的工业机器人研发始于 1968 年，是日本最早研发、生产工业机器人的著名企业，在焊接机器人技术方面居世界领先水平，日本首台工业机器人“川崎-Unimation2000”、全球首台用于摩托车车身焊接的弧焊机器人均为该公司研发。

（2）NACHI。NACHI（不二越）是日本著名的机床企业集团，其主要产品有轴承、液压元件、刀具、机床、工业机器人等。NACHI 公司成立于 1928 年，1969 年开始研发生产机床和工业机器人，是日本最早研发生产和世界著名的工业机器人生产厂家之一，其焊接机器、搬运机器人技术处于世界领先水平。

不二越（NACHI）公司曾在 1979 年成功研制出了世界首台电机驱动多关节焊接机器人；2013 年成功研制出 300mm 往复时间达 0.31s 的世界最快的轻量机器人 MZ07；这些产品都代表了当时工业机器人在某一方面的最高技术水平。NACHI（不二越）公司的中国机器人商业中心成立于 2010 年，进入中国市场较晚。

（3）DAIHEN。DAIHEN 公司为日本大阪变压器集团（Osaka Transformer Co.,Ltd，OTC）所属企业，国内称为“欧希地（OTC）”公司。DAIHEN 公司是日本著名的焊接机器人生产企业，公司自 1979 年起开始从事焊接机器人生产；在 1983 年，研发了全世界首台具有示教编程功能的焊接机器人；在 1991 年，研发了全世界首个协同作业机器人焊接系统；这些产品的研发，都对工业机器人的技术进步和行业发展起到了重大的促进作用。

DAIHEN 公司自 2001 年起开始和 NACHI（不二越）合作研发工业机器人。自 2002 年起，该公司先后在我国成立了欧希地机电（上海）有限公司、欧希地机电（青岛）有限公司及欧希地机电（上海）有限公司广州、重庆、天津分公司，进行工业机器人产品的生产和销售。

第 2 章 工业机器人的组成与性能

2.1 工业机器人的组成及特点

2.1.1 工业机器人的组成

1. 工业机器人系统的组成

工业机器人是一种功能完整、可独立运行的典型机电一体化设备，它有自身的控制器、驱动系统和操作界面，可对其进行手动、自动操作及编程，它能依靠自身的控制能力来实现所需要的功能。广义上的工业机器人是由图 2.1-1 所示的机器人及相关附加设备组成的完整系统，它总体可分为机械部件和电气控制系统两大部分。

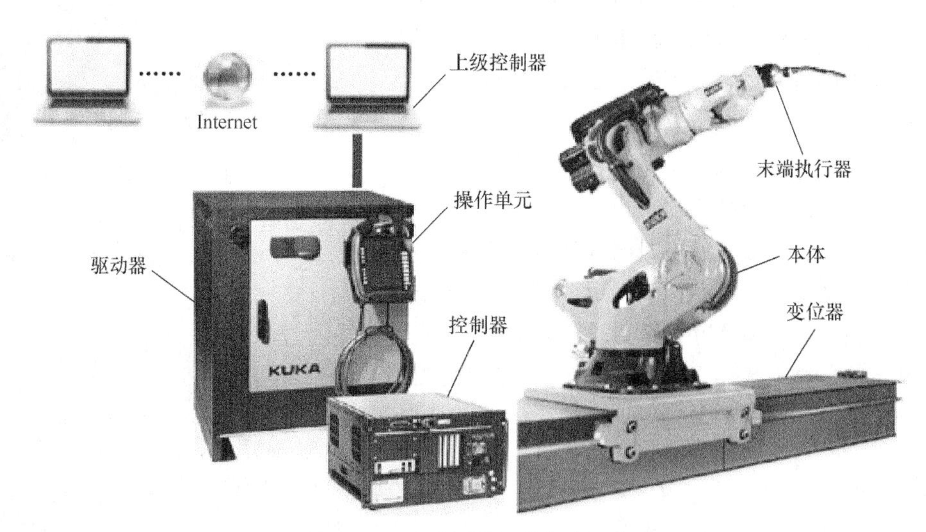

图 2.1-1 工业机器人系统的组成

工业机器人（以下简称机器人）系统的机械部件包括机器人本体、末端执行器、变位器等；控制系统主要包括控制器、驱动器、操作单元、上级控制器等。其中，机器人本体、末端执行器及控制器、驱动器、操作单元是机器人必需的基本组成部件，所有机器人都必须配备。

末端执行器又称工具，它是机器人的作业机构，与作业对象和要求有关，其种类繁多，它一般需要由机器人制造厂和用户共同设计、制造与集成。变位器是用于机器人或工件的整体移动或进行系统协同作业的附加装置，它可根据需要选配。

在控制系统中，上级控制器是用于机器人系统协同控制、管理的附加设备，既可用于机器人与机器人、机器人与变位器的协同作业控制，也可用于机器人和数控机床、机器人和自动生产线等其他机电一体化设备的集中控制，此外，还可用于机器人的操作、编程与调试。上级控制器同样可根据实际系统的需要选配，在柔性加工单元（FMC）、自动生产线等自动化设备上，上级控制器的功能也可直接由数控机床所配套的数控系统（CNC）、生产线控制用的 PLC 等承担。

2. 机器人本体

机器人本体又称操作机，它是用来完成各种作业的执行机构，包括机械部件及安装在机械部件上的驱动电机、传感器等。

机器人本体的形态各异，但绝大多数是由若干关节（Joint）和连杆（Link）连接而成。以常用的 6 轴垂直串联型（Vertical Articulated）工业机器人为例，其运动主要包括整体回转（腰关节）、下臂摆动（肩关节）、上臂摆动（肘关节）、腕回转和弯曲（腕关节）等，其本体的典型结构如图 2.1-2 所示，其主要组成部件包括手部、腕部、上臂、下臂、腰部、基座等。

机器人的手部用来安装末端执行器，它既可以安装类似人类的手爪，也可以安装吸盘或其他各种作业工具；腕部用来连接手部和手臂，起到支撑手部的作用；上臂用来连接腕部和下臂。上臂可回绕下臂摆动，实现手腕大范围的上下（俯仰）运动；下臂用来连接上臂和腰部，并可回绕腰部摆动，以实现手腕大范围的前后运动；腰部用来连接下臂和基座，它可以在基座上回转，以改变整个机器人的作业方向；基座是整个机器人的支持部分。机器人的基座、腰、下臂、上臂通称机身；机器人的腕部和手部通称手腕。

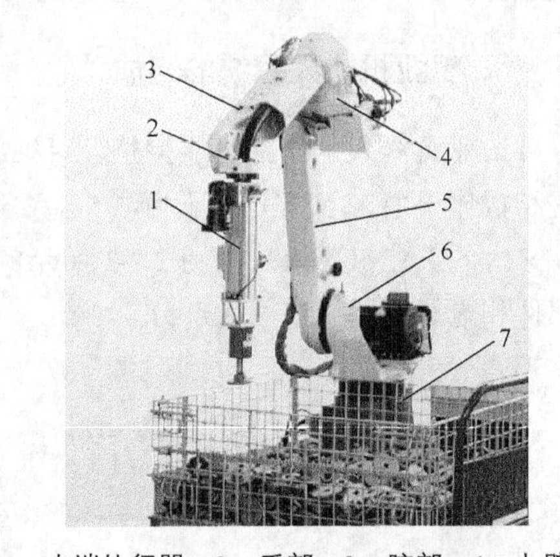

1—末端执行器；2—手部；3—腕部；4—上臂；
5—下臂；6—腰部；7—基座

图 2.1-2　工业机器人本体的典型结构

机器人的末端执行器又称工具，它是安装在机器人手腕上的作业机构。末端执行器与机器人的作业要求、作业对象密切相关，一般需要由机器人制造厂和用户共同设计与制造。例如，用于装配、搬运、包装的机器人则需要配置吸盘、手爪等用来抓取零件、物品的夹持器；而加工类机器人需要配置用于焊接、切割、打磨等加工的焊枪、割枪、铣头、磨头等各种工具或刀具等。

3. 变位器

变位器是工业机器人的主要配套附件，其作用和功能如图 2.1-3 所示。通过变位器，可增加机器人的自由度、扩大作业空间、提高作业效率，实现作业对象或多机器人的协同运动，提升机器人系统的整体性能和自动化程度。

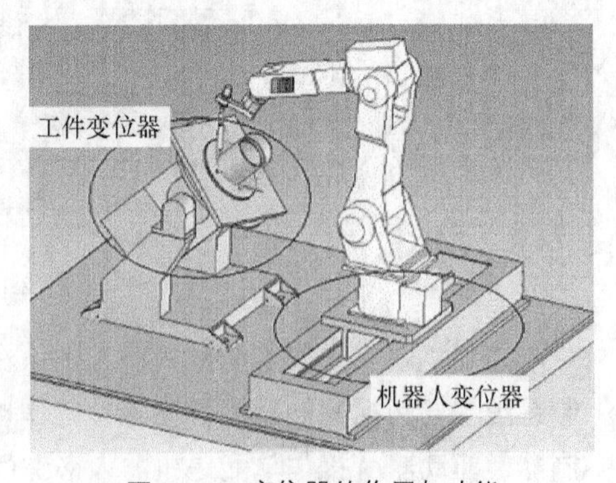

图 2.1-3　变位器的作用与功能

从用途上说，工业机器人的变位器主要有工件变位器、机器人变位器两大类。

（1）工件变位器如图 2.1-4 所示，它主要用于工件的作业面调整与工件的交换，以减少工件装夹次数，缩短工件装卸等辅助时间，提高机器人的作业效率。

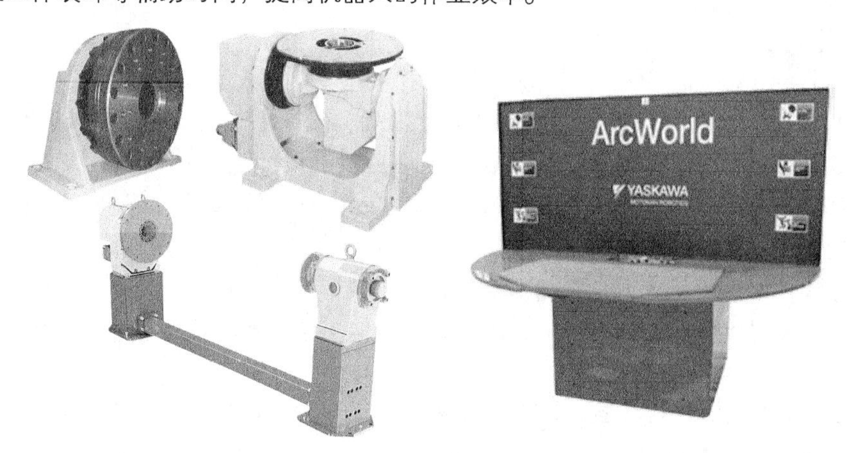

图 2.1-4　工件变位器

在结构上，工件变位器以回转变位器居多。通过工件的回转，可在机器人位置保持不变的情况下，改变工件的作业面，以完成工件的多面作业，避免多次装夹。此外，还可通过工装的 180° 整体回转运动，实现作业区与装卸区的工件自动交换，使得工件的装卸和作业可同时进行，从而大大缩短工件装卸时间。

（2）机器人变位器通常采用图 2.1-5 所示的轨道式、摇臂式、横梁式、龙门式等结构。轨道式变位器通常采用可接长的齿轮/齿条驱动，其行程一般不受限制；摇臂式、横梁式、龙门式变位器主要用于倒置式机器人的平面（摇臂式）、直线（横梁式）、空间（龙门式）变位。利用变位器，可实现机器人整体的大范围运动，扩大机器人的作业范围、实现大型工件、多工件的作业；或者通过机器人的运动，实现作业区与装卸区的交换，以缩短工件装卸时间，提高机器人的作业效率。

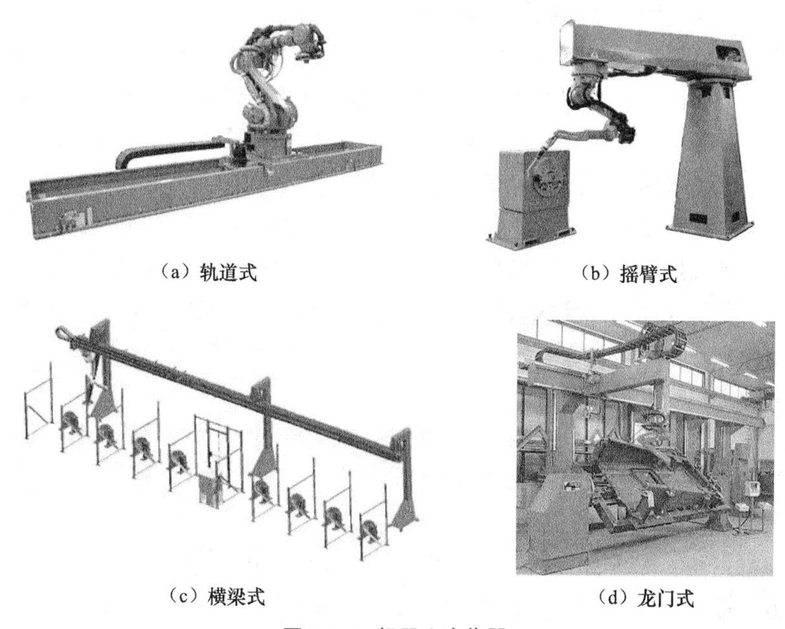

（a）轨道式　（b）摇臂式

（c）横梁式　（d）龙门式

图 2.1-5　机器人变位器

工件变位器、机器人变位器既可选配机器人生产厂家的标准部件，也可由用户根据需要设计、制作。简单机器人系统的变位器一般由机器人控制器直接控制，多机器人复杂系统的变位器需要由上级控制器进行集中控制。

4. 电气控制系统

在机器人电气控制系统中，上级控制器仅用于复杂系统各种机电一体化设备的协同控制、运行管理和调试编程，它通常以网络通信的形式与机器人控制器进行信息交换，因此，实际上属于机器人电气控制系统的外部设备；而机器人控制器、操作单元、伺服驱动器及辅助控制电路，则是机器人电气控制系统必不可少的系统部件。

（1）机器人控制器。机器人控制器是用于机器人坐标轴位置和运动轨迹控制的装置，输出运动轴的插补脉冲，其功能与数控装置（CNC）非常类似，控制器的常用结构有工业 PC 型和 PLC 型两种。

工业计算机（又称工业 PC）型机器人控制器的主机和通用计算机并无本质的区别，但机器人控制器需要增加传感器、驱动器接口等硬件，这种控制器的兼容性好、软件安装方便、网络通信容易。PLC（可编程序逻辑控制器）型控制器以类似 PLC 的 CPU 模块作为中央处理器，然后通过选配各种 PLC 功能模块，如测量模块、轴控制模块等来实现对机器人的控制，这种控制器的配置灵活，模块通用性好、可靠性高。

（2）操作单元。工业机器人的现场编程一般通过示教操作实现，它对操作单元的移动性能和手动性能的要求较高，但其显示功能一般不及数控系统，因此，机器人的操作单元以手持式为主，习惯上称之为示教器。

传统的示教器由显示器和按键组成，操作者可通过按键直接输入命令进行所需的操作。目前常用的示教器为菜单式，它由显示器和操作菜单键组成，操作者可通过操作菜单选择需要的操作。先进的示教器使用了目前智能手机同样的触摸屏和图标界面，这种示教器的最大优点是可直接通过 Wi-Fi 连接控制器和网络，从而省略了示教器和控制器间的连接电缆；智能手机型操作单元使用灵活、方便，是适合网络环境下使用的新型操作单元。

（3）驱动器。驱动器实际上是用于控制器的插补脉冲功率放大的装置，实现驱动电机位置、速度、转矩控制，驱动器通常安装在控制柜内。驱动器的形式决定于驱动电机的类型，伺服电机需要配套伺服驱动器、步进电机则需要使用步进驱动器。机器人目前常用的驱动器以交流伺服驱动器为主，它有集成式、模块式和独立型 3 种基本结构形式。

集成式驱动器的全部驱动模块集成于一体，电源模块可以独立或集成，这种驱动器的结构紧凑、生产成本低，是目前使用较为广泛的结构形式。模块式驱动器的电源模块为公用，驱动模块独立，驱动器需要统一安装。集成式、模块式驱动器不同控制轴间的关联性强，调试、维修和更换相对比较麻烦。独立型驱动器的电源和驱动电路集成于一体，每一轴的驱动器可独立安装和使用，因此，其安装使用灵活、通用性好，其调试、维修和更换也较方便。

（4）辅助控制电路。辅助电路主要用于控制器、驱动器电源的通断控制和接口信号的转换。由于工业机器人的控制要求类似，接口信号的类型基本统一，为了缩小体积、降低成本、方便安装，辅助控制电路常被制成标准的控制模块。

尽管机器人的用途、规格有所不同，但电气控制系统的组成部件和功能类似，因此，机器人生产厂家一般将电气控制系统统一设计成图 2.1-6 所示的控制箱型或控制柜型。

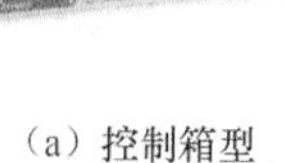

（a）控制箱型

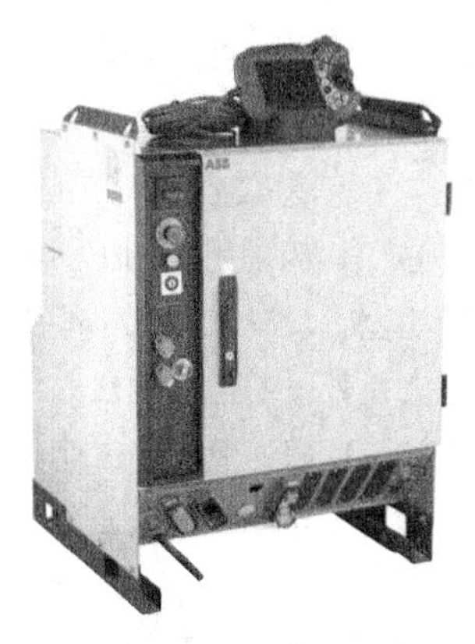

（b）控制柜型

图 2.1-6　电气控制系统结构

在以上控制箱、控制柜中，示教器是用于工业机器人操作、编程及数据输入/显示的人机界面，为了方便使用，一般为可移动式悬挂部件；驱动器一般为集成式交流伺服驱动器；控制器则以 PLC 型为主。另外，在采用工业计算机型机器人控制器的系统上，控制器有时也可独立安装，系统的其他控制部件通常统一安装在控制柜内。

2.1.2　工业机器人的特点

1. 基本特点

工业机器人是集机械、电子、控制、检测、计算机、人工智能等多学科先进技术于一体的典型机电一体化设备，其主要技术特点如下。

（1）拟人。在结构形态上，大多数工业机器人的本体有类似人类的腰转、大臂、小臂、手腕、手爪等部件，并接受其控制器的控制。在智能工业机器人上，还安装有模拟人类等生物的传感器，如：模拟感官的接触传感器、力传感器、负载传感器、光传感器；模拟视觉的图像识别传感器；模拟听觉的声传感器、语音传感器等；这样的工业机器人具有类似人类的环境自适应能力。

（2）柔性。工业机器人有完整、独立的控制系统，它可通过编程来改变其动作和行为，此外，还可通过安装不同的末端执行器，来满足不同的应用要求，因此，它具有适应对象变化的柔性。

（3）通用。除部分专用工业机器人外，大多数工业机器人都可通过更换工业机器人手部的末端操作器，如更换手爪、夹具、工具等，来完成不同的作业。因此，它具有一定的、执行不同作业任务的通用性。

工业机器人、数控机床、机械手三者在结构组成、控制方式、行为动作等方面有许多相似之处，以至于非专业人士很难区分，有时引起误解。以下通过三者的比较，来介绍它们的区别。

2. 工业机器人与数控机床

世界首台数控机床出现于 1952 年，它由美国麻省理工学院率先研发，其诞生比工业机器人早 7 年，因此，工业机器人的很多技术都来自数控机床。

George Devol（乔治·德沃尔）最初设想的机器人实际就是工业机器人，他所申请的专利就是利用数控机床的伺服轴驱动连杆机构，然后通过操纵、控制器对伺服轴的控制，来实现机器人的功能。按照相关标准的定义，工业机器人是“具有自动定位控制、可重复编程的多功能、多自由度的操作机”，这点也与数控机床十分类似。

因此，工业机器人和数控机床的控制系统类似，它们都有控制面板、控制器、伺服驱动等基本部件，操作者可利用控制面板对它们进行手动操作或进行程序自动运行、程序输入与编辑等操作控制。但是，工业机器人和数控机床的研发目的有着本质的区别，因此，其地位、用途、结构、性能等各方面均存在较大的差异。图 2.1-7 所示是数控机床和工业机器人的功能比较，总体而言，两者的区别主要有以下几点。

（1）作用和地位。机床是用来加工机器零件的设备，是制造机器的机器，故称为工作母机；没有机床就几乎不能制造机器，没有机器就不能生产工业产品。因此，机床被称为国民经济基础的基础，在现有的制造模式中，它仍处于制造业的核心地位。工业机器人尽管发展速度很快，但目前绝大多数还只是用于零件搬运、装卸、包装、装配的生产辅助设备，或是进行焊接、切割、打磨、抛光等简单粗加工的生产设备，它在机械加工自动生产线上（焊接、涂装生产线除外）所占的价值一般只有 15%左右。

因此，除非现有的制造模式发生颠覆性变革，否则，工业机器人的体量很难超越机床；所以，那些认为"随着自动化大趋势的发展，机器人将取代机床成为新一代工业生产的基础"的观点，至少在目前看来是不正确的。

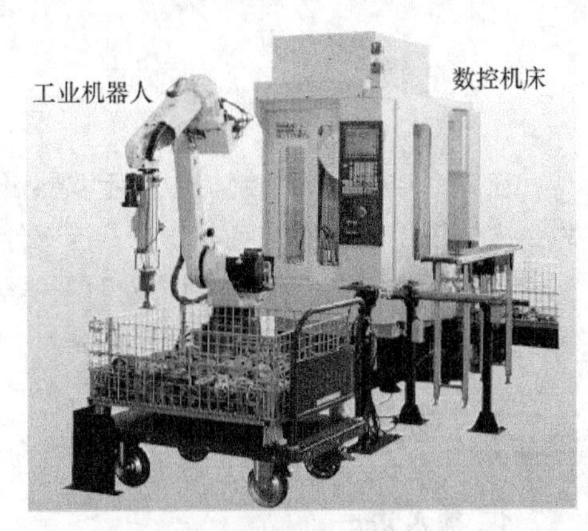

图 2.1-7　数控机床和工业机器人的功能比较

（2）目的和用途。研发数控机床的根本目的是解决轮廓加工的刀具运动轨迹控制问题；而研发工业机器人的根本目的是用来协助或代替人类完成那些单调、重复、频繁或长时间、繁重的工作或进行高温、粉尘、有毒、易燃、易爆等危险环境下的作业。由于两者研发目的不同，因此，其用途也有根本的区别。简言之，数控机床是直接用来加工零件的生产设备；而大部分工业机器人则是用来替代或部分替代操作者进行零件搬运、装卸、装配、包装等作业的生产辅助设备，两者目前尚无法相互完全替代。

（3）结构形态。工业机器人需要模拟人的动作和行为，在结构上以回转摆动轴为主、直线轴为辅（可能无直线轴），多关节串联、并联轴是其常见的形态；部分机器人（如无人搬运车等）的作业空间也是开放的。数控机床的结构以直线轴为主、回转摆动轴为辅（可能无回转摆动轴），绝大多数采用直角坐标结构；其作业空间（加工范围）局限于设备本身。

但是，随着技术的发展，两者的结构形态也在逐步融合，如机器人有时也采用直角坐标结构；采用并联虚拟轴结构的数控机床也已有实用化的产品等。

（4）技术性能。数控机床是用来加工零件的精密加工设备，其轮廓加工能力、定位精度和加工精度等是衡量数控机床性能最重要的技术指标。高精度数控机床的定位精度和加工精度通常需要达到 0.01mm 或 0.001mm 的数量级，甚至更高，且其精度检测和计算标准的要求高于机器人。数控机床的轮廓加工能力决定于工件要求和机床结构，通常而言，能同时控制 5 轴（5 轴联动）的机床，就可满足绝大多数零件的轮廓加工要求。

工业机器人是用于零件搬运、装卸、码垛、装配的生产辅助设备，或是进行焊接、切割、打磨、抛光等粗加工的设备，强调的是动作灵活性、作业空间、承载能力和感知能力。因此，除少数用于精密加工或装配的机器人外，其余大多数工业机器人对定位精度和轨迹精度的要求并不高，通常只需要达到 0.1～1mm 的数量级便可满足要求，且精度检测和计算标准等低于数控机床。但是，工业机器人的控制轴数将直接决定自由度、动作灵活性等关键指标，其要求很高；理论上说，需要工业机器人有 6 个自由度（6 轴控制），才能完全描述一个物体在三维空间的位置，如需要避障，还需要有更多的自由度。此外，智能工业机器人还需要有一定的感知能力，故需要配备位置、触觉、视觉、听觉等多种传感器；而数控机床一般只需要检测速度与位置，因此，工业机器人对检测技术的要求高于数控机床。

3. 工业机器人与机械手

用于零件搬运、装卸、码垛、装配的工业机器人功能和自动化生产设备中的辅助机械手类似。例如，国际标准化组织（ISO）将工业机器人定义为“自动的、位置可控的、具有编程能力的多功能机械手”；日本机器人协会（JRA）将工业机器人定义为“能够执行人体上肢（手和臂）类似动作的多功能机器”，表明两者的功能存在很大的相似之处。但是，工业机器人与生产设备中的辅助机械手的控制系统、操作编程、驱动系统均有明显的不同。图 2.1-8 是工业机器人和机械手的比较图，两者的主要区别如下。

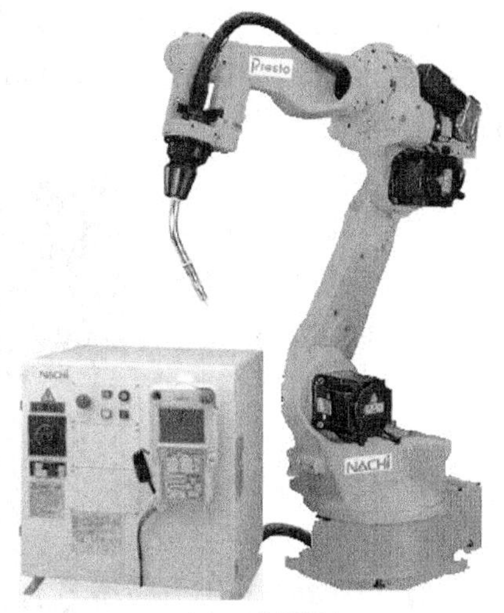

（a）工业机器人

（b）机械手

图 2.1-8　工业机器人和机械手的比较

（1）控制系统。工业机器人需要有独立的控制器、驱动系统、操作界面等，可对其进行手动、自动操作和编程，因此，它是一种可独立运行的完整设备，能依靠自身的控制能力来实现所需要的功能。机械手只是用来实现换刀或工件装卸等操作的辅助装置，其控制一般需要通过设备的控制器（如 CNC、PLC 等）实现，它没有自身的控制系统和操作界面，故不能独立运行。

（2）操作编程。工业机器人具有适应动作和对象变化的柔性，其动作是随时可变的，如需要，最终用户可随时通过手动操作或编程来改变其动作，现代工业机器人还可根据人工智能技术所制定的原则纲领自主行动。但是，辅助机械手的动作和对象是固定的，其控制程序通常由设备生产厂家编制；即使在调整和维修时，用户通常也只能按照设备生产厂的规定进行操作，而不能改变其动作的位置与次序。

（3）驱动系统。工业机器人需要灵活改变位姿，绝大多数运动轴需要有任意位置定位功能，需要使用伺服驱动系统；在无人搬运车（Automated Guided Vehicle，AGV）等输送机器人上，还需要配备相应的行走机构及相应的驱动系统。而辅助机械手的安装位置、定位点和动作次序样板都是固定不变的，大多数运动部件只需要控制起点和终点，故较多地采用气动、液压驱动系统。

2.2 工业机器人的结构形态

2.2.1 垂直串联机器人

从运动学原理上说，绝大多数机器人的本体是由若干关节（Joint）和连杆（Link）组成的运动链。根据关节间的连接形式，多关节工业机器人的典型结构主要有垂直串联、水平串联（或 SCARA）和并联三大类。

垂直串联（Vertical Articulated）是工业机器人最常见的结构形式，机器人的本体部分一般由 5～7 个关节在垂直方向依次串联而成，它可以模拟人类从腰部到手腕的运动，用于加工、搬运、装配、包装等各种场合。

1. 6 轴垂直串联结构

图 2.2-1 所示的 6 轴垂直串联结构是垂直串联机器人的典型结构。机器人的 6 个运动轴分别为腰部回转轴 S（Swing，亦称 j1）、下臂摆动轴 L（Lower Arm Wiggle，亦称 j2）、上臂摆动轴 U（Upper Arm Wiggle，亦称 j3）、腕回转轴 R（Wrist Rotation，亦称 j4）、腕弯曲摆动轴 B（Wrist Bending，亦称 j5）、手回转轴 T（Turning，亦称 j6）；其中，图中用实线表示的腰部回转轴 S（j1）、腕回转轴 R（j4）、手回转轴 T（j6）为可在 4 象限进行 360° 或接近 360° 回转，称为回转轴（Roll）；用虚线表示的下臂摆动轴 L（j2）、上臂摆动轴 U（j3）、腕弯曲摆动轴 B（j5）一般只能在 3 象限内进行小于 270° 回转，称摆动轴（Bend）。

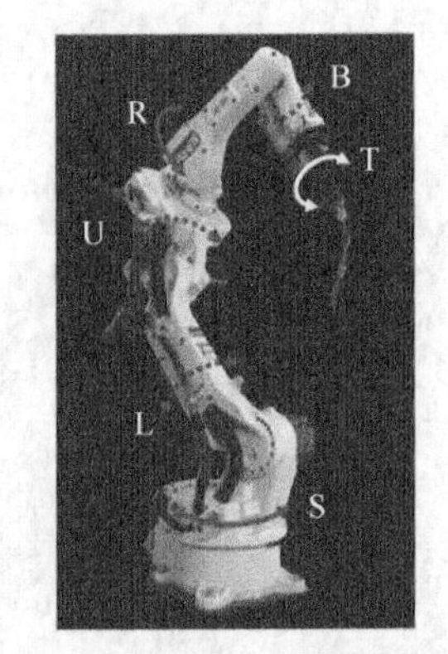

图 2.2-1 6 轴垂直串联结构

6 轴垂直串联结构机器人的末端执行器作业点的运动，由手臂和手腕、手的运动合成；另外，腰、下臂、上臂 3 个关节，可用来改变手腕基准点的位置，称为定位机构。通过腰部回转轴 S 的运动，机器人可绕基座的垂直轴线回转，以改变机器人的作业面方向；通过下臂摆动轴 L 的运动，机器人的下部可进行垂直方向的偏摆，实现手腕参考点的前后运动；通过上臂摆动轴 U 的运动，使机器人的上部可进行水平方向的偏摆，实现手腕参考点的上下运动（俯仰）。

手腕部分的腕回转、弯曲摆动和手回转 3 个关节，可用来改变末端执行器的姿态，称为定向机构。腕回转轴 R 可整体改变手腕方向，调整末端执行器的作业面向；腕弯曲轴 B 可用来实现末端执行器的上下、前后、左右摆动，调整末端执行器的作业点；手回转轴 T 用于末端执行器回转控制，它可改变末端执行器的作业方向。

6 轴垂直串联结构机器人通过以上定位机构和定向机构的串联，较好地实现了三维空间内的任意位置和姿态控制，它对于各种作业都有良好的适应性，因此，可用于加工、搬运、装配、包装等各种场合。

但是，6 轴垂直串联结构机器人的也存在以下固有的缺点。

首先，末端执行器在笛卡儿坐标系上的三维运动（X、Y、Z 轴），需要通过多个回转轴、摆动轴的运动合成，且运动轨迹不具备唯一性，X、Y、Z 轴的坐标计算和运动控制比较复杂，加上 X、Y、Z 轴的位置无法通过传感器进行直接检测，要实现高精度的闭环位置控制非常困难。这是采用关节和连杆结构的工业机器人所存在的固定缺陷，它也是目前工业机器人大多需要采用示教编程，以及其位置控制精度不及数控机床的位置控制精度的主要原因。

其次，由于结构所限，6 轴垂直串联结构机器人存在运动干涉区域，在上部或正面运动受限时，进行下部、反向作业非常困难。

最后，在典型结构上，所有轴的运动驱动机构都安装在相应的关节部位，机器人上部的质量大、重心高，高速运动时的稳定性较差，其承载能力通常较低等。

为了解决以上问题，垂直串联工业机器人有时采用如下变形结构。

2. 7 轴垂直串联结构

为解决 6 轴垂直串联结构存在的下部、反向作业运动干涉问题，先进的工业机器人有时也采用图 2.2-2 所示的 7 轴垂直串联结构。

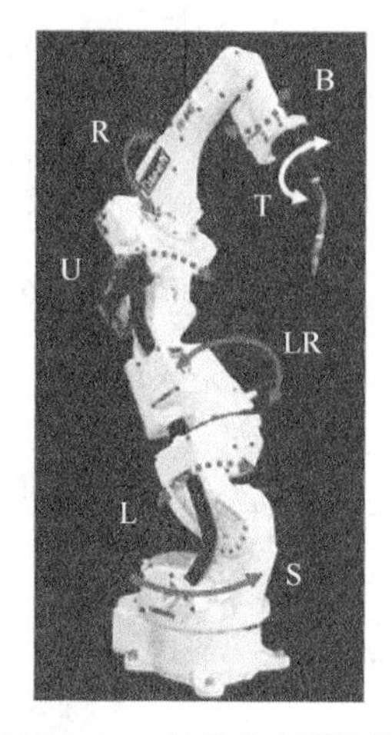

图 2.2-2　7 轴垂直串联结构

7 轴垂直串联结构的机器人在 6 轴机器人的基础上，增加了下臂回转轴 LR（Lower Arm Rotation，j7），使定位机构扩大到腰回转、下臂摆动、下臂回转、上臂摆动 4 个关节，手腕基准点（参考点）的定位更加灵活。

例如，当机器人上部的运动受到限制时，它仍能够通过下臂的回转，避让上部的干涉区，从而完成图 2.2-3（a）所示的下部作业；在正面运动受到限制时，则通过下臂的回转，避让正面的干涉区，进行图 2.2-3（b）所示的反向作业。

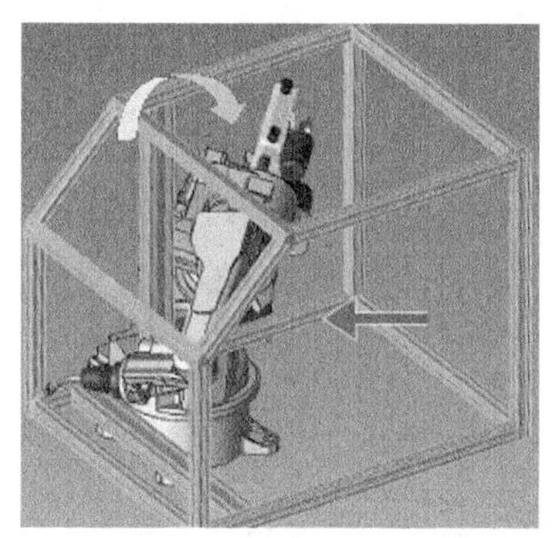

（a）上部避让

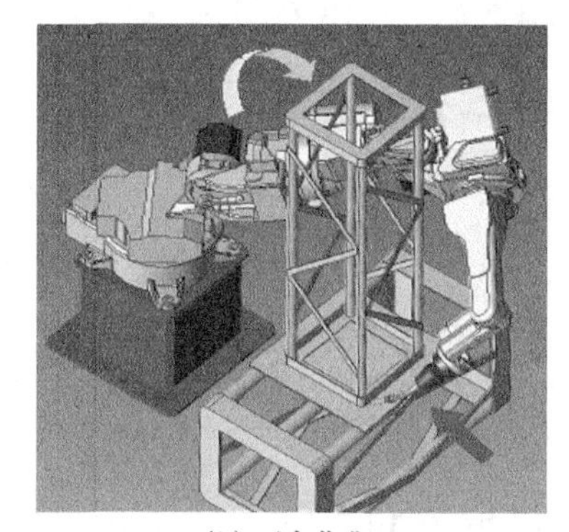

（b）反向作业

图 2.2-3　7 轴垂直串联结构机器人的应用

3. 其他结构

机器人末端执行器的姿态与作业要求有关，在部分作业场合，有时可省略 1～2 个运动轴，将机器人简化为图 2.2-4 所示的 4 轴、5 轴垂直串联结构的机器人。

（a）4 轴

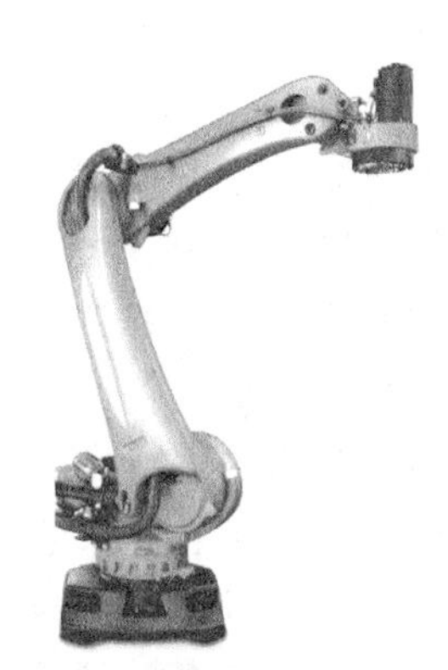

（b）5 轴

图 2.2-4　4 轴、5 轴垂直串联结构机器人

例如，对于大型平面搬运作业的机器人，有时采用图 2.2-4（a）所示的 4 轴垂直串联结构，省略手腕回转轴 R、摆动轴 B，以简化结构、增加刚性等。对于以水平面作业为主的搬运、包装机器人，可省略手腕回转轴 R，有时采用图 2.2-4（b）所示的 5 轴垂直串联结构；

为了减轻 6 轴垂直串联典型结构的机器人的上部质量，降低机器人重心，提高运动稳定性和承载能力，大型、重载的搬运、码垛机器人也经常采用图 2.2-5 所示的平行四边形连杆驱动机构，来实现上臂和腕弯曲的摆动运动。采用平行四边形连杆机构驱动，不仅可加长力臂，放大电机驱动力矩、提高负载能力，而且还可将驱动机构的安装位置移至腰部，以降低机器人的重心，增加运动稳定性。平行四边形连杆机构驱动的机器人结构刚性高、负载能力强，它是大型、重载搬运机器人的常用结构形式。

图 2.2-5　平行四边形连杆驱动机构

2.2.2　水平串联机器人

1. 基本结构

水平串联（Horizontal Articulated）结构是在 1978 年发明的一种建立在圆柱坐标上的特殊机器人结构形式，又称 SCARA（Selective Compliance Assembly Robot Arm，选择顺应性装配机器人手臂）结构。

SCARA 机器人的基本结构如图 2.2-6 所示。这种机器人的手臂由 2～3 个轴线相互平行的水平旋转关节 C1、C2、C3 串联而成，以实现平面定位；整个手臂可通过垂直方向的直线移动轴 Z，进行升降运动。

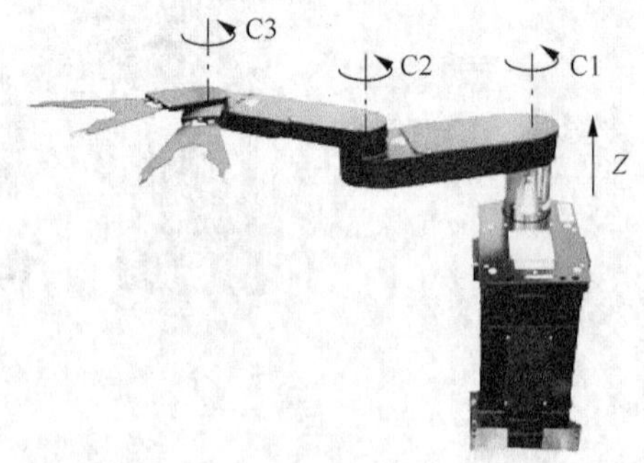

图 2.2-6　SCARA 机器人的基本结构

SCARA 机器人的结构简单、外形轻巧、定位精度高、运动速度快，它特别适合于平面定位、垂直方向装卸的搬运和装配作业，故首先被用于 3C（计算机、通信、消费电子）行业印制电路板的器件装配和搬运作业；随后在光伏行业的 LED、太阳能电池安装，以及塑料、汽车、药品、食品等行业的平面装配和搬运领域得到了较为广泛的应用。SCARA 机器人的工作半径通常为 100～1000mm，承载能力一般在 1～200kg。

2. 变形结构

采用 SCARA 基本结构的机器人结构紧凑、动作灵巧，但水平旋转关节 C1、C2、C3 的驱动电机均需要安装在基座侧，其传动链长、传动系统结构较为复杂；此外，垂直轴 *Z* 需要控制 3 个手臂的整体升降，其运动部件质量较大、承载能力较低、升降行程通常较小，因此，实际使用时经常采用图 2.2-7 所示的变形结构。

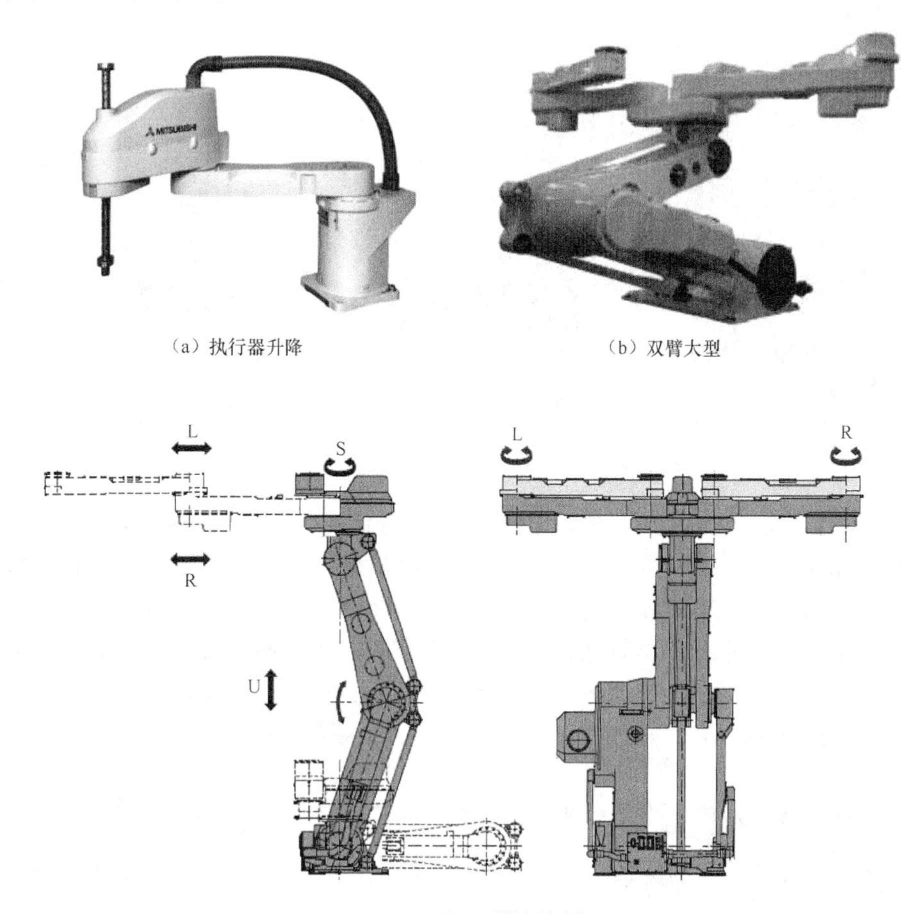

（a）执行器升降　　（b）双臂大型

（c）双臂大型动作

图 2.2-7　SCARA 变形结构

（1）执行器升降结构。执行器升降 SCARA 机器人如图 2.2-7（a）所示。采用执行器升降结构的 SCARA 机器人不但可扩大 *Z* 轴升降行程、减轻升降部件的重量、提高手臂刚性和负载能力，同时，还可将 C2、C3 轴的驱动电机安装位置前移，以缩短传动链、简化传动系统结构。但是，这种结构的机器人回转臂的体积大、结构不及基本型机器人紧凑，因此，多用于垂直方向运动不受限制的平面搬运和部件装配作业。

（2）双臂大型结构。双臂大型 SCARA 机器人如图 2.2-7（b）所示。这种机器人有 1 个升降轴 U、2 个对称手臂回转轴（L、R）、1 个整体回转轴 S；升降轴 U 可同步控制上、下臂的折叠，实现升降；回转轴 S 可控制 2 个手臂的整体回转；回转轴 L、R 可分别控制 2 个对称手臂的水平方向伸缩。双臂大型 SCARA 机器人的结构刚性好、承载能力强、作业范围大，故可用于太阳能电池板安装、清洗房物品升降等大型平面搬运和部件装配作业。

2.2.3 并联机器人

1. 基本结构

并联机器人(Parallel Robot)的结构设计源自于 1965 年英国科学家 Stewart 在 *A Platform with Six Degrees of Freedom* 一文中提出的 6 自由度飞行模拟器，即 Stewart 平台机构。Stewart 平台的标准结构如图 2.2-8 所示。

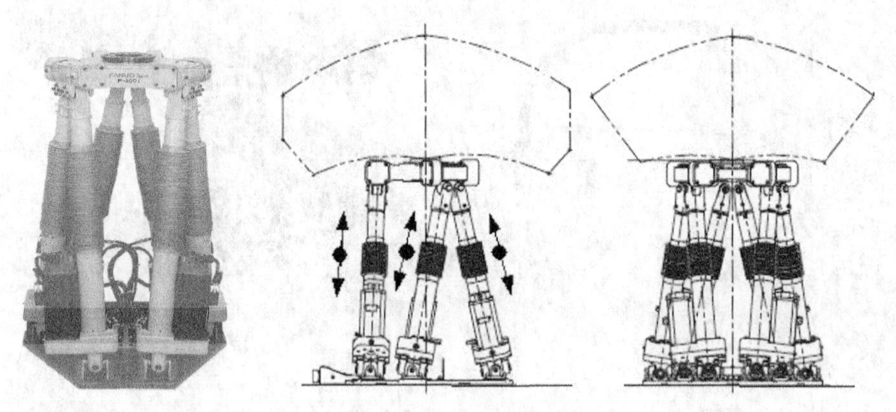

图 2.2-8 Stewart 平台的标准结构

Stewart 平台通过空间均布的 6 根并联连杆支撑。当控制 6 根连杆进行伸缩运动时，便可实现平台在三维空间的前后、左右、升降及倾斜、回转、偏摆等运动。Stewart 平台具有 6 个自由度，可满足机器人的控制要求，在 1978 年，它被澳大利亚学者 Hunt 首次用于机器人的运动控制。

Stewart 平台的运动需要通过 6 根连杆轴的同步控制实现，其结构较为复杂、控制难度很大。1985 年，瑞士洛桑联邦理工学院（EPFL）的 Clavel 博士，发明了一种图 2.2-9 所示的简化结构，它采用悬挂式布置，通过 3 根并联连杆轴的摆动，实现三维空间的平移运动，这一结构被称为 Delta 结构。

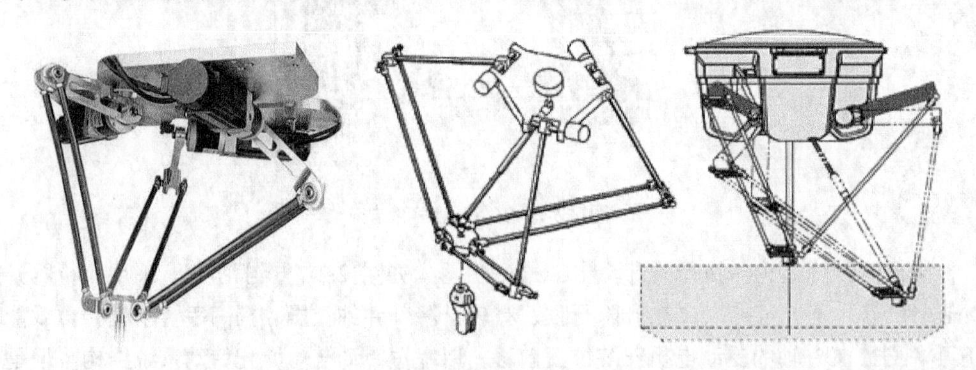

图 2.2-9 Delta 结构

Delta 结构通过在运动平台上安装回转轴，增加回转自由度，方便地实现 4、5、6 自由度的控制，以满足不同机器人的控制要求，采用了 Delta 结构的机器人称为 Delta 机器人或 Delta 机械手，6 自由度 Delta 机器人如图 2.2-10 所示。

Delta 机器人具有结构简单、控制容易、运动快捷、安装方便等优点，因而成为目前并联机器人的基本结构，被广泛用于食品、药品、电子、电工等行业的物品分拣、装配、搬运，它是高速、轻载并联机器人最为常用的结构形式。

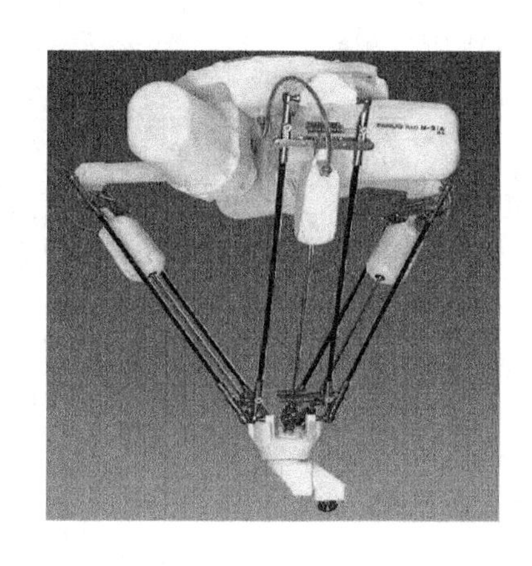
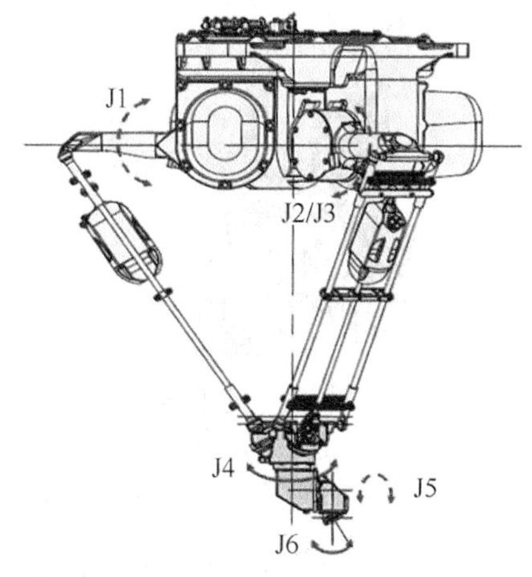

图 2.2-10　6 自由度 Delta 机器人

2. 结构特点

并联结构和串联结构有本质的区别，并联结构是工业机器人结构发展史上的一次重大变革。在传统的串联结构机器人上，从机器人的安装基座到末端执行器，需要经过腰部、下臂、上臂、手腕、手部等多级运动部件的串联。因此，当腰部进行回转时，安装在腰部上方的下臂、上臂、手腕、手部等都必须随之进行相应的空间运动；当下臂进行摆动运动时，安装在下臂上的上臂、手腕、手部等也必须随之进行相应的空间移动等。这就是说，串联结构的机器人的后置部件必然随同前置轴一起运动，这无疑增加了前置轴运动部件的重量，因此，前置轴设计时，必须有足够的结构刚性。

另一方面，在机器人作业时，执行器上所受的反力也将从手部、手腕依次传递到上臂、下臂、腰部、基座上，即末端执行器的受力也将从串联传递至前端。因此，前端构件在设计时不但要考虑负担后端构件的重力，而且还要承受作业的反力，为了保证刚性和精度，每部分的构件都得有足够体积和质量。

由此可见，串联结构的机器人，必然存在移动部件质量大、系统刚度低等固有缺陷。

并联结构机器人的手腕和基座采用的是 3 根并联连杆连接，手部受力可由 3 根连杆均匀分摊，每根连杆只承受拉力或压力，不承受弯矩或扭矩，因此，这种结构理论上具有刚度高、重量轻、结构简单、制造方便等特点。

3. 直线驱动结构

采用连杆摆动结构的 Delta 机器人具有结构紧凑、安装简单、运动速度快等优点，但其承载能力通常较小（通常在 10kg 以内），故多用于电子、食品、药品等行业的轻量物品的分拣、搬运等。

为了增强结构刚性，使机器人能够适应大型物品的搬运、分拣等要求，大型并联机器人经常采用直线驱动结构，图 2.2-11 所示机器人以伺服电机和滚珠丝杠驱动的连杆拉伸直线运动代替摆动，不但提高了机器人的结构刚性和承载能力，而且还可以提高定位精度、简化结构设计，其最大承载能力可达 1000kg 以上。直线驱动的并联机器人如安装高速主轴，便可成为一台可进行切削加工、类似于数控机床的加工机器人。

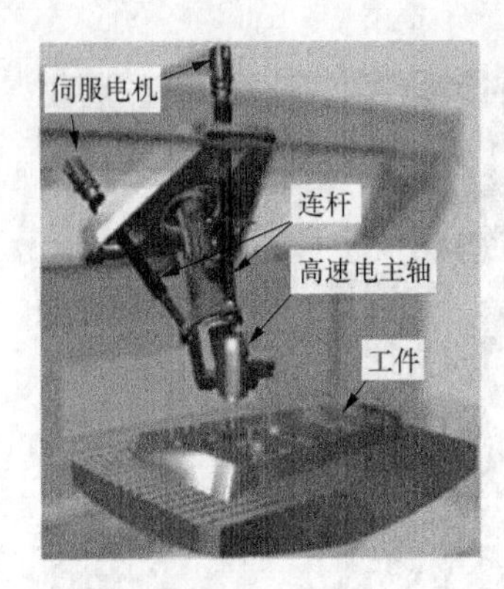

图 2.2-11　直线驱动结构并联机器人

并联结构同样在数控机床上得到应用，实用型产品在 1994 年的美国芝加哥世界制造技术博览会（IMTS94）上展出后，一度成为机床行业的研究热点，目前已有多家机床生产厂家推出实用化的产品。由于数控机床对结构刚性、位置控制精度、切削能力的要求高，因此，一般需要采用图 2.2-12 所示的 Stewart 平台结构或直线驱动的 Delta 结构，以提高机床的结构刚性和位置精度。

并联结构的数控机床同样具有刚度高、重量轻、结构简单、制造方便等特点，但是，数控机床对位置和轨迹控制的要求高，采用并联结构时，其笛卡儿坐标系的位置检测和控制还存在相当的技术难度，因此，目前尚不具备大范围普及和推广的条件。

(a) Stewart 平台结构

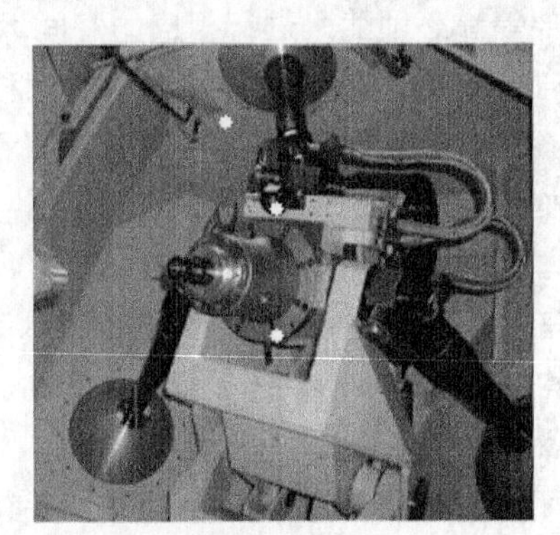

(b) Delta 结构

图 2.2-12　并联轴数控机床

2.3　工业机器人的技术性能

2.3.1　主要技术参数

1. 基本参数

由于机器人的结构、用途和要求不同，机器人的性能也有所不同。一般而言，机器人样本和说明书中所给的主要技术参数有控制轴数（自由度）、承载能力、工作范围（作业空间）、运动速度、位置精度等；此外，还有安装方式、防护等级、环境要求、供电电源要求、机器人外形尺寸与重量等与使用、安装、运输相关的其他参数。

以 ABB 公司 IRB 140T 和安川公司 MH6 两种 6 轴通用型机器人为例，产品样本和说明书所提供的主要技术参数如表 2.3-1 所示。

表 2.3-1　6 轴通用机器人主要技术参数表

机器人型号		IRB 140T	MH6
规格（Specification）	承载能力（Payload）	6kg	6kg
	控制轴数（Number of axes）	6	
	安装方式（Mounting）	地面/壁挂/框架/倾斜/倒置	
工作范围（Working range）	第 1 轴（Axis 1）	360°	−170° ～+170°
	第 2 轴（Axis 2）	200°	−90° ～+155°
	第 3 轴（Axis 3）	−280°	−175° ～+250°
	第 4 轴（Axis 4）	不限	−180° ～+180°
	第 5 轴（Axis 5）	230°	−45° ～+225°
	第 6 轴（Axis 6）	不限	−360° ～+360°
最大速度（Maximum Speed）	第 1 轴（Axis 1）	250° /s	220° /s
	第 2 轴（Axis 2）	250° /s	200° /s
	第 3 轴（Axis 3）	260° /s	220° /s
	第 4 轴（Axis 4）	360° /s	410° /s
	第 5 轴（Axis 5）	360° /s	410° /s
	第 6 轴（Axis 6）	450° /s	610° /s
重复定位精度（Position repeatability）		0.03mm/ISO 9238	± 0.08mm/JISB8432
环境（Ambient）	工作温度（Operation temperature）	+5℃～+45℃	0～+45℃
	储运温度（Transportation temperature）	−25℃～+55℃	−25℃～+55℃
	相对湿度（Relative humidity）	小于等于 95%RH	20%～80%RH
电源（Power Supply）	电压（voltage）	200～600V/50～60Hz	200～400V/50～60Hz
	容量（Power capacity）	4.5kV・A	1.5kV・A
外形（Dimensions）	长/宽/高（Width/Depth/Height）	800mm × 620mm × 950mm	640mm × 387mm × 1219mm
重量（Weight）		98kg	130kg

机器人的安装方式与规格、结构形态等有关。一般而言，大中型机器人通常需要采用底面（Floor）安装；并联机器人则多数为倒置安装；水平串联（SCARA）和小型垂直串联机器人则可采用底面（Floor）、壁挂（Wall）、倒置（Inverted）、框架（Shelf）、倾斜（Tilted）等多种方式安装。

2. 作业空间

由于垂直串联结构的机器人工作范围是三维空间的不规则球体，为了便于说明，产品样本中一般需要提供手腕中心点（WCP）运动范围图，图 2.3-1 中以 IBR 140 和 MH6 为例。

在垂直串联机器人上，从机器人安装底面中心至手臂前伸极限位置的距离，通常称为机器人的作业半径。例如，图 2.3-1（a）所示的 IBR 140 作业半径为 810mm（或 0.81m），图 2.3-1（b）所示的 MH6 作业半径为 1442mm（或 1.442m）等。

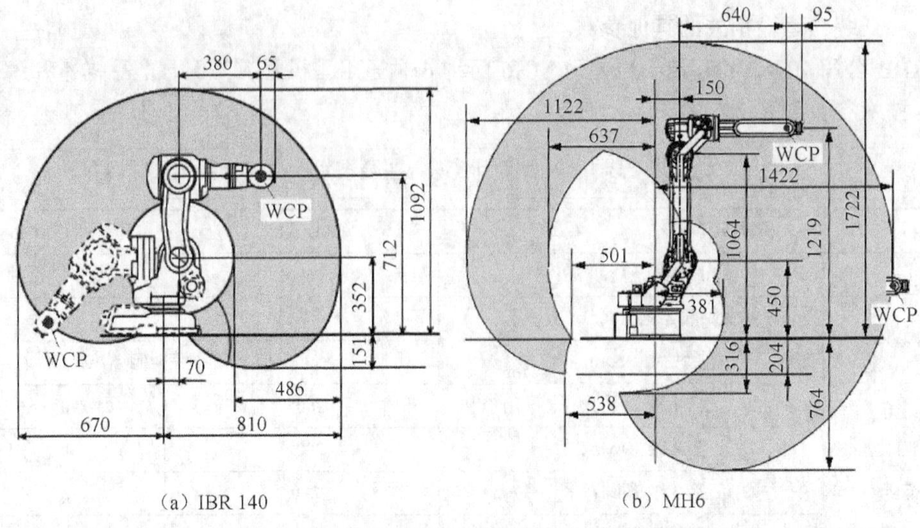

（a）IBR 140　　（b）MH6

图 2.3-1　IBR 140 和 MH6 的手腕中心点运动范围图

3. 分类性能

工业机器人的性能与机器人的用途、作业要求、结构形态等有关。大致而言，对于不同用途的机器人，其常见的结构形态及对控制轴数（自由度）、承载能力、重复定位精度等主要技术指标要求如表 2.3-2 所示。

表 2.3-2　各类机器人的主要技术指标要求

类别		常见结构形态	控制轴数	承载能力	重复定位精度
加工类	弧焊、切割	垂直串联	6～7	3～20kg	0.05～0.1mm
	点焊	垂直串联	6～7	50～350kg	0.2～0.3mm
装配类	通用装配	垂直串联	4～6	2～20kg	0.05～0.1mm
	电子装配	SCARA	4～5	1～5kg	0.05～0.1mm
	涂装	垂直串联	6～7	5～30kg	0.2～0.5mm
搬运类	装卸	垂直串联	4～6	5～200kg	0.1～0.3mm
	输送	AGV	—	5～6500kg	0.2～0.5mm
包装类	分拣、包装	垂直串联、并联	4～6	2～20kg	0.05～0.1mm
	码垛	垂直串联	4～6	50～1500kg	0.5～1mm

2.3.2　工作范围与承载能力

1. 工作范围

工作范围（Working Range）又称作业空间，它是指机器人手腕中心点（WCP）所能到达的空间。工作范围是衡量机器人作业能力的重要指标，工作范围越大，机器人的作业区域也就越大。

机器人的工作范围内还可能存在奇点（Singular Point）。奇点又称奇异点，其数学意义是不满足整体性质的个别点；按照 RIA 标准定义，机器人奇点是“由两个或多个机器人轴共线对准所引起的，机器人运动状态和速度不可预测的点”。垂直串联机器人的奇点可参见 5.3.2 节，如奇点连成一片，则称为“空穴”。

机器人的工作范围与机器人的结构形态有关。在实际使用时，还需要考虑安装末端执行器后可能产生的碰撞，因此，实际工作范围应剔除机器人在运动过程中可能产生自身碰撞的干涉区。

对于常见的典型结构机器人，其作业空间分别如下。

（1）全范围作业机器人。在不同结构形态的机器人中，图 2.3-2 所示的直角坐标机器人（Cartesian Coordinate Robot）、并联机器人（Parallel Robot）、SCARA 机器人的运动干涉区较小，机器人能接近全范围工作。

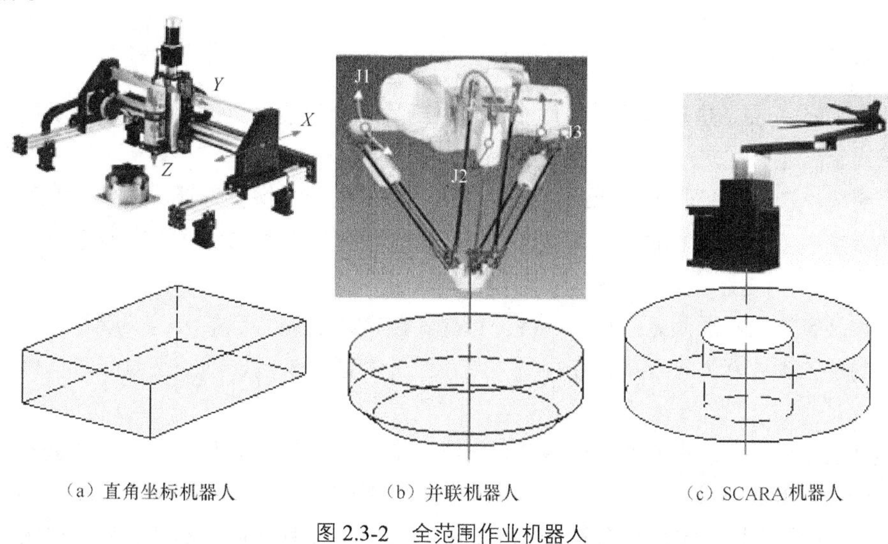

（a）直角坐标机器人　（b）并联机器人　（c）SCARA 机器人

图 2.3-2　全范围作业机器人

直角坐标机器人的手腕中心点定位通过三维直线运动实现，其作业空间为图 2.3-2（a）所示的实心立方体；并联机器人的手腕中心点定位通过 3 个并联轴的摆动实现，其作业范围为图 2.3-2（b）所示的三维空间的锥底圆柱体；SCARA 机器人的手腕中心点定位通过 3 轴摆动和垂直升降实现，其作业范围为图 2.3-2（c）所示的三维空间的中空圆柱体。

（2）部分范围作业机器人。圆柱坐标机器人（Cylindrical Coordinate Robot）、极坐标机器人（Polar Coordinate Robot）和垂直串联机器人（Articulated Robot）的运动干涉区较大，工作范围需要去除干涉区，故只能进行图 2.3-3 所示的部分空间作业。

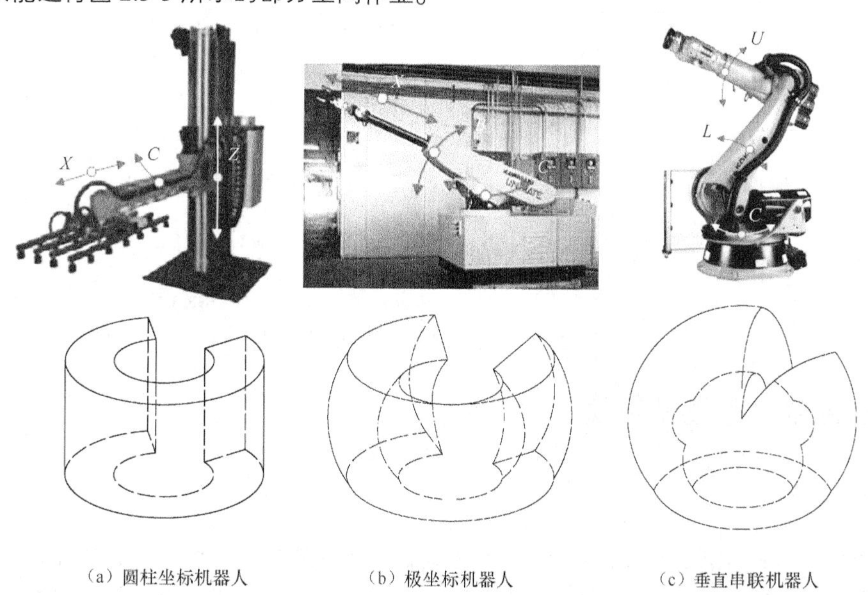

（a）圆柱坐标机器人　（b）极坐标机器人　（c）垂直串联机器人

图 2.3-3　部分范围作业机器人

圆柱坐标机器人的手腕中心点定位通过 2 轴直线加 1 轴回转摆动实现，由于摆动轴存在运动死区，其作业范围通常为图 2.3-3（a）所示的三维空间的部分圆柱体。极坐标机器人的手腕中心点定位通过 1 轴直线加 2 轴回转摆动实现，其摆动轴和回转轴均存在运动死区，作业范围为图 2.3-3（b）所示的三维空间的部分球体。垂直串联机器人的手腕中心点定位通过腰、下臂、上臂 3 个关节的回转和摆动实现，摆动轴存在运动死区，其作业范围为图 2.3-3（c）所示的三维空间的不规则球体。

2. 承载能力

承载能力（Payload）是指机器人在作业空间内所能承受的最大负载，它一般用质量、力、转矩等技术参数表示。

搬运、装配、包装类机器人的承载能力是指机器人能抓取的物品质量，产品样本所提供的承载能力是指负载重心位于指定基准点（不同产品的位置有所不同）时，机器人高速运动可抓取的物品重量。

焊接、切割等加工机器人无须抓取物品，因此，所谓承载能力是指机器人所能安装的末端执行器质量。切削加工类机器人需要承担切削力，其承载能力通常是指切削加工时所能够承受的最大切削进给力。

为了能够准确反映负载重心的变化情况，机器人承载能力有时也可用转矩（Allowable moment）的形式来表示，或者通过机器人承载能力随负载重心位置变化图，来详细表示承载能力参数。

图 2.3-4 所示为承载能力 6kg 的安川公司 MH6 和 ABB 公司 IBR 140 垂直串联结构工业机器人的承载能力，其他同类结构机器人的情况与此类似。

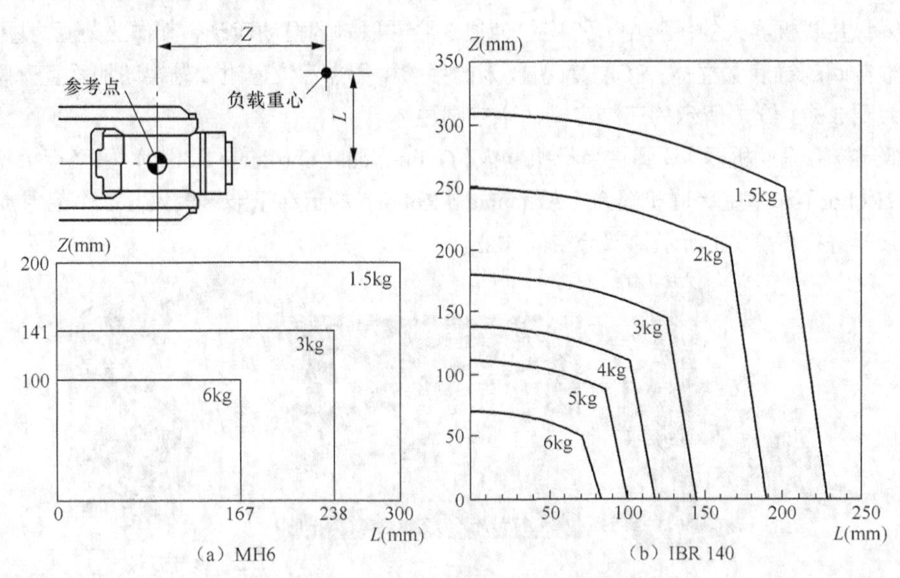

图 2.3-4　重心位置变化时的承载能力

2.3.3　自由度、速度及精度

1. 自由度

自由度（Degree of Freedom）是衡量机器人动作灵活性的重要指标。所谓自由度，就是整个机器人运动链所能够产生的独立运动数，包括直线、回转、摆动运动，但不包括执行器本身的运动（如刀具旋转等）。机器人的每一个自由度原则上都需要有一个伺服轴进行驱动，因此，在产品样本和说明书中，通常以控制轴数（Number of axes）表示。

一般而言，机器人进行直线运动或回转运动所需要的自由度为1；进行平面运动（水平面或垂直面）所需要的自由度为 2；进行空间运动所需要的自由度为 3。进而，如果机器人能进行图 2.3-5 所示的 X、Y、Z 方向直线运动和回绕 X、Y、Z 轴的回转运动，则其具有 6 个自由度，执行器就可在三维空间上任意改变姿态，实现完全控制。

如果机器人的自由度超过 6 个，多余的自由度称为冗余自由度（Redundant Degree of Freedom），冗余自由度一般用来回避障碍物。

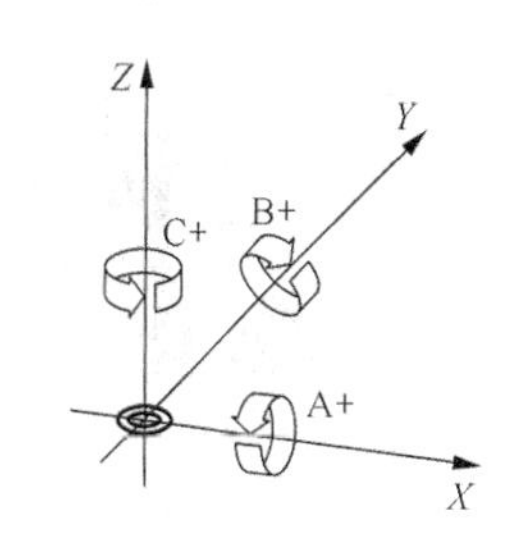

图 2.3-5　空间的自由度

在三维空间作业的多自由度机器人上，由第 1～3 轴驱动的 3 个自由度，通常用于手腕基准点的空间定位；第 4～6 轴则用来改变末端执行器姿态。但是，当机器人实际工作时，定位和定向动作往往是同时进行的，因此，需要多轴同时运动。

机器人的自由度与作业要求有关。自由度越多，执行器的动作就越灵活，适应性也就越强，但其结构和控制也就越复杂。因此，对于作业要求不变的批量作业机器人来说，运行速度、可靠性是其最重要的技术指标，自由度则可在满足作业要求的前提下适当减少；而对于多品种、小批量作业的机器人来说，通用性、灵活性指标显得更加重要，这样的机器人就需要有较多的自由度。

2. 自由度的表示

通常而言，机器人的每一个关节都可驱动执行器产生 1 个主动运动，这一自由度称为主动自由度。主动自由度一般有平移、回转、绕水平轴线的垂直摆动、绕垂直轴线的水平摆动 4 种，在结构示意图中，它们分别用图 2.3-6 所示的符号表示。

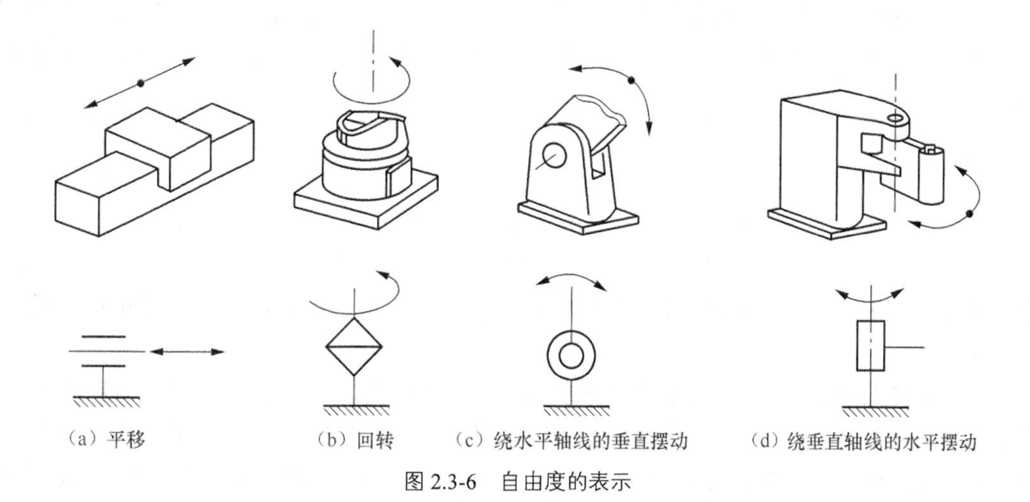

图 2.3-6　自由度的表示

当机器人有多个串联关节时，只需要根据其机械结构，依次连接各关节来表示机器人的自由度。例如，图 2.3-7 中为常见的 6 轴垂直串联机器人和 3 轴水平串联机器人的自由度的表示方法，其他结构形态机器人的自由度表示方法类似。

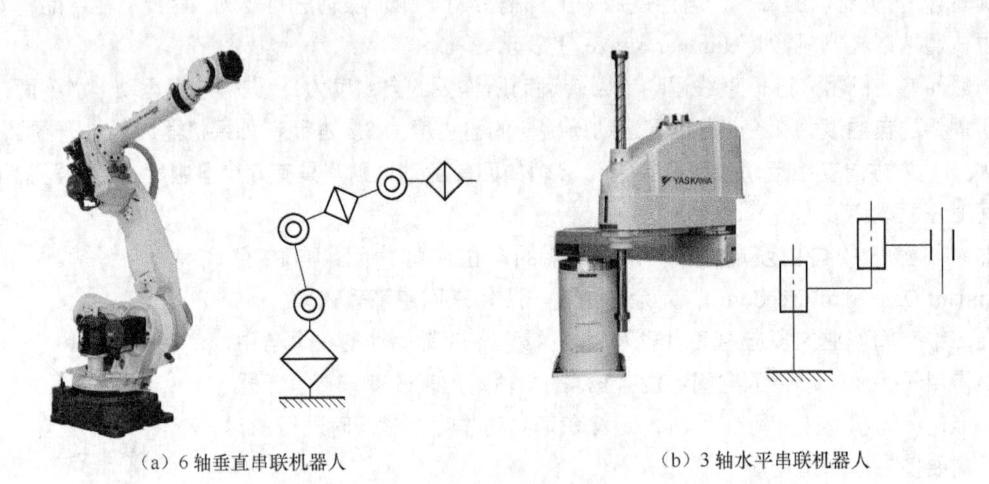

（a）6 轴垂直串联机器人　　（b）3 轴水平串联机器人

图 2.3-7　多关节串联的自由度表示

3. 运动速度

运动速度决定了机器人工作效率，它是反映机器人性能水平的重要参数。样本和说明书中所提供的运动速度，一般是指机器人在空载、稳态运动时所能够达到的最大运动速度（Maximum Speed）。

机器人运动速度用参考点在单位时间内能够移动的距离（mm/s）、转过的角度或弧度（° /s 或 rad/s）表示，它按运动轴分别进行标注。当机器人进行多轴同时运动时，其空间运动速度应是所有参与运动轴的速度合成。

机器人的实际运动速度与机器人的结构刚性、运动部件的质量和惯量、驱动电机的功率、实际负载的大小等因素有关。对于多关节串联结构的机器人，越靠近末端执行器的运动轴，运动部件的质量、惯量就越小，因此，能够达到的运动速度和加速度也就越大；而越靠近安装基座的运动轴，对结构部件的刚性要求就越高，运动部件的质量、惯量就越大，能够达到的运动速度和加速度也就越小。

4. 定位精度

机器人的定位精度是指机器人定位时，执行器实际到达的位置和目标位置间的误差值，它是衡量机器人作业性能的重要技术指标。机器人样本和说明书中所提供的定位精度一般是各坐标轴的重复定位精度（Position repeatability，RP），在部分产品上，有时还提供了轨迹重复精度（Path repeatability，RT）。

由于绝大多数机器人的定位需要通过关节的旋转和摆动实现，其空间位置的控制和检测远比以直线运动为主的数控机床困难得多，因此，机器人的位置测量方法和精度计算标准都与数控机床不同。目前，工业机器人的位置精度检测和计算标准一般采用 ISO 9283-1998《操纵型工业机器人 性能规范和试验方法》（*Manipulating industrial robots-performance criteria and related test methods*）或 JISB8432（日本）等；而数控机床则普遍使用 ISO 230-2、VDI/DGQ 3441（德国）、JIS B6336（日本）、NMTBA（美国）或 GB10931（国家标准）等，两者的测量要求和精度计算方法都不相同，数控机床的标准要求高于机器人。

机器人的定位需要通过运动学模型来确定末端执行器的位置，其理论位置和实际位置之间本身就存在误差，加上结构刚性、传动部件间隙、位置控制和检测等多方面的因素，其定位精度与数控机床、三坐标测量机等精密加工、检测设备相比，还存在较大的差距。因此，它一般只能用作零件搬运、装卸、码垛、装配的生产辅助设备，或是用于位置精度要求不高的焊接、切割、打磨、抛光等粗加工。

2.4 KUKA 工业机器人及性能

2.4.1 产品与型号

1. 发展简史

KUKA 公司的创始人为 Johann Josef Keller 和 Jakob Knappich，公司于 1898 年在德国巴伐利亚州的奥格斯堡（Augsburg）正式成立，取名为“Keller und Knappich Augsburg”，简称 KUKA（库卡）。KUKA 公司最初的主要业务为室内及城市照明；之后开始从事焊接设备、大型容器、市政车辆的研发生产，1966 年成为欧洲市政车辆的主要生产商。

KUKA 公司的工业机器人研发始于 1973 年，1995 年，其机器人事业部与焊接设备事业部分离，成立 KUKA 机器人有限公司。KUKA 公司是世界著名的工业机器人制造商之一，其产品规格较全、产量较大，是我国目前工业机器人的主要供应商之一。

KUKA 公司的工业机器人发展简况如下。

（1）1973 年，研发出世界首台 6 轴工业机器人 FAMULUS。

（2）1985 年，研制出世界首台具有 3 个平移和 3 个转动自由度的 Z 型 6 自由度机器人。

（3）1989 年，研发出交流伺服驱动的工业机器人产品。

（4）2007 年，“KUKA titan” 6 轴工业机器人研发成功，产品被收入吉尼斯纪录 。

（5）2010 年，研发出作业半径 3100mm、载重 300kg 的 KR Quantec 系列大型工业机器人。

（6）2012 年，研发出小型工业机器人产品系列 KR Agilus。

（7）2013 年，研发出概念机器人车 moiros（见图 2.4-1），并获 2013 年汉诺威工业展机器人应用方案冠军和 Robotics Award 大奖。

图 2.4-1　KUKA 概念机器人车

（8）2014 年，德国 REIS（徕斯）公司并入 KUKA（库卡）公司。

（9）2016 年，中国美的集团收购库卡 85%的股权。

（10）2017 年，研发出第二代协作工业机器人产品 IBR。

2. 产品与型号

KUKA 是全球工业机器人的主要生产厂家之一，产品种类较多、规格较齐全，工业机器人的基本型号如下。

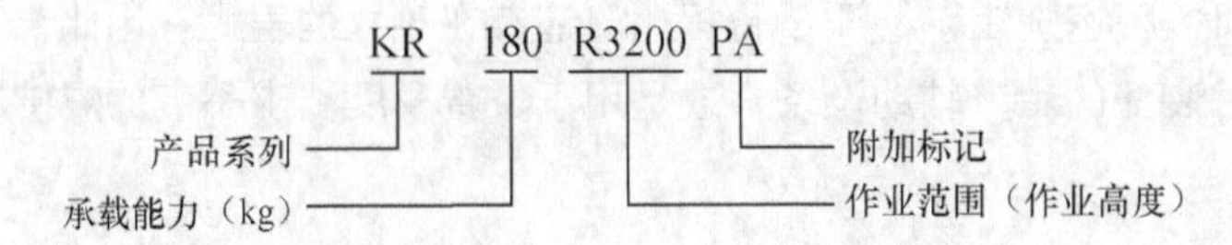

（1）产品系列。KUKA 工业机器人的产品系列代表了产品的技术水平，当前主要有 KR（KUKA Robots）系列第一代示教再现机器人和 LBR 系列（Lightweight Robots）第二代感知机器人（协作机器人）两大系列。

总体而言，通用型工业机器人属于传统的第一代机器人，此类机器人一般无触觉传感器，与操作人员发生碰撞时不能自动停止，因此，作业场所需要有防护栅栏等安全措施。LBR 系列协作机器人带有触觉传感器，可感知人体的接触并在将要发生碰撞时能安全停止，实现人机协同作业。LBR 系列机器人目前只有少量小型、轻量 7 轴垂直串联手臂型结构产品。

KR 系列通用型工业机器人是 KUKA 公司当前的主要产品，根据机器人结构形态，KUKA 通用工业机器人有垂直串联（KR）、水平串联（KR SCARA）及并联（KR DELTA）3 类。垂直串联是通用型机器人的标准结构与主要产品，其品种齐全、系列规格众多；为了区分，产品系列后有时需要附加系列名称，如 KR AGILUS、KR CYBERTECH、KR IONTEC 等。

（2）承载能力。KUKA 工业机器人的承载能力统一以手腕可安装、抓取的工具、物品等部件的质量（kg）表示，通常将其分为小型（Small，3～10kg）、轻量（Low Payload，10～30kg）、中型（Medium Payload，30～100kg）、大型（High Payload，100～300kg）、重型（Heavy Payload，300kg 以上）5 类。KUKA 垂直串联产品规格齐全，SCARA 水平串联、DELTA 并联系列目前只有小型、轻量产品。

为了扩大机器人作业范围，垂直串联机器人有时可以选配加长手臂，手臂加长后，机器人的承载能力将降低，这些机器人的承载能力以附加标记“L□□”表示。例如，KR 60L45 为采用加长手臂的 60kg 机器人，其实际承载能力为 45kg。

（3）作业范围。垂直串联机器人的作业范围以作业半径 *R*（mm）表示；SCARA、DELTA 结构机器人附加有作业高度 *Z*（mm），如“R500 Z200”等。

（4）附加标记。附加标记用来表示产品的特殊结构、用途等其他性能。

① KUKA 垂直串联机器人常用的特殊结构标记如下。

PA：码垛（Palletizing）专用机器人，机器人通常采用 4 轴或 5 轴垂直串联变形结构。

arc HW：弧焊专用机器人，机器人采用中空手腕、可布置弧焊管线。

K：可采用框架式上置安装。

C：可采用倒置安装。

② 机器人常用的用途标记如下。

CR：完全防水，清洗房用、抗冲淋。

WP：一般防水（溅水）。

F：铸造业适用，采用耐高温手臂。

HO：食品级，可以用于食品行业。

HM：医疗级，可以用于医疗卫生行业。

EX：防爆，可用于危险场合作业。

3. 第二代机器人

LBR 协作型机器人是 KUKA 公司为了适应现代物联网（IoT ）和工业 4.0（Industry 4.0）技术

发展而研发的第二代工业机器人最新产品，产品外观及作业范围如图 2.4-2 所示。

LBR 机器人为单臂、7 轴垂直串联结构，机器人采用 KUKA 新一代 Sunrise 控制系统（第一代机器人为 KRC4 或 KRC2），并带有触觉传感器，可感知人体的接触并能安全停止，实现人机协同作业。机器人运动灵活、结构紧凑、作业死区小、安全性好，可用于 3C、食品、药品等行业的人机协同作业。

LBR 协作型机器人目前有 LBR iiwa、LBR Med 两类。LBR iiwa 称为智能型工业作业助手（intelligent industrial work assistants，iiwa），可用于一般工业生产场合；LBR Med 为医用（Medical）机器人，产品符合 IEC 60601-1 医疗设备安全标准。LBR iiwa、LBR Med 只有适用场合的区别，产品结构、规格、参数均相同。

LBR 协作型机器人目前只有 LBR iiwa（Med）7 R800、LBR iiwa（Med）14 R820 两种规格。LBR iiwa（Med）7 R800 的承载能力为 7kg，作业半径为 800mm。LBR iiwa（Med）14 R820 的承载能力为 14kg，作业半径为 820mm。两种产品的定位精度均为 ± 0.1mm（ISO 9283 测量标准）。LBR 工业机器人外观及作业范围如图 2.4-2 所示。

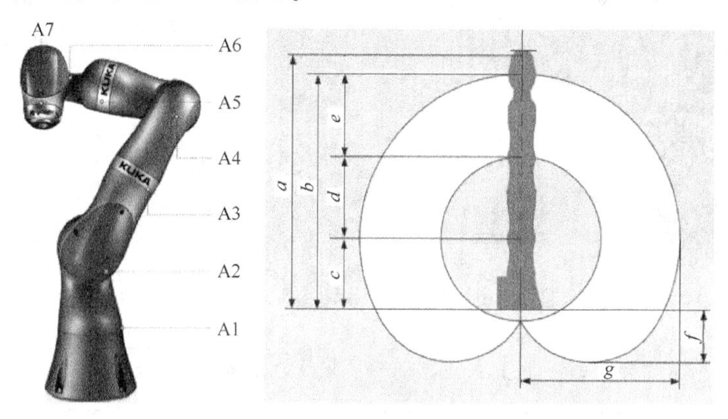

型号	作业范围（mm）						
	a	b	c	d	e	f	g
LBR 7 R800	1266	1140	340	400	400	260	800
LBR 14 R820	1306	1180	360	420	400	255	820

图 2.4-2　LBR 工业机器人外观及作业范围

2.4.2　通用型垂直串联机器人

通用型垂直串联机器人均为 6 轴标准结构，机器人可通过安装不同工具，用于加工、装配、搬运、包装等各类作业。根据机器人承载能力，通用型工业机器人一般分为小型（Small，3～10kg）、轻量（Low Payload，10～30kg）、中型（Medium Payload，30～100kg）、大型（High Payload，100～300kg）、重型（Heavy Payload，300～1300kg）5 类，KUKA 工业机器人所对应的产品如下。

1. 小型通用工业机器人

KUKA 垂直串联小型（Small）通用工业机器人如图 2.4-3 所示，最新产品的系列名称为“AGILUS”，目前主要有 KR AGILUS、KR AGILUS-1、KR AGILUS-2 3 个系列产品。

KUKA 垂直串联小型工业机器人均采用驱动电机内置式 6 轴垂直串联结构，产品外形简洁、防护性能好。它的承载能力为 3～10kg，可用于半径 1100mm、高度 2000mm 以下的小型作业。该工业机器人的主要技术参数如表 2.4-1 所示。

（1）KR AGILUS 系列为 KUKA 中高精度普通作业的最小工业机器人，目前只有 KR3 R540 一种规格，它的承载能力为 3kg、作业半径为 541mm、作业高度为 981mm，机器人采用 KUKA KRC4-Compact（紧凑型）控制系统，定位精度为 ±0.02mm。

（2）KR AGILUS-1 系列为 KUKA 一般精度小型通用工业机器人，它的承载能力为 6～10kg、作业半径为 726～1101mm、作业高度为 1304～1988mm。产品可根据需要选择 CR（完全防水）、WP（一般防水）、EX（防爆）、HM（医疗）等特殊结构形式。机器人采用 KUKA KRC4-Compact、KRC4-Smallsize-2 控制系统，定位精度为 ±0.03mm。

（3）KR AGILUS-2 系列为 KUKA 高精度普通作业小型工业机器人，它的承载能力为 6～10kg、作业半径为 726～1101mm、作业高度为 1304～1988mm。机器人采用 KUKA KRC4-Compact、KRC4-Smallsize-2 控制系统，定位精度为 ±0.01mm。

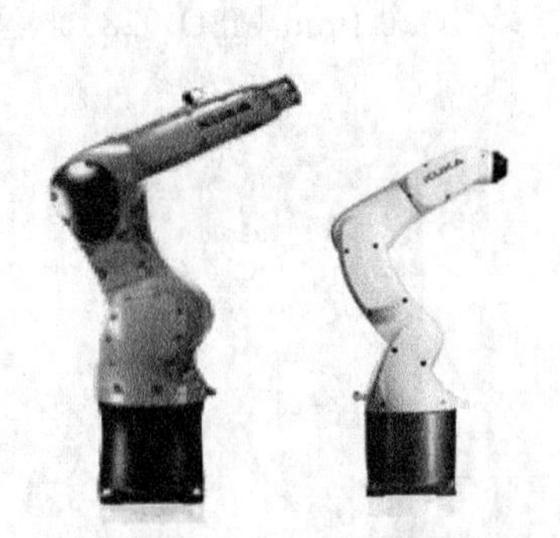

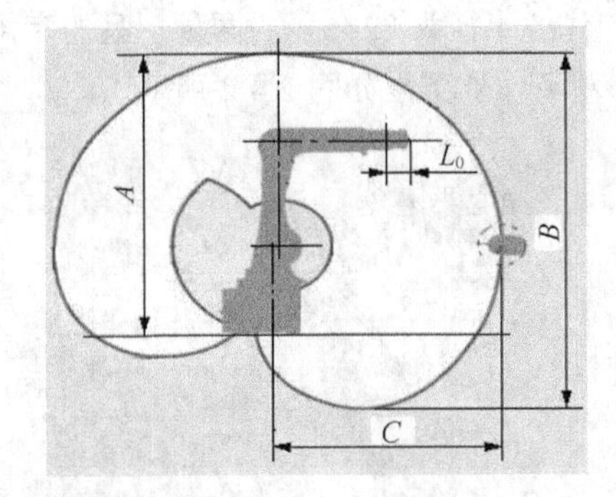

图 2.4-3　垂直串联小型通用工业机器人

表 2.4-1　KUKA 小型通用工业机器人的主要技术参数

产品系列/型号		承载能力（kg）	作业范围（mm）				定位精度（mm）	控制系统
系列	型号		C	B	A	L_0		
AGILUS	KR3 R540	3	541	981	866	75	±0.02	KRC4-Compact KRC4-Smallsize-2
AGILUS -1	KR6 R700	6	726	1304	1101	90	±0.03	
	KR6 R900	6	901	1618	1276	90		
	KR10 R900	10	901	1618	1276	90		
	KR10 R1100	10	1101	1988	1476	90		
AGILUS -2	KR6 R700-2	6	726	1304	1101	90	±0.01	
	KR6 R900-2	6	901	1618	1276	90		
	KR10 R900-2	10	901	1618	1276	90		
	KR10 R1100-2	10	1101	1988	1476	90		

2. 轻量通用工业机器人

KUKA 垂直串联轻量（Low Payload）通用工业机器人如图 2.4-4 所示，最新产品的系列名称为“CYBERTECH”，目前主要有 KR CYBERTECH anno、KR CYBERTECH 两个系列产品，它的承载能力为 6～22kg，可用于半径 2000mm、高度 4000mm 以下的轻载作业。该工业机器人的主要技术参数如表 2.4-2 所示。

（1）CYBERTECH anno 系列工业机器人采用前驱手腕（见第 3 章），产品外形简洁、防护性能好（HP 高等级防护）。机器人的承载能力为 6～10kg、作业半径为 1420～1820mm、作业高度为 2483～3265mm。CYBERTECH anno 系列机器人采用 KUKA 紧凑型控制系统 KRC4-Compact、KRC4-Smallsize-2，机器人定位精度为 ± 0.04mm。

（2）CYBERTECH-2 系列工业机器人采用后驱手腕（见第 3 章），机器人结构稳定、作业半径大、电机维修方便。机器人的承载能力为 8～22kg、作业半径为 1612～2013mm、作业高度为 2831～3614mm。CYBERTECH anno 系列机器人采用 KUKA KRC4 标准型控制系统，机器人定位精度为 ± 0.04mm。

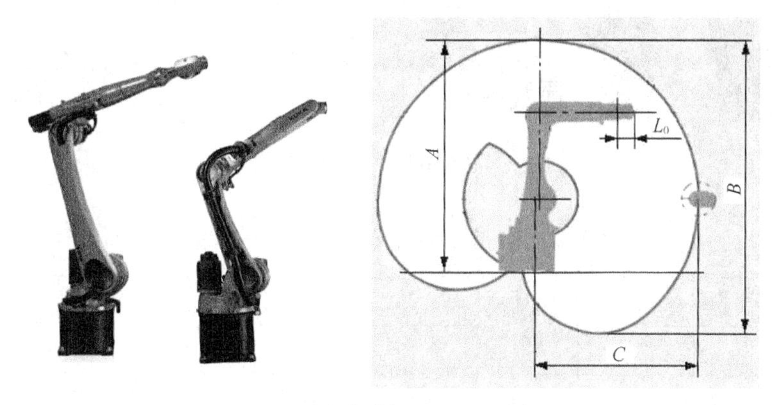

图 2.4-4　垂直串联轻量通用工业机器人

表 2.4-2　KUKA 轻量通用工业机器人的主要技术参数

产品系列/型号		承载能力（kg）	作业范围（mm）				定位精度（mm）	控制系统
系列	型号		C	B	A	L_0		
CYBERTECH anno	KR6 R1820	6	1820	3265	2120	80	± 0.04	KRC4-Compact/KRC4-Smallsize-2
	KR8 R1620	8	1620	2865	1920	80		
	KR10 R1420	10	1420	2483	1720	80		
CYBERTECH-2	KR8 R2010	8	2013	3614	2373	153	± 0.04	KRC4
	KR12 R1810	12	1813	3233	2173	153		
	KR16 R1610	16	1612	2831	1972	153		
	KR16 R2010	16	2013	3614	2373	153		
	KR20 R1810	20	1813	3233	2173	153		
	KR22 R1610	22	1612	2831	1972	153		

3. 中型通用工业机器人

KUKA 垂直串联中型（Medium Payload）通用工业机器人如图 2.4-5 所示，产品有 KR 系列标准型（含 KR-HA 高精度标准型）、KR L 系列加长型（含 KR L-HA 高精度加长型）、KR KS 框架安装型（含 KR L KS 加长型）及最新的 KR IONTEC 4 个系列产品。机器人均采用后驱手腕（见第 3 章），结构稳定、作业半径大、电机维修方便。

KUKA 中型通用工业机器人的承载能力为 30～70kg，可用于半径 3100mm、高度 6000mm 以下的中型作业。当前常用的中型通用工业机器人的主要技术参数如表 2.4-3 所示。

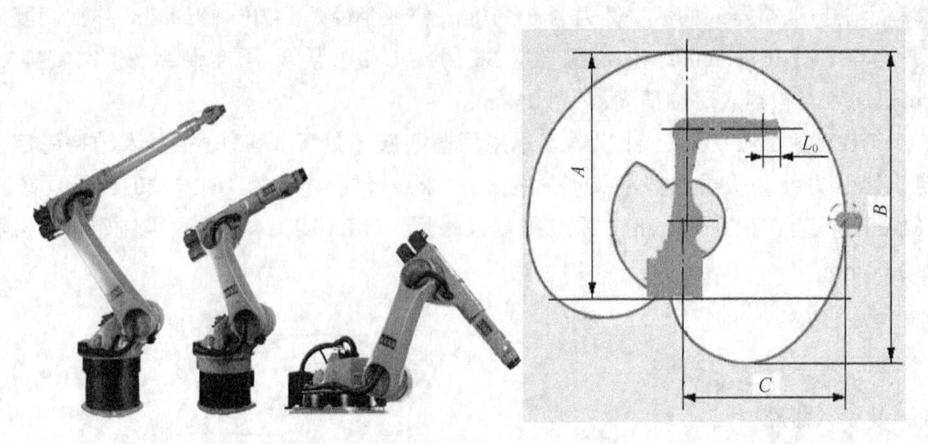

图 2.4-5　垂直串联中型通用工业机器人

表 2.4-3　KUKA 中型通用工业机器人的主要技术参数

产品系列/型号		承载能力（kg）	作业范围（mm）				定位精度（mm）	控制系统
系列	型号		C	B	A	L_0		
KR(KR-HA)	KR30-3	30	2033	3003	2498	170	± 0.06 (± 0.05)	KRC4
	KR60-3	60	2033	3003	2498	170		
KR L(L-HA)	KR30 L16-2	16	3102	4992	3576	158	± 0.07	
	KR60 L45-3HA	45	2230	3398	2695	170	± 0.05	
	KR60 L30-3HA	30	2429	3795	2895	170		
KR-KS	KR30-4KS	30	2233	3335	1933	170	± 0.06	
	KR60-4KS	60	2233	3335	1933	170		
	KR 60 L45-4KS	45	2430	3750	2130	170		
	KR 60 L30-4KS	30	2682	4130	2330	170		
	KR 60 L16-2KS	16	2952	4775	2652	158		
KR IONTEC	KR20 R3100	20	3101	5679	3501	153	± 0.05	KRC4/ KRC5
	KR30 R2100	30	2101	3733	2501	185		
	KR50 R2100	50	2101	3733	2501	185		
	KR50 R2500	50	2501	4480	2901	185		
	KR70 R2100	70	2101	3733	2501	185		

（1）KR 系列标准型、KR-HA 系列高精度标准型工业机器人有承载能力 30kg、60kg 两种规格，作业半径均为 2033mm、作业高度均为 3003mm。机器人采用 KUKA KRC4 标准型控制系统，KR 系列产品的定位精度为 ± 0.06mm，KR-HA 系列产品的定位精度为 ± 0.05mm。

（2）KR L 系列加长型、KR L-HA 高精度加长型工业机器人采用加长手臂，机器人的承载能力下降为 16～45kg，但作业半径可达 2429～3102mm、作业高度可达 3398～4992mm。机器人采用 KUKA KRC4 标准型控制系统，KR L 系列产品的定位精度为 ± 0.07mm，KR L-HA 系列产品的定位精度为 ± 0.05mm。

（3）KR-KS 框架安装型、KR L-KS 加长型系列工业机器人无底座、可采用框架上置式安装，增加下方作业空间。标准结构机器人的承载能力为 30kg、60kg，加长型为 16～45kg，作业半径为 2233～2952mm，作业高度为 3335～4775mm。机器人采用 KUKA KRC4 标准型控制系统，定位精度为 ± 0.06mm。

（4）KR IONTEC 为标准结构中型工业机器人的最新产品，与同规格的产品比较，机器人作业范围扩大了 10%、占地面积减小了 30%、质量减轻了 20%，定位精度更高。KR IONTEC 系列机器人的承载能力为 20～70kg，作业半径为 2101～3101mm，作业高度为 3733～5679mm。机器人可采用 KUKA KRC4 标准型控制系统或最新的 KRC5 控制系统，定位精度为 ± 0.05mm。

4. 大型通用工业机器人

KUKA 垂直串联大型（High Payload）通用工业机器人如图 2.4-6 所示，产品有 KR 系列标准型、KR K 系列框架安装型、KR C 系列倒置安装型及最新的 KR QUANTEC（KR-2、KR-2C）4 个系列产品。机器人均采用后驱手腕（见第 3 章），结构稳定、作业半径大、电机维修方便。

KUKA 大型通用工业机器人的承载能力为 100～300kg，可用于半径 4000mm、高度 6220mm 以下的大型作业。当前常用的大型通用工业机器人的主要技术参数如表 2.4-4 所示。

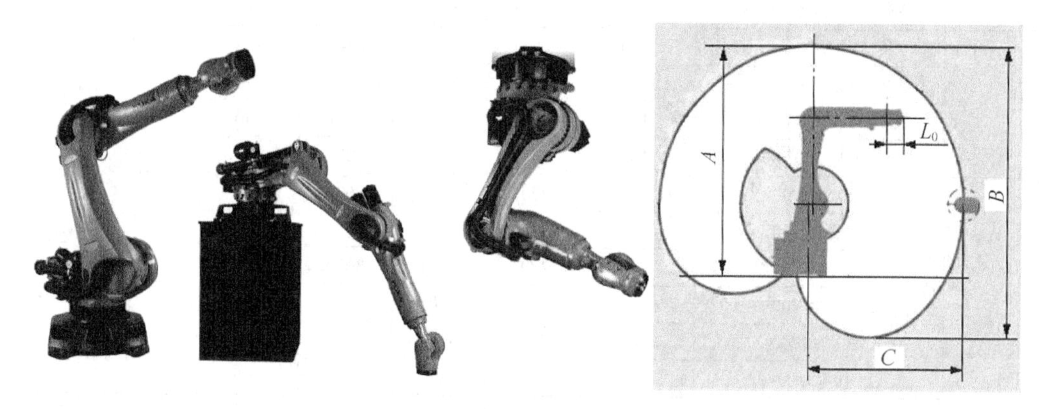

图 2.4-6　垂直串联大型通用工业机器人

（1）KR 系列标准型工业机器人的承载能力 120～300kg，作业半径为 1803～3095mm、作业高度为 2881～4034mm。机器人采用 KUKA KRC4 标准型控制系统，定位精度为 ± 0.06mm。

（2）KR K 系列工业机器人可采用框架上置式安装，增加下方作业空间。机器人的承载能力为 90～180kg，作业半径为 3501～3901mm，作业高度为 5420～6220mm。机器人采用 KUKA KRC4 标准型控制系统，定位精度为 ± 0.06mm。

（3）KR C 系列工业机器人可采用倒置式安装、向下作业。机器人的承载能力为 100～160kg，作业半径为 1803～3501mm，作业高度为 2468～4151mm。机器人采用 KUKA KRC4 标准型控制系统，定位精度为 ± 0.06mm。

（4）KR QUANTEC（KR-2、KR-2C）为大型工业机器人的最新产品，产品体积更小、精度更高。QUANTEC 系列机器人的承载能力为 120～300kg，作业半径为 2701～3100mm，作业高度为 3501～4082mm。机器人可采用 KUKA KRC4 标准型控制系统或最新的 KRC5 控制系统，定位精度为 ± 0.05mm。

表 2.4-4　KUKA 大型通用工业机器人主要技术参数

产品系列/型号		承载能力（kg）	作业范围（mm）				定位精度（mm）	控制系统
系列	型号		C	B	A	L_0		
KR	KR120 R1800 nano	120	1803	2881	2053	215	±0.06	KRC4
	KR120 R2500 pro	120	2496	3051	2826	215		
	KR150 R3100 prime	150	3095	4034	3426	215		
	KR160 R1570 nano	160	1573	2468	1823	215		
	KR180 R2900 prime	180	2896	3634	3226	215		
	KR270 R2700 ultra	270	2696	3451	3026	240		
	KR300 R2500 ultra	300	2496	3051	2826	240		
KR K	KR90 R3700 prime K	90	3701	5820	3541	215		
	KR100 R3500 press K	100	3501	5420	3341	240		
	KR120 R3500 prime K	120	3501	5420	3341	215		
	KR120 R3900 ultra K	120	3901	6220	3740	215		
	KR150 R3300 prime K	120	3301	5020	3141	215		
	KR150 R3700 ultra K	150	3701	5820	3541	215		
	KR180 R3500 ultra K	180	3501	5420	3341	215		
KR C	KR100 R3500 press C	100	3501	4151	3341	240		
	KR120 R1800 nano C	120	1803	2881	2053	215		
	KR120 R3500 press C	120	3455	3802	3341	240		
	KR160 R1570 nano C	160	1573	2468	1823	215		
KR QUANTEC（KR-2、KR-2C）	KR120 R2700-2	120	2701	3501	3020	215	±0.05	KRC4/KRC5
	KR120 R3100-2	120	3100	4082	3420	215		
	KR210 R2700-2	210	2701	3501	3020	215		
	KR250 R2700-2	250	2701	3501	3020	240		
	KR300 R2700-2	300	2701	3501	3020	240		
	KR210 R3100-2C	210	3065	3873	3420	240		

5. 重型通用工业机器人

KUKA 垂直串联重型（Heavy Payload）通用工业机器人如图 2.4-7 所示，产品有 KR FORTEC 重型、KR FORTEC MT 加强型、KR-tian 3 个系列产品。机器人均采用后驱手腕（见第 3 章），结构稳定、作业半径大、电机维修方便。

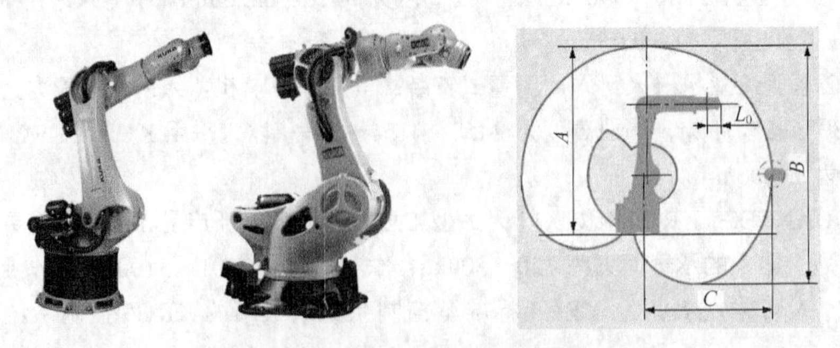

图 2.4-7　垂直串联重型通用工业机器人

KUKA 重型通用工业机器人的承载能力通常大于 300kg（有部分为 240kg、280kg），可用于半径 3600mm、高度 5000mm 以下的重型作业。当前常用的重型通用工业机器人的主要技术参数如表 2.4-5 所示，表中带阴影的产品可选择倒置安装。

表 2.4-5　KUKA 重型通用工业机器人主要技术参数

产品系列/型号		承载能力（kg）	作业范围（mm）				定位精度（mm）	控制系统
系列	型号		C	B	A	L_0		
KR FORTEC	KR240 R3330	240	3326	4797	3871	290	±0.08	KRC4
	KR280 R3080	280	3076	4297	3621	290		
	KR340 R3300	340	3326	4797	3871	290		
	KR360 R2830	360	2826	3798	3371	290		
	KR420 R3080	420	3076	4297	3621	290		
	KR420 R3330	420	3326	4797	3871	290		
	KR500 R2830	500	2826	3798	3371	290		
	KR510 R3080	510	3076	4297	3621	290		
	KR600 R2830	600	2826	3798	3371	290		
KR FORTEC MT	KR480 R3330 MT	420	3326	4797	3871	290		
	KR500 R2830MT	500	2826	3798	3371	290		
KR titan	KR 1000 L750 titan	750	3601	5024	4101	372	±0.10	
	KR 1000 titan	1000	3202	4225	3702	372		

（1）KR FORTEC 系列重型工业机器人的承载能力为 240～600kg、作业半径为 2826～3326mm、作业高度为 3798～4797mm。机器人采用 KUKA KRC4 标准型控制系统，定位精度为 ±0.08mm。

（2）KR FORTEC MT 系列加强型工业机器人的承载能力、作业范围、控制系统、定位精度等参数均与同规格的 KR FORTEC 系列重型工业机器人相同，但机器人采用了加强结构及高强度材料，本体重量大，A1～A3 轴最大速度低于同规格的 KR FORTEC 系列机器人。加强型机器人的最大负载力可达 8000N，故可用于搅拌摩擦焊接（friction-stir welding）、铆接等作业。

（3）KR titan 系列工业机器人的承载能力为 750～1000kg，作业半径为 3202～3601mm、作业高度为 4225～5024mm。机器人采用 KUKA KRC4 标准型控制系统，定位精度为 ±0.10mm。

2.4.3　专用型垂直串联机器人

专用型工业机器人为特定的作业需要设计，KUKA 专用型垂直串联机器人主要有弧焊、码垛两类，常用产品及主要技术性能如下。

1. 弧焊机器人

弧焊机器人（Arc Welding）是工业机器人中用量最大的产品之一，机器人对作业空间和运动灵活性的要求较高，但焊枪质量相对较轻（多数在 10kg 以下），因此，一般采用 6 轴垂直串联轻量机器人。

在机器人本体结构上，为了获得更大的作业范围，机器人上臂（j3 或 A3）及手腕（j5 或 A5）的摆动范围比同规格的通用机器人更大。此外，为了安装焊枪连接电缆、保护气体管线，机器人手腕通常设计成中空结构。

KUKA 弧焊机器人如图 2.4-8 所示，常用的有 KR、KR CYBERTECH 两个系列产品。

（1）KR系列弧焊机器人目前只有承载能力为8kg一种规格，机器人的作业半径分别为1420mm（KR8 R1420）和2100mm（KR8 R2100）。其中，KR8 R2100可选择最大承载能力为9.3kg的变形产品KR8 R2100-2。KR系列机器人一般采用KUKA KRC4标准型控制系统，定位精度为±0.04mm。

（2）KR CYBERTECH 系列弧焊机器人目前有6kg、8kg两种规格，作业半径有1820mm（KR6 R1820）、1420mm（KR8 R1420）、1620mm（KR8 R1620）、2100mm（KR8 R2100-2）4种。KR CYBERTECH系列机器人一般采用KUKA KRC4-Compact或KRC4-Smallsize-2控制系统，定位精度为±0.04mm。

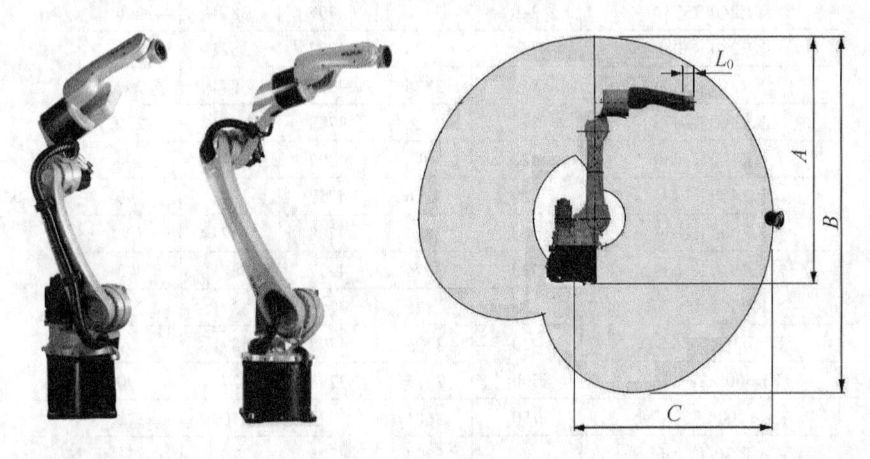

图2.4-8　KUKA弧焊机器人

KUKA弧焊机器人的主要技术参数如表2.4-6所示。

表2.4-6　KUKA弧焊机器人主要技术参数

产品系列/型号		承载能力（kg）	作业范围（mm）				定位精度（mm）	控制系统
系列	型号		C	B	A	L_0		
KR	KR8 R1420 arc HW	8	1421	2485	1721	80	±0.04	KRC4
	KR8 R2100 arc HW	8（最大8）	2101	3789	2461	160.5		
	KR8 R2100-2 arc HW	8（最大9.3）	2101	3789	2461	160.5		
KR CYBERTECH	KR6 R1820 arc HW	6	1824	3271	2123	80	±0.04	KRC4-Compact/KRC4-Smallsize-2
	KR8 R1420 arc HW	8	1621	2485	1721	80		
	KR8 R1620 arc HW	8	1421	2866	1921	80		
	KR8 R2100-2 arc HW	8	2101	3789	2461	160.5		

2. 码垛机器人

码垛机器人（Palletizing Robots）是专门用于物品移载、堆垛的中大型、重型机器人。码垛作业通常只需要进行物品的平面运动、上下运动，因此，垂直串联机器人经常采用4轴（无手腕旋转轴A4、摆动轴A5）或5轴（无手腕旋转轴A4）等变形结构，以简化本体结构、增强手腕刚性。

无手腕旋转轴（A4）的机器人不能进行物品的翻转运动，机器人的作业范围主要位于机器人的前侧。描述运动范围的基准点通常选择为机器人的工具参考点（TRP，一般为工具安装法兰的中心点）。

KUKA目前常用的码垛机器人有4轴、5轴、6轴3种结构形式，KR、KR QUANTEC、KR titan

3 个系列，其产品主要技术参数如表 2.4-7 所示。

表 2.4-7 KUKA 码垛机器人主要技术参数

产品系列/型号		承载能力（kg）	作业范围（mm）				定位精度（mm）	轴数	控制系统
系列	型号		C	B	A	L_0			
KR	KR40 PA	40	2091	1628	1428	190	± 0.05	4	KRC4
	KR300-2PA	300	3150	3312	2612	257.5	± 0.08		
	KR470-2PA	300	3150	3312	2612	257.5			
	KR700 PA	700	3320	3052	2126	300			
KR QUANTEC	KR120 R3200 PA	120	3195	3509	2832	280	± 0.06	5	
	KR180 R3200 PA	180	3195	3509	2832	280			
	KR240 R3200 PA	120	3195	3509	2832	280			
KR titan	KR1000 1300 titan PA	1300	3202	2937	2749	372	± 0.1	6	KRC4 -Extend
	KR1000 L950 titan PA	950	3601	4231	2937	372			

（1）4 轴。4 轴码垛机器人有 KR 40 PA、KR 300-2PA、KR 470-2PA、KR 700 PA 4 种规格。其中，KR 40 PA、KR 700 PA 采用了图 2.4-9 所示的平行四边形连杆驱动结构，只能进行机器人的前侧下部作业。KR 300-2PA、KR 470-2PA 为标准结构 4 轴重型机器人，其外形、作业范围类似 5 轴机器人（参见图 2.4-10），但由于机器人无手腕摆动轴 A5，因此，其上部作业区小于 5 轴机器人上部作业区。

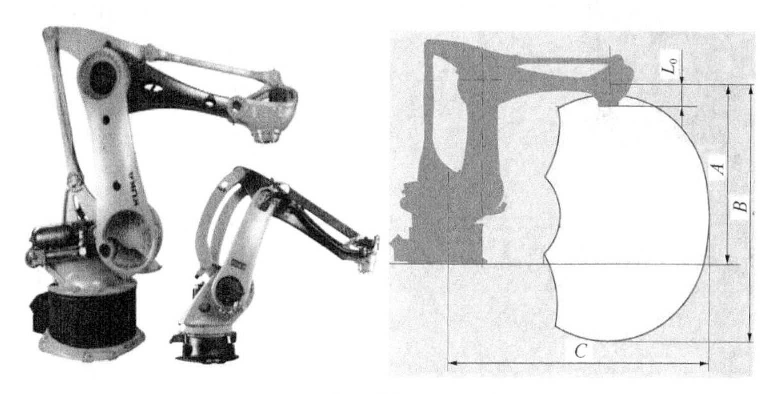

图 2.4-9 平行四边形连杆驱动 4 轴码垛机器人

4 轴码垛机器人均采用 KUKA KRC4 标准型控制系统，平行四边形连杆驱动的 KR 40 PA 中型码垛机器人定位精度可达 ± 0.05mm。标准结构的 4 轴重型机器人 KR 300-2PA、KR 470-2PA 的定位精度为 ± 0.08mm，平行四边形连杆驱动的 4 轴重型码垛机器人 KR 700 PA 定位精度为 ± 0.08mm。

（2）5 轴。KR QUANTEC 系列 5 轴码垛机器人如图 2.4-9 所示，机器人采用了无手腕旋转轴（A4 轴）的 5 轴标准结构，可进行前侧上部作业。机器人均采用 KUKA KRC4 标准型控制系统，定位精度为 ± 0.06mm。

（3）6 轴。KR titan 系列 6 轴码垛机器人的承载能力可达 1300kg，是 KUKA 承载能力最强的机器人。KR titan 机器人采用了图 2.4-11 所示垂直串联 6 轴标准结构，可进行前侧上部作业，机器人采用 KUKA KRC4-Extended（扩展型）控制系统，定位精度为 ± 0.1mm。

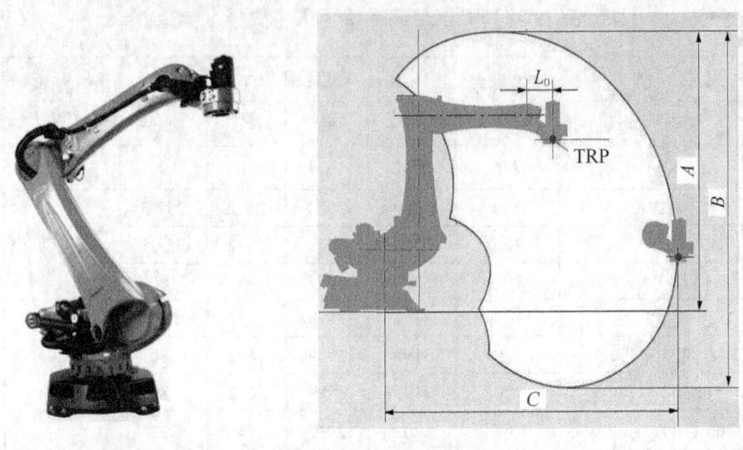

图 2.4-10　5 轴码垛机器人

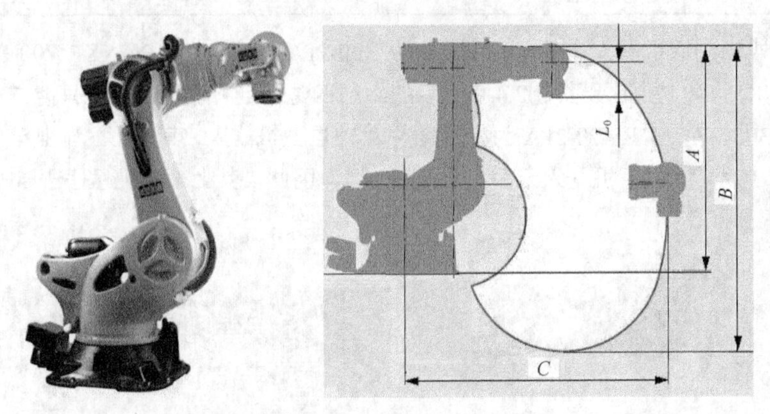

图 2.4-11　6 轴码垛机器人

2.4.4　Delta、SCARA 机器人

1. Delta 机器人

并联 Delta 结构的工业机器人多用于输送线上物品的拾取与移动（分拣），它在食品、药品、3C 行业的使用较为广泛。

3C 部件、食品、药品的质量较轻，运动以空间三维直线移动为主，但物品在输送线上的运动速度较快，因此，它对机器人承载能力、工作范围、动作灵活性的要求相对较低，但对快速性的要求较高。此外，由于输送线多为敞开式结构，故而，采用顶挂式安装的并联 Delta 结构机器人是较为理想的选择。

KUKA 并联 Delta 结构机器人目前只有 3kg（承载能力）一个规格，作业直径为 600mm，定位精度为 ± 0.1mm。

2. SCARA 机器人

水平串联、SCARA 结构的机器人外形轻巧、定位精度高、运动速度快，特别适合于 3C、药品、食品等行业的平面搬运、装卸作业。

KUKA 水平串联 SCARA 机器人目前只有 KR 6 R500 Z200 和 KR6 R700 Z200 两个规格，机器人承载能力均为 6kg。SCARA 机器人采用 KUKA 最新 KRC5-Micro 控制系统，定位精度为 ± 0.02mm。

KR 6 R500 Z200 和 KR6 R700 Z200 的作业范围如图 2.4-12 所示。

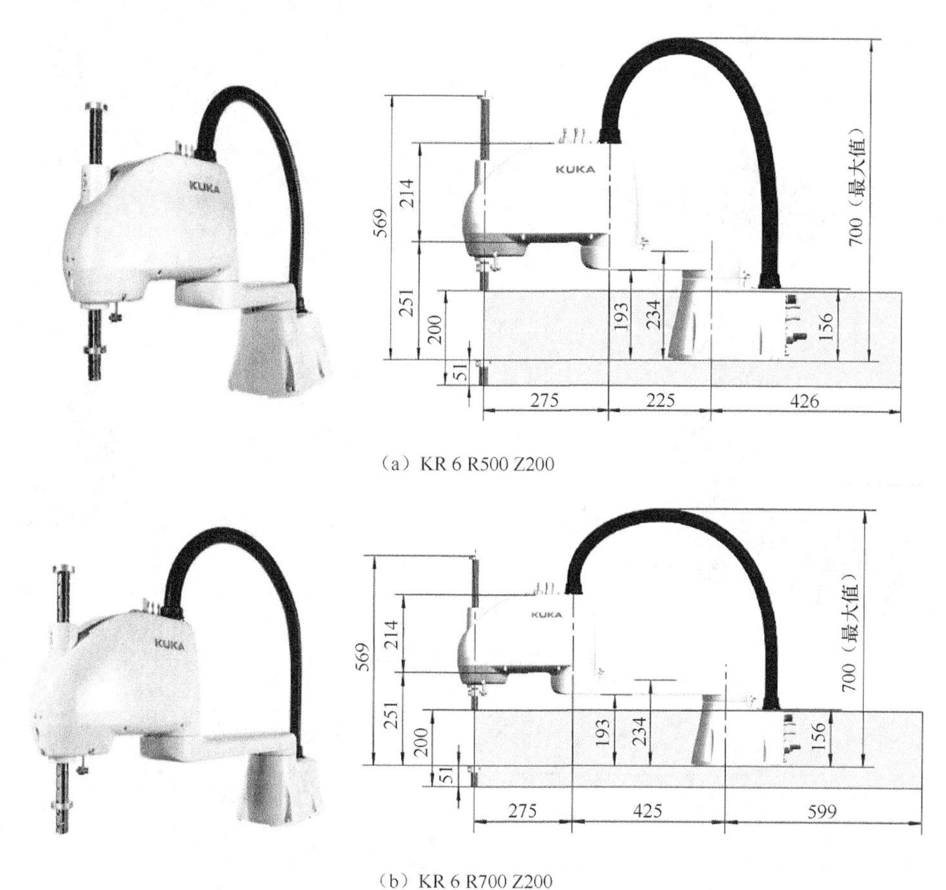

（a）KR 6 R500 Z200

（b）KR 6 R700 Z200

图 2.4-12　SCARA 机器人

2.4.5　机器人变位器

机器人变位器主要用于机器人的直线移动或整体回转，KUKA 目前可提供的标准机器人变位器均为单轴，产品主要技术性能如下。

1. 直线变位器

KUKA 机器人直线变位器可用于机器人的直线移动控制，目前主要有 KL100/250-3 /1000-2/1000-2S/2000/3000/4000/4000S 等 8 种规格，其中，KL1000S、KL4000S 为 KL1000、KL4000 变位器的高速产品，最大移动速度可由 1.89m/s 提高到 2.35m/s。

KUKA 机器人直线变位器如图 2.4-13 所示，变位器的承载能力为 100～6500kg，最大移动速度为 1.47～2.5m/s，行程范围为 0.25～30.4m。变位器均可通过 KUKA KRC4 系统控制，定位精度均为 ± 0.02mm，产品主要技术参数如表 2.4-8 所示。

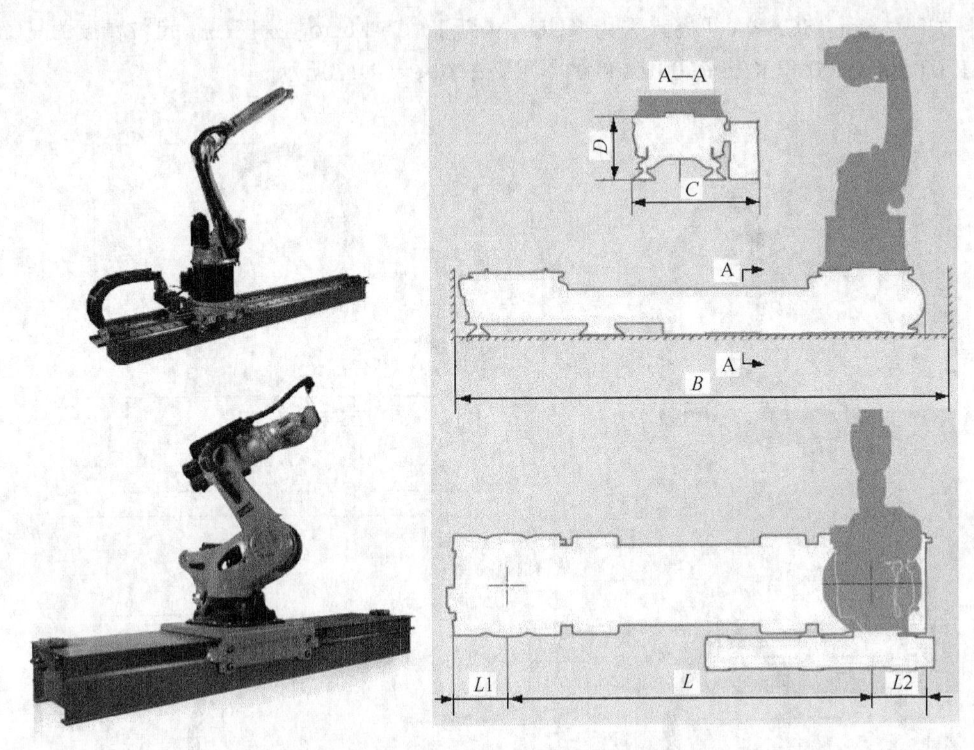

图 2.4-13　KUKA 机器人直线变位器

表 2.4-8　KUKA 机器人直线变位器的主要技术参数

型号	承载能力（kg）	最大速度（m/s）	行程范围 L（m）	安装尺寸（mm）				
				$L1$	$L2$	B	C	D
KL100	100	2.5	0.25～30	350	500	850+L+250	444	200 左右
KL250-3	300	1.47	1.1～30.1	390	610	1000+L+440	1018	387
KL1000-2	1000	1.89	1.2～30.2	637	978	1615+L+670	1316	480
KL1000-2S	1000	2.35	1.2～30.2	637	978	1615+L+670	1316	480
KL2000	2000	1.96	0.4～30.4	555	555	1100+L+340	1510	492
KL3000	6500	1.45	0.8～29.8	1125	1125	2250+L+800	2505	920
KL4000	4000	1.89	0.4～29.9	550	550	1100+L+560	1540	690
KL4000S	4000	2.35	0.4～29.9	550	550	1100+L+560	1540	690

2. 回转变位器

KUKA 机器人回转变位器可用于机器人的整体回转控制，目前主要有单轴立式（绕垂直轴回转）KP1-MB2000/4000 /6000 3 种规格。

KUKA 机器人回转变位器如图 2.4-14 所示，变位器承载能力为 2000～6000kg，最大回转转矩为 25 000～44 000N · m，回转范围为−185° ～185° 。变位器均可通过 KUKA KRC4 或 KRC4-Smallsize-2 系统控制，R1000 圆周定位精度为 ± 0.04mm 和 ± 0.08mm，产品主要技术参数如表 2.4-9 所示。

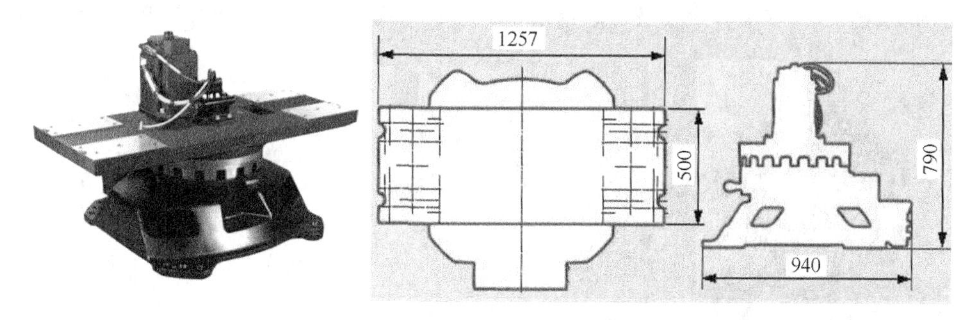

图 2.4-14　KUKA 机器人回转变位器

表 2.4-9　KUKA 机器人回转变位器的主要技术参数

产品型号	承载能力（kg）	最大转矩（N·m）	台面尺寸（mm）	回转时间（s）		R1000 圆周定位精度（mm）
				180°	360°	
KP1-MB2000	2000	25 000	1257×500	3.9	6.9	±0.04
KP1-MB4000	4000	30 000		3.9	6.9	±0.04
KP1-MB6000	6000	44 000		4.2	8.6	±0.08

2.4.6　工件变位器

KUKA 工件变位器可用于工件的回转控制，在结构形式上主要有单轴立式 KP1-V（C 型）、单轴卧式 KP1-H（L 型）、双轴立卧（A 型）及 3 轴（R 型、K 型）等；其中，单轴卧式工件变位器有标准型、重型、紧凑型等多种结构，并可选配尾架。

1. 单轴立式工件变位器

单轴立式工件变位器的回转轴线垂直地面，故可用于工件的水平回转或 180° 交换。KUKA 单轴立式工件变位器目前主要有 KP1-V500、KP1-V1000 两种规格，承载能力分别为 500kg、1000kg，回转范围均为−185° ～185° ，变位器可通过 KUKA KRC4 或 KRC4-Smallsize-2 系统控制，定位精度为±0.08mm。

KUKA 单轴立式工件变位器的外形如图 2.4-15 所示，产品主要技术参数如表 2.4-10 所示。

表 2.4-10　KUKA 单轴立式工件变位器主要技术参数

产品型号	承载能力（kg）	负载转矩（N·m）	台面直径（mm）	回转时间（s）		定位精度（mm）	中心高（mm）
				180°	360°		
KP1-V500	500	3100	500	2.1	3.2	±0.08	705
KP1-V1000	1000	3100	500	2.5	4	±0.08	705

2. 单轴卧式工件变位器

单轴卧式工件变位器的回转轴线平行地面，故可用于工件的垂直回转或交换。KUKA 单轴卧式工件变位器有图 2.4-16 所示的标准型 KP1-H、重型 KP1-H HW 及紧凑型的 KP1-MD、KP1-MD HW 4 种基本结构。其中，标准型、紧凑型可选择带尾架的 KP1-HC 及 KP1-MDC、KP1-MDC HW 产品。

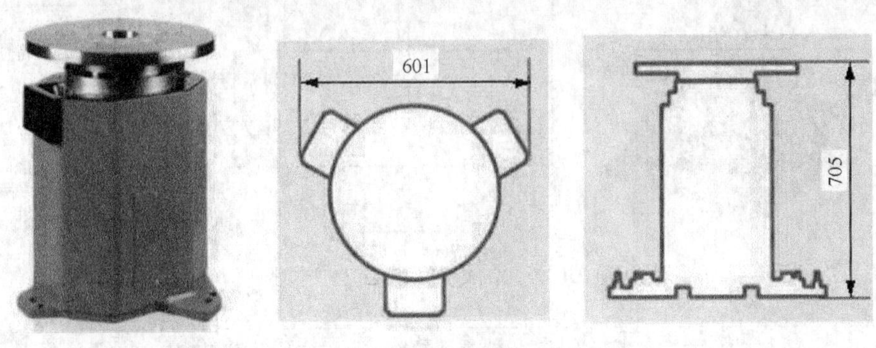

图 2.4-15　KUKA 单轴立式工件变位器

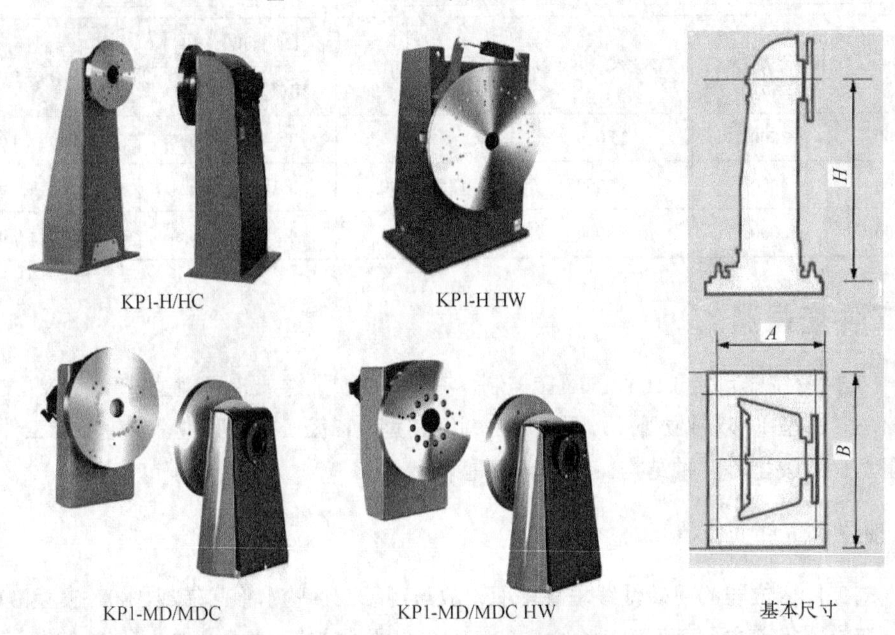

图 2.4-16　KUKA 单轴卧式工件变位器

KUKA 单轴卧式工件变位器的回转范围均为–185°～185°，变位器可通过 KUKA KRC4 或 KRC4-Smallsize-2 系统控制，定位精度为 ± 0.06～ ± 0.35mm，产品的主要技术参数如表 2.4-11 所示。

表 2.4-11　KUKA 单轴卧式工件变位器主要技术参数

产品系列/型号	承载能力（kg）	负载转矩（N · m）	台面直径（mm）	回转速度（° /s）	定位精度（mm）	基本尺寸（mm）		
						H	*A*	*B*
KP1-H/HC250	250	368	400	97	± 0.08	980/1080/1180/1280	500	800
KP1-H/HC500	500	736		86				
KP1-H/HC750	750	736		61				
KP1-H/HC1000	1000	1472		86				
KP1-HC2000	2000	3900		62				
KP1-HC4000	4000	5890		53				

（续表）

产品系列/型号	承载能力（kg）	负载转矩（N·m）	台面直径（mm）	回转速度（°/s）	定位精度（mm）	基本尺寸（mm）		
						H	*A*	*B*
KP1-H5000HW	5000	10 000		17	± 0.3			
KP1-H6300HW	6300	14 800	1400	15	± 0.3	1200	1010	1400
KP1-H12000HW	12 000	24 000		8	± 0.35			
KP1-MD250	250	368	400	102		432		
KP1-MD500	500	736	400	78		432		
KP1-MD750	750	736	400	73		432	240	490
KP1-MD1000	1000	1472	500	90		432		
KP1-MD2000	2000	3900	660	62		494		
KP1-MDC250	250	368	400	102	± 0.06	417		
KP1-MDC500	500	736	400	78		417		
KP1-MDC750	750	736	400	73		417	~200	440
KP1-MDC1000	1000	1472	500	90		417		
KP1-MDC2000	2000	3900	660	62		494		
KP1-MDC4000	4000	5890	660	53		495		
KP1-MD/MDC250HW	250	370	500	106				
KP1-MD/MDC500HW	500	736	500	102	± 0.06	417	~200	370
KP1-MD/MDC750HW	750	1100	500	100				
KP1-MDC1000HW	1000	1962	500	94				

3. 双轴立卧工件变位器

双轴立卧工件变位器可进行水平和垂直两个方向的回转或摆动，对工件进行多方向作业。KUKA 双轴立卧工件变位器有单侧摆动 KP2-HV 型和双侧摆动 DKP2 型两种结构形式。

（1）单侧摆动 KP2-HV 型工件变位器采用卧式单侧摆动（A1 轴）、立式回转（A2 轴）结构，产品外形如图 2.4-17 所示。KP2-HV 型变位器有 KP2-HV1100 HW、KP2-HV2600 HW 两种规格，承载能力分别为 1100kg、2600kg。

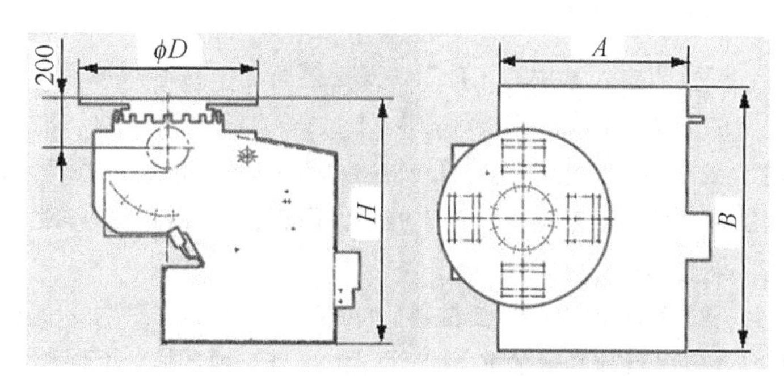

图 2.4-17　KP2-HV 型双轴立卧工件变位器

KP2-HV 型变位器可通过 KUKA KRC4 或 KRC4-Smallsize-2 系统控制，产品的主要技术参数如

表 2.4-12 所示。

表 2.4-12　A1 型双轴立卧工件变位器主要技术参数

产品系列/型号	承载能力（kg）	负载转矩（N·m）	台面直径 D（mm）	回转范围（°）	回转速度（°/s）	定位精度（mm）	基本尺寸（mm）		
							H	*A*	*B*
KP2-HV 1100HW	1100	2200	800	A1：115 A2：370	A1：60 A2：90	±0.20	1085	790	1200
KP2-HV 2600HW	2600	3900	1200	A1：120 A2：370	A1：25 A2：50	±0.35	1145	1120	1630

（2）双侧摆动 DKP2 型变位器采用卧式双侧摆动（A1 轴）、立式回转（A2 轴）结构，产品外形如图 2.4-18 所示。DKP2 型变位器目前只有 DKP2-400 一种规格，承载能力为 400kg。变位器可通过 KUKA KRC4 或 KRC4-Smallsize-2 系统控制，产品的主要技术参数如表 2.4-13 所示。

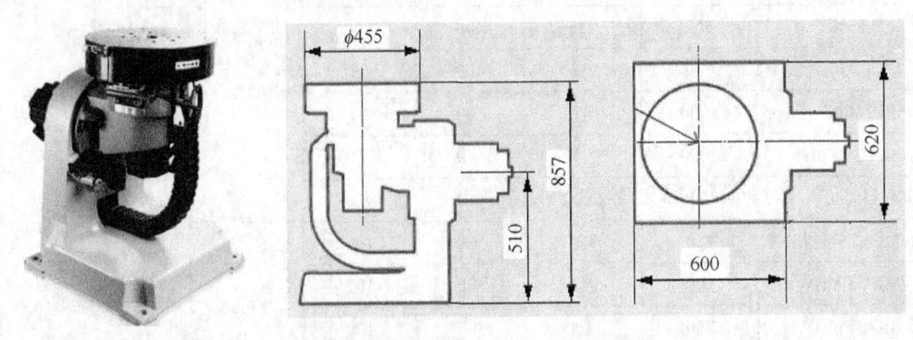

图 2.4-18　DKP2 型双轴立卧工件变位器

表 2.4-13　双轴立卧工件变位器主要技术参数

产品系列/型号	承载能力（kg）	负载转矩（N·m）	台面直径 D（mm）	回转范围（°）	回转速度（°/s）	定位精度（mm）
DKP2-400	400	A1：1900 A2：750	455	A1：±90 A2：±185	A1：94.5 A2：126	±0.06

4. 3 轴工件变位器

工业机器人常用的 3 轴工件变位器有 1 个立式回转轴（A1）和 2 个平行卧式回转轴（A2、A3）组合的 R 型、1 个卧式摆动轴（A1）和 2 个平行卧式回转轴（A2、A3）组合的 K 型、1 个立式回转轴（A1）和 2 个对称卧式回转轴（A2、A3）组合的 T 型等结构形式。3 轴 R 型工件变位器、3 轴 T 型工件变位器通常用于机器人的工件回转、双工位交换作业，3 轴 K 型变位器通常用于工件回转、高低调整作业。

（1）3 轴 R 型工件变位器。KUKA 3 轴 R 型工件变位器的外形如图 2.4-19 所示，产品型号为 KP3-V2H。目前常用的 R 型工件变位器有 5 种规格，承载能力为 250～1000kg，中心高均为 950mm，工件回转半径可选择 500～1000mm，工件长度可选择 1600～3000mm。3 轴 R 型工件变位器可通过 KUKA KRC4 或 KRC4-Smallsize-2 系统控制，定位精度为 ±0.04mm，产品主要技术参数如表 2.4-14 所示。

表 2.4-14　3 轴 R 型工件变位器主要技术参数

产品系列/型号	承载能力（kg）	负载转矩（N·m）	回转范围（°）	回转速度（°/s）	工件半径 *R*（mm）	工件长度 *L*（mm）
KP3-V2H 250	250	A1：3790 A2/A3：368	A1/A2/A3： ±185	A1：48 A2/A3：102	可选择： 500、 600、 700、 800、 900、 1000	可选择： 1600、 1800、 2000、 2200、 2400、 2600、 2800、 3000
KP3-V2H 500	500	A1：6420 A2/A3：736	A1/A2/A3： ±185	A1：47 A2/A3：78		
KP3-V2H 750	750	A1：7420 A2/A3：736	A1/A2/A3： ±185	A1：54 A2/A3：73		
KP3-V2H S	500～750	A1：8600 A2/A3：1472	A1/A2/A3： ±185	A1：90 A2/A3：90		
KP3-V2H 1000	1000	A1：8600 A2/A3：1472	A1/A2/A3： ±185	A1：48 A2/A3：90		

（2）3 轴 K 型工件变位器。KUKA 3 轴 K 型工件变位器的外形如图 2.4-20 所示，产品型号为 KP3-H2H，目前常用的有 3 种规格，变位器承载能力为 500～1000kg，中心高均为 1327mm，工件回转半径可选择 600～800mm，工件长度可选择 1600～4400mm。3 轴 K 型工件变位器可通过 KUKA KRC4 或 KRC4-Smallsize-2 系统控制，定位精度为 ±0.08mm，产品主要技术参数如表 2.4-15 所示。

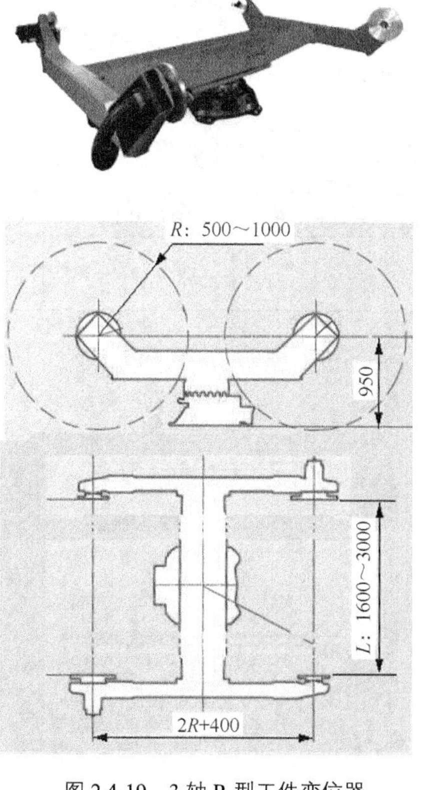

图 2.4-19　3 轴 R 型工件变位器

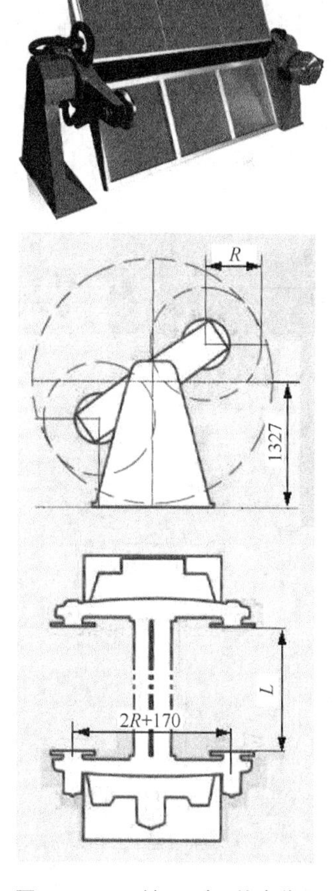

图 2.4-20　3 轴 K 型工件变位器

表 2.4-15　3 轴 K 型工件变位器主要技术参数

产品系列/型号	承载能力（kg）	负载转矩（N·m）	回转范围（°）	回转速度（°/s）	工件半径 *R*（mm）	工件长度 *L*（mm）
KP3-H2H 500	500	A1：3360 A2/A3：736	A1：−185～5 A2/A3：±185	A1：47 A2/A3：78	600	可选择：1600（仅 H2H500）、2000、2400、2800、3200、3600、4000、4400
KP3-H2H 750	750	A1：6520 A2/A3：736	A1：−185～5 A2/A3：±185	A1：47 A2/A3：73	可选择：600、700、800	
KP3-H2H 1000	1000	A1：8690 A2/A3：1472	A1：−185～5 A2/A3：±185	A1：47 A2/A3：90		

（3）3 轴 T 型工件变位器。KUKA 3 轴 T 型工件变位器的外形如图 2.4-21 所示，产品型号为 KP3-V2MD，目前只有 KP3-V2MD2000 一种规格，变位器承载能力为 2000kg，中心高为 910mm，最大工件回转半径为 880mm。3 轴 T 型工件变位器可通过 KUKA KRC4 或 KRC4-Smallsize-2 系统控制，定位精度为 ±0.03mm，产品主要技术参数如表 2.4-16 所示。

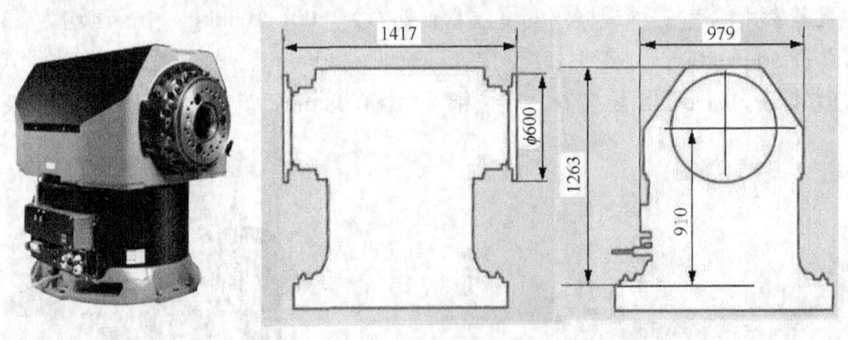

图 2.4-21　3 轴 T 型工件变位器

表 2.4-16　3 轴 T 型工件变位器主要技术参数

产品系列/型号	承载能力（kg）	负载转矩（N·m）	台面直径 *D*（mm）	回转范围（°）	回转速度（°/s）
KP3-V2MD2000	2000	A1：8820 A2：5000	600	A1/A2/A3：±185	A1：53 A2/A3：62

第3章 工业机器人的机械结构

3.1 机器人及变位器的基本结构

3.1.1 垂直串联机器人的结构

虽然工业机器人的形式有垂直串联、水平串联、并联等，但是总体而言，它都是由关节和连杆按一定规律连接而成的，每一关节都由一台伺服电机通过减速器进行驱动。因此，如将机器人进一步分解，它便是由若干伺服电机经减速器减速后，驱动运动部件的机械运动机构的叠加和组合，不同结构形态的机器人，实质只是机械运动机构的叠加和组合形式上的不同。

垂直串联是工业机器人最常见的形态，被广泛用于加工、搬运、装配、包装等场合。垂直串联机器人的结构与承载能力有关，机器人本体常见结构形式有以下几种。

1. 电机内置前驱结构

小规格、轻量级6轴垂直串联机器人经常采用图3.1-1所示的电机内置前驱结构。这种机器人的外形简洁、防护性能好，传动系统结构简单、传动链短、传动精度高，它是小型机器人常用的结构。

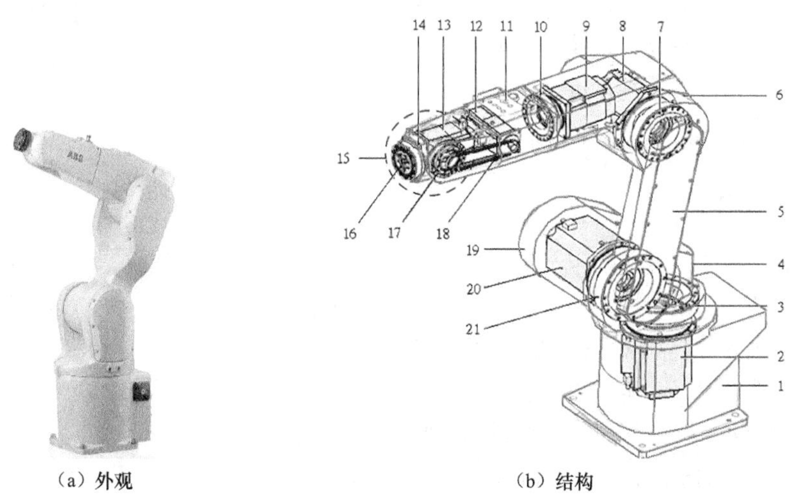

（a）外观　（b）结构

1—基座；2、8、9、12、13、20—伺服电机；3、7、10、14、17、21—减速器；4—腰；5—下臂；6—肘；11—上臂；15—腕；16—工具安装法兰；18—同步皮带；19—肩

图3.1-1　电机内置前驱结构

6 轴垂直串联机器人的运动主要包括腰回转轴 S（j1）、下臂摆动轴 L（j2）、上臂摆动轴 U（j3）及手腕回转轴 R（j4）、腕摆动轴 B（j5）、手回转轴 T（j6），每一运动轴都需要有相应的电机驱动。交流伺服电机是目前最常用的驱动电机，它具有恒转矩输出特性，其最高转速一般为 3000～6000r/min，额定输出转矩通常在 30N·m 以下。由于机器人关节回转和摆动的负载惯量大、回转速度低（通常 25～100r/min），加减速时的最大转矩需要达到数百甚至数万牛顿米。为此，机器人的所有回转轴，原则上都需要配套结构紧凑、承载能力强、传动精度高的大比例减速器，以降低转速、提高输出转矩。RV 减速器、谐波减速器是目前工业机器人最常用的两种减速器，它们是工业机器人最为关键的机械核心部件，在 3.2 节和 3.3 节将对其进行详细阐述。

在图 3.1-1 所示的基本结构中，机器人的所有驱动电机均布置在机器人罩壳内部，故称为电机内置结构。而手腕回转、腕摆动、手回转的驱动电机均安装在手臂前端，故称为前驱结构。

2. 电机外置前驱结构

采用电机内置结构的机器人具有结构紧凑、外观整洁、运动灵活等特点，但驱动电机的安装空间受限、散热条件差、维修维护不便。此外，由于手回转轴的驱动电机直接安装在腕摆动体上，传动直接、结构简单，但它会增加手腕部件的体积和质量、影响手的运动灵活性。因此，电机外置前驱结构通常只用于 6kg 以下小规格、轻量级机器人。

机器人的腰回转、上下臂摆动及手腕回转轴的惯量大、负载重，对驱动电机的输出转矩要求高，需要大规格电机驱动。为了保证驱动电机有足够的安装空间和良好的散热、方便维修维护，承载能力大于 6kg 的中小型机器人通常需要采用图 3.1-2 所示的电机外置前驱结构。

在图 3.1-2 所示的机器人上，机器人的腰回转轴、上下臂摆动轴及手腕回转轴的驱动电机均安装在机身外部，其安装空间和散热空间不受限制，故可提高机器人的承载能力，方便维修维护。

电机外置前驱结构的腕摆动轴 B（j5）、手回转轴 T（j6）的驱动电机同样安装在手腕前端（前驱），但是，手回转轴 T（j6）的驱动电机也被移至上臂内腔，电机通过同步带、伞齿轮等传动部件，将驱动力矩传送至手回转减速器上，从而减小了手腕部件的体积和质量。因此，电机外置前驱结构是中小型垂直串联机器人应用最广的基本结构，内部结构详见 3.4 节。

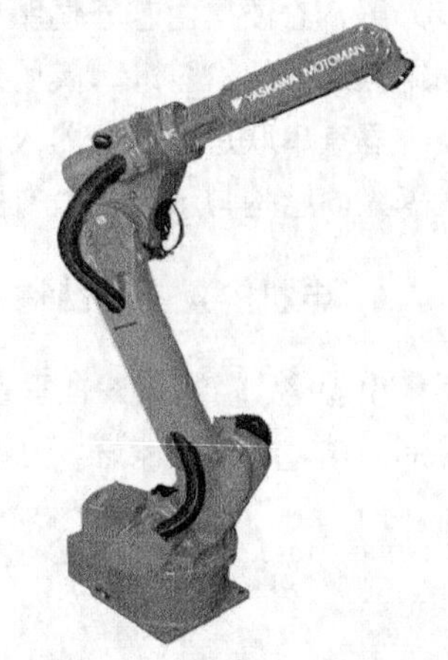

图 3.1-2　电机外置前驱结构

3. 手腕后驱结构

大中型工业机器人对作业范围、承载能力有较高的要求，其上臂的长度、结构刚度、体积和质量均大于小型机器人，此时，如采用腕摆动、手回转轴驱动电机安装在手腕前端的前驱结构，不仅限制了驱动电机的安装空间和散热空间，而且手臂前端的质量将大幅度增大，上臂摆动轴的重心将远离摆动中心，导致机器人重心偏高、运动稳定较差。为此，大中型垂直串联工业机器人通常采用图 3.1-3 所示的腕摆动、手回转轴驱动电机后置的手腕后驱结构。

在手腕后驱结构的机器人上，手腕回转轴 R（j4）、弯曲轴 B（j5）及手回转轴 T（j6）的驱动电机 8、9、10 并列布置在上臂后端，它不仅可增加驱动电机的安装空间和散热空间、便于大规格电机安装，而且还可大幅度降低上臂体积和前端质量，使上臂重心后移，从而起到平衡上臂重力、降低机器人重心、提高机器人运动稳定性的作用。

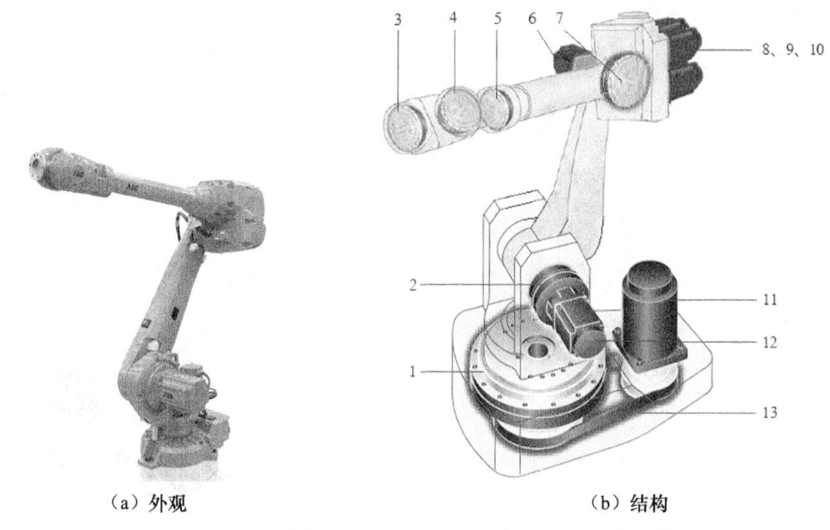

（a）外观　　（b）结构

1～5、7—减速器；6、8～12—电机；13—同步皮带

图 3.1-3　手腕后驱结构

手腕后驱垂直串联机器人的腰回转、上下臂摆动轴结构与电机外置前驱机器人的结构类似，大型机器人的下臂通常需要增加动力平衡系统（见 3.4 节）。由于驱动电机均安装在机身外部，因此，这是一种驱动电机完全外置的垂直串联机器人典型结构，在大中型工业机器人上应用广泛。

在图 3.1-3 所示的机器人上，腰回转轴 S（j1）的驱动电机采用的是侧置结构，电机通过同步皮带与减速器连接，这种结构可增加腰回转轴的减速比、提高驱动转矩，并方便内部管线布置。为了简化腰回转轴传动系统结构，实际机器人也经常采用驱动电机和腰回转同轴布置、直接传动的结构形式，有关内容可参见 3.4 节。

手腕后驱结构机器人需要通过上臂内部的传动轴，将腕弯曲、手回转轴的驱动力传递到手腕前端，其传动系统复杂、传动链较长、传动精度相对较低，机器人内部结构详见 3.4 节。

4. 连杆驱动结构

大型、重型工业机器人多用于大宗物品的搬运、码垛等平面作业，其手腕通常无须回转，但对机器人承载能力、结构刚度的要求非常高，如果采用通常的电机与减速器直接驱动结构，就需要使用大型驱动电机和减速器，从而大大增加机器人的上部质量，机器人重心高、运动稳定性差。为此，需要采用图 3.1-4 所示的连杆驱动结构。

采用连杆驱动结构的机器人腰回转驱动电机以侧置的居多，电机和减速器间采用同步皮带连接；机器人的下臂摆动轴驱动一般采用与中小型机器人相同的直接驱动结构。但是，其上臂摆动轴 U（j3）、手腕弯曲轴 B（j5）的驱动电机及减速器均安装在机器人腰身上，然后，通过 2 对平行四边形连杆机构驱动上臂摆动、手腕弯曲运动。

采用连杆驱动结构的机器人，不仅可加长上臂摆动、手腕弯曲轴的驱动力臂，放大驱动电机转矩、提高负载能力，而且还可将上臂摆动、手腕弯曲轴的驱动电机、减速器的安装位置下移至腰部，从而大幅度减轻机器人上部质量、降低重心、增加运动稳定性。但是，由于结构限制，在上臂摆动、手腕弯曲轴同时采用平行四边形连杆驱动结构的机器人，其手腕的回转运动（R 轴回转）将无法实现，因此，通常只能采用无手腕回转的 5 轴垂直串联结构；部分大型、重型搬运、码垛作业的机器人，甚至同时取消手腕回转轴 R（j4）、手回转轴 T（j6），成为只有腰回转和上下臂、手腕摆动的 4 轴结构。

采用 4 轴、5 轴简化结构的机器人，其作业灵活性必然受到影响。为此，对于需要有 6 轴运动的大型、重型机器人，有时也采用图 3.1-5 所示的仅上臂摆动采用平行四边形连杆驱动的单连杆驱动结构。

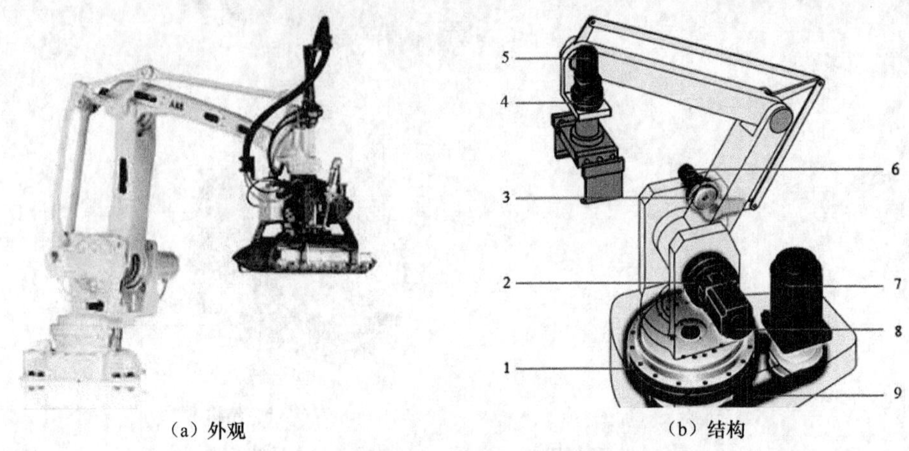

（a）外观　　（b）结构

1～4—减速器；5～8—电机；9—同步皮带

图 3.1-4　连杆驱动结构

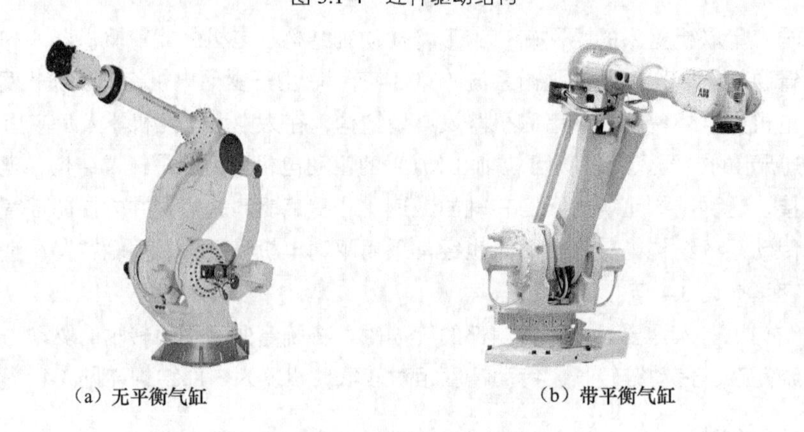

（a）无平衡气缸　　（b）带平衡气缸

图 3.1-5　单连杆驱动结构

仅上臂摆动采用平行四边形连杆驱动的机器人，具有通常 6 轴垂直串联机器人同样的运动灵活性。但是，由于大型、重型工业机器人的负载质量大，为了平衡上臂负载，平行四边形连杆机构需要有较长的力臂，从而导致下臂、连杆所占的空间较大，影响机器人的作业范围和运动灵活性。为此，大型、重型机器人有时也采用图 3.1-5（b）所示的带重力平衡气缸的单连杆驱动结构，以减小下臂、连杆的安装空间，增加作业范围和运动灵活性。

3.1.2　垂直串联机器人的手腕结构

1. 手腕基本形式

工业机器人的手腕主要用来改变末端执行器的姿态（Working Pose），进行工具作业点的定位，它是决定机器人作业灵活性的关键部件。

垂直串联机器人的手腕一般由腕部和手部组成。腕部用来连接上臂和手部；手部用来安装执行器（作业工具）。由于手腕的回转部件与上臂同轴安装、同时摆动，因此，它也可视为上臂的延伸部件，手腕外观通常如图 3.1-6 所示。

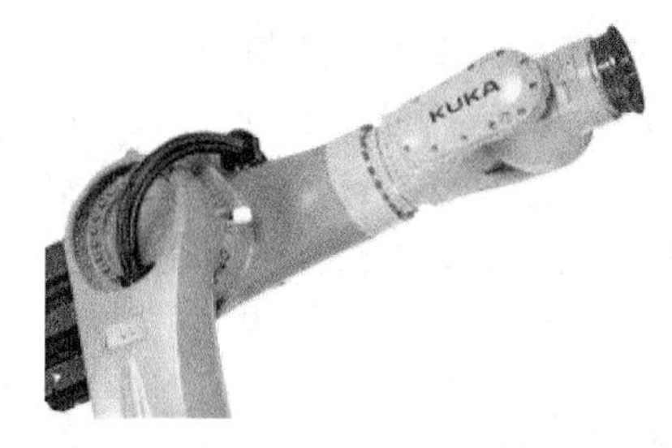

图 3.1-6　手腕外观

为了能对末端执行器的姿态进行 6 自由度的完全控制，机器人的手腕通常需要有 3 个回转（Roll）或摆动（Bend）自由度。具有回转（Roll）自由度的关节，能在 4 象限、进行接近 360°或大于等于 360°回转，称 R 型轴；具有摆动（Bend）自由度的关节，一般只能在 3 象限以下进行小于 270°的回转，称 B 型轴。这 3 个自由度可根据机器人不同的作业要求，进行图 3.1-7 所示的组合。

（1）图 3.1-7（a）中是由 3 个回转关节组成的手腕，称为 3R（RRR）结构。3R 结构的手腕一般采用伞齿轮传动，3 个回转轴的回转范围通常不受限制，这种手腕的结构紧凑、动作灵活、密封性好，但由于手腕上 3 个回转轴的中心线相互不垂直，其控制难度较大，因此，它多用于油漆、喷涂等恶劣环境作业，还用于对密封、防护性能有特殊要求的中小型涂装机器人，通用型工业机器人较少使用这种结构。

（2）图 3.1-7（b）中为“摆动+回转+回转”或“摆动+摆动+回转”关节组成的手腕，称为 BRR 或 BBR 结构。BRR 和 BBR 结构的手腕回转中心线相互垂直，并和三维空间的坐标轴一一对应，其操作简单、控制容易，而且密封、防护容易，因此，它多用于大中型涂装机器人、重载的工业机器人。BRR 和 BBR 结构手腕的外形较大、结构相对松散，在机器人作业要求固定时，也可被简化为 BR 结构的 2 自由度手腕。

（3）图 3.1-7（c）中为“回转+摆动+回转”关节组成的手腕，称为 RBR 结构。RBR 结构的手腕回转中心线同样相互垂直，并和三维空间的坐标轴一一对应，其操作简单、控制容易，且结构紧凑、动作灵活，它是目前工业机器人最为常用的手腕结构形式。

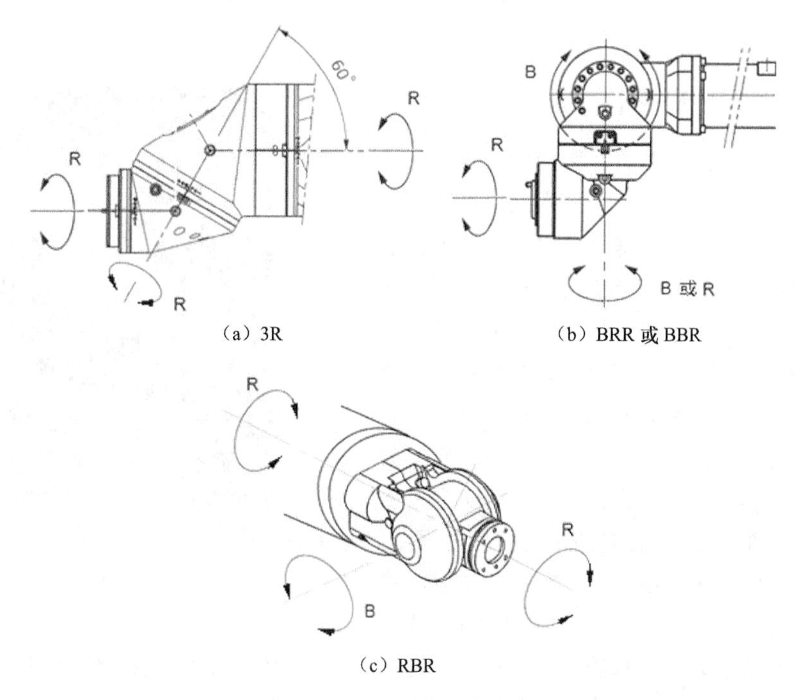

图 3.1-7　手腕的结构形式

RBR结构的手腕回转驱动电机均可安装在上臂后侧，但手腕弯曲和手回转的电机可以置于上臂内腔（前驱），或者后置于上臂摆动关节部位（后驱）。前驱结构外形简洁、传动链短、传动精度高，但上臂重心离回转中心距离远、驱动电机安装及散热空间小，故多用于中小规格机器人；后驱结构的机器人结构稳定、驱动电机安装及散热空间大，但传动链长、传动精度相对较低，故多用于中大规格机器人。

2. 前驱RBR结构手腕

小型垂直串联机器人的手腕承载要求低、驱动电机的体积小、重量轻，为了缩短传动链、简化结构、便于控制，它通常采用图3.1-8所示的前驱RBR结构手腕。

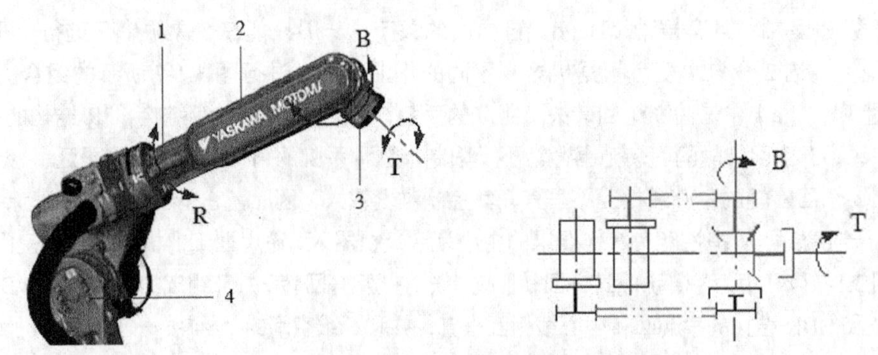

1—上臂；2—B/T轴电机安装；3—摆动体；4—下臂

图3.1-8　前驱RBR结构手腕

前驱RBR结构手腕有手腕回转轴R（j4）、腕摆动轴B（j5）和手回转轴T（j6）3个运动轴。其中，R轴通常用于上臂延伸段的回转，其驱动电机和主要传动部件均安装在上臂后端；B轴、T轴驱动电机直接布置于上臂前端内腔，驱动电机和手腕间通过同步皮带连接，3轴传动系统都有大比例的减速器进行减速。

3. 后驱RBR结构手腕

大中型工业机器人需要有较大的输出转矩和承载能力，腕摆动轴B（j5）、手回转轴T（j6）驱动电机的体积大、重量重。为保证电机有足够的安装空间和良好的散热，同时，能减小上臂的体积和重量、平衡重力、提高运动稳定性，机器人通常采用图3.1-9所示的后驱RBR结构手腕，将手腕回转轴R、腕摆动轴B、手回转轴T的驱动电机均布置在上臂后端。然后，通过上臂内腔的传动轴，将动力传递到前端的手腕单元上，通过手腕单元实现手腕回转轴R、腕摆动轴B、手回转轴T的回转与摆动。

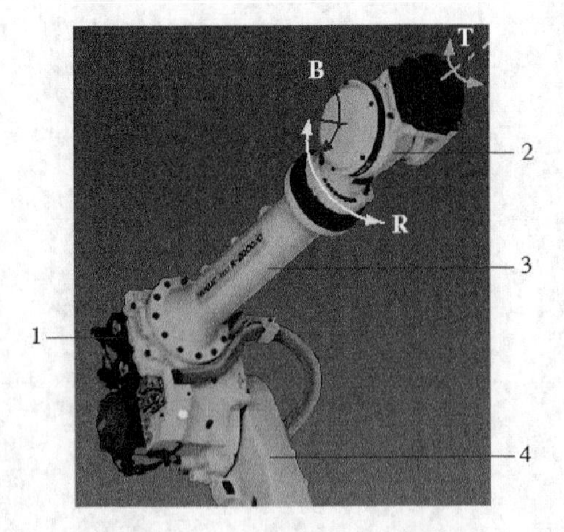

1—R/B/T电机；2—手腕单元；3—上臂；4—下臂

图3.1-9　后驱RBR结构手腕

后驱结构不仅可解决前驱结构存在的B、T轴驱动电机安装空间小、散热差，检测、维修困难等问题，而且还可使上臂结构紧凑、重心后移，提高机器人的作业灵活性和重力平衡性。由于在后驱结构R轴的回转关节后已无其他电气线缆，所以理论上R轴可无限回转。

后驱结构机器人的手腕驱动轴 R/B/T 电机均安装在上臂后部，因此，需要通过上臂内腔的传动轴，将动力传递至前端的手腕单元。手腕单元则需要将传动轴的输出转成 B 轴、T 轴回转驱动力，其机械传动系统结构较复杂、传动链较长，B 轴、T 轴传动精度不及前驱手腕。

后驱结构机器人的上臂结构通常采用图 3.1-10 所示的中空圆柱结构，臂内腔用来安装 R 轴、B 轴、T 轴。

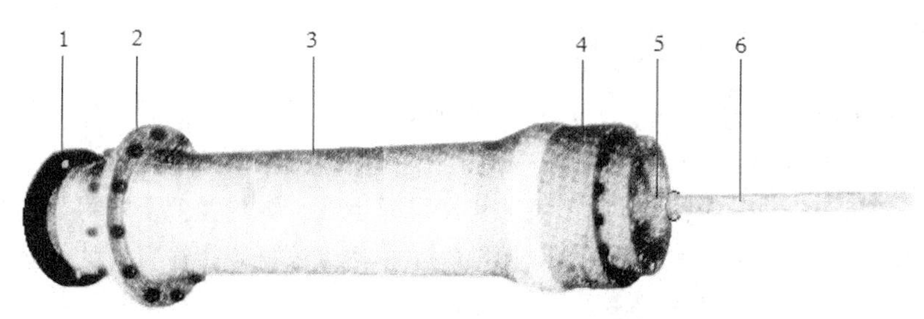

1—同步带轮；2—安装法兰；3—上臂体；4—R 轴减速器；5—B 轴；6—T 轴

图 3.1-10　上臂结构

机器人上臂的后端为 R 轴、B 轴、T 轴同步带轮输入组件 1，前端安装手腕回转的 R 轴减速器 4，上臂体 3 可通过安装法兰 2 与上臂摆动体连接。R 轴减速器应为中空结构，减速器壳体固定在上臂体 3 上，输出轴用来连接手腕单元，B 轴 5 和 T 轴 6 布置在 R 轴减速器的中空内腔。

后驱结构机器人手腕一般采用单元结构，常见的形式有图 3.1-11 所示的两种。

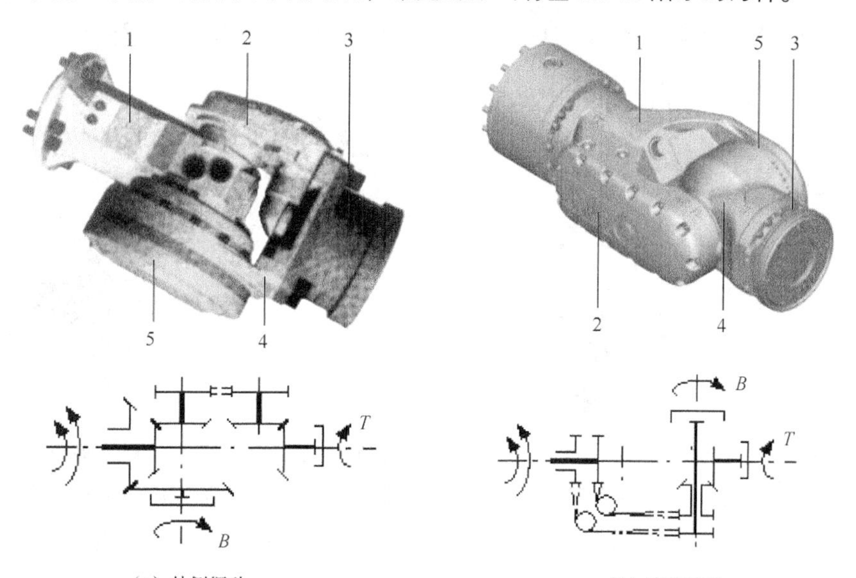

（a）外侧摆动　　（b）内侧摆动

1—连接体；2—换向组件；3—T 轴减速输出组件；4—摆动体；5—B 轴减速摆动组件

图 3.1-11　手腕单元结构

（1）图 3.1-11（a）所示的手腕单元摆动体位于外侧，B 轴通过一对伞齿轮换向，直接驱动减速器输入；T 轴通过两对同步皮带连接的伞齿轮换向，驱动减速器输入。这种结构的 B 轴传动系统结构较简单、传动链短，但伞齿轮传动存在间隙，且对安装调整要求较高，因此，B、T 轴的传动精度一般较低。此外，B 轴摆动体的体积、质量也较大，B 轴驱动电机的规格也相对较大。

（2）图 3.1-11（b）所示的手腕单元摆动体位于内侧，B 轴通过同步皮带换向驱动减速器输入；

T 轴通过同步皮带换向后，再利用一对伞齿轮实现 2 次换向，驱动减速器输入。这种结构的 B 轴传动系统相对复杂、传动链较长，但同步皮带的安装调整方便，并可实现无间隙传动，因此，B 轴、T 轴的传动精度较高。此外，B 轴摆动体的体积、质量也相对较小，B 轴驱动电机的规格可适当减小。

3.1.3 SCARA、Delta 机器人基本结构

1. SCARA 结构

SCARA（Selective Compliance Assembly Robot Arm，选择顺应性装配机器人手臂）结构是日本山梨大学在 1978 年发明的、一种建立在圆柱坐标上的特殊机器人结构形式。

SCARA 机器人通过 2～3 个水平回转关节实现平面定位，结构类似于水平放置的垂直串联机器人，手臂为沿水平方向串联延伸、轴线相互平行的回转关节，驱动转臂回转的伺服电机可前置在关节部位（前驱），也可统一后置在基座部位（后驱）。

SCARA 机器人的结构简单、外形轻巧、定位精度高、运动速度快，它特别适合于平面定位、垂直方向装卸的搬运和装配作业，故首先被用于 3C 行业印制电路板的器件装配和搬运作业，随后在光伏行业的 LED、太阳能电池安装，以及塑料、汽车、药品、食品等行业的平面装配和搬运领域也得到了较广泛的应用。

（1）前驱 SCARA 机器人的典型结构如图 3.1-12 所示，机器人机身主要由基座 1、后臂 11、前臂 5、升降丝杠 7 等部件组成。后臂 11 安装在基座 1 上，它可在 C1 轴电机 2、减速器 3 的驱动下水平回转。前臂 5 安装在后臂 11 的前端，它可在 C2 轴电机 10、减速器 4 的驱动下水平回转。

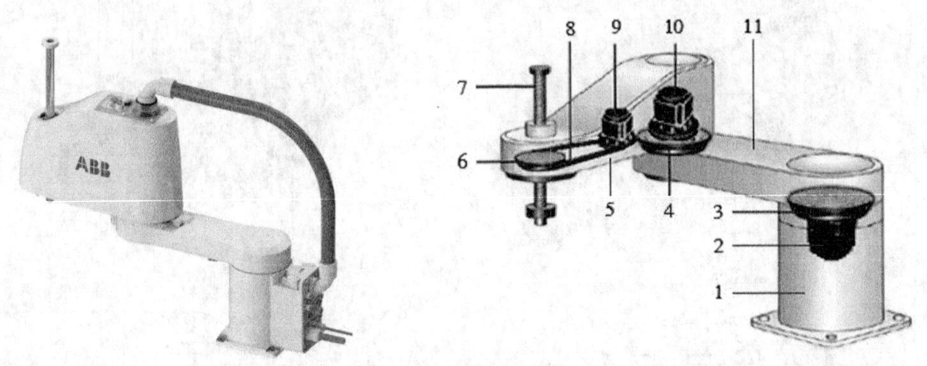

1—基座；2—C1 轴电机；3—C1 轴减速器；4—C2 轴减速器；5—前臂；6—升降减速器；

7—升降丝杠；8—同步皮带；9—升降电机；10—C2 轴电机；11—后臂

图 3.1-12　前驱 SCARA 机器人的典型结构

前驱 SCARA 机器人的执行器垂直升降通过升降丝杠 7 实现，丝杠安装在前臂的前端，它可在升降电机 9 的驱动下进行垂直上下运动。机器人使用的升降丝杠导程通常较大，而驱动电机的转速较高，因此，升降系统一般也需要使用减速器 6 进行减速。此外，为了减轻前臂前端的质量和体积、提高运动稳定性、降低前臂驱动转矩，执行器升降电机 9 通常安装在前臂回转关节部位，电机和减速器 6 间通过同步皮带 8 连接。

前驱 SCARA 机器人的机械传动系统结构简单、层次清晰、装配方便、维修容易，它通常用于上部作业空间不受限制的平面装配、搬运和电气焊接等作业，但其转臂外形、体积、质量等均较大，结构相对松散，加上转臂的悬伸负载较重，对臂的结构刚性有一定的要求，因此，在多数情况下只

有 2 个水平回转轴。

（2）后驱 SCARA 机器人的结构如图 3.1-13 所示。这种机器人的悬伸转臂均为平板状薄壁，其结构非常紧凑。

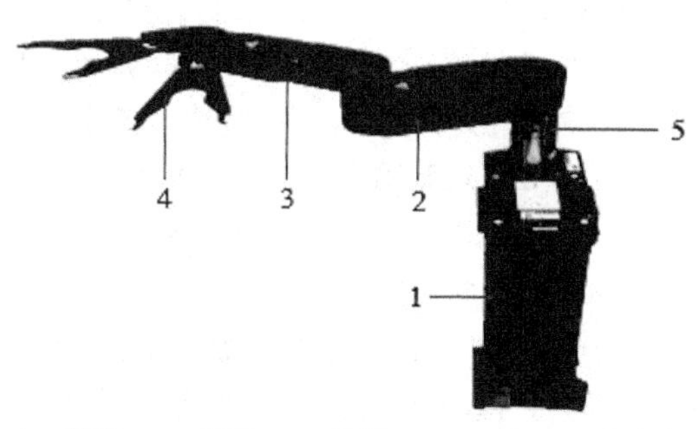

1—基座；2—后臂；3—前臂；4—工具；5—升降套

图 3.1-13　后驱 SCARA 机器人的结构

后驱 SCARA 机器人前后转臂及工具回转的驱动电机均安装在升降套 5 上，升降套 5 可通过基座 1 内的滚珠丝杠（或气动、液压）升降机构升降。转臂回转减速的减速器均安装在回转关节上，安装在升降套 5 上的驱动电机可通过转臂内的同步皮带连接减速器以驱动前后转臂及工具的回转。

由于后驱 SCARA 机器人的结构非常紧凑，负载很轻、运动速度很快，所以，回转关节多采用结构简单、厚度小、重量轻的超薄型减速器进行减速。

后驱 SCARA 机器人结构轻巧、定位精度高、运动速度快，它除作业区域外，几乎不需要额外的安装空间，故可在上部空间受限的情况下，进行平面装配、搬运和电气焊接等作业，因此，多用于 3C 行业的印制电路板器件装配和搬运。

2. Delta 结构

并联机器人是机器人研究的热点之一，它有多种不同的结构形式。但是，并联机器人大多属于多参数耦合的非线性系统，其控制十分困难，正向求解等理论问题尚未完全解决。加上机器人通常只能倒置式安装，其作业空间较小等，因此，绝大多数并联机构都还处于理论或实验研究阶段，尚不能在实际工业生产中应用和推广。

目前，实际产品中所使用的并联机器人结构以 Clavel 发明的 Delta 结构为主。Delta 结构克服了其他并联机构的诸多缺点，它具有承载能力强、运动耦合弱、力控制容易、驱动简单等优点，因而，在电子电工、食品药品等行业的装配、包装、搬运等场合，得到了较广泛的应用。

从机械结构上说，当前实用型的 Delta 结构，总体可分为图 3.1-14 所示的回转驱动型（rotary actuated Delta）和直线驱动型（linear actuated Delta）两类。

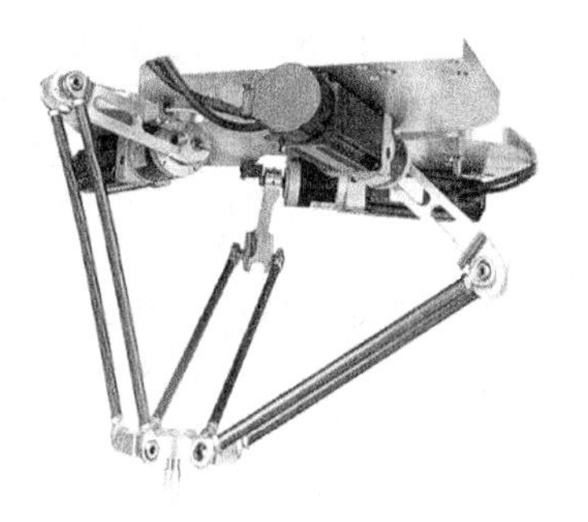

（a）回转驱动型

（b）直线驱动型

图 3.1-14　Delta 结构

（1）图 3.1-14（a）所示的回转驱动型 Delta 机器人，其手腕安装平台的运动通过主动臂的摆动驱动，控制 3 个主动臂的摆动角度就能使手腕安装平台在一定范围内运动与定位。回转驱动型 Delta 机器人容易控制、动态特性好，但其作业空间较小、承载能力较低，故多用于高速、轻载的场合。

（2）图 3.1-14（b）所示的直线驱动型 Delta 机器人，其手腕安装平台的运动通过主动臂的伸缩或悬挂点的水平、倾斜、垂直移动等直线运动驱动，控制 3（或 4）个主动臂的伸缩距离同样可使手腕安装平台在一定范围内定位。与回转驱动型 Delta 机器人比较，直线驱动型 Delta 机器人具有作业空间大、承载能力强等特点，但其操作和控制性能、运动速度等不及回转驱动型 Delta 机器人，故多用于并联数控机床等场合。

Delta 机器人的机械传动系统结构非常简单。例如，回转驱动型机器人的传动系统是 3 组完全相同的摆动臂，摆动臂可由驱动电机经减速器减速后驱动，无须其他中间传动部件，故只需要采用类似垂直串联机器人机身、前驱 SCARA 机器人转臂等减速摆动机构便可实现；如果选配齿轮箱型谐波减速器，则只需进行谐波减速箱的安装和输出连接，无须其他任何传动部件。对于直线驱动型机器人，则只需要 3 组结构完全相同的直线运动伸缩臂，伸缩臂可直接采用传统的滚珠丝杠驱动，其传动系统结构与数控机床进给轴类似。本书不再对其进行介绍。

3.1.4 工件变位器结构

变位器是用于垂直串联机器人本体或工件移动的附加部件，有通用型和专用型两类。专用型变位器一般由用户根据实际使用要求专门设计、制造，结构各异，难以尽述。通用型变位器通常由机器人生产厂家作为附件生产，用户可直接选用。

通用型变位器的软硬件由机器人生产厂家连同机器人提供，变位器使用伺服电机驱动，直接由机器人控制系统的附加轴控制功能进行控制，变位器的运动速度和定位位置可像机器人本体轴一样在机器人作业程序中编程与控制，因此，变位器可视作机器人的附加部件。

通用型变位器结构类似，产品主要有回转变位器和直线变位器两类，每类产品又可分单轴、双轴、3 轴、多轴复合型等结构。由于工业机器人对定位精度的要求低于数控机床等高精度加工设备，因此，在结构上它与数控机床的直线轴、回转轴有所区别，简介如下。

1. 回转变位器

通用型回转变位器类似于数控机床的回转工作台，变位器有单轴、双轴、3 轴及复合型等结构。

（1）单轴回转变位器。单轴回转变位器的常用产品有图 3.1-15 所示的立式（C 型）、卧式和 L 型 3 种，配置单轴变位器后，机器人系统可以增加 1 个自由度。

回转轴线垂直于水平面、台面可进行水平回转的变位器称为立式变位器，在工业机器人中常称之为 C 型变位器，立式回转变位器通常用于工件 180° 交换或 360° 回转变位。

回转轴线平行水平面、台面可进行垂直偏摆（或回转）的变位器称为卧式变位器，卧式变位器一般用于工件的回转或摆动变位，变位器通常需要与尾架、框架设计成一体，这样的变位器在工业机器人中称为 L 型变位器。

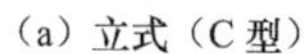
（a）立式（C 型）

（b）卧式

（c）L 型

图 3.1-15　单轴回转变位器

（2）双轴回转变位器。双轴回转变位器同样多用于工件的回转变位，配置双轴变位器后，机器人系统可以增加 2 个自由度。

双轴回转变位器如图 3.1-16 所示，变位器一般采用立式回转、卧式摆动（翻转）的立卧复合结构，台面可进行 360° 水平回转和垂直方向的偏摆，变位器的回转轴、翻转轴及框架设计成一体，这种结构也称为 A 型结构。

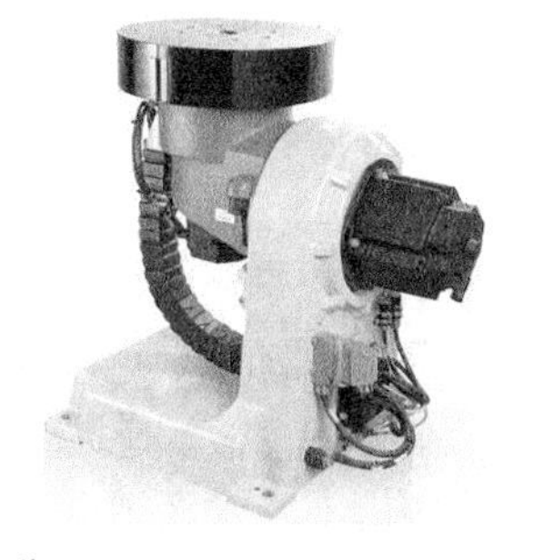

图 3.1-16　双轴回转变位器

（3）3 轴回转变位器。3 轴回转变位器多用于焊接机器人的工件交换与变位，配置 3 轴回转变位器后机器人系统可以增加 3 个自由度。

工业机器人的 3 轴回转变位器有图 3.1-17 所示的 K 型和 R 型两种常见结构。K 型 3 轴回转变位器由 1 个卧式主回转轴、2 个卧式副回转轴及框架组成，卧式副回转轴通常采用 L 型结构。R 型 3 轴回转变位器由 1 个立式主回转轴、2 个卧式副回转轴及框架组成，卧式副回转轴同样通常采用 L 型结构。K 型、R 型 3 轴回转变位器可用于回转类工件的多方位焊接及工件的自动交换。

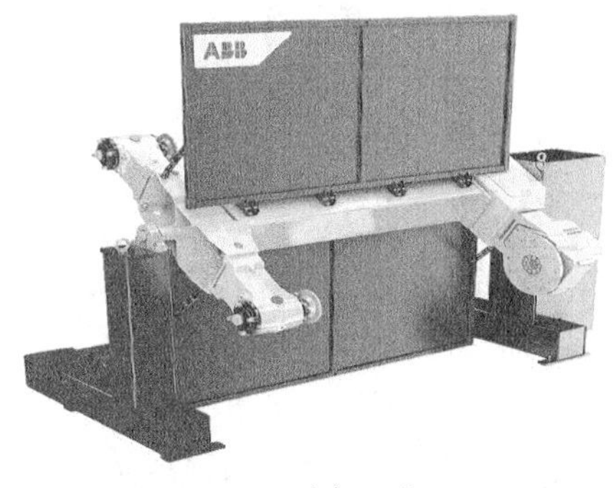

（a）K 型

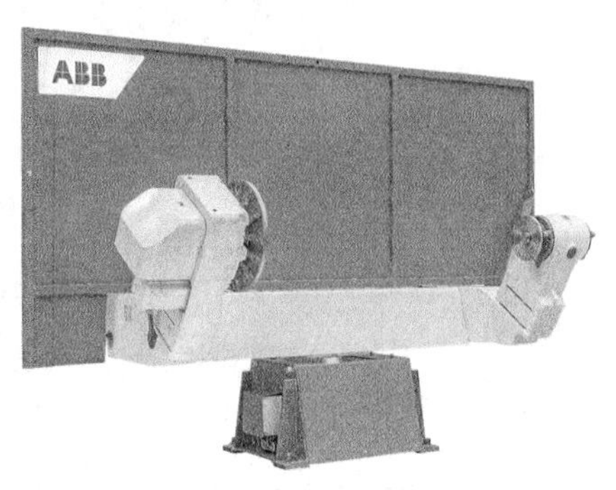

（b）R 型

图 3.1-17　3 轴回转变位器

（4）复合型回转变位器。复合型回转变位器一般具有工件变位与工件交换双重功能，其常见结构有图 3.1-18 所示的 B 型和 D 型两种。

B 型复合型回转变位器由 1 个立式主回转轴（C 型变位器）、2 个 A 型变位器及框架等部件组成。立式主回转轴通常用于工件的 180° 回转交换，A 型变位器用于工件变位，因此，它实际上是一种带有工件自动交换功能的 A 型变位器。

D 型复合型回转变位器由 1 个立式主回转轴（C 型变位器）、2 个 L 型变位器及框架等部件组成。立式主回转轴通常用于工件的 180° 回转交换，L 型变位器用于工件变位，因此，它实际上是一种带有工件自动交换功能的 L 型变位器。

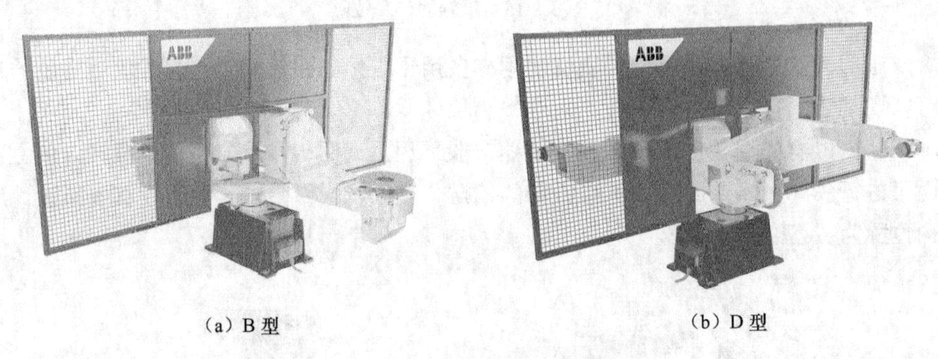

（a）B 型　　（b）D 型

图 3.1-18　复合型回转变位器

工业机器人对位置精度要求较低，通常只需要达到弧分级（arc min，$1' \approx 2.9 \times 10^{-4}$rad），远低于数控机床等高速、高精度加工设备的弧秒级（arc sec，$1'' \approx 4.85 \times 10^{-6}$rad）要求，但其对回转速度的要求较高。为了简化结构，工业机器人的回转变位器有时使用图 3.1-19 所示的减速器直接驱动结构，以代替精密蜗轮蜗杆减速装置。

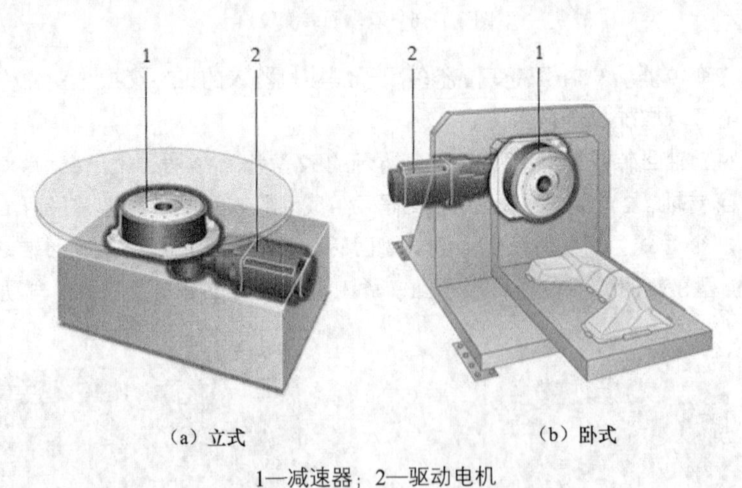

（a）立式　　（b）卧式

1—减速器；2—驱动电机

图 3.1-19　减速器直接驱动回转变位器

2. 直线变位器

通用型直线变位器多用于机器人的直线移动，变位器通常有单轴、3 轴两种基本结构。

（1）单轴直线变位器。单轴直线变位器通常有图 3.1-20 所示的轨道式、横梁式两种结构形式。

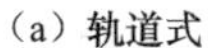

（a）轨道式

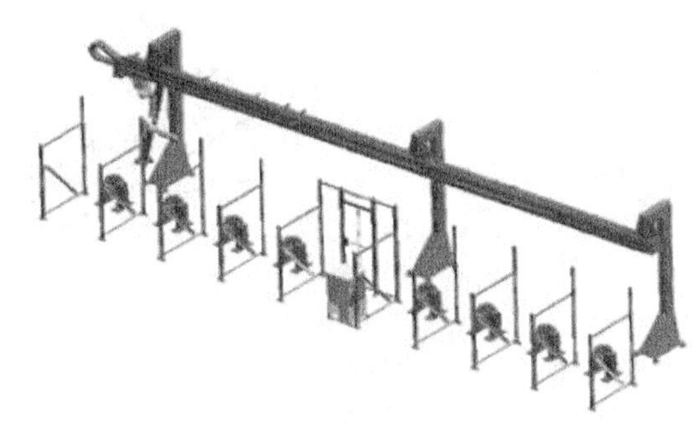

（b）横梁式

图 3.1-20　单轴直线变位器

图 3.1-20（a）所示的单轴轨道式直线变位器可用于机器人的大范围直线运动，机器人规格不限。轨道式变位器一般采用的是齿轮/齿条传动，齿条可根据需要接长，机器人运动行程理论上不受限制。图 3.1-20（b）所示的单轴横梁式直线变位器一般用于悬挂安装的中小型机器人的空间直线运动，变位器同样采用齿轮/齿条传动，横梁的最大长度一般为 30m 左右。

（2）3 轴直线变位器。3 轴直线变位器多用于悬挂安装的中小型机器人空间变位，变位器一般采用图 3.1-21 所示的龙门式结构，如果需要还可通过横梁的辅助升降运动，进一步扩大机器人垂直方向的运动行程。

图 3.1-21　龙门式 3 轴直线变位器

直线变位器类似于数控机床的移动工作台，但其运动速度快（通常为 120m/min）、精度要求较低，因此，小型、短距离运动的直线变位器多采用图 3.1-22 所示的大导程滚珠丝杠驱动结构，电机和滚珠丝杠间有时安装有减速器、同步皮带等部件。

大规格、长距离运动的直线变位器，则多采用图 3.1-23 所示的齿轮齿条驱动结构。齿轮齿条驱动的变位器齿条可以任意接长，机器人的运动行程理论上不受限制。

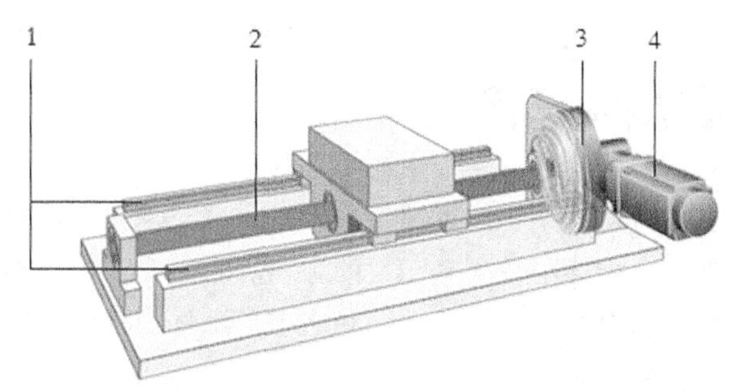

1—直线导轨；2—滚珠丝杠；3—减速器；4—电机

图 3.1-22　大导程滚珠丝杠驱动的直线变位器

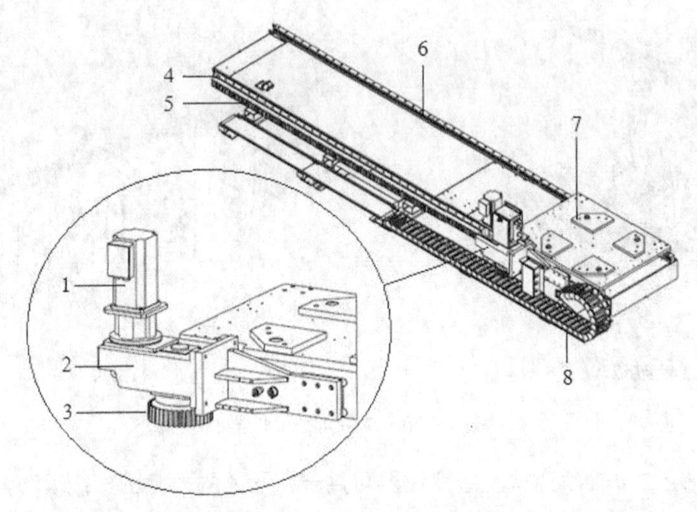

1—电机；2—减速器；3—齿轮；4、6—直线导轨；5—齿条；7—机器人安装座；8—拖链

图 3.1-23　齿轮齿条驱动的直线变位器

3. 混合式变位器

混合式变位器多用于中小型、倒置式安装机器人的平面变位，变位器多采用图 3.1-24 所示的摇臂结构，机器人可在摇臂上进行直线运动（直线变位），摇臂可在立柱上进行回转运动（回转变位）。混合式变位器的机器人直线运动范围通常为 2～3m、摇臂的回转范围一般为–180° ～180° 。

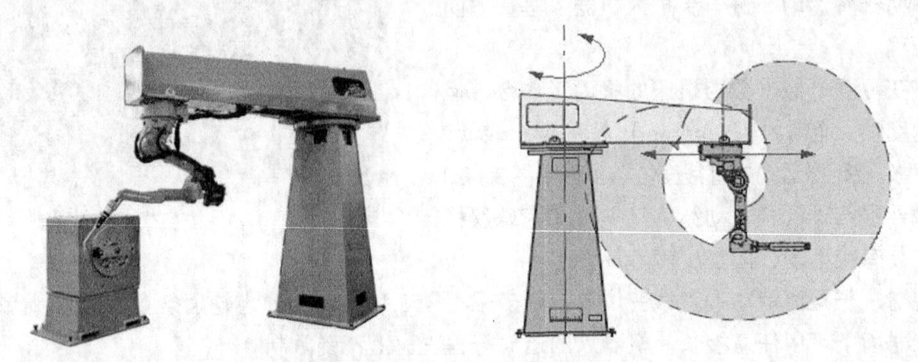

图 3.1-24　混合式变位器的摇臂结构

3.2　谐波减速器结构与产品

工业机器人的基座、手臂体、手腕体等部件，只是用来支承、连接机械传动部件的普通结构件，它们仅对机器人的外形、结构刚性等有一定的影响。由于零件的结构简单、刚性好、加工制造容易，且在机器人正常使用过程中不存在运动和磨损，部件损坏的可能性较小，故很少需要进行维护和修理。

在工业机器人的机械部件中，减速器是决定机器人运动速度、定位精度、承载能力等关键技术指标的核心部件。机器人对减速器的要求很高，传统的普通齿轮减速器、行星齿轮减速器、摆线针轮减速器等都不能满足工业机器人高精度、大比例减速的要求。为此，它需要使用专门的减速器。

谐波减速器（Harmonic reducer）和 RV 减速器（Rotary Vector reducer）是工业机器人使用最广

泛的两类减速器，下面先介绍谐波减速器的变速原理、产品结构形式及安装维护要求，RV 减速器将在 3.3 节中详细阐述。

3.2.1 谐波齿轮变速原理

1. 基本结构

谐波减速器是谐波齿轮传动装置（Harmonic gear drive）的俗称。谐波齿轮传动装置实际上既可用于减速、也可用于升速，但由于其传动比很大（通常为 30～320），因此，在工业机器人、数控机床等机电产品上应用时，多用于减速，故习惯上称为谐波减速器。

谐波齿轮传动装置是美国发明家 C.W.Musser（马瑟，1909—1998）在 1955 年发明的一种特殊齿轮传动装置，日本 Harmonic Drive System Co.Ltd（哈默纳科）是全球研发生产最早、产量最大、产品最著名的谐波减速器生产企业。

谐波减速器的基本结构如图 3.2-1 所示。谐波减速器主要由刚轮（Circular Spline）、柔轮（Flex Spline）、谐波发生器（Wave Generator）3 个基本部件构成。刚轮、柔轮、谐波发生器可任意固定其中 1 个，其余 2 个部件一个连接输入（主动），另一个即可作为输出（从动），以实现减速或增速。

（1）刚轮。刚轮（Circular Spline）是一个加工有连接孔的刚性内齿圈，其齿数比柔轮略多（一般多 2 或 4 齿）。刚轮通常用于减速器安装和固定，在超薄形或微型谐波减速器上，刚轮一般与交叉滚子轴承（Cross Roller Bearing，CRB）设计成一体，构成减速器单元。

（2）柔轮。柔轮（Flex Spline）是一个可产生较大变形的薄壁金属弹性体，弹性体与刚轮啮合的部位为薄壁外齿圈，它通常用来连接输出轴。柔轮有水杯、礼帽、薄饼等形状。

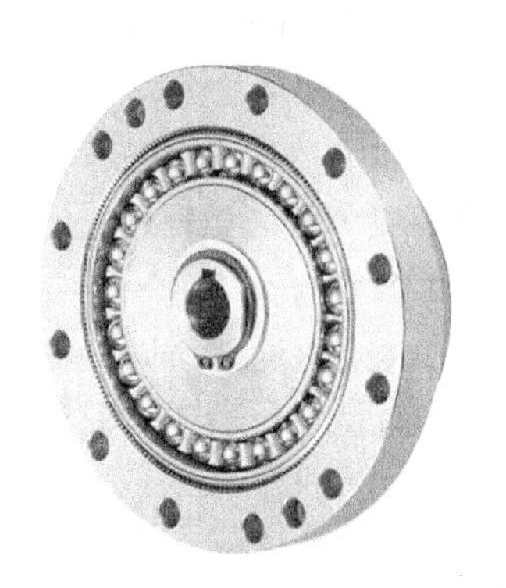

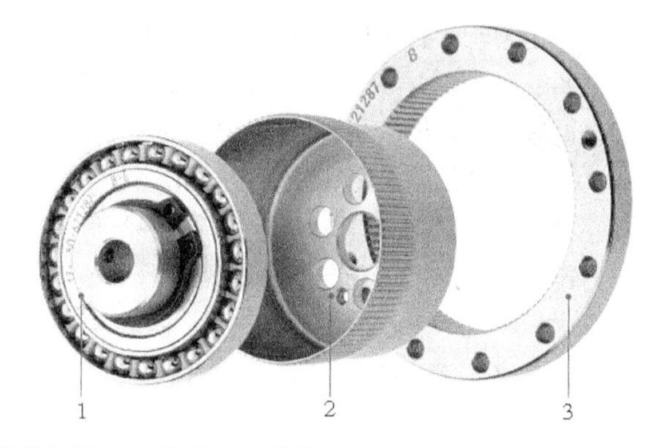

1—谐波发生器；2—柔轮；3—刚轮

图 3.2-1 谐波减速器的基本结构

（3）谐波发生器。谐波发生器（Wave Generator）又称波发生器，其内侧是一个椭圆形的凸轮，凸轮外圆套有一个能弹性变形的柔性滚动轴承（Flexible rolling bearing），轴承外圈与柔轮外齿圈的内侧接触。凸轮装入轴承内圈后，轴承、柔轮均将变成椭圆形，椭圆长轴附近的柔轮齿与刚轮齿完全啮合，短轴附近的柔轮齿与刚轮齿完全脱开。凸轮通常与输入轴连接，它旋转时可使柔轮齿与刚轮齿的啮合位置不断改变。

2. 变速原理

谐波减速器的变速原理如图 3.2-2 所示。

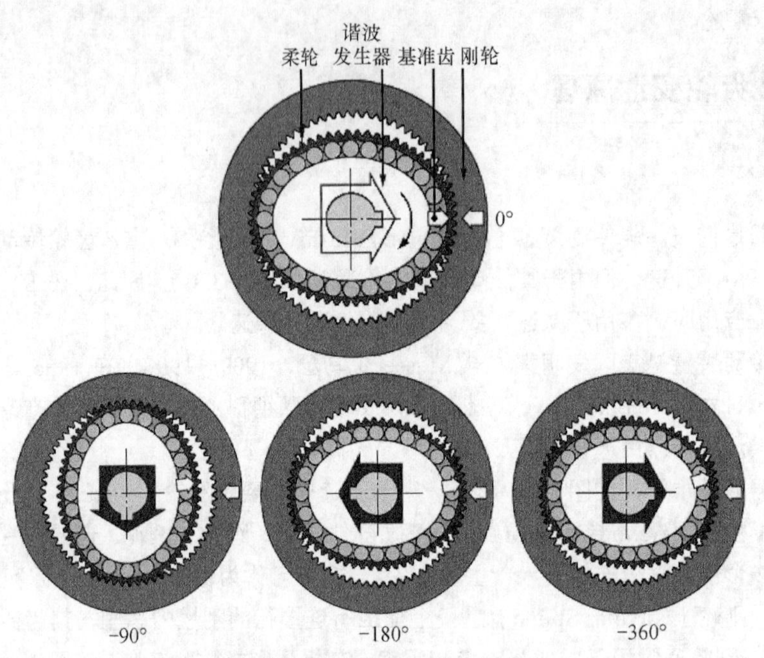

图 3.2-2 谐波减速器的变速原理

假设谐波减速器的刚轮固定、谐波发生器凸轮连接输入轴、柔轮连接输出轴，图 3.2-2 所示的谐波发生器椭圆凸轮长轴位于 0° 的位置为起始位置。当谐波发生器顺时针旋转时，由于柔轮的齿形和刚轮相同，但齿数少于刚轮（如 2 齿），因此，当椭圆长轴到达刚轮−90° 位置时，柔轮所转过的齿数必须与刚轮相同，故它转过的角度将大于 90° 。例如，对于齿差为 2 的谐波减速器，柔轮转过的角度将为 “90° +0.5 齿”，即柔轮基准齿逆时针偏离刚轮 0° 位置 0.5 个齿。

进而，当谐波发生器椭圆长轴到达刚轮−180° 位置时，柔轮转过的角度将为 “90° +1 齿”，即柔轮基准齿将逆时针偏离刚轮 0° 位置 1 个齿。如椭圆长轴绕刚轮回转一周，柔轮转过的角度将为 “90° +2 齿”，柔轮的基准齿将逆时针偏离刚轮 0° 位置一个齿差（2 个齿）。

因此，当谐波减速器刚轮固定、谐波发生器凸轮连接输入轴、柔轮连接输出轴时，输入轴顺时针旋转 1 转（−360° ），输出轴将相对于固定的刚轮逆时针转过一个齿差（2 个齿）。假设柔轮齿数为 Z_f、刚轮齿数为 Z_c；输出/输入的转速比为

$$i_1 = \frac{Z_c - Z_f}{Z_f}$$

对应的传动比（输入/输出转速比，即减速比）为 $Z_f/(Z_c - Z_f)$

同样，如谐波减速器柔轮固定、刚轮旋转，当输入轴顺时针旋转 1 转（−360° ）时，将使刚轮的基准齿顺时针偏离柔轮一个齿差，其偏移的角度为

$$\theta = \frac{Z_c - Z_f}{Z_c} \times 360°$$

其输出/输入的转速比为

$$i_2 = \frac{Z_c - Z_f}{Z_c}$$

对应的传动比（输入/输出转速比，即减速比）为 $Z_c/(Z_c-Z_f)$。

这就是谐波齿轮传动装置的减速原理。

反之，如谐波减速器的刚轮固定、柔轮连接输入轴、谐波发生器凸轮连接输出轴，则柔轮旋转时，将迫使谐波发生器快速回转，起到增速的作用；谐波减速器柔轮固定、刚轮连接输入轴、谐波发生器凸轮连接输出轴的情况类似。这就是谐波齿轮传动装置的增速原理。

3. 技术特点

由谐波减速器的结构和原理可见，它主要有以下特点。

（1）承载能力强、传动精度高。谐波减速器有两个 180° 对称方向部位，部位的多个齿同时啮合，单位面积载荷小、齿距误差和累积齿距误差可得到较好的均化，减速器承载能力强、传动精度高。

以 Harmonic Drive System（哈默纳科）产品为例，减速器同时啮合的齿数最大可达 30%以上；最大转矩（Peak Torque）可达 4470N·m，最高输入转速可达 14 000r/min；角传动精度（Angle transmission accuracy）可达 1.5×10^{-4}rad，滞后误差（Hysteresis error）可达 2.9×10^{-4}rad。这些指标基本上代表了当今世界谐波减速器的最高水准。

（2）传动比大、传动效率较高。在传统的单级传动装置上，普通齿轮传动装置的推荐传动比一般为 8～10、传动效率为 0.9～0.98；行星齿轮传动装置的推荐传动比为 2.8～12.5，齿差为 1 的行星齿轮传动效率为 0.85～0.9；蜗轮蜗杆传动装置的推荐传动比为 8～80、传动效率为 0.4～0.95；摆线针轮传动装置的推荐传动比为 11～87、传动效率为 0.9～0.95。而谐波齿轮传动装置的推荐传动比为 50～160、可选择 30～320，正常传动效率为 0.65～0.96（与减速比、负载、温度等有关），高于传动比相似的蜗轮蜗杆减速器。

（3）结构简单，体积小，重量轻、使用寿命长。谐波减速器只有 3 个基本部件，与达到同样传动比的普通齿轮减速箱比较，零件数可减少 50%左右，体积、重量大约只有 1/3。此外，由于谐波减速器的柔轮齿进行的是均匀径向移动，齿间相对滑移速度一般只有普通渐开线齿轮传动的 1%，加上同时啮合的齿数多、轮齿单位面积的载荷小、运动无冲击，因此，齿的磨损较小，传动装置使用寿命可长达 7000～10 000h。

（4）传动平稳，无冲击、噪声小、安装调整方便。谐波减速器可通过特殊的齿形设计，使得柔轮和刚轮的啮合、退出过程实现连续渐进、渐出，啮合时的齿面滑移速度小，且无突变，因此，其传动平稳，啮合无冲击，运行噪声小。刚轮、柔轮、谐波发生器 3 个基本构件为同轴安装，刚轮、柔轮、谐波发生器可按部件提供（称部件型谐波减速器），由用户自由选择变速方式和安装方式，其安装十分灵活、方便。此外，谐波减速器的柔轮和刚轮啮合间隙可通过微量改变谐波发生器的外径调整，甚至可做到无侧隙啮合，其传动间隙通常非常小。

4. 减速比

谐波减速器的输出/输入速比与减速器的安装方式有关，如用正、负号代表转向，并定义谐波传动装置的基本减速比 R 为

$$R=\frac{Z_f}{Z_c-Z_f}$$

这样，通过不同形式的安装，谐波齿轮传动装置将有表 3.2-1 所示的 6 种不同用途和不同输出/输入速比。速比为负值时，代表输出轴转向和输入轴相反。

表 3.2-1　谐波齿轮传动装置的安装形式与速比

序号	安装形式	安装示意图	用途	输出/输入速比
1	刚轮固定、谐波发生器输入、柔轮输出	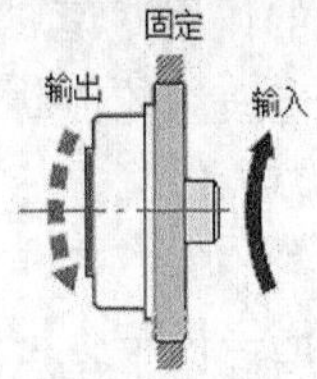	减速，输入、输出轴转向相反	$-\frac{1}{R}$
2	柔轮固定、谐波发生器输入、刚轮输出	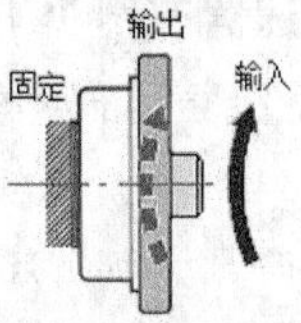	减速，输入、输出轴转向相同	$\frac{1}{R+1}$
3	谐波发生器固定、柔轮输入、刚轮输出	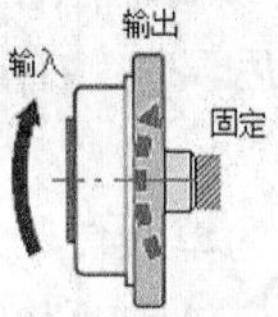	减速，输入、输出轴转向相同	$\frac{R}{R+1}$
4	谐波发生器固定、刚轮输入、柔轮输出	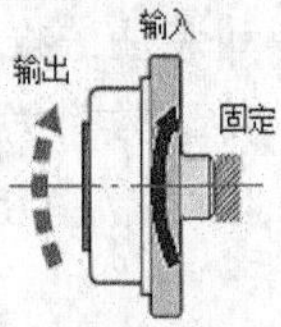	增速，输入、输出轴转向相同	$\frac{R+1}{R}$
5	刚轮固定、柔轮输入、谐波发生器输出	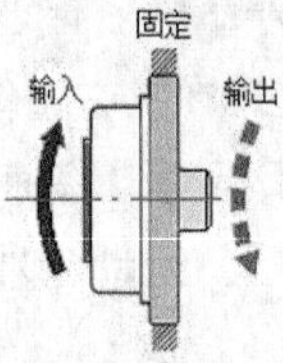	增速，输入、输出轴转向相反	$-R$
6	柔轮固定、刚轮输入、谐波发生器输出	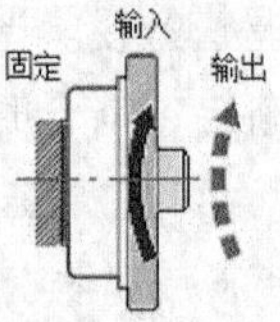	增速，输入、输出轴转向相同	$R+1$

3.2.2　哈默纳科产品

Harmonic Drive System（哈默纳科）谐波减速器的结构类型分为部件型（Component type）、单元型（Unit type）、简易单元型（Simple unit type）、齿轮箱型（Gear head type）、微型和超微型（Mini type 及 Supermini type）5 类，柔轮形状分为水杯形（Cup type）、礼帽形（Silk hat type）和薄饼形（Pancake type）3 类，减速器轴向长度分为标准型（Standard）和超薄型（Super Flat）两类，用户可以根据自己的需要选用。其中，部件型、单元型、简易单元型是工业机器人最为常用的谐波减速器产品。

1. 部件型谐波减速器

部件型（Component type）谐波减速器只提供刚轮、柔轮、谐波发生器 3 个基本部件，用户可根据自己的要求自由选择变速方式和安装方式。哈默纳科部件型减速器的规格齐全、使用灵活、安装方便、价格低，它是目前工业机器人广泛使用的产品。

根据柔轮形状，部件型谐波减速器又分为图 3.2-3 所示的水杯形（Cup type）、礼帽形（Silk hat type）、薄饼形（Pancake）3 类，并有通用、高转矩、超薄等不同系列。

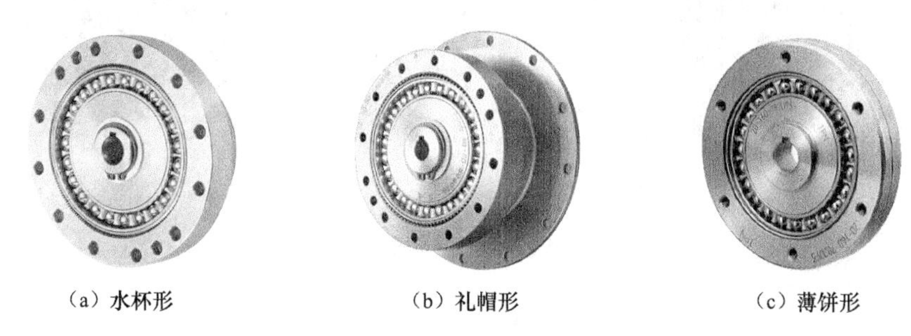

（a）水杯形　（b）礼帽形　（c）薄饼形

图 3.2-3　部件型谐波减速器

部件型谐波减速器采用的是刚轮、柔轮、谐波发生器分离型结构，无论是工业机器人生产厂家的产品制造，还是机器人使用厂家维修，都需要进行谐波减速器和传动零件的分离和安装，其装配调试的要求较高。

2. 单元型谐波减速器

单元型（Unit type）谐波减速器又称谐波减速单元，它带有外壳和 CRB，减速器的刚轮、柔轮、谐波发生器、壳体、CRB 被整体设计成统一的单元。减速器带有输入/输出连接法兰或连接轴，输出采用高刚性、精密 CRB 支承，可直接驱动负载。

哈默纳科单元型谐波减速器有图 3.2-4 所示的标准型、中空轴、轴输入 3 种基本结构形式，其柔轮形状有水杯形和礼帽形两类，并有轻量、密封等系列。

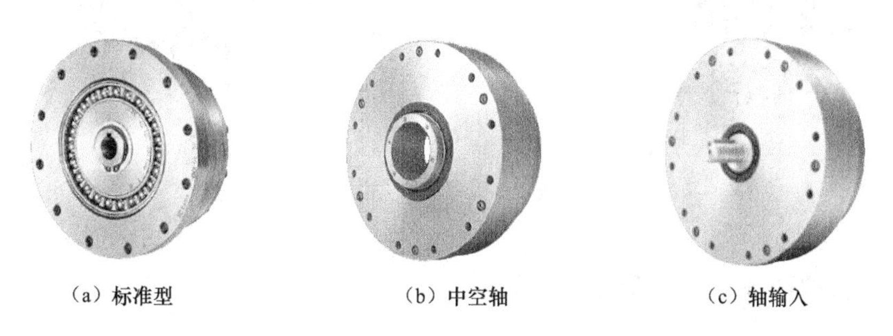

（a）标准型　（b）中空轴　（c）轴输入

图 3.2-4　单元型谐波减速器

谐波减速单元虽然价格高于部件型谐波减速器，但是减速器的安装在生产厂家处已完成，产品使用简单、安装方便、传动精度高、使用寿命长，无论工业机器人生产厂家的产品制造或机器人使用厂家的维修更换，都无须分离谐波减速器和传动部件，因此，它同样是目前工业机器人常用的产品之一。

3. 简易单元型谐波减速器

简易单元型（Simple unit type）谐波减速器是单元型谐波减速器的简化结构，它将谐波减速器的刚轮、柔轮、谐波发生器 3 个基本部件和 CRB 整体设计成统一的单元，但无壳体和输入/输出连接法兰或连接轴。

哈默纳科简易谐波减速单元的基本结构有图 3.2-5 所示的标准型、中空轴两类，柔轮形状均为礼帽形。简易单元型谐波减速器结构紧凑、使用方便，性能和价格介于部件型和单元型之间，它经常被用于机器人手腕、SCARA 结构机器人。

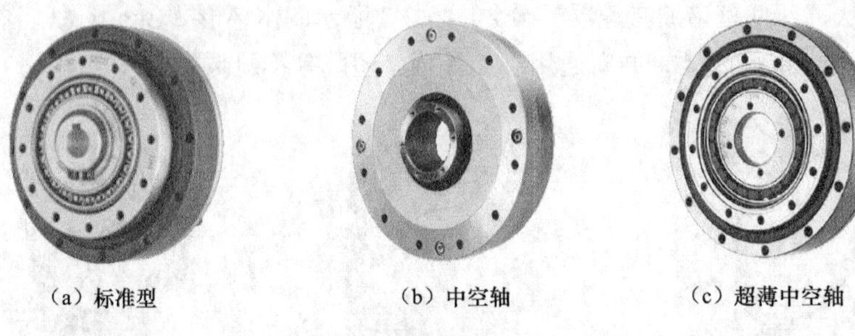

（a）标准型　（b）中空轴　（c）超薄中空轴

图 3.2-5　简易谐波减速单元

4. 齿轮箱型谐波减速器

齿轮箱型（Gear head type）谐波减速器又称谐波减速箱，它可像齿轮减速箱一样，直接安装驱动电机，以实现减速器和驱动电机的结构整体化。

哈默纳科谐波减速箱的基本结构有图 3.2-6 所示的法兰输出和轴输出两类，其谐波减速器的柔轮形状均为水杯形，并有通用系列、高转矩系列产品。齿轮箱型谐波减速器特别适合于电机的轴向安装尺寸不受限制的 Delta 结构机器人。

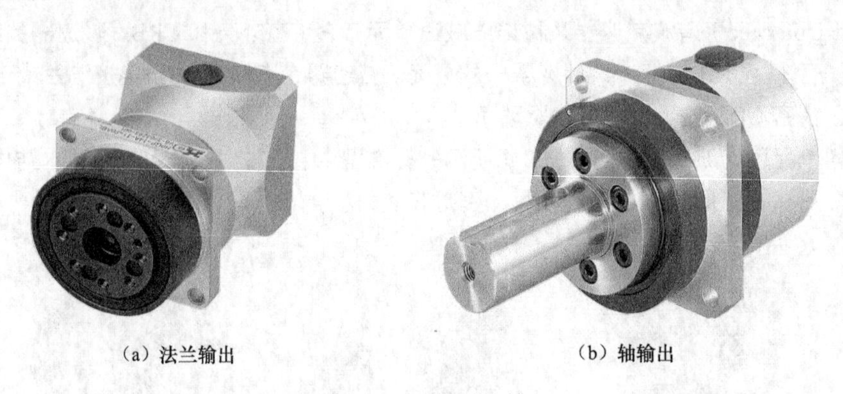

（a）法兰输出　（b）轴输出

图 3.2-6　谐波减速箱

5. 微型谐波减速器和超微型谐波减速器

微型（Mini type）谐波减速器和超微型（Supermini type）谐波减速器是专门用于小型、轻量工业机器人的特殊产品，它实际上就是微型化的单元型、齿轮箱型谐波减速器，常用于 3C 行业电子产品、食品、药品等小规格搬运、装配、包装工业机器人。

哈默纳科微型谐波减速器有单元型（微型谐波减速单元）、齿轮箱型（微型谐波减速箱）两种基本结构，减速单元如图 3.2-7（a）所示；微型谐波减速箱也有法兰输出和轴输出两类，分别如图 3.2-7（b）、图 3.2-7（c）所示。超微型谐波减速器实际上只是对微型系列产品的补充，其结构、安装使用要求均和微型谐波减速器相同。

（a）减速单元

（b）法兰输出减速箱

（c）轴输出减速箱

图 3.2-7　微型谐波减速器

3.2.3　主要技术参数

1. 规格代号

谐波减速器规格代号以柔轮节圆直径（单位：0.1in，1in=2.54cm）表示，常用规格代号与柔轮节圆直径的对照如表 3.2-2 所示。

表 3.2-2　规格代号与柔轮节圆直径的对照

规格代号	8	11	14	17	20	25	32	40	45	50	58	65
节圆直径（mm）	20.32	27.94	35.56	43.18	50.80	63.5	81.28	101.6	114.3	127	147.32	165.1

2. 输出转矩

谐波减速器的输出转矩主要有额定输出转矩、启制动峰值转矩、瞬间最大转矩等，额定输出转矩、启制动峰值转矩和瞬间最大转矩的含义如图 3.2-8 所示。

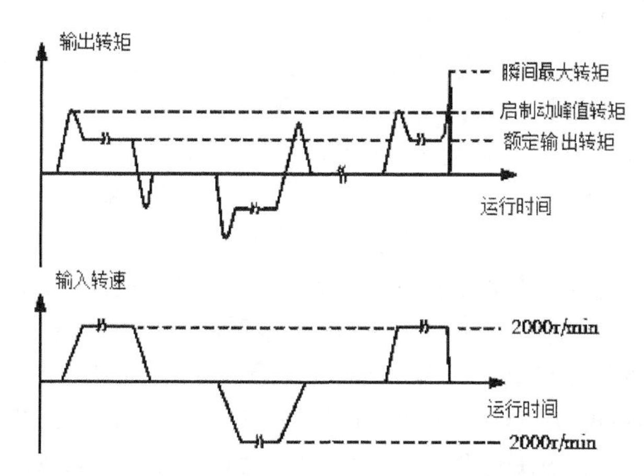

图 3.2-8　额定输出转矩、启制动峰值转矩和瞬间最大转矩的含义

（1）额定输出转矩（Rated Output Torque）。谐波减速器在输入转速为 2000r/min 情况下连续工作时，减速器输出侧允许的最大负载转矩。

（2）启制动峰值转矩（Peak Torque for start and stop）。谐波减速器在正常启制动时，短时间允许的最大负载转矩。

（3）瞬间最大转矩（Maximum Momentary Torque）。谐波减速器工作出现异常时（如机器人冲击、碰撞），为保证减速器不损坏，瞬间允许的负载转矩极限值。

（4）最大平均转矩（Permissible maximum of average load torque）和最高平均转速（Permissible average input rotational speed）。最大平均转矩和最高平均转速是谐波减速器连续工作时所允许的最大等效负载转矩和最高等效输入转速的理论计算值。

（5）启动转矩（Starting Torgue）。又称启动开始转矩（On starting Torgue），它是在空载、环境温度为20℃的条件下，谐波减速器用于减速时，输出侧开始运动的瞬间，所测得的输入侧需要施加的最大转矩值。

（6）增速启动转矩（On overdrive starting torque）。在空载、环境温度为20℃的条件下，谐波减速器用于增速时，在输出侧（谐波发生器输入轴）开始运动的瞬间，所测得的输入侧（柔轮）需要施加的最大转矩值。

（7）空载运行转矩（On no-load running torque）。谐波减速器用于减速时，在工作温度为20℃、规定的润滑条件下，以2000r/min的输入转速空载运行2h后，所测得的输入转矩值。空载运行转矩与输入转速、减速比、环境温度等有关，输入转速越低、减速比越大、温度越高，空载运行转矩就越小，设计、计算时可根据减速器生产厂家提供的修整曲线修整。

3. 使用寿命

（1）额定寿命（Rated Life）。谐波减速器在正常使用时，出现10%产品损坏的理论使用时间（单位为h）。

（2）平均寿命（Average Life）。谐波减速器在正常使用时，出现50%产品损坏的理论使用时间（单位为h）。谐波减速器的使用寿命与工作时的负载转矩、输入转速有关。

4. 其他参数

（1）强度（Intensity）。强度以负载冲击次数衡量，减速器的等效负载冲击次数不能超过减速器允许的最大冲击次数（一般为10 000次）。

（2）刚度（Rigidity）。谐波减速器刚度是指减速器的扭转刚度（Torsional stiffness），常用滞后量（Hysteresis Loss）、弹性系数（Spring Constants）衡量。

① 滞后量（Hysteresis Loss）。减速器本身摩擦转矩产生的弹性变形误差θ与减速器规格和减速比有关，结构类型相同的谐波减速器规格和减速比越大，滞后量就减小。

② 弹性系数（Spring Constants）。以负载转矩T与弹性变形误差θ的比值衡量。弹性系数越大，同样负载转矩下谐波减速器所产生的弹性变形误差θ就越小，刚度就越高。谐波减速器弹性系数与减速器结构、规格、基本减速比有关，结构相同时，减速器规格和基本减速比越大，弹性系数就越大。

（3）最大背隙。最大背隙（Max backlash quantity）是减速器在空载、环境温度为20℃的条件下，输出侧开始运动瞬间，所测得的输入侧最大角位移。哈默纳科谐波减速器刚轮与柔轮的齿间啮合间隙几乎为0，背隙主要由谐波发生器输入组件上的奥尔德姆联轴器（Oldham Coupling）产生，因此，输入为刚性连接的减速器，可以认为其无背隙。

（4）传动精度。谐波减速器传动精度又称角传动精度（Angle Transmission accuracy），它是谐波减速器用于减速时，在任意360°输出范围上，其实际输出转角θ_2和理论输出转角θ_1/R间的最大差值θ_{er}衡量，θ_{er}值越小，传动精度就越高。谐波减速器的传动精度与减速器结构、规格、减速比等有关，结构相同时，减速器规格和减速比越大，传动精度就越高。

（5）传动效率。谐波减速器的传动效率与减速比、输入转速、负载转矩、工作温度、润滑条件等诸多因素有关。减速器生产厂家出品样本中所提供的传动效率n_r，一般是指在输入转速2000r/min、输出转矩为额定值、工作温度为 20℃、使用规定的润滑方式下，所测得的效率值。设计、计算时需要根据生产厂家提供的转速、温度修整曲线进行修整，谐波减速器传动效率还受实际输出转矩的影响，输出转矩低于额定值时，需要根据负载转矩比，按生产厂家提供的修整系数曲线修整传动效率。

根据技术性能，哈默纳科谐波减速器可分为标准型、高转矩型和超薄型 3 类，其他产品都是在此基础上所派生的产品。3 类谐波减速器的基本性能比较如图 3.2-9 所示。

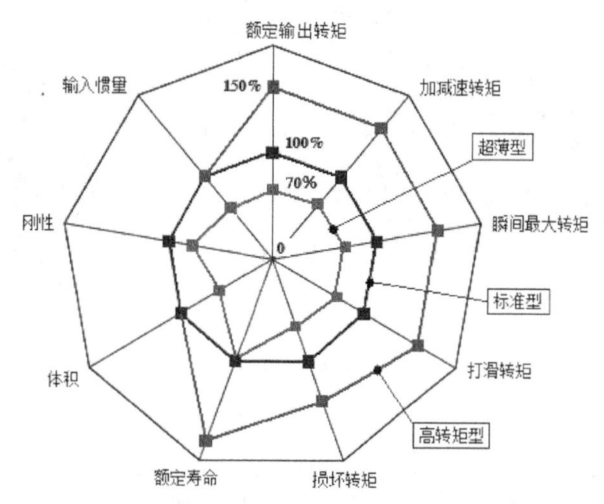

图 3.2-9　3 类谐波减速器的基本性能比较

大致而言，同规格标准型谐波减速器和高转矩型谐波减速器的结构、外形相同，但高转矩型谐波减速器的输出转矩可比标准型提高 30%以上，使用寿命从 7000h 提高到 10 000h。超薄型谐波减速器采用了紧凑型结构设计，其轴向长度只有通用型的 60%左右，但额定转矩、加减速转矩、刚性等指标也会比标准型减速器有所下降。

3.2.4　部件型谐波减速器

哈默纳科部件型谐波减速器产品系列与结构如表 3.2-3 所示，FB/FR 系列薄饼形谐波减速器通常使用较少，其他产品的结构与主要技术参数如下。

表 3.2-3　哈默纳科部件型谐波减速器产品系列与结构

系列	结构类型（轴向长度）	柔轮形状	输入连接	其他特征
CSF	标准	水杯	标准轴孔、联轴器柔性连接	无
CSG	标准	水杯	标准轴孔、联轴器柔性连接	高转矩
CSD	超薄	水杯	法兰刚性连接	无
SHF	标准	礼帽	标准轴孔、联轴器柔性连接	无
SHG	标准	礼帽	标准轴孔、联轴器柔性连接	高转矩
FB	标准	薄饼	轴孔刚性连接	无
FR	标准	薄饼	轴孔刚性连接	高转矩

1. CSF/CSG/CSD 系列

哈默纳科采用水杯形柔轮的部件型谐波减速器，有 CSF（标准型）、CSG（高转矩型）和 CSD（超薄型）3 个系列产品。

标准型、高转矩型谐波减速器的结构相同、安装尺寸一致，谐波减速器由图 3.2-10 所示的输入连接件 1、柔轮 2、刚轮 3、谐波发生器 4 组成，柔轮 2 的形状为水杯形，输入采用标准轴孔、联轴器柔性连接，具有轴心自动调整功能。

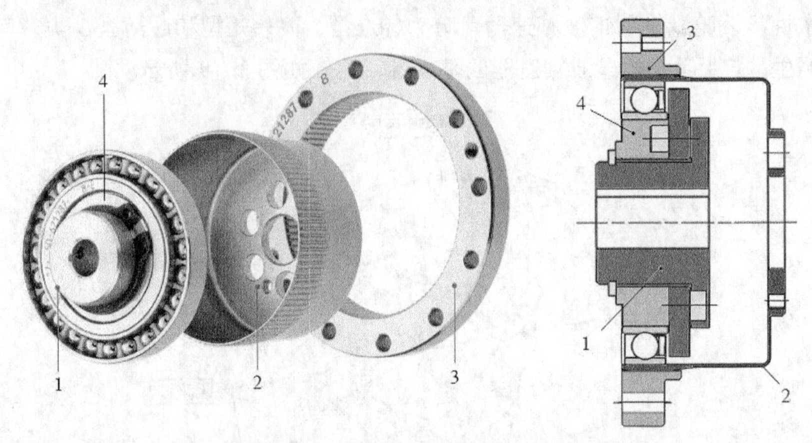

1—输入连接件；2—柔轮；3—刚轮；4—谐波发生器

图 3.2-10 CSF/CSG 系列谐波减速器结构

CSF 系列谐波减速器规格齐全。谐波减速器的基本减速比可选择 30/50/80/100/120/160，额定输出转矩为 0.9～3550N·m，同规格产品的额定输出转矩大致为国产 CS 系列的 1.5 倍，润滑脂润滑时的最高输入转速为 8500～3000r/min、平均输入转速为 3500～1200r/min。普通型产品的传动精度、滞后量为 $2.9\sim5.8\times10^{-4}$ rad，最大背隙为 $1.0\sim17.5\times10^{-5}$ rad，高精度产品的传动精度可提高至 $1.5\sim2.9\times10^{-4}$ rad。

CSG 系列谐波减速器是 CSF 系列的改进型产品，两个系列产品的结构、安装尺寸完全一致。CSG 系列谐波减速器的基本减速比可选择 30/50/80/100/120/160，额定输出转矩为 7～1236N·m，同规格产品的额定输出转矩大致为国产 CS 系列的 2 倍，润滑脂润滑时的最高输入转速为 8500～2800r/min、平均输入转速为 3500～1800r/min。普通型产品的传动精度、滞后量为 $2.9\sim4.4\times10^{-4}$ rad，最大背隙为 $1.0\sim17.5\times10^{-5}$ rad，高精度产品的传动精度可提高至 $1.5\sim2.9\times10^{-4}$ rad。

CSD 系列谐波减速器结构如图 3.2-11 所示，减速器输入法兰刚性连接，谐波发生器凸轮与输入连接法兰设计成一体，减速器轴向长度只有 CSF/CSG 系列谐波减速器的 2/3 左右。CSD 系列谐波减速器的输入无轴心自动调整功能，对输入轴和减速器的安装同轴度要求较高。

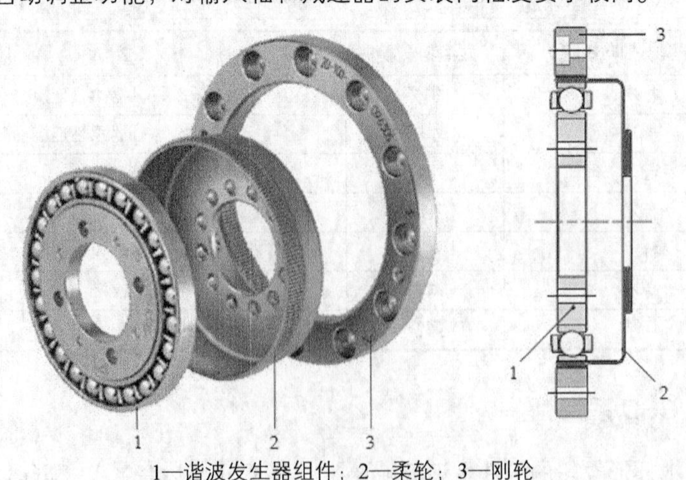

1—谐波发生器组件；2—柔轮；3—刚轮

图 3.2-11 CSD 系列谐波减速器结构

CSD 系列谐波减速器的基本减速比可选择 50/100/160，额定输出转矩为 3.7～370N·m，同规格产品的额定输出转矩大致为国产 CD 系列的 1.3 倍，润滑脂润滑时的最高输入转速为 8500～3500r/min、平均输入转速为 3500～2500r/min。减速器的传动精度、滞后量为 $2.9 \sim 4.4 \times 10^{-4}$ rad，由于输入采用法兰刚性连接，减速器的背隙可以忽略不计。

2. SHF/SHG 系列

哈默纳科采用礼帽形柔轮的部件型谐波减速器，有 SHF（标准型）、SHG（高转矩型）两个系列产品，两者结构相同，谐波减速器由图 3.2-12 所示的谐波发生器及输入组件、柔轮、刚轮等部分组成，柔轮为大直径、中空开口的结构，内部可安装其他传动部件，输入为标准轴孔、联轴器柔性连接，具有轴心自动调整功能。

SHF 系列谐波减速器的基本减速比可选择 30/50/80/100/120/160，额定输出转矩为 4～745N·m，润滑脂润滑时的最高输入转速为 8500～3000r/min、平均输入转速为 3500～2200r/min。普通型产品的传动精度、滞后量为 $2.9 \sim 5.8 \times 10^{-4}$ rad，最大背隙为 $1.0 \sim 17.5 \times 10^{-5}$ rad，高精度产品传动精度可提高至 $1.5 \sim 2.9 \times 10^{-4}$ rad。

SHG 系列谐波减速器是 SHF 的改进型产品，两个系列产品的结构、安装尺寸完全一致。SHG 系列谐波减速器的基本减速比可选择 30/50/80/100/120/160，额定输出转矩为 7～1236N·m，润滑脂润滑时的最高输入转速为 8500～2800r/min、平均输入转速为 3500～1900r/min。普通型产品的传动精度、滞后量为 $2.9 \sim 5.8 \times 10^{-4}$ rad，最大背隙为 $1.0 \sim 17.5 \times 10^{-5}$ rad，高精度产品传动精度可提高至 $1.5 \sim 2.9 \times 10^{-4}$ rad。

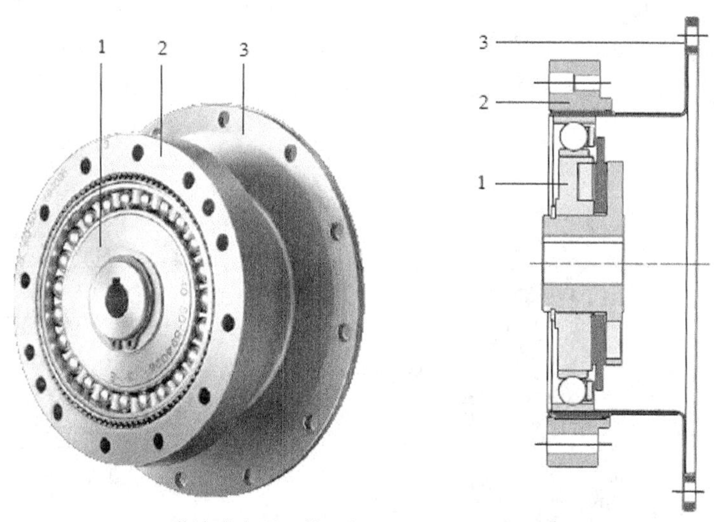

1—谐波发生器及输入组件；2—柔轮；3—刚轮

图 3.2-12　礼帽形谐波减速器结构

3.2.5　单元型谐波减速器

哈默纳科单元型谐波减速器的产品种类较多，不同类型的谐波减速器产品系列与结构如表 3.2-4 所示。

表 3.2-4　哈默纳科单元型谐波减速器产品系列与结构

系列	结构类型（轴向长度）	柔轮形状	输入连接	其他特征
CSF-2UH	标准	水杯	标准轴孔、联轴器柔性连接	无
CSG-2UH	标准	水杯	标准轴孔、联轴器柔性连接	高转矩
CSD-2UH	超薄	水杯	法兰刚性连接	无
CSD-2UF	超薄	水杯	法兰刚性连接	中空
SHF-2UH	标准	礼帽	中空轴、法兰刚性连接	中空
SHG-2UH	标准	礼帽	中空轴、法兰刚性连接	中空、高转矩
SHD-2UH	超薄	礼帽	中空轴、法兰刚性连接	中空
SHF-2UJ	标准	礼帽	标准轴、刚性连接	无
SHG-2UJ	标准	礼帽	标准轴、刚性连接	高转矩

1. CSF/CSG-2UH 系列

哈默纳科 CSF/CSG-2UH 系列标准/高转矩系列谐波减速器采用的是水杯形柔轮、带键槽标准轴孔输入，两者结构、安装尺寸完全相同，该系列谐波减速器组成及结构如图 3.2-13 所示。

CSF/CSG-2UH 系列谐波减速器的谐波发生器、柔轮结构与 CSF/CSG 系列部件型谐波减速器的谐波发生器、柔轮结构相同，但它增加了壳体 2 及连接刚轮、柔轮的 CRB 等部件，使之成为一个可直接安装和连接输出负载的完整单元，其使用简单、安装维护方便。

CSF 系列谐波减速器的额定输出转矩为 4～951N·m，CSG 高转矩系列谐波减速器的额定输出转矩为 7～1236N·m。两个系列产品的基本减速比均可选择 30/50/80/100/120/160、最高输入转速均为 8500～2800r/min、平均输入转速均为 3500～1900r/min。普通型产品的传动精度、滞后量为 $2.9 \sim 5.8 \times 10^{-4}$ rad，最大背隙为 $1.0 \sim 17.5 \times 10^{-5}$ rad，高精度产品传动精度可提高至 $1.5 \sim 2.9 \times 10^{-4}$ rad。

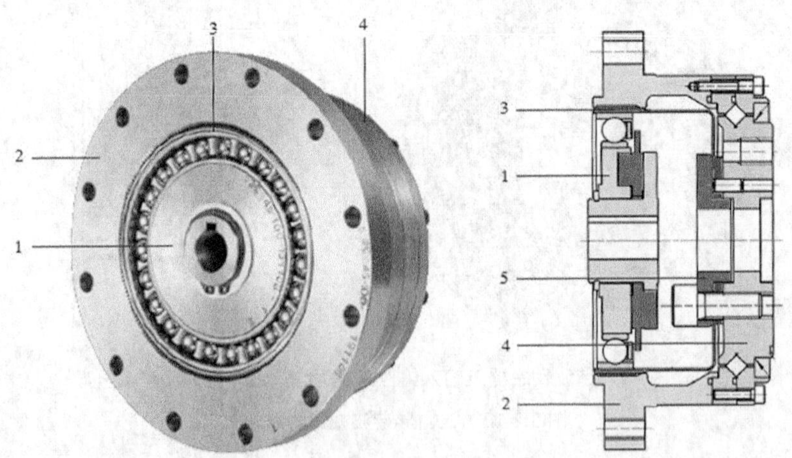

1—谐波发生器组件；2—刚轮与壳体；3—柔轮；4—CRB；5—连接板

图 3.2-13　CSF/CSG-2UH 系列减速器组成及结构

2. CSD-2UH/2UF 系列

哈默纳科 CSD-2UH/2UF 系列超薄减速器是在 CSD 超薄型谐波减速器的基础上单元化的产品，

CSD-2UH 系列采用超薄型标准结构、CSD-2UF 系列为超薄型中空结构，两个系列产品的组成及结构如图 3.2-14 所示。

CSD-2UH/2UF 系列超薄减速器的谐波发生器、柔轮结构与 CSD 系列超薄部件型谐波减速器的谐波发生器、柔轮结构相同，但它增加了壳体及连接刚轮、柔轮的 CRB 等部件，使之成为一个可直接安装和连接输出负载的完整单元，其使用简单、安装维护方便。CSD-2UF 系列谐波减速器的柔轮连接板、CRB 内圈为中空结构，内部可布置管线或传动轴等部件。

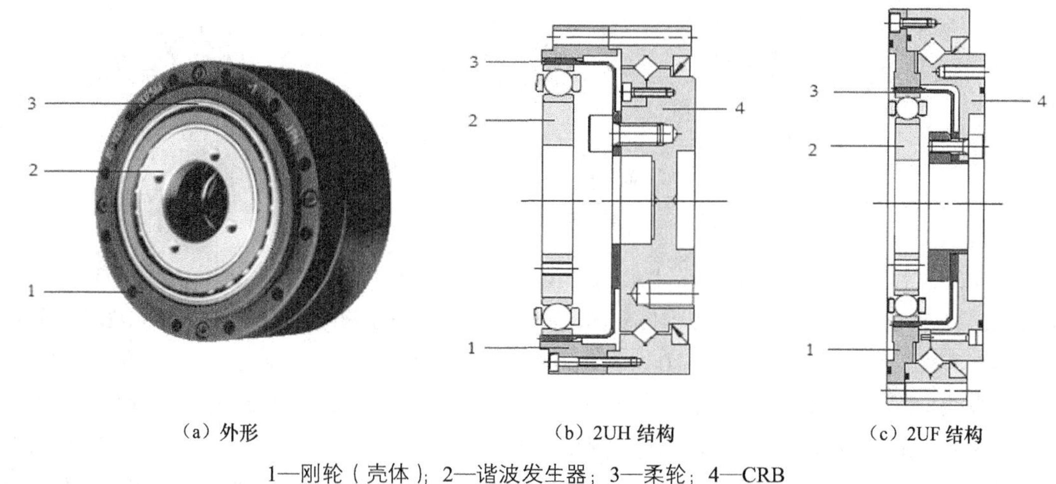

（a）外形　　（b）2UH 结构　　（c）2UF 结构

1—刚轮（壳体）；2—谐波发生器；3—柔轮；4—CRB

图 3.2-14　CSD-2UH/2UF 系列减速器组成及结构

CSD-2UH/2UF 系列谐波减速器的输入采用法兰刚性连接，谐波发生器凸轮与输入法兰设计成一体，该系列谐波减速器轴向长度只有 CSF/CSG-2UH 系列的 2/3 左右，但谐波减速器的输入无轴心自动调整功能，对输入轴和减速器的安装同轴度要求较高。

CSD-2UH 系列减速器的额定输出转矩为 3.7～370N・m，最高输入转速为 8500～3500 r/min、平均输入转速为 3500～2500r/min。CSD-2UF 系列减速器的额定输出转矩为 3.7～206 N・m，最高输入转速为 8500～4000r/min、平均输入转速为 3500～3000r/min。两个系列产品的基本减速比均可选择 50/100/160、传动精度与滞后量均为 $2.9 \sim 4.4 \times 10^{-4}$ rad，减速单元采用法兰刚性连接，背隙可忽略不计。

3. SHF/SHG/SHD-2UH 系列

哈默纳科 SHF/SHG/SHD-2UH 系列谐波减速器的组成及结构如图 3.2-15 所示，它是一个带有中空连接轴和壳体、输出连接法兰，可整体安装并直接连接负载的完整单元，减速单元内部可布置管线、传动轴等部件，其使用简单、安装方便、结构刚性好。

SHF/SHG-2UH 系列谐波减速器的刚轮、柔轮与部件型 SHF/SHG 谐波减速器的刚轮、柔轮相同，但它在刚轮 6 和柔轮 5 间增加了 CRB 3，CRB 的内圈与刚轮 6 连接，外圈与柔轮 5 连接，使得刚轮和柔轮间能够承受径向/轴向载荷并直接连接负载。谐波减速器的谐波发生器输入轴是一个贯通整个减速器的中空轴，输入轴的前端面可通过法兰连接输入轴，中间部分直接加工成谐波发生器的椭圆凸轮。轴前后端安装有支承轴承及端盖，前端盖 2 与柔轮 5、CRB 3 的外圈连接成一体后作为减速器前端外壳。后端盖 4 和刚轮 6、CRB 3 的内圈连接成一体后作为减速器内芯。

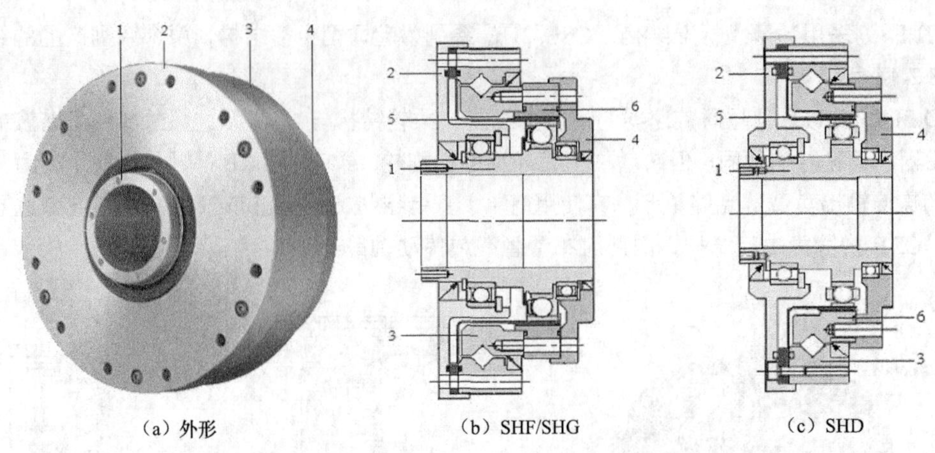

1—中空轴；2—前端盖；3—CRB；4—后端盖；5—柔轮；6—刚轮

图 3.2-15　SHF/SHG/SHD-2UH 系列减速器组成及结构

SHF-2UH 系列谐波减速器的基本减速比可选择 30/50/80/100/120/160、额定输出转矩为 3.7～745N·m，最高输入转速为 8500～3000r/min、平均输入转速为 3500～2200r/min。SHG-2UH 系列谐波减速器的基本减速比可选择 50/80/100/120/160、额定输出转矩为 7～1236N·m，最高输入转速为 8500～2800r/min、平均输入转速为 3500～1900r/min。两个系列普通型产品的传动精度、滞后量均为 $2.9\sim5.8\times10^{-4}$ rad，高精度产品传动精度可提高至 $1.5\sim2.9\times10^{-4}$ rad，最大背隙为 $1.0\sim17.5\times10^{-5}$ rad。

SHD-2UH 系列谐波减速器采用了刚轮和 CRB 一体化设计，刚轮齿直接加工在 CRB 内圈上，使轴向尺寸比同规格的 SHF/SHG-2UH 系列轴向尺寸缩短约 15%，其中空直径也大于同规格的 SHF/SHG-2UH 系列谐波减速器的中空直径。SHD-2UH 系列超薄型谐波减速器基本减速比可选择 50/100//160、额定输出转矩为 3.7～206N·m，最高输入转速为 8500～4000 r/min、平均输入转速为 3500～3000r/min。减速器传动精度为 $2.9\sim4.4\times10^{-4}$ rad，滞后量为 $2.9\sim5.8\times10^{-4}$ rad，最大背隙可忽略不计。

4. SHF/SHG-2UJ 系列

哈默纳科 SHF/SHG-2UJ 系列谐波减速器的结构相同、安装尺寸一致，该系列谐波减速器的组成及结构如图 3.2-16 所示，它是一个带有标准输入轴、输出连接法兰，可整体安装与直接连接负载的完整单元。

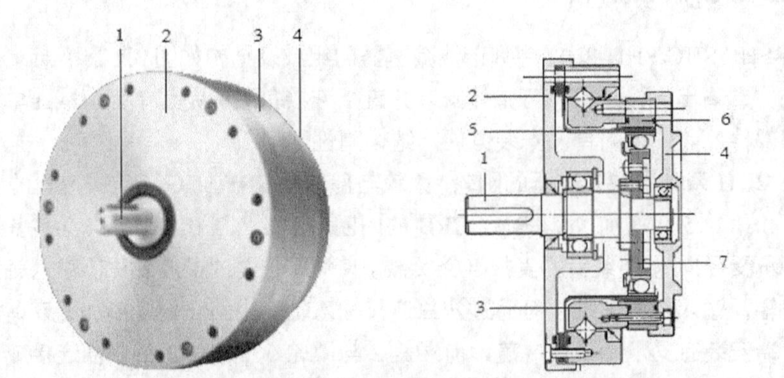

1—输入轴；2—前端盖；3—CRB；4—后端盖；5—柔轮；6—刚轮；7—谐波发生器

图 3.2-16　SHF/SHG-2UJ 系列减速器组成及结构

SHF/SHG-2UJ 系列谐波减速器的刚轮、柔轮和 CRB 结构与 SHF/SHG-2UH 系列中空轴谐波减速器的刚轮、柔轮和 CRB 结构相同，但其谐波发生器输入为带键标准轴，可直接安装同步带轮或齿轮等传动部件，使用非常简单且安装方便。SHF/SHG-2UJ 系列谐波减速器的主要技术参数与 SHF/SHG-2UH 系列谐波减速器的主要技术参数相同。

3.2.6 简易单元型谐波减速器

哈默纳科简易单元型（Simple unit type）谐波减速器是单元型谐波减速器的简化结构，它保留了单元型谐波减速器的刚轮、柔轮、谐波发生器和 CRB 4 个核心部件，取消了壳体和部分输入、输出连接部件，提高了产品性价比。哈默纳科简易单元型谐波减速器产品系列与结构如表 3.2-5 所示。

表 3.2-5 哈默纳科简易单元型谐波减速器产品系列与结构

系列	结构类型（轴向长度）	柔轮形状	输入连接	其他特征
SHF-2SO	标准	礼帽	标准轴孔、联轴器柔性连接	无
SHG-2SO	标准	礼帽	标准轴孔、联轴器柔性连接	高转矩
SHD-2SH	超薄	礼帽	中空法兰刚性连接	中空
SHF-2SH	标准	礼帽	中空轴、法兰刚性连接	中空
SHG-2SH	标准	礼帽	中空轴、法兰刚性连接	中空、高转矩

1. SHF/SHG-2SO 系列

哈默纳科 SHF/SHG-2SO 系列标准型简易谐波减速器的结构相同、安装尺寸一致，其组成及结构如图 3.2-17 所示。

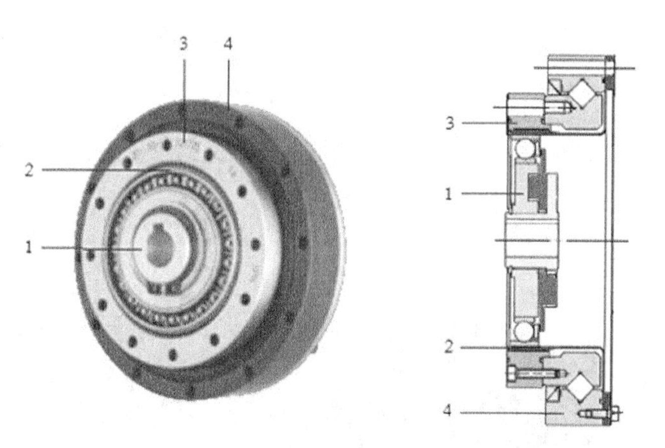

1—谐波发生器输入组件；2—柔轮；3—刚轮；4—CRB

图 3.2-17 SHF/SHG-2SO 系列简易谐波减速器组成及结构

SHF/SHG-2SO 系列简易谐波减速器是在 SHF/SHG 系列部件型谐波减速单元的基础上发展起来的产品，其柔轮、刚轮、谐波发生器输入组件的结构相同。SHF/SHG-2SO 系列简易减速器增加了连接柔轮 2 和刚轮 3 的 CRB 4，CRB 内圈与刚轮连接、外圈与柔轮连接，谐波减速器的柔轮、刚轮和 CRB 构成了一个可直接连接输入及负载的整体。

SHF/SHG-2SO 系列简易谐波减速器的主要技术参数与 SHF/SHG-2UH 系列谐波减速器的主要技术参数相同。

2. SHD-2SH 系列

哈默纳科 SHD-2SH 系列超薄型简易谐波减速器组成及结构如图 3.2-18 所示。SHD-2SH 系列超薄型简易谐波减速器的柔轮为礼帽形，谐波发生器输入为法兰刚性连接，谐波发生器凸轮与输入法兰设计成一体，刚轮齿直接加工在 CRB 内圈上，柔轮与 CRB 外圈连接。由于减速单元采用了最简设计，它是目前哈默纳科轴向尺寸最小的减速器。

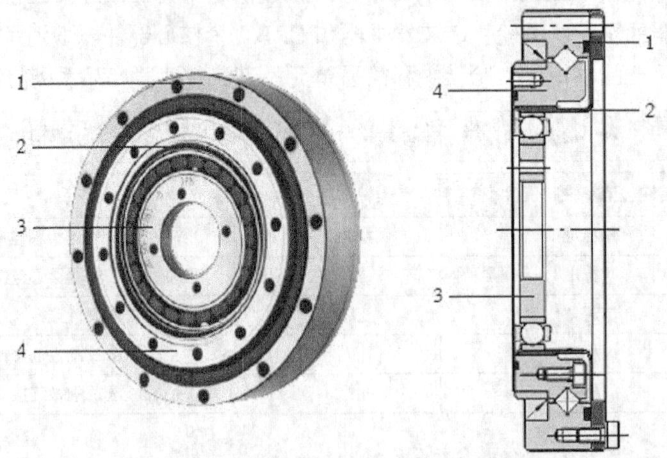

1—CRB（外圈）；2—柔轮；3—谐波发生器；4—刚轮（CRB 内圈）

图 3.2-18　SHD-2SH 系列简易减速单元组成及结构

SHD-2SH 系列简易谐波减速器的主要技术参数与 SHD-2UH 系列谐波减速器的主要技术参数相同。

3. SHF/SHG-2SH 系列

哈默纳科 SHF/SHG-2SH 系列简易单元型谐波减速器的结构相同、安装尺寸一致，其组成及结构如图 3.2-19 所示。

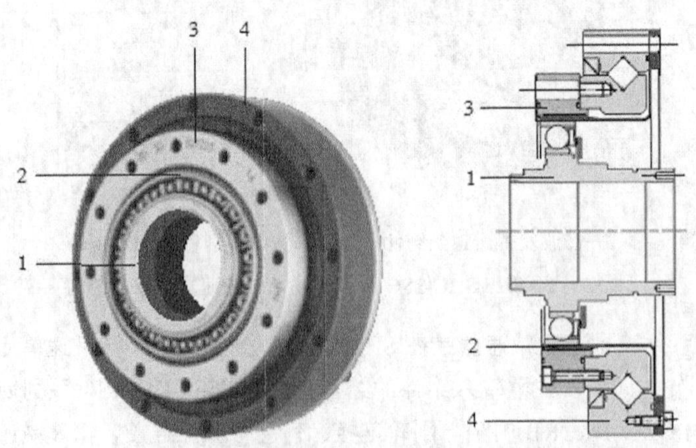

1—谐波发生器输入组件；2—柔轮；3—刚轮；4—CRB

图 3.2-19　SHF/SHG-2SH 系列简易减速单元组成及结构

SHF/SHG-2SH 系列简易单元型谐波减速器是在 SHF/SHG-2UH 系列单元型谐波减速器基础上派生的产品，它保留了谐波减速器的柔轮、刚轮、CRB 和谐波发生器的中空输入轴等核心部件，取消了前后端盖、支承轴承及相关连接件。减速单元柔轮、刚轮、CRB 设计成统一整体，但谐波发生器中空输入轴的支承部件需要用户自行设计。

SHF/SHG-2SO 系列简易谐波减速器的主要技术参数与 SHF/SHG-2UH 系列谐波减速器的主要技术参数相同。

3.2.7 谐波减速器安装与维护

1. 部件型谐波减速器

部件型谐波减速器安装和支承面的公差要求及安装公差参考如图 3.2-20 和表 3.2-6 所示。谐波减速器对安装、支承面的公差要求与减速器规格有关，规格越小、公差要求就越高。例如，对于公差参数 a，小规格的 CSF/CSG-11 系列谐波减速器应取最小值 0.010，而大规格的 CSF/CSG-80 系列谐波减速器则可取最大值 0.027 等。

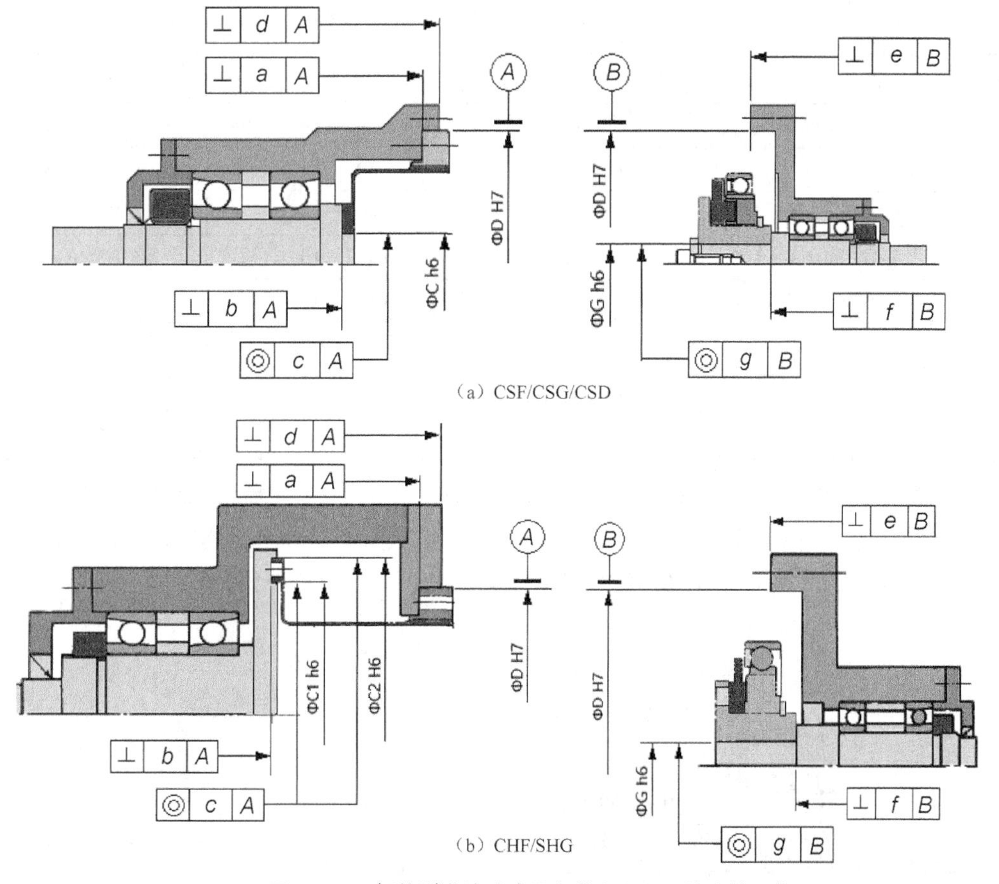

图 3.2-20 部件型谐波减速器安装和支承面的公差要求

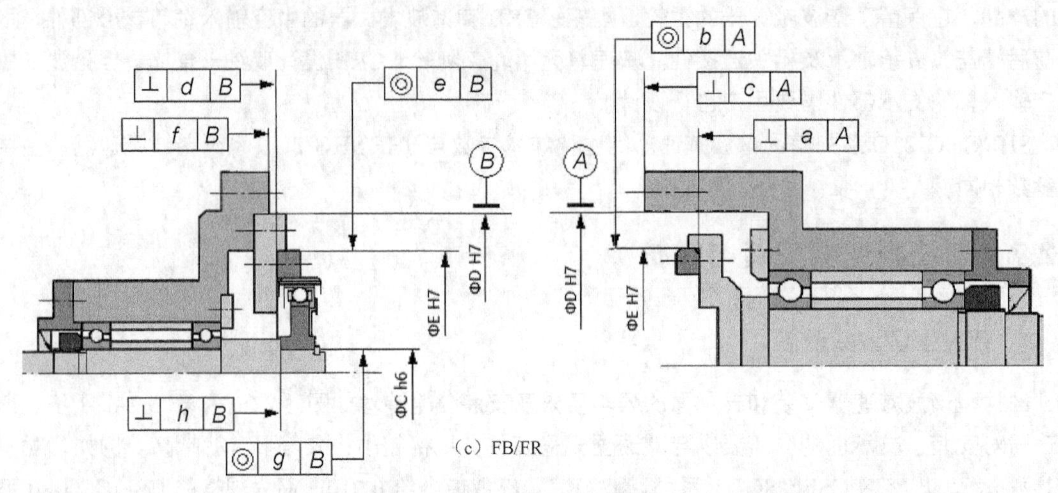

（c）FB/FR

图 3.2-20　部件型谐波减速器安装和支承面的公差要求（续）

表 3.2-6　部件型谐波减速器的安装公差参考

参数代号	CSF/CSG	CSD	SHF/SHG	FB/FR
a	0.010～0.027	0.011～0.018	0.011～0.023	0.013～0.057
b	0.006～0.040	0.008～0.030	0.016～0.067	0.015～0.038
c	0.008～0.043	0.015～0.030	0.015～0.035	0.016～0.068
d	0.010～0.043	0.011～0.028	0.011～0.034	0.013～0.057
e	0.010～0.043	0.011～0.028	0.011～0.034	0.015～0.038
f	0.012～0.036	0.008～0.015	0.017～0.032	0.016～0.068
g	0.015～0.090	0.016～0.030	0.030～0.070	0.011～0.035
h	—	—	—	0.007～0.015

使用水杯形柔轮的谐波减速器安装完成后，可参照图 3.2-21（a），通过手动或伺服电机点动操作，缓慢旋转输入轴，测量柔轮跳动，检查谐波减速器的安装。如谐波减速器安装良好，柔轮外圆的跳动将呈图 3.2-21（b）所示的正弦曲线，跳动均匀变化；否则，安装不正确，跳动变化不规律。

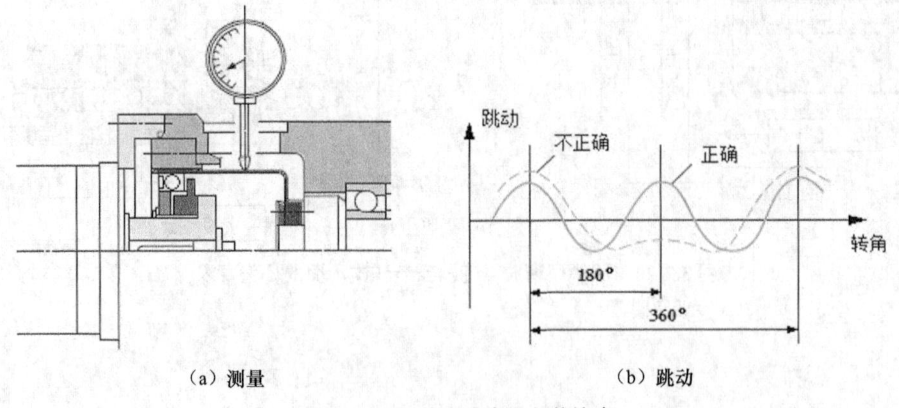

（a）测量　　（b）跳动

图 3.2-21　谐波减速器安装检查

对于柔轮跳动测量困难的谐波减速器，如使用礼帽形、薄饼形柔轮的谐波减速器，可在机器人空载的情况下，通过手动操作机器人，缓慢旋转伺服电机，利用测量电机输出电流（转矩）的方法间接检查，如谐波减速器安装不良，电机空载电流将显著增大，并达到正常值的 2～3 倍。

部件型谐波减速器的组装需要在工业机器人的制造、维修现场进行，谐波减速器组装时需要注意以下问题。

（1）水杯形谐波减速器柔轮的安装必须按图 3.2-22 所示的要求进行。为防止柔轮连续变形引起连接孔损坏，柔轮和输出轴连接时，必须使用专门的固定圈，利用紧固螺钉压紧输出轴和柔轮结合面，而不能通过独立的螺钉、垫圈连接柔轮和输出轴。

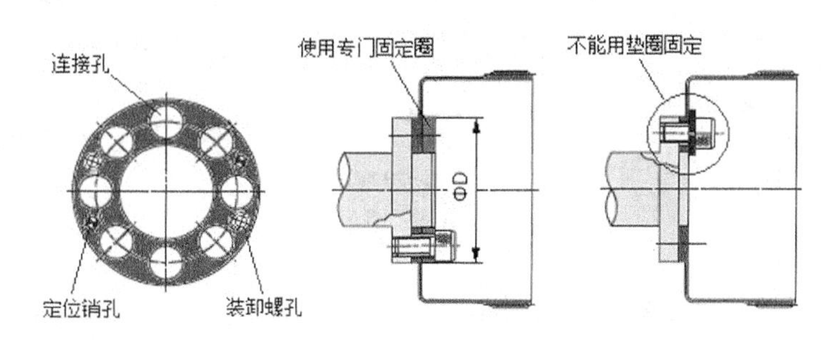

图 3.2-22　水杯形谐波减速器柔轮的安装要求

（2）礼帽形谐波减速器柔轮的安装与连接要求如图 3.2-23 所示，固定螺钉时不得使用垫圈，也不能反向安装固定螺钉，需要从与刚轮啮合的齿圈侧安装柔轮，不能从柔轮固定侧安装谐波发生器，简易单元型谐波减速器同样需要遵守这一原则。

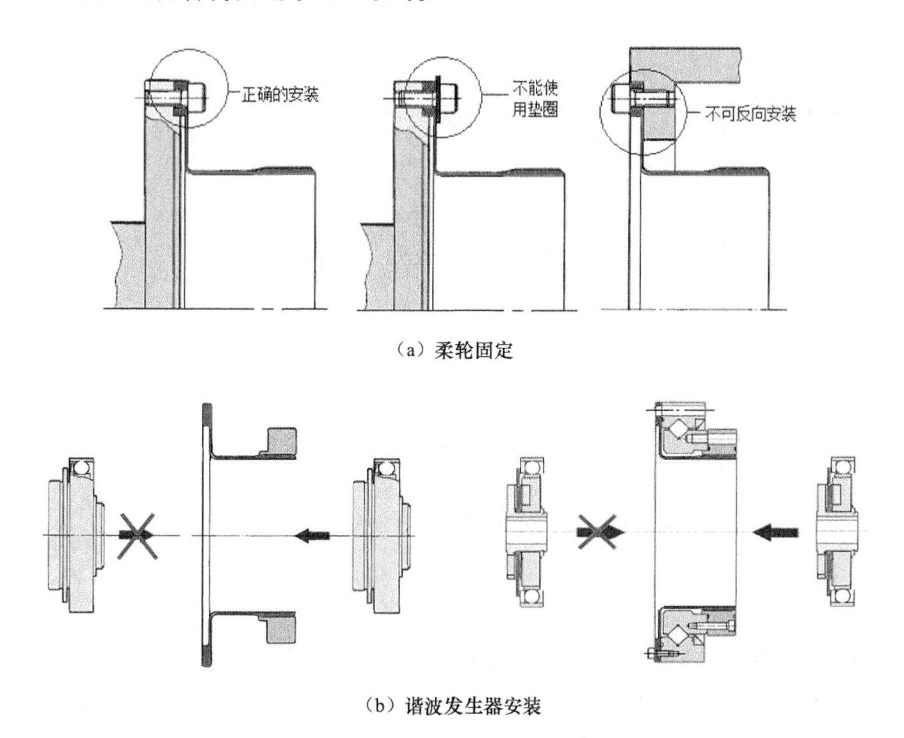

（a）柔轮固定

（b）谐波发生器安装

图 3.2-23　礼帽形谐波减速器柔轮的安装要求

工业机器人使用的谐波减速器一般都采用润滑脂，部件型谐波减速器的润滑脂需要由机器人生产厂家自行充填。使用不同形状柔轮的谐波减速器，其润滑脂的填充要求如图 3.2-24 所示。润滑脂的补充和更换时间与减速器的实际工作转速、环境温度等因素有关，实际工作转速和环境温度越高，补充和更换润滑脂的周期就越短。润滑脂型号、注入量、补充时间，在减速器、机器人使用维护手册上一般都有具体的要求。用户使用时，可按照生产厂家的要求进行。

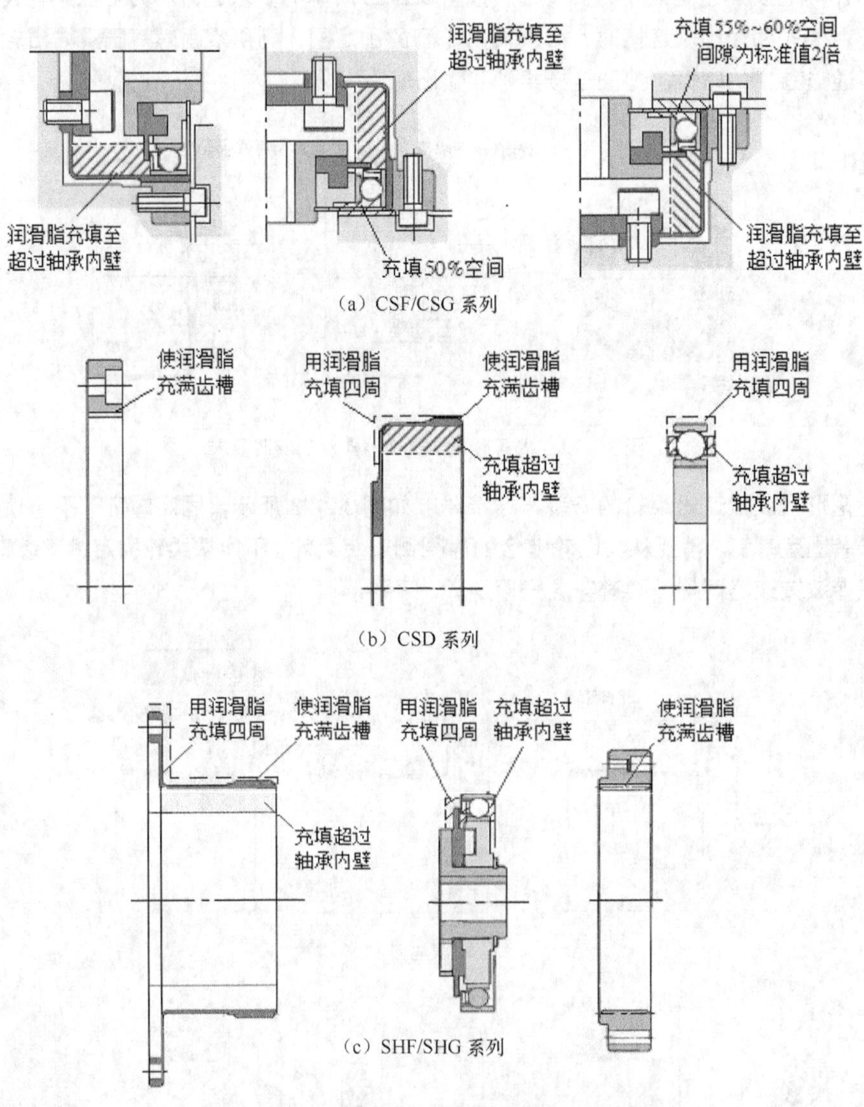

图 3.2-24 部件型谐波减速器的润滑脂填充要求

2. 单元型谐波减速器

单元型谐波减速器带有外壳和 CRB，谐波减速器的刚轮、柔轮、谐波发生器、壳体、CRB 被整体设计成统一的单元，减速器输出有高刚性、精密 CRB 支承，可直接连接负载。单元型谐波减速器壳体安装和支承面的公差要求及壳体安装公差参考如图 3.2-25 和表 3.2-7 所示。

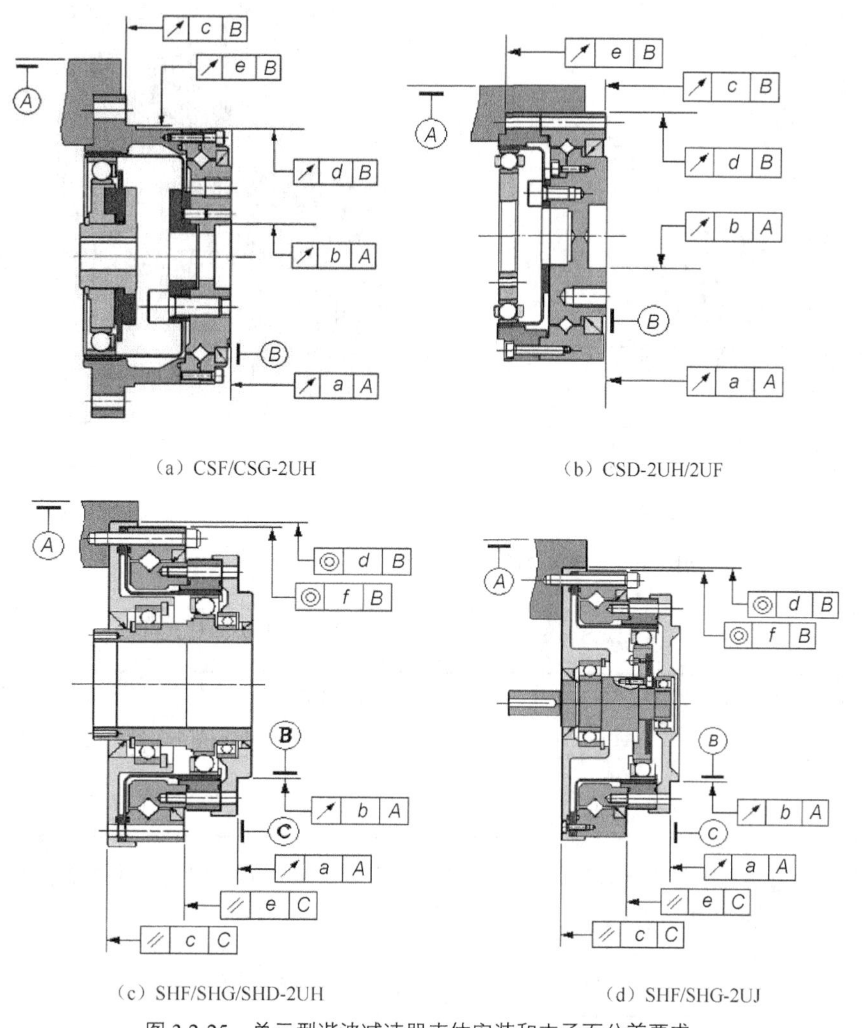

（a）CSF/CSG-2UH （b）CSD-2UH/2UF

（c）SHF/SHG/SHD-2UH （d）SHF/SHG-2UJ

图 3.2-25 单元型谐波减速器壳体安装和支承面公差要求

表 3.2-7 单元型谐波减速器壳体安装公差参考

参数代号	CSF/CSG-2UH	CSD-2UH	CSD-2UF	SHF/SHG/SHD-2UH	SHF/SHG-2UJ
a	0.010～0.018	0.010～0.018	0.010～0.015	0.033～0.067	0.033～0.067
b	0.010～0.017	0.010～0.015	0.010～0.013	0.035～0.063	0.035～0.063
c	0.024～0.085	0.007	0.010～0.013	0.053～0.131	0.053～0.131
d	0.010～0.015	0.010～0.015	0.010～0.013	0.053～0.089	0.053～0.089
e	0.038～0.075	0.025～0.040	0.031～0.047	0.039～0.082	0.039～0.082
f	—	—	—	0.038～0.072	0.038～0.072

CSF/CSG-2UH 标准轴孔输入、CSD-2UH/2UF 刚性法兰输入的单元型谐波减速器，对输入轴安装和支承面的公差要求及安装公差参考如图 3.2-26 和表 3.2-8 所示。

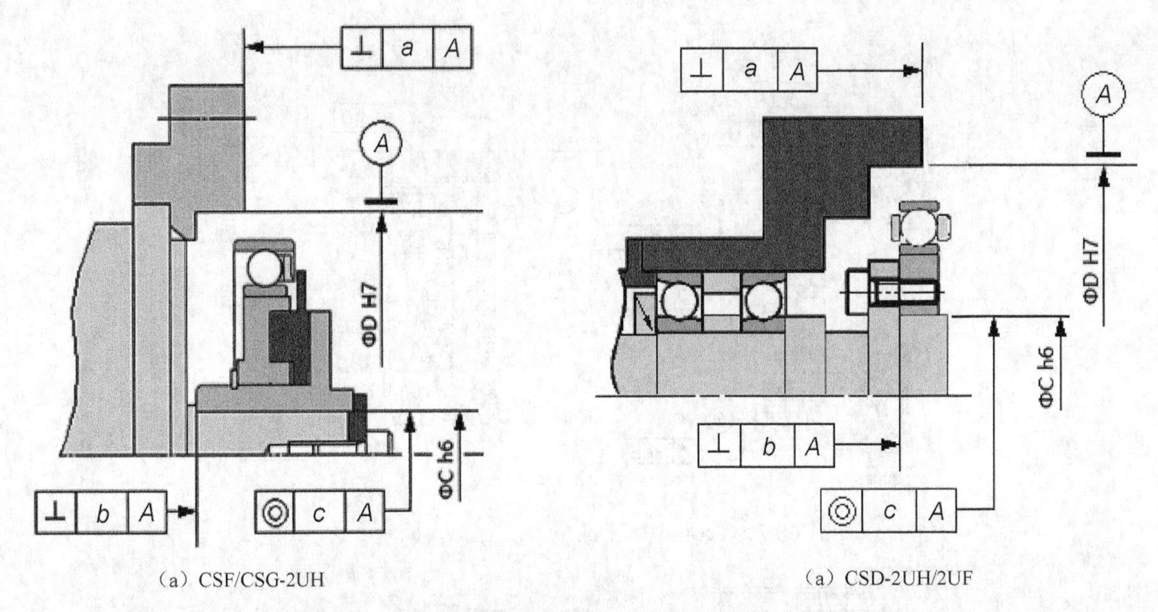

（a）CSF/CSG-2UH　　（a）CSD-2UH/2UF

图 3.2-26　单元型谐波减速器输入轴安装和支承面公差要求

表 3.2-8　单元型谐波减速器输入轴安装公差参考

参数代号	CSF/CSG-2UH	CSD-2UH	CSD-2UF
a	0.011～0.034	0.011～0.028	0.011～0.026
b	0.017～0.032	0.008～0.015	0.008～0.012
c	0.030～0.070	0.016～0.030	0.016～0.024

SHF/SHG/SHD-2UH 中空轴输入、SHF/SHG-2UJ 轴输入的单元型谐波减速器，对输出轴安装和支承面的公差要求及安装公差参考如图 3.2-27 和表 3.2-9 所示。

表 3.2-9　单元型谐波减速器输出轴安装公差参考

参数代号	SHF/SHG/SHD-2UH	SHF/SHG-2UJ
a	0.027～0.076	0.027～0.076
b	0.031～0.054	0.031～0.054
c	0.053～0.131	0.053～0.131
d	0.053～0.089	0.053～0.089

单元型谐波减速器为整体结构，产品出厂时已充填润滑脂，用户首次使用时无须充填润滑脂。减速器长期使用时，可根据减速器生产厂家的要求，定期补充润滑脂，润滑脂的型号、注入量、补充时间应按照生产厂家的要求进行。

3. 简易单元型谐波减速器

简易单元型谐波减速器只有刚轮、柔轮、谐波发生器、CRB 4 个核心部件，无外壳及中空轴支承部件。谐波减速器输出有高刚性、精密 CRB 支承，可直接连接负载。

标准轴孔输入的 SHF/SHG-2SO 系列、中空轴输入的 SHF/SHG-2SH 系列谐波减速器的安装公差要求相同，减速器安装、支承面、连接轴的公差要求及安装公差参考如图 3.2-28 和表 3.2-10 所示。

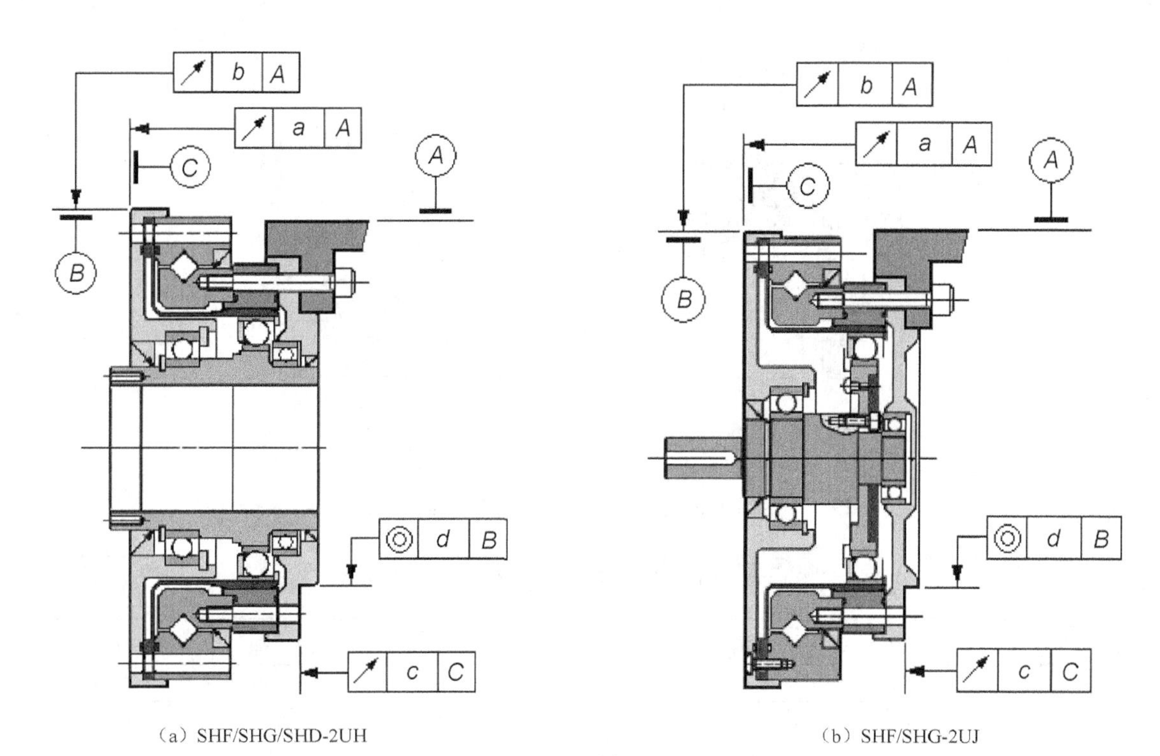

（a）SHF/SHG/SHD-2UH　　（b）SHF/SHG-2UJ

图 3.2-27　单元型谐波减速器输入轴安装支承面和连接轴公差要求

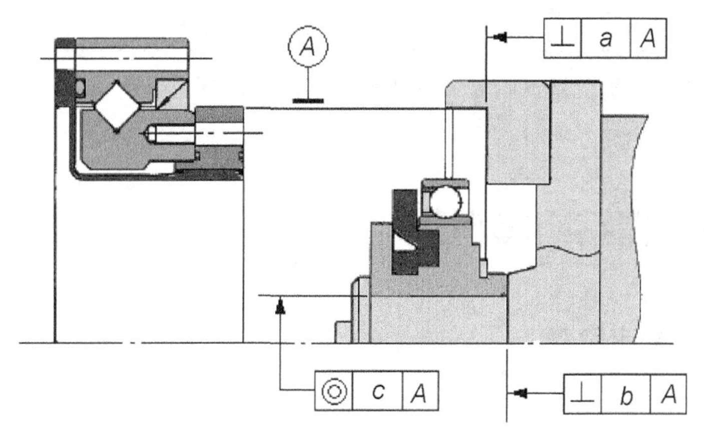

图 3.2-28　SHF/SHG-2SO/2SH 系列谐波减速器安装公差

表 3.2-10　SHF/SHG-2SO/2SH 系列减速单元安装公差参考

规格	14	17	20	25	32	40	45	50	58
a	0.011	0.015	0.017	0.024	0.026	0.026	0.027	0.028	0.031
b	0.017	0.020	0.020	0.024	0.024	0.024	0.032	0.032	0.032
c	0.030	0.034	0.044	0.047	0.047	0.050	0.063	0.066	0.068

输入采用法兰刚性连接的 SHD-2SH 系列中空轴、超薄型简易谐波减速单元安装、支承面和连接轴的公差要求及安装公差参考如图 3.2-29 和表 3.2-11 所示。

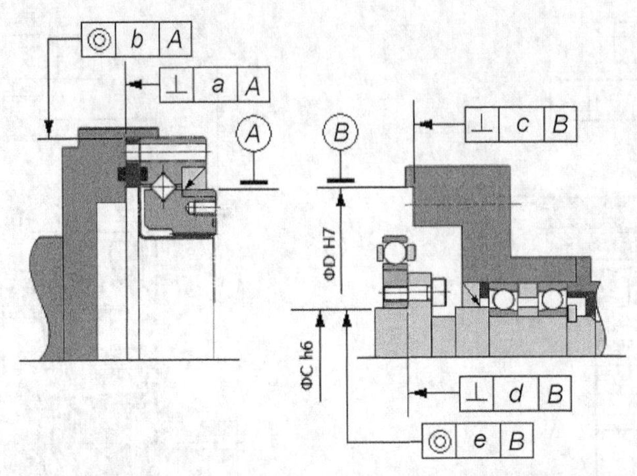

图 3.2-29　SHD-2SH 系列谐波减速器安装、支承面和连接轴公差要求

表 3.2-11　SHD-2SH 系列减速单元安装公差参考

规格	14	17	20	25	32	40
a	0.016	0.021	0.027	0.035	0.042	0.048
b	0.015	0.018	0.019	0.022	0.022	0.024
c	0.011	0.012	0.013	0.014	0.016	0.016
d	0.008	0.010	0.012	0.012	0.012	0.012
e	0.016	0.018	0.019	0.022	0.022	0.024

简易单元型谐波减速器的润滑脂需要由机器人生产厂家自行充填，减速单元的润滑脂充填要求可参照同类型的部件型谐波减速器。

3.3　RV 减速器结构与产品

3.3.1　RV 齿轮变速原理

1. 基本结构

RV 减速器是旋转矢量（Rotary Vector）减速器的简称，它是在传统摆线针轮、行星齿轮传动装置的基础上，发展出来的一种新型传动装置。与谐波减速器一样，RV 减速器实际上既可用于减速，也可用于升速，但由于其传动比很大（通常为 30～260），因此，在工业机器人上都用于减速，故习惯上称为 RV 减速器。

RV 减速器由日本 Nabtesco Corporation（纳博特斯克公司）的前身——日本的帝人制机（Teijin Seiki）公司于 1985 年研发的产品，其基本结构如图 3.3-1 所示。RV 减速器由芯轴、端盖、针轮、输出法兰、行星齿轮、曲轴组件、RV 齿轮等部件构成，由外向内可分为针轮层、RV 齿轮层（包括端盖 2、输出法兰 5 和曲轴组件等）、芯轴层 3 层，每一层均可旋转。

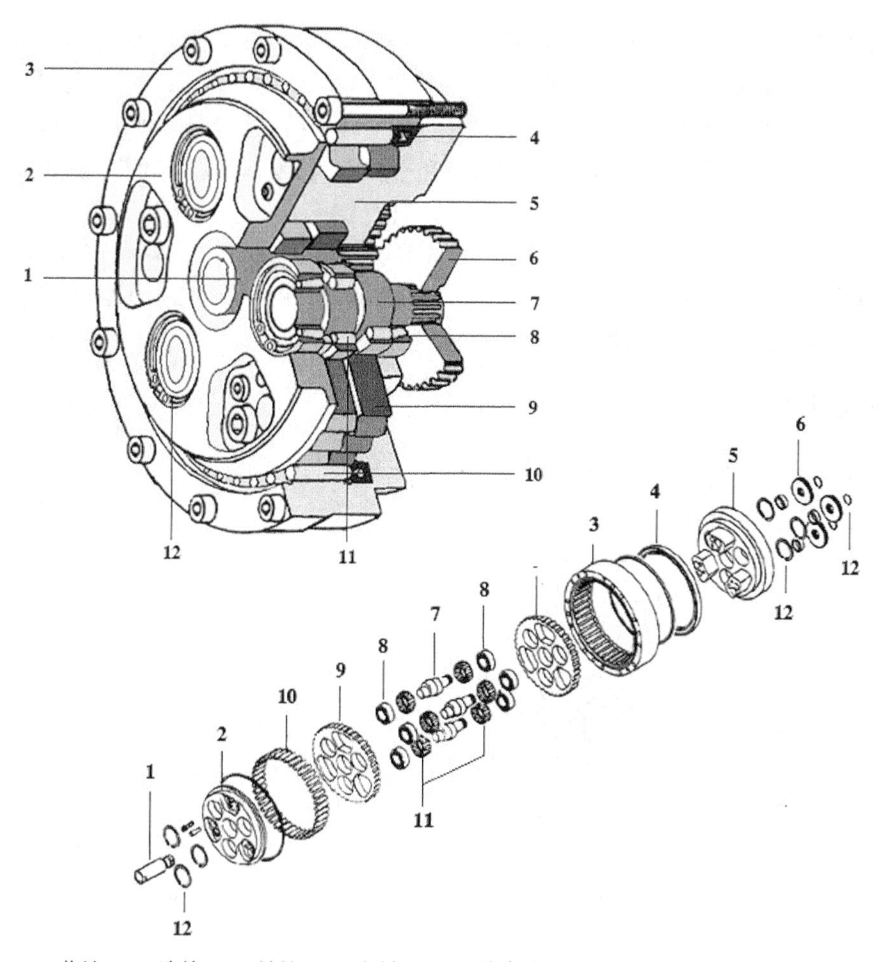

1—芯轴；2—端盖；3—针轮；4—密封圈；5—输出法兰；6—行星齿轮；7—曲轴；
8—前后支承轴承；9—RV 齿轮；10—针齿销；11—滚针；12—卡簧

图 3.3-1　RV 减速器的基本结构

（1）针轮层。减速器外层的针轮 3 是一个内侧加工有针齿，外侧加工有法兰和安装孔的内齿圈，可用于减速器固定或输出连接。针轮 3 和 RV 齿轮 9 间一般安装有针齿销 10，当 RV 齿轮 9 摆动时，针齿销可迫使针轮与输出法兰 5 产生相对回转。为了简化结构、减少部件，针轮也可加工成与 RV 齿轮直接啮合的内齿圈，省略针齿销。

（2）RV 齿轮层。RV 齿轮层由 RV 齿轮 9、端盖 2、输出法兰 5 和曲轴组件等组成，RV 齿轮、端盖、输出法兰为中空结构，内孔用来安装芯轴。曲轴组件数量与减速器规格有关，小规格减速器一般布置 2 组，中大规格减速器布置 3 组。

输出法兰 5 的内侧有 2～3 个连接脚，用来固定安装曲轴前支承轴承的端盖 2。端盖 2 和法兰的中间位置安装有 2 片可摆动的 RV 齿轮 9，它们可在曲轴的驱动下对称摆动，故又称摆线轮。

曲轴组件由曲轴 7、前后支承轴承 8、滚针 11 等部件组成，通常有 2～3 组，它们对称分布在圆周上，用来驱动 RV 齿轮摆动。

曲轴 7 安装在输出法兰 5 连接脚的缺口位置，其前后端分别通过端盖 2、输出法兰 5 上的圆锥滚柱轴承支承，曲轴的后端是一段用来套接行星齿轮 6 的花键轴，曲轴可在行星齿轮 6 的驱动下旋转。曲轴的中间部位为 2 段偏心轴，偏心轴外圆上安装有多个驱动 RV 齿轮 9 摆动的滚针 11。当曲轴旋转时，2 段偏心轴上的滚针可分别驱动 2 片 RV 齿轮 9 进行 180° 对称摆动。

（3）芯轴层。芯轴 1 安装在 RV 齿轮、端盖、输出法兰的中空内腔，芯轴可为齿轮轴或用来安装齿轮的花键轴。芯轴上的齿轮称太阳轮，它和套在曲轴上的行星齿轮 6 啮合，当芯轴旋转时，可驱动 2～3 组曲轴同步旋转，带动 RV 齿轮摆动。用于减速的 RV 减速器，其芯轴通常用来连接输入，故又称输入轴。

因此，RV 减速器具有 2 级变速。芯轴上的太阳轮和套在曲轴上的行星齿轮间的变速是 RV 减速器的第 1 级变速，称为正齿轮变速。通过 RV 齿轮 9 的摆动，利用针齿销 10 推动针轮 3 的旋转，这是 RV 减速器的第 2 级变速，称为差动齿轮变速。

2. 变速原理

RV 减速器的变速原理如图 3.3-2 所示。

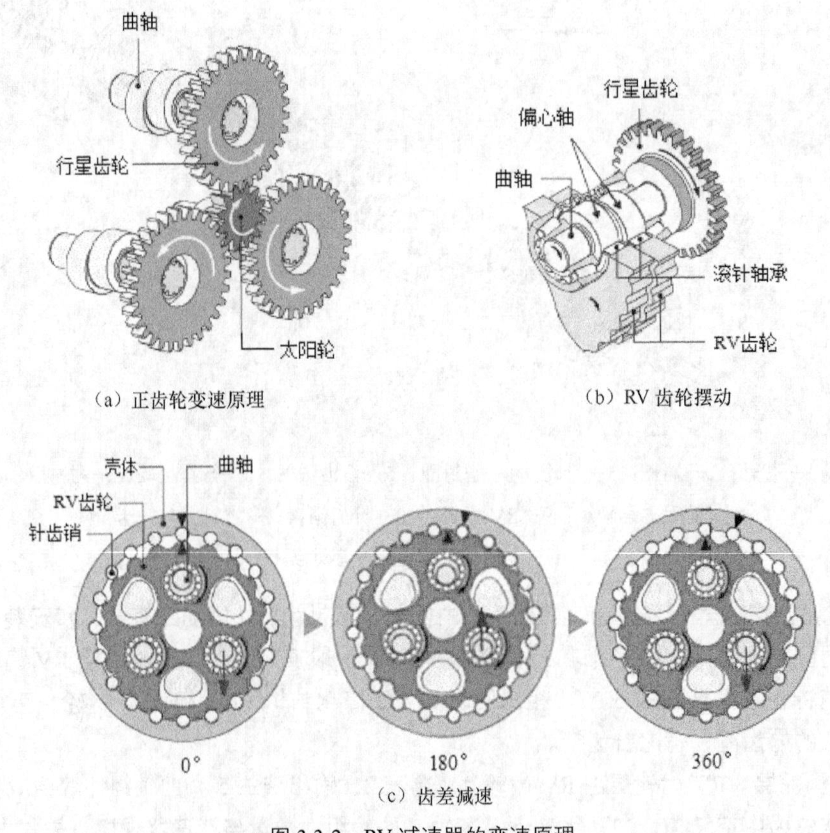

（a）正齿轮变速原理　（b）RV 齿轮摆动

（c）齿差减速

图 3.3-2　RV 减速器的变速原理

（1）正齿轮变速。正齿轮变速原理如图 3.3-2（a）所示，它是由行星齿轮和太阳轮实现的齿轮变速。如太阳轮的齿数为 Z_1、行星齿轮的齿数为 Z_2，则行星齿轮输出/芯轴输入的速比为 Z_1/Z_2，且转向相反。

（2）差动齿轮变速。当曲轴在行星齿轮驱动下回转时，其偏心段将驱动 RV 齿轮摆动，如图 3.3-2 所示。由于曲轴上的 2 段偏心轴为对称布置，故 2 片 RV 齿轮可在对称方向同步摆动。

图 3.3-2（c）所示为一片 RV 齿轮的摆动情况，另一片 RV 齿轮的摆动过程相同，但它们相位相差 180° 。由于 RV 齿轮和针轮间安装有针齿销，当 RV 齿轮摆动时，针齿销将迫使针轮与输出法兰产生相对回转。

如 RV 减速器的 RV 齿轮齿数为 Z_3，针轮齿数为 Z_4（齿差为 1 时，$Z_4-Z_3=1$），RV 减速器以输出法兰固定、芯轴连接输入轴、针轮连接负载输出轴的形式安装，并假设在图 3.3-2（c）所示的曲轴 0° 起始点上，RV 齿轮的最高点位于输出法兰–90° 位置，其针齿完全啮合，而 90° 位置的基准齿则完全脱开。

当曲轴顺时针旋动 180° 时，RV 齿轮最高点也将顺时针转过 180°，由于 RV 齿轮的齿数少于针轮 1 个齿，且输出法兰（曲轴）被固定，因此，针轮将相对于安装曲轴的输出法兰产生图 3.3-2（c）所示的半个齿的顺时针偏转。

进而，当曲轴顺时针旋动 360° 时，RV 齿轮最高点也将顺时针转过 360°，针轮将相对于安装曲轴的输出法兰产生图 3.3-2（c）所示的 1 个齿的顺时针偏转。因此，针轮相对于曲轴的偏转角度为

$$\theta = \frac{1}{Z_4} \times 360°$$

即针轮和曲轴的速比 $i = 1/Z_4$，考虑到曲轴行星齿轮和芯轴输入的速比为 Z_1/Z_2，故可得到 RV 减速器的针轮输出和芯轴输入间的转速比为

$$i = \frac{Z_1}{Z_2} \cdot \frac{Z_1}{Z_4}$$

在上式中，i——针轮输出/芯轴输入转速比；

Z_1——太阳轮齿数；

Z_2——行星齿轮齿数；

Z_3——RV 齿轮齿数；

Z_4——针轮齿数。

由于驱动曲轴旋转的行星齿轮和芯轴上的太阳轮转向相反，因此，针轮输出和芯轴输入的转向相反。

当 RV 减速器的针轮固定、芯轴连接输入、法兰连接输出轴时，情况有所不同。一方面，芯轴逆时针回转（Z_2/Z_1）×360°，可驱动曲轴产生 360° 的顺时针回转，使得 RV 齿轮（输出法兰）相对于固定针轮产生 1 个齿的逆时针偏移，RV 齿轮（输出法兰）相对于固定针轮的回转角度为

$$\theta_o = \frac{1}{Z_4} \times 360°$$

同时，由于 RV 齿轮套装在曲轴上，因此，它的偏转也将使曲轴逆时针偏转 θ_o；因此，相对于固定的针轮，芯轴实际需要回转的角度为

$$\theta_i = \left(\frac{Z_2}{Z_1} + \frac{Z_1}{Z_4}\right) \times 360°$$

所以，输出法兰与芯轴输入的转向相同，其速比为

$$i = \frac{\theta_o}{\theta_i} = \frac{1}{1 + \frac{Z_2}{Z_1} \cdot Z_4}$$

以上就是 RV 减速器的差动齿轮减速原理。

相反，如 RV 减速器的针轮被固定，RV 齿轮（输出法兰）连接输入轴、芯轴连接输出轴，则 RV 齿轮旋转时，曲轴将迫使芯轴快速回转，起到增速的作用。同样，当 RV 减速器的 RV 齿轮（输出法兰）被固定，针轮连接输入轴、芯轴连接输出轴时，针轮的回转也可迫使芯轴快速回转，起到

增速的作用。这就是 RV 减速器的增速原理。

3. 传动比

RV 减速器采用针轮固定、芯轴输入、法兰输出安装时的传动比（输入转速与输出转速之比），称为基本减速比 R，其值为

$$R = 1 + \frac{Z_2}{Z_1} \cdot Z_4$$

这样，通过不同形式的安装，RV 减速器将有表 3.3-1 所示的 6 种不同安装形式和不同速比。速比 i 为负值时，代表输入轴和输出轴的转向相反。

表 3.3-1　RV 减速器的安装形式与速比

序号	安装形式	安装示意图	用途	输出/输入速比 i
1	针轮固定、芯轴输入、法兰输出	固定 输出 输入	减速，输入轴、输出轴转向相同	$\frac{1}{R}$
2	法兰固定、芯轴输入、针轮输出	输出 固定 输入	减速，输入轴、输出轴转向相反	$-\frac{1}{R-1}$
3	芯轴固定、针轮输入、法兰输出	输出 固定 输入	减速，输入轴、输出轴转向相同	$\frac{R-1}{R}$
4	针轮固定、法兰输入、芯轴输出	固定 输出 输入	增速，输入轴、输出轴转向相同	R
5	法兰固定、针轮输入、芯轴输出	固定 输出 输入	增速，输入轴、输出轴转向相反	$-(R-1)$
6	芯轴固定、法兰输入、针轮输出	输出 固定 输入	增速，输入轴、输出轴转向相同	$\frac{R}{R-1}$

4. 主要特点

由 RV 减速器的结构和原理可见，它与其他传动装置相比，主要有以下特点。

（1）传动比大。RV 减速器设计有正齿轮、差动齿轮 2 级变速，其传动比可达到、甚至超过谐波齿轮传动装置，实现传统的普通齿轮、行星齿轮传动、蜗轮蜗杆、摆线针轮传动装置难以达到的大比例减速。

（2）结构刚性好。RV 减速器的针轮和 RV 齿轮间通过直径较大的针齿销传动，曲轴采用的是圆锥滚柱轴承支承，RV 减速器的结构刚性好、使用寿命长。

（3）输出转矩高。RV 减速器的正齿轮变速一般有 2～3 对行星齿轮，差动变速采用的是硬齿面多齿销同时啮合，且其齿差固定为 1 齿，因此，在相同体积下，其齿形可比谐波减速器做得更大、输出转矩更高。

表 3.3-2 为基本减速比相同、外形尺寸相近的哈默纳科谐波减速器和纳博特斯克 RV 减速器的性能比较。

表 3.3-2　谐波减速器和 RV 减速器性能比较

主要参数	谐波减速器	RV 减速器
型号与规格（单元型）	哈默纳科 CSG-50-100-2UH	纳博特斯克 RV-80E-101
外形尺寸（mm × mm）	ϕ190 × 90	ϕ190 × 84（长度不包括芯轴）
基本减速比	100	101
额定输出转矩（N·m）	611	784
最高输入转速（r/min）	3500	7000
传动精度（$\times 10^{-4}$ rad）	1.5	2.4
空程（$\times 10^{-4}$ rad）	2.9	2.9
间隙（$\times 10^{-4}$ rad）	0.58	2.9
弹性系数（$\times 10^{4}$ N·m /rad）	40	67.6
传动效率	70%～85%	80%～95%
额定寿命（h）	10 000	6000
质量（kg）	8.9	13.1
惯量（$\times 10^{-4}$kg·m^2）	12.5	0.482

由表 3.3-2 可见，与同等规格（外形尺寸相近）的谐波减速器相比，RV 减速器具有额定输出转矩大、输入转速高、刚性好（弹性系数大）、传动效率高、惯量小等优点。但是，RV 减速器的结构复杂、部件多、质量大，且有正齿轮、差动齿轮 2 级变速，齿轮间隙大、传动链长，因此，减速器的传动间隙、传动精度等精度指标低于谐波减速器。

RV 减速器的生产制造成本相对较高，减速器的安装、维修也不及谐波减速器方便。因此，在工业机器人上，RV 减速器多用于中小规格机器人机身的腰、上臂、下臂等大惯量、高转矩输出关节的回转减速，在大型、重型机器人上，RV 减速器有时也用于手腕减速。

3.3.2　纳博特斯克产品

日本的 Nabtesco Corporation（纳博特斯克公司）既是 RV 减速器的发明者，又是目前全球最大、技术最领先的 RV 减速器生产企业，其产品占据了全球 60%以上的工业机器人 RV 减速器市场。

纳博特斯克 RV 减速器的基本结构类型有部件型（Component type）、单元型（Unit type）、齿轮箱型（Gear head type）3 类。

1. 部件型

部件型 RV 减速器采用的是图 3.3-1 所示的 RV 减速器基本结构，故又称基本型（Original）。基本型 RV 减速器无外壳和输出轴承，减速器的针轮、输入轴、输出法兰的安装和连接需要机器人生产厂家实现，针轮和输出法兰间的支承轴承等部件需要用户自行设计。

部件型 RV 减速器的芯轴、太阳轮等输入部件可以分离安装，但减速器端盖、针轮、输出法兰、行星齿轮、曲轴组件、RV 齿轮等部件原则上不允许用户进行分离和组装。纳博特斯克部件型 RV 减速器目前只有 RV 系列产品。

2. 单元型

单元型 RV 减速器简称 RV 减速单元，它有安装固定的壳体和输出连接法兰，输出法兰和壳体间安装有可同时承受径向及轴向载荷的高刚性、角接触球轴承，减速器输出法兰可直接连接驱动负载。纳博特斯克单元型 RV 减速器主要有图 3.3-3 所示的 RV E 标准型、RV N 紧凑型、RV C 中空型 3 类。

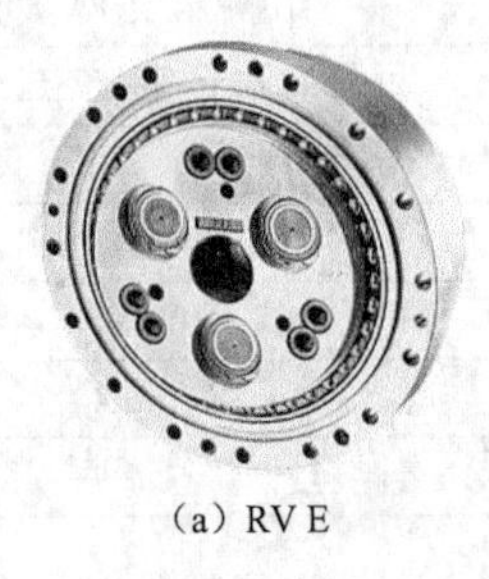

（a）RV E

（b）RV N

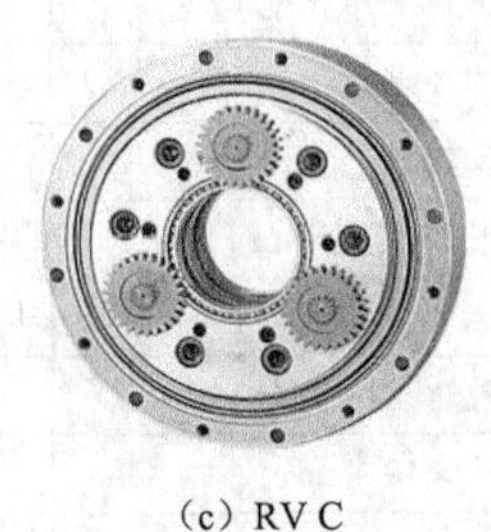

（c）RV C

图 3.3-3　常用的 RV 减速单元

（1）RV E 标准型减速单元采用单元型 RV 减速器的标准结构，减速单元带有外壳、输出轴承和安装固定法兰、输入轴、输出法兰，输出法兰可直接连接和驱动负载。

（2）RV N 紧凑型减速单元是在 RV E 标准型减速单元的基础上派生的轻量级、紧凑型产品。同规格的 RV N 紧凑型减速单元的体积和重量，分别比 RV E 标准型减速单元减少了 8%～20%和 16%～36%。RV N 紧凑型减速单元是纳博特斯克当前推荐的新产品。

（3）RV C 中空型减速单元采用了大直径、中空结构，减速器内部可布置管线或传动轴。中空型减速单元的输入轴和太阳轮，一般需要选配或直接由用户自行设计、制造和安装。

3. 齿轮箱型

齿轮箱型 RV 减速器简称 RV 减速箱，其设计有驱动电机的安装法兰和电机轴连接部件，它可像齿轮减速箱一样，直接安装、连接并驱动电机，实现减速器和驱动电机的结构整体化。纳博特斯克 RV 减速箱目前有 RD2 标准型、GH 高速型、RS 扁平型 3 类常用产品。

（1）RD2 标准型 RV 减速箱是纳博特斯克早期 RD 系列减速箱的改进型产品，产品有图 3.3-4 所示的轴向输入（RDS 系列）、径向输入（RDR 系列）和轴输入（RDP 系列）3 类，每类产品又分实心芯轴（图 3.3-4 中上部）和中空芯轴（图 3.3-4 中下部）2 个系列。采用实心芯轴的 RV 减速箱使用的是 RV E 标准型减速器，采用空心芯轴的 RV 减速箱使用的是 RV C 中空型减速器。

(a) RDS　　(b) RDR　　(c) RDP

图 3.3-4　RD2 标准型 RV 减速箱

（2）GH 高速型 RV 减速箱（简称高速减速箱）如图 3.3-5 所示。这种减速箱的减速比较小、输出转速较高，RV 减速器的第 1 级正齿轮基本不起减速作用，因此，其太阳轮直径较大，故多采用芯轴和太阳轮分离型结构，两者通过花键轴进行连接。GH 系列高速减速箱的芯轴输入一般为标准轴孔连接，输出可选择法兰、输出轴两种连接方式，减速比一般只有 10～30，其额定输出转速为标准型的 3.3 倍、过载能力为标准型的 1.4 倍，故常用于转速相对较高的工业机器人上臂、手腕等关节驱动。

（3）RS 扁平型 RV 减速箱（简称扁平减速箱）如图 3.3-6 所示，它是该公司近年开发的新产品。为了减小厚度，扁平减速箱的驱动电机统一采用径向安装，芯轴为中空。RS 系列扁平减速箱的额定输出转矩高（可达 8820N·m）、额定转速低（一般为 10r/min）、承载能力强（载重可达 9000kg），故可用于大规格搬运、装卸、码垛工业机器人的机身、中型机器人的腰关节驱动，或直接作为回转变位器使用。

图 3.3-5　GH 高速型 RV 减速箱

图 3.3-6　RS 扁平型 RV 减速箱

3.3.3　主要技术参数

1. 基本参数

RV 减速器的基本参数用于减速器选型和理论计算，参数包括如下内容。

（1）额定转速（Rated Rotational Speed）：用来计算 RV 减速器额定转矩、使用寿命等参数的理论输出转速，大多数 RV 减速器选取 15r/min，个别小规格、高速 RV 减速器选取 30 r/min 或 50 r/min。

需要注意的是，RV 减速器额定转速的定义方法与电动机等产品额定转速的定义方法有所不同，它并不是减速器长时间连续运行时允许输出的最高转速。一般而言，中小规格 RV 减速器的额定转速通常低于减速器长时间连续运行的最高输出转速，大规格 RV 减速器的额定转速可能高于减速器长时间连续运行的最高输出转速，但必须低于减速器以 40%工作制、断续工作时的最高输出转速。

例如，纳博特斯克中规格 RV-100N 减速器的额定转速为 15r/min，低于减速器长时间连续运行的最高输出转速（35r/min），而大规格 RV-500N 减速器的额定转速同样为 15r/min，但其长时间连续运行的最高输出转速只能达到 11r/min，而 40%工作制、断续工作时的最高输出转速为 25r/min 等。

（2）额定转矩（Rated torque）：额定转矩是假设 RV 减速器以额定输出转速连续工作时的最大输出转矩值。纳博特斯克 RV 减速器的规格代号通常以额定输出转矩近似值（单位 kg·m）表示。例如，纳博特斯克 RV-100N 减速器的额定输出转矩约为 1000N·m 等。

RV 减速器的额定转矩应大于减速器实际工作时的负载平均转矩（Average load torque），负载平均转矩是减速器的等效负载转矩，需要根据减速器的实际运行状态计算得到。

（3）额定输入功率（Rated Input Power）：RV 减速器的额定功率又称额定输入容量（Rated Input Capacity），它是根据减速器额定输出转矩、额定输出转速、理论传动效率计算得到的减速器输入功率理论值。

（4）最大输出转速（Permissible maximum of Output Rotational Speed）：最大输出转速又称允许（或容许）输出转速，它是减速器在空载状态下，长时间连续运行所允许的最高输出转速值。RV 减速器的最大输出转速主要受温度上升限制，如减速器断续运行，实际输出转速值可大于最大输出转速，为此，某些产品提供了连续（100%工作制）、断续（40%工作制）两种典型工作状态的最大输出转速值。

（5）空载运行转矩（On no-load running torque）：RV 减速器的基本空载运行转矩是在环境温度为 30℃、使用规定的润滑条件下，减速器采用标准安装、减速运行时，所测得的输入转矩折算到输出侧的输出转矩值。RV 减速器实际工作时的空载运行转矩与输出转速、环境温度、减速比有关，输出转速越高、环境温度越低、减速比越小，空载运行转矩就越大，实际使用时需要按减速器生产厂家提供的低温工作修整曲线修整。

（6）增速启动转矩（On overdrive starting torque）：在环境温度为 30℃、采用规定的润滑条件下，RV 减速器用于空载、增速运行时，在输出侧（如芯轴）开始运动的瞬间，所测得的输入侧（如输出法兰）需要施加的最大转矩值。

（7）传动精度（Angle Transmission accuracy）：传动精度是指 RV 减速器采用针轮固定、芯轴输入、输出法兰连接负载标准减速安装方式时，在任意 360° 输出范围内的实际输出转角和理论输出转角间的最大误差值。传动精度与传动系统设计、负载条件、环境温度、润滑等诸多因素有关，说明书、手册提供的传动精度通常只是 RV 减速器在特定条件下运行的参考值。

（8）传动效率：RV 减速器的传动效率与输出转速、负载转矩、工作温度、润滑条件等诸多因素有关，通常而言，在同样的工作温度和润滑条件下，输出转速越低、输出转矩越大，减速器的效率就越高。RV 减速器生产厂家通常只提供当环境温度 30℃、使用规定的润滑时，减速器在特定输出转速（如 10r/min、30r/min、60r/min）下的基本传动效率曲线。

（9）额定寿命（Rated Life）：额定寿命是指 RV 减速器在正常使用时，出现 10%产品损坏的理论使用时间。纳博特斯克 RV 减速器的理论使用寿命一般为 6000h。RV 减速器实际使用寿命与实际工作时的负载转矩、输出转速有关，需要根据减速器的实际运行状态计算得到。

2. 其他参数

除基本参数外，RV 减速器生产厂家一般还可以提供以下减速器的性能参数，供用户选型计算和校验。

（1）启制动峰值转矩（Peak Torque for start and stop）：RV 减速器加减速时，短时间允许的最大负载转矩。纳博特斯克 RV 减速器的启制动峰值转矩一般按额定输出转矩的 2.5 倍设计，个别小规格减速器启制动峰值转矩为额定转矩的 2 倍，故启制动峰值转矩也可直接由额定转矩计算得到。

（2）瞬间最大转矩（Maximum Momentary Torque）：RV 减速器工作出现异常（如负载被碰撞、冲击）时，保证减速器不损坏的瞬间极限转矩。纳博特斯克 RV 减速器的瞬间最大转矩通常按启制动峰值转矩的 2 倍设计，故也可直接由启制动峰值转矩计算得到，或按减速器额定输出转矩的 5 倍计算得到，个别小规格减速器瞬间最大转矩为额定输出转矩的 4 倍。

额定输出转矩、启制动峰值转矩、瞬间最大转矩的含义如图 3.3-7 所示。

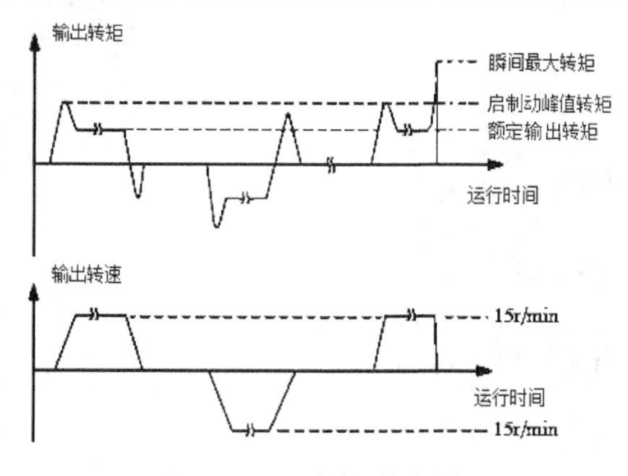

图 3.3-7　RV 减速器输出转矩

（3）强度（Intensity）：强度是指 RV 减速器柔轮的耐冲击能力，以 RV 减速器保证额定寿命的最大允许冲击次数表示。RV 减速器运行时如果存在超过启制动峰值转矩的负载冲击（如急停等），会使部件的疲劳加剧、使用寿命缩短，冲击负载不能超过减速器的瞬间最大转矩，否则将直接导致减速器损坏。RV 减速器的疲劳与冲击次数、冲击转矩、冲击负载持续时间及减速器针轮齿数有关，需要根据减速器的实际运行状态中的参数计算得到。

（4）间隙（Backlash）：RV 减速器间隙是传动齿轮间隙，是指减速器空载时（负载转矩 T=0）由本身摩擦转矩所产生的弹性变形误差之和。

（5）空程（Lost Motion）：RV 减速器空程是在负载转矩为 3%额定输出转矩 T_0 时，减速器所产生的弹性变形误差。

（6）弹性系数（Spring Constants）：RV 减速器输出转矩与弹性变形误差的比值。RV 减速器在摩擦转矩和负载转矩的作用下，针轮、针齿销、齿轮等都将产生弹性变形，导致实际输出转角与理论转角存在误差，弹性变形误差将随着负载转矩的增加而增大，工程计算时可以用弹性系数近似等效。RV 减速器的弹性系数受减速比的影响较小，原则上它只和减速器规格有关，规格越大，弹性系数越高、刚性就越好。

（7）力矩刚度（Moment Rigidity）：RV 减速器负载力矩与弯曲变形误差的比值。力矩刚度是衡量 RV 减速器抗弯曲变形能力的参数，单元型、齿轮箱型 RV 减速器的输出法兰和针轮间安装有输出轴承，减速器生产厂家需要提供允许最大轴向、负载力矩等力矩刚度参数。基本型减速器无输出轴承，减速器允许的最大轴向、负载力矩等力矩刚度参数决定于用户传动系统设计及输出轴承选择。

单元型、齿轮箱型 RV 减速器的径向载荷、轴向载荷受减速器部件结构的限制，减速器正常使用时的轴向载荷、负载力矩均不得超出生产厂家提供的轴向载荷/负载力矩曲线的范围，瞬间最大负载力矩一般不得超过正常使用最大负载力矩的 2 倍。

3.3.4 RV 减速器结构与规格

1. 基本型 RV 减速器

纳博特斯克 RV 系列基本型（Original）RV 减速器是早期工业机器人的常用产品，减速器采用图 3.3-8 所示的基本型 RV 减速器基本结构，其组成部件及说明可参见 3.3.1 节。

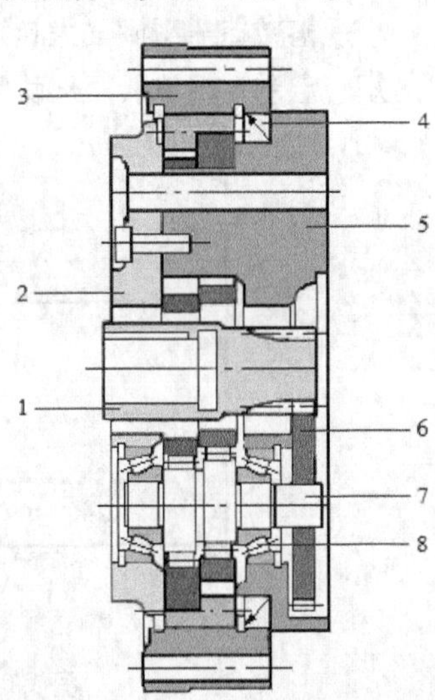

1—芯轴；2—端盖；3—针轮；4—针齿销；5—RV 齿轮；
6—输出法兰；7—行星齿轮；8—曲轴

图 3.3-8 基本型 RV 减速器基本结构

基本型 RV 减速器的针轮 3 和输出法兰 6 间无输出轴承，因此，在使用减速器时，需要用户自行设计、安装输出轴承（如 CRB）。

RV 系列基本型减速器的产品规格较多，行星齿轮和芯轴结构有所区别。

增加行星齿轮数量，可以减小轮齿单位面积承载、均化误差，但它们也受减速器结构尺寸的限制。纳博特斯克 RV 系列减速器的行星齿轮数量与减速器规格有关，RV-30 及以下规格，采用图 3.3-9（a）所示的 2 对行星齿轮，RV-60 及以上规格，采用图 3.3-9（b）所示的 3 对行星齿轮。

（a）2 对

（b）3 对

图 3.3-9 行星齿轮的结构

RV 减速器的芯轴结构与减速比有关。为了简化结构设计、提高零部件的通用化程度，同规格的 RV 减速器传动比一般通过第 1 级正齿轮速比调整。

纳博特斯克减速比 $R \geqslant 70$ 的 RV 减速器，正齿轮速比大、太阳轮齿数少，减速器采用图 3.3-10（a）所示的芯轴结构，太阳轮直接加工在芯轴上，芯轴（太阳轮）可从输入侧安装。减速比 $R < 70$ 的纳博特斯克 RV 减速器，其正齿轮速比小、太阳轮齿数多，减速器采用图 3.3-10（b）所示的芯轴和太阳轮分离型结构，芯轴和太阳轮通过花键轴连接，并需要在输出侧安装芯轴和太阳轮支承的轴承。

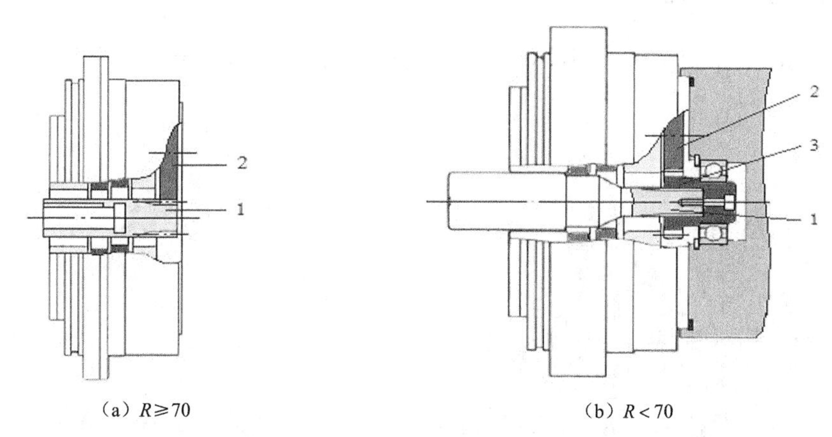

（a）$R \geqslant 70$　　（b）$R < 70$

1—芯轴；2—行星齿轮；3—太阳轮

图 3.3-10　芯轴结构

纳博特斯克 RV 系列基本型 RV 减速器的基本减速比及主要技术参数分别如表 3.3-3 和表 3.3-4 所示。

表 3.3-3　基本型 RV 减速器的基本减速比

规格	基本减速比									
RV-15	57	81	105	121	—	141	—	—	—	—
RV-30	57	81	105	121	—	—	153	—	—	—
RV-60	57	81	105	121	—	—	153	—	—	—
RV-160	—	81	101	—	129	145	—	171	—	—
RV-320	—	81	101	118.5	129	141	—	171	185	—
RV-450	—	81	101	118.5	129	—	154.8*	171	—	192.4*
RV-550	—	—	—	123	—	141	—	163.5	—	192.4*

*注：基本减速比 154.8、192.4 分别是实际减速比 2013/13、1347/7 的近似值。

表 3.3-4　基本型 RV 减速器的主要技术参数

规格代号	15	30	60	160	320	450	550
额定输出转速（r/min）	15						
额定输出转矩（N · m）	137	333	637	1568	3136	4410	5390
额定输入功率（kW）	0.29	0.70	1.33	3.28	6.57	9.24	11.29
启制动峰值转矩（N · m）	274	833	1592	3920	7840	1 1025	15 475
瞬间最大转矩（N · m）	686	1666	3185	6615	12 250	18 620	26 950
最高输出转速（r/min）	60	50	40	45	35	25	20
空程、间隙（$\times 10^{-4}$ rad）	2.9						

（续表）

传动精度参考值（×10⁻⁴ rad）	2.4～3.4						
弹性系数（×10⁴ N·m /rad）	13.5	33.8	67.6	135	338	406	574
额定寿命（h）	6000						
质量（kg）	3.6	6.2	9.7	19.5	34	47	72

2. 标准单元型 RV 减速器

纳博特斯克 RV E 系列标准单元型 RV 减速器的结构如图 3.3-11 所示。

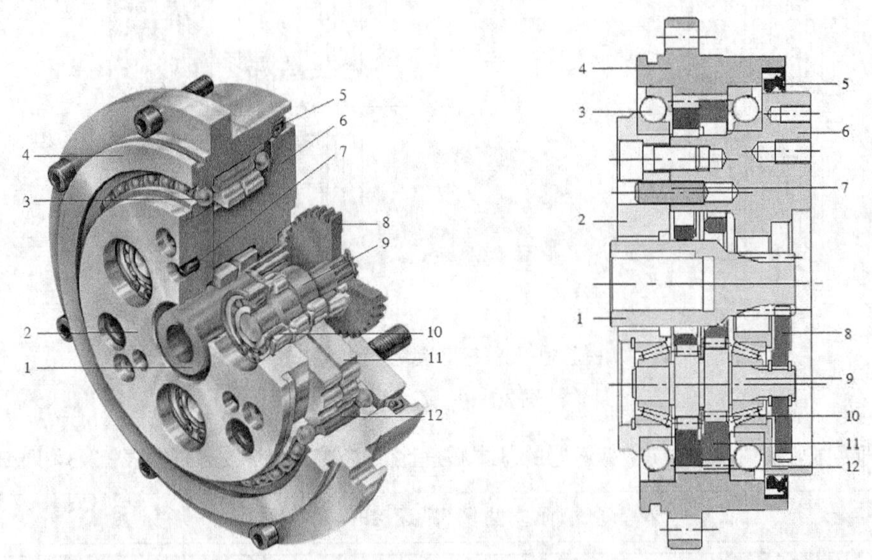

1—芯轴；2—端盖；3—输出轴承；4—壳体（针轮）；5—密封圈；6—输出法兰（输出轴）；
7—定位销；8—行星齿轮；9—曲轴组件；10—滚针轴承；11—RV 齿轮；12—针齿销

图 3.3-11　RV E 系列标准单元型 RV 减速器结构

RV E 系列标准单元型 RV 减速器的输出法兰 6 和壳体（针轮）4 间安装有一对高精度、高刚性的角接触球输出轴承 3，使得输出法兰 6 可以同时承受径向和双向轴向载荷并能够直接连接负载。

标准单元型 RV 减速器其他部件的结构、作用与 RV 基本型减速器其他部件的结构、作用相同。减速器的行星齿轮数量与规格有关，RV-40E 及以下规格的减速器为 2 对行星齿轮，RV-80E 及以上规格的减速器为 3 对行星齿轮。减速器的芯轴结构决定于减速比，减速比 $R \geqslant 70$ 的减速器，其太阳轮直接加工在输入芯轴上；减速比 $R < 70$ 的减速器，其采用输入芯轴和太阳轮分离型结构，芯轴和太阳轮通过花键轴连接，并需要在输出侧安装太阳轮的支承轴承。

RV E 系列标准单元型 RV 减速器的基本减速比及主要技术参数分别如表 3.3-5 和表 3.3-6 所示。

表 3.3-5　RV E 系列标准单元型 RV 减速器的基本减速比

规格	基本减速比											
RV-6E	31	43	53.5	59	79	103	—	—	—	—	—	—
RV-20E	—		57		81	105	121	—	141	161	—	—
RV-40E	—		57		81	105	121	—	—	—	—	—

（续表）

规格	基本减速比									
RV-80E	—	57	81	101	121	—	153	161	—	—
RV-110E	—	—	81	111	—	—	—	161	175.28*	—
RV-160E	—	—	81	101	—	129	145	—	171	—
RV-320E	—	—	81	101	118.5	129	141	—	171	185
RV-450E	—	—	81	101	118.5	129	154.8*	—	171	192.4*

*注：基本减速比 154.8、175.28、192.4 分别是实际减速比 2013/13、1227/7、1347/7 的近似值。

表 3.3-6　RV E 系列标准单元型 RV 减速器的主要技术参数

规格代号	6E	20E	40E	80E	110E	160E	320E	450E
额定输出转速（r/min）	30	15						
额定输出转矩（N · m）	58	167	412	784	1078	1568	3136	4410
额定输入功率（kW）	0.25	0.35	0.86	1.64	2.26	3.28	6.57	9.24
启制动峰值转矩（N · m）	117	412	1029	1960	2695	3920	7840	11 025
瞬间最大转矩（N · m）	294	833	2058	3920	5390	7840	15 680	22 050
最高输出转速（r/min）	100	75	70	70	50	45	35	25
空程、间隙（$\times 10^{-4}$ rad）	4.4	2.9						
传动精度参考值（$\times 10^{-4}$ rad）	5.1	3.4	2.9	2.4	2.4	2.4	2.4	2.4
弹性系数（$\times 10^{4}$ N · m /rad）	6.90	16.9	37.2	67.6	101	135	338	406
允许负载力矩（N · m）	196	882	1666	2156	2940	3920	7056	8820
瞬间最大力矩（N · m）	392	1764	3332	4312	5880	7840	14 112	17 640
力矩刚度（$\times 10^{4}$ N · m /rad）	40.3	128	321	406	507	1014	1690	2568
最大轴向载荷（N）	1470	3920	5194	7840	10 780	14 700	19 600	24 500
额定寿命（h）	6000							
质量（kg）	2.5	4.7	9.3	13.1	17.4	26.4	44.3	66.4

3. 紧凑单元型 RV 减速器

纳博特斯克 RV N 系列紧凑单元型 RV 减速器是在 RV E 系列标准单元型 RV 减速器的基础上，发展起来的轻量级、紧凑型产品，减速器的结构如图 3.3-12 所示。

RV N 系列紧凑单元型 RV 减速器的行星齿轮采用了敞开式安装，芯轴可直接从行星齿轮侧输入，不需要穿越减速器，加上减速器输出法兰轴向长度较短，因此，减速器体积、重量与同规格的标准型减速器相比，分别减少了 8%～20%、16%～36%。

RV N 系列紧凑单元型 RV 减速器的行星齿轮数量均为 3 对，标准产品仅提供配套的芯轴半成品，用户可根据输入轴的形状、尺寸补充加工轴孔及齿轮。

RV N 系列紧凑单元型 RV 减速器的芯轴安装调整方便、维护容易、使用灵活，目前已逐步替代标准单元型减速器，在工业机器人上得到了越来越多的应用。

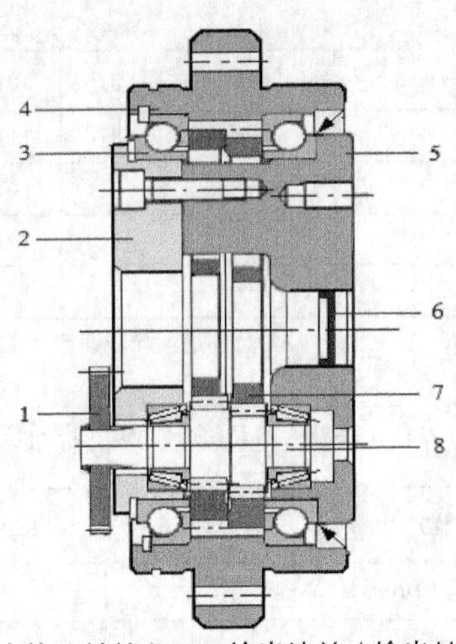

1—行星齿轮；2—端盖；3—输出轴承；4—壳体（针轮）；5—输出法兰（输出轴）；

6—密封盖；7—RV 齿轮；8—曲轴

图 3.3-12 RV N 系列紧凑单元型 RV 减速器结构

RV N 系列紧凑单元型 RV 减速器的基本减速比及主要技术参数分别如表 3.3-7 和表 3.3-8 所示。

表 3.3-7 RV N 系列紧凑单元型 RV 减速器的基本减速比

规格	基本减速比							
RV-25N	41	81	107.66*	126	137	164.07*	—	—
RV-42N	41	81	105	126	141	164.07*	—	—
RV-60N	41	81	102.17*	121	145.61*	161	—	—
RV-80N	41	81	101	129	141	171	—	—
RV-100N	41	81	102.17*	121	141	161	—	—
RV-125N	41	81	102.17*	121	145.61*	161	—	—
RV-160N	41	81	102.81*	125.21*	—	156	—	201
RV-380N	—	75	93	117	139	162	185	—
RV-500N	—	81	105	123	144	159	192.75	—
RV-700N	—	—	105	118	142.44	159	183	203.52*

*注：减速比近似值 323/3≈107.66；2133/13≈164.07；1737/17≈102.17；1893/13≈145.61；1131/11≈102.81；2379/19≈125.21；3867/19≈203.52。

表 3.3-8 RV N 系列紧凑单元型 RV 减速器的主要技术参数

规格代号	25N	42N	60N	80N	100N	125N	160N	380N	500N	700N
额定输出转速（r/min）	15									
额定输出转矩（N·m）	245	412	600	784	1000	1225	1600	3724	4900	7000
额定输入功率（kW）	0.55	0.92	1.35	1.76	2.24	2.75	3.59	8.36	11.0	15.71
启制动峰值转矩（N·m）	612	1029	1500	1960	2500	3062	4000	9310	12 250	17 500

（续表）

瞬间最大转矩（N · m）		1225	2058	3000	3920	5000	6125	8000	18 620	24 500	35 000
最高输出转速（r/min）	100%工作制	57	52	44	40	35	35	19	11.5	11	7.5
	40%工作制	110	100	94	88	83	79	48	27	25	19
空程、间隙（$\times 10^{-4}$ rad）		2.9									
传动精度（$\times 10^{-4}$ rad）		3.4	2.9	2.4	2.4	2.4	2.4	2.4	2.4	2.4	2.4
弹性系数（$\times 10^{4}$ N · m/rad）		21.0	39.0	69.0	73.1	108	115	169	327	559	897
允许负载力矩（N · m）		784	1660	2000	2150	2700	3430	4000	7050	11 000	15 000
瞬间最大力矩（N · m）		1568	3320	4000	4300	5400	6860	8000	14 100	22 000	30 000
力矩刚度（$\times 10^{4}$ N · m /rad）		183	290	393	410	483	552	707	1793	2362	3103
最大轴向载荷（N）		2610	5220	5880	6530	9000	13 000	14 700	25 000	32 000	4 4000
额定寿命（h）		6000									
质量（kg）		3.8	6.3	8.9	9.3	13.0	13.9	22.1	44	57.2	102

4. 中空单元型 RV 减速器

纳博特斯克 RV C 系列中空单元型 RV 减速器是标准单元型 RV 减速器的变形产品，减速器的结构如图 3.3-13 所示。

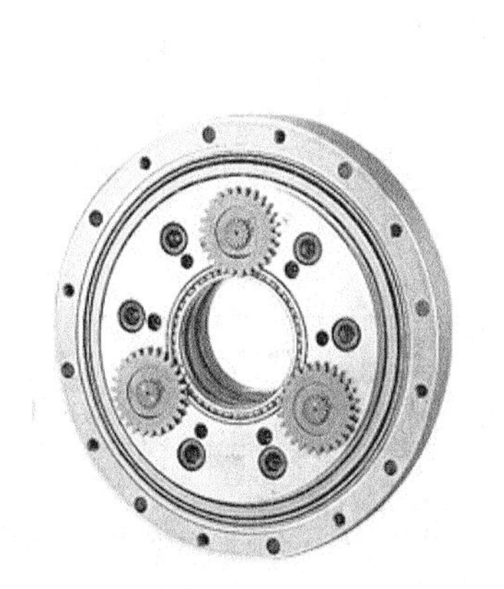

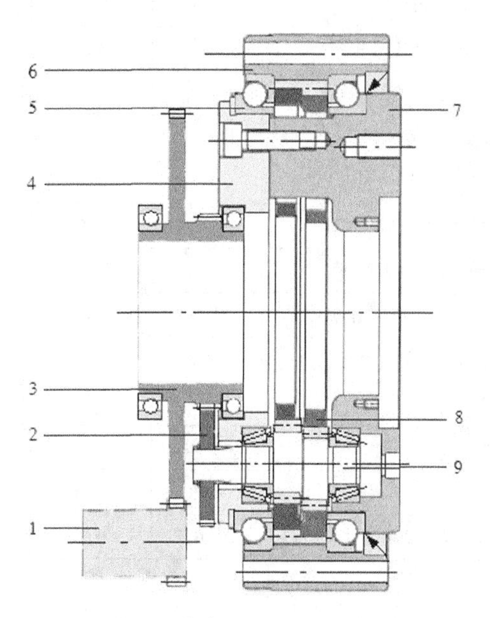

1—输入轴；2—行星齿轮；3—双联太阳轮；4—端盖；5—输出轴承；6—壳体（针轮）；
7—输出法兰（输出轴）；8—RV 齿轮；9—曲轴

图 3.3-13　RV C 系列中空单元型 RV 减速器结构

RV C 系列中空单元型 RV 减速器的 RV 齿轮、端盖、输出法兰均采用大直径中空结构，行星齿轮采用敞开式安装，芯轴可直接从行星齿轮侧输入。减速器的行星齿轮数量与规格有关，RV-50C 及以下规格的减速器为 2 对行星齿轮，RV-100C 及以上规格的减速器为 3 对行星齿轮。

中空单元型 RV 减速器的内部通常需要布置管线或其他传动轴，因此，行星齿轮一般采用图 3.3-13 所示的中空双联太阳轮 3 输入，输入轴 1 与减速器为偏心安装。减速器的端盖 4、输出法兰 7 内侧均加工有安装双联太阳轮支承、输出轴连接的安装定位面和螺孔。双联太阳轮及其支承部件通常由用户自行设计制造。

中空单元型减速器的输入轴和行星齿轮间有 2 级齿轮传动。由于中空双联太阳轮的直径较大，因此，双联太阳轮和行星齿轮间通常为增速，而输入轴和双联太阳轮则为大比例减速。减速器的双联太阳轮和行星齿轮、输入轴和双联太阳轮的速比需要用户根据实际传动系统结构自行设计，因此，减速器生产厂家只提供基本 RV 齿轮减速比及传动精度等参数，减速器的最终减速比、传动精度决定于用户的输入轴和双联太阳轮结构设计和制造精度。

RV C 系列中空单元型 RV 减速器的主要技术参数如表 3.3-9 所示。

表 3.3-9　RV C 系列中空单元型 RV 减速器的主要技术参数

规格代号	10C	27C	50C	100C	200C	320C	500C
基本减速比（不含输入轴减速）	27	36.57*	32.54*	36.75	34.86*	35.61*	37.34*
额定输出转速（r/min）	15						
额定输出转矩（N · m）	98	265	490	980	1960	3136	4900
额定输入功率（kW）	0.21	0.55	1.03	2.05	4.11	6.57	10.26
启制动峰值转矩（N · m）	245	662	1225	2450	4900	7840	12 250
瞬间最大转矩（N · m）	490	1323	2450	4900	9800	15 680	24 500
最高输出转速（r/min）	80	60	50	40	30	25	20
空程与间隙（$\times10^{-4}$ rad）	2.9						
传动精度参考值（$\times10^{-4}$ rad）	1.2～2.9						
弹性系数（$\times10^{4}$ N · m/rad）	16.2	50.7	87.9	176	338	676	1183
允许负载力矩（N · m）	686	980	1764	2450	8820	20 580	34 300
瞬间最大力矩（N · m）	1372	1960	3528	4900	17 640	39 200	78 400
力矩刚度（$\times10^{4}$ N · m/rad）	145	368	676	970	3379	4393	8448
最大轴向载荷（N）	5880	8820	11 760	13 720	19 600	29 400	39 200
额定寿命（h）	6000						
本体惯量（$\times10^{-4}$kg · m^2）	0.138	0.550	1.82	4.75	13.9	51.8	99.6
太阳轮惯量（$\times10^{-4}$kg · m^2）	6.78	5.63	36.3	95.3	194	405	1014
本体质量（kg）	4.6	8.5	14.6	19.5	55.6	79.5	154

*注：基本减速比 36.57、32.54、34.86 、35.61、37.34 分别是实际减速比 1390/38、1985/61、1499/43、2778/78、3099/83 的近似值。

3.3.5 RV 减速器的安装要求

RV 减速器的安装主要包括芯轴（输入轴）连接、减速器（壳体）安装、负载（输出轴）连接等内容。减速器安装、负载连接的要求与减速器结构类型有关，有关内容参见 3.3.6 节和 3.3.7 节；RV 减速器芯轴连接及减速器固定是基本型、单元型 RV 减速器安装的基本要求，统一说明如下。

1. 芯轴连接

在绝大多数情况下，RV 减速器的芯轴都和电机轴连接，两者的连接形式与驱动电机输出轴的形状有关，常用的连接形式有以下两种。

（1）平轴连接。中大规格伺服电机的输出轴通常为平轴，且有带键或不带键、带中心孔或无中心孔等形式。由于工业机器人的负载惯量、输出转矩很大，因此，电机轴通常应选配平轴带键结构。

芯轴的加工公差要求如图 3.3-14（a）所示，轴孔和外圆的同轴度要求为 $a\leqslant0.050$mm，太阳轮对轴孔的跳动要求为 $b\leqslant0.040$mm。此外，为了防止芯轴的轴向窜动、避免运行过程中的脱落，芯轴应通过图 3.3-14（b）所示的键固定螺钉或电机轴的中心孔螺钉进行轴向固定与定位。

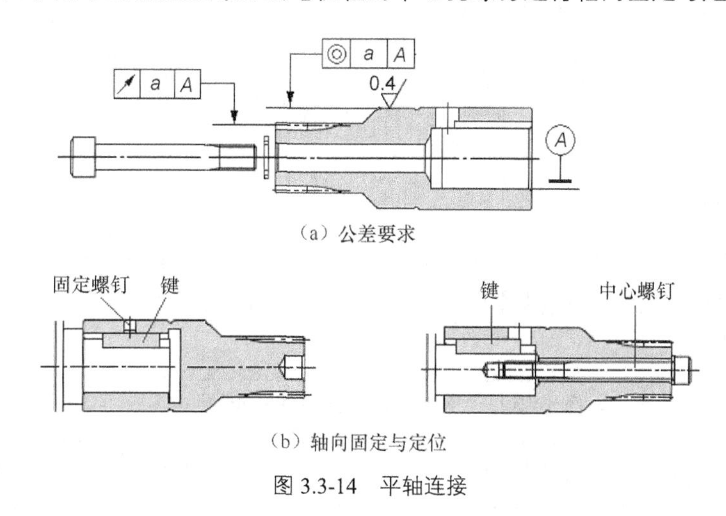

（a）公差要求

（b）轴向固定与定位

图 3.3-14　平轴连接

（2）锥轴连接。小规格伺服电机的输出轴通常为带键锥轴。由于 RV 减速器的芯轴通常较长，它一般不能用电机轴的前端螺母紧固，为此，需要通过图 3.3-15 所示的螺杆或转换套加长电机轴并对芯轴进行轴向固定与定位。

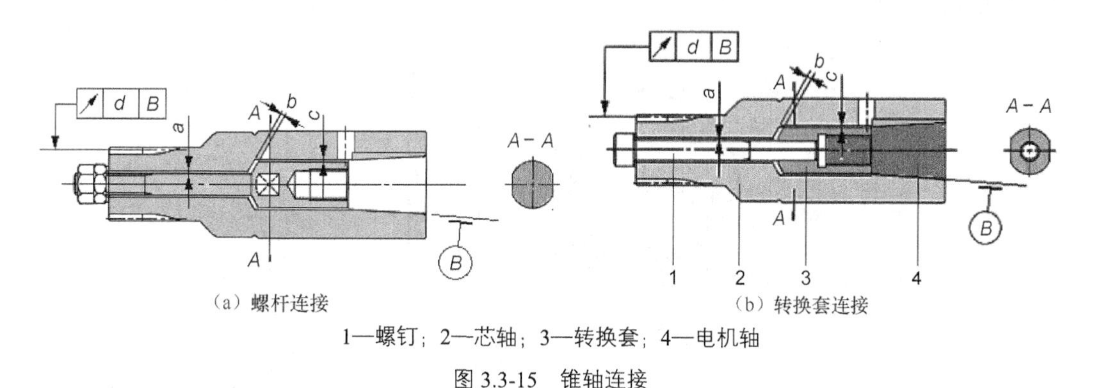

（a）螺杆连接　　（b）转换套连接

1—螺钉；2—芯轴；3—转换套；4—电机轴

图 3.3-15　锥轴连接

锥孔芯轴的太阳轮对锥孔跳动要求为 $d\leqslant0.040$mm；螺杆、转换套的安装间隙要求为 $a\geqslant0.25$mm、$b\geqslant1$mm、$c\geqslant0.25$mm。

图 3.3-15（a）所示为通过螺杆加长电机轴的方法。螺杆的一端通过内螺纹孔与电机轴连接，另一端可通过外螺纹及螺母、弹簧垫圈，轴向定位、固定芯轴。图 3.3-15（b）所示为通过转换套加长电机轴的方法。转换套的一端通过内螺纹孔与电机轴连接，另一端可通过内螺纹孔及中心螺钉轴向定位、固定芯轴。

（3）芯轴安装。RV 减速器的芯轴一般需要连同电机装入 RV 减速器，安装时必须保证太阳轮和行星轮间的啮合良好。特别是对于只有 2 对行星齿轮的小规格 RV 减速器，由于其太阳轮无法利用行星齿轮进行定位，如芯轴装入时出现偏移或歪斜，就可能导致出现错误啮合，从而损坏 RV 减速器，行星齿轮啮合要求如图 3.3-16 所示。

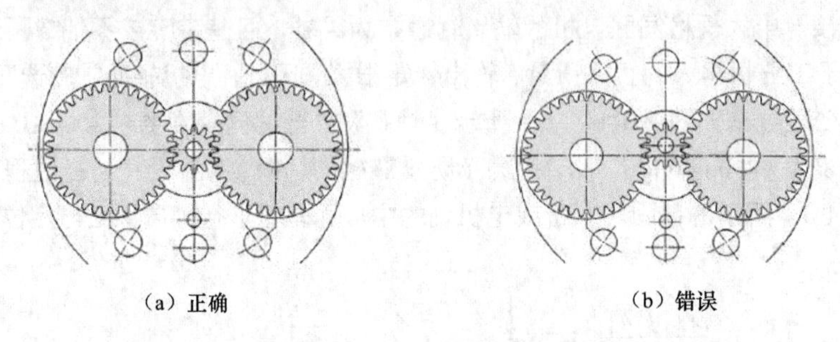

(a) 正确　　(b) 错误

图 3.3-16　行星齿轮啮合要求

2. 减速器固定

为了保证连接螺钉可靠固定，在安装 RV 减速器时，应使用拧紧扭矩可调的扭力扳手拧紧连接螺钉。安装不同规格的 RV 减速器螺钉，其拧紧扭矩要求如表 3.3-10 所示，表中的扭矩适用于 RV 减速器的所有安装螺钉。

表 3.3-10　RV 减速器安装螺钉的拧紧扭矩要求

螺钉规格	M5×0.8	M6×1	M8×1.25	M10×1.5	M12×1.75	M14×2	M16×2	M18×2.5	M20×2.5
扭矩（N·m）	9	15.6	37.2	73.5	128	205	319	441	493
锁紧力（N）	9310	13 180	23 960	38 080	55 100	75 860	103 410	126 720	132 155

为了保证连接螺钉的可靠，除非特殊规定，RV 减速器的固定螺钉一般都应选择图 3.3-17 所示的碟形弹簧垫圈，垫圈的公差尺寸应符合表 3.3-11 的要求，公差尺寸单位为 mm。

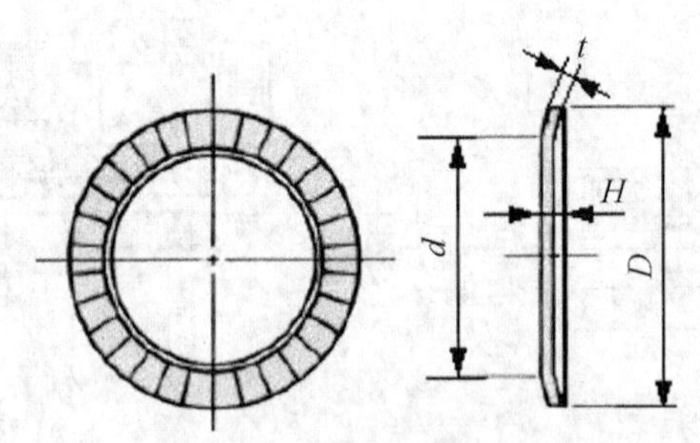

图 3.3-17　碟形弹簧垫圈

表 3.3-11　碟形弹簧垫圈的公差尺寸

螺钉	M5	M6	M8	M10	M12	M14	M16	M20
d	5.25	6.4	8.4	10.6	12.6	14.6	16.9	20.9
D	8.5	10	13	16	18	21	24	30
t	0.6	1.0	1.2	1.5	1.8	2.0	2.3	2.8
H	0.85	1.25	1.55	1.9	2.2	2.5	2.8	3.55

3.3.6 基本型 RV 减速器安装维护

1. RV 减速器安装

基本型 RV 减速器的安装公差要求如图 3.3-18 和表 3.3-12 所示。

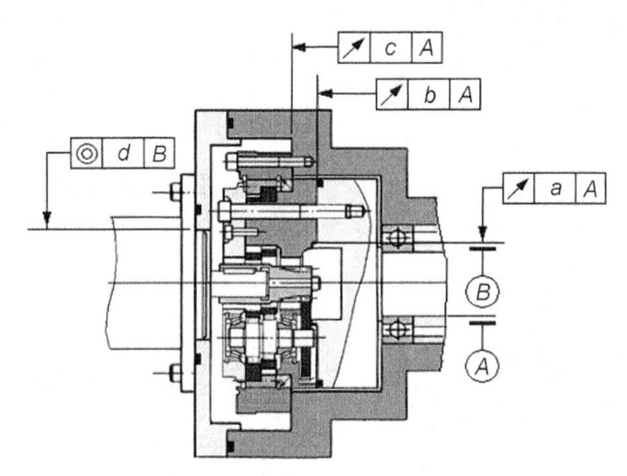

图 3.3-18 基本型 RV 减速器的安装公差要求

表 3.3-12 基本型 RV 减速器的安装公差要求

规格	15	30	60	160	320	450	550
a	0.020	0.020	0.050	0.050	0.050	0.050	0.050
b	0.020	0.020	0.030	0.030	0.030	0.030	0.030
c	0.020	0.020	0.030	0.030	0.050	0.050	0.050
d	0.050	0.050	0.050	0.050	0.050	0.050	0.050

RV 减速器在安装或更换时，通常应先连接输出负载，再依次进行芯轴、电机座、电机等部件的安装。减速器安装前必须先清洁零部件，去除部件定位面的杂物、灰尘、油污和毛刺，然后，使用规定的螺栓、碟形弹簧垫圈，按照表 3.3-13 所示的步骤，依次完成 RV 减速器的安装。

表 3.3-13 RV 减速器的安装步骤

序号	安装示意	安装说明
1	密封圈 定位面	1. 安装输出轴和输出法兰间的密封圈。 2. 用输出法兰的内孔（或外圆）定位，将 RV 减速器安装到输出轴上。 3. 使用带碟形弹簧垫圈的安装螺钉，对 RV 减速器输出法兰和输出轴进行初步的固定。

（续表）

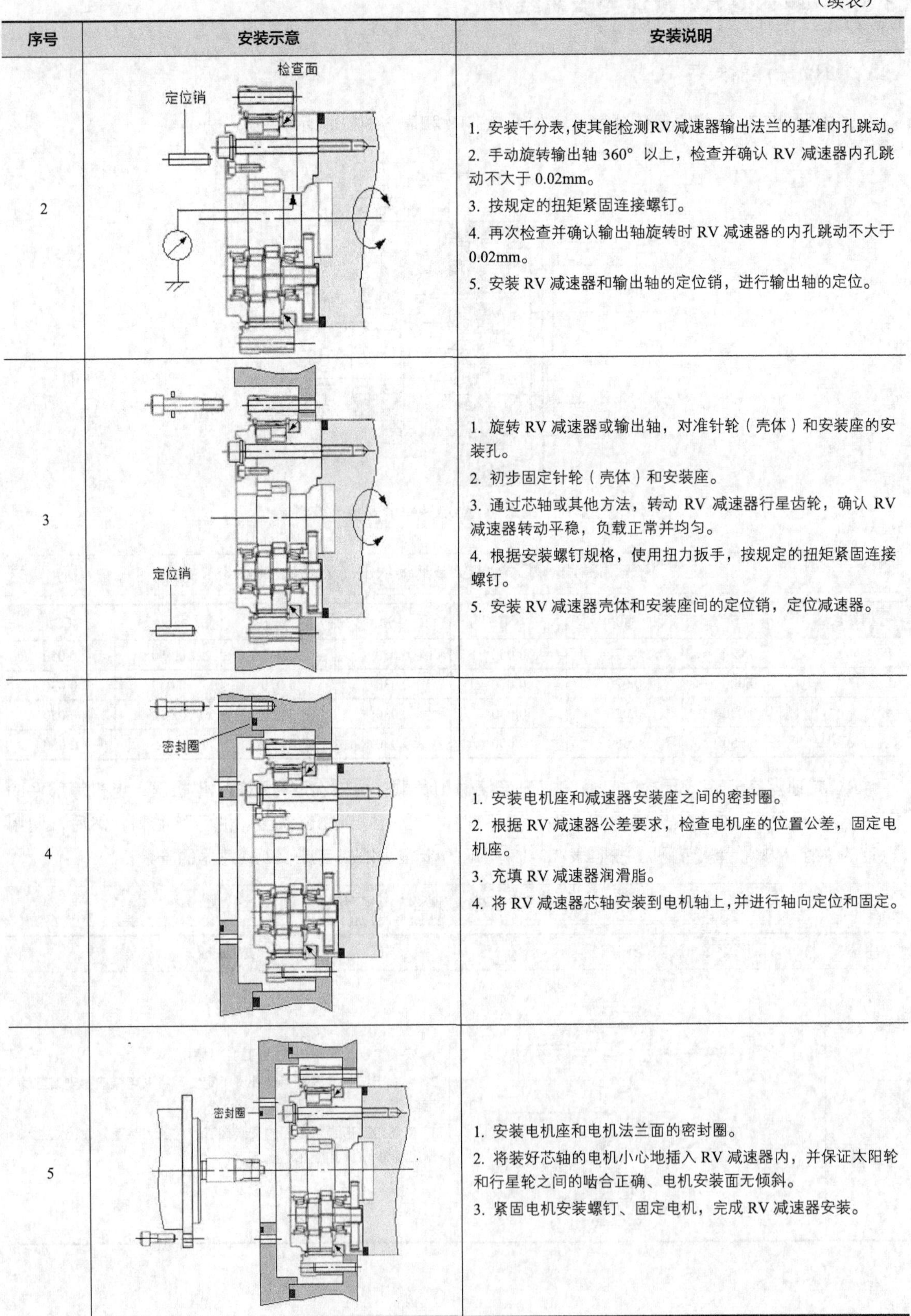

序号	安装示意	安装说明
2	检查面 定位销	1. 安装千分表，使其能检测RV减速器输出法兰的基准内孔跳动。 2. 手动旋转输出轴 360° 以上，检查并确认 RV 减速器内孔跳动不大于 0.02mm。 3. 按规定的扭矩紧固连接螺钉。 4. 再次检查并确认输出轴旋转时 RV 减速器的内孔跳动不大于 0.02mm。 5. 安装 RV 减速器和输出轴的定位销，进行输出轴的定位。
3	定位销	1. 旋转 RV 减速器或输出轴，对准针轮（壳体）和安装座的安装孔。 2. 初步固定针轮（壳体）和安装座。 3. 通过芯轴或其他方法，转动 RV 减速器行星齿轮，确认 RV 减速器转动平稳，负载正常并均匀。 4. 根据安装螺钉规格，使用扭力扳手，按规定的扭矩紧固连接螺钉。 5. 安装 RV 减速器壳体和安装座间的定位销，定位减速器。
4	密封圈	1. 安装电机座和减速器安装座之间的密封圈。 2. 根据 RV 减速器公差要求，检查电机座的位置公差，固定电机座。 3. 充填 RV 减速器润滑脂。 4. 将 RV 减速器芯轴安装到电机轴上，并进行轴向定位和固定。
5	密封圈	1. 安装电机座和电机法兰面的密封圈。 2. 将装好芯轴的电机小心地插入 RV 减速器内，并保证太阳轮和行星轮之间的啮合正确、电机安装面无倾斜。 3. 紧固电机安装螺钉、固定电机，完成 RV 减速器安装。

2. RV 减速器润滑

良好的润滑是保证 RV 减速器正常使用的重要条件，为了方便使用、减少污染，工业机器人用的 RV 减速器一般采用润滑脂润滑。为了保证润滑良好，纳博特斯克 RV 减速器原则上应使用 Vigo grease Re0 品牌 RV 减速器专业润滑脂。

RV 减速器的润滑脂充填要求如图 3.3-19 所示。

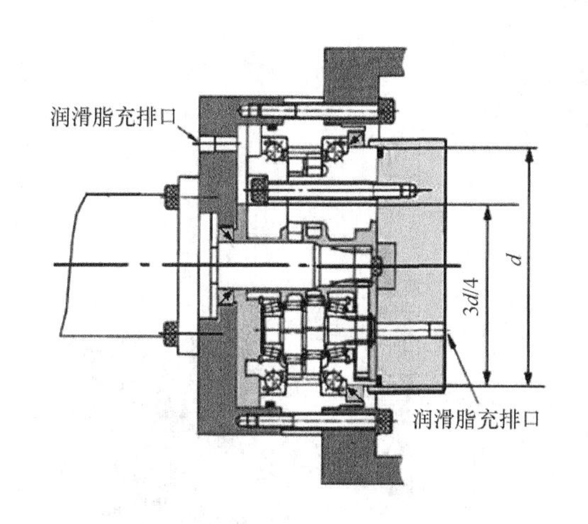

（a）水平安装

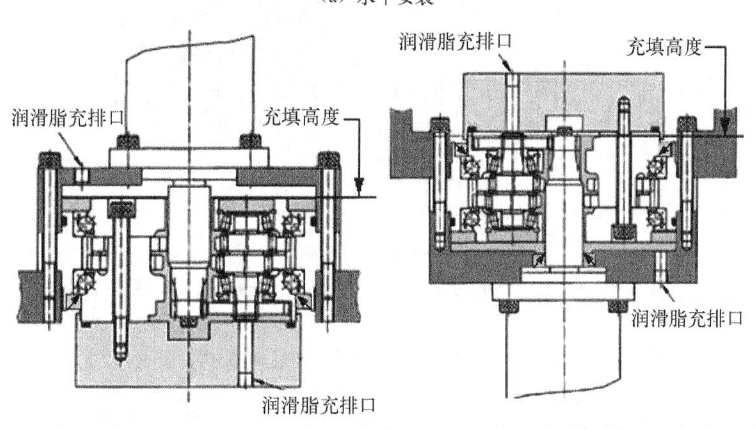

（b）垂直向下安装　　（c）垂直向上安装

图 3.3-19　RV 减速器的润滑脂充填要求

水平安装的 RV 减速器应按图 3.3-19（a）所示充填润滑脂，润滑脂的充填高度应超过输出法兰直径的 3/4，以保证输出轴承、行星齿轮、曲轴、RV 齿轮、输入轴等旋转部件都能得到充分的润滑。垂直向下安装的 RV 减速器应按图 3.3-19（b）所示充填润滑脂，充填高度应超过 RV 减速器的上端面。垂直向上安装的 RV 减速器应按图 3.3-19（c）所示充填润滑脂，充填高度应超过 RV 减速器的输出法兰面。由于润滑脂受热后将出现膨胀，因此，在保证 RV 减速器良好润滑的同时，还需要合理设计安装部件，保证 10%左右的润滑脂膨胀空间。

润滑脂的补充和更换时间与 RV 减速器的工作转速、环境温度有关，转速和环境温度越高，更换润滑脂的周期就越短。在正常使用的情况下，润滑脂更换周期为 20 000h，但如果在环境温度高于 40℃，或工作转速较高、污染严重的情况下，更换周期要相应缩短。润滑脂的注入量和补充时间在机器人说明书上均有明确的规定，用户可按照生产厂家的要求进行。

3.3.7 单元型 RV 减速器安装维护

1. RV E 系列标准单元型

纳博特斯克 RV E 系列标准单元型 RV 减速器的安装可参照 RV 系列基本型 RV 减速器进行，其安装公差要求如图 3.3-20 和表 3.3-14 所示。

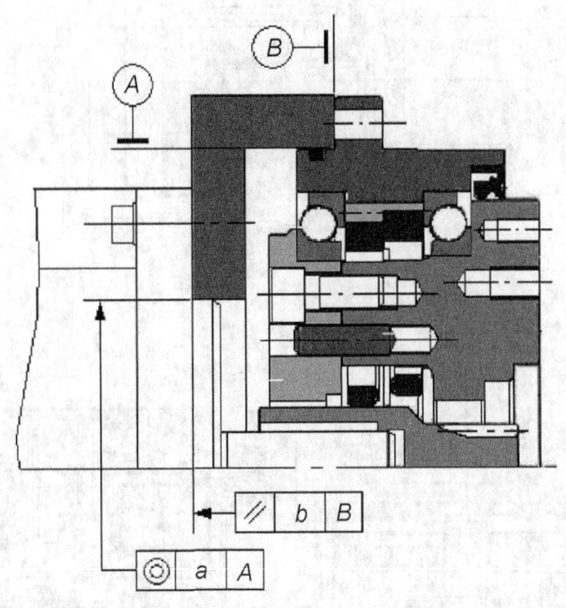

图 3.3-20 RV E 系列标准单元型 RV 减速器的安装公差要求

表 3.3-14 RV E 系列标准单元型 RV 减速器的安装公差要求

规格	6E	20E	40E	80E	110E	160E	320E	450E
a/*b*	0.030	0.030	0.030	0.030	0.030	0.050	0.050	0.050

RV E 系列标准单元型 RV 减速器的润滑脂充填、更换等要求均与基本型 RV 减速器的润滑脂充填、更换等要求相同，纳博特斯克 RV 减速器原则上应使用 Vigo grease Re0 专业润滑脂，润滑脂更换周期为 20 000h（正常使用情况下）。润滑脂的注入量和补充时间可参照机器人使用说明书进行。

2. RV N 系列紧凑单元型

纳博特斯克 RV N 系列紧凑单元型 RV 减速器的传动系统可参照 RV E 标准单元型 RV 减速器设计。其安装公差要求如图 3.3-21 和表 3.3-15 所示。

RV N 系列紧凑单元型 RV 减速器的润滑脂充填需要在减速器安装完成后进行，润滑脂的充填要求如图 3.3-22 所示。减速器水平安装或垂直向下安装时，润滑脂需要填满行星齿轮至输出法兰端面的全部空间，芯轴周围部分可适当充填，但一般不能超过总空间的 90%。减速器垂直向上安装时，润滑脂需要充填至输出法兰端面，同时需要在输出轴上预留膨胀空间，膨胀空间不小于润滑脂充填区域的 10%。

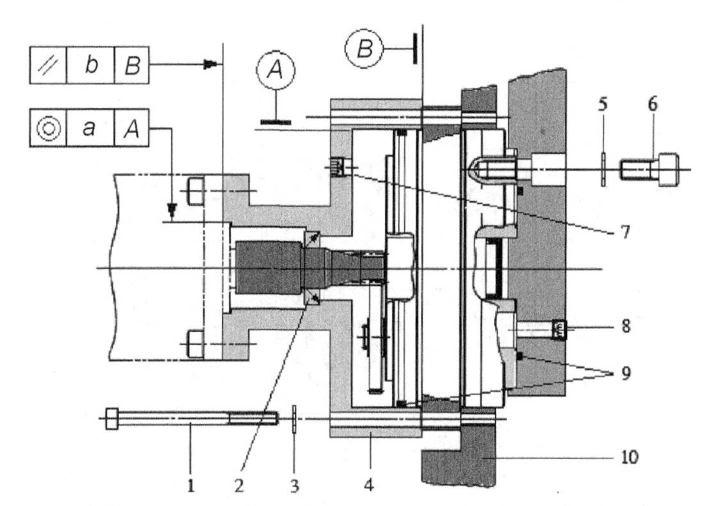

1、6—螺钉；2、9—密封圈；3、5—碟形弹簧垫圈；4—电机座；7、8—润滑脂充填口；10—安装座

图 3.3-21　RV N 系列紧凑单元型 RV 减速器的安装公差要求

表 3.3-15　RV N 系列紧凑单元型 RV 减速器的安装公差要求

规格	25N	42N	60N	80N	100N	125N	160N	380N	500N	700N
a	0.030	0.030	0.030	0.030	0.030	0.030	0.030	0.050	0.050	0.050
b	0.030	0.030	0.030	0.030	0.030	0.030	0.030	0.050	0.050	0.050

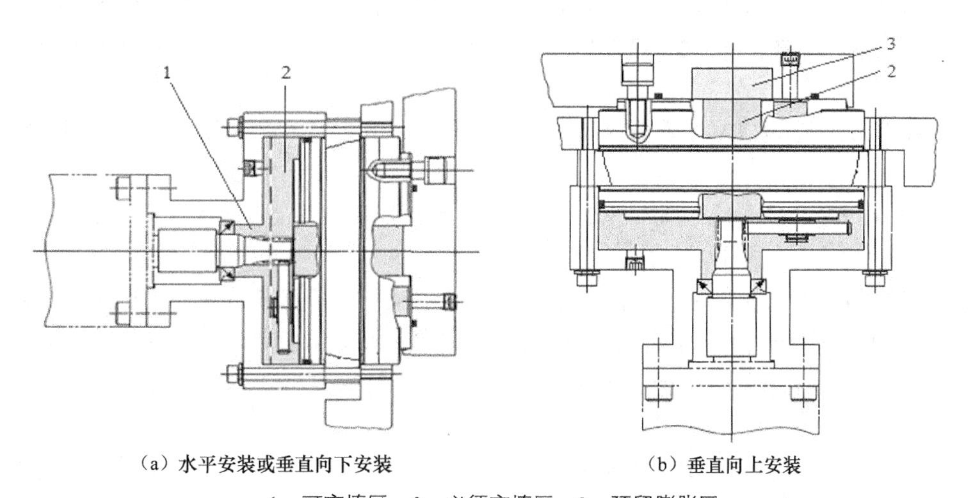

（a）水平安装或垂直向下安装　　（b）垂直向上安装

1—可充填区；2—必须充填区；3—预留膨胀区

图 3.3-22　RV N 系列紧凑单元型 RV 减速器的润滑脂充填要求

RV N 系列紧凑单元型 RV 减速器的润滑脂充填、更换等要求，均与基本型减速器的充填、更换等要求相同，更换周期为 20 000h（正常使用情况下），注入量和补充时间可参照机器人使用说明书进行。

3. RV C 系列中空单元型

纳博特斯克 RV C 系列中空单元型 RV 减速器的传动系统需要用户根据机器人结构要求设计，其安装公差要求如图 3.3-23 和表 3.3-16 所示。

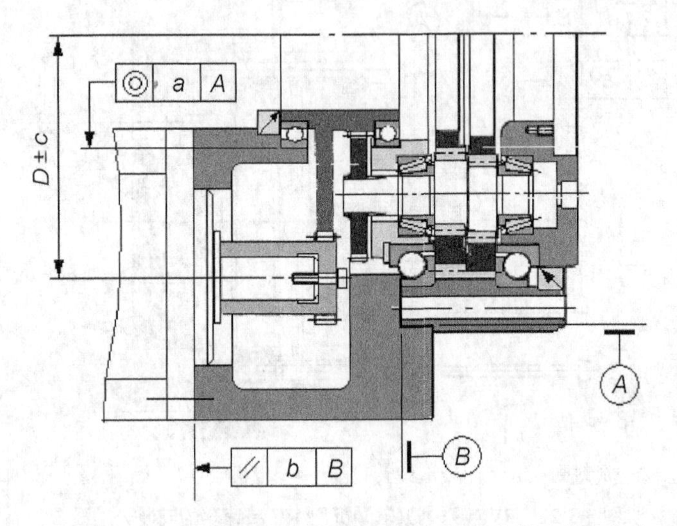

图 3.3-23 RV C 系列中空单元型 RV 减速器的安装公差要求

表 3.3-16 RV C 系列中空单元型 RV 减速器的安装公差要求

规格	10C	27C	50C	100C	200C	320C	500C
a/*b*/*c*	0.030	0.030	0.030	0.030	0.030	0.030	0.030

中空单元型减速器的芯轴、双联太阳轮需要用户安装，在安装减速器时，需要保证双联太阳轮的轴承支承面和壳体的同轴度、减速器和电机轴的中心距要求，防止双联太阳轮啮合间隙过大或过小。

RV C 系列中空单元型 RV 减速器的润滑脂充填需要在减速器安装完成后进行，其润滑脂充填要求如图 3.3-24 所示。

当减速器采用图 3.3-24（a）所示的水平安装时，润滑脂的充填高度应保证填没输出轴承和部分双联太阳轮驱动齿轮。

如果减速器采用图 3.3-24（b）所示的垂直安装，垂直向下安装的减速器润滑脂的充填高度应保证填没双联太阳轮驱动齿轮，垂直向上安装的减速器，润滑脂的充填高度应保证填没减速器的输出轴承。同样，在安装部件设计、润滑脂充填时，应保证有不小于润滑脂充填区域 10%的润滑脂膨胀空间。

RV C 系列中空单元型 RV 减速器的润滑脂充填、更换等要求，均与基本型减速器的充填、更换等要求相同，纳博特斯克减速器原则上应使用 Vigo grease Re0 专业润滑脂，润滑脂更换周期为 20 000h（正常使用情况下）。润滑脂的注入量和补充时间，可参照机器人使用说明书进行。

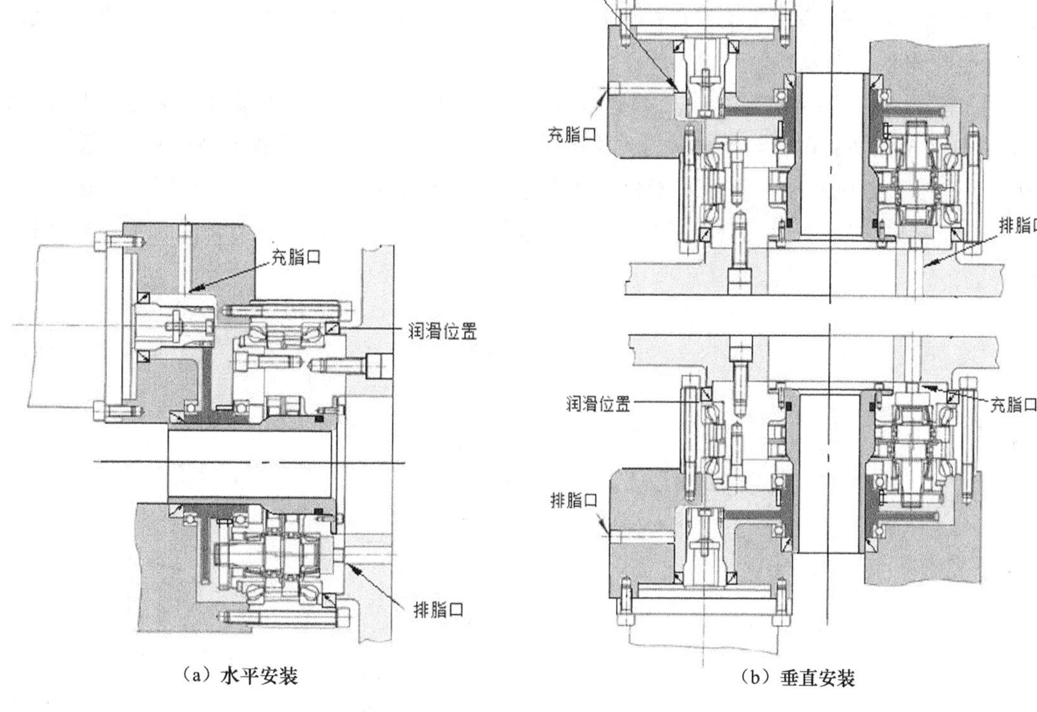

图 3.3-24　RV C 系列中空单元型 RV 减速器的润滑脂填充要求

3.4　垂直串联机器人结构实例

3.4.1　小型机器人典型结构

6 轴垂直串联是工业机器人使用最广、最典型的结构形式。承载能力 20kg 以下的小规格、轻量垂直串联机器人通常采用腕摆动轴 B（j5）、手回转轴 T（j6）驱动电机安装在手腕前端的前驱手腕结构，以图 3.4-1 所示的安川小型机器人为例，其结构如下。

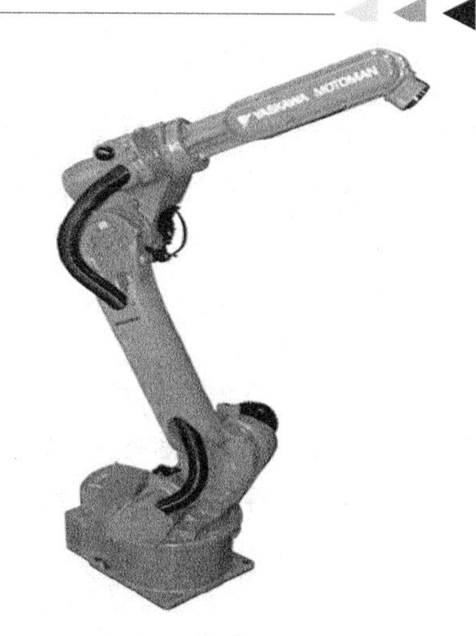

图 3.4-1　安川小型机器人

1. 基座与腰

基座用于机器人的安装、固定，也是机器人的线缆、管路的输入部位。垂直串联机器人基座的典型结构如图 3.4-2 所示。

基座的底部用于为机器人安装固定板，固定板可通过地脚螺栓固定于地面，或者通过固定螺栓进行悬挂、倾斜安装。

基座内侧设计有安装 RV 减速器的凸台，凸台上方安装用来固定腰回转轴 S（j1）的 RV 减速器壳体（针轮），减速器输出轴连接腰体。基座的后侧设计有机器人线缆、管路连接用的管线盒，管线盒正面布置有电线电缆插座、气管油管接头。

机器人的腰回转轴对减速器输出转矩、刚性的要求较高，因此，腰回转轴大多采用 RV 减速器减速。腰回转 RV 减速器一般采用针轮（壳体）固定、输出轴回转的安装方式，由于驱动电机安装在输出轴上，电机将随同腰体回转。

腰是机器人本体的关键部件，其结构刚性、回转范围、定位精度等都直接决定了机器人的技术性能。机器人腰部的典型结构如图 3.4-3 所示。腰回转驱动电机 1 的输出轴与 RV 减速器的芯轴 2（输入）连接。电机座 4 和腰体 6 安装在 RV 减速器的输出轴上，当电机旋转时，减速器输出轴将带动腰体、电机在基座上回转。腰体 6 的上部有一个突耳 5，其左右两侧用来安装下臂及其驱动电机。

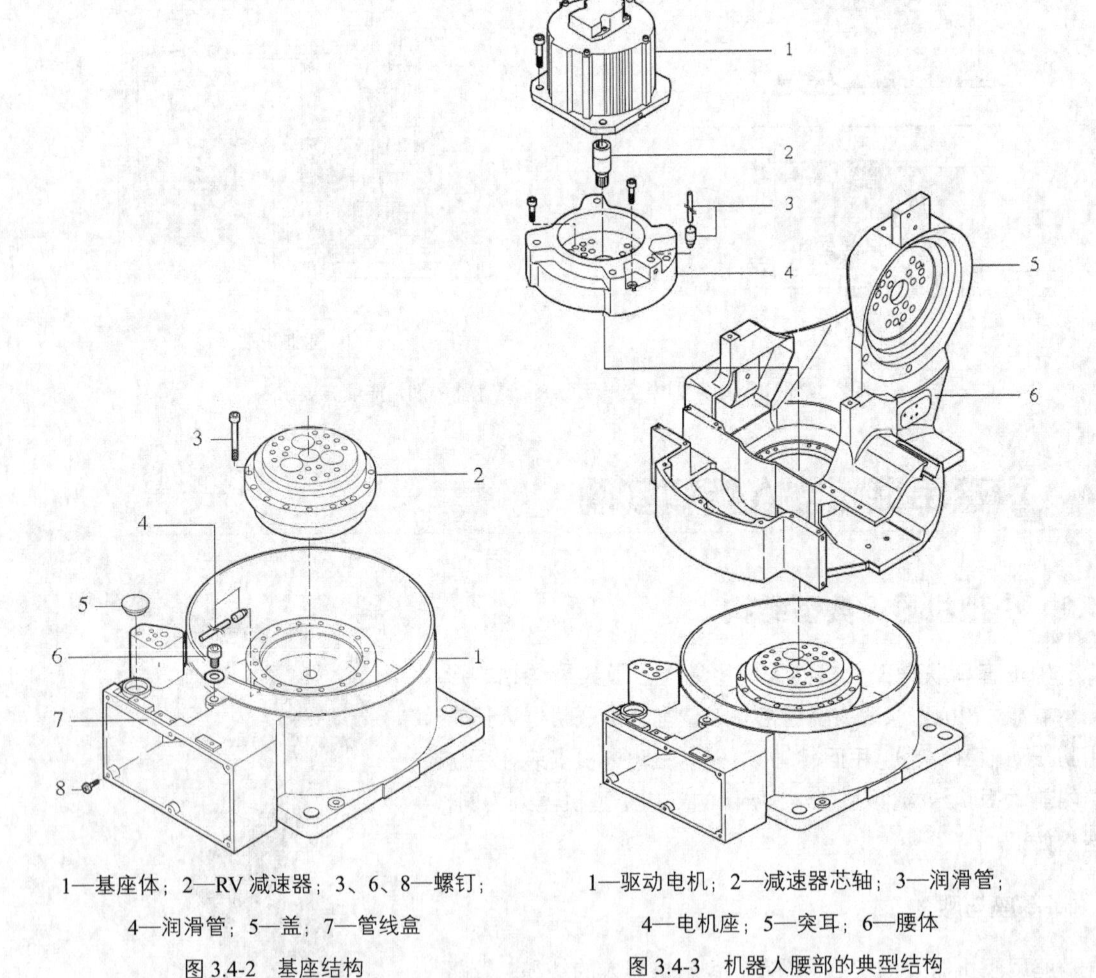

1—基座体；2—RV 减速器；3、6、8—螺钉；
4—润滑管；5—盖；7—管线盒

图 3.4-2　基座结构

1—驱动电机；2—减速器芯轴；3—润滑管；
4—电机座；5—突耳；6—腰体

图 3.4-3　机器人腰部的典型结构

2. 上/下臂

机器人下臂是连接腰部和上臂的中间体，它在腰上进行摆动运动；上臂是连接下臂和手腕的中间体，它可连同手腕摆动。机器人上/下臂的重心离回转中心的距离远、回转转矩大，同样对减速器输出转矩、刚性有较高的要求，因此，上下臂通常也需要采用 RV 减速器减速。

下臂的典型结构如图 3.4-4 所示。下臂体 5 和驱动电机 1 分别安装在腰体上部突耳的两侧，驱动电机 1、RV 减速器 7 安装在腰体上，驱动电机经 RV 减速器减速后，可驱动下臂进行摆动。

下臂摆动的 RV 减速器一般采用输出轴固定、针轮（壳体）回转的安装方式。驱动电机 1 安装在腰体突耳的左侧，电机轴与 RV 减速器 7 的芯轴 2 连接。RV 减速器输出轴通过螺钉 4 固定在腰体上，针轮（壳体）通过螺钉 8 连接下臂体 5。电机旋转时，针轮将带动下臂在腰体上摆动。

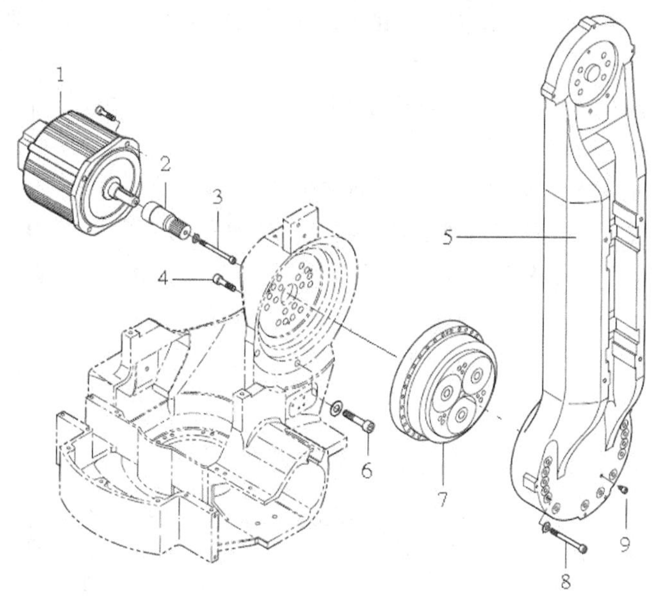

1—驱动电机；2—减速器芯轴；3、4、6、8、9—螺钉；5—下臂体；7—RV 减速器

图 3.4-4　下臂的典型结构

上臂的典型结构如图 3.4-5 所示。上臂 6 的后上方设计成箱体，内腔用来安装手腕回转轴 R 的驱动电机及减速器。上臂回转轴 U 的驱动电机 1 安装在上臂左下侧随同上臂运动，电机轴与 RV 减速器 7 的芯轴 3 连接。RV 减速器 7 安装在上臂右下侧，减速器针轮（壳体）利用连接螺钉 5（或 8）连接上臂，输出轴通过螺钉 10 连接下臂 9。电机旋转时，上臂将连同驱动电机绕下臂摆动。

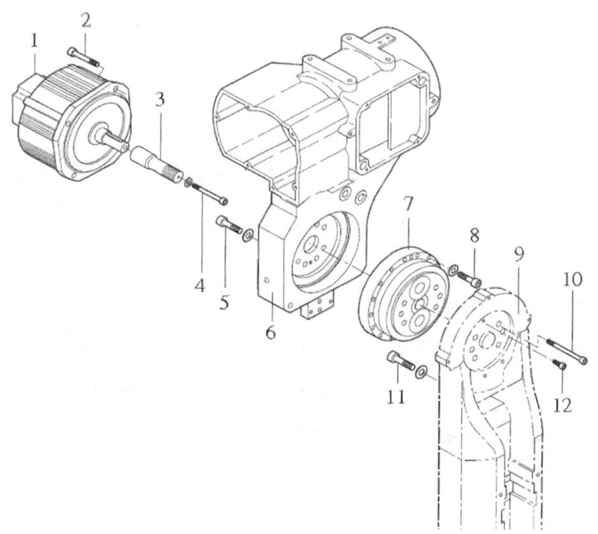

1—驱动电机；2、4、5、8、10、11、12—螺钉；3—RV 减速器芯轴；6—上臂；7—RV 减速器；9—下臂

图 3.4-5　上臂的典型结构

3. R轴

小规格、轻量垂直串联机器人的手腕结构紧凑，对减速器的传动精度要求较高，因此，一般采用谐波减速器减速。为了降低生产成本，批量生产机器人的专业生产厂家一般直接使用部件型谐波减速器。

小规格、轻量机器人的上臂固定部分通常较短，而手腕回转体作为长臂的一部分，一般延伸较长，因此，R（j4）轴亦可视作上臂回转轴。

前驱结构机器人的腕摆动轴 B（j5）、手回转轴 T（j6）的驱动电机安装在上臂前端，R（j4）轴传动系统通常采用图 3.4-6 所示的独立传动结构，R 轴驱动电机、减速器、过渡轴等传动部件均安装在上臂的内腔，手腕回转体安装在上臂的前端，减速器输出和手腕回转体之间通过过渡轴连接。

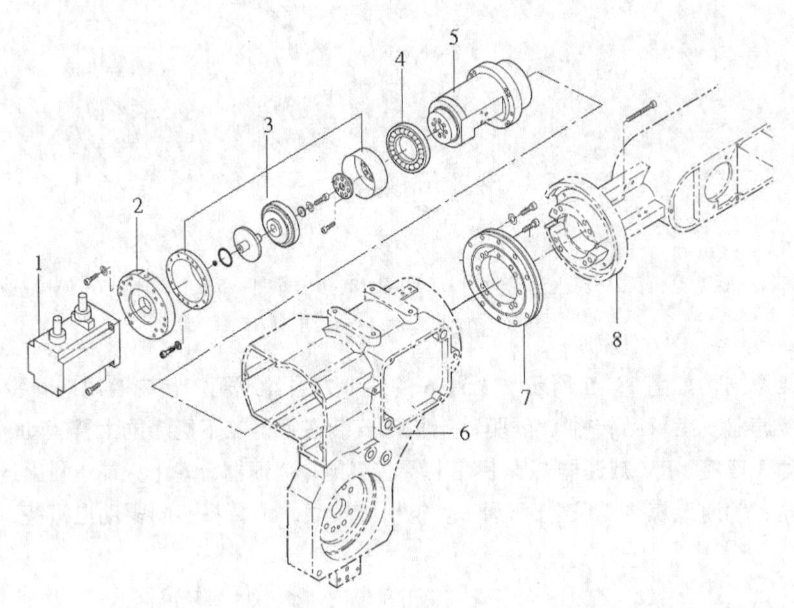

1—电机；2—电机座；3—谐波减速器；4—轴承；5—过渡轴；6—上臂；7—CRB；8—手腕回转体

图 3.4-6　R 轴传动系统结构

R 轴谐波减速器 3 通常采用刚轮固定、柔轮回转的安装方式，刚轮和电机座 2 固定在上臂内壁，R 轴驱动电机 1 的输出轴和减速器的谐波发生器连接，谐波减速器的柔轮作为输出用来带动手腕回转体 8 回转。

过渡轴 5 是连接谐波减速器和手腕回转体 8 的中间轴，它安装在上臂内部，可在上臂 6 的内侧回转。过渡轴 5 的前端面安装有可同时承受径向和轴向载荷的交叉滚子轴承（CRB）7，后端面与谐波减速器柔轮连接。过渡轴的后支承为径向轴承 4，轴承外圈安装于上臂内侧，内圈与过渡轴 5、手腕回转体 8 连接，它们可在减速器柔轮的驱动下回转。

4. B轴

前驱结构机器人的腕摆动轴 B（j5）的典型传动系统如图 3.4-7 所示。手腕回转体 17 前端一般设计成 U 形叉结构，U 形叉的一侧用来安装 B 轴减速器，另一侧用来安装 T 轴中间传动部件，腕摆动轴 B 的摆动体安装在 U 形叉的内侧。B 轴驱动电机 2 一般安装在手腕回转体 17 的中部，伺服电机通过同步带 5 与手腕前端的谐波减速器 8 的输入轴连接。

B 轴减速器通常采用刚轮固定、柔轮输出的安装方式。减速器刚轮和安装于手腕回转体 17 左前侧的支承座 14 是摆动体 12 的回转支承，柔轮作为输出连接摆动体 12。当驱动电机 2 旋转时，可通过同步带 5 带动减速器谐波发生器旋转，柔轮将带动摆动体 12 在 U 形叉内侧摆动。

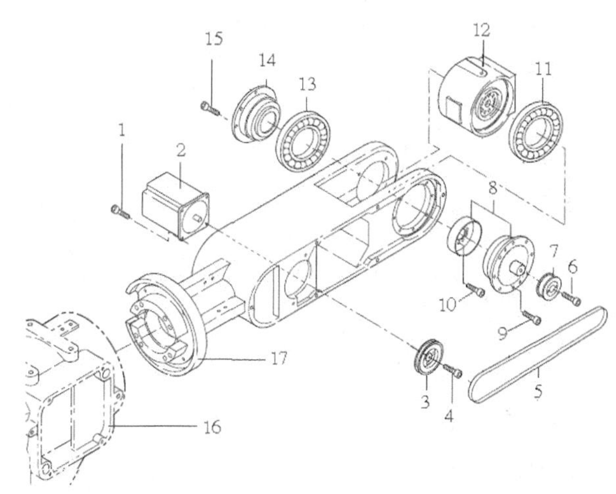

1、4、6、9、10、15—螺钉；2—驱动电机；3、7—同步带轮；5—同步带；8—谐波减速器；

11、13—轴承；12—摆动体；14—支承座；16—上臂；17—手腕回转体

图 3.4-7 B 轴传动系统结构

5. T 轴

前驱机器人的手回转轴 T（j6）的驱动电机一般安装在手腕体前侧，为了将动力从手腕体跨越摆动体传递到摆动体的前端输出面，T 轴传动系统需要利用伞齿轮进行 90° 换向，因此，传动系统通常由中间传动部件和回转减速部件两部分组成。

（1）T 轴中间传动部件。T 轴中间传动部件的作用是将驱动电机的动力传递到摆动体内侧，传动部件安装在手腕回转体 3 的 U 形叉上，其典型结构如图 3.4-8 所示。

T 轴驱动电机 1 安装在手腕体 3 的前侧，驱动电机通过同步带将动力传递至手腕回转体左前侧。安装在手腕回转体左前侧的支承座 13 为中空结构，其外圈作为腕弯曲摆动轴 B 的辅助支承，内部安装有手回转轴 T 的中间传动轴。中间传动轴外侧安装有与驱动电机连接的同步带轮 8，内侧安装有 45° 伞齿轮 14。伞齿轮 14 和摆动体上的 45° 伞齿轮啮合，实现传动方向变换，将动力传递到手腕摆动体。

（2）T 轴回转减速部件。机器人手回转轴 T 的回转减速部件用于 T 轴减速输出，其典型结构如图 3.4-9 所示。

T 轴同样采用部件型谐波减速器，主要传动部件安装在由壳体 7 和密封端盖 15 组成的封闭空间内，壳体 7 安装在摆动体 1 上。T 轴谐波减速器 9 的谐波发生器通过伞齿轮 3 与中间传动轴上的伞齿轮啮合，柔轮通过轴套 11 连接 CRB 12 内圈及工具安装法兰 13，刚轮、CRB 外圈固定在壳体 7 上。谐波减速器、轴套、CRB、工具安装法兰的外部通过密封端盖 15 封闭，并和摆动体 1 连为一体。

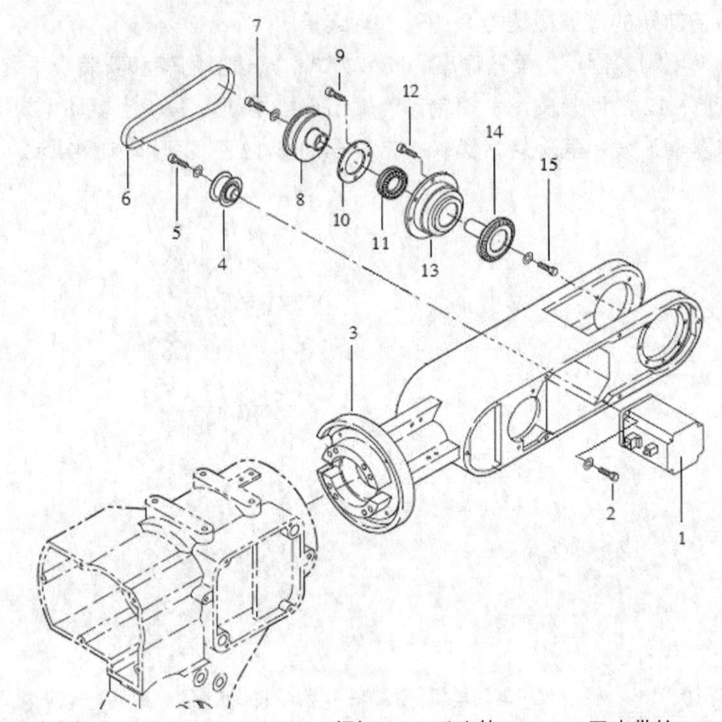

1—驱动电机；2、5、7、9、12、15—螺钉；3—手腕体；4、8—同步带轮；6—同步带；

10—端盖；11—轴承；13—支承座；14—伞齿轮

图 3.4-8　T 轴中间传动部件结构

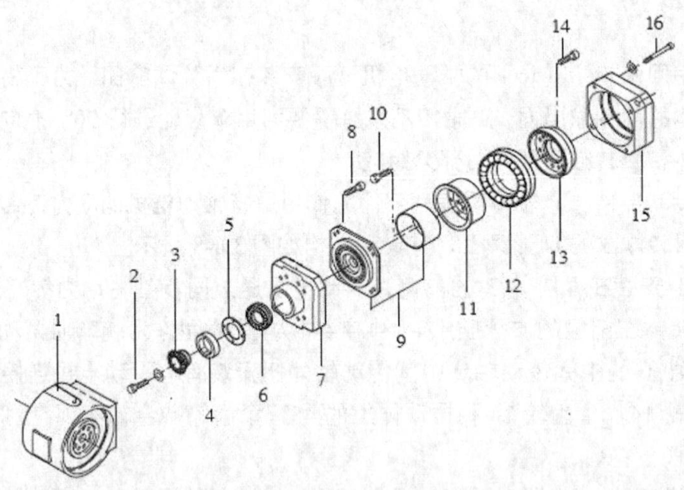

1—摆动体；2、8、10、14、16—螺钉；3—伞齿轮；4—锁紧螺母；5—垫；6、12—轴承；7—壳体；

9—谐波减速器；11—轴套；13—安装法兰；15—密封端盖

图 3.4-9　T 轴回转减速部件结构

3.4.2　中型机器人典型结构

承载能力 20～100kg 的中型垂直串联机器人通常采用腕摆动轴、手回转轴驱动电机后端安装的后驱手腕结构，以图 3.4-10 所示的 KUKA 中型机器人为例，其结构如下（关节轴 j1～j6 在 KUKA 机器人上称为 A1～A6 轴，为了与实物统一，本节将使用 KUKA 关节轴名）。

1. 基座与腰

基座用于机器人的安装、固定，也是机器人的线缆、管路的输入部位。中型机器人的基座结构与小型机器人类似，基座一般为带安装固定板的空心圆柱体，外部安装有图 3.4-11 所示的电气接线板、分线盒、线缆管及腰回转的机械限位装置，内侧为安装 RV 减速器的凸台。腰回转轴（A1 轴）减速器及腰体的安装如图 3.4-12 和图 3.4-13 所示。

图 3.4-10　KUKA 中型机器人

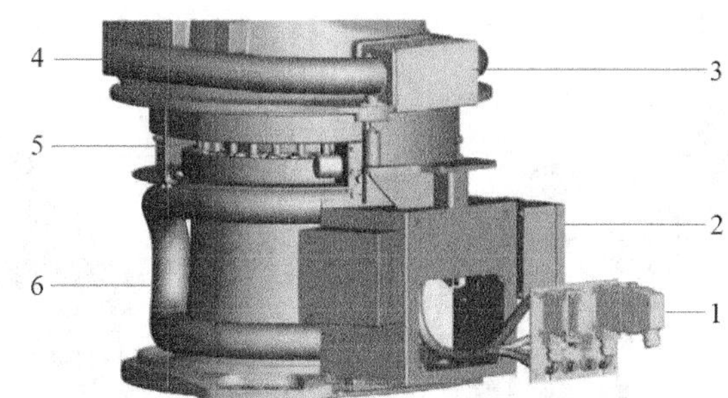

1—电气接线板；2、3—分线盒；4、6—线缆管；5—机械限位

图 3.4-11　基座外观

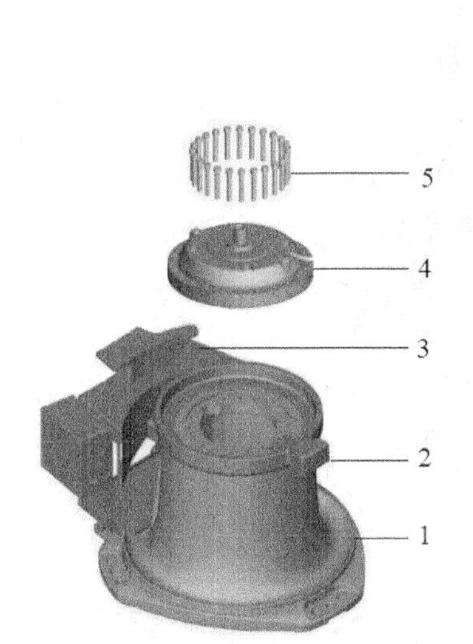

1—基座；2—机械限位；3—接线盒；
4—RV 减速器；5—固定螺栓

图 3.4-12　A1 轴减速器的安装与连接

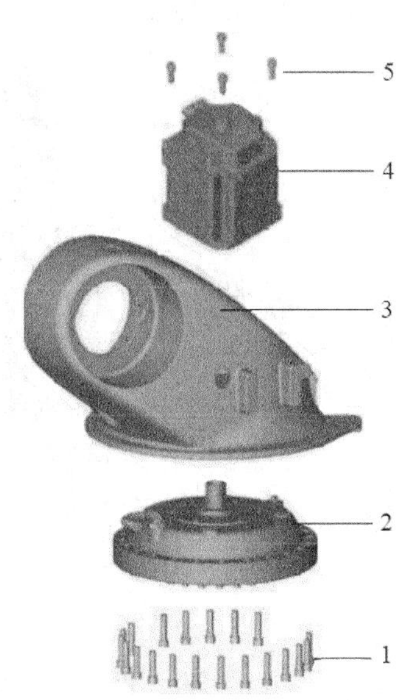

1、5—螺栓；2—RV 减速器；
3—腰体；4—A1 轴驱动电机；

图 3.4-13　腰体的安装与连接

KUKA 机器人腰回转轴 A1 的 RV 减速器通常采用图 3.4-12 所示输出轴固定、针轮连接腰体回转的安装方式，RV 减速器的输出轴固定在基座凸台上方，针轮与图 3.4-13 中的腰体连接，驱动电机固定安装在腰体内侧。

2. 下臂

中型机器人的下臂结构与小型机器人类似，下臂传动系统主要包括图 3.4-14 所示的下臂体、RV 减速器、A2 轴驱动电机三大部件。下臂体和 A2 轴驱动电机分别安装在腰体上部突耳的两侧，伺服电机、RV 减速器固定在腰体上。

KUKA 机器人下臂摆动轴 A2 的 RV 减速器安装和部件连接如图 3.4-15 和图 3.4-16 所示。RV 减速器一般采用针轮（壳体）固定、输出轴回转的安装方式。针轮固定在腰体突耳的一侧，输出轴与下臂体连接，驱动电机固定在腰体突耳的另一侧。驱动电机旋转时，减速器输出轴将带动下臂体在腰体上摆动。

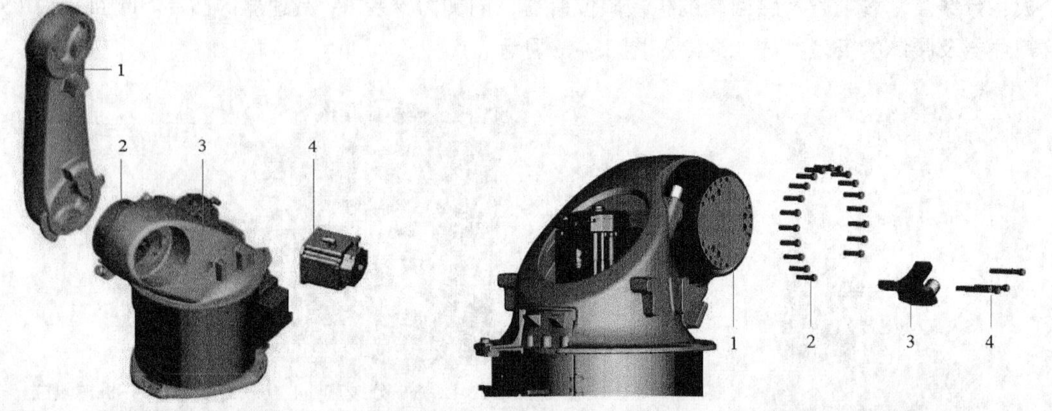

1—下臂体；2—RV 减速器；3—腰体；4—A2 轴驱动电机

图 3.4-14　下臂传动系统结构

1—RV 减速器；2、4—螺栓；3—机械限位

图 3.4-15　下臂摆动轴 A2 的 RV 减速器安装

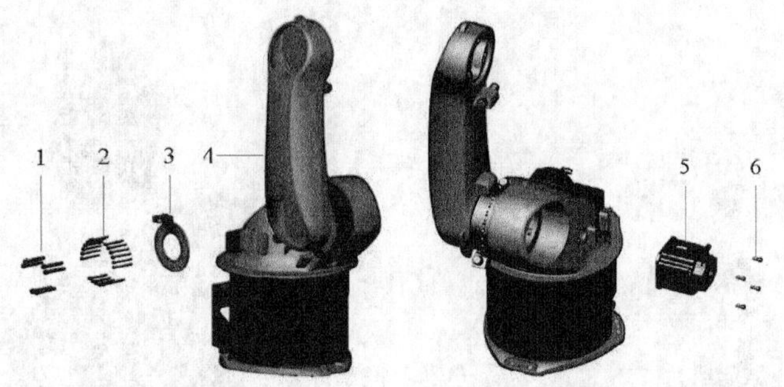

1、2、6—螺栓；3—压板；4—下臂体；5—A2 轴驱动电机

图 3.4-16　下臂安装与连接

3. 上臂

KUKA 机器人上臂（A3 轴）传动系统结构及部件安装连接如图 3.4-17～图 3.4-19 所示。

上臂摆动轴 A3 的 RV 减速器一般采用图 3.4-17 所示的输出轴固定、针轮（壳体）回转的安装方式。针轮固定在上臂体上，随上臂摆动。输出轴固定在下臂体上。

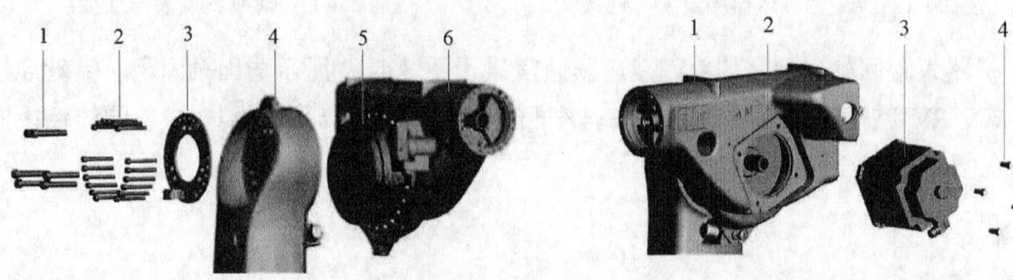

1、2—下臂；3—压板；4—下臂体；

5—RV 减速器；6—上臂体

图 3.4-17　上臂摆动轴 A3 的 RV 减速器安装

1—上臂体；2—RV 减速器；

3—A3 轴驱动电机；4—螺栓

图 3.4-18　上臂驱动电机安装

上臂摆动轴 A3 的驱动电机固定在图 3.4-18 所示的上臂体另一侧，电机旋转时，减速器针轮将带动上臂和电机在下臂上摆动。

中型机器人的手腕负载较重，腕弯曲轴 A5、手回转轴 A6 驱动电机的规格均较大，因此，大多采用驱动电机后置的后驱结构，A5 轴、A6 轴及手腕回转轴 A4 的驱动电机均安装在图 3.4-19 所示的上臂后部，动力通过同步皮带、3 层回转传动轴传递到手腕前端。传动轴的内芯为手回转轴 A6 的传动轴，中间层为腕摆动轴 A5 的传动轴套，最外层为手腕回转轴 A4 的传动轴套。

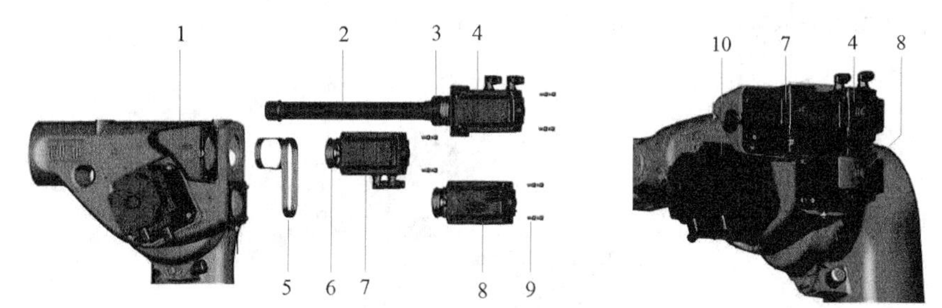

1—上臂体；2—传动轴；3、6—同步皮带轮；4—A6 轴驱动电机；5—同步皮带；7—A4 轴驱动电机；

8—A5 轴驱动电机及同步皮带轮；9—固定螺栓；10—A3 轴驱动电机

图 3.4-19　手腕驱动电机安装

4. 手腕单元

大中型垂直串联工业机器人的手腕一般采用单元式设计，手腕回转轴、腕摆动轴、手回转轴统一设计成独立的单元，这样的机器人只需要改变手腕和上臂间的加长臂及传动轴的长度，便可方便地改变机器人的上臂长度、扩大机器人的作业范围。

KUKA 机器人的手腕传动系统结构及部件安装连接如图 3.4-20 所示，图中的加长臂可根据需要选择不同长度或不使用。

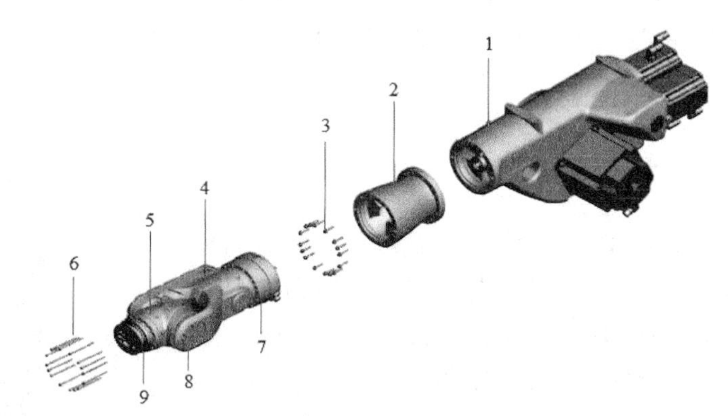

1—上臂；2—加长臂；3、6—螺栓；4—手腕体；5—摆动体；7—A4 减速器；

8—A5 减速器；9—A6 减速器

图 3.4-20　KUKA 机器人的手腕传统系统结构及部件安装连接

后驱手腕的腕摆动轴（A5）、手回转轴（A6）的传动轴需要穿越手腕回转轴（A4），因此，手腕回转轴（A4）一般需要使用中空结构的谐波减速器减速，减速器柔轮固定在加长臂（或上臂）上，减速器刚轮作为输出，带动手腕单元整体回转。

后驱手腕的腕摆动轴（A5）需要带动摆动体回转，传动系统需要进行 90° 换向，将来自传动轴的动力转换到上臂中心线正交方向，而手回转轴（A6）则需要穿越 A5 轴，带动安装在摆动体前端的工具安装法兰回转，因此，传动系统首先需要进行 90° 换向，将来自传动轴的动力转换到上臂中心线正交的腕摆动中心线方向，然后，再穿越腕摆动轴（A5），在摆动体内部将动力变换到手回转中心线方向。

手回转轴（A6）在摆动体内部的 2 次换向一般都通过伞齿轮实现，而腕摆动轴（A5）换向和手回转轴（A6）的 1 次换向有伞齿轮和同步皮带两种换向方式（参见 3.1 节），KUKA 机器人通常使用后者，手腕单元的 A5、A6 轴换向部件结构如图 3.4-21 所示。

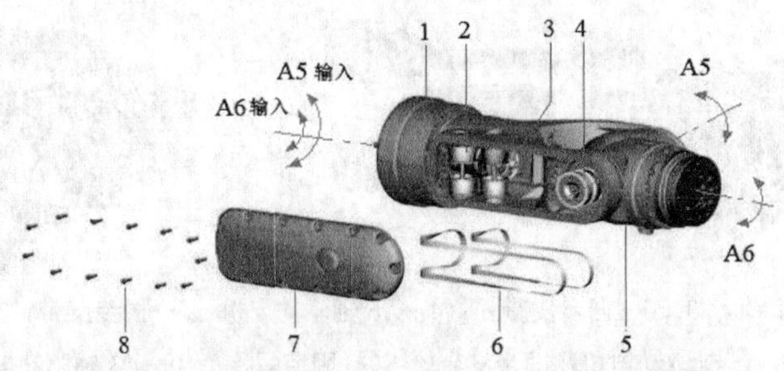

1—手腕体；2—转向轮；3—输入皮带轮；4—正交皮带轮；
5—摆动体；6—同步皮带；7—盖；8—螺栓

图 3.4-21　手腕单元的 A5、A6 轴换向部件结构

在手腕单元后内侧，A5、A6 传动轴的前端安装有 1 对同轴转动的输入皮带轮 3，在腕摆动轴的轴线上安装有 1 对同轴转动的正交皮带轮 4，两对皮带轮利用同步皮带 6 连接。同步皮带可利用 2 对转向轮 2，实现 90° 转向。

在手腕单元前侧，A5 轴正交皮带轮与 A5 轴减速器输入连接，减速器输出连接摆动体，实现 A5 轴摆动运动。A6 正交皮带轮需要通过摆动体内部的 1 对伞齿轮将正交皮带轮的输入动力转换到手回转中心线方向，然后，其与 A5 轴减速器输入连接实现 A6 轴回转运动。

出于结构设计、安装调整及传动精度等方面的考虑，中型机器人的手腕单元通常使用谐波减速器减速。

3.4.3　大型机器人典型结构

承载能力为 100～300kg 的大型垂直串联机器人手腕同样需要采用腕摆动轴、手回转轴驱动电机后端安装的后驱手腕结构，但其手腕内部的传动轴结构与中型机器人不同。此外，由于下臂的偏转转矩大，通常需要使用动力平衡系统。以图 3.4-22 所示的 KUKA 大型机器人为例，其结构如下。

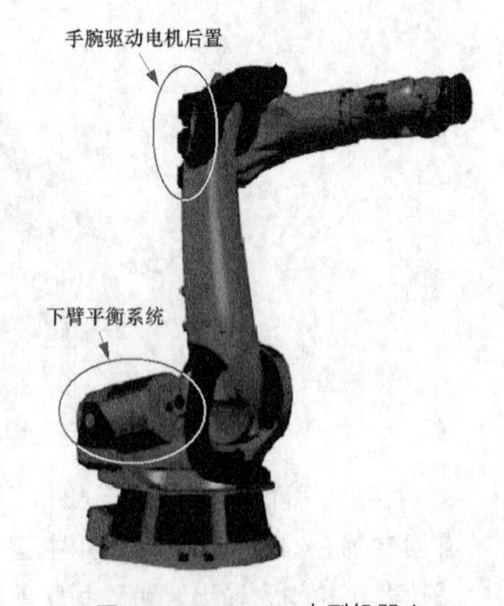

图 3.4-22　KUKA 大型机器人

1. 基座与腰

大型机器人的基座结构和功能与中小型机器人类似，KUKA 机器人的基座一般为带安装固定板的空心圆台，外部安装有电气接线板、分线盒、线缆管及腰回转的机械限位装置等部件，顶面用来安装 RV 减速器。

KUKA 大型机器人腰回转轴 A1 的 RV 减速器安装与连接如图 3.4-23 所示。RV 减速器通常采用输出轴固定、针轮连接腰体回转的安装方式。减速器的输出轴固定在基座圆台顶面，针轮与腰体连接，驱动电机固定安装在腰体内侧。在安装 RV 减速器时，需要先连接针轮和腰体，然后，从基座下方安装输出轴固定螺栓、从腰体上方安装驱动电机。

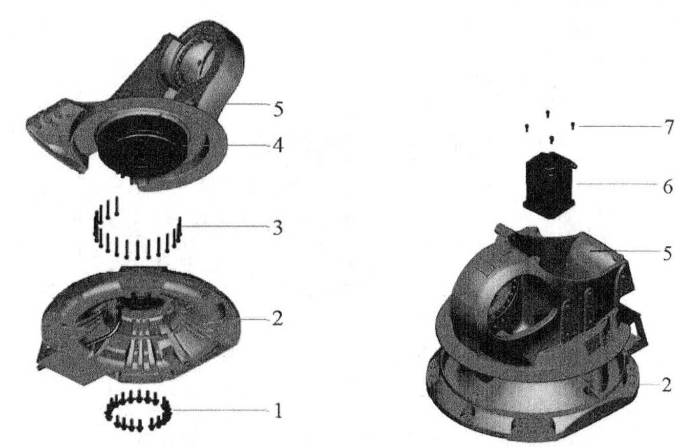

1、3、7—螺栓；2—基座；4—RV 减速器；5—腰体；6—A1 轴驱动电机

图 3.4-23　腰回转轴 A1 的 RV 减速器安装与连接

2. 下臂

大型机器人的下臂负载重、偏转转矩大，通常需要使用动力平衡系统平衡负载。工业机器人一般不具备液压、气压系统，动力平衡通常使用机械式弹簧平衡缸。

KUKA 机器人的下臂平衡缸安装与连接如图 3.4-24 所示，平衡缸可随下臂的回转在腰体上偏摆，自动改变平衡转矩方向。

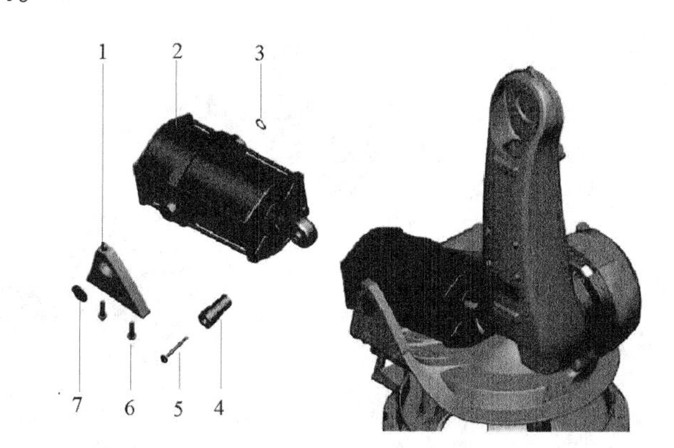

1—轴承座；2—平衡缸；3—挡圈；4—连接销；5、6—螺栓；7—盖

图 3.4-24　下臂平衡缸安装与连接

下臂传动系统的部件安装与连接如图 3.4-25 所示，下臂体和驱动电机分别安装在腰体上部突耳的两侧。KUKA 大型机器人的下臂使用 RV 减速器减速，减速器一般采用输出轴固定、针轮（壳体）回转的安装方式。输出轴和驱动电机固定在腰体上，针轮与下臂体连接，驱动电机旋转时，减速器输出轴将带动下臂在腰体上摆动。

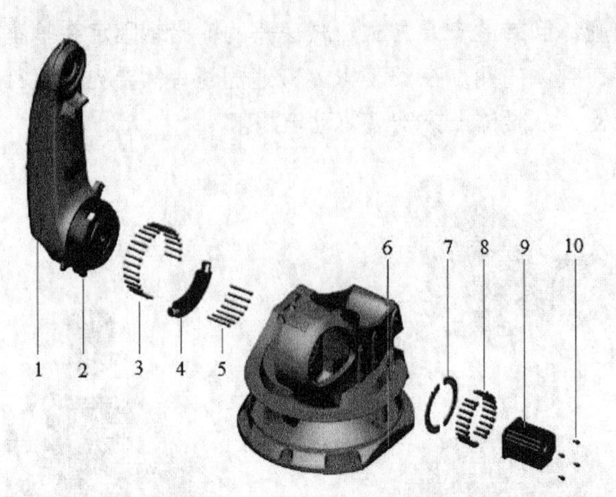

1—下臂体；2—RV 减速器；3、5、8、10—螺栓；4—机械限位；

6—腰体；7—压板；9—A2 轴驱动电机

图 3.4-25　下臂传动系统的部件安装与连接

3. 上臂

KUKA 大型机器人上臂（A3 轴）传动系统结构及部件安装连接如图 3.4-26 所示。上臂摆动轴 A3 的 RV 减速器一般采用输出轴固定、针轮（壳体）回转的安装方式。针轮固定在上臂体上，随上臂摆动；输出轴固定在下臂体上。A3 轴驱动电机固定在上臂体的另一侧，驱动电机旋转时，减速器针轮将带动上臂和驱动电机在下臂上摆动。

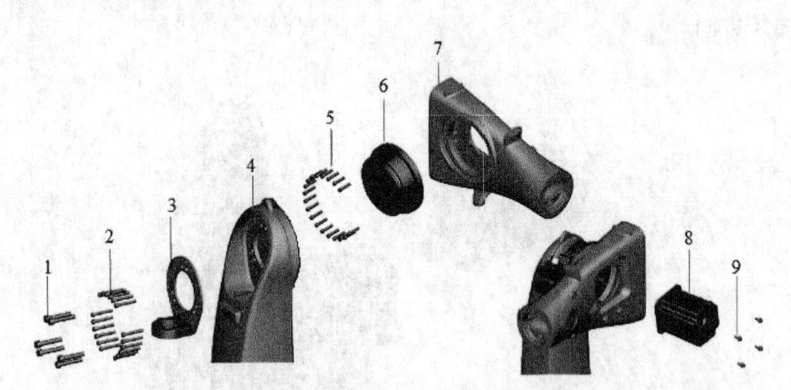

1、2、5、9—螺栓；3—压板；4—下臂；6—腰体；7—上臂；8—A3 轴驱动电机

图 3.4-26　上臂传动系统结构及部件安装连接

大型机器人的手腕驱动电机安装在如图 3.4-27 所示的上臂后部，由于手腕负载重、上臂外径大，同时，为了便于与中空型 RV 减速器连接，KUKA 机器人的 A4/A5/A6 轴动力通过独立的万向传动轴传递到手腕前端。

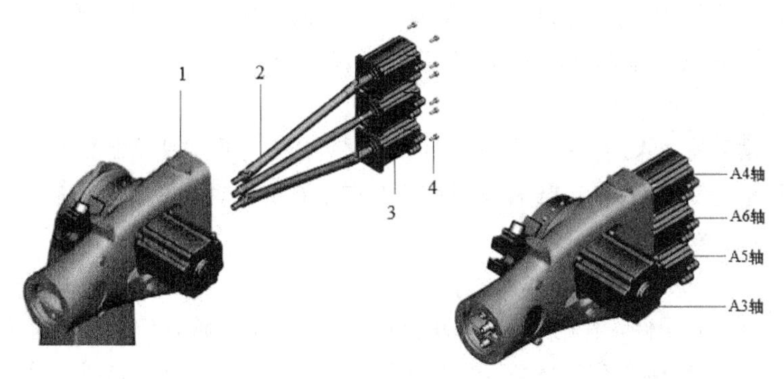

1—上臂；2—传动轴；3—A4/A5/A6 轴驱动电机；4—螺栓

图 3.4-27　手腕驱动电机安装

4. 手腕单元

KUKA 大型垂直串联工业机器人的手腕为单元式设计，手腕传动系统结构及部件安装连接如图 3.4-28 所示，图中的加长臂可根据需要选择不同长度或不使用。手腕单元结构如图 3.4-29 所示。

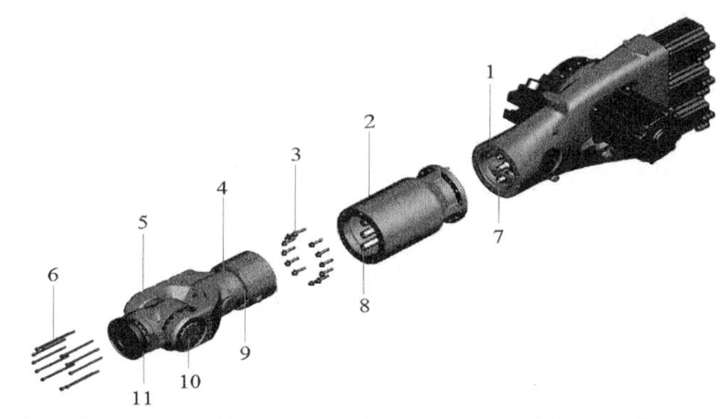

1—上臂；2—加长臂；3、6—螺栓；4—手腕体；5—A5 轴摆动体；7—传动轴；8—加长轴；

9—A4 轴减速器；10—A5 轴减速器；11—A6 轴减速器

图 3.4-28　手腕传动系统结构及部件安装连接

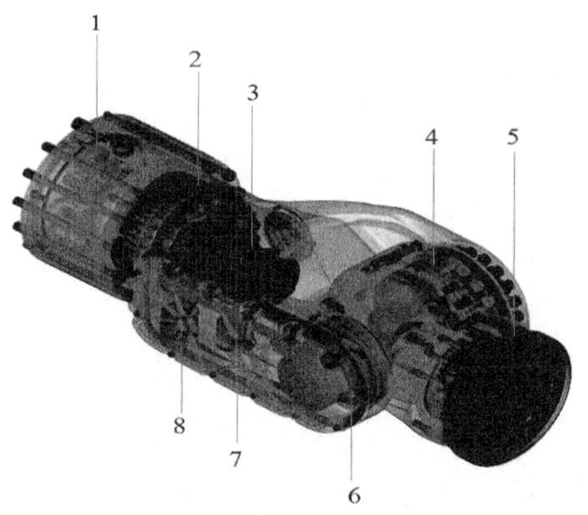

1—传动齿轮；2—A4 轴减速器；3—输入皮带轮；4—A5 轴减速器；

5—A6 轴减速器；6—正交皮带轮；7、8—同步皮带换向轮

图 3.4-29　手腕单元结构

大型机器人的手腕负载重，手腕回转轴（A4）一般需要使用中空结构的 RV 减速器减速，RV 减速器的中空太阳轮与 A4 传动轴的前端齿轮连接，减速器针轮固定在加长臂（或上臂）上，输出轴可带动手腕单元整体回转。

后驱手腕的腕摆动轴（A5）、手回转轴（A6）的传动轴需要穿越手腕回转轴（A4），因此，在手腕单元后端需要通过传动齿轮将 A5 传动轴转换成与 A6 传动轴同轴的轴套转动，然后，在手腕内侧安装 A5、A6 轴的输入同步皮带轮。

KUKA 大型机器人的手腕单元结构与中型机器人的手腕单元结构相同。在手腕单元上，A5、A6 轴首先通过同步皮带换向组件，利用同步皮带的 90° 转向将来自输入皮带轮的动力转换到腕摆动轴轴线的正交皮带轮上。A5 轴正交皮带轮与 A5 轴减速器输入连接，减速器输出连接摆动体实现 A5 轴摆动运动。A6 正交皮带轮需要通过摆动体内部的 1 对伞齿轮，将正交皮带轮的输入动力转换到手回转中心线方向，然后，与 A5 轴减速器输入连接，实现 A6 轴回转运动。在摆动体内部，再通过伞齿轮将手回转轴（A6）的动力转换到手回转中心线方向。

大型机器人的 A5、A6 轴减速器可根据机器人的实际需要，使用 RV 减速器或谐波减速器减速。

第4章 工业机器人控制系统

4.1 KRC系统结构与硬件

4.1.1 KRC系统基本结构

1. 机器人控制系统一般组成

KUKA 机器人控制系统在 KUKA 说明书中称为"KUKA Robot Controller"，简称 KRC 或 KRC 系统。与其他工业机器人控制系统一样，KRC 系统同样由机器人控制器（IR 控制器）、操作单元（示教器）、伺服驱动器及辅助控制电路 4 部分组成。

（1）机器人控制器。机器人控制器简称 IR 控制器，它主要用于机器人位置和运动轨迹控制，作用和功能与数控机床控制系统的数控装置（CNC）相同。IR 控制器一般由机器人生产厂家生产，因此，其结构形式有所不同，例如，FANUC 等公司的 IR 控制器软硬件与 CNC 几乎一致，安川公司的 IR 控制器类似 PLC（可编程序逻辑控制器），ABB 公司的 IR 控制器则采用工业 PC 等。

KRC 系统的 IR 控制器采用工业 PC，因此，在 KUKA 说明书中称之为 KUKA 控制 PC（KUKA Control PC，KPC）。

（2）操作单元。工业机器人的操作单元需要用于机器人手动操作和示教编程，故称为示教器。示教器需要有良好的移动和手持性能，其体积、质量不能过大，因此，一般采用手持式结构，其显示器较小、操作键较少、质量较轻。

KUKA 早期控制系统（KRC1/KRC2/KRC3）配套的示教器是液晶显示、键盘输入的传统设备，KUKA 说明书称之为 KUKA 控制面板（KUKA Control Panel，KCP）。后期的 KRC4、KRC5 系统配套的示教器为 8.4 in、600 像素×800 像素彩色显示的平板触摸屏电脑（PAD），KUKA 说明书称之为"Smart PAD"。

（3）伺服驱动器。伺服驱动器用于 IR 控制器输出脉冲的功率放大，控制伺服电机的位置、速度和转矩，正规厂家生产的工业机器人都使用交流伺服驱动器。相对数控机床而言，工业机器人的控制轴数多，但驱动电机规格小，因此，驱动器大多采用多轴集成结构。

（4）辅助控制电路。辅助电路主要用于 IR 控制器、驱动器等部件的电源通断控制和外部控制信号的连接。由于工业机器人的控制要求类似、信号数量及类型较少，为了缩小体积、降低成本、方便安装，系统的辅助控制电路常被制成标准的控制模块。KRC 系统的辅助控制电路与网络连接接口被集成在同一控制单元上，这一单元称为机柜控制单元（Cabinet Control Unit，CCU）。

KUKA 机器人控制系统主要有 KRC1、KRC2、KRC3、KRC4、KRC5 等产品系列。其中，KRC1、KRC2、KRC3 多用于早期机器人，目前已基本停止生产。KRC4 是目前使用最广泛的系统，其技术较先进、产品成熟、规格齐全。KRC5 是近年开发的新一代控制系统，目前已有小规格的产品（KRC5-Micro），并在小型机器人上应用。鉴于此，本书将以当前广泛使用的 KRC4 系统为例，对 KUKA 机器人控制系统的结构、性能及使用、维修方法进行具体介绍。

2. KRC4 系统结构

KRC4 系统的基本结构形式有控制箱型（以下简称箱式 KRC 系统）、控制柜型（以下简称柜式 KRC 系统）两种，产品结构与用途分别如下。

（1）箱式 KRC 系统。箱式 KRC 系统通常用于 10kg 以下小型、轻量机器人，除示教器外，控制系统的全部电气控制部件（IR 控制器、伺服驱动器、辅助控制电路等）统一安装在控制箱内，所有轴的伺服驱动器集成一体。

箱式 KRC4 系统采用单相 AC200～240V 输入，并带有 16/16 点 DI/DO 及 Ether CAT、Ethernet、PROFINET 等网络连接接口。主要产品有如图 4.1-1 所示的 KRC4-Compact、KRC4-Sunrise 及新一代的 KRC5-Micro 等。

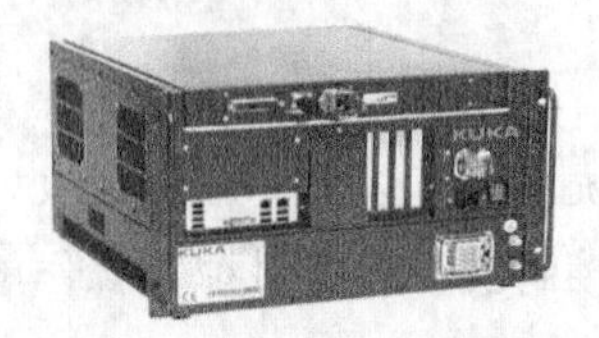
(a) KRC4-Compact

(b) KRC4-Sunrise

(c) KRC5-Micro

图 4.1-1 KUKA 箱式 KRC 系统

KRC4-Compact 系统集成有 6 轴伺服驱动器，一般用于承载能力为 3～10kg 的 AGILUS 系列小型垂直串联机器人。KRC4-Sunrise 系统集成有 7 轴伺服驱动器和智能传感器接口，该系统目前多用于 KUKA 第二代 iiam 系列协作机器人。

KRC5-Micro 为箱式 KRC4 系统的升级产品，系统最大可集成 6 轴（3 轴 12A + 3 轴 5A）伺服驱动器，可用于 KR4 AGILUS 小型垂直串联机器人和 KR6 系列 SCARA 水平串联机器人等小型产品。

（2）柜式 KRC 系统。柜式 KRC 系统用于 KUKA 中大型、重型机器人，除示教器以外，控制系统的全部电气控制部件（IR 控制器、伺服驱动器、辅助控制电路等）统一安装在控制箱内，伺服驱动器采用模块式结构，模块类型有电源模块、电源/伺服集成模块、伺服模块 3 类，伺服模块主要有 6 轴、3 轴两种。由于多轴集成模块的功率较小，大型、重型机器人的机身需要采用双电机主从同步驱动。

柜式 KRC4 系统主要有图 4.1-2 所示的 KRC4-Smallsize（小型）、KRC4-Standard（标准型）两种，KRC4-Standard（标准型）系统一般直接称为 KRC4 系统。

KRC4-Smallsize（小型）系统的伺服驱动器采用 6 轴集成于一体的结构，输入电源为单相 AC200～240V 输入，输入容量为 2kVA 左右，该系统通常用于承载能力为 6～10kg 的小型机器人。KRC4 系统（标准型，下同）的驱动器由电源模块或电源/伺服集成模块、伺服模块组成，伺服模块为 3 轴集成，系统输入电源为 3 相 AC400～480V，输入容量为 11～15kVA，该系统可用于 KUKA 中大型、重型机器人。

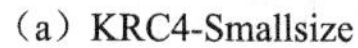
（a）KRC4-Smallsize

（b）KRC4

图 4.1-2　电气控制系统结构

3. 系统部件安装

工业机器人控制系统的基本部件安装如图 4.1-3 所示。

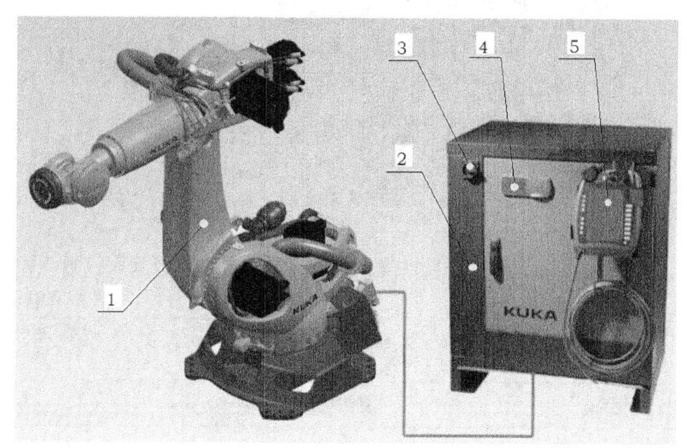

1—机器人；2—控制柜；3—总开关；4—控制面板；5—示教器

图 4.1-3　工业机器人控制系统的基本部件安装

示教器是用于工业机器人操作、编程及数据输入/显示的人机界面，为了方便使用，一般采用可移动手持式结构，利用专用连接电缆与控制柜（箱）连接。

机器人的伺服驱动电机、电磁阀等执行器件和编码器、超程开关等检测器件均安装在机器人本体上，它们可分别通过电枢电缆（动力电缆）、编码器电缆（串行数据总线）及控制电缆与控制柜连接。机器人关节轴位置需要在断电时保持，因此，需要使用后备电池支持存储器或断电记忆存储卡等保存数据。为了简化控制柜和机器人的连接、保证机器人本体和控制柜能够在安装运输时分离，用于串行数据转换、位置数据保存的编码器接口模块、后备电池、存储卡通常安装在机器人本体（基座）上。

机器人控制系统的其他控制部件统一安装在控制柜（箱）内。

由于结构不同，不同公司、不同系列控制系统的部件结构与安装有所不同。KUKA 目前常用的柜式控制系统（KRC4、KRC4-Smallsize）的主要部件结构及安装如下。

4.1.2 KRC4系统硬件与网络

1. 系统部件

柜式KRC4标准型控制系统（KRC4系统）既可用于轻量、中型机器人，也可用于大型、重型机器人，是目前KUKA机器人使用最广泛的系统。

KRC4系统的基本组成部件（硬件）与安装位置如图4.1-4所示，系统部件在本书中的代号、中英文名称及功能如表4.1-1所示，部分中文名称与说明书翻译稍有不同。

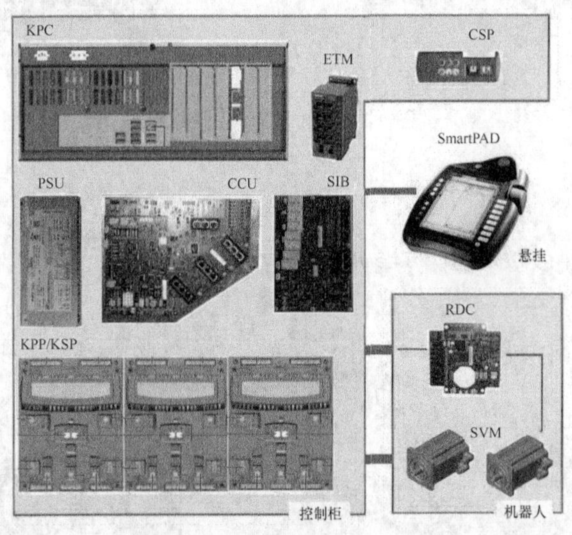

图4.1-4 KRC4系统的基本组成部件（硬件）及安装位置

表4.1-1 KRC4系统部件代号、名称及功能

代号	名称（英文）	名称（中文）	功能说明
KPC	KUKA Control PC	IR控制器	控制机器人位置和运动轨迹
CCU	Cabinet Control Unit	机柜控制单元	连接控制系统各组成部件
CSP	Controller System Panel	控制柜面板	系统状态显示与网络连接
ETM	Ether Net Modular	工业以太网模块	连接工业以太网
KPP	KUKA Power Pack	驱动器电源模块	驱动器直流母线电源模块
KSP	KUKA Servo Pack	驱动器伺服模块	伺服电机PWM逆变模块
PSU	Low-voltage Power Supply Unit	DC24V电源单元	系统DC24V控制电源
RDC	Resolver Digital Converter	编码器接口模块	编码器、零点校准测头连接
SIB	Safety Interface Board	安全信号连接模块	连接系统安全输入/输出信号
SVM	Servo Motor	伺服电机	机器人、变位器运动控制

KRC4系统的控制柜内主要安装有DC24V电源单元（PSU）、IR控制器（KPC）、机柜控制单元（CCU）、安全信号连接模块（SIB）、伺服驱动器（KPP/KSP）、工业以太网模块（ETM）、控制柜面板（CSP），以及电源总开关、输入滤波器、散热风机、后备电源、电气连接板等辅助器件。伺服电机（SVM，内置编码器及制动器）、编码器接口模块（RDC），以及检测开关、电磁执行器件安装在机器人本体或变位器、作业工具上。SmartPAD示教器为悬挂、可移动式安装。

KRC4 系统采用了现场总线网络控制技术，系统部件通过 Ether CAT（Ether Control Automation Technology，以太网控制自动化技术）进行现场总线的数据连接，并使用增强版安全通信协议（Fail Safe over Ether CAT，FSoE），其安全完整性等级为 SIL3（IEC 61508 标准）。Ether CAT 是由德国 Beckhoff 公司研发，基于以太网的开放式现场总线系统，主要优点是通过“飞速传输（Processing on the fly）”技术，提高了数据传输速率，使得标准速率为 100Mbit/s、2 对双绞线连接的 100BASE-TX 网络的实际数据传输速率可接近 200Mbit/s。

根据数据通信的不同要求，KRC4 系统基本部件采用了两种数据传输速率的现场总线（KCB、KSB），系统网络结构简要说明如下，总线连接要求详见 4.3 节。

2. KCB 网络

KUKA 控制总线（KUKA Controller Bus，KCB）网络是 KRC 系统用于机器人运动控制（伺服电机位置、速度、转矩）的高速串行伺服控制总线（High Speed Serial Servo Bus）网，网络组成与主要部件如图 4.1-5 所示。

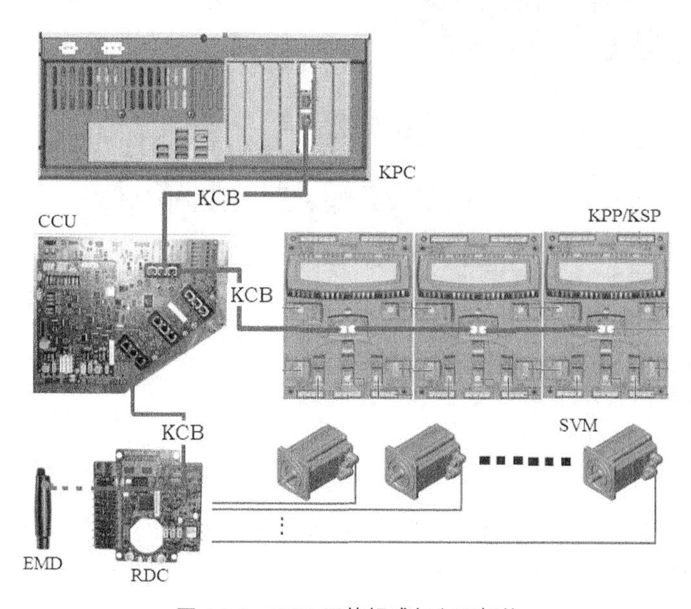

图 4.1-5　KCB 网络组成与主要部件

KCB 网络用来连接控制系统的驱动器电源模块（KPP）驱动器、伺服模块（KSP）、编码器接口模块（RDC）、关节轴零点校准测头（Electronic Mastering Device，EMD）等运动控制部件，其数据更新周期为 125 μs。

KCB 网络采用图 4.1-6 所示的星形和总线型组合拓扑结构，星形网以机柜控制单元（CCU）为中心节点，IR 控制器（KPC）、编码器接口模块（RDC）、驱动器电源模块（KPP）为远程节点。驱动器电源模块（KPP）与驱动器伺服模块（KSP）之间则采用总线型网络连接。

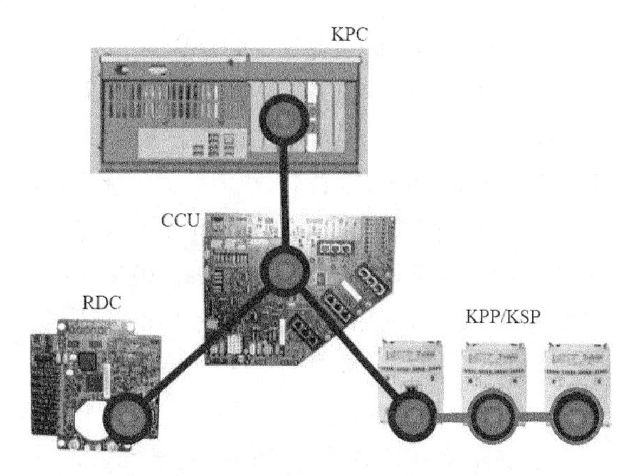

图 4.1-6　KCB 网络拓扑结构

3. KSB 网络

KUKA 系统总线（KUKA System Bus，KSB）网络是 KRC 系统用于系统输入/输出操作设备连接的常规现场总线网，主要用于 Smart PAD 示教器、安全信号连接模块（SIB）连接。KSB 网络的数据更新周期为 1ms，网络组成与主要部件如图 4.1-7 所示。

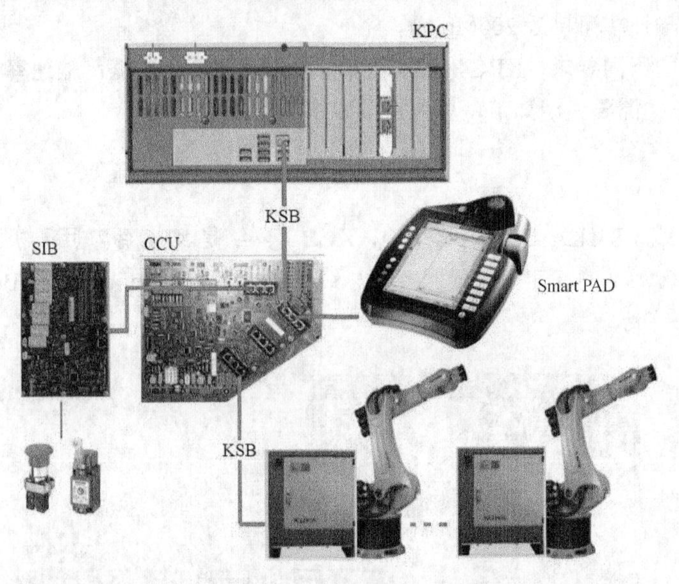

图 4.1-7　KSB 网络组成及主要部件

KSB 网络采用星形拓扑结构，机柜控制单元（CCU）为 KSB 网络的中心节点，Smart PAD 示教器、安全信号连接模块（SIB）为远程节点。在多机器人联合作业系统中，机器人之间的通信与控制也通过 KSB 网络进行。

4. 网络扩展

KRC 系统的 IR 控制器采用工业 PC，作为基本功能，系统同样可通过 PC 的通用串行总线（Universal Serial Bus，USB）接口连接 U 盘、存储卡、打印机等通用串行数据通信设备，以及通过以太网接口连接计算机或控制器。

在工业自动化系统中，工业机器人既可作为从站（Slave Station）接入上级控制系统，也可作为主站（Master Station）控制其他设备。

KRC4 系统作为从站接入上级控制系统时，可通过图 4.1-8 所示的 IR 控制器双端口局域网适配器（Dual NIC，简称双网卡）上的 KUKA 系统总线在线接口（KUKA Line Interface，KLI）和工业以太网模块（ETM），连接到 1000Mbit/s 工业以太网上，利用上级计算机、PLC 或安装有 KUKA 机器人操作系统 VX-Works 的 PC，控制 KRC4 系统运行。

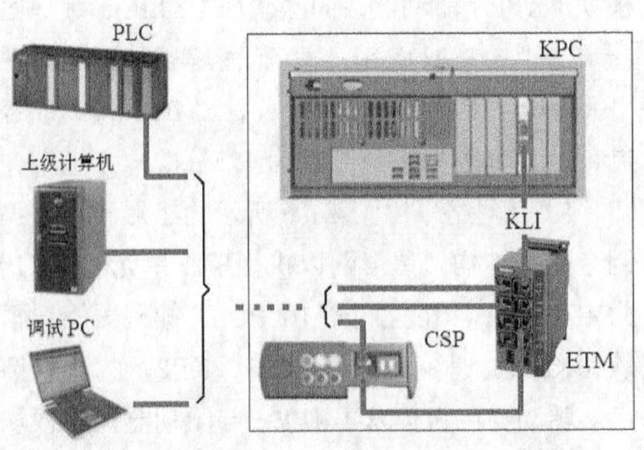

图 4.1-8　KLI 连接

KRC4 系统作为网络主站控制其他设备运行时，可通过图 4.1-9 所示的机柜控制单元（CCU）

上的 KUKA 系统总线（KSB）扩展接口（KUKA Extension Interface，KEI），利用 KUKA 扩展总线（KUKA Extension Bus，KEB）和 Ether CAT-I/O 模块，连接其他输入/输出器件和 Ether CAT 网络设备。

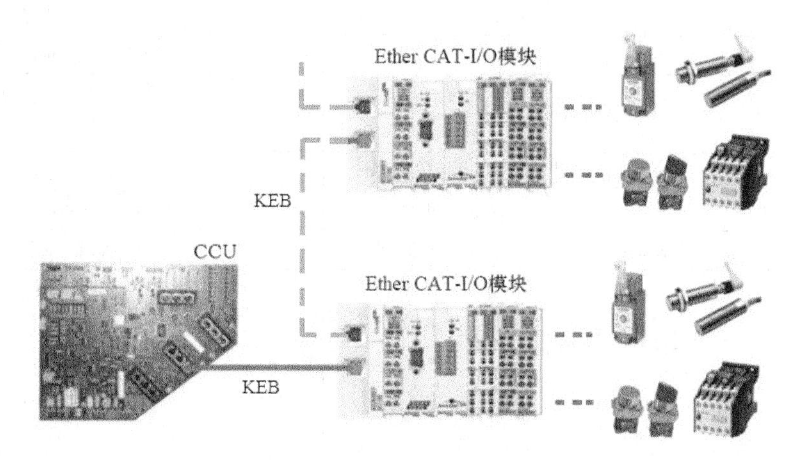

图 4.1-9　KEB 网络连接

4.1.3　KRC4 系统控制部件与安装

KRC4 系统的 Smart PAD 示教器为悬挂式、可移动安装，编码器接口模块安装在机器人上，其他部件均安装在系统控制柜内。

1. 控制柜安装

KRC4 系统（标准型）的组成部件主要有 DC24V 电源单元、IR 控制器、机柜控制单元、安全信号连接模块、伺服驱动器、工业以太网模块、控制柜面板，以及电源总开关、电源滤波器、外置散热风机、后备电源（电瓶）、电气连接板等辅助器件。系统部件统一安装在控制柜内，部件的安装位置通常如图 4.1-10 和表 4.1-2 所示。

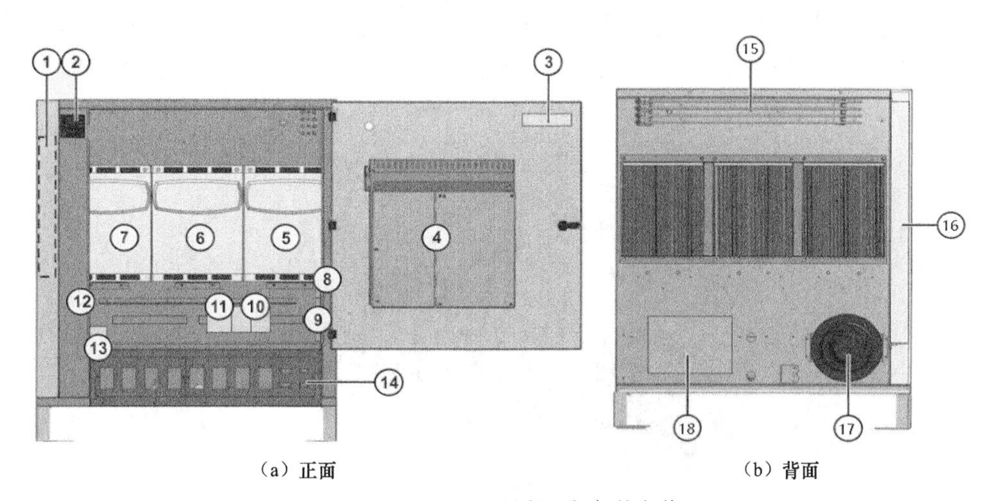

（a）正面　　（b）背面

图 4.1-10　KRC4 系统控制柜部件安装

表 4.1-2　KRC4 系统控制柜部件代号、名称及功能

序号	代号	名称		功能说明
1	K1	—	电源滤波器	3 相 AC400V 输入电源滤波
2	Q1	—	电源总开关	系统输入电源通断控制
3	A2	CSP	控制柜面板	系统状态指示及 KLI、USB 接口
4	—	KPC	IR 控制器	KUKA 工业 PC
5	G1	KPP	驱动器电源模块	整流及直流母线电源控制
6	T1	KSP	驱动器伺服模块	A1～A3 轴 PWM 逆变控制
7	T2	KSP	驱动器伺服模块	A4～A6 轴 PWM 逆变控制
8	A1	CCU	机柜控制单元	电源管理与网络控制
9	K2	—	直流滤波器	DC24V 制动电源滤波
10	Q3	—	断路器	主电源短路保护
11	A11	ETM	工业以太网模块	工业以太网连接模块
12	X11	SIB	安全信号连接模块	安全输入/输出信号连接
13	G3	AKKU	后备电源（电瓶）	DC24V 系统后备电源（电瓶）
14	—	—	电气连接板	安装电气连接器
15	R1、R2	RB	制动电阻	直流母线调压
16	—	—	热交换器	电柜冷却
17	E2	—	外置散热风机	电柜冷却
18	G2	PSU	DC24V 电源单元	系统 DC24V 控制电源

2. 编码器与接口模块安装

工业机器人的关节轴位置、速度及伺服电机转子位置检测通过伺服电机内置的编码器实现，由于编码器检测信号需要以串行总线通信的方式传送到系统，并且，位置数据应具备断电保存功能，因此，需要有专门的信号转换、数据存储电路（接口模块）。为了简化系统连接，同时，考虑到机器人运输、安装过程中可能出现控制柜与机器人分离的情况，编码器的接口模块一般安装在机器人本体上。

KRC4 系统的伺服电机内置编码器为多极旋转变压器（Resolver），输出为正余弦信号，内置编码器结构与输出信号如图 4.1-11 所示。

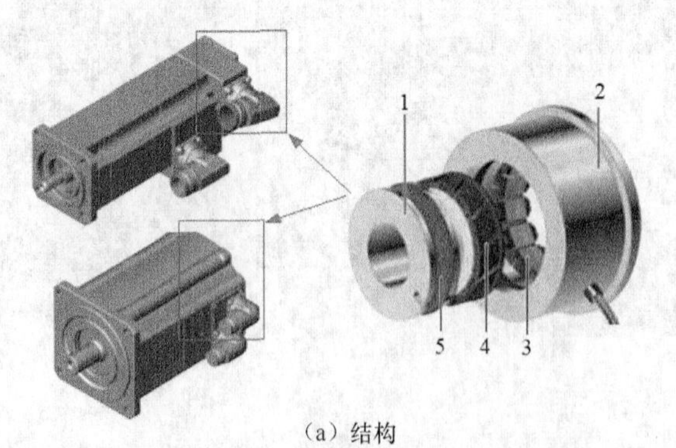

（a）结构

1—转子；2—定子；3—输出线圈；4—激磁线圈；5—变压器

图 4.1-11　内置编码器结构与输出信号

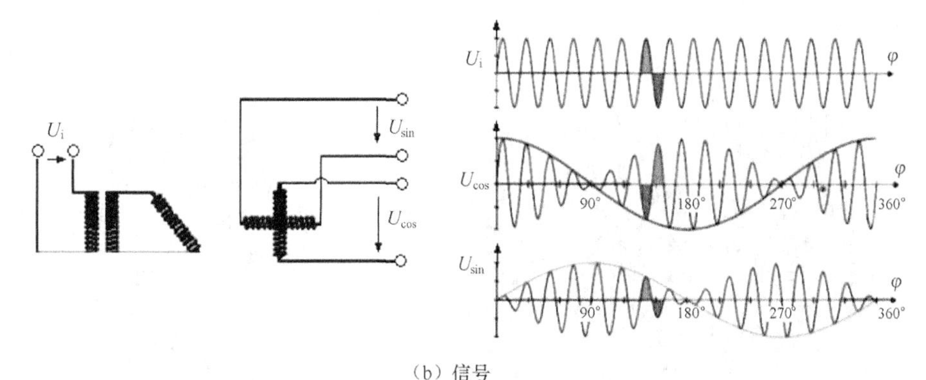

（b）信号

1—转子；2—定子；3—输出线圈；4—激磁线圈；5—变压器

图 4.1-11　内置编码器结构与输出信号（续）

多极旋转变压器输出的正余弦信号需要通过编码器接口模块细分并转换成系统 KCB 的串行数据信号，因此，编码器接口模块又称旋转变压器数据转换器（Resolver Digital Converter，RDC），RDC 在 KUKA 说明书上译作“分解器数字转换”。

编码器接口模块（RDC）带有 KCB 接口和具有断电保持功能的电子数据存储器（Electronic Date Storage，EDS）。RDC 不仅可用来连接、转换编码器信号，而且还可用来连接机器人调试用的关节轴零点校准测头（Electronic Mastering Device，EMD）；编码器计数脉冲（关节轴绝对位置）及零点校准数据被保存在电子数据存储器（EDS）中。为了避免机器人在运输、安装过程中的数据出错，编码器接口模块（RDC）一般安装在图 4.1-12 所示的机器人基座的管线盒内。

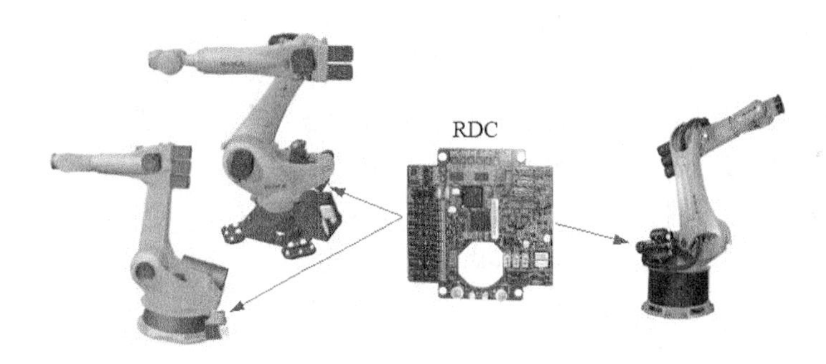

图 4.1-12　RDC 安装位置

4.2 KRC4 系统主要部件与功能

4.2.1 电源及机柜控制单元

1. DC24V 电源单元

在 KUKA 机器人控制系统上，除伺服驱动器的“交—直—交”逆变的直流母线电源需要使用 3 相 AC400V 输入外，其他控制部件均统一使用 DC24V 电源输入。

KRC4 系统的 DC24V 电源由图 4.2-1 所示的电源单元和后备电源（电瓶）提供，电源单元在 KUKA 说明书上称为“低压电源单元（Low-voltage Power Supply Unit）”，本书将其简称为 PSU。

（a）电源单元

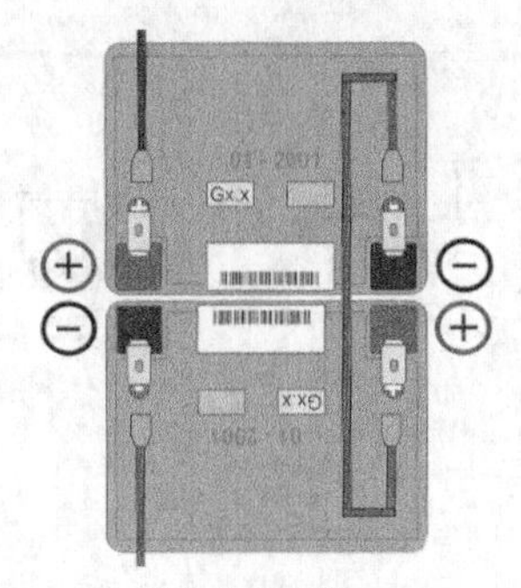

（b）后备电源

图 4.2-1　DC24V 电源单元及后备电源

DC24V 电源单元实质上就是一个 3 相 AC400V 输入、DC27V/40A 输出的直流稳压电源。由于电源单元的直流输出需要通过机柜控制单元（CCU）上的电源管理板（PMB），分配到系统各控制部件，考虑到 AC380V 输入、电源分配电路器件压降等因素，电源单元在 AC400V 输入时的实际直流输出电压为 DC27V。

KRC4 系统 DC24V 电源单元的主要技术参数如下。

（1）额定功率：1.1kW。

（2）输入电压：额定 3 相 AC400～480V，允许变化范围 ±10%。

（3）输入频率：49～61Hz。

（4）额定输出电压：DC27.1 ± 0.1V。

（5）额定输出电流：40A。

KUKA 机器人控制系统的 IR 控制器采用工业 PC，系统关机时需要进行软件退出、数据保存等操作，为了保证工业 PC 能在电网断电、电源单元故障等情况下，仍可按正常关机要求退出软件、保存数据，KUKA 机器人控制系统使用了 2 只 DC 12V/4Ah 串联的大容量蓄电池（电瓶），作为系统的 DC24V 后备电源。在系统电源接通时，后备电源（电瓶）可由电源单元自动充电。

KUKA 机器人控制系统的 DC24V 电源，由机柜控制单元（CCU）上的电源管理板（PMB）进行分配、保护和监控（见下述）。

2. 电源管理板

电源管理板（Power Management Board，PMB）是用于 KRC4 系统各控制部件 DC24V 控制电源分配、保护、监控及后备电源支持、充电的控制电路。电源管理板安装在机柜控制单元（CCU）上，其结构如图 4.2-2 所示。

电源管理板除可对系统输入电源、DC24V 控制电源进行过压、欠压、短路等保护，以及按系统规定次序的通断各控制部件电源外，还能够在系统输入电源或电源单元出现故障时自动接通后备电源，使系统各部件能根据正常关机的次序要求，保存数据、退出软件、关闭计算机。

KUKA 机器人控制系统的伺服驱动器（电源模块、伺服模块）、IR 控制器（KPC）、Smart PAD 示教器、编码器接口模块（RDC）等在关机时需要保存数据的主要部件，其控制电源需要延时断开。伺服电机制动器、风机、外部输入/输出（安全信号、快速测量输入）无须保持数据，DC24V 电源可直接断开、无须后备电源支持。

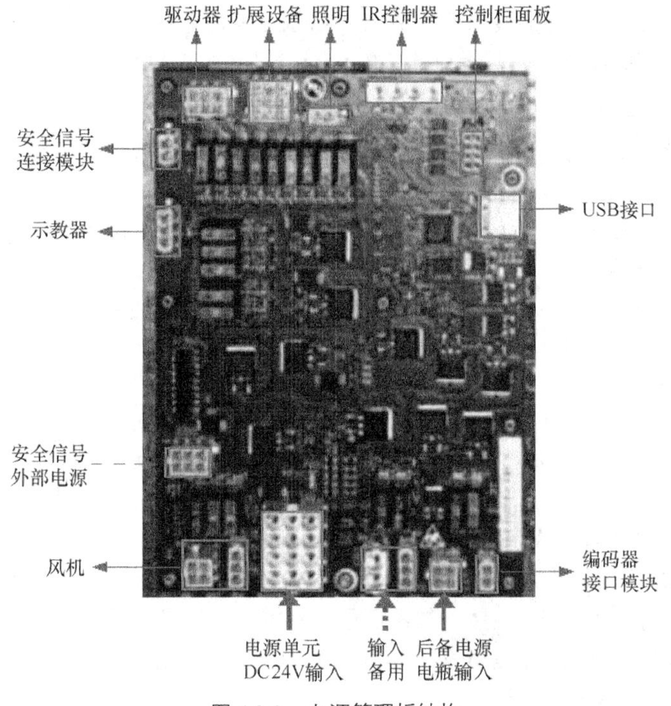

图 4.2-2　电源管理板结构

电源管理板的输入电源来自系统的 DC24V 电源单元（PSU），延迟断电的 DC24V 后备电源由电瓶提供，如需要，无须延时断电的电机制动器、风机等部件的 DC24V 电源由外部提供，可通过输入备用连接器输入。

3. 机柜接口板

KRC4 系统的机柜接口板（Cabinet Interface Board，CIB）是连接机器人控制系统各控制部件、实现系统控制信号与数据传送的总线通信接口，KRC4 系统的机柜接口板结构如图 4.2-3 所示，接口板可连接以下控制部件及控制信号。

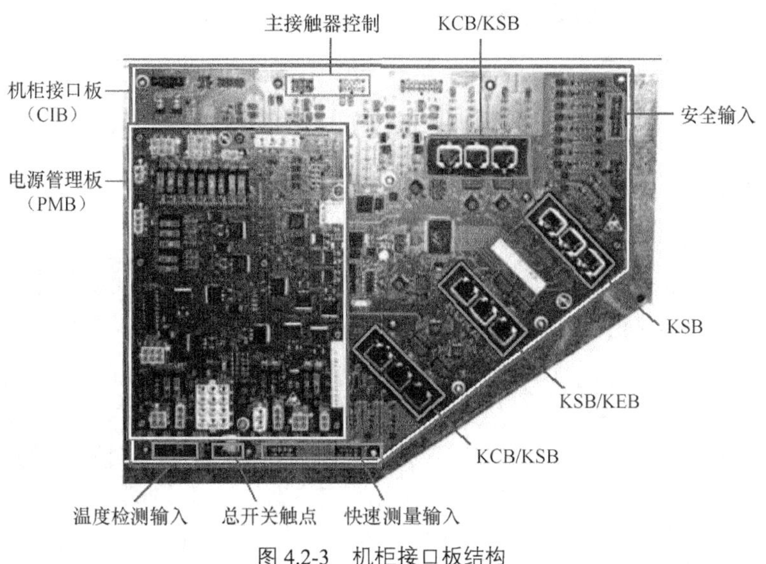

图 4.2-3　机柜接口板结构

（1）KRC 系统基本部件及扩展部件。例如，KUKA 控制总线（KCB）设备（驱动器电源模块、伺服模块、编码器连接模块等），系统总线（KCB）设备（Smart PAD 示教器、安全信号连接模块 SIB 等），扩展总线（KEB）设备（Ether CAT -I/O 模块）等。

（2）系统基本控制信号。例如，总开关辅助触点、控制柜风机、热交换器、直流母线电阻等温度检测信号等。

（3）外部安全输入信号。CCU 集成有基本安全信号连接电路，可连接外部急停、操作确认、机器人停止等安全输入信号。

（4）高速测量输入信号。可连接 8 点、采样周期为 125μs 的高速测量传感器输入信号。

4.2.2 IR 控制器

1. 结构与性能

KRC 系统的 IR 控制器（KPC）采用 Intel 双核工业 PC，控制器由图 4.2-4 所示的主板、RAM（随机存取存储器）、硬盘、电源组件、Dual NJC 双网卡等部件组成。工业 PC 的技术参数在不同时期的产品上有所不同，当前使用的 PC 主频一般不低于 2.8GHz，内存不低于 1GB，硬盘为 Intel 大容量（可选）非旋转式固态硬盘（Solid State Disk，SSD），容量不低于 30GB，操作系统为 Microsoft WinXPe 和 KUKA VxWorks 安全系统。

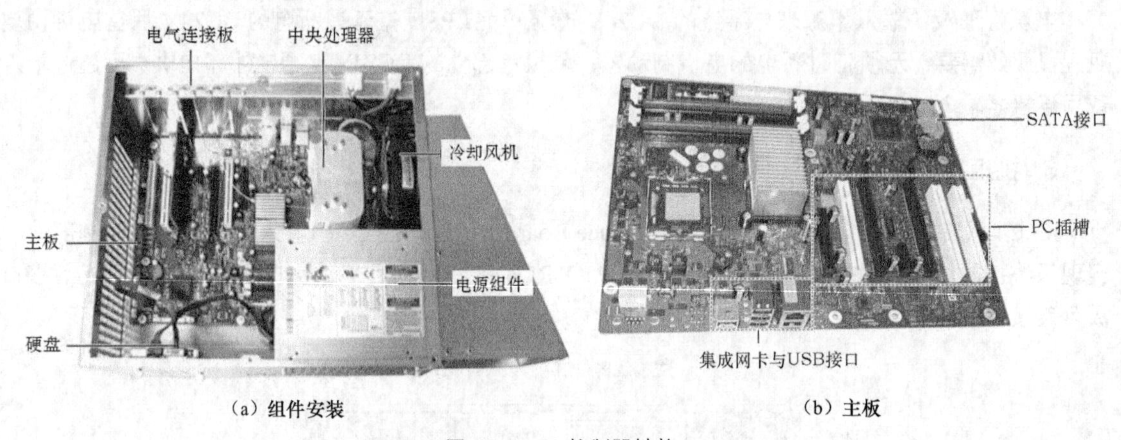

（a）组件安装　　（b）主板

图 4.2-4　IR 控制器结构

2. 接口与连接

KRC4 系统（标准型）的 IR 控制器接口布置如图 4.2-5 所示（不同时期的产品可能有所不同），图中的接口代号、名称及功能如表 4.2-1 所示。

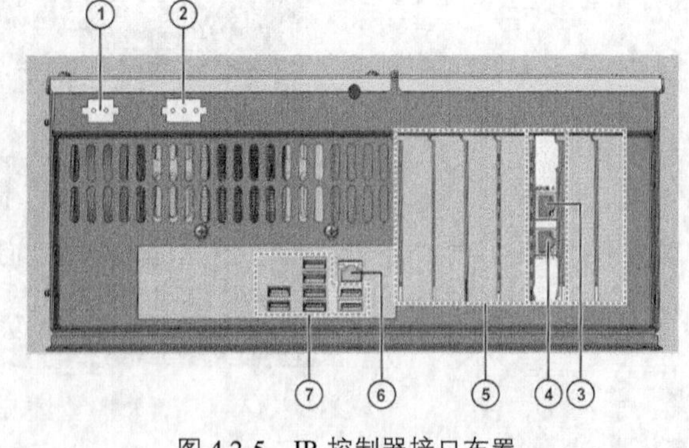

图 4.2-5　IR 控制器接口布置

表 4.2-1　KRC4 接口代号、名称及功能

序号	代号	名称	功能说明
1	X961	输入电源	工业 PC DC24V 输入电源
2	X962	风机电源	冷却风机 DC24V 输入电源
3	KCB	KUKA 控制总线	连接机柜控制单元（CCU）的 KCB 接口 X31
4	KLI	KUKA 在线接口	连接工业以太网模块（ETM）
5	PCI	PC 总线插槽	安装 PC 扩展卡
6	KSB	KUKA 系统总线	连接机柜控制单元（CCU）的 KSB 接口 X41
7	USB	USB 接口 1～8	连接 USB 设备

IR 控制器的 PC 总线插槽（PCI）用来安装 PC 扩展卡，KRC4 系统共有图 4.2-6（a）所示的 7 个 PCI。其中，插槽 PCI-3 用来安装图 4.2-6（b）所示的连接 KUKA 控制总线（KCB）和在线接口（KLI）的（LAN）双网卡（Dual NIC），插槽 PCI-1、PCI-2、PCI-6 用来安装附加工业 PC 现场总线连接用网卡（Field bus cards），插槽 PCI-5 用来安装外接显示器显卡（选配），插槽 PCI-4、PCI-7 为备用插槽，目前无作用。

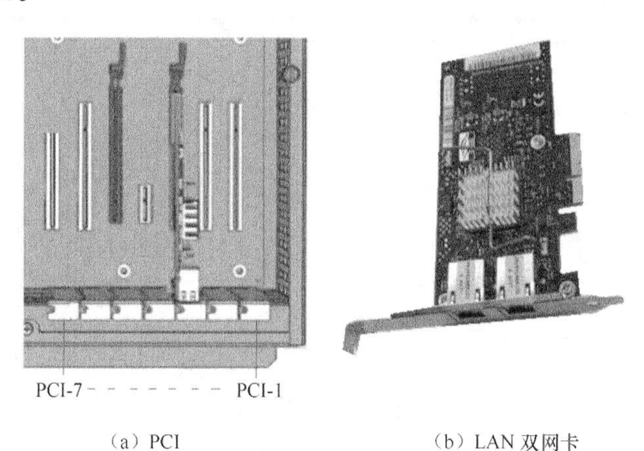

（a）PCI　　（b）LAN 双网卡

图 4.2-6　IR 控制器的 PC 总线插槽

IR 控制器的硬盘、风机等部件为可拆卸通用器件，其安装和连接如图 4.2-7 所示。硬盘通过 SATA 接口电缆和电源电缆分别与主板、PC 电源组件连接。风机的 DC24V 电源由机柜控制单元（CCU）提供、连接器 X962 单独引入。

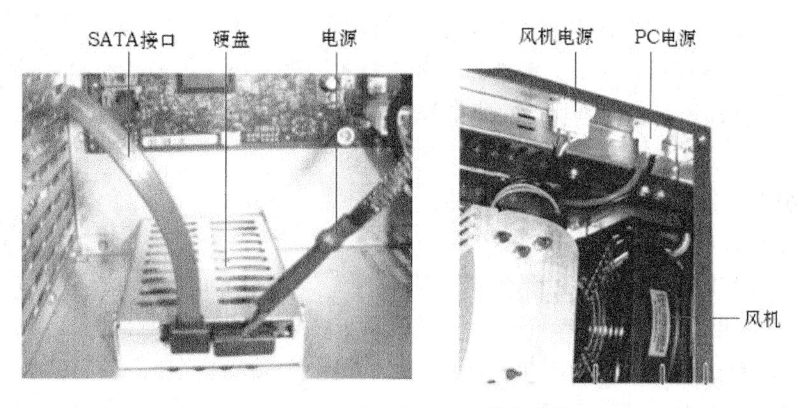

图 4.2-7　硬盘与电源的安装和连接

4.2.3 伺服驱动器

1. 驱动器与模块

KUKA 机器人控制系统的交流伺服驱动器采用的是传统的“交—直—交”PWM 逆变技术，标准型 KRC4 系统的驱动器为模块化结构，驱动器由电源模块、伺服模块及滤波器、制动电阻等部件组成，主回路如图 4.2-8 所示。

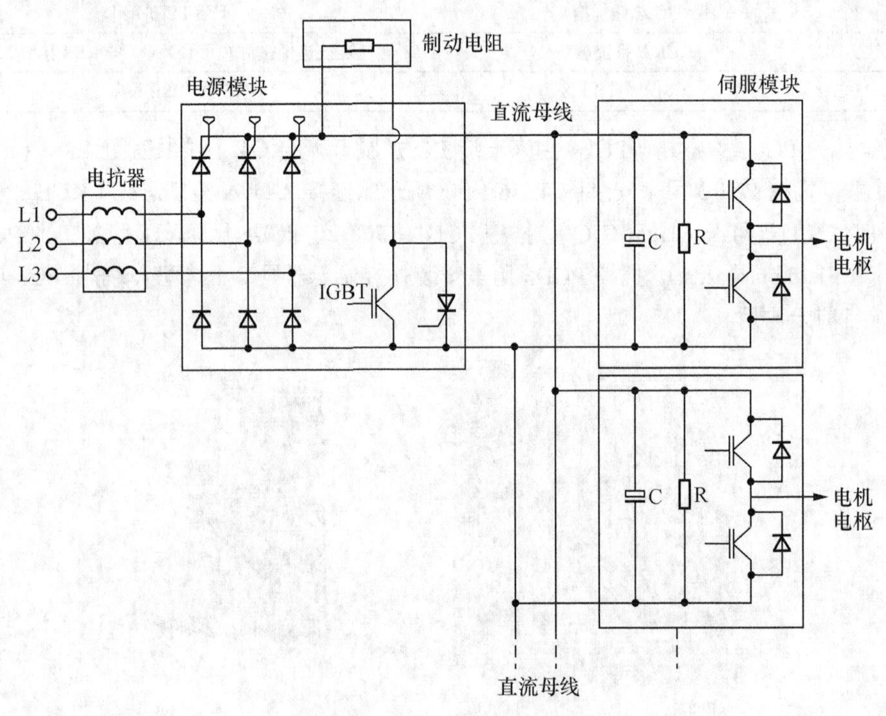

图 4.2-8　KUKA 驱动器主回路

电源模块用来产生 PWM 逆变的直流主回路的直流母线电压，模块包含整流、直流母线调压等电路。工业机器人的伺服电机功率通常较小，因此，电机制动时所产生的回馈能量一般直接通过制动电阻消耗。为了抑制谐波、降低电网畸变，输入电源通常需要安装进线滤波器。

伺服模块用于 PWM 逆变控制，为伺服电机提供电压、频率可变的电枢电源模块，伺服模块需要与电源模块配套使用。工业机器人的伺服电机功率较小，因此，通常使用多轴集成结构。

KRC4系统的驱动器部件在控制柜上的安装位置如图4.2-9所示，制动电阻安装在控制柜的背板上方（参见图 4.1-10）。

KRC4 系统驱动器模块外观及连接器布置如图 4.2-10 所示，模块上方为直流母线连接器，下方为 3 相交流主电源、伺服电机电枢连接器，模块右侧为 DC24V 控制电源及制动器电源输入，左侧为DC24V控制电源及制动器电源输出。系统控制总线（KCB）的输入/输出连接器位于模块中间，电机制动器连接器位于 3 相交流主电源、伺服电机电枢连接器上方。

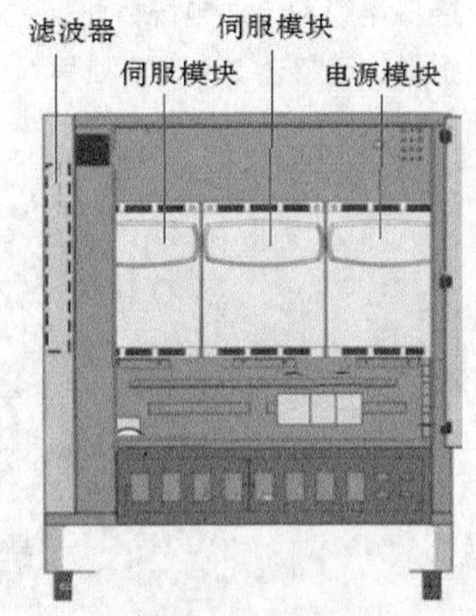

图 4.2-9　驱动器安装位置

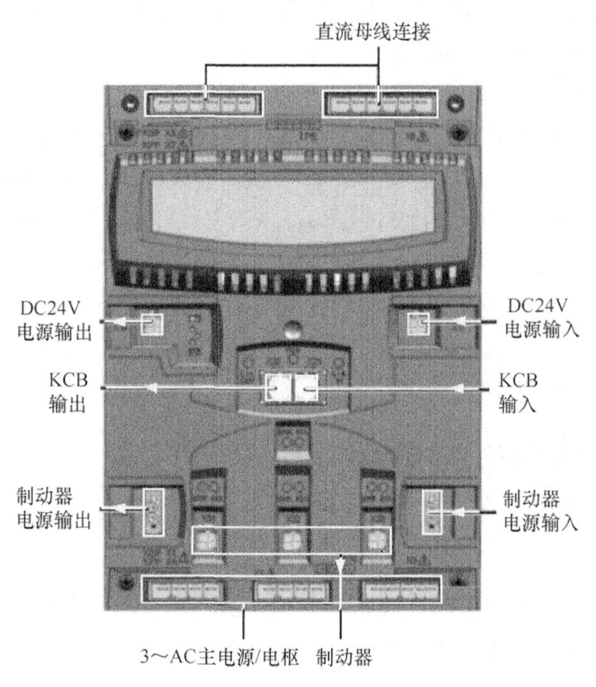

图 4.2-10　模块外观及连接器布置

2. 模块规格

KRC4 系统驱动器模块有电源模块、伺服模块及电源/伺服集成模块 3 类，其外观相同、规格可根据实际需要选配。KRC4 系统的伺服模块规格较少、额定输出电流较小，大型、重型机器人有时需要采用双电机同步驱动。KRC4 系统常用的驱动器模块如下。

（1）电源模块。KRC4 系统常用的电源模块只有 KPP 600-20 一种规格，模块多用于无附加轴的 6 轴垂直串联机器人。KPP 600-20 模块的主电源规格为额定输入电压 3 相 AC400V、额定输入电流 25A。经整流、调压后的直流母线电压约为 DC600V、额定输出功率 14kW，一般可用于 2 个 3 轴集成伺服模块供电。

（2）伺服模块。KRC4 系统的伺服模块为 3 轴集成结构，常用的有 KSP 600-3×40、KSP 600-3×64 两种规格。

KSP 600-3×40 伺服模块可提供 3 组最大输出电流为 40A 的伺服电机驱动电源，模块可用于 3 台额定电流为 4～20A、最大电流为 8～40A 的伺服电机驱动。KSP 600-3×40 模块多用于 6 轴轻量、中型垂直串联机器人的 A1～A3 轴驱动或大型、重型机器人的 A4～A6 轴驱动。

KSP 600-3×64 伺服模块可提供 3 组最大输出电流为 64A 的伺服电机驱动电源，模块可用于 3 台额定电流为 8～32A、最大电流为 16～64A 的伺服电机驱动。KSP 600-3×64 模块多用于 6 轴大中型垂直串联机器人的 A1～A3 轴驱动或重型机器人的 A4～A6 轴驱动。

（3）电源/伺服集成模块。电源/伺服集成模块不仅可为伺服模块提供 PWM 逆变的直流主电源，而且其本身集成有伺服模块。KRC4 系统的电源伺服集成模块常用规格有 KPP 600-20-1×40、KPP 600-20-1×64 和 KPP 600-20-2×40 3 种。

KPP 600-20-1×40 为电源单轴伺服集成模块，可用于伺服模块供电和 2 轴伺服驱动。集成模块的电源参数与 KPP 600-20 模块的电源参数相同。伺服模块的最大输出电流为 40A，可用于 1 台额定电流为 4～20A、最大电流为 8～40A 的伺服电机驱动。KPP 600-20-1×40 集成模块多用于带 1 轴机器人或工件变位器的 6 轴垂直串联机器人的附加轴驱动，此外，也可与 3 轴伺服模块组合，用于 4 轴码垛机器人关节轴驱动。

KPP 600-20-1×64 电源/伺服集成模块的功能与 KPP 600-20-1×40 模块的功能相同，但伺服模块最大输出电流为 60A，可用于 1 台额定电流为 8～32A、最大电流为 16～64A 的伺服电机驱动。

KPP 600-20-2×40 为电源双轴伺服集成模块，可用于向伺服模块供电和 2 轴伺服驱动，集成模块的电源参数与 KPP 600-20 模块的电源参数相同。2 轴伺服模块最大输出电流均为 40A，可用于 2 台额定电流为 4～20A、最大电流为 8～40A 的伺服电机驱动。KPP 600-20-2×40 集成模块多用于带 2 轴机器人或工件变位器的 6 轴垂直串联机器人的附加轴驱动，此外，也可与 3 轴伺服模块组合，用于 5 轴码垛机器人关节轴驱动。

4.2.4 编码器及安全信号连接模块

1. 编码器接口模块

KRC4 系统的编码器接口模块在 KUKA 说明书上被称为“分解器数字转换器（Resolver Digital Converter）”，简称 RDC 模块，模块结构如图 4.2-11 所示。

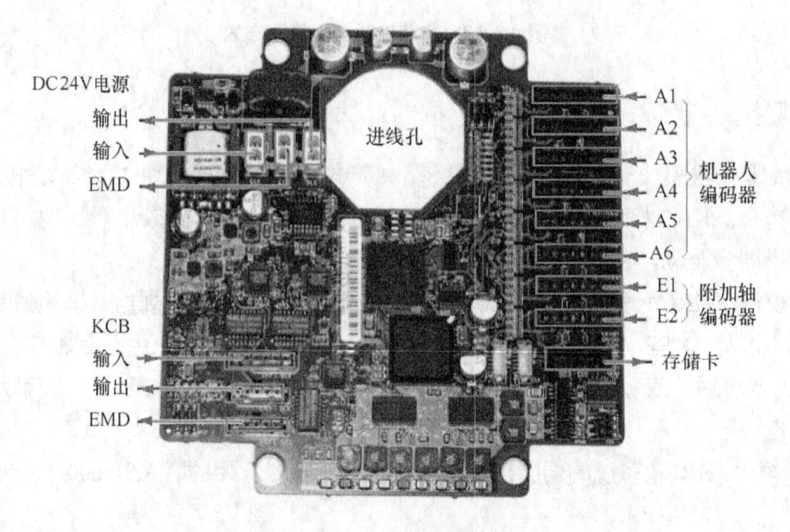

图 4.2-11　RDC 模块结构

RDC 模块是用于编码器（多极旋转变压器）正余弦输出信号细分和 KCB 串行数据转换的接口电路，最大可连接机器人 6 轴编码器输入和 2 轴附加轴编码器。此外，还可以用来连接机器人的零点校准测头（Electronic Mastering Device，EMD）。RDC 模块的 DC24V 电源输入通过机器人信号电缆与机柜控制单元（CCU）的电源管理板（PMB）的 DC24V 输出连接，模块的 DC24V 电源输出端可用于零点校准测头（EMD）和机器人其他控制设备的供电。

KRC4 系统的编码器计数脉冲（关节轴绝对位置）数据利用图 4.2-12 所示的具有断电保持功能的电子数据存储器（Electronic Data Storage，EDS）保存。EDS 存储卡利用固定孔和螺栓，固定在 RDC 模块安装盒上。

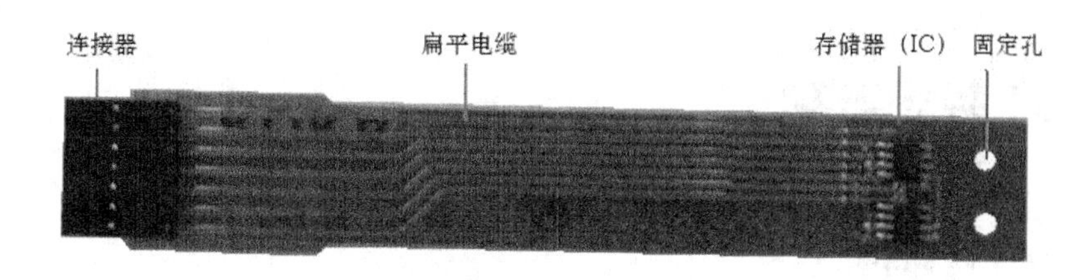

图 4.2-12　EDS

2. 安全信号连接模块

KUKA 机器人控制系统的安全信号连接模块（Safety Interface Board，SIB）属于系统选配部件。选配 SIB 后，系统可在机柜控制单元（CCU）基本输入信号连接接口的基础上，增加 5/3 点安全输入/输出信号连接接口，如进一步选配扩展安全信号连接模块，还可增加 8/8 点安全输入/输出信号连接接口。

KRC4 系统的 SIB 模块有图 4.2-13 所示的 SIB 标准模块、SIB 扩展模块两种。

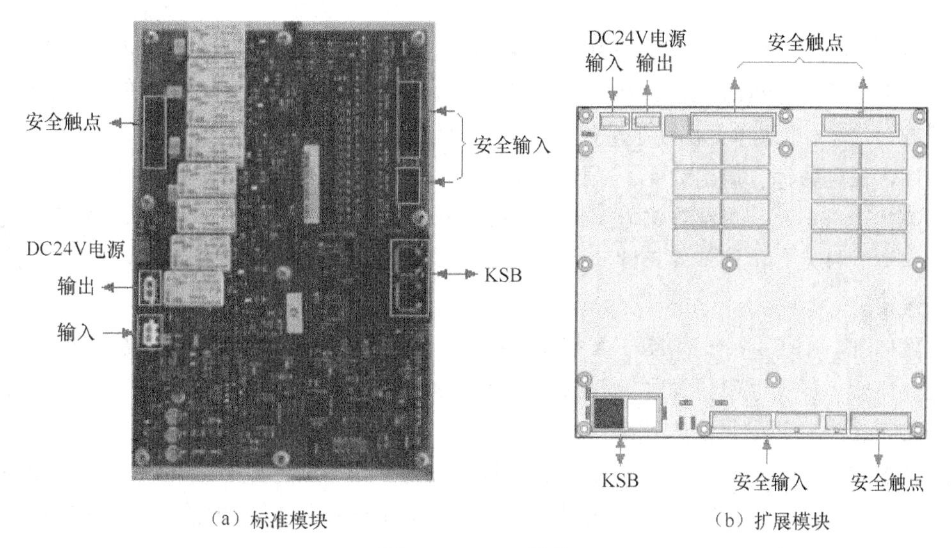

（a）标准模块　（b）扩展模块

图 4.2-13　SIB 模块

KRC4 系统的 SIB 标准模块可连接 5 点双通道冗余输入安全信号、3 点双通道冗余输出安全触点。SIB 标准模块的 5 点安全输入可用于外部急停、安全防护门关闭、操作确认、驱动器关闭（安全停止 STOP 1）、机器人暂停（安全停止 STOP 2）等外部安全输入信号的连接，3 点安全输出可用于机器人急停、防护门关闭指示、操作确认等外部设备的安全控制。

SIB 扩展模块可连接 8/8 点安全输入/输出信号。8 点安全输入通常用于机器人的关节轴超程、作业范围监控、碰撞检测等安全输入信号连接，8 点输出为安全输入信号对应的触点输出。

KRC4 系统的 SIB 标准模块的结构如图 4.2-13（a）所示，SIB 模块的 DC24V 电源输入来自机柜控制单元（CCU）电源管理板（PMB），KSB 输入来自机柜控制单元（CCU）接口板（CIB）。DC24V 电源输出、KSB 输出可用于 SIB 扩展模块或系统其他 KSB 设备的连接。

SIB 扩展模块的功能和安全信号输入、安全触点输出的连接要求与 SIB 标准模块的功能和相应连接要求相同，模块连接器位置如图 4.2-13（b）所示。SIB 扩展模块的 DC24V 电源输入、KSB 输入可直接与 SIB 标准模块的 DC24V 电源输出、KSB 输出连接。DC24V 电源输出、KSB 输出可连接其他 KSB 设备。

4.3 KRC4 系统连接

4.3.1 系统连接总图

1. 电气连接要求

从传统的控制与电气连接的角度，机器人控制系统一般可分为电源控制电路和总线连接电路两部分。

（1）电源控制电路。电源控制电路用于系统组成部件的电源通断控制，使系统开机、关机时可按规定次序依次通断各控制部件。电源控制电路一般具有输入电源（3 相 AC400V）及内部控制电源（DC24V）的过压、欠压、短路和器件过热、电机过载、关节轴超程等情况下的系统故障保护功能。

KRC 系统的电气控制部件大多使用 DC24V 直流供电，电源控制电路主要集成在机柜控制单元（CCU）的电源管理板（PMB）上。KRC 系统的部分电源具有断电支持功能，它可在系统 3 相 AC400V 输入电源或 DC24V 电源单元出现故障时，自动接通后备电池（DC24V 电瓶），使系统各部件按正常关机的次序，保存数据、退出软件、关闭计算机。

（2）总线连接电路。总线连接电路用于系统各部件的网络通信控制。机器人控制系统绝大多数使用了网络控制技术，控制部件之间的信号、数据以网络总线通信的形式传输，从而大大简化了系统的电气连接。

在系统内部，KRC4 系统有 KUKA 控制总线（KCB）连接的用于机器人运动控制（伺服电机位置、速度、转矩）的高速串行伺服控制总线，以及 KUKA 系统总线（KSB）连接的用于系统输入/输出设备[Smart PAD 示教器、安全信号连接模块（SIB）等]连接的 I/O 总线两类基本部件。如需要，系统还可通过 KUKA 在线接口（KLI）与上级控制设备（如调试计算机、PLC）连接，或者通过机柜控制单元（CCU）上的 KUKA 系统总线扩展接口（KEI），利用 KUKA 扩展总线（KEB）和 Ether CAT -I/O 模块，连接更多的输入/输出器件。

KRC4 系统网络使用的是 Ether CAT 现场总线、连接标准为 100BASE-TX，数据传输的标准速率为 100Mbit/s。网络连接电缆为带 RJ45 标准连接器的 2 对 5 类（CAT-5）双绞线（Twisted Pair），最大连接距离为 100m。

2. 电源连接总图

KRC4 系统电源控制电路连接总图如图 4.3-1 所示，图中以虚线表示的控制部件为系统选配部件。

KRC4 系统的 3 相 AC400V 输入电源可直接通过控制柜上的电源总开关通断。在控制系统内部，输入电源经过滤波器、短路保护断路器后可分别向 DC24V 电源单元、伺服驱动器电源模块提供 3 相 AC400V 输入电源。DC24V 电源单元的 DC24V 输出通过机柜控制单元（CCU）的电源管理板，被分配到系统的各控制部件。伺服驱动器电源模块的输出为提供伺服模块逆变主回路的直流母线电压（约 DC600V）。

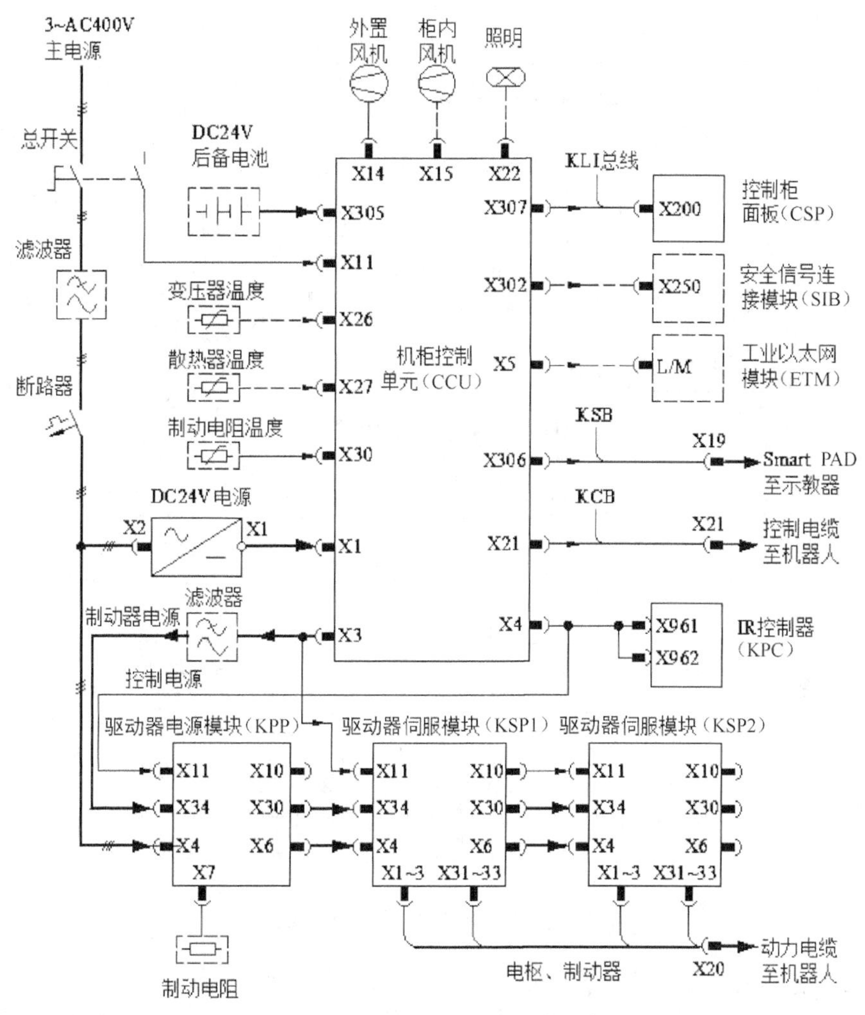

图 4.3-1　KRC4 系统电源控制电路连接总图

机柜控制单元（CCU）具有电源保护和管理功能，DC24V 电源单元的 DC24V 输出在 CCU 单元内被分为多组不同要求的输出。例如，电柜风机、照明等辅助部件的 DC24V 电源通常只有简单的熔断器保护功能，伺服电机的 DC24V 制动器电源需要在伺服启动、闭环位置控制功能生效后接通（松开），电源回路安装有滤波器滤波。IR 控制器（KPC）、编码器连接模块（RDC）等需要按次序保存数据、退出软件的部件，在系统主开关意外断开、外部断电、DC24V 电源单元故障等情况下，可以通过 DC24V 后备电源的支持，延迟关机等。此外，当伺服驱动器制动电阻及电源变压器、散热器等选配部件温度上升超过规定值时，系统将自动停止机器人运动、关闭伺服驱动器主电源。

安装在机器人上的伺服电机电枢、DC24V 制动器电源利用电枢电缆与控制柜连接。安装在机器人上的编码器接口模块（RDC）电源与控制总线（KCB）一起，通过共同的编码器电缆与机器人连接。示教器电源与系统总线（KSB）及其他控制信号一起，通过共同的示教器电缆与 Smart PAD 示教器连接。

3. 网络连接总图

KRC4 系统网络总线连接总图如图 4.3-2 所示，图中以虚线表示系统选配部件。

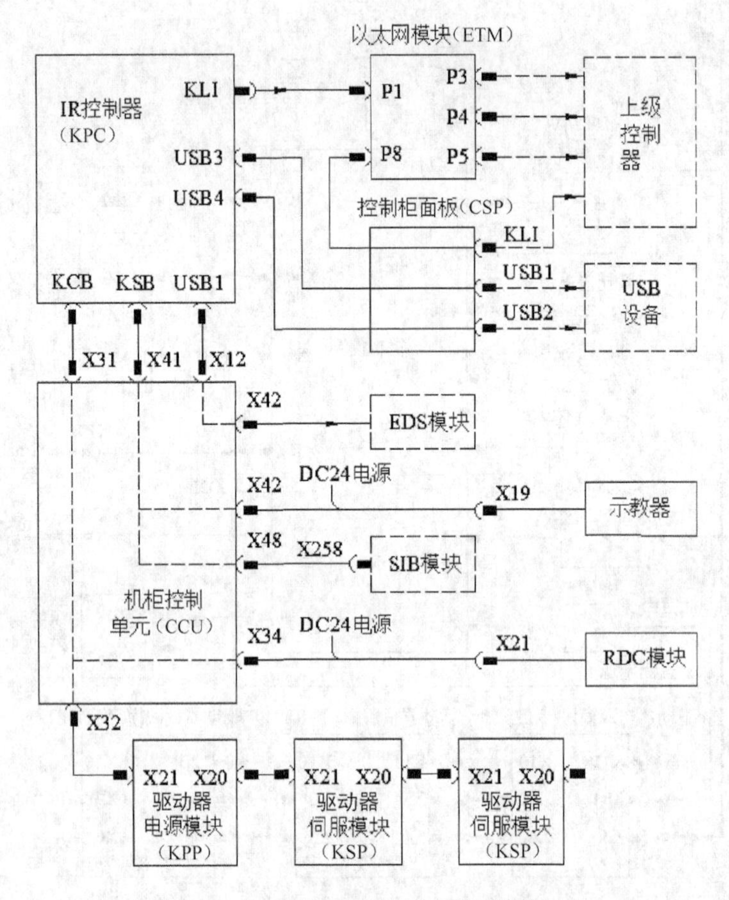

图 4.3-2　KRC4 系统网络总线连接总图

KRC4 系统控制部件根据不同的数据传输速率和通信控制要求，分为 KUKA 控制总线网（KCB 网）、KUKA 系统总线网（KSB 网）和 PC 标准串行数据总线接口（USB 接口）、以太网接口（KLI）等部分。

KCB 网用于伺服驱动器电源模块（KPP）、驱动器伺服模块（KSP）、编码器接口模块（RDC）连接。KSB 网用于 Smart PAD 示教器、安全信号连接模块（SIB）以及其他扩展 Ether CAT 输入/输出设备的连接。USB 接口用于 U 盘、存储卡、打印机等 PC 通用串行设备连接。KLI 用于调试计算机、PLC 等上级控制器连接。

4.3.2　电源连接电路

1. 主电源连接电路图

KRC4 标准型系统的主电源为 3 相 AC400V 输入，输入电源通过控制柜的电源输入连接器 X1 输入，控制柜内部的主电源连接电路如图 4.3-3 所示。

输入电源经过总开关 Q1、滤波器 K1、断路器 Q3，作为伺服驱动器电源模块的主电源与 DC24V 电源单元的输入。

KRC4 系统的主电源输入电压为 3 相 AC400V、输入容量为 11～15kVA、进线断路器额定电流为 25～32A（详见后述）。

2. 控制电源连接

KRC4 系统各部件的 DC24V 控制电源由机柜控制单元（CCU）的电源管理板（PMB）管理、分配，DC24V 电源连接器功能及连接电路介绍如下。

（1）机柜控制单元电源管理板（PMB）的 DC24V 控制电源连接器布置如图 4.3-4 所示，电源管理板（PMB）下方的连接器功能如下。

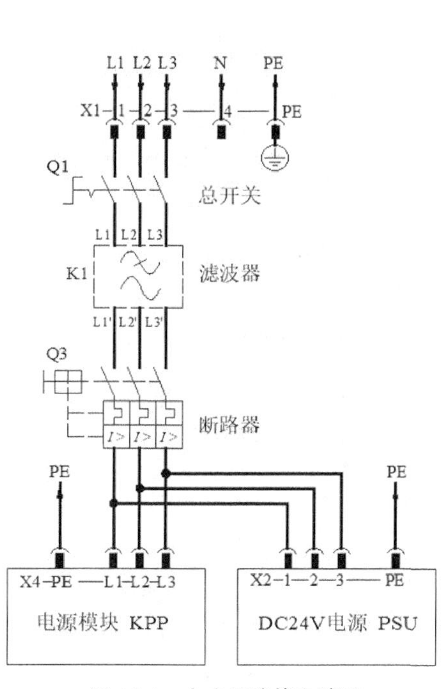

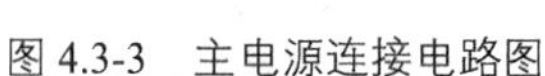

图 4.3-3　主电源连接电路图

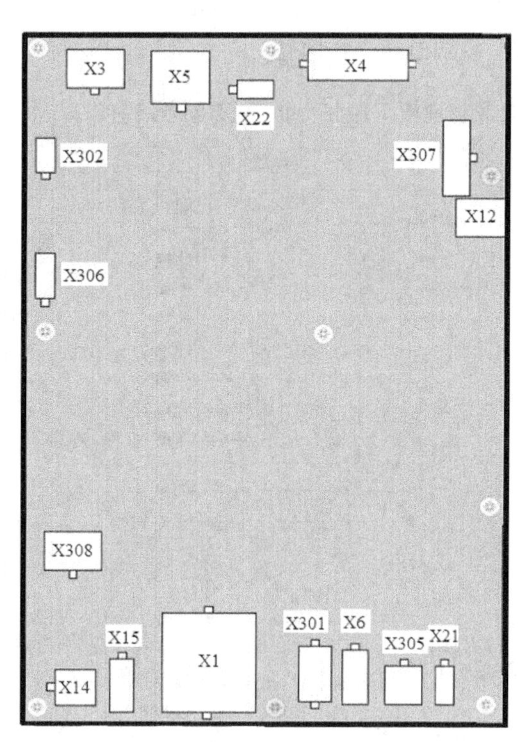

图 4.3-4　PC24V 控制电源连接器布置

① X1：DC24V 电源输入，输入电源来自系统 DC24V 电源单元（PSU）。

② X308：外部 DC24V 电源输入，可用于安全信号输入电路独立供电。如果安全信号不使用外部 DC24V 电源，外部电源输入端与系统内部 DC24V 电源短接。

③ X14：控制柜外置风机 DC24V 电源输出及风机检测信号输入。

④ X15：控制柜内置风机（选项）DC24V 电源输出。

⑤ X301：用于外部附加控制部件供电的 DC24V/7A 安全电源输出端（预留）。X301 电源只有驱动器启动、电机制动器松开（Q5、Q6 为 ON）时才能输出。

⑥ X6：用于外部附加控制部件供电的 DC24V/7.5A 电源输出端（选项）。X6 电源在控制系统总电源接通后便可输出。

⑦ X305：系统后备电池 DC24V 输入。KRC4 系统的后备电池用于主电源非正常断开时的 IR 控制器关机、数据保存，系统使用 2 只 DC12V 电瓶串联供电，系统正常工作时，可以对电瓶自动充电。

⑧ X21：编码器接口模块（RDC）DC24V 电源输出。

（2）电源管理板（PMB）上方的连接器功能如下。

① X306：Smart PAD 示教器 DC24V 电源输出。

② X302：安全信号接口模块（SIB）DC24V 电源输出。

③ X3：驱动器伺服模块（KSP）及驱动器电源模块（KPP）制动器的 DC24V 电源输出。

④ X5：工业以太网接口模块（ETM）DC24V 电源输出。

⑤ X22：控制柜照明（选项）用 DC24V 电源输出。

⑥ X4：IR 控制器（KPC）与风机、驱动器电源模块（KPP）的 DC24V 电源输出。

⑦ X307：控制柜面板（CSP）DC24V 电源输出。

⑧ X12：USB 接口，连接 IR 控制器（KPC）的 USB1 接口。

3. 控制电源连接电路

电源管理板（PMB）的连接电路如图 4.3-5 所示，图中虚线为系统选择部件。

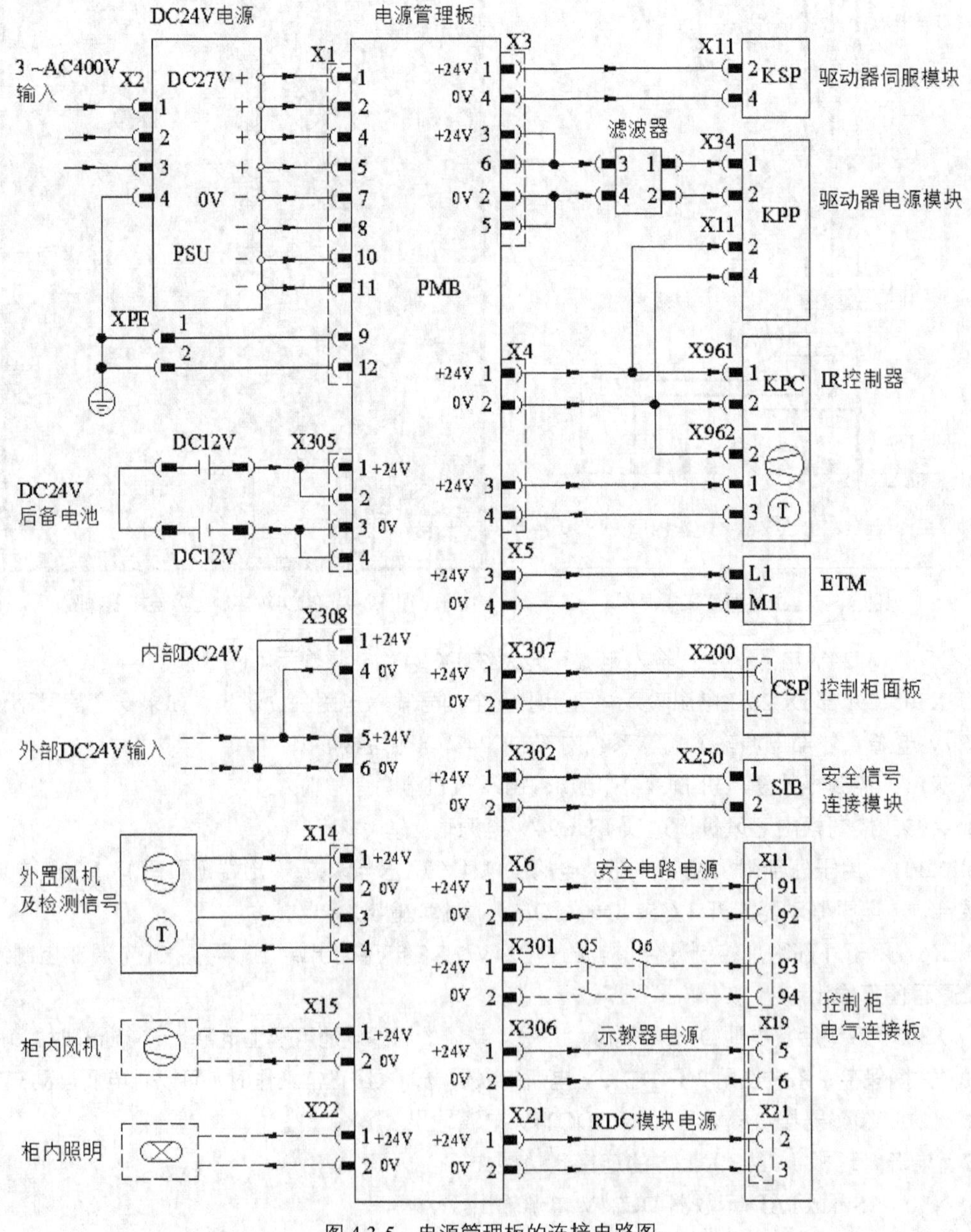

图 4.3-5　电源管理板的连接电路图

电源管理板（PMB）的 DC24V 电源由电源单元（PSU）统一提供，DC24V 电源不仅用于系统控制装置的供电，而且还用于控制柜风机、照明等辅助器件的供电。系统的 Smart PAD 示教器电源（X306）、编码器接口模块电源（X21）及用于外部附加部件供电的电源（X6、X301），分别连接到控制柜电气接线板的示教器连接器 X19、编码器接口模块连接器 X21 及外部控制信号连接器 X11 上，DC24V 电源可连同示教器系统总线（KSB）、编码器接口模块控制总线（KCB）及其他控制信号（如安全输入/输出信号等），通过统一的连接电缆互联。

4.3.3 控制信号连接电路

KRC4 系统的控制信号主要包括电源总开关检测（辅助触点）、制动电阻及辅助部件温度检测输入、外部操作（机器人急停、手动操作确认、防护门关闭等）安全输入、关节轴保护（碰撞、超程检测）高速检测输入等输入信号，以及用于驱动器主回路（主接触器辅助）通断控制、安全防护门关闭指示的安全输出信号等。

KRC4 标准型系统的机柜控制单元（CCU）集成有系统基本输入信号连接的接口，可用于电源总开关辅助触点、温度检测、关节轴保护等基本输入及外部机器人急停、手动操作确认安全输入信号的连接。选配标准安全信号连接模块（SIB）后，系统可增加 5/3 点安全输入/输出信号连接接口。如需要，还可进一步选配扩展安全信号连接模块，还可增加 8/8 点安全输入/输出信号连接接口。

1. CCU 控制信号连接电路图

KRC4 标准型系统的控制信号可通过机柜控制单元（CCU）的机柜接口板（CIB）连接，信号连接器功能及连接电路如下。

（1）连接器及功能。机柜接口板（CIB）的控制信号连接器布置如图 4.3-6 所示。

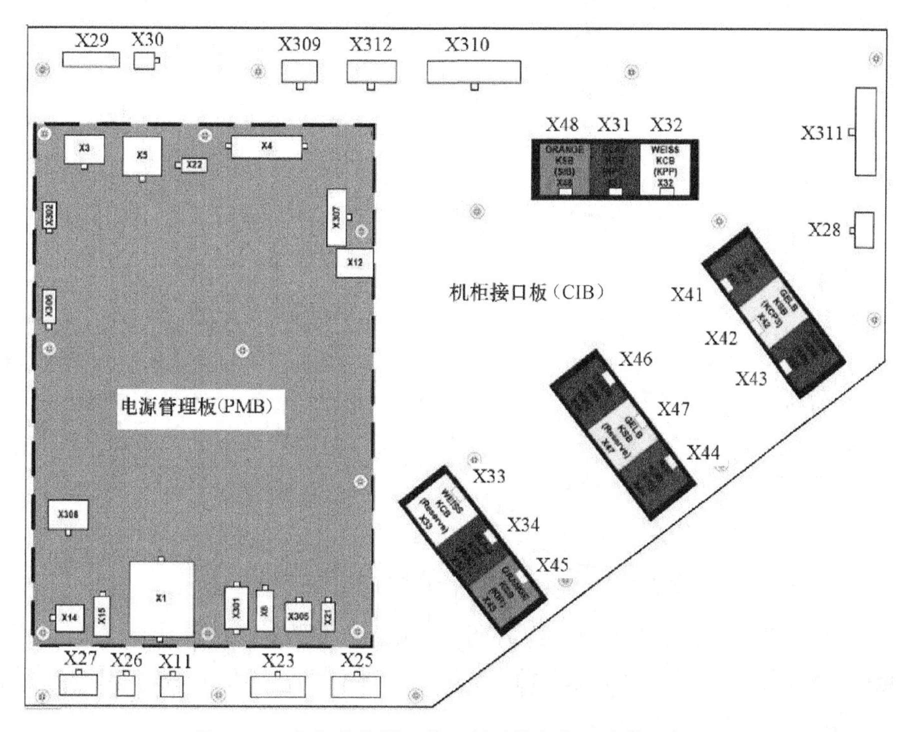

图 4.3-6　机柜控制单元接口板的控制信号连接器布置

机柜接口板（CIB）下方的连接器功能如下。

① X27：热交换器（选配）温度传感器输入信号。

② X26：变压器（选配）温度传感器输入信号。

③ X11：电源总开关辅助触点输入。

④ X23、X25：快速测量信号 1～6、7/8 输入（选配）。KRC4 系统最大允许连接 8 个快速测量输入信号，快速测量信号多用于自动生产线集中控制机器人的关节轴碰撞检测、超程等安全检测。连接端可从控制柜电气连接板的连接器 X33 引出，通过专用电缆与机器人连接。

机柜接口板（CIB）上方的连接器功能如下。

① X29：电子数据存储器（EDS）连接接口，连接机柜控制单元 EDS 存储卡。

② X30：制动电阻温度传感器输入信号。

③ X309、X312：主接触器控制信号。

④ X310：安全输入信号 2/3、安全输出信号 2/3 连接器（选配）。

⑤ X311：CCU 集成安全信号连接器，可用于双通道输入的外部操作确认、急停信号（NHS）连接。

⑥ X28：机器人位置校准信号连接（选配）。

⑦ X31～34、X41～48：网络总线连接器（详见后述）。

（2）连接电路。机柜接口板（CIB）基本控制信号的连接电路如图 4.3-7 所示，图中虚线为系统选配部件。

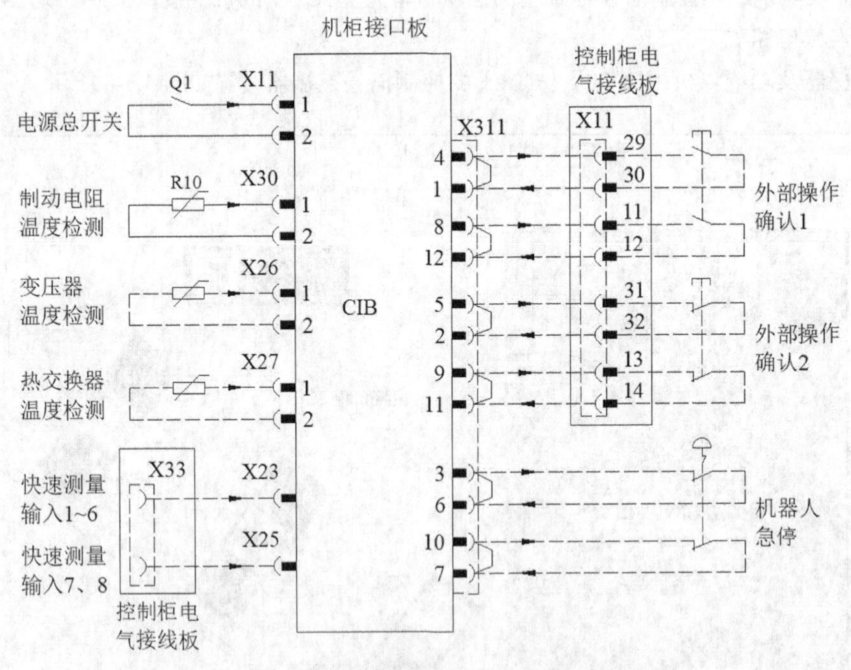

图 4.3-7　机柜接口板基本控制信号的连接电路图

CCU 集成安全信号连接器 X311 的连接端可从控制柜电气连接板的连接器 X11 引出，通过控制信号连接电缆与外部操作器件连接。急停信号（NHS）可用于急停按钮连接。不使用外部安全信号时，应将信号输入端短接。

CCU 集成安全信号连接器 X311 的外部操作确认 1、2 及急停输入信号作用与示教器的手握开关及急停按钮相同。外部操作确认 1 相当于手握开关中间位置，当机器人选择手动操作模式 T1 或 T2 时，信号输入必须为 ON 状态，才能启动伺服、移动机器人。外部操作确认 2 相当于手握开关握下位置，正常工作时输入必须为 ON 状态，信号一旦断开，关节轴将立即停止运动。外部急停信号（NHS）相当于示教器急停按钮，信号一旦断开，将直接断开前端驱动器主电源，机器人紧急停止。

外部安全信号为双通道安全输入，如果系统不使用外部操作部件，应将连接器 X311（或电气连接板控制信号连接器 X11）的信号输入通道按图 4.3-7 短接。

2. SIB 控制信号连接电路图

安全信号连接模块（SIB）是用于系统安全输入/输出信号连接的选择部件，选配 SIB 标准模块时，系统可在机柜接口板（CIB）集成安全输入信号的基础上，增加 5/3 点双通道安全输入/输出信号连接接口。如选配 SIB 扩展模块，可增加 5/5 点双通道安全输入/输出信号。

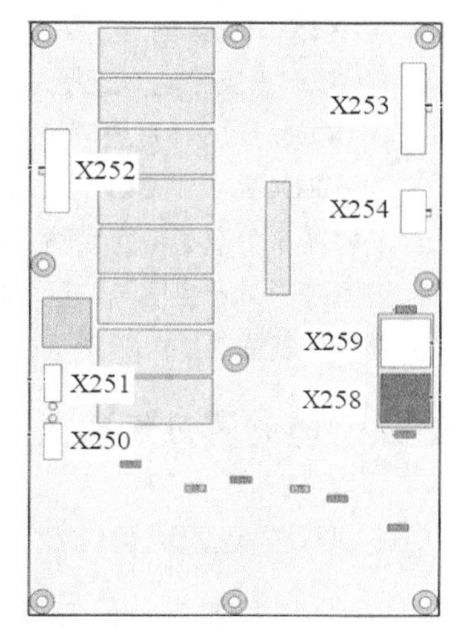

图 4.3-8　SIB 标准模块

SIB 标准模块连接与其连接电路分别如图 4.3-8 和图 4.3-9 所示，连接器功能如下。

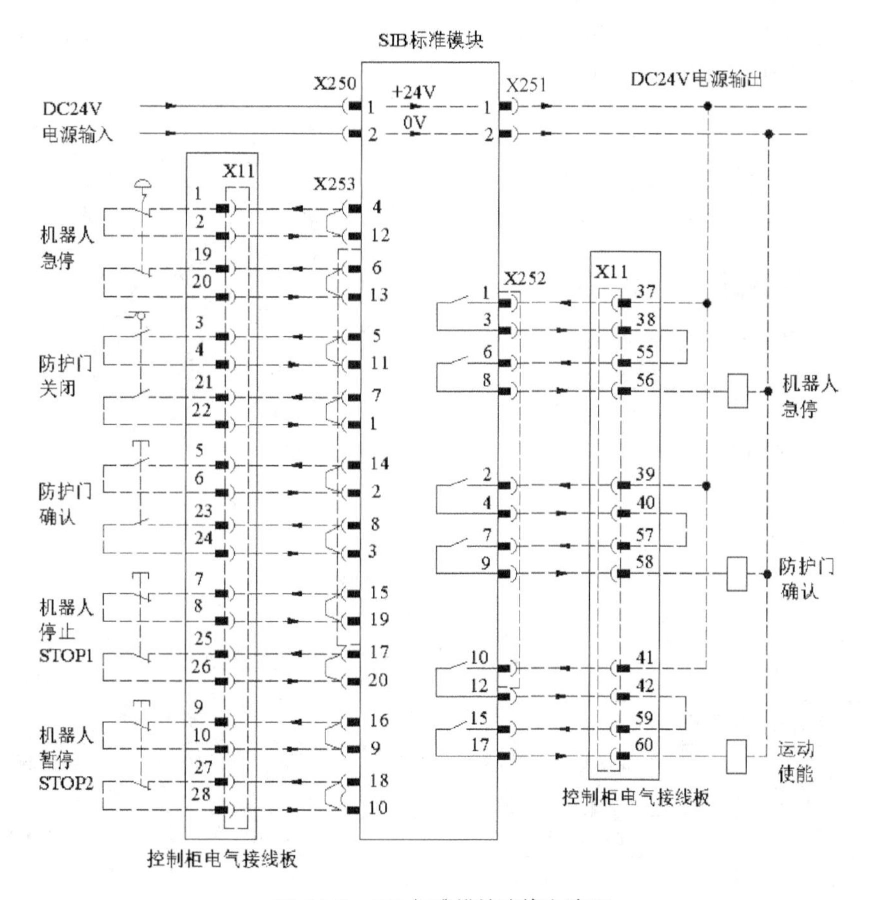

图 4.3-9　SIB 标准模块连接电路图

① X250：DC24V 控制电源输入。

② X251：DC24V 控制电源输出，可用于 SIB 扩展模块或其他部件的 DC24V 供电。

③ X252：安全输出，可连接 3 点、双通道安全输出信号。

④ X253：安全输入，可连接 5 点、双通道安全输入信号。

⑤ X254：安全输入连接端（备用）。

⑥ X258/X259：系统总线（KSB）输入/输出。

⑦ KRC4 系统的 SIB 标准模块可连接外部机器人急停、防护门关闭、防护门确认及机器人停止、机器人暂停 5 个双通道冗余输入安全信号，并输出机器人急停、防护门确认、机器人运动使能 3 个双通道冗余输出安全信号。安全输入/输出信号连接端可通过控制柜电气连接板的连接器 X11 引出，与外部控制装置连接。

4.3.4 驱动器及编码器连接电路

1. 驱动器连接器及功能

KRC4 标准型系统的伺服驱动器为模块式结构，6～8 轴机器人驱动器一般由 1 个电源模块（或电源/伺服集成模块）和 2 个伺服模块组成。

KRC4 系统伺服驱动器的电源模块、伺服模块、电源伺服集成模块外观相同，但是连接器编号、电气连接要求有所区别，驱动器连接器及功能如图 4.3-10 和表 4.3-1 所示，表中 X2、X3、X4、X7、X6、X33、X34 项的连接器代号、名称及连接要求有所不同。

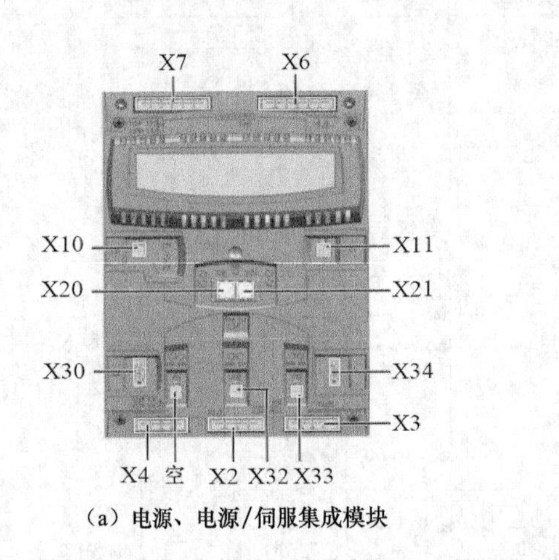

（a）电源、电源/伺服集成模块

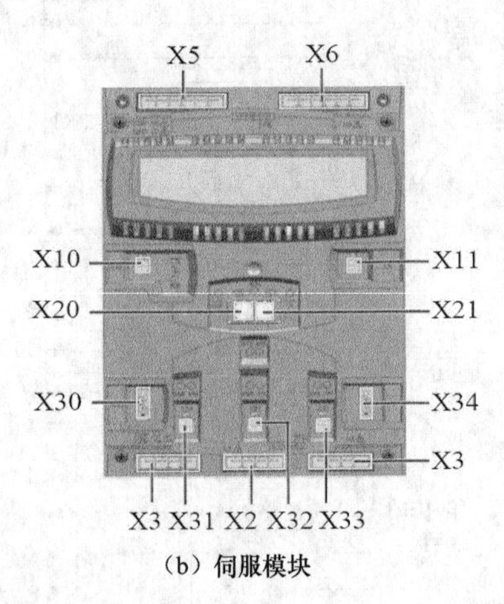

（b）伺服模块

图 4.3-10 驱动器连接器

表 4.3-1 驱动器连接器代号、名称及连接要求

电源及电源/伺服集成模块			伺服模块		
代号	名称	连接要求	代号	名称	连接要求
X30	DC24V 制动器电源输出	连接第 1 伺服模块制动器电源输入 X34	X30	DC24V 制动器电源输出	连接下一伺服模块制动器电源输入 X34
X20	KCB 输出	连接第 1 伺服模块 KCB 输入 X21	X20	KCB 输出	连接下一伺服模块 KCB 输入 X21

（续表）

电源及电源/伺服集成模块			伺服模块		
代号	名称	连接要求	代号	名称	连接要求
X10	DC24V 控制电源输出	不使用	X10	DC24V 控制电源输出	连接下一伺服模块控制电源输入 X11
X7	制动电阻	连接制动电阻	X5	直流母线输出	连接下一伺服模块直流母线输入 X6
X6	直流母线输出	连接第 1 伺服模块直流母线输入 X6	X6	直流母线输入	连接电源或上一伺服模块直流母线输出 X6
X11	DC24V 控制电源输入	连接 CCU 电源管理板 DC24V 输出 X4	X11	DC24V 控制电源输入	连接 CCU 电源管理板 X4 或上一伺服模块 X10
X21	KCB 输入	连接 CCU 机柜接口板 KCB 输出 X32	X21	KCB 输入	连接电源或上一伺服模块 KCB 输出 X20
X34	DC24V 制动器电源输入	连接 CCU 电源管理板 DC24V 输出 X3	X34	DC24V 制动器电源输入	连接电源或上一伺服模块的制动器输出 X30
X3	E2 轴电机电枢	仅电源/伺服集成模块	X3	第 3 轴电机电枢	连接第 3 轴伺服电机电枢
X33	E2 轴制动器	仅电源/伺服集成模块	X33	第 3 轴制动器	连接第 3 轴电机制动器
X32	E1 轴制动器	仅电源/伺服集成模块	X32	第 2 轴制动器	连接第 2 轴电机制动器
X2	E1 轴电机电枢	仅电源/伺服集成模块	X2	第 2 轴电机电枢	连接第 2 轴伺服电机电枢
—	—	不使用	X31	第 1 轴制动器	连接第 1 轴电机制动器
X4	3～400V 主电源输入	连接系统 3～400V 电源输入	X1	第 1 轴伺服电机电枢	连接第 1 轴电机电枢

2. 驱动器电源连接电路

6 轴标准结构的垂直串联机器人驱动器通常使用 KPP 600-20（DC600V/14kW）电源模块和 2 只 KSP 600-3×40（或 KSP 600-3×64）3 轴伺服模块，伺服驱动器电源连接电路如图 4.3-11 所示。

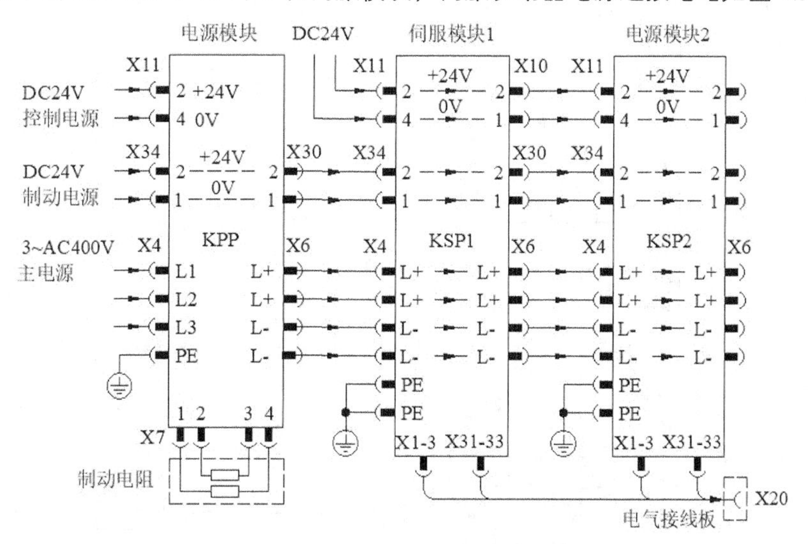

图 4.3-11　伺服驱动器电源连接电路图

电源模块的主回路（直流母线整流电源）输入为 3 相 AC400V，连接电路可参见图 4.3-3。电源模块的 DC24V 控制电源来自机柜控制单元（CCU）的连接器 X4，电源模块的 DC24V 制动电源、伺服模块的DC24V控制电源来自机柜控制单元（CCU）的连接器X3，连接电路可参见图4.3-5。电源模块的DC24V制动电源输入端安装有滤波器。

在驱动器内部，主电源经电源模块的整流、调压，可在连接器X6上输出DC600V直流母线电压，伺服模块的直流母线利用连接器X6、X4，并联在电源模块的DC600V输出上。用于直流母线电压调节、伺服电机制动能量消耗的制动电阻连接在电源模块连接器X7上。从电源模块输入的DC24V制动电源，通过与连接器X4、X6并联提供给伺服模块（KSP1、KSP2）。

伺服模块的电枢、制动器输出连接器 X1～X3、X31～X33 的连接端统一从控制柜电气接线板连接器X20引出，并通过电枢电缆与机器人连接（见后述）。

3. RDC连接电路

编码器接口模块（RDC）用于伺服电机内置编码器（多极旋转变压器）及机器人零点校准测头（EMD）连接。RDC安装在机器人基座上。

RDC 的连接器与连接电路分别如图 4.3-12 和图4.3-13所示，A2～A8轴编码器连接器X2～X8的连接方法与A1轴编码器连接器的连接方法相同。

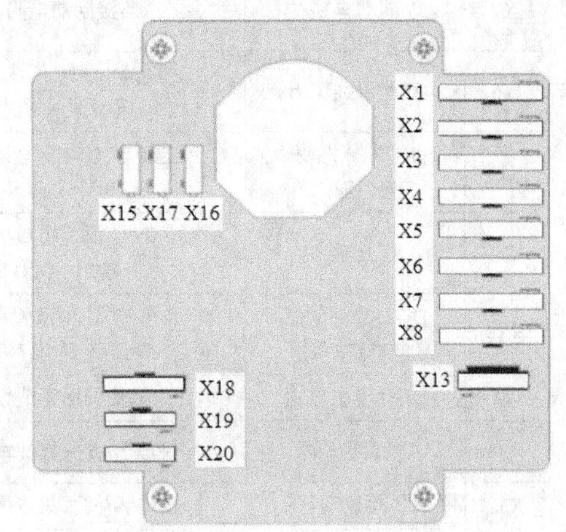

图4.3-12　RDC的连接器

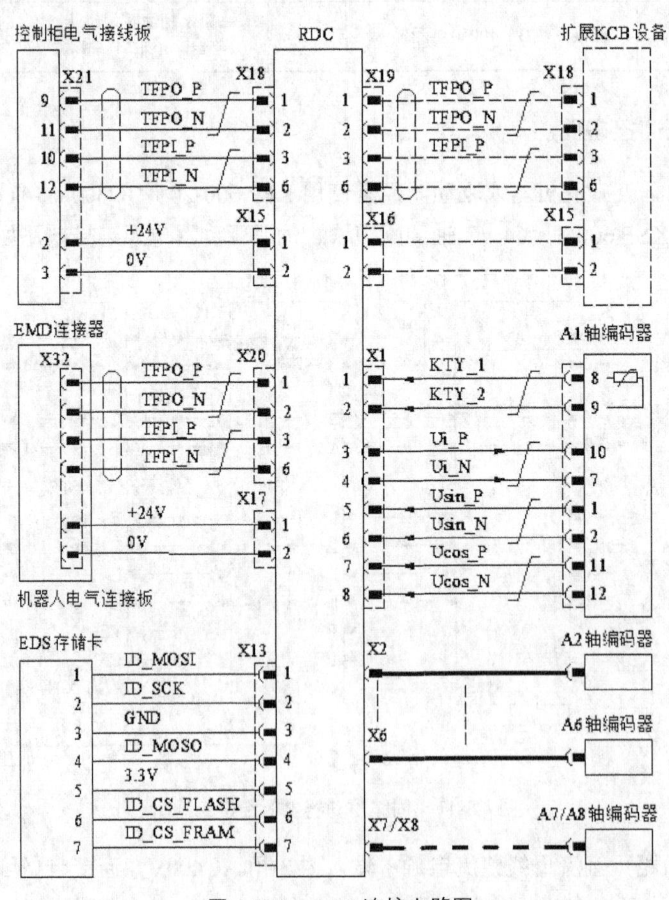

图4.3-13　RDC连接电路图

编码器接口模块（RDC）连接器的功能如下。

① X1～X6：连接机器人基本关节轴 A1～A6 伺服电机内置编码器。

② X7、X8：连接机器人附加轴 A7、A8 伺服电机内置编码器。

③ X13：连接机器人绝对位置存储卡 EDS。

④ X15/X16：DC24V 控制电源输入/输出。

⑤ X17：机器人零点校准测头（EMD）电源。

⑥ X18/X19：KCB 输入/输出（见下述）。

⑦ X20：机器人零点校准测头（EMD）信号。

机器人关节轴绝对位置存储卡 EDS 安装在机器人基座上。机器人零点校准时，EMD 可与机器人接线板的连接器 X32 连接。在使用扩展 RCB 设备的机器人上，RDC 的 KCB 输出（X19）及 DC24V 电源输出（X16）可用于扩展 KCB 设备连接。

4.3.5 网络总线连接电路

1. KCB 连接电路

KCB 用于 KRC4 系统的伺服驱动系统部件连接，其网络连接电路如图 4.3-14 所示，图中的 TFPO_P/TFPO_N、TFPI_P/TFPI_N 分别为 KUKA 控制总线（KCB）的以太网数据发送（Transceiver Data）信号 TD+/TD–、数据接收（Receiver Data）信号 RD+/RD–。

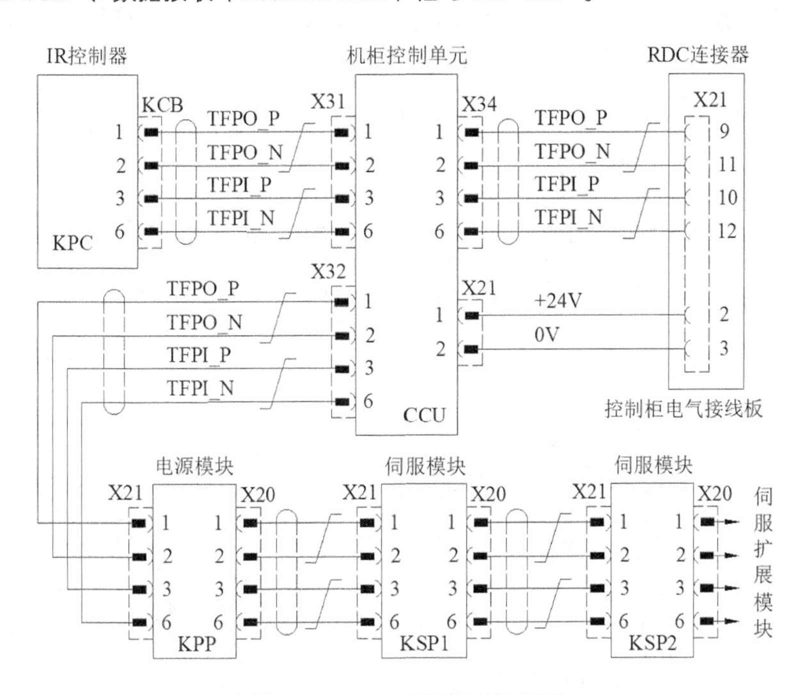

图 4.3-14 KCB 网络连接电路图

KCB 网络采用星形和总线型组合拓扑结构，星形网以机柜控制单元（CCU）为中心节点，IR 控制器（KPC）、编码器接口模块（RDC）、驱动器电源模块（KPP）为远程节点。驱动器的电源模块与伺服模块间采用总线型网络链接。

在 KCB 网络中，IR 控制器（KPC）需要通过 LAN 双网卡（Dual NIC）与 CCU 连接，连接编码器接口模块（RDC）的 KCB 可连同 DC24V 控制电源，通过控制柜电气连接板上的连接器 X21 与安装在机器人上的 RDC 连接。在使用双电机驱动的大型、重型机器人或使用 3 轴以上变位器的复杂系统上，附加的伺服扩展模块（电源、伺服模块）可直接通过第 2 伺服模块的 KCB 连接器 X20 继续向下扩展。

KCB 网络的数据传输速率较高（数据更新周期为 125μs），总线连接电缆需要使用图 4.3-15 所示的 100BASE-TX 标准 7 类（CAT 7/7a）双绞屏蔽电缆（STP），连接器为 RJ45（EIA/TIA T568A 标准），总线最大连接距离为 100m。

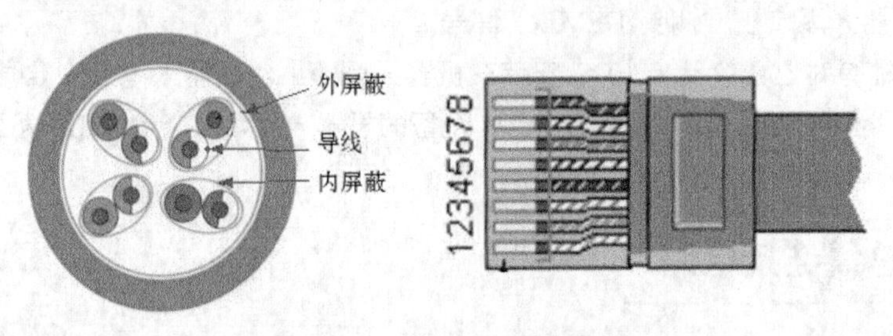

图 4.3-15 KCB 网络连接电缆

2. KSB 及 CSP 连接电路

KSB 及控制柜面板（CSP）连接电路如图 4.3-16 所示，图中的 TFPO_P/TFPO_N、TFPI_P/TFPI_N 分别为 KUKA 系统总线（KSB）的以太网数据发送（Transceiver Data）信号 TD+/TD−、数据接收（Receiver Data）信号 RD+/RD−。

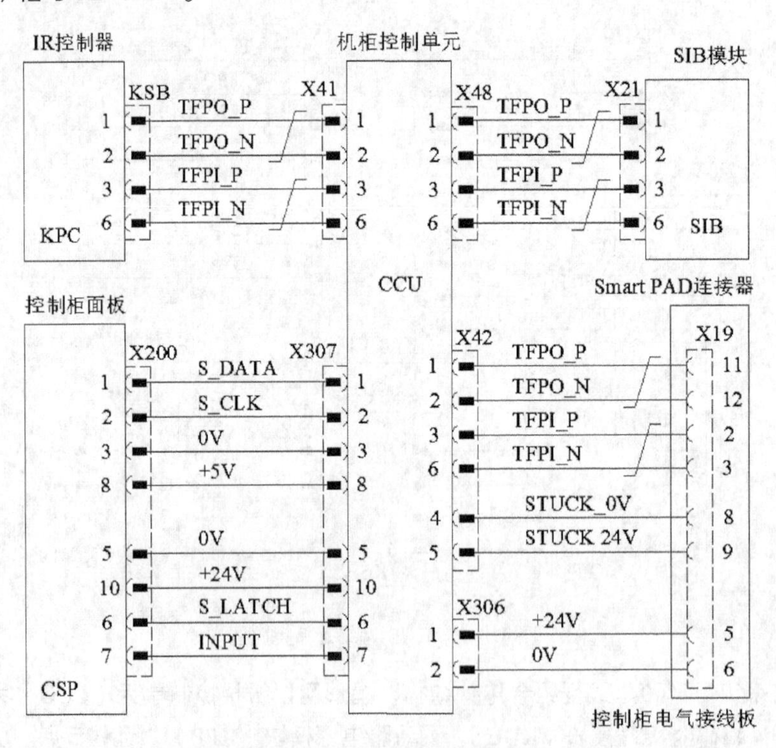

图 4.3-16 KSB 网络连接电路图

KSB 用于系统主要输入/输出操作部件连接，KSB 网络采用星形拓扑结构，机柜控制单元（CCU）

为中心节点，Smart PAD 示教器、安全信号连接模块（SIB）为远程节点。

在 KSB 网络中，IR 控制器（KPC）直接通过主板集成网络接口与 CCU 连接。KRC 系统的 Smart PAD 示教器具有热插拔功能，允许在通电的状态下从控制系统中取下，示教器的连接状态可通过 Stuck（连接器插入）信号检测，为此，连接 Smart PAD 示教器的网络总线需要连同 DC24V 控制电源、连接器插入信号（Stuck），通过控制柜电气连接板上的连接器 X19 与示教器连接。

控制柜面板（CSP）安装有 6 个工作状态及故障显示指示灯，是系统的辅助输出部件，包含输出（发送）数据 S_DATA、时钟 S_CLK、选通 S_LATCH/INPUT 等信号指示灯及 DC24V 控制电源，因此，CSP 直接通过连接电缆与机柜控制单元（CCU）连接。

KCB 网络的数据传输速率较低（数据更新周期为 1ms），总线连接电缆可使用 100BASE - TX 标准 5 类（CAT 5/5a）无屏蔽双绞电缆（UTP），连接器为 RJ45（EIA/TIA T568A 标准），总线最大连接距离为 100m。

3. USB、存储卡及以太网连接电路

KRC4 系统的 USB、存储卡及以太网连接电路如图 4.3-17 所示。KRC4 系统的 IR 控制器使用的是工业 PC，其 USB 接口、以太网接口的连接电路与通用 PC 相同。由于系统数据使用 EDS 存储卡保存，在机柜控制单元上需要将 USB 接口转换为 EDS 存储卡连接接口。

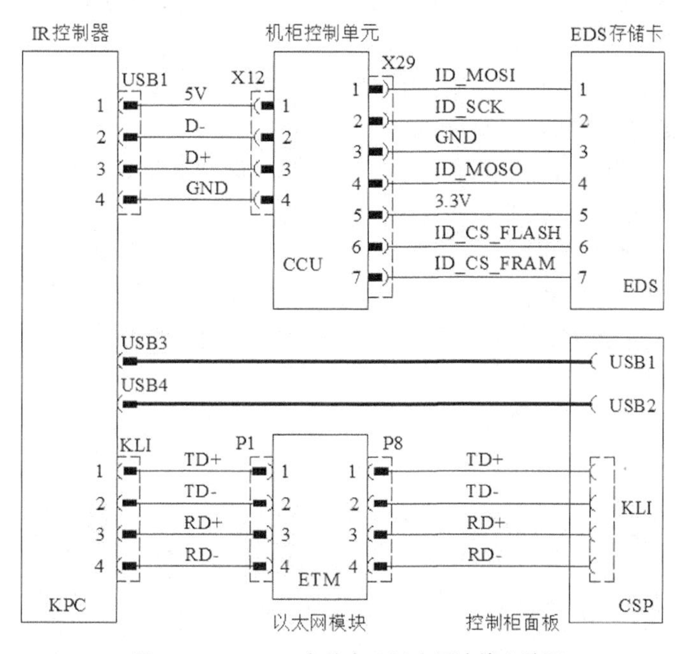

图 4.3-17 USB、存储卡及以太网连接电路图

4.3.6 控制柜外部连接

1. 控制柜电气连接板

机器人控制系统控制柜的内部连接电路已由机器人生产厂家（KUKA）完成，控制柜与机器人及外部控制部件的连接电缆，需要在机器人安装完成后，用户再进行安装或连接。

控制柜与机器人及外部控制部件连接的电缆连接器安装在控制柜下方的电气接线板上（参见图

4.1-9），连接要求与机器人系统结构、功能有关。

例如，独立使用的6轴标准结构机器人的控制柜电气连接板连接器安装示例如图4.3-18所示，连接器代号与功能如下。

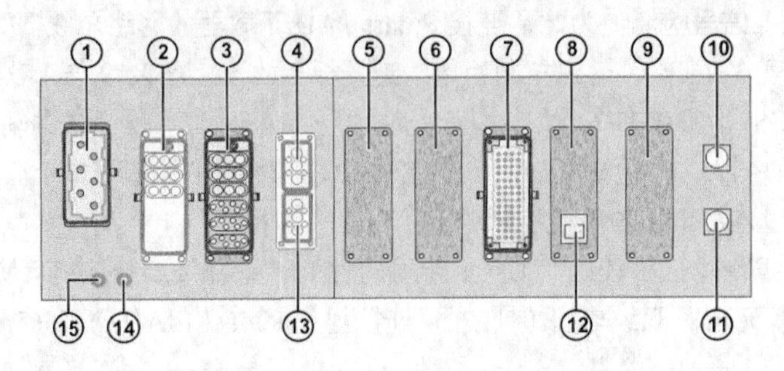

图4.3-18　标准控制柜电气连接板连接器安装示例

①——输入电源连接器X1（或XS1）。连接机器人输入电源。

②——附加轴电机连接器X7（选配）。在使用机器人、工件变位器等附加轴控制的机器人上，用来连接E1～E6轴伺服电机M7～M12电枢。

③——机器人轴电机连接器X20。连接A1～A6轴伺服电机M1～M6电枢及制动器。

④、⑤、⑥、⑧、⑨、⑫、⑬——附加设备连接器。在选择附加功能部件的机器人上，用于控制系统附件连接。

⑦——安全信号连接器X11。连接外部急停等安全输入信号。

⑩——示教器连接器X19。连接Smart PAD示教器。

⑪——编码器连接器X21。连接编码器接口模块（RDC）的KCB及DC24V电源。

⑭、⑮——接地端子。连接控制系统保护接地线。

如果机器人用于自动生产线作业，则需要由上级控制器进行集中控制，系统需要接入工业以太网，并利用快速测量输入、位置校准输入等自动运行检测信号控制机器人安全运行，通常无须使用安全信号连接器X11，网络控制柜电气连接板连接器安装示例如图4.3-19所示，连接器代号与功能如下。

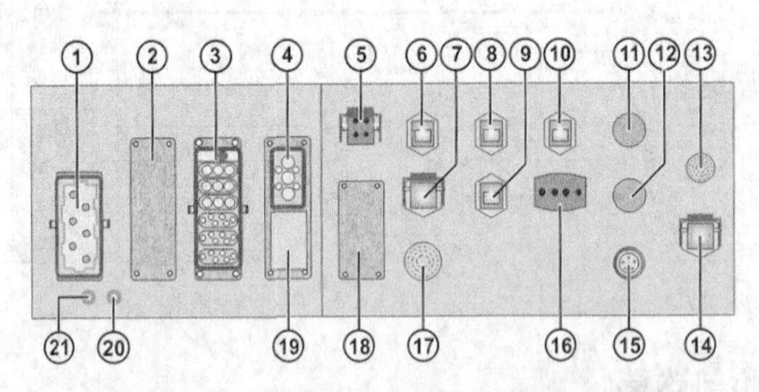

图4.3-19　网络控制柜电气连接板连接器安装示例

①——输入电源连接器X1（或XS1）。连接机器人输入电源。

②、⑥、⑦、⑪、⑫、⑱、⑲——附加设备连接器。在选择附加功能部件的机器人上，用于控制系统附件连接。

③——机器人轴电机连接器X20。连接A1～A6轴伺服电机M1～M6电枢及制动器。

④——附加轴电机连接器X7.1。连接A7轴伺服电机M7电枢及制动器。

⑤ ——电源 ON/OFF 控制信号连接器 X210。连接主电源 ON/OFF 控制信号。

⑧ ——工业以太网接口 X212。工业以太网输入。

⑨ ——工业以太网接口 X214。工业以太网输出。

⑩ ——工业以太网接口 X215E。连接工业以太网控制器。

⑬ ——示教器连接器 X19。连接 Smart PAD 示教器。

⑭ ——编码器连接器 X21。连接编码器接口模块（RDC）的 KCB 及 DC24V 电源。

⑮ ——位置校准输入连接器 X42。连接机器人位置校准信号。

⑯ ——工业以太网电源连接器 X215P。连接工业以太网控制器电源。

⑰ ——快速测量输入连接器 X33。连接机器人快速测量输入信号。

⑳、㉑ ——接地端子。连接控制系统保护接地线。

作为机器人控制系统最基本的外部连接要求，控制系统输入电源、机器人关节轴伺服电机、编码器接口模块（RDC）、Smart PAD 示教器是任何机器人都必须连接的外部设备。KRC4 系统的编码器接口模块（RDC）、Smart PAD 示教器的连接电缆由 KUKA 公司配套提供，电缆连接要求可参见图 4.3-13 和图 4.3-16。系统输入电源、外部 DI/DO 信号及伺服电机电枢的连接要求如下。

2. 输入电源与 DI/DO 信号连接

（1）输入电源连接。KUKA 机器人控制系统的输入电源、保护接地线需要用户连接，KRC4 系统的输入电源连接器（X1）的连接要求如表 4.3-2 所示。

表 4.3-2　电源连接器的连接要求

X1 引脚	1	2	3	4	5	6
连接	L1	L2	L3	N	—	—

系统对输入电源的要求如下。

① 输入电压：额定 3～AC400V（“3～”为 3 相交流），允许范围 ± 10%（360～440V）。

② 输入频率：50/60Hz，允许误差 ± 1Hz。

③ 输入容量：11～15kVA，不同规格机器人有所区别，详见控制柜品牌。

④ 输入断路器：25～32A，不同规格机器人有所区别，详见控制柜品牌。

⑤ 漏电保护（RCD 动作）电流：300mA（全电流敏感型）。

（2）DI/DO 信号连接。机器人控制系统的 DI/DO 信号连接包含机柜控制单元（CCU）、安全信号连接模块（SIB）的外部急停、安全防护门、操作确认等输入信号和外部电源通断、安全运行指示灯等控制部件的连接。

KRC 控制系统的 DI 信号输入接口电路采用光耦隔离电路，输入接口电路的主要技术参数如下。

① 信号 ON 电平：DC11～30V。

② 信号 OFF 电平：DC–3～5V。

③ 信号 ON 电流：DC6.5～15mA（与输入电平有关，DC24V 时，电流大于 10mA）。

④ 最大连接距离：100m。

KRC 控制系统的 DO 信号输出接口电路一般采用光耦驱动电路，输出接口电路的主要技术参数如下。

① 负载电压范围：DC11～30V。

② 负载电流范围：DC10～750mA。

③ 最大连接距离：100m。

3. 伺服电机连接

工业机器人关节轴的定位精度要求不高，其位置、速度检测均使用伺服电机内置式编码器，伺服电机同时还带有制动器、温度检测器件。

伺服电机连接器如图 4.3-20 所示。电枢连接器用来连接电机电枢与制动器，连接器形状及连接端功能如图 4.3-21（a）所示，6 轴电机连接电缆在机器人基座汇总后，通过电枢电缆与控制柜电气连接板的连接器 X20 连接（参见图 4.3-11）。编码器连接器用来连接多极旋转变压器的激磁信号、正余弦输出信号及电机温度检测电阻，连接器形状及连接端功能如图 4.3-21（b）所示，6 轴编码器电缆需要连接到安装于机器人基座的编码器接口模块（RDC）上，由 RDC 将这些信号转换成系统控制总线（KCB）的通信信号，然后，利用编码器电缆连接器的 KCB 与机器人连接。

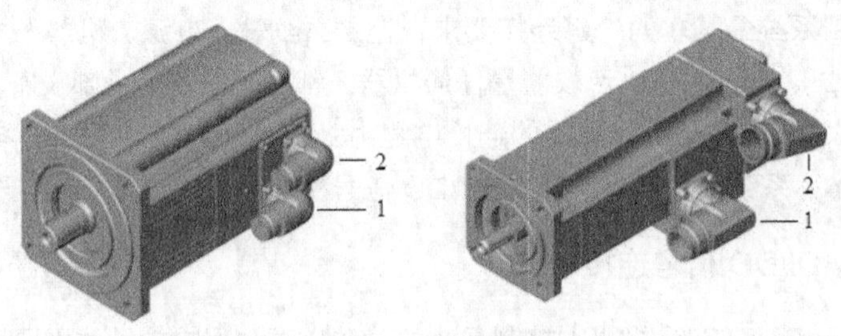

1—电枢连接器；2—编码器连接器

图 4.3-20　伺服电机连接器

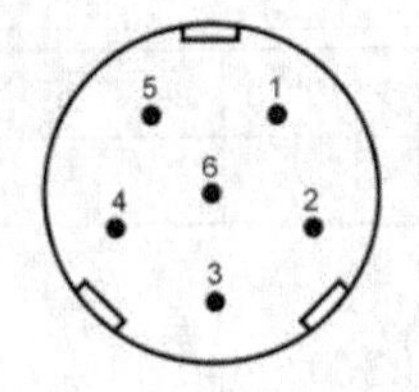

引脚	1	2	3	4	5	6
连接	U	V	PE	BK+	BK−	W

（a）电枢连接器

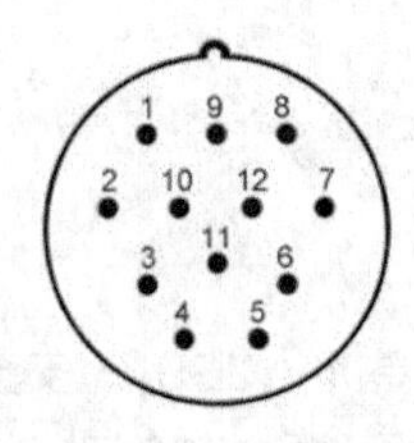

引脚	1/2	8/9	10/7	11/12
连接	Usin	KTY	Ui	Ucos

（b）编码器连接器

图 4.3-21　连接器形状及连接端功能

控制柜电枢电缆连接器 X20 的连接端功能如表 4.3-3 所示。

表 4.3-3　电枢电缆连接器 X20 的连接端功能

伺服电机		伺服模块 1	X20 连接端	伺服电机		伺服模块 2	X20 连接端
M1	电枢	X1-U1	A1	M4	电枢	X1-U1	D1
		X1-V1	A2			X1-V1	D3
		X1-W1	A3			X1-W1	D4
	制动器	X31-1	A11		制动器	X31-1	D5
		X31-4	A12			X31-4	D6

（续表）

伺服电机		伺服模块 1	X20 连接端	伺服电机		伺服模块 2	X20 连接端
M2	电枢	X2-U1	B1	M5	电枢	X2-U1	E1
		X2-V1	B2			X2-V1	E3
		X2-W1	B3			X2-W1	E4
	制动器	X32-2	B11		制动器	X32-2	E5
		X32-4	B12			X32-4	E6
M3	电枢	X3-U1	C1	M6	电枢	X3-U1	F1
		X3-V1	C2			X3-V1	F3
		X3-W1	C3			X3-W1	F4
	制动器	X33-3	C11		制动器	X33-3	F5
		X33-4	C12			X33-4	F6

伺服电机的编码器连接器与安装在机器人基座上的编码器接口模块 RDC 连接，RDC 模块可通过编码器连接电缆与控制柜电气连接板的连接器 X21 连接。编码器及 RDC 的连接要求可参见图 4.3-13。

4.4 KRC4-Smallsize 系统与连接

4.4.1 部件安装与连接

1. 系统连接

KRC4-Smallsize（小型）系统可用于控制承载能力为 6～10kg 的 KUKA 小型机器人，控制系统同样由 IR 控制器（简称 KPC_SR，后缀 SR 表示 KRC4-Smallsize 系统，下同）、机柜控制单元（CCU_SR）、伺服驱动器（KPP_SR/KSP_SR）、DC24V 电源单元（PSU）、编码器连接模块（RDC）、Smart PAD 示教器等部件组成。IR 控制器、机柜控制单元、伺服驱动器、DC24V 电源单元安装在控制柜内，编码器连接模块（RDC）安装在机器人上，Smart PAD 示教器采用可移动式安装。

KRC4-Smallsize（小型）系统的连接要求如图 4.4-1 所示。

KRC4-Smallsize（小型）系统的输入电源要求如下。

（1）额定输入电压：单相 AC 200～230V，输入允许范围 ± 10%。

（2）输入电源频率：50Hz ± 1Hz 或 60Hz ± 1Hz。

（3）额定输入容量：2kVA。

（4）输入断路器：16A。

（5）最大发热损耗：400W。

2. 部件安装

KRC4-Smallsize（小型）机器人控制系统的控制柜主要安装有 IR 控制器（KPC_SR）、机柜控制单元（CCU_SR）、伺服驱动器（KPP_SR/KSP_SR）、DC24V 电源单元，以及电源总开关、输入滤波器、散热风机、后备电源等辅助器件，部件安装位置如图 4.4-2 所示。

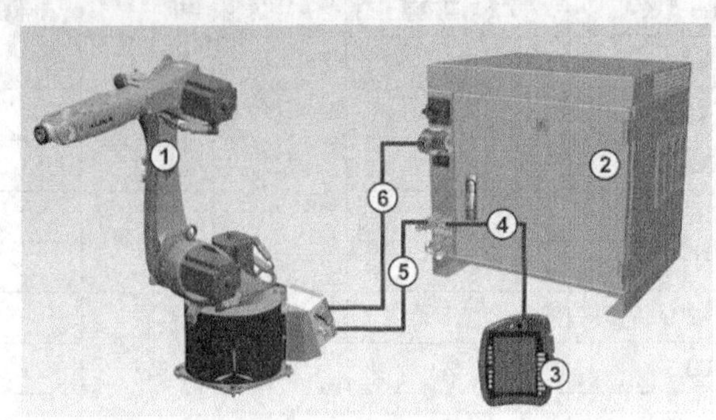

1—机器人；2—控制柜；3—示教器；4—示教器电缆；5—编码器电缆；6—电枢电缆

图 4.4-1　KRC4-Smallsize 系统的连接要求

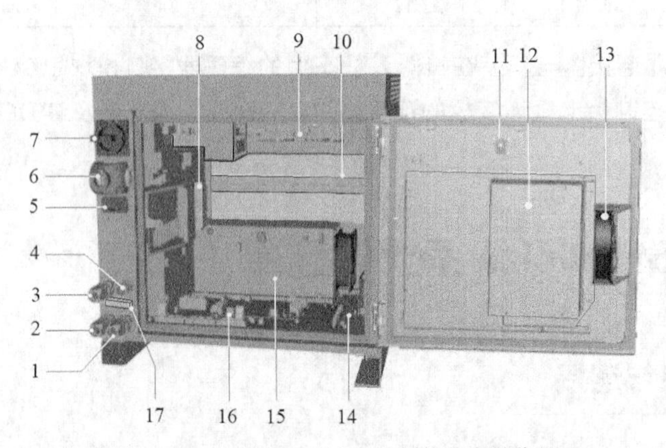

图 4.4-2　KRC4-Smallsize 控制部件安装位置

KRC4-Smallsize 系统的 Smart PAD 示教器、上级控制器等外部设备的连接器、电源总开关布置在电柜左侧，IR 控制器（KPC_SR）安装在电柜门上，6 轴伺服驱动器（KPP_SR/KSP_SR）安装在电柜顶部，DC24V 电源单元（PSU）安装在后板下方，机柜控制单元（CCU_SR）安装在电柜底面。后板中部可用于用户或系统附加控制器件的安装。

图 4.4-2 中的控制部件及连接器的代号、名称、功能如表 4.4-1 所示。

表 4.4-1　KRC4-Smallsize 控制部件代号、名称、功能

序号	代号	名称	功能说明
1	X65	Ether CAT 网络接口	连接 Ether CAT 扩展设备
2	X66	Ethernet 网络接口（RJ45）	网络控制接口，连接上级控制器
3	X21	编码器连接器	连接机器人伺服电机编码器接口模块（RDC）
4	X19	Smart PAD 示教器接口	连接 Smart PAD 示教器
5	X1	电源连接端	连接系统输入电源
6	X20	电枢连接器	连接机器人伺服电机电枢
7	Q1	电源总开关	通断控制系统电源
8	K1	电源滤波器	输入电源滤波
9	KPP/KSP_SR	伺服驱动器	驱动器电源模块/6 轴伺服模块

（续表）

序号	代号	名称	功能说明
10	—	强电安装板	安装系统附加、用户强电器件
11	X69	KUKA 服务接口（KSI）	连接调试计算机等服务设备
12	KPC_SR	IR 控制器	KUKA 工业 PC
13	PC Fan	IR 控制器风机	KUKA 工业 PC 散热风机
14	Bat	后备电源	系统后备电源，电瓶式蓄电池
15	PSU	DC24V 电源单元	系统 DC24V 控制电源
16	CCU_SR	机柜控制单元	连接控制系统部件
17	X11	安全信号连接器	连接安全输入/输出信号

KRC4-Smallsize 系统的电源总开关、滤波器用于系统电源通断与滤波。DC24V 电源单元用来提供 IR 控制器、机柜控制单元和伺服驱动器控制回路的 DC24V 控制电源。后备电源为电瓶式蓄电池，可在电网断电、电源非正常关闭等情况下，使 IR 控制器以受控方式安全关机。系统正常工作时，后备电源可通过电源单元和机柜控制单元（CCU）自动充电。风机用于控制柜散热。

KRC4-Smallsize 系统控制部件的功能与 KRC4 标准型系统控制部件的功能相同，但机柜控制单元（CCU_SR）、IR 控制器（KPC_SR）、伺服驱动器（KPP_SR/KSP_SR）的结构和连接方法与 KRC4 标准型系统控制部件的结构和连接方法不同。

4.4.2 主要部件与连接

1. 机柜控制单元（CCU_SR）

KRC4-Smallsize 系统的机柜控制单元（CCU_SR）用于系统组成部件的 DC24V 电源管理、网络总线和 I/O 信号连接，CCU_SR 组成与结构如图 4.4-3 所示。

KRC4-Smallsize 系统机柜控制单元（CCU_SR）同样由电源管理板（PMB_SR）、机柜接口板（CIB_SR）组成。电源管理板（PMB_SR）是用于各控制部件 DC24V 控制电源分配、保护、监控及后备电源支持、充电的控制电路，机柜接口板（CIB_SR）是连接机器人控制系统各控制部件、实现系统控制信号与数据传送的总线通信接口，两者的功能与 KRC4 标准型系统的电源管理板（PMB）、机柜接口板（CIB）的功能相同，但其外形和结构与 KRC4 标准型系统相应部件的外形和结构不同。

KRC4-Smallsize 系统一般不使用安全信号连接模块（SIB），系统的外部急停、操作确认、安全防护门等安全输入/输出信号，直接利用机柜接口板（CIB_SR）集成接口及电气接线板的安全信号连接器 X11（参见图 4.4-2）与外部控制设备连接，X11 的连接要求可参见 4.4.3 节的控制柜外部连接。

KRC4-Smallsize 系统机柜控制单元（CCU_SR）的电源管理板（PMB_SR）、机柜接口板（CIB_SR）的连接要求如下。

（1）电源管理板（PMB_SR）。KRC4-Smallsize 系统电源管理板（PMB_SR）的外形与连接器布置如图 4.4-4 所示，连接器功能如下。

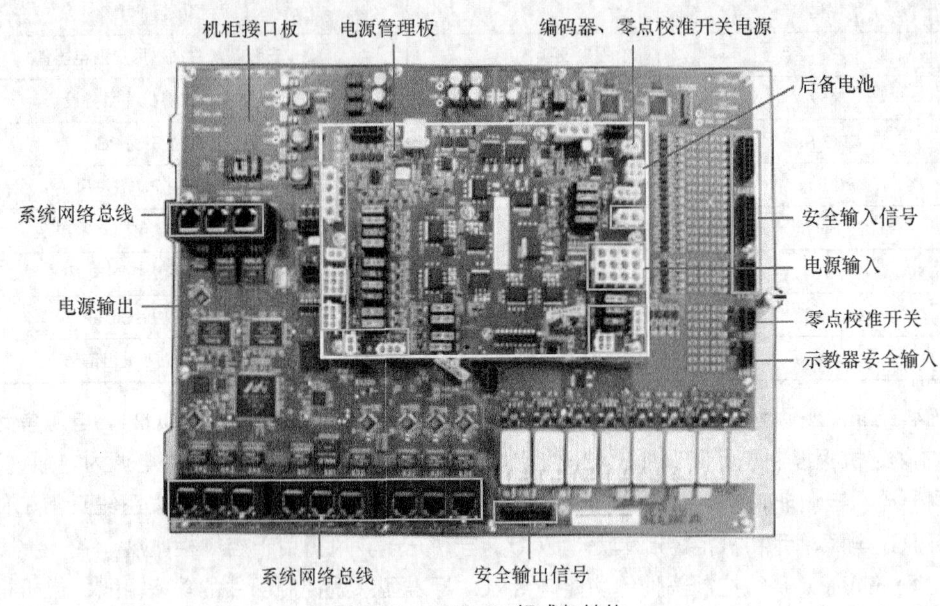

图 4.4-3　CCU_SR 组成与结构

① X3：驱动器电源模块（KPP_SR）DC24V 控制电源和制动器电源输出。

② X5：工业以太网接口模块（ETM）DC24V 电源输出（选配）。

③ X22：控制柜照明 DC24V 电源输出（选配）。

④ X4：IR 控制器（KPC）与风机 DC24V 电源输出。

⑤ X307：DC24V 指示灯电源输出（选配）。

⑥ X12：USB 接口，连接 IR 控制器（KPC）的 USB1 接口。

⑦ X500：备用连接器。

⑧ X501：备用连接器。

⑨ X21：编码器接口模块（RDC）DC24V 电源输出。

⑩ X305：系统后备电源（电瓶）DC24V 输入。

⑪ X6：用于外部附加控制部件供电的 DC24V 电源输出端（选配）。

⑫ X301：用于外部附加控制部件供电的 DC24V 安全电源输出端（预留）。

⑬ X1：DC24V 电源输入，输入电源来自系统 DC24V 电源单元 PSU。

⑭ X15：控制柜风机 DC24V 电源输出。

⑮ X14：控制柜外置风机 DC24V 电源输出。

⑯ X308：外部 DC24V 电源输入。

⑰ X1700：机柜接口板 CIB_SR 互联插头。

⑱ X306：Smart PAD 示教器 DC24V 电源输出。

⑲ X302：具有后备电源支持功能、用于外部附加部件供电的 DC24V 电源输出（选配）。

KRC4-Smallsize 系统电源管理板（PMB_SR）的电源连接电路与 KRC 4 标准型系统电源管理板（PMB_SR）的电源连接电路基本相同，有关内容可参见本章前述。

（2）机柜接口板（CIB_SR）。KRC4-Smallsize 系统机柜接口板（CIB_SR）的外形与连接器布置如图 4.4-5 所示，连接器功能如下。

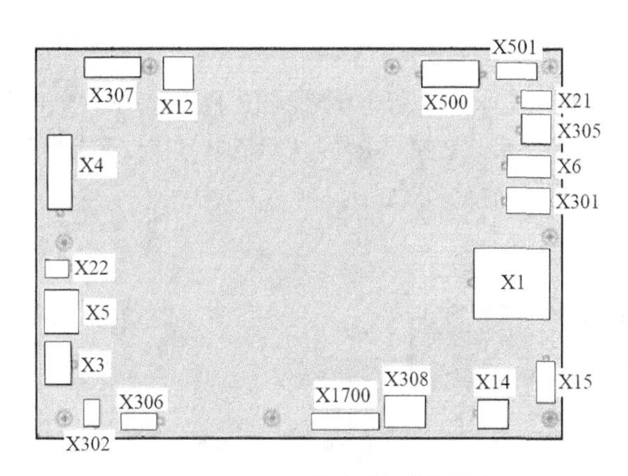

图 4.4-4　PMB_SR 的外观与连接器布置

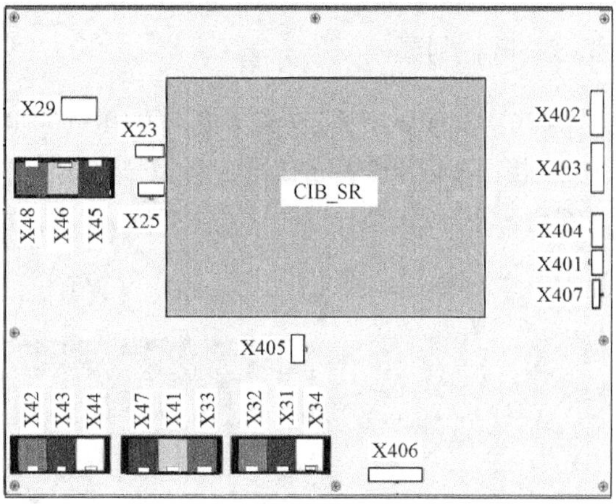

图 4.4-5　CIB_SR 的外形与连接器布置连接器

① X23：快速测量信号 1～5 输入（选配）。

② X25：输入电源、DC24V 电源单元报警信号连接。

③ X29：电子数据存储器（EDS）连接接口，连接机柜控制单元 EDS 存储卡。

④ X45：KSB，多机器人控制系统机器人互联接口。

⑤ X46：KSB，多机器人控制系统机器人互联接口。

⑥ X48：KSB，连接 Ether CAT 设备（选配）。

⑦ X402：安全信号 1～3（输入）。

⑧ X403：安全信号 4～7（输入）。

⑨ X404：安全信号 8、9（输入）。

⑩ X401：参考点检测信号。

⑪ X407：示教器插入（已连接，安全信号 11 输入）。

⑫ X405：安全信号 10（触点输出及单通道输入）。

⑬ X406：安全信号 12～15（输出）。

⑭ X34：KCB，连接编码器接口模块（RDC）。

⑮ X31：KCB，连接 IR 控制器。

⑯ X32：KCB，连接驱动器电源模块（KPP_SR）。

⑰ X33：KCB 输出（选配，连接 KCB 扩展设备）。

⑱ X41：KSB，连接 Smart PAD 示教器。

⑲ X47：KSB（预留，连接 KSB 扩展设备）。

⑳ X44：KSB 扩展接口（KUKA Extension Interface，KEI）。

㉑ X43：KSB 服务接口（KUKA Service Interface，KSI），接口通过控制柜门上的连接器 X69 引出（参见图 4.4-2），可用于调试计算机等服务设备连接。

㉒ X42：KSB 选配接口（KUKA Option Interface，KOI）。

KRC4-Smallsize 系统机柜接口板（CIB_SR）的 Smart PAD 示教器、编码器接口模块（RDC）及其他 KCB、KSB 的连接电路与 KRC4 标准型系统相应部件的连接电路相同，有关内容可参见前述。安全信号连接器 X401～X407 可从控制柜电气连接板的连接器 X11 引出，连接要求见后述。

2. IR 控制器

KRC4-Smallsize 系统的 IR 控制器（KPC_SR）的功能与 KRC4 标准型系统 IR 控制器（KPC_SR）的功能相同，但所使用的工业 PC 型号、连接方法有所不同。KPC_SR 的结构及电气接口通常如图 4.4-6 所示（不同时期、不同功能的产品有所区别），电气连接要求如下。

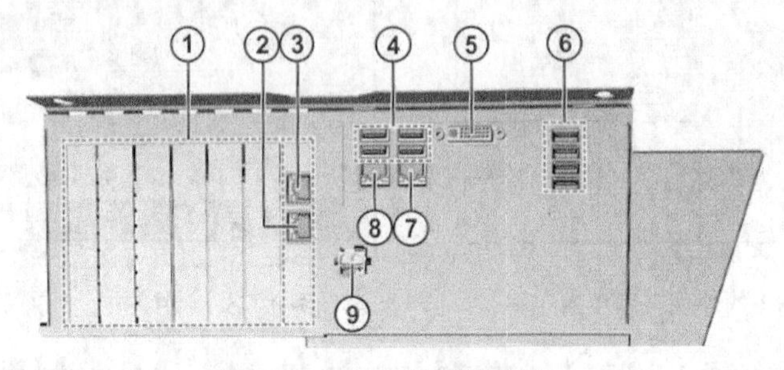

图 4.4-6　IR 控制器连接

① ——总线接口板（网卡）安装槽 1～7。
② ——LAN 双网卡（Dual NIC）KUKA 控制总线（KCB）接口。
③ ——LAN 双网卡（Dual NIC）KUKA 系统总线（KSB）接口。
④ ——USB 接口 1～4。
⑤ ——VGA 接口，连接外部显示器。
⑥ ——USB 接口 5～8。
⑦ ——主板集成 KSB KUKA 选配接口（KUKA Option Interface，KOI）。
⑧ ——主板集成 KSB KUKA 在线接口（KUKA Line Interface，KLI）。
⑨ ——DC24V 电源输入连接器。

KRC4-Smallsize 系统 IR 控制器（KPC_SR）的连接电路与 KRC 4 标准型系统 IR 控制器（KPC_SR）的连接电路基本相同，有关内容可参见本章前述。

3. 伺服控制器

KRC4-Smallsize 系统的伺服驱动器由电源模块（KPP_SR）和 6 轴集成伺服模块（KSP_SR）组成，伺服驱动器结构与电气连接如图 4.4-7 所示，接口功能如下。

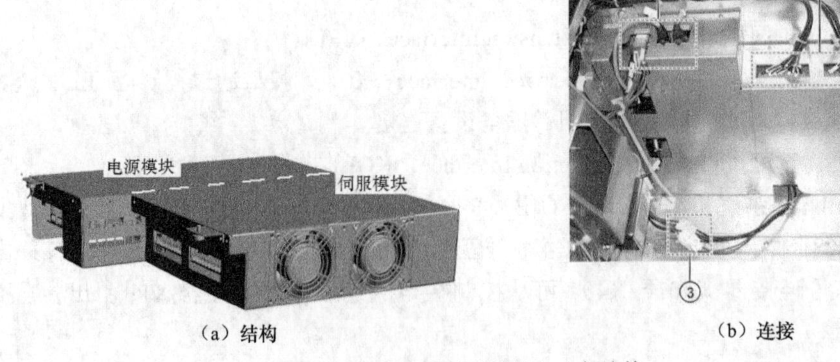

（a）结构　　（b）连接

图 4.4-7　伺服驱动器结构与电气连接

① ——电源模块 DC24V 控制电源输入连接器 X11、驱动器主电源输入连接器 X4 及 KCB 输入/输出连接器 X21/X20。

② ——A1～A6 轴伺服电机电枢连接器 X1、X2 及制动器连接器 X10。

③ ——伺服模块直流母线连接器 X8.1、制动器 DC24V 电源连接器 X10.1。

KRC4-Smallsize 系统电源模块（KPP_SR）的主电源输入为单相 AC230V，电源模块及伺服模块（KSP_SR）的直流母线、DC24V 控制电源、DC24V 制动器电源、KCB 输入/输出的连接电路与 KRC 4 标准型系统电源模块（KPP_SR）的相应部件的连接电路基本相同，有关内容可参见本章前述。伺服模块的电枢连接器 X1/ X2、制动器连接器 X10，可通过控制柜电气连接板的连接器 X20 与机器人连接（见下述）。

4.4.3 控制柜外部连接

1. 外部连接要求

KRC4-Smallsize 系统控制柜与机器人、外部控制信号的连接通过控制柜电气接线板的伺服电机电枢连接器 X20、编码器接口模块连接器 X21、外部安全信号连接器 X11 进行，连接器 X20/X21/X11 在控制柜的安装位置可参见图 4.4-2。

机器人的关节轴电机、编码器连接模块（RDC）均安装在机器人上，控制柜的电枢连接器 X20、编码器接口模块连接器 X21 需要利用 KUKA 配套的连接电缆，分别与机器人基座管线连接板上的电枢连接器 X30、编码器接口模块连接器 X31 互连。

机器人基座管线连接板的连接器安装示例如图 4.4-8 所示（不同系列的机器人产品稍有区别），连接器 X32 用于机器人零点校准操作时的校准测头（EMD）连接，其连接电缆从编码器接口模块（RDC）上引出（参见图 4.3-13）。

机器人的外部安全信号包含外部急停、安全栅栏防护门开关、外部操作确认等安全输入信号及附加驱动器主电源通断控制电路、机器人安全运行指示灯等安全输出信号。外部安全信号可根据机器人的实际控制需要，可将其连接到系统控制柜的外部安全信号连接器 X11 上。

KRC4-Smallsize 系统的编码器接口模块的连接电路与 KRC4 标准型系统的编码器接口模块的连接电路相同，可参见图 4.3-13。伺服电机电枢与外部安全信号的连接要求如下。

2. 电机电枢连接

KRC4-Smallsize 系统控制柜的伺服电机电枢连接器 X20 用于机器人关节轴伺服电机电枢、制动器连接。在控制柜侧，驱动器伺服模块的电枢连接器 X1、X2 及制动器连接器 X10 的连接线被统一汇总到电气连接板的电机电枢连接器 X20 上。在机器人侧，各关节轴驱动电机的电枢电缆被统一汇总到机器人基座管线盒接线板的连接器 X30 上。然后，通过 KUKA 配套的电枢电缆，进行控制柜连接器 X20 和机器人连接器 X30 间的互连。

KRC4-Smallsize 系统的伺服电机制动器采用分组集中控制方式控制，机身轴 A1～A3 为一组、手腕轴 A4～A6 为另一组，每组的 3 轴伺服电机制动器使用共同的制动信号，同时通断。

6 轴标准 KRC4-Smallsize 系统的控制柜和机器人间的电枢连接使用 25 芯连接器，连接器外形如图 4.4-9 所示。伺服电机的电枢连接器可参见图 4.3-21。

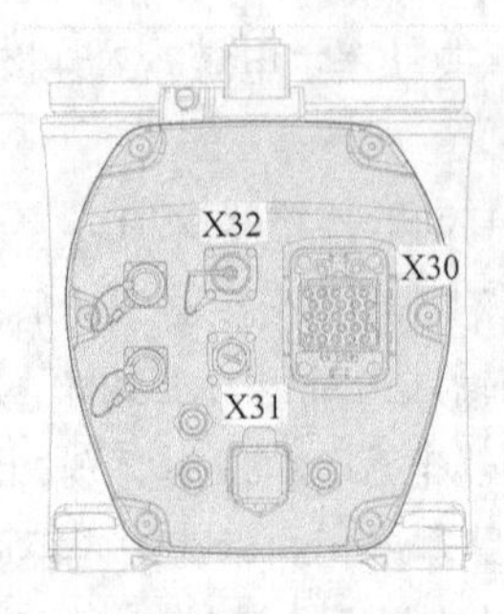

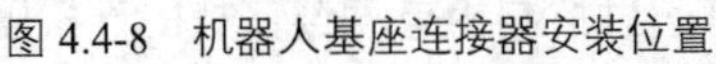
图 4.4-8　机器人基座连接器安装位置

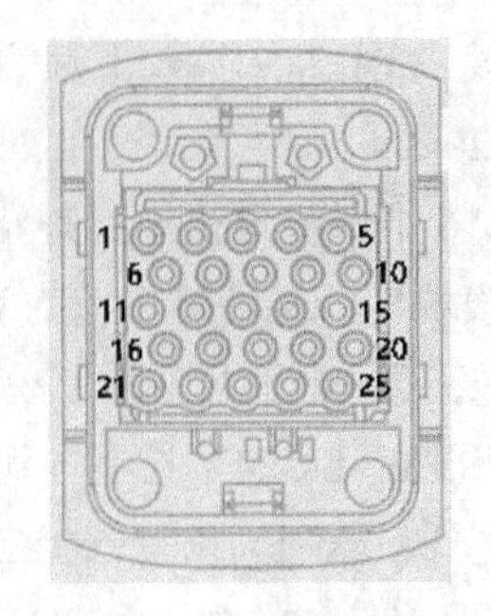

图 4.4-9　电枢连接器外形

伺服模块连接器 X1/X2/X10、控制柜接线板连接器 X20、机器人基座连接器 X30 及伺服电机电枢连接器之间的连接关系如表 4.4-2 所示。

表 4.4-2　KRC4-Smallsize 系统伺服电机电枢互连表

名称	控制柜侧		机器人侧	
	伺服模块连接器	接线板连接器	基座连接器	伺服电机连接器
A1 轴电枢 U	X1-1	X20-1	X30-1	M1-1
A1 轴电枢 V	X1-2	X20-6	X30-6	M1-2
A1 轴电枢 W	X1-3	X20-11	X30-11	M1-6
A2 轴电枢 U	X1-4	X20-2	X30-2	M2-1
A2 轴电枢 V	X1-5	X20-7	X30-7	M2-2
A2 轴电枢 W	X1-6	X20-12	X30-12	M2-6
A3 轴电枢 U	X1-7	X20-3	X30-3	M3-1
A3 轴电枢 V	X1-8	X20-8	X30-8	M3-2
A3 轴电枢 W	X1-9	X20-13	X30-13	M3-6
A4 轴电枢 U	X2-1	X20-4	X30-4	M4-1
A4 轴电枢 V	X2-2	X20-9	X30-9	M4-2
A4 轴电枢 W	X2-3	X20-14	X30-14	M4-6
A5 轴电枢 U	X2-4	X20-5	X30-5	M5-1
A5 轴电枢 V	X2-5	X20-10	X30-10	M5-2
A5 轴电枢 W	X2-6	X20-15	X30-15	M5-6
A6 轴电枢 U	X2-7	X20-21	X30-21	M6-1
A6 轴电枢 V	X2-8	X20-22	X30-22	M6-2
A6 轴电枢 W	X2-9	X20-23	X30-23	M6-6
A1～A3 轴制动 BK+	X10-1	X20-18	X30-18	M1/M2/M3-4
A1～A3 轴制动 BK−	X10-3	X20-24	X30-24	M1/M2/M3-5
A4～A6 轴制动 BK+	X10-2	X20-19	X30-19	M1/M2/M3-4
A4～A6 轴制动 BK−	X10-4	X20-25	X30-25	M1/M2/M3-5
保护接地 PE	—	X20-20	X30-20	M1～M6-3

以关节轴 A1 的伺服电机 M1 为例，电枢连接的电路如图 4.4-10 所示，其他关节轴连接电路与

其类似，保护接地线 PE（X20/X30-20）为所有轴共用。在伺服电枢连接电路中，伺服模块的 2 组制动器输出端 X10-1/3、X10-2/4 分别由控制柜电气接线板的连接器 X20-18/24、X20-19/25 引出，经机器人电枢连接电缆连接到机器人基座接线板连接器 X30-18/24、X30-19/25 上，然后，再经机器人管线盒分设到伺服电机 M1～M3、M4～M6 的连接电缆上。

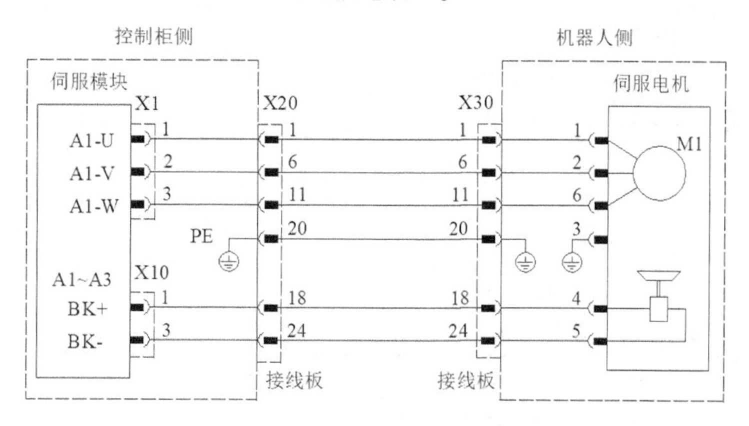

图 4.4-10 伺服电机电枢连接电路

3. 外部安全信号连接

KRC4-Smallsize 系统机柜控制单元（CCU_SR）所集成的外部安全输入/输出信号连接器 X402～X406 的连接端，由控制柜电气连接板的连接器 X11 引出，用户可根据需要，连接相关安全输入/输出信号。

KRC4-Smallsize 系统的外部安全信号连接器形状如图 4.4-11 所示，常用的安全输入/输出信号名称及对应的连接端如表 4.4-3 所示，安全信号 8、9、10（连接器 X404、X405）通常较少使用，此处不介绍。

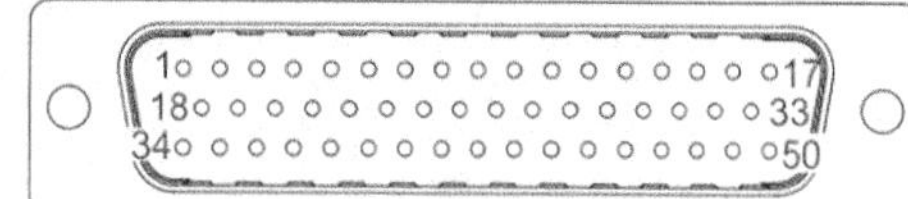

图 4.4-11 安全信号连接器 X11 形状

表 4.4-3 常用安全输入/输出信号名称及连接端

信号类别	信号名称	X11 连接端	CCU_SR 连接	
			连接器代号	连接端
安全输入	外部急停通道 A（测试端）	1	X402	3
	外部急停通道 A（输入端）	2		8
	外部急停通道 B（测试端）	10		5
	外部急停通道 B（输入端）	11		1
	安全防护门关闭通道 A（测试端）	3		4
	安全防护门关闭通道 A（输入端）	4		6
	安全防护门关闭通道 B（测试端）	12		10
	安全防护门关闭通道 B（输入端）	13		7
	防护门确认通道 A（测试端）	5		11
	防护门确认通道 A（输入端）	6		13
	防护门确认通道 B（测试端）	14		12
	防护门确认通道 B（输入端）	15		14

（续表）

信号类别	信号名称	X11 连接端	CCU_SR 连接	
			连接器代号	连接端
安全输入	机器人停止 STOP1 通道 A（测试端）	7	X403	3
	机器人停止 STOP1 通道 A（输入端）	8		9
	机器人停止 STOP1 通道 B（测试端）	16		5
	机器人停止 STOP1 通道 B（输入端）	17		10
	机器人暂停 STOP2 通道 A（测试端）	18		4
	机器人暂停 STOP2 通道 A（输入端）	19		1
	机器人暂停 STOP2 通道 B（测试端）	28		6
	机器人暂停 STOP2 通道 B（输入端）	29		2
	外部操作确认 1 通道 A（测试端）	20		11
	外部操作确认 1 通道 A（输入端）	21		7
	外部操作确认 1 通道 B（测试端）	30		13
	外部操作确认 1 通道 B（输入端）	31		8
	外部操作确认 2 通道 A（测试端）	22		12
	外部操作确认 2 通道 A（输入端）	23		15
	外部操作确认 2 通道 B（测试端）	32		14
	外部操作确认 2 通道 B（输入端）	33		16
安全输出	机器人急停触点通道 A（输入）	34	X406	1
	机器人急停触点通道 A（输出）	35		3
	机器人急停触点通道 B（输入）	45		6
	机器人急停触点通道 B（输出）	46		8
	防护门确认触点通道 A（输入）	36		2
	防护门确认触点通道 A（输出）	37		4
	防护门确认触点通道 B（输入）	47		7
	防护门确认触点通道 B（输出）	48		9
	运动使能触点通道 A（输入）	38		10
	运动使能触点通道 A（输出）	39		12
	运动使能触点通道 B（输入）	49		15
	运动使能触点通道 B（输出）	50		17

表 4.4-3 中的安全输入/输出信号作用及连接要求均与 KRC4 标准型系统安全输入/输出信号作用及连接要求相同，有关内容可参见前述。

例如，对于带有安全栅栏的机器人，当安全栅栏安装有急停、防护门确认操作按钮及防护门关闭安全指示灯时，其安全信号连接示例如图 4.4-12 所示。

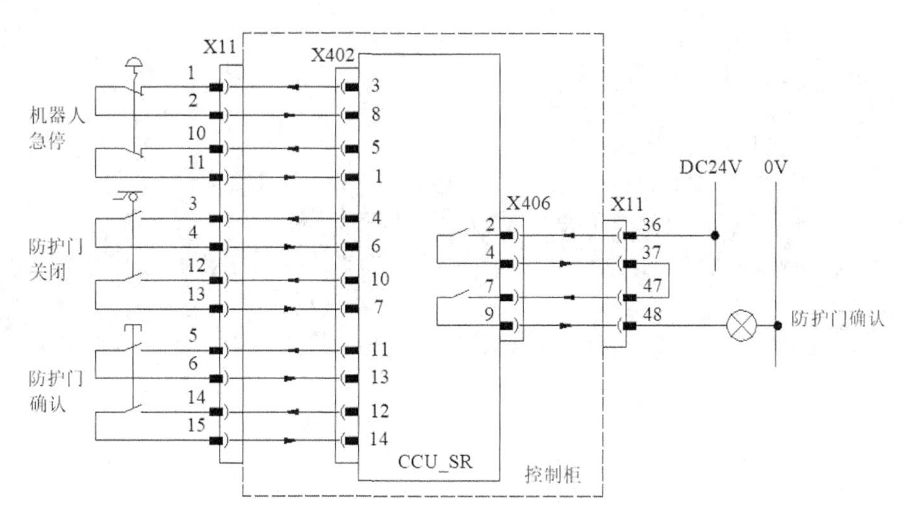

图 4.4-12　安全信号连接示例

第5章 工业机器人运动控制

5.1 运动控制与坐标系

5.1.1 机器人基准与控制模型

1. 运动控制要求

工业机器人是一种功能完整、可独立运行的自动化设备，机器人系统的运动控制主要包括本体运动、工具运动、工件（工装）运动等。

机器人的工具运动一般比较简单，以电磁元件通断控制居多，其性质与 PLC 的开关量逻辑控制相似，因此，通常可利用控制系统的开关量输入/输出（DI/DO）信号和逻辑处理指令进行控制，有关内容见后述。

机器人本体及工件的移动是工业机器人作业必需的基本运动，所有运动轴都需要有位置、速度、转矩控制功能，可在运动范围内的任意位置定位，其性质与数控系统的坐标轴相同，因此，通常需要采用伺服驱动系统控制。在机器人上利用伺服驱动系统控制的运动轴，有时被统称为“关节轴”，但是，通过气动或液压控制、只能实现定点定位的运动部件，不能被称为机器人的运动轴。

运动控制需要有明确的控制目标。工业机器人的作业需要通过作业工具和工件的相对运动来实现，因此，控制目标通常就是工具的作业部位，该位置称为工具控制点（Tool Control Point）或工具中心点（Tool Center Point），简称 TCP。由于 TCP 一般不是工具的几何中心，为避免歧义，本书中统一将其称为工具控制点。

为了便于操作和编程，机器人 TCP 在三维空间的位置、运动轨迹通常需要用笛卡儿直角坐标系（以下简称笛卡儿坐标系）描述。然而，在垂直串联、水平串联、并联等结构的机器人上，实际上并不存在可直接实现笛卡儿坐标系 *X*、*Y*、*Z* 轴运动的坐标轴，TCP 的定位和移动，需要通过多个关节轴回转、摆动合成。因此，在机器人控制系统上，必须建立运动控制模型、确定 TCP 笛卡儿坐标系位置和机器人关节轴位置的数学关系，然后，再通过逆运动学，将笛卡儿坐标系的位置换算成关节轴的回转角度。

通过逆运动学将笛卡儿坐标系运动转换为关节轴运动时，实际上运动存在多种可能性。为了保证运动可控，当机器人位置以笛卡儿坐标形式指定时，必须对机器人的状态（姿态）进行规定。

6 轴垂直串联机器人的运动轴包括腰回转轴（j1）、上臂摆动轴（j2）、下臂摆动轴（j3）及手腕回转轴（j4）、腕摆动轴（j5）、手回转轴（j6）。其中，j1、j2、j3 的状态决定了机器人机身的方向和位置（称为本体姿态或机器人姿态），j4、j5、j6 主要用来控制作业工具方向和位置（称为工具姿态）。

机器人和工具的姿态需要通过机器人的基准点、基准线进行定义，垂直串联机器人的基准点、基准线通常规定如下。

2. 机器人基准点

垂直串联机器人的运动控制基准点一般有图 5.1-1 所示的手腕中心点（WCP）、工具参考点（TRP）、工具控制点（TCP）3 点。

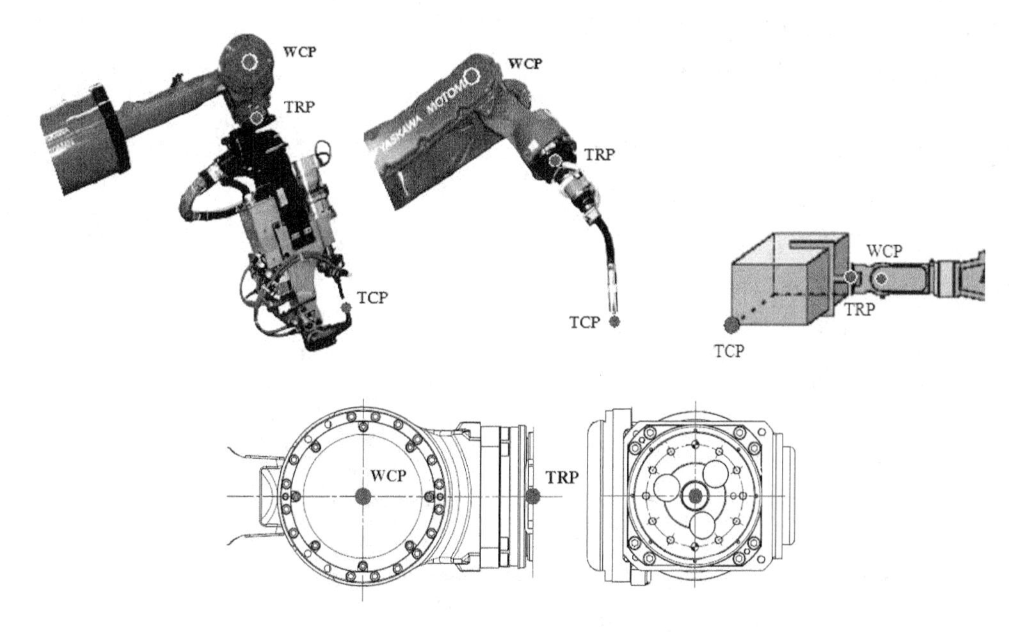

图 5.1-1　机器人运动控制基准点

（1）手腕中心点（WCP）。机器人的手腕中心点（Wrist Center Point，WCP）是确定机器人姿态、判别机器人奇点（Singularity）的基准位置。垂直串联机器人的 WCP 一般为腕摆动轴（j5）和手回转轴（j6）的回转中心线交点。

（2）工具参考点（TRP）。机器人的工具参考点（Tool Reference Point，TRP）是机器人运动控制模型中的笛卡儿坐标系运动控制目标点，也是作业工具（或工件）安装的基准位置，垂直串联机器人的 TRP 通常位于手腕工具法兰的中心。

TRP 也是机器人手腕基准坐标系（Wrist Reference coordinates）的原点，作业工具或工件的 TCP 位置、方向及工具（或工件）的质量、重心、惯量等参数，都需要通过手腕基准坐标系定义。如果机器人不安装工具（或工件）、未设定工具坐标系，系统将自动以 TRP 替代工具控制点（TCP），作为笛卡儿坐标系的运动控制目标点。

（3）工具控制点（TCP）。工具控制点（Tool Control Point）亦称工具中心点（Tool Center Point），简称 TCP。TCP 是机器人作业时笛卡儿坐标系运动控制的目标点，当机器人手腕安装工具时，TCP 就是工具（末端执行器）的实际作业部位，如果机器人安装（抓取）的是工件，TCP 就是工件的作业基准点。

TCP 位置与手腕安装的作业工具（或工件）有关，例如，弧焊、喷涂机器人的 TCP 通常为焊枪、喷枪的枪尖，点焊机器人的 TCP 一般为焊钳的电极端点，如果手腕安装的是工件，TCP 则为工件的作业基准点等。

工具控制点（TCP）与工具参考点（TRP）的数学关系可由用户通过工具坐标系的设定建立，如果不设定工具坐标系，系统将默认 TCP 和 TRP 重合。

3. 机器人基准线

机器人基准线主要用来定义机器人结构参数、确定机器人姿态、判别机器人奇点。垂直串联机器人的基准线通常有图 5.1-2 所示的机器人回转中心线、下臂中心线、上臂中心线、手回转中心线 4 条。为了便于控制，机器人回转中心线、上臂中心线、手回转中心线通常设计在与机器人安装底面垂直的同一平面（下称中心线平面）上，基准线定义如下。

（1）机器人回转中心线：腰回转轴（j1）回转中心线。

（2）下臂中心线：平行中心线平面与下臂摆动轴（j2）和上臂摆动轴（j3）的回转中心线垂直相交的直线。

（3）上臂中心线：j4 回转中心线。

（4）手回转中心线：j6 回转中心线。

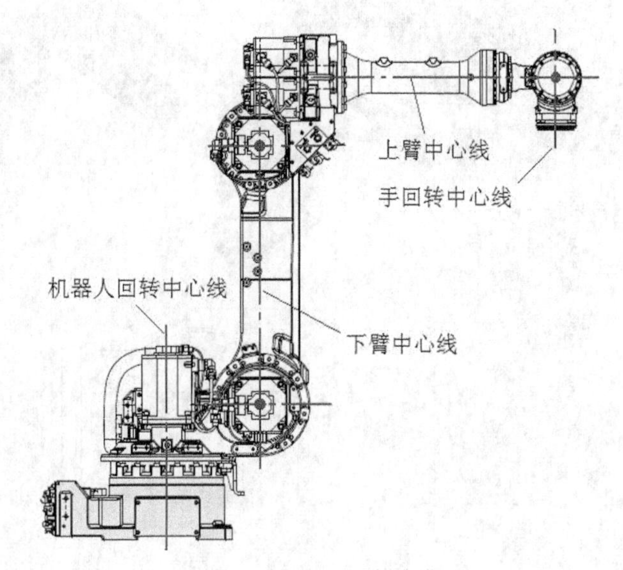

图 5.1-2　机器人基准线

4. 运动控制模型

运动控制模型用来建立机器人关节轴位置与机器人基座坐标系工具参考点（TRP）位置间的数学关系。

6 轴垂直串联机器人的运动控制模型与结构参数通常如图 5.1-3 所示，它需要由机器人生产厂家在控制系统中定义如下结构参数。

（1）基座高度（height of foot）：下臂摆动中心到机器人基座坐标系 *XY* 平面的距离。

（2）下臂（j2）偏移（offset of joint 2）：下臂摆动中心线到机器人回转中心线（基座坐标系 *Z* 轴）的距离。

（3）下臂长度（length of lower arm）：上臂摆动中心线到下臂摆动中心线的距离。

（4）上臂（j3）偏移（offset of joint 3）：上臂中心线到上臂摆动中心线的距离。

（5）上臂长度（length of upper arm）：上臂中心线与下臂中心线垂直时，手腕摆动轴（j5）中心线到下臂中心线的距离。

（6）手腕长度（length of wrist）：工具参考点（TRP）到手腕摆动轴（j5）中心线的距离。

运动控制模型一旦建立，控制系统便可根据关节轴的位置，计算出 TRP 在机器人基座坐标系上的位置（笛卡儿坐标系位置）；或者利用 TRP 位置逆向求解关节轴位置。

当机器人需要进行实际作业时，控制系统可通过工具坐标系参数，将运动控制目标点由 TRP 变换到 TCP 上，并利用用户、工件坐标系参数，确定基座坐标系原点和实际作业点的位置关系。对于使用变位器的移动机器人或倾斜、倒置安装的机器人，还可进一步利用大地坐标系，确定基座坐标系原点相对于地面固定点的位置。

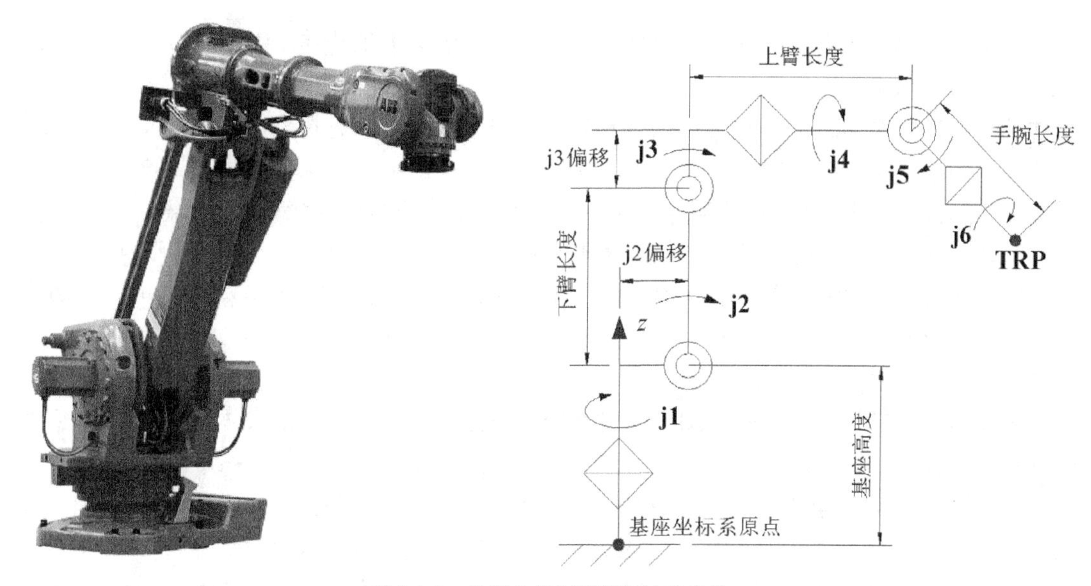

图 5.1-3　机器人控制模型与结构参数

5.1.2　关节轴、运动组与关节坐标系

1. 关节轴与运动组

机器人作业需要通过工具控制点（TCP）和工件的相对运动实现，其运动形式很多。

例如，在图 5.1-4 所示的带有机器人变位器、工件变位器等辅助运动部件的多机器人复杂系统上，机器人 1、机器人 2 不仅可通过本体的关节运动，改变 TCP1、TCP2 和工件的相对位置，而且还可以通过工件变位器的运动，同时改变 TCP1、TCP2 和工件的相对位置，或者通过机器人变位器的运动，改变 TCP1 和工件的相对位置。

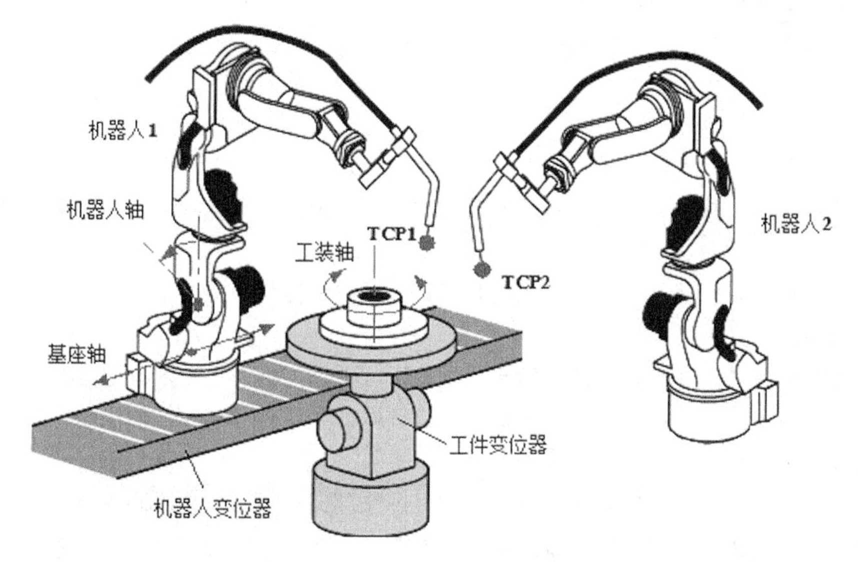

图 5.1-4　多机器人复杂作业系统

在工业机器人上，由控制系统伺服驱动的运动轴（伺服轴）来控制位置、速度、转矩。为了区分运动轴功能，习惯上将控制机器人、工件变位器运动的伺服轴称为外部关节轴（ext joint axis），

简称“外部轴（ext axis）”或“外部关节（ext joint）”；而用来控制机器人本体运动的伺服轴直接称为关节轴（joint axis）。

由于工业机器人系统的运动轴众多、结构多样，为了便于操作和控制，在控制系统中，通常需要根据运动轴的功能，将其划分为若干运动单元，进行分组管理。例如，图5.1-4所示的机器人系统，可将运动轴划分为机器人1、机器人2、机器人1基座、工件变位器4个运动单元等。

运动单元的名称在不同机器人上有所不同。例如，FANUC 机器人中称其“运动群组（Motion group）”、安川机器人中称其为“控制轴组（Control axis group）”、ABB机器人中称其为“机械单元（Mechanical unit）”、KUKA称“运动系统组（Motion system group）”等。

工业机器人系统的运动单元一般分为如下3类。

（1）机器人单元。由控制同一机器人本体运动的伺服轴组成，多机器人作业系统的每一机器人都是1个相对独立的运动单元。机器人单元可直接控制目标点的运动。

（2）基座单元。由控制同一机器人基座运动的伺服轴组成，多机器人作业系统的每一个机器人变位器都是1个相对独立的运动单元。基座单元可用于机器人的整体运动。

（3）工装单元。由控制同一工件运动的伺服轴组成，工装单元可控制工件运动，改变机器人控制目标点与工件的相对位置。

由于基座单元、工装单元安装在机器人外部，因此，在机器人控制系统上，统称它们为外部轴（ext axis）或外部关节（ext joint）。如果作业工具（如伺服焊钳等）含有系统控制的伺服轴，则其也属于外部轴的范畴。

机器人运动单元可利用系统控制指令生效或撤销。运动单元生效时，该单元的全部运动轴都处于位置控制状态，随时可利用手动操作或移动指令运动。运动单元撤销时，该单元的全部运动轴都将处于相对静止的“伺服锁定”状态，伺服电机位置可通过伺服驱动系统的闭环调节功能保持不变。

2. 机器人坐标系

工业机器人控制目标点的运动需要利用坐标系进行描述。机器人的坐标系众多，按类型有关节坐标系、笛卡儿坐标系两类；按功能与用途，可分基本坐标系、作业坐标系两类。

（1）基本坐标系。机器人基本坐标系是任何机器人运动控制必需的坐标系，它需要由机器人生产厂家定义，用户不能改变。

垂直串联机器人的基本坐标系主要有关节坐标系、机器人基座坐标系（笛卡儿坐标系）、手腕基准坐标系（笛卡儿坐标系）3个，三者间的数学关系直接由控制系统的运动控制模型建立，用户不能改变其原点位置和方向。

（2）作业坐标系。机器人作业坐标系是为了方便操作编程而建立的虚拟坐标系，用户可以根据实际作业要求设定。

垂直串联机器人的作业坐标系都为笛卡儿坐标系。根据坐标系用途，作业坐标系可分为工具坐标系、用户坐标系、工件坐标系、大地坐标系等。其中，大地坐标系在任何机器人系统中只能设定1个，其他坐标系均可设定多个。

由于工业机器人目前还没有统一的标准，加上中文翻译也不相同，不同机器人的坐标系名称、定义方法不统一，另外，由于控制系统规格、软件版本、功能的区别，坐标系的数量也有所不同，常用机器人的坐标系名称、定义方法可参见后述。

在机器人坐标系中，关节坐标系是真正用于运动轴控制的坐标系，其功能与定义方法如下，其他坐标系的功能与定义方法见后述。

3. 关节坐标系定义

用来描述机器人关节轴运动的坐标系称为关节坐标系（Joint coordinates）。关节轴是机器人实际存在、真正用于机器人运动控制的伺服轴，因此，所有机器人都必须定义唯一的关节坐标系。

关节轴与控制系统的伺服驱动轴（机器人轴和外部轴）一一对应，其位置、速度、转矩均可由伺服驱动系统进行精确控制，因此，机器人的实际作业范围、运动速度等主要技术参数，通常以关节轴的形式定义。机器人使用时，如果用关节坐标系定义机器人位置，无须考虑机器人姿态、奇点（见后述）。

6 轴垂直串联机器人本体的关节轴都是回转（摆动）轴，但用于机器人变位器、工件变位器运动的外部轴，可能是回转轴或直线轴。

垂直串联机器人本体关节轴的定义如图 5.1-5 所示，关节轴的名称、方向、零点必须由机器人生产厂家定义。对于不同公司生产的机器人，关节轴名称、位置数据格式及运动方向、零点位置均有较大的区别。

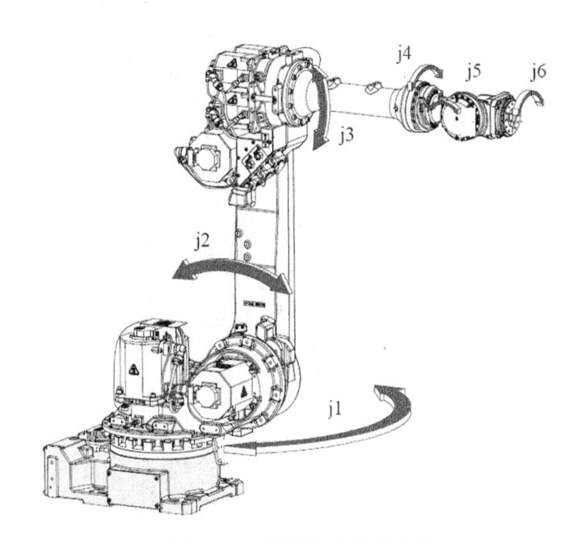

图 5.1-5　机器人本体关节轴

在常用的机器人中，FANUC、安川、KUKA 机器人的关节坐标系位置以 1 阶多元数值型（num 型）数组表示，ABB 机器人的关节坐标系位置则以 2 阶多元数值型（num 型）数组表示。数组所含的数据元数量，就是控制系统实际运动轴的数量。此外，关节轴的方向、零点定义也有较大区别（详见后述）。

FANUC、安川、ABB、KUKA 机器人的关节轴名称、位置数据格式如下。

（1）FAUNC 机器人。机器人本体轴名称为 J1、J2、…、J6，外部轴名称为 E1、E2、…，关节坐标系位置数据格式为（*J*1，*J*2，…，*J*6，*E*1，*E*2，…）。

（2）安川机器人。机器人本体轴名称为 S、L、U、R、B、T，外部轴名称为 E1、E2、…，关节坐标系位置数据格式为（*S*，*L*，*U*，*R*，*B*，*T*，*E*1，*E*2，…）。

（3）ABB 机器人。机器人本体轴名称为 j1、j2、…、j6，外部轴名称为 e1、e2、…，关节坐标系位置数据格式为{[（*j*1，*j*2，…，*j*6]，[*e*1，*e*2，…]}。

（4）KUKA 机器人。机器人本体轴名称为 A1、A2、…、A6，外部轴名称为 E1、E2、…，关节坐标系位置数据格式为（*A*1，*A*2，…，*A*6，*E*1，*E*2，…）。

5.1.3 机器人基准坐标系

垂直串联机器人实际上不存在物理意义上的笛卡儿坐标系运动轴，因此，所有笛卡儿坐标系都是为了便于编程操作而建立虚拟坐标系。

机器人的笛卡儿坐标系众多，其中，机器人基座坐标系是运动控制模型中用来计算工具参考点（TRP）三维空间位置的基准坐标系，机器人手腕基准坐标系是用来实现控制目标点变换（TRP/TCP 转换）的基准坐标系，它们是任何机器人都必备的基本笛卡儿坐标系，需要由机器人生产厂家定义。

常用工业机器人的基本笛卡儿坐标系定义如下。

1. 机器人基座坐标系

机器人基座坐标系（Robot base coordinates）是用来描述机器人工具参考点 TRP 三维空间运动的基本笛卡儿坐标系，同时，它也是工件坐标系、用户坐标系、大地坐标系等作业坐标系的定义基准。基座坐标系与关节坐标系的数学关系直接由控制系统的运动控制模型确定，用户不能改变其原点位置和坐标轴方向。

6 轴垂直串联机器人的基座坐标系如图 5.1-6 所示。在不同公司生产的机器人基座坐标系的原点、方向基本统一，规定如下。

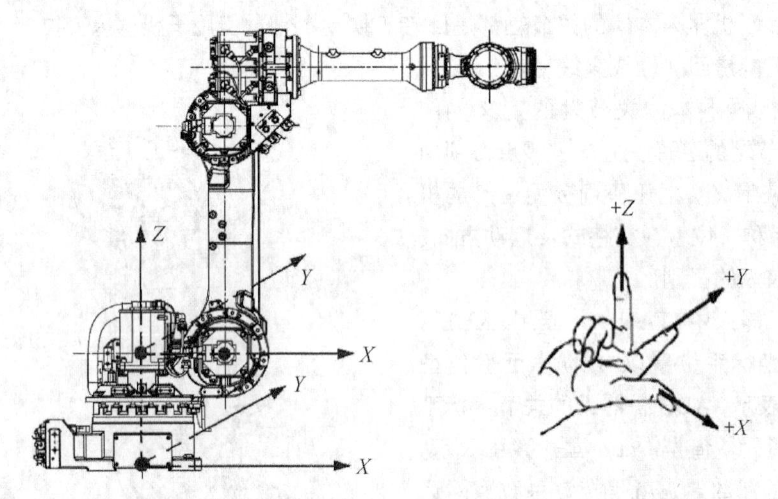

图 5.1-6　机器人基座坐标系

（1）*Z* 轴。机器人腰部回转轴（j1）中心线为基座坐标系的 *Z* 轴，垂直机器人安装面向上方向为+Z 方向。

（2）*X* 轴。与机器人腰部回转轴（j1）中心线相交并垂直机器人基座前侧面的直线为 *X* 轴，向外的方向为+*X* 方向。

（3）*Y* 轴。右手定则决定。

（4）原点。基座坐标系的原点位置在不同机器人上稍有不同。为了便于机器人安装使用，基座、腰一体化设计的中小型机器人，其基座坐标系原点（*Z* 轴零点）一般定义于机器人安装底平面。基座、腰分离设计或需要框架安装的大中型机器人，基座坐标系原点（*Z* 轴零点）有时定义在通过 j2 回转中心、平行于安装底平面的平面上。

机器人基座坐标系的名称在不同公司生产的机器人上有所不同。例如，安川机器人中称其为机器人坐标系（Robot coordinates），ABB 机器人中称其为基坐标系（Base coordinates），KUKA 机器人中称其为机器人根坐标系（Robot root coordinates）。由于机器人在出厂时，控制系统默认机器人为地面固定安装，大地坐标系与机器人基座坐标系重合，因此，FANUC 机器人中直接称之为大地坐标系，中文说明书译作"全局坐标系"。

地面固定安装的机器人通常不使用大地坐标系，控制系统默认大地坐标系与机器人基座坐标系重合，因此，机器人基座坐标系就是用户坐标系、工件坐标系的定义基准；如果机器人倾斜、倒置安装，或者机器人可通过变位器移动，一般需要通过大地坐标系定义机器人基座坐标系的位置和方向。

2. 手腕基准坐标系

机器人的手腕基准坐标系（Wrist Reference coordinates）是作业工具的设定基准。工具控制点（TCP）的位置、工具安装方向，以及工具质量、重心、惯量等参数都需要利用手腕基准坐标系进行定义，它同样需要由机器人生产厂家定义。

手腕基准坐标系原点就是机器人的工具参考点（TRP），TRP 在机器人基座坐标系的空间位置可以直接通过控制系统的运动控制模型确定。手腕基准坐标系的方向用来确定工具的作业中心线方向（工具安装方向），手腕基准坐标系在机器人出厂时已定义，用户不能改变。

常用 6 轴垂直串联机器人的手腕基准坐标系定义如图 5.1-7 所示，不同公司生产的机器人坐标系的原点。*Z* 轴方向是统一的，但不同机器人的 *X*、*Y* 轴方向不同，它们与机器人手腕弯曲轴的运动方向有关。手腕基准坐标系一般按以下原则定义。

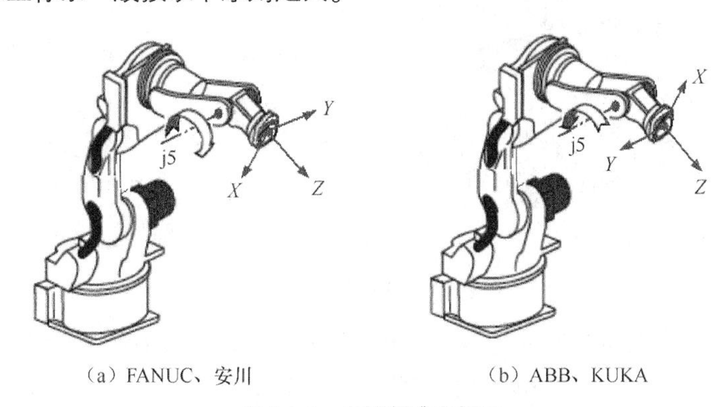

（a）FANUC、安川　　（b）ABB、KUKA

图 5.1-7　手腕基准坐标系

（1）*Z* 轴。机器人手回转轴（j6）中心线为手腕基准坐标系的 *Z* 轴，垂直工具安装法兰面向外的方向为+*Z* 方向（统一）。

（2）*X* 轴。位于机器人中心线平面、与手回转轴（j6）中心线垂直相交的直线为 *X* 轴。j4、j6 = 0° 时，j5 轴正向回转的切线方向为+*X* 方向。

（3）*Y* 轴。随 *X* 轴改变，右手定则决定。

（4）原点。手回转中心线与手腕工具安装法兰面的交点。

在不同公司生产的机器人上，机器人手腕弯曲轴（j5）的回转方向有所不同，因此，手腕基准坐标系的 *X*、*Y* 方向也有所不同。例如，FANUC、安川等产品通常以手腕向上（向外）回转的方向为 j5 轴正向，手腕基准坐标系的+*X* 方向如图 5.1-7（a）所示，ABB、KUKA 等产品通常以手腕向下（向内）回转的方向为 j5 轴正向，手腕基准坐标系的+*X* 方向如图 5.1-7（b）所示。

手腕基准坐标系的名称在不同公司生产的机器人上有所不同。例如，安川、ABB 称为手腕法兰坐标系（Wrist flange coordinates），KUKA 称为法兰坐标系（Flange coordinates），FANUC 称为工具安装坐标系（Tool installation coordinates，说明书中译作机械接口坐标系）等。

5.1.4　机器人作业坐标系

1. 机器人作业坐标系

机器人作业坐标系是为了方便编程操作而建立的虚拟坐标系，从机器人控制系统参数设定的角度来说，工业机器人常用的作业坐标系有图 5.1-8 所示的工具坐标系、用户坐标系、工件坐标系、大地坐标系几类，其作用如下。

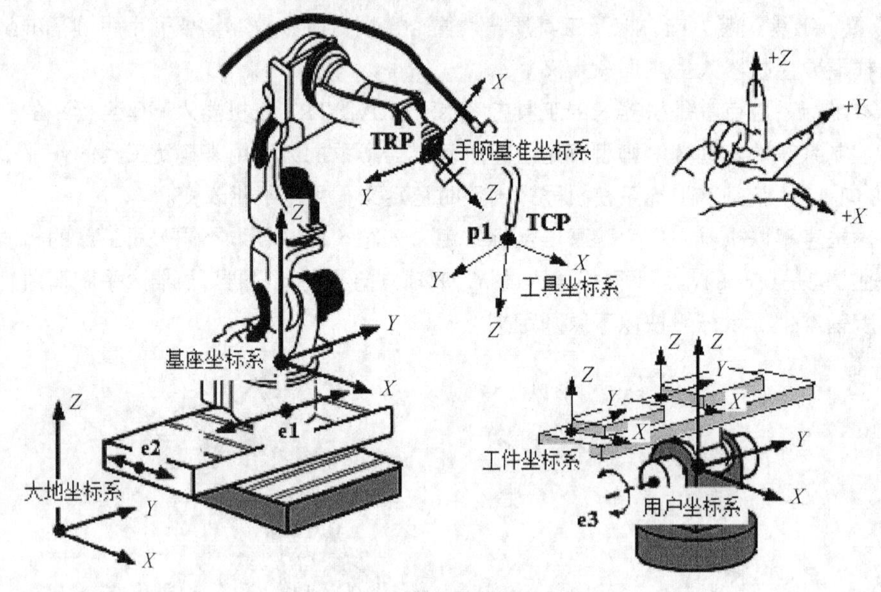

图 5.1-8　机器人作业坐标系

（1）工具坐标系。在工业机器人控制系统上，用来定义机器人手腕上所安装的工具或所夹持的物品（工件）运动控制目标点位置和方向的坐标系，称为工具坐标系（Tool coordinates）。工具坐标系原点就是作业工具的工具控制点（TCP）或手腕夹持物品（工件）的基准点，工具坐标系的方向就是作业工具或手腕夹持物品（工件）的安装方向。

通过工具坐标系，控制系统才能将运动控制模型中的运动控制目标点由 TRP 变换到实际作业工具的 TCP 上，因此，它是机器人实际作业必须设定的基本作业坐标系。机器人工具需要修磨、调整、更换时，只需要改变工具坐标系参数，便可利用同样的作业程序进行新工具作业。

工具坐标系可通过手腕基准坐标系平移、旋转的方法定义，如果不使用工具坐标系，控制系统将默认工具坐标系和手腕基准坐标系重合。

（2）用户坐标系和工件坐标系。机器人控制系统的用户坐标系（User coordinates）和工件坐标系（Work coordinates）都是用来确定工具 TCP 与工件相对位置的笛卡儿坐标系，在机器人作业程序中，控制目标点的位置一般以笛卡儿坐标系位置的形式指定，利用用户、工件坐标系就可直接定义控制目标点相对于作业基准的位置。

在同时使用用户坐标系和工件坐标系的机器人上（如 ABB），两者的关系如图 5.1-9 所示。用户坐标系一般用来定义机器人作业区的位置和方向，例如，当工件安装在图 5.1-8 所示的工件变位器上，或者需要在图 5.1-9 所示的不同作业区进行多工件作业时，可通过用户坐标系来确定工件变位器、作业区的位置和方向。工件坐标系通常用来描述作业对象（工件）基准点位置和安装方向，故又称对象坐标系（Object coordinates，如 ABB）或基本坐标系（Base coordinates，如 KUKA）。

在机器人作业程序中，如果用用户坐标系、工件坐标系描述机器人 TCP 运动，程序中的位置数据就可与工件图纸上的尺寸统一，操作编程就简单、容易。此外，当机器人需要进行多工件相同作业时，只需要改变工件坐标系，便可利用同样的作业程序完成不同工件的作业。

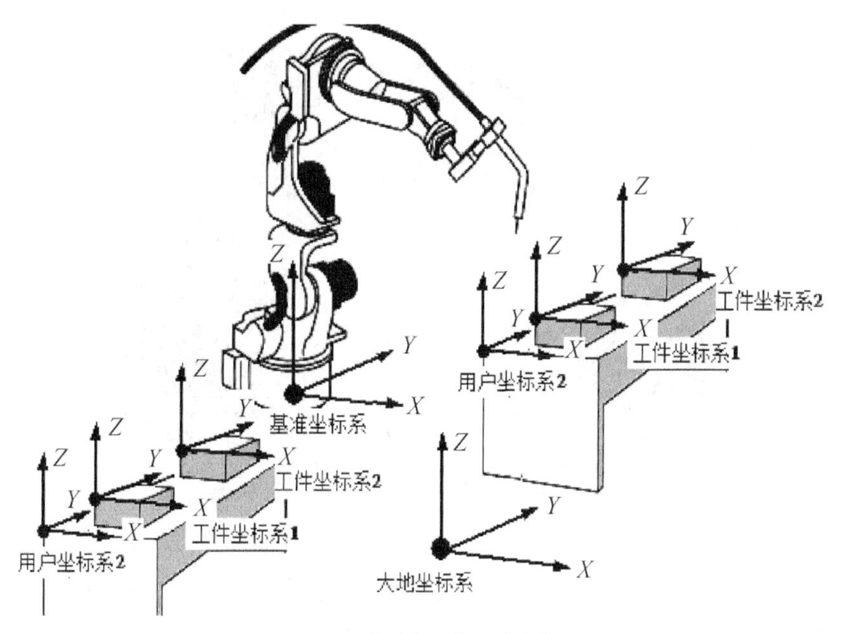

图 5.1-9　工件坐标系与用户坐标系

由于用户坐标系和工件坐标系的作用类似，且均可通过程序指令进行平移、旋转等变换，因此，FANUC、安川等机器人只使用用户坐标系，KUKA 机器人则只使用工件坐标系（在 KUKA 中又称为基本坐标系）。

用户坐标系、工件坐标系需要通过机器人基座坐标系或大地坐标系的平移、旋转定义，如果不定义，控制系统将默认用户坐标系、工件坐标系和机器人基座坐标系或大地坐标系重合。

（3）大地坐标系。机器人控制系统的大地坐标系（World coordinates）用来确定机器人基座坐标系、用户坐标系、工件坐标系的位置关系，对于配置机器人变位器、工件变位器等外部轴的作业系统，或者机器人需要倾斜、倒置安装时，利用大地坐标系可使机器人和作业对象的位置描述更加清晰。

大地坐标系的设定只能唯一。大地坐标系一经设定，它将取代机器人基座坐标系，成为用户坐标系、工件坐标系的设定基准。如果不使用大地坐标系，控制系统将默认大地坐标系和机器人基座坐标系重合。

大地坐标系（World coordinates）的名称在不同机器人上有所不同，ABB 说明书中译作“大地坐标系”，FANUC 说明书中译作“全局坐标系”，安川机器人说明书中译作“基座坐标系”，KUKA 说明书中译作“世界坐标系”等。

需要注意的是，所谓的工具坐标系、工件坐标系、用户坐标系实际上只是机器人控制系统的参数名称，参数的真实用途与机器人作业形式有关，在工件外部安装、机器人移动工具作业（简称工具移动作业）和工具外部安装、机器人移动工件作业（简称工件移动作业）上，工具、工件坐标系参数的实际作用有如下区别。

2. 工具移动作业坐标系定义

工具移动作业是机器人最常见的作业形式，搬运、码垛、弧焊、涂装等机器人的抓手、焊枪、喷枪大多安装在机器人手腕上，因此，需要采用图 5.1-10 所示的工件外部安装、机器人工具移动作业系统。

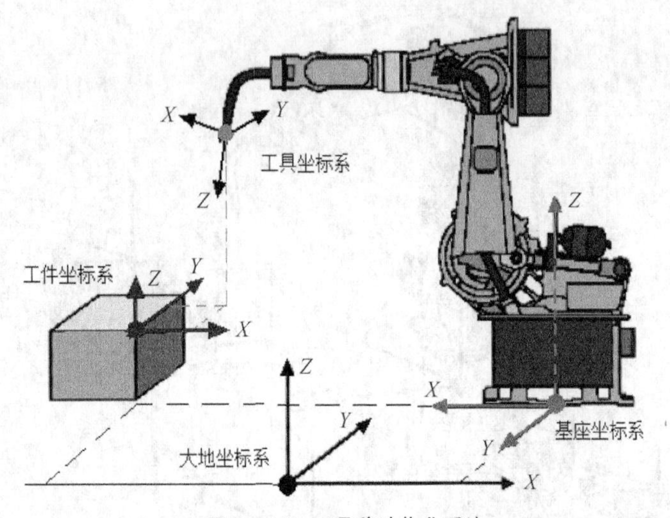

图 5.1-10　工具移动作业系统

机器人在工具移动作业时，工件被安装（安放）在机器人外部（地面或工装上），作业工具安装在机器人手腕上，机器人的运动可直接改变工具控制点（TCP）的位置。在这种作业系统上，控制系统的工具坐标系参数被用来定义作业工具的 TCP 位置和安装方向，工件坐标系、用户坐标系被用来定义工件的基准点位置和安装方向。

当机器人需要使用不同工具进行多工件作业时，工具、工件坐标系可设定多个。如果工件固定安装且作业面与机器人安装面（地面）平行，此时，工件基准点在机器人基座坐标系上的位置很容易确定，也可不使用工件坐标系，直接通过基座坐标系描述 TCP 运动。

在配置有机器人、工件变位器等外部轴的系统上，机器人基座坐标系、工件坐标系将成为运动坐标系，此时，如果设定大地坐标系，可更加清晰地描述机器人、工件运动。

3. 工件移动作业坐标系定义

工具外部安装、机器人工件移动作业系统如图 5.1-11 所示。工件移动作业通常用于小型、轻量零件在固定工具上的作业，例如，进行小型零件的点焊、冲压加工时，为了减轻机器人载荷，可采用工件移动作业，将焊钳、冲模等质量、体积较大的作业工具固定安装在地面或工件上。

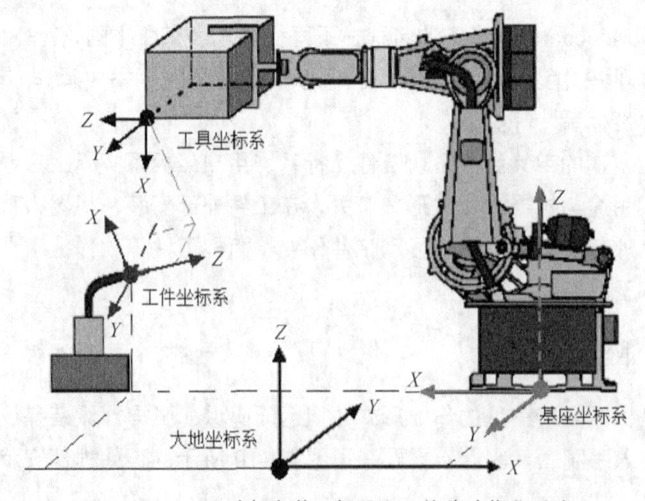

图 5.1-11　工具外部安装、机器人工件移动作业系统

机器人在工件移动作业时，作业工具被安装在机器人外部（地面或工装上），工件夹持在机器人手腕上，机器人的运动将改变工件的基准点位置和方向。在这种作业系统上，控制系统的工具坐标系参数实际上被用来定义工件的基准点位置和安装方向，而工件、用户坐标系参数则被用来定义工具的 TCP 位置和安装方向。因此，工件移动作业系统必须定义控制系统的工件、用户坐标系参数。

同样，当机器人需要使用不同工具进行多工件作业时，工具、工件坐标系同样可设定多个。如果系统配置有机器人变位器、工具移动部件等外部轴，设定大地坐标系可更加清晰地描述机器人、工件运动。

5.1.5 坐标系方向及定义

1. 坐标系方向的定义方法

在工业机器人上，机器人关节坐标系、基座坐标系、手腕基准坐标系的原点、方向已由机器人生产厂家在机器人出厂时设定，其他作业坐标系都需要用户自行设定。

工业机器人是一种多自由度控制的自动化设备，如果机器人的位置以虚拟笛卡儿坐标系的形式指定，不仅需要确定控制目标点（TCP）的位置，而且还需要确定作业方向，因此，工具坐标系、工件坐标系、用户等作业坐标系需要定义原点位置，且还需要定义方向。

工具坐标系、工件坐标系方向与工具类型、结构和机器人作业方式有关，且在不同厂家生产的机器人上有所不同（详见后述）。例如，在图 5.1-12 所示的安川点焊机器人上，工具坐标系的+*Z* 方向被定义为工具沿作业中心线（以下简称工具中心线）接近工件的方向，工件（用户）坐标系的+*Z* 方向被定义为工件安装平面的法线方向等。

三维空间的坐标系方向又称坐标系姿态，它需要通过基准坐标旋转的方法设定。在数学上，用来描述三维空间坐标旋转的常用方法有姿态角（Attitude angle，又称旋转角、固定角）、欧拉角（Euler angles）、四元数（Quaternion）、旋转矩阵（Rotation matrix）等。旋转矩阵通常用于系统控制软件设计，不能由机器人或用户设定。

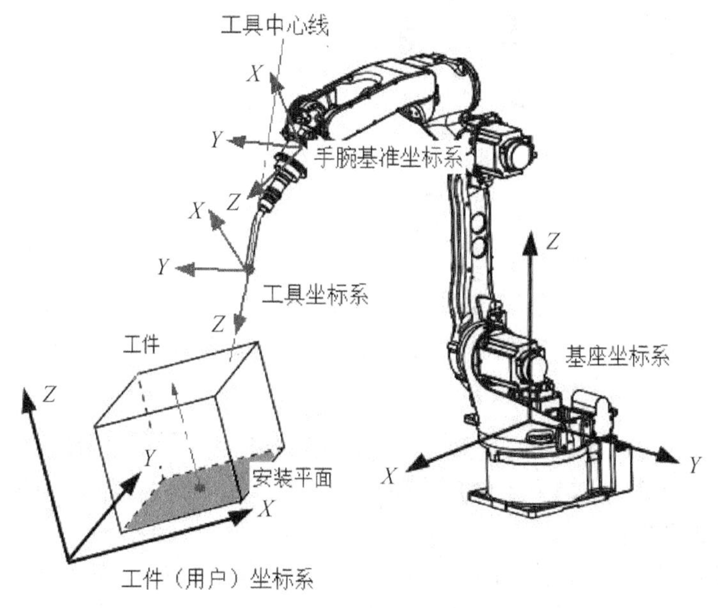

图 5.1-12 坐标系方向定义示例

工具坐标系、工件坐标系的方向规定、定义方法在不同机器人上有所不同。在常用机器人中，FANUC、安川一般采用姿态角定义法，ABB 机器人采用四元数定义法，KUKA 机器人采用欧拉角定义法。坐标系方向规定可参见后述。姿态角、欧拉角、四元数的含义如下。

2. 姿态角定义

工业机器人的姿态角名称、定义方法与航空飞行器的姿态角名称、定义方法稍有不同。在垂直串联机器人手腕上，为了使坐标系旋转角度的名称与机器人动作统一，通常将旋转坐标系绕基准坐标系 X 轴的转动称为偏摆（Yaw），转角以 W、R_x 表示，将旋转坐标系绕基准坐标系 Y 轴的转动称为俯仰（Pitch），转角以 P、R_y 表示，而将旋转坐标系绕基准坐标系 Z 轴的转动（如腰、手）称为回转（Roll），转角以 R、R_z 表示。

用转角表示坐标系旋转时，所得到的旋转坐标系方向（姿态）与旋转的基准轴、旋转次序有关。如果旋转的基准轴规定为基准坐标系的原始轴（方向固定轴）、旋转次序规定为 $X\to Y\to Z$，这样得到的转角称为“姿态角”。

为了方便理解，FANUC、安川等机器人的坐标系旋转参数 $W/P/R$、$R_x/R_y/R_z$，都可认为是旋转坐标系依次绕基准坐标系原始轴 X、Y、Z 旋转的角度（姿态角）。

例如，机器人手腕安装作业工具时，工具坐标系的旋转基准为手腕基准坐标系，如果需要设定图 5.1-13（a）所示的工具坐标系方向，其姿态角将为 R_x（W）=0°、R_y（P）= 90°、R_z（R）=180°。即工具坐标系按图 5.1-13（b）所示，首先绕手腕基准坐标系的 Y_F 轴旋转 90°，使得旋转后的坐标系 X_F' 轴与需要设定的工具坐标系 X_T 轴方向一致，接着，再将工具坐标系绕手腕基准坐标系的 Z_F 轴旋转 180°，使得 2 次旋转后的坐标系 Y_F'、Z_F' 轴与工具坐标系 Y_T、Z_T 轴方向一致。

按 $X\to Y\to Z$ 旋转次序定义的姿态角 $W/P/R$、$R_x/R_y/R_z$，实际上和下述按 $Z\to Y\to X$ 旋转次序所定义的欧拉角 $A/B/C$ 具有相同的数值，即 $R_x = C$、$R_y = B$、$R_z = A$，因此，在定义坐标轴方向时，也可将姿态角 $R_x/R_y/R_z$ 视作欧拉角 $C/B/A$，但基准坐标系旋转的次序必须更改为 $Z\to Y\to X$。

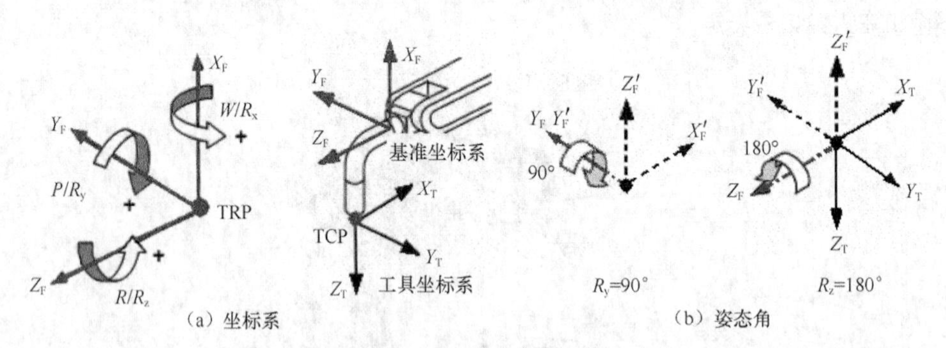

图 5.1-13　姿态角定义法

3. 欧拉角定义

欧拉角（Euler angles）是另一种以转角定义旋转坐标系方向的方法。欧拉角和姿态角的区别在于：姿态角是旋转坐标系绕方向固定的基准坐标系原始轴旋转的角度，而欧拉角则是绕旋转后的新坐标系坐标轴回转的角度。

以欧拉角表示坐标旋转时，得到的坐标系方向（姿态）同样与旋转的次序有关。工业机器人的旋转次序一般规定为 $Z\to Y\to X$。因此，KUKA 等机器人的欧拉角 $A/B/C$ 的含义：旋转坐标系首先绕

基准坐标系的 Z 轴旋转 A，然后，再绕旋转后的新坐标系 Y 轴旋转 B，接着，再绕 2 次旋转后的新坐标系 X 轴旋转 C。

例如，同样对于图 5.1-13 所示的工具姿态，如果采用欧拉角定义法，对应的欧拉角为图 5.1-14 所示的 A=180°、B=90°、C=0°。即工具坐标系首先绕基准坐标系原始的 Z_F 轴旋转 180°，使得旋转后的坐标系 Y_F' 轴与工具坐标系 Y_T 轴方向一致，然后，再绕旋转后的新坐标系 Y_F' 轴旋转 90°，使得 2 次旋转后的坐标系 X_F'、Z_F' 轴与工具坐标系 X_T、Z_T 轴的方向一致。

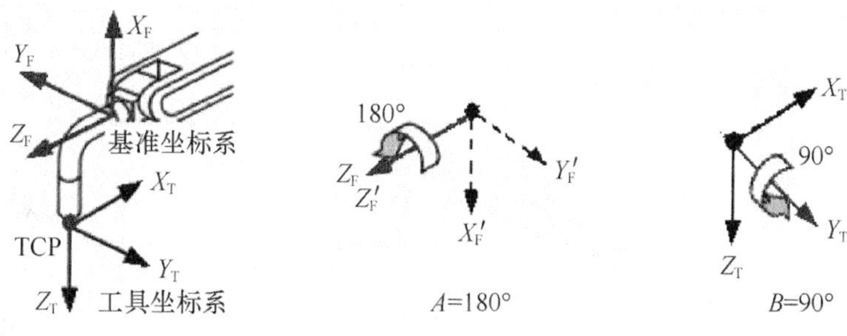

图 5.1-14 欧拉角定义法

由此可见，按 $Z \to Y \to X$ 旋转次序定义的欧拉角 $A/B/C$，与按 $X \to Y \to Z$ 旋转次序定义的姿态角 $R_x/R_y/R_z$（或 $W/P/R$）具有相同的数值，即 $A=R_z$、$B=R_y$、$C=R_x$。因此，也可将定义旋转坐标系的欧拉角 $A/B/C$ 视作姿态角 $R_z/R_y/R_x$，但基准坐标系的旋转次序必须更改为 $X \to Y \to Z$。

4. 四元数定义

ABB 机器人的旋转坐标系方向利用四元数（Quaternion）定义，数据格式为[q_1，q_2，q_3，q_4]。q_1、q_2、q_3、q_4 为表示坐标旋转的四元素，它们是带符号的常数，其数值和符号需要按照以下方法确定。

（1）数值。四元数 q_1、q_2、q_3、q_4 的数值，可按以下公式计算后确定。

$$q_1^2+q_2^2+q_3^2+q_4^2=1$$

$$q_1=\frac{\sqrt{x_1+y_2+z_3+1}}{2}$$

$$q_2=\frac{\sqrt{x_1-y_2-z_3+1}}{2}$$

$$q_3=\frac{\sqrt{y_2-x_1-z_3+1}}{2}$$

$$q_4=\frac{\sqrt{z_3-x_1-y_2+1}}{2}$$

上式中的（x_1，x_2，x_3）、（y_1，y_2，y_3）、（z_1，z_2，z_3）分别为图 5.1-15 所示的旋转坐标系 X'、Y'、Z' 轴单位向量在基准坐标系 X、Y、Z 轴上的投影。

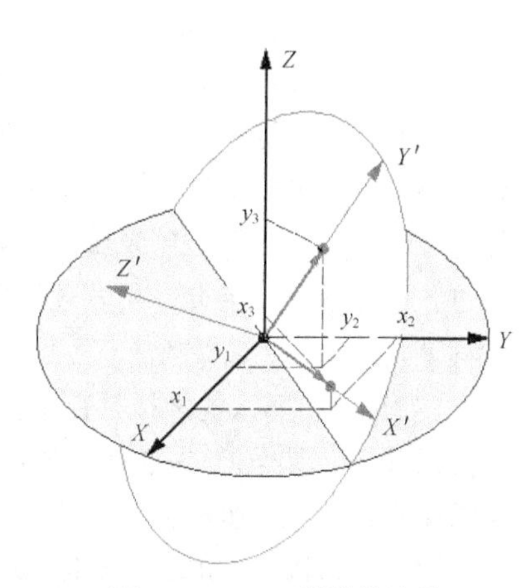

图 5.1-15 四元数数值计算

（2）符号。四元数 q_1、q_2、q_3、q_4 的符号按下述方法确定。

q_1：符号总是为正。

q_2：符号由计算式（y_3-z_2）确定，（y_3-z_2）≥0 为"+"，否则为"−"。

q_3：符号由计算式（z_1-x_3）确定，（z_1-x_3）≥0 为“+”，否则为“−”。

q_4：符号由计算式（x_2-y_1）确定，（x_2-y_1）≥0 为“+”，否则为“−”。

例如，图 5.1-16 所示的工具坐标系在 FANUC、安川机器人上用姿态角表示时，为 $R_x(W)$=0°、$R_y(P)$=90°、$R_z(R)$=180°。在 KUKA 机器人上用欧拉角表示时，为 A=180°、B=90°、C=0°。在 ABB 机器人上用四元数表示时，因旋转坐标系 X'、Y'、Z' 轴（即工具坐标系 X_T、Y_T、Z_T 轴）单位向量在基准坐标系 X、Y、Z 轴（即手腕基准坐标系 X_F、Y_F、Z_F 轴）上的投影分别为

$$(x_1, x_2, x_3) = (0, 0, -1)$$
$$(y_1, y_2, y_3) = (0, -1, 0)$$
$$(z_1, z_2, z_3) = (-1, 0, 0)$$

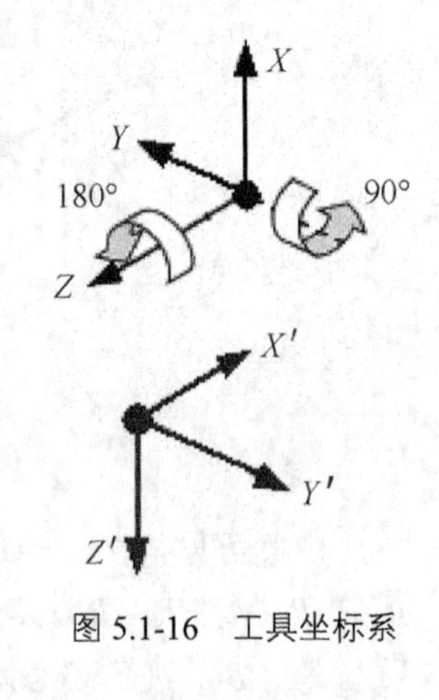

图 5.1-16　工具坐标系

由此可得，

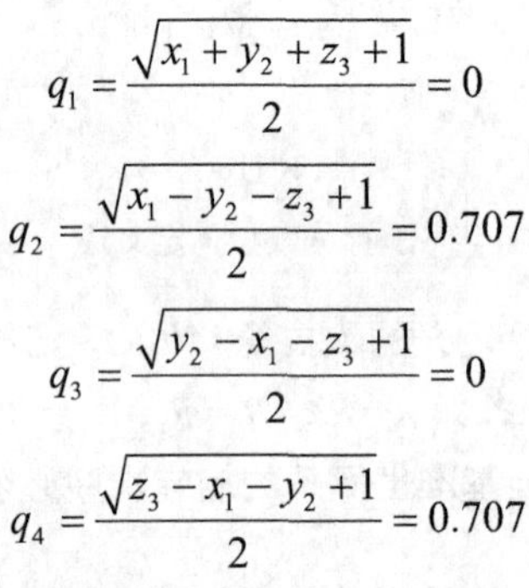

$$q_1 = \frac{\sqrt{x_1 + y_2 + z_3 + 1}}{2} = 0$$
$$q_2 = \frac{\sqrt{x_1 - y_2 - z_3 + 1}}{2} = 0.707$$
$$q_3 = \frac{\sqrt{y_2 - x_1 - z_3 + 1}}{2} = 0$$
$$q_4 = \frac{\sqrt{z_3 - x_1 - y_2 + 1}}{2} = 0.707$$

q_1、q_3 为“0”，符号为“+”；计算式（y_3-z_2）= 0，q_2 为“+”；计算式（x_2-y_1）=0，q_4 为“+”；因此，工具坐标系的旋转四元数为[0，0.707，0，0.707]。

5.2 典型产品的坐标系定义

5.2.1 FANUC 机器人坐标系

1. 基本说明

FANUC 机器人控制系统的坐标系实际上有关节坐标系、机器人基座坐标系、手腕基准坐标系、大地坐标系、工具坐标系、用户坐标系 6 类，但坐标系名称、使用方法与其他机器人有较大的不同。

手腕基准坐标系在 FANUC 机器人中称为工具安装坐标系（Tool installation coordinates），中文说明书译作“机械接口坐标系”。手腕基准坐标系是通过运动控制模型建立、由 FANUC 定义的控制坐标系，通常只用于控制系统的工具坐标系参数设定，用户既不能改变其设定、也不能在该坐标系上进行其他操作，因此，机器人使用说明书一般不对其进行介绍，其他坐标系均可允许用户操作、编程使用。

FANUC 机器人的坐标系在示教器上以英文“JOINT”“JGFRM”“WORLD”“TOOL”“USER”的形式显示，其中，JGFRM 只能用于机器人手动操作。坐标系代号 JOINT、TOOL、USER 分别为关节坐标系、工具坐标系、用户坐标系，其含义明确。JGFRM、WORLD 坐标系的功能如下。

（1）JGFRM。JGFRM 是机器人手动（JOG）操作坐标系 JOG Frame 的代号，简称 JOG 坐标系。JOG 坐标系是 FANUC 公司为了方便机器人在基座坐标系手动操作而专门设置的特殊坐标系，其使

用比机器人基座坐标系更方便（见后述）。机器人出厂时，控制系统默认 JOG 坐标系与机器人基座坐标系重合，因此，如不进行 JOG 坐标系设定操作，JOG 坐标系就可视作机器人基座坐标系。

（2）WORLD。WORLD 实际上是大地坐标系（World coordinates）的简称，中文说明书被译作“全局坐标系”。大地坐标系是 FANUC 机器人基座坐标系、用户坐标系的设定基准，用户不能改变。由于绝大多数机器人采用的是地面固定安装，机器人出厂时默认大地坐标系与机器人基座坐标系重合，因此，FANUC 机器人操作编程时，通常直接用大地坐标系代替机器人基座坐标系。如果机器人需要利用变位器移动（附加功能），机器人基座坐标系在大地坐标系的位置，可通过控制系统的机器人变位器配置参数，由控制系统自动计算与确定。

为了与 FANUC 机器人使用说明书统一，在本书后述的内容中，也将 FANUC 机器人的 WORLD 坐标系称为全局坐标系，将手腕基准坐标系称为工具安装坐标系。

FANUC 机器人的坐标系定义如下。

2. 机器人基本坐标系

关节坐标系、全局坐标系、机械接口坐标系是 FANUC 机器人的基本坐标系，必须由 FANUC 公司定义，用户不得改变。关节坐标系、全局坐标系、机械接口坐标系的原点位置、方向规定如下。

（1）关节坐标系。FANUC 6 轴垂直串联机器人的腰回转、下臂摆动、上臂摆动、手腕回转、腕弯曲、手回转关节轴名称依次为 J1～J6，轴运动方向、零点定义如图 5.2-1 所示。当机器人所有关节轴位于零点（$J1 \sim J6 = 0°$）时，机器人中心线平面与基座前侧面垂直（$J1= 0°$），下臂中心线与基座安装底面垂直（$J2= 0°$），上臂中心线和手回转中心线与基座安装底面平行（$J3=0°$、$J5 = 0°$），手腕和手的基准线垂直基座安装底面向上（$J4=0°$、$J6 = 0°$）。

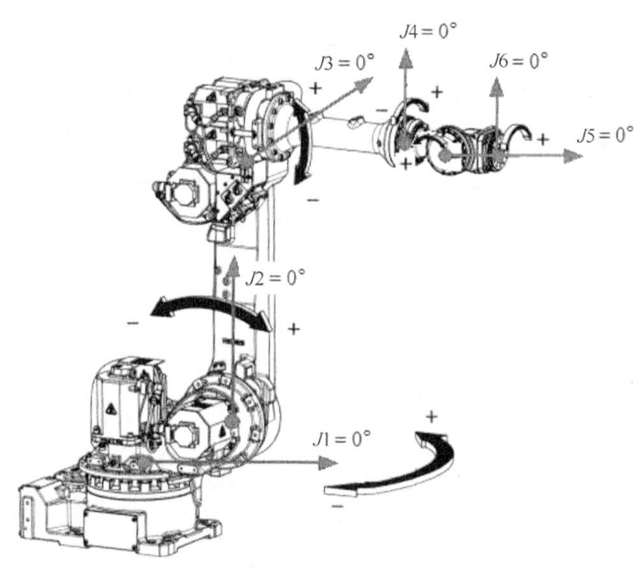

图 5.2-1　FANUC 机器人关节坐标系

（2）全局坐标系、机械接口坐标系。FANUC 机器人的全局坐标系、机械接口坐标系原点和方向定义如图 5.2-2 所示。全局坐标系原点通常位于通过 J2 轴回转中心、平行于安装底平面的平面上。机械接口坐标系的 $+Z$ 方向为垂直手腕工具安装法兰面向外，$+X$ 方向为 $J4 = 0°$ 时的手腕向上（或向外）弯曲切线方向。

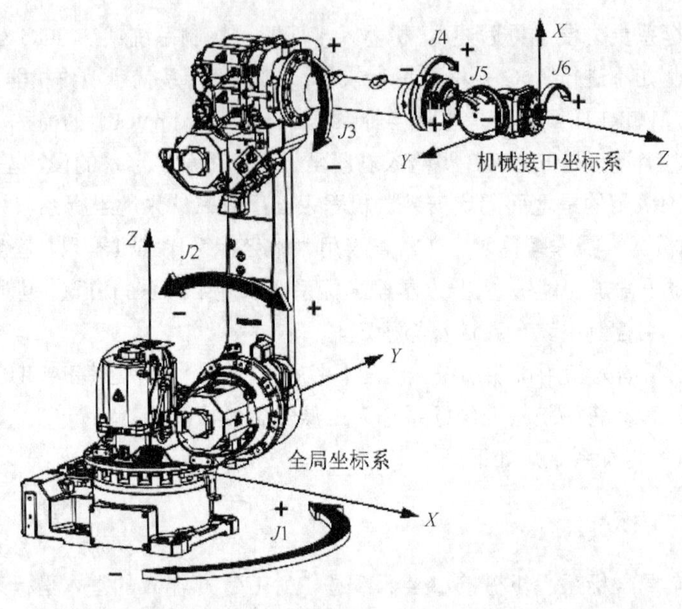

图 5.2-2　FANUC 基本笛卡儿坐标系

3. 工具坐标系、用户坐标系、JOG 坐标系

（1）工具坐标系、用户坐标系。工具坐标系、用户坐标系是 FANUC 机器人的基本作业坐标系，用户坐标系可通过程序指令进行平移、旋转等变换，作为工件坐标系使用。工具坐标系、用户坐标系可由用户自由设定，其数量与控制系统型号、规格、功能有关，常用的机器人一般最大可设定 10 个工具坐标系、9 个用户坐标系。

FANUC 机器人控制系统的工具坐标系参数需要以机械接口坐标系为基准设定，如不设定工具坐标系，系统默认工具坐标系和机械接口坐标系重合。控制系统的用户坐标系参数需要以全局坐标系为基准设定，如不设定用户坐标系，系统默认用户坐标系和全局坐标系重合。工具坐标系、用户坐标系方向以基准坐标系 $X \to Y \to Z$ 次序旋转的姿态角 $W/P/R$ 表示。

（2）JOG 坐标系。JOG 坐标系是 FANUC 为方便机器人在基座坐标系手动操作而专门设置的特殊坐标系，不能用于机器人程序。

JOG 坐标系的零点、方向可由用户设定，且可同时设定多个（通常为 5 个），因此，使用比机器人基座坐标系更方便。

例如，当机器人需要进行图 5.2-3 所示的手动码垛时，可利用 JOG 坐标系的设定，方便、快捷地将物品从码垛区的指定位置取出等。

FANUC 机器人控制系统的 JOG 坐标系参数需要以全局坐标系为基准设定，如不设定 JOG 坐标系，系统默认两者重合，此时，JOG 坐标系即可视为机器人手动操作时的机器人基座坐标系。

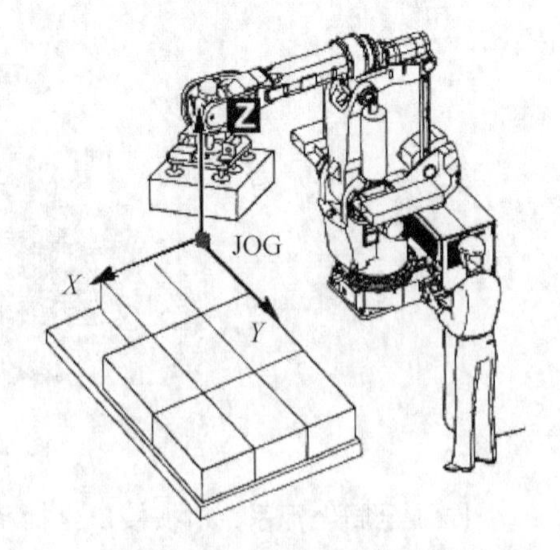

图 5.2-3　JOG 坐标系的作用

4. 常用工具的坐标系定义

工具坐标系、用户坐标系的方向与工具类型、结构及机器人实际作业方式有关，在 FANUC 机

器人上，常用工具及工件的坐标系方向一般如下。

（1）工具方向。工具移动作业系统的工具方向利用控制系统的工具坐标系定义，工件移动作业系统的工具方向利用控制系统的用户坐标系定义。常用工具在 FANUC 机器人上的坐标系方向一般按图 5.2-4 所示定义。

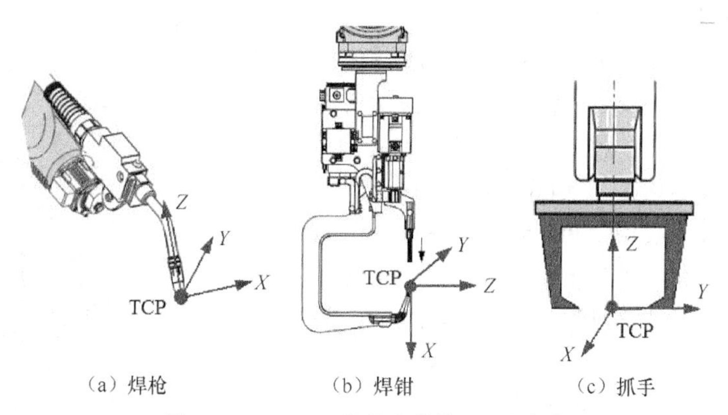

（a）焊枪　（b）焊钳　（c）抓手

图 5.2-4　FANUC 机器人的常用工具方向

① 弧焊机器人焊枪。枪膛中心线向上方向为工具（或用户）坐标系的+*Z* 方向，+*X* 方向通常与基准坐标系的+*X* 方向相同，+*Y* 方向用右手定则决定。

② 点焊机器人焊钳。焊钳进入工件方向为工具（或用户）坐标系+*Z* 方向，焊钳加压时的移动电极运动方向为+*X* 方向，+*Y* 方向用右手定则决定。

③ 抓手。抓手一般只用于物品搬运、码垛等工具移动作业系统，工具坐标系的+*Z* 方向一般与手腕基准坐标系的+*Z* 方向相反（垂直手腕法兰向内），+*X* 方向与手腕基准坐标系的+*X* 方向相同，+*Y* 方向用右手定则决定。

（2）工件方向。工具移动作业系统的工件安装在地面或工装上，工件方向需要利用控制系统的用户坐标系参数定义，用户坐标系的+*Z* 方向一般为工件安装平面的法线方向，+*X* 方向通常与全局坐标系的+*X* 方向相反，+*Y* 方向用右手定则决定。

工件移动作业系统的工件夹持在机器人手腕上，工件方向需要利用控制系统的工具坐标系参数定义，工具坐标系的+*Z* 方向一般与机械接口坐标系的+*Z* 方向相反（垂直手腕法兰向内），+*X* 方向与机械接口坐标系的+*X* 方向相同，+*Y* 方向用右手定则决定。

5.2.2　安川机器人坐标系

1. 基本说明

安川机器人控制系统的坐标系实际上有关节坐标系、机器人基座坐标系、手腕基准坐标系、大地坐标系、工具坐标系、用户坐标系 6 类，但坐标系名称、使用方法与其他机器人有所不同。在安川机器人使用说明书上，手腕基准坐标系称为手腕法兰坐标系（Wrist flange coordinates），机器人基座坐标系称为机器人坐标系（Robot coordinates），大地坐标系称为基座坐标系（Base coordinates）。

手腕基准（法兰）坐标系是用来建立运动控制模型、由安川定义的系统控制坐标系，通常只用于控制系统的工具坐标系参数设定，用户既不能改变其设定、也不能在该坐标系上进行其他操作，因此，机器人使用说明书一般不对其进行介绍。其他坐标系均可允许用户操作、编程使用。

安川机器人示教器的坐标系以中文“关节坐标系”“机器人坐标系”“基座坐标系”“直角坐标系”

“圆柱坐标系”“工具坐标系”“用户坐标系”显示。其中，直角坐标系、圆柱坐标系仅供机器人手动操作使用，其功能如下。

（1）直角坐标系。用于机器人基座坐标系的手动操作。选择直角坐标系时，机器人可以笛卡儿直角坐标系的形式，控制 TCP 在机器人坐标系上的手动运动，因此，直角坐标系实际上就是通常意义上的手动操作机器人坐标系。

（2）圆柱坐标系。圆柱坐标系是安川公司为方便机器人坐标系手动操作而设置的坐标系。选择圆柱坐标系进行手动操作时，可以用图 5.2-5 所示圆柱坐标系中的极坐标 ρ、θ，直接控制 TCP 进行机器人坐标系 XY 平面的径向、回转运动。

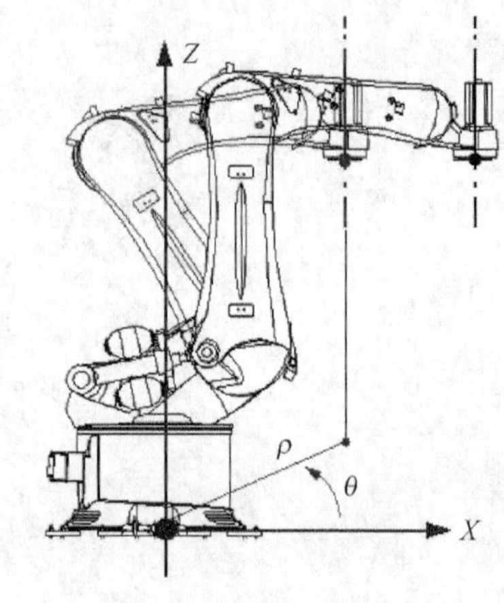

图 5.2-5　圆柱坐标系

为了与安川机器人使用说明书统一，在本书后述的内容中，也将安川机器人的大地坐标系称为基座坐标系，将机器人基座坐标系称为机器人坐标系，将手腕基准坐标系称为手腕法兰坐标系。

安川机器人的坐标系定义如下。

2. 机器人基本坐标系

关节坐标系、机器人坐标系、手腕法兰坐标系是安川机器人的基本坐标系，必须由安川公司定义，用户不得改变。关节坐标系、机器人坐标系、手腕法兰坐标系的原点位置、方向规定如下。

（1）关节坐标系。安川 6 轴垂直串联机器人的腰回转、下臂摆动、上臂摆动、手腕回转、腕弯曲、手回转关节轴名称依次为 S、L、U、R、B、T，轴运动方向、零点定义如图 5.2-6 所示。

安川机器人关节轴方向及 S、L、U、R、T 轴的零点与 FANUC 机器人关节轴方向及 J1～J6 的零点相同，但 B 轴零点有图 5.2-6 所示的两种情况：部分机器人以 S、L、U、R =0° 时，手回转中心线与基座安装底面平行的位置为 B 轴零点；部分机器人则以 S、L、U、R =0° 时，手回转中心线与基座安装底面垂直的位置为 B 轴零点。

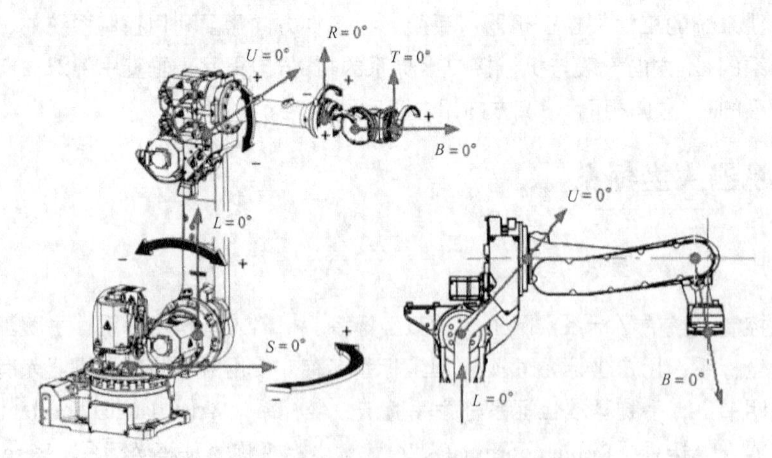

图 5.2-6　安川机器人关节坐标系

（2）机器人坐标系、手腕法兰坐标系。安川机器人的机器人坐标系、手腕法兰坐标系原点和方向定义如图 5.2-7 所示。机器人坐标系原点位于机器人安装底平面，手腕法兰坐标系的+Z 方向为垂直手腕工具安装法兰面向外，+X 方向为 R = 0° 时的手腕向上（或向外）弯曲切线方向。

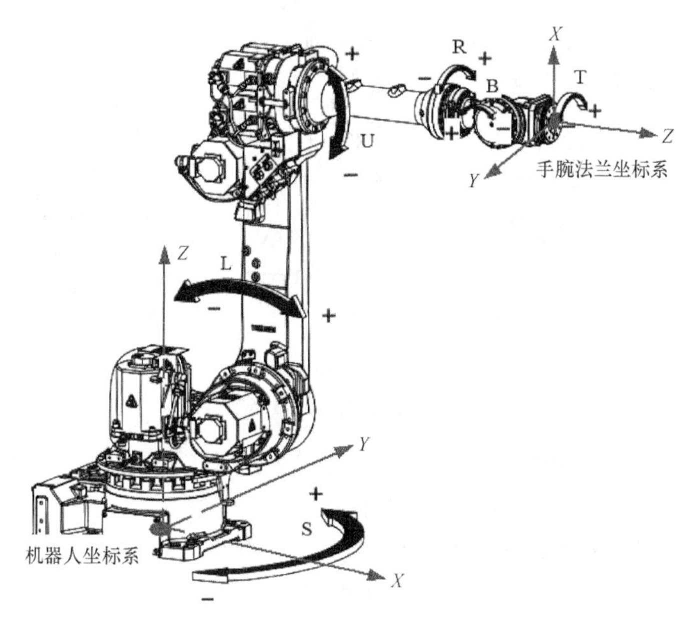

图 5.2-7　安川机器人基本笛卡儿坐标系

3. 基座坐标系、工具坐标系、用户坐标系

安川机器人控制系统的作业坐标系有基座坐标系、工具坐标系、用户坐标系 3 类，用户坐标系可通过程序指令进行平移、旋转等变换，作为工件坐标系使用。基座坐标系只能设定 1 个，工具坐标系、用户坐标系的数量与控制系统型号、规格、功能有关，常用的机器人一般最大可设定 64 个工具坐标系、63 个用户坐标系。

安川机器人的基座坐标系就是大地坐标系，它是机器人坐标系、用户坐标系的设定基准，其设定必须唯一。在利用变位器移动或倾斜、倒置安装的机器人上，机器人坐标系、用户坐标系的位置和方向需要通过基座坐标系确定。机器人出厂时默认基座坐标系和机器人坐标系重合，因此，对于绝大多数采用地面固定安装的机器人，基座坐标系就是机器人坐标系，机器人需要使用变位器移动或倾斜、倒置安装时（附加功能），机器人坐标系在大地坐标系上的位置和方向可通过控制系统的机器人变位器配置参数，由控制系统自动计算与确定。

安川机器人控制系统的工具坐标系参数需要以手腕法兰坐标系为基准设定，如不设定工具坐标系，系统默认工具坐标系和手腕法兰坐标系重合。控制系统的用户坐标系参数需要以基座坐标系为基准设定，如不设定用户坐标系，系统默认用户坐标系和基座坐标系重合。工具、用户坐标系方向以基准坐标系 $X \to Y \to Z$ 次序旋转的姿态角 $R_x/R_y/R_z$ 表示。

4. 常用工具的坐标系定义

工具坐标系、用户坐标系的方向与工具类型、结构及机器人实际作业方式有关，在安川机器人上，常用工具及工件的坐标系方向一般如下。

（1）工具方向。工具移动作业系统的工具方向利用控制系统的工具坐标系定义，工件移动作业系统的工具方向利用控制系统的用户坐标系定义。常用工具在安川机器人上的坐标系方向一般按图 5.2-8 所示定义。

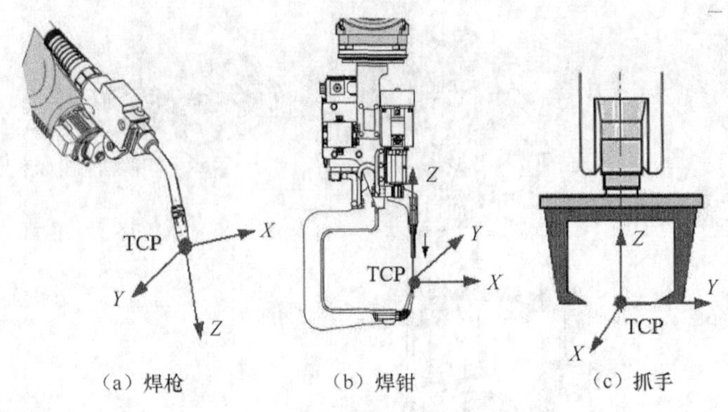

（a）焊枪　　（b）焊钳　　（c）抓手

图 5.2-8　安川机器人的常用工具方向

① 弧焊机器人焊枪。枪膛中心线向下方向为工具（或用户）坐标系+*Z* 方向，+*X* 方向通常与基准坐标系的+*X* 方向相同，+*Y* 方向用右手定则决定。

② 点焊机器人焊钳。焊钳进入工件方向为工具（或用户）坐标系+*X* 方向，焊钳松开时的移动电极运动方向为+*Z* 方向，+*Y* 方向用右手定则决定。

③ 抓手。抓手一般只用于物品搬运、码垛等工具移动作业系统，工具坐标系的+*Z* 方向一般与手腕基准坐标系的+*Z* 方向相反（垂直手腕法兰向内），+*X* 方向与手腕基准坐标系的+*X* 方向相同，+*Y* 方向用右手定则决定。

（2）工件方向。工具移动作业系统的工件安装在地面或工装上，工件方向需要利用控制系统的用户坐标系参数定义，用户坐标系的+*Z* 方向一般为工件安装平面的法线方向，+*X* 方向通常与机器人坐标系的+*X* 方向相反，+*Y* 方向用右手定则决定。

工件移动作业系统的工件夹持在机器人手腕上，工件方向需要利用控制系统的工具坐标系参数定义，工具坐标系的+*Z* 方向一般与手腕法兰坐标系的+*Z* 方向相反（垂直手腕法兰向内），+*X* 方向与手腕法兰坐标系的+*X* 方向相同，+*Y* 方向用右手定则决定。

5.2.3　ABB 机器人坐标系

1. 基本说明

ABB 机器人控制系统可使用关节坐标系、机器人基座坐标系、手腕基准坐标系、大地坐标系、工具坐标系、工件坐标系、用户坐标系等所有常用坐标系。在 ABB 机器人使用说明书上，手腕基准坐标系称为手腕法兰坐标系（Wrist flange coordinates），机器人基座坐标系称为基坐标系（Base coordinates），工件坐标系称为对象坐标系（Object coordinates）。

ABB 机器人的手腕基准（法兰）坐标系是用来建立运动控制模型、由 ABB 定义的系统控制坐标系，通常只用于控制系统的工具坐标系参数设定，用户既不能改变其设定、也不能在该坐标系上进行其他操作，因此，机器人使用说明书一般不对其进行介绍。

ABB 机器人的用户坐标系、工件坐标系及作业形式、运动单元等参数，需要由控制系统的工件数据统一设定，因此，用户坐标系不能直接用于手动操作。

ABB 机器人示教器采用触摸屏操作，允许用户操作、编程使用的坐标系在示教器上以中文“大地坐标系”“基坐标”“工具”“工件坐标”及图标的形式显示和选择。如在进行机器人基座坐标系手动操作时，应选择“基坐标”。ABB 机器人的用户坐标系手动操作不能直接选择，但可以通过工件坐标系和用户坐标系重合的工件数据定义，通过选择该工件坐标系，间接实现用户坐标系的手动操作功能。

为了与 ABB 机器人使用说明书统一，在本书后述的内容中，也将 ABB 机器人的机器人基座坐标系称为基坐标系，将手腕基准坐标系称为手腕法兰坐标系。

ABB 机器人的坐标系定义如下。

2. 机器人基本坐标系

关节坐标系、基坐标系、手腕法兰坐标系是 ABB 机器人的基本坐标系，必须由 ABB 公司定义，用户不得改变。关节坐标系、基坐标系、手腕法兰坐标系的原点位置、方向规定如下。

（1）关节坐标系。ABB 6 轴垂直串联机器人的腰回转、下臂摆动、上臂摆动、手腕回转、腕弯曲、手回转关节轴名称依次为 j1～j6，轴运动方向、零点定义如图 5.2-9 所示。

ABB 机器人的 j1、j2 的运动方向与 FANUC、安川机器人的腰回转、下臂摆动的运动方向相同。但是，j3、j4、j5、j6 的运动方向与 FANUC、安川机器人的上臂摆动、手腕回转、腕弯曲、手回转的运动方向相反。

ABB 机器人的关节轴零点（$j1$～$j6$ = 0°）如图 5.2-9 所示，此时，机器人中心线平面与基座前侧面垂直（$j1$= 0°），下臂中心线与基座安装底面垂直（$j2$= 0°），上臂中心线和手回转中心线与基座安装底面平行（$j3$ =0°、$j5$ = 0°），手腕和手的基准线垂直基座安装底面向上（$j4$ =0°、$j6$ = 0°）。

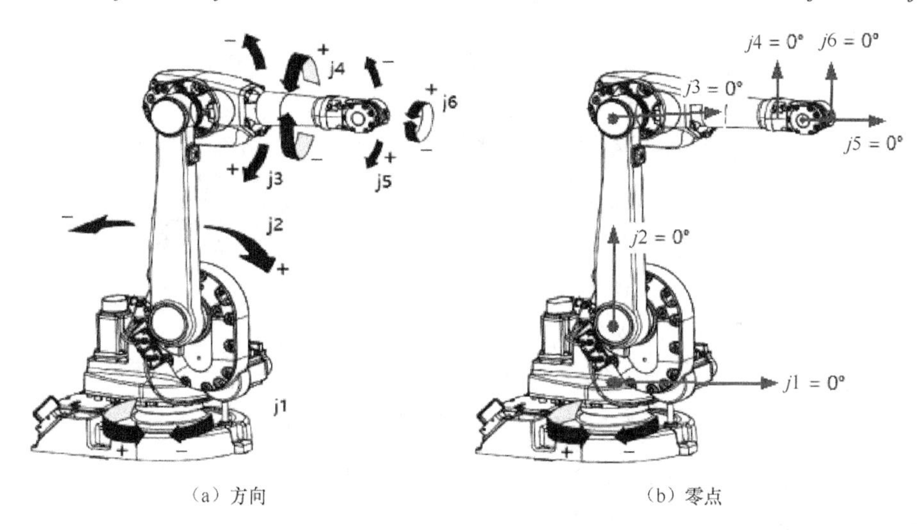

（a）方向　　（b）零点

图 5.2-9　ABB 机器人关节坐标系

（2）基坐标系、手腕法兰坐标系。ABB 机器人的基坐标系、手腕法兰坐标系原点和方向定义如图 5.2-10 所示。机器人坐标系原点位于机器人安装底平面，手腕法兰坐标系的 +Z 方向为垂直手腕工具安装法兰面向外，由于 ABB 机器人的 $j5$ 轴方向与 FANUC、安川机器人的腕弯曲轴方向相反，因此，+X 方向为 R= 0° 时的手腕向下（或向内）弯曲切线。

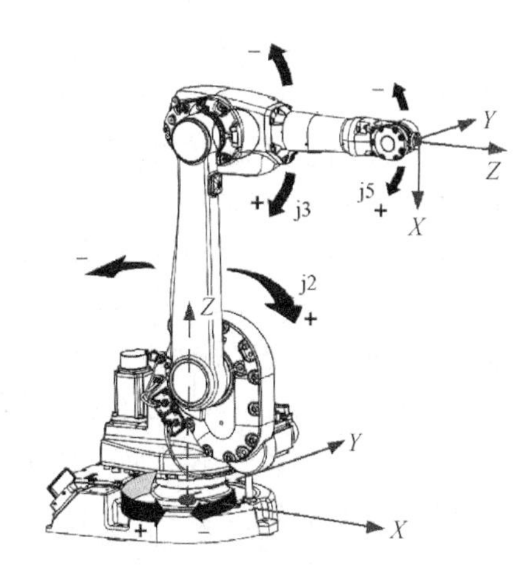

图 5.2-10　ABB 机器人基本笛卡儿坐标系

3. 作业坐标系

ABB 机器人控制系统的作业坐标系有大地坐标系、工具坐标系、工件坐标系、用户坐标系 4 类，其中，大地坐标系的设定必须唯一，工具坐标系、工件坐标系、用户坐标系数量不限，用户坐标系不能单独用于手动操作。

ABB 机器人的大地坐标系是基坐标系、工件坐标系、用户坐标系的设定基准，其设定必须唯一，机器人出厂时默认大地坐标系和基坐标系重合。

ABB 机器人控制系统的工具坐标系参数需要以手腕法兰坐标系为基准设定，如不设定工具坐标系，系统默认工具坐标系和手腕法兰坐标系重合。控制系统的用户坐标系、工件坐标系参数需要以大地坐标系为基准，连同机器人作业形式、运动单元等参数，在工件数据上统一设定，机器人出厂时默认用户坐标系、工件坐标系和大地坐标系重合。工具坐标系、工件坐标系、用户坐标系方向以基准坐标系旋转四元数定义。

4. 常用工具的坐标系定义

工具坐标系、工件坐标系、用户坐标系的方向与工具类型、结构及机器人实际作业方式有关，在 ABB 机器人上，常用工具及工件的坐标系方向一般如下。

（1）工具方向。工具移动作业系统的工具方向利用控制系统的工具坐标系定义，工件移动作业系统的工具方向利用控制系统的用户坐标系定义。常用工具在 ABB 机器人上的坐标系方向一般按图 5.2-11 所示定义。

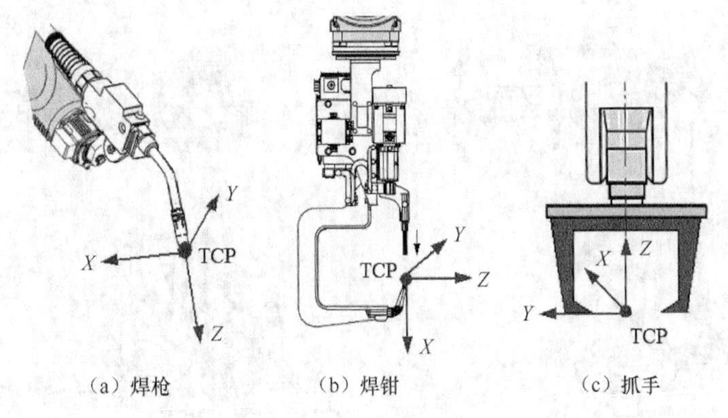

（a）焊枪　（b）焊钳　（c）抓手

图 5.2-11　ABB 机器人常用工具方向

① 弧焊机器人焊枪。枪膛中心线向下方向为工具（或用户）坐标系+Z 方向，+X 方向通常与基准坐标系的+X 方向相同，+Y 方向用右手定则决定。

② 点焊机器人焊钳。焊钳进入工件方向为工具（或用户）坐标系+Z 方向，焊钳加压时的移动电极运动方向为+X 方向，+Y 方向用右手定则决定。

③ 抓手。抓手一般只用于物品搬运、码垛等工具移动作业系统，工具坐标系的+Z 方向一般与手腕基准坐标系的+Z 方向相反（垂直手腕法兰向内），+X 方向与手腕基准坐标系的+X 方向相同，+Y 方向用右手定则决定。

（2）工件方向。工具移动作业系统的工件安装在地面或工装上，工件方向需要利用控制系统的工件坐标系参数定义，工件坐标系的+Z 方向一般为工件安装平面的法线方向，+X 方向通常与基坐标系（机器人基座坐标系）的+X 方向相反，+Y 方向用右手定则决定。

工件移动作业系统的工件夹持在机器人手腕上，工件方向需要利用控制系统的工具坐标系参数定义，工具坐标系的+Z 方向一般与手腕法兰坐标系的+Z 方向相反（垂直手腕法兰向内），+X 方向与手腕法兰坐标系的+X 方向相同，+Y 方向用右手定则决定。

5.2.4 KUKA 机器人坐标系

1. 基本说明

KUKA 机器人控制系统的坐标系有关节坐标系、机器人基座坐标系、手腕基准坐标系、大地坐标系、工具坐标系、工件坐标系 6 类。在 KUKA 机器人使用说明书上，关节坐标系称为轴（AXIS），机器人基座坐标系称为机器人根坐标系（Robot root coordinates，ROBROOT CS），手腕基准坐标系称为法兰坐标系（Flange coordinates，FLANGE CS），工件坐标系称为基坐标系（Base coordinates，BASE CS）。

KUKA 机器人的手腕基准坐标系（FLANGE CS）是用来建立运动控制模型、由 KUKA 定义的系统控制坐标系，通常只用于控制系统的工具坐标系参数设定，用户既不能改变其设定、也不能在该坐标系上进行其他操作。

KUKA 机器人示教器采用触摸屏操作，允许用户操作、编程使用的坐标系在示教器上以中文“轴”“全局”“基坐标”“工具”及图标的形式显示和选择。轴、全局、基坐标、工具分别代表关节坐标系、大地坐标系、工件坐标系、工具坐标系。在大地坐标系（WORLD CS）与机器人基座坐标系（ROBROOT CS）重合（控制系统出厂默认）的机器人上，选择“全局”坐标系的实际上就是机器人基座坐标系。

为了与 KUKA 机器人使用说明书统一，在本书后述的内容中，也将机器人基座坐标系称为机器人根坐标系（ROBROOT CS），将手腕基准坐标系称为法兰坐标系（FLANGE CS）。但是，为了避免歧义，轴（AXIS）改为“关节坐标系”，基坐标系（BASE CS）改为“工件坐标系”；示教器显示图标中的“轴”“全局”“基坐标”名称，也不再在除手动操作外的其他场合使用。

KUKA 机器人的坐标系定义如下。

2. 机器人基本坐标系

关节坐标系（AXIS）、机器人根坐标系（ROBROOT CS）、法兰坐标系（FLANGE CS）是 KUKA 机器人的基本坐标系，必须由 KUKA 公司定义，用户不得改变。关节坐标系、机器人根坐标系、法兰坐标系的原点位置、方向规定如下。

（1）关节坐标系。KUKA 机器人的腰、下臂、上臂、腕回转、腕弯曲、手回转关节轴名称依次为 A1～A6，轴运动方向、零点定义如图 5.2-12 所示。

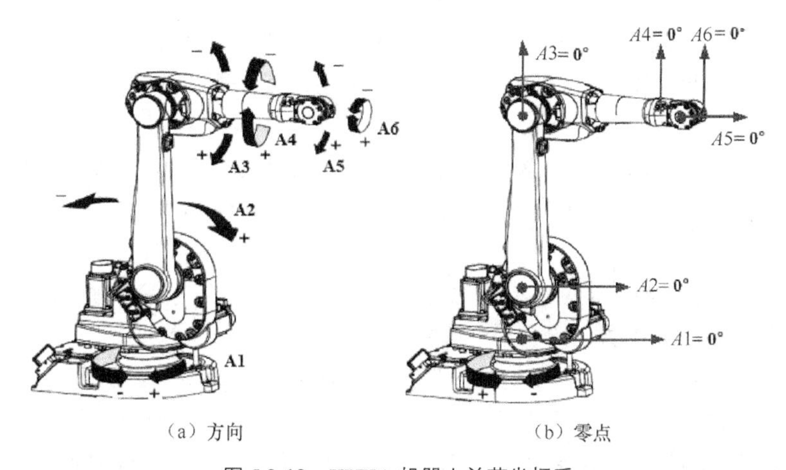

（a）方向　　（b）零点

图 5.2-12　KUKA 机器人关节坐标系

KUKA 机器人的关节轴方向、零点定义与其他机器人（FANUC、安川、ABB 机器人等）的关节轴方向零点定义有较大的区别，A1 轴的运动方向与其他机器人腰回转轴的运动方向相反，A3/A5 轴的运动方向和 ABB 机器人的上臂/腕弯曲轴的运动方向相同，与 FANUC/安川相应轴的运动方向相反；A4/A6 轴运动方向和 FANUC/安川机器人的腕弯曲/手回转轴的运动方向相同，与 ABB 机器人的腕弯曲/手回转轴的运动方向相反。A2 零点位于下臂中心线与机器人基座安装面平行的位置，A3 轴以下臂中心线方向为 0°。

（2）机器人根坐标系、法兰坐标系。KUKA 机器人的根坐标系、法兰坐标系的原点和方向定义与 ABB 机器人相应坐标系的原点和方向定义相同，如图 5.2-13 所示。

需要注意的是，虽然 KUKA 机器人的法兰坐标系的原点、方向均与 ABB 机器人手腕法兰坐标系的原点、方向相同，但是两种机器人的工具坐标系轴定义不同（见下述），因此，工具坐标系参数也将不同。

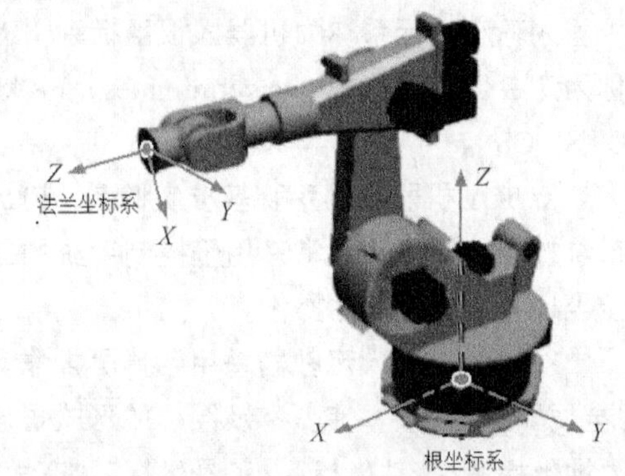

图 5.2-13　KUKA 机器人的根坐标系、法兰坐标系

3. 作业坐标系

KUKA 机器人控制系统的作业坐标系有工具坐标系（Tool coordinates，TOOL CS）、基坐标系（BASE CS）、大地坐标系（WORLD CS）3 类，为避免歧义，本书将按通常习惯，将基坐标系（BASE CS）称为“工件坐标系”。大地坐标系的设定必须唯一，工具坐标系最大可设定 16 个，工件坐标系最大可设定 32 个。

KUKA 机器人的大地坐标系（WORLD CS）是机器人根坐标系（ROBROOT CS）、工件坐标系（BASE CS）的设定基准，其设定必须唯一，机器人出厂时默认三者重合。

KUKA 机器人控制系统的工具坐标系（TOOL CS）参数需要以法兰坐标系（FLANGE CS）为基准设定，如不设定工具坐标系，系统默认工具坐标系和法兰坐标系重合。控制系统的工件坐标系（BASE CS）参数需要以大地坐标系为基准设定，机器人出厂时默认工件坐标系和大地坐标系重合。工具坐标系、工件坐标系方向以基准坐标系 $Z \to Y \to X$ 旋转次序定义的欧拉角表示。

4. 常用工具的坐标系定义

工具坐标系、工件坐标系的方向与工具类型、结构及机器人实际作业方式有关，KUKA 机器人的坐标系方向与 FANUC、安川、ABB 等机器人的坐标系方向有较大的不同，常用工具及工件的坐标系方向一般如下。

（1）工具方向。工具移动作业系统的工具方向利用控制系统的工具坐标系定义，工件移动作业系统的工具方向利用控制系统的用户坐标系定义。常用工具在 KUKA 机器人上的坐标系方向一般按图 5.2-14 所示定义。

① 弧焊机器人焊枪。枪膛中心线向下方向为工具（或用户）坐标系 $+X$ 方向，$+Z$ 方向通常与基准坐标系的 $-X$ 方向相同，$+Y$ 方向用右手定则决定。

② 点焊机器人焊钳。焊钳进入工件方向为工具（或用户）坐标系 $+Z$ 方向，焊钳加压时的移动电极运动方向为 $+X$ 方向，$+Y$ 方向用右手定则决定。

③ 抓手。抓手一般只用于物品搬运、码垛等工具移动作业系统，工具坐标系的 $+Z$ 方向一般与手腕基准坐标系的 $+Z$ 方向相同（垂直手腕法兰向外），$+X$ 方向与手腕基准坐标系的 $+X$ 方向相同，

+Y 方向用右手定则决定。

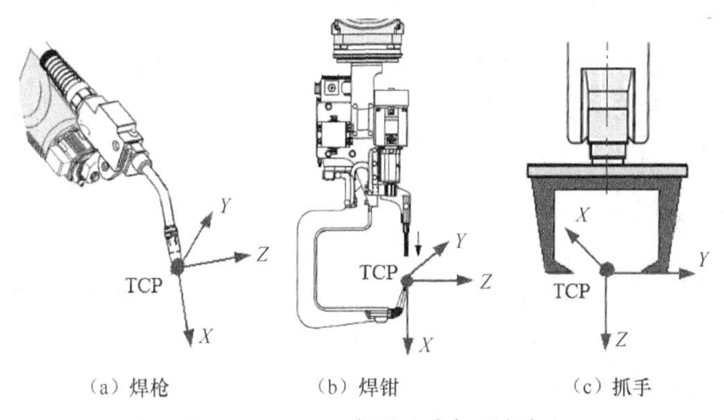

（a）焊枪　　（b）焊钳　　（c）抓手

图 5.2-14　ABB 机器人坐标系方向

（2）工件方向。KUKA 机器人的工件移动方向通常按图 5.2-15 所示定义。

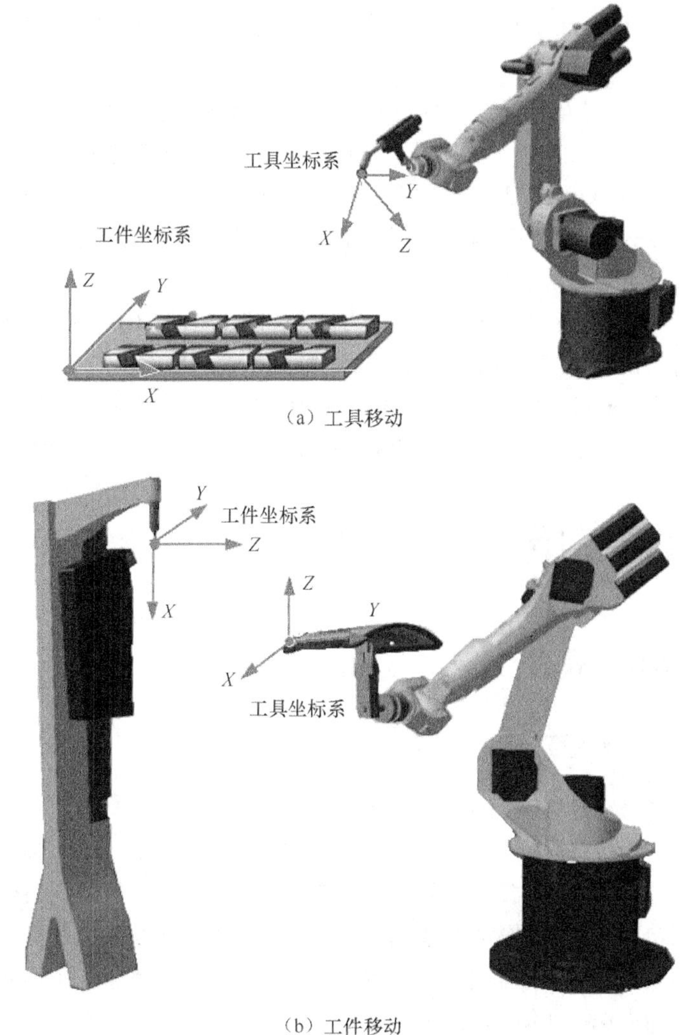

（a）工具移动

（b）工件移动

图 5.2-15　KUKA 机器人工具、工件移动方向定义

工具移动作业系统的工件安装在地面或工装上，工件方向需要利用控制系统的工件坐标系参数

定义。工件坐标系的+*Z*方向一般为工件安装平面的法线方向，+*X*方向通常与机器人根坐标系的+*X*方向相反，+*Y*方向用右手定则决定。

工件移动作业系统的工件夹持在机器人手腕上，工件方向需要利用控制系统的工具坐标系定义，工具坐标系的+*X*方向一般与法兰坐标系的+*X*方向相同（垂直手腕法兰向外），+*Z*方向与法兰坐标系的–*X*方向相同，+*Y*方向用右手定则决定。

5. 外部运动系统坐标系

外部运动系统坐标系是KUKA机器人控制系统的附加功能，在使用机器人、工件变位器的作业系统上，需要以大地（世界）坐标系（WORLD CS）为参考，确定各部件的安装位置和方向，因此，需要设定以下“外部运动系统”坐标系。

（1）机器人变位器坐标系。机器人变位器坐标系是用来描述机器人变位器安装位置、方向的坐标系，KUKA公司称之为ERSYSROOT CS。

ERSYSROOT CS需要以大地坐标系（WORLD CS）为基准设定，ERSYSROOT CS原点（*XYZ*）就是变位器基准点在WORLD CS上的位置，变位器安装方向需要通过ERSYSROOT CS绕WORLD CS回转的欧拉角定义。

使用机器人变位器时，机器人基座坐标系（ROBROOT CS）将成为运动坐标系，ROBROOT CS在变位器坐标系（ERSYSROOT CS）的位置、方向数据保存在系统参数$ERSYS中。ROBROOT CS在大地（世界）坐标系（WORLD CS）的位置、方向数据，保存在系统参数$ROBROOT_C中。

（2）工件变位器坐标系。工件变位器坐标系是用来描述工件变位器安装位置、方向的坐标系，KUKA机器人称之为基点坐标系，简称ROOT CS。

ROOT CS需要以大地坐标系（WORLD CS）为基准设定，ROOT CS原点（*XYZ*）就是工件变位器基准点在WORLD CS上的位置，变位器安装方向需要通过ROOT CS绕WORLD CS回转的欧拉角定义。

工件变位器可以用来安装工件或工具，使用工件变位器时，控制系统的工具坐标系（BASE CS）将成为运动坐标系，因此，工件数据（系统变量$BASE_DATA[n]）中需要增加ROOT CS数据。

5.3 机器人姿态及定义

5.3.1 机器人与工具姿态

1. 机器人位置与机器人姿态

工业机器人的位置可通过关节坐标系、笛卡儿直角坐标系两种方式指定。

（1）关节位置。利用关节坐标系定义的机器人位置称为关节位置，它是控制系统真正能够实际控制的位置，使用关节位置定位准确且机器人的状态唯一，也不涉及机器人姿态的概念。

关节位置与伺服电机所转过的绝对角度对应，一般利用伺服电机内置的脉冲编码器进行检测，位置值通过编码器输出的脉冲计数来计算、确定，故又称“脉冲位置”。工业机器人伺服电机所采用的编码器通常都具有断电保持功能（称为绝对编码器），其计数基准（零点）一旦设定，在任何时刻，电机所转过的脉冲数都是一个确定值。因此，机器人的关节位置是与机器人、作业工具无关的唯一位置，也不存在奇点（Singularity，见下述）。

机器人的关节位置通常只能利用机器人示教操作确定，操作人员基本上无法将三维空间的笛卡儿坐标系位置转换为机器人关节位置。

（2）TCP 位置与机器人姿态。TCP 位置是利用虚拟笛卡儿坐标系定义的工具控制点位置，故又称“*XYZ* 位置”。

工业机器人是一种多自由度运动的自动化设备，利用笛卡儿坐标系定义 TCP 位置时，机器人关节轴有多种实现的可能性。

例如，对于图 5.3-1 所示的 TCP 位置 p1，即便不考虑手腕回转轴（j4）、手回转轴（j6）的位置，也可通过图 5.3-1（a）所示的机器人直立向前、图 5.3-1（b）所示的机器人前俯后仰、图 5.3-1（c）所示的后转上仰等状态实现 p1 点定位。

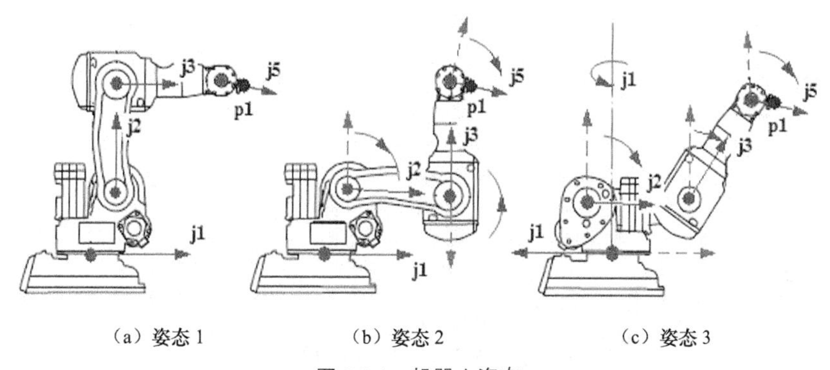

（a）姿态 1　　（b）姿态 2　　（c）姿态 3

图 5.3-1　机器人姿态

因此，利用笛卡儿直角坐标系指定机器人 TCP 位置时，不仅需要规定 *XYZ* 坐标值，而且还必须明确机器人关节轴的状态。

机器人的关节轴状态称为机器人姿态，又称机器人配置（Robot configuration）、关节配置（Joint Placement），在机器人上可通过机身前/后、手臂正/反肘、手腕俯/仰，以及 j1、j4、j6 的区间表示，但不同公司的机器人的定义参数及格式有所不同，常用机器人的姿态定义方法可参见后述。

2. 工具姿态及定义

以笛卡儿坐标系定义 TCP 位置，不仅需要确定 *X*、*Y*、*Z* 坐标值和机器人姿态，而且还需要定义规定作业工具的中心线方向。

例如，对于图 5.3-2（a）所示的点焊作业，作业部位的 *XYZ* 坐标值相同，但焊钳中心线方向不同。对于图 5.3-2（b）所示的弧焊作业，则需要在焊枪行进过程中调整中心线方向、规避障碍等。

机器人的工具中心线方向称为工具姿态。工具姿态实际上就是工具坐标系在当前坐标系（*x*，*y*，*z* 所对应的坐标系）上的方向，因此，它同样可通过坐标系旋转的姿态角或欧拉角、四元数定义。由于坐标旋转定义方法不同，不同机器人的 TCP 位置表示方法（数据格式）也有所不同，常用机器人的 TCP 位置数据格式如下。

（1）FANUC、安川机器人。以（*x*，*y*，*z*，*a*，*b*，*c*）表示 TCP 位置，（*x*，*y*，*z*）坐标值、（*a*，*b*，*c*）为工具姿态。*a*、*b*、*c* 依次为工具坐标系按 *X*→*Y*→*Z* 旋转次序，绕当前坐标系回转的姿态角 *W*/*P*/*R*（或 $R_x/R_y/R_z$）。

（2）ABB 机器人。以{[*x*，*y*，*z*]，[q_1，q_2，q_3，q_4]}表示 TCP 位置，（*x*，*y*，*z*）为坐标值，[q_1，q_2，q_3，q_4]为工具姿态。q_1，q_2，q_3，q_4 为工具坐标系在当前坐标系上的旋转四元数。

（3）KUKA 机器人。以（x，y，z，a，b，c）表示 TCP 位置，（x，y，z）为坐标值，（a，b，c）为工具姿态。a，b，c 依次为工具坐标系按 $Z \rightarrow Y \rightarrow X$ 旋转次序，绕当前坐标系回转的欧拉角 $A/B/C$。

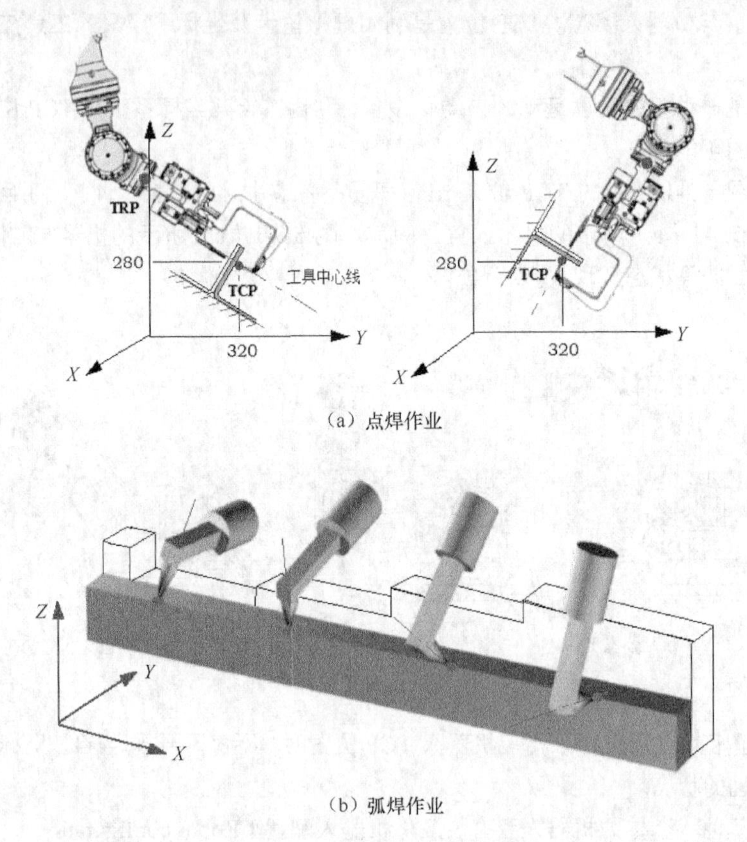

（a）点焊作业

（b）弧焊作业

图 5.3-2　工具中心线方向与控制

5.3.2　机器人姿态及定义

机器人姿态以机身前/后、手臂正/反肘、手腕俯/仰，以及 j1/j4/j6 的区间表示，姿态的基本定义方法如下。

1. 机身前/后

机身前（Front）/后（Back）用来定义机器人手腕的基本位置，它以垂直于机器人中心线平面的平面为基准，用手腕中心点（WCP）在基准面上的位置表示，WCP 位于基准面前侧为“前（Front）”、位于基准面后侧为“后（Back）”。如 WCP 处于基准面，机身前/后位置将无法确定，称为“臂奇点”。

需要注意的是，机器人在运动时，用来定义机身前/后位置的基准面（机器人中心线平面），实际上是一个随 j1 轴回转的平面，因此，机身前/后相对于地面的位置，也将随 j1 轴的回转变化。

例如，当 j1 轴处于图 5.3-3（a）所示的 0° 位置时，基准面与机器人基座坐标系的 YZ 平面重合，此时，如 WCP 位于机器人基座坐标系的+X 方向是机身前位（T）、位于–X 方向是机身后位（B）。但是，如果 j1 轴处于图 5.3-3（b）所示的 180° 位置，则 WCP 位于基座坐标系的+X 方向为机身后位、位于–X 方向为机身前位。

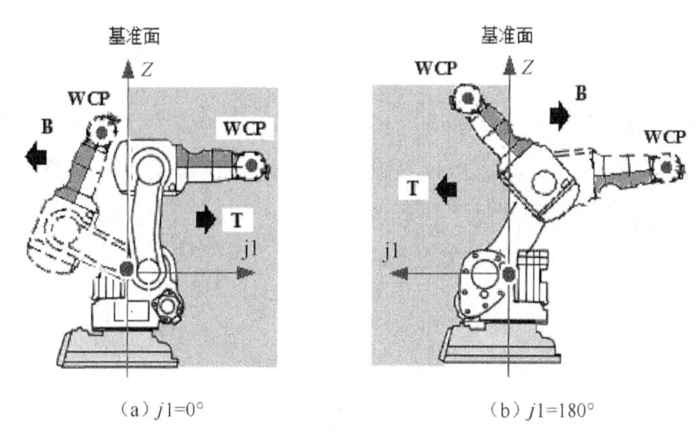

（a）$j1=0°$　　（b）$j1=180°$

图 5.3-3　机身前/后的定义

2. 正/反肘

正/反肘（Up/Down）用来定义机器人上下臂的状态，定义方法如图 5.3-4 所示。

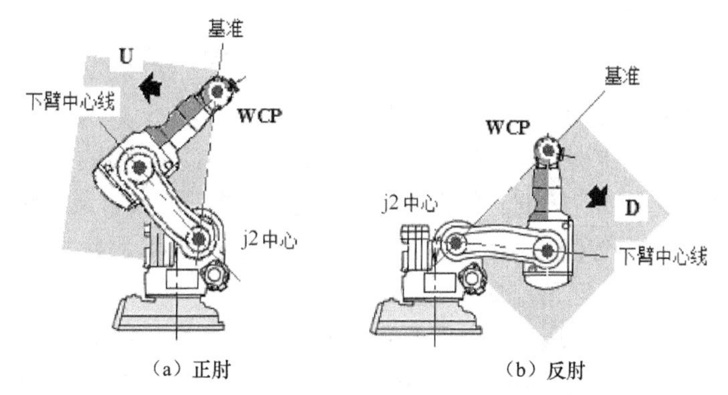

（a）正肘　　（b）反肘

图 5.3-4　正/反肘的定义

正肘/反肘以机器人下臂摆动轴（j2）、腕弯曲轴（j5）的中心线平面为基准，用上臂摆动轴（j3）的中心线位置表示，j3 轴中心线位于基准面上方为“正肘(Up)”、位于基准面下方为“反肘(Down)”。若 j3 轴中心线处于基准面，正/反肘状态将无法确定，称为“肘奇点”。

3. 手腕俯/仰

手腕俯（Noflip）/仰（Flip）用来定义机器人手腕弯曲的状态，定义方法如图 5.3-5 所示。

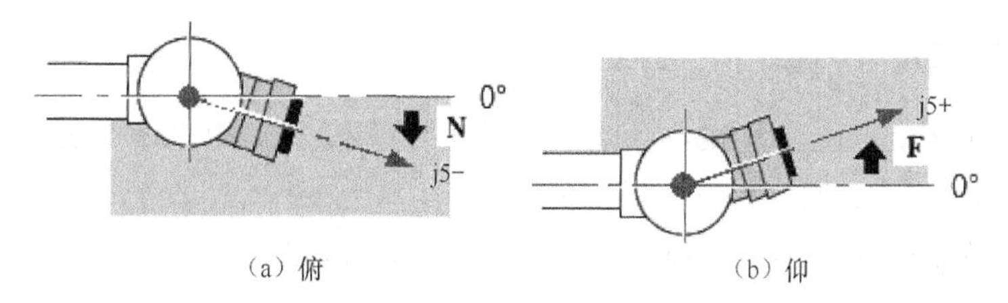

（a）俯　　（b）仰

图 5.3-5　手腕俯/仰的定义

手腕俯/仰以上臂中心线和 j5 轴回转中心线所在平面为基准，用手回转中心线的位置表示。当 $j4 = 0°$ 时，上臂中心线与基准面的夹角为正，称为“仰(Flip)”，两者的夹角为负，称为“俯(Noflip)”。如两者的夹角为 0°，手腕俯/仰状态将无法确定，称为“腕奇点”。

4. j1/j4/j6 区间

j1/j4/j6 区间用来规避机器人奇点。奇点（Singularity）又称奇异点，从数学意义上说，奇点是不满足整体性质的个别点。在工业机器人上，按 RIA 标准定义，奇点是“由两个或多个机器人轴共线对准所引起的、机器人运动状态和速度不可预测的点”。

6 轴垂直串联机器人的奇点有图 5.3-6 所示的臂奇点、肘奇点、腕奇点 3 种。

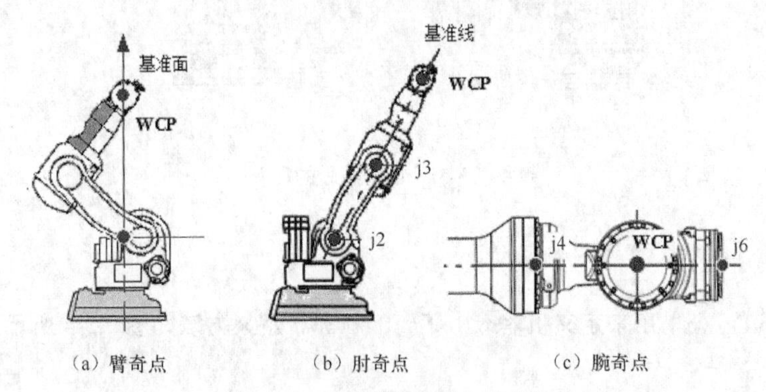

图 5.3-6　垂直串联机器人的奇点

（1）臂奇点如图 5.3-6（a）所示，它是机器人手腕中心点（WCP）正好处于机身前/后定义基准面上的所有情况。在臂奇点上，由于机身前/后位置无法确定，j1、j4 轴存在瞬间旋转 180° 的危险。

（2）肘奇点如图 5.3-6（b）所示，它是 j3 轴中心线正好处于正/反肘定义基准面上的所有情况。在肘奇点上，由于正/反肘状态无法确定，并且手臂伸长已到达极限，因此，TCP 线速度的微量变化也可能导致 j2、j3 轴的高速运动而产生危险。

（3）腕奇点如图 5.3-6（c）所示，它是手回转中心线与手腕俯/仰定义基准面夹角为 0° 的所有情况。在腕奇点上，由于手腕俯/仰状态无法确定，j4、j6 轴存在无数位置组合，因此，存在 j4、j6 轴瞬间旋转 180° 的危险。

为了防止机器人在奇点位置出现不可预见的运动，机器人姿态定义时，需要通过 j1/j4/j6 区间来规避机器人奇点。

5.3.3　典型产品的姿态参数

机器人姿态在 TCP 位置数据中的用姿态参数（configuration data）表示，但数据格式在不同机器人上有所不同，常用机器人的姿态参数格式如下。

1. FANUC 机器人

FANUC 机器人的姿态通过图 5.3-7 所示 TCP 位置数据中的 CONF 参数定义。

（1）CONF 参数的前 3 位为字符，含义如下。

① 首字符：表示手腕俯/仰（Noflip/Flip）状态，设定值为 N（俯）或 F（仰）。

② 第 2 字符：表示正/反肘（Up/Down），设定值为 U（正肘）或 D（反肘）。

③ 第 3 字符：表示机身前/后（Front/Back），设定值为 T（前）或 B（后）。

（2）CONF 参数的后 3 位为数字，依次表示 j1/j4/j6 的区间，含义如下。

① “−1”：表示 j1/j4/j6 的角度 θ，$-540° < \theta \leqslant -180°$。

② "0"：表示 j1/j4/j6 的角度 θ，$-180° < \theta < +180°$ 。

③ "1"：表示 j1/j4/j6 的角度 θ，$180° \leqslant \theta < 540°$ 。

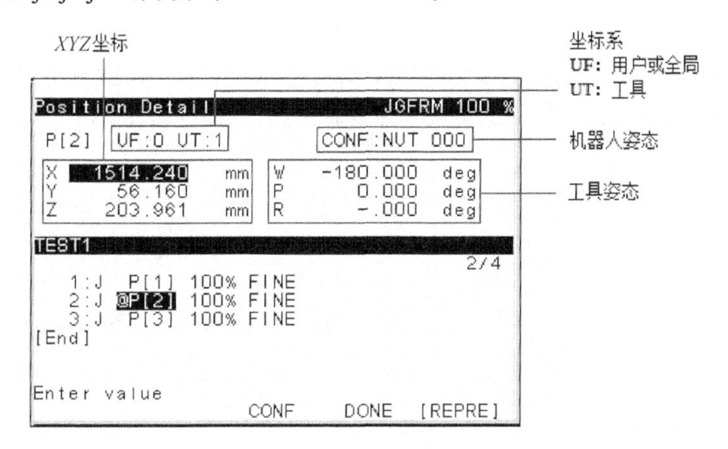

图 5.3-7　FANUC 机器人位置显示

2. 安川机器人

安川机器人的姿态通过图 5.3-8 所示程序点位置数据中的<姿态>参数定义。

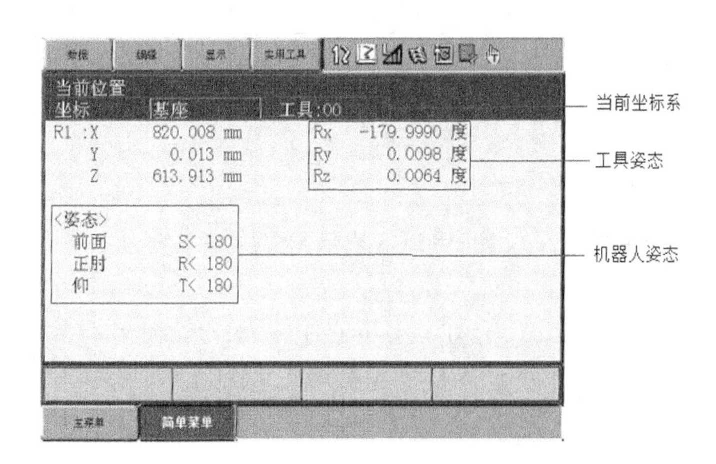

图 5.3-8　安川机器人位置显示

在<姿态>参数中，用前面/后面表示机身前/后，用正肘/反肘表示手腕正/反肘，用"俯/仰"表示手腕俯/仰。对于 j1/j4/j6 区间，用"< 180"表示 $-180° \leqslant \theta < 180°$ ，用"≥180"表示 $\theta \geqslant 180°$ 或 $\theta < -180°$ 。

3. ABB 机器人

ABB 机器人的姿态可通过 TCP 位置（用 robtarget 表示，亦称程序点）数据中的"配置数据（confdata）"定义，robtarget 数据的格式如下。

```
robtarget p1:={[600,200,500], [1,0,0,0] [0,-1,2,1] [682,45,9E9,9E9,9E9,9E9]}
```

TCP 位置	XYZ 坐标	工具姿态	机器人姿态	外部轴 e1～e6 位置
名称：p1	名称：trans	名称：rot	名称：robconf	名称：extax
类型：robtarget	类型：pos	类型：orient	类型：confdata	类型：extjoint

robtarget 数据中的“XYZ 坐标（pos）”和“工具姿态（orient）”用来表示程序点在当前坐标系中的空间位置（坐标值）和工具方向（四元数），“外部轴位置（extjoint）”是以关节坐标系表示的外部轴位置。

机器人姿态名称为 confdata，以四元数[cf1，cf4，cf6，cfx]表示，其中，cf1、cf4、cf6 分别为 j1、j4、j6 的区间代号，数值–4～3 用来表示象限，含义如图 5.3-9 所示。cfx 为机器人姿态代号，数值 0～7 的含义如表 5.3-1 所示。

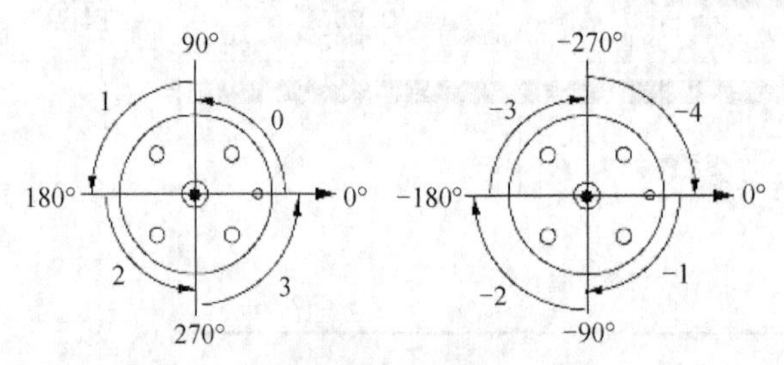

图 5.3-9　ABB 机器人 j1、j4、j6 区间代号

表 5.3-1　ABB 机器人姿态参数 cfx 设定表

cfx 设定	0	1	2	3	4	5	6	7
机身状态	前	前	前	前	后	后	后	后
肘状态	正	正	反	反	正	正	反	反
手腕状态	仰	俯	仰	俯	仰	俯	仰	俯

4. KUKA 机器人姿态

KUKA 机器人的姿态通过 TCP 位置（用 POS 表示）数据中的数据项 S（Status，状态）、T（Turn，转角）定义。POS 数据的格式如下。

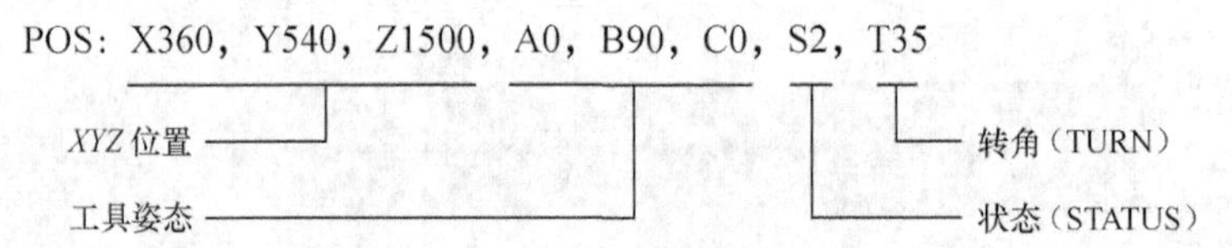

POS 数据中的 X/Y/Z、A/B/C 值为程序点在当前坐标系中的位置和工具方向（欧拉角），状态 S、转角 T 的定义方法如下。

（1）状态 S。状态数据 S 的有效位为 5 位（bit0～bit4），其中，bit0～bit2 用来定义机器人姿态，有效数据位的作用如下。

① bit0。定义机身前后，“0”为前、“1”为后。

② bit1。定义正/反肘，“0”为反肘、“1”为正肘。

③ bit2。定义手腕俯仰，“0”为仰、“1”为俯。

④ bit3。未使用。

⑤ bit4。示教状态（仅显示），“0”表示程序点未示教，“1”表示程序点已示教。

（2）转角 T。转角数据 T 的有效位为 6 位，bit0～bit5 依次为 A1～A6 轴角度，“0”代表 A1～A6≥0°，“1”代表 A1～A6＜0°。定义 KUKA 机器人转角 T 时，需要注意 A2、A3 轴的 0° 位置和 FANUC、安川、ABB 等机器人的相应轴 0° 位置的区别（参见 5.2 节和图 5.2-12）。

5.4 机器人移动要素与定义

5.4.1 机器人移动要素

1. 移动指令编程要求

移动指令是机器人作业程序最基本的编程指令，指令不仅需要指定机器人、外部轴（机器人、工件变位器）等运动部件的目标位置，而且还需要明确机器人 TCP 的运动速度、轨迹、到位区间等控制参数。

例如，对于图 5.4-1 所示的 TCP 从 P_0 到 P_1 点的运动，移动指令需要包含目标位置 P_1、到位区间 e、移动轨迹、移动速度 V 等基本要素。

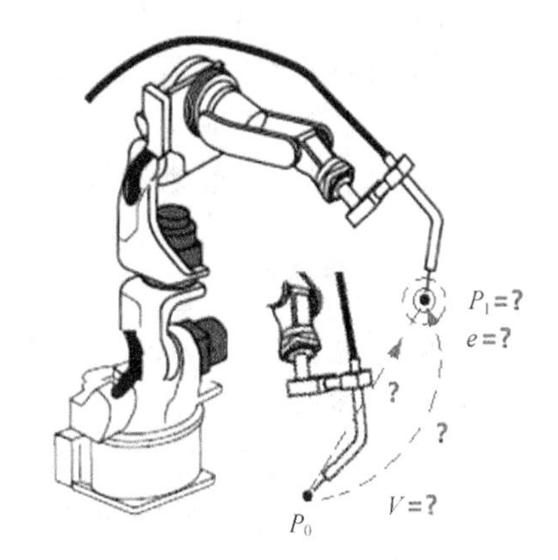

图 5.4-1　移动指令编程要求

机器人移动要素的作用及定义方法如下。

2. 目标位置

机器人移动指令的作用是将机器人 TCP 移动到指令规定的位置，机器人运动的起点就是执行指令时刻的机器人位置（当前位置 P_0）。指令执行完成后，机器人将在指令规定的位置停止。

机器人移动指令的目标位置又称终点、示教点、程序点，它可采用示教操作和程序数据定义两种方式编程。

利用示教操作定义移动指令目标位置的编程方式称为示教编程。示教编程的移动指令目标位置需要通过机器人的手动操作（示教操作）确定，故称示教点。示教点是移动指令执行完成后的机器人实际状态，它包含了机器人 TCP 需要到达的位置和工具需要具备的姿态，也无须考虑坐标系等因素，因此，这是一种简单、可靠、常用的机器人编程方式。

利用程序数据定义移动指令目标位置的编程方式称为变量编程或参数化编程。如果程序数据定义的目标位置以关节坐标系的形式指定，机器人的位置唯一，无须规定机器人和工具姿态，也不存在奇点。但是，如果目标位置以虚拟笛卡儿坐标系指定，就必须同时指定坐标系、TCP 位置和工具姿态。参数化编程无须对机器人进行实际操作，但需要全面了解机器人程序数据、编程指令的编程格式与要求，通常由专业技术人员进行。

3. 到位区间

机器人移动指令的目标位置实际上只是程序规定的理论位置，机器人实际所到达的位置还受到位区间等参数的影响。

到位区间是控制系统用来判断机器人到达移动指令目标位置的区域，如果机器人已到达到位区间内，控制系统便认为当前指令已执行完成，将接着执行下一指令。否则，系统认为当前指令尚在执行中，不能执行后续指令。

到位区间又称“定位类型”，其定义方法在不同机器人上有所不同。例如，FANUC 机器人以连续运动终点（Continuous termination）参数 CNT 指定，安川以定位等级（Positioning level）参数 PL

指定，ABB 机器人以到位区间数据（zonedata）定义，KUKA 机器人用程序点接近（approach）参数$APP_*定义等。

需要注意的是，到位区间只是控制系统用来判定当前移动指令是否已执行完成的依据，而不是机器人的最终定位位置(定位误差)，因为工业机器人的伺服驱动采用的是闭环位置控制系统，因此，即便系统的移动指令执行已结束，但是，伺服驱动系统还将利用闭环自动调节功能，使机器人继续向移动指令的目标位置运动，直至到达闭环系统能够控制的最小误差（定位精度）位置。因此，只要移动指令的到位区间大于定位精度，机器人连续执行 2 条以上移动指令时，上一指令的闭环自动调节运动与当前指令的移动将同时进行，在 2 条指令的轨迹连接处将产生运动过渡的圆弧段。

4. 移动轨迹

移动轨迹就是机器人 TCP 在三维空间的运动路线。工业机器人的运动方式主要有绝对位置定位、关节插补、直线插补、圆弧插补、样条插补等。

绝对位置定位又称点到点（Point to Point，PtP）定位，它是机器人关节轴或外部轴（基座轴、工装轴）由当前位置到目标位置的快速定位运动，目标位置需要以关节坐标系的形式给定。绝对位置定位时，关节轴、外部轴所进行的是各自独立的运动，机器人 TCP 的移动轨迹无规定的形状。

关节插补是机器人 TCP 从当前位置到目标位置的插补运动，目标位置一般以 TCP 位置的形式给定。进行关节插补运动时，控制系统需要通过插补运算分配各运动轴的指令脉冲，以保证所有运动轴都同时启动、同时到达终点，但运动轨迹通常不为直线。

直线插补、圆弧插补、样条插补是机器人 TCP 从当前位置到目标位置的直线、圆弧、样条插补运动，目标位置需要以 TCP 位置的形式给定。进行直线、圆弧、样条插补运动时，控制系统不但需要通过插补运算保证各运动轴同时启动、同时到达终点，而且还需要保证机器人 TCP 的移动轨迹为直线、圆弧或样条曲线。

机器人的移动轨迹需要利用编程指令选择，由于工业机器人的编程目前无统一的标准，因此，指令代码、功能在不同机器人上有所区别。例如，ABB 机器人的绝对位置定位指令为 MoveAbsJ、关节插补指令为 MoveJ、直线插补指令为 MoveL、圆弧插补指令为 MoveC。FANUC、安川机器人的关节、直线、圆弧插补指令分别为 J、L、C（FANUC）与 MOVJ、MOVL、MOVC（安川）。KUKA 机器人的关节、直线、圆弧插补指令为 PTP、LIN、CIRC 等。此外，样条插补通常属于系统附加功能，不同机器人指令的编程格式也有所区别。

5. 移动速度

移动速度用来规定机器人关节轴、外部轴的运动速度，它可用关节速度、TCP 速度两种形式指定。关节速度一般指机器人以绝对位置定位的运动速度，它直接以各关节轴回转或直线运动速度的形式指定，机器人 TCP 的实际运动速度为各关节轴定位速度的合成。TCP 速度通常用于关节插补、直线插补、圆弧插补，需要以机器人 TCP 空间运动速度的形式指定，指令中规定的 TCP 速度是机器人各关节轴运动合成后的 TCP 实际移动速度。对于圆弧插补，指定的是 TCP 的切向速度。

5.4.2 目标位置与到位区间定义

1. 目标位置定义

机器人移动指令的目标位置有关节位置、TCP 位置两种指定方式，定义方法如下。

（1）关节位置。关节位置就是机器人关节坐标系的位置，通常以绝对位置的形式编程。关节位置也是控制系统真正能够控制的位置，因此，利用关节位置编程时，无须考虑笛卡儿坐标系及机器人工具姿态。

例如，在 FANUC 或安川机器人上，图 5.4-2 所示的机器人关节位置的坐标值为（0，0，0，0，−30，0，682，45）等。

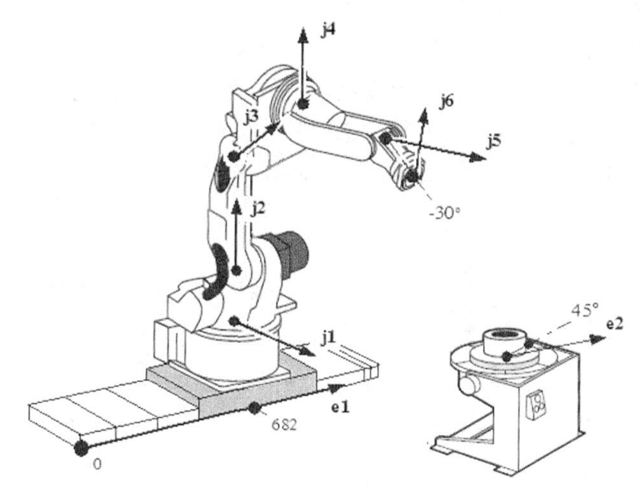

图 5.4-2　关节位置

（2）TCP 位置。用笛卡儿直角坐标系描述的机器人工具控制点（TCP）位置称为 TCP 位置。机器人需要进行直线插补、圆弧插补移动时，目标位置、圆弧中间点都必须以 TCP 位置的形式编程。

机器人移动指令用 TCP 位置编程时，必须明确编程坐标系、TCP 定位点及工具在定位点的姿态。因此，必须事先完成工具、工件、用户等作业坐标系的设定。

例如，图 5.4-3 所示的机器人作业系统采用不同坐标系编程时，TCP 位置中的（x，y，z）坐标值可以为基座坐标系中的（800，0，1000），也可以为大地坐标系中的（600，682，1200）、还可以为工件坐标系中的（300，200，500）等。

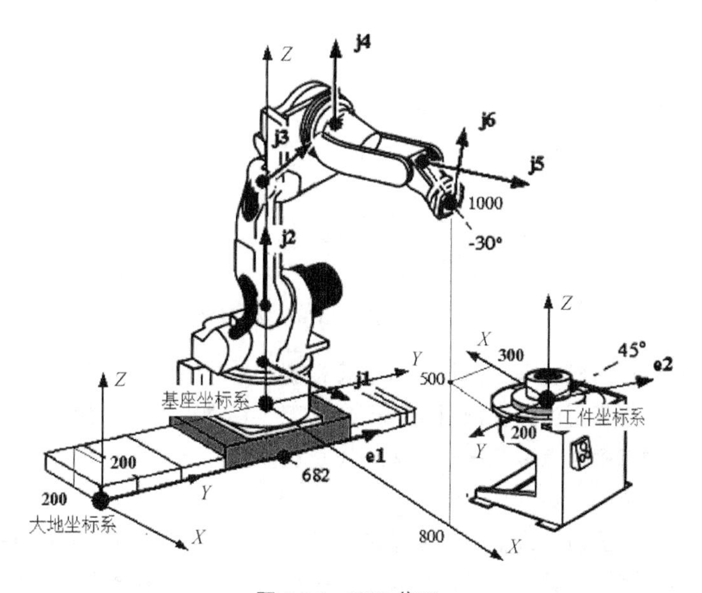

图 5.4-3　TCP 位置

2. 到位区间及定义

到位区间是控制系统判别移动指令是否执行完成的依据，如果机器人到达了目标位置的到位区间内，就认为指令执行完成、后续指令即被启动执行。由于移动指令执行结束后，伺服驱动系统仍将利用闭环位置调节功能自动消除误差，继续向目标位置移动，因此，机器人连续移动时，在轨迹转换点上将产生图 5.4-4（a）所示的抛物线轨迹，俗称“圆拐角”。

机器人 TCP 的目标位置定位是一个减速运动过程，到位区间越小，指令执行时间就越长、圆拐角也就越小。因此，如果目标位置的定位精度要求不高，扩大到位区间，可缩短机器人移动指令的执行时间、提高运动的连续性。例如，当到位区间足够大时，机器人在执行图 5.4-4（b）所示的 $P_1 \rightarrow P_2 \rightarrow P_3$ 连续移动指令时，甚至可以直接从 P_1 沿抛物线连续运动至 P_3。

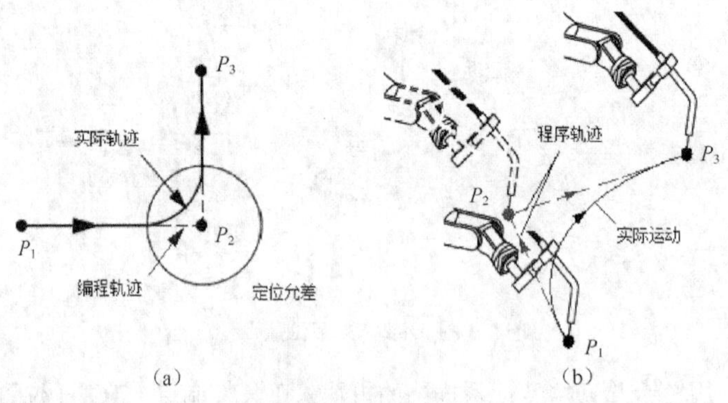

图 5.4-4　连续移动轨迹

到位区间在机器人程序中编程方法主要有图 5.4-5 所示的速度倍率和位置误差两种，在常用机器人中，FANUC、安川机器人采用的是速度倍率编程，ABB、KUKA 机器人采用的是位置误差编程。由于闭环位置控制的伺服驱动系统的位置跟随误差与移动速度成正比，因此，两种控制方式的实质相同。

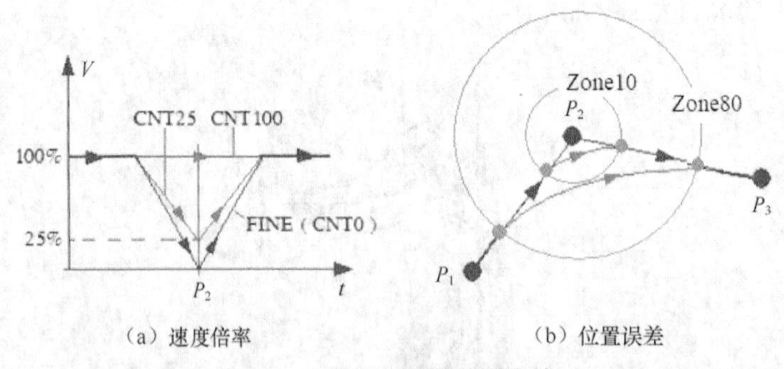

图 5.4-5　到位区间的编程方法

在采用速度倍率编程的机器人上，控制系统将根据移动指令附加的到位区间参数（如 CNT），在移动指令终点减速的速度到达编程值时，随即启动下一移动指令。如果到位区间的速度倍率定义为 0，机器人将在移动指令终点减速结束、运动停止后，才能启动下一指令，机器人理论上可在目标位置准确定位。

在采用位置误差编程的机器人上，控制系统将根据移动指令附加的到位区间参数（如 Zone），在移动指令到达终点位置误差范围时，随即启动下一移动指令。如果到位区间的位置误差定义为 0，机器人将在移动指令完全到达终点、运动停止后，才能启动下一指令，机器人理论上可在目标位置准确定位。

3. 准确定位控制

从理论上说，只要移动指令到位区间的速度倍率或位置误差的编程值为 0，机器人便可在移动指令的目标位置上准确定位。但是，伺服驱动系统存在惯性环节，机器人的实际速度、位置总是滞后于控制系统的指令速度、位置，因此，实际上仍然不能保证目标位置的定位准确。

机器人移动指令终点的实际定位过程如图 5.4-6 所示。对于控制系统而言，如果移动指令的到位区间规定为 0，系统所输出的指令速度将根据加减速参数的设定线性下降，指令速度输出值为 0 的点，就是控制系统认为的目标位置点。但是，由于运动系统的惯性，机器人的实际运动必然滞后于控制系统的指令，这一滞后称为“伺服时延”，因此，如果仅以控制系统的指令速度值为 0 作为机器人准确到位的判断条件，实际上还不能保证机器人准确到达目标位置。

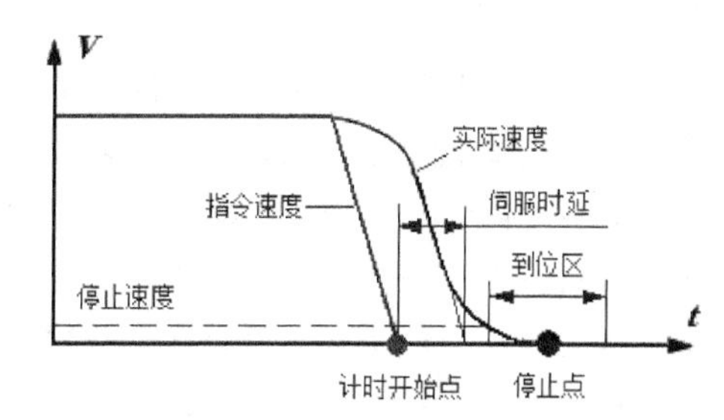

图 5.4-6　移动指令终点的实际定位过程

在机器人程序中，伺服时延产生的定位误差可通过程序暂停、到位判别两种方法消除。

一般而言，交流伺服驱动系统的伺服时延在 100ms 左右，因此，对于需要准确定位的移动指令，通常可以在到位区间指定 0 的同时，添加一条时间为 100ms 以上的程序暂停指令，便能消除伺服时延误差，准确定位目标位置。

在 FANUC、ABB 等机器人上，移动指令的准确定位还可通过准确定位（fine）的编程实现。采用准确定位（fine）的移动指令，在控制系统指令速度值为 0 后，还需要对机器人的实际位置进行检测，只有所有运动轴的实际位置均到达准确定位允差范围，才启动下一指令的移动。

5.4.3　移动速度与加速度编程

机器人的运动分为关节定位、TCP 插补、工具定向、外部轴运动 4 类，关节定位的速度称为关节速度，TCP 插补的速度称为 TCP 速度，工具定向的速度称为工具定向速度，外部轴运动速度称为外部速度。在机器人程序中，4 种速度及加速度的编程方法如下。

1. 关节速度

关节速度通常用于机器人手动操作及关节定位指令，关节速度是各关节轴独立的回转或直线运动速度，回转/摆动轴的基本速度单位为 deg/sec（°/s）。直线运动轴的基本速度单位为 mm/sec（mm/s）。

机器人的最大关节速度需要由机器人生产厂家设定，产品样本中的最大速度（Maximum Speed）是机器人空载时各关节轴允许的最大运动速度。关节轴最大速度是机器人运动的极限速度，在任何情况下都不允许超过。如果 TCP 插补、工具定向指令中的编程速度所对应的某一关节轴速度超过了该关节轴的最大速度，控制系统将自动限定该关节轴以最大速度运动，然后，再以该关节轴速度为基准，调整其他关节轴速度，以保证运动轨迹准确。

关节速度必须由机器人生产厂家设定，在程序中通常以速度倍率（百分率）的形式编程，速度倍率对所有关节轴均有效，关节定位时，各关节轴各自以编程的速度独立定位。

2. TCP 速度

TCP 速度用于机器人 TCP 的线速度控制，对于需要控制 TCP 运动轨迹的直线、圆弧插补等指令，都需要定义 TCP 速度。

TCP 速度是系统所有运动轴合成后的机器人 TCP 运动速度，基本单位为 mm/s。机器人的 TCP 速度一般可用速度值和移动时间两种方式编程。利用移动时间编程时，机器人 TCP 的空间移动距离除以移动时间所得的商，就是 TCP 速度。

机器人的 TCP 速度是多关节轴运动合成的速度，参与运动的各关节轴速度均不能超过各自的最大速度，否则，控制系统将自动调整 TCP 速度，以保证轨迹准确。

3. 工具定向速度

工具定向速度用于图 5.4-7 所示的机器人工具姿态调整，基本速度单位为 deg/sec（° /s）。

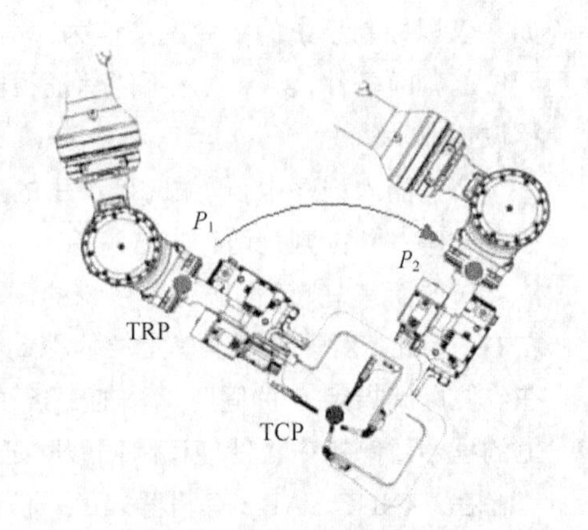

图 5.4-7　机器人工具姿态调整

工具定向运动多用于机器人作业开始、作业结束或轨迹转换处。在这些作业部位，为了避免机器人运动过程可能出现的运动部件干涉，有时需要改变工具方向，才能接近、离开工件或转换轨迹，为此，需要对作业工具进行 TCP 位置保持不变的工具方向调整运动，这样的运动称为工具定向运动。

工具定向需要通过机器人工具参考点（TRP）绕 TCP 的回转实现，因此，工具定向速度实际上用来定义机器人 TRP 的回转速度。工具定向速度同样可采用速度值(deg/sec)或移动时间（sec）两种形式编程，利用移动时间编程时，机器人 TRP 的空间移动距离除以移动时间所得的商，就是工具定向速度。

机器人的工具定向速度通常也需要由多个关节轴的运动合成，参与运动的各关节轴速度同样不能超过各自的最大速度，否则，控制系统将自动调整工具定向速度，以保证运动准确。

4. 外部速度

外部速度用来指定机器人变位器、工件变位器等外部运动部件的运动速度，在多数情况下，外部轴只用于改变机器人、工件作业区的定位运动。

外部速度在不同机器人上的编程方式有所不同。在常用机器人中，FANUC、安川、KUKA 机器人以外部轴最大速度倍率（百分率）的形式编程。但 ABB 机器人可以用速度值的形式直接指定外部轴运动速度。

5. 加速度

垂直串联机器人的负载（工具或工件）安装在机器人手腕上，负载重心通常远离驱动电机、负载惯量远大于驱动电机（转子）惯量，因此，机器人空载运动与带负载运动所能够达到的性能指标相差很大。为了保证机器人运动平稳，机器人移动指令一般需要规定机器人运动启动和停止时的加速度。机器人的启动、停止加速度一般以关节轴最大加速度倍率（百分率）的形式编程，其值受负载的影响较大。

5.5 机器人作业与控制

5.5.1 机器人焊接作业

1. 焊接的基本方法

焊接是以高温、高压方式接合金属或其他热塑性材料的制造工艺与技术，是制造业的重要生产方式之一。焊接加工环境恶劣，加工时产生的强弧光、高温、烟尘、飞溅、电磁干扰不仅有害于人体健康，甚至可能使人体烧伤、触电、视力损害、吸入有毒气体、照射过度紫外线等。焊接加工对位置精度的要求远低于金属切削加工，因此，它是最适合使用工业机器人的领域之一，据统计，焊接机器人在工业机器人中的占比高达 50%，其中，金属焊接在工业领域使用最为广泛。

目前，金属焊接方法主要有钎焊、压焊和熔焊 3 类。

（1）钎焊。钎焊是以熔点低于工件（母材）和焊件的金属材料作填充料（钎料），将钎料加热至熔化，但温度低于工件、焊件熔点的后，利用液态钎料填充间隙，使钎料与工件、焊件相互扩散，实现焊接的方法。例如，电子元器件焊接就是典型的钎焊，其焊接方法有烙铁焊、波峰焊及表面安装（SMT）等，钎焊一般较少直接使用机器人焊接。

（2）压焊。压焊是在加压条件下，使工件和焊件在固态下实现原子间结合的焊接方法。压焊的加热时间短、温度低，热影响小，作业简单、安全、卫生，同样在工业领域得到了广泛应用，其中，电阻焊是最常用的压焊工艺，工业机器人的压焊一般都采用电阻焊。

（3）熔焊。熔焊是通过加热，使工件（母材）、焊件及熔填物（焊丝、焊条等）局部熔化、形成熔池，冷却凝固后接合为一体的焊接方法。熔焊不需要对焊接部位施加压力，熔化金属材料的方法可采用电弧、气体火焰、等离子、激光等，其中，电弧熔化焊接（Arc Welding，简称弧焊）是金属熔焊中使用最广的方法。

2. 点焊机器人

用于压焊的工业机器人称为点焊机器人，它是焊接机器人中研发最早的产品，主要用于图 5.5-1 所示的点焊（Spot Welding）和滚焊（Roll Welding，又称缝焊）作业。

点焊机器人一般采用电阻压焊工艺，其作业工具为焊钳。焊钳需要有电极张开、闭合、加压等动作，因此，需要有相应的控制设备，机器人目前使用的焊钳主要有图 5.5-2 所示的气动焊钳或伺服焊钳两种。

（1）气动焊钳是传统的自动焊接工具，其开/合位置、开/合速度、压力由气缸进行控制。气动焊钳结构简单、控制容易。气动焊钳的开/合位置、速度、压力需要通过气缸调节，参数一旦调定，就不能在作业过程时改变，其灵活性较差。

（2）伺服焊钳是目前先进的自动焊接工具，其开/合位置、开/合速度、压力均可由伺服电机进行控制，其动作快速、运动平稳，作业效率高。伺服焊钳参数可根据作业需要随时改变，因此，其适应性强、焊接质量好，是目前点焊机器人广泛使用的作业工具。

焊钳及控制部件（阻焊变压器等）的体积较大，质量大致为 30～100kg，而且对作业灵活性的要求较高，因此，点焊机器人通常以中、大型垂直串联机器人为主。

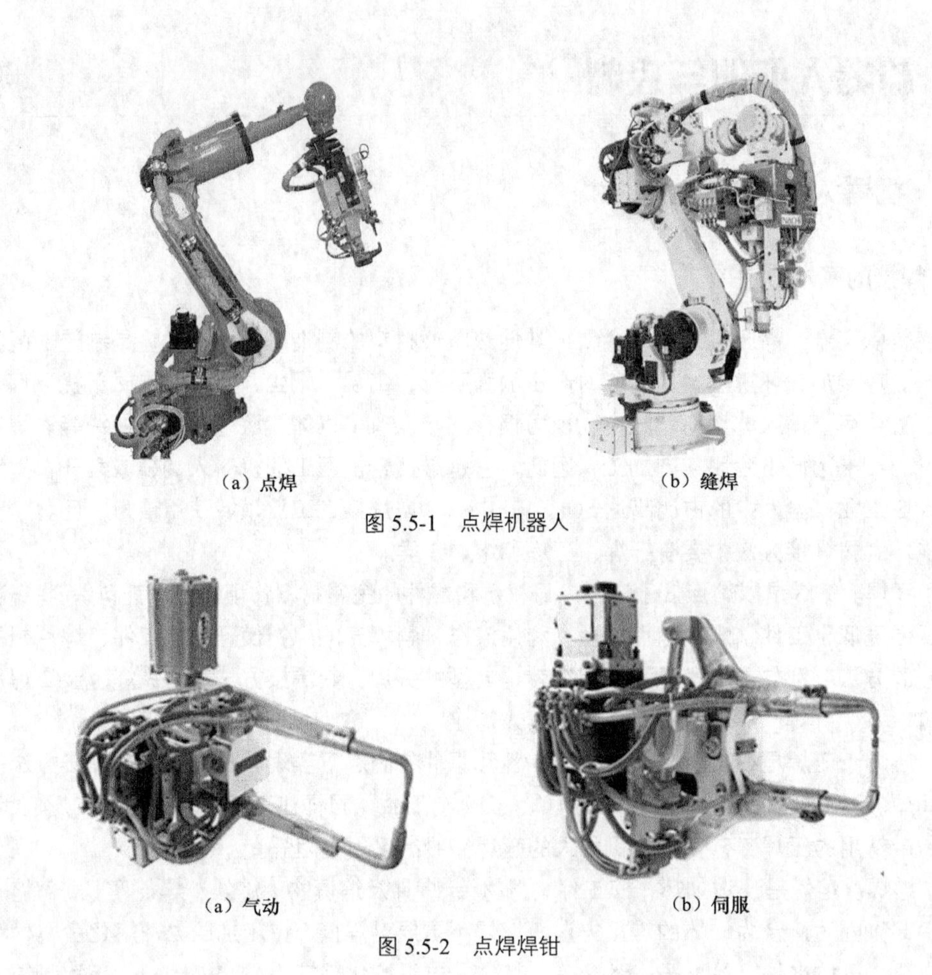

（a）点焊　　（b）缝焊

图 5.5-1　点焊机器人

（a）气动　　（b）伺服

图 5.5-2　点焊焊钳

3. 弧焊机器人

用于熔焊的机器人称为弧焊机器人。弧焊机器人需要进行焊缝的连续焊接作业，对运动灵活性、速度平稳性和定位精度有一定的要求。但作业工具（焊枪）的质量较小，对机器人承载能力要求不高。因此，通常以 20kg 以下的小型、6 轴或 7 轴垂直串联机器人为主，机器人的重复定位精度通常为 0.1～0.2mm。

弧焊机器人的作业工具为焊枪，焊枪以安装形式划分主要有图 5.5-3 所示内置焊枪和外置焊枪两类。

（1）内置焊枪所使用的气管、电缆、焊丝直接从机器人手腕、手臂的内部引入焊枪，焊枪直接安装在机器人手腕上。内置焊枪的结构紧凑、外形简洁，手腕运动灵活，但其安装、维护较为困难，因此，通常用于作业空间受限制的设备内部焊接作业。

（2）外置焊枪所使用的气管、电缆、焊丝等均从机器人手腕的外部引入焊枪，焊枪通过支架安装在机器人手腕上。外置焊枪的安装简单、维护容易，但其结构松散、外形较大，气管、电缆、焊丝等部件对手腕运动会产生一定的干涉，因此，通常用于作业面敞开的零件或设备外部焊接作业。

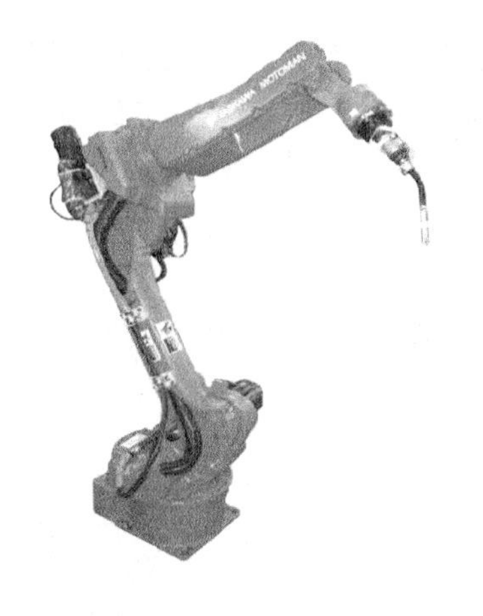

(a) 内置式焊枪

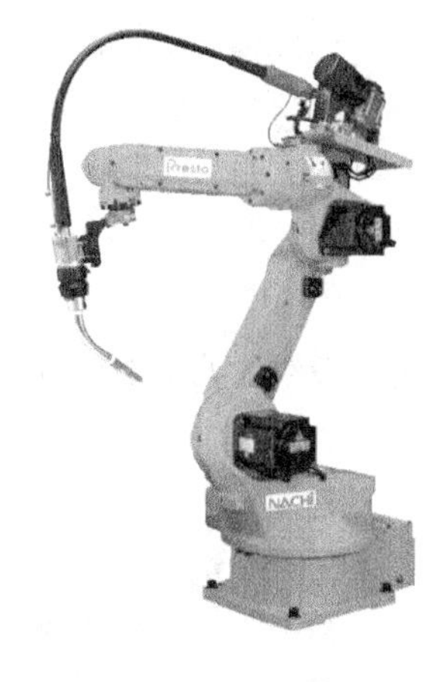

(b) 外置式焊枪

图 5.5-3 弧焊机器人

5.5.2 点焊机器人作业控制

1. 电阻焊原理

电阻焊(Resistance welding)属于压焊的一种，常用的有点焊和滚焊两种，其原理如图 5.5-4 所示。

电阻焊的工件和焊件都必须是导电材料，需要焊接的工件和焊件的焊接部位一般被加工成相互搭接的接头，焊接时，工件和焊件可通过电极压紧。工件和焊件被电极压紧后，由于接触面的接触电阻大大超过导电材料本身电阻，因此，当电极上施加大电流时，接触面的温度将急剧升高并迅速达到塑性状态。工件和焊件便可在电极轴向压力的作用下形成焊核，焊核冷却后，两者便可连为一体。

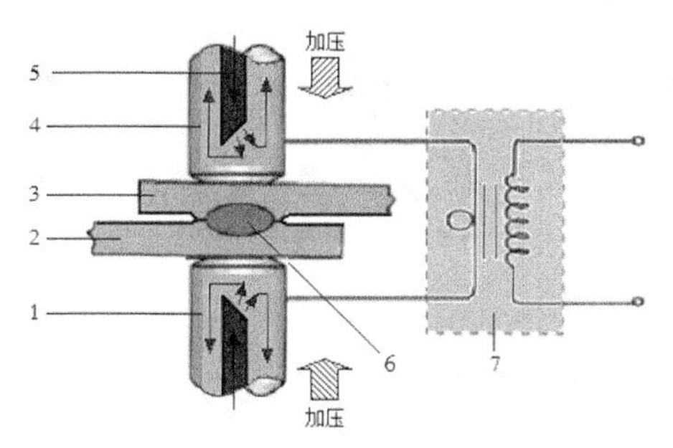

1、4—电极；2—工件；3—焊件；5—冷却水；6—焊核；7—阻焊变压器

图 5.5-4 电阻焊原理

如果电极与工件、焊件为定点接触，电阻焊所产生的焊核为“点”状，这样的焊接称为“点焊(Spot Welding)”。如电极在工件和焊件上连续滚动，所形成的焊核便成为一条连续的焊缝，称为滚焊(Roll Welding)或“缝焊”。

电阻焊所产生的热量与接触面电阻、通电时间、电流平方成正比。为了使焊接部位迅速升温，电极必须通入足够大的电流，为此，需要通过变压器，将高电压、小电流电源，变换成低电压、大电流的焊接电源，这一变压器称为“阻焊变压器”。

阻焊变压器可安装在机器人机身上，也可直接安装在焊钳上，前者称分离型焊钳、后者称一体型焊钳。阻焊变压器输出侧用来连接电极的导线需要承载数千、甚至数万安培的大电流，其截面积很大并需要水冷却，如导线过长，不仅损耗大，而且拉伸和扭转也较困难，因此，点焊机器人一般宜采用一体型焊钳。

2. 系统组成

机器人点焊系统的一般组成如图 5.5-5 所示，点焊作业部件的作用如下。

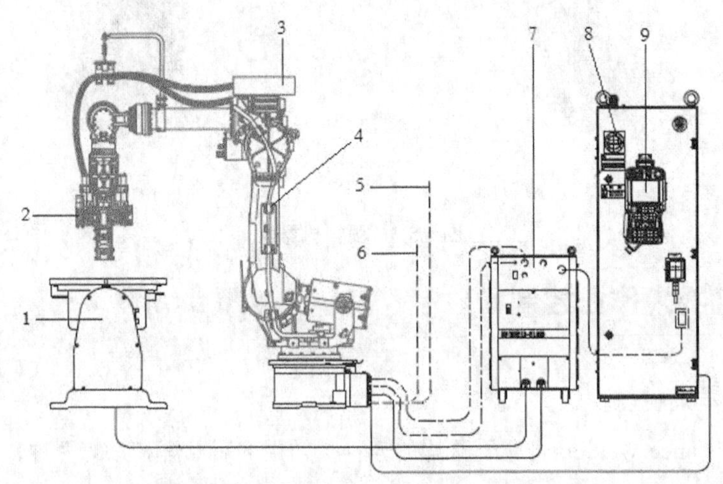

1—变位器；2—焊钳；3—控制部件；4—机器人；5、6—水、气管；7—焊机；8—控制柜；9—示教器

图 5.5-5　机器人点焊系统组成

（1）焊机。电阻点焊的焊机简称阻焊机，其外观如图 5.5-6 所示，它主要用于焊接电流、焊接时间等焊接参数及焊机冷却等的自动控制与调整。

图 5.5-6　阻焊机

阻焊机主要有单相工频焊机、三相整流焊机、中频逆变焊机、交流变频焊机几类，机器人使用的焊机多为中频逆变焊机、交流变频焊机。

中频逆变焊机、交流变频焊机的原理类似，它们通常采用的是图 5.5-7 所示的“交—直—交—直”逆变电路，首先将来自电网的交流电源转换为脉宽可调的 1000～3000Hz 中频、高压脉冲，然后，再利用阻焊变压器变换为低压、大电流信号后，再整流成直流焊接电流，通过电极输出。

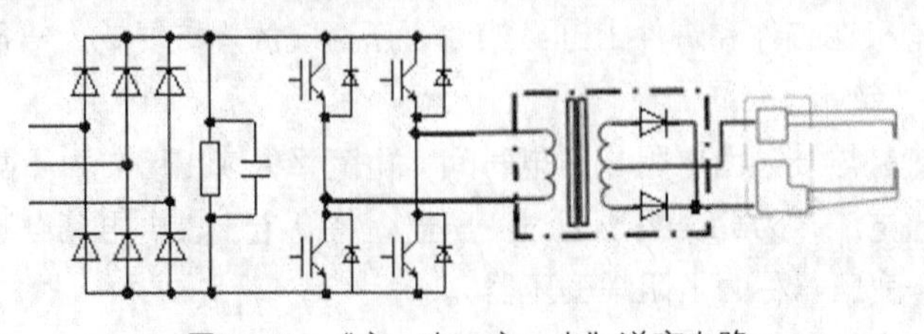

图 5.5-7　“交—直—交—直”逆变电路

（2）焊钳。焊钳是点焊作业的基本工具，伺服焊钳的开合位置、速度、压力等均可利用伺服电机进行控制，故通常作为机器人的辅助轴（工装轴），由机器人控制系统直接控制。

（3）附件。点焊系统的常用附件有变位器、电极修磨器、焊钳自动更换装置等，附件可根据系统的实际需要选配。电极修磨器用来修磨电极表面的氧化层，以改善焊接效果、提高焊接质量。焊钳自动更换装置用于焊钳的自动更换。

3. 作业控制

点焊机器人常用的作业形式有单点焊接、多点连续焊接和空打 3 种，其动作过程与控制要求通常如下。

（1）单点焊接

单点焊接是对工件指定位置所进行的焊接操作，其作业过程如图 5.5-8 所示，作业动作及控制要求如下。

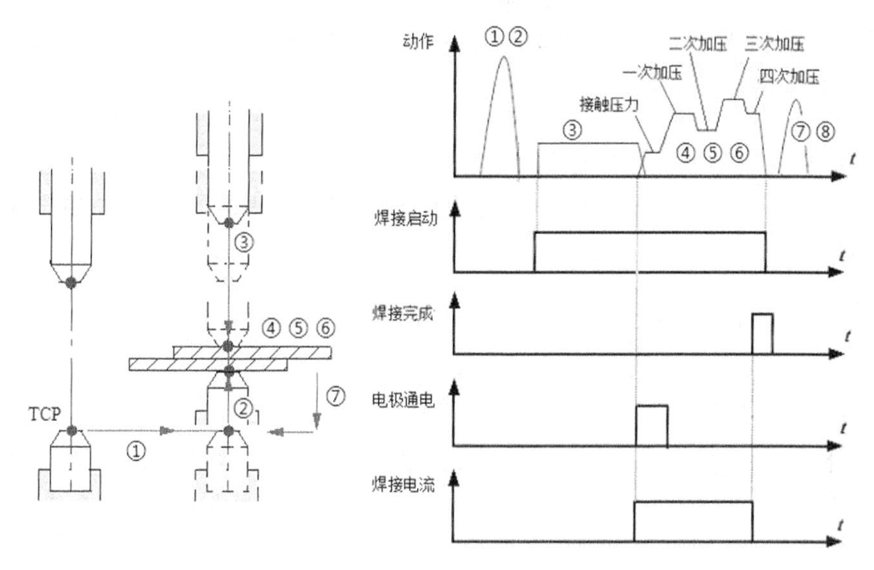

图 5.5-8　单点焊接作业过程

① ——机器人移动，将焊钳作业中心线定位到焊接点法线上。

② ——机器人移动，使焊钳的固定电极与工件下方接触，完成焊接定位。

③ ——焊接启动，焊钳的移动电极伸出，使工件和焊件的焊接部位接触并夹紧。

④ ——电极通电，焊点加热。

⑤ ——加压，焊钳移动电极继续伸出对焊接部位加压，加压次数、压力可根据需要设定。

⑥ ——焊接结束，断开电极电源、移动电极退回。

⑦ ——机器人移动，使焊钳的固定电极与工件下方脱离。

⑧ ——机器人移动，使焊钳退出工件。

（2）多点连续焊接

多点连续焊接通常用于板材的多点焊接，其作业过程如图 5.5-9 所示。

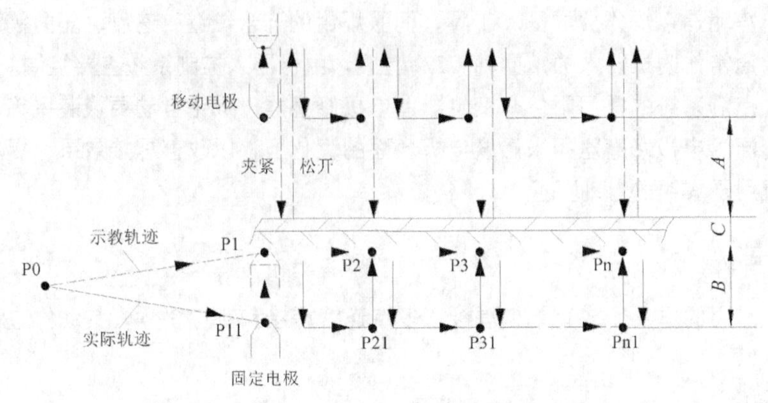

图 5.5-9 多点连续焊接作业过程

多点连续焊接时，焊钳姿态、焊钳与工件的相对位置（A、B）、工件厚度（C）等均应为固定值，焊钳可以在焊接点之间自由移动。在这种情况下，只需要指定（示教）焊接点的位置，机器人便可在第 1 个焊接点焊接完成，固定电极退出后，直接将焊钳定位到第 2 个焊接点，重复同样的焊接作业，接着，再进行后续所有点的焊接作业。

（3）空打

“空打”是点焊机器人的特殊作业形式，主要用于电极的磨损检测、锻压整形、修磨等操作。空打作业时，焊钳的基本动作与焊接相同，但电极不通焊接电流，因此，也可将焊钳作为夹具使用，用于轻型、薄板类工件的搬运。

5.5.3 弧焊机器人作业

1. 气体保护焊原理

电弧熔化焊接简称弧焊（Arc Welding），它是熔焊的一种，通过电极和焊接件间的电弧产生高温，使工件（母材）、焊件及熔填物局部熔化，形成熔池，冷却凝固后接合为一体的焊接方法。

由于大气中存在氧气、氮气、水蒸气，高温熔池如果与大气直接接触，金属或合金就会氧化或产生气孔、夹渣、裂纹等缺陷，因此，通常需要用图 5.5-10 所示的方法，通过焊枪的导电嘴将氩气、氦气、二氧化碳或混合气体连续喷到焊接区，来隔绝大气、保护熔池，这种焊接方式称为气体保护电弧焊。

弧焊的熔填物既可用图 5.5-10（a）所示直接将熔填物作为电极并熔化的方式，也可用图 5.5-10（b）所示由熔点极高的电极（一般为钨）加热后，与工件、焊件一起熔化的方式。前者称为“熔化极气体保护电弧焊”，后者称为“不熔化极气体保护电弧焊”，两种焊接方式的电极极性相反。

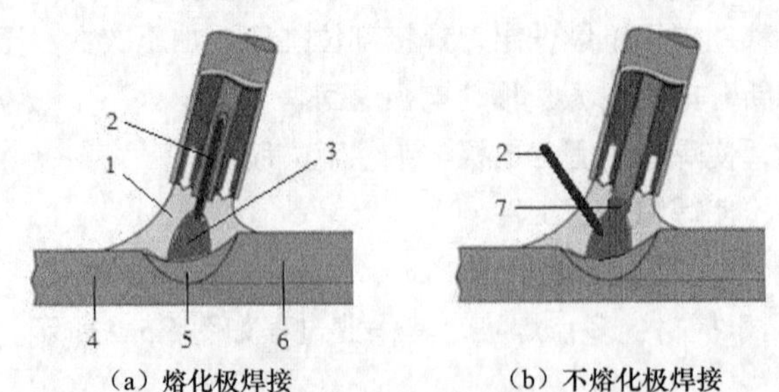

（a）熔化极焊接　　（b）不熔化极焊接

1—保护气体；2—焊丝；3—电弧；4—工件；5—熔池；6—焊件；7—钨极

图 5.5-10 气体保护电弧焊原理

（1）熔化极气体保护电弧焊需要以连续送进的可熔焊丝为电极，产生电弧，熔化焊丝、工件及焊件，实现金属熔合。根据保护气体种类，主要分 MIG 焊、MAG 焊、CO_2 焊 3 种。

① MIG 焊。MIG 焊是惰性气体保护电弧焊（Metal Inert-gas Welding）的简称，保护气体为氩气（Ar）、氦气（He）等惰性气体，使用氩气的 MIG 焊俗称“氩弧焊”。MIG 焊可用于绝大多数金属的焊接，对铝及合金、铜及合金、不锈钢等材料尤为适合。

② MAG 焊。MAG 焊是活性气体保护电弧焊（Metal Active-gas Welding）的简称，保护气体为惰性和氧化性气体的混合物，如在氩气（Ar）中加入氧气（O_2）、二氧化碳（CO_2）或两者的混合物，由于混合气体以氩气为主，故又称“富氩混合气体保护电弧焊”。MAG 焊主要适用于碳钢、合金钢和不锈钢等黑色金属的焊接，在不锈钢焊接中应用十分广泛。

③ CO_2 焊。CO_2 焊是二氧化碳（CO_2）气体保护电弧焊的简称，保护气体为二氧化碳（CO_2）或二氧化碳（CO_2）与氩气（Ar）的混合气体。二氧化碳的价格低廉、焊缝成形良好，它是目前碳钢、合金钢等黑色金属材料最主要的焊接方法之一。

（2）不熔化极气体保护电弧焊主要有 TIG 焊、原子氢焊及等离子（Plasma）弧焊等，TIG 焊是最常用的方法。

TIG 焊是钨极惰性气体保护电弧焊（Tungsten Inert-gas Welding）的简称。TIG 焊以钨为电极，产生电弧，熔化工件、焊件和焊丝，实现金属熔合，保护气体一般为惰性气体氩气（Ar）、氦气（He）或氩氦混合气体。用氩气（Ar）作保护气体的 TIG 焊称为“钨极氩弧焊”，用氦气（He）作保护气体的 TIG 焊称为“钨极氦弧焊”，由于氦气价格贵，目前工业上以钨极氩弧焊为主。钨极氩弧焊多用于铝、镁、钛、铜等有色金属及不锈钢、耐热钢等材料的薄板焊接，对铅、锡、锌等低熔点、易蒸发金属的焊接较困难。

2. 系统组成

机器人弧焊系统的组成如图 5.5-11 所示，除机器人基本部件外，系统还一般需要配置图 5.5-12 所示的焊接设备。

弧焊焊接设备主要有焊枪（内置或外置，见前述）、焊机、送丝机构、保护气体及输送管路等。MIG 焊、MAG 焊、CO_2 焊以焊丝作为填充料，在焊接过程中焊丝将不断熔化，故需要有焊丝盘、送丝机构来保证焊丝的连续输送。保护气体一般通过气瓶、气管，向导电嘴连续提供。

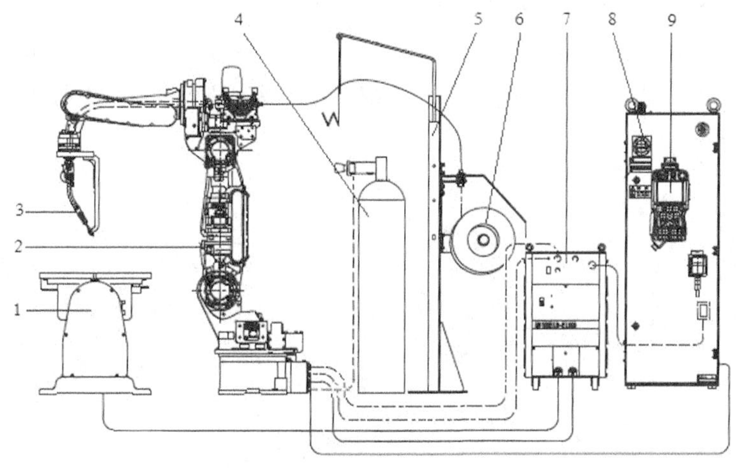

1—变位器；2—机器人；3—焊枪；4—气体；5—焊丝架；6—焊丝盘；7—焊机；8—控制柜；9—示教器

图 5.5-11 机器人弧焊系统组成

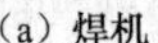

（a）焊机　（b）清洗站　（c）焊枪交换装置

图 5.5-12　弧焊设备

弧焊机是用于焊接电压、电流等焊接参数自动控制与调整的电源设备，常用的有交流弧焊机和逆变弧焊机两类。交流弧焊机是一种把电网电压转换为弧焊低压、大电流的特殊变压器，故又称弧焊变压器。交流弧焊机结构简单、制造成本低、维修容易、空载损耗小，但焊接电流为正弦波，电弧稳定性较差、功率因数低，一般用于简单的手动弧焊设备。

逆变弧焊机采用脉宽调制（Pulse Width Modulation，PWM）逆变技术的先进焊机，是工业机器人广泛使用的焊接设备。在逆变弧焊机上，电网输入的工频 50Hz 交流电首先经过整流、滤波转换为直流电，然后，再逆变成 10～500kHz 的中频交流电，最后通过变压、二次整流和滤波，得到焊接所需的低电压、大电流直流焊接电流或脉冲电流。逆变弧焊机体积小、重量轻，功率因数高、空载损耗小，而且焊接电流、升降过程均可控制，故可获得理想的电弧特性。

除以上基本设备外，高效、自动化弧焊工作站、生产线一般还配套有焊枪清洗装置、自动交换装置等辅助设备。焊枪经过长时间焊接，会产生电极磨损、导电嘴焊渣残留等问题，焊枪自动清洗装置可对焊枪进行导电嘴清洗、防溅喷涂、剪丝等处理，以保证气体畅通、减少残渣附着、保证焊丝干伸长度不变。焊枪自动交换装置用来实现焊枪的自动更换，以改变焊接工艺、提高机器人作业柔性和作业效率。

3. 作业控制

机器人弧焊除普通的移动焊接外，还可进行“摆焊”作业。焊接过程中不仅需要有引弧、熄弧、送气、送丝等基本焊接动作，而且还需要有再引弧功能，弧焊机器人作业的一般控制要求如下。

（1）焊接。弧焊机器人的一般焊接动作和控制要求如图 5.5-13 所示。焊接时首先需要将焊枪移动到焊接开始点，接通保护气体和焊接电流，产生电弧（引弧）。然后，控制焊枪沿焊接轨迹移动并连续送入焊丝。当焊枪到达焊接结束点后，关闭保护气体和焊接电流（熄弧），退出焊枪。如果焊接过程中发生引弧失败、焊接中断、结束时黏丝等故障，还需要通过“再引弧”动作（见后述），重新启动焊接、解除黏丝。

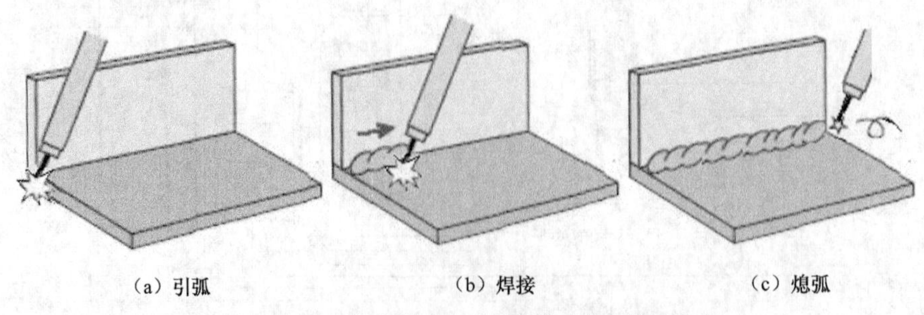

（a）引弧　（b）焊接　（c）熄弧

图 5.5-13　弧焊机器人的一般焊接动作和控制要求

（2）摆焊。摆焊（Swing Welding）是一种焊枪在行进时进行横向有规律摆动的焊接工艺。摆焊不仅能增加焊缝宽度、提高强度，且还能改善根部透度和结晶性能，形成均匀美观的焊缝，提高焊接质量，因此，经常用于不锈钢材料的角连接焊接等场合。

机器人摆焊的实现形式有图 5.5-14 所示的工件移动摆焊和焊枪移动摆焊两种。

① 采用工件移动摆焊作业时，焊枪的行进利用工件移动实现，焊枪只需要在固定位置进行起点与终点重合的摆动运动，故称为“定点摆焊”。定点摆焊需要有工件移动的辅助轴（工具移动作业系统）或者控制焊枪摆动的辅助轴（工件移动作业系统），在焊接机器人上使用相对较少。

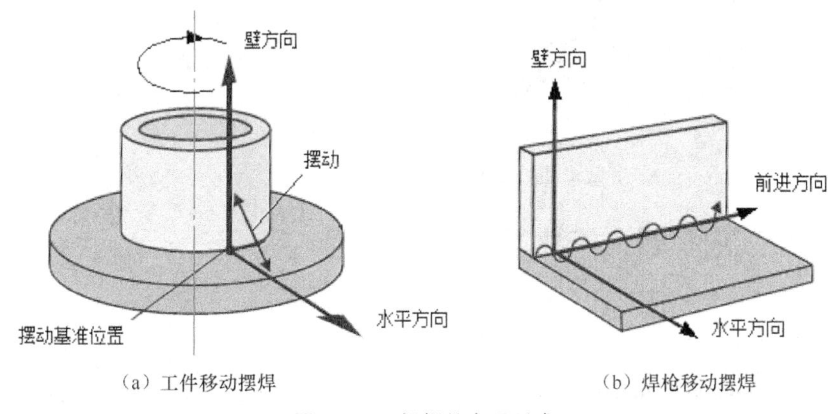

（a）工件移动摆焊　　（b）焊枪移动摆焊

图 5.5-14　摆焊的实现形式

② 焊枪移动摆焊是利用机器人同时控制焊枪行进、摆动的作业方式，焊枪摆动方式一般有图 5.5-15 所示单摆、三角摆、L 形摆 3 种。三种摆动方式的倾斜平面角度、摆动幅度和频率等参数均可通过作业命令编程和改变。

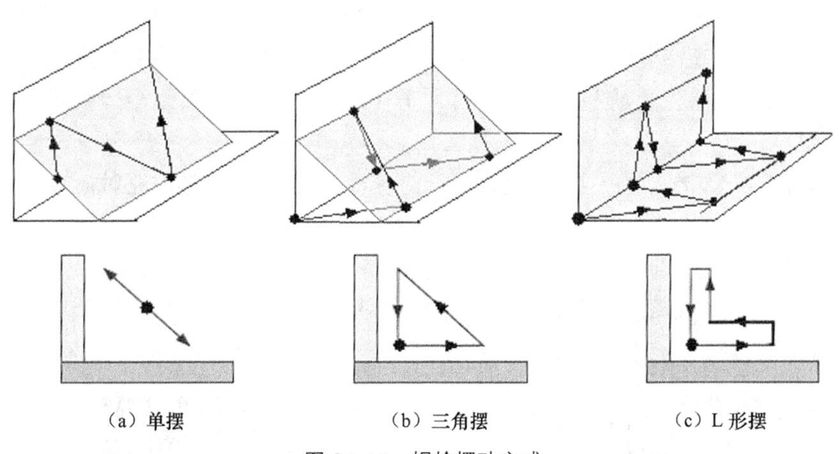

（a）单摆　　（b）三角摆　　（c）L 形摆

图 5.5-15　焊枪摆动方式

单摆焊接的焊枪运动如图 5.5-15（a）所示，焊枪沿编程轨迹行进时，可在指定的倾斜平面内横向摆动，焊枪运动轨迹为摆动平面上的三角波。

三角摆焊接的焊枪运动如图 5.5-15（b）所示，焊枪沿编程轨迹行进时，首先进行水平（或垂直）方向移动，接着在指定的倾斜平面内运动，然后再沿垂直（或水平）方向回到编程轨迹，焊枪运动轨迹为三角形螺旋线。

L 形摆焊接的焊枪运动如图 5.5-15（c）所示，焊枪沿编程轨迹行进时，首先沿水平（或垂直）方向运动，回到编程轨迹后，再沿垂直（或水平）方向摆动。焊枪运动轨迹为 L 形三角波。

（3）再引弧。再引弧是在焊枪电弧中断时，重新接通保护气体和焊接电流，使得焊枪再次产生电弧的功能。例如，如果引弧部位或焊接部位存在锈斑、油污、氧化皮等污物，或者在引弧和焊接时发生断气、断丝、断弧等现象，就可能导致引弧失败或焊接过程中熄弧。此外，如果焊接参数选择不当，在焊接结束时也可能发生焊丝黏结的“黏丝”现象。在这种情况下，机器人就需要进行图 5.5-16 所示的“再引弧”操作，重新接通保护气体和焊接电流，继续进行或完成焊接作业。

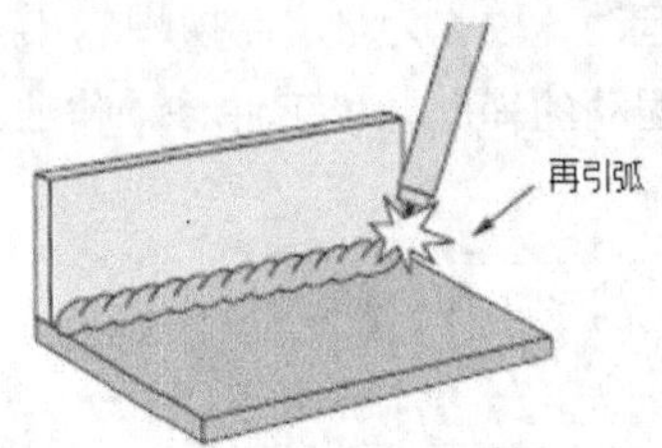

图 5.5-16　“再引弧”操作

5.5.4　搬运及其他机器人作业

1. 搬运机器人

搬运机器人（Transfer Robot）是从事物体移载作业的工业机器人的总称，主要用于物体的输送和装卸。从功能上说，装配、分拣、码垛等机器人，实际也属于物体移载的范畴，其作业程序与搬运机器人并无区别，因此，可使用相同的作业命令编程。

搬运机器人的用途广泛，其应用涵盖机械、电子、化工、饮料、食品、药品及仓储、物流等行业，因此，各种结构形态、各种规格的机器人都有应用。一般而言，承载能力 20kg 以下、作业空间在 2m 以内的小型搬运机器人，可采用垂直串联、SCARA、Delta 等结构。承载能力 20～100kg 的中型搬运机器人以垂直串联结构为主，但液晶屏、太阳能电池板安装等平面搬运作业场合，也有采用中型 SCARA 机器人的情况。承载能力大于 100kg 的大型、重型搬运机器人，则基本上都采用垂直串联结构。

搬运机器人用来抓取物品的工具统称夹持器。夹持器的结构形式与作业对象有关，吸盘、手爪、夹钳是机器人常用的作业工具。

（1）吸盘。工业机器人所使用的吸盘主要有真空吸盘和电磁吸盘 2 类。

真空吸盘利用吸盘内部和大气间的压力差来达到吸持物品的目的，吸盘形状通常有图 5.5-17 所示的平板形、爪形两种。吸盘的真空环境的产生方法可依据伯努利（Bernoulli）原理或直接抽真空。

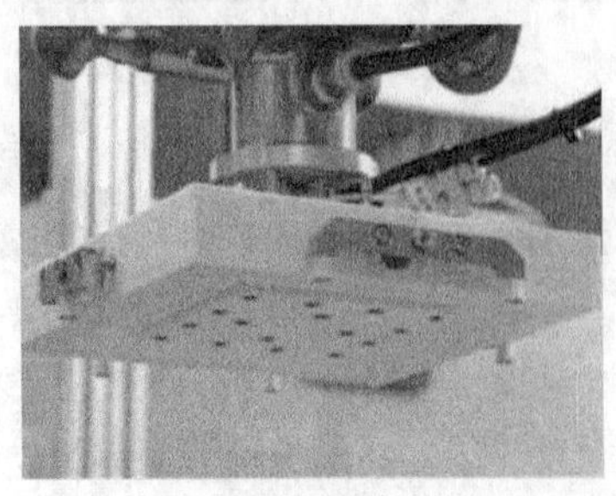

（a）平板形

（b）爪形

图 5.5-17　真空吸盘

真空吸盘对所夹持的材料无要求，其适用范围广、无污染，但是，它要求物品具有光滑、平整、不透气的吸持面，而且其最大吸持力不能超过大气压力。因此，它通常用于玻璃、塑料、金属、木材等轻量、具有光滑吸持面的平板类物品，或者用于密封包装的轻量物品的吸持。

电磁吸盘利用电磁吸力吸持物品，吸盘可根据需要制成各种形状。电磁吸盘结构简单、控制方便，吸持力大、对吸持面的要求不高，因此，它是金属材料搬运机器人常用的作业工具。但是，电磁吸盘只能用于导磁材料制作物品的吸持，物品被吸持后容易留下剩磁，因此，多用于原材料、集装箱搬运等场合。

（2）手爪。手爪是利用机械锁紧或摩擦力夹持物品的夹持器。手爪可根据物品外形、夹持力要求设计成各种形状，其夹持可靠、使用方便，但要求物品具有抵抗夹紧变形的刚性。

机器人常用的手爪有图 5.5-18 所示的指形、手形、三爪 3 类。

指形手爪一般利用牵引丝或凸轮带动的关节运动控制指状夹持器控制开合，其动作灵活、适用面广，但手爪结构较为复杂、夹持力较小，故多用于机械、电子、食品、药品等行业的小型物品装卸、分拣等作业。

手形手爪、三爪手爪通常利用气缸、电磁铁控制开合，不但夹持力大，而且还具有自动定心的功能，因此，广泛用于机械加工行业的棒料、圆盘类物品搬运作业。

（a）指形

（b）手形

（c）三爪

图 5.5-18　手爪

（3）夹钳。夹钳通常用于大宗物品夹持，多采用气缸控制开合，夹钳动作简单，对物品的外形要求不高，故多用于仓储、物流等行业的搬运、码垛机器人作业。

常用的夹钳有图 5.5-19 所示的铲形、夹板形两种结构。铲形夹钳大多用于大宗袋状物品的抓取，夹板形夹钳则用于箱体形物品夹持。

（a）铲形

（b）夹板形

图 5.5-19　夹钳

2. 通用机器人

通用机器人（Universal Robot）可用于切割、雕刻、研磨、抛光等作业，通常以垂直串联结构为主。由于机器人的结构刚性、加工精度、定位精度、切削能力低于数控机床等高精度加工设备，因此，通常只用于图 5.5-20 所示的木材、塑料、石材等装饰、家居制品的修边、切割、雕刻、修磨、抛光等简单粗加工作业。

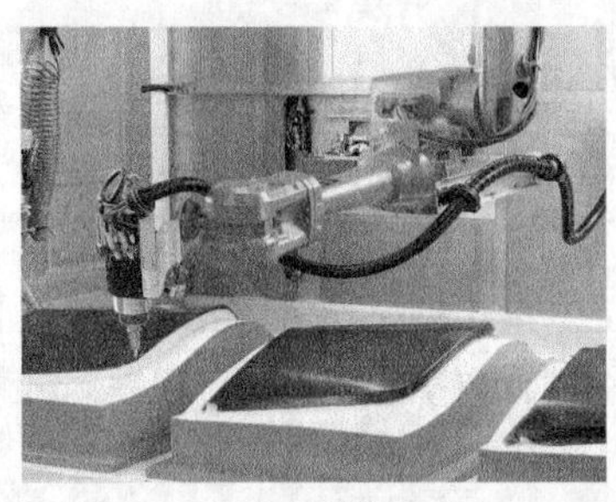
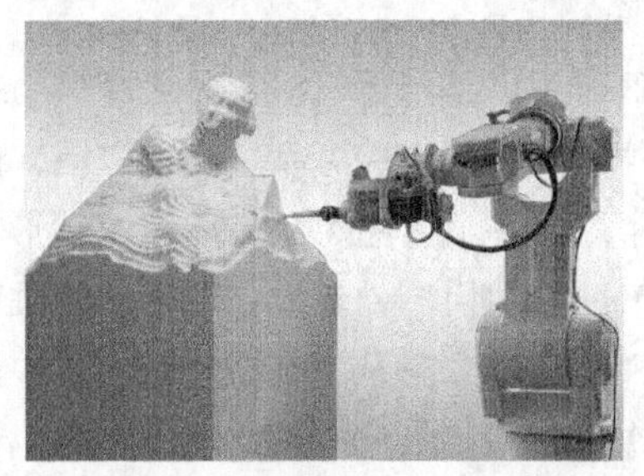
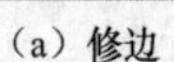

（a）修边　（b）雕刻

图 5.5-20　通用机器人的应用

通用机器人的作业工具种类复杂，雕刻、切割机器人需要使用图 5.5-21（a）所示的刀具，涂装类机器人则需要使用图 5.5-21（b）所示的喷枪等。

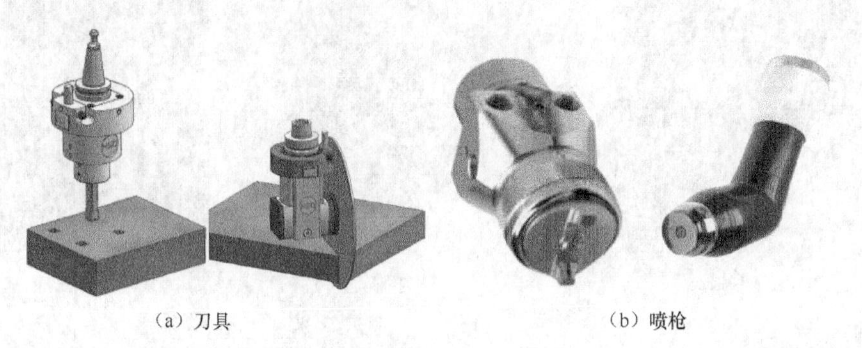

（a）刀具　（b）喷枪

图 5.5-21　通用机器人工具

3. 作业控制

搬运机器人的夹持器通常只需要进行开、合控制，切割、雕刻机器人的刀具一般只需要进行启动、停止控制，研磨、抛光、涂装机器人除工具启动、停止外，有时需要进行摆动控制。

以上机器人的作业控制要求简单，产品批量较小，因此，一般不对作业命令进行细分，在机器人控制系统中，可以统一使用工具 ON/OFF 及与摆焊同样的摆动命令，控制机器人作业。

第 6 章 KRL 程序设计基础

6.1 KRL 程序结构与格式

6.1.1 机器人程序与编程

1. 编程语言

工业机器人的工作环境大多为已知，因此，以第一代示教再现机器人居多。示教再现机器人一般不具备分析、推理能力和智能性，机器人的全部行为需要由人控制。

工业机器人是一种有自身控制系统、可独立运行的自动化设备，为了使其能自动执行作业任务，操作者就必须将全部作业要求编制成控制系统计算机能够识别的命令，并将命令输入控制系统。控制系统通过执行命令，使机器人完成所要求的动作。这些命令的集合就是机器人的作业程序（简称程序），编写程序的过程称为编程。

命令又称为指令（Instruction），是程序重要的组成部分。作为一般概念，工业自动化设备的控制命令需要由如下两部分组成。

```
MoveJ     p1, v1000, z20, tool1;
```

指令码（MoveJ）　操作数（p1, v1000, z20, tool1）

指令码又称为操作码，用来规定控制系统需要执行的操作。操作数又称为操作对象，用来定义执行这一操作的对象。简单地说，指令码告诉控制系统需要做什么，操作数告诉控制系统由谁去做、怎样做。

指令是人指挥计算机工作的语言，它在不同的控制系统上有不同的表达形式，指令的表达形式称为编程语言（Programming language）。由于工业机器人编程目前还没有统一的标准，因此，机器人编程语言多为生产厂家自行开发，程序格式、语法及指令码、操作数的表示方法并不统一，例如，FANUC 机器人为 KAREL 语言、安川机器人为 INFORM III 语言、ABB 机器人为 RAPID 语言、KUKA 机器人为 KRL 语言等。

采用不同编程语言所编制的程序，其程序结构、指令格式、操作数的定义方法均有较大的不同，因此，工业机器人的应用程序目前还不具备通用性。

2. 编程方法

目前，工业机器人的基本编程方法有示教和虚拟仿真两种。

（1）示教编程。示教（Teach in）编程是通过作业现场的人机对话操作，完成程序编制的一种方法。所谓示教，就是操作者对机器人操作进行的演示和引导，因此，需要由操作者按实际作业要求，通过人机对话操作，一步一步地告知机器人需要完成的动作。这些动作可由控制系统以命令的形式记录与保存，示教操作完成后，程序也就被生成。控制系统进行程序自动运行时，机器人便可重复全部示教动作，这一过程称为“再现（Play）”。

示教编程简单易行、生成的程序准确可靠，程序中的机器人TCP位置是利用手动操作确定的实际位置，因此，示教编程也无须考虑坐标系、机器人及其工作姿态，也不存在奇点问题，因此，它是工业机器人目前常用的编程方法。

示教编程需要在机器人作业现场，通过对机器人实际操作完成编程，编程的时间较长。此外，由于示教操作的机器人位置通常以目测或简单测量的方法确定，所以，需要高精度定位、进行复杂轨迹运动的程序难以利用示教操作编制。

（2）虚拟仿真编程。虚拟仿真编程是通过编程软件直接输入并编辑命令，完成程序编制的一种方法。由于机器人的笛卡儿坐标系位置需要通过逆运动学求解，运动存在一定的不确定性，所以，通常需要进行轨迹的模拟与仿真来验证程序的正确性。

虚拟仿真编程可在编程计算机上进行，编程效率高，且不影响现场机器人的作业，故适合作业要求变更频繁、运动轨迹复杂的机器人编程。

虚拟仿真编程一般包括几何建模、空间布局、运动规划、动画仿真等步骤，编程需要配备机器人生产厂家提供的专门编程软件，如ABB公司的RobotStudio、安川公司的MotoSim EG、FANUC公司的ROBOGUIDE、KUKA公司的Sim Pro等。虚拟仿真编程生成的程序需要经过编译，机器人下载程序，并通过试运行确认。虚拟仿真编程涉及编程软件安装、操作和使用等问题，不同的软件差异较大。

值得一提的是，示教编程、虚拟仿真编程是两种不同的编程方式，但是在部分图书中，工业机器人的编程方法还有现场编程、离线编程、在线编程等多种提法。从中文意义上说，所谓现场、非现场编程，只是反映编程地点是否在机器人现场，而所谓离线、在线编程，也只是反映编程设备与机器人控制系统之间是否存在通信连接。简言之，现场编程并不意味着它必须采用示教方式编程，而编程设备在线时，同样也可以通过虚拟仿真软件来编制机器人程序。

3. 机器人程序结构

工业机器人的应用程序基本结构有线性结构和模块式结构两种。

（1）线性结构。线性结构是FANUC、安川等日本生产的机器人常用的程序结构。线性结构程序一般由程序名、指令、程序结束标记组成，一个程序的全部内容都编写在同一个程序块中。程序设计时，只需要按机器人的动作次序，将相应的指令从上至下依次排列，机器人便可按指令次序执行相应的动作。

线性结构程序可通过跳转、分支、子程序调用、中断等方法改变程序的执行次序，跳转目标、分支程序、子程序、中断程序等一般在程序之后编制，不进行跨程序转移。

（2）模块式结构。模块式结构是ABB、KUKA等欧洲生产的机器人常用的程序结构。模块式程序将不同用途的程序分成了若干模块，然后通过对模块、程序的不同组合构建成不同的程序。

模块式程序必须有一个用于模块组织管理，可以直接执行的程序，这一程序称为主程序（Main Program），含有主程序的模块称为主模块（Main Module）。如果模块中的程序只能由其他程序调用，不能直接执行，这样的程序称为子程序（Sub Program），只含有子程序的模块称为子模块（Sub Module）。

模块式程序的主程序与机器人作业要求一一对应，每一作业任务都必须有唯一的主程序。子程序是供主程序选择和调用的公共程序，可被不同作业任务的不同主程序所调用，数量通常较多。

模块式程序的子程序大多以独立程序的形式编制，为了增加程序通用性，子程序可采用参数化编程技术，可通过主程序调用指令改变子程序中的指令操作数。

模块式结构程序的模块名称、格式、功能在不同的控制系统上有所不同。例如，ABB 机器人将完整的应用程序称为“任务（Task）”，任务由系统模块（System module）和程序模块（Program module）组成，系统模块包含了系统生产厂家编制的，用来定义控制系统和机器人结构、功能的各种系统程序和系统参数；程序模块是机器人使用厂家（用户）编制，用来控制机器人作业的各种应用程序和数据，应用程序又分为主程序、子程序、功能、中断等不同的类型。

6.1.2 KRL 程序结构

1. KRL 程序与文件

KUKA 机器人所使用的编程语言是 KUKA 公司在 C 语言基础上研发的 KUKA 机器人专用编程语言，英文名为“KUKA Robot Language”，简称 KRL。为了便于与其他机器人程序区分，在本书后述的内容中，将 KUKA 机器人程序称为“KRL 程序”。

KUKA 机器人控制系统采用的是工业 PC，用于机器人控制的全部软件及数据都以“文件（File）”的形式保存在 IR 控制器（KPC）中，不同用途、不同层次的文件以文件夹的形式进行分类管理。

KUKA 机器人的控制文件安装在 IR 控制器（工业 PC KPC）的 C 盘（KRC:\）中，其名称由 KUKA 公司定义（如 PCRC40771 等），控制文件的基本组成如图 6.1-1 所示。

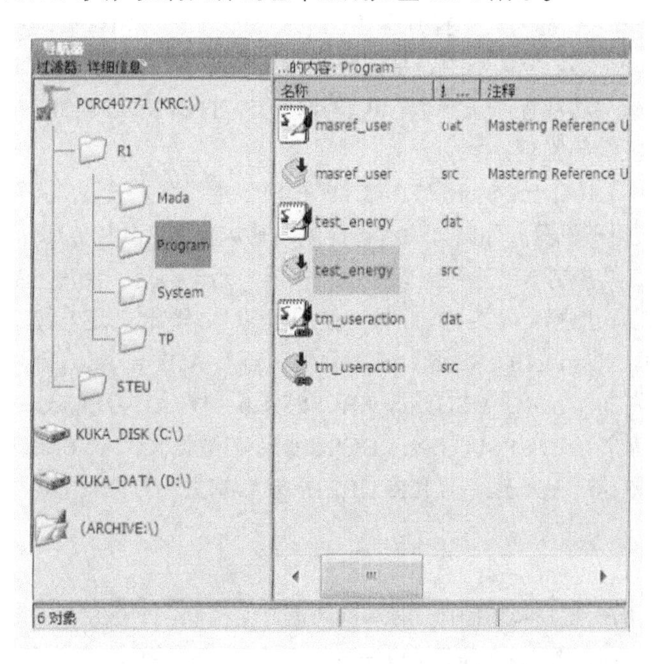

图 6.1-1 KUKA 机器人控制文件的基本组成

KUKA 机器人控制文件由系统设置（STEU）和应用程序（R1）两大部分组成。系统设置文件（STEU 文件夹）保存机器人控制系统的基本配置数据，如伺服驱动轴数、伺服驱动器及电机规格等参数，它需要由机器人生产厂家（KUKA）安装，机器人使用厂家不能对其进行设定、修改、删除。应用程序文件（R1 文件夹）用来保存机器人和工具控制、机器人操作编程、机器人作业的程序与数据，其中的作业程序和数据可由用户编制。

KUKA 机器人的应用程序（R1 文件夹）采用模块式结构，完整的应用程序（R1）称为“项目（Project）”。组成项目的各类文件以文件夹的形式分类保存，称之为模块。

KUKA 机器人的模块分为机器数据（Mada）、用户程序（Program）、系统程序（System）、工具控制程序（TP）4 类模块。其中，机器数据（Mada）、系统程序（System）、工具控制程序（TP）用于机器人和工具的设定与控制，统称系统模块，系统模块需要由机器人生产厂家（KUKA）编制与安装，用户程序（Program）用于机器人作业控制，可由机器人使用厂家的操作编程人员编辑与使用。

2. 系统模块

系统模块与机器人的结构、规格、功能、用途有关，需要由机器人生产厂家（KUKA）编制与安装。系统模块可在机器人控制系统启动时自动加载，用户一般不能对其进行编辑、删除操作。系统模块属于系统内部文件，只有“专家”级以上用户在使用密码登录后，才能在示教器上显示。机器人正常使用时，即使删除了用户程序模块（Program），系统模块也将继续保留。

KUKA 机器人系统模块的主要内容、功能简要说明如下。

（1）机器数据（Machine data，Mada）。Mada 模块由系统参数（$MACHINE.dat）、机器人参数（$ROBCOR.dat）及系统和机器人升级程序（MACHINE.upg、ROBCOR.upg）等文件组成。其中，$MACHINE.dat 用来定义控制系统的功能和参数；$ROBCOR.dat 用来定义机器人的结构、规格、功能、用途等参数；MACHINE.upg、ROBCOR.upg 用于控制系统软件升级。

（2）系统程序（System Program）。系统程序模块简称 System 模块，System 模块主要包括系统配置数据（$CONFIG.dat）、机器人运动控制程序（BAS.src）、机器人故障处理程序（IR_STOPM.src）、系统监控程序（SPS.src）等内容。其中，系统配置数据（$CONFIG.dat）用来定义与控制系统的硬件组成、硬件规格及软件功能等系统参数；BAS.src、IR_STOPM.src、SPS.src 程序用于机器人的运动控制、故障处理及运行监控。

（3）工具控制程序（Tool Program，TP）。TP 模块包括机器人典型应用所需要的作业工具控制程序与数据文件，以及用于机器人外部自动运行控制的基本程序文件（P00.src）与数据文件（P00.dat）等内容。其中，作业工具控制程序与数据文件包含机器人用于弧焊、点焊、搬运的各种应用程序与数据，例如，用于弧焊机器人焊接电流/电压模拟量输入/输出设定与初始化的程序/数据文件 A10.src/A10.dat、A10_INI.src/A10_INI.dat、A20.src/A20.dat、A50.src/A50.dat；用于弧焊机器人显示、监控及摆焊控制的程序文件 ARC_MSG.src、ARCSPS.sub、WEAV_DEF.src、NEW_SERV.src；用于点焊机器人控制的程序文件 USERSPOT.src、BOSCH.src 与数据文件 USERSPOT.dat；用于搬运机器人控制的程序文件 H50.src、H70.src、USER_GRP.src 及数据文件 USER_GRP.dat 等。

3. 程序模块

KUKA 机器人的用户程序模块用于机器人自动运行的控制，一般由用户操作编程人员编辑。

程序模块的基本内容如图 6.1-2 所示，模块由若干文件（夹）组成，其中，主程序（Main Program）以带 M 图标的文件夹显示，其他程序以子文件夹的形式分类显示。

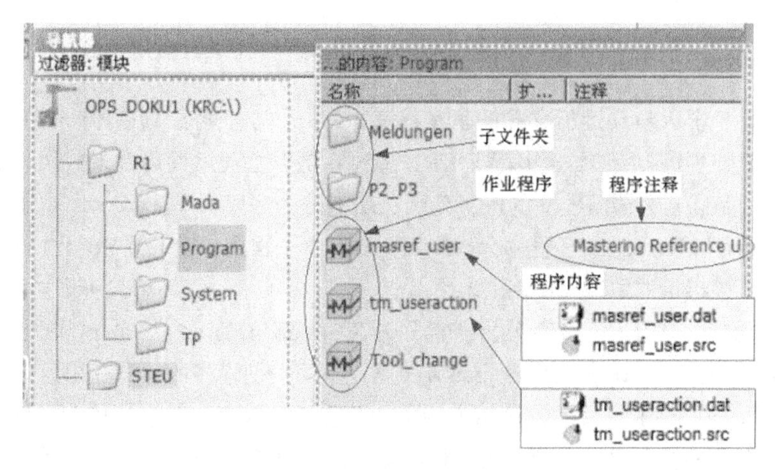

图 6.1-2　程序模块的基本内容

KUKA 主程序是控制系统可以直接执行的用户程序文件，由程序（src 文件）和数据表（dat 文件）组成。程序（src 文件）包含机器人及外部轴（变位器）移动、开关量输入/输出、工具控制、程序运行控制的全部指令（命令），数据表（dat 文件）用来定义程序的指令操作数，如机器人移动目标位置、速度、坐标系等参数。数据表（dat 文件）是程序（src 文件）的附属文件，其基本文件名与程序（src 文件）名一致、文件扩展名为“.dat”，例如，图 6.1-2 中的 masref_user.dat 为程序 masref_user.src 的附属数据表；tm_useraction.dat 为程序 tm_useraction.src 的附属数据表等。

KUKA 机器人程序（src 文件）的示例如下，对于简单程序，指令操作数也可在程序中直接定义，此时附属数据表（dat 文件）为空白文件。

```
DEF MAIN_PROG ( )                            // 程序 MAIN_PROG 开始（程序声明）
INI                                          // 初始化指令
HOME={AXIS: A1 0, A2 -90, A3 90, A4 0, A5 30, A6 0}
                                             // 定义 HOME 点位置
PTP HOME Vel=100% DEFAULT                    // 机器人定位到 HOME 点
PTP {AXIS: A1 30, A2 -90, A3 90, A4 0, A5 0, A6 0}
                                             // 机器人定位，直接指定关节位置
PTP POINT1 Vel=100% PDAT1 TOOL[1] BASE[2]
              // 机器人工具 TOOL[1]的 TCP 定位到坐标系 BASE[2]的 POINT1 点
PTP POINT2 Vel=80% PDAT1 TOOL[1] BASE[2]
              // TCP 定位到坐标系 BASE[2]的 POINT2 点
……
PTP HOME Vel=100% DEFAULT                    // 机器人定位到 HOME 点
END           // 程序结束
```

KUKA 机器人数据表（dat 文件）的示例如下，对于不使用数据表的程序，附属数据表的内容为空白。

```
DEFDAT MAIN_PROG ( )              // 数据表 MAIN_PROG 开始（数据表声明）
DECL E6POS POINT1= {X 900, Y 0, Z 800, A 0, B 0, C 0, S 6, T 27, E1 0, E2 0, E3 0, E4 0,
E5 0, E6 0}                       // 定义 POINT1 的 TCP 位置、姿态及外部轴位置
DECL E6POS POINT2= {X 1200, Y 500, Z 1000, A 0, B 0, C 0, S 6, T 27, E1 0, E2 0, E3 0,
E4 0, E5 0, E6 0}                 // 定义 POINT2 的 TCP 位置、姿态及外部轴位置
……
ENDDAT                            // 数据表结束
```

4. KRL 程序分类

KRL 主程序是机器人自动运行必需的基本程序，每一作业任务必须有唯一的主程序，主程序需要直接执行，因此，不能采用参数化编程。KRL 子程序是以主程序调用的形式执行的程序，不但可采用参数化编程，而且还可根据程序的使用范围、功能分为多种类型。

根据程序的使用范围，KRL 子程序分为局域（local）子程序、全局（global）子程序两类。局域（local）子程序只能被指定的主程序使用（调用），全局（global）子程序可被多个主程序使用（调用）。

根据程序的功能，KRL 子程序分为普通子程序（sub program）、功能子程序（function sub program）、中断子程序（interrupt sub program）3 类，不同类别程序的格式、编程要求及构成的应用程序结构有所不同。在 KUKA 机器人使用说明书中，普通子程序一般直接称为子程序，功能子程序称为“函数”，中断子程序称为“中断”，为了与 KUKA 技术资料统一，本书后述内容也将使用以上名称。

KRL 主程序、子程序的编程格式与要求如下。

6.1.3 KRL 主程序格式

1. 主程序功能

在机器人程序中，具有程序组织与管理功能的程序称为主程序（Main program）。主程序可用于机器人自动运行的登录和启动，故又称为登录程序（Entry routine），它是机器人自动运行必需的基本程序。

主程序理论上也可被其他程序调用，但是它需要直接登录、启动、执行，因此，不能使用参数化编程技术，即程序指令中的操作数必须具有明确的数值，而不能使用需要通过调用指令赋值的操作数，此外，主程序也不能通过数值返回指令向所调用的程序返回执行结果。

机器人的主程序可以有多个，但机器人自动运行时，只能选择其中之一作为当前运行的程序。主程序运行后，可调用子程序、函数、中断程序，控制系统退出（Exit）主程序后，机器人自动运行的重启必须从主程序重新开始。

2. KRL 主程序格式

KUKA 机器人主程序（KRL 主程序）的基本格式如下。

```
DEF 主程序名称 () < 程序数据声明 >          // 程序声明
< 注释 >
INI                                         // 初始化指令（程序命令开始）
< 程序数据初始值设定指令 >
PTP HOME Vel=100% DEFAULT                   // BCO 运行
子程序调用指令
……
机器人运动指令
……
PTP HOME Vel=100% DEFAULT                   // BCO 运行
END                                         // 主程序结束
```

注意，代码中斜体为代号，正体为正式指令代码。

根据指令功能，KRL 主程序分为程序声明和程序命令两部分。从 DEF 到 INI（不含）部分称为程序声明，INI（含）到 END 部分称为程序命令。

（1）程序声明（DEF 行）。程序声明用来定义程序的使用范围、名称及所使用的程序数据类型等参数，程序声明以 DEF 起始，故又称为 DEF 行。

主程序不能使用参数化编程技术，因此，名称后缀的程序参数赋值项应为空括号。如果主程序需要使用变量，定义变量名称、数据类型的指令（称为数据声明）需要紧接在程序名称后编写，但是，用来定义变量值的指令需要在程序的命令区编写。程序声明也可以根据需要添加注释（见下述）。

程序声明只是对程序的一般规定，它既不控制机器人的运动，也不会改变程序中的操作数，因此，控制系统出厂时默认对普通操作者隐藏，具体内容不在示教器上显示，具有“专家”以上操作权限的用户可通过程序编辑器设定操作、显示和编辑程序声明内容。

（2）程序命令。程序命令是控制系统实际需要进行的操作指令的集合，它是程序的主体。程序命令以初始化指令 INI 起始、以 END 结束。命令区包含程序数据赋值、子程序调用、机器人运动控制等各类指令。

初始化指令 INI 用来加载 KRL 程序运行所需的系统参数、程序数据默认值等基本数据，它是保证 KRL 程序准确运行的基本条件，必须在程序命令的起始位置编制。INI 指令及后续的程序命令可由操作、编程人员根据机器人实际作业需要编制，所有内容均可在示教器上显示与编辑。

KUKA 机器人的运动通常需要以机器人自动运行起点定位指令 PTP HOME 起始并结束，机器人执行 PTP HOME 指令的定位运动称为“BCO 运行”，BCO 运行的作用及指令说明见下述。

（3）注释。注释是程序的说明文本，可根据实际需要在任意位置添加或不使用。注释仅用于显示，对程序执行、机器人运动不产生任何影响，注释的编程要求可参见后述。

主程序可以调用子程序（函数、中断）。如果子程序只提供当前主程序调用（局域），这样的子程序可直接编写在主程序结束指令之后，并和主程序共用数据表。如果子程序不仅可提供当前主程序使用，而且还需要提供其他主程序使用（全局），则子程序及子程序使用的数据表必须单独编程，有关内容参见后述。

3. BCO 运行

机器人自动运行起点定位指令“PTP HOME Vel=100% DEFAULT”的功能：以系统默认的参数，将机器人定位到程序自动运行起点（HOME 位置），这一指令在 KUKA 机器人上称为 BCO（Block coincidence，程序段重合）运行指令。

机器人自动运行起点 HOME 是机器人出厂时设定的基准位置，也是程序创建前控制系统唯一的已知位置。由于程序自动运行启动时，机器人可能位于作业范围内的任意位置，而机器人移动指令是以机器人当前位置为起点、以指令目标位置为终点的运动，因此，如起始位置不统一，程序中的第一移动指令的运动轨迹将无法预测。为了避免出现这一情况，KUKA 机器人规定程序的第一条移动指令应为 BCO 运行指令，以保证机器人的后续移动都是以 HOME 为起始点运动的。同样，当机器人程序运行结束后，也需要编制 BCO 运行指令，将机器人定位到 HOME 位置。

KUKA 机器人的 HOME 位置在不同规格机器人上稍有不同，常用产品的 HOME 位置如图 6.1-3 所示。

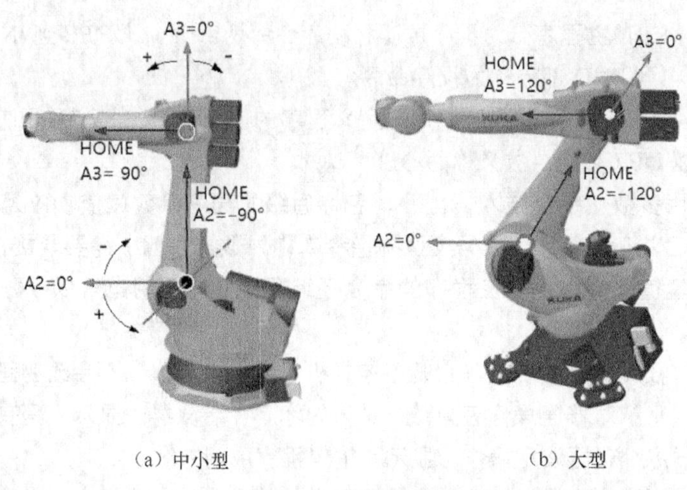

（a）中小型　　（b）大型

图 6.1-3　HOME 位置

KUKA 中小型机器人（KR 等系列）的 HOME 位置通常位于图 6.1-3（a）所示的下臂直立、上臂水平向前的位置。KUKA 大型机器人（QUANTEC 等系列）的 HOME 位置通常为图 6.1-3（b）所示的下臂后倾、上臂水平向前、机身偏转位置。HOME 位置的关节坐标值如表 6.1-1 所示。

表 6.1-1　KUKA 机器人 HOME 位置定义

机器人规格	A1	A2	A3	A4	A5	A6
中小型	0	−90°	90°	0	0	0
大型	−20°	−120°	120°	0	0	0

6.1.4　KRL 子程序、函数、中断格式

1. KRL 子程序及调用

一般意义上说，普通子程序（简称子程序）是用来实现需重复执行的特定动作所编制的程序块，可根据实际需要编制，简单程序也可不使用子程序。

KRL 子程序可通过主程序或其他子程序调用、执行。子程序调用方式有无条件调用和条件调用两种，无条件调用指令只需要在调用程序中编写子程序名称及赋值参数（如需要），无须编写指令代码 CALL。条件调用时，可将无条件调用指令和程序转移（跳转、分支控制）指令结合使用。

子程序调用指令的编程示例如下。

```
DEF MAIN_PROG1 ()              // 主程序 MAIN_PROG1
INI
SUB_PROG1()                    // 无条件调用子程序 SUB_PROG1()
SUB_PROG2()                    // 无条件调用子程序 SUB_PROG2()
……
```

KRL 子程序的基本格式如下，格式中带“<>”标记的项目为可选项（下同）。

```
<global> DEF 程序名称 (< 参数: IN 或 OUT,…… > )   <程序数据声明>
                                                        // 程序声明
< 注释 >
< INI >
```

```
< 程序数据设定指令 >
<PTP HOME Vel=100% DEFAULT>                              // BCO 运行
程序指令
……
<PTP HOME Vel=100% DEFAULT>                              // BCO 运行
END                                                      // 子程序结束
```

根据使用范围，KRL 子程序分为局域（local）和全局（global）两类。局域子程序是系统默认的设定，它只能提供指定的主程序（包括所属子程序）调用，程序直接以 DEF 开始、END 结束，局域子程序直接编写在主程序结束指令之后，且和主程序共用数据表，子程序中无须编制初始化指令 INI 和 BCO 运行指令“PTP HOME”。

全局子程序可提供所有主程序调用，子程序以 global DEF 起始、END 结束。全局子程序及附属的数据表必须单独编程，并在系统中以独立文件的形式保存，子程序的格式与主程序的格式基本相同。

KRL 子程序可使用参数化编程技术。使用参数化编程的子程序需要在名称后缀的括号内定义程序参数及属性，如“prog_par1：IN、prog_par2：OUT”等，不使用参数化编程的子程序仅需要保留名称后的空括号。

参数化编程的子程序不但可通过调用指令对子程序中的操作数进行赋值，而且还可通过程序参数改变调用程序中的操作数。仅用于子程序操作数赋值的程序参数，属性应定义为“IN”，IN 参数的数值不能在子程序中改变。需要改变数值的程序参数，属性应定义为“OUT”，OUT 参数不仅可通过调用指令设定初始值，而且还可在子程序中改变数值。改变后的参数值可在子程序执行结束并返回主程序后，用于主程序的后续指令。

如果子程序使用变量编程，子程序声明中同样需要添加变量名称、数据类型进行定义的数据声明指令，并通过命令区的赋值指令设定变量初始值。

2. 函数及调用

函数（Function）是函数子程序（Function sub program）的简称，这是一种用来计算操作数数值的特殊子程序，在中文说明书中有时译作“功能”（如 ABB 机器人）。

函数实际上就是数学运算式，因此，子程序必须采用参数化编程，程序的执行结果就是操作数的数值。

函数通常分为系统标准函数与用户自定义函数两类。系统标准函数一般用于常规的数学运算与数据处理，如求绝对值（ABS）、平方根（SQRT）、三角函数（SIN、COS、TAN）和反三角函数（ACOS、ATAN2）运算等。标准函数的运算与处理程序通常由控制系统生产厂家编制并安装，调用时，只需要按照规定的格式，对运算数进行赋值，便可直接得到执行结果。示例如下。

```
B= -3.3
A=5*ABS(B)                // 用表达式、标准函数对程序数据赋值，A=16.5
```

用户自定义函数用于特殊的数据运算与处理，需要用户自行编制子程序。例如，对于以下程序，如果函数 CALC 是用来执行 $\sqrt{B^2+C^2}$ 运算的子程序，程序数据 A 的值将为 50。

```
B = 30
C = 40
A= CALC (B, C)                              // 调用函数 CALC 对程序数据 A 赋值
```

在 KRL 程序中，函数的基本格式如下。

```
<global> DEFFCT 数据类型  函数名称 (程序参数名: IN 或 OUT,……)
                                             // 函数声明
```

```
< 注释 >
DECL REAL return_value1                    // 返回数据类型、名称定义数据运算、处理指令
RETURN(return_value1)                      // 数据返回指令
ENDFCT                                     // 函数结束
```

函数以 DEFFCT 或 global DEFFCT 起始、ENDFCT 结束。起始行为程序声明用来定义使用范围、数据类型、函数名称、程序参数。

函数的使用范围同样分为局域（local）和全局（global）两类。局域函数是系统默认的设定，它只能提供指定的主程序（包括所属子程序）调用，程序直接以 DEFFCT 开始、ENDFCT 结束。局域函数直接编写在主程序结束指令之后，并且和主程序共用数据表。

全局函数可供所有主程序调用，程序以 global DEFFCT 起始、END 结束。全局函数及附属的数据表必须单独编程，并在系统中以独立文件的形式保存。

函数必须采用参数化编程，在名称后缀的括号内需要定义程序参数及属性，程序参数及属性的定义方法与普通子程序的定义方法相同。

函数的执行结果需要通过 RETURN 指令返回，RETURN 指令必须在结束指令 ENDFCT 之前编制。返回数据的类型、名称需要在函数中定义。

3. KRL 中断及调用

中断（interrupt）是用来处理自动运行异常情况的特殊子程序，可由主程序规定的中断条件自动调用。中断在主程序开启（ON）并使能（ENABLE）后，只要中断条件满足，控制系统可立即暂停现行程序的运行，无条件跳转到中断（子程序）继续。

KRL 中断的基本格式与 KRL 子程序的基本格式相同，示例如下。

```
<global> DEF 中断程序名称 (<程序参数名: IN 或 OUT……> )     // 中断声明
<注释>
程序指令
……
END                                                         // 中断结束
```

KRL 中断与子程序只是调用方式不同，其他编程要求一致。局域中断以 DEF 开始、END 结束，直接编写在主程序结束指令之后，全局中断以 global DEF 起始、END 结束，程序与数据表必须单独编程。

局域中断只对所定义的程序及下级程序有效，子程序可以识别主程序定义的中断，但是，上级程序（主程序）不能识别下级程序（子程序）定义的中断，如果子程序未被调用、执行，即使发生子程序定义的中断，主程序的执行也不会被中断。

KRL 中断可以定义多个，执行次序以“优先级”区分。KRL 程序中可使用的优先级为 1（最高）、3、4～18、20～39、81～128（最低），其他优先级为系统预定义。多个中断同时发生时，首先执行优先级最高的中断程序，其他中断程序进入列队等候状态。

中断优先级、中断条件、中断程序名称与程序参数需要通过主程序的中断程序定义指令“INTERRUPT DECL……WHEN……DO……”。已定义的中断，可通过主程序的指令 INTERRUPT ON/OFF 开启或关闭。开启的中断，可通过主程序的指令 INTERRUPT ENABLE/ DISABLE 使能或禁止。中断禁止后仍可被系统识别、保留，但不能立即跳转到中断程序运行，它必须通过 INTERRUPT ENABLE 重新使能后，才能转入中断程序运行。

有关中断程序的详细说明可参见后述，中断定义、开启/关闭、使能/禁止指令的编程示例如下。

```
DEF MAI_PROG1  ()              // 主程序 MAI_PROG1
……
INI
……
global INTERRUPT DECL 1 WHEN $IN[1] =TRUE DO ESTOP_PROG(20, Val1)
……                            // 中断定义指令，优先级 1；中断条件为输入$IN[1]为"1"（上升沿）；调用
                                 的程序为全局中断程序 ESTOP_PROG
INTERRUPT DECL 21 WHEN $IN[25] =TRUE DO ERR_PROG( )
……                            // 中断定义指令，优先级 21；中断条件为输入$IN[25]为"1"（上升沿）；调
……                               用的中断子程序为局域中断程序 ERR_PROG
……
INTERRUPT ON 1                 // 仅开启中断 1
……                            // $IN[1] 上升沿可立即执行中断程序 ESTOP_PROG
INTERRUPT ON                   // 开启全部中断（1 和 21）
……                            // $IN[1] 上升沿、$IN[25] 上升沿，可立即执行中断程序 ESTOP_PROG、
……                               ERR_PROG
INTERRUPT DISABLE 21           // 禁止中断 21
……                            // 识别、保留中断 21，但不能执行 ERR_PROG
INTERRUPT ENABLE 21            // 重新使能中断 21
……                            // 执行发生或保存的中断 21
INTRAPT OFF                    // 关闭全部中断
……                            // 中断 1、21 无效
END
```

6.1.5 KRL 数据表格式

1. 功能及其使用

KRL 数据表是用来定义主程序、子程序、函数、中断中的数据名称、类型、初始值的附加文件，数据表名称应与程序名称相同（扩展名不同）。数据表不能用来定义控制系统、机器人配置等系统数据，系统数据需要通过专门的配置数据表$CONFIG.DAT 定义。

如果 KRL 程序只含有主程序和局域子程序（函数、中断），子程序（函数、中断）中的数据可直接在主程序的数据表中定义，无须另行编制数据表。全局子程序（函数、中断）为独立程序，必须有自己的数据表。

KRL 数据表的基本格式如下。

```
DEFDAT 数据表名称 <PUBLIC>             // 数据表声明
<注释>
DECL <GLOBAL>……                       // 数据定义指令
……
ENDDAT                                // 数据表结束
```

数据表的起始行为数据表声明，数据表声明用来定义数据表名称、使用范围等参数，仅用于当前程序的数据表称为局域数据表，可供其他程序使用的数据表称为全局数据表。

局域数据表是系统的默认设定，数据以 DEFDAT 起始、ENDDAT 结束，数据表声明中只需要输

入与所属 KRL 程序相同的名称，不能添加公共数据表标记“PUBLIC”。局域数据表中的所有数据定义指令 DECL，均不能添加全局标记“GLOBAL”。

全局数据表必须在名称后添加公共标记“PUBLIC”。全局数据表中的所有数据定义指令 DECL，都需要添加全局标记“GLOBAL”。全局数据表定义的数据可被其他程序使用，其他程序引用全局数据表数据时，需要通过导入指令 IMPORT 导入数据。数据导入程序后，可利用指令 IMPORT 重新命名。

例如，当程序 PROG_2 引用程序 PROG_1 附属全局数据表中所定义的整数型（INT）数据 OTTO_1，并将其重新命名为 OTTO_2 时，需要在 PROG_2 上编制如下导入指令。

```
DEF PROG_2 ( )
……
IMPORT    INT OTTO_2 IS /R1/PROG_1..OTTO_1         // 全局数据导入指令
……
A = 5*OTTO_2                                        // 使用导入数据
……
END
```

2. 编程示例

数据表可根据实际需要编制，简单程序也可不使用数据表（数据表空白）。无数据表的程序，所有的数据都必须在程序中定义。利用 KRL 程序中定义数据时，数据名称、类型定义与初始值设定需要分别编程，数据名称、类型在程序声明指令（DEF 行）中编程。初始值设定需要在初始化指令 INI 后的命令区定义。

例如，假设程序 MAIN_PROG1 需要定义的数据如下。

counter：数据类别为整数（INT）、初始值为 10。

price：数据类别为实数（REAL）、初始值为 0。

error：数据类别为逻辑状态（BOOL）、初始值为 FALSE。

symbol：数据类别为字符串（CHAR）、初始值为“X”。

如果不使用数据表，而直接在程序中定义数据和初始值，其程序如下。

```
DEF MAIN_PROG1  ()                    // 程序 MAIN_PROG1 声明
……
DECL INT counter                      // 数据名称、类型定义
DECL REAL price
DECL BOOL error
DECL CHAR symbol
……
***************************
INI                                   // 初始化指令
counter = 10                          // 初始值设定
price = 0
error = FALSE
symbol = "X"
……
END
```

使用数据表定义数据时，数据名称、类型与初始值可以同时定义。例如，当使用局域数据表定

义以上数据时，其数据表示例如下。

```
DEFDAT MAIN_PROG1                        // 局域数据表 MAIN_PROG1
……
DECL INT counter = 10                    // 局域数据类型、初始值定义
DECL REAL price = 0
DECL BOOL error = FALSE
DECL CHAR symbol = "X"
……
ENDDAT
```

如果以上数据还需要用于 MAIN_PROG1 以外的其他程序，则需要通过全局数据表定义，数据表示例如下。

```
DEFDAT MAIN_PROG1 PUBLIC                 // 全局数据表 MAIN_PROG1
……
DECL GLOBAL INT counter = 10             // 全局数据类型、初始值定义
DECL GLOBAL REAL price = 0
DECL GLOBAL BOOL error = FALSE
DECL GLOBAL CHAR symbol = "X"
……
ENDDAT
```

6.1.6 局域程序与全局程序

只使用局域子程序（函数、中断）的 KRL 程序称为局域程序，需要使用全局子程序（函数、中断）的 KRL 程序通常称为全局程序，两者的格式有所不同。下面以子程序调用程序为例，介绍局域程序与全局程序的基本格式。函数、中断调用程序的格式类似。

1. 局域程序格式

局域子程序只提供给主程序使用，子程序只需要直接编写在所使用的主程序结束指令后。每一 KRL 主程序最大可附加 255 个局域子程序。

局域子程序可调用本程序所属的其他局域子程序或全局子程序，但不能调用其他主程序上的局域子程序。子程序最大可嵌套 20 层。

局域子程序无须编制数据表，子程序所需的数据可直接在主程序的数据表上定义，同名数据在主程序、子程序上具有相同的数值。

使用局域子程序的 KRL 程序格式如下，主程序的示例名为 MAIN_PROG，局域子程序的示例名为 LOCAL_SUBPG1、LOCAL_SUBPG2。

```
DEF MAIN_PROG ( )                      // 主程序 MAIN_PROG 开始
……
INI
……
PTP HOME Vel=100% DEFAULT              // BCO 运行
PTP P1 Vel=100% PDAT1                  // 定位到 P1 点，P1 由数据表定义
PTP P2 Vel=100% PDAT2                  // 定位到 P2 点，P2 由数据表定义
……
LOCAL_SUBPG1 ( )                       // 调用局域子程序 LOCAL_SUBPG1
……
```

```
LOCAL_SUBPG2 ( )                        // 调用局域子程序 LOCAL_SUBPG2
……
PTP HOME Vel=100% DEFAULT               // BCO 运行
END                                     // 主程序结束
********************
DEF LOCAL_SUBPG1 ( )                    // 子程序 LOCAL_SUBPG1（局域）开始
PTP P1 Vel=100% PDAT1                   // 定位到 P1 点，P1 由数据表定义
……
LOCAL_SUBPG2 ( )                        // 调用局域子程序 LOCAL_SUBPG2（嵌套）
……
END                                     // 子程序 LOCAL_SUBPG1 结束
********************
DEF LOCAL_SUBPG2 ( )                    // 子程序 LOCAL_SUBPG2（局域）开始
PTP P2 Vel=100% PDAT2                   // 定位到 P2 点，P2 由数据表定义
……
END                                     // 子程序 LOCAL_SUBPG2 结束
```

局域程序的数据表为主程序、局域子程序共用，当程序点 P1、P2 通过数据表定义时，它们在主程序、子程序中具有同样的位置。

```
DEFDAT MAIN_PROG ( )                    // 数据表 MAIN_PROG 开始
……
DECL E6POS XP1= {X 900, Y 0, Z 800, A 0, B 0, C 0, S 6, T 27, E1 0, E2 0, E3 0, E4 0, E5
0, E6 0}        // 定义 P1 的 TCP 位置、工具姿态及外部轴位置（主、子程序共用）
DECL E6POS XP2= {X1200, Y500, Z 1000, A 0, B 0, C 0, S 6, T 27, E1 0, E2 0, E3 0, E4 0,
E5 0, E6 0}     // 定义 P2 的 TCP 位置、工具姿态及外部轴位置（主、子程序共用）
……
ENDDAT                                  // 数据表 MAIN_PROG 结束
```

2. 全局程序格式

全局程序的子程序可提供给所有主程序使用，子程序必须独立编写。全局子程序只能调用其他全局子程序，嵌套最大为 20 层。全局程序的主程序、子程序的数据都需要由各自的数据表分别定义。

使用全局子程序的 KRL 程序格式如下。

（1）主程序。主程序（示例名 MAIN_PROG）及附属数据表的示例如下，主程序的数据表 MAIN_PROG 只能用来定义主程序及局域子程序 LOCAL_SUBPG3 的数据。

主程序 MAIN_PROG 示例如下。

```
DEF MAIN_PROG()                   // 主程序 MAIN_PROG 开始
……
INI
PTP HOME Vel=100% DEFAULT         // BCO 运行
PTP P1 Vel=100% PDAT1             // 定位到 MAIN_PROG 数据表定义的 P1 点
PTP P2 Vel=100% PDAT2             // 定位到 MAIN_PROG 数据表定义的 P2 点
GLOBAL_SUBPG1()                   // 调用全局子程序 GLOBAL_SUBPG1
……
GLOBAL_SUBPG2()                   // 调用全局子程序 GLOBAL_SUBPG2
……
```

```
    LOCAL_SUBPG3()                  // 调用局域子程序 LOCAL_SUBPG3
    ……
    PTP HOME Vel=100% DEFAULT       // BCO 运行
    END                             // 主程序结束
    ********************
    DEF LOCAL_SUBPG3()              // 子程序 LOCAL_SUBPG3（局域）开始
    ……
    PTP P1 Vel=100% PDAT1           // 定位到 P1 点，P1 由 MAIN_PROG 数据表定义
    ……
    END                             // 子程序 LOCAL_SUBPG3 结束
```

MAIN_PROG 数据表示例如下。

```
    DEFDAT MAIN_PROG()              // 数据表 MAIN_PROG 开始
    ……
    DECL E6POS XP1= {X 100, Y 0, Z 800, A 0, B 0, C 0, S 6, T 27, E1 0, E2 0, E3 0, E4 0, E5
0, E6 0}                            // 定义 MAIN_PROG、LOCAL_SUBPG3 的 P1 点
    DECL E6POS XP2= {X200, Y200, Z 1000, A 0, B 0, C 0, S 6, T 27, E1 0, E2 0, E3 0, E4 0,
E5 0, E6 0}                         // 定义 MAIN_PROG 的 P2 点
    ……
    ENDDAT                          // 数据表 MAIN_PROG 结束
```

（2）全局子程序。全局子程序的示例如下，每一全局子程序都需要有独立的数据表来定义各自的数据。

子程序 GLOBAL_SUBPG1 示例如下。

```
    global DEF GLOBAL_SUBPG1()  // 全局子程序 GLOBAL_SUBPG1 开始
    ……
    PTP P1 Vel=100% PDAT1           // 定位到 GLOBAL_SUBPG1 数据表定义的 P1 点
    ……
    GLOBAL_SUBPG2()                 // 调用全局子程序 GLOBAL_SUBPG2（嵌套）
    ……
    END                             // 子程序 LOCAL_SUBPG1 结束
```

GLOBAL_SUBPG1 数据表示例如下。

```
    DEFDAT  GLOBAL_SUBPG1()         // 数据表 GLOBAL_SUBPG1 开始
    ……
    DECL E6POS XP1= {X 500, Y 600, Z 600, A 0, B 0, C 0, S 6, T 27, E1 0, E2 0, E3 0, E4 0,
E5 0, E6 0}                         // 定义子程序 GLOBAL_SUBPG1 的 P1 点位置
    ……
    ENDDAT                          // 数据表 GLOBAL_SUBPG1 结束
```

子程序 GLOBAL_SUBPG2 示例如下。

```
    global DEF GLOBAL_SUBPG2()  // 全局子程序 GLOBAL_SUBPG2 开始
    ……
    PTP P2 Vel=100% PDAT2           // 定位到 GLOBAL_SUBPG2 数据表定义的 P2 点
    ……
    END                             // 子程序 GLOBAL_SUBPG2 结束
```

GLOBAL_SUBPG2 数据表示例如下。

```
    DEFDAT  GLOBAL_SUBPG2()         // 数据表 GLOBAL_SUBPG2 开始
```

```
……
DECL E6POS XP2= {X 1000, Y 1100, Z 600, A 0, B 0, C 0, S 6, T 27, E1 0, E2 0, E3 0, E4
0, E5 0, E6 0}                    // 定义子程序 GLOBAL_SUBPG2 的 P2 点位置
……
ENDDAT                            // 数据表 GLOBAL_SUBPG2 结束
```

以上程序中，虽然主程序、局域子程序、全局子程序有名称相同的数据（程序点 P1、P2），但是，子程序 GLOBAL_SUBPG1 的 P1、GLOBAL_SUBPG2 的 P2 位置都由各自的数据表独立定义，它们与主程序 MAIN_PROG 和局域子程序 GLOBAL_SUBPG3 的 P1、P2 点具有不同的位置值。

6.2 KRL 程序基本语法

6.2.1 名称、注释、行缩进与折合

1. 名称

名称（name）又称为标识（identifier），它是机器人程序构成元素的识别标记，KRL 程序、数据表、参数化程序的参数等都需要以"名称"进行区分。此外，为了便于程序编制、阅读，程序指令的操作数也可根据需要定义相应的名称。示例如下。

```
HOME={AXIS: A1 0, A2 -90, A3 90, A4 0, A5 0, A6 0}
                                  // 将关节轴（0，-90，90，0，0，0）位置定义为"HOME"
REF_POS = {POS: X0, Y0, Z0, A0, B0, C0, S 2, T 0 }
                                  // 将笛卡儿坐标系(0,0,0)、工具姿态(0,0,0)定义为"REF_POS"
  ……
PTP HOME Vel=100% DEFAUT          // 机器人定位到 HOME 点
PTP REF_POS Vel=100% PDAT1        // 机器人定位到 REF_POS 点
……
```

一般而言，在同一控制系统中，不同的程序构成元素原则上不可使用同样的名称，也不能仅仅通过字母的大小写来区分不同程序元素的名称。

KRL 程序的"名称"需要用 ISO 8859-1 标准字符编写，最多为 24 个字符。"名称"的首字符通常为英文字母且不能为数字，后续的字符可为字母、数字、下划线"_"和"$"，但不能使用空格和已被系统定义为指令、函数及有其他特殊含义的关键词（Keyword，见表 6.2-1）；此外，字符"$"已规定为系统变量（系统参数）名称的起始字符，因此，用户不能以字符"$"作为名称的首字符。

表 6.2-1 KUKA 控制系统常用关键词

类别	系统关键词
程序、数据声明专用词	CHANNEL、DECL、DEF、DEFDAT、DEFFCT、ENUM、EXT、EXTFCT、GLOBAL、IMPORT、LOCAL、SIGNAL、STRUC
KRL 指令名	ANIN、ANOUT、BRAKE、CASE、CCLOSE、CIRC、CIRC_REAL、CONFIRM、CONTINUE、COPEN、CWAIT、DEFAULT、DIGIN、DO、ELSE、END、ENDDAT、ENDFCT、ENDFOR、ENDIF、ENDLOOP、ENDSWITCH、ENDWHIE、EXIT、FOLD、FOR、GOTO、HALT、IF、INI、INTERRUPT、IS、LIN、LIN_REAL、LOOP、PTP、PTP_REAL、PULSE、REPEAT、RESUME、RETURN、SEC、SREAD、SWITCH、SWRITE、THEN、TO、TRIGGER、UNTIL、WAIT、WHEN、WHILE
KRL 指令参数名	DELAY、DISTANCE、MAXIMUM、MINIMUM、PRIO

（续表）

类别	系统关键词
KRL 逻辑运算符	AND、B_AND、B_EXOR、B_NOT、B_OR、NOT、OR、EXOR
KRL 标准函数名	ABS、ACOS、ATAN2、COS、SIN、SQRT、TAN
机器人轴名	A1～A6、E1～E6、X、Y、Z
程序数据类型名	AXIS、BOOL、CHAR、CONT、E6AXIS、E6POS、FRAME、INT、POS、REAL
系统参数名	$***
KRL 状态名	DISABLE、ENABLE、FALSE、OFF、ON、TRUE

2. 注释

注释（comment）是为了方便程序阅读所附加的说明文本。注释只能用于显示，而不具备任何动作功能，程序设计者可根据要求在程序的任何位置自由添加或省略。

KRL 程序注释以符号“;”起始、换行符结束。注释长度原则上不受限制，长文本注释可以连续编写多行。

注释通常用来标注程序信息、划分程序块、对程序段与指令进行说明等，示例如下。

```
DEF MAIN_PROG ( )
; Welding Main Program for KR8_R1420                    // 程序信息
; Programmed by JACK SPARROW
; Version 1.5 (10/10/2020)
……
; ***********************************                   // 划分程序段
; Initialization                                        // 程序段说明
INI
PTP HOME Vel=100% DEFAUT
……
; ***********************************                   // 划分程序段
; Work Start                                            // 程序段说明
PTP Start_pos1 Vel=100% PDAT1
$OUT[10]=TRUE  ; Open Water                             // 指令说明
Weld_Prog1()  ; Call Sub Program Weld_Prog1             // 指令说明
PTP Start_pos2 Vel=100% PDAT1
Weld_Prog2()  ; Call Sub Program Weld_Prog2             // 指令说明
……
; Work End                                              // 程序段说明
$OUT[10]=FALSE  ; Close Water                           // 指令说明
PTP HOME Vel=100% DEFAUT
……
END
```

3. 行缩进

行缩进可使程序指令的显示呈现梯度，便于程序阅读、理解。行缩进同样只改善显示效果，不会影响指令的处理。

例如，对于以下程序，利用行缩进可清晰显示分支指令“SWITCH……CASE……ENDSWITCH”的转移条件、子程序调用情况，增加程序的可读性。

```
PTP HOME Vel=100% DEFAUT
……
  SWITCH Sub_Prog_No
    CASE 1
      SUB_PROG1()
    CASE2
      SUB_PROG2()
    CASE 3
      SUB_PROG3()
……
  ENDSWITCH
PTP POINT1
……
```

4. 折合

折合（Fold）是KUKA机器人操作界面比较独特的功能，它可使示教器显示程序时，将那些普通操作人员不便（或无须）了解的程序指令隐藏，以免引起不必要的错误。显示隐藏的内容需要利用指令“FLOD *名称* ……ENDFLOD<名称>”指定，因此，在KUKA机器人使用说明书上，将这一功能直接译作“折合”或“折叠”。

KUKA机器人出厂时默认的FOLD设定是“All FOLDs cls（所有折合关闭）”，操作者需要以“专家”“管理员”等高级用户身份登录系统，然后，通过程序编辑器的软操作键“打开/关闭折合”打开或隐藏折合内容。

例如，以下为使用两条折合指令的程序（德文），折合的名称分别为DECLARATION、INITIALISATION。

```
DEF FOLDS( )
FOLD  DECLARATION                  // 折合 DECLARATION 开始
  ; -------------Deklarationsteil------------
  EXT  BAS  (BAS_COMMAND : IN, REAL : IN)
  DECL  AXIS  HOME
  INT  I
ENDFOLD                            // 折合 DECLARATION 结束
FOLD  INITIALISATION               // 折合 INITIALISATION 开始
  ; ----------Initialisierung-----------
  INTERRUPT DECL 3 WHEN $STOPMESS==TRUE DO IR_STOPM( )
  INTERRUPT ON 3
  BAS(#INITMOV, 0) ; Initialisierung von Geschwindigkeiten,
  ;Beschleunigungen, $BASE, $TOOL, etc.
  FOR I=1 TO 16
    $OUT[I]=FALSE
  ENDFOR
  HOME={AXIS: A1  0, A2  -90, A3  90, A4  0, A5  0, A6  0}
ENDFOLD                            // 折合 INITIALISATION 结束
  ; -------------Hauptteil---------------
  ……
  END
```

如果操作者以“专家”“管理员”等高级用户身份登录系统、打开折合后，示教器可显示图6.2-1所示的折合名称及被折合部分的全部程序指令。

```
1
2   DECLARATION
3   ;--------- Deklarationsteil -------------
4   EXT  BAS (BAS_COMMAND  :IN,REAL  :IN )
5   DECL AXIS HOME
6   INT I
7
8   INITIALISATION
9   ;--------- Initialisierung --------------
10  INTERRUPT DECL 3 WHEN $STOPMESS==TRUE DO IR_STOPM ( )
11  INTERRUPT ON 3
12  BAS (#INITMOV,0 ) ;Initialisierung von Geschwindigkeiten,
13  ;Beschleunigungen, $BASE, $TOOL, etc.
14  FOR I=1 TO 16
15  $OUT[I]=FALSE
16  ENDFOR
17  HOME={AXIS: A1 0,A2 -90,A3 90,A4 0,A5 0,A6 0}
18
19  ;------------ Hauptteil -----------------
```

图 6.2-1　打开折合的程序显示

如果操作者以“操作人员”“应用人员”等级的普通用户登录系统，示教器只能显示图 6.2-2 所示的折合名称及其他未折合的程序指令（主程序）。

```
1
2   DECLARATION
3
4   INITIALISATION
5
6   ;------------ Hauptteil -----------------
```

图 6.2-2　关闭折合的程序显示

6.2.2　指令格式及指令总表

1. 指令格式

指令是 KRL 程序与数据表的主体，用来指定控制系统需要进行的操作，由于指令的功能、控制要求有所不同，工业机器人的程序指令形式差异很大。

作为基本要求，指令通常需要有指令码和操作数，指令码用来规定系统需要进行的操作，操作数用来规定操作对象。但是，对于循环结束、程序结束、子程序调用等系统内部执行的简单指令，有时无须指定操作数或省略指令码。而对于那些需要同时执行多种操作或需要同时控制机器人、作业工具、辅助部件等多个操作对象运动的复杂指令，则需要有多个指令码和多个操作数。

在机器人程序上，用来规定控制系统基本操作的指令称为基本指令，所需要的操作数称为基本操作数。如果指令需要附加其他操作或执行条件，可在基本指令和操作数的基础上，添加其他控制要求，这些辅助控制要求通常称为添加项。在机器人程序中，基本指令及操作数是指令的必需项，添加项可根据实际要求选择。例如：

```
……
SWITCH Sub_Prog_No        // 指令码：SWITCH；操作数：Sub_Prog_No
   CASE 1                 // 指令码：CASE；操作数：1
     SUB_PROG1()          // 指令码：无；操作数：SUB_PROG1()
   CASE 2
     SUB_PROG2()
……
 ENDSWITCH                // 指令码：ENDSWITCH；操作数：无
 PTP  P1  Vel=100%        // 指令码（PTP）+ 基本操作数
 LIN  P2  Vel = 1 m/s
 ……
```

```
PTP  POINT2  Vel=100%  PDAT2  ProgNr=10  ServoGun=1  Cont=CLS_OPN
     Part=3mm  Fore=3.2kN Tool[1]: C_GUN1  Base[5]: A01_BASE
                                        // 指令码（PTP）+ 基本操作数 + 添加项
……
```

机器人程序中的指令操作数类型及要求与指令功能有关，操作数的指定方式同样有多种，操作数既可以是常量、变量，也可以是运算结果（表达式）。示例如下。

```
……
LIN {X 100, Y 200, Z 1000, A 0 B 90 C 30}           // 操作数用常量指定
LIN POINT1                                          // 操作数用变量指定
IF ($TIMER[32] > 500 AND fiash ==TRUE) THEN         // 操作数用表达式指定
……
```

KRL 程序常用的指令、添加项及操作数的总体情况如下，指令的编程格式与要求将在后续章节中具体阐述。

2. 指令总表

KRL 程序常用的指令格式、功能及操作数、添加项说明如表 6.2-2 所示，表中的斜体字为指令操作数；带“<>”的内容为添加项，可根据需要选择；有关指令与添加项的编程格式与要求、程序示例，将在后续指令编程字节详细阐述。由于系统型号规格、软件版本、功能配置的不同，个别指令可能在部分机器人上不能使用。

表 6.2-2　KRL 指令及添加项说明

指令格式	指令功能	操作数及添加项说明
ANIN ON *Signal_Value* = *Factor* * *Signal_name* < ± *Offset* >	AI 循环读入启动	*Signal_Value*：输入存储器 *Factor*：输入转换系数 *Signal_name*：AI 信号名称 *Offset*：输入偏移
ANIN OFF *Signal_name*	AI 循环读入关闭	
ANOUT ON *Signal_name* = *Factor***Control_Element* < ± *Offset*> <DELAY= ± *Time*> <MINIMUM=*Minimum_Value*> <MAXIMUM = *Maximum_Value*>	AO 循环输出启动	*Signal_name*：AO 信号名称 *Factor*：输出转换系数 *Control_Element*：输出存储器 *Offset*：输出偏移 *Time*：输出时延（单位为 s） *Minimum_Value*：最小输出 *Maximum_Value*：最大输出
ANOUT OFF *Signal_name*	AO 循环输出关闭	
BRAKE < F >	运动停止	用于中断程序，F 为紧急制动选项
CCLOSE（*Handle, State*）	通道关闭	*Handle*：控制参数 *State*：执行状态（返回数据）
CHANNEL: *Channel_Name* : *Interface_Name Structure_Variable*	通道定义	*Channel_Name*：通道名称 *Interface_Name*：接口名称 *Structure_Variable*：系统变量
CIRC *Auxiliary_Point, Target_Position*, <, CA *Circular_Angle* > < *Add _Command* >	圆弧插补	*Auxiliary_Point*：中间点 *Target_Position*：编程终点（绝对位置） *Inc_Position*：终点（增量位置） *Circular_Angle*：实际终点（角度） *Add_Command*：指令添加项
CIRC_REL *Auxiliary_Point, Inc_Position*, <, CA *Circular_Angle* ><*Add_Command* >	圆弧插补（相对尺寸）	
CONFIRM *Management_Number*	信息确认	*Management_Number*：确认数量

（续表）

指令格式	指令功能	操作数及添加项说明
CONTINUE	连续执行	机器人移动时可执行后续非移动指令
COPEN（*Channel_Name, Handle*）	通道开启	*Channel_Name*：通道名称 *Handle*：控制参数
CONST_VEL START = *Distance*	样条插补恒速运动起点	*Distance*：恒速运动起始位置（离起点距离，单位为 mm）
CONST_VEL END = *Distance*	样条插补恒速运动终点	*Distance*：恒速运动结束位置（单位为 mm，+/–代表位于终点之后/前）
CREAD（*Handle, State, Mode, Timeout, Offset, Format, Var 1, Val 2,⋯, Val N*）	通道数据读入	*Handle*：控制参数 *State*：执行状态（返回数据） *Mode*：读入模式 *Timeout*：数据读入等待时间 *Offset*：数据读入起始地址 *Format*：数据格式 *Var 1～Val N*：读入/发送数据
CWRITE（*Handle, State, Mode, Format, Var 1, Val 2,* ⋯*, Val N*）	通道数据发送	
DECL <global> <CONST> *Data_Type Date_Name1, Date_Name2,* ⋯	程序数据声明	global：全局数据 CONST：常量 *Data_Type*：数据类型 *Date_Name N*：数据名称
< global > DEF *Program_Name*（< *Parameter_List* >）	程序声明	global：全局程序 *Program_Name*：程序名称 *Parameter_List*：程序参数（见前述）
DEFDAT *Data_List_Name* < *PUBLIC* >	数据表声明	*Data_List_Name*：数据表名称 *PUBLIC*：全局数据表（见前述）
< global > DEFFCT *Data_Type Function_Name*（< *Parameter_List* >）	函数声明	global：全局函数 *Data_Type*：数据类型 *Function_Name*：函数名称 *Parameter_List*：程序参数
DIGIN ON *Signal_Value* = *Factor* * *$DIGINn* < ± *Offset* >	DIG 循环读入（D/A 转换）启动	*Signa_Value*：D/A 转换结果 *Factor*：D/A 转换系数 *$DIGINn*：DIG 信号地址 *Offset*：D/A 转换偏移
DIGIN OFF *$DIGINn*	DIG 循环读入（D/A 转换）关闭	
END	程序结束	主程序、子程序结束
ENDDAT	数据表结束	数据表结束，与 DEFDAT 匹配
ENDFCT	函数结束	函数结束，与 DEFFCT 匹配
ENDFLOD < *Fold_Name* >	折合结束	*Fold_Name*：折合名称，与 FOLD 指令匹配
ENDFOR	FOR 循环结束	FOR 循环结束，与 FOR 匹配
ENDIF	IF 分支结束	IF 分支结束，与 IF 指令匹配
ENDLOOP	LOOP 循环结束	结束 LOOP 循环，与 LOOP 指令匹配
EDNSPLIN	样条曲线结束	样条曲线结束，与 SPLIN 指令匹配
ENDSWITCH	SWITCH 结束	SWITCH 结束，与 SWITCH 指令匹配
ENDWHILF	WHILF 结束	WHILF 结束，与 WHILF 指令匹配
< global > ENUM *Enumeration_Type_Name Enum_Constant 1, Enum_Constant 2* <, ⋯ *Enum_Constant N*>	枚举数据声明	global：全局枚举数据 *Enumeration_Type_Name*：数据名称 *Enum_Constant 1～N*：枚举元素

（续表）

指令格式	指令功能	操作数及添加项说明
EXIT	退出循环	无条件退出循环
EXT *Program_Source*（<*Parameter_ List*>）	外部子程序声明	*Program_Source*：外部子程序名称 *Parameter_List*：程序参数（仅参数化编程程序，见前述）
EXTFCT *Data_Type* *Program_Source*（<*Para meter_List*>）	外部函数声明	*Data_Type*：数据类型 *Program_Source*：外部函数名称 *Parameter_List*：程序参数
FLOD *Fold_Name*	折合	*Fold_Name*：折合名称
FOR *Counter Start* TO *End* <STEP *Increment*> *Statements* ENDFOR	FOR 循环控制	*Counter*：循环计数器 *Start*：计数起始值 *End*：计数结束值 *Increment*：计数增量 *Statements*：循环执行指令
GOTO *Make*	无条件跳转	*Make*：跳转目标
HALT	程序停止	当前指令执行完成后程序停止运行

IF *Condition* THEN
Statements_1
<ELSE>
<*Statements_2*>
ENDIF
	IF 分支控制	*Condition*：分支条件（逻辑状态）
		Statements1：分支程序 1
		Statements2：分支程序 2

IMPORT *Data_Type* *Import_Name* IS *Data_Source..* *Data_Name*	全局数据导入	*Data_Type*：数据类型 *Import_Name*：数据导入后的名称 *Data_Source..*：全局数据表存储途径 *Data_Name*：数据在数据表的名称
INI	初始化	程序数据初始化
<global> INTERRUPT DECL *Prio* WHEN *Event* DO *Program_Name*（<*Parameter_List*>）	中断定义	global：全局中断 *Prio*：中断优先级 *Event*：中断条件 *Program_Name*：中断程序名称 *Parameter_List*：程序参数
INTERRUPT DISABLE <*Prio*>	中断禁止	*Prio*：中断优先级 省略 *Prio*：所有中断禁止
INTERRUPT ENABLE <*Prio*>	中断使能	*Prio*：中断优先级 省略 *Prio*：所有中断使能
INTERRUPT OFF <*Prio*>	中断关闭	*Prio*：中断优先级 省略 *Prio*：所有中断关闭
INTERRUPT ON <*Prio*>	中断开启	*Prio*：中断优先级 省略 *Prio*：所有中断开启
LIN *Target_Position* <*Add_Command*>	直线插补	*Target_Position*：终点（绝对位置）
LIN_REL *Inc_Position*<*Add_Command*>	直线插补（相对尺寸）	*Inc_Position*：终点（增量位置） *Add_Command*：指令添加项
LOOP	循环开始	无限循环开始，与 ENDLOOP 匹配
PTP *Target_Position* <*Add_Command*>	点定位	*Target_Position*：终点
PTP_REL *Inc_Position* <*Add_Command*>	点定位（相对尺寸）	*Inc_Position*：终点（增量位置） *Add _Command*：指令添加项

（续表）

指令格式	指令功能	操作数及添加项说明
PTP SPLINE *Spline_Name* < *Add_Command* >	PTP 样条曲线定义	*Spline_Name*：样条曲线名称 *Add_Command*：指令添加项
PULSE（*Signal*, *Level*, *Pulse_Duration*）	脉冲输出	*Signal*：DO 信号地址 *Level*：脉冲极性 *Pulse_Duration*：脉冲宽度
REPEAT *Statement* UNTIL *Termination_Condition*	条件重复	*Statement*：重复执行指令 *Termination_Condition*：重复结束条件
RESUME	重新开始	用于中断程序
RETURN（*Function_Value*）	子程序返回	*Function_Value*：返回值（函数）
SCIRC *Auxiliary_Point*, *Target_Position*	CP 样条圆弧段	*Auxiliary_Point*：圆弧中间点 *Target_Position*：圆弧终点
SIGNAL *Signal_Name* *Interface_Name1* < TO *Interface_Name2* >	I/O 信号定义	*Signal_Name*：信号名称 *Interface_Name1*：信号地址或 DI/DO 组信号起始地址 *Interface_Name2*：DI/DO 组信号结束地址
SIGNAL *System_Signal_Name* FALSE	内部继电器定义	*System_Signal_Name*：内部继电器名称
SPL *Nurbs_Point*	CP 样条点定义	*Nurbs_Point*：CP 样条曲线型值点
SPLIN *Target_Position*	CP 样条直线段	*Target_Position*：LIN 终点
SPLINE *Spline_Name* < *Add_Command* >	CP 样条曲线定义	*Spline_Name*：样条曲线名称 *Add_Command*：指令添加项
SPTP *Nurbs_Point*	PTP 样条点定义	*Nurbs_Point*：样条曲线型值点
SREAD（*String1*, *State*, *Offset*, *Format*, *String2* < , *Value*, *var* >）	字符截取	*String1*：基本字符串 *State*：执行状态（返回数据） *Offset*：截取起始位置 *Format*：数据格式 *String2*：截取字符串 *Value*：Format 附加格式 *var*：Format 格式数值
STOP WHEN PATH = *Distance* <ONSTART> IF *Condition*	样条插补条件停止	*Distance*：基准点偏移（单位 mm，+/–代表位于终点之后/前） ONSTART：添加，基准点为样条段起点；省略，基准点为样条段终点 *Condition*：机器人停止条件
<global> STRUC *Structure_Type_Name* *Data_Type1* *Component_Name1_1* < , *Component_Name1_2*, …> *Data_Type2* *Component_Name2_1* < , *Component_Name2_2*, …> ……	结构数据格式声明	global：全局数据 *Structure_Type_Name*：数据名称 *Data_Type N*：结构元素 *N* 的数据类型 *Component_NameN_M*：结构元素 *N* 的第 *M* 个数据名称
SWITCH *Selection_Criterion* CASE *Block_Identifier1_1* <, *Block_Identifier1_2*, …> *Statement 1* < CASE *Block_Identifier2_1*> < , *Block_Identifier2_2*, …> < *Statement 2* > …… <DEFAULT> …… ENDSWITCH	多分支控制	*Selection_Criterion*：控制参数 *Block_IdentifierN_M*：分支程序 *N* 的执行条件 *Statement N*：分支程序 *N* DEFAULT：所有条件均不符合时执行的分支程序

（续表）

指令格式	指令功能	操作数及添加项说明
SWRITE (*String1*, *State*, *Offset*, *Format*, *String2* <, *Value* >)	字符串组合	*String1*：基本字符串 *State*：执行状态（返回数据） *Offset*：数据组合起始位置 *Format*：组合数据格式 *String2*：组合字符串 *Value*：Format 附加格式
SYN OUT *Signal_status* *Ref_Syn* *Delay_time*	同步输出	*Signal_status*：DO 地址及输出状态 *Ref_Syn*：同步基准位置 *Delay_time*：同步时延（单位为 ms，+/–代表位于基准点之后/前）
SYN PULSE *Signal_status* *Ref_Syn* *Delay_time*	同步脉冲输出	
TRIGGER WHEN DISTANCE= *Ref_Point* DELAY = *Time* DO *Statement* <PRIO = *Priority* >	控制点操作	*Ref_Point*：基准点（0 为起点，1 为终点） *Distance*：基准点偏移（单位为 mm，+/–代表位于终点之后/前） *Time*：控制点时延（单位为 ms，+/–代表滞后/超前基准点） *Statement*：控制点操作指令 *Priority*：控制点中断优先级
TRIGGER WHEN PATH = *Distance* DELAY = *Time* DO *Statement* <PRIO = *Priority* >	基准偏移控制点操作	
UNTIL *Termination_Condition*	重复结束条件	见 REPEAT 指令
WAIT FOR *Continue_Condition*	条件等待	*Continue_Condition*：程序继续条件
WAIT SEC *Wait_Time*	程序暂停	*Wait_Time*：等待时间（s）
WHILF *Repetition_Condition* *Statement* ENDWHILF	条件执行	*Repetition_Condition*：执行条件 *Statement*：条件执行指令

6.2.3 程序数据及分类

机器人程序中使用的数据统称程序数据。程序数据的数量众多，为了识别与存储，控制系统需要对数据格式（类型）、赋值方式及使用范围、性质等进行逐一分类。

KUKA 机器人的程序数据格式（类型）有简单数据、数组数据、结构数据、枚举数据 4 类，每类程序数据均有规定的格式要求，其定义方法详见后述。程序数据的赋值方式及使用范围、性质的规定如下。

1. 数值、常量和变量

在 KRL 程序上，程序数据的赋值方式有数值、常量和变量 3 种。

（1）数值。数值是按系统规定的格式和要求，直接用数值、字符指定的程序数据，数值可直接在指令中使用。示例如下。

```
……
$ VEL.CP = 0.9                              // TCP 速度值为 0.9（m/s）
$OUT[10] = TRUE                             // 开关量输出$OUT[10]的状态为 ON
LIN {X 100, Y 200, Z 1000, A 0 B 90 C 30}   // LIN 的终点为{X 100,…, C30}
……
```

（2）常量（CONST）。常量是具有定值的程序数据。在 KRL 程序中，常量必须在数据表中用 DECL CONST 指令定义，定义时必须同时定义数据格式（类型）和值。示例如下。

```
DEFDAT MY_PROG
……
DECL CONST INT max_size = 99          // 常量 max_size 定义为正整数 99
DECL CONST REAL  PI =3.1416           // 常量 PI 定义为实数 3.1416
……
```

（3）变量。变量是数值可变的程序数据，变量的名称、类型、初始值（状态）需要用数据定义指令定义。变量实际上是系统数据寄存器的代号，数据寄存器的内容才是程序数据的值，因此，变量是一种数值可变的操作数。示例如下。

```
……
LIN  POINT1                  // 变量 POINT 作为 LIN 指令操作数（目标位置）
C= 5*A+ B                    // 利用变量 A、B，计算变量 C 的值
SWITCH  Sub_Prog_No          // 变量 Sub_Prog_No 作为 SWITCH 指令操作数
……
```

2. 局域数据和全局数据

在 KRL 程序上，程序数据的使用范围分为局域数据（Local data）和全局数据（Global data）两类。

（1）局域数据。局域数据只能提供数据定义指令所在的程序（包括子程序）使用，通俗地说，就是“谁定义、谁使用”。局域数据是 KUKA 机器人默认的使用范围，因此，数据定义指令前无须添加 Local 标记。

局域数据既可通过局域数据表定义，也可直接在 KRL 程序中定义（见前述）。

在 KRL 程序中定义的局域数据属于临时变量，它仅在程序启动运行后才生效，程序运行一旦结束，数据便将自动失效，存储器的内容将被清空。因此，KRL 程序定义的局域数据不能用来声明内容需要保留的常量，主程序所定义的程序数据也不能用于局域子程序（函数、中断）。

利用数据表定义的局域数据属于固定变量，只要程序被选择，即使程序未启动或运行结束，存储器的内容就被设定、保留。因此，程序数据既可用于主程序，也可用于局域子程序（函数、中断），而且还可用来声明常量。

在同一程序中，局域数据应具有唯一的名称，但不同程序的局域数据名称可以相同。局域数据也可以和全局数据同名，且优先级高于全局数据，当程序使用的局域数据和全局数据名称相同时，全局数据将无效。

（2）全局数据。全局数据可供控制系统的所有程序使用，全局数据一般在全局数据表（数据表名称后带 PUBLIC 标记）中定义，数据定义时需要在 DECL 指令后附加“global”标记。全局数据所使用的数据存储器将被永久占用，内容始终保留。

在同一控制系统（机器人）中，全局数据的名称必须唯一，但全局数据可以和局域数据同名，其优先级低于局域数据。

3. 系统变量和用户数据

在 KRL 程序上，程序数据的性质分为系统变量和用户数据两大类。

（1）系统变量。系统变量是用于控制系统和机器人的配置与设定的系统参数，属于全局数据。在 KUKA 机器人上，系统变量以数据表文件（.DAT）的形式保存在系统模块中，变量的名称、格式由控制系统生产厂家（KUKA）规定，名称统一以字符“$”起始。

系统变量与控制系统功能、机器人结构规格等有关，因此，其大部分需要由机器人生产厂家（KUKA）在$MACHINE. DAT、$ROBCOR. DAT等系统数据文件上设定，在KRL程序中可以引用系统变量，但不能修改、删除系统变量。

KUKA机器人的配置数据文件（$CONFIG.DAT）用于机器人运动和作业控制的系统参数设定，在KRL程序中使用最多。不仅可在KRL程序中引用配置数据，部分变量还可进行设定、修改。示例如下。

```
……
$ VEL.CP = 0.9                                  // 定义TCP速度
$OUT[10] = TRUE                                 // 定义输出状态
$PRO_MODE = #CSTEP                              // 选择连续步进运行
$BASE = {A1 0, A2 0, A3 0, A4 0, A5 0, A6 0}    // 设定工具坐标系
$TOOL= tool_data[1]                             // 选择工具数据
……
```

（2）用户数据。用户数据的名称、使用范围可由用户定义，数值可在KRL程序中设定、修改。示例如下。

```
……
DECL INT counter                                // 定义程序数据名称、类型、格式
STRUC  XYPOS_TYPE  REAL  X, Y, INT  S, T
DECL XYPOS_TYPE point_1
……
counter = 10                                    // 设定程序数据值
point_1={X 100,  Y 200,  S 2,  T 35}
……
C= 5*counter+ 5                                 // 使用程序数据
PTP  point_1
……
```

6.3 KRL程序数据定义

6.3.1 数据格式与数据声明

1. 数据格式

在计算机及其控制系统上，所有信息实际上都只能以二进制“0”“1”及其组合进行表示。由于控制系统需要处理的数据有数值、字符、逻辑状态等多种类型，数值又有整数、实数、单精度（num）、双精度（dnum）之分，因此，不可能通过有限的存储器来一一区分所有的数据和信息。换句话说，同样的二进制状态或二进制组合状态，在不同的场合，也可能具有完全不同的意义。

例如，二进制状态“1”既可以用来代表某一数据的二进制位状态，也可以用来代表某一开关量输入或输出信号的逻辑状态，1字节、8位二进制状态的组合00011000，既可以用来代表十进制数值24，又可以用来表示BCD代码18，还可以用来表示ASCII字符的英文字母“B”等。

此外，不同格式的数据所需要的存储单元数量（存储器字长）也有很大的区别。例如，存储1个逻辑状态只需要1个二进制位，存储1个ASCII字符需要8个二进制位（1字节），存储1个单精度标准整数或IEEE标准规定的binary32浮点实数，则需要32个二进制位（4字节）等。因此，为

了使得控制系统能够正确识别、处理数据并对其分配存储单元，就必须在程序中对数据格式（类型）进行定义，并称之为数据声明。

工业机器人可以使用的数据格式（类型）与编程语言有关，由于目前机器人编程还没有统一的语言，因此，数据格式（类型）在不同厂家生产的机器人上有较大的不同。在 KUKA 机器人上，程序数据可分为简单数据、数组、复合数据（结构数据）、枚举数据 4 类，数据格式与编程要求详见后述。

2. 数据声明

数据声明就是对程序数据（变量）类型的定义，KRL 程序的数据声明指令的格式及操作数含义如下。

```
DECL  <global>  <CONST>  Data_Type  Data_Name1, Data_Name2, ……
```

DECL：指令代码。在 KUKA 机器人控制系统上，简单数据类型 INT（整数）、REAL（实数）、BOOL（布尔，逻辑状态）、CHAR（ASCII 字符），以及结构数据类型 AXIS（关节位置）、E6AXIS（带外部轴的关节位置）、POS（含机器人姿态的 TCP 位置）、E6POS（带外部轴、含机器人姿态的 TCP 位置）、FRAME（TCP 位置，不含机器人姿态）等，已作为系统标准数据被事先定义，因此，数据声明时也可省略数据定义的指令代码 DECL。

<global>：选择项，添加时为全局程序数据。

<CONST>：选择项，添加时为常量。

Data_Type：数据类型，如 INT（整数）、REAL（实数）、BOOL（布尔，逻辑状态）、CHAR（ASCII 字符）、POS（含机器人姿态的 TCP 位置）等。

Date_ Name *N*：数据名称，类型相同的多个程序数据可利用 1 条指令定义，不同名称间用逗号分隔。

KRL 数据声明指令的编程示例如下。

```
……
DECL BOOL  Statue_1, Statue_2    // 声明 Statue_1、Statue_2 为逻辑状态
DECL CHAR  symbol_1, symbol_2    // 声明 symbol_1、symbol_2 为 ASCII 字符
INT A,  B, C                     // 声明 A、B、C 为整数（省略 DECL）
REAL D, E                        // 声明 D、E 为实数（省略 DECL）
……
```

程序数据既可在 KRL 程序中声明，也可在 KRL 数据表中声明，但作用及初始值设定方法有所不同。

在 KRL 程序中声明的程序数据属于局域数据中的临时变量，它只能在程序启动运行后才生效，程序运行结束时被清空。因此，不能用来声明内容需要保留的常量，主程序所定义的程序数据也不能用于局域子程序（函数、中断）。此外，利用 KRL 程序声明数据时，数据声明和初始值设定指令必须在程序的不同区域编程。

利用 KRL 数据表声明的数据属于局域数据中的固定变量，只要程序被选择，即使程序未启动或运行结束，存储器内容就可以被设定、保留。因此，可以用来声明常量，程序数据既可用于主程序，也可用于局域子程序（函数、中断）。此外，利用数据表声明数据时，数据声明指令还可以直接设定初始值。

3. 初始值设定

初始值是程序数据存储器生效时的原始数值，如果不定义初始值，系统将根据数据类型自动选择默认值，例如，INT 数据为 0、BOOL 数据为 FALSE 等。

初始值的设定方法在KRL程序和数据表中有如下不同。

在KRL程序中，DECL指令属于程序声明的一部分，仅用来规定数据格式，不能用来设定值，因此，DECL指令需要紧跟在程序参数的括号后、初始化指令INI前的程序声明区编制。而程序数据初始值设定则属于系统实际操作命令，必须在初始化指令INI之后的命令区编制。由于常量声明指令DECL CONST必须同时定义数据类型和值，因此，常量声明指令只能在数据表中编程。

为了便于程序阅读，在通常情况下，初始值设定指令大多紧接在初始化指令INI之后、在命令区的起始位置编制。示例如下。

```
DEF MAIN_PROG1 ()                     // 程序MAIN_PROG1声明
……
INT counter                           // 程序数据声明
REAL price
……
INI                                   // 初始化指令
counter = 10                          // 初始值设定
price = 100.15
……
END
```

利用KRL数据表声明程序数据时，DECL指令不仅可用来定义程序数据类型，而且还可以同时设定初始值，因此，KRL数据表可以用来声明常量。如果程序数据较少，利用KRL数据表声明程序数据时，通常直接设定初始值。示例如下。

```
DEFDAT MAIN_PROG1                     // 数据表MAIN_PROG1
……
INT counter = 10                      // 程序数据声明、初始值设定
REAL price = 100.15
DECL CONST INT max_size = 99          // 常量声明
……
ENDDAT
```

6.3.2 简单数据定义

简单数据是绝大多数编程语言均可使用、具有单一值的基本数据。KRL程序可使用的简单数据有整数（INT）、实数（REAL）、布尔（BOOL，逻辑状态）、ASCII字符（CHAR）4类，数据定义要求与编程方法如下。

1. 整数

由于计算机的数据存储器为有限字长的存储器，因此，任何计算机中的整数都只能是数学意义上整数的一部分（子集），不能用来表示超过存储器字长的数值。KUKA机器人控制系统的数据存储器字长为32位（二进制），只能存储binary32格式数据。

整数（INT）的最高位为符号位（0为正整数、1为负整数），因此，KRL程序的INT数值范围为$-2^{31}\sim2^{31}-1$。

在KRL程序中，整数（INT）的前0可以省略，数值可用十进制、二进制、十六进制3种方式表示并在程序中混用。用二进制、十六进制表示整数时，数值需要加单引号（´）并用前缀B（二进制）、H（十六进制）注明计数制。示例如下。

```
……
A = -258                              // 整数-258（十进制）
B = 'B111011'                         // 整数+59（二进制，前缀 B）
C= 'H3A'                              // 整数+58（十六进制，前缀 H）
D = A + B - C                         // 混合使用
……
```

整数可使用表达式进行运算与处理，运算结果数据的格式仍为整数。如果除法运算后得到的商不为整数，余数将被直接删除，也就是说，整数除法运算只能得到商的整数部分，商中的小数部分（不论大小），都将被“舍尾”。

但是，KRL 程序中的实数可进行“四舍五入”处理，因此，如果用带小数的实数或者实数运算式对整数赋值，在整数上仍然可得到“四舍五入”的结果。为了区分整数与整实数，在 KRL 程序中，用来表示整数时，数值后不加小数点，对于整实数，则习惯上后缀小数点。示例如下。

```
……
INT  A,  B,  C,  D,  E,  F
……
INI
……
A = 3
B = 5.5                  // B 为整数，用实数赋值，四舍五入后 B = 6
C = A/B                  // 整数运算结果为整数，舍去余数（小数 0.5）后 C = 0
D = 10./4.               // 运算数有小数点，视为整实数，四舍五入后 D = 3
E = 10/4                 // 运算数无小数点，视为整数，舍去余数（小数 0.5）后 E = 2
F = B + 9.8              // 实数运算结果 15.8 保存为整数，四舍五入后 F =16
……
```

2. 实数

数学意义上的实数（REAL）包括有理数和无理数，即有限小数和无限小数。但是，由于计算机数据存储器字长的限制，任何计算机及其控制系统可表示的实数只能是数学意义上实数的一部分（子集），即有效位数的小数，而不能表示超过存储器字长的数值。

在计算机及其控制系统上，实数通常以浮点（Floating-Point）形式存储。KRL 实数（REAL）采用 ANSI IEEE 754-2008 IEEE Standard for Floating-Point Arithmetic 标准（等同 ISO/IEC/IEEE 60559）规定的 binary32 格式，由于早期标准（ANSI IEEE 754-1985）将 binary32 数据存储格式称为单精度（Single precision）格式，因此，人们习惯上仍然称之为“单精度”数据。

binary32 格式的字长为 32 位（二进制），数据存储形式如图 6.3-1 所示。

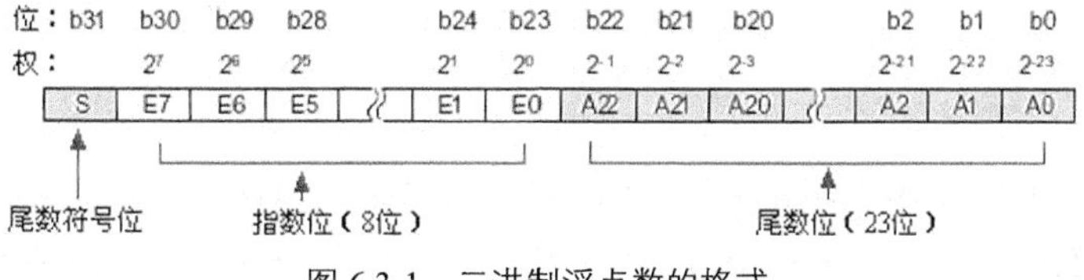

图 6.3-1　二进制浮点数的格式

数据存储器的低 23 位为尾数 A_n（n = 0～22），高 8 位为指数 E_m（m = 0～7），最高位为尾数符号位 S（bit31），所组成的十进制数值为

$$N=(-1)^S \times \left[1+\sum_{n=0}^{22}\left(A_n \times 2^{n-23}\right)\right] \times 2^{E-127}$$
$$=\pm\left(2^0 + A_{22} \times 2^{-1} + A_{21} \times 2^{-2} + \cdots + A_0 \times 2^{-23}\right) \times 2^{E-127}$$

在上式中，$E = E_0 \times 2^0 + E_1 \times 2^1 + \cdots + E_7 \times 2^7$

由于 E 为正整数，其十进制数值为 0～255。为了表示负指数，计算机需要对指数 E 进行（$E-127$）处理。

此外，标准还规定，存储器全 0 与全 1 状态，所代表的十进制值为“0”，即

$$N=\pm（2^0+0 \times 2^{-1}+ 0 \times 2^{-2}+\cdots+0 \times 2^{-23}）\times 2^{0-127}=\pm 2^{-127} = 0（全 0）$$

$$N=\pm（2^0+1 \times 2^{-1}+ 1 \times 2^{-2}+\cdots+ 1 \times 2^{-23}）\times 2^{255-127}=\pm（2-2^{-23}）\times 2^{128} \approx \pm 2^{129}= 0（全 1）$$

因此，N 的实际取值范围为-2^{128}～-2^{-126}，0，$+2^{-126}$～$+2^{128}$；尾数 B 可表示的十进制数值为 0，1～（$2-2^{-23}$）。

将其转换为十进制后，可得：binary32 格式（单精度）可表示绝对值最大的十进制数（2^{128}）约为 3.402×10^{38}，除 0 外，可表示绝对值最小的十进制数（2^{-126}）约为 1.175×10^{-38}。

如运算结果不超过数值范围，实数（REAL）可在 KRL 程序中进行各种运算，也可通过四舍五入转换为整数。但是，由于实数（REAL）是以有限位小数表示的十进制数，系统在存储、运算时需要进行近似处理，因此，在 KRL 程序中，实数（REAL）不能用于“等于”“不等于”的比较运算。对于除法运算，即使商为整数，但系统也不认为它是准确的整数。

KRL 实数（REAL）的编程示例如下。

```
……
REAL  A,  B
INT  C,  D
INI
A = 10.6
B = 5.3
C = A                    // 四舍五入转换为整数，C = 11
D = B                    // 四舍五入转换为整数，B = 5
……
IF A/B=2 THEN            //  IF 条件永远无法满足
Statements_1             // 始终被跳过
 ELSE
   Statements_2          // 始终被执行
ENDIF
……
```

在上述程序中，系统不认为实数除法运算 A/B 的商为准确整数 2，因而，IF 指令条件 A/B =2 永远无法满足，程序区 Statements_1 始终被跳过、程序区 Statements_2 始终被执行。

3. 布尔

布尔（BOOL）数据用来表示开关量信号状态、比较运算结果、逻辑运算结果等逻辑状态。布尔数据只有“真（TRUE）”“假（FALSE）”两种状态，只需要用一个二进制位存储。在 KRL 程序中，布尔（BOOL）数据的数值可直接用 TRUE、FALSE 指定。示例如下。

```
……
BOOL A,  B,  C,  D
```

```
……
INI
A = TRUE
B = FALSE
C = 10 >10.1                    // 比较运算结果 C=FALSE
D = A AND C                     // 逻辑运算结果 D=FALSE
……
```

4. 字符

字符（CHAR）是用来表示字母、符号等显示、打印文字的数据。计算机控制系统的字符通常使用美国信息交换标准代码（American Strandard Code for Information Interchange，ASCII），故又称 ASCII 代码，利用 ASCII 代码表示的字母、符号称为 ASCII 字符。

ASCII 代码是利用十六进制数值 00～7F，来代表不同文字符号的编码方式，存储一个 ASCII 代码理论上只需要 7 个二进制位，但实际都使用 1 字节（8 位二进制）存储器存储。ASCII 代码的含义如表 6.3-1 所示。表中的行为代码高 3 位组成的十六进制值（0～7），列为代码低 4 位组成的十六进制值（0～F）。例如，字符"one"对应的 ASCII 代码为"6F 6E 65"等。

表 6.3-1　ASCII 代码的含义

十六进制代码	0	1	2	3	4	5	6	7
0		DLE	SP	0	@	P		p
1	SOH	DC1	!	1	A	Q	a	q
2	STX	DC2	"	2	B	R	b	r
3	ETX	DC3	#	3	C	S	c	s
4	EOT	DC4	$	4	D	T	d	t
5	ENQ	NAK	%	5	E	U	e	u
6	ACK	SYN	&	6	F	V	f	v
7	BEL	ETB	'	7	G	W	g	w
8	BS	CAN	(	8	H	X	h	x
9	HT	EM	)	9	I	Y	i	y
A	LF	SUB	*	:	J	Z	j	z
B	VT	ESC	+	;	K	[	k	{
C	FF	FS	,	<	L	\	l	|
D	CR	GS	-	=	M	]	m	}
E	SO	RS	.	>	N	^	n	～
F	SI	US	/	?	O	_	o	DEL

在 KRL 程序中，字符（CHAR）数据只能用来设定 1 个 ASCII 字符，字符需要加双引号（ " ）标记，如 " X " 等。由多个字符组成的字符串文本，需要以 CHAR 数组（见后述）的形式定义，用 CHAR 数组表示的字符串文本也可一次性赋值，但同样需要加双引号（ " ）标记，如 " XYZ " 等。示例如下。

```
……
DECL CHAR symbol_1, symbol_2           // 定义单字符 symbol_1、symbol_2
DECL CHAR string [7]                   // 定义字符串 string（7 元数组数据）
……
INI
symbol_1 = "X"                         // 设定 symbol_1
```

```
symbol_2 = "Y"                          // 设定symbol_2
……
string [ ] ="ABCDEFG"                   // 设定字符串
……
```

6.3.3 数组数据定义

1. 数组声明与使用

数组（Arrays）数据一般用于类型相同、作用一致的多个数据（称为元或数据元）的一次性定义，以简化程序。元的数据类型不限，但需要统一。

计算机控制系统常用的数组数据结构有一维、二维、三维3种形式，四维及以上的数组一般较少使用。在KRL程序中，一维、二维、三维数组的结构和使用方法分别如下。

（1）一维数组。一维数组由若干并列元构成。在KRL程序中，一维数组所包含数据元的个数N，需要在数组声明指令中用数组名称后缀的“[N]”定义，但是，在数据设定、引用时，数组名称后缀的“[n]”，则用来表示数组构成元的序号，这一点在KRL程序设计时需要注意区分。示例如下。

```
……
INT  A                                  // 数据声明，A为整数
DECL CHAR string [7]                    // 数据声明，定义7元字符数组数据string
……
INI
……
string [7] = "G"                        // 数据设定，数组string的第7元为字符G
A = B_NOT string [7]                    // 数据引用，string的第7元进行B_NOT运算
……
```

（2）二维数组。二维数组是以列（column）、行（row）表示的矩阵数组。在KRL程序中，二维数组所包含的列数C、行数R，同样需要在数组声明指令中用数组名称后缀的“[C，R]”定义，但是，在数据设定、引用时，数组名称后缀的“[c，r]”，则用来表示数组构成元的序号。示例如下。

```
……
INT  A                                  // 数据声明，A为整数
DECL INT Value_2D [4，3]                // 数据声明，定义4列、3行二维数组Value_2D
INI
……
Value_2D [4，3] = 10                    // 数据设定，数组Value_2D的第4列、第3行元素为10
A =Value_2D[4，3]                       // 数据引用，执行结果A =10
……
```

（3）三维数组。二维数组是以层（level）、列（column）、行（row）表示的立体数组。在KRL程序中的定义及数据设定、引用方法与一维、二维数组相同。示例如下。

```
……
INT  A                                  // 数据声明，A为整数
DECL INT Value_3D [3，5，4]             // 数据声明，定义3层、5列、4行三维数组数据Value_3D
INI
……
```

```
Value_3D [3, 5, 4] = 10          // 数据设定，设定数组 Value_3D 的第 3 层、第 5 列、第 4 行元素为 10
A = Value_3D [3, 5, 4]           // 数据引用，执行结果 A =10
……
```

在 KRL 程序中，数组数据同样可通过 KRL 程序或数据表声明数据类型、设定初始值，但其编程要求、数值设定方法有所不同，分别说明如下。

2. KRL 程序定义

在 KRL 程序中声明数组、设定数组初始值的方法与简单数据类似，定义数组数据类型、名称的数组声明指令 DECL，应在程序初始化指令 INI 之前的程序声明区编制。数组的初始值设定指令必须在初始化指令 INI 之后的命令区编制。示例如下。

```
DEF MAIN_PROG1  ()               // 程序 MAIN_PROG1 声明
……
DECL BOOL error[10]              // 一维数组声明
DECL REAL value[5, 2]            // 二维数组声明
DECL INT parts[3, 4, 5]          // 三维数组声明
INI                              // 初始化指令
error[1] = FALSE                 // 初始值设定
……
error[10] =TRUE
value[1, 1]= 1.0
value[1, 2]= 1.25
……
value[2, 5] = 80.0
parts[1, 1, 1] = 10
parts[1, 1, 2] = 12
……
parts[3, 4, 5] = 96
……
```

数组的初始值一般需要通过数据元逐一赋值的方式设定，但一维字符 CHAR 数组（字符串）的初始值可一次性赋值，一次性赋值时元序号应为“空白”。示例如下。

```
DEF MAIN_PROG1  ()               // 程序 MAIN_PROG1 声明
……
DECL CHAR name_pos1 [11]         // 一维字符数组声明
INI                              // 初始化指令
name_pos1[] = "START_POINT"      // 字符串一次性设定
……
```

如果数组所有元的初始值相同，为了简化程序，可通过循环指令“FOR……TO……”（详见后述）设定初始值。示例如下。

```
DEF MAIN_PROG1  ()               // 程序 MAIN_PROG1 声明
……
INT I                            // 循环计数参数声明
DECL BOOL error[10]              // 数组 error 声明
……
```

```
INI                                     // 初始化指令
……
FOR I =1 TO 10                          // 一次性设定数组 error 初始值
    error[I] = FALSE
ENDFOR
……
```

所有元初始值相同的二维数组初始值设定，需要使用 2 层嵌套循环指令"FOR……TO……"。示例如下。

```
DEF MAIN_PROG1  ()                      // 程序 MAIN_PROG1 声明
……
INT C, R                                // 循环计数参数声明
DECL INT Value_2D [4, 3]                // 数组 Value_2D 声明
INI                                     // 初始化指令
……
FOR C =1 TO 4                           // 数组 Value_2D 一次性设定
  FOR R=1 TO 3
    value[C, R] = 0
  ENDFOR
ENDFOR
……
```

如果三维数组所有元的初始值相同，同样可利用 3 层嵌套循环指令"FOR……TO……"进行设定。示例如下。

```
DEF MAIN_PROG1  ()                      // 程序 MAIN_PROG1 声明
……
INT  L, C, R                            // 循环计数参数声明
DECL INT Value_3D [3, 5, 4]             // 数组 Value_3D 声明
INI                                     // 初始化指令
……
FOR L =1 TO 3                           // 数组 Value_3D 一次性设定
  FOR C=1 TO 5
    FOR R=1 TO 4
      value[L, C, R] = 0
    ENDFOR
  ENDFOR
ENDFOR
……
```

3. 数据表定义

在数据表中定义数组时，初始值设定指令必须紧随数组声明指令，并且只能以数据元逐一赋值的方法设定初始值。示例如下。

```
DEFDAT MAIN_PROG1                   // 数据表 MAIN_PROG1 声明
EXTERNAL DECLARATIONS
DECL BOOL error [10]                // 数组声明
error[1] = FALSE
error[2] = FALSE
……
```

```
error[10] = FALSE
......
```

但是，如果数据表仅用于数组声明，初始值通过 KRL 程序设定，所有元初始值相同的数组仍可通过 KRL 程序的循环指令“FOR……TO……”一次性设定初始值。示例如下。

```
DEF MAIN_PROG1  ()                    // 程序 MAIN_PROG1 声明
......
INT I                                 // 循环计数参数声明
INI                                   // 初始化指令
......
FOR I =1 TO 10                        // 一次性设定数组 error 初始值
  error[I] = FALSE
ENDFOR
......
END
**************************************************
DEFDAT MAIN_PROG1                     // 数据表 MAIN_PROG1 声明
EXTERNAL DECLARATIONS
DECL BOOL error [10]                  // 数组声明
......
ENDDAT
```

6.3.4 结构数据定义

1. 结构数据声明

结构（STRUC）数据是一种用户自定义的复合型数据。结构数据的形式类似一维数组，但数据元的数据类型可以不同。

在 KRL 程序中定义结构数据时，首先需要利用格式声明指令 STRUC 定义数据格式，然后，再通过数据声明指令声明数据、设定初始值。

结构数据的格式声明指令及操作数含义如下。

```
<global> STRUC Structure_Type_Name Data_Type1 Component_Name1_1 <, Component_ Name1_2, …
> Data_Type2  Component_Name2_1 <, Component_Name2_2, …>
......
```

<global>：选择项，添加时为全局数据。全局结构数据的格式需要在系统模块的数据表 $CONFIG.DAT 中声明。

Structure_Type_Name：结构数据名称。为了便于区分，用户自定义结构数据的名称一般需要加后缀“_Type”。

Data_Type N：数据元 *N* 的数据类型。

Component_Name N_M：数据元 *N* 的第 *M* 个数据名称。

结构数据可包含多种数据类型，同一类型的数据可以有多个。定义结构数据格式时，首先需要规定数据类型，然后，再依次列出该类型数据的名称（逗号分隔）。

结构数据格式定义指令之后，应紧接数据声明指令 DECL，定义结构数据的名称。

例如，当结构数据 User_Data1 由 3 个整数型数据（*A*、*B*、*C*）、2 个实数型数据（*D*、*E*）、2 个逻辑状态型数据（*F*、*G*）构成时，其格式名为“USER_TYPE”，数据定义指令的编程方法如下。

```
……
STRUC  USER_TYPE  INT  A, B, C, REAL D, E, BOOL F, G
DECL  USER_TYPE  User_Data1
……
```

结构数据的初始值设定方法见下述。

2. KUKA 标准数据

为了便于用户使用，KUKA 机器人控制系统在出厂时，已预定义了部分结构数据的格式，这些格式可作为标准数据，在 KRL 程序中直接使用，无须再进行结构数据定义。常用的 KUKA 标准数据格式定义如下。

（1）AXIS 格式。AXIS 格式用于机器人本体关节轴 A1～A6 绝对位置定义，系统预定义格式如下。

```
STRUC  AXIS  REAL  A1, A2, A3, A4, A5, A6
```

（2）E6AXIS 格式。E6AXIS 格式用于机器人本体关节轴 A1～A6、外部轴 E1～E6 的绝对位置定义，系统预定义的格式如下。

```
STRUC  E6AXIS  REAL  A1, A2, A3, A4, A5, A6, E1, E2, E3, E4, E5, E6
```

（3）POS 格式。POS 用于 6 轴垂直串联机器人 TCP 位置的完整定义，格式包含了机器人姿态（S、T），系统预定义的格式如下。

```
STRUC  POS  REAL  X, Y, Z, A, B, C, INT  S, T
```

（4）E6POS 格式。E6POS 用于带外部轴的垂直串联机器人 TCP 位置的完整定义，格式包含了机器人姿态（S、T）和外部轴 E1～E6 位置，系统预定义的格式如下。

```
STRUC E6POS REAL X, Y, Z, A, B, C, E1, E2, E3, E4, E5, E6 INT S, T
```

（5）FRAME 格式。FRAME 用于 6 轴垂直串联机器人 TCP 位置的常规定义，格式不含机器人姿态，系统预定义的格式如下。

```
STRUC  FRAME  REAL  X, Y, Z, A, B, C
```

KUKA 标准格式的数据可直接声明、无须再定义结构数据格式，数据声明时也可省略指令代码 DECL。示例如下。

```
……
DECL  AXIS  joint_pos1              // 声明 KUKA 标准 AXIS 数据
POS  rob_target1                    // 声明 KUKA 标准 POS 数据、省略 DECL
FRAME  rob_tcp1                     // 声明 KUKA 标准 FRAME 数据、省略 DECL
……
```

3. 结构数据设定与使用

在 KRL 程序中，结构数据既可整体设定与使用，也可只设定与使用其中的某一元。如果数据元本身也是结构数据，还可使用数据元的构成元。

（1）整体设定与使用。结构数据整体设定或初始化时，数据元必须为常量，数值需要加大括号“{}”，如需要，数值前还可以加格式名称（用冒号分隔），数值无须改变或使用系统默认值的数据元可省略。示例如下。

```
……
INI                                                        // 初始化指令
……
```

```
joint_pos1 = { A1 0, A2 0, A3 90, A4 0,  A5 0, A6 0 }        // 完整设定
rob_target1= { X 100, Y 0, Z 0, A 0,  B 0, C 0, S 2  T 35 }
rob_tcp1= { FRAME: X 100, Y 200, Z 0, A 0,  B 0, C 0 }        // 加前缀
joint_pos2 = { A1 180, A2 45, A6 180}                         // 省略数值不变的数据元
rob_target2= { Z 900, C 90 }
rob_tcp2= { X 500, Y500 }
……
PTP  joint_pos1                                               // 数据使用
LIN  rob_target1
LIN  rob_tcp1
……
PTP  joint_pos2
LIN  rob_target2
LIN  rob_tcp2
……
```

（2）数据元独立设定与使用。结构数据的数据元可单独设定与使用。数据元单独设定与使用时，可像普通程序数据一样编程，如利用变量、表达式、函数等其他方式赋值或在表达式中编程与使用。

结构数据元作为程序数据使用时，其名称规定为“数据名. 元名”，如果数据元本身为结构数据，名称“数据名.元名.构成元名”。示例如下。

```
……
REAL  A, B, C                          // 数据声明
AXIS  joint_pos1
POS  rob_target1
FRAME  rob_tcp1
INI
……
A = 900
B = 90
joint_pos1.A1 = 180                    // 数据元独立设定
rob_target1.Z = A
rob_tcp1.C = 2*B
C = joint_pos1.A1 + 45                 // 数据元使用
……
```

6.3.5 枚举数据定义

1. 枚举数据声明

枚举（Enumeration）数据是只能在某一类型数据的有限范围内取值的程序数据。例如，用来表示日期的数据，“月”的取值范围只能是 1～12、“日”的取值范围只能为 1～31 等。

在 KRL 程序中，枚举数据的类型为 ENUM，数据元需要用 ENUM 指令声明，且只能是有固定名称的常量。枚举数据一旦声明，数据元的序号将由系统自动生成。在 KRL 程序中，枚举数据的元可通过前缀有“#”标记的元名引用，但不能对枚举数据及元进行重新定义、修改等操作。

在 KRL 程序中，枚举数据首先需要利用内容声明指令 ENUM 定义数据内容。然后，再通过数据声明指令声明需要使用该枚举数据的程序数据。

枚举数据内容声明指令的格式及操作数含义如下。

```
<global> ENUM Enumeration_Type_Name Enum_Constant 1, Enum_Constant 2 <, … Enum_Constant N >
```

<global>：选择项，添加时为全局枚举数据。全局枚举数据需要在系统模块的数据表$CONFIG.DAT中声明。

Enumeration_Type_Name：数据名称。为了便于区分，用户自定义枚举数据的名称一般需要加后缀“Type”。

Enum_Constant 1～Enum_Constant *N*：枚举数据元（名称）。枚举数据为多元数据，元名称用逗号分隔。

枚举数据内容定义指令之后，应紧接数据声明指令DECL，定义枚举数据的名称。

例如，如果程序数据User_Color需要使用由green、blue、red、yellow构成的4元枚举数据“COLOR_TYPE”，枚举数据内容及程序数据User_Color的声明指令如下。

```
……
ENUM  COLOR_TYPE  green, blue, red, yellow          // 声明枚举数据内容
DECL  COLOR_TYPE  User_Color                        // 声明程序数据
……
```

2. 数据使用

在KRL程序中，枚举数据内容利用指令ENUM声明后，数据元便可用“#元名称”的方式使用，但不能对枚举数据的构成、内容进行修改。

在KRL程序中，利用指令DECL定义为枚举数据的程序数据，可通过枚举数据的元进行有限范围赋值或比较运算等操作。示例如下。

```
……
ENUM  COLOR_TYPE  green, blue, red, yellow          // 枚举数据内容声明
DECL  COLOR_TYPE  User_Color1, User_Color2          // 程序数据声明
BOOL  A
……
INI
……
User_Color1 = #green                                // 程序数据赋值
User_Color2 = #red
IF  User_Color1 == #blue  THEN                      // 数据比较
   ……
  ENDIF
A = User_Color1 == #green  AND  User_Color2 == #yellow     // 数据运算
……
```

6.4 KRL表达式与函数

6.4.1 表达式、运算符与优先级

1. 表达式、运算符与函数

在KRL程序中，程序数据既可直接赋值，也可使用KRL表达式、函数的运算处理结果。一般

而言，简单算术运算、比较操作、逻辑运算可直接用表达式、运算符编程，函数运算需要使用 KRL 标准函数或函数子程序。

表达式是用来计算程序数据数值、逻辑状态的运算、比较式，简单表达式中的运算数可以直接用运算符连接。表达式中的运算数可以是常数、常量（CONST）、变量，但数据类型必须符合运算规定。

KRL 程序可使用的运算符、标准函数命令及运算数类型如表 6.4-1 所示，其中的坐标变换运算“:”、数值取反运算“B_NOT”功能较特殊，其使用方法见后述。

表 6.4-1　KRL 运算符、标准函数命令及运算数类型

运算符		运算	运算数类型	运算说明
	=	赋值	任意	A = B
算术运算	+	加	INT、REAL	整数的运算结果为整数，余数自动删除（舍尾）。运算数含有实数，结果数据为实数；转换为整数时四舍五入（见 6.3 节）。
	−	减		
	*	乘		
	/	除		
逻辑运算	NOT	逻辑非	BOOL	符合基本逻辑运算规律，结果为逻辑状态（BOOL 数据）
	AND	逻辑与		
	OR	逻辑或		
	EXOR	异或		
比较运算	<	小于	INT、REAL、CHAR、ENUM	1. 运算结果为逻辑状态（BOOL 数据）； 2. BOOL 数据不能进行大于（大于等于）、小于（小于等于）比较，但可进行等于、不等于比较； 3. 整实数为近似值，整实数和整数进行等于、不等于比较，不能得到准确的结果。
	<=	小于等于		
	>	大于		
	>=	大于等于		
	<>	不等于	INT、REAL、CHAR、BOOL、ENUM	
	==	等于		
多位逻辑运算	B_AND	位与	INT、CHAR	字符 CHAR 以 ASCII 代码值进行运算
	B_OR	位或		
	B_EXOR	位异或		
标准函数运算	ABS	绝对值	REAL，−∞～+∞	运算结果为实数（REAL 数据）
	SQRT	平方根	REAL，0～+∞	
	SIN	正弦	REAL，−∞～+∞	
	COS	余弦	REAL，−∞～+∞	
	TAN	正切	REAL，−∞～+∞	
	ACOS	反余弦	REAL，−1～1	
	ATAN2	反正切	REAL，−∞～+∞	
特殊运算	B_NOT	数值取反	INT、CHAR	数值加 1、取反操作，见后述
	:	坐标变换	POS、FRAME	POS、FRAME 坐标变换，见后述

2. 优先级

KRL 表达式的运算优先级分为表 6.4-2 所示的 7 级，优先级相同的运算按从左到右的次序依次处理，优先级可使用括号调整，如表达式含有函数时，函数具有最高优先级。

表 6.4-2　KRL 运算优先级

优先级	1	2	3	4	5	6	7
运算	NOT B_NOT	*、/	+、-	AND、 B_AND	EXOR、 B_EXOR	OR、 B_OR	比较

KRL 表达式编程示例如下。

```
……
INT  A, B, C                    // 程序数据声明
BOOL  E, F, G
REAL  K, L, M
INI
A = 4                           // 程序数据赋值
B = 7
E = TRUE
F = FALSE
K = -3
G = NOT E  OR  F  AND  NOT (K+2*A > B)
                                // 第 1 步，计算括号内的 2×A，结果为 8；
                                   第 2 步，计算括号内的 K + 2×A，结果为 5；
                                   第 3 步，计算括号内的 K + 2×A > B，结果为 FALSE；
                                   第 4 步，计算 NOT  E，结果为 FALSE；
                                   第 5 步，计算 NOT (K+2×A > B)，结果为 TRUE；
                                   第 6 步，计算 F  AND  NOT (K+2×A > B)，结果为 FALSE；
                                   第 7 步，计算 NOT E  OR  F  AND  NOT (K+2×A>B),结果为 FALSE。
L =  4+5*3-K/2                  // 算术运算，结果 L= 20.5
M = 2*COS(45)                   // 函数运算，结果 M= 1.414 213 56
……
```

6.4.2　算术、逻辑、比较运算

1. 算术运算

KRL 算术运算可用于整数、实数的四则运算。为了区别整数和整实数，整实数在 KRL 程序中需要后缀小数点或“.0”。

KRL 算术运算的次序符合一般数学规律，运算式可使用括号。纯整数的运算结果为整数，整数除法的余数“舍尾”，实数可以“四舍五入”。示例如下。

```
……
INT  A, B, C                // 数据声明
REAL  K, L, M
INI
A = 2                       // 整数赋值
B = 9.8                     // 实数可四舍五入，赋值结果 B=10
C = 7/4                     // 整数除法舍尾，结果 C= 1
K = 3.5                     // 实数赋值
L = 0.1E01                  // 指数赋值，结果 L=1.0
```

```
M= 3                        // 整数赋值，转换为有限位小数，结果 M=3.0
……
A = A*C                     // 整数乘法，结果 A=2（整数）
A = A+'B011'                // 十进制与二进制整数运算，结果 A= 5
B = B-'H0C'                 // 十进制与十六进制整数运算，结果 B= -2
C = C +K                    // 整数与实数运算，结果为整数 C= 5
K = K*10                    // 整数与实数运算，结果为实数 K= 35.0
L = 10/4                    // 纯整数除法，商取整数，结果 L= 2.0
L = 10/4.                   // 除数为实数，商取实数，结果 L= 2.5
L = 10./4                   // 被除数为实数，商取实数，结果 L= 2.5
M = (10/3)*M                // 整数商与实数相乘，商取整数，结果 M= 9.0
……
```

2. 逻辑运算

逻辑运算用于二进制位逻辑数据 BOOL 的逻辑处理，运算结果为逻辑状态（BOOL）数据“TRUE”（状态 1）、“FALSE”（状态 0）。

KRL 逻辑运算的次序符合逻辑运算一般规律，运算式可使用括号。示例如下。

```
……
BOOL  A, B, C, D                                // 数据声明
INI
A = TRUE
B = NOT  A
……
C = A  AND  B                                   // C=FALSE
D = A  OR  B                                    // D= TRUE
C =（A  AND  B）OR  NOT（B  EXOR  NOT  A）        // C=TRUE
……
```

3. 比较运算

KRL 比较运算用于程序数据的数值比较，运算结果为逻辑状态（BOOL）数据，“TRUE”表示符合、“FALSE”表示不符合。为了区分赋值符“=”，比较操作的“等于”符号，需要以连续 2 个等于符号“= =”表示。

整数（INT）、实数（REAL）、字符（CHAR）、枚举（ENUM）型数据（包括常量、数据及数组数据、结构数据的基本组成元素），可直接进行大于（>）、小于（<）、大于等于（>=）、小于等于（<=）、等于（=）、不等于（<>）比较。BOOL 数据的值为逻辑状态，可以进行等于（=）、不等于（<>）比较，但不能用于大于（>）、小于（<）、大于等于（>=）、小于等于（<=）比较操作。

整实数是以有限位小数表示的近似值，如果和整数进行等于、不等于比较，将不能得到准确的结果（见 6.3 节）。示例如下。

```
……
BOOL  A, B, C
INI
A = 10/3== 3                               // 整数比较，结果 A= TRUE
B = 4.98 > 5                               // 实数比较，结果 B= FALSE
C = （（B==A）<>（9.8 > 8））== TRUE          // 逻辑状态比较，结果 C= TRUE
……
```

程序数据 C 的逻辑比较过程：首先进行（B==A）的逻辑状态比较，执行结果为 FALSE；接着，进行实数（9.8 > 8）比较，执行结果为 TRUE；然后，进行（B==A）<>（9.8 > 8）的比较，执行结果为 TRUE；最后，进行((B==A)<>(9.8 > 8)) ==TRUE 的比较，最终执行结果为 C = TRUE。

在 KRL 程序中，整数（INT）可使用二进制、十六进制格式的数据，字符数据（CHAR）进行比较操作时，以 ASCII 代码作为数值，如字符“1”的数值为十六进制整数 H31、字符“X”的数值为 H58、字符“a”的数值为 H61 等（详见表 6.3-1）。示例如下。

```
……
CHAR  A, B
BOOL  C, D, E, F
INI
A = "X"                                        // 数据赋值
B = "a"
……
C = A > 50                                     //  数据比较，结果 C= TRUE
D = B >'H 62'                                  //  数据比较，结果 D= FALSE
E = "1"< "a"                                   //  数据比较，结果 E= TRUE
F = 10 <'B 1100'                               //  数据比较，结果 F= TRUE
……
```

枚举数据（ENUM）进行比较操作时，其数值为系统自动分配的数据元序号。例如，对于以下程序，枚举数据#green 的数值为 1、#blue 的数值为 2、#red 的数值为 3、#yellow 的数值为 4 等。

```
……
ENUM  COLOR_TYPE  green, blue, red, yellow     // 枚举数据内容声明
DECL  COLOR_TYPE  User_Color1, User_Color2     // 程序数据声明
BOOL  A, B
INI
User_Color1 = #green                           // 数据赋值
User_Color2 = #red
A = User_Color1 >= User_Color2                 // 数据比较，结果 A= FALSE
B = User_Color1< =3                            // 数据比较，结果 B= TRUE
……
```

4. 多位逻辑运算

KRL 多位逻辑运算可将整数（INT）、字符（CHAR）视为二进制逻辑状态数据 BOOL 的组合，并一次性对每一位 BOOL 数据进行指定的逻辑运算操作，多位逻辑运算的结果以整数（INT）的形式保存。多位逻辑运算的“B_NOT”操作比较特殊，功能见后述。

在 KRL 程序中，多位逻辑运算的整数（INT）可使用二进制、十六进制格式的数据，字符（CHAR）的数值为对应的 ASCII 代码，如字符“1”的数值为十六进制整数 H31、字符“X”为 H58 等（见表 6.3-1）。例如：

```
……
INT  A, B, C, D, E                             // 数据声明
INI
```

```
A = 10  B_AND  9              //  1010&1001 = 1000，结果 A= 8
B = "1" B_OR  "X"             //  0011 0001 or 0101 1000 = 0111 1001，结果 B= 121
C = 10  B_EXOR  9             //  1010 xor 1001 = 0011，结果 C = 3
D = 10  B_AND  'B 011'        //  1010&0011 = 0010，结果 D= 2
E = 10  B_OR  'H 7'           //  1010&0111 = 1111，结果 E= 15
……
```

6.4.3 标准函数与特殊运算

1. 标准函数

函数实际上是用于数学函数运算的参数化编程子程序，为了便于用户使用，KUKA 机器人控制系统出厂时已经安装了部分用于标准函数运算的子程序，这些子程序称为 KUKA 标准函数或 KRL 标准函数，简称标准函数。

标准函数可以直接通过函数命令调用，常用标准函数的名称、功能、编程格式、操作数要求、运算结果等如表 6.4-3 所示。函数的操作数、运算结果均为实数（REAL），但取值范围需要符合三角函数的一般规定及 KRL 数据格式，例如，正切运算的操作数不能为 ± 90° 及其整数倍，实际运算结果的数值范围也只能为 32 位浮点数等。

表 6.4-3　KUKA 标准函数命令表

函数命令	功能	编程格式	操作数	运算结果
ABS	求绝对值	A = ABS(B)	REAL，-∞～+∞	REAL，0～+∞
SQRT	求平方根	A = SQRT(B)	REAL，0～+∞	REAL，0～+∞
SIN	正弦运算	A = SIN(B)	REAL，-∞～+∞	REAL，-1～1
COS	余弦运算	A =COS(B)	REAL，-∞～+∞	REAL，-1～1
TAN	正切运算	A =TAN(B)	REAL，-∞～+∞	REAL，-∞～+∞
ACOS	反余弦运算	A =ACOS(B)	REAL，-1～1	REAL，0° ～180°
ATAN2	反正切运算	A =ATAN2(*y*，*x*)	REAL，*y*/*x*：-∞～+∞	REAL，0° ～360°

KRL 标准函数中无反正弦函数 ASIN，因此，需要进行反正弦运算时，应通过反余弦指令 ACOS 进行如下处理，可间接得到-90° ～90° 的反正弦值。

```
……
REAL A，B
INI
A = -1.0
B = 90.0-ACOS（A）            //  ACOS（A）为 180° ，B= -90.0= ASIN（A）
……
```

KRL 反正切运算 ATAN2 是以（*y*，*x*）形式编程的四象限运算，角度按 *y*/*x* 的比值计算、象限利用 *y*、*x* 的符号区分。

KUKA 标准函数的编程示例如下。

```
……
INI
A = -3.4
```

```
B = 8+5*ABS(A)              // B=25.0
C = SQRT(B)                 // C=5.0
D = SIN(60)                 // D=0.8660254
E = 2*COS(45)               // E=1.41421356
F = TAN(45)                 // F=1.0
G = ACOS(D)                 // G= 30.0
deg_1= ATAN2(1, 1)          // deg_1 = 45.0
deg_2= ATAN2(1, -1)         // deg_2 = 135.0
deg_3= ATAN2(-1, -1)        // deg_3 = 225.0
deg_4= ATAN2(-1, 1)         // deg_4 = 315.0
……
```

2. B_NOT 运算

B_NOT 是 KUKA 机器人比较特殊的运算，用于整数（INT）、字符（CHAR）的 ASCII 代码数据的取反操作，但是，所执行的运算是将操作数（十进制整数）加 1，然后再改变符号、保存为十进制整数。以二进制、十六进制格式数据、字符（CHAR）的 ASCII 代码数据，同样需要先将其转换为十进制格式数据，然后加 1，再做改变符号处理。示例如下。

```
……
INT A, B, C, D, E
INI
……
A = 197
B = B_NOT  A                // 执行结果 B= -198
C = B_NOT  'B 011'          // 执行结果 C= -4
D = B_NOT 'H 0A'            // 执行结果 D= -11
E = B_NOT  "X"              // "X"的 ASCII 代码为 H58（88），结果 E = -89
……
```

3. 坐标变换

KRL 坐标变换运算可将参考坐标系的 TCP 位置数据（*x*，*y*，*z*，*A*，*B*，*C*）恢复为基准坐标系的 TCP 位置数据（FRAME 数据）。坐标变换运算可通过运算符“:”连接，指令格式如下。

```
基准坐标系 TCP 位置与姿态 = 参考坐标系: TCP 位置
```

坐标变换运算并不是坐标值（*x*，*y*，*z*）和工具姿态（*A*，*B*，*C*）的简单相加，而是需要通过矢量运算，将 TCP 位置从参考坐标系变换到基准坐标系中。

例如，如果需要将图 6.4-1 所示的参考坐标系 REF_1 中的 TCP 位置 TAR_1 变换为基准坐标系 BASE_1 的 TCP 位置 PO1NT_1，其程序如下。

```
……
DECL  FRAME  REF_1, TAR_1, PO1NT_1
INI
REF_1 ={X 200, Y 100, Z 120, A 0, B 0, C 0}
TAR_1 = {X 110, Y 90, Z 80, A -40, B 180, C 0}
PO1NT_1 = REF_1 : TAR_1
……
```

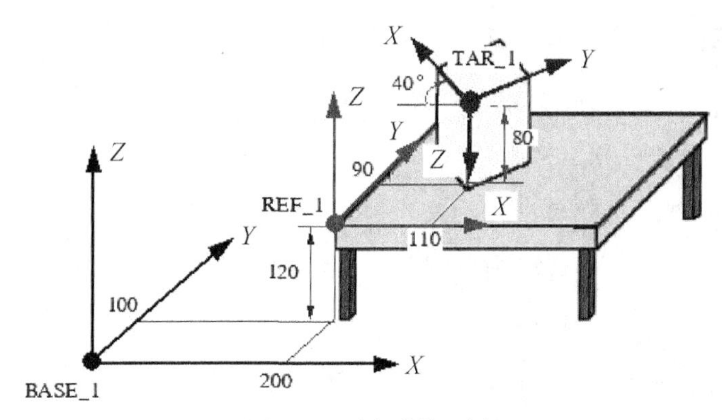

图 6.4-1　坐标变换示例

由于本例中的工业机器人在参考坐标系 REF_1 的姿态和在基准坐标系 BASE_1 中的相同，因此，坐标值可以直接相加，而工具姿态则可能发生变换或直接相加，即坐标变换的结果可能如下所示。

```
POINT_1 = {X 310, Y 190, Z 200, A 140, B 0, C -180}或
POINT_1 = {X 310, Y 190, Z 200, A -40, B 180, C 0}
```

以上两种变换结果虽然工具姿态 A、B、C 值（欧拉角）不同，但实质一致。欧拉角{A 140，B 0，C –180}所确定的姿态是先绕基准坐标 Z 轴回转 140°，然后，再绕旋转后的 X 轴回转–180°。欧拉角{A –40，B 180，C 0}所确定的姿态是先绕基准坐标 Z 轴回转–40°，然后，再绕旋转后的 Y 轴回转 180°。两者的结果一致。

坐标变换后的参考坐标系、目标位置数据也可为含机器人姿态的 POS 数据，但变换对机器人姿态（状态 S、转角 T）无效。如参考坐标系为 POS 数据、目标位置为 FRAME 数据，变换的结果仍为 FRAME 数据，而不考虑参考坐标系的机器人姿态（状态 S、转角 T）。如参考坐标系为 FRAME 数据、目标位置为 POS 数据，变换的结果仍为 POS 数据，目标位置的机器人姿态（状态 S、转角 T）保持不变。

坐标变换指令也可作为位置偏移指令使用，例如，对于图 6.4-2 所示工具在工件坐标系 WORK_1、WORK_2 上的运动，可通过以下程序实现。

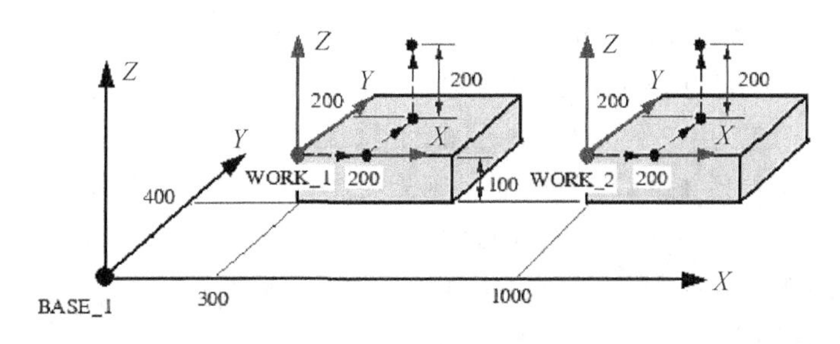

图 6.4-2　坐标偏移示例

```
……
DECL  POS  WORK_1, WORK_2
DECL  FRAME  offs_X, offs_Y, offs_Z
……
INI
……
WORK_1 ={X 300, Y 400, Z 200, A 0, B 0, C 0, S 6, T 2}
```

```
WORK_2 = {X 1000, Y 400, Z 200, A 0, B 0, C 0, S 6, T 2}
offs_X = {X 200, Y 0, Z 0, A 0, B 0, C 0}
offs_Y = {X 200, Y 200, Z 0, A 0, B 0, C 0}
offs_Z = {X 200, Y 200, Z 200, A 0, B 0, C 0}
……
PTP  WORK_1
WAIT SEC 2                    // 程序暂停2s
PTP  WORK_1 : offs_X
PTP  WORK_1 : offs_Y
PTP  WORK_1 : offs_Z
……
PTP  WORK_2
WAIT SEC 2                    // 程序暂停2s
PTP  WORK_2 : offs_X
PTP  WORK_2 : offs_Y
PTP  WORK_2 : offs_Z
……
```

6.5 系统变量、定时器与标志

6.5.1 系统变量与编程

1. 系统变量

与可编程序逻辑控制器（PLC）、数控系统（CNC）一样，工业机器人控制器实际上也是一种通用控制装置，系统的组成模块、电路结构、I/O接口等基本硬件及插补运算、伺服调节、通信控制等基本软件统一，系统用于不同结构、功能、规格的机器人控制时，只需要对运动控制模型、伺服驱动器和电机规格、系统功能等参数进行相应的调整，便可适应不同机器人的控制需要。

用于运动控制模型、伺服驱动器和电机规格、系统功能设定的参数称为系统参数。在KUKA机器人控制系统上，与伺服驱动系统相关的系统参数保存在SETU（设置）文件中，需要由控制系统生产厂家（KUKA）安装，用户不能对其进行设定、修改、删除。

与机器人应用相关的系统参数，以文件的形式分类保存在应用程序（项目 R1）的机器数据（Mada）、系统（System）、工具控制（TP）模块中。其中，机器数据（Mada）、工具控制（TP）模块与机器人结构、规格、功能、用途有关，需要由机器人（系统）生产厂家设定，用户一般不可对其进行设定、修改及删除操作。

系统模块主要包含配置数据（$CONFIG.dat）、运动控制程序（BAS.src）、机器人故障处理程序（IR_STOPM.src）、运行监控程序（SPS.src）等文件。

配置数据（$CONFIG.dat）以数据表文件的形式保存在系统模块中。其中部分控制参数与机器人操作、编程、作业控制有关，如机器人作业范围、作业禁区及坐标系、运动速度和加速度、到位区间、I/O信号状态、工艺参数等，它们需要根据机器人的实际使用情况，提供给用户用于检查、设定、修改，故称为系统变量。

系统变量属于全局数据，对所有KAL程序都有效。在KRL程序中，系统变量可作为指令操作数，可以在程序中被读取、设定与修改。系统变量的名称、格式、属性由控制系统生产厂家（KUKA）统一规定，在程序中，变量名称前必须加前缀“$”。

2. 常用系统变量

KRL 程序常用系统变量的类别、名称、属性及说明如表 6.5-1 所示。

表 6.5-1　KRL 程序常用的系统变量表

类别	名称	含义	属性	变量说明
基本状态检查	$MODE_OP	机器人操作模式	只读	枚举数据，内容如下。 #T1：示教 1，手动，与示教； #T2：示教 2，程序试运行； #AUT：自动，示教器自动运行； #EX：外部自动，远程控制运行
	$AXIS_ACT	关节坐标系实际位置	只读	关节轴当前实际位置
	$POS_ACT	机器人 TCP 实际位置	只读	TCP 在当前坐标系的实际位置
	$ACT_TOOL	生效的工具	只读	当前有效的工具数据
	$ACT_BASE	生效的工件	只读	当前有效的工件数据
运动控制设定	$IPO_MODE	插补方式选择	读/写	枚举数据，内容如下。 #BASE：机器人移动工具（默认）； #TCP：工具固定、机器人移动工件
	$ORI_TYPE	直线插补工具姿态控制	读/写	枚举数据，内容如下。 #CONSTANT：工具姿态保持不变； #VAR：姿态由起点连续变化到终点
	$CIRC_TYPE	圆弧插补工具姿态控制	读/写	枚举数据，内容如下。 #BASE：姿态根据工件坐标系调整； #PASH：姿态由起点连续变化到终点
	$ADVANCE	提前执行非移动指令数	读/写	允许提前执行指令数：1～5
	$Soft N_END[1]	关节轴 A1 负向软限位	读/写	关节轴 A1 负向软件限位位置设定
	……	……	……	……
	$Soft N_END[n]	关节轴 A*n* 负向软限位	读/写	关节轴 A*n* 负向软件限位位置设定
	$Soft P_END[1]	关节轴 A1 正向软限位	读/写	关节轴 A1 正向软件限位位置设定
	……	……	……	……
	$Soft P_END[n]	关节轴 A*n* 正向软限位	读/写	关节轴 A*n* 正向软件限位位置设定
	$AXWORKSPACE[n]	关节坐标系工作区间	读/写	关节坐标系工作区间设定
	$WORKSPACE[n]	笛卡儿坐标系工作区间	读/写	笛卡儿坐标系工作区间设定
	$VEL_ACT_MA	移动速度限制	读/写	允许的最大速度（最大速度倍率）
	$ACC_ACT_MA	加速度限制	读/写	允许的最大加速度（最大加速度倍率）
	$CP_VEL_TYPE	速度自动限制方式	读/写	枚举数据，内容如下。 #VAR_T1：仅 T1 方式自动限制； #VAR_ALL：所有方式均自动限制； #CONSTANT：功能不使用
	$CpVelRedMeld	速度自动限制显示	读/写	1：仅 T1、T2 方式显示； 100：所有方式均显示

（续表）

类别	名称	含义	属性	变量说明
笛卡儿坐标系设定	$ROBROOT	基座坐标系	写保护	机器人基座坐标系，Mada 数据；作业坐标系的设定基准
	$WORLD	大地坐标系	读/写	默认$WORLD = $BASE
	$BASE	工件坐标系	读/写	设定工件坐标系
	$TOOL	工具坐标系	读/写	设定工具坐标系
	$NULLFRAME	坐标系零点	只读	{X 0，Y 0，Z 0，A 0，B 0，C 0}
负载设定	$LOAD	手腕负载	读/写	设定机器人手腕负载
	$LOAD_A1	A1 轴附加负载	读/写	设定机器人腰附加负载
	$LOAD_A2	A2 轴附加负载	读/写	设定机器人下臂附加负载
	$LOAD_A3	A3 轴附加负载	读/写	设定机器人上臂附加负载
速度与加速度设定	$VEL.AXIS[1]	关节轴 A1 运动速度（%）	读/写	设定关节轴 A1 运动速度倍率
	……	……	……	……
	$VEL.AXIS[n]	关节轴 A*n* 运动速度（%）	读/写	设定关节轴 A*n* 运动速度倍率
	$ACC.AXIS[1]	关节轴 A1 加速度（%）	读/写	设定关节轴 A1 加速度倍率
	……	……	……	……
	$ACC.AXIS[n]	关节轴 A*n* 加速度（%）	读/写	设定关节轴 A*n* 加速度倍率
	$VEL.CP	机器人 TCP 运动速度（m/s）	读/写	设定机器人 TCP 运动速度
	$VEL.ORI1	工具定向摆动速度（° /s）	读/写	设定工具绕 *Y*、*Z* 轴回转速度
	$VEL.ORI2	工具定向回转速度（° /s）	读/写	设定工具绕 *X* 回转速度
	$ACC.CP	机器人 TCP 加速度（%）	读/写	定义机器人 TCP 加速度倍率
	$ACC.ORI1	工具定向摆动加速度（%）	读/写	定义工具绕 *Y*、*Z* 轴回转加速度倍率
	$ACC.ORI2	工具定向回转加速度（%）	读/写	定义工具绕 *X* 轴回转加速度倍率
到位区间设定	$APO_DIS_PTP[1]	关节轴 A1 到位区间（° ）	读/写	定义关节轴 A1 到位区间
	……	……	……	……
	$APO_DIS_PTP[n]	关节轴 A*n* 到位区间（° ）	读/写	定义关节轴 A*n* 到位区间
	$APO.CPTP	关节轴到位区间调整（%）	读/写	定义关节轴到位区间倍率
	$APO.CDIS	机器人 TCP 到位区间（mm）	读/写	定义机器人 TCP 到位区间半径
	$APO.CORI	工具定向到位区间（° ）	读/写	定义工具定向到位区间半径
	$APO.CVEL	到位速度（%）	读/写	定义到位判定速度（倍率）
中断位置检查	$AXIS_INT	中断点	只读	发生中断的位置（关节坐标系）
	$AXIS_RET	机器人离开点	只读	机器人离开轨迹位置（关节坐标系）
	$AXIS_BACK	被中断的轨迹起点	只读	被中断的轨迹起点（关节坐标系）
	$AXIS_FOR	被中断的轨迹终点	只读	被中断的轨迹终点（关节坐标系）
	$POS_INT	中断点	只读	发生中断的位置（笛卡儿坐标系）
	$POS_RET	机器人离开点	只读	离开轨迹位置（笛卡儿坐标系）
	$POS_BACK	被中断的轨迹起点	只读	被中断的轨迹起点（笛卡儿坐标系）
	$POS_FOR	被中断的轨迹终点	只读	被中断的轨迹终点（笛卡儿坐标系）
I/O 信号	$IN[1]～[1024]	DI 信号状态	只读	DI 信号当前实际状态
	$IN[1025]	恒 TRUE 信号	只读	状态恒为 TRUE
	$IN[1026]	恒 FALSE 信号	只读	状态恒为 FALSE
	$DIGIN1～6	DI 信号组状态	只读	DI 信号组 1～6 当前实际状态

（续表）

类别	名称	含义	属性	变量说明
I/O 信号	$OUT[1]~[1024]	DO 信号状态	读/写	DO 信号值读入或更新
	$ANIN[1]~[32]	AI 信号值	只读	AI 信号当前值
	$ANOUT[1]~[32]	AO 信号值	读/写	AO 信号值读入或更新
	$ALARM_STOP	机器人急停	只读	远程运行状态输出，系统自动生成
	$USER_SAF	安全防护门关闭	只读	远程运行状态输出，系统自动生成
	$PERI_RDY	伺服驱动器准备好	只读	远程运行状态输出，系统自动生成
	$STOPMESS	机器人显示停止信息	只读	远程运行状态输出，系统自动生成
	$I_O_ACTCONF	远程 DI/DO 信号有效	只读	远程运行状态输出，系统自动生成
	$PRO_ACT	程序 Cell.src 执行信号	只读	远程运行状态输出，系统自动生成
	$APPL_RUN	用户程序执行信号	只读	远程运行状态输出，系统自动生成
	$IN_HOME	到达 HOME 位置	只读	远程运行状态输出，系统自动生成
	$IN_PATH	到达编程轨迹	只读	远程运行状态输出，系统自动生成
	$EXT_START	远程运行程序启动信号	只读	远程运行控制输入，上级控制器发送
	$I_O_ACT	远程 DI/DO 使能	只读	远程运行控制输入，上级控制器发送
	$MOVE_ENABLE	运动使能	只读	远程运行控制输入，上级控制器发送
	$CONF_MESS	停止确认	只读	远程运行控制输入，上级控制器发送
	$DRIVES_ON	驱动器启动	只读	远程运行控制输入，上级控制器发送
	$DRIVES_OFF	驱动器关闭	只读	远程运行控制输入，上级控制器发送
定时器与标志	$TIMER[1]~[32]	系统定时器	读/写	见后述
	$TIMER_FLAG[1]~[32]	定时器标志	只读	
	$FLAG[1]~[1024]	系统标志	读/写	
	$CRCFLAG[1]~[256]	循环刷新系统标志	读/写	

3. 系统变量编程

KUKA 机器人系统变量的名称、功能、数据格式已由系统生产厂家规定，在 KRL 程序中可以作为操作数使用，但不能改变其名称、功能及数据格式。

系统变量分只读变量、读/写变量两类。只读变量是反映控制系统实际状态的参数，在 KRL 程序中可读取，但不能对其进行赋值；读/写变量是数值可设定的参数，在 KRL 程序中不仅可读取，而且可对其进行赋值。

使用系统变量的 KRL 程序示例如下。

```
……
DECL  POS  POINT_1
DECL  BOOL  A, B
INI
……
$VEL.AXIS[1] = 60                      // 设定 A1 轴速度
$ACC.AXIS[1] = 80                      // 设定 A1 轴加速度
$APO_DIS_PTP[1] =5                     // 设定 A1 轴到位区间
$VEL.CP = 2                            // 设定 TCP 速度
$ACC.CP =5                             // 设定 TCP 加速度
```

```
$APO.CDIS = 15                                  // 设定 TCP 到位区间
……
POINT_1 = $POS_ACT                              // 读取机器人 TCP 位置
A = $ IN[ 1]                                    // 读取 DI 信号
B =($IN[2] OR $OUT[10])AND  A                   //  DI/DO 作为操作数
……
IF  $IN[10] = TRUE  THEN                        // DI 作为判断条件
 PTP {A1 180}                                   // A1 轴 180° 定位
 $ OUT[10] = A                                  // 设定 DO 信号
ENDIF
PTP  POINT_1
$BASE = { X 500, Y 0, Z 1000, A 0, B 0, C 0}    // 设定工件坐标系
$TOOL = $NULLFRAME                              // 设定工具坐标系
LIN {X 0, Y 0, Z 0, A 0, B 0, C 0}
……
```

6.5.2 定时器与编程

1. 定时器及设定

KUKA 机器人控制系统的定时器（简称 KRL 定时器）是一种具有计时功能的特殊系统变量，变量名称为$TIMER[i]。在 KRL 程序中，定时器可作为程序数据，用于时延控制、指令执行时间监控、程序块运行时间监控等操作。机器人可使用的定时器数量与系统型号、功能有关，常用的控制系统一般为 32 个，变量名称为$TIMER[1]～$TIMER[32]。

KRL 定时器时间以 ms 为单位设定，数据格式为 INT（整数），因此，最大计时值约为 600h（约 2^{31}ms）。KRL 定时器在每一插补运算周期进行一次时间刷新，因此，实际定时控制精度为 1 个插补周期（12ms）。

KRL 定时器的时间设定、启动停止控制既可通过示教器操作实现，也可利用 KRL 指令在程序中编程，控制系统出厂时，所有定时器的时间设定值均为 0。

定时器设定和使用的程序示例如下，在 KRL 程序中，定时器的定时时间可通过指令设定和复位，当前时间也可在程序中读取，并作为整数型操作数使用。

```
……
$TIMER[1] = 5000                                // 设定 TIMER[1]为 5s
$TIMER[2] = 0                                   // 复位 TIMER[2]的计时值
……
Value_T1 = TIMER[1]                             // 读取 TIMER[1]的当前时间
IF  TIMER[2] >= 2000  THEN                      // 当前时间作为操作数
……
```

2. 定时控制

在 KRL 程序中，定时器的计时可通过系统变量$TIMER_STOP[i]启动、停止；定时器的状态可通过系统变量$TIMER_FLAG[i]（称为定时器标志）检查。系统变量$TIMER_FLAG[i]在定时器计时值到达设定值时为“TRUE”；设定时间到达后，如不停止计时，计时值可继续增加。控制系统启动

时，系统变量$TIMER_STOP[i]默认为“TRUE”（停止），定时器标志变量$TIMER_FLAG[i]状态为“FALSE”。

定时器控制的程序示例如下，利用下述程序，可使得系统开关量输出$OUT[1]保持 30s 的“ON（TRUE）”状态。

```
……
$TIMER[1] = 30000                          // 设定 TIMER[1]为 30s
$TIMER_STOP[1] = FALSE                     // 启动 TIMER[1]计时
$OUT[1] = TRUE
……
IF TIMER_FLAG[1] = TRUE  THEN
  $OUT[1] = FALSE
  $TIMER_STOP[1] = TRUE                    // 停止 TIMER[1]计时
  $TIMER[1] = 0                            // 复位 TIMER[1]
ENDIF
……
```

3. 作业计时

KRL 定时器可用于机器人作业计时。示例如下。

```
……
DEC WORK_TIME ( )
……
IN1
……
$TIMER[1] = 0                              // 复位 TIMER[1]
PTP  Start_point  Vel=100%  DEFAULT        // 机器人定位到作业开始点
WAIT SEC  0                                // 暂停 0s，使机器人完成定位
$TIMER_STOP[1] = FALSE                     // 启动 TIMER[1]计时
PTP XP1
PTP XP2
LIN XP3
……
PTP  Start_point  Vel=100%  DEFAULT        // 机器人返回作业开始点
WAIT SEC  0                                // 暂停 0s，使机器人完成定位
$TIMER_STOP[1] = TRUE                      // 停止 TIMER[1]计时
$TIMER[12] = $TIMER[1]                     // 将作业时间保存到$TIMER[12]上
END
```

6.5.3 标志与编程

“标志”是一种用来保存逻辑状态的特殊系统变量，英文名为“Flag”，故在机器人使用说明书中，有时被译作“旗标”或“标签”。

KUKA 机器人的标志分为 KRL 程序标志和循环扫描标志两类。KRL 程序标志简称标志，用系统变量$FALG[i]表示；循环扫描标志简称循环标志，用系统变量$CYCFLAG[i]表示。标志和循环标志的作用及使用方法分别如下。

1. 标志

KUKA 机器人的标志$FALG[i]可用来保存 KRL 程序全局逻辑状态（BOOL 数据），其作用与全局数据表的逻辑状态数据（BOOL 数据）相同。标志$FALG[i]对所有 KRL 程序均有效，在 KRL 程序中可直接读取、赋值，无须通过全局数据导入指令 IMPORT 导入，也不能通过导入指令 IMPORT 重新命名。

机器人可使用的标志数量与系统型号、功能有关，KUKA 常用系统一般为 1024 个，系统变量名称为$FLAG[1] ~ $FLAG[1024]。

标志$FALG[i]的状态既可通过示教器的操作显示与设定，也通过 KRL 程序指令读取、设定。控制系统出厂时，所有标志变量的默认值均为“FALSE”。

利用标志$FLAG[1]的状态，选择、调用子程序 WORK_PRG1（ ）、WORK_PRG2（ ），实现工件（或工作区）1、2 交替作业的 KRL 程序示例如下。

```
DEF MAIN_PRG ( )
……
IF  $FLAG[1] = FALSE  THEN                    // 检查$FLAG[1] 状态
  WORK_PRG1 ( )                               // 调用子程序 WORK_PRG1 ( )
 ELSE
  WORK_PRG2 ( )                               // 调用子程序 WORK_PRG2 ( )
ENDIF
END
****************************************
DEF WORK_PRG1 ( )
PTP start_p10
……
$FLAG[1] = TRUE                               // 更新$FLAG[1] 状态
END
****************************************
DEF WORK_PRG2 ( )
PTP start_p20
……
$FLAG[1] = FALSE                              // 更新$FLAG[1] 状态
END
```

2. 循环标志

KUKA 机器人的循环标志$CYCFLAG[i]同样是一种专门用来保存 KRL 程序全局逻辑状态（BOOL 数据）的特殊系统变量，它和标志$FALG[i]的区别在于：标志$FALG[i]的状态在 KRL 程序中设定后，将保持不变直到下次重新设定；但是，循环标志$CYCFLAG[i]的状态可由操作系统在每一插补周期（12ms）完成后自动刷新，因此，在 KRL 程序中可得到实时变化的逻辑状态。

循环标志$CYCFLAG[i]同样对所有 KRL 程序有效，且能在 KRL 程序中直接读取、赋值，无须通过全局数据导入指令 IMPORT 导入，也不能通过导入指令 IMPORT 重新命名。

机器人可使用的循环标志数量与系统型号、功能有关，常用系统一般为 256 个，系统变量名称为$CYCFLAG[1] ~ $CYCFLAG[256]。

循环标志$CYCFLAG[i]的状态既可通过示教器的操作显示与设定，也可以在 KRL 程序中通过表达式定义和改变。控制系统出厂时，所有循环标志的预定义状态均为“FALSE”。

循环标志$CYCFLAG[i]可通过逻辑运算表达式赋值。$CYCFLAG[i]一经定义，就可以像 PLC 输入、输出一样，由操作系统对其进行输入采样、逻辑处理、输出刷新的循环扫描处理，在每一插补周期（12ms）完成后自动刷新变量状态，从而在 KRL 程序中得到实时变化的逻辑状态。

例如，对于以下程序，系统输出$OUT[1]、$OUT[2]使用的是普通标志$FALG[1]状态，指令“$FLAG[1] = $IN[1]　AND　$IN[2]”一旦执行完成，$FALG[1]将保持不变，因此，$OUT[1]、$OUT[2]的输出状态必然相同。但是，系统输出$OUT[1]、$OUT[2]使用的是动态刷新循环标志$CYCFALG[1]的状态，只要$IN[1]、$IN[2]出现变化，KRL 程序中的状态也将随之变化，因此，$OUT[3]、$OUT[4]的输出状态可能不同。

```
……
$FLAG[1] = $IN[1]  AND  $IN[2]                    // 普通标志赋值
$OUT[1] = $FLAG[1]                                // $OUT[1]、[2]状态必然相同
……
$OUT[2] = $FLAG[1]
……
$CYCFLAG[1] = $IN[1]  AND  $IN[2]                 // 循环标志赋值
$OUT[3] = $CYCFLAG[1]                             // $OUT[3]、[4]状态可能相同
……
$OUT[4] = $CYCFLAG[1]
……
```

第7章 KRL指令与编程示例

7.1 机器人移动要素定义

7.1.1 作业形式与坐标系选择

1. 坐标系与作业形式

机器人程序中的移动指令目标位置、工具姿态及机器人实际位置等程序数据都与机器人的坐标系有关，KUKA 工业机器人的运动控制与作业需要定义以下坐标系，坐标系的基本概念可参见第 5 章。

（1）关节坐标系。用于机器人实际运动控制的基本坐标系，坐标系零点、方向及运动范围均由机器人生产厂家规定。

（2）机器人根坐标系（ROBROOT CS）。用来描述机器人 TCP 相对于基座基准点三维空间位置的基本坐标系，坐标系零点、方向由机器人生产厂家在系统变量$ROBROOT 中定义，运动范围由机器人生产厂家规定。

（3）大地坐标系（WORLD CS）。用来描述机器人 TCP 相对于大地运动的坐标系，对于不使用基座变位器的机器人，系统默认基座（根）坐标系和大地坐标系重合。

（4）工件坐标系（BASE CS）。用来描述机器人 TCP 相对于外部基准运动的作业坐标系，最大可设定 32 个，坐标系零点、方向可由用户在系统变量$BASE 中定义。

（5）工具坐标系（TOOL CS）。用来描述机器人 TCP 位置及方向的作业坐标系，最大可设定 16 个，坐标系零点、方向可由用户在系统变量$TOOL 中定义。

需要注意的是，机器人控制系统的工具坐标系、工件坐标系实际上只是针对常用的机器人移动工具作业系统所规定的坐标系参数定义，坐标系设定参数的真实用途与机器人作业形式有关，如果作业安装在机器人外部（地面或工装上），工件夹持在机器人手腕上，控制系统的工具坐标系参数用来定义工件的基准点位置和安装方向，而工件坐标系参数则被用来定义工具的 TCP 位置和安装方向。

KUKA 机器人的作业形式需要通过系统变量$IPO_MODE（插补模式，系统预定义枚举数据）定义，变量$IPO_MODE 的定义方法如下。

（1）$IPO_MODE = #BASE。机器人移动工具作业系统（系统默认设定），作业工具安装在机器人手腕上，机器人通过移动工具实现搬运、装配、加工、包装等作业。控制系统的插补运算以工件坐标系为基准进行，工具坐标系参数（$TOOL）用来定义作业工具的 TCP 位置与工具安装方向，工件坐标系参数（$BASE）用来定义工件的基准点位置和安装方向。

（2）$IPO_MODE = #TCP。机器人移动工件作业，作业工具安装在以大地坐标系为基准的工装上，机器人通过移动工件、控制 TCP 与工件的相对位置进行作业。控制系统的插补运算是相对工具 TCP 的工件运动，工具坐标系参数（$TOOL）用来定义工件的基准点位置和安装方向，工件坐标系参数（$BASE）用来定义作业工具的 TCP 位置与工具安装方向。机器人移动工件作业系统必须定义系统变量$IPO_MODE = #TCP。

KUKA 机器人不同作业形式的坐标系设定要求及移动指令目标位置、机器人实际位置的含义如下。

2. 工具移动作业坐标系

设定$IPO_MODE = #BASE、机器人移动工具作业时，控制系统可通过机器人移动，直接控制作业工具的 TCP 位置和姿态。控制系统的作业坐标系设定要求及移动指令目标位置、机器人实际位置（系统变量$POS_ACT）的含义如图 7.1-1 所示。

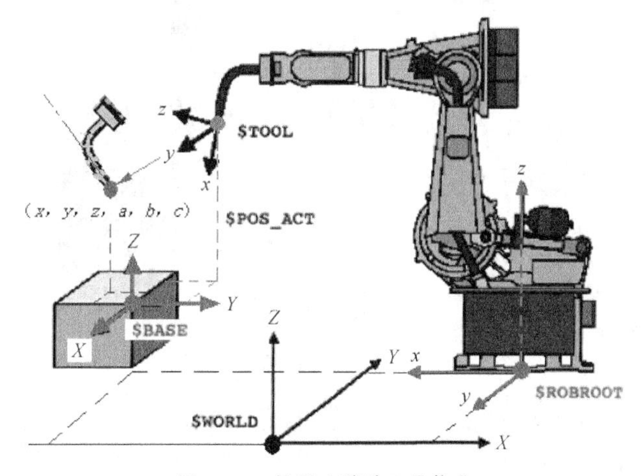

图 7.1-1　机器人移动工具作业

（1）移动指令目标位置（*x*，*y*，*z*，*a*，*b*，*c*）。目标位置中的坐标值（*x*，*y*，*z*）为工具 TCP 在坐标系$BASE 中的位置值，（*a*，*b*，*c*）为工具在坐标系$BASE 中的姿态（欧拉角）。

（2）机器人实际位置$POS_ACT。坐标值（*x*，*y*，*z*）为工具 TCP 在坐标系$BASE 中的位置值，（*a*，*b*，*c*）为工具在坐标系$BASE 中的姿态（欧拉角）。

（3）大地坐标系$WORLD。用来定义机器人根坐标系$ROBROOT、工件坐标系$BASE 的位置和方向。控制系统默认机器人根坐标系$ROBROOT 与大地坐标系$WORLD 重合（$ROBROOT = $WORLD）。

（4）机器人根坐标系$ROBROOT。机器人运动控制模型中的笛卡儿基准坐标系，用来建立笛卡儿坐标系 TCP 方位和关节轴位置的数学关系。

（5）工具坐标系$TOOL。以法兰坐标系（FLANGE CS）为基准定义，坐标系原点就是工具控制点（TCP），坐标系方向就是工具的安装方向。

（6）工件坐标系$BASE。以大地坐标系（WORLD CS）为基准定义，坐标系原点就是工件基准点，坐标系方向就是工件安装方向。

机器人移动工具作业系统可以不设定工件坐标系$BASE，此时，控制系统将默认工件坐标系$BASE与大地坐标系重合（即$BASE = $WORLD），因此，如果机器人根坐标系也使用系统出厂默认值（$ROBROOT= $WORLD），那么，工件坐标系$BASE就是机器人根坐标系$ROBROOT。

使用示教编程时，工具坐标系、工件坐标系可利用“联机表格”在运动数据表PDATn、CPDATn中一次性定义。

机器人移动工具作业系统是绝大多数机器人的常用作业形式，因此，除非特别说明，在本书后述的内容中，将以此为例进行说明。

3. 工件移动作业坐标系

设定$IPO_MODE = #TCP、机器人移动工件作业时，控制系统可通过机器人移动改变工件的基准点位置和方向，间接控制工具作业点位置和姿态。控制系统的作业坐标系设定要求及移动指令目标位置、机器人实际位置（系统变量$POS_ACT）的含义如图7.1-2所示。

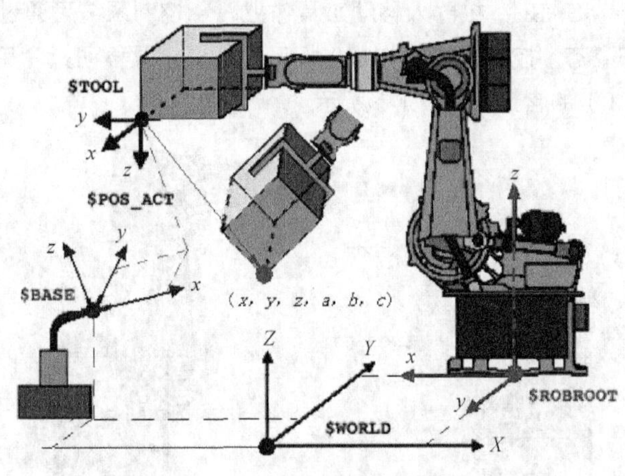

图7.1-2　机器人移动工件作业

（1）移动指令目标位置（*x*，*y*，*z*，*a*，*b*，*c*）。目标位置中的坐标值（*x*，*y*，*z*）为工件基准点在坐标系$BASE中的位置值，（*a*，*b*，*c*）为工件在坐标系$BASE中的姿态（欧拉角）。

（2）机器人实际位置$POS_ACT。坐标值（*x*，*y*，*z*）为工件基准点在坐标系$BASE中的位置值，（*a*，*b*，*c*）为工件在坐标系$BASE中的姿态（欧拉角）。

（3）大地坐标系$WORLD。用来定义机器人根坐标系$ROBROOT、工件坐标系$BASE（实际用来定义工具）的位置和方向。控制系统默认机器人根坐标系$ROBROOT与大地坐标系$WORLD重合（$ROBROOT= $WORLD）。

（4）机器人根坐标系$ROBROOT。机器人运动控制模型中的笛卡儿基准坐标系，用来建立笛卡儿坐标系TCP方位和关节轴位置的数学关系。

（5）工具坐标系$TOOL。实际用来定义工件。以法兰坐标系（FLANGE CS）为基准定义，坐标系原点就是工件基准点，坐标系方向就是工件的安装方向。

（6）工件坐标系$BASE。实际用来定义工具。以大地坐标系（WORLD CS）为基准定义，坐标系原点就是工具控制点，坐标系方向就是工具的安装方向。

机器人移动工件作业系统的工具控制点不可能为机器人根坐标系原点，因此，必须设定工件坐标系$BASE。

使用示教编程时，工具坐标系、工件坐标系可利用“联机表格”在运动数据表PDATn、CPDATn

中一次性定义。

7.1.2 程序点定义

机器人移动目标位置称为程序点，它可通过关节坐标系和笛卡儿坐标系（工件坐标系）两种形式定义。

1. 关节位置定义

用关节坐标系绝对位置形式指定的程序点位置，称为关节位置（joint target）。关节位置是系统能够实际控制的直接位置，在机器人允许范围内，可任意设定，无须考虑机器人、工具姿态及奇点。

在 KRL 程序中，关节位置通常只作为机器人定位指令 PTP 的目标位置，而不用于直线、圆弧插补指令。对于连续定位运动（KUKA 称 CP 运动），关节位置既可完整定义，也可只指定需要运动的关节轴位置，其他关节轴保持当前位置不变。

KUKA 垂直串联机器人的关节位置数据有 AXIS、E6AXIS 两种格式，数据结构及在 KRL 程序中的定义、使用方法分别如下。

（1）AXIS 位置。AXIS 是 6 轴垂直串联机器人关节位置设定标准数据格式，只能用于机器人本体关节轴 A1～A6 的绝对位置定义，控制系统预定义的数据格式如下。

```
STRUC  AXIS  REAL  A1, A2, A3, A4, A5, A6
```

AXIS 位置的数据声明、位置定义及使用方法如下。

```
DECL  AXIS  joint_pos1, joint_pos2    // 数据声明，可省略“DECL”
INI
joint_pos1 = {AXIS: A1 0, A2 -90, A3 90, A4 0, A5 0, A6 0}
                                      // 完整定义，可省略“AXIS: ”
joint_pos2 = {A1 180, A2 -60}         // 指定部分位置（A1、A2），其余不变
……
PTP  joint_pos1                       // 机器人定位到 joint_pos1
PTP  joint_pos2                       // 机器人定位，仅关节轴 A1、A2 运动
……
```

（2）E6AXIS 位置。E6AXIS 是带外部轴的 6 轴垂直串联机器人关节位置的数据格式，可用于机器人本体关节轴 A1～A6 及外部轴 E1～E6 的绝对位置定义，控制系统预定义的数据格式如下。

```
STRUC  E6AXIS  REAL  A1, A2, A3, A4, A5, A6, E1, E2, E3, E4, E5, E6
```

E6AXIS 位置只是在 AXIS 位置的基础上增加了外部轴 E1～E6 的位置，它们的数据声明、位置定义及使用编程方法相同。

2. TCP 位置定义

TCP 位置是以虚拟笛卡儿坐标系描述的、机器人 TCP 在工件坐标系中的三维空间位置。在机器人移动工具作业系统上，由于系统默认工件坐标系、大地坐标系、基座（根）坐标系重合（$BASE = $WORLD、$ROBBOOT = $WORLD），因此，初始的 TCP 位置也就是工具控制点（TCP）在机器人基座（根）坐标系上的位置值。但是在机器人移动工件系统上，TCP 位置则是工件基准点相对于工具的位置值。

在 KRL 程序中，TCP 位置既可以作为机器人定位指令 PTP 的目标位置，也可以作为直线、圆

弧插补指令的目标位置。对于连续运动（CP 运动），TCP 位置既可完整定义，也可只指定需要运动的位置数据，其他数据保持当前位置不变。

工业机器人是一种多自由度控制的自动化设备，笛卡儿坐标系的位置需要通过逆运动学求解，因此，TCP 位置不仅需要定义（*x*，*y*，*z*）坐标值和工具姿态（*a*，*b*，*c*），而且还需要规定机器人和工具姿态并规避奇点。

KUKA 垂直串联机器人的关节位置数据有 POS、E6POS、FRAME 3 种格式，数据结构及在 KRL 程序中的定义、使用方法分别如下。

（1）POS 位置。POS 是描述 6 轴垂直串联机器人 TCP 位置的标准数据格式，数据包含了坐标值（*x*，*y*，*z*）、工具姿态（*a*，*b*，*c*）、机器人姿态（*s*，*t*）等全部参数，系统预定义的数据格式如下。

```
STRUC  POS  REAL  X, Y, Z, A, B, C, INT  S, T
```

POS 位置的数据声明、位置定义及使用示例如下。

```
……
DECL  POS  tcp_pos1, tcp_pos2            // 数据声明，可省略“DECL”
INI
tcp_pos1 = {POS: X 500, Y 0, Z 800, A 0, B 0, C 0, S 2, T35 }
                                          // 完整定义，可省略“POS: ”
tcp_pos2 = {X 800, Z 1000}               // 指定部分位置（X、Z），其余不变
……
PTP  tcp_pos1                             // 指定 POS 位置作为机器人定位目标位置
LIN  tcp_pos2                             // 指定直线插补目标位置，仅 X、Z 方向运动
……
```

（2）E6POS 位置。E6POS 是描述带外部轴的垂直串联机器人 TCP 位置的数据格式，数据包含了坐标值（*x*，*y*，*z*）、工具姿态（*a*，*b*，*c*）、外部轴位置（*e*1，*e*2，*e*3，*e*4，*e*5，*e*6）、机器人姿态（*s*，*t*）等全部参数，系统预定义的数据格式如下。

```
STRUC E6POS  REAL X, Y, Z, A, B, C, E1, E2, E3, E4, E5, E6  INT  S, T
```

TE6AXIS 位置只是在 POS 位置的基础上增加了外部轴 E1～E6 的位置，它们的数据声明、位置定义及使用编程方法相同。

（3）FRAME 位置。FRAME 是描述 6 轴垂直串联机器人 TCP 位置的简化格式，数据只包含坐标值（*x*，*y*，*z*）和工具姿态（*a*，*b*，*c*），不含机器人姿态参数（*s*，*t*），系统预定义的结构格式如下。

```
STRUC  POS  REAL  X, Y, Z, A, B, C
```

FRAME 位置只是在 POS 位置的基础上省略了机器人姿态数据 S、T，它们的数据声明、位置定义及使用编程方法相同。

7.1.3 到位区间、速度及加速度定义

1. 到位区间定义

到位区间是机器人连续运动时控制系统判别机器人当前移动指令是否执行完成的依据，如机器人到达了目标位置到位区间所规定的范围，就认为指令执行完成，系统随即开始执行后续指令。

机器人连续移动时的到位区间需要通过系统变量定义，其定义参数如表 7.1-1 所示。

表 7.1-1 系统变量定义到位区间

变量名称	变量作用	单位	区间选择（指令添加项）
$APO_DIS_PTP[1]	关节轴 A1 到位区间	deg（°）	CONT C_PTP
……	……	……	
$APO_DIS_PTP[n]	关节轴 A*n* 到位区间	deg（°）	CONT C_PTP
$APO.CPTP	关节轴到位区间调整	%	CONT C_PTP
$APO.CDIS	TCP 到位区间	mm	CONT C_DIS
$APO.CORI	工具定向到位区间	deg（°）	CONT C_ORI
$APO.CVEL	到位速度	%	CONT C_VEL

（1）关节轴到位区间。系统变量$APO_DIS_PTP[n]、$APO.CPTP 用于机器人关节坐标系绝对定位指令 PTP 的移动到位判别，功能可通过指令 PTP 的添加项 C_PTP 生效。

变量$APO_DIS_PTP[n]定义的是各关节轴的最大定位允差（到位区间），实际到位区间可通过变量$APO_DIS_PTP[n]以倍率（百分率）的形式调整。当多个关节轴同时运动时，以最后到达到位区间的关节轴到位作为定位指令 PTP 移动到位的判别条件。

（2）TCP 到位区间。系统变量$APO.CDIS、$APO.CORI、$APO.CVEL 用于笛卡儿坐标系定位（PTP）、直线插补（LIN）、圆弧插补（CIRC）指令的执行完成判别，功能可分别通过指令 PTP、LIN、CIRC 的添加项 CONT 及 C_DIS、C_ORI、C_VEL 生效。

变量$APO.CDIS 为机器人 TCP 的定位允差，所定义的到位区间是以目标位置为球心的半径（mm）值，到位区间半径不能超过指令理论移动距离的 1/2。

变量$APO.CORI 为工具定向的定位允差，所定义的到位区间是以目标姿态为中心线的角度允差（°）。

$APO.CVEL 为到位判别的附加检测条件，以指令速度的百分率形式设定，只有当机器人 TCP、工具定向到达到位区间，并且移动速度低于$APO.CVEL 规定的速度时，系统才认为指令执行完成，继续执行后续指令。

到位区间的定义及使用示例如下。

```
……
DECL  AXIS  joint_pos1
DECL  POS  tcp_pos1
INI
joint_pos1 = {AXIS: A1 0, A2 -90, A3 90, A4 0, A5 0, A6 0}
tcp_pos1 = {POS: X 500, Y 0, Z 800, A 0, B 0, C 0, S 2, T 35}
$ APO_DIS_PTP[1] = 5                // 关节轴 A1 到位区间定义为 5°
$APO.CPTP = 80                      // A1 到位区间调整为 4°
$APO.CDIS = 12                      // TCP 到位区间半径为 12mm
$APO.CORI = 6                       // 工具定向到位区间为 6°
$APO.CVEL = 50                      // 到位速度为指令速度的 50%
……
PTP  joint_pos1
PTP  {A1 180 }  CONT  C_PTP         // A1 到达 176° 即执行下一指令
……
PTP  tcp_pos1
LIN  { X 1000 }  CONT  C_DIS        // X 到达 988mm 即执行下一指令
```

```
LIN  { C 180 }  CONT  C_ORI           // C到达174° 即执行下一指令
LIN  { X 1200, Y 200 }  CONT  Vel =2 m/s  C_VEL
                                      // TCP速度减速到0.6m/s时执行下一指令
……
```

2. 移动速度定义

机器人移动速度包括关节轴回转速度、机器人 TCP 直线（或圆弧切向）运动速度、工具定向回转速度等。

在 KRL 程序中，机器人移动速度既可在移动指令中通过添加项 Vel 直接编程（见后述），也可以通过表 7.1-2 所示的系统变量，对不同的速度参数进行单独定义。

表 7.1-2　移动速度定义系统变量

变量名称	变量作用	单位	变量说明
$VEL.AXIS[1]	关节轴 A1 回转速度	%	关节轴 A1 最大速度的倍率（%）
……	……	……	……
$VEL.AXIS[n]	关节轴 A*n* 回转速度	%	关节轴 A*n* 最大速度的倍率（%）
$VEL.CP	机器人 TCP 运动速度	m/s	LIN、CIRC 指令的 TCP 运动速度 0.001～2m/s
$VEL.ORI1	工具定向摆动速度	°/s	工具定向指令的工具绕 *X*、*Y* 轴回转速度
$VEL.ORI2	工具定向回转速度	°/s	工具定向指令的工具绕 *Z* 轴回转速度

（1）关节轴回转速度。系统变量$VEL.AXIS[n]可独立定义机器人执行关节坐标系定位指令 PTP 时的各关节轴回转速度值，变量以机器人关节轴最大回转速度倍率的形式设定，设定范围为 1%～100%。

关节轴最大回转速度是伺服驱动系统的基本参数和机器人的重要技术指标，其实际速度值需要由机器人生产厂家设定，用户不可以修改。

（2）TCP 移动速度。系统变量$VEL.CP、$VEL.ORI1、$VEL.ORI2 可定义机器人直线、圆弧插补及工具定向时的 TCP 移动速度值。$VEL.CP 是直线、圆弧插补指令的机器人 TCP 基本移动速度，KUKA 机器人的速度单位规定为 m/s，允许设定范围为 0.001～2m/s。对于圆弧插补，$VEL.CP 定义的是 TCP 切向速度。

系统变量$VEL.CP、$VEL.ORI1、$VEL.ORI2 定义的速度受机器人关节轴最大回转速度的限制，如果折算到关节轴的回转速度超过了关节轴的最大回转速度，控制系统将根据系统变量$CP_VEL_TYPE 的设定，进行如下处理。

$CP_VEL_TYPE = #VAR_T1：在 T1（低速示教）模式下自动降低速度（自动限速），使得超过最大速度的关节轴以最大速度回转，其他轴同比例降低。

$CP_VEL_TYPE = #VAR_ALL 在所有模式均自动限制速度。

$CP_VEL_TYPE = #CONSTANT，速度自动限制功能无效，关节轴超速时，控制系统将报警、停止。

移动速度的定义与使用示例如下。

```
……
DECL  AXIS  joint_pos1
DECL  POS  tcp_pos1
……
INI
joint_pos1 = {AXIS: A1 0, A2 -90, A3 90, A4 0, A5 0, A6 0}
```

```
tcp_pos1 = {POS: X 500, Y 0, Z 800, A 0, B 0, C 0, S 2, T 35}
$VEL.AXIS[1] = 80                          // 关节轴 A1 回转速度定义为 80%
$VEL.CP = 2                                // TCP 移动速度定义为 2m/s
$VEL.ORI1 = 180                            // 工具绕 X、Y 轴回转速度为 180° /s
$VEL.ORI2 = 270                            // 工具绕 Z 轴回转速度为 270° /s
$CP_VEL_TYPE = #VAR_ALL                    // 自动限速功能有效
……
PTP  joint_pos1
PTP  {A1 180 }                             // A1 回转，速度为 80%
PTP  tcp_pos1
LIN  { X 1000 }                            // TCP 沿 X 轴运动，速度为 2m/s
LIN  { C 180 }                             // 工具绕 X 轴回转，速度为 180° /s
LIN  { X 1200  Y 200  Z 1000}              // TCP 空间运动，速度为 2m/s
CIRC  { X 1500  Y 200 }, { X 1350  Y 350 }  // TCP 切向速度为 2m/s
LIN  { A 180 }                             // 工具绕 Z 轴回转，速度为 270° /s
……
```

3. 加速度定义

加速度与速度对应，机器人关节轴回转、TCP 直线（或圆弧切向）运动、工具定向回转都需要定义加速度。

在 KRL 程序中，机器人加速度需要通过表 7.1-3 所示的系统变量定义。

表 7.1-3　加速度定义系统变量

变量名称	变量作用	单位	变量说明
$ACC.AXIS[1]	关节轴 A1 加速度	%	关节轴 A1 最大加速度的倍率
……	……	……	……
$ACC.AXIS[n]	关节轴 A*n* 加速度	%	关节轴 A*n* 最大加速度的倍率
$ACC.CP	机器人 TCP 加速度	m/s^2	LIN、CIRC 指令的 TCP 运动加速度
$ACC.ORI1	工具定向摆动加速度	$°/s^2$	工具定向指令的工具绕 *X*、*Y* 轴回转加速度
$ACC.ORI2	工具定向回转加速度	$°/s^2$	工具定向指令的工具绕 *Z* 轴回转加速度

（1）关节轴回转加速度。系统变量$ACC.AXIS[n]可独立定义机器人执行关节坐标系定位指令 PTP 时的各关节轴回转加速度值，变量以机器人关节轴最大加速度倍率的形式设定。

关节轴最大加速度是机器人伺服驱动系统的基本控制参数和机器人主要技术指标，需要由机器人生产厂家设定，用户不可以修改。

（2）TCP 移动加速度。系统变量$ACC.CP、$ACC.ORI1、$ACC.ORI2 可定义机器人直线、圆弧插补及工具定向运动的加速度值。变量$ACC.CP、$ACC.ORI1、$ACC.ORI2 定义的加速度同样受机器人关节轴最大加速度的限制，如果折算到关节轴的加速度超过了关节轴的最大加速度，系统将发生报警并停止。

加速度的定义与使用示例如下。

```
……
DECL  AXIS  joint_pos1
DECL  POS  tcp_pos1
……
```

```
INI
joint_pos1 = {AXIS: A1 0, A2 -90, A3 90, A4 0, A5 0, A6 0}
tcp_pos1 = {POS: X 500, Y 0, Z 800, A 0, B 0, C 0, S 2, T 35}
$VEL.AXIS[1] = 80                              // 关节轴A1 回转速度定义为 80%
$VEL.CP = 2                                    // TCP 移动速度定义为 2m/s
$VEL.ORI1 = 180                                // 工具绕 X、Y 轴回转速度为 180° /s
$VEL.ORI2 = 270                                // 工具绕 Z 轴回转速度为 270° /s
$ ACC.AXIS[1] = 60                             // 关节轴 A1 加速度定义为 60%
$ ACC.CP = 5                                   // TCP 移动加速度定义为 5m/s²
$ ACC.ORI1 = 360                               // 工具绕 X、Y 轴回转加速度为 360° /s²
$ ACC.ORI2 = 480                               // 工具绕 Z 轴回转加速度为 480° /s²
……
PTP  joint_pos1
PTP  {A1 180 }                                 // A1 加速度为 80%
PTP  tcp_pos1
LIN  { X 1000 }                                // 沿 X 轴运动，加速度为 5m/s²
LIN  { C 180 }                                 // 工具绕 X 轴回转，加速度为 360° /s²
LIN  { X 1200  Y 200  Z 1000}                  //  TCP 空间运动，加速度为 5m/s²
CIRC  { X 1500  Y 200 }, { X 1350  Y 350 }     // TCP 切向加速度为 5m/s²
LIN  { A 180 }                                 // 工具绕 Z 轴回转，加速度为 480° /s²
……
```

使用示教编程时，加速度、到位区间等参数也可以利用“联机表格”在运动数据表 PDATn、CPDATn 中一次性定义。

7.1.4 工具姿态控制方式定义

当机器人执行 TCP 移动指令，并以 POS、FRAME 数据定义移动起点和移动目标位置时，如果起点和终点的工具姿态值（a, b, c）不一致，就需要根据实际作业要求，对工具姿态进行相应的调整和控制。

KUKA 机器人的工具姿态控制方式可通过系统变量$ORI_TYPE、$CIRC_TYPE 定义。$ORI_TYPE、$CIRC_TYPE 为系统预定义枚举数据，可设定的变量值、姿态控制方式与机器人移动方式（插补指令）有关，具体如下。

1. 直线移动的工具姿态控制

机器人执行 TCP 定位（PTP）、直线插补（LIN）指令时，只需要通过系统变量$ORI_TYPE，选择图 7.1-3 所示的连续变化（#VAR）、固定不变（#CONSTANT）两种控制方式，$ORI_TYPE = #VAR（连续变化）是系统默认的标准姿态控制方式。

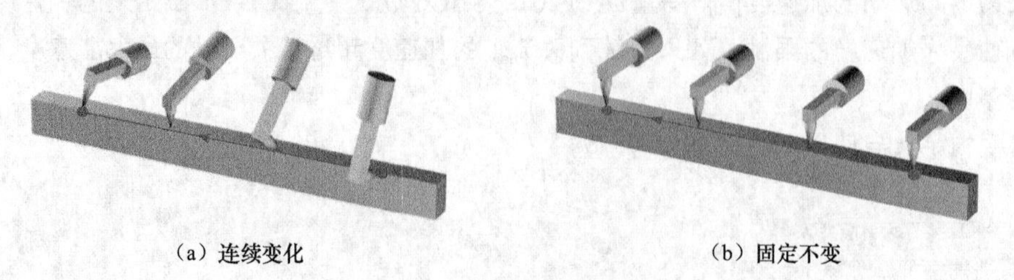

（a）连续变化　　（b）固定不变

图 7.1-3　工具姿态控制方式

设定$ORI_TYPE = #VAR、选择工具姿态连续变化时，机器人执行 TCP 移动指令 PTP、LIN，工具姿态将自动从起点姿态连续变化到目标位置姿态，如图 7.1-3（a）所示。机器人在终点位置的工具姿态，将与移动指令目标位置所规定的姿态一致。

设定$ORI_TYPE = #CONSTANT、选择工具姿态保持不变时，机器人执行 TCP 移动指令 PTP、LIN，工具姿态将始终保持起点姿态不变，目标位置所指定的工具姿态参数（a，b，c）将被忽略，如图 7.1-3（b）所示。

2. 圆弧插补的工具姿态控制

机器人执行圆弧插补（CIRC）指令时，不仅需要利用系统变量$ORI_TYPE 选择连续变化（#VAR）、固定不变（#CONSTANT）两种基本姿态控制方式，而且还需要利用系统变量$CIRC_TYPE 选择工件（#BASE）、轨迹（#PATH）两种不同的姿态控制基准，其中，$ORI_TYPE = #VAR（连续变化）、$CIRC_TYPE = #BASE（以工件为基准）是系统默认的圆弧插补标准姿态控制方式。

选择不同控制基准、姿态控制方式时，工具姿态的调整方法如下。

（1）以工件为基准、姿态连续变化。设定$CIRC_TYPE =#BASE、$ORI_TYPE = #VAR，圆弧插补时的工具姿态将以图 7.1-4 所示的方式自动调整。此时，机器人与工件的相对关系（手腕中心点 WCP 与工具控制点 TCP 连线在作业面的投影方向）保持不变，工具姿态将沿圆弧的切线，从圆弧起点姿态连续变化到圆弧终点姿态。

（2）以轨迹为基准、姿态连续变化。设定$CIRC_TYPE =#PATH、$ORI_TYPE = #VAR，圆弧插补时的工具姿态将以图 7.1-5 所示的方式自动调整。此时，工具将沿圆弧的法线，从圆弧起点姿态连续变化到圆弧终点姿态。系统在改变工具姿态的同时，还需要控制机器人上臂进行回绕圆心的旋转运动，使机器人 WCP 与 TCP 连线在作业面的投影始终位于圆弧的法线方向，以保持工具与轨迹（圆弧）的相对关系不变。

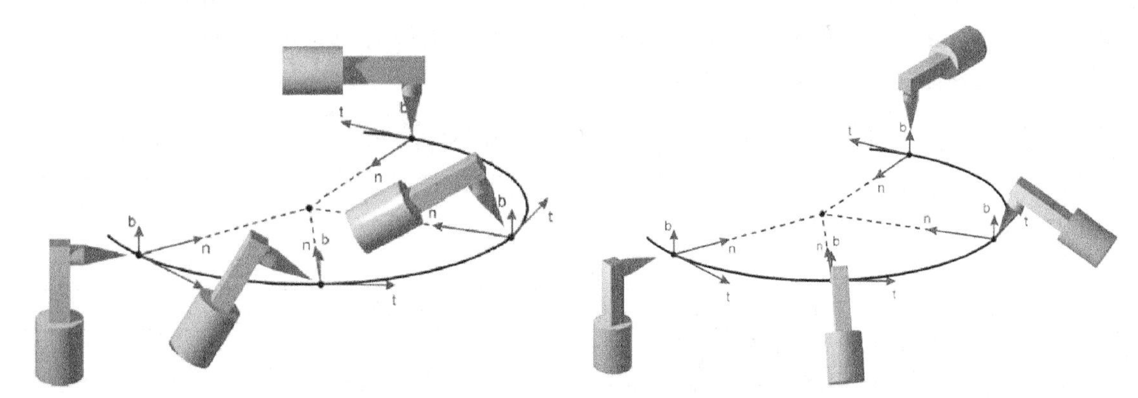

图 7.1-4　以工件为基准、姿态连续变化的工具姿态调整方法　　图 7.1-5　以轨迹为基准、姿态连续变化的工具姿态调整方法

（3）以工件为基准、姿态固定。设定$CIRC_TYPE =#BASE、$ORI_TYPE = #CONSTANT，圆弧插补时的工具姿态、机器人与工件的相对关系（WCP 与 TCP 连线在作业面的投影方向）都将保持不变，圆弧终点姿态参数将被忽略，工具的运动如图 7.1-6 所示。

（4）以轨迹为基准、姿态固定。设定$CIRC_TYPE =#PATH、$ORI_TYPE = #CONSTANT，圆弧插补时的工具姿态将保持不变、圆弧终点姿态参数将被忽略。但是，机器人上臂需要进行图 7.1-7 所示的回绕圆心的旋转运动，使机器人 WCP 与 TCP 连线在作业面的投影始终位于圆弧的法线方向，以保持工具与轨迹（圆弧）的相对关系不变。

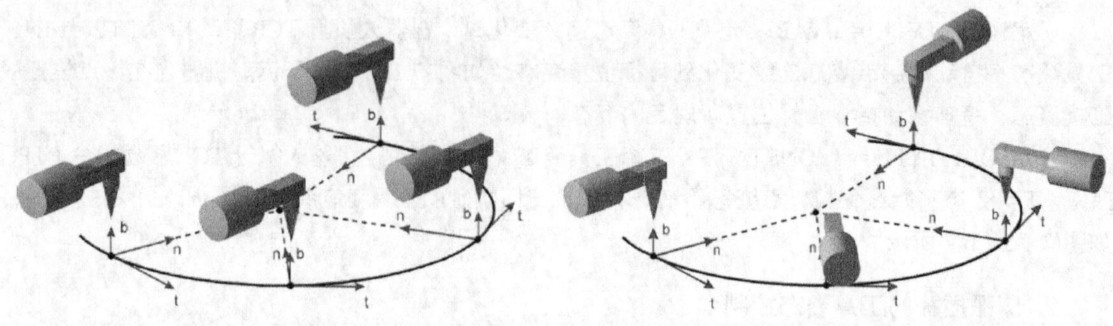

图 7.1-6　以工件为基准、姿态固定的工具姿态调整方法　　图 7.1-7　以轨迹为基准、姿态固定的工具姿态调整方法

使用示教编程时，工具姿态控制方式也可以利用“联机表格”在运动数据表 PDATn、CPDATn 中一次性定义。

7.2　基本移动指令编程

7.2.1　指令格式与基本说明

1. 指令格式

机器人的基本移动指令有定位和插补两类。所谓定位，是通过机器人本体轴、外部轴的运动，使机器人运动到目标位置的操作，它可以保证机器人到达目标位置，但不能对运动轨迹进行控制。所谓插补，是通过控制系统的插补运算，同步控制关节轴位置，使机器人 TCP 沿指定的轨迹连续移动到目标位置。

机器人定位（PTP）、直线插补（LIN）、圆弧插补（CIRC）是 KRL 程序最常用的基本移动指令，指令可根据移动目标位置的编程方式，选择绝对移动指令（无后缀）和增量移动指令（后缀_REL）两种格式，指令名称及编程格式如表 7.2-1 所示。

表 7.2-1　KRL 基本移动指令名称及编程格式

名称	编程格式		
机器人定位	PTP	程序数据	Target_Position（绝对位置），数据格式：POS/E6POS、FRAME、AXIS/E6AXIS 或！（示教操作设定）
		基本添加项	CONT、Vel、PDATn、C_PTP、Tool[i]、Base[j]、DEFAULT
		作业添加项	与机器人用途有关
	PTP_REL	程序数据	Inc_Position（增量位置），数据格式同 PTP
		基本添加项	同 PTP
		作业添加项	同 PTP
直线插补	LIN	程序数据	Target_Position（绝对位置），数据格式：POS/E6POS、FRAME 或！（示教操作设定）
		指令添加项	CONT、Vel、CPDATn、C_DIS、C_VEL、C_ORI、Tool[i]、Base[j]
		作业添加项	与机器人用途有关，见 PTP
	LIN_REL	程序数据	Inc _ Position（增量位置），数据格式同 LIN
		基本添加项	同 LIN
		作业添加项	同 LIN

（续表）

名称	编程格式		
圆弧插补	CIRC	程序数据	Auxiliary_Point（中间点、绝对位置）、Target _ Position（编程终点、绝对位置），数据格式：POS/E6POS、FRAME 或！（示教操作设定）
		指令添加项	CONT、Vel、CA、CPDATn、C_DIS、C_VEL、C_ORI、Tool[i]、Base[j]
		作业添加项	与机器人用途有关，见 PTP
	CIRC_REL	程序数据	Auxiliary_Point（中间点、增量位置）、Target_Position（编程终点、增量位置），数据格式 POS/E6POS、FRAME 或！（示教操作设定）
		指令添加项	同 CIRC
		作业添加项	同 CIRC

基本移动指令中的目标位置、移动速度及工具坐标系、工件坐标系等机器人移动必需的基本数据，需要在程序中预先定义或使用初始化指令 INI 定义系统出厂默认值 DEFAULT。或者利用“联机表格”，在运动数据表 PDATn、CPDATn 中一次性定义工具坐标系、工件坐标系、工具安装形式、加速度、到位区间、工具姿态控制方式等操作数。

基本移动指令的编程格式、程序数据、基本添加项的含义如下，指令添加项可用来调整指令的执行方式，可根据实际要求添加或省略。个别特殊的程序数据、添加项将在相关指令中具体说明。

2. 绝对与增量移动指令

绝对移动指令 PTP、LIN、CIRC 与增量移动指令 PTP_REL、LIN_REL、CIRC_REL 的区别仅在于移动目标的编程形式。

采用绝对移动指令时，指令所定义的目标位置是相对于当前有效坐标系原点的位置值，即关节位置机器人各关节轴相对于零点的位置，TCP 位置就是机器人 TCP（$TOOL）在当前工件坐标系（$BASE）上的位置值。

采用增量移动指令时，指令所定义的目标位置是相对于机器人当前位置的增加值，即关节位置是关节轴实际需要回转的角度，TCP 位置就是机器人 TCP 需要在当前工件坐标系（$BASE）上移动的距离。

例如，假设 PTP 定位的移动目标为图 7.2-1（a）所示的机器人关节位置，此时，A2、A3 轴的绝对位置应为{ A2 –90，A3 90 }。如果在 7.2-1（a）所示 A3 = 90°的位置上，继续执行绝对位置定位指令 PTP {A3 45}，机器人上臂 A3 将逆时针回转至图 7.2-1（b）所示的 A3 = +45° 位置。

如果在 7.2-1（a）所示 A3 = 90° 的位置上，继续执行增量定位指令 PTP_REL {A3 45}，机器人上臂 A3 将在当前位置（A3 = 90° ）的基础上，正向（顺时针）回转 45° ，定位至图 7.2-1（b）所示的 A3 = +135° 位置。

由于绝对移动指令所定义的目标位置与机器人当前位置无关，因此，在任何情况下，只要执行绝对移动指令，机器人总是能够到达指令的目标位置。而增量移动指令的目标位置则取决于机器人当前位置，机器人在不同位置执行增量移动指令时，机器人所到达的目标位置将不同。

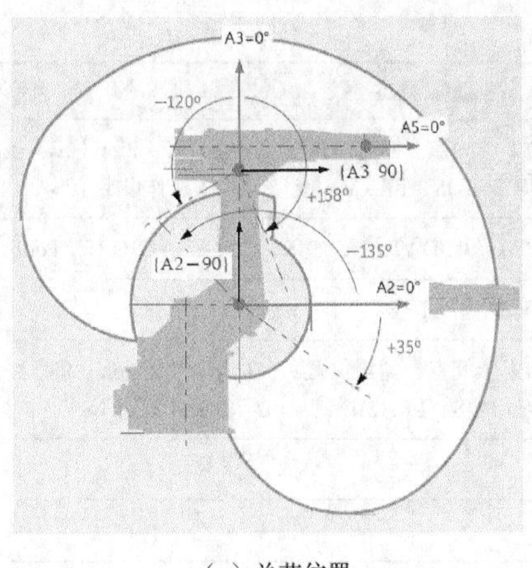

（a）关节位置

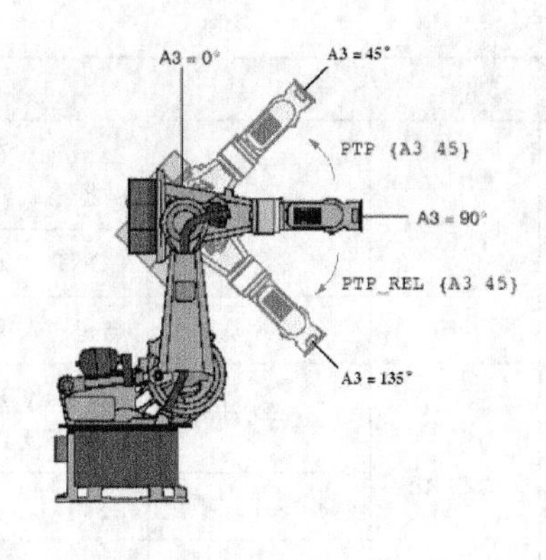

（b）绝对移动与增量移动

图 7.2-1 绝对移动与增量移动示意

3. 目标位置格式

目标位置 Target _ Position（或 Inc _ Position）是 KRL 移动指令必需的基本程序数据。KRL 移动指令的目标位置数据格式与移动方式有关，机器人定位指令（PTP）可使用关节坐标系位置 AXIS、E6AXIS 或笛卡儿坐标系位置 POS、E6POS、FRAME。直线插补、圆弧插补只能使用笛卡儿坐标系位置 POS、E6POS、FRAME。由于 FRAME 数据只含坐标值和工具姿态（*x*，*y*，*z*，*a*，*b*，*c*）、未定义机器人姿态 S、T，因此，它只能作为连续移动指令的后续点，而不能作为机器人移动指令的起始点，即利用 FRAME 数据定义目标位置的指令前，必须利用 POS、E6POS 或 AXIS、E6AXIS 数据编制作为目标位置的 PTP 或 LIN、CIRC 指令。示例如下。

```
……
INI
HOME = { AXIS: A1 0, A2 -90, A3 90, A4 0, A5 0, A6 0}
                                          // 关节坐标系位置 AXIS 定义
REF_POS = { POS: X 800, Y 0, Z 1000, A 0, B 0, C 0, S 2, T35 }
                                          // 笛卡儿坐标系位置 POS 定义
caux_pos = {FRAME: X 800, Y 200, Z 1000, A 0, B 0, C 0}
cend_pos = {FRAME: X 1000, Y200, Z 800, A 45, B 0, C 0}
                                          // 笛卡儿坐标系位置 FRAME 定义
……
PTP  HOME                                 // 关节坐标系位置 AXIS 定位
PTP { X 800, Y 0, Z 1000, A 0, B 0, C 0 }      // 笛卡儿坐标系 FRAME 定位
……
PTP  REF_POS                              // 笛卡儿坐标系 POS 定位
LIN { X 1000, Y 200, Z 800, A 90, B 0, C 0 }   // 笛卡儿坐标系 FRAME 位置插补
CIRC  caux_pos, cend_pos
……
```

KRL 基本移动指令的目标位置不仅可通过坐标值（常数）、程序数据（变量）等基本数据定义，而且也可以通过示教操作的示教点定义，或者通过联机表格（inline table）的程序点定义。

利用示教操作定义目标位置的移动指令，目标位置用符号“!”代替。示例如下。

```
……
PTP  !                                   // 机器人示教点定位
LIN  !  C_DIS                            // 直线插补，终点为示教点
CIRC  !  CA 135.0                        // 圆弧插补，中间点、终点为示教点
……
```

利用示教操作（KUKA 称为联机表格，见后述）定义的程序点需要在程序其他指令中引用时，需要在程序点名称上加前缀“X”。示例如下。

```
……
PTP  XP1                                 // 机器人定位到示教操作定义的 P1 点
LIN  XP2  C_DIS                          // 直线插补，终点为示教操作定义的 P2 点
CIRC  XP3  XP4                           // 圆弧插补，中间点、终点为示教操作定义的 P3、P4 点
……
```

4. 添加项与使用

添加项可用来调整指令执行方式，可根据实际需要增加或省略。KRL 移动指令添加项包括基本添加项和作业添加项两类。基本添加项用于机器人运动控制，与机器人用途（类别）无关，作业添加项用于特定机器人控制，与机器人用途、作业工具有关。例如，在使用伺服焊钳的 KUKA 点焊机器人上，可通过作业添加项 ProgNr 选择焊接参数表、ServoGun 选择伺服焊钳名称、Cont 选择电极开合方式、Part 选择工件厚度、Force 选择电极压力等，有关内容可参见 KUKA 机器人使用说明书。

基本添加项 CONT 用来选择机器人在移动终点的连续移动。在选择连续移动的指令上，可继续利用基本添加项 C_PTP、C_DIS、C_VEL、C_ORI 或运动数据表 PDATn、CPDATn，设定终点的到位区间。KUKA 机器人到位区间的定义方法可参见前述。

PTP 指令基本添加项 PDATn 及 LIN、CIRC 指令基本添加项 CPDATn 用来选择运动数据表。利用运动数据表，可一次性定义工具坐标系（$TOOL）、工件坐标系（$BASE）、插补模式（$IPO_MODE）、加速度（$ACC.CP）、工具姿态控制方式（$ORI_TYPE）及连续运动时的到位区间（$APO.CPTP、$APO.CDIS、$APO.CORI、 $APO.CVEL）等运动控制参数。使用添加项 DEFAULT，移动指令将使用控制系统出厂默认的运动数据。

基本添加项 Tool[i]、Base[j]用来选择工具坐标系、工件坐标系，如果工具、工件定义了名称，名称和坐标系编号可通过“:”连接，如“Tool[1]: GUN_1”、“Base[2]: BAN_2”等。

7.2.2 PTP 指令编程

1. 指令功能

KAL 定位指令 PTP（绝对定位）、PTP_REL（增量定位）用于机器人定位控制，执行指令，机器人将以指定的关节轴回转速度（最大速度的倍率），快速定位到指令目标位置。

执行 PTP（PTP_REL）指令的机器人 TCP 运动如图 7.2-2 所示，它是以机器人当前位置（执行指令前的位置 P1）为起点、以指令目标位置（P2）为终点的快速运动。机器人的所有关节轴同时启动、同时停止。

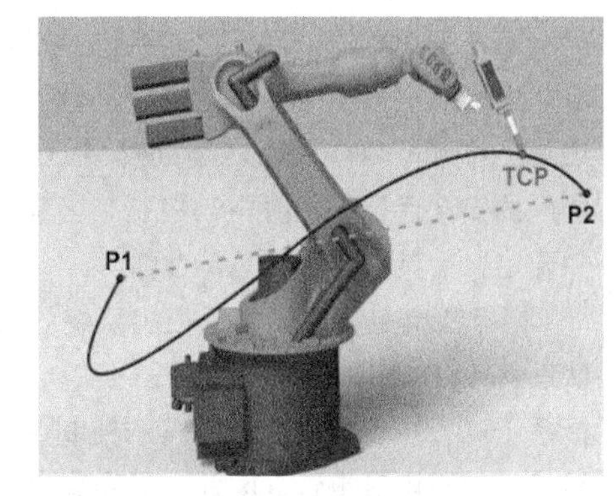

图 7.2-2 执行 PTP 指令的机器人 TCP 运动

PTP（PTP_REL）指令具有改变机器人 TCP 位置、调整机器人和工具姿态的功能。定位指令的起点 P1 和终点 P2 的 TCP 位置、机器人姿态、工具姿态均可以不同。

PTP（PTP_REL）指令的机器人运动速度，需要以关节轴最大速度倍率的形式，通过指令操作数 Vel 定义。其中，运动时间最长的关节轴（称为主导轴或导向轴），其回转速度与编程速度（最大回转速度 × Vel）相同，而其他关节轴的回转速度，则需要按“同时启动、同时到达终点”的要求，由控制系统自动计算生成。

机器人定位指令 PTP（PTP_REL）实际上只是按“同时启动、同时到达终点”的速度要求进行关节轴独立运动，系统并不对各关节轴的位置进行同步控制，因此，机器人 TCP 的运动轨迹、工具姿态变化都为各轴独立运动合成的自由曲线（一般不为直线）。

2. 基本格式

KUKA 定位指令 PTP（PTP_REL）的基本格式及常用添加项作用如下。

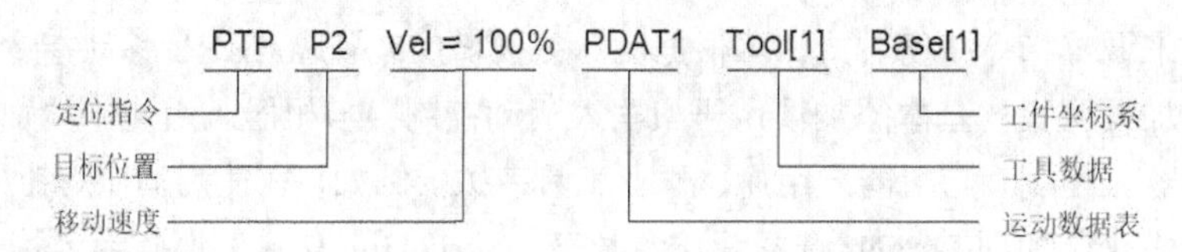

（1）定位指令。绝对位置定位指令为 PTP，增量位置定位指令为 PTP_REL。

（2）目标位置。目标位置可以是坐标值（常数）或程序数据（变量）。数据格式可以为关节坐标系位置 AXIS、E6AXIS，或者笛卡儿坐标系机器人 TCP 位置 POS、E6POS、FRAME，或者需要利用示教操作设定的程序点“!”。

在添加“CONT”的连续移动定位指令（PTP 或 PTP_REL）上，终点的到位区间可通过系统变量$APO_DIS_PTP[n]、$APO.CPTP（倍率）定义后，选择利用添加项 C_PTP，或者在运动数据表 PDATn 中定义。

机器人进行笛卡儿坐标系 TCP 定位时，程序中的初始定位指令必须是含有机器人姿态参数 S、T 的完整位置数据（POS 或 E6POS）。当机器人连续执行 TCP 定位运动时，如果不需要改变机器人姿态，随后的 PTP 指令目标位置可直接使用无机器人姿态参数 S、T 的简化格式（FRAME 数据）。

（3）移动速度。PTP 指令的移动速度以关节最大回转速度的倍率（%）形式定义，允许范围为 1%～100%；运动时间最长的主导轴与编程速度相同，其他轴速度由系统自动计算。

（4）运动数据表。用于插补模式、加速度、工具姿态控制方式及连续运动时的到位区间等运动控制参数定义。

（5）工具数据。用于控制系统的工具坐标系$TOOL 及机器人负载参数选择。机器人 TCP 的笛卡儿坐标系定位指令必须定义工具数据。执行机器人关节定位指令时，虽然机器人的定位位置不受工具坐标系（$TOOL）、工件坐标系（$BASE）的影响，但是工具、工件的外形、重量等参数与机器人的安全运行、伺服驱动控制等因素密切相关，因此，即使通过关节坐标系定义定位指令，同样需要定义工具坐标系及负载参数。

（6）工件坐标系。用于控制系统的工件坐标系$BASE 选择。机器人移动工具作业可使用系统默认设定（$BASE = $WORLD），但是，对于工具固定、机器人移动工件的作业程序，系统的工件坐标系（$BASE）用来定义工具的控制点位置和工具的安装方向，工件坐标系和大地坐标系、机器人根坐标系不可能重合，因此，必须定义工件坐标系。

PTP（PTP_REL）指令的移动速度、加速度、插补模式、加速度、工具姿态控制方式及连续运动时的到位区间等运动控制参数，也可通过系统变量设定指令，或在 KRL 程序中直接设定或改变，有关内容可参见前述。

对于机器人的连续定位运动，如果某一关节轴位置值、指令添加项等内容无须改变，后续 PTP（PTP_REL）指令中相应的关节轴位置、指令添加项均可省略。

3. 编程示例

PTP 指令的编程示例如下。

```
……
INI
HOME = { AXIS: A1 0, A2 -90, A3 90, A4 0, A5 0, A6 0}   // 关节坐标系位置定义
wstart_pos = {FRAME: X800, Y 0, Z1000, A 0, B 0, C 0 } // 笛卡儿坐标系 FRAME 位置定义
……
PTP  HOME  Vel = 100%  PDAT1  Tool[1]  Base[0]          // 关节坐标系定位
PTP  { X 500, Y 0, Z 800, A 0, B 0, C 0, S 2, T35 }  Vel = 100%  PDAT1
Tool[1]  Base[1]  C_PTP                                 // 直接定义 POS 位置、到位区间
PTP  wstart_pos  CONT  Vel = 80%  PDAT1  Tool[1]  Base[1]
                                                        // 连续定位、FRAME 位置
PTP_REL { X 100, Y 100}                                 // X、Y 轴增量定位、省略相同数据
……
PTP !                                                   // 示教点定位
……
PTP  HOME  Vel = 100%  PDAT1  Tool[1]  Base[0]
……
```

7.2.3 LIN 指令编程

1. 指令功能

KRL 直线插补指令 LIN（绝对位置）、LIN_REL（增量移动）是以执行指令前的机器人 TCP 位置为起点、以指令目标位置（POS/E6POS、FRAME 数据）为终点的直线运动，指令可用于图 7.2-3 所示的机器人 TCP 移动或工具定向运动。

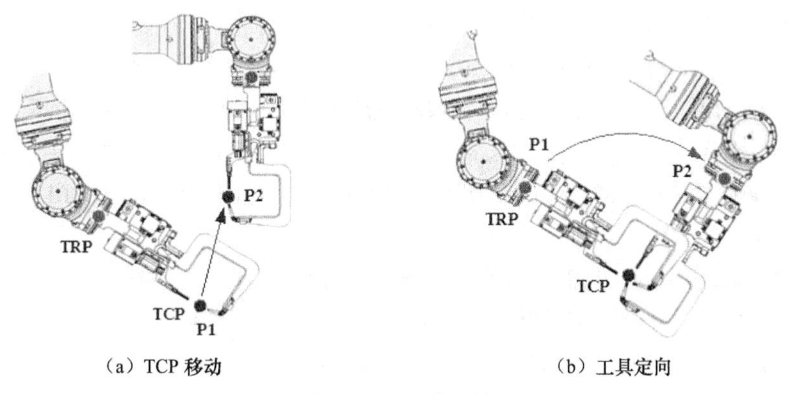

（a）TCP 移动　　（b）工具定向

图 7.2-3　直线插补

KRL 直线插补指令 LIN（LIN_REL）起点 P1 和终点 P2 的机器人姿态必须相同，如果 P2 定义

了与 P1 不同的姿态参数 S、T，机器人姿态参数将被自动忽略。

直线插补的工具姿态控制方式可通过系统变量$ORI_TYPE 定义。对于通常情况，系统默认$ORI_TYPE = #VAR（工具姿态连续变化），因此，当指令 LIN（LIN_REL）的目标位置（P2）和起始位置（P1）的工具姿态（*a*，*b*，*c*）不同时，控制系统将通过控制关节轴同步运动，在保证机器人 TCP 的运动轨迹为图 7.2-3（a）所示的连接起点 P1 和终点 P2 的直线的同时，使工具姿态由 P1 连续变化到 P2。但是，如果在 KRL 程序中定义了系统变量数$ORI_TYPE = #CONSTAN(工具姿态不变)，机器人 TCP 的运动轨迹仍为连接起点 P1 和终点 P2 的直线，但工具将保持起点 P1 的姿态不变（见前述）。

当指令 LIN（LIN_REL）用于工具定向控制时，目标位置（P2）和起始位置（P1）应具有相同的坐标值（*x*，*y*，*z*）和不同的工具姿态（*a*，*b*，*c*），此时，控制系统将通过控制关节轴同步运动，在保持机器人 TCP 位置不变的前提下，回转工具，使工具姿态由起点 P1 连续变化到终点 P2。

LIN(LIN_REL)指令的机器人运动速度，需要通过指令操作数 Vel 直接定义，允许范围为 0.001～2m/s，指令速度为所有关节轴运动合成后的机器人 TCP 移动速度。

2. 基本格式

KRL 直线插补指令 LIN（LIN_REL）的基本格式及常用添加项如下。

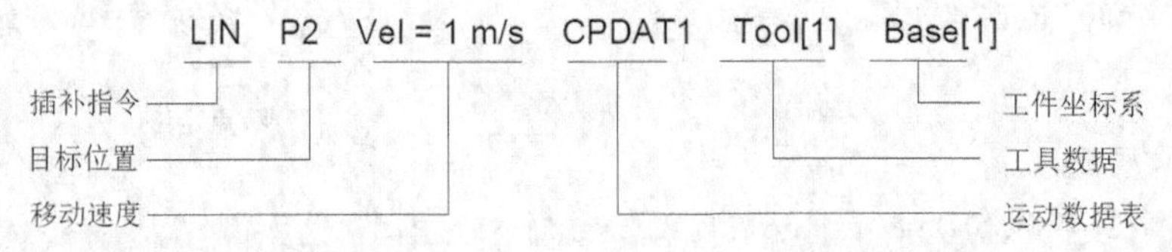

（1）插补指令。绝对位置直线插补指令为 LIN，增量位置直线插补指令为 LIN_REL。

（2）目标位置。LIN（LIN_REL）指令目标位置应为机器人 TCP 在笛卡儿坐标系上的位置，数据格式为 POS、E6POS 或 FRAME，目标位置可以是坐标值（常数）、程序数据（变量），或者利用示教操作设定的程序点“!”。

在添加“CONT”的连续移动直线插补指令（LIN 或 LIN_REL）上，到位区间可通过系统变量$APO.CDIS（TCP 到位区间）、$APO.CORI（回转到位、工具定向到位区间）、$APO.CVEL（到位速度）定义，并通过选择添加项 C_DIS、C_ORI、C_VEL，或者在运动数据表 CPDATn 中定义。

直线插补指令不能改变机器人姿态。如果 LIN（LIN_REL）指令的目标位置以 POS、E6POS 格式定义，数据中的机器人姿态参数 S、T 将自动忽略。因此，机器人执行直线插补指令 LIN(LIN_REL) 前，必须通过 POS、E6POS、AXIS、E6AXIS 定位指令，规定机器人姿态。

（3）移动速度。LIN（LIN_REL）指令的移动速度直接以机器人 TCP 移动速度（m/s）的形式定义，允许编程的范围为 0.001～2m/s。如果折算到关节轴的回转速度超过了关节轴最大回转速度，控制系统将根据系统变量$CP_VEL_TYPE 的设定，自动降低速度（$CP_VEL_TYPE = #VAR_ALL）或报警并停止移动（$CP_VEL_TYPE = #CONSTANT）。

（4）运动数据表。直线插补指令的运动数据表名称为 CPDATn，数据表同样可用于插补模式、加速度、工具姿态控制方式及连续运动时的到位区间等运动控制参数定义。

（5）工具数据。用于控制系统的工具坐标系（$TOOL）及机器人负载参数选择。直线插补的控制目标为笛卡儿坐标系的机器人 TCP 位置，因此，必须定义工具坐标系（$TOOL）及负载参数。

（6）工件坐标系。用于控制系统的工件坐标系（$BASE）选择。机器人移动工具作业可使用系统默认设定（$BASE = $WORLD），但是，对于工具固定、机器人移动工件的作业程序，同样必须定义工件坐标系（见 PTP 指令说明）。

LIN（LIN_REL）指令的移动速度、加速度、插补模式、加速度、工具姿态控制方式及连续运动时的到位区间等运动控制参数，也可通过运动数据表一次性定义，或者利用系统变量设定指令在 KRL 程序中直接设定或改变，有关内容可参见前述。此外，在机器人进行连续直线插补时，如果某一坐标轴位置值、指令添加项内容无须改变，后续指令目标位置中相应的坐标位置值、指令添加项均可省略。

3. 编程示例

LIN 指令的编程示例如下。

```
……
INI
HOME = { AXIS: A1 0, A2 -90, A3 90, A4 0, A5 0, A6 0}              // 关节位置定义
wstart_pos = {POS: X 800, Y 0, Z 1000, A 0, B 0, C 0, S 2, T 35} // POS 位置定义
……
PTP  HOME  Vel = 100%  PDAT1  Tool[1]  Base[0]                      // 关节坐标系定位
LIN  wstart_pos  Vel = 1m/s  CPDAT1  Tool[1]  Base[1]  C_DIS       // 直线插补
LIN { X 500, Y 0, Z 800 }  CONT                                     // 直接定义目标位置、连续运动
LIN_REL { X 100, Y 100}                                             // 增量移动、省略相同数据
……
LIN_REL { A 180 }  C_ORI                                            // 工具定向
LIN !                                                               // 目标位置为示教点
……
LIN  wstart_pos  Vel = 1m/s  CPDAT1  Tool[1]  Base[1]
PTP  HOME  Vel = 100%  PDAT1  Tool[1]  Base[0]
……
```

7.2.4 CIRC 指令编程

1. 指令功能

KRL 圆弧插补指令 CIRC（绝对位置）、CIRC_REL（增量移动）可使机器人 TCP 点按指定的移动速度、沿指定的圆弧从当前位置移动到目标位置。

工业机器人的圆弧插补轨迹需要通过当前位置（起点 P1）、指令中间点（P2）和目标位置（终点 P3）3 点进行定义，TCP 点运动轨迹为图 7.2-4 所示、经过 3 个编程点 P1、P2、P3 的部分圆弧。

与直线插补一样，KRL 圆弧插补指令 CIRC（CIRC_REL）起点 P1 和终点 P3 的机器人姿态必须相同，如果 P3 定义了与 P1 不同的姿态参数 S、T，机器人姿态参数将被自动忽略。

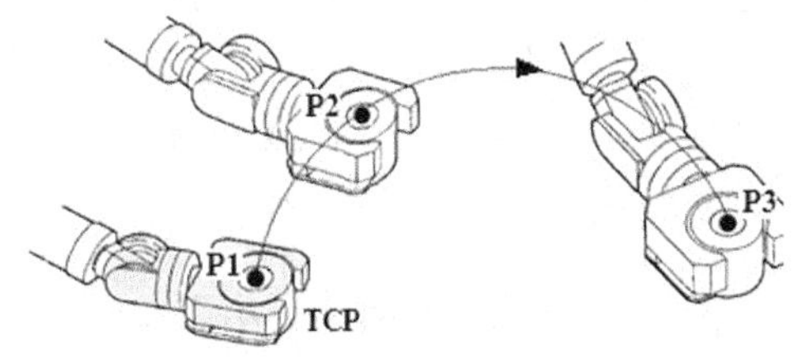

图 7.2-4　圆弧插补

圆弧插补的工具姿态控制方式可通过系统变量 $ORI_TYPE、$CIRC_TYPE 定义。对于通常情况，控制系统默认的工具姿态控制系统变量数$ORI_TYPE = #VAR（连续变化）、$CIRC_TYPE = #BASE（以工件为基准），因此，当指令 CIRC（CIRC_REL）的目标位置（P3）和起始位置（P1）的工具姿态（a，b，c）不同时，

控制系统将通过控制关节轴同步运动，保存机器人与工件的相对关系（上臂中心线方向）不变，而工具姿态将沿圆弧的切线，从圆弧起点 P1 姿态连续变化到圆弧终点 P3 姿态（见前述）。

CIRC（CIRC_REL）指令的运动速度为机器人 TCP 在圆弧切线方向的速度，速度可通过指令操作数 Vel 直接定义，允许范围为 0.001～2m/s。

2. 基本格式

KRL 圆弧插补指令 CIRC（CIRC_REL）的基本格式及常用添加项如下。

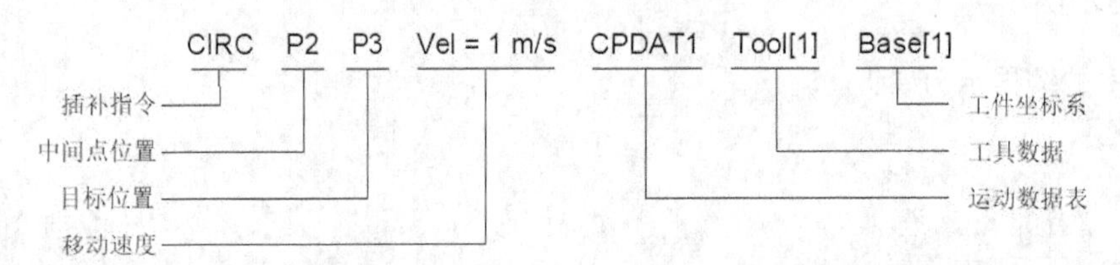

（1）插补指令。绝对位置圆弧插补指令为 CIRC，增量位置圆弧插补指令为 CIRC_REL。

（2）中间点位置、目标位置。CIRC（CIRC_REL）指令的中间点位置、目标位置应为机器人 TCP 在笛卡儿坐标系上的位置，数据格式为 POS、E6POS 或 FRAME，位置可以是坐标值（常数）、程序数据（变量），或者利用示教操作设定的程序点“！”。

在添加“CONT”的连续移动圆弧插补指令（CIRC 或 CIRC_REL）上，终点的到位区间可通过系统变量$APO.CDIS（TCP 到位区间）、$APO.CORI（回转到位区间）、$APO.CVEL（到位速度）定义，并利用选择添加项 C_DIS、C_ORI、C_VEL，或者在运动数据表 CPDATn 中定义。

为了保证圆弧轨迹的准确，圆弧中间点位置应满足规定的要求。此外，KRL 圆弧插补还可以通过特殊添加项 CA 规定圆心角，此时，指令中的目标位置只是控制系统用来确定圆弧的结算点，实际目标位置将由圆心角定义，有关内容详见后述。

圆弧插补指令同样不能改变机器人姿态。如果 CIRC（CIRC_REL）指令的目标位置以 POS、E6POS 格式定义，数据中的机器人姿态参数 S、T 将自动忽略。因此，机器人执行圆弧插补指令 CIRC（CIRC_REL）前，同样必须通过 POS、E6POS、AXIS、E6AXIS 定位指令事先规定机器人姿态。

（3）移动速度。CIRC（CIRC_REL）指令的移动速度直接以机器人 TCP 在圆弧切向移动速度（m/s）的形式定义，允许编程的范围为 0.001～2m/s。同样，如果折算到关节轴的回转速度超过了关节轴最大回转速度，控制系统将根据系统变量$CP_VEL_TYPE 的设定，自动降低速度（$CP_VEL_TYPE = #VAR_ALL）或报警并停止移动（$CP_VEL_TYPE = #CONSTANT）。

（4）运动数据表。圆弧插补指令的运动数据表名称为 CPDATn，数据表同样可用于插补模式、加速度、工具姿态控制方式及连续运动时的到位区间等运动控制参数定义。

（5）工具数据。用于选择控制系统工具坐标系（$TOOL）及机器人负载参数。圆弧插补的控制目标为笛卡儿坐标系的机器人 TCP 位置，因此，必须定义工具坐标系及负载参数。

（6）工件坐标系。用于控制系统工件坐标系（$BASE）选择。机器人移动工具作业可使用系统默认设定（$BASE = $WORLD），但是，对于工具固定、机器人移动工件的作业程序，必须定义工件坐标系（见 PTP 指令说明）。

3. 中间点选择与圆心角定义

利用 3 点确定圆弧时，圆弧插补的中间点 P2 理论上可以是处于圆弧起点和终点间的任意点，但是，操作、定位的误差，中间点有可能偏移圆弧，而导致轨迹误差。因此，为了获得正确的轨迹，中间点的选择需要满足图 7.2-5 所示的要求。

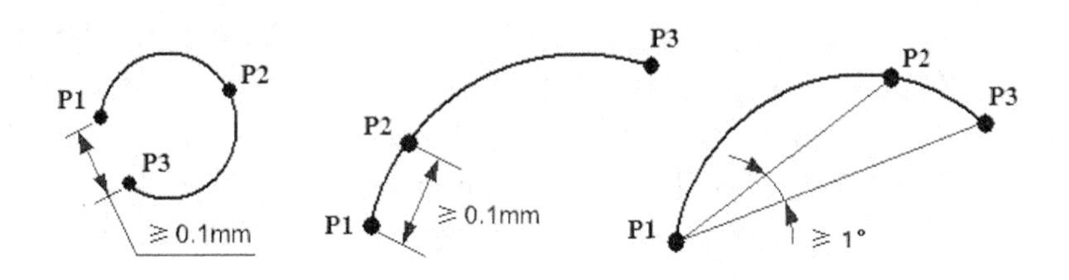

图 7.2-5　圆弧插补中间点的选择要求

（1）中间点应尽可能靠近实际圆弧的中间位置。

（2）起点 P1、中间点 P2、终点 P3 间应有足够的距离，起点 P1 离终点 P3、起点 P1 离中间点 P2 的距离，都应大于等于 0.1mm。

（3）应保证起点 P1 和中间点 P2 连接线与起点 P1 和终点 P3 连接线的夹角大于 1°。

（4）不能试图用终点和起点重合的圆弧插补指令，来实现 360° 全圆插补。全圆插补需要通过 2 条或以上的圆弧插补指令实现，或者在指令中添加下述的圆心角 CA。

可通过圆心角添加项 CA 定义圆弧插补指令的实际目标位置，这是 KUKA 机器人圆弧插补指令与 FANUC、安川、ABB 等机器人圆弧插补指令的区别。通过圆心角添加项，不仅可以获得更为准确的目标位置，而且可进行全圆、大于 360° 圆弧的编程，此外，还允许圆弧不通过中间点、终点，从而使得圆弧示教、编程更加灵活。

添加项 CA 的编程方法如下，圆心角的示教输入操作可参见本书后述章节。

利用圆心角添加项 CA 编程的圆弧插补轨迹如图 7.2-6 所示，无添加项 CA 时，圆弧插补轨迹如图 7.2-6（a）所示。

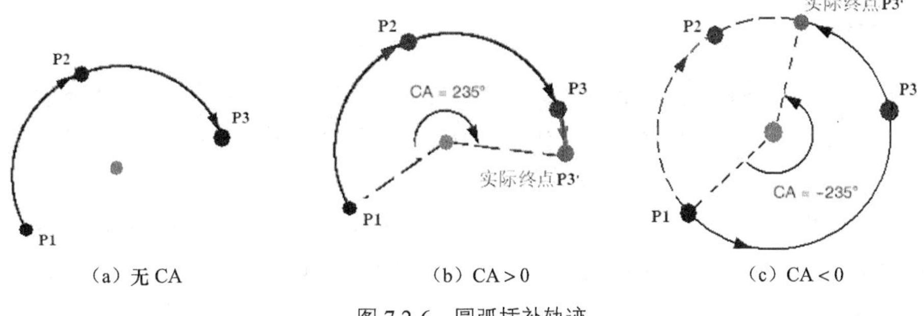

（a）无 CA　　（b）CA > 0　　（c）CA < 0

图 7.2-6　圆弧插补轨迹

当 CA > 0 时，圆弧插补轨迹如图 7.2-6（b）所示，圆弧由起点 P1、中间点 P2、终点 P3 定义，圆弧方向与编程方向相同，CA 为从起点到实际终点的圆心角（单位°），实际终点可位于指令的中间点 P2、终点 P3 之前或之后。

当 CA < 0 时，圆弧插补轨迹如图 7.2-6（c）所示，圆弧由起点 P1、中间点 P2、终点 P3 定义，圆弧方向与编程方向相反，CA 为从起点到实际终点的圆心角（单位°），实际圆弧可能完全不经过指令的中间点 P2、终点 P3。

4. 编程示例

圆弧插补指令的编程示例如下。

```
……
INI
HOME = { AXIS: A1 0, A2 -90, A3 90, A4 0, A5 0, A6 0}                  // 关节位置定义
wstart_pos = {POS: X 800, Y 0, Z 1000, A 0, B 0, C 0, S2, T 35}  // POS 位置定义
P1 = {FRAME: X 800, Y 0, Z 1000, A 0, B 0, C 0 }                     // 起点
P2 = {FRAME: X 850, Y 200, Z 1000, A 0, B 0, C 0 }                   // 中间点
P3 = {FRAME: X 1250, Y 150, Z 1000, A 0, B 0, C 0 }                  // 编程终点
……
PTP  HOME  Vel = 100%  PDAT1  Tool[1]  Base[0]                          // 关节坐标系定位
LIN  wstart_pos  Vel = 1m/s  CPDAT1  Tool[1]  Base[1]  C_DIS      // 直线插补
……
LIN  P1  Vel = 1m/s  CPDAT1  Tool[1]  Base[1]                           // 直线插补、移动到 P1
CIRC  P2  P3                                                              // 圆弧插补
……
```

在以上程序中，基本指令“CIRC P2 P3”的运动轨迹如图 7.2-6（a）所示。如果将圆弧插补指令“CIRC P2 P3”更改为“CIRC P2 P3 CA = 235”，则圆弧插补的运动轨迹如图 7.2-6（b）所示，实际终点将位于编程终点 P3 之后。同样，如果将圆弧插补指令“CIRC P2 P3”更改为“CIRC P2 P3 CA= −235”，则圆弧插补的运动轨迹如图 7.2-6（c）所示，圆弧将不经过中间点 P2。

7.3 样条插补指令编程

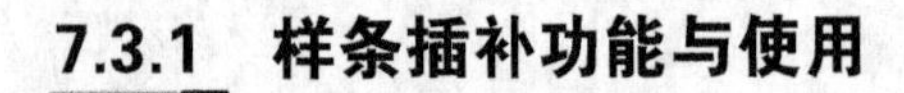

7.3.1 样条插补功能与使用

1. 功能与特点

样条曲线（Spline Curves）是经过一系列给定点（称为型值点、拟合点）的光滑曲线，样条曲线不仅可有序通过型值点，而且在型值点处的一阶和二阶导数连续，因此，曲线具有连续、曲率变化均匀的特点。

工业机器人、数控机床目前使用的样条曲线一般为非均匀有理 B 样条（Non-Uniform Rational B-Spline）曲线，简称 NURBS 曲线，它是国际标准化组织（ISO）规定的、用于工业产品几何形状定义的数学方法。

所谓样条插补，就是使得控制目标点（如工业机器人的 TCP）沿通过各给定点（型值点）的 NURBS 曲线移动的功能，它可以替代传统的小线段逼近参数曲线的插补方法，直接实现参数点（型值点）插补。

样条插补与直线、圆弧插补连续移动的小线段逼近比较，主要有以下特点。

（1）编程容易。样条插补的移动轨迹可以直接利用图 7.3-1（a）所示的程序点定义给定点（型值点），TCP 移动轨迹（样条曲线）将直接通过指令中的程序点。采用连续移动的直线、圆弧插补指令逼近时，移动轨迹如图 7.3-1（b）所示，线段连接处的轨迹难以准确定义，TCP 移动轨迹一般不能通过指令中的程序点，因此，程序点（直线、圆弧插补终点）的选择比较困难，难以获得准确的轨迹。

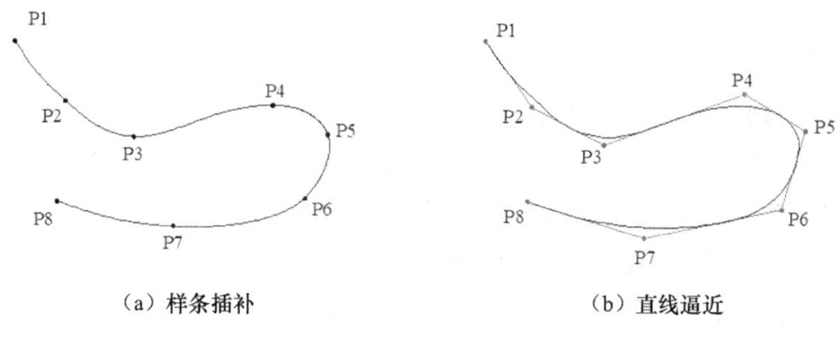

（a）样条插补　　（b）直线逼近

图 7.3-1　样条插补功能

（2）轨迹准确。利用直线、圆弧插补连续移动小线段逼近时，曲线的形状与到位区间有关，并且受移动速度、加速度的影响，特别对于圆周和小圆弧移动，轨迹精度难以保证。样条插补曲线的形状始终不变，曲线形状与到位区间的大小基本无关，通常也不受 TCP 移动速度、加速度的影响，因此，即使对于圆周和小圆弧移动，同样可以得到准确的运动轨迹。

（3）速度不变。利用直线、圆弧插补连续移动小线段逼近时，线段连接处的 TCP 移动速度不能直接编程。样条插补为连续的轨迹运动，TCP 速度可在程序中直接定义，在绝大多数情况下可保持移动速度的不变。

（4）功能丰富。如果需要，样条插补指令可添加控制点操作（TRIGGER）及条件停止（STOP WHEN）、恒速运动控制（CONST_VEL）等附加指令，在机器人移动的同时进行相应的操作，有关内容可参见本书后述章节。

2. 曲线定义

KRL 程序的样条曲线分 PTP 样条和 CP 样条两类。

PTP（Point to Point）样条只能以给定点（型值点）的方式定义，曲线是通过若干给定点（型值点）的连续定位运动曲线。

CP（Continuous Path）样条可以利用给定点（型值点）、直线段、圆弧段定义，曲线为给定点（型值点）、直线段、圆弧段组成的连续运动轨迹，也就是说，定义 CP 样条曲线可以包含直线段、圆弧段。给定点（型值点）、直线段、圆弧段可以在样条曲线中混合编程。

利用程序点、直线段定义的 CP 样条曲线示例如图 7.3-2（a）所示，当 P3→P4、P7→P8 被定义为直线段时，样条曲线实际上被分为通过 P1、P2、P3 的样条曲线和通过 P4、P5、P6、P7 的样条曲线两部分，样条曲线与直线段平滑连接。

利用程序点、圆弧段定义的 CP 样条曲线示例如图 7.3-2（b）所示，当 P4→P5→P6 被定义为圆弧段时，样条曲线实际上被分为通过 P1、P2、P3、P4 的样条曲线和通过 P6、P7、P8 的样条曲线两部分，样条曲线与圆弧段平滑连接。

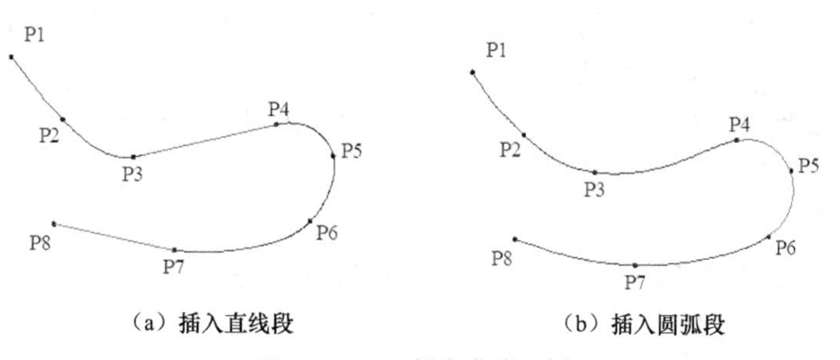

（a）插入直线段　　（b）插入圆弧段

图 7.3-2　CP 样条曲线示例

3. 工具姿态控制

利用给定点、直线段定义样条曲线时，工具姿态的控制方法与TCP定位、直线插补指令相同（见前述）。设定$ORI_TYPE = #VAR、选择工具姿态连续变化时，TCP进行样条曲线插补，工具姿态将根据给定点的姿态连续变化，机器人在终点位置的工具姿态，将与最后一个给定点所规定的姿态一致。设定$ORI_TYPE = #CONSTANT、选择工具姿态保持不变时，TCP进行样条曲线插补，工具姿态将保持起点姿态不变，给定点所指定的工具姿态参数（*A*，*B*，*C*）将被忽略。

当样条曲线中插入圆弧段时，圆弧段的工具姿态控制同样可通过变量$CIRC_TYPE、$ORI_TYPE = #VAR进行定义（参见前述）。设定$CIRC_TYPE =#BASE、$ORI_TYPE = #VAR时，机器人与工件的相对关系（上臂中心线方向）保持不变，工具姿态将沿圆弧的切线，从圆弧起点姿态连续变化到圆弧终点姿态。设定$CIRC_TYPE =#PATH、$ORI_TYPE = #VAR时，工具将沿圆弧的法线，从圆弧起点姿态连续变化到圆弧终点姿态，同时，还需要控制机器人上臂进行回绕圆心的旋转运动，使机器人上臂中心线始终位于圆弧的法线方向，以保持工具与轨迹（圆弧）的相对关系不变。设定$CIRC_TYPE =#BASE、$ORI_TYPE = #CONSTANT时，圆弧插补的工具姿态、机器人与工件的相对关系（上臂中心线方向）都将保持不变，圆弧终点姿态参数将被忽略。设定$CIRC_TYPE =#PATH、$ORI_TYPE = #CONSTANT时，圆弧插补的工具姿态将保持不变，圆弧终点姿态参数将被忽略。但机器人上臂需要进行回绕圆心的旋转运动，使机器人上臂中心线始终位于圆弧的法线方向。

7.3.2 指令格式与编程示例

KRL样条插补程序段由样条类型定义指令PTP SPLINE（PTP样条）或SPLINE（CP样条）起始、以指令ENDSPLIE结束，中间为型值点（SPTP、SPL）、直线段（SLIN）或圆弧段（SCIRC）。PTP样条插补、CP样条插补程序段的编程格式基本相同，编程格式如下。

1. 样条类型定义

KRL样条插补的类型有PTP（点定位）、CP（连续轨迹）两类，样条插补类型定义指令的编程格式如下。

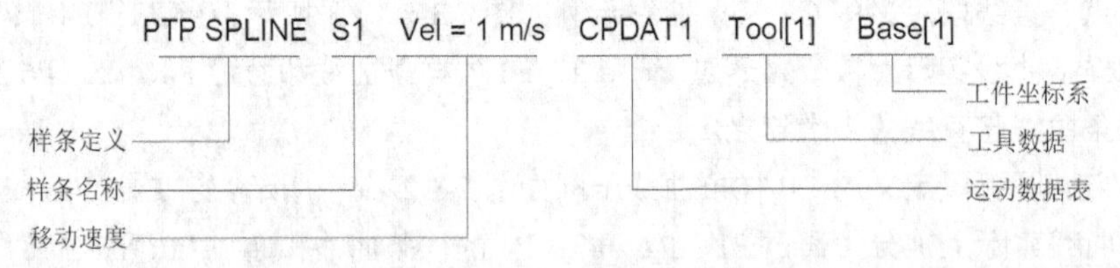

（1）样条定义。PTP样条定义指令为PTP SPLINE，CP样条定义指令为SPLINE。

（2）样条名称。样条段名称，示教编程时系统默认的名称为*Sn*，需要时可以修改。

样条定义指令的移动速度Vel、运动数据表CPDATn、工具数据Tool[i]、工件坐标系Base[j]的含义、编程要求与直线、圆弧插补指令相应参数的含义、编程要求相同。

2. 样条轨迹定义

PTP样条轨迹只能由型值点（给定点）SPTP定义，插补段的编程格式如下。

```
……
PTP SPLINE  Spline_Name  < Add_Command >      // PTP样条定义
```

```
SPTP  Nurbs_ Point 1                          // 给定点 1
SPTP  Nurbs_ Point 2                          // 给定点 2
……
ENDSPLINE                                     // PTP 样条结束
```

CP 样条轨迹可以由型值点（给定点）SPL、直线段 SLIN、圆弧段 SCIRC 定义，插补段的编程格式如下。

```
……
SPLINE  Spline_Name  < Add_Command >          // CP 样条定义
SPL  Nurbs_ Point 1                           // 给定点 1
SPL  Nurbs_ Point 2                           // 给定点 2
……
SLIN  Target _ Position                       // 样条直线段
……
SCIRC  Auxiliary_Point, Target_Position       // 样条圆弧段
……
ENDSPLINE                                     // CP 样条结束
```

3. 编程示例

图 7.3-3 所示的由给定点 P1～P8 定义的 CP 样条插补示例如下，对于 PTP 样条定位，只需要将程序中的 SPLINE 指令改为 PTP SPLINE、将给定点指令 SPL 改为 SPTP，程序如下。

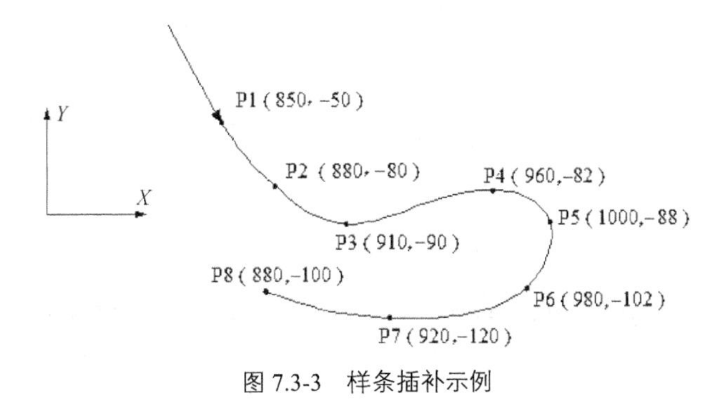

图 7.3-3　样条插补示例

```
……
INI
HOME = { AXIS: A1 0, A2 -90, A3 90, A4 0, A5 0, A6 0}                // 关节位置定义
wstart_pos = {POS: X 838, Y 0, Z 1000, A 0, B 0, C 0, S 2, T 35} // POS 位置定义
……
PTP  HOME  Vel = 100%  PDAT1  Tool[1]  Base[0]                      // 关节坐标系定位
LIN  wstart_pos  Vel = 1m/s  CPDAT1  Tool[1]  Base[1]  C_DIS        // 直线插补
SPLINE S1 Vel = 1m/s  CPDAT1  Tool[1]  Base[1]                      // 样条定义
SPL  { X 850, Y -50 }                                               // 给定点 1
SPL  {X 880, Y -80 }                                                // 给定点 2
SPL  {X 910, Y -90 }                                                // 给定点 3
SPL  {X 960, Y -82 }                                                // 给定点 4
SPL  {X 1000, Y -88}                                                // 给定点 5
SPL  {X 980, Y -102 }                                               // 给定点 6
```

```
SPL  {X 920, Y -120}                                        // 给定点 7
SPL  {X 880, Y -100 }                                       // 给定点 8
ENDSPLINE                                                   // 样条插补结束
……
```

对于图 7.3-3 所示的 CP 样条曲线，如果 P3→P4、P7→P8 定义为图 7.3-4 所示的直线段，上述程序中的样条曲线定义程序应作如下修改。

```
……
SPLINE S1 Vel = 1m/s  CPDAT1  Tool[1]  Base[1]              // 样条定义
SPL  { X 850, Y -50 }                                       // 给定点 1
SPL  {X 880, Y -80 }                                        // 给定点 2
SPL  {X 910, Y -90 }                                        // 给定点 3
SLIN  {X 960, Y -82 }                                       // 直线段 1
SPL  {X 1000, Y -88}                                        // 给定点 5
SPL  {X 980, Y -102 }                                       // 给定点 6
SPL  {X 920, Y -120}                                        // 给定点 7
SLIN  {X 880, Y -100 }                                      // 直线段 2
ENDSPLINE                                                   // 样条插补结束
……
```

同样，对于图 7.3-3 所示的 CP 样条曲线，如果 P4→P5→P6 被定义为图 7.3-5 所示的圆弧段，上述程序中的样条曲线定义程序应作如下修改。

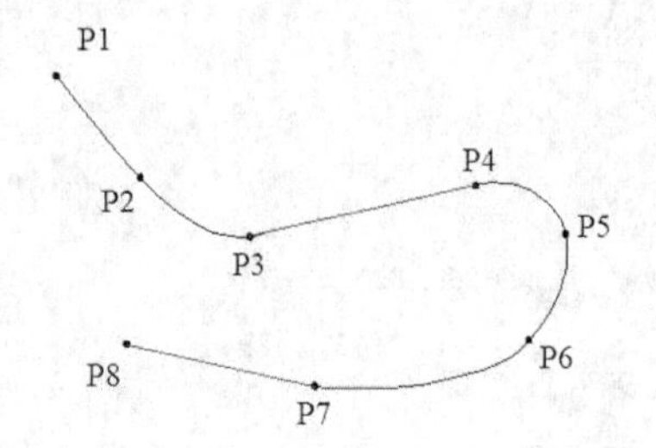

图 7.3-4　插入直线段的样条曲线

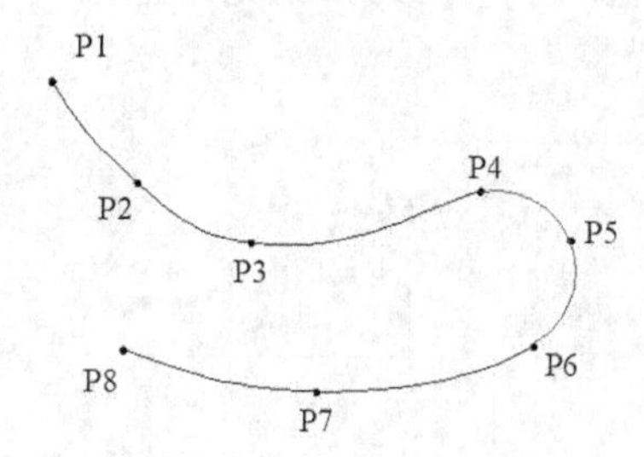

图 7.3-5　插入圆弧段的样条曲线

```
……
SPLINE S1 Vel = 1m/s  CPDAT1  Tool[1]  Base[1]              // 样条定义
SPL  { X 850, Y -50 }                                       // 给定点 1
SPL  {X 880, Y -80 }                                        // 给定点 2
SPL  {X 910, Y -90 }                                        // 给定点 3
SPL  {X 960, Y -82 }                                        // 给定点 4
SCIRC  {X 1000, Y -88}, {X 980, Y -102 }                    // 圆弧段
SPL  {X 920, Y -120}                                        // 给定点 7
SPL  {X 880, Y -100 }                                       // 给定点 8
ENDSPLINE                                                   // 样条插补结束
……
```

4. 轨迹修改

对于给定点定义的样条曲线，改变任意一个给定点的位置，将使整个样条曲线的形状发生变化。例如，如果将图 7.3-3 所示的给定点 P3 改为 P3′，样条曲线的形状将发生图 7.3-6（a）所示的改变。

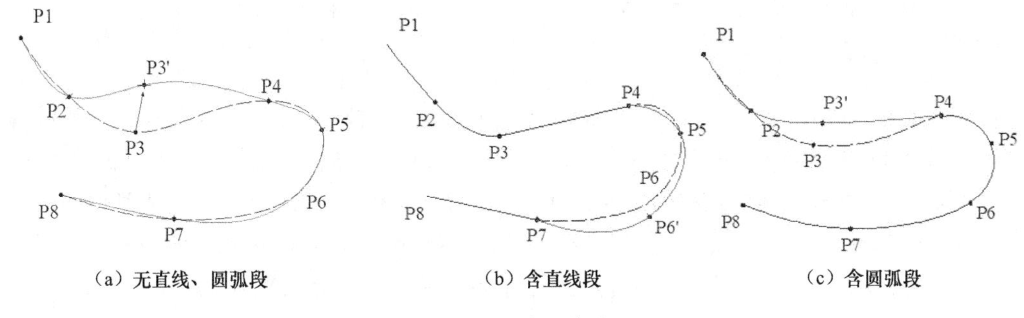

图 7.3-6　给定点修改

对于含有直线段、圆弧段的样条曲线，当改变非直线段终点或圆弧段终点、中间点的给定点位置时，直线段、圆弧段将保持不变，给定点的变化仅影响图 7.3-6（b）、图 7.3-6（c）所示的前后连接段的样条曲线。

7.3.3　附加指令与编程

PTP、CP 样条插补可以附加控制点操作指令 TRIGGER、条件停止指令 STOP WHEN、恒速运动控制指令 CONST_VEL。

控制点操作指令 TRIGGER 是一种条件执行指令，它可用来控制机器人移动轨迹上指定位置的 DO 信号的 ON/OFF 或脉冲输出、调用子程序等操作，并定义子程序调用中断优先级，指令的编程格式与要求将在本章后述的内容中详述。

条件停止 STOP WHEN、恒速运动 CONST_VEL 是样条插补特殊的控制指令，指令功能及编程格式与要求如下。

1. 条件停止

条件停止指令 STOP WHEN 是样条插补特殊的附加指令，当样条段附加 STOP WHEN 指令时，可通过指定的条件，立即停止机器人运动，停止条件取消后，机器人继续运动。

（1）STOP WHEN 指令的编程格式如下。

```
STOP WHEN PATH = Distance <ONSTART> IF Condition
```

① Distance：基准点偏移。用于指定机器人实际停止位置到基准点的距离，单位 mm。当基准点定义为样条段终点时，偏移距离可以带符号，正值代表停止点位于基准点之后；负值代表停止点位于基准点之前。基准点偏移距离有规定的要求，对于准确定位的样条插补指令，停止点必须在起点与终点后第一个样条点之间；对于连续移动的样条插补指令，停止点必须在起点连续移动轨迹的开始点之后、终点后的第一个样条点连续移动轨迹开始点之前。

② <ONSTART>：基准点定义。可选添加项，省略 ONSTART 时，基准点为样条段终点（系统默认）；添加 ONSTART 时，基准点为样条段起点。

③ Condition：机器人停止条件。机器人停止条件可以为全局逻辑状态数据（BOOL）、控制系统 DI/DO 信号，或者为比较运算式、简单逻辑运算表达式。

（2）STOP WHEN 指令的编程示例如下。

```
……
SPLINE S1 Vel = 1m/s  CPDAT1  Tool[1]  Base[1]     // 样条定义
SPL P1                                             // 给定点 1
```

```
STOP  WHEN  PATH = 50  IF  $IN[10] = = FALSE            // 条件停止
SPL P2
……
```

执行以上程序段时，理论上说，如机器人在进行P1→P2样条插补运动的过程中，系统的DI信号$IN[10]成为OFF状态，机器人将在终点P2之后50mm的位置停止。但是，由于机器人的运动存在惯性，为了保证机器人能够在程序指定的点上准确停止，控制系统需要在机器人到达图7.3-7所示的停止点SP（Stop Point）以前，提前在制动点BP（Brake Point）对机器人进行减速停止控制，因此，如果在插补轨迹的不同位置处满足停止条件，机器人实际停止位置可能出现如下变化。

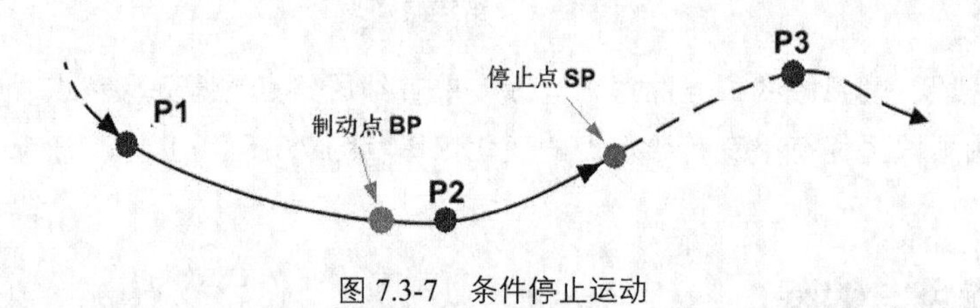

图7.3-7　条件停止运动

① 正常停止。如在P1→BP区域满足停止条件，机器人正常减速停止，并在程序指定的停止点SP准确停止，停止条件取消后，机器人继续运动。

② 急停。如停止条件在BP→P2区域满足，机器人急停，此时，系统将根据急停的机器人停止位置，进行如下处理。

机器人急停时的停止位置位于SP点之前：机器人急停，并移动到SP点停止，停止条件取消后，机器人继续运动。

机器人急停时的停止位置位于 SP 点之后：机器人以急停位置停止、停止点位置不定；停止条件取消后，机器人继续运动。

2. 恒速运动控制

恒速运动控制指令CONST_VEL是用于连续轨迹样条插补（CP样条）速度控制的特殊指令，指令对PTP样条无效。CP样条插补附加在恒速运动控制指令CONST_VEL后，可使机器人TCP位于指令规定的区域，严格按照编程速度沿样条曲线移动。

（1）CP 样条插补的恒速运动区的起点、终点，需要分别利用指令 CONST_VEL START、CONST_VEL END定义，指令的编程格式如下。

```
CONST_VEL  START = Distance  <ONSTART>         // 恒速运动起点定义
CONST_VEL  END = Distance  <ONSTART>           // 恒速运动终点定义
```

① Distance：基准点偏移。用于定义恒速运动起点或终点到基准点的距离，单位 mm。当基准点定义为样条段终点时，偏移距离可以带符号，正值代表停止点位于基准点之后；负值代表停止点位于基准点之前。基准点偏移距离有规定的要求，对于准确定位的样条插补指令，恒速运动起点或终点必须在起点、终点后第一个样条点之间；对于连续移动的样条插补指令，恒速运动起点或终点必须在起点连续移动轨迹的开始点之后、终点后的第一个样条点连续移动轨迹开始点之前。

② <ONSTART>：基准点定义。可选添加项，省略ONSTART时，基准点为样条段终点（系统默认）；添加ONSTART时，基准点为样条段起点。

（2）CONST_VEL指令的编程示例如下。

```
……
```

```
SPLINE S1 Vel = 1m/s  CPDAT1  Tool[1]  Base[1]     // 样条定义
SPL P1                                              // 给定点 1
CONST_VEL  START = 50                               // 恒速运动开始点定义
SPL P2
SPL P3
SPL P4
CONST_VEL  END = -50                                // 恒速运动结束点定义
SPL P5
……
```

以上程序段中，恒速运动开始点的基准为指令 SPL P2 的终点 P2（省略 ONSTART）、结束点的基准为指令 SPL P5 的起点 P4（添加 ONSTART），因此，机器人 TCP 速度保持 1m/s 不变的区域为从 P2 点后 50mm 到 P4 点前 50mm 的区域，如图 7.3-8 所示。

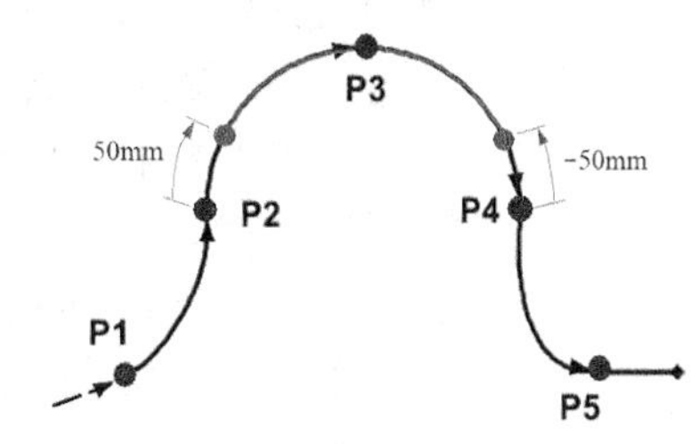

图 7.3-8　恒速运动控制

7.4 基本 DI/DO 指令编程

7.4.1 I/O 信号及处理

1. I/O 信号及分类

输入/输出信号（简称 I/O）是用于机器人状态检测、运动保护，以及作业工具、工件等辅助部件状态检测、动作控制的信号。例如，关节轴超程、碰撞检测，搬运机器人的抓手松、夹状态检测及控制，焊接机器人的焊接电压、电流调节和焊接启动/关闭控制等。

工业机器人的输入/输出信号通常包括开关量输入/输出（Data Input/Output，DI/DO）、模拟量输入/输出（Analog Input/Output，AI/AO）两大类。信号的数量、连接与控制系统的功能选择（I/O 模块配置）有关，KUKA 工业机器人最大可连接的 DI/DO 为 4096/4096 点，AI/AO 为 32/32 通道，但是对于一般用途的机器人，系统配置的 DI/DO、AI/AO 信号数量一般较少。机器人实际可使用的 DI/DO、AI/AO 数量可通过系统变量$SET_IO _SIZE 检查，信号连接要求可参照机器人使用说明书进行。

工业机器人的 DI/DO 信号不仅可作为逻辑状态信号（BOOL 数据），进行常用的逻辑运算与处理，而且还可组合为 DI/DO 组信号（DI/DO Group，KUKA 简称 DIG/DOG 信号）批量读入、输出。DIG/DOG 信号可以由 2～32 个 DI/DO 点组成，其状态不仅可利用多位逻辑运算指令进行逻辑运算处理，而且在 KRL 程序中还可以以整数（INT 数据）的形式进行算术运算、比较、判断等操作。

工业机器人的 AI/AO 信号功能、用途、数量一般由机器人生产规定，在作业程序中，AI/AO 信号可用实数（REAL 数据）的形式读入、输出，或者在程序中进行算术运算、比较、判断等操作。

作为 KUKA 机器人控制系统的特殊功能，DI 组（DIG）信号、模拟量输入/输出（AI/AO）还可以循环读入、动态刷新。循环读入的 DIG 信号可用来连接最大 32 位数字输出的检测位置、速度、电流、电压等传感器，实现动态 D/A 转换功能。循环读入 DIG 信号可通过 DIG 循环读入指令 DIGIN ON，在每一插补周期（通常为 12ms）动态刷新、循环读入，并转换为 KRL 程序中的模拟量（实数）。AI/AO 信号的循环读入、动态刷新处理方法与 DIG 信号的循环读入、动态刷新处理方法相同，AI 循环读入应使用 ANIN ON 指令，AO 动态刷新应使用 ANOUT ON 指令。DIG、AI/AO 信号的循环读入、动态刷新指令及编程要求将在 7.6 节详细说明。

2. I/O 信号直接处理

在 KRL 程序中，KUKA 机器人的 I/O 信号既可直接利用系统变量$IN[n]、$OUT[m]（n、m 为控制系统的 DI/DO 地址），以及$ANIN[i]、$ANOUT[j]（i、j 为控制系统的 AI/AO 地址）在 KRL 程序中读入、输出或处理，也可将其定义为程序数据以变量的形式在 KRL 程序中编程。

利用系统变量直接处理 I/O 信号时，在 KRL 程序中，利用系统变量$IN[n]、$ANIN[i]处理信号时，只能使用信号状态、不能改变信号值（只读信号）；利用系统变量$OUT[m]、$ANOUT[j]处理信号时，可以使用信号状态（读入）、控制输出；也可使用逻辑、算术运算式。如果直接以$IN[n]信号的 TRUE 状态作为 IF 等条件执行指令的判断条件，编程时可直接以"$IN[n]"代替"$IN[n]==TRUE"编程。

KRL 程序中的 DI/DO 信号的数据类型为逻辑状态数据（BOOL），$IN[n]、$OUT[m]的变量值（状态）可为 TRUE（信号 ON）、FALSE（信号 OFF）。AI/AO 信号的数据类型为实数（REAL），变量$ANIN[i]、$ANOUT[j]的数值应为系统标准值（DC10V）的倍率，其取值范围为−1.00～1.00，超过±10V 的 AO 信号，将被自动限制为±10V。

利用系统变量$IN[n]、$OUT[m]、$ANIN[i]、$ANOUT[j]读入、输出或处理的 I/O 信号时，信号应处于指令对其执行前的状态。DI、DIG、AI 读入指令一旦执行完成，即使$IN[n]、$ANIN[i]状态发生变化，也不能改变 KRL 程序中的状态，直到再次执行 DI、DIG、AI 读入指令。同样，DO、DOG、AO 输出指令一旦执行完成，$OUT[m]、系统变量$ANOUT[j]的输出状态也将保持不变，直到再次执行 DO、DOG、AO 输出指令。

利用系统变量直接处理 I/O 信号的程序示例如下，程序中的"IF……THEN……ENDIF"为分支控制指令，当 IF 条件满足时，继续执行后续指令，如果 IF 条件不满足，则跳转至 ENDIF 继续执行后续指令，有关 IF 指令的编程方法将在 7.7 节详述。

```
……
BOOL  A, B
REAL  C, D
INI
……
A = $IN[1]                                    // DI 状态读入
B = $OUT[2]                                   // DO 读入
$OUT[10] = TRUE                               // DO 输出
A = $IN[1]  AND  $OUT[2]                      // DI/DO 逻辑运算处理
$OUT[11] = $IN[1]  AND  $IN[2]
……
C = $ANIN[1]                                  // AI 状态读入
D = $ANOUT[2]                                 // AO 读入
$ANOUT[1] = 0.58                              // AO 输出
C =0.5* $ANIN[1] + $ANOUT[2]                  // AI/AO 算术运算处理
$ANOUT[1] = 0.58 *$ANIN[1] + 0.2
……
IF  $IN[1] == TRUE  AND  $ANOUT[1] >= 0.5  THEN
  $OUT[10] = FALSE                            // I/O 状态检测、比较
EDNIF
……
```

3. I/O 信号定义

在 KRL 程序中，I/O 信号也可定义为程序数据，并以变量的形式在 KRL 程序中使用。I/O 信号作为程序数据使用时，需要利用信号声明指令 SINGNAL 定义程序数据名称。DI/DO 信号成组使用时，还需要规定 DI/DO 组信号的起始、结束地址。信号声明指令属于程序声明的一部分，需要在程序声明区域编制。

（1）信号声明指令的编程格式及操作数含义如下。

```
SIGNAL Signal_Name Interface_Name1 < TO Interface_Name2 >
```

① Signal_Name：信号名称。

② Interface_Name1：信号地址或 DI/DO 组信号的起始地址。

③ Interface_Name2：DI/DO 组信号的结束地址。

（2）I/O 信号作为程序数据（变量）使用的编程示例如下，程序中的“WHILE……ENDWHILE”为条件启动循环指令，当 WHILE 条件满足时，可循环执行 WHILE 至 ENDWHILE 间的指令，如果 WHILE 条件不满足，则跳转至 ENDWHILE 继续执行后续指令，有关 WHILE 指令的编程方法将在 7.7 节详述。

```
……
SIGNAL  TERMINATE  $IN[16]                          // DI/DO 信号定义
SIGNAL  LEFT  $OUT[13]
SIGNAL  MIDDLE  $OUT[14]
SIGNAL  RIGHT  $OUT[15]
SIGNAL  POSITION  $OUT[13]  TO  $OUT[15]            // DI/DO 组信号定义
SIGNAL  CORRECTION  $ANIN[5]                        // AI/AO 信号定义
SIGNAL  ADHESIVE  $ANOUT[1]
INI
……
WHILE  TERMINATE ==FALSE                            // I/O 信号编程
  IF  $IN[1]  AND  NOT  LEFT  THEN
    PTP { A1  45 }
    LEFT = TRUE
    MIDDLE = FALSE
    RIGHT = FALSE
    ADHESIVE = 0.5*CORRECTION
  ELSE
    IF  $IN[2]  AND  POSITION <> 'B010'  THEN
      PTP { A1  0 }
      POSITION = 'B010'
      ADHESIVE = 0.6*CORRECTION
  ELSE
      IF  $IN[3]  AND  POSITION <> 'B100'  THEN
        PTP { A1  -45 }
        POSITION = 'B100'
        ADHESIVE = 0.4*CORRECTION
      ENDIF
    ENDIF
  ENDIF
ENDWHILE
……
```

7.4.2 DI/DO 基本指令编程

1. DI 读入指令编程

KUKA 机器人控制系统的 DI 信号用来连接机器人、作业工具及其他辅助部件的检测开关。在 KRL 程序中，DI 信号的状态（ON 或 OFF）既可作为单独的逻辑状态数据（BOOL）编程，也可将多点（最大 32 点）连续的 DI 信号组合为二进制数字信号 DIG 以整数（INT）的形式在程序中编程。DI、DIG 信号的状态需要由外部检测器件生成，因此，在 KRL 程序中，DI、DIG 信号只能使用其状态，但不能对其进行赋值操作。

DI 信号独立使用时，可直接利用系统变量$IN[n]编程，$IN[n]可直接作为 KRL 程序的操作数进行逻辑运算、比较等操作。系统变量$IN[n]也可通过信号声明指令 SIGNAL 定义为程序数据，以变量的形式在 KAL 程序中编程。

多个 DI 信号可以组合为 DIG 信号，进行多位逻辑运算处理和比较等操作。DIG 信号需要利用信号声明指令 SINGNAL，定义名称及所包含的 DI 点数（DI 信号的起始、结束地址，最大 32 点）。DIG 信号可以通过程序数据名，以整数（INT）的形式在 KRL 程序中编程。DIG 信号不仅可利用常用的程序数据赋值指令读取指令执行时刻的当前值，而且还可以以循环扫描的方式被读入或动态刷新（见 7.6 节）。

DI 读入指令的程序示例如下。

```
……
BOOL  A                                               // 程序数据定义
INT  B
SIGNAL  Left_move  $IN[1]                             // DI 信号定义
SIGNAL  Middle_move  $IN[2]
SIGNAL  Right_move  $IN[3]
SIGNAL  Pos_act  $IN[11]  TO  $IN[13]                 // DIG 信号定义
INI
A = $IN[16]                                           // DI 信号读入
B = Pos_act                                           // DIG 信号读入
WHILE  A == FALSE                                     // DI 信号编程
 IF  Left_move  AND  B <> 'B001'  THEN
  PTP { A1  45 }
 ELSE
  IF  Middle_move  AND  B <> 'B010'  THEN
   PTP { A1  0 }
  ELSE
   IF  Right_move  AND  B <> 'B100'  THEN
    PTP { A1  -45 }
   ENDIF
  ENDIF
 ENDIF
ENDWHILE
……
```

2. DO 读/写指令编程

KUKA 机器人控制系统的 DO 信号可用来连接机器人、作业工具及其他辅助部件的电磁阀等执行元件，并控制执行元件的 ON/OFF 动作。

在 KRL 程序中，DO 信号的状态（ON 或 OFF）既可作为单独的逻辑状态数据（BOOL）编程，也可将多个连续的 DO 信号组合为二进制数字信号 DOG 以整数（INT）的形式在程序中编程。DO 信号的状态由系统控制，因此，在 KRL 程序中，DO、DOG 信号不仅可使用其状态，而且也能对其进行赋值操作。

DO 信号独立使用时，可直接利用系统变量$OUT[n]编程。在 KRL 程序中，$OUT[n]可作为操作数进行逻辑运算、比较、赋值等操作。系统变量$OUT[n]也可通过信号声明指令 SIGNAL 定义为程序数据，以变量的形式在 KAL 程序中编程。

多个 DO 信号可以组合为 DO 组信号（DOG），进行多位逻辑运算处理、比较、赋值等操作。DOG 信号需要利用信号声明指令 SINGNAL 定义名称及所包含的 DO 点数（DO 信号的起始地址、结束地址，最大 32 点），DOG 信号也可以通过程序数据以整数（INT）的形式在 KRL 程序中编程。在一般情况下，DO 信号的 ON/OFF 状态在指令执行时输出，但是，如果需要，也可以通过同步输出、控制点操作指令，在机器人移动的过程中同步执行并输出，有关内容详见本章后述。

DO、DOG 信号的状态读入及其控制指令的程序示例如下。

```
……
BOOL  A                                        // 程序数据定义
INT  B
SIGNAL  Left_out  $OUT[13]                     // DO 信号定义
SIGNAL  Middle_out  $OUT[14]
SIGNAL  Right_out  $OUT[15]
SIGNAL  Pos_out  $OUT[13]  TO  $OUT[15]        // DOG 信号定义
INI
……
A = Left_out                                   // DO 信号读入
B = Pos_out                                    // DOG 信号读入
WHILE  $IN[16] == FALSE                        // DO、DOG 信号编程
 IF  $IN[1]  AND  NOT  A  THEN
   PTP { A1  45 }
   Pos_out = 'B001'
 ELSE
   IF  $IN[2]  AND  B<> 'B010'  THEN
     PTP { A1  0 }
     Pos_out = 'B010'
   ELSE
     IF  $IN[3]  AND  B<> 'B100'  THEN
         PTP { A1  -45 }
         Pos_out = 'B100'
            ENDIF
     ENDIF
 ENDIF
ENDWHILE
……
```

7.4.3 脉冲输出指令编程

1. 指令格式

KRL 脉冲输出指令 PULSE 可在指定的 DO 点上输出脉冲信号，输出脉冲宽度、输出形式可通

过指令添加项定义。KRL 程序通常允许使用最多 16 个脉冲信号。

PULSE 指令的编程格式及操作数含义如下。

```
PULSE（$OUT[n], Level, Pulse_Duration）
```

（1）$OUT[n]：DO 信号地址。DO 信号地址以系统变量$OUT[n]的格式定义。

（2）Level：脉冲极性。TRUE 为高电平（状态 1）脉冲，FALSE 为低电平（状态 0）脉冲。

（3）Pulse_Duration：脉冲宽度，单位 s，输入范围为 0.001～3.0s（实际精度为 0.1s）。

在正常情况下，执行脉冲输出指令，可在指定的DO 端输出 1 个脉冲信号。例如，执行指令“PULSE（$OUT[50]，TRUE，0.5）”，$OUT[50]将输出图 7.4-1（a）所示的宽度为 0.5s 的脉冲信号。但是，如果在脉冲输出期间，执行了图 7.4-1（b）所示的系统复位操作，脉冲输出将立即被复位。

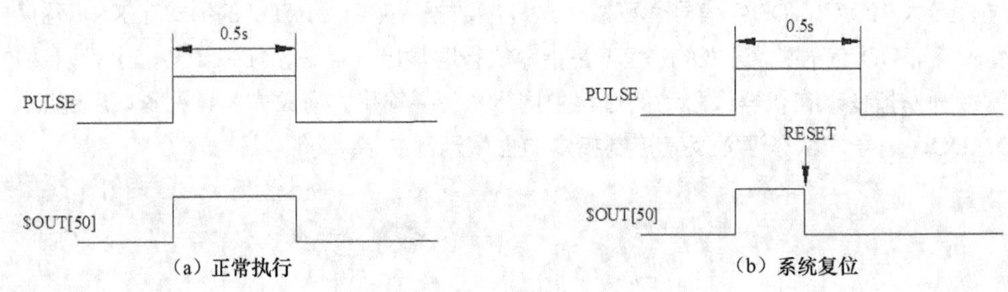

图 7.4-1　脉冲输出

脉冲输出与 DO 信号 ON/OFF 输出一样，一般情况下，脉冲在指令执行时启动输出，但是，如果需要，同样可通过同步输出、控制点操作指令，在机器人移动的过程中同步执行并输出，有关内容详见后述章节。此外，DO 信号的输出脉冲实际状态还与指令执行前的 DO 输出状态及指令的编程有关，在不同输出状态下执行同样的指令，或者采用不同的编程方式，可能会得到不同的输出脉冲。说明如下。

2. 初始状态与脉冲极性一致

当 DO 初始状态与脉冲极性相同时，实际输出脉冲的宽度将被放大。具体而言，在输出 ON（$OUT[n] = TRUE）的情况下，执行正脉冲输出指令，输出将在脉冲输出的下降沿成为 OFF（FALSE）状态；如果在输出 OFF（$OUT[n] = FALSE）的情况下，执行负脉冲输出指令，输出将在脉冲上升沿成为 ON（TRUE）状态。

例如，执行以下程序时，$OUT[50] 的输出如图 7.4-2（a）所示。

```
$OUT[50] = TRUE
……
PULSE（$OUT[50], TRUE, 0.5）
……
```

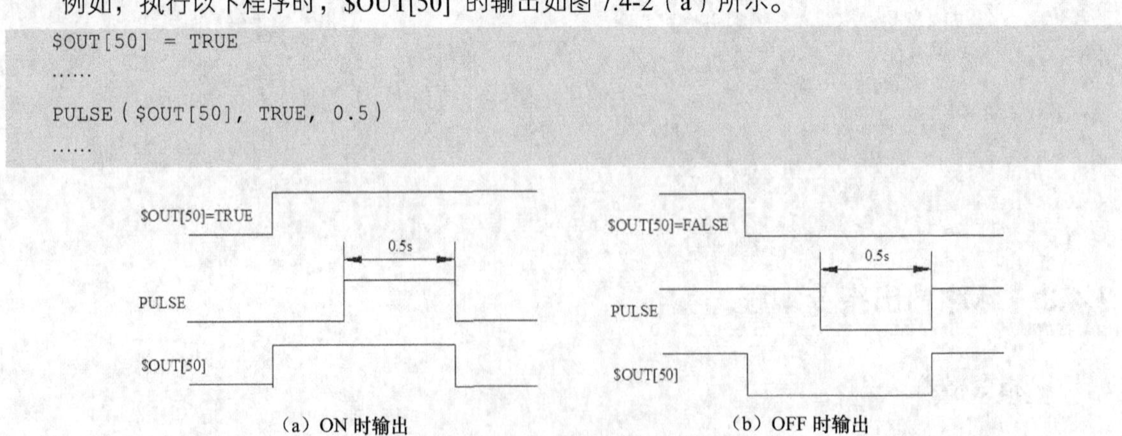

图 7.4-2　相同初始状态的脉冲输出

执行以下程序时，$OUT[50] 的输出如图 7.4-2（b）所示。

```
$OUT[50] = FALSE
……
PULSE ( $OUT[50], FALSE, 0.5 )
……
```

3. 脉冲输出期间执行输出指令

在正脉冲输出期间，如果执行输出 ON 指令（$OUT[n] = TRUE），输出 ON 指令将无效；如果执行输出 OFF 指令（$OUT[n] = FALSE），则输出立即成为 OFF 状态。

例如，执行以下程序时，$OUT[50] 的输出如图 7.4-3（a）所示。

```
……
PULSE ( $OUT[50], TRUE, 0.5 )
$OUT[50] = TRUE
……
```

执行以下程序时，$OUT[50] 的输出如图 7.4-3（b）所示。

```
……
PULSE ( $OUT[50], FALSE, 0.5 )
$OUT[50] = FALSE
……
```

同样，在负脉冲输出期间，如果执行输出 OFF 指令（$OUT[n] = FALSE），输出 OFF 指令将无效；如果执行输出 ON 指令（$OUT[n] = TRUE），则输出立即成为 ON 状态。

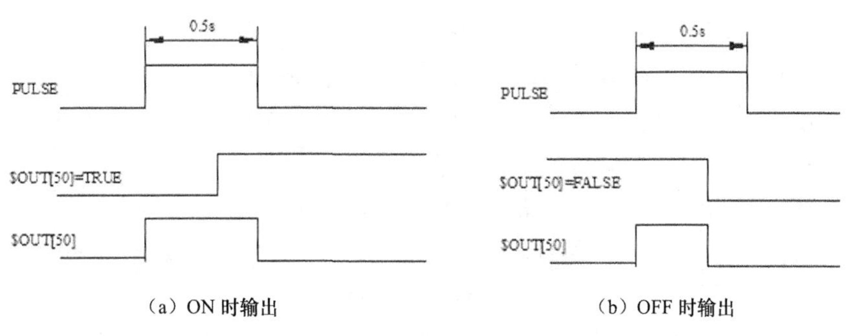

图 7.4-3　正脉冲输出时执行输出指令

4. 重复执行脉冲输出指令

在正脉冲输出期间，如果再次执行正脉冲输出指令，输出脉冲的宽度将被加宽；如果再次执行负脉冲输出指令，则输出被分为正脉冲、负脉冲两部分。

例如，执行以下程序时，$OUT[50]的输出指令如图 7.4-4（a）所示。

```
……
PULSE ( $OUT[50], TRUE, 0.5 )
PULSE ( $OUT[50], TRUE, 0.5 )
……
```

执行以下程序时，$OUT[50] 的输出如图 7.4-4（b）所示。

```
……
PULSE ( $OUT[50], TRUE, 0.5 )
```

```
PULSE ($OUT[50], FALSE, 0.5)
……
```

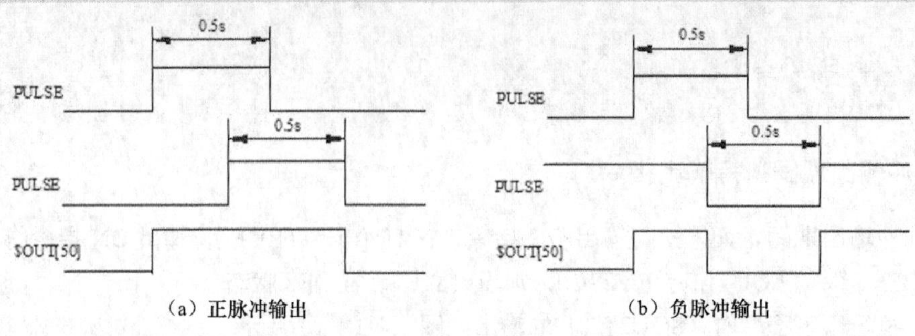

（a）正脉冲输出　　（b）负脉冲输出

图 7.4-4　重复执行脉冲输出指令

同样，在负脉冲输出期间，如果再次执行负脉冲输出指令，输出脉冲的宽度将变宽；如果再次执行正脉冲输出指令，则输出被分为负脉冲、正脉冲两部分。

7.5　控制点输出指令编程

7.5.1　终点及连续移动起点输出

1. DO 输出位置及定义

在一般情况下，DO 信号的 ON/OFF、脉冲信号都在指令执行时输出，但是在某些情况下，出于控制的需要，有时在机器人移动的同时，或者在移动轨迹的特定位置，利用系统变量$OUT[n]控制 DO 信号 ON/OFF 或利用 PULSE 指令输出脉冲信号，实现机器人和辅助部件的同步动作，为此，工业机器人控制系统通常都具有“控制点输出”功能。

控制点输出功能一般可用于点焊机器人的焊钳开合、电极加压、焊接启动、多点连续焊接，以及弧焊机器人的引弧、熄弧等诸多控制场合。机器人定位、直线、圆弧插补轨迹上需要控制 I/O 信号的位置，称为 I/O 控制点或触发点（trigger point）。KUKA 机器人的 I/O 控制点可以是机器人定位、直线、圆弧插补指令的目标位置（移动终点）、连续移动起始点，也可以是利用同步输出指令 SYN OUT、控制点操作指令 TRIGGER 定义的轨迹任意位置。

KUKA 机器人的移动终点、连续移动起始点输出，可通过简单的 DO 输出（包括脉冲输出，下同）指令添加项 CONT 控制，移动终点输出可直接使用系统变量$OUT_C[n]控制，或者通过后述的同步输出指令 SYN OUT、控制点操作指令 TRIGGER 实现。

利用添加项 CONT、系统变量$OUT_C[n]控制 DO 输出的编程方法如下，同步输出指令 SYN OUT、控制点操作指令 TRIGGER 的编程要求见后述章节。

2. 添加项 CONT 控制

基本输出指令$OUT[i]、脉冲输出 PULSE 增加连续执行添加项 CONT，可使 DO 信号的输出提前至机器人连续移动轨迹的开始点执行。

通常情况下，当在机器人连续移动指令中插入无添加项 CONT 的基本输出指令$OUT[i]（或脉冲输出 PULSE，下同）时，DO 输出将中断机器人的连续移动、在上一移动指令到达终点时才能输出。例如，对于以下含有输出指令（或脉冲指令，下同）的连续移动程序段，程序点 P3 的连续移动将被中断，输出$OUT[i] = TRUE（或 FALSE）将在机器人完成 P3 定位后执行，TCP 运动轨迹如图 7.5-1（a）所示。

```
……
LIN  P1  Vel = 0.2m/s  CPDAT1
LIN  CONT  P2  Vel = 0.2m/s  CPDAT2
LIN  CONT  P3  Vel = 0.2m/s  CPDAT3
$OUT[5] = TRUE
LIN  CONT  P4  Vel = 0.2m/s  CPDAT4
……
```

但是，如果机器人连续移动指令中插入带添加项 CONT 的输出指令或脉冲指令，则 DO 输出将在连续移动的开始点提前执行。例如，执行以下程序时，$OUT[5] = TRUE 将在图 7.5-1（b）所示的机器人 TCP 到达 P2 到位区间开始执行连续移动的位置输出，使机器人连续移动。

```
……
LIN  P1  Vel = 0.2m/s  CPDAT1
LIN  CONT  P2  Vel = 0.2m/s  CPDAT2
LIN  CONT  P3  Vel = 0.2m/s  CPDAT3
$OUT[5] = TRUE  CONT
LIN  CONT  P4  Vel = 0.2m/s  CPDAT4
……
```

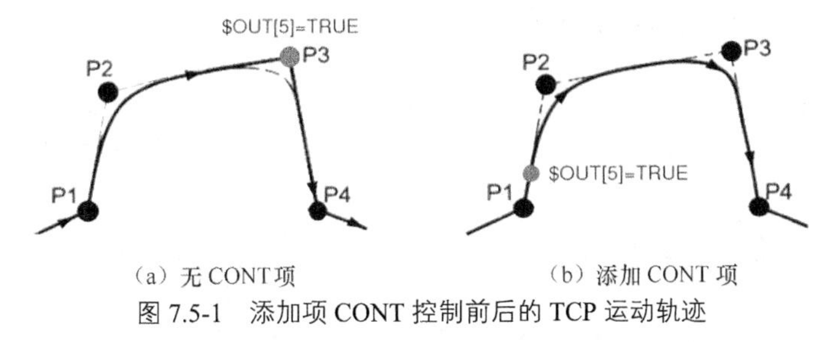

（a）无 CONT 项　　（b）添加 CONT 项

图 7.5-1　添加项 CONT 控制前后的 TCP 运动轨迹

3. 系统变量$OUT_C[n]输出

系统变量$OUT_C[n]用于移动终点输出控制，KRL 程序最大可使用 8 个系统变量$OUT_C[n]控制 8 点 DO 信号在机器人移动终点同时动作。

系统变量$OUT_C[n]与基本变量$OUT[n] 的区别在于：利用基本变量$OUT[n]控制的 DO 输出指令属于非机器人移动指令，它可通过程序中的连续执行指令 CONTINUE，在机器人启动移动的同时提前执行。使用系统变量$OUT_C[n]后，DO 信号的输出增加了机器人移动到位检测条件，对于准确定位指令，DO 输出必须在机器人移动指令到达终点，定位完成后才能输出，如果移动指令的终点被定义为连续移动 CONT，则 DO 信号在连续移动轨迹的中间点输出。

例如，执行以下指令时，$OUT[1]的实际输出位置如图 7.5-2（a）所示。

```
……
PTP  P20  Vel = 100%  PDAT20
LIN  P21  Vel = 0.2m/s  CPDAT21
$OUT_C[1] = TRUE                                    // P21 点输出$OUT[1]
LIN  P22  Vel = 0.2m/s  CPDAT22
……
```

执行以下指令时，$OUT[1]的实际输出位置如图 7.5-2（b）所示。

```
……
PTP  P20  Vel = 100%  PDAT20
LIN  P21  CONT  Vel = 0.2m/s  CPDAT21
$OUT_C[1] = TRUE                         // P21 连续轨迹中间点输出$OUT[1]
LIN  P22  Vel = 0.2m/s  CPDAT22
……
```

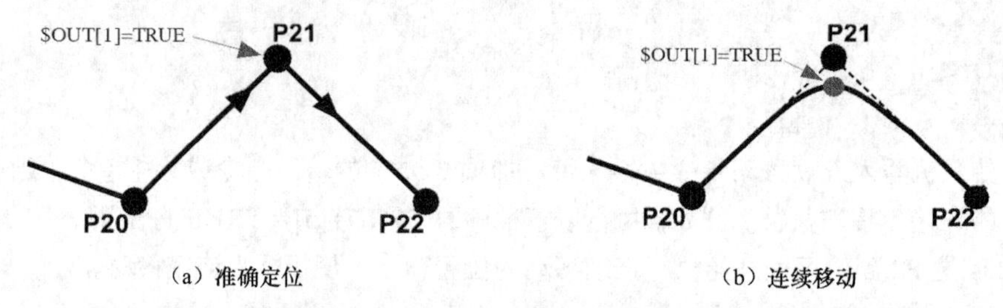

（a）准确定位　　（b）连续移动

图 7.5-2　$OUT_C[n]指令输出位置

需要注意的是，系统变量$OUT_C[n]只是对 DO 输出指令的执行附加了到位检测条件，但不能改变DO信号的地址，因此，在KRL程序中需要使用DO输出状态时，仍然需要利用系统变量$OUT[n]读取。此外，如果在非机器人移动指令之后，使用系统变量$OUT_C[n]控制 DO 输出，其功能与系统变量$OUT[n]的功能相同。

使用系统变量$OUT_C[n] 的程序示例如下。

```
……
PTP  P1  Vel = 100%  PDAT1
$OUT_C[5] = TRUE                          // 必须到达 P1 点，才输出$OUT[5]～[7]
$OUT_C[6] = FALSE
$OUT_C[7] = TRUE
LIN  P2  Vel = 0.2m/s  PDAT2
……
$OUT[20] = $OUT[5]  AND  NOT $OUT[6]      // DO 状态使用$OUT[5]～[7]
……
IF  $IN[1] = TRUE  THEN
  $OUT_C[10] = TRUE                       // 与$OUT[10] = TRUE 指令相同
EDNIF
……
```

7.5.2　同步输出指令编程

1. 指令功能与编程格式

同步输出指令 SYN OUT、SYN PULSE 可用于直线、圆弧插补轨迹指定位置的 DO 信号 ON/OFF 或脉冲输出控制，由于机器人定位指令 PTP 的运动轨迹自由，移动距离、移动时间计算比较困难，因此，同步输出指令通常不能用于机器人定位指令 PTP。

（1）同步输出指令 SYN OUT、SYN PULSE 的编程格式及操作数含义如下。

```
SYN OUT  Signal_status  Ref_Syn  Delay_time        // ON/OFF 状态输出
SYN PULSE  Signal_status  Ref_Syn  Delay_time      // 脉冲输出
```

① Signal_status：DO 地址及输出状态。SYN OUT 指令为 DO 地址（或名称）、输出状态，如

$OUT[50] = TRUE（或 FALSE）等；SYN PULSE 指令为 DO 地址（或名称）、脉冲极性及宽度，如（$OUT[50]，TRUE，0.5）等。

② Ref_Syn：同步基准位置。基准位置可以为移动指令的起点、终点或轨迹的指定位置（见下述）。

③ Delay_time：同步时延。同步时延为机器人 TCP 到达基准位置所需要的移动时间，设定范围为-10000～10000s，负值代表超前基准位置、正值代表滞后基准位置；同步时延不能超过移动指令的实际执行时间（见下述）。

（2）指令 SYN OUT、SYN PULSE 的基准位置 Ref_Syn 的定义方法如下。

① at Start：以移动指令的起点作为同步基准位置。

② at End：以移动指令的终点作为同步基准位置。

③ "Path = ±Distance：Distance"：定义同步基准位置离终点的距离，正值代表基准位置位于终点之后；负值代表基准位置位于终点之前。

DO 输出位置与直线、圆弧插补指令的定位方式有关，准确定位、连续移动时的输出位置分别如下，由于 DO 脉冲输出与输出 ON/OFF 控制只是输出指令的不同，在下述内容中将以输出 ON/OFF 控制为例进行说明。

2. 准确定位指令

对于非连续移动、准确定位的直线、圆弧插补指令，基准位置为移动指令的起点或终点，同步时延 t 应按图 7.5-3 所示的要求定义。

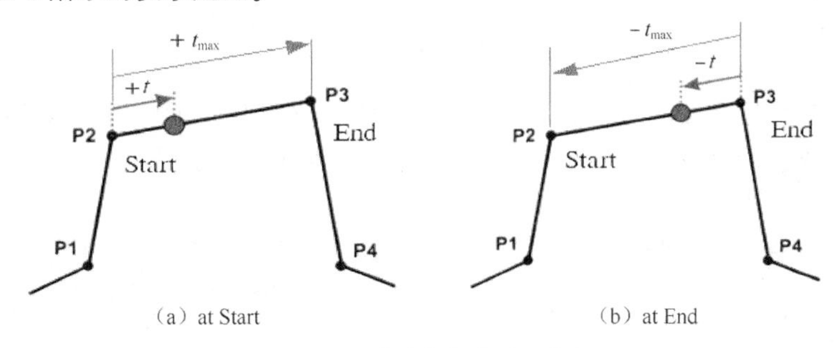

图 7.5-3　准确定位的时延定义

当基准位置选择"at Start（起点）"时，同步时延 t 应为正、最大值 t_{max} 不能超过移动指令的实际执行时间。当基准位置选择"at End（终点）"时，时延 t 应为负、最大绝对值（$-t_{max}$）同样不能超过移动指令的实际执行时间。

例如，在执行以下指令时，输出$OUT[8]将在机器人 TCP 由起点 P2 向终点 P3 的运动开始后 0.2s，成为 ON 状态，输出位置可参照图 7.5-3（a），图中的 t 为 200ms。

```
……
LIN  P1  Vel = 0.2m/s  CPDAT1
LIN  P2  Vel = 0.2m/s  CPDAT2
 SYN OUT  $OUT[8] = TRUE  at Start  Delay = 200ms      // 同步输出
LIN  P3  Vel = 0.2m/s  CPDAT3
LIN  P4  Vel = 0.2m/s  CPDAT4
……
```

在执行以下指令时，输出$OUT[8]将在机器人 TCP 到达终点 P3 前的 0.2s，成为 ON 状态，输出位置可参照图 7.5-3（b），图中的 t 为 200ms。

```
……
LIN  P1  Vel = 0.2m/s  CPDAT1
LIN  P2  Vel = 0.2m/s  CPDAT2
 SYN OUT  $OUT[8] = TRUE  at End  Delay = -200ms       // 同步输出
LIN  P3  Vel = 0.2m/s  CPDAT3
LIN  P4  Vel = 0.2m/s  CPDAT4
……
```

3. 连续移动指令

对应起点、终点被定义为连续移动的直线、圆弧插补指令，基准位置与到位区间有关，同步时延 t 的定义范围应按图 7.5-4 定义。

如果起点被定义为连续移动，起点的基准位置为如图 7.5-4（a）所示的起点连续移动过渡曲线的结束点。基准位置选择“at Start（起点）”时，时延 t 应为正，最大延时值 t_{max} 不能超过机器人由基准位置移动到终点（终点为准确定位）或终点到位区间（终点为连续移动）的实际移动时间。

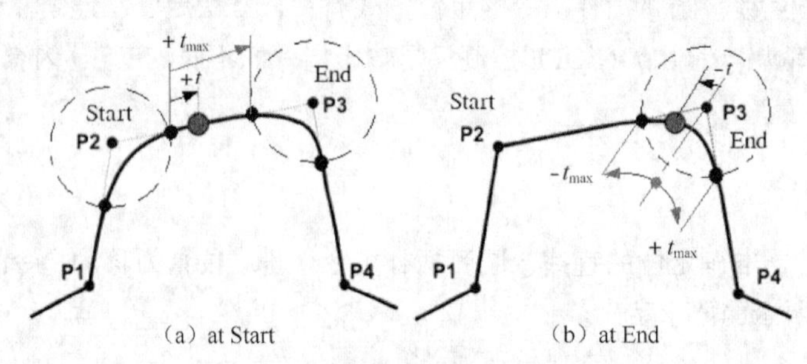

图 7.5-4　连续移动的同步时延定义

例如，当执行以下指令时，输出$OUT[8]将在机器人 TCP 离开 P2 连续移动过渡曲线结束点后 0.2s，成为 ON 状态，输出位置可参照图 7.5-4（a），图中的 t 为 200ms。

```
……
LIN  P1  Vel = 0.2m/s  CPDAT1
LIN  CONT  P2  Vel = 0.2m/s  CPDAT2
 SYN OUT  $OUT[8] = TRUE  at Start  Delay = 200ms       // 同步输出
LIN  CONT  P3  Vel = 0.2m/s  CPDAT3
LIN  CONT  P4  Vel = 0.2m/s  CPDAT4
……
```

如果终点被定义为连续移动，终点的基准位置为图 7.5-4（b）所示的终点连续移动过渡曲线的中间点。当基准位置选择“at End（终点）”时，时延 t 可以为正、也可以为负。t 为正时，输出点位于终点连续移动过渡曲线的后段；t 为负时，输出点位于终点连续移动过渡曲线的前段；实际输出点不能超出连续移动过渡曲线。

例如，执行以下指令时，输出$OUT[8]将在机器人 TCP 到达终点 P3 连续移动过渡曲线中间点前的 0.2s，成为 ON 状态，输出位置可参照图 7.5-4（b），图中的 t 为 200ms。

```
……
LIN  P1  Vel = 0.2m/s  CPDAT1
LIN  CONT  P2  Vel = 0.2m/s  CPDAT2
 SYN OUT  $OUT[8] = TRUE  at End  Delay = -200ms       // 同步输出
LIN  CONT  P3  Vel = 0.2m/s  CPDAT3
LIN  CONT  P4  Vel = 0.2m/s  CPDAT4
……
```

4. 基准位置调整

同步输出基准位置可通过“Path = ± Distance”调整，Distance 为同步基准位置离终点的距离，单位为 mm，正值代表基准位置位于终点之后，负值代表基准位置位于终点之前。调整基准位置后，指令仍可通过 Delay_time 定义动作时延。

同步输出基准位置调整后，实际输出点允许编程范围如图 7.5-5 所示。对于终点准确定位的直线、圆弧插补指令，实际输出点不能超出图 7.5-5（a）所示的起点及下一移动指令的终点。对于终点连续移动的直线、圆弧插补指令，实际输出点不能超出图 7.5-5（b）所示的连续移动过渡曲线的开始点和结束点。

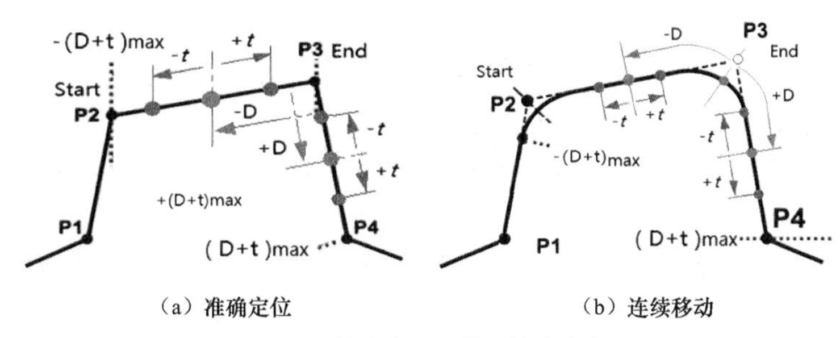

（a）准确定位　　（b）连续移动

图 7.5-5　基准位置调整及输出点定义

例如，执行以下指令时，输出$OUT[8]将以机器人 TCP 离终点（P3）50mm 的位置作为基准，并提前 0.2s 成为 ON 状态。

```
……
LIN  P1  Vel = 0.2m/s  CPDAT1
LIN  P2  Vel = 0.2m/s  CPDAT2
  SYN OUT  $OUT[8] = TRUE  Path = -50  Delay = -200ms      // 同步输出
LIN  P3  Vel = 0.2m/s  CPDAT3
LIN  P4  Vel = 0.2m/s  CPDAT4
……
```

如果输出$OUT[8]需要在起点 P2 之后 50mm、时延 0.2s 输出，则需要按以下方式，将同步输出指令提前到 P1→P2 直线插补指令之前，使得 P2 成为同步输出指令的移动终点。

```
……
LIN  P1  Vel = 0.2m/s  CPDAT1
  SYN OUT  $OUT[8] = TRUE  Path = 50  Delay = 200ms      // 同步输出
LIN  P2  Vel = 0.2m/s  CPDAT2
LIN  P3  Vel = 0.2m/s  CPDAT3
LIN  P4  Vel = 0.2m/s  CPDAT4
……
```

7.5.3　控制点操作指令编程

1. 指令功能与编程格式

控制点操作指令 TRIGGER 实际上是一种条件执行指令，它不仅可以用来控制指定位置的 DO 信号 ON/OFF 或脉冲输出控制，而且还可用于子程序调用等其他控制，并进行中断优先级的设定。同样，由于机器人定位指令 PTP 的运动轨迹自由，移动距离、移动时间计算比较困难，因此，指令

TRIGGER 通常也不能用于机器人定位指令 PTP。控制点操作指令可以用于样条插补，指令可通过示教编程的样条段输入编辑操作，在附加指令表 ADATn 中添加，有关内容详见第 9 章。

控制点操作指令 TRIGGER 的编程格式及操作数含义如下，指令应在机器人移动指令前编制，如果需要设定多个控制点，可连续编制多条控制点操作指令。

```
TRIGGER WHEN DISTANCE= Ref_Point DELAY = Time DO
Statement <PRIO = Priority >                      // 控制点操作
TRIGGER WHEN PATH = Distance DELAY = Time DO
Statement <PRIO = Priority >                      // 基准偏移控制点操作
```

① Ref_Point：基准点选择。"0" 为移动指令起点，"1" 为移动指令终点。

② Distance：基准偏移距离，单位为 mm。正值代表控制点位于基准点之后；负值代表控制点位于基准点之前。

③ Time：动作时延，单位为 ms，编程范围–10 000～10 000s。负值代表指定操作在控制点到达前执行，正值代表指定操作在控制点到达后动作。

④ Statement：控制点操作指令。可以是 DO 信号 ON/OFF、脉冲输出指令，也可以为子程序调用等其他指令。

⑤ Priority：控制点中断优先级。优先级允许为 1～39、81～128；设定 PRIO = –1，优先级可由系统自动分配。

控制点操作指令 TRIGGER 用于 DO 输出控制时，其编程方法与同步输出指令的编程方法类似，说明如下。

2. 控制点位置

指令 TRIGGER 的控制点位置定义方法、参数含义、编程要求与同步输出指令基本相同，简要说明如下。

① 控制点操作指令。控制点操作指令的控制点位置取决于基准点 Ref_Point、动作时延 Time。

对于准确定位指令，当基准点选择 "DISTANCE = 0（起点）" 时，动作时延 *Time* 应为正、最大值 t_{max} 不能超过移动指令的实际执行时间。当基准位置选择 "DISTANCE = 1（终点）" 时，动作时延 Time 应为负、最大绝对值（$-t_{max}$）同样不能超过移动指令的实际执行时间。实际动作位置可参见图 7.5-2。

对于连续移动的直线、圆弧插补指令，基准位置与到位区间有关。当基准位置选择 "DISTANCE = 0（起点）" 时，基准位置为起点连续移动过渡曲线的结束点，动作时延 Time 应为正、最大值 t_{max} 不能超过移动指令到达终点到位区间的实际执行时间。当基准位置选择 "DISTANCE = 1（终点）" 时，基准点为终点连续移动过渡曲线的中间点，动作时延 Time 可以为正、也可以为负；时延为正、控制点位于终点连续移动过渡曲线的后段；时延为负、控制点位于终点连续移动过渡曲线的前段；实际动作点不能超出连续移动过渡曲线。动作位置可参见图 7.5-3。

② 基准偏移控制点操作指令。基准点可通过 "Path = ± Distance" 偏移，Distance 为基准点离终点的距离，单位为 mm。其正值代表基准点位于终点之后，负值代表基准点位于终点之前。基准点偏移后，实际控制点仍可通过动作时延 Time 指定。

对于非连续移动、准确定位的直线、圆弧插补指令，动作点不能超出起点及下一移动指令的终点；对于连续移动直线、圆弧插补指令，实际动作点不能超出连续移动过渡曲线的开始点和结束点。动作位置可参见图 7.5-4。

3. 编程示例

对于图 7.5-6 所示的多点 DO 输出、脉冲输出控制，利用控制点操作指令 TRIGGER 编制的 KRL 程序如下。

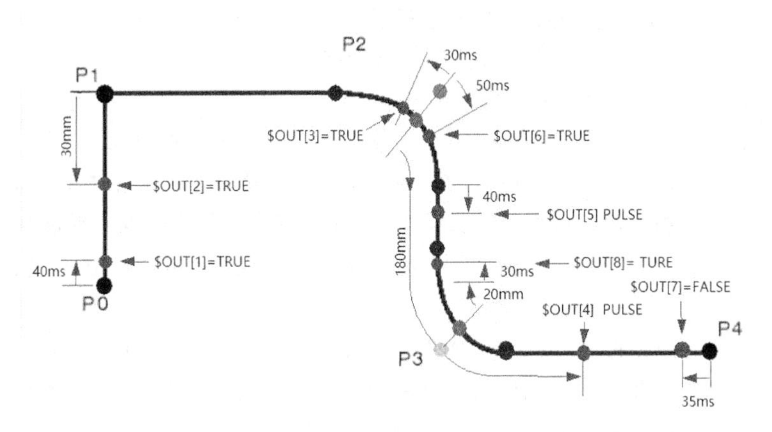

图 7.5-6　控制点操作指令编程示例

```
......
PTP  P0  Vel = 100%  PDAT1  Tool[1]  Base[0]
  TRIGGER  WHEN  DISTANCE = 0 DELAY = 40  DO  $OUT[1] =TRUE
  TRIGGER  WHEN  PATH = -30  DELAY = 0  DO  $OUT[2] = TRUE  PRIO = -1
LIN  CONT  P1  Vel = 0.2m/s  CPDAT1
  TRIGGER  WHEN  DISTANCE = 1 DELAY= -30  DO  $OUT[3]=TRUE
  TRIGGER WHEN  PATH = 180  DELAY = 0  DO  PULSE ($OUT[4], TRUE, 0.9)
  TRIGGER WHEN  PATH = 0  DELAY = 40  DO  $OUT[6] = TRUE  RIO = -1
LIN  CONT  P2  Vel = 0.2m/s  CPDAT2
  TRIGGER WHEN DISTANCE = 0  DELAY= 40  DO  PULSE ($OUT[5], TRUE, 1.4)
  TRIGGER  WHEN  PATH = -20  DELAY= -30  DO  $OUT[8] = TRUE  RIO = -1
LIN  CONT  P3  Vel = 0.2m/s  CPDAT3
  TRIGGER  WHEN  DISTANCE=1 DELAY= -35  DO  $OUT[7] =FALSE  PRIO= -1
LIN  P4  Vel = 0.2m/s  CPDAT4
......
```

7.6　循环处理指令编程

7.6.1　DIG 循环读入指令编程

1. 指令功能与编程格式

在通常情况下，DI 信号、DIG 信号状态可利用基本 DI 状态读入指令读取，并在 KRL 程序中得到 DI、DIG 读入指令执行时刻的当前值；DI 状态读入指令一旦执行完成，KRL 中的 DI、DIG 状态将保持不变，直到再次执行 DI、DIG 读入指令。基本 DI、DIG 状态读入指令的编程方法可参见 7.4 节。

如果使用 DIG 循环读入指令 DIGIN ON，DIG 信号的状态可由操作系统在每一插补周期（通常为 12ms）循环读入、动态刷新，从而在 KRL 程序中得到实时变化的 DIG 输入状态，循环读入的 DIG 信号可自动进行 D/A 转换，成为 KRL 程序中的数值范围为–1.00～1.00 的实数（REAL）。DIG 信号的循环读入需要由操作系统直接处理，因此，在 KRL 程序的同一区域最大允许同时启动 2 组 DIG 信号的循环读入操作。

循环读入的 DIG 信号由地址连续、不超过 32 点 DI 组成，状态循环读入需要利用指令 DIGIN ON 启动、DIGIN OFF 关闭，指令的编程格式及操作数含义如下。

```
DIGIN ON  Signal_ Value = Factor * $DIGINn  < ±Offset >   // DIG 循环读入启动
DIGIN OFF  $DIGINn                                      // DIG 循环读入关闭
```

① Signal_Value：保存 D/A 转换结果的程序数据，数据格式为实数（REAL）。

② Factor：D/A 转换系数，可以为实数型（REAL）变量（程序数据）或常数。

③ $DIGINn：DIG 信号地址，DIG 信号地址需要通过系统变量$DIGIN1～$DIGIN6 定义（见下述）。

④ Offset：D/A 转换偏移，可以为实数型（REAL）变量（程序数据）或常数。

DIG 循环读入启动、关闭指令编程时，需要预先定义 DIG 信号的地址、数据格式等系统参数，系统参数需要在机器数据模块 Mada 中按照以下要求预先定义。

2. 循环读入 DIG 信号定义

循环读入的 DIG 信号的地址、数据格式，以及用于外部传感器数据传输启动控制的输入选通信号输出地址$OUT[i]、极性等参数，需要在机器数据模块 Mada、系统数据文件$MACHINE.dat（/Mada/STEU/$MACHINE.dat/）中，通过如下系统变量预先定义。

① $DIGIN1～$DIGIN6：循环读入 DIG 信号起始、结束地址。KUKA 机器人控制系统最大可定义 6 组循环读入 DIG 信号；信号地址需要利用信号声明指令 SIGNAL 定义，输入地址在系统允许范围内选择。

② $DIGIN1CODE～$DIGIN6CODE：循环读入 DIG 信号$DIGIN1～$DIGIN6 的数据格式。$DIGIN1CODE～$DIGIN6CODE 需要通过数据声明指令 DECL DIGINCODE，可定义的数据格式为“#UNSIGNAL（无符号正整数）”或“#SIGNAL（带符号整数）”。例如，对于 12 点 DIG 信号，如果定义为#UNSIGNAL 数据，数字量的数值范围为 0～4095（2^{12}），定义为#SIGNAL 数据的数字量数值范围为–2048～2047（-2^{11}～$2^{11}-1$）等。

③ $STROBE1～$STROBE6：循环读入 DIG 信号$DIGIN1～$DIGIN6 的输入选通信号输出地址$OUT[i]，$STROBE1～$STROBE6 需要通过信号声明指令 SIGNAL 定义，输出地址在系统允许范围内选择。

④ $STROBE1LEV～$STROBE6LEV：循环读入 DIG 信号$DIGIN1～$DIGIN6 的输入选通信号极性，$STROBE1LEV～$STROBE6LEV 需要通过数据声明指令 BOOL 定义，极性定义为 TRUE 时，为正脉冲输出；定义为 FALSE 时，为负脉冲输出。

循环读入 DIG 信号定义示例如下。

```
……
SIGNAL  $DIGIN1  $IN[100]  TO  $IN[111]
                                       // 定义$IN[100]～[111]为循环读入 DIG 信号$DIGIN1
DECL  DIGINCODE  $DIGIN1CODE = #UNSIGNAL   // $DIGIN1 为正整数
SIGNAL  $STROBE1  $OUT[100]                // $DIGIN1 输入选通信号为$OUT[100]
BOOL $STROBE1LEV = TURE                    // 选通信号$OUT[100]为正脉冲输出
```

```
SIGNAL  $DIGIN2  $IN[200]  TO  $IN[211]
                                              // 定义$IN[200]～[211]为循环读入 DIG 信号$DIGIN2
DECL  DIGINCODE  $DIGIN2CODE = #SIGNAL        // $DIGIN2 为带符号整数
SIGNAL  $STROBE2  $OUT[200]                   // $DIGIN2 输入选通信号为$OUT[200]
BOOL $STROBE1LEV = FALSE                      // 选通信号$OUT[200]为负脉冲输出
……
```

3. 循环读入指令编程

在 KRL 程序中，DIG 信号的循环读入需要通过指令 DIGIN ON 启动、DIGIN OFF 指令关闭；在 KRL 程序的同一区域，最大允许同时启动 2 组循环读入 DIG 信号。

循环读入利用 DIGIN ON 启动后，控制系统将在每一插补周期（如 12ms）里自动刷新输入状态，而不管 KRL 程序的实际执行指针（当前执行指令）处于何处。循环读入的 DIG 信号由系统自动进行 D/A 转换，成为 KRL 程序中数值为–1.00～1.00 的实数（REAL）。

DIG 循环读入指令的编程示例如下。

```
……
REAL  A, B, C
……
INI
……
DIGIN ON  A = 1 * $DIGIN1                     // 循环读入$DIGIN1 的状态
……
DIGIN OFF  $DIGIN1                            // $DIGIN1 循环读入关闭
……
DIGIN ON  B = 0.9 * $DIGIN2 + 0.5             // 循环读入$DIGIN2 的状态
……
DIGIN OFF  $DIGIN2                            // $DIGIN2 循环读入关闭
……
```

7.6.2 AI/AO 循环处理指令编程

1. 指令与功能

在通常情况下，AI/AO 的状态可利用基本 AI/AO 读入/输出指令读取/输出，AI 所读取的状态为指令执行时刻的输入值、AO 输出为固定不变的数值。指令一旦执行完成，AI 读入状态、AO 输出均将保持不变，直到再次执行 AI 读入、AO 输出指令。示例如下。

```
……
A = $ANIN[1]                                  // AI 读入
$ANOUT[1] = 0.5                               // AO 输出
B = 0.5* $ANIN[1] + $ANOUT[1]                 // AI/AO 运算
……
```

当 AI/AO 使用循环读入/输出功能时，控制系统可在每一插补周期（通常为 12ms），循环读入/动态刷新 AI/AO 信号的状态，从而在 KRL 程序中得到实时变化的 AI 状态，或者在 AO 输出端得到动态更新的输出状态。

AI/AO 信号的循环读入/动态刷新需要由操作系统直接处理，在 KRL 程序的同一区域，最大允许同时启动 3 通道 AI 信号的循环读入、4 通道 AO 信号的动态刷新操作。用于 AI/AO 循环读入/动态刷新的信号，不能直接使用系统变量$ANIN[n]、$ANOUT[n]定义程序数据，而是需要利用信号声明指令 SIGNAL 定义程序数据。

2. AI 循环读入指令格式

AI 循环读入需要利用指令 ANIN ON 启动、ANIN OFF 关闭。在 KRL 程序的同一区域，最大允许同时编制 3 条 AI 信号循环读入指令 ANIN ON。ANIN ON/OFF 指令的编程格式及操作数含义如下。

```
ANIN ON  Signal_Value = Factor * Signal_Name  < ±Offset >       // AI 循环读入启动
ANIN OFF  Signal_Name                                           // AI 循环读入关闭
```

① Signal_Value：保存 AI 值的程序数据，数据格式为实数（REAL）。

② Factor：输入系数，可以为实数型（REAL）变量（程序数据）或常数。

③ Signal_Name：AI 信号名称。AI 信号名称必须通过信号声明指令定义，不能直接使用系统变量$ANIN[n]。

④ Offset：输入偏移，可以为实数型（REAL）变量（程序数据）或常数。

3. AO 循环输出指令格式

AO 循环输出需要利用指令 ANOUT ON 启动、ANOUT OFF 关闭。在 KRL 程序的同一区域，最大允许同时编制 4 条 AO 信号循环输出指令 ANOUT ON。ANOUT ON/OFF 指令的编程格式及操作数含义如下。

```
  ANOUT ON  Signal_name = Factor * Control_Element  <±Offset>  <DELAY=±Time>
< MINIMUM=Minimum_Value>  <MAXIMUM = Maximum_Value>       // AO 循环输出启动
  ANOUT OFF  Signal_name                                  // AO 循环输出关闭
```

① Signal_name：AO 信号名称。AO 信号名称必须通过信号声明指令定义，不能直接使用系统变量$ANOUT[n]。

② Factor：输出转换系数，实数型变量（程序数据）或常数，输入范围 0.00～10.00。

③ Control_Element：输出存储器，保存 AO 值的程序数据，数据格式为实数（REAL）。

④ Offset：输出偏移，必须为实数型（REAL）常数。

⑤ Time：输出时延，单位为 s，允许输入范围为-0.2～0.5；负值代表超前、正值代表时延。

⑥ Minimum_Value：最小输出值（数值），单位为 V。允许编程范围为-1.00～1.00，对应的模拟电压输出为-10～10V；最小输出值必须小于最大输出值。

⑦ Maximum_Value：最大输出值（数值），单位为 V。允许编程范围为-1.00～1.00，对应的模拟电压输出为-10～10V；最大输出值必须大于最小输出值。

使用添加项 Minimum_Value、Maximum_Value 时，AO 实际输出将被限定在最小值和最大值范围，程序中的 AO 值小于 Minimum_Value 时，系统将直接输出 Minimum_Value 值；AO 值大于 Maximum_Value 时，系统将直接输出 Maximum_Value 值。

例如，当 ANOUT ON 指令添加“MINIMUM = 0.3 MAXIMUM =0.9”时，AO 实际输出电压将被限定在如图 7.6-1 所示的 3～10V 范围，KRL 程序中的 AO 值小于 0.3 时，直接

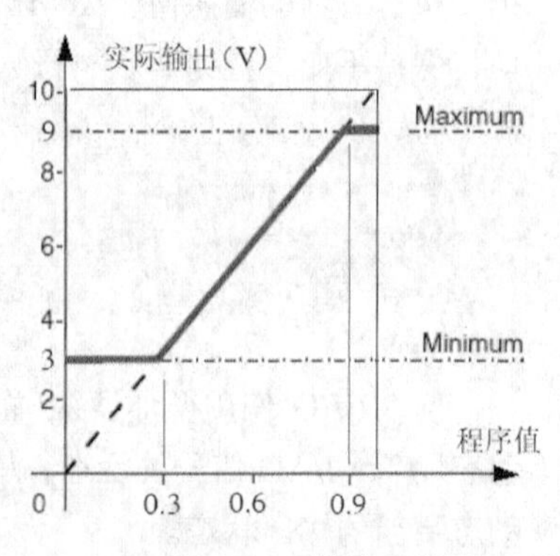

图 7.6-1　AO 输出限制

输出 3V；大于 0.9 时，直接输出 9V。

4. AI/AO 循环处理编程示例

AI/AO 循环处理指令的编程示例如下。

```
……
REAL  A
SIGNAL  CORRECTION  $ANIN[1]            // 循环读入 AI 信号定义
SIGNAL  ADHESIVE  $ANOUT[2]             // 动态刷新 AO 信号定义
……
INI
……
HOME = {AXIS: A1 0, A2 -90, A3 90, A4 0, A5 0, A6 0}
……
FOR  I=1  TO  16
  $ANOUT[I] = 0                         // AO 输出$ANOUT[1]～[16]输出 0V
ENDFOR
……
PTP  HOME  Vel = 100%  DEFAULT
A = $ANIN[2]                            // $ANIN[2]状态直接读入
$ANOUT[1] = 0.3                         // $ANOUT[1]直接输出 3V
……
IF  A>= 0.05  THEN
  PTP  P1  Vel = 100%  PDAT1            // 机器人定位
    ANIN  ON  $TECHIN[1]  1*CORRECTION + 0.1
                                        // 循环读入$ANIN[1]状态
    ANOUT  ON  ADHESIVE = 0.5*$VEL_ACT + 0.2  DELAY = -0.12
                                        // 动态刷新$ANOUT[2]状态
  LIN  P2  Vel = 0.2m/s  CPDAT2
  CIRC  P3, P4  Vel = 0.2m/s  CPDAT4
    ANOUT  OFF  ADHESIVE                // $ANIN[1]循环读入关闭
    ANIN  OFF  CORRECTION               // $ANOUT[2]动态刷新关闭
  PTP  P5  Vel = 100%  PDAT5
ENDIF
PTP  HOME  Vel = 100%  DEFAULT
……
```

在以上程序中，程序启动后，首先可通过循环指令 FOR，将 AO 输出$ANOUT[1] ～[16]全部置为 0V。接着，机器人执行 HOME 定位移动；定位完成后，通过程序数据 A 直接读入 AI 输入$ANIN[2]的状态，并在 AO 输出$ANOUT[1]上输出 3V 电压；程序数据 A、程序数据 A 在后续的机器人移动中保持不变。

如果 AI 输入$ANIN[2]大于等于 0.5V，机器人将定位到 P1 点（作业起点），并利用系统变量$TECHIN[1]（轨迹自动修正参数）循环读入 AI 输入$ANIN[1]（轨迹修正传感器）的状态、自动修正 TCP 移动轨迹；接着，利用系统变量$VEL_ACT（机器人 TCP 实际移动速度）动态刷新 AO 输出$ANOUT[2]（移动速度显示）。然后，进行机器人 P1→P2 直线插补、P2→P4 圆弧插补移动；在移动过程中，系统变量$TECHIN[1]和 AO 输出$ANOUT[2]将始终处于自动刷新的状态，直到圆弧插补终点 P4 到达、关闭$ANIN[1]循环读入和$ANOUT[2]动态刷新操作。

7.7 程序控制指令编程

7.7.1 执行控制指令编程

1. 指令功能及说明

机器人的程序控制指令分为程序执行控制和程序转移（分支控制）两类。程序执行控制指令用于当前程序的运行、等待、暂停、跳转、结束等控制；程序转移指令用于子程序调用、程序跳转等分支控制，有关内容详见后述。

KUKA 机器人程序可使用的程序执行控制指令名称、功能如表 7.7-1 所示。

表 7.7-1 程序执行控制指令编程说明表

名称	指令代码	功能
程序结束	END	程序结束，系统结束程序自动运行操作
程序停止	HALT	系统在当前指令执行完成后，进入停止状态
运动停止	BRAKE < F >	停止机器人运动、中断程序执行过程；添加 F 后，机器人以紧急制动的方式，快速停止机器人运动；无 F 为正常的减速停止
程序暂停	WAIT SEC *Time*	程序暂停，等待时延 Time 到达后继续执行后续指令
条件等待	WAIT FOR *Condition*	程序暂停，等待条件 Condition 满足后继续执行后续指令
连续执行	CONTINUE	机器人移动时可执行后续非移动指令
跳转	GOTO *Mark*	跳转至 Mark 处继续执行

程序执行控制指令 END、HALT、BRAKE、CONTINUE 的格式简单、功能明确，简要说明如下；WAIT 指令的编程方法见后述。

① END 指令。程序结束，系统结束程序自动运行操作。如当前程序被其他程序调用，执行 END 指令可返回至原程序，并继续原程序后续指令。

② HALT 指令。HALT 指令用于正常情况的程序暂停。系统在当前运行指令执行完成（如机器人移动到位、时延到达等）、机器人及外部轴减速停止后，进入程序暂停状态；程序的继续运行需要移动光标到下一指令行，并通过启动键重新启动。

程序暂停时，系统的运行时间计时器将停止计时；对于脉冲输出指令，系统将在指定宽度的脉冲信号输出完成后，才停止运行。

③ BRAKE<F>指令。机器人停止或紧急停止。BRAKE<F>指令只能用于中断程序，当中断程序处理需要停止机器人运动时，可通过 BRAKE 指令停止机器人运动。指令添加 F 时，机器人将以最快的速度紧急制动；无 F 为正常的减速停止。BRAKE 指令的编程要求及示例详见 7.8 节。

④ WAIT 指令。WAIT 指令用于程序暂停控制。WAIT 指令与程序暂停指令 HALT 的区别：WAIT 指令暂停可在时延到达或指定条件满足后，自动重启程序运行，继续执行后续指令；而 HALT 指令暂停后，需要由操作者通过程序启动键、手动重启程序运行，才能继续执行后续指令。WAIT 指令的使用方法见后述。

⑤ CONTINUE 指令。非移动指令连续执行。机器人移动的同时，可执行后续非移动指令（如 DO 输出指令等）。CONTINUE 指令只能保证后续的 1 条非移动指令提前执行，如果需要多条指令提前，则需要编制多个 CONTINUE 指令。示例如下。

```
……
LIN  P1  Vel = 0.2m/s  CPDAT1
$OUT[1] = TRUE                // P1 到位、机器人移动停止后$OUT[1]输出 ON
……
LIN  P2  Vel = 0.2m/s  CPDAT2
CONTINUE
$OUT[2] = TRUE                // 机器人启动 P1→P2 移动的同时，$OUT[2]输出 ON
CONTINUE
$OUT[3] = TRUE                // 机器人启动 P1→P2 移动的同时，$OUT[3]输出 ON
……
```

⑥ GOTO 指令。无条件跳转至程序指定的位置继续执行，跳转目标位置 *Mark* 应在 GOTO 指令中表明，并在 KRL 程序中以“Mark:”标记。GOTO 指令的跳转目标不但可以位于跳转指令之后，而且也可以位于跳转指令之前；或者由 IF、SWITCH 等分支内向外部跳转；但是不能在循环执行指令 LOOP、FOR……TO、WHILE、REPEAT……UNTIL 使用 GOTO 指令。

例如，执行如下程序时，如果输入$IN[1] = TRUE，则机器人可进行 P1→P2→P5 直线插补运动；如果输入$IN[1] = FALSE，机器人将进行 P1→P3→P4→P1→P3 ……的循环运动，直到输入$IN[1] = TRUE 时，执行 P1→P2→P5 移动、跳出 IF 分支。

```
……
MARK_1:                              // 跳转目标 MARK_1
LIN  P1  Vel = 0.2m/s  CPDAT1
IF  $IN[1] = TRUE  THEN
   LIN  P2  Vel = 0.2m/s  CPDAT2
   GOTO  MARK_2                      // 跳转到 MARK_2 处
  ELSE
   LIN  P3  Vel = 0.2m/s  CPDAT3
ENDIF
LIN  P4  Vel = 0.2m/s  CPDAT4
GOTO  MARK_1                         // 跳转到 MARK_1 处
MARK_2:                              // 跳转目标 MARK_2
LIN  P5  Vel = 0.2m/s  CPDAT5
……
```

2. 程序暂停指令编程

程序暂停指令 WAIT SEC 可以使得程序自动运行暂停规定的时间，一旦时延到达，系统将自动重启程序运行、继续执行后续指令。如果在机器人连续移动指令中插入暂停时间为 0 的指令“WAIT SEC 0”，则可以阻止机器人连续移动和程序预处理操作，保证移动指令完全执行结束、机器人准确到达移动终点后，继续执行后续指令。

WAIT SEC 指令的暂停时间可以用常数、程序数据、表达式指定（单位为 s）；定时范围为 0.012～2 147 484s（联机表格的最大设定为 30s），定时精度为 12ms（1 个插补周期）；如果暂停时间小于等于 0，WAIT SEC 指令将无效，系统可继续执行后续指令。

WAIT SEC 指令的编程示例如下。

```
……
REAL  A, B
……
INI
……
A = 10.0
B = 5.0
WAIT  SEC  30.0                          // 程序暂停30s
WAIT  SEC  A                             // 程序暂停10s
WAIT  SEC  4*A + B                       // 程序暂停45s
……
PTP  { A1 180 }  Vel = 100%  DEFAULT
WAIT  SEC  0
PULSE ( $OUT[1], TRUE, 1 )               // A1 轴准确到位后$OUT[1]输出脉冲信号
……
LIN  P1  Vel = 0.2m/s  CPDAT1
WAIT  SEC  0
$OUT[2] = TRUE                           // P1 准确到位后$OUT[2]输出 ON 信号
……
```

3. 条件等待指令编程

条件等待指令 WAIT FOR 可暂停程序的执行过程，直到指定条件满足时，才自动继续后续的指令。

等待条件 WAIT FOR 可以使用以下条件之一，系统定时器、标志、循环标志的编程方法可参见第 7 章。

$IN[n]、$OUT[n]：输入、输出信号 ON 状态（$IN[n] =TRUE、$OUT[n] =TRUE）。

$IN[n]、$OUT[n]比较运算式：如$OUT[n] = =TRUE 或 FALSE 等。

$TIMER_FLAG[n]：系统定时器状态（$TIMER_FLAG[n] = TRUE），指令功能与程序暂停相同。

$TIMER[n] >= Time：定时器比较运算式。

标志$FLAG[n]及其比较运算式：如$FLAG[n] = =TRUE 或 FALSE 等。

$CYCFLAG[n]：系统循环标志状态。

WAIT SEC 指令的编程示例如下。

```
……
REAL  A, B
……
INI
……
WAIT  FOR  $IN[1]                        // 等待$IN[1] =TRUE
WAIT  $OUT[1] == TRUE                    // 等待$OUT[1] =TRUE
……
$TIMER[1] = 30000                        // 设定 TIMER[1]为 30s
$TIMER_STOP[1] = FALSE                   // 启动 TIMER[1]计时
WAIT  FOR  $TIMER_FLAG[1] >=10           // 等待 TIMER[1]计时超过 10s
$TIMER_STOP[1] =TRUE                     // 停止 TIMER[1]计时
$TIMER[1] = 0                            // 复位 TIMER[1]
```

```
……
WAIT  FOR  $TIMER_FLAG[1]                    // 等待 TIMER[1]计时到达(30s)
……
$FLAG[1] = $OUT[1]  OR  $OUT[2]              // 定义系统标志$FLAG[1]
WAIT  FOR  $FLAG[1] ==FALSE                  // 等待$FLAG[1]=FALSE
……
$CYCFLAG[1] = $IN[1]  AND  $IN[2]            // 定义系统循环$CYCFLAG[1]
WAIT  FOR  $CYCFLAG[1]                       // 等待$CYCFLAG[1] =TRUE
……
```

4. 条件等待指令提前执行

在正常情况下，条件等待指令可阻止程序预处理，因此，对于终点连续移动的运动，如果插入条件等待指令，终点的连续运动将被取消，机器人只有在准确定位后，才能继续后续运动。

例如，执行如下指令时，机器人将在 P2 点准确定位、等待输入$IN[1]或$IN[2]为 TRUE 状态，然后，继续 P2→P3 移动；其运动轨迹如图 7.7-1 所示。

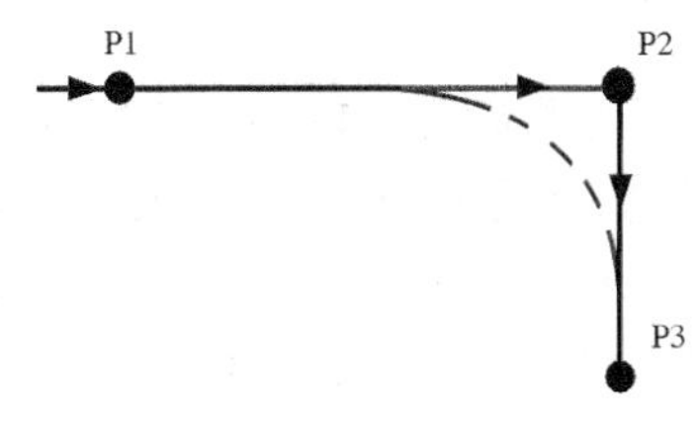

图 7.7-1　WAIT 正常执行

```
……
PTP  P1  Vel = 100%  PDAT1
LIN  P2  CONT  Vel = 0.2m/s  CPDAT2
WAIT  FOR  ( $IN[1]  OR  $IN[2] )
LIN  P3  Vel = 0.2m/s  CPDAT3
……
```

如果在条件等待指令前添加了非移动指令提前指令“CONTINUE”，WAIT 指令将被提前至机器人移动的同时执行，在这种情况下，对于终点为连续移动的指令，终点的连续运动可能被取消，也可能被保留。

例如，以下程序的执行过程如图 7.7-2 所示。

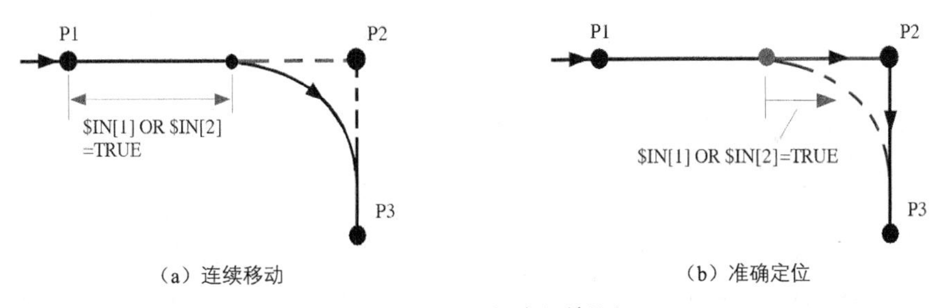

图 7.7-2　WAIT 指令提前执行

```
……
PTP  P1  Vel = 100%  PDAT1
LIN  P2  CONT  Vel = 0.2m/s  CPDAT2
CONTINUE
WAIT  FOR  ( $IN[1]  OR  $IN[2] )
LIN  P3  Vel = 0.2m/s  CPDAT3
……
```

如果等待条件在图 7.7-2(a)所示的终点 P2 连续移动之前满足，终点 P2 的连续移动将被保留，机器人将由 P1 连续移动到 P3。如果等待条件在图 7.7-2（b）所示的机器人进入终点 P2 到位区之后才满足，终点 P2 的连续移动将被取消，机器人将在 P2 点准确定位，然后，继续 P2→P3 移动。

7.7.2 循环执行指令编程

当机器人需要进行自动重复作业时，作业程序需要以循环执行的方式运行。KRL 程序的循环执行方式有无限循环 LOOP、计数循环“FOR……TO”、条件启动循环 WHILE、条件结束循环“REPEAT……UNTIL”4 种。使用循环指令编程时，不允许通过 GOTO 指令，由循环外部跳入循环程序，或者反之。

KRL 循环指令的功能和编程方法如下。

1. 无限循环

无限循环指令 LOOP 可连续不断地重复执行程序，程序的自动运行需要通过外部操作，或利用外部信号控制的循环退出指令 EXIT，才能结束程序的循环运行。

无限循环指令的编程格式如下，需要循环执行的 KRL 指令必须编写在 LOOP 之后、ENDLOOP 之前，并且可以使用嵌套。

```
LOOP                                        // 循环开始
Instructions Statement                      // 循环执行指令
ENDLOOP                                     // 循环结束
```

无限循环可利用 EXIT 指令，在循环任意位置自动退出。带嵌套的循环指令需要利用多条 EXIT 指令才能逐一退出。示例如下。

```
……
LOOP                                        // 外循环开始
PTP  P1  Vel = 100%  PDAT1                  // 外循环指令
PTP  P2  Vel = 100%  PDAT2
  LOOP                                      // 内循环开始
  PTP  P10  Vel = 100%  PDAT10              // 内循环指令
  PTP  P20  Vel = 100%  PDAT20
  IF  $IN[10] ==TRUE  THEN
    EXIT                                    // 内循环退出
  ENDIF
  ENDLOOP                                   // 内循环结束
IF  $IN[1] ==TRUE  THEN
  EXIT                                      // 外循环退出
ENDIF
ENDLOOP                                     // 外循环结束
PTP  P5  Vel = 100%  PDAT5
……
```

上述程序的自动运行一旦启动，机器人将进行 P1→P2 移动，随后进行 P10→P20 移动。如果系统输入$IN[10]不为 TRUE，机器人将重复 P20→P10→P10……内循环运动，直至$IN[10]成为 ON 状态。程序能退出内循环后，如果$IN[10]保持 ON 状态，但$IN[1]不为 TRUE，机器人将重复 P1→P2→P10→P20→P1……外循环运动，直至$IN[1]成为 ON 状态，退出外循环，进行 P20→P5 移动。

2. 计数循环

计数循环指令“FOR……TO”可以规定程序的循环执行次数，一旦程序执行到指定的次数，便可自动退出循环。

（1）计数循环指令的编程格式及操作数含义如下，需要循环执行的 KRL 指令必须编写在 FOR 行之后、ENDFOR 之前，指令同样可以使用嵌套，或者利用 EXIT 指令在循环任意位置退出。

```
FOR Counter = Start TO End < STEP Increment >          // 循环开始
 Instructions Statement                                // 循环执行指令
ENDFOR                                                 // 循环结束
```

① Counter：循环计数器名称。循环计数器名称需要利用程序数据声明指令定义，数据类型应为整数（INT）。

② Start：计数起始值，整数型常量。

③ End：计数结束值，整数型常量。

④ Increment：计数增量，整数型常量。Increment 可选择添加，正值为加计数、负值为减计数；省略时系统默认 Increment = +1。为了使得循环指令能够正确执行，对于 Increment 省略或为正的加计数，必须保证计数起始值小于等于结束值；对于 Increment 为负的减计数，必须保证计数起始值大于等于结束值。

⑤ Statements：循环执行指令。

（2）计数循环编程示例如下。

```
……
INT A                                     // 定义循环计数器
INI
……
FOR A = 1 TO 10                           // 循环启动、最大执行 10 次
PTP P1 Vel = 100% PDAT1                   // 循环执行指令
PTP P2 Vel = 100% PDAT2
IF $IN[10] ==TRUE THEN                    // $IN[10] 为 ON 时立即退出
  EXIT
ENDIF
ENDFOR                                    // 循环结束
……
FOR A = 10 TO 1 STEP = -2                 // 循环启动、执行 5 次（A=10、8、6、4、2）
PTP P3 Vel = 100% PDAT3                   // 循环执行指令
PTP P4 Vel = 100% PDAT4
ENDFOR
……
```

3. 条件启动循环

条件启动循环指令 WHILE 只能在指定条件满足时，才能启动循环；否则，将自动跳过循环指令，直接执行后续程序。

（1）条件启动循环指令的编程格式及操作数含义如下，需要循环执行的 KRL 指令必须编写在 WHILE 行之后、ENDWHILE 之前，指令同样可以使用嵌套，或者利用 EXIT 指令在循环任意位置退出。

```
WHILE Condition                                          // 循环启动
Instructions Statement                                   // 循环执行指令
ENDWHILE                                                 // 循环结束
```

Condition：循环启动条件。逻辑状态（BOOL）数据，可以使用逻辑运算表达式。

（2）条件启动循环编程示例如下。

```
……
WHILE $IN[3] ==TRUE                                      // $IN[3] 为ON时启动循环
PTP P1 Vel = 100% PDAT1                                  // 循环执行指令
PTP P2 Vel = 100% PDAT2
IF $IN[10] ==TRUE THEN                                   // $IN[10] 为ON时立即退出
 EXIT
ENDIF
PTP P3 Vel = 100% PDAT3
ENDWHILE                                                 // 循环结束
……
WHILE (($IN[1] ==TRUE) AND ($IN[2] ==FALSE) OR (A>=8))
                                                         // 逻辑运算结果为TRUE时启动循环
PTP P10 Vel = 100% PDAT10                                // 循环执行指令
PTP P20 Vel = 100% PDAT20
PTP P30 Vel = 100% PDAT30
ENDWHILE                                                 // 循环结束
……
```

4. 条件结束循环

条件结束循环指令“REPEAT……UNTIL”可直接启动、循环执行，直到UNTIL指定的条件满足，自动退出循环。

（1）条件结束循环指令的编程格式及操作数含义如下，需要循环执行的KRL指令必须编写在REPEAT行之后、UNTIL行之前，指令同样可以使用嵌套，或者利用EXIT指令在循环中途任意位置退出。

```
REPEAT                                                   // 循环启动
Instructions Statement                                   // 循环执行指令
UNTIL Condition                                          // 循环结束
```

Condition：循环结束条件。逻辑状态（BOOL）数据，可以使用逻辑运算表达式。

（2）条件结束循环编程示例如下。

```
……
REPEAT                                                   // 循环启动
PTP P1 Vel = 100% PDAT1                                  // 循环执行指令
PTP P2 Vel = 100% PDAT2
IF $IN[10] ==TRUE THEN                                   // $IN[10] 为ON时立即退出
 EXIT
ENDIF
PTP P3 Vel = 100% PDAT3
UNTIL $IN[3] ==FALSE                                     // $IN[3] 为OFF时循环结束
……
REPEAT
```

```
PTP  P10  Vel = 100%  PDAT10                                // 循环执行指令
PTP  P20  Vel = 100%  PDAT20
PTP  P30  Vel = 100%  PDAT30
UNTIL ( ($IN[1] ==TRUE) AND ($IN[2] ==FALSE) OR (A>=8) ) ==FALSE
                                                            // 逻辑运算结果为 FALSE 时结束循环
……
```

7.7.3 分支控制指令编程

分支控制程序可以根据判断条件，有选择地执行程序的某一部分。KRL 程序的分支控制方式有"IF……THEN……ELSE""SWITCH……CASE"两种，指令功能和编程方法如下。

1. IF 分支控制

（1）在 KRL 程序中，IF 分支控制指令通常用于两分支程序控制，指令的编程格式及操作数含义如下。

```
IF  Condition  THEN                            // 条件判断
   Instructions Statement 1                    // Condition 条件满足时执行
 < ELSE >                                      // 可选添加项
   Instructions Statement 2                    // Condition 条件不满足时执行
ENDIF                                          // 分支结束
```

① Condition：分支执行条件。逻辑状态（BOOL）数据，可以使用逻辑运算表达式。

② ELSE：可选择添加项。使用 ELSE 时，若 Condition 条件不满足，直接执行 ELSE 之后的指令；如省略 ELSE，Condition 条件不满足时，将直接跳过分支程序、执行 ENDIF 后续指令。

（2）IF 分支控制的编程示例如下。

```
……
IF  $IN[10] ==TRUE  THEN                                   // 条件判断
   PTP  P1  Vel = 100%  PDAT1                              // $IN[10]为 ON 时执行
   PTP  P2  Vel = 100%  PDAT2
 ELSE
   PTP  P10  Vel = 100%  PDAT10                            // $IN[10]为 OFF 时执行
   PTP  P20  Vel = 100%  PDAT20
ENDIF                                                      // 分支结束
……
IF ( ($IN[1] ==TRUE) AND ($IN[2] ==FALSE) OR (A>=8) )   // 条件判断
   PTP  P3  Vel = 100%  PDAT3                              // 逻辑运算结果为 TRUE 时执行
   PTP  P4  Vel = 100%  PDAT4
ENDIF                                                      // 分支结束
……
```

2. SWITCH 分支控制

在 KRL 程序中，SWITCH 分支控制指令通常用于选择性多分支程序控制，分支执行条件与分支数量由 CASE 指令定义，CASE 指令数量原则上不受限制。

（1）指令的编程格式及操作数含义如下。

```
SWITCH  Selection_Criterion
CASE  Block_Identifier1_1  <, Block_Identifier1_2, … >
```

```
 Instructions Statement 1
<CASE Block_Identifier2_1 > <, Block_Identifier2_2, … >
< Instructions Statement 2 >
……
<DEFAUT>
……
ENDSWITCH
```

① Selection_Criterion：控制参数，用来定义分支选择依据。KRL 程序的控制参数允许使用整数（INT）、单独字符（CHAR，非字符串）、枚举数据（ENUM）。

② Block_Identifier N_M：控制参数值（整数值、字符、枚举数据值），用来定义分支程序执行条件。分支执行条件可以为 1 个，也可以为多个，定义多个执行条件时，只要满足任意一个执行条件，分支程序便可执行。

③ Instructions Statement N：分支程序 *N*，对应的分支程序执行条件满足时，程序将被执行。

④ DEFAUT：可选添加项，增加 DEFAUT 时，当所有 CASE 条件均不符合时，执行后续分支程序。

（2）使用整数（INT）控制的 SWITCH 分支控制程序示例如下。

```
……
INT  A
INI
……
SWITCH  A                                  // 分支控制参数
CASE  1                                    // A = 1 时执行
  PTP  P1  Vel = 100%  PDAT1
  PTP  P2  Vel = 100%  PDAT2
CASE  2, 3                                 // A = 2 或 3 时执行
  PTP  P11  Vel = 100%  PDAT11
  PTP  P12  Vel = 100%  PDAT12
CASE  4, 8, 16                             // A = 4 或 8、16 时执行
  PTP  P21  Vel = 100%  PDAT21
  PTP  P22  Vel = 100%  PDAT22
DEFAUT                                     // A ≠1～4、8、16 时执行
  PTP  P31  Vel = 100%  PDAT31
  PTP  P32  Vel = 100%  PDAT32
ENDSWITCH
……
```

（3）使用字符（CHAR）控制的 SWITCH 分支控制程序示例如下。

```
……
CHAR  Test_Symbol
INI
……
SWITCH  Test_Symbol                        // 分支控制参数
  CASE  "Z"                                // Test_Symbol 为 Z 时执行
    PTP  P1  Vel = 100%  PDAT1
    PTP  P2  Vel = 100%  PDAT2
  CASE  "X", "Y"                           // Test_Symbol 为 X 或 Y 时执行
    PTP  P11  Vel = 100%  PDAT11
    PTP  P12  Vel = 100%  PDAT12
  CASE  "A", "B", "C"                      // Test_Symbol 为 A 或 B、C 时执行
```

```
    PTP  P21  Vel = 100%  PDAT21
    PTP  P22  Vel = 100%  PDAT22
  DEFAUT                      // Test_Symbol 不为 X、Y、Z、A、B、C 时执行
    PTP  P31  Vel = 100%  PDAT31
    PTP  P32  Vel = 100%  PDAT32
ENDSWITCH
……
```

（4）使用枚举（ENUM）数据控制的 SWITCH 分支控制程序示例如下。

```
……
ENUM  COLOR_TYPE  green, blue, red, yellow      // 枚举数据内容声明
DECL  COLOR_TYPE  User_Color                    // 程序数据声明
INI
……
SWITCH  User_Color                              // 分支控制参数
  CASE  #green                                  // User_Color 为 green 时执行
    PTP  P1  Vel = 100%  PDAT1
    PTP  P2  Vel = 100%  PDAT2
  CASE  #blue, #red                             // User_Color 为 blue 或 red 时执行
    PTP  P11  Vel = 100%  PDAT11
    PTP  P12  Vel = 100%  PDAT12
  DEFAUT                                        // User_Color 不为 green、blue、red 时执行
    PTP  P31  Vel = 100%  PDAT31
    PTP  P32  Vel = 100%  PDAT32
ENDSWITCH
……
```

7.8 中断程序编程

7.8.1 中断定义、启用与使能

1. 中断程序与处理

中断（interrupt）通常是用来处理自动运行异常情况的特殊子程序。中断由程序规定的中断条件自动调用，中断开启（ON）并使能（ENABLE）后，只要中断条件满足，控制系统可立即暂停现行程序的运行，无条件跳转到中断（子程序）继续。如果中断在机器人移动过程中发生，在通常情况下，系统可在执行中断指令的同时，继续完成当前移动指令的执行。但也可通过中断程序中断 BRAKE 指令，停止机器人移动。利用 BRAKE 指令停止机器人移动时，如果中断程序不含机器人移动指令，则被中断所停止的移动轨迹通常可在系统中保留，中断程序执行完成后，机器人可继续被中断移动；如果中断程序含有机器人移动指令，则必须在中断程序利用 RESUME 指令删除原轨迹，返回原程序机器人从新的起点重新开始移动。

中断程序的格式与编程要求可参见 7.1 节。局域中断只能被当前程序或下级程序调用，中断程序需要直接编写在主程序结束指令后，且和主程序共用数据表；全局中断可被不同主程序调用，中断及附属的数据表必须单独编程。中断可以使用参数化编程，参数化编程的中断需要在中断定义指令的中断（程序）名称后添加程序参数，不使用参数化编程的中断，只需要在中断（程序）名称后

保留括号。

KRL 程序最大可定义 32 个中断，不同的中断以“优先级”进行区分，同一优先级的中断在同一程序中只能定义 1 个。KRL 程序可使用的中断优先级为 1（最高）、3、4～18、20～39、81～128（最低）；其他的优先级为系统预定义中断，用户通常不能使用。

已定义的中断需要通过 KRL 程序中的指令 INTERRUPT ON 开启。在 KRL 程序同一程序区域，最大允许同时开启 16 个中断。当多个中断同时发生时，优先级最高的中断首先执行，其他中断进入列队等候状态。

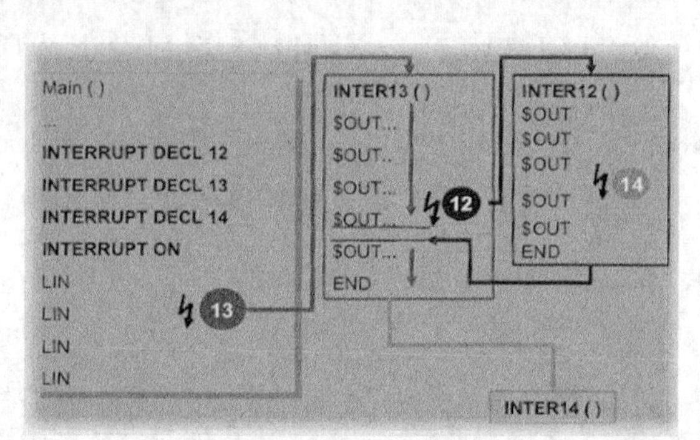

图 7.8-1 中断程序处理

例如，对于图 7.8-1 所示的程序，主程序 Main 中定义了 12、13、14（优先级）3 个中断，中断 12 的优先级为最高。

当主程序 Main 利用指令 INTERRUPT ON 开启所有中断后，如果程序执行时发生中断 13，系统将立即执行中断程序 INTER13；如果在执行 INTER13 时，又发生了更高优先级的中断 12，系统将立即执行中断程序 INTER12；如果在执行中断程序 INTER12 时，发生了低于 INTER12、INTER13 的中断 14，则中断程序 INTER14 进入列队等候状态。当系统执行完最高优先级程序 INTER12 后，首先返回 INTER13；INTER13 执行完成后，最后执行列队等候的 INTER14；INTER14 执行完成后，返回主程序 Main。

如果需要系统按照中断发生次序，依次逐一执行中断程序，用户则可以在中断程序中添加中断禁止指令 INTERRUPT DISABLE 或中断关闭指令 INTERRUPT OFF；利用中断禁止指令禁止的中断可以保留中断信息，中断重新使能后仍可以立即调用中断程序；利用中断关闭指令关闭中断后，中断信息将被忽略，即使重新开启中断，也不能直接启动中断程序。

例如，如果在 INTER13 的起始位置添加中断禁止指令“INTERRUPT DISABLE 12”、结束位置添加中断使能指令“INTERRUPT ENABLE 12”，INTER 13 执行过程中发生的 INTER 12 将在 INTER 13 执行完成后才能启动；如果在 INTER13 的起始位置添加中断关闭指令“INTERRUPT OFF 12”、结束位置添加中断开启指令“INTERRUPT ON 12”，INTER 13 执行过程中所发生的 INTER 12 中断将被忽略。

2. 中断定义

使用中断功能时，主程序需要通过中断定义指令“INTERRUPT DECL……WHEN……DO……”，对中断优先级、中断条件、中断程序名称与程序参数进行定义。

中断定义指令的编程格式及操作数含义如下，需要注意的是，虽然中断定义指令中包含有 DECL 字符，但是，它不属于程序数据定义指令，因此，必须在程序的指令区（INI 指令之后）编制。此外，如果所定义的中断需要对所有程序均有效（全局中断），指令则需要增加前缀 global（全局）。

```
INTERRUPT DECL Prio WHEN Event DO Program_Name(Parameter_List)
```

① Prio：中断名称。中断名称直接以优先级表示 1、3、4～18、20～39、81～128。

② Event：中断条件。中断条件应为逻辑状态（BOOL）数据，可使用的条件为 DI/DO 信号、比较指令、程序数据（BOOL 型）。KRL 程序中的中断只能通过中断条件的上升沿触发，因此，如中断条件为状态固定不变的常量，中断程序将无法被启动、调用。

③ Program_Name：中断程序名称。不同的中断可使用同一中断程序，但是，同一中断不能调用 2 个不同的中断程序。

④ Parameter_List：程序参数。中断程序采用参数化编程时，可进行中断程序的参数赋值，参数的使用方法可参见后述的编程示例。

中断定义指令不能自动开启中断功能，中断功能的开启需要通过下述的 INTERRUPT ON 指令开启、生效；开启后的中断也可以利用 INTERRUPT OFF 指令关闭；或者利用指令 INTERRUPT DISABLE 禁止。

3. 中断开启/关闭、禁止/使能

已定义的中断需要通过指令 INTERRUPT ON 开启后才能生效，开启的中断可利用 INTERRUPT OFF 指令关闭。中断关闭后，对应的中断信息将被忽略，即使重新开启中断，也不能由已被忽略的中断启动中断程序。

已开启的中断，可通过中断禁止指令 INTERRUPT DISABLE 暂时禁止；被禁止的中断可以保留中断信息，且可利用中断使能指令 INTERRUPT ENABLE 重新使能；中断重新使能后，可立即启动被禁止的中断。

中断开启/关闭、禁止/使能指令的编程格式如下。

```
INTERRUPT  ON  < Prio >                                  // 中断开启
INTERRUPT  OFF  < Prio >                                 // 中断关闭
INTERRUPT DISABLE < Prio >                               // 中断禁止
INTERRUPT ENABLE < Prio >                                // 中断使能
```

中断开启/关闭、禁止/使能指令中的 Prio 为可选择中断名称（优先级），添加 Prio 后，开启/关闭、禁止/使能指令仅对指定中断有效；省略 Prio 时，将同时开启/关闭、禁止/使能全部中断。

4. 编程示例

使用中断的程序示例如下。

```
DEF MAI_PROG1  ()                                        // 主程序 MAI_PROG1
……
DECL AXIS HOME
DECL POS PART [3]                                        // 数据声明，定义 3 元 POS 数组 PART
……
****************************************
INI
HOME = { AXIS: A1 0, A2 -90, A3 90, A4 0, A5 0, A6 0}
INTERRUPT DECL 4 WHEN $IN[1] =TRUE DO PICK_PROG1 ()      // 中断定义
INTERRUPT DECL 5 WHEN $IN[2] =TRUE DO PICK_PROG2 ()
INTERRUPT DECL 6 WHEN $IN[3] =TRUE DO PICK_PROG3 ()
……
FOR  I = 1  TO  3
   $OUT[ I ] = FALSE                                     // $OUT[1]～[3] 输出 OFF
   $FLAG[ I ] = FALSE                                    // $FLAG[1]～[3] 复位
ENDFOR
PTP  HOME  Vel = 100%  DEFAULT
PTP  P1  Vel = 100%  PDAT1
INTERRUPT  ON                                            // 开启所有中断
```

```
LIN  P2  Vel = 0.2m/s  CPDAT2                          //  P1→P2 移动
INTERRAPT  OFF  4                                      //  关闭中断 4
INTERRAPT  OFF  5                                      //  关闭中断 5
INTERRAPT  OFF  6                                      //  关闭中断 6
PTP  HOME  Vel = 100%  DEFAULT
FOR  I = 1  TO  3
  IF  $FLAG[ I ]  THEN
    LIN  PART [ I ]  Vel = 0.2m/s  CPDAT11
    $OUT[ I ] = TRUE
    PTP  HOME  Vel = 100%  DEFAULT
    $OUT[ I ] = FASLE
    $FLAG[ I ] =FALSE
  ENDIF
EDNFOR
……
END
***************************************
DEF  PICK_PROG1 ()                                     // 中断 4 程序
$FLAG[1] = TRUE
PART [1] = $ POS_INT
END
***************************************
DEF  PICK_PROG2 ()                                     // 中断 5 程序
$FLAG[2] = TRUE
PART [2] = $ POS_INT
END
***************************************
DEF  PICK_PROG3 ()                                     // 中断 6 程序
$FLAG[3] = TRUE
PART [3] = $ POS_INT
END
```

以上程序可用于相似工件分拣等场合。程序可在机器人由 P1 向 P2 的直线运动过程中，通过 DI 输入$IN[1]～[3]（如工件检测传感器）搜索工件 1～3，并通过中断程序 PICK_PROG1～3，将对应的标志$FLAG[1]～[3]置为 ON，然后，利用程序数据 PART [1]～[3]读取$IN[1]～[3]中断位置（系统变量$ POS_INT）。

中断程序执行完成、返回主程序后，机器人首先由 P2 点移动到自动运行起始点 HOME，然后，再根据$FLAG[1]～[3]的状态，直线移动到中断位置 PART [1]～[3]，并将输出$OUT[1]～[3]置为 ON（启动工件 1～3 拾取操作），最后，机器人返回自动运行起始点 HOME，将输出$OUT[1]～[3]置为 OFF（放置工件），并复位$FLAG[1]～[3]，完成工件分拣过程。

上述程序的中断程序 PICK_PROG1～3 实际上只是标志$FLAG、POS 数组的地址区别，因此，也可以通过参数化编程的中断程序，将 PICK_PROG1～3 合并为指令相同、输入参数（如 Work_No）不同的同一中断程序 PICK_PROG（Work_No：IN）。采用参数化编程后的程序示例如下。

```
DEF MAI_PROG1  ()                                  // 主程序 MAI_PROG1
……
DECL AXIS HOME
DECL POS PART [3]                                  // 数据声明，定义 3 元 POS 数组 PART
……
***************************************
```

```
INI
HOME = { AXIS: A1 0, A2 -90, A3 90, A4 0, A5 0, A6 0}
INTERRUPT DECL 4 WHEN $IN[1] =TRUE DO PICK_PROG (1)
INTERRUPT DECL 5 WHEN $IN[2] =TRUE DO PICK_PROG (2)
INTERRUPT DECL 6 WHEN $IN[3] =TRUE DO PICK_PROG (3)
                    // 中断定义，中断 4～6 调用参数化编程中断程序 PICK_PROG
......
FOR I = 1 TO 3
 $OUT[ I ] = FALSE                                  // $OUT[1]～[3]输出 OFF
 $FLAG[ I ] = FALSE                                 // $FLAG[1]～[3]复位
ENDFOR
PTP HOME Vel = 100% DEFAULT
PTP P1 Vel = 100% PDAT1
INTERRUPT ON                                        // 开启所有中断
LIN P2 Vel = 0.2m/s CPDAT2                          // P1→P2 移动
INTERRAPT OFF 4                                     // 关闭中断 4
INTERRAPT OFF 5                                     // 关闭中断 5
INTERRAPT OFF 6                                     // 关闭中断 6
PTP HOME Vel = 100% DEFAULT
FOR I = 1 TO 3
 IF $FLAG[ I ] THEN
  LIN PART [ I ] Vel = 0.2m/s CPDAT11
  $OUT[ I ] = TRUE
  PTP HOME Vel = 100% DEFAULT
  $OUT[ I ] = FASLE
  $FLAG[ I ] =FALSE
 ENDIF
EDNFOR
END
......
***************************************
DEF PICK_PROG (Work_No : IN)                        // 参数化中断程序，Work_No 为输入参数
$FLAG[Work_No] = TRUE
PART [Work_No] = $ POS_INT
END
***************************************
```

7.8.2 机器人停止及位置记录

1. 移动指令中断方式

如果中断在机器人移动过程中发生，KUKA 机器人控制系统可将根据不同的情况，选择如下处理方式。

（1）继续移动。如果中断程序中不含机器人移动指令，则无须改变原程序的机器人移动轨迹，在通常情况下，系统可在执行中断指令的同时，继续完成当前移动指令的执行过程。

选择机器人继续移动时，如果系统执行中断程序的时间小于机器人完成当前移动指令到达终点的时间，机器人的运动将连续；如果系统执行中断程序的时间大于机器人完成当前移动指令到达终点的时间，则机器人将在到达当前移动指令的终点后，等待中断程序执行完成，然后，继续后续移动。

（2）停止移动。如果中断必须在机器人停止移动的情况下处理，则无须更改机器人运动轨迹，可通过中断程序中的 BRAKE 指令，机器人正常移动（BRAKE）或急停（BRAKE F）。选择 BRAKE F 指令中断机器人移动时，系统可保留中断轨迹及中断点、当前移动指令起点、终点等参数，以便中断程序执行完成后重启被中断的机器人移动。BRAKE 指令的编程要求及示例见下述。

（3）删除轨迹。如果中断必须在机器人停止移动的情况下处理，且中断程序含有机器人移动指令，那么，中断程序首先应利用 BRAKE 指令停止机器人运动，接着再进行机器人移动，最后利用 RESUME 指令删除原轨迹，返回原程序，从新的起点重新开始机器人移动。

由于中断程序改变了机器人的位置，返回原程序后，系统将以中断程序中的机器人运动结束位置，作为原程序移动指令（或后续第一条移动指令）的起点，因此，移动指令的起点位置、移动方式、移动轨迹将被自动更改。RESUME 指令的编程要求及示例详见后述。

2. BRAKE 指令编程

发生中断时，如果需要机器人停止移动，则必须在中断程序中编制机器人停止指令 BRAKE 或 BRAKE F。指令 BRAKE 或 BRAKE F 只能用于中断程序，不能用于主程序或普通主程序，否则，将导致系统报警。

BRAKE 或 BRAKE F 指令在中断程序的编程位置不限，如果中断不在系统执行机器人移动指令时发生，BRAKE 或 BRAKE F 指令将被自动忽略。

指令 BRAKE 与 BRAKE F 的区别在于机器人停止方式。使用 BRAKE 指令时，机器人可按正常的加速度，即系统变量$ACC.AXIS[n]、$ACC.CP、$ACC.ORI1、$ACC.ORI2 所设定的值减速停止（参见 7.1 节）；对于快速运动的机器人，机器人实际停止位置和中断发生位置将存在较大的偏移。使用 BRAKE F 指令时，机器人将按急停方式，以电机最大输出转矩，快速停止关节轴运动，以减小机器人实际停止位置和中断发生位置的偏移。

机器人停止移动后，系统可保留中断轨迹及中断点、当前移动指令起点、终点等参数。如果在中断程序中不含删除轨迹指令 RESUME，中断程序在执行完成、返回原程序后，则机器人继续沿原轨迹移动，也就是说，中断只是暂停了原程序的机器人移动过程，但不会改变运动轨迹，也不会影响后续移动指令的执行。

BRAKE 指令的编程示例如下。

```
DEF MAI_PROG1  ()                                        // 主程序 MAI_PROG1
……
DECL AXIS HOME
INI
……
HOME = { AXIS: A1 0, A2 -90, A3 90, A4 0, A5 0, A6 0}
INTERRUPT DECL 1 WHEN $IN[1] =TRUE DO  EMG_STOP ()      // 中断定义
INTERRUPT DECL 4 WHEN $IN[1] =TRUE DO  ERR_STOP ()
……
$OUT1 = TRUE
$OUT2 = TRUE
INTERRUPT  ON  1                                         // 开启中断 1
PTP  HOME  Vel = 100%  DEFAULT
INTERRUPT  ON  4                                         // 开启中断 4
PTP  P1  Vel = 100%  PDAT1
PTP  P2  Vel = 100%  PDAT2
```

```
......
INTERRUPT  OFF  4                                    // 关闭中断 4
PTP  HOME  Vel = 100%  DEFAULT
INTERRUPT  OFF  1                                    // 关闭中断 1
END
************************************
DEF  EMG_STOP()
BRAKE  F                                             // 机器人急停
$OUT1 = FALSE
$OUT2 = FALSE
END
************************************
DEF  ERR_STOP()
BRAKE                                                // 机器人减速停止
$OUT1 = FALSE
$OUT2 = TRUE
END
**************************************
```

3. 中断位置记录

利用指令 BRAKE F 停止机器人移动时，被中断的移动指令起点、终点、中断点等位置参数将在系统变量（系统参数）中，以关节坐标系、笛卡儿坐标系的形式分别保存。由于系统检测到中断至机器人停止运动需要一定的时间，因此，中断发生点（INT 位置）和机器人实际停止点（RET 位置）保存在不同的系统变量中。

保存中断位置数据的系统变量如下。

① $AXIS_INT：中断发生点，关节坐标系绝对位置值。

② $AXIS_RET：机器人离开运动轨迹的位置，关节坐标系绝对位置值。

③ $AXIS_ACT：机器人当前位置，关节坐标系绝对位置值。

④ $AXIS_BACK：移动指令的起点位置，关节坐标系绝对位置值。

⑤ $AXIS_FOR：移动指令的终点位置，关节坐标系绝对位置值。

⑥ $POS_INT：中断发生点，笛卡儿坐标系 POS 位置值。

⑦ $POS_RET：机器人离开运动轨迹的位置，笛卡儿坐标系 POS 位置值。

⑧ $POS_ACT：机器人当前位置，笛卡儿坐标系 POS 位置值。

⑨ $POS_BACK：移动指令的起点位置，笛卡儿坐标系 POS 位置值。

⑩ $POS_FOR：移动指令的终点位置，笛卡儿坐标系 POS 位置值。

如果中断在机器人执行准确定位移动指令时发生，则系统变量$AXIS_BACK、$POS_BACK 及$AXIS_FOR、$POS_FOR 所保存的移动指令起点、终点位置将与编程位置一致。例如，如图 7.8-2 所示的 P1→P2 准确定位运动时，则系统变量中记录的中断数据如图 7.8-2 所示。

如果中断在机器人执行连续移动指令时发生，则系统变量记录的位置与中断发生位置有关。如果中断发生位置不在起点、终点的定位区间内，则系统变量$AXIS_ BACK、$POS_BACK 中将保存图 7.8-3 所示的起点连续移动过渡曲线的结束点，系统变量$AXIS_FOR、$POS_FOR 将保存终点连续移动过渡曲线的开始点。

如果中断发生位置位于终点的定位区间内，则系统变量$AXIS_BACK、$POS_BACK 将保存图 7.8-4 所示的终点连续移动过渡曲线的起始位置，系统变量$AXIS_FOR、$POS_FOR 将保存终点连续移动过渡曲线的结束位置。

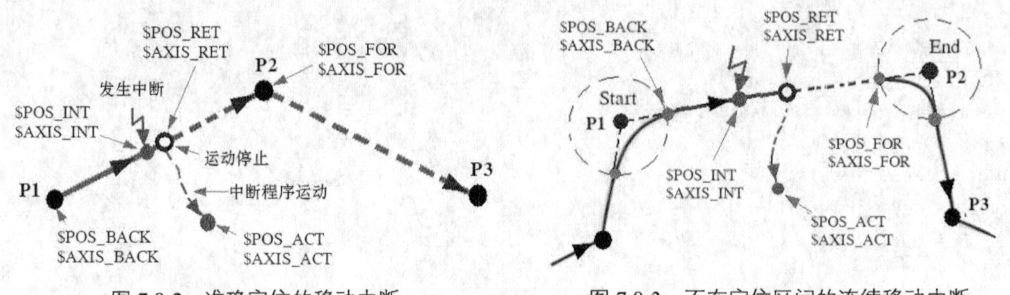

图 7.8-2 准确定位的移动中断

图 7.8-3 不在定位区间的连续移动中断

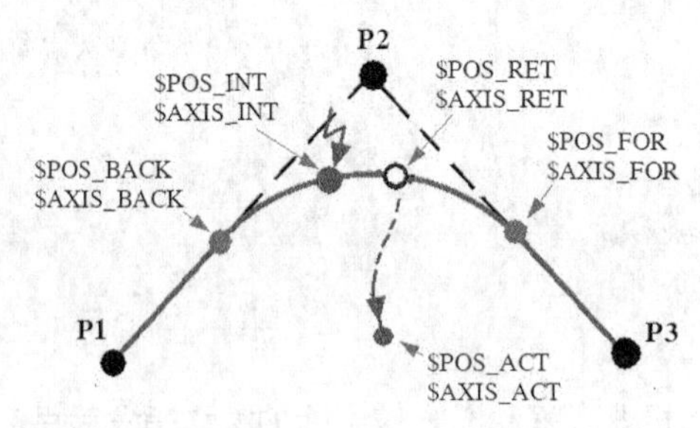

图 7.8-4 处于定位区间的连续移动中断

7.8.3 轨迹删除与重新启动

1. 轨迹删除及移动重启

如果发生中断，不仅需要机器人停止移动，而且还需要在中断程序中移动机器人，中断程序不但需要编制机器人停止指令 BRAKE（或 BRAKE F）、停止机器人移动，而且还需要在中断程序结束处，编制删除原程序轨迹、重新开始机器人运动的指令 RESUME。

RESUME 指令同样只能用于中断程序，不能用于主程序或普通主程序，否则，将导致系统报警。此外，声明为所有程序共用的全局中断程序，也不允许使用 RESUME 指令编程。

如果中断程序包含机器人移动指令，即使中断不在机器人移动过程中发生，中断程序执行完成后，也将改变机器人在原程序中的位置。因此，凡是含有机器人移动的中断程序，都需要利用 RESUME 指令删除原程序轨迹，然后以新的机器人位置作为起点，重新开始机器人在原程序中的移动。

利用 RESUME 指令删除轨迹、返回原程序重新开始机器人运动时，由于机器人已离开了中断停止位置，无法继续按原程序轨迹进行运动，因此，如果机器人在执行移动指令时发生中断，原移动指令的移动方式、移动轨迹将被系统自动改变；如果在其他情况下发生中断，则发生中断后的第一条移动指令的移动方式、移动轨迹同样将被自动改变。系统对移动指令自动进行的修改如下。

① PTP 指令：运动方式保持不变，执行以机器人实际位置为起点，指令目标位置为终点的机器人定位（PTP）运动。

② LIN 指令：运动方式保持不变，执行以机器人实际位置为起点，指令目标位置为终点的直线插补（LIN）运动。

③ CIRC 指令：由于起点的变化，使得原程序的圆弧插补运动已无法实现，因此，运动方式自

动更改为直线插补；机器人执行以机器人实际位置为起点，圆弧插补指令目标位置为终点的直线插补（LIN）运动。

由于中断程序执行完成、返回原程序时，机器人的运动轨迹与原程序轨迹不同，因此，使用含有机器人移动及 RESUME 指令的中断程序时，必须要特别注意安全，避免发生机器人返回时可能出现的危及人身、设备安全的碰撞事故。

2. RESUME 指令编程

当中断程序含有机器人移动指令时，定义中断的主程序不能进行程序预处理操作，因此，机器人移动需要通过专门的子程序，保证系统预处理操作在中断定义程序的下一级（子程序）中进行。此外，还需要在子程序移动结束后，利用程序暂停指令“WAIT SEC 0”或系统变量设定指令“$ADVANCE = 0”，阻止系统的预处理操作，但不能在中断程序中改变系统变量$ADVANCE 的设定。

RESUME 指令编程示例如下。

```
DEF MAI_PROG1  ()                                          // 主程序 MAI_PROG1
……
DECL AXIS  HOME
INI
HOME = { AXIS: A1  0, A2  -90, A3  90, A4  0, A5  0, A6  0}
INTERRUPT DECL 1 WHEN $IN[1] =TRUE DO  EMG_STOP ()         // 中断定义
……
$OUT1 = TRUE
$OUT2 = TRUE
MOVE_SUB  ()                                               //调用子程序 MOVE_SUB 移动机器人
……
END
************************************
DEF  MOVE_SUB ()                                           // 机器人移动子程序
INTERRUPT  ON  1                                           // 开启中断 1
PTP  HOME  Vel = 100%  DEFAULT
PTP  P1  Vel = 100%  PDAT1
PTP  P2  Vel = 100%  PDAT2
PTP  HOME  Vel = 100%  DEFAULT
WAIT  SEC  0                                               // 阻止系统预处理
INTERRUPT  OFF  1                                          // 关闭中断 1
END
************************************
DEF  EMG_STOP()                                            // 中断程序
BRAKE  F                                                   // 机器人急停
$OUT1 = FALSE
$OUT2 = FALSE
PTP  $POS_INT                                              // 机器人退回到中断点
RESUME                                                     // 删除轨迹
END
************************************
```

以上程序也可采用主程序开启中断、利用子程序$ADVANCE=0 阻止预处理的方式编程，程序示例如下。

```
DEF MAI_PROG1  ()                                          // 主程序 MAI_PROG1
```

```
……
DECL AXIS  HOME
INI
HOME = { AXIS: A1  0, A2  -90, A3  90, A4  0, A5  0, A6  0}
INTERRUPT DECL 1 WHEN $IN[1] =TRUE DO  EMG_STOP ()      // 中断定义
……
$OUT1 = TRUE
$OUT2 = TRUE
INTERRUPT  ON  1                                          // 开启中断 1
MOVE_SUB ()                                               //调用子程序 MOVE_SUB 移动机器人
$ADVANCE =3                                               // 恢复预处理操作
INTERRUPT  OFF  1                                         // 关闭中断 1
……
END
*************************************
DEF  MOVE_SUB ()                                          // 机器人移动子程序
PTP  HOME  Vel = 100%  DEFAULT
PTP  P1  Vel = 100%  PDAT1
PTP  P2  Vel = 100%  PDAT2
PTP  HOME  Vel = 100%  DEFAULT
$ADVANCE = 0                                              // 阻止系统预处理
END
*************************************
DEF  EMG_STOP()                                           // 中断程序
BRAKE  F                                                  // 机器人急停
$OUT1 = FALSE
$OUT2 = FALSE
PTP  $POS_INT                                             // 机器人退回到中断点
RESUME                                                    // 删除轨迹
END
*************************************
```

第 8 章 机器人手动操作与示教编程

8.1 操作部件与功能

8.1.1 控制柜面板

1. 机器人控制系统

工业机器人的操作与所配套的控制系统及机器人用途、结构、功能有关，为了保证用户使用，机器人生产厂家都会根据产品的特点，提供详细的操作说明书。操作人员只需要按操作说明书提供的方法、步骤，便可完成所需要的操作。

KUKA 机器人控制系统有早期的 KRC1/KRC2/KRC3、近期的 KRC4、最新的 KRC5/KRC 5-Micro 等系列产品，其中，KRC4 系列是近年使用最为广泛的系统，包括 KRC4 标准型、KRC4-Compact（紧凑型）、KRC4-Smallsize（小型）、KRC4-Extended（扩展型）等多种规格，有关内容可参见第 2 章。在本书后述内容中，将以目前最常用的 KRC4 标准型系统为例，对 KUKA 机器人的操作进行具体介绍。由于各方面的因素，KUKA 说明书、示教器显示上的部分专业词汇的翻译可能不甚确切，在书中已对此进行了相应的修改。

配套 KRC4 系统的 KUKA 工业机器人基本组成及操作部件的安装位置如图 8.1-1 所示，主要操作部件的功能如下。

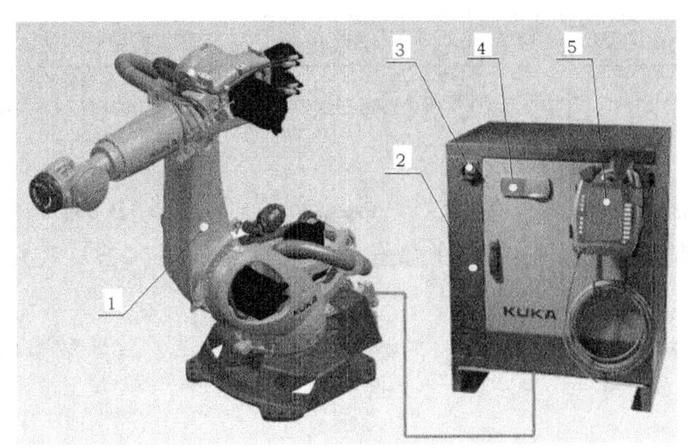

1—机器人；2—控制柜；3—总开关；4—控制面板；5—示教器

图 8.1-1 KUKA 机器人基本组成及操作部件

（1）总开关：用于机器人控制系统输入电源的通/断控制。

（2）控制面板：系统辅助操作部件，用于控制系统基本工作状态指示、网络及移动设备连接（见下述）。

（3）示教器：机器人、控制系统主要操作部件，用于机器人手动操作、程序自动运行控制、作业程序及系统数据设定、控制系统工作状态及数据显示等（见后述）。

控制面板、示教器是机器人控制系统的基本操作部件，控制面板通常用于系统辅助操作，示教器是用于机器人手动操作、程序自动运行控制、作业程序及系统数据设定、控制系统工作状态及数据显示的主要操作部件。

KUKA 机器人控制系统的控制面板的功能如下，示教器功能见后述。

2. 控制面板

KUKA 机器人控制系统的控制面板又称控制系统面板（Controller System Panel，CSP）。KUKA 控制系统面板（CSP）是用于控制系统基本工作状态指示的、以太网及移动存储设备连接的辅助操作部件。

KUKA 控制系统面板（CSP）的指示灯和通信接口设置如图 8.1-2 所示，指示灯和通信接口的作用如表 8.1-1 所示。

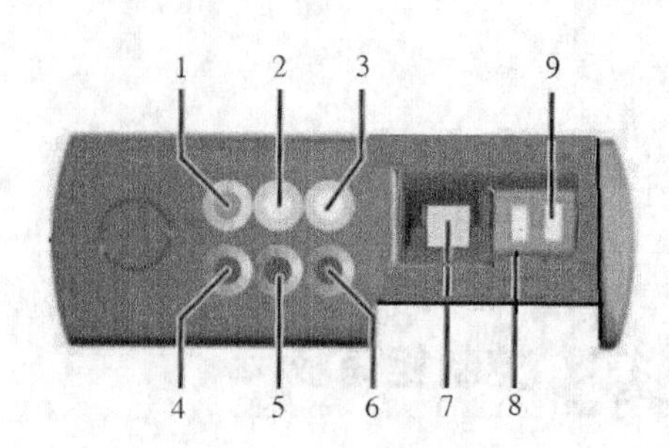

图 8.1-2　控制面板

表 8.1-1　控制系统面板指示灯及通信接口的作用

序号	代号	类别/名称	颜色/规格	含义、作用
1	LED1	指示灯/系统启动	绿	控制系统已启动、机器人正常运行
2	LED2	指示灯/待机	白	控制系统已启动、机器人等待运行
3	LED3	指示灯/自动	白	控制系统处于程序自动运行状态
4	LED4	指示灯/故障 1	红	控制系统故障 1
5	LED5	指示灯/故障 2	红	控制系统故障 2
6	LED6	指示灯/故障 3	红	控制系统故障 3
7	KLI	通信接口/以太网	RJ45、100Mbit/s	以太网连接，如调试计算机、PLC 等
8	USB1	通信接口/USB1	USB2.1	U 盘、移动存储设备连接
9	USB2	通信接口/USB2	USB2.1	U 盘、移动存储设备连接

KRC4 的通信接口 USB1、USB2 为 U 盘等移动存储设备连接的 USB 标准接口，可直接使用 USB 标准电缆连接。

以太网接口 RJ45 按 EIA/TIA T568 设计，可连接安装有 KUKA Work Visual 机器人编程软件的调试计算机、上级控制器（PLC 等）等外部设备，以网络通信的方式控制系统运行，检查系统工作状态。

以太网接口 RJ45 应使用双绞屏蔽电缆，需按表 8.1-2 的要求与外部设备连接。

表 8.1-2　RJ45 以太网接口与外部设备连接

控制系统侧		计算机侧		导线颜色
引脚	代号	引脚	代号	
1	TX+	3	RX+	白/橙
2	TX–	6	RX–	橙
3	RX+	1	TX+	白/绿
4、5	—	—	—	—
6	RX–	2	TX–	绿
7、8	—	—	—	—

8.1.2　Smart PAD 示教器

1. 示教器结构

示教器是工业机器人最主要的操作部件，KUKA 机器人控制系统所配套的示教器有图 8.1-3 所示的两种。

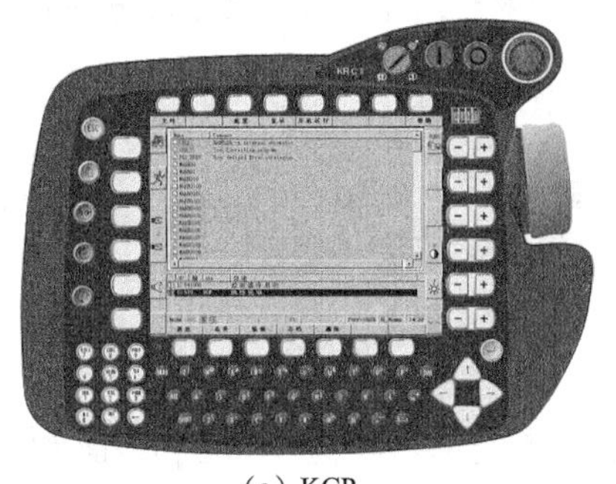

（a）KCP

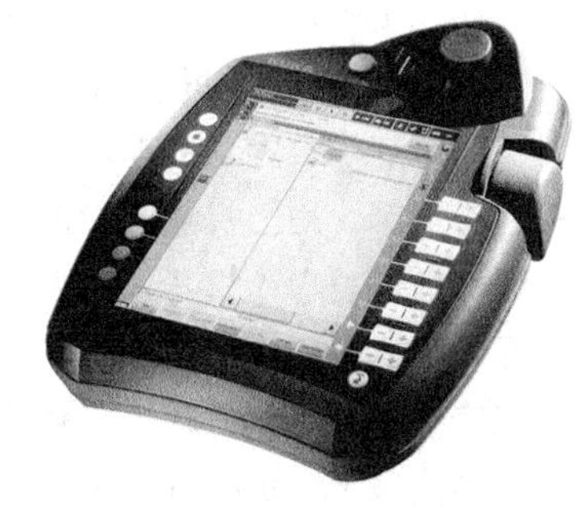

（b）Smart PAD

图 8.1-3　示教器

早期 KRC1/KRC2/KRC3 机器人控制系统配套的示教器如图 8.1-3（a）所示。示教器采用的是带液晶显示、软功能键及键盘输入的菜单式常规操作/显示设备，KUKA 使用说明书中称其为 KUKA 控制面板（KUKA Control Panel，KCP）。

KRC4 及最新 KRC5 控制系统配套的示教器如图 8.1-3（b）所示，示教器以 8.4in、600 像素×800 像素彩色显示的平板电脑（PAD）取代了传统的键盘、菜单操作 KCP，使之成为了以触摸屏操作为主的智能型操作部件，KUKA 使用说明书中称其为"Smart PAD"。

Smart PAD 与 KUKA 控制面板（KCP）的主要区别在操作显示功能上。Smart PAD 显示更大、更清晰，操作更便捷。两种示教器其他辅助操作器件（按键、开关）的作用、功能基本相同。在本书后述内容中，将以目前最常用的 KRC4 系统配套的 Smart PAD 为例，对 KUKA 机器人的操作进行具体介绍。

2. Smart PAD 正面

除触摸屏操作外，Smart PAD 示教器还设有部分直接操作的辅助按键、开关。Smart PAD 示教器正面的辅助按键、开关设置如图 8.1-4 所示，按键、开关的基本功能如下，器件的具体操作与使用方法将在后述机器人操作章节具体说明。

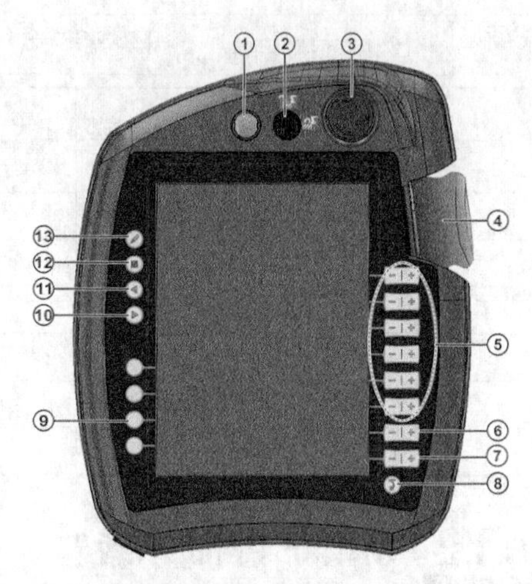

图 8.1-4　Smart PAD 示教器正面

① ——Smart PAD 热插拔按钮。可在系统通电的情况下断开示教器与系统连接，将示教器从控制系统中取下、分离保管；或者在系统启动时重新安装示教器、将其连接到系统。

② ——机器人解锁。又称连接管理器，带钥匙旋钮，用于使能/禁止的机器人操作模式切换（详见后述）。

③ ——急停按钮。自锁按钮，按下时机器人在编程轨迹上快速停止，随后，切断伺服驱动器主电源（KUKA 称为安全停止 STOP1 方式）。

④ ——机器人手动操作杆。用于机器人手动操作，KUKA 称为 3D 鼠标。

⑤ ——方向键。用于机器人手动操作时的坐标轴及运动方向选择。

⑥ ——编程速度倍率调节。用于机器人程序自动运行时的编程速度倍率（Programming Override，POV）调节，可选择的速度倍率为 100%、75%、50%、30%、10%、3%、1%。

⑦ ——手动速度倍率调节。用于机器人手动操作时的手动速度倍率（Hand operated Override，HOV）调节，可选择的速度倍率为 100%、75%、50%、30%、10%、3%、1%。

⑧ ——主菜单。示教器主菜单显示。

⑨ ——状态显示。用于机器人参数设定与显示操作。

⑩ ——程序前进。启动机器人程序自动运行，程序由上至下、向前执行。

⑪ ——程序回退。启动机器人程序逆向运行，程序由下至上、向后执行。

⑫ ——程序停止。程序自动运行暂停。

⑬ ——软键盘显示。此按钮可打开机器人、工具、坐标系名称输入及程序编辑、数据设定等操作所需要的字符、数字输入软键盘，进行字符、数据输入与编辑操作。对于通常情况，Smart PAD 示教器的软键盘可直接通过系统的输入识别功能自动打开，无须利用按键专门显示。

例如，当选中数字输入区时，图 8.1-5（a）所示的数字软键盘自动打开。如选中字符输入区，图 8.1-5（b）所示的字符输入软键盘自动打开。

（a）数字

（b）字符

图 8.1-5　Smart PAD 输入软键盘

3. Smart PAD 背面

Smart PAD 示教器背面如图 8.1-6 所示，包含辅助按键、开关等。按键、开关的基本功能如下，器件的具体操作与使用方法将在后述机器人操作章节具体说明。

① ——操作确认按钮。操作确认按钮与手握开关具有相同的功能，可用于伺服驱动器的手动启动控制。

操作确认按钮有“松开”“中间”“按下”3 个位置，按钮松开时驱动器的伺服启动（伺服 ON）信号将被撤销，伺服轴处于闭环位置自动调节的“伺服锁定”状态；按钮处于中间位置时，系统将输出伺服启动信号，伺服轴可由机器人控制器的位置指令脉冲控制移动；按钮处于按下位置时，系统将输出伺服急停信号，伺服轴立即停止运动。机器人手动操作（T1、T2 操作模式）时，必须将按钮按至中间位置并保持状态，才能启动伺服，利用示教器手动操作移动机器人。

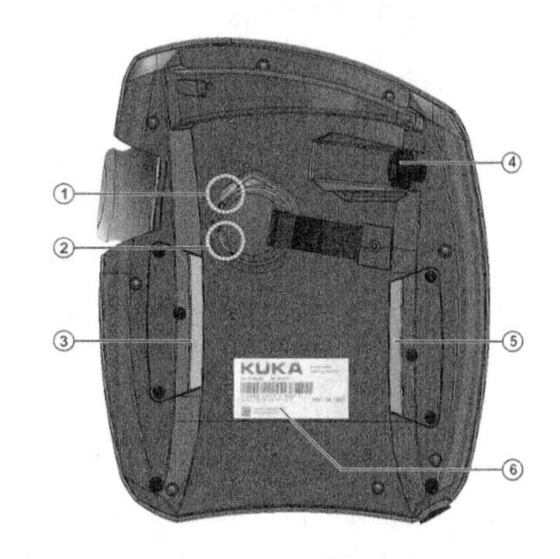

图 8.1-6　Smart PAD 示教器背面

② ——程序启动按钮。启动机器人程序自动运行。

③、⑤——手握开关。手握开关同样有“松开”“中间”“按下”3 个位置，其功能与操作确认按钮相同。进行机器人手动操作（T1、T2 操作模式）时，需要将手握开关保持在中间位置，才能启动伺服，手动移动机器人。

④ ——USB 接口。用于带 USB 接口的 U 盘等移动存储设备连接，接口只能进行 FAT32 格式的文件保存或系统还原操作。

⑥ ——铭牌。Smart PAD 规格、型号及识别条形码。

8.2　系统基本操作与设定

8.2.1　启动/关机与示教器热插拔

1. 系统启动与关机

（1）KUKA 机器人控制系统的正常启动步骤如下。

① 检查控制系统连接，确保控制柜的电源输入电缆、示教器连接电缆、机器人连接电缆、保护接地线及其他部件的电气连接准确无误。

② 保证控制系统电源输入正确，电源输入容量符合机器人使用说明书规定要求。

③ 将系统控制柜的电源总开关（见图 8.1-1）置于 ON 位置。

在通常情况下，电源总开关 ON 后，控制系统便可启动并自动安装 KUKA 系统软件（KUKA System Software，KSS），如果控制系统的自动启动功能被禁止，KSS 不能自动安装与启动，可选择路径 C:\KRC，双击 KSS 启动程序 StartKRC.exe，便可安装、启动 KSS。系统启动完成后，示教器（Smart PAD）便可显示正常操作界面。

④ 复位示教器、外部控制面板（如存在）的全部急停按钮，利用示教器（Smart PAD）操作，接通伺服驱动器主电源（见后述），启动伺服驱动系统。

伺服驱动系统启动后，便可按照规定的步骤对机器人进行正常操作。系统启动后，控制系统的初始状态与系统启动方式有关（冷启动、热启动或软件重启），有关内容详见后述。

（2）KUKA 机器人控制系统的正常关机步骤如下。

① 确认程序已执行完成，机器人、作业工具、辅助部件等可动部件的运动均已停止、停止位置合适。如果在系统启动方式设定中选择了“重新启动控制系统 PC”操作，则必须等待机器人控制器计算机重新启动完成。

② 利用示教器（Smart PAD）操作，断开伺服驱动器主电源（见后述），关闭启动伺服驱动系统。

③ 将系统控制柜的电源总开关（见图 8.1-1）置于 OFF 位置。

2. 示教器热插拔

Smart PAD 示教器具有热插拔功能，允许在通电的状态下从控制系统中取下。Smart PAD 与控制系统的连接位置可参见图 8.1-3 的系统连接。

（1）在系统通电状态取下 Smart PAD 的操作步骤如下。

① 按下图 8.2-1 所示的 Smart PAD 热插拔按钮，示教器即可显示热插拔提示信息并进入 30s 倒计时。

② 在 30s 倒计时结束前，将示教器电缆连接器从系统控制柜中拔出、取下示教器。如操作未能完成，可再次按下 Smart PAD 热插拔按钮，重启 30s 倒计时。

示教器一旦取下，其急停按钮将无效，因此，对于需要取下示教器运行的机器人，应增设外部急停按钮，外部急停按钮应按图 8.1-4 所示连接。此外，为了防止操作者在紧急情况下误操作已取下的示教器急停按钮，示教器取下后应将其放置到远离操作者、机器人的场所。

图 8.2-1　按下 Smart PAD 热插拔按钮

（2）在系统通电状态插入 Smart PAD 的操作步骤如下。

① 确认 Smart PAD 型号、规格准确。

② 将示教器连接电缆插入系统控制柜的连接器上。

示教器插入系统大致 30s 后，示教器将显示正常操作界面，恢复全部操作功能。为了确保安全、避免实际未生效的示教器被用于急停等操作，示教器插入系统后，操作者必须等待 Smart PAD 功能完全恢复后，才能离开现场。如果操作允许，更换者最好对 Smart PAD 的急停按钮、手握开关功能进行一次试验。

8.2.2 操作界面与信息显示

1. Smart HMI 操作界面

触摸屏是 Smart PAD 示教器最主要的操作部件，它需要在控制系统启动后才能正常使用。触摸屏是操作者与控制系统进行人机对话操作的窗口，故又称人机接口（Human Machine Interface，HMI）界面，KUKA 机器人使用说明书中称其为 KUKA Smart HMI 操作界面，简称操作界面或 Smart HMI。

KRC4 控制系统 Smart HMI 操作界面的基本显示如图 8.2-2 所示（KUKA 说明书中称其为“导

航器”显示），中间为系统主显示区，显示的内容及操作方法将根据机器人实际操作要求，在后述的内容中具体说明，四周为辅助显示、操作区，作用与功能如下。

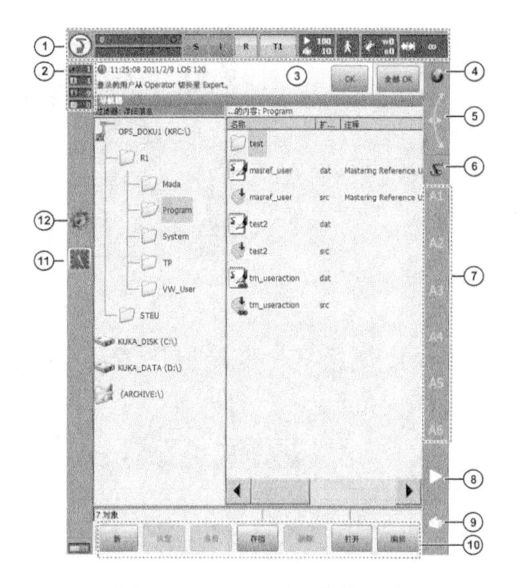

图 8.2-2　Smart HMI 操作界面

① ——状态显示栏。可显示机器人名称、作业程序名称，以及控制系统、伺服驱动器、机器人工作状态显示和操作的图标与按键（详见后述）。

② ——信息提示。可显示控制系统未处理的各类系统信息及数量，单击图标可显示“现有信息”显示窗，显示各类信息的名称及数量（见下述）。

③ ——信息显示窗。信息显示窗默认显示最近一条系统提示信息，单击显示区可进一步显示其他未处理的信息（见下述）。

④ ——3D 鼠标操作坐标系。可显示当前有效的、3D 鼠标操作所对应的机器人坐标系，单击坐标显示区，可显示、切换机器人的其他坐标系。

⑤ ——3D 鼠标定位。显示 3D 鼠标当前的定位方向，单击显示区，可调整 3D 鼠标的定位位置，使鼠标操作方向和机器人运动方向对应。

⑥ ——手动方向键操作坐标系。可显示当前有效的、手动方向键操作所对应的机器人坐标系，单击坐标显示区，可显示、切换机器人的其他坐标系。

⑦ ——手动操作坐标轴指示。可显示当前有效的、手动方向键（示教器辅助操作键，见前述）所对应的机器人坐标轴，选择关节坐标系时，显示区可显示 A1～A6 轴。选择笛卡儿坐标系时，显示区可显示 *X*/*Y*/*Z*/*A*/*B*/*C* 轴。

⑧ ——编程速度倍率调节。单击图标，可打开/关闭机器人程序自动运行的编程速度倍率（POV）微调按钮，以 1%的增量微调速度倍率。单击显示区以外的区域，可关闭倍率微调按钮、速度倍率生效。编程速度倍率也可通过编程速度倍率调节键（示教器辅助操作键，见前述）选择 100%、75%、50%、30%、10%、3%、1%。

⑨ ——手动速度倍率调节。单击图标，可打开/关闭机器人手动操作的速度倍率（HOV）微调按钮，以 1%的增量微调速度倍率。单击显示区以外的区域，可关闭倍率微调按钮、速度倍率生效。手动速度倍率也可通过手动速度倍率调节键（示教器辅助操作键，见前述）选择 100%、75%、50%、30%、10%、3%、1%。

⑩ ——软操作键。功能可变的操作键，用于当前页面输入、编辑、显示等操作。

⑪ ——系统时间。显示控制系统时间，单击图标可显示系统当前时间、日期数据。

⑫ ——Work Visual 图标。单击图标可打开/显示系统项目管理器，进行项目复制、删除等编辑操作。

2. 信息显示

（1）信息提示是控制系统自动生成的操作提醒，单击示教器的“信息提示”图标，可显示图 8.2-3 所示的“现有信息”显示窗，显示当前各类信息的名称及数量。选定信息类别，可在信息显示区显示信息文本及操作确认键。

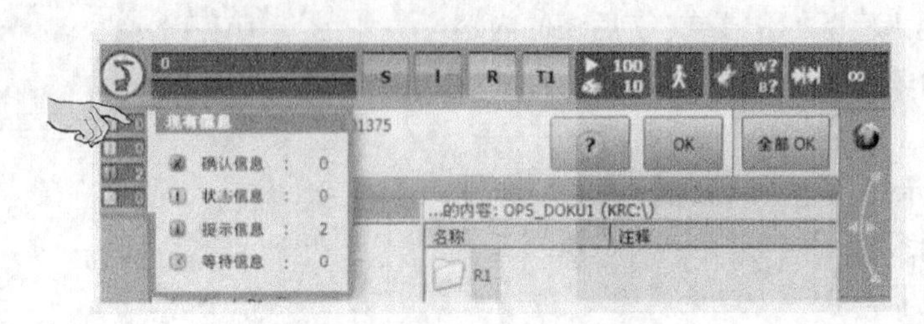

图 8.2-3 “现有信息”显示窗 1

KUKA 机器人“现有信息”显示窗的显示图标、信息类别、信息性质及需要操作者进行的操作如表 8.2-1 所示。

表 8.2-1 信息显示图标、信息类别、信息性质及需要操作者进行的操作

图标		信息类别	信息性质	需要操作者进行的操作
形状	颜色			
	红	确认信息	中断操作，导致机器人停止，并禁止机器人启动	需要操作者利用正确的操作进行确认
	黄	状态信息	系统状态显示	需要改变系统的工作状态解除
	蓝	操作提示（提示信息）	对操作者的操作提示	可按提示要求进行操作
	绿	等待信息	系统等待内容显示	等待条件满足，或利用“模拟”键解除

选定“现有信息”显示窗的信息类别，示教器的信息显示窗可显示图 8.2-4 所示的最近一条系统信息，并进行相关处理。单击信息显示空白区，可展开显示其他未处理的信息，单击第一行，可重新收拢显示区。

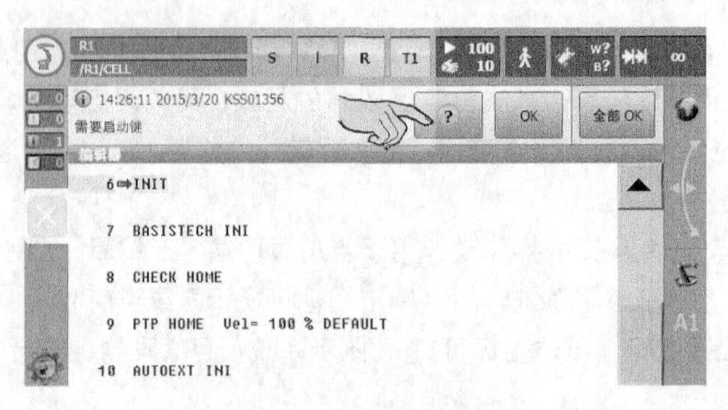

图 8.2-4 “现有信息”显示窗 2

（2）信息显示窗右侧的图标用于信息详情显示与确认。

① 〖？〗：可打开当前显示信息的帮助文件、显示详情，有关内容可参见后述。

② 〖OK〗：当前信息确认按钮，单击可确认当前信息提示。

③ 〖全部 OK〗：全部信息确认按钮，可一次性确认全部信息提示。

8.2.3 主菜单、显示语言与用户等级

1. Smart PAD 主菜单

Smart PAD 采用触摸屏菜单操作方式，大多数功能需要使用菜单选择、打开及操作。机器人控制系统启动、Smart HMI 操作界面正常显示后，按图 8.2-5（a）所示的 Smart PAD 主菜单键或单击 Smart HMI 状态显示栏的主菜单图标，示教器便可显示图 8.2-5（b）所示的 Smart PAD 操作主菜单。

主菜单显示页可显示的内容与操作图标如下。

① ——主菜单关闭。单击可关闭主菜单显示页面。

② ——HOME 操作。单击可显示所有已打开的下级菜单。

③ ——返回。单击可返回上级菜单。

④ ——子菜单打开。单击可打开子菜单。

⑤ ——下级菜单打开。单击可继续打开下一级子菜单（如存在）。

⑥ ——已打开的下级菜单（最大 6 项），单击可直接显示已打开的下级菜单。

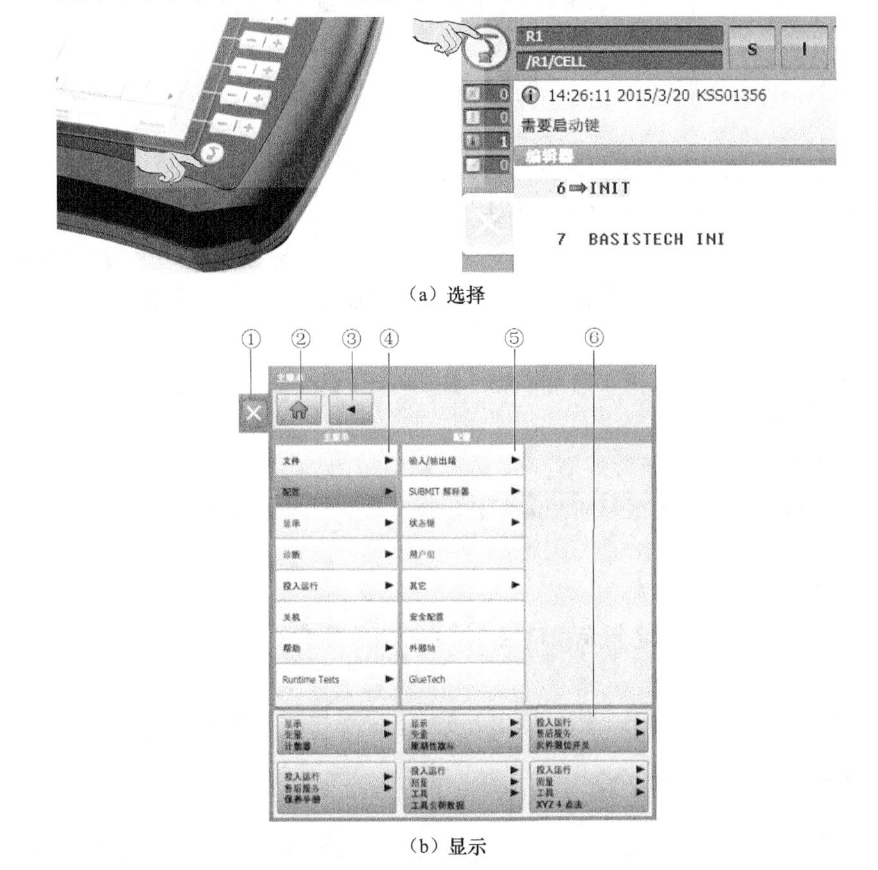

（a）选择

（b）显示

图 8.2-5 系统操作主菜单

2. 语言选择

Smart HMI 操作界面可根据需要，选择德文、英文、中文、法文、日文、西班牙等 20 多种语言显示与操作，其中，德文、英文为基本语言，词义准确、可用于任何操作，中文显示的部分词义可能不甚专业，本书中进行了局部修改，对此不再进行专门说明。

Smart HMI 操作界面语言选择的操作步骤如下。

① 按 Smart PAD 主菜单键或单击 Smart HMI 状态显示栏的主菜单图标，Smart PAD 显示图 8.2-5（b）所示的主菜单。

② 单击主菜单中的"配置"，并选择子菜单中的"其他"，示教器可显示"语种"选择图标。

③ 单击"语种"选择图标，并选定所需要的语言。

④ 单击操作确认键"OK"，操作界面将切换为所选择的语言。

3. 用户等级选择

KUKA 系统软件（KSS）可针对不同的操作者（KUKA 手册中称之为用户组），设定相应的操作权限，机器人安装调试完成后，调试人员可根据操作者的层次，设定相应的密码、分配系统操作权限。KUKA 机器人出厂默认的所有用户密码均为"kuka"。

（1）KSS 的操作权限可由低到高设定 6 级，操作人员、用户为系统默认的操作权限，可直接操作。专家及以上级用户需要通过密码登录，高级用户可覆盖低级用户的全部权限。

① 操作人员：普通操作者，只能进行最基本的操作与编程。

② 用户：机器人使用厂家的一般操作人员，操作权限与"操作人员相同"。

③ 专家：机器人程序设计人员，可进行高层次的操作与编程，需要输入正确的专家密码，才能登录系统。

④ 安全维护人员：机器人调试、维修人员，可在专家级的基础上增加机器人安全保护设定功能，需要输入正确的安全维护密码，才能登录系统。

⑤ 安全投入运行人员：机器人设计人员，可在安全维护级的基础上增加机器人安全操作（KUKA .Safe Operation）、安全范围监控（KUKA .Safe Range Monitoring）功能，需要输入正确的安全投入运行密码，才能登录系统。

⑥ 管理员：机器人设计人员，可对控制系统插件（Plug-Ins）进行集成，需要输入正确的管理员密码，才能登录系统。

（2）选择用户等级的操作步骤如下。

① 按 Smart PAD 主菜单键或单击 Smart HMI 状态显示栏的主菜单图标，Smart PAD 显示图 8.2-3 所示的主菜单。

② 单击主菜单中的"配置"，并选择子菜单中的"用户组"，示教器可显示当前用户级别。

③ 单击"登录…"图标，可显示用户组选择框、选择用户等级。单击"标准"图标，可恢复系统默认的用户等级。

④ 输入用户等级对应的密码（如 kuka）并确认，所选用户等级将生效。

8.2.4 系统启动方式与设定

机器人控制系统在总电源接通后，将自动启动系统，并根据需要进行相关处理。KUKA 机器人控制系统常用的开机方式有冷启动、热启动（KUKA 也称休眠启动）、软件重启（KUKA 也称重新启动控制系统 PC）、初始化启动 4 类，其作用与操作步骤如下。

1. 冷启动、热启动与软件重启

（1）冷启动。冷启动（Cold start）是控制系统最常用的正常开机启动方式，可直接利用接通电源总开关启动。控制系统以冷启动方式开机时，通常进行如下处理。

① 控制系统的全部输出（DO、AO 等）都被设置为 OFF（FALSE）状态。

② 程序自动“结束”运行，程序运行状态全部复位。

③ 速度倍率、坐标系等恢复为系统默认的初始值。

④ 冷启动完成后，示教器显示系统默认初始页面。

（2）热启动。热启动（Hot start）是连续作业机器人的开机启动方式，同样可直接利用接通电源总开关启动。控制系统的热启动方式开机与个人电脑的休眠状态恢复类似，故 KUKA 称之为“休眠启动”。控制系统以热启动方式开机时，将进行如下处理。

① 控制系统的全部输出（DO、AO 等）都恢复为电源断开时刻的状态。

② 如果电源断开，程序处于自动运行状态，则恢复断电时刻的程序状态，并自动生效程序暂停功能，程序自动运行可通过程序启动键继续。

③ 速度倍率、坐标系等设定均恢复为电源断开时刻的状态。

④ 热启动完成后，示教器可恢复断电时刻的显示页面。

（3）软件重启。软件重启在 KUKA 机器人使用说明书中称为“重新启动控制系统 PC”，功能通常用于生效控制系统参数、清除不明原因的软件故障等。软件重启时，机器人控制系统计算机（PC）将重新安装控制软件，并进行冷启动类似的处理。

（4）初始化启动。系统初始化启动将重新安装操作系统、恢复所有出厂设定，格式化用户存储器、清除全部用户数据，系统通常需要重新调试才能恢复正常工作，因此，操作一般需要由专业调试维修人员在更换硬件、重装操作系统时才能进行。

2. 系统启动方式设定内容

KUKA 机器人控制系统的启动方式设定需要“专家”或更高权限的用户操作，可进行的设定如图 8.2-6 所示，设定项含义如下。

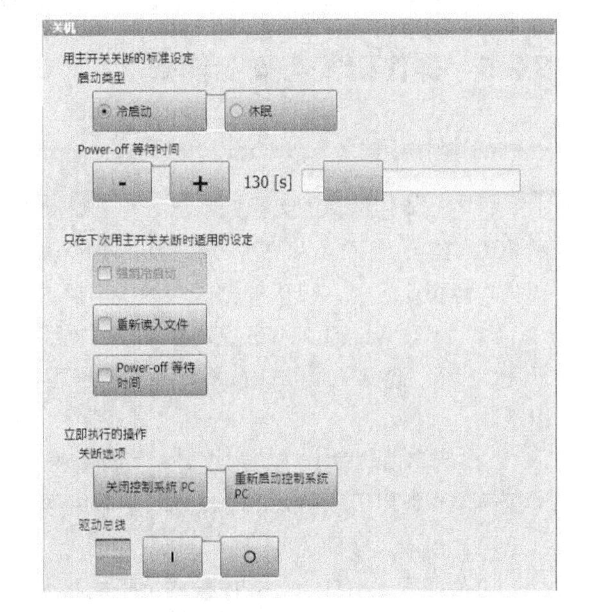

图 8.2-6　系统启动方式设定

（1）“用主开关关断的标准设定”栏用于启动方式及系统关闭延迟设定，其设定状态可一直保持有效，直至再次被设定。设定项的含义如下。

① 冷启动：单击选择后，可使系统冷启动方式生效。

② 休眠：单击选择后，可使系统休眠启动（热启动）方式生效。

③ Power-off 等待时间：电源总开关断开时，机器人控制器的计算机关闭延迟，Power-off 等待期间，计算机电源利用后备电池支持，用于电网的瞬时断电保护。Power-off 等待时间可通过单击“+”/“−”键调节，最大设定值为 240s。

（2）“只在下次用主开关关断时适用的设定”是只用于系统下次启动的一次性设定，设定状态只对设定完成后的系统第一次启动有效。设定项的含义如下。

① 强制冷启动：如果当前的启动方式选择了“休眠”，单击选择后，系统下次启动强制以“冷启动”方式启动，若当前启动方式为“冷启动”，则此项无效。

② 重新读入文件：如果当前的启动方式为“冷启动”，或者在“休眠”方式下选择了“强制冷启动”，单击选择“重新读入文件”可将下一次启动方式更改为“初始化启动”。

③ Power-off 等待时间：单击可激活/取消下次关机时的 Power-off 等待时间。

（3）“立即执行的操作”栏，此栏仅对示教操作模式 T1、测试运行模式 T2 有效，所选操作可立即执行。设定项的含义如下。

① 关断选项“关闭控制系统 PC”：机器人控制器计算机关闭。

② 关断选项“重新启动控制系统 PC”：机器人控制器计算机重新启动。选择“重新启动控制系统 PC”操作时，必须等待机器人控制器计算机重新启动完成后，才能关断电源总开关。

③ 驱动总线状态显示图标：绿色为总线通信正常工作；红色为总线通信中断；灰色为总线无效、状态未知。

驱动总线“I”图标：单击可启动驱动总线通信。

驱动总线“O”图标：单击可中断驱动总线通信。

3. 系统启动方式设定操作

系统启动方式设定的操作步骤如下。

（1）按 Smart PAD 主菜单键或单击 Smart HMI 状态显示栏的主菜单图标，Smart PAD 显示图 8.2-5 所示的主菜单。

（2）单击主菜单“配置”，并选择子菜单“用户组”，选择“专家”或更高权限用户，输入密码（如 kuka），登录系统。

（3）返回主菜单，单击主菜单“关机”，Smart PAD 可显示图 8.2-6 所示的系统启动方式设定框。

（4）根据需要选择设定项，完成系统启动方式设定。

8.2.5 操作模式与安全防护

1. 操作模式

机电一体化设备的运行控制方法称为“操作模式”。工业机器人的操作模式通常有示教 1（T1）、示教 2（T2）、自动（AUT）、外部自动（EXT AUT）4 种，但在不同公司生产的机器人上，操作模式的功能稍有区别，KUKA 机器人的操作模式与功能如下。

（1）示教 1（T1）。T1 模式称为手动低速运行模式，可用于机器人手动操作、示教编程及程序低速试运行。选择 T1 模式时，手动操作或程序自动运行的机器人 TCP 运动速度均被限制在 250mm/s 以下。

（2）示教 2（T2）。T2 模式又称手动快速运行模式，KUKA 机器人的 T2 模式只能用于程序高速试运行，不能用于机器人手动操作和示教编程。选择 T2 模式时，程序可按编程速度运行，机器人 TCP 可达到最大移动速度。

（3）自动（AUT）。AUT 模式用于机器人作业程序的再现（Play）自动运行，不能用于机器人手动操作和示教编程。KUKA 机器人的 AUT 模式属于“本地运行”，自动运行程序需要通过示教器选择、启动。

（4）外部自动（EXT AUT）。EXT AUT 模式用于上级控制器控制的程序自动运行，又称“远程运行（REMOTE）”。EXT AUT 模式同样不能用于机器人手动操作和示教编程，自动运行的程序选择、启动需要由控制系统的 DI 信号控制。

2. 安全防护

工业机器人是一种多自由度的自动化设备，为了确保操作人员人身及设备安全，需要根据不同的操作模式，设置相应的安全防护装置。

工业机器人的安全防护装置主要有急停按钮、手握开关（包括操作确认按钮）、安全栅栏等。急停按钮、手握开关是任何机器人必备的基本安全防护装置，至少需要在示教器上安装，Smart PAD 示教器的手动操作保护开关安装可参见 8.1 节。

图 8.2-7 所示的安全栅栏用于机器人作业防护，防止机器人自动运行时，人员、设备进入机器人作业区。

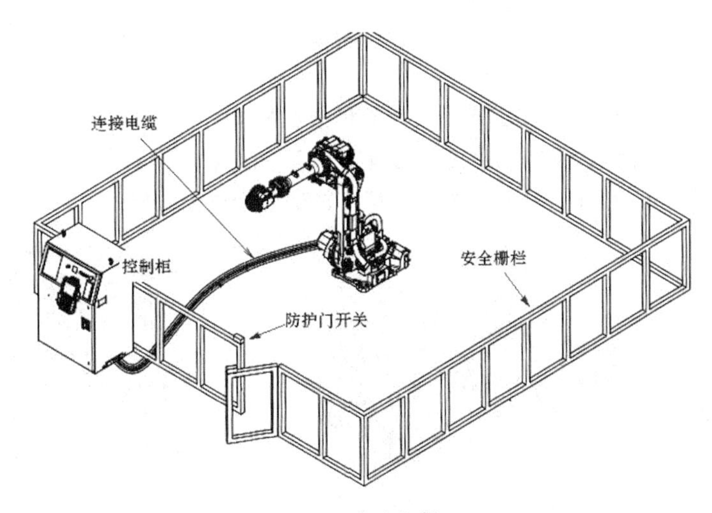

图 8.2-7　安全栅栏

不同操作模式下的 KUKA 机器人安全保护装置如表 8.2-2 所示，安全保护功能如下。

表 8.2-2　KUKA 机器人的安全保护装置

保护装置	安全保护动作	机器人操作模式			
		T1	T2	AUT	EXT AUT
急停按钮	机器人急停、驱动器主电源断开	有效	有效	有效	有效
手握开关（中间）	机器人减速停止、伺服启动信号撤销	有效	有效	无效	无效
手握开关（按下）	机器人急停、驱动器主电源断开	有效	有效	无效	无效
安全栅栏门开关	机器人急停、驱动器主电源断开	无效	无效	有效	有效

（1）T1 模式。安全栅栏防护门开关无效，驱动器的伺服启动（伺服 ON）信号由示教器背面的手握开关或操作确认按钮控制（参见 8.1 节、图 8.1-9），手握开关握至中间位置并保持，系统可输出伺服启动信号、控制机器人运动，松开手握开关，伺服启动信号撤销、机器人减速停止；按下手握开关，机器人急停、驱动器主电源断开。

（2）T2 模式。安全栅栏防护门开关无效，机器人同样由示教器的手握开关或操作确认按钮控制伺服启动、机器人急停。但是，T2 模式的机器人需要以最大速度高速运动，存在碰撞和干涉的危险，因此，应由专业操作人员在确保人身设备安全的前提下实施。

（3）AUT 模式。示教器手握开关无效，机器人原则上应设置安全栅栏，利用防护门开关控制机器人自动运行、紧急停止。AUT 模式的机器人同样需要以最大速度高速运动，对于未安装安全栅栏的机器人，必须由专业操作人员在确保人身设备安全的前提下实施。

（4）EXT AUT 模式。示教器手握开关无效，机器人必须设置安全栅栏，利用防护门开关控制机器人自动运行、紧急停止。

3. 操作模式选择

采用 Smart PAD 示教器的 KRC4 工业机器人控制系统无专门的操作模式选择开关，机器人操作模式切换需要在机器人解锁（KUKA 称为连接管理器）后，利用示教器操作实现，其操作步骤如下。

（1）确认机器人的自动运行已经结束，可动部件均已停止运动。

（2）如图 8.2-8（a）所示，将机器人解锁钥匙插入 Smart PAD 示教器的操作模式切换旋钮上，并将旋钮旋转至“解锁”位置。此时，Smart PAD 示教器可显示图 8.2-8（b）所示的机器人操作模式选择框。

（3）在操作模式选择框中，单击选定所需要的操作模式。

（4）将机器人解锁钥匙旋回至“闭锁”位置、取下钥匙。

（5）在图 8.2-8（c）所示的状态栏显示图标上，确认操作模式已生效。

（a）解锁

（b）选择模式

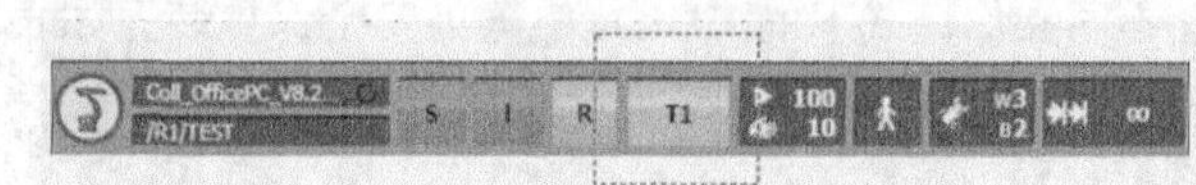

（c）确认状态

图 8.2-8　操作模式选择

8.2.6 状态栏图标及操作

1. 状态显示

Smart HMI 状态显示栏的显示如图 8.2-9 所示。

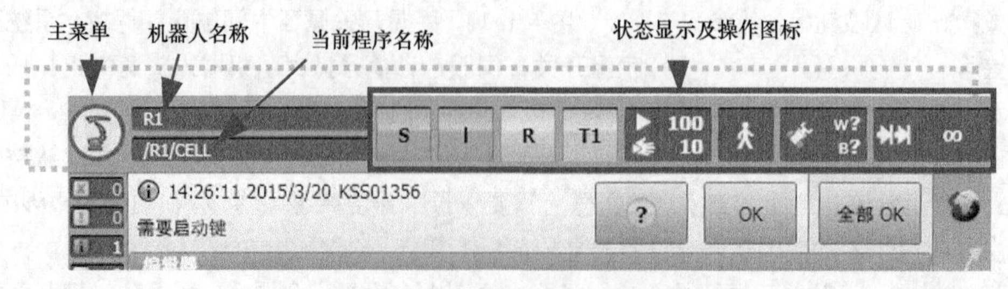

图 8.2-9　Smart HMI 状态显示栏

状态显示栏左起第 1 个图标为 Smart PAD 主菜单显示图标，作用与 Smart PAD 主菜单按键相同，单击可打开图 8.2-5 所示的 Smart PAD 主菜单。

状态显示栏左起第 2 个位置的第 1 行为机器人名称显示。机器人名称可通过主菜单“投入运行”→子菜单“机器人数据”，在机器人数据设定页面进行设定与修改。

状态显示栏左起第 2 个位置的第 2 行为当前程序名称显示。选择程序编辑、自动运行等操作时，此区域可显示当前选择的编辑、自动运行程序名称。

状态显示栏右侧区域为控制系统状态显示与操作图标，其内容如下。

2. 后台处理状态显示与操作

KUKA 机器人控制系统具有前后台程序并行处理功能，前台处理用于机器人运动、I/O 信号输入/输出处理，KUKA 说明书译作“机器人解释器”；后台处理用于变量读写、I/O 缓冲器状态读写、非同步附加轴运动等辅助指令处理，KUKA 说明书中译为“提交解释器”“SUBMIT 解释器”“控制解释器”等。

系统后台处理的状态，在 Smart PAD 上以带 S 的图标表示，单击图标可打开图 8.2-10 所示的后台处理操作选项，选择、启动或停止、取消后台处理功能。

后台处理操作选项也可通过图 8.2-5 所示的 Smart PAD 主菜单〖配置〗→〖SUBMIT 解释器〗打开与选择。

后台处理状态显示图标的颜色含义如下。

① 绿色：已选择并启动后台处理功能（正常状态）。

② 红色：后台处理已停止，需要重新启动。

③ 黄色：已选择程序，但后台处理未启动，执行指针位于程序的起始位置。

④ 灰色：未选择后台处理功能。

3. 驱动器状态显示与操作

控制系统的伺服驱动器状态以带 I 或 O 的图标表示，单击图标可打开图 8.2-11 所示的驱动器通/断控制及启动条件显示框（KUKA 说明书中译为“移动条件”），并进行驱动器主电源接通或断开操作。

（1）伺服驱动器状态显示图标的含义如下。

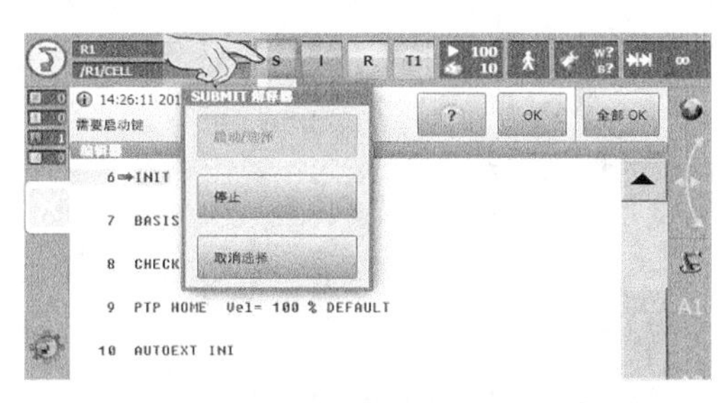

图 8.2-10　后台处理状态显示与操作

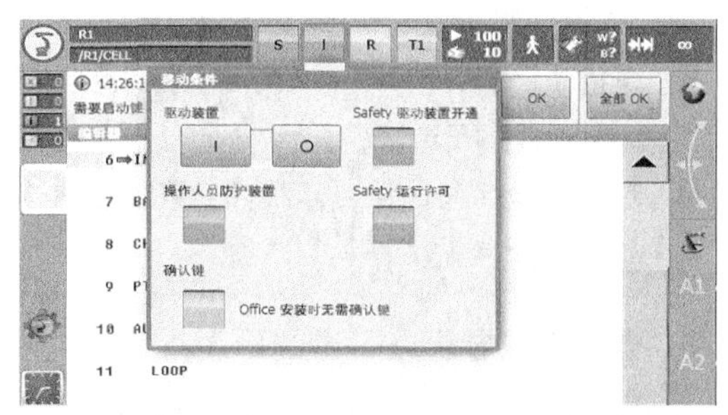

图 8.2-11　伺服驱动器状态显示与操作

① I（绿色）：伺服驱动器已启动并正常运行。驱动器主电源已接通、直流母线充电完成，伺服启动（伺服 ON）信号已接通（处于中间位置），系统无报警，机器人可正常移动。

② I（灰色）：伺服驱动器主电源接通、直流母线充电完成，但是伺服启动（伺服 ON）信号未接通，例如，机器人手动操作时，手握开关或操作确认按钮不在中间位置，或者系统存在报警，伺服启动信号被断开、机器人不能运动。

③ O（灰色）：驱动器主电源断开或直流母线充电未完成，机器人不能运动。

（2）驱动器通/断控制及启动条件显示框的显示内容如下。

① 驱动装置：单击“I”可接通伺服驱动器主电源；单击“O”可断开伺服驱动器主电源。

② Safety 驱动装置开通：驱动器急停信号状态显示，绿色代表急停信号正常接通、允许接通驱动器主电源；灰色代表急停信号断开、系统处于 STOP 0 或 STOP 1 状态，禁止接通驱动器主电源。

③ Safety 运行许可：驱动器伺服使能状态指示，绿色代表驱动器的伺服使能信号正常、机器人可以正常运动；灰色代表伺服启动信号断开、系统处于 STOP 1 或 STOP 2 状态，机器人不能运动。

④ 操作员防护装置：安全栅栏等机器人安全保护信号状态指示，绿色代表机器人手动操作（模式 T1、T2）时，已接通手握开关（或操作确认按钮）的伺服启动信号，或者程序自动运行时（模式 AUT）安全栅栏等防护装置已关闭，允许机器人运动；灰色代表以上条件不具备、不允许机器人运动。

⑤ 确认键：手握开关（或操作确认按钮）信号状态指示，绿色代表手握开关（或操作确认按钮）的伺服启动信号已接通（处于中间位置）；灰色代表手握开关（或操作确认按钮）尚未接通，或者当前操作无须接通手握开关（或操作确认按钮）。

4. 前台处理状态显示与操作

控制系统的前台处理状态以带R的图标表示（KUKA 说明书中译为“机器人解释器”），单击图标可打开图 8.2-12 所示的程序选择（或取消程序选择）、程序复位操作选项，用于选择、取消或复位 KRL 程序，程序选择的方法详见 8.4.1 节。

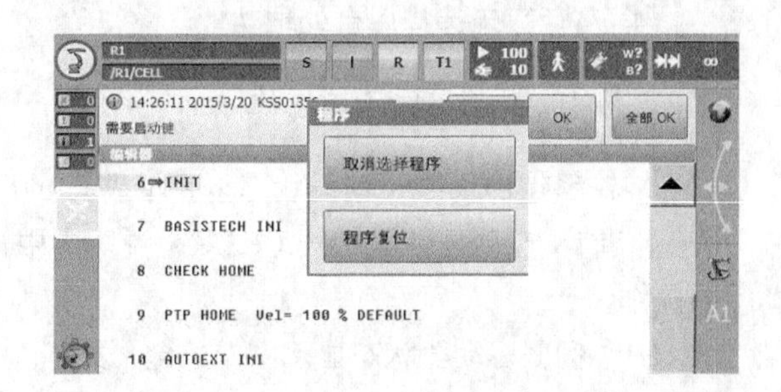

图 8.2-12　程序执行状态显示与操作

前台处理状态显示图标的颜色含义如下。

① 黄色：程序已选择，程序执行指针（光标）位于程序开始位置。

② 绿色：已选择程序，并启动前台处理。

③ 红色：程序已选择，前台处理处于停止状态。

④ 黑色：程序已选择，但程序执行指针（光标）位于程序结束位置。

⑤ 灰色：程序未选择。

5. 操作模式显示

控制系统当前操作模式以带代号的图标显示，T1 为手动示教，T2 为程序试运行，AUT 为程序自动运行，EXT 为外部自动运行。操作模式的切换方法可参见前述。

6. 速度倍率显示与调节

控制系统当前的速度倍率以倍率图标的形式显示，单击图标可打开图 8.2-13 所示的速度倍率调节框。单击“+”“-”键或移动滑移调节图标，可改变编程速度倍率（程序调节量）、手动速度倍率（手动调节量）的值。

单击图 8.2-13 中的“选项”图标，可进一步打开机器人手动移动选项设定框，进行手动操作条件设定，有关内容详见后述的机器人手动操作说明。

7. 程序运行方式显示与操作

控制系统当前的程序运行方式以图标的形式显示，单击图标可打开图 8.2-14 所示的程序运行方式选择框，改变程序运行方式。

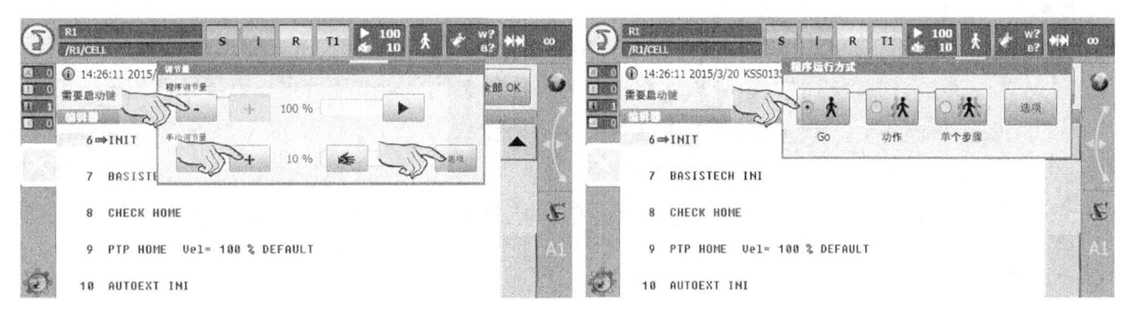

图 8.2-13 速度倍率调节框　　图 8.2-14 程序运行方式显示与选择

程序运行方式显示图标及含义如下。

：连续执行，正向连续执行程序。

：机器人单步，正向、单步执行机器人移动指令，到达程序点自动暂停。

：指令单步，正向、单步执行全部指令（需要有专家级以上操作权限）。

：单步后退，逆向、单步执行机器人移动指令。

单击“选项”图标，同样可打开机器人手动移动选项设定框，进行机器人手动操作条件的综合设定，有关内容详见后述的机器人手动操作说明。

8. 坐标系显示与选择

控制系统当前生效的坐标系以图标的形式显示，单击图标可打开图 8.2-15 所示的坐标系选择框，改变工具坐标系、工件坐标系及工具安装方式。

工具坐标系、工件坐标系可通过单击输入选择键选择，如果工具坐标系、工件坐标系未设定，坐标系名称显示“未知”、编号显示“[?]”。工具安装方式可通过单击“法兰”“外部工具”选定，选择“法兰”时，工具安装方式为机器人移动工具作业，选择“外部工具”时，工具安装方式为机器人移动工件作业（见 8.1 节）。单击“选项”图标，同样可打开机器人手动移动选项设定框，进行机器人手动操作条件的设定，有关内容详见后述的机器人手动操作说明。

9. 手动增量显示与设定

机器人手动增量移动以图 8.2-16 所示的图标显示，单击图标可打开手动增量操作设定框，改变移动方式和手动增量值。

选择“持续的”时，机器人为手动连续移动（JOG），选择 0.1mm/0.005°、1mm/1°、10mm/3°、100mm/10°（角度用于关节坐标系、工具定向增量移动）时，机器人为手动增量操作。

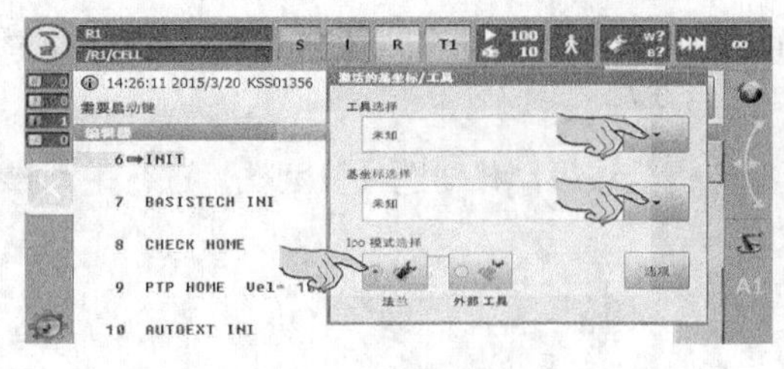

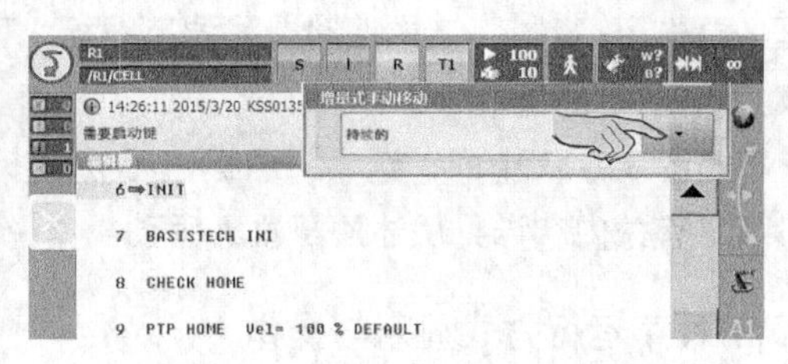

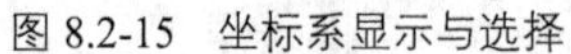

图 8.2-15　坐标系显示与选择　　　　图 8.2-16　手动增量显示与设定

8.2.7　帮助文件与使用

KUKA 系统软件（KSS）及配套提供的各类机器人典型作业控制软件（KUKA 称为“工艺程序包”，如弧焊、点焊、搬运机器人控制软件等）附带有帮助文件，操作者可根据需要随时打开与查阅。

在 KUKA 机器人上，系统帮助文件称为“KUKA 嵌入式信息服务（KUKA Embedded Information Services）”文件，它通常包括“文献”和“信息提示”两类，文献相当于软件使用说明书，信息提示则是对示教器信息显示窗信息，如故障名称、发生原因、处理方法等的专项说明。2 类帮助文件的使用方法如下。

1. 帮助文献及使用

KUKA 机器人的帮助文献可通过以下操作打开、阅读。

（1）按 Smart PAD 主菜单键或单击 Smart HMI 状态显示栏的主菜单图标，Smart PAD 显示图 8.2-3 所示的主菜单。

（2）单击主菜单中的“帮助”，并选择子菜单中的“文献”，示教器可显示帮助文献的类别。

（3）单击所需要的类别（如系统软件等），Smart PAD 可显示图 8.2-17 所示的帮助文献，并通过页面、章节选择按钮来选择、阅读相关内容。

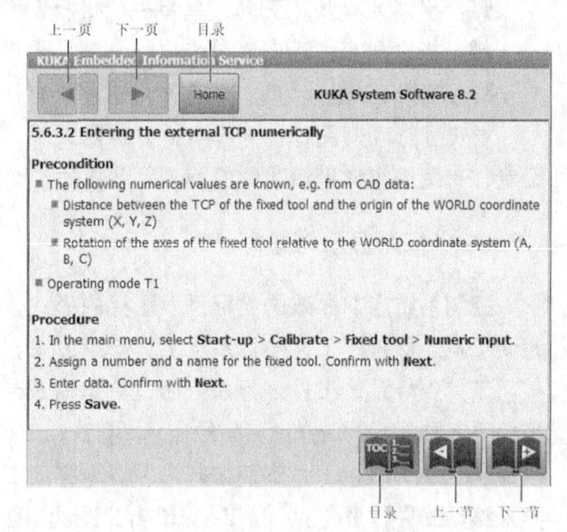

图 8.2-17　KUKA 机器人帮助文献

2. 信息提示帮助文件及使用

KUKA 机器人的信息提示帮助文件可通过主菜单打开，或者通过信息显示窗直接选择、打开当前显示信息的帮助文件。

利用主菜单打开、阅读信息提示文件的操作步骤如下。

（1）按 Smart PAD 主菜单键或单击 Smart HMI 状态显示栏的主菜单图标，Smart PAD 显示图 8.2-3 所示的主菜单。

（2）单击主菜单中的“帮助”，选择“信息提示”，示教器可显示信息提示帮助文献的类别。

（3）单击所需要的类别（如系统软件等），Smart PAD 可显示该类提示信息的目录（提示信息索引表）。

（4）单击选择提示信息目录，Smart PAD 便可显示如图 8.2-18（a）所示的信息提示帮助文件，检查该提示信息对系统运行的影响、类别及产生原因、解决办法。

（5）单击信息提示帮助文件显示页的页面选择、目录图标，可切换显示内容，单击“详细显示”

图标，可继续显示图 8.2-18（b）所示的详细说明文件，查看提示信息产生原因、解决办法的详细说明。

需要打开当前显示信息帮助文件时，可单击信息显示窗的“? ”图标，示教器便可显示图 8.2-18（a）所示的帮助文件，单击“详细显示”图标，可显示图 8.2-18（b）所示的详细说明文件。

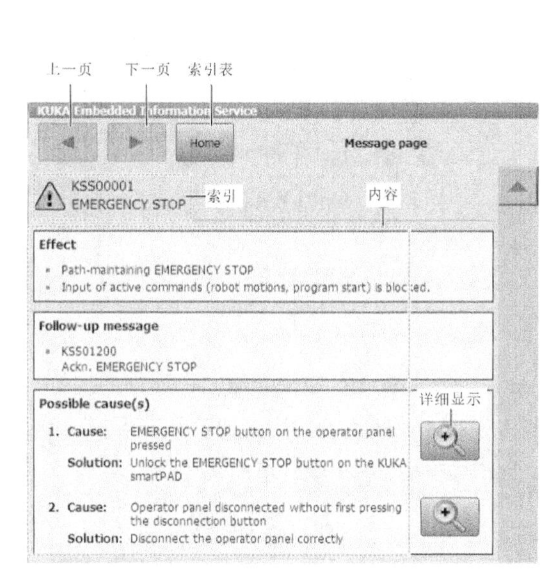

（a）信息提示帮助文件

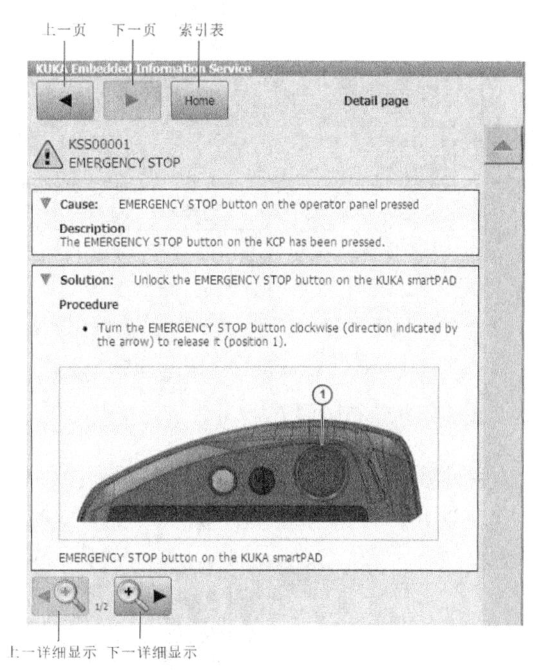

（b）详细说明文件

图 8.2-18 信息提示详细说明文件

8.3 机器人手动操作

8.3.1 手动移动选项设定

机器人手动操作又称 JOG 操作，它是利用示教器手动控制机器人、外部轴移动的一种方式。机器人手动操作可在关节坐标系、笛卡儿坐标系（工件、工具等）中进行，但外部轴移动一般只能在关节坐标系中进行。机器人手动操作前，首先应通过示教器操作，完成机器人手动移动选项设定，然后选择手动模式、启动伺服、移动机器人。手动操作的步骤参见后述，手动移动选项设定方法如下。

1. 手动移动选项设定显示

KUKA 机器人的手动移动选项设定用于机器人手动操作参数的综合设定，其中的部分参数也可直接通过对应的 Smart PAD 状态显示栏设定（见 8.2.5 节），两者作用相同。

手动移动选项设定可通过单击打开图 8.3-1（a）所示的状态显示栏图标（S、I、R 除外）后，再单击“选项”图标打开，其基本显示如图 8.3-1（b）所示。

手动移动选项设定的显示区①可显示手动设定的项目标签，显示区②可显示所选项目的设定项，并进行相关设定。

Smart PAD 手动移动选项打开后，可自动显示图 8.3-1（b）所示的基本设定页面，并进行速度倍率、程序运行方式的显示与设定，显示页也可通过单击“概述” 标签打开，其设定内容可参见 8.2.5 节。其他设定标签的设定内容如下。

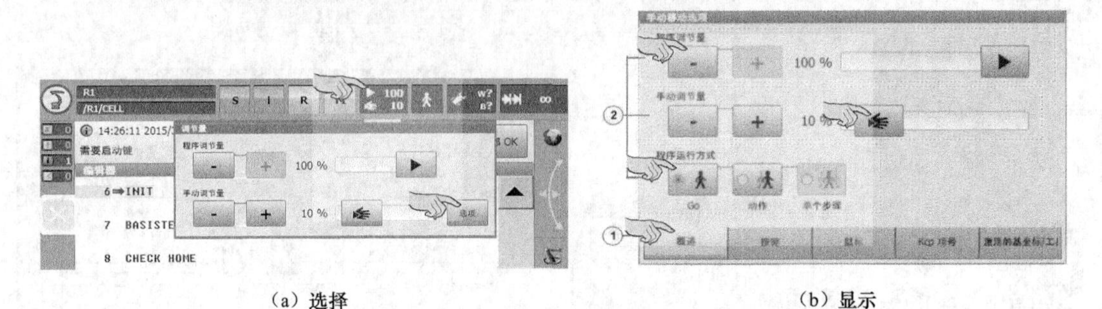

（a）选择　　（b）显示

图 8.3-1　手动移动选项设定显示

2. 手动方向键设定

手动移动选项设定标签“按键”用于如图 8.3-2（a）所示的 Smart PAD 示教器手动方向键的功能设定。单击手动移动选项设定标签“按键”，可显示图 8.3-2（b）所示的设定选项，并进行如下设定。

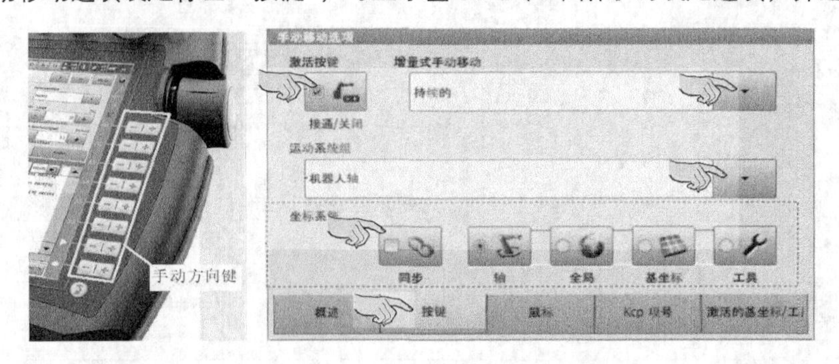

（a）手动方向键　　（b）设定选项

图 8.3-2　手动方向键设定

（1）激活按键。单击图标可生效/取消（接通/关闭）Smart PAD 示教器手动方向键。

对于机器人本体，当手动方向键有效时，机器人可通过图 8.3-2（a）所示的手动方向键进行手动移动，手动方向键取消时，机器人只能通过后述的 3D 鼠标进行手动移动。如果手动方向键和 3D 鼠标同时有效，则在鼠标操作和机器人移动停止后，机器人可利用方向键移动，方向键操作和机器人移动停止后，机器人可利用 3D 鼠标移动。

变位器等附加轴的手动移动只能通过方向键操作，不能用 3D 鼠标手动移动，因此，附加轴手动必须生效手动方向键。

（2）增量式手动移动。可选择方向键操作时的机器人移动方式及增量移动的距离，单击输入选项图标（显示区右侧向下箭头），可显示如下移动方式及增量移动距离输入选项，并单击选定。选项也可直接单击“手动增量显示与设定”图标打开、设定（参见 8.2.5 节）。

① “持续的”：方向键用于机器人手动连续移动（JOG）运动轴及方向选择。

② 0.1mm/0.005°、1mm/1°、10mm/3°、100mm/10°：方向键用于机器人手动增量移动操作，设定按一次方向键的手动增量移动距离（角度用于关节坐标系、工具定向）。

（3）运动系统组。用于方向键操作的控制轴组选择（参见 6.1.1 节）。可选择的控制轴组有“机器人轴”“附加轴”及“外部运动系统组”“用户定义的运动系统组”。方向键用于机器人手动操作时，应选择“机器人轴”；用于变位器等附加轴（E1～E6 轴）控制时，应选择“附加轴”；“外部运动系统组”“用户定义的运动系统组”一般只用于特殊机器人系统操作。

（4）坐标系统。用于机器人手动方向键操作的坐标系选择，选择“轴”“全局”“基坐标”“工具”图标，分别为关节（Joint）、大地（World）、工件（Base）、工具（Tool）坐标系移动。图标“同步”用于手动方向键、3D 鼠标坐标系的同步控制，未选择该图标时，方向键操作和 3D 鼠标可以选择不同的坐标系；选择该图标时，方向键操作和 3D 鼠标的手动操作坐标系自动同步，更改手动方向键坐标系时，3D 鼠标坐标系也将被同时修改。

3. 3D 鼠标设定

手动移动选项设定标签“鼠标”用于图 8.3-3（a）所示的 Smart PAD 示教器 3D 鼠标设定。单击手动移动选项的设定标签“鼠标”，示教器可显示图 8.3-3（b）所示的设定框，并进行如下设定。

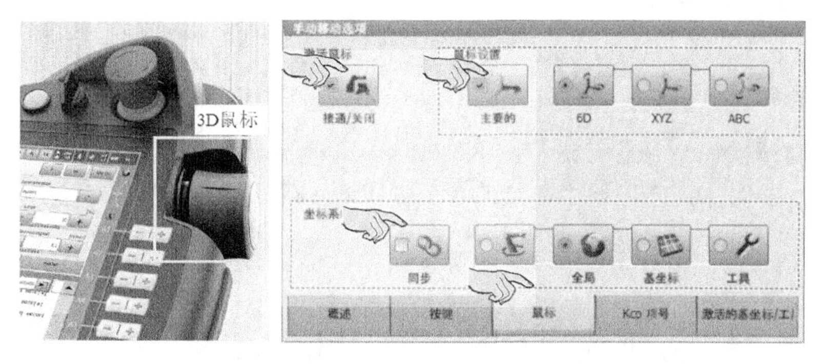

（a）3D 鼠标　　（b）设定显示

图 8.3-3　3D 鼠标设定

（1）激活鼠标。单击图标可生效/取消（接通/关闭）Smart PAD 示教器的 3D 鼠标，参见上述“手动方向键设定”说明。

（2）鼠标设置。用于 3D 鼠标的操作功能设定，详见后述。

（3）坐标系统。用于机器人 3D 鼠标手动操作的坐标系选择，含义与手动方向键相同，参见上述“手动方向键设定”说明。

4. 示教器操作方位设定

手动移动选项设定标签“Kcp 项号”用于示教器操作方位设定，使得 3D 鼠标的操作方向与机器人实际移动方向一致，有关内容详见后述。

5. 工件/工具坐标系设定

手动移动选项设定标签“激活的基坐标/工具”用于机器人手动操作的工件坐标系、工具坐标系选择，单击标签“激活的基坐标/工具”，可显示图 8.3-4 所示的工件坐标系、工具坐标系的设定选项，并进行如下设定。

（1）工具选择。单击工具选择下拉列表中的选项，可显示系统现有的工具坐标系（$TOOL）名称、编号，并单击选定。系统出厂默认的工具坐标系为“无效（$NULLFRAME）”、坐标系编号为[0]，即工具坐标系与手腕基准坐标系重合。如果编号显示“[?]”，表明工具坐标系尚未被设定。

（2）基坐标选择。单击“基坐标选择”下拉列表中的选项，可显示系统现有的工件坐标系（$BASE）名称、编号，并单击选定。系统出厂默认的工件坐标系为“无效（$NULLFRAME）”、坐标系编号为[0]，即工件坐标系与机器人基座坐标系重合。如果编号显示“[?]”代表工件坐标系未设定。

（3）Ipo 模式选择。用于工具安装方式（插补模式）设定，选择图标“法兰”时，为机器人移动工具作业（$IPO_MODE=$BASE），选择图标“外部工具”工具安装方式为机器人移动工件作业（$IPO_MODE=$TCP）。有关工具安装方式的详细说明，可参见 8.1 节。

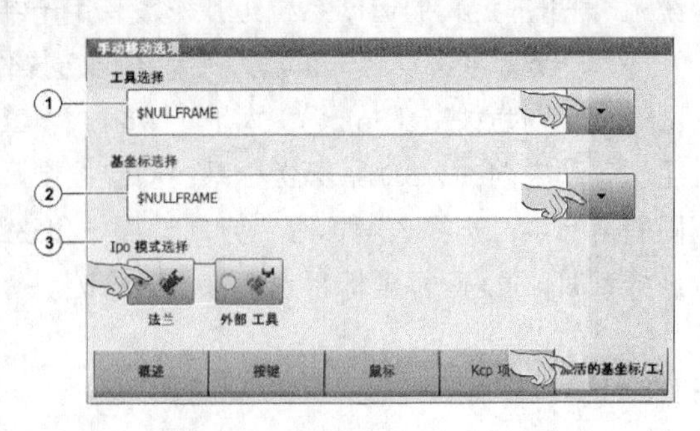

图 8.3-4 工件坐标系、工具坐标系设定

8.3.2 3D 鼠标操作设定

1. 3D 鼠标操作

KUKA 示教器的 3D 鼠标可进行图 8.3-5（a）所示的前后、上下、内外 3 个方向的直线移动，以及图 8.3-5（b）所示回绕中心点的 3 个方向偏转或倾斜，因此，3D 鼠标最大可以用于 6 轴手动操作。

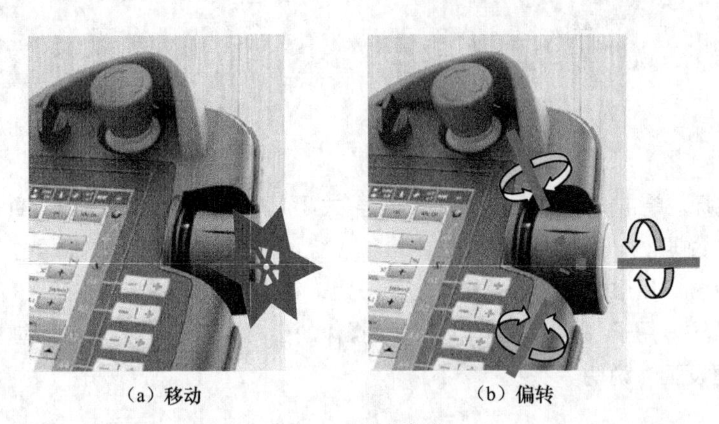

（a）移动　　（b）偏转

图 8.3-5 3D 鼠标操作

3D 鼠标操作与机器人 TCP 笛卡儿坐标系运动轴、方向的对应关系，以及鼠标功能，需要通过示教器操作方位、鼠标功能设定，其设定内容、操作步骤如下。

2. 示教器操作方位设定

示教器操作方位设定的目的是在机器人进行 TCP 笛卡儿坐标系手动移动时，可以使 3D 鼠标的操作与机器人 TCP 的运动方向一致。

带 3D 鼠标的 Smart PAD 或 KCP 示教器的操作方位设定操作，可通过单击手动移动选项的设定标签“Kcp 项号”选择，设定页面的显示如图 8.3-6（a）所示。移动圆周上的示教器图标，便可改变示教器与机器人的相对位置，使 3D 鼠标操作与机器人 TCP 的实际运动方向统一。

示教器操作方位划分间隔 45° 的 8 个位置，当操作者手持示教器处于图 8.3-6（b）所示的机器人正前方、面朝机器人基座坐标系$-X$轴方向时，示教器操作方位为 0°（系统默认方位），其他位置以相对 0° 顺时针旋转的角度表示。

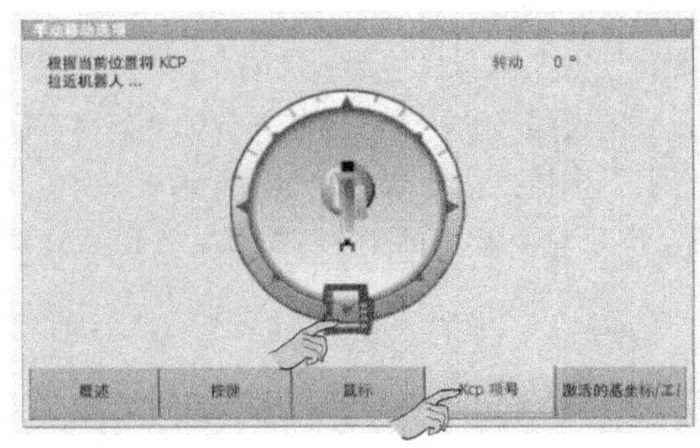

（a）设定页面显示

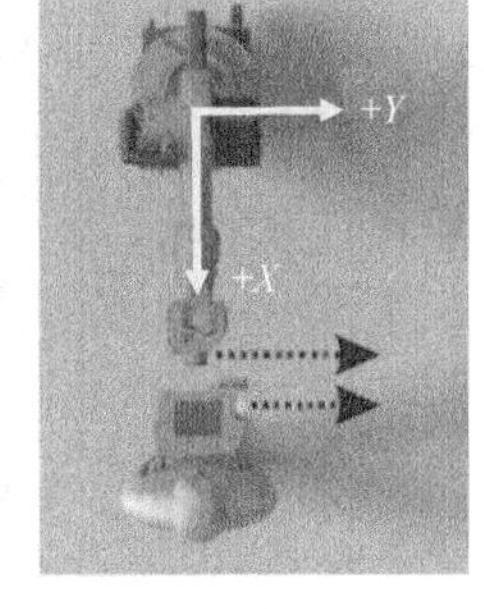

（b）0° 方位

图 8.3-6　示教器方位设定

在 0° 方位，控制机器人 TCP 及工具定向正向运动时，3D 鼠标的操作方向如图 8.3-7（a）所示。鼠标反向操作时，可使对应轴反向运动。例如，将 3D 鼠标拉出（向右），机器人 TCP 可进行基座坐标系$+Y$方向的直线移动；将 3D 鼠标压入（向左），机器人 TCP 则可进行基座坐标系$-Y$方向的直线移动；逆时针偏转 3D 鼠标，即可使工具进行绕基座坐标系$+Y$轴回转的$+B$轴工具定向运动。

3D 鼠标也可以用于关节坐标系手动操作（关节手动），此时，机器人的运动与示教器方位无关，关节轴正向回转所对应的 3D 鼠标操作始终如图 8.3-7（b）所示。反向操作鼠标时，同样可进行关节轴的反向回转运动。

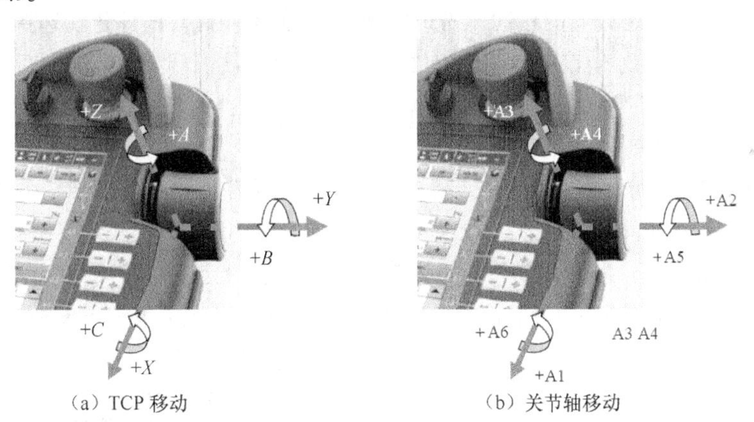

（a）TCP 移动　　（b）关节轴移动

图 8.3-7　3D 鼠标操作方向

3. 3D 鼠标功能设定

Smart PAD 示教器的 3D 鼠标的操作功能，可通过图 8.3-8 所示的手动移动选项“鼠标”设定页的“鼠标设置”项选择，单击对应的图标，可选择如下操作功能。

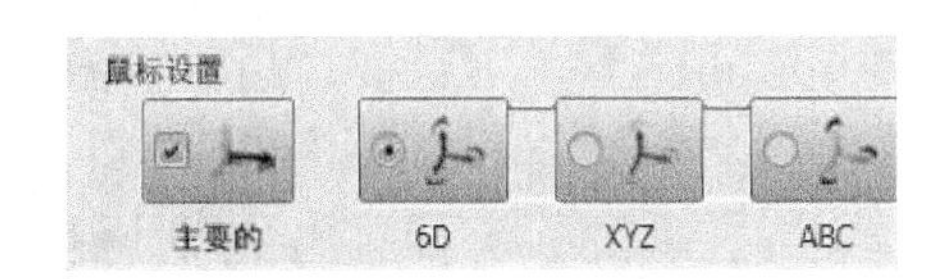

图 8.3-8　3D 鼠标功能设定

（1）主要的：主导轴操作。单击图标选定后，3D 鼠标只能用于“主导轴”移动控制，其他方向的控制均无效。“主导轴”可以在图标选定后，通过操作鼠标确定。

例如，对于图 8.3-7 所示的 3D 鼠标，如果向外拉动 3D 鼠标，机器人 TCP 沿基座坐标系的 Y 轴运动，此轴便成为“主导轴”，3D 鼠标只能用于 *Y* 轴移动控制等。如果在确定主导轴时，鼠标同时产生了多个方向的移动，系统将以 3D 鼠标移动量最大的轴作为主导轴。

（2）6D：3D 鼠标 6 个方向的运动控制均生效。

（3）*XYZ*：3D 鼠标的转动、偏摆操作无效，鼠标只能通过左右、前后、上下推拉，控制机器人 TCP 的笛卡儿坐标系 *X* 轴、*Y* 轴、*Z* 轴正反向直线移动，或者控制关节轴 A1、A2、A3 的正反向回转。

（4）*ABC*：3D 鼠标的左右、前后、上下推拉操作无效，鼠标只能通过转动、偏摆，控制作业工具的笛卡儿坐标系 *A* 轴、*B* 轴、*C* 轴正反向定向回转，或者控制关节轴 A4、A5、A6 的正反向回转。

8.3.3 机器人手动操作

1. 基本说明

工业机器人的手动操作是利用示教器按键、3D 鼠标，对机器人及附加部件进行的手动操作，KUKA 机器人手动操作的移动方式分以下几种。

根据操作对象，工业机器人的手动移动方式通常有机器人本体及附加轴的关节坐标系手动移动（以下简称关节手动），以及笛卡儿坐标系的机器人手动移动与工具定向（以下简称机器人手动）2 类。关节手动可用于机器人本体关节（机器人轴）、变位器等附件（附加轴）的位置调整，一般以单轴移动为主，机器人手动通常用于作业工具的位置调整、示教编程，其运动为多个关节轴合成的三维空间运动。

根据运动方式，工业机器人的手动移动方式通常有手动连续移动（JOG，亦称点动）和手动增量移动（INC，亦称手动单步）两种。选择 JOG 操作时，可通过 Smart PAD 示教器按键、3D 鼠标的操作，控制机器人进行指定方向的移动，松开按键、3D 鼠标，运动即停止。选择手动增量移动时，运动轴及方向需要通过示教器按键选择（3D 鼠标无效），每操作一次操作方向键，机器人可以在指定方向移动指定距离，运动到位后，无论是否松开方向键，机器人均将停止运动，需要继续运动时，必须在松开方向键后，进行再次操作。

KUKA 机器人手动操作的移动方式、移动速度、坐标系及操作控制部件（方向键、3D 鼠标）等条件需要在机器人移动前予以设定。KUKA 机器人的手动操作条件可通过“手动移动选项”、单击状态栏图标、操作 Smart PAD 右侧图标等多种方式打开、设定，其效果相同。例如，对于 3D 鼠标操作的坐标系，既可通过图 8.3-9（a）所示的手动移动选项设定，也可以单击打开 Smart PAD 右侧 3D 鼠标坐标系图标选定等，对此不再一一说明。以下以“手动移动选项”设定为例进行说明。

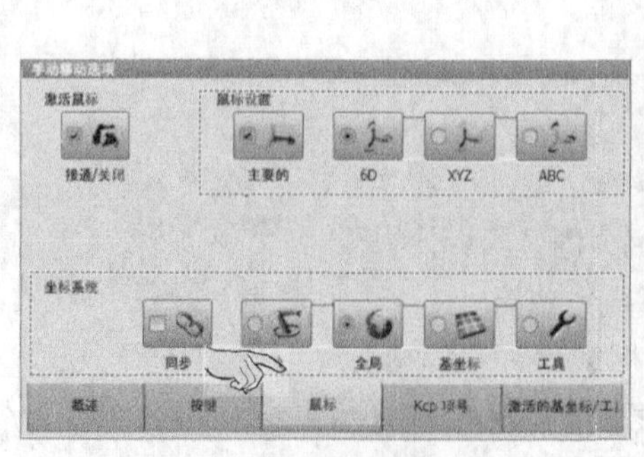

（a）手动移动选项选择

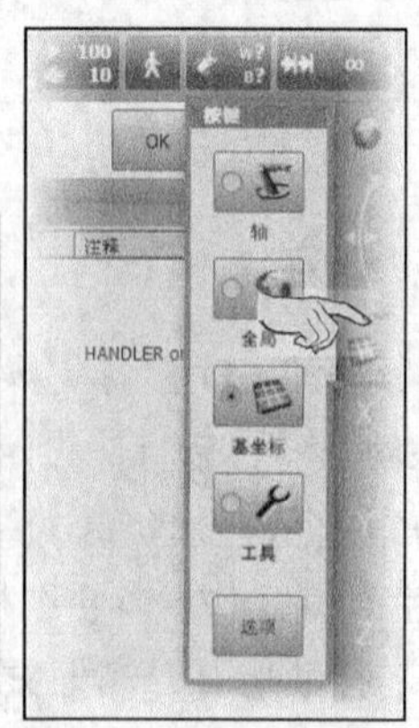

（b）坐标系图标选择

图 8.3-9　3D 鼠标坐标系选择

2. 关节手动操作

关节手动操作可用于图 8.3-10 所示的机器人本体或外部轴的关节坐标系手动移动。由于 KUKA 机器人关节轴的运动方向与 FANUC、安川、ABB 等公司的机器人有所不同（参见 6.1.4 节），手动操作时需要注意运动方向选择。

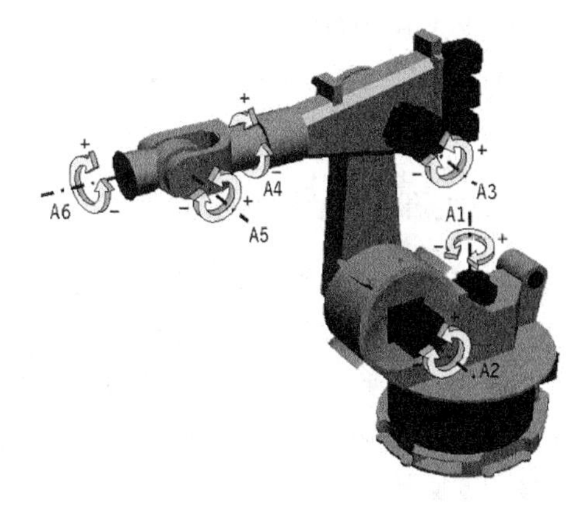

图 8.3-10　KUKA 机器人关节手动

KUKA 机器人关节手动的基本操作步骤分别如下。

（1）检查机器人、变位器（外部轴）等运动部件均处于安全、可自由运动的位置。

（2）接通总电源、启动机器人控制系统。

（3）复位示教器及外部操作部件（如存在）上的急停按钮，并确认控制系统工作正常、无报警。

（4）单击状态显示区的驱动器状态显示图标，接通伺服驱动器主电源（参见 8.2.5 节）。

（5）在 Smart PAD 示教器操作模式切换旋钮上插入钥匙，并旋转旋钮至“解锁”位置，然后，在示教器显示的操作模式选择框中选择 T1 模式（手动与示教操作模式）。操作模式选定后，再将旋钮旋回“闭锁”位置，取下钥匙，并确认状态显示区的操作模式图标为 T1（参见 8.2.5 节）。

（6）单击状态显示区的速度倍率显示图标（或其他图标），在打开的显示框中单击“选项”，打开手动移动选项设定框后，选择项目标签，完成如下设定（参见 8.3.1 节、8.3.2 节）。

① “概述”项：利用“手动调节量”的“+”“–”键或滑移调节图标，以倍率的形式，设定手动移动速度。T1 模式的机器人 TCP 最大移动速度为 250mm/s，对应的倍率为 100%。

② “按键”项：根据实际操作需要，完成如下设定。

单击“激活按键”图标，生效/取消 Smart PAD 示教器手动方向键。方向键一旦被取消，机器人手动操作只能利用 3D 鼠标进行，因此，机器人将不能进行手动增量移动。

单击“增量式手动移动”输入选择图标，选择手动移动方式及增量距离。进行手动连续移动操作时选择“持续的”，进行手动增量移动时，选定增量移动距离（0.1mm/0.005° 或 1mm/1°、10mm/3°、100mm/10°），并确认方向键有效。

单击“运动系统组”输入选择图标，选择控制轴组（机器人轴或附加轴）。

单击“坐标系统”选项，选定方向键操作的机器人坐标系，使用关节坐标系手动操作时，必须选定“轴”（参见 6.1.4 节）。

③ “鼠标”项：根据实际需要，完成如下设定。

单击“激活鼠标”图标，生效/取消 Smart PAD 示教器 3D 鼠标。

单击“鼠标设置”选项，设定 3D 鼠标操作功能（主导轴操作、3 轴操作或 6 轴操作）。

单击“坐标系统”选项，选定 3D 操作的机器人坐标系，关节手动时，同样必须选定“轴”，或者单击生效“同步”选项，自动选择与方向键操作相同的坐标系（关节坐标系）。

④ “Kcp 项号”项：使用关节坐标系手动操作时，3D 鼠标与关节轴对应关系保持不变，无须设定示教器操作方位。

⑤ “激活的基坐标/工具”项：关节手动操作与工件坐标系、工具坐标系等笛卡儿坐标系无关，无须设定工件坐标系、工具坐标系。

（7）将 Smart PAD 示教器的手握开关握至中间位置并保持，启动伺服。

（8）利用 Smart PAD 示教器的手动方向键、3D 鼠标选择移动轴及运动方向，机器人关节即可按要求移动。选择手动增量移动时，3D 鼠标无效，关节只能利用 Smart PAD 示教器的方向键选择运动轴与方向。

3. 机器人手动操作

利用机器人手动操作，可使机器人 TCP 在所选的笛卡儿坐标系中进行 X 轴、Y 轴、Z 轴直线移动及 A 轴（绕 Z 轴回转）、B 轴（绕 Y 轴回转）、C 轴（绕 X 轴回转）工具定向回转。

例如，当手动操作坐标系为基座坐标系时（系统默认设定大地坐标系、基座坐标系、工件坐标系重合），机器人可进行图 8.3-11（a）所示的 X 轴、Y 轴、Z 轴直线移动及图 8.3-11（b）所示的工具定向回转。

KUKA 机器人手动的基本操作步骤分别如下。

步骤（1）～（5）同关节手动操作。

步骤（6）——单击打开状态显示区的速度倍率显示（或其他图标），选择“选项”，打开手动移动选项设定框，并利用项目标签完成如下设定（参见 8.3.1 节、8.3.2 节）。

①“概述”项：选定手动移动速度倍率（同关节手动操作）。

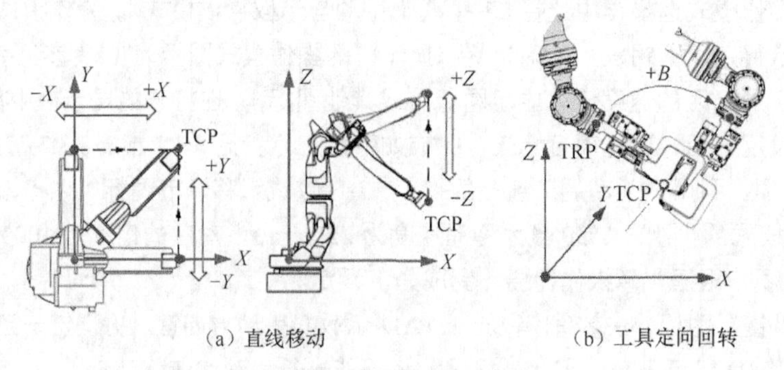

（a）直线移动　　（b）工具定向回转

图 8.3-11　机器人手动操作

②“按键”项：与关节手动操作一样，生效/取消 Smart PAD 示教器手动方向键、选择手动移动方式及增量距离、设定控制轴组（机器人轴或附加轴）。然后，在“坐标系统”选项中选择方向键操作的笛卡儿坐标系（参见 6.1.4 节），机器人手动的坐标系必须为“全局（大地坐标系）”或“基坐标（工件坐标系）”“工具（工具坐标系）”之一，不能选择“轴（关节坐标系）”。

③“鼠标”项：与关节手动操作一样，生效/取消 Smart PAD 示教器 3D 鼠标、在“鼠标设置”选项中选定鼠标操作功能。然后，在“坐标系统”选项中选择 3D 鼠标操作的笛卡儿坐标系，机器人手动的坐标系同样必须为“全局（大地坐标系）”或“基坐标（工件坐标系）”“工具（工具坐标系）”之一，或者单击生效“同步”选项，自动选择方向键操作相同的笛卡儿坐标系。

④“Kcp 项号”项：根据实际需要，调整示教器操作方位，将 3D 鼠标操作方向和机器人实际运动方向调成一致。

⑤“激活的基坐标/工具”项：选定机器人的工件坐标系、工具坐标系编号，对于无作业工具、进行机器人基座坐标系移动的手动操作，工件坐标系、工具坐标系及编号可选择$NULLFRAME、[0]；然后，在“Ipo 模式选择”选项中选定工具安装形式（参见 8.1.1 节）。

（7）将示教器手握开关握至中间位置并保持，启动伺服。

（8）利用 Smart PAD 示教器手动方向键、3D 鼠标，选择移动轴及方向，机器人 TCP、作业工具即可按要求移动、定向。选择手动增量移动时，3D 鼠标，无效，机器人只能利用 Smart PAD 示教器手动方向键选择运动轴与方向。

8.4 用户程序创建与项目管理

8.4.1 文件管理器及操作

1. 文件管理器

KUKA 机器人控制系统的软件与数据以“文件”形式保存在系统存储器中，系统启动后，Smart PAD 示教器可显示图 8.4-1 所示的文件管理器页面（KUKA 机器人中称其为“导航器”）。

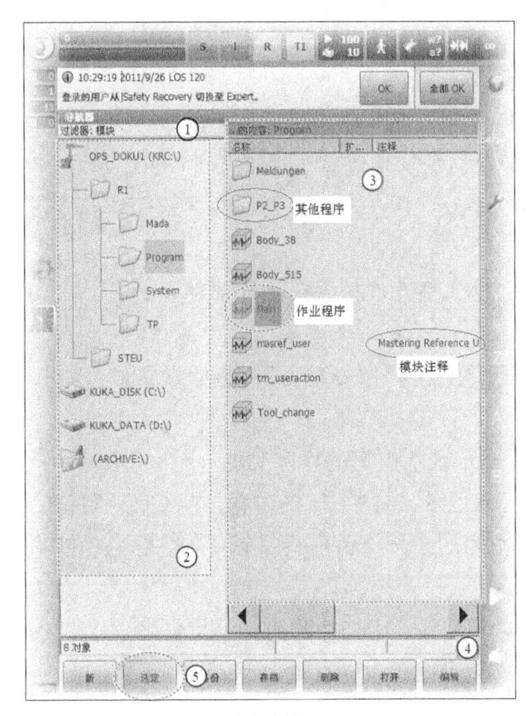

（a）模块

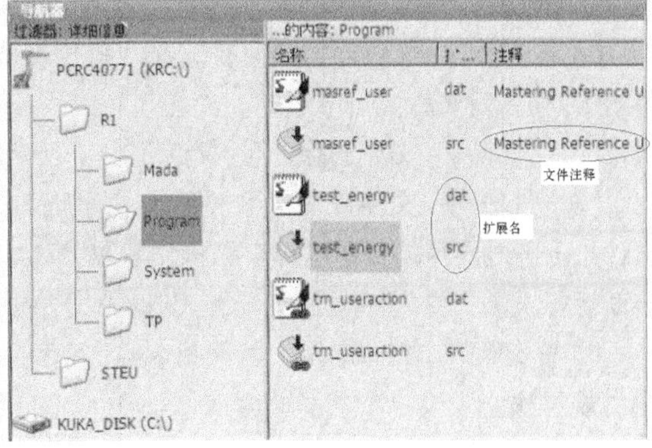

（b）详细信息

图 8.4-1 文件管理器显示

Smart PAD 示教器文件管理器的一般显示内容如下，在不同规格、不同用途、不同软件版本的机器人控制系统上，示教器的显示形式、操作方法可能稍有区别，但功能基本相同，对此不再另行说明。

① ——标题行。标题行可显示存储器显示区②所选定的文件夹在文件显示区③的显示形式（KUKA 说明书中称其为“过滤器”功能），文件显示形式（过滤器）可选择两种。

模块：文件显示区③以图 8.4-1（a）所示的模块形式显示，不同的模块以不同的图标显示，含有 KRL 主程序（Main program，SRC 文件）及附属数据表（DAT 文件）的可执行程序模块（参见 7.1.1 节），以带“M”的立方体图标显示；其他程序模块的图标为文件夹。模块注释显示在图标行的右侧。

详细信息（系统默认设定）：文件显示区③以图 8.4-1（b）所示的文件形式显示，文件扩展名“.SRC”“.DAT”及注释、属性、容量等信息显示在图标行的右侧；扩展名、属性的显示需要专家级以上的操作权限。

文件显示形式（过滤器）需要由专家级以上权限的用户，通过软操作键〖编辑〗，选择“过滤器”选项，过滤器选定后用“OK”键进行确认。

② ——存储器显示。显示计算机的文件存储途径及项目（Project）结构树。

③ ——文件显示区。以模块或文件形式显示存储器显示区所选定的文件夹内容。

④ ——状态行。可显示项目结构树中选定的文件夹所包含的模块（文件）数量，以及操作时的执行信息等。

⑤ ——软操作键。用于程序文件管理的软操作键，功能见下述。

2. 文件管理操作

Smart PAD 文件管理器具有用户程序文件的创建、编辑、保存、打印等功能，其操作可通过图 8.4-1 中的文件管理器软操作键⑤进行。为便于阅读，在本书后述内容中将以“〖名称〗”的形式表示软操作键。

Smart PAD 文件管理器软操作键的功能与操作如下。

（1）〖新〗：新建文件，用于用户程序文件的创建操作，详细操作步骤见后述。

（2）〖选定〗：文件选择，用于图 8.4-1 所示文件显示区的文件选择，被选择的 KRL 程序（.src 文件）不但可直接启动运行，而且可以通过程序编辑器，以“用户”权限对程序中的简单指令进行编辑操作。

（3）〖备份〗：系统备份，可将控制系统全部应用数据文件一次性保存到外部存储设备上（如 U 盘），以便进行系统还原操作。

（4）〖存档〗：文件存档，可有选择地将控制系统应用数据文件保存到外部存储设备上（如 U 盘等），以便恢复文件（见下述）。

（5）〖删除〗：文件删除，可删除图 8.4-1 所示文件显示区所选定的程序文件。

（6）〖打开〗：文件打开，用于图 8.4-1 所示文件显示区的文件打开，被打开的 KRL 程序（.src 文件）可通过程序编辑器以专家级操作权限，对 KRL 程序的全部指令进行编辑操作，但是不能直接启动运行。

（7）〖编辑〗：文件编辑，用于图 8.4-1 所示文件显示区所选定文件的打印、重命名等文件的编辑常规操作。

3. 文件存档与恢复

利用 Smart PAD 文件管理器的存档操作，可将指定的文件保存到 U 盘上（通常情况），以便恢复被删除的文件。

（1）选择〖存档〗操作时，示教器可显示如下选项。

① 所有：可将 C 盘及 C:\KRC 文件夹中的所有应用程序文件全部保存到 U 盘上，可用于文件恢复。

② 应用：可将当前项目（R1）的程序文件（Program）、系统文件（System）及系统设置文件（STEU）中的系统配置参数（Steu\$config*.*）保存到 U 盘上，可用于文件恢复。

③ 系统数据：可将 C 盘当前项目（R1）的机器数据文件（Mada）、系统文件（System）、工具控制程序（TP）、系统设置文件（STEU）中的机器人数据（Steu\Mada），以及 C 盘中与当前项目相关的机器人数据（如 C:\KRC\Roboter\Config\User 等）保存到 U 盘上，可用于文件恢复。

④ Log 数据：机器人操作日志，仅用于文件保存，不能用于文件恢复。

⑤ KrcDig：KUKA 故障诊断数据，仅提供 KUKA 公司维修，不能用于文件恢复。

（2）文件存档也可直接通过 Smart PAD 主菜单“文件”进行（参见图 8.2-5），其一般操作步骤如下。

① 将 KUKA 公司提供的 U 盘插入 Smart PAD 背面的 USB 接口上，或者控制柜操作面板的 USB 接口上。

② 按 Smart PAD 主菜单键或单击 Smart HMI 状态显示栏的主菜单图标，打开 SmartHMI 主菜单（参见图 8.2-5）。

③ 选择主菜单“文件”→子菜单“存档”，并在示教器显示的 U 盘安装位置选择项“USB（KCP）”（示教器安装）→“USB”（控制柜操作面板安装）中选定 U 盘安装位置。

④ 利用 Smart PAD 文件管理器（或主菜单选项）操作，选定需要存档的文件，并在示教器显示的操作确认框中选择“是”，便可启动 U 盘的文件保存操作。

⑤ 文件保存完成时，示教器可短暂显示提示窗。U 盘指示灯熄灭后，即可拔出 U 盘，完成文件存档操作。

（3）使用“所有”“应用”“系统数据”选项存档的 U 盘文件，可以用于系统文件的文件恢复。文件恢复一般可直接通过 Smart PAD 主菜单“文件”进行（参见图 8.2-5），其操作步骤如下。

① 将保存有存档文件的 U 盘插入 Smart PAD 背面的 USB 接口上，或者控制柜操作面板的 USB 接口上。

② 按 Smart PAD 主菜单键或单击 Smart HMI 状态显示栏的主菜单图标，打开 SmartHMI 主菜单（参见图 8.2-5）。

③ 选择主菜单“文件”→子菜单“还原”，并在示教器显示的 U 盘安装位置选择项“USB（KCP）”（示教器安装）→“USB”（控制柜操作面板安装）中选定 U 盘安装位置。

④ 选定需要恢复的文件，并在示教器显示的操作确认框中选择“是”，便可将 U 盘的文件重新安装到系统中。

⑤ U 盘指示灯熄灭后，可拔出 U 盘。

⑥ 关闭控制系统电源，并重新启动，生效系统恢复数据。

8.4.2 程序选择、打开与显示

1. KRL 程序选择与取消

程序选择可用于机器人“T1”或“T2”“AUT”操作模式的 KRL 程序显示、自动运行启动，以及以“用户”权限对所选程序中的单行简单指令进行有限修改，但不能打开、显示外部操作模式（EXT AUT）的机器人程序。

程序选择功能可在图 8.4-1 所示程序文件管理器的文件显示区③选定文件后，按软操作键〖选定〗生效。文件显示区③中所选择的文件可以是 SRC 程序，也可以是模块、DAT 数据表。选择模块、DAT 数据表时，Smart PAD 示教器同样可显示模块、DAT 数据表所对应的 SRC 程序。

程序一旦被选择，示教器将显示图 8.4-2 所示的程序编辑器（Editor）页面，程序编辑器除显示指令外，还可显示以下内容。

① ——程序执行指针。程序执行指针可指示程序的启动位置（指令行），所选程序可通过程序启动按钮直接启动运行。

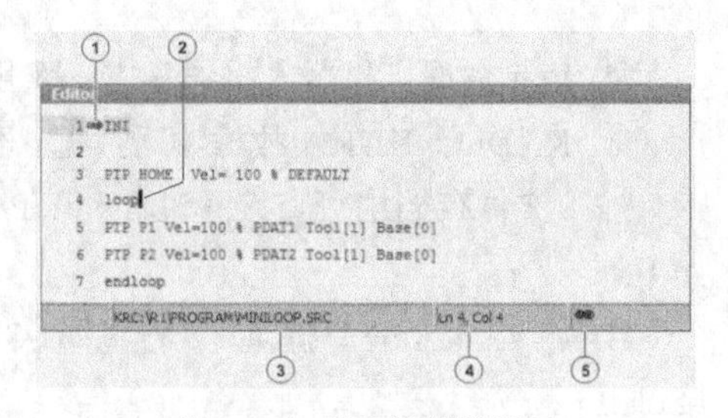

图 8.4-2 程序编辑器显示

② ——光标。光标用来选择程序编辑的位置，程序选定后，程序编辑器将被同时打开，操作者可以对程序中的指令进行简单修改，修改内容在执行“取消程序选择”操作时，即可自动保存。

③ ——路径。显示当前程序的路径及文件名。

④ ——光标位置。显示光标的当前位置（行号、位置）。

⑤ ——程序选择标记。程序选择时，可显示图示的已选择标记。

程序一旦选定，该程序的状态便可在 Smart PAD 示教器状态显示栏的前台处理状态图标（R）上显示，状态显示栏图标的颜色及含义详见 8.2.6 节。

示教器显示程序编辑器页面时，如单击软操作键〖编辑〗，选择“导航器”选项，示教器可返回图 8.4-1 所示的程序文件管理器（导航器）显示页面。若在程序文件管理器（导航器）显示页面上单击软操作键〖编辑〗，选择“程序”选项，则可再次切换到图 8.4-2 所示的程序编辑器页面。

被选定的程序可通过单击软操作键〖编辑〗，选择“取消选择程序”选项，或者单击状态显示栏的前台处理状态图标（R），取消程序选择（详见 8.2.6 节）。取消程序选择时，修改的程序将被自动保存。对于运行中的程序，“取消选择程序”操作需要在程序停止运行后才能进行。

2. KRL 程序打开与关闭

程序打开适合专家级以上用户的程序完全编辑，但不能用来启动程序的自动运行。程序打开可用于机器人所有的操作模式，在“T1”或“T2”“AUT”操作模式下打开的程序，所有指令均可显示和编辑，在 EXT AUT 模式下打开的程序，只能显示，不能编辑。程序打开后，如操作者对程序进行了编辑、修改操作，程序关闭时，示教器将显示安全询问框，操作者确认后，编辑、修改将被保存、生效。

程序打开功能可在图 8.4-1 所示程序文件管理器的文件显示区③选定文件后，按软操作键〖打开〗生效。如果在文件显示区③中选择了 SRC 程序文件，Smart PAD 示教器将显示 SRC 程序，如果选择了 DAT 数据表文件，示教器将显示 DAT 数据表。

程序打开后，示教器同样可显示程序编辑器页面，但是，利用打开操作显示的程序不能用于自动运行的启动，因此，程序编辑器不能显示图 8.4-2 中的程序执行指针①及程序选择标记⑤。

程序打开时，Smart PAD 示教器状态显示栏的前台处理状态图标（R）呈灰色（程序未选定），操作者可对程序的所有指令进行修改、编辑。

示教器显示程序编辑器页面时，如单击软操作键〖编辑〗，选择“导航器”选项，示教器可返回图 8.4-1 所示的程序文件管理器（导航器）显示页面，如果在程序文件管理器（导航器）显示页面上，单击软操作键〖编辑〗，选择“编辑器”选项，则可再次切换到程序编辑器显示页面。

程序编辑完成后，可通过图 8.4-3 所示的关闭键关闭程序编辑器，编辑内容需要在示教器显示的安全询问框中确认后才能保存。

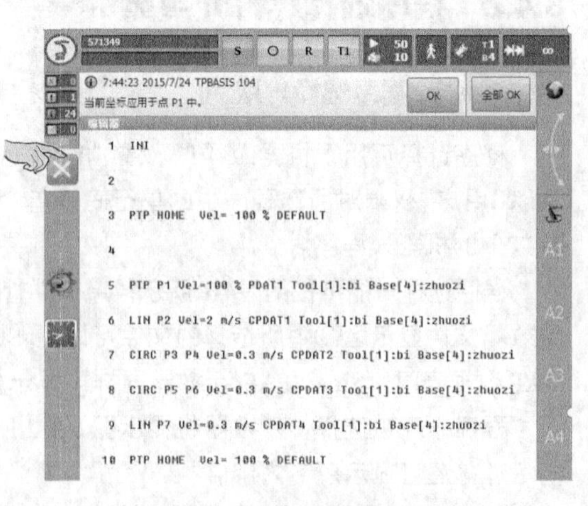

图 8.4-3 程序编辑器关闭

3. KRL 程序显示与设定

为了使 Smart PAD 示教器的程序显示简洁、明了，系统默认的程序编辑器显示为 KRL 程序命令区的指令显示（参见 7.1 节），初始化指令 INI 前的程序声明指令（简称 DEF 行）及折叠指令（FOLD、ENDFOLD）、程序注释等内容均自动隐藏，因此，只要选择程序，便可利用程序启动键直接从初始化指令 INI 开始执行 KRL 程序命令区的指令。

对于具有“专家”以上操作权限的用户，如果需要，可通过以下操作，在程序编辑器上显示完整的 KRL 程序。

（1）程序声明显示/隐藏。程序声明指令（DEF 行）包含程序性质、程序名称、程序参数、程序数据定义等内容（参见第 7 章），它是 KRL 程序必需的程序开始指令。具有“专家”以上操作权限的用户，可在程序编辑器显示页上，单击软操作键〖编辑〗→〖视图〗，选中“DEF 行”选项，生效 DEF 行显示功能，使 DEF 行在程序编辑器上显示；取消“DEF 行”选项，程序编辑器将隐藏 DEF 行显示。DEF 行也可直接通过选择下述的“详细显示”选项显示，此时，无须再选择“DEF 行”显示。

DEF 行显示时，程序启动后将执行程序声明指令（DEF 行）；关闭 DEF 行后，可从初始化指令 INI 开始执行程序。

（2）详细信息显示/隐藏。除程序声明指令（DEF 行）外，完整的 KRL 程序还可能包含折叠指令（FOLD、ENDFOLD）、注释等其他信息（参见第 7 章）。具有“专家”以上操作权限的用户，可在程序编辑器显示页上，单击软操作键〖编辑〗→〖视图〗，选中“详细显示（ASCII）”选项，生效详细信息显示功能，使程序编辑器显示包括 DEF 行的 KRL 程序全部内容；取消“详细显示（ASCII）”选项，则可隐藏详细信息。

（3）自动换行。工业机器人的部分指令含有多个添加项，指令长度可能超过 Smart PAD 示教器显示行的最大显示字符数，因此，系统默认设置为自动换行功能有效。

自动换行功能生效时，如果指令长度超过了显示行的最大显示字符数，示教器中换行显示如图 8.4-4 所示，在下一行中以 L 型箭头起始显示指令的其他内容。

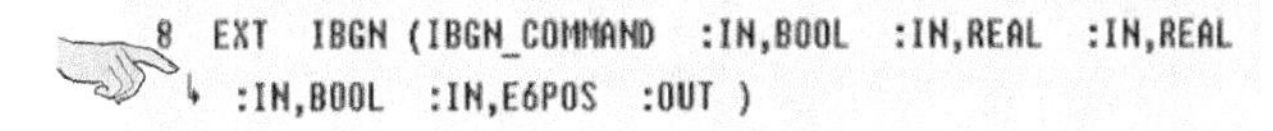

图 8.4-4　换行显示

具有“专家”以上操作权限的用户，可在程序编辑器上，单击软操作键〖编辑〗→〖视图〗，选择“换行”选项，生效自动换行显示功能。

8.4.3 用户程序模块创建

KUKA 机器人的应用程序采用模块式结构，完整的应用程序称为“项目（Project）”，组成项目的各类文件称为模块。完整的项目通常包含机器数据（Mada）、用户程序（Program）、系统（System）、工具控制程序（TP）4 种模块，每一模块又可包括多个子模块。其中，用于机器人自动运行控制的作业程序（KRL 程序，“.src”文件）及附属的数据表（KRL 数据表，“.dat”文件）以子模块的形式，保存在用户程序模块（Program 文件夹）中，有关内容可参见 6.4 节。

如果机器人需要使用多种工具、进行多种不同类型的作业，控制系统就需要有多个项目，此时，需要通过项目管理操作，进行项目激活、编辑、删除等操作（见后述）。使用同类工具的规定用途机器人一般只需要 1 个项目，用于不同工件作业的 KRL 程序与数据表以子模块形式保存在用户程序模块（Program 文件夹）中，因此，输入机器人作业程序时，首先需要创建作业程序子模块，建立 KRL 程序文件“.src”和数据表文件“.dat”，然后，通过本章后述的示教编程等操作，输入、编辑 KRL 程序和数据表文件，完成作业程序的编制。

用户程序模块创建的操作步骤如下。

1. 用户程序模块创建

利用 Smart PAD 示教器操作，在项目的程序模块 Program 中创建一个用户程序模块的操作步骤如下。

（1）机器人操作方式选择 T1。

（2）在图 8.4-5 所示文件管理器中选择项目（如 R1），单击打开项目程序文件夹 Program 后，按软操作键〖新〗（新建程序文件），Smart PAD 示教器可自动显示图 8.4-6（a）所示的新建用户程序子模块的名称输入软键盘。

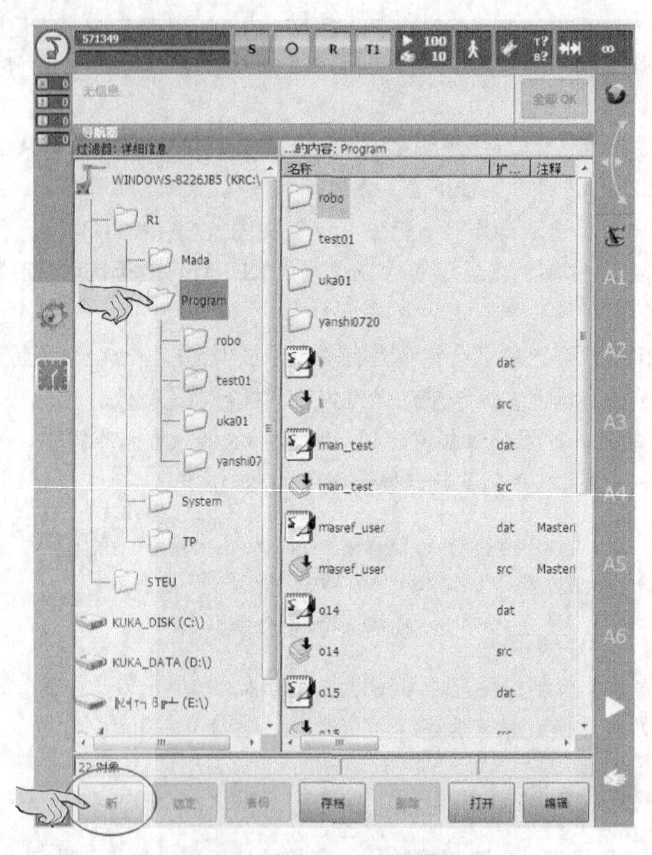

图 8.4-5　新建用户程序模块

（3）按 KRL 程序的标识（identifier）规定（参见 7.2 节），单击软键盘的字母、字符及编辑键，输入新建的用户程序子模块的名称（如“test100”等）。模块名输入完成后，单击软操作键〖OK〗确认，新建的用户程序子模块（test100）即被添加至图 8.4-6（b）所示的项目程序模块 Program 中。

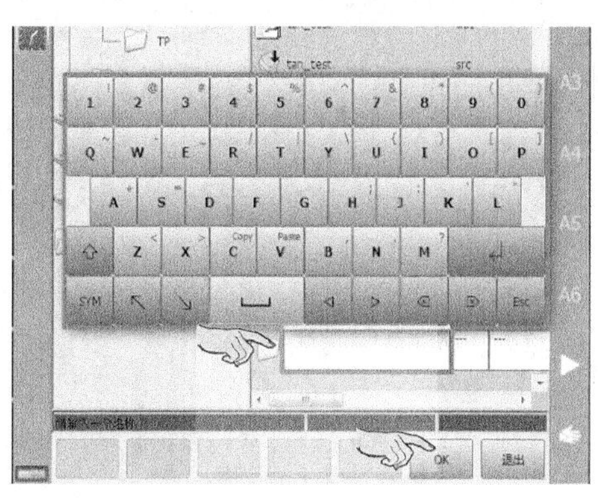

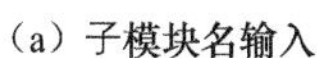

（a）子模块名输入

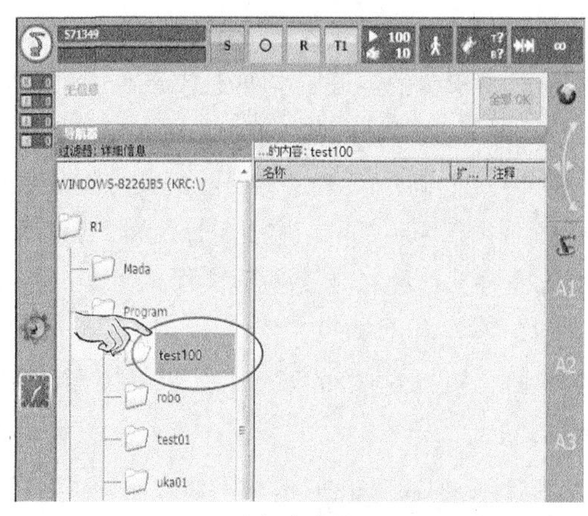

（b）完成显示

图 8.4-6　用户程序模块命名

2. 加载程序模板

新建的用户程序模块（如 test100）是只有名称的空文件夹，文件夹内容需要通过文件输入操作编辑、添加。

为了便于用户编程，保证文件格式正确、完整，KUKA 机器人已在控制系统中集成了各类程序文件的模板，用户可直接使用。其中，包含 KRL 程序与数据表的机器人作业程序文件模板的名称为“Modul（模块）”，对于一般应用，用户只需要加载 Modul 模板，在此基础上添加相关指令、程序数据，便可完成作业程序的输入与编辑操作。

使用 Modul 模板创建用户程序模块的操作步骤如下。

（1）单击新建的用户程序模块（如 test100），示教器可显示图 8.4-7（a）所示的 KUKA 程序模板，单击“Modul（模块）”选定模板，单击软操作键〖OK〗确认后，示教器便可自动显示图 8.4-7（b）所示的用户程序模块的名称输入软键盘。

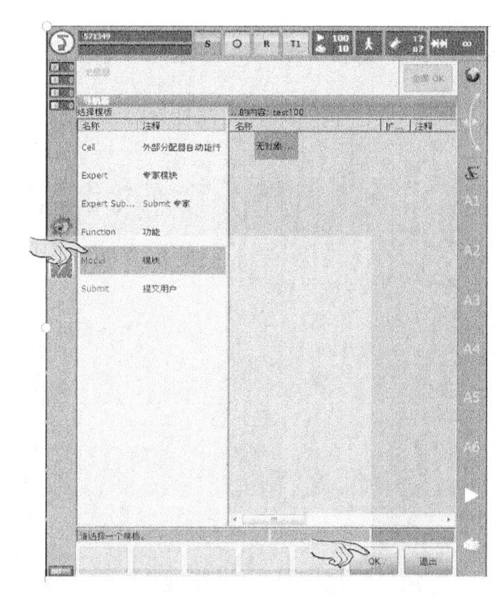

（a）选择模板

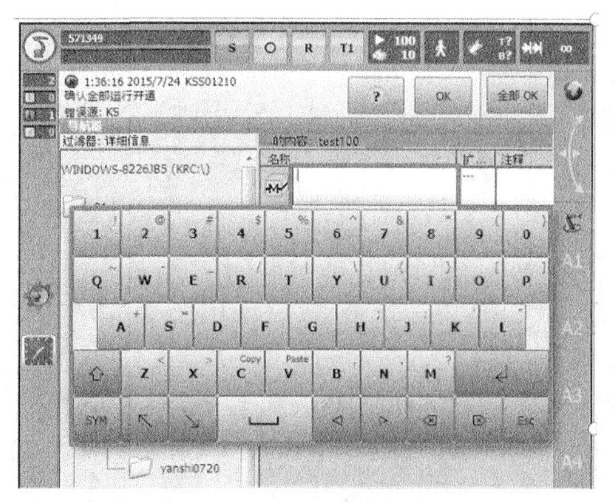

（b）输入名称

图 8.4-7　用户程序模板加载

（2）按KRL程序的标识（identifier）规定（参见7.2节），单击软键盘的字母、字符及编辑键，输入新建的程序模块名称（如“Myprog”等）。输入完成后，单击软操作键〖OK〗确认，文件管理器的文件显示区便可显示图8.4-8所示名称相同，扩展名分别为“.src”和“.dat”的KRL程序文件和KRL数据表文件。

KRL程序和数据表文件创建完成后，便可进行机器人作业程序、数据表的输入、编辑等操作，控制机器人自动运行。

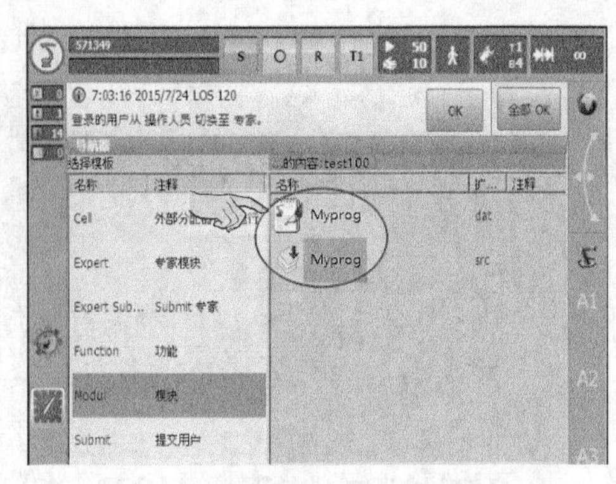

图8.4-8　KRL程序文件和数据表文件创建

8.4.4　项目管理操作

1. 项目管理器

对于进行多种不同类型作业的多用途机器人，需要有多个项目。项目可以通过项目管理器对其进行激活、编辑、删除等操作。

Smart PAD示教器的项目管理操作需要通过项目管理器由“专家”以上操作权限的用户进行，打开项目管理器的操作步骤如下。

（1）机器人操作模式选择T。

（2）用户等级选择“专家”以上操作权限。

（3）打开Smart PAD主菜单（参见8.2节图8.2-5），单击“文件”，选择子菜单“项目管理”，选择项目管理操作。

（4）单击Smart PAD示教器的Work Visual图标，示教器可显示图8.4-9（a）所示的“激活的项目”显示框。

（5）单击“激活的项目”显示框的“打开”图标，示教器可显示图8.4-9（b）所示的项目管理页面，并显示以下内容。

① 特别项目：显示区可显示系统的主要项目及操作键图标。

② 可用的项目：显示系统已建立的其他项目及状态。

显示页的下部为项目管理软操作键。

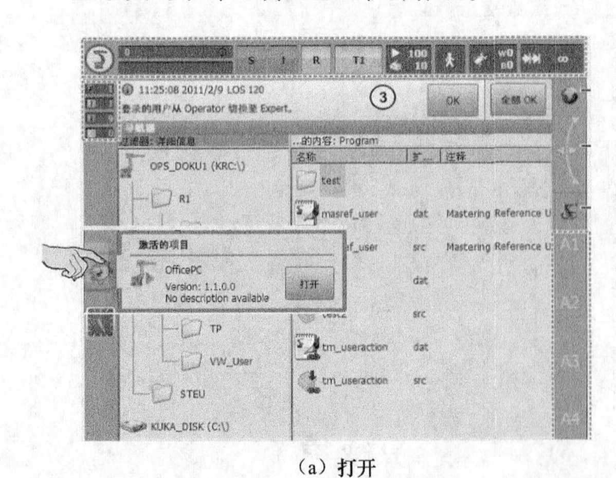

（a）打开

（b）显示

图8.4-9　Smart PAD项目管理器

Smart PAD 示教器项目管理操作需要有专业维修人员进行，项目管理器的主要功能及项目激活的基本操作步骤简要说明如下。

2. 项目管理器显示与操作

图 8.4-9 所示项目管理页面各显示区的显示内容及可进行的操作如下。

① ——初始项目。KUKA 机器人出厂设置的初始应用程序及主要信息显示。

② ——供货状态。项目初始化操作键。单击“供货状态”，可将机器人应用程序恢复为 KUKA 出厂设置的状态。

③ ——主项目。机器人基本应用程序。主项目应包含系统的全部配置信息，当激活的项目缺失配置信息时，系统将自动默认主项目的配置信息。主项目可以复制、覆盖，但不能进行其他编辑。复制的主项目可作为其他项目创建的模板，修改主项目时，首先应将项目激活，然后，才能将其设定为主项目。

④ ——复制。复制主项目，作为其他项目创建的模板。

⑤ ——激活的项目。当前有效的机器人应用程序（激活项目）的主要信息显示。

⑥ ——设为主项目。主项目覆盖操作键。如果项目包含系统的全部配置信息，可单击“设为主项目”，将激活的项目保存为主项目。

⑦ ——保存当前状态。保存当前激活的项目状态，建立一个不能编辑、删除的项目副本（KUKA 说明书称之为“固定”“钉住”）。

⑧ ——可用的项目。显示系统已创建、保存，但未生效（激活）的其他应用程序。

3. 软操作键

图 8.4-9 所示项目管理页面的软操作键功能如下。

①〖激活〗：激活所选项目。如果所选项目已被固定（钉住），系统将复制一个项目副本，操作者可通过副本再次激活项目。

②〖固定〗（或〖松开〗）：将所选定的项目，固定不能编辑、删除该项目，如所选项目是被固定的项目，软操作键显示〖松开〗，单击可解除项目的固定。

③〖拷贝〗：复制所选项目。

④〖删除〗：删除所选项目。激活项目、固定项目不能删除。

⑤〖编辑〗：可进行项目名称、说明信息的修改，固定项目不能编辑。

⑥〖更新〗：更新项目管理器显示页面。

4. 项目激活

激活项目将改变机器人的配置参数，只有在必要时，才能由专业调试维修人员以“安全维护员”以上操作权限登录系统，并在确保机器人安全的前提下实施。项目激活后，必须重新检查机器人的全部安全配置数据，确保机器人安全、可靠运行。

项目激活的操作步骤简介如下。

（1）机器人操作模式选择 T，并以“安全维护员”以上操作权限的用户登录系统。

（2）打开项目管理器，显示图 8.4-9 所示的 Smart PAD 项目管理页面。

（3）在“可用的项目”显示区选定需要激活的项目，单击软操作键〖激活〗后，示教器将显示“允许激活项目…吗？”等安全询问对话框，操作者根据实际需要，选择“是”或“不是”，确认或放弃对应的操作。

（4）操作完成后，示教器将显示项目的修改信息，单击显示框的“详细信息”可进一步显示修改详情。

（5）项目修改信息确认后，在示教器显示的“您想继续吗？”安全询问对话框中单击“是”，所选项目将被激活。

（6）检查机器人的全部安全配置数据，确认机器人运行安全、可靠。

8.5 程序输入与编辑

8.5.1 程序指令输入

1. 初始显示

用户程序模块创建后，单击选定文件显示区的 KRL 程序文件（如 Myprog.src），单击软操作键〖选定〗（或〖打开〗），便可打开程序编辑器，显示程序内容和用于程序输入编辑的软操作键。在调试完成（参见第 10 章）的机器人上，即可进行示教编程操作。

利用系统“Modul（模块）”模板打开新建的 KRL 程序，示教器可显示图 8.5-1 所示的 KRL 程序初始页面。

KRL 程序初始页面的默认状态为隐藏程序声明（DEF 行）、关闭折合（FOLD），并自动生成系统预设的 INI 指令、PTP HOME 指令及指令的行号。

初始页面的第 1 行的 INI 指令用于 KRL 程序的初始化，指令用来加载控制系统的 KRL 程序运行参数，以及机器人坐标系、移动速度等基本程序数据。

初始页面的第 2 行一般用来添加程序注释；第 4 行为 KRL 程序指令插入的起始位置。

初始页面第 3 行、第 5 行的 PTP HOME 指令用于命令开始、结束时的机器人 BCO（Block coincidence，程序段重合）运行，使机器人定位、返回到程序自动运行起点（HOME 位置）。第 5 行的 BCO 运行指令应位于程序结束位置，随着第 4 行以后的指令输入，行号 5 可自动增加。有关 KUKA 机器人 BCO 运行、HOME 位置的详细说明，可参见 7.1 节。

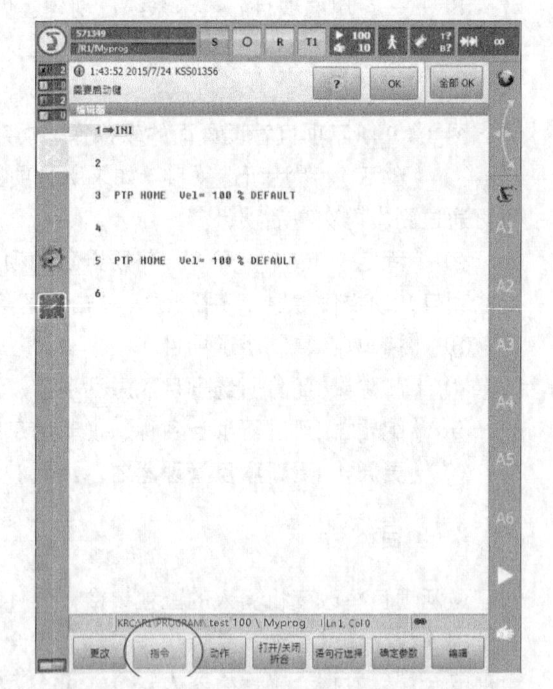

图 8.5-1 KRL 程序初始页面显示

2. KRL 程序指令输入

KRL 程序指令的输入操作因指令及编程方式而异，对于一般用户的常用程序指令，可以直接利用示教操作输入。机器人的示教编程应在机器人零点校准及工具坐标系、工件坐标系设定等调试工作全部完成（见第 10 章），以及机器人能够在程序规定的坐标系上准确移动和定位的前提下进行。

以常用的机器人定位移动指令 PTP 为例，示教编程指令的一般输入方法介绍如下，其他常用指令的示教编程输入方法将在后述的章节详述。

机器人定位指令 PTP 的示教编程输入操作步骤如下。

（1）操作模式选择 T1，如果需要安装有工具，且需要在工件坐标系上定位，应事先完成工件坐标系、工具坐标系的设定（见第 10 章）。

（2）选择或打开新建的 KRL 程序，使示教器显示图 8.5-1 所示的程序编辑初始页面后，将光标定位到需要输入的指令行的前一行行号（如 4）上。

（3）利用手动示教方式输入 PTP 指令目标位置（程序点）时，需要利用机器人的手动移动，确定程序点位置。

单击状态显示区的坐标系显示与选择图标，使示教器显示图 8.5-2 所示的机器人手动操作（程序点示教）的工具坐标系、工件坐标系选择框。然后，在工具坐标系、工件坐标系设定框的“工具选择”输入栏选定机器人手动操作（程序点示教）工具坐标系（如 gun_1），在“基坐标选择”输入栏选定机器人手动操作（程序点示教）工件坐标系（如 work_1），在“Ipo 模式选择”栏选定工具（如 gun_1）的安装方式（如法兰、机器人移动工具作业）。

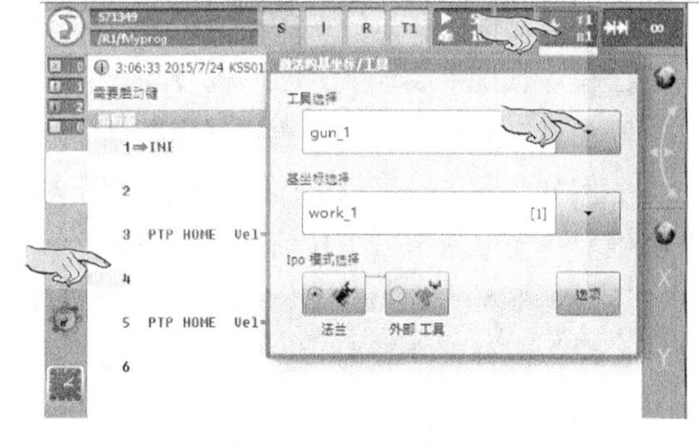

图 8.5-2　程序点示教工具坐标系、工件坐标系选择

如果机器人未安装工具、工件，可直接选择在工具坐标系、工件坐标系中选择“NULL FRAME”，此时，将以机器人手腕基准坐标系（$FLANGE）作为工具坐标系（$TOOL）、以机器人基座坐标系作为工件坐标系（$BASE）。设定完成后，单击程序编辑器显示区，关闭工具坐标系、工件坐标系设定框。

（4）按前述机器人手动操作要求，启动伺服，并将机器人移动到 PTP 目标点（如 P1）。

（5）单击软操作键〖指令〗，示教器可显示图 8.5-3（a）所示的指令输入菜单。

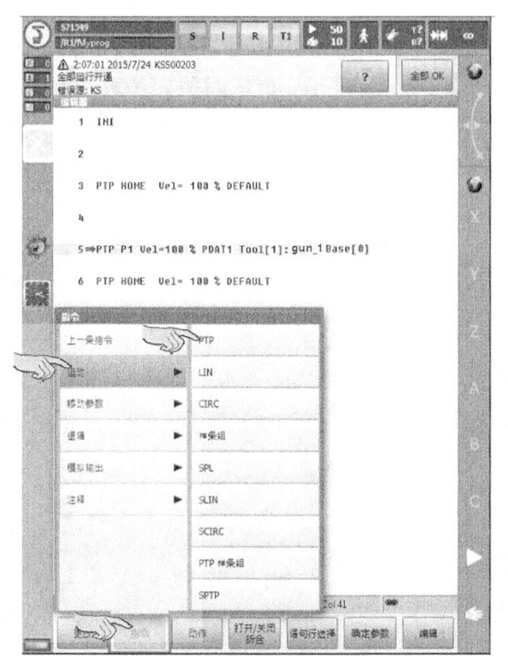

（a）指令输入菜单

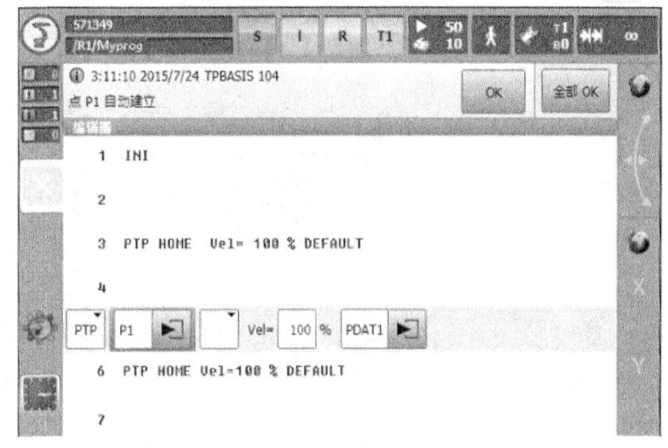

（b）编辑框显示

图 8.5-3　指令输入

（6）依次单击“运动”“PTP”，输入 PTP 指令后，示教器可显示图 8.5-3（b）所示的 PTP 指令输入编辑框（KUKA 中称其为联机表格），选中指令，单击软操作键〖更改〗可重新打开、编辑指令。

（7）指令的初始程序数据为系统默认的初始值，需要修改程序数据时，可单击指令编辑框的程序数据输入框，重新输入程序数据。

对于需要通过手动输入、编辑的程序数据，例如，LIN 指令或 CIRC 指令指定的机器人 TCP 移动速度、程序点名称等，选中输入框后可自动弹出图 8.5-4 所示的数字或字符输入软键盘，直接输入数值或字符。

对于已保存在系统中的可选择程序数据，如工具坐标系、工件坐标系设定参数，到位区间等，可按程序数据扩展箭头，示教器便可显示相应的程序数据输入选择框，然后，通过单击输入框的下拉箭头显示选项并选定所需的程序数据。

例如，单击程序点 P1 右侧的扩展箭头，示教器即可显示图 8.5-5 所示的程序点 P1 的坐标系选择框。单击输入框的下拉箭头，即可显示系统已设定的工具坐标系、工件坐标系。然后，选定所需的工具坐标系（如 gun_1）、工件坐标系（如 work_1）等。

输入部分程序数据时，示教器可能显示图 8.5-6 所示的操作确认对话框，操作者在确认无误后，可单击“是”确认。

（8）程序数据修改完成后，单击软操作键〖指令 OK〗确认，正确的指令便可在图 8.5-7 所示的程序中显示。

（9）重复以上操作步骤（2）～（8），便可完成程序指令的输入操作。

如果需要，指令输入完成后，可以继续进行注释添加、程序编辑、指令修改等操作。程序全部编辑完成后，可通过前述的程序退出或关闭操作，保存程序、返回程序文件管理器（导航器）显示页面，继续其他操作。

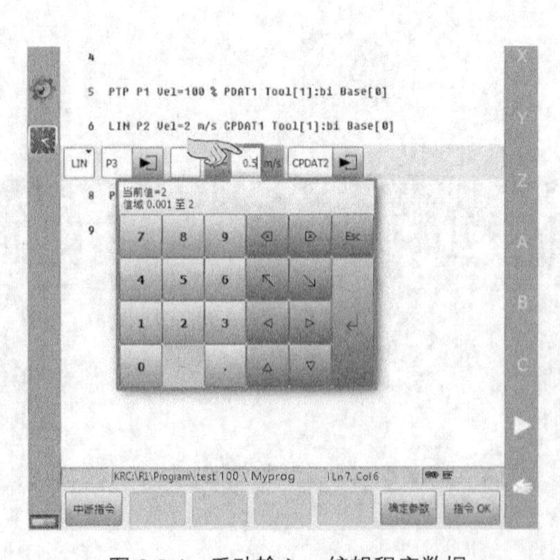

图 8.5-4　手动输入、编辑程序数据

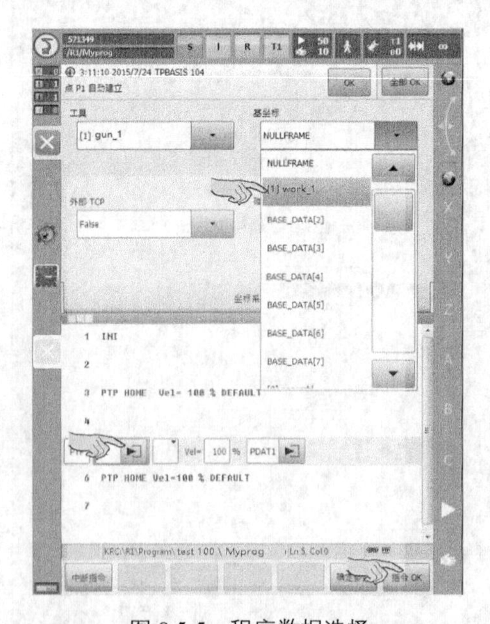

图 8.5-5　程序数据选择

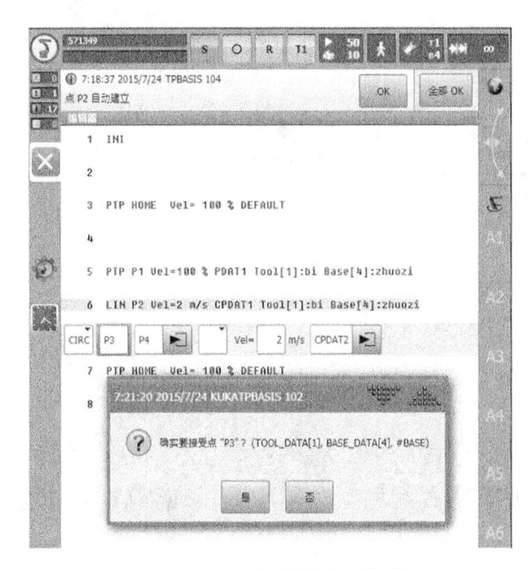

图 8.5-6　操作确认对话框

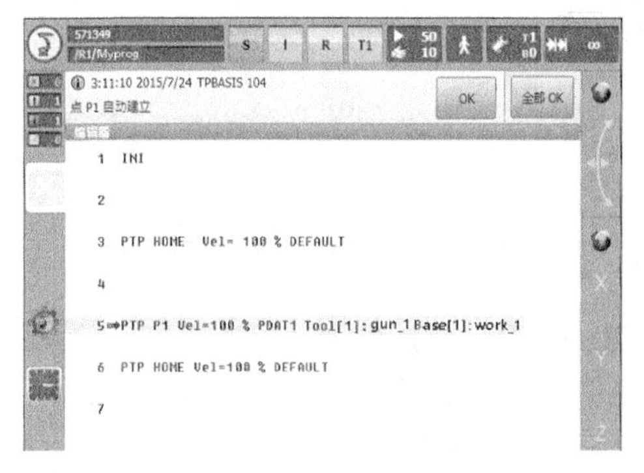

图 8.5-7　指令显示

8.5.2　程序注释与程序编辑

1. 程序注释输入

注释（comment）是为了方便阅读程序所附加的说明文本或修订标注，在 KUKA 说明书上，说明文本直接称为“正常注释”，简称“正常”，修订标注称为“印章”。注释只用于显示，不具备任何动作功能，可在程序的任何位置添加。注释以符号“;”起始、换行符结束，长文本注释可以连续编写多行。

KRL 程序注释输入的基本操作步骤如下。

（1）机器人操作模式选择 T1。

（2）打开程序编辑器，显示程序编辑页面，光标定位到需要输入整数的指令行的前一行行号上。

（3）单击软操作键〖指令〗，并在示教器显示的程序编辑器指令输入菜单上单击子菜单“注释”，即可显示“正常”“印章”选项。

（4）选择“正常”，示教器即可显示图 8.5-8（a）所示的说明文本输入框。选择“印章”，示教器可显示图 8.5-8（b）所示的修订标注输入框。修订标注输入框的起始位置为系统日期与时间，随后为修订者姓名（NAME）、修订说明文本（CHANGES）的输入框。

注释可自动保留系统上一次输入操作的内容，需要修改时，可继续如下操作。

（5）单击软操作键〖新文本〗，可清空注释文本、修订文本输入框的内容，重新输入说明文本。单击软操作键〖新时间〗，可修改系统时间。单击软操作键〖新名称〗，可清空修订者姓名输入框的内容、重新输入修订者姓名。

（6）注释编辑完成后，单击软操作键〖指令 OK〗确认。

程序注释输入完成后，如果不需要进行其他操作，可退出或关闭操作保存程序、返回程序文件管理器（导航器）显示页面。

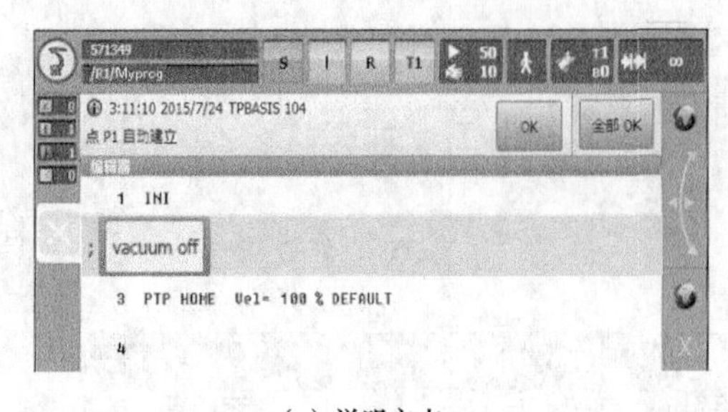

（a）说明文本

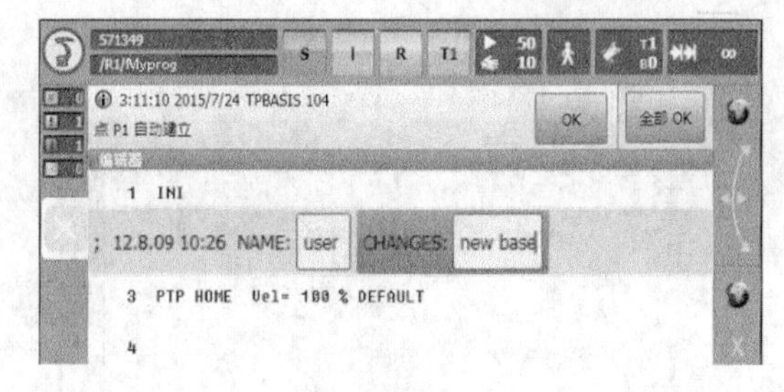

（b）修订标注

图 8.5-8　程序注释输入

2. 程序编辑

KRL 程序编辑时，机器人操作模式应选择为 T1，操作者原则上应具有“专家”以上的操作权限。

程序编辑可在选择或打开用户程序、进入程序编辑器页面后，利用程序编辑器软操作键选择所需要的程序编辑操作。

（1）程序编辑器的软操作键如图 8.5-9 所示，功能如下。

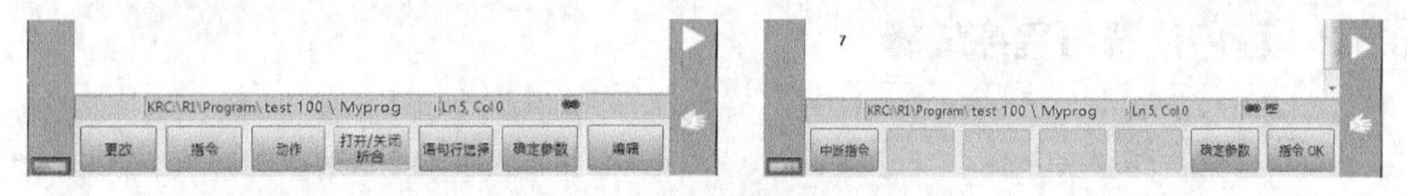

图 8.5-9　程序编辑器的软操作键

① 〖更改〗：单击可打开光标选定行的指令输入编辑框，对指令、程序数据进行修改；指令修改完成后，可通过软操作键〖确定参数〗、〖指令 OK〗保存修改结果。

② 〖指令〗：单击可打开程序指令选择菜单，输入或修改程序指令（参见图 8.4-10）。

③ 〖动作〗：单击可打开机器人移动指令选择菜单，输入或修改机器人移动指令。

④ 〖打开/关闭折合〗：单击可打开系统的显示隐藏功能设置选项（参见 7.2 节），显示或关闭折合（FLOD）指令。

⑤ 〖语句行选择〗：单击可选定光标所在的程序行。

⑥ 〖确定参数〗：单击可保存修改后的指令参数（添加项）。

⑦ 〖编辑〗：单击可打开程序常规编辑菜单，对程序进行删除、剪切、复制、粘贴、替换等常规编辑操作（见下述）。

⑧ 〖中断指令〗：单击可进行中断指令的输入、编辑操作。

⑨ 〖指令 OK〗：单击可保存指令内容。

（2）利用软操作键〖编辑〗可进行的常规编辑操作如下。编辑操作选择后，示教器通常会自动显示操作确认对话框，选择“是”可生效所选的编辑操作；选择“否”可放弃所选的编辑操作。

① 行删除：单击需要删除的程序行，使光标位于删除行的任意位置，单击软操作键〖编辑〗，选择子菜单〖删除〗，便可删除光标所在的程序行。程序行删除时，示教点位置仍然可在数据表文件中保留，以用于其他指令。

② 多行删除：从删除区域的程序起始行拖动手指到删除区域的最后行，使删除区域成为彩色显示后，单击软操作键〖编辑〗，选择子菜单〖删除〗，便可删除所选的程序区域。

③ 剪切：从剪切区的起始位置拖动手指到剪切区的结束位置，使剪切区成为彩色显示后，单击

软操作键〖编辑〗，选择子菜单〖剪切〗，便可删除所选的程序区域，并将内容转移到粘贴板中。

④ 复制：从复制区的起始位置拖动手指到剪切区的结束位置，使复制区成为彩色显示后，单击软操作键〖编辑〗，选择子菜单〖复制〗，便可在保留所选程序区域的同时，在粘贴板中得到所选程序区域的内容。

⑤ 粘贴：光标选定粘贴区的前一指令行，单击软操作键〖编辑〗，选择子菜单〖粘贴〗，便可将剪切或复制得到的粘贴板中的内容粘贴到光标选定行之后。

⑥ 替换：从替换区的起始位置拖动手指到替换区的结束位置，使替换区成为彩色显示，单击软操作键〖编辑〗，选择子菜单〖替换〗，便可用剪切或复制得到的粘贴板中的内容替换光标选定的区域。

8.6 机器人移动指令示教

8.6.1 移动指令输入与编辑

KUKA 机器人的程序编辑方法、功能与用户等级有关，对于“操作人员”“用户”级用户，可直接通过 Smart PAD 示教器显示的指令输入编辑框（KUKA 称为“联机表格”），利用示教操作，简单完成 KRL 程序常用的基本指令输入和编辑操作（示教编程）。具有“专家”以上操作权限的用户，通常可利用安装 Work Visual 软件的计算机或示教器的 KRL 辅助编辑器（KRL Assisten）进行 KRL 程序全部指令的完整输入。限于篇幅，本节将对示教编程操作进行详细介绍，有关 Work Visual 软件使用及 KRL 辅助编辑器的操作说明，可参见 KUKA 公司提供的技术资料。

1. 指令输入与编辑

KUKA 机器人基本移动指令 PTP（定位）、LIN（直线插补）、CIRC（圆弧插补）的示教输入编辑框如图 8.6-1 所示。指令输入、编辑与常规编辑的操作步骤如下。

（1）操作模式选择 T1。

（2）单击选定文件管理器文件显示区的 KRL 程序文件（如 Myprog.src），单击软操作键〖选定〗或〖打开〗，打开程序编辑器，显示程序编辑页面。

（3）需要输入机器人基本移动指令时，将光标定位到需要输入（插入）的指令行的前一行行号上。

（4）利用手动示教方式输入移动指令目标位置（程序点）时，通过手动操作选定工件坐标系、工具坐标系。

（5）按前述的机器人手动操作要求，启动伺服，并将机器人移动到 PTP、LIN 指令的移动目标位置（终点）或 CIRC 指令的中间点位置。

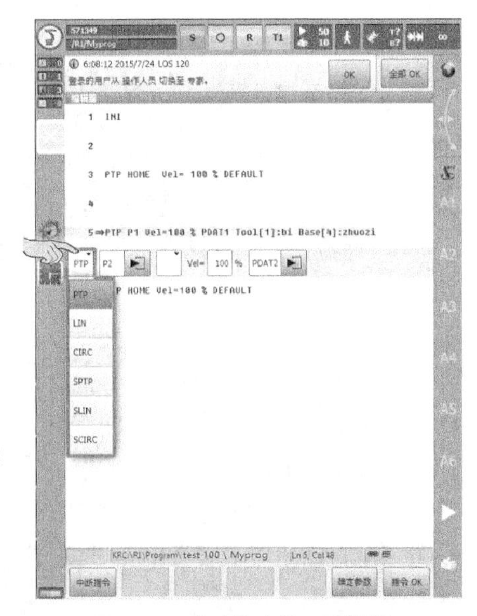

图 8.6-1 移动指令输入编辑框

（6）单击程序编辑页面的软操作键〖指令〗，并在示教器显示的指令类型菜单上，单击“运动”后，在示教器显示的移动指令选项上选定移动指令，示教器即可显示所选指令的输入编辑框。

（7）通过指令编辑操作（见下述），完成程序数据输入。

（8）单击软操作键〖指令 OK〗，完成指令插入操作。

需要对程序中的基本移动指令进行修改时，可单击选定指令行，然后，通过软操作键打开程序常规编辑菜单，对程序进行删除、剪切、复制、粘贴、替换等常规编辑操作，或者单击软操作键〖更改〗，打开图 8.6-1 所示的移动指令输入编辑框，利用指令编辑操作（见下述），对移动方式（指令码）、程序数据进行编辑、修改，完成后，可通过软操作键〖确定参数〗保存。

2. PTP/LIN 指令编辑

机器人定位指令（PTP）、直线插补指令的输入和编辑操作基本相同，示教器的指令输入编辑框显示如图 8.6-2 所示，显示内容及编辑方法如下。

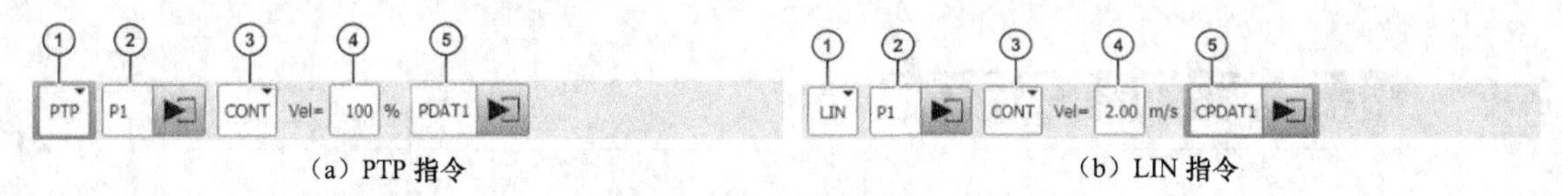

（a）PTP 指令　　（b）LIN 指令

图 8.6-2　PTP/LIN 指令输入编辑框

（1）指令代码。用于基本移动指令的指令代码显示与输入，单击下拉箭头，可打开移动指令选择框（见图 8.6-1），更改移动指令代码。

（2）程序点名称。示教输入的程序点名称由系统自动生成，需要时可单击显示区，重新输入程序点名称。

程序点名称右侧的扩展箭头用于程序点数据设定，单击可打开图 8.6-3 所示的程序点数据编辑框（KUKA 称其为“帧”），进行如下项目的选择与设定。

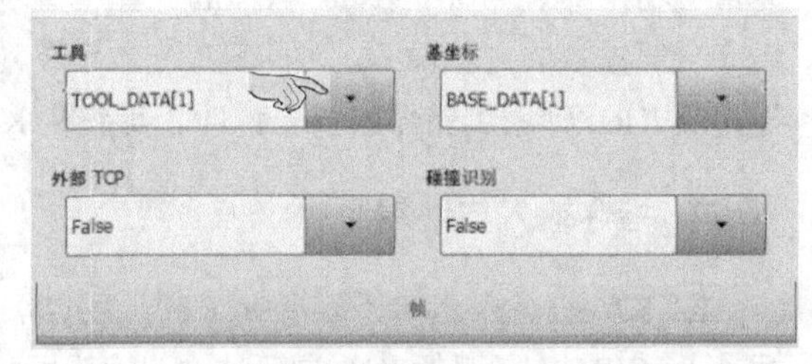

图 8.6-3　程序点数据（帧）编辑框

① 工具：程序点位置数据所使用的工具坐标系（$TOOL）名称。

② 基坐标：程序点位置数据所使用的工件坐标系（$BASE）名称。

③ 外部 TCP：程序点位置数据所采用的机器人移动方式，选择“False”，设置机器人为移动工具作业；选择“True”，设置机器人为移动工件作业。

④ 碰撞识别：程序点的碰撞监控功能设定，选择“False”，识别功能无效；选择“True”；识别功能生效。

（3）到位区间选择。设定机器人精确定位时选择空白，设定机器人连续移动时选择“CONT”，到位区间可在运动数据表 PDATn 或 CPDAT 中设定。

（4）机器人移动速度。PTP 定位指令以关节最大移动速度倍率（1%～100%）的形式设定。LIN 指令可直接设定机器人工具控制点（TCP）的直线移动速度（0.001～2m/s）。

（5）运动数据表名称。示教输入的数据表名称由系统自动生成。需要时可单击显示区，重新输入运动数据表名称。

单击运动数据表名称右侧的扩展键（箭头），可打开图 8.6-4 所示的运动数据表编辑框（KUKA 中称其为移动参数），进行如下设定。

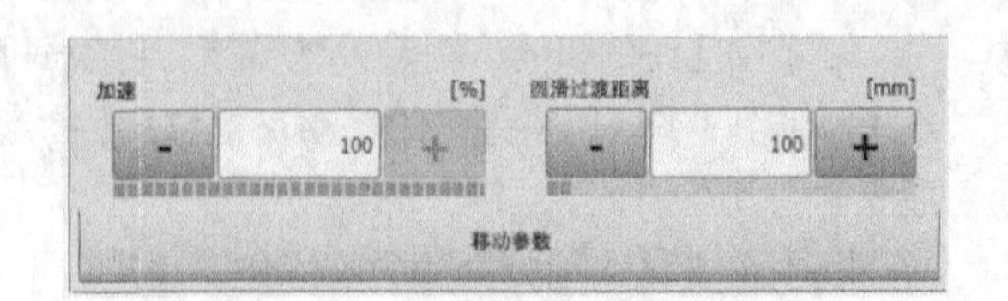

图 8.6-4　运动数据表（移动参数）编辑框

① 加速：以最大加速度倍率（1%～100 %）的形式，设定机器人运动加速度。单击“+”/“-”键可改变倍率值。

② 圆滑过渡距离：如果到位区间选择框选定了连续移动“CONT”，可设定目标位置的到位区间；PTP 指令通常以关节轴最大到位区间倍率（1%～100%）的形式设定，LIN 指令可直接设定到位区间半径（单位为 mm）。

3. CIRC 指令编辑

机器人圆弧插补指令（以 CIRC 为例）的输入编辑框显示如图 8.6-5（a）所示。其中，指令代码①、圆弧插补中间点②/终点③、到位区间④、机器人移动速度⑤的输入和编辑方法与 PTP/LIN 指令相应参数的输入和编辑方法相同；运动数据表⑥的编辑框（移动参数）显示如图 8.6-5（a）所示，除加速度、到位区间外，还可在“方向导引”栏选择如下工具基本姿态控制参数（系统变量为 $ORI_TYPE，参见 8.1 节）。

（1）标准：工具姿态连续变化（$ORI_TYPE = #VAR）。工具姿态由圆弧起点连续变化到圆弧终点。如果系统参数$CIRC_TYPE =#PATH（以轨迹为基准），系统在改变工具姿态的同时，还需要控制机器人上臂进行回绕圆心的旋转运动，使机器人上臂中心线始终位于圆弧的法线方向，以保持工具与轨迹（圆弧）的相对关系不变。

（2）手动 PTP：可手动设定奇点姿态的连续变化。选择手动 PTP 时，如果圆弧插补运动需要经过机器人奇点，奇点的工具姿态可以手动单独设定；除奇点外的其他位置，工具姿态由起点连续变化到终点（同标准）。

（3）固定：工具姿态保持不变（$ORI_TYPE = #CONSTANT）。

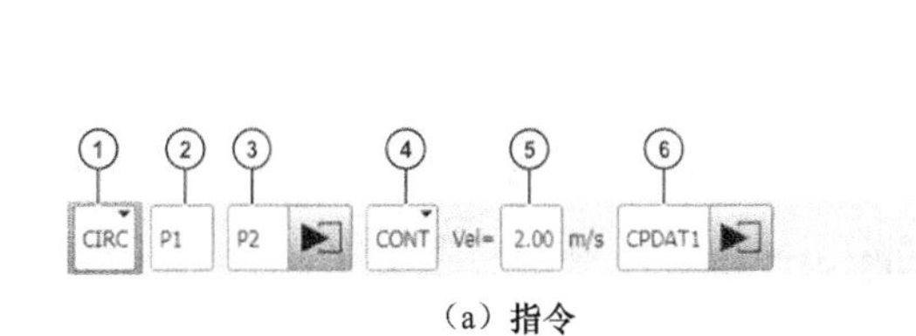

（a）指令

（b）运动数据表

图 8.6-5　CIRC 输入编辑框

8.6.2　样条类型定义指令输入

KRL 程序的样条曲线分 PTP 样条和 CP 样条两类。PTP（Point to Point）样条曲线是由若干型值点定位（PTP）段组成的连续运动轨迹；CP（Continuous Path）样条是由若干型值点 SPL、直线段 SLIN、圆弧段 SCIRC 组成的连续运动轨迹。KRL 程序执行时，控制系统将样条曲线作为一条移动指令执行与处理。

KRL 样条曲线插补指令输入时，首先需要利用样条定义指令 PTP SPLINE（PTP 样条）或 SPLINE（CP 样条）定义样条曲线类型（KUKA 说明书称其为“样条组”），创建样条段输入区间；然后，再定义样条段（定位段、直线段、圆弧段）、编辑型值点，完成样条曲线插补指令编程。

1. 样条类型定义指令输入

样条曲线定义指令 PTP SPLINE、SPLINE 输入的基本操作步骤如下，样条段定义及型值点输入操作见后述。

（1）操作模式选择T1。

（2）单击选定文件管理器文件显示区的KRL程序文件（如Myprog.src），再单击软操作键〖选定〗或〖打开〗，打开程序编辑器，显示程序编辑页面。

（3）将光标定位到需要输入（插入）样条曲线的指令行的前一行行号上。

（4）单击程序编辑页面的软操作键〖指令〗，并在示教器显示的指令类型菜单上，单击"运动"，打开"运动"指令选项，输入样条组定义指令，如图8.6-6所示。

（5）在移动指令选项上，根据需要选定样条曲线的类型（CP样条曲线选择"样条组"，PTP样条曲线选择"PTP 样条组"）后，示教器即可显示PTP SPLINE、SPLINE指令的输入编辑框（联机表格，见下述）。

（6）通过PTP SPLINE、SPLINE指令编辑操作（见下述），完成程序数据输入。

（7）单击软操作键〖指令OK〗，完成指令插入操作。

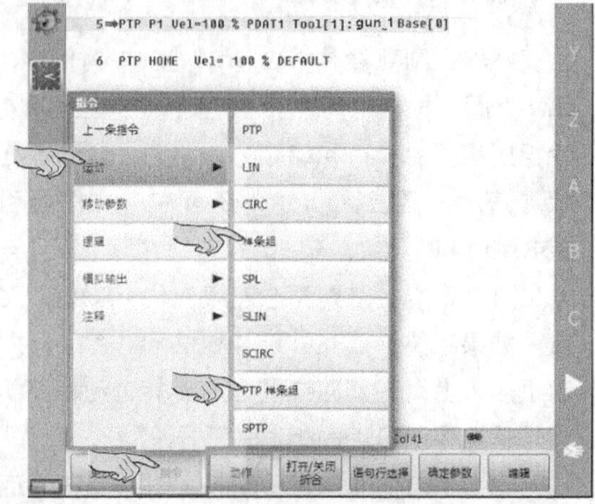

图8.6-6 样条组定义指令输入

样条曲线类型定义完成后，便可打开PTP SPLINE（PTP样条）、SPLINE（CP样条）的编程区间，输入型值点（直线、圆弧），定义样条曲线。

2. 名称与添加项输入

样条曲线类型定义指令PTP SPLINE（PTP样条）、SPLINE（CP样条）的输入编辑框如图8.6-7所示，显示内容及编辑方法如下。

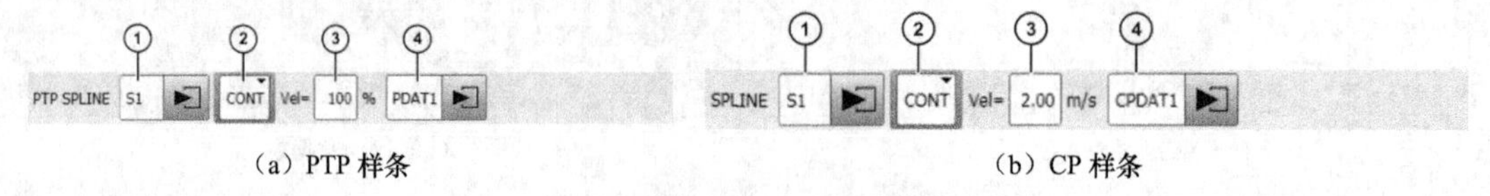

（a）PTP样条　（b）CP样条

图8.6-7 样条曲线类型定义指令输入编辑框

（1）样条曲线名称。示教输入的样条曲线名称由系统自动生成，需要时可单击显示区，重新输入样条曲线名称。

样条曲线名称右侧的扩展箭头用于样条点基本添加项设定，单击可打开图8.6-8所示的数据编辑框（KUKA中称其为"帧"），进行工具坐标系、工件坐标系及工具安装方式的设定，有关内容可参见PTP/LIN指令说明。

（2）到位区间选择。对PTP样条无效。CP样条曲线需要精确定位时，选择空白；连续移动时，选择"CONT"，样条点到位区间值可在运动数据表PDATn或CPDAT中设定。

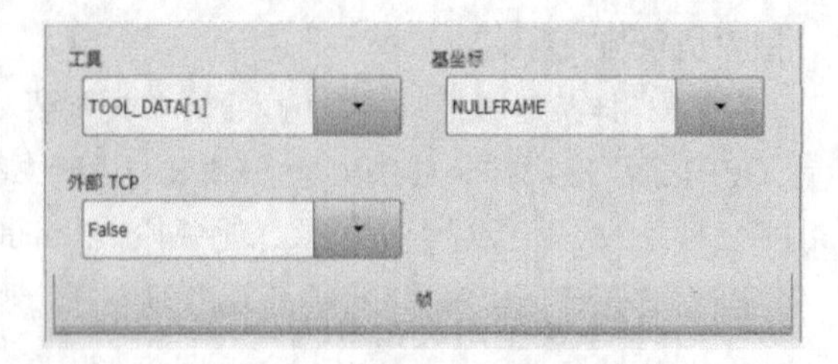

图8.6-8 样条点基本数据编辑框

（3）机器人移动速度。PTP样条以关节最大移动速度倍率（1%～100%）的形式设定；CP样条可直接设定机器人工具控制点（TCP）的直线移动速度（0.001～2m/s）。

（4）运动数据表名称。示教输入的数据表名称由系统自动生成。需要时可单击显示区，重新输入运动数据表名称。单击运动数据表名称右侧的扩展键（箭头），可打开图 8.6-9 所示的样条点运动数据表编辑框（KUKA 称其为移动参数），按照下述的要求设定运动数据表。

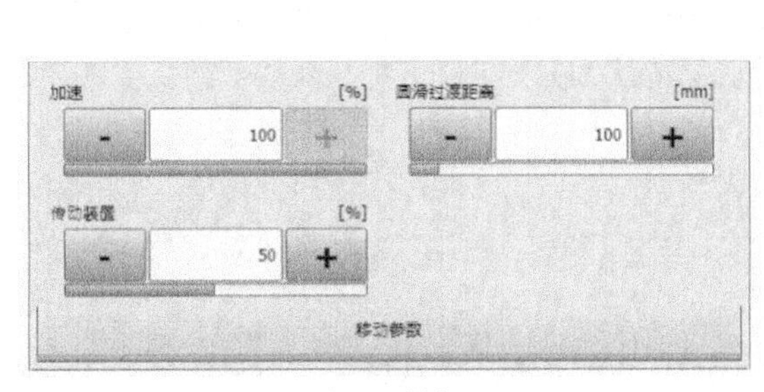

（a）PTP 样条

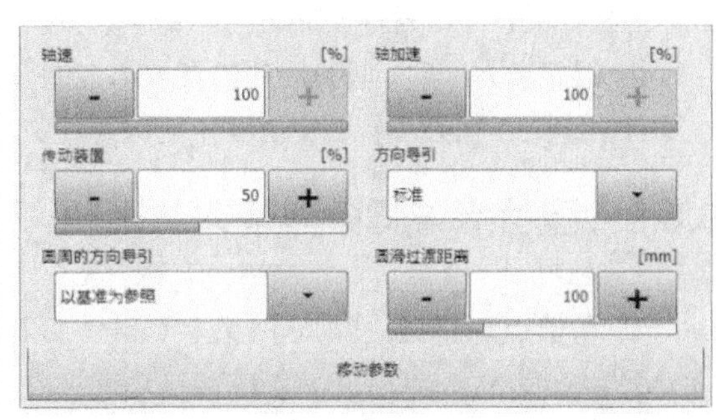

（b）CP 样条

图 8.6-9　样条点运动数据表（移动参数）编辑框

3. 运动数据表设定

样条曲线类型定义指令 PTP SPLINE（PTP 样条）、SPLINE（CP 样条）的样条点运动数据表可进行以下添加项的设定。

（1）加速度。PTP 样条插补的机器人运动加速度可在“加速”设定框设定；CP 样条插补的机器人运动加速度可在“轴加速”设定框中设定。加速度设定值为关节轴最大加速度的倍率（1%～100%），单击“+”/“–”键可改变倍率值。

（2）到位区间。对 PTP 样条无效。CP 样条定义指令输入框的到位区间选定连续移动“CONT”时，样条插补型值点到位区间可在“圆滑过渡距离”设定框中设定。到位区间设定值为到位半径（单位为 mm），单击“+”/“–”键可改变到位区间的值。

（3）加速度变化率。KUKA 机器人样条插补采用的是加速度变化率保持恒定、速度呈 S 形变化的 S 形加减速方式，加速度变化率在“传动装置”设定框中设定。加速度变化率设定值为系统允许最大加速度变化率的倍率（1%～100%），单击“+”/“–”键可改变加速度变化率倍率值。

PTP 样条的关节轴运动速度已通过指令的机器人移动速度设定定义，工具姿态始终为由起点连续变化到终点，运动数据表只需要设定以上 3 个添加项。对于 CP 样条插补，指令 SPLINE 还可以进一步设定以下运动数据，有关工具基本姿态控制参数（$ORI_TYPE）、圆弧插补工具姿态控制基准参数（$CIRC_TYPE）的详细说明，可参见 8.1 节。

（4）关节轴最大速度。CP 样条插补的关节轴最大运动速度限制值可在“轴速”设定框中设定。设定值为关节轴最大速度的倍率（1%～100%），单击“+”/“–”键可改变倍率值。

（5）工具姿态控制方式。CP 样条插补的工具基本姿态控制参数（系统变量$ORI_TYPE）可通过“方向导引”设定框选择，可选择的选项如下。

① 恒定的方向：CP 样条插补时，工具保持样条起点姿态不变，系统变量$ORI_TYPE = #CONSTANT。

② 标准：CP 样条插补时，工具姿态由起点连续变化到终点，系统变量$ORI_TYPE = #VAR。

③ 手动 PTP：CP 样条插补时，奇点的工具姿态可手动设定；除奇点外的其他样条点，工具姿态连续变化（同标准，系统变量$ORI_TYPE = #VAR）。

④ 无取向：忽略样条点工具姿态，控制系统可根据前后程序，自动选择工具姿态。

（6）圆弧插补工具姿态控制基准。CP 样条插补的圆弧段工具姿态控制基准参数（系统变量 $CIRC_TYPE）可通过“圆周的方向导引”设定框选择，可选择的选项如下。

① 以基准为参照：圆弧段的工具姿态控制以工件为基准（$CIRC_TYPE =#BASE），机器人与工件的相对关系（上臂中心线方向）保持不变。

② 以轨道为参照：圆弧段的工具姿态控制以圆弧轨迹为基准（$CIRC_TYPE =#PATH），机器人上臂可回绕圆弧圆心旋转，使上臂中心线始终位于圆弧的法线方向。

8.6.3 型值点与样条段输入

1. 型值点与样条段输入

样条段是由多个型值点的同类运动合并而成的运动段。PTP 样条曲线的样条段只能为 PTP 定位段，CP 样条曲线的样条段可以为型值点 SPL、直线段 SLIN、圆弧段 SCIRC。样条段输入与编辑的基本操作步骤如下。

（1）操作模式选择 T1。

（2）单击选定文件管理器文件显示区的 KRL 程序文件（如 Myprog.src），再单击软操作键〖选定〗或〖打开〗，打开程序编辑器，显示程序编辑页面。

（3）单击软操作键〖打开/关闭折合〗，打开程序的折合（FOLD）显示，光标选定样条段定义指令输入行的前一指令行。

（4）利用手动示教方式输入样条段时，通过手动操作选定工件坐标系、工具坐标系。

（5）按机器人手动操作要求，启动伺服，并将机器人移动到样条段的 PTP、LIN 指令目标位置（终点）或 CIRC 指令中间点位置。

（6）单击程序编辑页面的软操作键〖指令〗，并在示教器显示的指令类型菜单上，单击“运动”后，在示教器显示的移动指令选项上选定样条段类型（SPTP 或 SPL、SLIN、SCIRC），示教器即可显示所选样条段指令的输入编辑框。

（7）通过指令编辑操作（见下述），完成样条段程序数据输入。

（8）单击软操作键〖指令 OK〗，完成指令插入操作。

2. 名称与添加项输入

PTP 样条段只能通过指令 SPTP 定义，指令输入编辑框显示如图 8.6-10 所示，显示内容及编辑方法如下。

（1）指令代码。定义样条段的移动指令代码，PTP 样条段为 SPTP。单击向下箭头，可打开移动指令选择框（见图 8.6-1）、更改样条段定义方式。

（2）程序点名称。示教输入的程序点（样条点）名称由系统自动生成，需要时可单击显示区，重新输入程序点名称。

程序点名称右侧的扩展箭头用于样条点基本数据设定，单击可打开图 8.6-11 所示的样条点数据编辑框（KUKA 称其为“帧”）。样条点的工具坐标系（$TOOL）、工件坐标系（$BASE）、工具安装方式可通过样条曲线定义指令 PTP SPLINE（PTP 样条）设定，因此，样条段的程序点数据编辑框只需要选择“False”或“True”，使碰撞识别功能取消或生效。

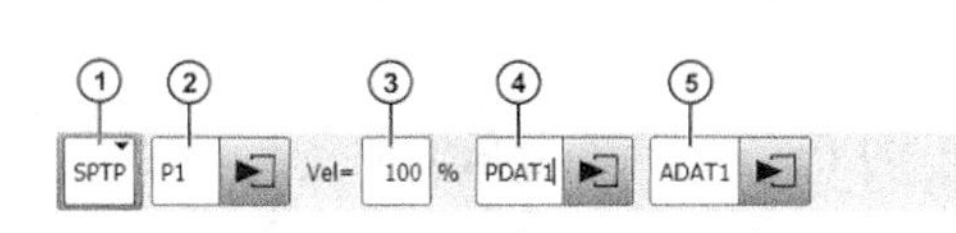

图 8.6-10　SPTP 指令定义样条段输入编辑框

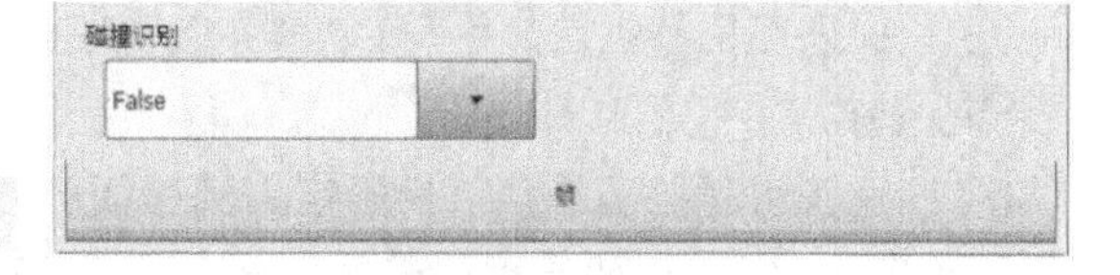

图 8.6-11　样条点数据编辑框

（3）机器人移动速度。PTP 样条段以关节最大移动速度倍率（1%～100%）的形式设定。

（4）运动数据表名称。名称由系统自动生成、并可修改；单击右侧扩展键（箭头），可打开运动数据表（与 PTP 样条类型定义指令 PTP SPLINE 相同，参见图 8.6-6）编辑、修改。

（5）附加指令设定表。附加指令设定表在 KUKA 说明书中被称为“逻辑参数”，KRL 样条插补可以添加控制点操作指令 TRIGGER 及特殊的条件停止指令 STOP WHEN、恒速运动控制指令 CONST_VEL。示教编程时，设定表的名称由系统自动生成，需要时也可重新命名；单击设定表名称右侧的扩展键(箭头)，可打开附加指令编辑框进行控制点操作指令 TRIGGER、条件停止指令 STOP WHEN、恒速运动控制指令 CONST_VEL 的编辑。

3. CP 样条段输入

组成 CP 样条的程序段可以是型值点、直线段、圆弧段（参见 8.6 节），对应的样条段定义指令为 SPL、SLIN、SCIRC。CP 样条段指令输入编辑框如图 8.6-12 所示，显示内容及编辑方法如下。

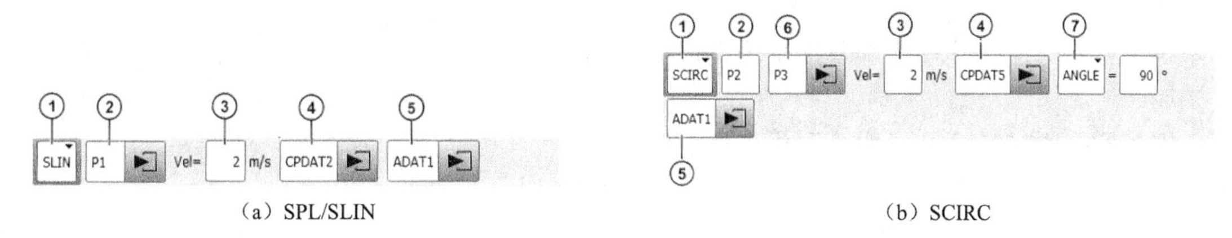

（a）SPL/SLIN　　　　（b）SCIRC

图 8.6-12　CP 样条段指令输入编辑框

① ——指令代码。可单击向下箭头，打开移动指令选择框（见图 8.6-1），选择样条段移动指令 SPL、SLIN、SCIRC。

② ——程序点名称。示教输入的程序点（样条点）名称由系统自动生成，需要时可单击显示区，重新输入程序点名称。直线移动段 SPL、SLIN 只需要定义终点，圆弧插补段 SCIRC 需要先定义中间点，然后继续示教、添加圆弧终点⑥。

程序点名称右侧的扩展箭头用于程序点（样条点）基本数据设定，单击可打开图 8.6-11 所示的样条点数据编辑框（帧）；与 PTP 样条段一样，CP 样条段定义同样只需要选择“False”或“True”，使碰撞识别功能取消或生效。

③ ——机器人移动速度。可直接设定机器人工具控制点（TCP）的直线移动、圆弧切向移动速度（0.001～2m/s）。

④ ——运动数据表名称。名称由系统自动生成，并可修改；单击右侧扩展键（箭头），可打开运动数据表（与 CP 样条类型定义指令 SPLINE 相同，参见图 8.6-6）编辑、修改。

⑤ ——附加指令设定表。CP 样条段与 PTP 样条段一样，可进行附加指令（KUKA 称“逻辑参数”）设定。示教编程时，附加指令设定表的名称由系统自动生成，需要时也可重新命名；单击名称右侧的扩展键（箭头），可打开附加指令编辑框，进行控制点操作指令（TRIGGER）、条件停止指令（STOP WHEN）、恒速运动控制指令（CONST_VEL）的编辑，有关内容见后述。

⑥ ——圆弧插补终点。用于 CP 样条圆弧段（SCIRC）编辑，圆弧中间点示教完成后，继续示教、添加终点。

⑦ ——圆弧插补圆心角。用于定义圆弧插补圆心角添加项，利用圆心角添加项，不但可进行全圆、大于 360° 圆弧的编程，而且还允许圆弧不通过中间点、终点，从而使圆弧示教、编程更加灵活。

8.6.4 样条插补附加指令输入

1. 附加指令选择

PTP、CP 样条插补可以附加控制点操作指令 TRIGGER 及条件停止指令 STOP WHEN、恒速运动控制指令 CONST_VEL。

附加指令可通过 PTP、CP 样条段的附加指令设定数据表 ADATn 输入与编辑。单击设定表名称右侧的扩展箭头，可打开附加指令设定表，选择、显示附加指令；指令选定后，可进一步显示所选指令的输入编辑框，进行指令添加项的输入与编辑。

PTP 样条段、CP 样条段的附加指令设定表显示如图 8.6-13 所示。显示框下部的按钮图标用于样条段附加指令选择，单击“Trigger”或“Conditional Stop”“Constant velocity”，可分别打开控制点操作指令 TRIGGER 或条件停止指令 STOP WHEN、恒速运动控制指令 CONST_VEL 的输入编辑框，并在显示框的上部显示该指令的设定添加项。

样条插补附加指令的示教（联机表格）输入编辑操作如下。

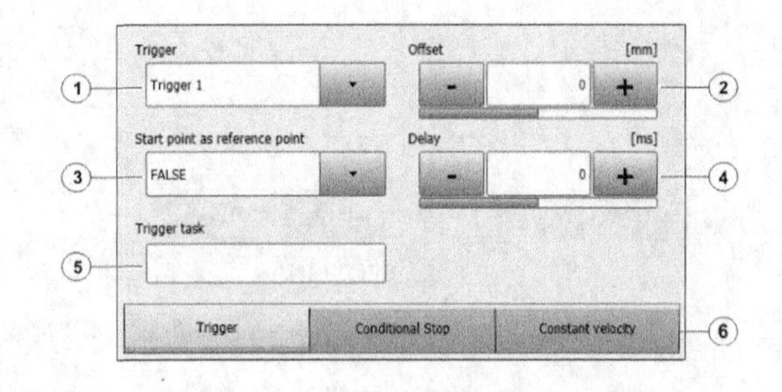

图 8.6-13 样条插补附加指令设定表

2. 控制点操作指令输入

控制点操作指令 TRIGGER 是一种条件执行指令，它可用来控制指定位置的 DO 信号 ON/OFF 或脉冲输出、调用子程序等操作，并定义子程序调用中断优先级。

控制点操作指令 TRIGGER 可单击按钮图标“Trigger”打开，输入编辑框显示如图 8.6-13 所示（系统默认显示），显示内容如下。

① ——控制点名称（Trigger）。样条插补指令的每一样条段最大可设定 8 个控制点，控制点名称由系统自动生成（Trigger 1～8）；输入框选定后，可选择软操作键〖选择操作〗→〖添加触发器〗添加控制点，或者选择软操作键〖选择操作〗→〖删除触发器〗删除控制点。

② ——偏移距离（Offset）。设定控制点到基准点的距离，单位为 mm。正值代表控制点位于基准点之后；负值代表控制点位于基准点之前。

③ ——起点作为基准点（Start point as reference point）。选择“TRUE”，基准点为移动指令起点，选择“FALSE”，基准点为移动指令终点。

④ ——动作时延（Delay）。单位为 ms，时延为负值代表指定操作在控制点到达前执行，时延为正值代表指定操作在控制点到达后动作。

⑤ ——控制点操作指令（Trigger task）。可以是 DO 信号 ON/OFF、脉冲输出指令，也可以为子程序调用等其他指令；子程序调用指令的优先级允许为 1～39、81～128；设定 PRIO = –1，优先级

可由系统自动分配。

3. 条件停止指令输入

条件停止指令 STOP WHEN 是样条插补特殊的附加指令，样条段附加 STOP WHEN 指令时，可通过指定的条件，立即停止机器人运动。

利用示教操作编制条件停止指令 STOP WHEN 时，需要在指令输入行的上一样条段输入编辑框中添加。单击图 8.6-13 中的按钮图标 “Conditional Stop”，打开如图 8.6-14 所示的条件停止指令输入编辑框，进行如下指令添加项的编辑。

① ——条件。设定机器人停止的条件，样条插补的机器人停止条件可以为全局逻辑状态数据（BOOL）、系统 DI/DO 信号、比较运算式及简单逻辑运算式。

② ——起始点是参照点。样条插补的条件停止指令可以在轨迹的指定位置执行，指令执行位置可通过基准点偏移的方式定义；选择 “TRUE”，基准点为移动指令起点，选择 “FALSE”，基准点为移动指令终点。

③ ——偏移距离（Offset）。条件停止点到基准点的距离，单位为 mm。正值代表条件停止点位于基准点之后；负值代表条件停止点位于基准点之前。

条件停止指令编辑完成后，即可通过单击软操作键〖折合打开/关闭〗打开或关闭，以指令 SPL P1 添加条件停止指令 “STOP WHEN PATH=50 IF $IN[77] = =FALSE” 为例，打开折合后的条件停止指令显示如图 8.6-15 所示。

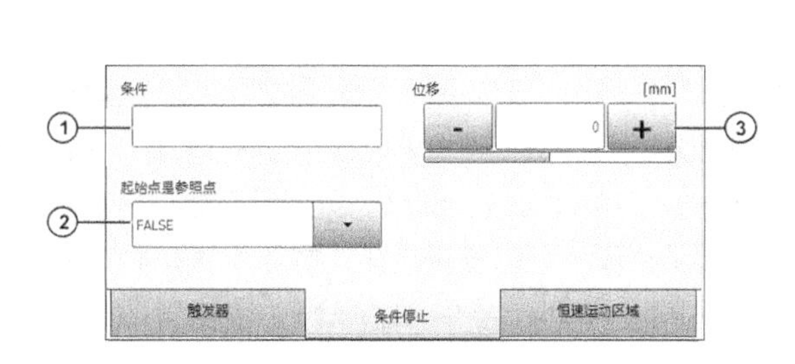

图 8.6-14　条件停止指令输入编辑框

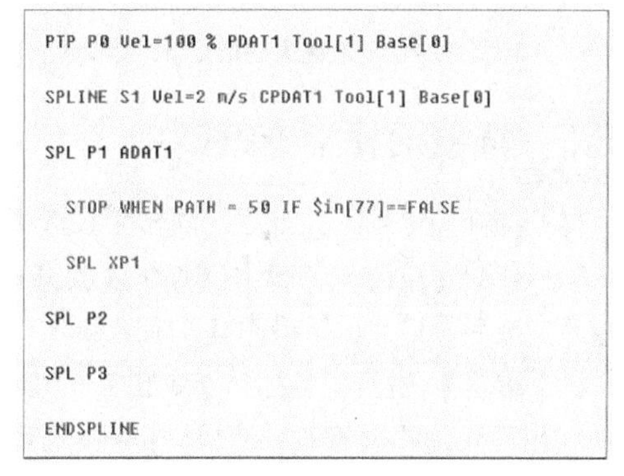

图 8.6-15　条件停止指令显示

4. 恒速运动指令输入

恒速运动控制指令 CONST_VEL 是用于连续轨迹样条插补（CP 样条）速度控制的特殊指令，指令对 PTP 样条无效。CP 样条插补段附加恒速运动控制指令 CONST_VEL 后，可使机器人 TCP 在指令规定的区域，严格按照编程速度沿样条曲线移动。

利用示教操作编制恒速运动控制指令 COAST_VEL 时，需要在指令输入行的上一样条段输入编辑框中添加。单击图 8.6-13 中的按钮图标 “Constant velocity”，打开图 8.6-16 所示的指令输入编辑框，进行如下指令添加项的编辑。

① ——恒速运动起始点、结束点（Start or End）。用于恒速运动起始点、结束点定义指令选择。选择 “Start” 时，可进行 CONST_VEL START 指令编辑，定义恒速运动开始点；选择 “End” 时，可进行 CONST_VEL END 指令编辑，定义恒速运动结束点。

② ——起始点是参照点。定义恒速运动指令起始点、结束点的偏移距离基准位置定义，选择“TRUE”时，基准位置为移动指令起点，选择“FALSE”时，基准位置为移动指令终点。

③ ——偏移距离（Offset）。恒速运动指令起始点、结束点到基准点的距离，单位为 mm。正值代表起始点、结束点位于基准点之后；负值代表起始点、结束点位于基准点之前。

恒速运动控制指令编辑完成后，即可通过单击软操作键〖折合打开/关闭〗打开，以指令 SPL P1 添加恒速运动控制开始点定义指令“CONST_VEL START = 50”、SPL P4 添加恒速运动控制结束点定义指令“CONST_VEL END = –50 ONSTART”为例，打开折合后的恒速运动控制指令显示如图 8.6-17 所示。

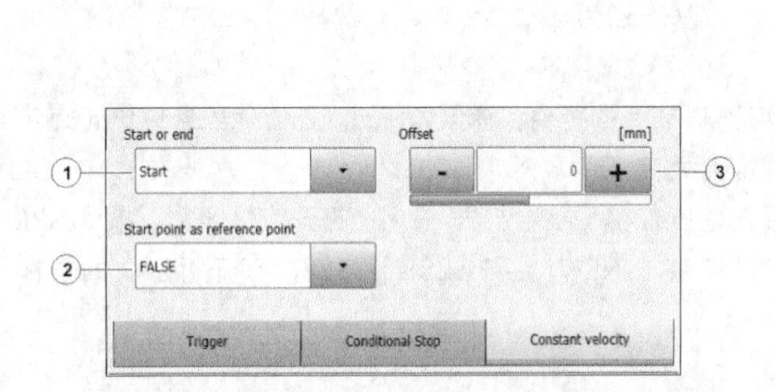

图 8.6-16　恒速运动指令输入编辑框

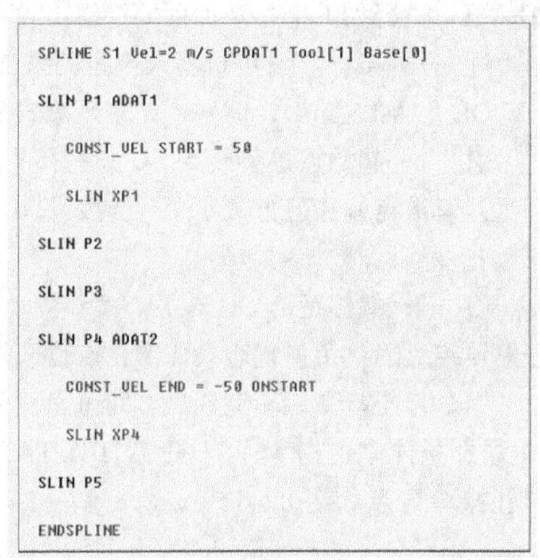

```
SPLINE S1 Vel=2 m/s CPDAT1 Tool[1] Base[0]
SLIN P1 ADAT1
   CONST_VEL START = 50
   SLIN XP1
SLIN P2
SLIN P3
SLIN P4 ADAT2
   CONST_VEL END = -50 ONSTART
   SLIN XP4
SLIN P5
ENDSPLINE
```

图 8.6-17　恒速运动控制指令显示

8.6.5　样条插补指令编辑

样条插补指令输入完成后，同样可在选择或打开用户程序，进入程序编辑器页面后，选定指令，单击软操作键〖更改〗(参见图 8.5-9)，打开指令输入编辑框，对指令、程序数据进行修改、编辑。指令修改完成后，可通过软操作键〖确定参数〗、〖指令 OK〗保存修改、编辑结果。如需要，也可利用软操作键〖编辑〗，进行样条插补指令删除、剪切、复制、替换等常规编辑操作，有关内容可参见 8.5 节。

利用程序编辑器修改、编辑样条插补指令时，机器人操作模式应选择为 T1，操作者原则上应具有“专家”以上的操作权限。不同样条插补指令的修改、编辑方法如下。

1. PTP 样条指令编辑

PTP 样条插补由若干型值点定位指令 SPTP 组成，在程序编辑器页面选定指令 SPTP、单击软操作键〖更改〗后，示教器可显示图 8.6-18 所示的 SPTP 指令编辑框。SPTP 指令编辑框在 SPTP 型值点输入编辑框的基础上，增加了准确定位/连续移动选项③（CONT 或空白），其他均相同。

如果指令只需要修改添加项，可在编辑框打开后，单击选中输入区，然后，按型值点输入同样的方法，输入或选择新的数据。完成后，单击软操作键〖指令 OK〗保存修改结果。

如果需要修改指令的型值点位置(程序点)，可进行以下操作。

① 按机器人手动操作要求，启动伺服，并将机器人移动到新的型值点位置。

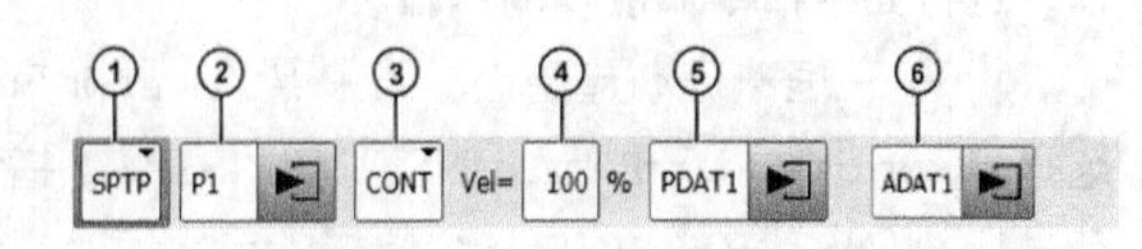

图 8.6-18　SPTP 指令编辑框

② 光标选定 SPTP 指令行，单击软操作键

〖更改〗，打开 SPTP 指令编辑框。

③ 单击软操作键〖Touch Up（修改）〗，示教器可显示编辑确认对话框。

④ 单击编辑确认对话框的“是”，新的示教点将替换原型值点。

⑤ 如需要，可进行添加项修改。完成后，单击软操作键〖指令 OK〗保存编辑结果。

2. CP 样条指令编辑

CP 样条插补由若干型值点 SPL、直线段 SLIN、圆弧段 SCIRC 指令组成，在程序编辑器页面选定指令，单击软操作键〖更改〗打开后，示教器可显示图 8.6-19 所示的 SPL、SLIN、SCIRC 指令编辑框。CP 样条指令编辑框在 CP 样条段输入编辑框的基础上，增加了准确定位/连续移动选项（CONT 或空白），其他均相同。

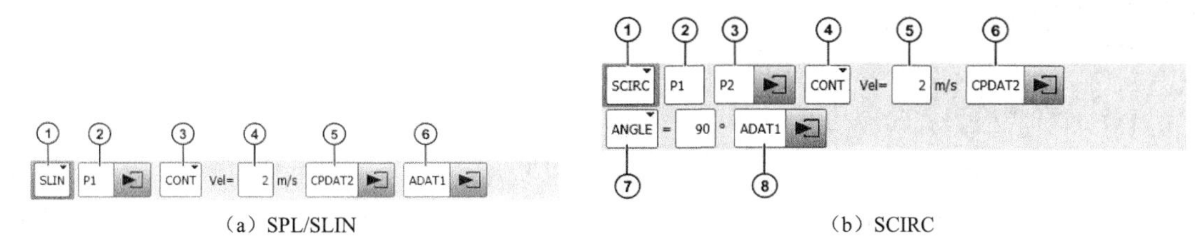

（a）SPL/SLIN　　（b）SCIRC

图 8.6-19　CP 样条指令编辑框

如果指令只需要修改添加项，可在编辑框打开后，单击选中输入区，然后，按 SPL、SLIN、SCIRC 样条段输入同样的方法，输入或选择新的数据。完成后，单击软操作键〖指令 OK〗保存修改结果。

如果需要修改 SPL、SLIN、SCIRC 指令的程序点，可进行以下操作。

① 按机器人手动操作要求，启动伺服，并将机器人移动到新的 SPL、SLIN 指令终点或 SCIRC 指令中间点。

② 光标选定 SPL、SLIN、SCIRC 指令行，单击软操作键〖更改〗，打开指令编辑框。

③ 对于 SPL、SLIN 指令，单击软操作键〖Touch Up（修改）〗，示教器可显示编辑确认对话框；对于 SCIRC 指令，单击软操作键〖Touchup HP（修改辅助点）〗，示教器可显示编辑确认对话框；单击编辑确认对话框的“是”，新的示教点将替换原程序点。

SPL、SLIN 指令编辑直接进入步骤⑥，SCIRC 指令编辑继续以下操作。

④ 手动移动机器人到 SCIRC 指令终点。

⑤ 单击软操作键〖Touchup ZP（修改目标点）〗，示教器可显示编辑确认对话框；单击编辑确认对话框的“是”，新的示教点将替换原程序点。

⑥ 如需要，可进行添加项修改。完成后，单击软操作键〖指令 OK〗保存编辑结果。

3. 附加指令编辑

样条插补附加指令可利用 SPTP、SPL、SLIN、SCIRC 指令的附加指令设定表“ADATn”修改，或者在单击软操作键〖折合打开/关闭〗，打开折合、显示附加指令后，选定附加指令，单击软操作键〖更改〗，在打开的指令编辑框修改。完成后，单击软操作键〖指令 OK〗保存编辑结果。

例如，条件停止指令 STOP WHEN 的编辑框如图 8.6-20 所示，指令可进行如下修改。

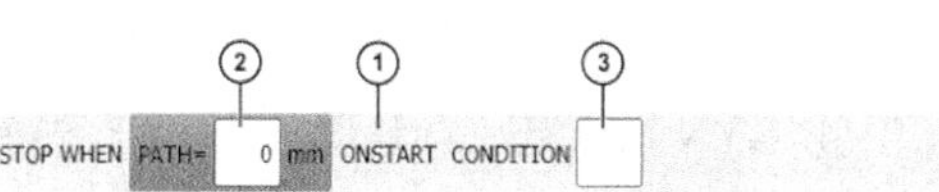

图 8.6-20　条件停止指令编辑框

① ——基准点位置。可通过单击软操作键〖切

换 On Start〗插入或删除。

② ——偏移距离。可重新输入条件停止点到基准点的距离。

③ ——机器人停止条件，可重新输入机器人停止条件。

样条插补附加指令的偏移距离实际上也可以用程序点示教的方法输入与修改，但是，样条曲线的轨迹是由系统自动生成的曲线，因此，很难利用通常的手动操作实现准确定位，因此，以数值直接输入为宜。

8.7 其他常用指令输入与编辑

8.7.1 DO 控制指令输入与编辑

1. DO 控制指令输入操作

KUKA 机器人控制系统的 DI/DO 信号用来连接机器人、作业工具及其他辅助部件的检测开关、电磁阀等辅助器件。在 KRL 程序中，DI 信号只能使用其状态，并且可直接作为其他指令的程序数据使用，无须专门的编程指令。

控制系统的 DO 信号可以通过指令控制其状态，使 DO 信号输出 ON、OFF 状态或宽度、极性可设定的脉冲。

利用 Smart PAD 示教器输入、编辑 DO 控制指令的基本操作步骤如下。

（1）操作模式选择 T1。

（2）选择或打开 KRL 程序，示教器显示程序编辑页面后，将光标定位到需要输入的指令行的前一行行号上。

（3）单击软操作键〖指令〗，并在示教器显示的指令菜单上选择子菜单“逻辑”（参见图 8.5-3），示教器可显示以下 2 级子菜单，选择后可打开对应的指令输入编辑框或指令选项，由于软件版本不同，部分系统的显示为括号内的中文。

① WAIT（等候）：可打开程序暂停指令输入编辑框，并输入 WAIT SEC 指令。

② WAITFOR（循环等候）：可打开条件等待指令输入编辑框，并输入 WAIT FOR 指令。

③ OUT（输出端）：可进一步显示 DO 输出指令选项，并选择 DO 控制指令。

（4）输入 DO 控制指令时，选择 2 级子菜单“输出端（OUT）”，可显示以下指令选项，选择后可打开对应的指令输入编辑框。

① OUT（输出端）：可打开 DO 状态直接输出指令的输入编辑框，并输入“$OUT[n] = …”指令。

② PULSE（脉冲）：可打开 DO 脉冲输出指令输入编辑框，并输入“PULSE（$OUT[n]，…）”指令。

③ SYN OUT（同步输出）：可打开 DO 同步输出指令输入编辑框，并输入“SYN OUT $OUT[n]= … ”指令。

④ SYN PULSE（同步脉冲）：可打开 DO 同步脉冲输出指令输入编辑框，并输入“SYN PULSE（$OUT[n]，…）”指令。

（5）单击选定 DO 控制指令，并根据输入编辑框的内容，输入指令参数（见后述）。

（6）单击软操作键〖指令 OK〗，完成指令输入操作。

DO 直接输出指令“$OUT[n] = TRUE 或 FALSE”及 DO 脉冲输出指令“PULSE（$OUT[n]，…）”的输入编辑框显示与输入操作方法如下，同步输出、同步脉冲输出指令的操作见后述。

2. DO 控制指令编辑操作

示教编程时，KRL 程序的 DO 控制指令同样可利用编辑操作修改，其基本步骤如下。

（1）操作模式选择 T1。

（2）单击选定文件管理器文件显示区的 KRL 程序文件（如 Myprog.src），再单击软操作键〖选定〗或〖打开〗，打开程序编辑器、显示程序编辑页面。

（3）将光标定位到需要修改的 DO 控制指令上，单击软操作键〖更改〗，示教器即可显示该指令的输入编辑框（见下述）。

（4）按下述 DO 控制指令输入同样的方法，输入或选择新的数据。完成后，单击软操作键〖指令 OK〗保存修改结果。

3. DO 直接输出指令输入

示教编程时，DO 直接输出指令“$OUT[n] = …”的输入编辑框，可在示教器显示程序编辑页面后，单击软操作键〖指令〗，选择指令菜单“逻辑”→子菜单“OUT（输出端）”→操作选项“OUT（输出端）”打开，编辑框显示如图 8.7-1 所示。

① ——DO 信号地址。DO 信号的地址、功能与机器人控制系统的硬件配置、连接有关，应根据 KUKA 提供的机器人使用说明书输入。

② ——DO 信号名称。如果 DO 信号定义了名称，显示区可显示信号名称。具有“专家”级以上操作权限的用户，可通过编辑框输入、定义信号名称。

③ ——DO 输出状态。单击可选择“TRUE”（信号 ON）、“FALSE”（信号 OFF），设定 DO 输出状态。

④ ——添加项 CONT。选择空白时，指令将中断机器人的连续移动、在上一移动指令到达终点时才能输出。选择 CONT，机器人连续移动时，可将 DO 输出点提前至移动指令的开始点，使机器人移动连续。

4. DO 脉冲输出指令输入

示教编程时，DO 脉冲输出指令“PULSE（$OUT[n]，…”的输入编辑框，可在示教器显示程序编辑页面后，单击软操作键〖指令〗，选择指令菜单“逻辑”→子菜单“OUT（输出端）”→操作选项“PULSE（脉冲）”打开，编辑框显示如图 8.7-2 所示。

图 8.7-1　直接输出指令输入编辑框　　　图 8.7-2　脉冲输出指令输入编辑框

DO 脉冲输出指令输入编辑框中的①、②、④ 依次为 DO 信号地址、DO 信号名称、添加项 CONT 的输入编辑区，其含义与 DO 直接输出指令的含义相同，其他显示项内容如下。

③ ——脉冲极性。单击可选择“TRUE”（高电平输出）、“FALSE”（低电平输出），设定脉冲输出极性。

⑤ ——脉冲宽度。单击可输入脉冲宽度（单位为 s）。

8.7.2 同步输出指令编辑

KRL 同步输出指令 SYN OUT、SYN PULSE 可用于直线、圆弧插补轨迹指定位置的 DO 信号 ON/OFF 或脉冲输出控制。由于机器人定位指令 PTP 的运动轨迹自由，移动距离、移动时间计算比较困难，因此，同步输出指令通常不能用于机器人定位指令 PTP。

同步输出、同步脉冲输出指令的示教输入编辑操作方法如下。

1. DO 同步输出指令

示教编程时，DO 同步输出指令 SYN OUT 的输入编辑框，可在示教器显示程序编辑页面后，单击软操作键〖指令〗，选择指令菜单“逻辑”→子菜单“OUT（输出端）”→操作选项“SYN OUT（同步输出）”打开，编辑框显示如图 8.7-3 所示。

DO 同步输出指令输入编辑框中的①、②、③，依次为 DO 信号地址、DO 信号名称、输出状态的输入编辑区，其含义与 DO 直接输出指令的含义相同，指令添加项的显示如下。

④ ——同步基准位置。选择“START”时为移动指令的起点，选择“END”时为移动指令的终点。

同步基准位置选择“PATH”时，可显示图 8.7-4 所示的基准点偏移距离输入框⑥，进行基准点偏移距离的设定。SYN OUT 指令的基准点偏移距离为基准位置离移动指令终点的距离，正值代表基准位置位于终点之后，负值代表基准位置位于终点之前。

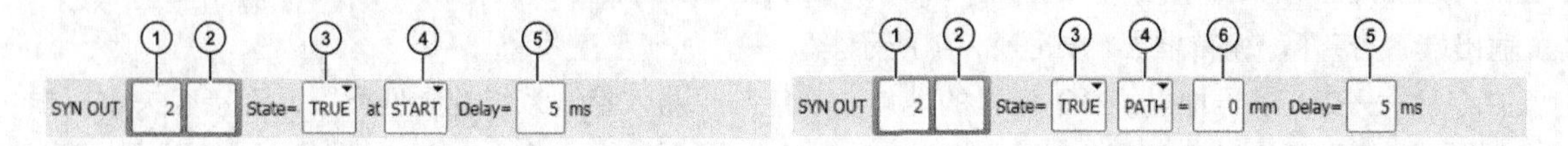

图 8.7-3　SYN OUT 指令输入编辑框　　图 8.7-4　带偏移的 SYN OUT 指令输入编辑框

⑤ ——同步时延。同步时延为机器人 TCP 到达基准位置所需要的移动时间，负值代表超前基准位置、正值代表滞后基准位置。同步时延不能超过移动指令的实际执行时间。

2. DO 同步脉冲输出指令

示教编程时，DO 同步脉冲输出指令 SYN PULSE 的输入编辑框，可在示教器显示程序编辑页面后，单击软操作键〖指令〗，选择指令菜单“逻辑”→子菜单“OUT（输出端）”→操作选项“SYN PULSE（同步脉冲）”打开，编辑框显示如图 8.7-5 所示。

DO 同步脉冲输出指令输入编辑框中的①、②、③、④，依次为 DO 信号地址、DO 信号名称、脉冲极性、脉冲宽度的输入编辑区，其含义与 DO 脉冲输出指令的含义相同，指令添加项的显示如下。

⑤ ——同步基准位置。选择“START”时为移动指令的起点，选择“END”时为移动指令的终点。

同步基准位置选择“PATH”时，可显示图 8.7-6 所示的基准点偏移距离输入框⑦，进行基准点偏移距离的设定。SYN PULSE 指令的基准点偏移距离同样为基准位置离移动指令终点的距离，正值代表基准位置位于终点之后，负值代表基准位置位于终点之前。

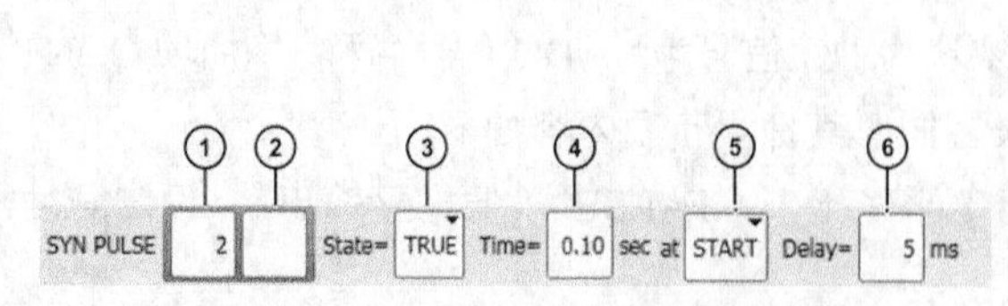

图 8.7-5　SYN PULSE 指令输入编辑框

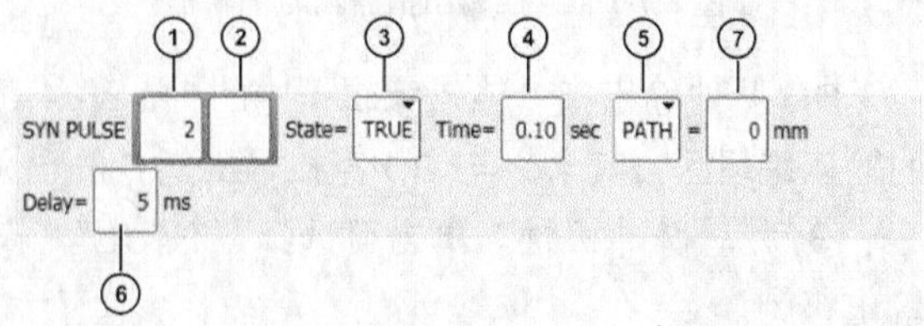

图 8.7-6　带偏移的 SYN PULSE 指令输入编辑框

⑥ ——同步时延。同步时延为机器人 TCP 到达基准位置所需要的移动时间，负值代表超前基准位置、正值代表滞后基准位置。同步时延不能超过移动指令的实际执行时间。

8.7.3 WAIT 指令编辑

1. 程序暂停指令

程序暂停指令 WAIT SEC 可以使得程序自动运行暂停规定的时间，一旦时延到达，系统将自动重启程序运行，继续执行后续指令。

示教编程时，程序暂停指令 WAIT SEC 的输入编辑框，可在示教器显示程序编辑页面后，单击软操作键〖指令〗，选择指令菜单“逻辑”→子菜单“WAIT（等候）”打开，编辑框显示如图 8.7-7 所示。

WAIT SEC 指令的暂停时间可在编辑框内输入。如果在机器人连续移动指令中插入暂停时间为 0 的指令“WAIT SEC 0”，可阻止机器人连续移动和程序预处理操作，保证移动指令完全执行结束、机器人准确到达移动终点后，继续执行后续指令。

2. 条件等待指令

条件等待指令 WAIT FOR 可暂停程序的执行过程，直到指定条件满足时，才自动继续后续的指令。

示教编程时，条件等待指令 WAIT FOR 的输入编辑框，可在示教器显示程序编辑页面后，单击软操作键〖指令〗，选择指令菜单“逻辑”→子菜单“WAIT FOR（循环等候）”打开，编辑框显示如图 8.7-8 所示。

图 8.7-7　程序暂停指令输入编辑框　　　图 8.7-8　条件等待指令输入编辑框

① ——状态取反。指令 WAIT FOR 的等待条件可使用状态取反指令 NOT，等待条件需要进行状态取反操作时，输入“NOT”；无须取反时，保留空白。

② ——信号取反。指令 WAIT FOR 等待的条件信号可为输入$IN[n]、输出$OUT[n]、定时器$TIMER_FLAG[n]、标志$FLAG[n]、循环标志$CYCFLAG[n]及其比较运算式（如$OUT[n]==FALSE、$TIMER_FLAG[1]>=10 等）。当条件等待信号的状态需要取反时，输入“NOT”；无须取反时，保留空白。

③ ——信号选择。可选择输入$IN[n]、输出$OUT[n]、定时器$TIMER_FLAG[n]、标志$FLAG[n]、循环标志$CYCFLAG[n]。

④ ——信号地址。信号的地址、功能与机器人控制系统的硬件配置、连接有关，应根据 KUKA 提供的机器人使用说明书输入。

⑤ ——信号名称。如果 DO 信号定义了名称，显示区可显示信号名称。具有“专家”级以上操作权限的用户，可通过编辑框输入、定义信号名称。

⑥ ——添加项 CONT。选择空白时，WAIT FOR 指令可阻止程序预处理，因此，对于终点连续移动的运动，如果插入条件等待指令，终点的连续运动将被取消，机器人只有在准确定位后，才能

继续后续运动。选择 CONT，WAIT FOR 指令将被提前至机器人移动的同时执行，在这种情况下，对于终点为连续移动的指令，终点的连续运动可能被取消，也可能被保留。

8.7.4 AO 指令编辑

1. AO 直接输出指令

KUKA 机器人控制系统模拟量输出信号 AO 的状态，可通过系统变量赋值指令直接输出（如 $ANOUT[1] = 0.3 等）。利用系统变量赋值指令直接输出的 AO 信号具有固定不变的数值，指令一旦执行完成，输出值将保持不变，直到再次执行系统变量赋值指令，这种 AO 输出方式亦称“静态输出”。

示教编程时，AO 直接输出指令的输入编辑框，可在示教器显示程序编辑页面后，单击软操作键〖指令〗，选择指令菜单“模拟输出”→操作选项“静态”打开，编辑框显示如图 8.7-9 所示。

① ——AO 地址。控制系统的模拟量输出通道号，模拟量输出通道的地址、功能与机器人控制系统的硬件配置、连接有关，应根据 KUKA 提供的机器人使用说明书输入。

② ——AO 输出值。AO 输出值以控制系统输出标准值（DC10V）倍率的形式设定，数值设定范围为–1.00～1.00。

2. AO 循环输出指令

KUKA 机器人控制系统模拟量输出信号 AO 的状态，不但可通过系统变量赋值指令输出静态值，而且还可利用 AO 循环输出指令，在控制系统每一插补周期（通常为 12ms）中动态刷新，这种 AO 输出方式亦称“动态输出”。

在 KRL 程序中，AO 循环输出需要利用指令 ANOUT ON 启动、ANOUT OFF 关闭。ANOUT ON 指令需要由操作系统直接处理，在 KRL 程序的同一区域，最大允许同时编制 4 条 AO 循环输出指令 ANOUT ON。

示教编程时，AO 循环输出指令的输入编辑框，可在示教器显示程序编辑页面后，单击软操作键〖指令〗，选择指令菜单“模拟输出”→操作选项“动态”打开，编辑框显示如图 8.7-10 所示。

图 8.7-9 AO 直接输出指令输入编辑框

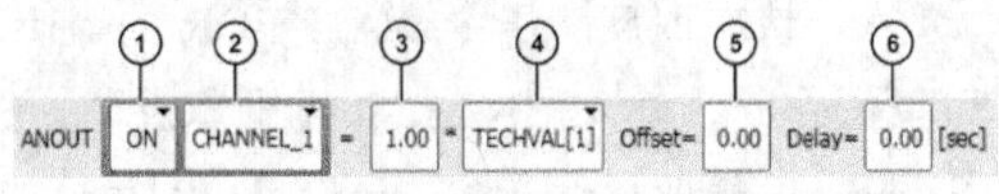

图 8.7-10 AO 循环输出指令输入编辑框

① ——AO 循环输出指令选择。选择“ON”为 AO 循环输出启动指令“ANOUT ON”；选择“OFF”为 AO 循环输出关闭指令“ANOUT ON”。

② ——AO 地址。控制系统的模拟量输出通道号，模拟量输出通道的地址、功能与机器人控制系统的硬件配置、连接有关，应根据 KUKA 提供的机器人使用说明书输入。

对于 AO 循环输出启动指令“ANOUT ON”，输入编辑框还可以设定以下程序数据及指令添加项。

③ ——输出转换系数。允许输入范围为 0.00～10.00。

④ ——输出存储器。AO 输出存储器地址，选择“VEL_ACT”为系统变量$VEL_ACT（机器人 TCP 实际移动速度）；选择“TECHVAL[1]～[6]”为系统输出存储器 1～6。

⑤ ——输出偏移。以控制系统输出标准值（DC10V）倍率的形式设定，数值设定范围为–1.00～1.00。

⑥ ——输出时延。单位为 s，允许输入范围为–0.2～0.5，负值代表超前输出，正值代表时延输出。

第9章 机器人自动运行与监控

9.1 机器人程序本地运行

9.1.1 程序运行方式及说明

1. 程序运行方式与操作模式

程序自动运行需要在本章后述的机器人零点校准及工具、工件坐标系设定等调试工作全部完成，并确保在人身、设备安全的前提下进行。

KUKA 机器人控制系统的程序运行方式有连续执行、机器人单步、指令单步（需要有专家级以上操作权限）、单步后退 4 种。程序运行方式、系统变量定义的名称、示教器状态栏显示图标及说明如表 9.1-1 所示。

表 9.1-1 KUKA 机器人程序运行方式

运行方式	名称	状态显示图标	说明
连续执行	#GO	Go	程序自动运行，直至结束
机器人单步	#MSTEP	动作	机器人移动指令单步执行，非机器人移动指令连续执行；机器人到达每一程序点（包括圆弧插补中间点、样条插补型值点）均自动暂停，按启动键继续
指令单步	#ISTEP	单个步骤	所有程序指令均为单步执行，按启动键继续执行后续指令行，需要有专家级以上操作权限
单步后退	#BSTEP	后退	机器人单步后退，非机器人移动指令连续执行；机器人后退至每一程序点（包括圆弧插补中间点、样条插补型值点）均自动暂停，按启动键继续后退

控制系统当前的程序运行方式以图标的形式在图 9.1-1 所示的状态显示栏显示。单击图标，可打开程序运行方式选择框来选择程序运行方式。

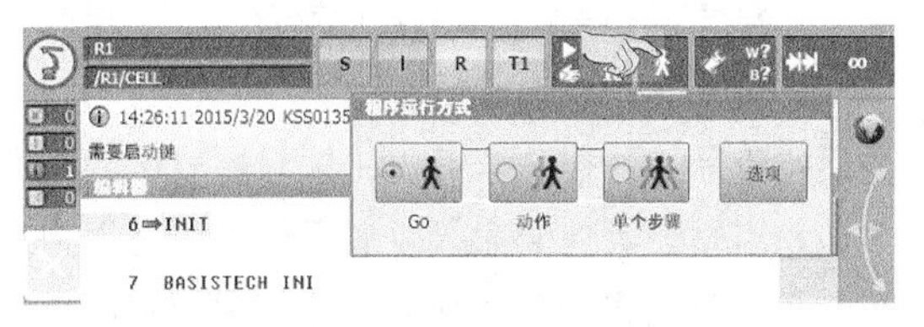

图 9.1-1 程序运行方式显示与选择

机器人的程序运行可在所有操作模式（T1、T2、AUT、EXT AUT）下进行，但不同机器人操作模式的程序运行方式、运行控制要求有所不同。机器人选择 T1、T2、AUT 操作模式时，程序运行需要利用示教器操作进行控制，故称为“本地（Local）”运行。机器人选择 EXT AUT 操作模式时，程序运行需要由上级控制器利用机器人控制系统的 DI/DO 信号控制，故称为远程（REMOTE）运行或外部自动（EXT AUT）运行。

不同机器人操作模式的程序运行区别如下（参见 9.2 节）。

（1）示教 1（T1）。操作模式 T1 用于程序低速调试，程序运行方式可选择连续执行、机器人单步、指令单步、单步后退，机器人 TCP 的运动速度被限制在 250mm/s 以下。T1 模式的自动运行程序选择、程序运行方式选择、程序运行启动/停止控制及伺服驱动器启动/停止、机器人急停等均需要通过示教器操作控制。

（2）示教 2（T2）。操作模式 T2 用于程序高速调试，程序运行方式同样可选择连续执行、机器人单步、指令单步、单步后退，但是，机器人可以完全按编程速度高速运动。T1 模式的自动运行程序选择、程序运行方式选择、程序运行启动/停止控制及伺服驱动器启动/停止、机器人急停等，同样需要通过示教器操作控制。

（3）自动（AUT）。AUT 模式用于机器人程序的再现（Play）运行，程序运行方式只能选择连续执行，机器人运动速度与编程速度一致。AUT 模式自动运行程序选择、程序运行启动/停止及伺服驱动器启动/停止由示教器控制，但机器人急停可使用急停按钮、安全栅栏门开关控制。

（4）外部自动（EXT AUT）。EXT AUT 模式用于自动化系统，程序运行方式只能为连续执行。EXT AUT 模式的自动运行程序选择、程序运行启动/停止及伺服驱动器启动/停止等都需要由机器人控制系统的 DI 信号控制，急停按钮、安全栅栏门开关等急停操作器件对 EXT AUT 模式同样有效。

2. 程序预处理与提前执行

程序连续执行时，为加快程序的处理速度、计算机器人连续移动时的过渡区轨迹，在通常情况下，控制系统在执行当前指令的同时，需要将后续的若干条指令提前进行处理，这一功能称为程序预处理。

KUKA 机器人控制系统的预处理程序指令数可通过系统参数（变量$ADVANCE）设定，系统出厂默认设定为$ADVANCE = 3，即控制系统执行当前指令时，后续 3 条指令将被提前处理。但是，如果在后续指令中存在需要保证上一指令动作完全结束才能处理的指令，例如，后续指令为程序暂停 WAIT、程序停止 HALT、程序结束 END、BCO 运行等，程序的预处理将被自动停止。

机器人程序中的 I/O 控制指令（$OUT、PULSE 等）原则上需要上一指令动作完全结束才能处理，但是，如果在程序中编制了连续执行指令 CONTINUE，系统可在执行机器人移动指令的同时，提前执行非机器人移动指令。机器人程序中每一 CONTINUE 指令，只能将后续的 1 条非移动指令提前执行，如果多条指令需要提前执行，程序应编制多条 CONTINUE 指令，有关内容可参见 8.7 节。

3. 程序后退与机器人运动

程序后退是工业机器人较为特殊的操作，KUKA 工业机器人的程序后退只对机器人移动有效，并且只能在示教模式 T1、T2 下以“单步”方式执行。机器人单步后退时，通常能以编程速度、沿原编程轨迹一步一步退出，返回到指定的程序点。KUKA 机器人控制系统出厂时，单步后退功能默认为有效，具有专家级以上操作权限的用户，可通过系统设定禁止或部分禁止单步后退功能。

单步后退是系统利用存储器中保存的程序自动运行信息，使机器人执行以移动指令目标位置为起点、以起始位置作为终点的逆向运动，因此，如果程序执行过程中进行了以下操作，程序自动运行信息将被删除，单步后退也将无法进行。

（1）对自动运行的程序进行了程序复位、程序重新选择操作。

（2）对程序进行了指令添加、删除操作，或者更改了移动指令的插补方式。

（3）在中断程序中，执行了删除程序轨迹、重新开始机器人运动指令 RESUME。

KUKA 机器人单步后退的基本要求及注意事项如下。

（1）单步后退只能在示教模式 T1、T2 下，以单步执行的方式对已执行了程序前进运行的指令进行。

（2）单步后退只能控制机器人逆向移动，对非机器人移动指令无效，即单步后退操作不能恢复系统 I/O 信号、标志、循环标志的逻辑状态。

（3）单步后退对中断程序无效，也不能执行子程序调用指令。因此，对于已执行完成或已退出运行的子程序，机器人无法再沿子程序中的机器人运动轨迹返回。但是，如果从执行中的子程序上启动机器人单步后退操作，则机器人可沿子程序的移动轨迹逐步退出。

（4）单步后退不能控制机器人沿控制系统自动计算生成的轨迹返回，操作对样条曲线无效。对于连续移动、摆焊（弧焊机器人）等指令，机器人后退时将对轨迹进行如下处理。

连续移动指令的单步后退与后退点有关。当终点为连续移动时，如果后退点在图 9.1-2（a）所示的编程轨迹上（P2 过渡区以前），机器人可沿编程轨迹返回，准确定位到移动指令起点（P1）；如果后退点在图 9.1-2（b）所示的连续移动过渡区内，机器人首先进行 BCO（Block coincidence，程序段重合）运行，定位到连续移动过渡区的起点，下一步再沿编程轨迹退至移动指令起点（P1）。移动指令的起点为连续移动时，机器人将直接退至图 9.1-2（c）所示的移动到起点（P2）准确定位，下一步再从 P2 退至上一移动指令的起点 P1。

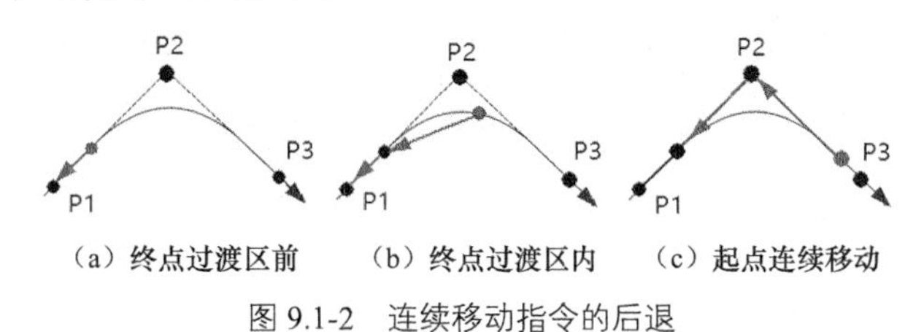

（a）终点过渡区前　（b）终点过渡区内　（c）起点连续移动

图 9.1-2　连续移动指令的后退

对于图 9.1-3 所示的弧焊机器人摆焊运动，如果机器人在 P3→P4 的摆焊过程中停止，执行单步后退操作时，系统首先进行 BCO 运行，返回到摆焊编程轨迹（摆焊基准线）上；下一步后退时，再以直线移动的方式，退至摆焊编程点 P3；继续执行单步后退操作，机器人可通过直线移动，退至摆焊编程点 P2，依次类推。

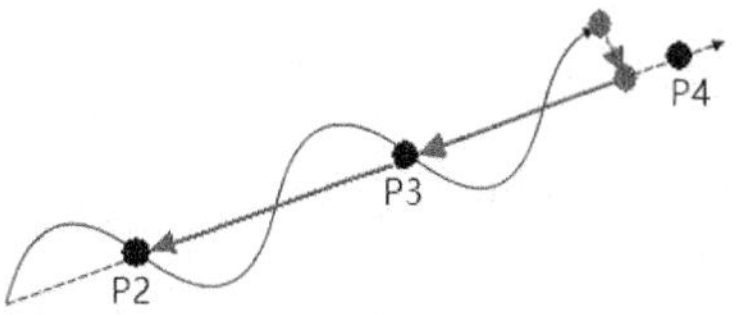

图 9.1-3　摆焊的后退

9.1.2　程序自动运行操作

机器人的程序自动运行需要在本章后述的机器人零点校准及工具、工件坐标系设定等调试工作全部完成，并确保在人身与设备安全的前提下，按机器人生产厂家的要求进行。例如，已调试完成的程序，可直接选择 T2、AUT 或 EXT AUT 模式自动运行；新创建的程序，应先进行 T1 模式的单步、低速试运行，然后进行 T2 模式的单步高速和连续高速试运行，最后才能进行 AUT、EXT AUT 模式自动运行等。

KUKA 机器人 T1 或 T2、AUT 模式的程序运行（本地运行）基本操作步骤如下，EXT AUT 模式的远程程序运行操作见后述。

1. 程序前进运行操作

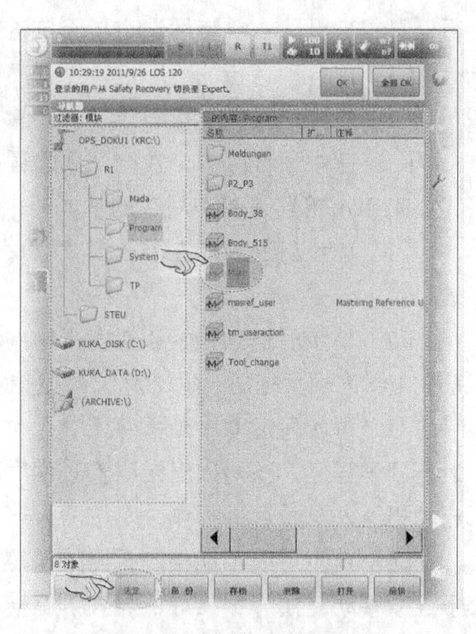

图 9.1-4　选择运行程序

KRL 程序前进（正向）运行既可从头开始，也可从指定行开始，其操作步骤如下。

（1）确认机器人、变位器（外部轴）等运动部件均处于安全、可自由运动的位置。接通总电源，启动机器人控制系统后，光标选定图 9.1-4 所示的 Smart HMI 操作界面基本显示页面（导航器）文件显示区的自动运行程序，并单击软操作键〖选定〗。

（2）插入操作模式切换钥匙，选定程序机器人操作模式（T1 或 T2、AUT），并确认状态显示栏的操作模式图标。

（3）单击状态显示栏的速度倍率显示图标，并在图 9.1-5 所示的速度倍率调节框中，单击“程序调节量”显示栏的“+”“−”键或拖动滑移调节图标，设定程序运行时的编程速度倍率（POV）。

（4）单击状态显示栏的程序运行方式图标，在图 9.1-16 所示的程序运行方式选择框中，选定程序运行方式（AUT 模式只能选择连续执行 Go）。

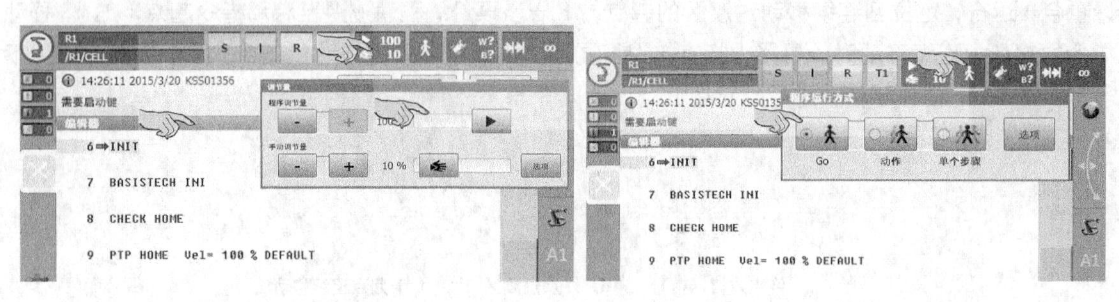

图 9.1-5　设定速度倍率　　　　图 9.1-6　程序运行方式选择

（5）根据程序运行要求，通过以下操作选定程序运行起始指令。

如程序需要从头开始运行，可单击图 9.1-7（a）所示的前台程序处理状态图标“R”，选择“程序复位”操作选项，或者单击下述图 9.1-7（b）所示的软操作键〖编辑〗，并选择“程序复位”选项，将程序执行指针定位到程序起始指令上。

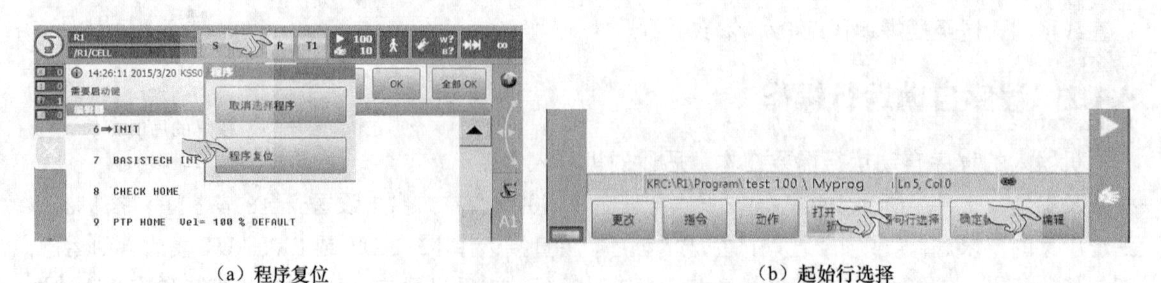

（a）程序复位　　　　（b）起始行选择

图 9.1-7　选择程序运行起始位置

如程序需要从指定的指令开始运行，光标选定程序运行的起始指令行后，单击图 9.1-7（b）所示的软操作键〖语句行选择〗，将程序执行指针定位到指定的指令行上。

（6）单击状态显示区的驱动器状态显示图标，接通伺服驱动器主电源（参见 9.2 节）。机器人操作模式选择 T1 或 T2 时，将图 9.1-8 所示的手握开关或确认按钮按至中间位置并保持，启动伺服（伺服使能），并确认状态显示栏的驱动器状态显示图标“I”为绿色（伺服驱动器已启动并正常运行）。机器人操作模式选择 AUT 时，直接进行下一步操作。

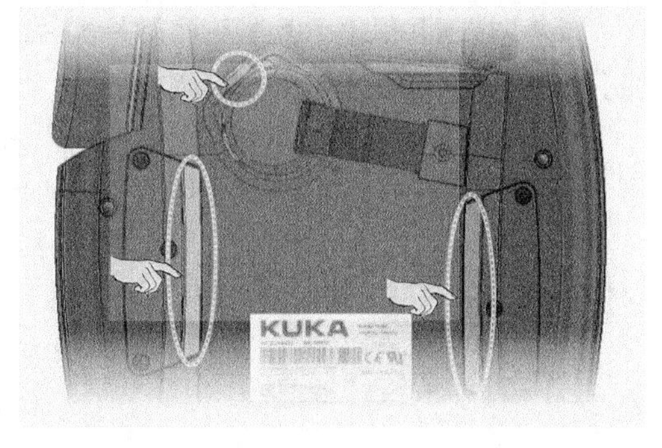

图 9.1-8　启动伺服（T1、T2 模式）

（7）按下并保持图 9.1-9 所示的示教器正面或背面的程序启动键，直至示教器信息显示窗显示“到达 BCO”。此时，控制系统将执行程序初始化指令 INI 及 BCO 运行指令（PTP HOME），使机器人移动到程序运行起始点。机器人完成起始点定位后，示教器可显示“到达 BCO”。

（8）根据不同的程序运行方式、机器人操作模式，选择如下操作。

① 程序运行方式选择“机器人单步”“指令单步”时，按下并保持程序启动键，可执行一条机器人移动指令（机器人单步）或编程指令（指令单步）。再次按下并保持程序启动键，可继续执行下一行指令。

② 程序运行方式选择“连续执行”时，对于模式 T1、T2，按下并保持程序启动键，可连续执行程序；松开程序启动键，可停止程序运行。对于模式“AUT”，单击程序启动键，便可连续执行程序；单击图 9.1-9 中的程序停止键，可停止程序运行。

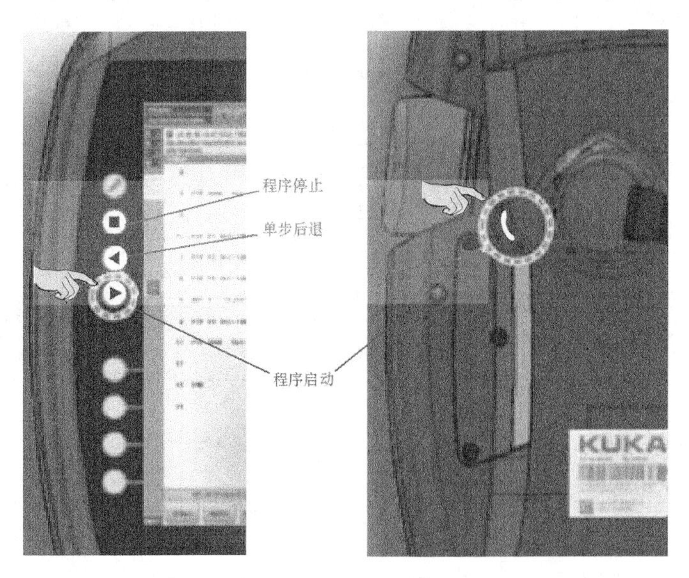

图 9.1-9　程序运行启动

2. 程序单步后退操作

程序单步后退可在程序前进运行停止后进行，其运行要求及注意事项可参见前述。程序单步后退运行的基本操作步骤如下。

（1）停止机器人的程序前进（正向）运行。

（2）机器人操作模式为自动 AUT 时，将操作模式切换为示教模式 T1 或 T2。

（3）接通伺服驱动器主电源，并将手握开关或确认按钮（参见图 9.1-8）按至中间位置保持，启动伺服（伺服使能），并确认状态显示栏的驱动器状态显示图标“I”为绿色（伺服驱动器已启动并正常运行）。

（4）按下并保持示教器正面的单步后退键（参见图 9.1-9），执行机器人返回编程轨迹的 BCO 运行，直至示教器显示“到达 BCO”。

（5）再次按下并保持单步后退键，机器人将沿编程轨迹退至移动指令的起点。

（6）继续按下并保持单步后退键，机器人可沿编程轨迹一步一步退至各移动指令起点。

9.1.3 程序自动运行显示

1. 程序执行指针显示

KUKA 机器人的程序运行状态可通过示教器的程序执行指针图标指示，程序执行指针图标位于指令行的起始位置，其含义如表 9.1-2 所示。

在正常情况下，机器人程序运行时，示教器可自动显示当前执行指令所在的程序段显示页面，并在该指令行的起始位置显示程序执行指针。如果操作者改变了示教器的程序显示页，系统将在示教器上显示图 9.1-10 所示的指示图标，指示当前执行指令所在的位置。

表 9.1-2　程序执行指针图标的含义

图标形状	图标颜色	程序运行方向	机器人状态
	蓝色	前进（正向）	由移动指令的起点向终点运动
	红色	后退（逆向）	由移动指令的终点向起点运动
	蓝色	前进（正向）	已经在移动指令的终点准确停止
	红色	后退（逆向）	已经在移动指令的终点准确停止
	蓝色	前进（正向）	由移动指令的起点向中间点运动
	红色	后退（逆向）	由移动指令的终点向中间点运动
	蓝色	前进（正向）	已经在移动指令的中间点准确停止
	红色	后退（逆向）	已经在移动指令的中间点准确停止

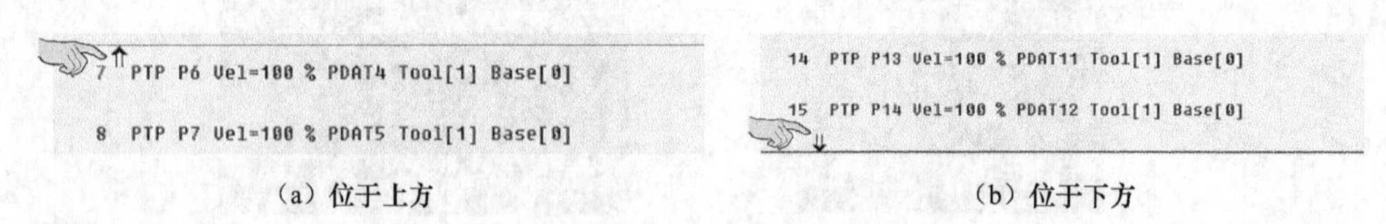

（a）位于上方　　（b）位于下方

图 9.1-10　当前执行指令所在位置指示

当执行指令位于当前显示的程序段上方时，指示图标为图 9.1-10（a）所示的向上箭头；当执行指令位于当前显示的程序段下方时，指示图标为图 9.1-10（b）所示的向下箭头。

程序正向、逆向运行时的执行指针显示示例如下。

2. 正向执行指针显示

当程序运行方式为正向连续执行、机器人单步、指令单步时，程序执行指针的显示示例如图 9.1-11 所示。

图 9.1-11（a）代表系统正在执行定位指令“PTP P4……”，机器人在进行由起点 P3 到终点 P4 的定位运动。

图 9.1-11（b）代表定位指令“PTP P4……”已经执行完成，机器人已经到达终点 P4 并准确停止。

图 9.1-11（c）代表系统正在执行圆弧插补指令“CIRC P6 P7……”，机器人在进行由起点 P5 到中间点 P6 的圆弧插补运动。

图 9.1-11（d）代表系统正在执行（单步）圆弧插补指令“CIRC P6 P7……”，机器人已经到达中间点 P6 并准确停止。

图 9.1-11（e）代表系统正在执行圆弧插补指令“CIRC P6 P7……”，机器人在进行由中间点 P6 到终点 P7 的圆弧插补运动。

图 9.1-11（f）代表圆弧插补指令“CIRC P6 P7……”已经执行完成，机器人已经到达终点 P7 并准确停止。

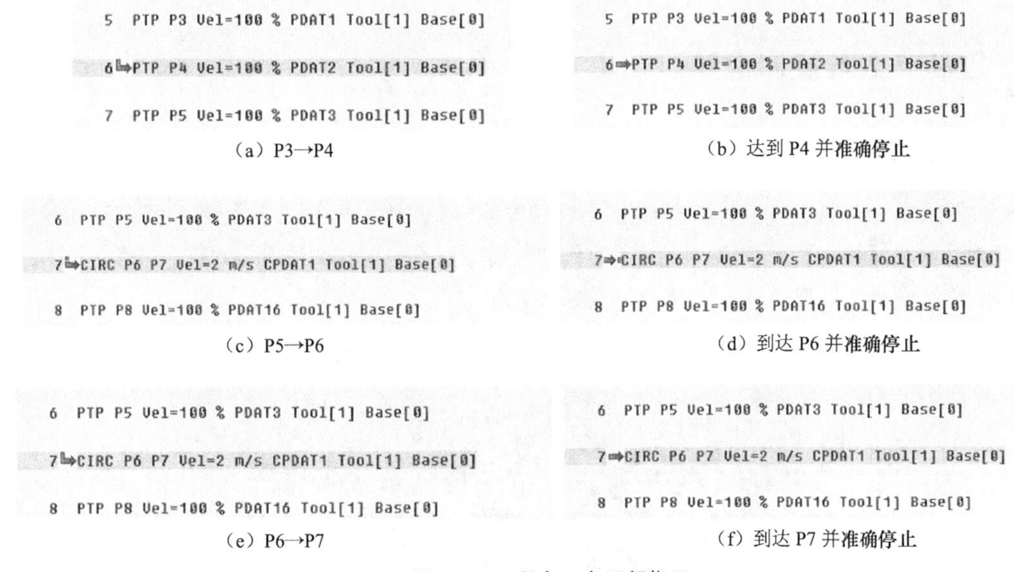

（a）P3→P4　　（b）达到 P4 并准确停止

（c）P5→P6　　（d）到达 P6 并准确停止

（e）P6→P7　　（f）到达 P7 并准确停止

图 9.1-11　程序正向运行指示

3. 后退执行指针显示

当程序运行方式为单步后退时，程序执行指针的显示示例如图 9.1-12 所示。

图 9.1-12（a）代表系统正在进行指令“PTP P8……”的单步后退操作，机器人在进行由终点 P8 到起点 P7 的后退运动。

图 9.1-12（b）代表指令“PTP P8……”的单步后退操作已经执行完成，机器人已经到达起点 P7 并准确停止。

图 9.1-12（c）代表系统正在进行圆弧插补指令“CIRC P6 P7……”的单步后退操作，机器人在进行由终点 P7 到中间点 P6 的后退运动。

图 9.1-12（d）代表系统正在进行圆弧插补指令“CIRC P6 P7……”的单步后退操作，机器人已经到达中间点 P6 并准确停止。

```
6  PTP P5 Vel=100 % PDAT3 Tool[1] Base[0]
7  CIRC P6 P7 Vel=2 m/s CPDAT1 Tool[1] Base[0]
8↑ PTP P8 Vel=100 % PDAT16 Tool[1] Base[0]
```

（a）P8→P7

```
6  PTP P5 Vel=100 % PDAT3 Tool[1] Base[0]
7➡ CIRC P6 P7 Vel=2 m/s CPDAT1 Tool[1] Base[0]
8  PTP P8 Vel=100 % PDAT16 Tool[1] Base[0]
```

（b）到达 P7 并准确停止

```
6  PTP P5 Vel=100 % PDAT3 Tool[1] Base[0]
7↑ CIRC P6 P7 Vel=2 m/s CPDAT1 Tool[1] Base[0]
8  PTP P8 Vel=100 % PDAT16 Tool[1] Base[0]
```

（c）P7→P6

```
6  PTP P5 Vel=100 % PDAT3 Tool[1] Base[0]
7➡ CIRC P6 P7 Vel=2 m/s CPDAT1 Tool[1] Base[0]
8  PTP P8 Vel=100 % PDAT16 Tool[1] Base[0]
```

（d）到达 P7 并准确停止

图 9.1-12　程序后退运行指示

9.2 机器人程序远程运行

9.2.1 控制参数与控制程序

1. 程序远程运行与控制

工业机器人是一种具有完整控制系统、能适应作业对象变化、可独立运行的柔性自动化设备，它不仅可通过示教器操作运行程序、独立完成作业任务，而且也可作为图 9.2-1 所示的数控机床、自动生产线的零件搬运、装配设备，组成自动化加工制造单元。

图 9.2-1　自动化加工制造单元

工业机器人作为自动化加工制造单元配套设备使用时，可在 CNC（数控系统）、PLC（可编程序逻辑控制器）等上级控制器的统一控制下，自动运行作业程序、完成作业任务。此时，机器人需要在外部自动（EXT AUT）操作模式下，利用来自上级控制器的控制信号，选择机器人程序、控制程序自动运行。

机器人的外部自动运行又称远程（REMOTE）运行。远程运行可采用网络通信、DI/DO 信号等方式控制。网络通信控制一般用于大型、高度自动化的柔性制造系统（FMS）、无人化工厂（FA），对系统设计、集成于使用者的要求较高，本书不再对此进行深入介绍。

I/O 信号控制是工业机器人常用的远程控制方式。在这种应用场合，机器人控制器只需要和

CNC、PLC 等上级控制器连接图 9.2-2 所示的简单 DI/DO 信号，便可由上级控制系统选择机器人程序、控制程序自动运行。

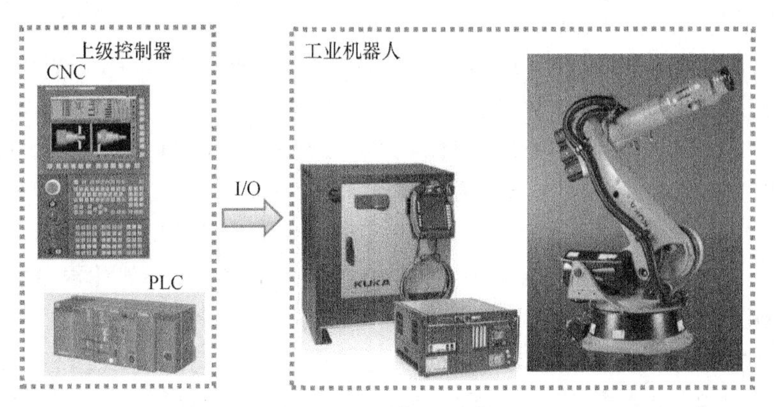

图 9.2-2　I/O 信号远程控制

机器人的程序远程运行需要机器人控制系统配置相应的软硬件，KUKA 机器人程序远程运行的基本要求如下。

（1）机器人控制系统必须编制图 9.2-3 所示的远程运行控制程序 Cell.src 及由 Cell.src 调用的机器人作业程序。远程运行控制程序 Cell.src 的编程格式与要求详见后述。

（2）机器人控制系统必须配置远程控制信号连接接口，并连接图 9.2-4 所示的远程控制 DI/DO 信号。DI/DO 信号的功能及信号时序要求详见后述。

（3）机器人控制系统需要通过远程控制设定操作，设定远程控制参数（PGNO_TYPE、PGNO_LENGTH）及定义 DI/DO 信号地址。

在上述配置完成后，上级控制器便可通过机器人控制系统的 DO 输出端，读取机器人工作状态信息，并按照规定的时序（见后述），向机器人控制系统 DI 输入端发送程序自动运行控制命令。

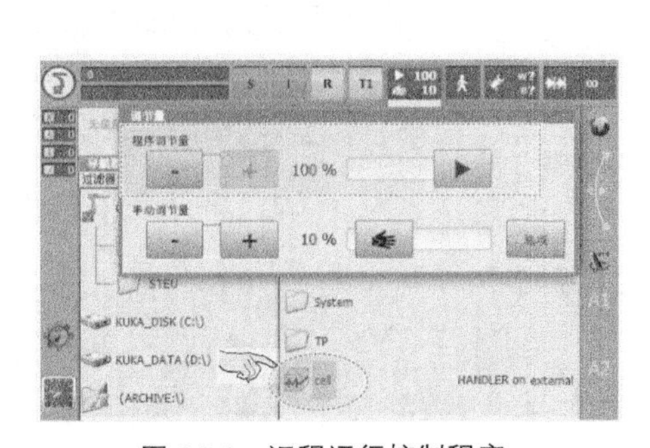

图 9.2-3　远程运行控制程序

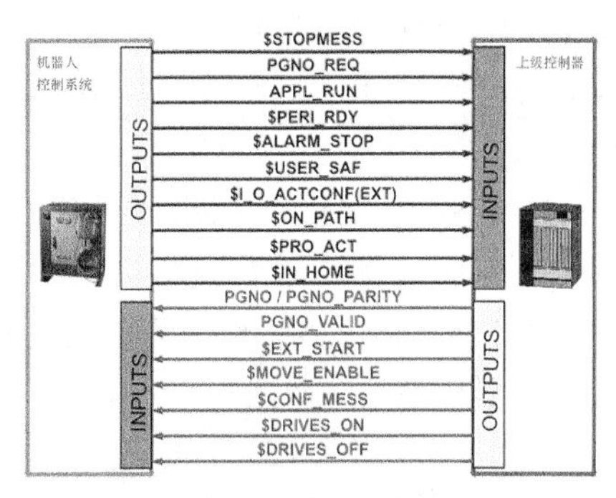

图 9.2-4　远程控制信号

2. 远程运行控制参数

程序远程控制参数的名称及设定要求如下，参数设定的操作步骤详见后述。

（1）PGNO_LENGTH。程序号长度，允许范围为 1～16。EXT AUT 操作模式的远程运行程序需要以常数型的程序号 PGNO 命名，程序号可通过机器人控制系统的 DI 信号选择。用于程序号 PGNO 选择的 DI 信号为地址连续的 DI 输入，参数 PGNO_LENGTH 用来设定程序号选择信号的 DI 输入点数。

（2）PGNO_TYPE。程序号输入格式。参数 PGNO_TYPE 用来定义程序号选择 DI 信号的数据格式，设定值及含义如下。

①“1”：二进制输入。设定 PGNO_TYPE = 1 时，DI 信号为二进制数值输入，可选择的程序号范围为 1～65 535（2^{16}–1）。例如，设定 PGNO_LENGTH=8、PGNO_TYPE = 1 时，DI 输入“0010 0001”代表 PGNO = 33。

②“2”：BCD 输入。设定 PGNO_TYPE = 2 时，DI 信号为 BCD 编码（二/十进制编码）输入，4 点 DI 代表一位十进制数 0～9，可选择的程序号范围为 1～9999。例如，设定 PGNO_ LENGTH = 8、PGNO_TYPE = 2 时，DI 输入“0010 0001”代表 PGNO = 21。PGNO_TYPE = 2 时，程序号长度 PGNO_LENGTH 必须为“4”（程序号 1～9）、“8”（程序号 1～99）、“12”（程序号 1～999）、“16”（程序号 1～9999）。

③“3”：开关选择信号（KUKA 说明书称 *N* 选 1 数据）。设定 PGNO_TYPE = 3 时，DI 信号与程序号直接对应，起始 DI 点为“1”代表程序号 PGNO = 1，可选择的程序号范围为 1～16。例如，设定 PGNO_LENGTH = 8、PGNO_TYPE = 3 时，输入“0010 0000”代表 PGNO = 6。PGNO_TYPE = 3 时，DI 输入只能有 1 位为“1”。

3. 远程运行控制程序

KUKA 公司提供的机器人远程运行控制程序 Cell.src 模板如图 9.2-5 所示。

Cell.src 实际上是一个无限循环（LOOP）的“SWITCH……CASE”分支控制程序，它可以用于远程运行程序号读入控制，并根据来自上级控制器的程序号 PGNO，自动选择需要进行远程运行的用户程序。

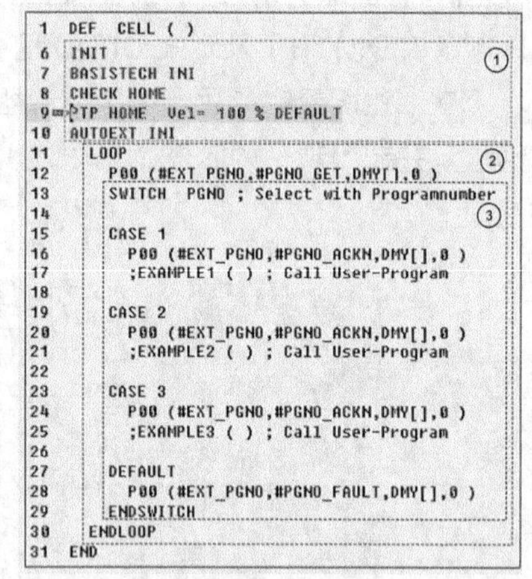

```
1  DEF  CELL ( )
6  INIT
7  BASISTECH INI
8  CHECK HOME
9  PTP HOME  Vel= 100 % DEFAULT
10 AUTOEXT INI
11   LOOP
12     P00 (#EXT_PGNO,#PGNO_GET,DMY[],0 )
13     SWITCH  PGNO ; Select with Programnumber
14
15     CASE 1
16       P00 (#EXT_PGNO,#PGNO_ACKN,DMY[],0 )
17       ;EXAMPLE1 ( ) ; Call User-Program
18
19     CASE 2
20       P00 (#EXT_PGNO,#PGNO_ACKN,DMY[],0 )
21       ;EXAMPLE2 ( ) ; Call User-Program
22
23     CASE 3
24       P00 (#EXT_PGNO,#PGNO_ACKN,DMY[],0 )
25       ;EXAMPLE3 ( ) ; Call User-Program
26
27     DEFAULT
28       P00 (#EXT_PGNO,#PGNO_FAULT,DMY[],0 )
29     ENDSWITCH
30   ENDLOOP
31 END
```


图 9.2-5 远程运行控制程序 Cell.src 模板

远程运行模板程序的结构不能改变，但是，用户编程时，需要将 CASE *n* 指令中的注释“; EXAMPLE *n*（ ）”删除，并添加需要通过上级控制器远程运行的程序名称，如“AC_WELD（ ）”“AD_WELD（ ）”……等。

Cell.src 程序使用了较多的系统内部控制指令和变量，简要说明如下。

① ——远程运行初始化指令，系统设定为显示隐藏（折合），普通用户不可见。初始化指令的功能如下。

INI T：系统初始化，加载 KRL 程序运行所需的系统参数、程序数据默认值等基本数据。

BASISTECH INI：初始化工件坐标系。

CHECK HOME：检查机器人位置（HOME）。

PTP HOME……：机器人定位到程序运行起始位置（HOME）。

AUTOEXT INI：远程运行（AUT EXT）初始化。

② ——无限循环（LOOP）程序区。指令 P00（#EXT_PGNO,#PGNO_GET, …）可调用远程运行 I/O 控制程序 P00，指令可通过#PGNO_GET 参数赋值，向上级控制器发送程序号输入请求信号 PGNO_REG，并将来自上级控制器的程序号保存到程序数据 PGNO 中。

③ ——“SWITCH……CASE”分支控制程序。SWITCH 控制参数为来自上级控制器的程序号 PGNO；PGNO =1、执行分支 CASE 1；PGNO =2、执行分支 CASE 2; ……

分支 CASE *n* 的第一条指令 P00（#EXT_PGNO, ,#PGNO_ACKN, …）可再次调用远程运行 I/O

控制程序 P00，指令可通过#PGNO_ACKN 参数赋值，复位程序号输入请求信号 PGNO_REG。实际使用时需要将模板程序中的注释“; EXAMPLE *n*（ ）”改为远程运行的用户程序名称，如“AC_WELD（ ）”等。

如果上级控制器发送的程序号不正确，分支 DEFAULT 将调用远程运行 I/O 控制程序 P00，复位程序号输入请求信号 PGNO_REG，等待正确的程序号输入。

用户编辑完成的远程运行控制程序 Cell.src 示例如图 9.2-6 所示（折合隐藏后的显示），程序可在上级控制器输入的程序号 PGNO =1 时，调用用户程序 AC_WELD( )；程序号 PGNO =2 时，调用用户程序 AD_WELD（ ）。

```
Loop
   P00 (#EXT_PGNO,#PGNO_GET,DMY[],0 )
   SWITCH  PGNO

   CASE 1
     P00 (#EXT_PGNO,#PGNO_ACKN,DMY[],0 )
     AC_WELD ( )

   CASE 2
     P00 (#EXT_PGNO,#PGNO_ACKN,DMY[],0 )
      AD_WELD ( )

   CASE 3
     P00 (#EXT_PGNO,#PGNO_ACKN,DMY[],0 )
      AF_WELD ( )

   DEFAULT
     P00 (#EXT_PGNO,#PGNO_FAULT,DMY[],0 )
   ENDSWITCH
 ENDLOOP
END
```

图 9.2-6　Cell.src 程序示例

9.2.2　控制信号与时序要求

机器人程序远程运行时，上级控制器应通过机器人控制系统的 DO 信号，读取机器人状态信息。然后，通过机器人控制系统的 DI 信号，向机器人控制系统发送程序自动运行控制命令。KUKA 机器人用于远程运行控制的 DI/DO 信号名称、功能及信号时序要求如下。

1. 机器人状态输出

KUKA 机器人与程序远程运行有关的工作状态，可通过机器人控制系统的 DO 信号输出到上级控制器，DO 信号名称已由 KUKA 定义，信号功能如下。

① $ALARM_STOP：机器人急停，常闭型输出。当机器人正常工作时，$ALARM_STOP 输出 ON，允许启动伺服驱动器；机器人处于急停状态时，$ALARM_STOP 输出 OFF，不允许启动伺服驱动器。

② $USER_SAF：安全防护门关闭。机器人安全栅栏的防护门关闭时，$USER_SAF 输出 ON，允许启动伺服驱动器；机器人安全栅栏的防护门打开时，$USER_SAF 输出 OFF，不允许启动伺服驱动器。

③ $PERI_RDY：伺服驱动器准备好。输出 ON 代表机器人伺服驱动器已启动，机器人处于可运动状态。

④ $STOPMESS：机器人显示停止信息。输出 ON，代表机器人存在需要确认的停止信息显示，$STOPMESS 信号可通过上级控制器发送的停止确认信号$CONF_MESS 复位。

⑤ $I_O_ACTCONF：远程 DI/DO 信号有效。输出 ON，代表远程运行 DI/DO 信号的设定正确，DI/DO 信号已使能。

⑥ $PRO_ACT：远程控制程序 Cell.src 执行信号。输出 ON，代表远程运行控制程序 Cell.src 已启动运行。

⑦ $PGNO_REG：远程运行程序号 PGNO 输入请求。输出 ON，允许上级控制器向机器人发送远程运行程序号。$PGNO_REG 信号由远程控制程序 Cell.src 所调用的 I/O 控制程序 P00 生成。

⑧ $APPL_RUN：用户程序执行信号。输出 ON，代表远程控制程序 Cell.src 已调用并启动用户程序运行。

⑨ $IN_HOME：到达 HOME 位置。输出 ON，代表机器人已位于程序远程运行起始位置 HOME。

⑩ $IN_PATH：到达编程轨迹。输出 ON，代表机器人已位于用户程序轨迹上。

2. 远程运行控制信号

KUKA 机器人远程运行需要通过机器人控制系统的 DI 信号控制，DI 信号名称已由 KUKA 定义，信号功能如下。

① PGNO_PARITY：奇偶校验信号。PGNO_PARITY 随同程序号同步发送，用于远程运行程序号 PGNO 的奇偶校验。

② PGNO_VALID：程序号选通信号。信号 ON，代表上级控制器已发送程序号 PGNO，机器人控制系统可启动程序号 PGNO 读入功能。

③ $EXT_START：远程运行程序启动信号。信号上升沿可启动远程运行控制程序 Cell.src 运行。为简化系统连接与控制，$EXT_START 可与停止确认信号$CONF_MESS 使用同一 DI 输入点。

④ $I_O_ACT：远程 DI/DO 使能。信号 ON，可生效机器人控制系统的远程 DI/DO 控制功能。远程 DI/DO 使能后，机器人控制系统的远程 DI/DO 有效信号$I_O_ACTCONF 将成为 ON 状态。远程 DI/DO 信号一旦使能，机器人将受驱动器关闭、运动停止等 DI 信号的控制，为避免 DI/DO 使能引起的停机，上级控制器应在使能 DI/DO 的同时（或提前）将驱动器关闭$DRIVES_OFF、运动使能$MOVE_ENABLE 信号设定为 ON 状态。为此，实际使用时，通常将$I_O_ACT 信号与运动使能$MOVE_ENABLE、驱动器关闭$DRIVES_OFF 信号定义为同一 DI 输入点，以确保三者同时 ON。

⑤ $MOVE_ENABLE：运动使能。信号 ON 时，允许启动伺服驱动器、对机器人进行手动操作或程序运动。$MOVE_ENABLE 信号 OFF 时，示教器将显示“开通全部运行”信息并输出停止信息显示信号$STOPMESS；上级控制器需要再次发送$MOVE_ENABLE，重启伺服驱动器后，并重新利用确认信号$CONF_MESS 复位$STOPMESS 信号。为避免远程 DI/DO 使能操作引起的停机，$MOVE_ENABLE 信号通常与$I_O_ACT、$DRIVES_OFF 定义为同一 DI 输入点。

⑥ $CONF_MESS：停止确认。上升沿有效，确认机器人停止信息、复位机器人控制系统信号$STOPMESS 输出。机器人的停止确认可在程序自动运行启动前完成或在启动的同时进行，因此，实际使用时，$CONF_MESS 通常与程序启动$EXT_START 定义为同一 DI 输入点。

⑦ $DRIVES_ON：驱动器启动。当驱动器关闭（$DRIVES_OFF）信号 ON（允许启动）时，$DRIVES_ON 信号保持 ON 状态 20ms 以上，可接通伺服驱动器主电源。

⑧ $DRIVES_OFF：驱动器关闭。常闭型输入，信号 OFF 并保持 20ms 以上，可关闭伺服驱动器主电源。为避免远程 DI/DO 使能操作引起的驱动器关闭，$DRIVES_OFF 通常与$I_O_ACT、$MOVE_ENABLE 定义为同一 DI 输入点。

3. 信号时序要求

KUKA 机器人程序远程运行 DI/DO 信号的时序要求如图 9.2-7 所示，说明如下。

① 上级控制器发送远程控制 DI/DO 使能信号$I_O_ACT，生效远程 DI/DO 信号控制功能。机器人接收 DI/DO 使能信号后，如 DI/DO 配置正确，即可输出远程 DI/DO 有效信号$I_O_ACTCONF。

为避免 DI/DO 使能操作引起的停机，远程控制 DI/DO 信号使能的同时，应将运动使能信号$MOVE_ENABLE、驱动器关闭信号$DRIVES_OFF 信号置“ON”状态，允许机器人通过示教器操作启动伺服驱动器，进行 T1、T2 模式的手动操作及远程控制程序 Cell.src 的 BCO 运行操作。Cell.src 程序的 BCO 运行结束（$IN_HOME 信号 ON）后，机器人操作模式可切换为程序远程运行模式 EXT AUT。

② 上级控制器确认机器人急停信号$ALARM_STOP、安全栅栏关闭信号$USER_SAF 为 ON 状态后，可发送伺服启动信号$DRIVES_ON 启动伺服驱动器；伺服驱动器启动完成后（需要 20ms 以上），机器人控制系统将输出伺服驱动器准备好信号$PERI_RDY，上级控制器即可撤销伺服启动信号（$DRIVES_ON 信号 OFF），完成伺服驱动器启动过程。

③ 伺服驱动器启动后，上级控制器即可向机器人控制系统发送停止确认信号$CONF_ MESS 确认机器人停止信息；并通过远程运行启动信号$EXT_START，启动远程控制程序 Cell.src 运行。

Cell.src 程序启动后，机器人控制系统将输出 Cell.src 程序执行信号$PRO_ACT，然后，通过 Cell.src 程序向上级控制器发送程序号输入请求信号 PGNO_REG。上级控制器接收 PGNO_REG 信号后，即可发送远程运行程序选择信号 PGNO、奇偶校验信号 PGNO_PARITY、程序号选通信号 PGNO_VALID。机器人控制系统读取远程运行程序号 PGNO 后，Cell.src 程序将根据程序号执行对应的 CASE 分支控制程序。

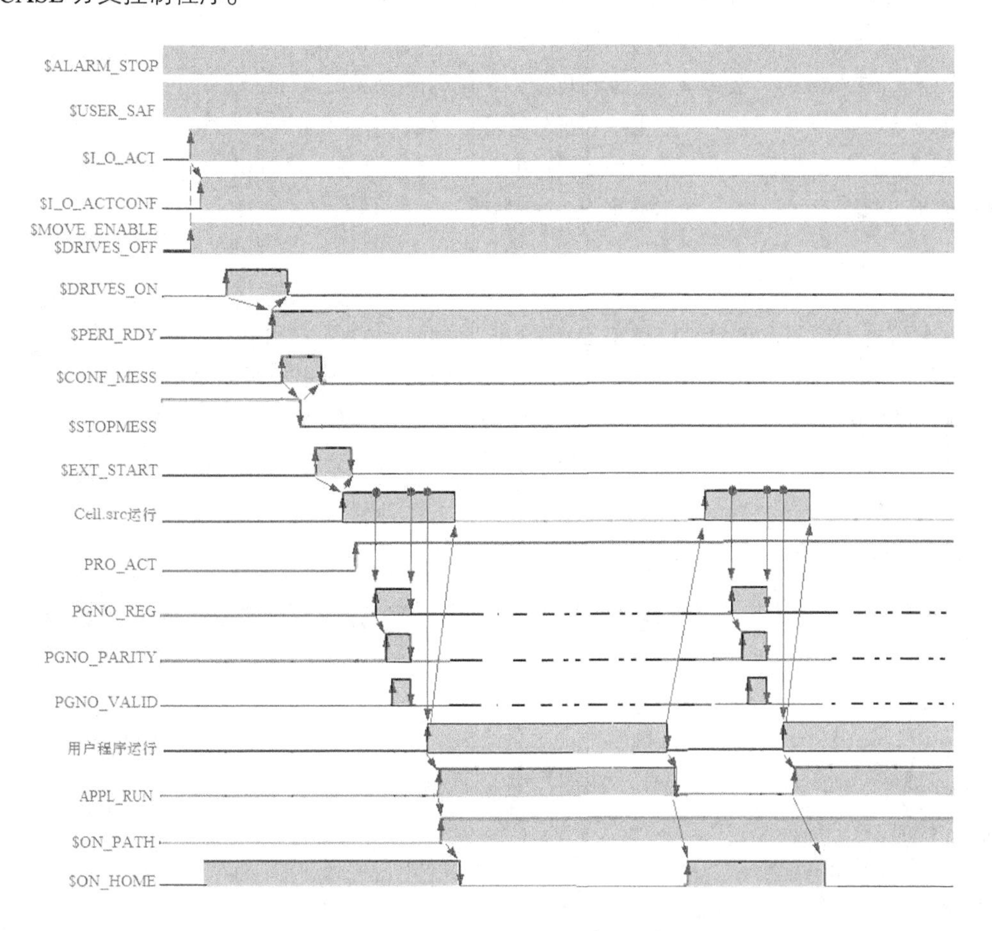

图 9.2-7 远程运行 DI/DO 信号时序

④ CASE 分支控制程序启动后，Cell.src 程序将复位程序号输入请求信号 PGNO_REG，并执行 PGNO 选定的用户程序；同时，输出用户程序执行信号$APPL_RUN 和用户程序轨迹到达信号$IN_PATH。

⑤ PGNO 选定的用户程序执行完成后，系统将返回 Cell.src 程序，复位用户程序执行信号$APPL_RUN。如需要，上级控制器可再次向机器人控制系统发送远程运行程序选择信号 PGNO、奇偶校验信号 PGNO_PARITY、程序号选通信号 PGNO_VALID，运行其他用户远程控制程序。

9.2.3 程序远程运行操作

KUKA 机器人的程序远程运行需要在软硬件配置的基础上，按以下要求，正确设定控制参数与 DI/DO 信号地址，并按照规定步骤操作机器人。

1. 远程控制设定操作

程序远程运行控制参数与 DI/DO 信号地址设定的基本操作步骤如下。

① 按 Smart PAD 主菜单键或单击 Smart HMI 状态显示栏的主菜单图标，显示 Smart PAD 操作主菜单。

② 选定主菜单“配置”→子菜单“输入/输出端”（参见第 9 章图 9.2-5），并选择“外部自动运行”选项，示教器即可显示控制参数与 DI/DO 信号地址设定页面（系统默认显示为图 9.2-8 所示控制参数与 DI 信号地址设定页，显示说明见下述）。

③ 单击“输入端”、“输出端”，选定 DI、DO 控制信号设定页面。

④ 单击选定信号的“值”栏，再单击软操作键〖编辑〗，打开信号设定框。

⑤ 根据系统 I/O 配置，输入控制参数或 DI/DO 信号地址后，再单击软操作键〖OK〗确认。

⑥ 重复步骤④、⑤，完成全部输入控制参数或 DI/DO 信号地址设定。

2. 远程控制显示与设定

KUKA 机器人控制系统的远程控制 DI 信号设定页显示如图 9.2-8 所示。单击“输出端”，示教器可显示图 9.2-9 所示的 DO 信号设定页面，远程控制 DO 信号分若干显示页，不同类别的 DO 信号可通过显示页的选项标签打开。由于控制系统型号、软件版本的不同，以及中文翻译也不相同，在不同的机器人上，DI/DO 设定页面的显示内容及图中的信号中文名称等可能稍有不同。

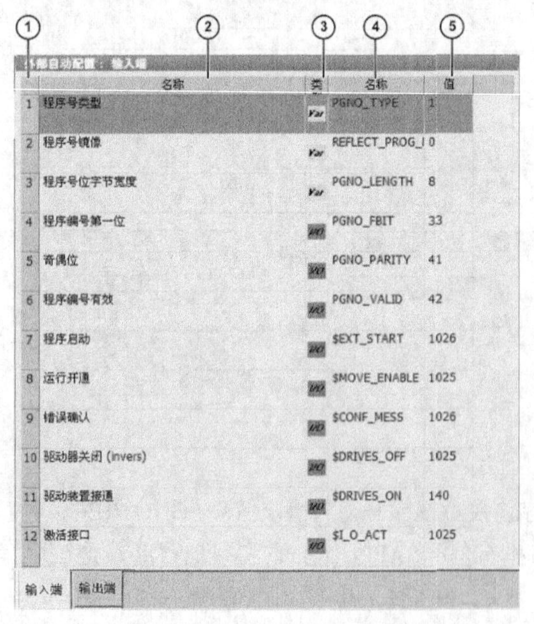

图 9.2-8　远程运行 DI 信号设定

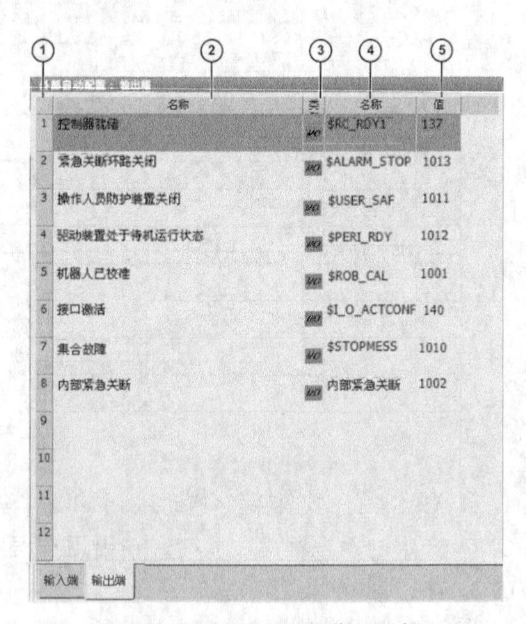

图 9.2-9　远程运行 DO 信号设定

KUKA 机器人控制系统的 DI/DO 信号设定页各显示区的显示内容如下。

① ——序号。DI/DO 信号序号由系统自动生成。

② ——名称。DI/DO 信号或控制参数名称。名称由系统自动生成，因中文翻译的不同，部分名称的显示可能不甚确切，或与 KUKA 说明书稍有区别，操作时可参照程序数据名称栏的英文理解，主要说明如下。

“程序号类型”为程序号输入格式。用于远程运行程序号的 DI 输入数据格式 PGNO_LENGTH。设定（参见前述 9.2.1 节）“1”为二进制数据，“2”为 BCD 数据，“3”为开关选择信号。

“程序号镜像”为程序号显示，用于 DI 输入的远程运行程序号 PGNO 显示。

“程序号位字节宽度”为程序号长度。用于远程运行程序号的 DI 输入点数 PGNO_LENGTH 设定，允许范围为 1～16（参见前述 9.2.1 节）。

“程序编号第一位”为远程运行程序号的 DI 输入起始地址 PGNO_FBIT。例如，设定起始地址 PGNO_FBIT = 33、DI 输入点数 PGNO_LENGTH = 8 时，系统 DI 输入$IN[33]～$IN[40]的 8 点 DI 将被定义为远程运行程序号 PGNO 的输入信号。

③ ——类型。“*Var*（黄色）”为数值输入信号或控制参数，“*I/O*（绿色）”为 DI/DO 信号。

④ ——名称。用来存储控制参数或 DI/DO 状态的程序数据、系统变量名称。

⑤ ——值。用于控制参数值或 DI/DO 信号地址设定。当运动使能（运行开通）$MOVE_ENABLE、DI/DO 信号使能（激活接口）$I_O_ACT、驱动器关闭$DRIVES_OFF 信号使用同一 DI 输入端控制时，DI 地址相同（如 $IN[1025]）；当远程运行程序启动（程序启动）$EXT_START、停止确认$CONF_MESS（错误确认）信号使用同一 DI 输入端控制时，DI 地址相同（如$IN[1026]）。

3. 程序远程运行操作

KUKA 机器人程序远程运行的基本操作步骤如下。

（1）确认机器人、变位器（外部轴）等运动部件均处于安全、可自由运动的位置，接通总电源，启动机器人控制系统后，光标选定 Smart HMI 操作界面基本显示页面（导航器）文件显示区的远程运行程序 Cell.src，并单击软操作键〖选定〗。

（2）单击状态显示栏的速度倍率显示图标（参见 9.1 节），并在速度倍率调节框中，单击“程序调节量”显示栏的“+”“-”键或拖动滑移调节图标，将程序运行时的编程速度倍率（POV）设定为 100%（通常情况，可根据实际运行要求调整）。

（3）插入操作模式切换钥匙，将机器人操作模式设定为 T1 或 T2，并确认状态显示栏的操作模式图标（参见 9.1 节）。

（4）单击状态显示区的驱动器状态显示图标，接通伺服驱动器主电源（参见 9.2 节）后，将手握开关或确认按钮按至中间位置并保持，启动伺服（参见 9.1 节）。

（5）按下并保持示教器正面或背面的程序启动键，启动 BCO 运行，使机器人移动到程序运行起始点，直至示教器信息显示窗显示“到达 BCO”（参见 9.1 节）。

（6）确认控制系统无急停、安全栅栏防护门已关闭。

（7）插入操作模式切换钥匙，将机器人操作模式设定为 EXT AUT，并确认状态显示栏的操作模式图标。

（8）上级控制器按时序要求发送远程控制 DI 信号，选择用户程序并启动程序远程自动连续运行。如果需要，程序运行过程中可按示教器的程序停止键、暂停程序运行。

9.3 机器人工作区间设定与监控

9.3.1 作业边界与作业区域定义

1. 机器人运动保护

为了保证运行安全，防止机器人本体出现碰撞损坏机械传动部件，作为基本的行程保护措施，工业机器人的关节轴一般需要设置软极限（软件限位）、超程开关（电气限位）和限位挡块（机械限位），以限定关节轴的运动范围。超程开关、机械限位挡块与机器人控制系统、本体机械结构有关，通常需要由机器人生产厂家安装，用户原则上不能改变。关节轴软极限需要通过机器人调试（投入运行）操作设定，有关内容可参见第11章。

软极限、超程开关、限位挡块都是用于关节轴行程极限保护的基本措施，但是，机器人在实际使用时，工具、工件及其他设备的安装，即使在行程允许范围内，仍然可能产生碰撞和干涉，因此，需要在基本行程保护措施基础上，通过工作区间的设定与监控，限定关节轴或机器人TCP的运动范围。

机器人的工作区间（或作业禁区）设定与监控是用来预防机器人发生干涉、碰撞的一种安全措施。例如，在图 9.3-1（a）所示的单机器人作业系统上，可通过机器人位置监控，禁止机器人进入可能与其他部件发生碰撞的区域；而在图 9.3-1（b）所示的多机器人作业系统上，则可用来协调机器人运动，避免机器人在运动干涉区发生相互碰撞。

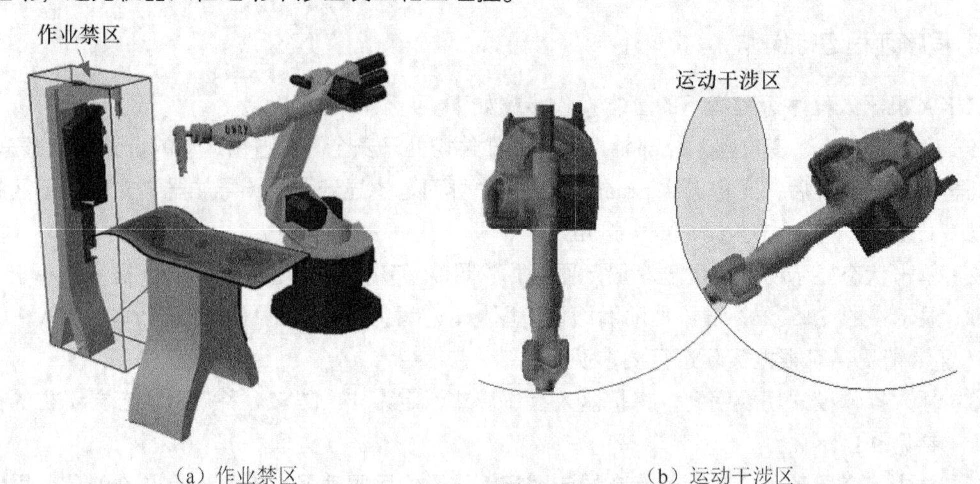

（a）作业禁区　　（b）运动干涉区

图 9.3-1　机器人工作区间

KUKA 机器人控制系统的工作区间设定与监控需要 8.0 以上软件版本及选择功能 Safe Operation 的支持，工作区间（或作业禁区）的设定与监控需要定义“作业边界”和“作业区域”，作业区域可以选择边界内侧（inside）或外侧（outside），另一侧即为作业禁区。

KUKA 机器人的“作业边界”和“作业区域”定义方法如下。

2. 作业边界定义

KUKA 机器人作业边界可以用关节坐标系、笛卡儿坐标系两种形式，按以下要求定义，每一形式均可定义最大 8 个作业区间；不同的作业区间边界可以重叠。

（1）关节坐标系定义。以关节坐标系形式定义的作业边界可直接限定机器人关节轴、附加轴的运动区间。

关节坐标系作业边界需要在系统变量$AXWORKSPACE [n]（*n* = 1～8）中定义。系统变量$AXWORKSPACE [n]包括关节轴和附加轴的负侧边界位置（An_N、En_N）、正侧边界位置（An_P、En_P）及作业区域定义项 MODE（见下述）。

例如，对于图 9.3-2 所示的工作区间 SPACE[1]，以关节坐标系的形式设定的作业边界，系统变量设定如下。

```
$AXWORKSPACE[1] ={A1_N -30,  A1_P 30, A2_N -135, A2_P -45, …}
```

（2）笛卡儿坐标系定义。以笛卡儿坐标系形式定义的作业边界用来限定机器人 TCP 的运动范围，但是，机器人的其他部位有可能进入或跨越边界。

笛卡儿坐标系作业边界需要在系统变量$WORKSPACE [n]（*n* = 1～8）中定义。系统变量$WORKSPACE [n]包括边界坐标系（SPACS CS）在大地坐标系（WORLD CS）上的方位（*X*，*Y*，*Z*，*A*，*B*，*C*）、正侧边界（顶点 P1）的 SPACS CS 坐标值（*X*1，*Y*1，*Z*1）、负侧边界（底点 P2）的 SPACS CS 坐标值（*X*2，*Y*2，*Z*2）及作业区域定义项 MODE（见下述）。

例如，对于图 9.3-3 所示的工作区间 SPACE[1]，假设边界坐标系 SPACS CS 的原点位于大地坐标系的（0，1000，500）的位置，SPACS CS 绕大地坐标系回转的欧拉角为（0，0，−30）；正侧边界（顶点 P1）的 SPACS CS 坐标值为（500，500，1000），负侧边界（底点 P2）的 SPACS CS 坐标值为（−500，−500，0）；以笛卡儿坐标系定义的机器人 TCP 作业边界，系统变量设定如下。

```
$WORKSPACE [1]={X 0, Y 1000, Z 500, A 0, B 0, C -30, X1 500, Y1 500, Z1 1000, X2 -500, 
Y2 -500, Z2 0, …}
```

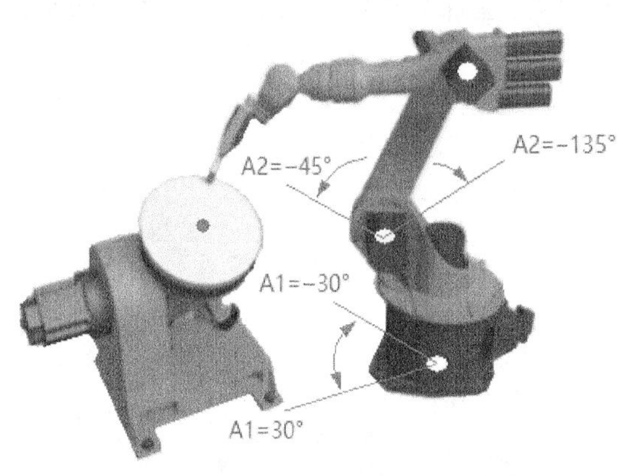

图 9.3-2　关节坐标系工作区间

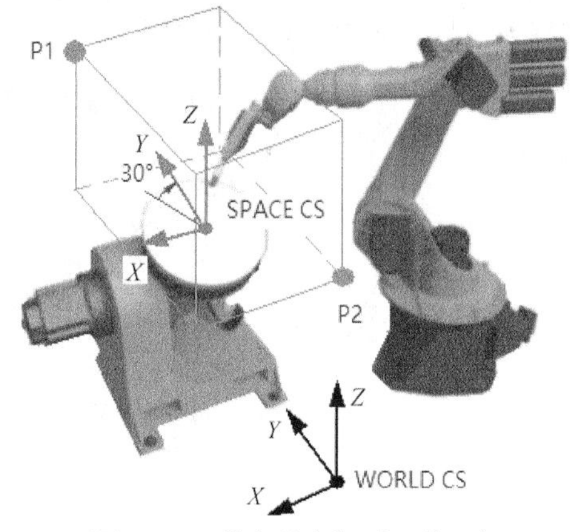

图 9.3-3　笛卡儿坐标系工作区间

3. 作业区域定义

KUKA 机器人的作业区域需要通过系统变量$AXWORKSPACE[n]、$WORKSPACE [n]中的附加项“模式（MODE）”，以枚举数据的格式定义，MODE 可设定的数值及含义如下。

① #OFF：工作区间监控功能无效，作业边界的内、外侧都均可运动。

② #INSIDE：内侧监控，关节轴、机器人 TCP 进入边界内侧时，控制系统可以输出 DO 监控信号。

③ #OUTSIDE：外侧监控，关节轴、机器人 TCP 进入边界外侧时，控制系统可以输出 DO 监控信号。

④ #INSIDE_STOP：内侧禁止，关节轴、机器人 TCP 进入边界内侧时，机器人停止运动、输出

DO 监控信号。

⑤ #OUTSIDE_STOP：外侧禁止，关节轴、机器人 TCP 进入边界外侧时，机器人停止运动、输出 DO 监控信号。

例如，如果图 9.3-2 所示的机器人工作区间 SPACE1 限定为关节轴 A1 的–30° ～30° 区域、A2 轴的–135° ～–45° 区域（外侧禁止），系统变量$AXWORKSPACE [1]可设定如下。

```
$AXWORKSPACE[1] ={A1_N -30, A1_P 30, A2_N -135, A2_P -45, …, MODE #OUTSIDE_STOP}
```

例如，如果图 9.3-3 所示的机器人工作区间 SPACE1 限定为 SPACS CS 负侧顶点（–500，–500，0）、正侧顶点（500，500，1000）的内侧区域（外侧禁止），系统变量$WORKSPACE [1]可设定如下。

```
$WORKSPACE [1]={X 0, Y 1000, Z 500, A 0, B 0, C -30, X1 500, Y1 500, Z1 1000, X2 -500, Y2 -500, Z2 0, MODE #OUTSIDE_STOP}
```

9.3.2 工作区间的输入设定

KUKA 机器人的工作区间可以通过机器人配置的数据输入操作或 KRL 数据表进行设定，利用机器人配置操作输入工作区间数据的方法如下。

1. 关节坐标系工作区间设定

KUKA 机器人的关节坐标系工作区间的数据输入操作步骤如下。

（1）按 Smart PAD 主菜单键或单击 Smart HMI 状态显示栏的主菜单图标，显示 Smart PAD 操作主菜单。

（2）选择主菜单“配置”→子菜单“其他（或工具）”→“工作区间监控”→“配置”后，单击软操作键〖轴坐标〗，示教器即可显示图 9.3-4（a）所示的关节坐标系工作区间输入页面，并显示如下内容。

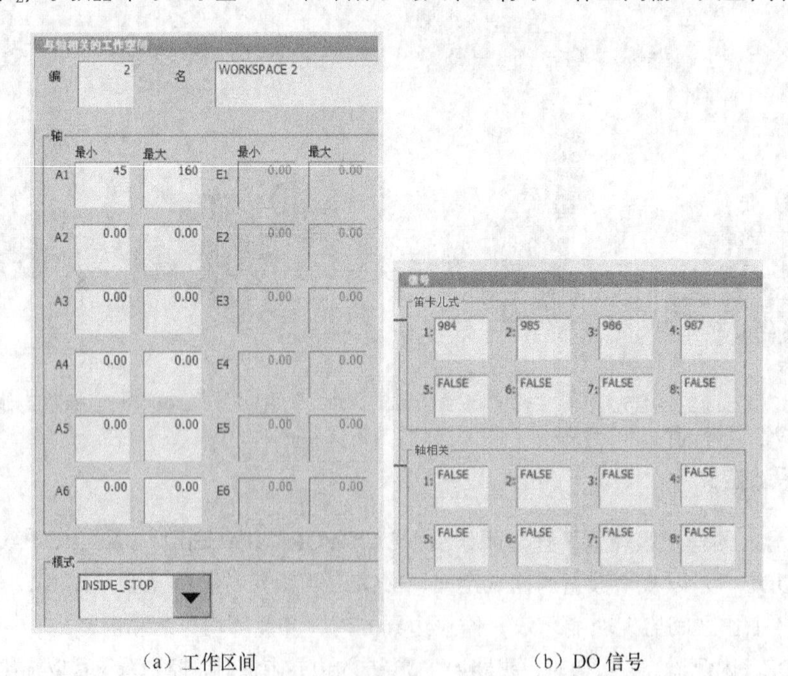

（a）工作区间　　（b）DO 信号

图 9.3-4　关节坐标系工作区间设定

① “编”：关节坐标系工作区间编号，允许输入 1～8。

② “名”：关节坐标系工作区间名称，系统默认的名称为“WORKSPACE *n*”；如果需要，用户可输入自定义名称。

③ “轴”栏：A1～A6 的“最小”“最大”列，可分别输入关节轴的负向、正向边界位置（单位为 deg）；E1～E6 的“最小”“最大”列，可分别输入外部轴的负向、正向边界位置（单位为 deg 或 mm）。

④ “模式”：可单击扩展箭头，打开作业区域设定的模式（MODE）选项，选择作业区域。

（3）根据实际需要，输入工作区间数据。

（4）如果需要，可以单击软操作键〖信号〗，示教器即可显示图 9.3-4（b）所示的工作区间监控 DO 信号设定页面。

（5）单击选定“轴相关”栏与工作区间编号对应的显示框，输入用于工作区间监控信号输出的系统 DO 地址。不使用监控信号的工作区间，必须输入“FALSE”。

（6）设定完成后，单击软操作键〖保存〗。

2. 笛卡儿坐标系工作区间设定

KUKA 机器人的笛卡儿坐标系工作区间的数据输入操作步骤如下。

（1）按 Smart PAD 主菜单键或单击 Smart HMI 状态显示栏的主菜单图标，显示 Smart PAD 操作主菜单。

（2）选择主菜单“配置”→子菜单“其他（或工具）”→“工作区间监控”→“配置”后，单击软操作键〖笛卡儿式〗，示教器即可显示图 9.3-5 所示的笛卡儿坐标系工作区间输入页面，并显示如下内容。

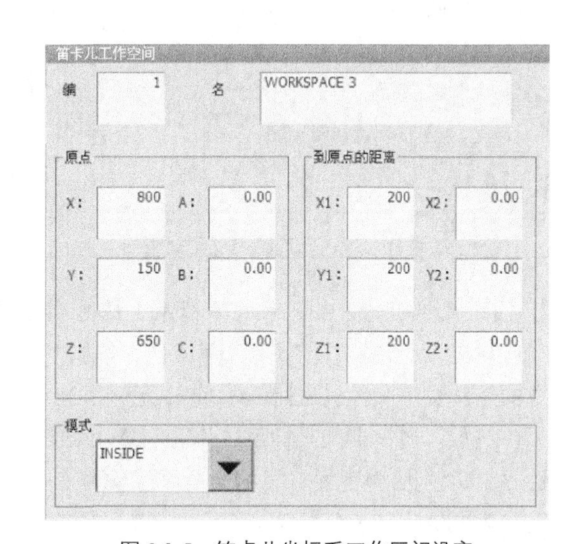

图 9.3-5　笛卡儿坐标系工作区间设定

① “编”：笛卡儿坐标系工作区间编号，允许输入 1～8。

② “名”：笛卡儿坐标系工作区间名称，系统默认的名称为“WORKSPACE *n*”；如果需要，用户可输入自定义名称。

③ “原点”栏：“*X*”“*Y*”“*Z*”用于边界坐标系（SPACS CS）原点设定，可输入 SPACS CS 原点在大地坐标系（WORLD CS）上的位置值；“*A*”“*B*”“*C*”用于边界坐标系（SPACS CS）方向设定，可输入 SPACS CS 绕 WORLD CS 旋转的欧拉角。

④ “到原点的距离”栏：“*X*1”“*Y*1”“*Z*1”用于正侧边界（顶点 P1）设定，可输入顶点 P1 的 SPACS CS 坐标值；“*X*2”“*Y*2”“*Z*2”用于负侧边界（底点 P2）设定，可输入底点 P2 的 SPACS CS 坐标值。

⑤ “模式”：可单击扩展箭头，打开作业区域设定的模式（MODE）选项，选择作业区域。

（3）根据实际需要，输入工作区间数据。

（4）如果需要，可以单击软操作键〖信号〗，示教器即可显示图 9.3-4（b）所示的工作区间监控 DO 信号设定页面。

（5）单击选定“笛卡儿式”栏与工作区间编号对应的显示框，输入用于工作区间监控信号输出的系统 DO 地址；不使用监控信号的工作区间，必须输入“FALSE”。

（6）设定完成后，单击软操作键〖保存〗。

9.3.3 工作区间的程序设定

KUKA 机器人的工作区间可通过 KRL 数据表设定，关节坐标系工作区间、笛卡儿坐标系工作区间、工作区间监控信号需要使用不同的数据表。作业区域（MODE）、监控信号可通过 KRL 程序指令选择或关闭。

机器人工作区间的 KRL 数据表、KRL 程序编程方法如下。

1. 关节坐标系工作区间定义

KUKA 机器人的关节坐标系工作区间需要以全局数据表（数据表名称后需要添加公共标记“PUBLIC”，参见 7.1 节）的形式，在控制系统的应用程序（项目 R1）目录下、机器人数据文件夹 Mada 中的系统数据文件$MACHINE.dat 上定义，文件路径为 R1\ Mada\ $MACHINE.dat。

例如，当关节坐标系工作区间$AXWORKSPACE[1]定义为正侧、负侧边界均为“0”的全范围、无初始监控信号输出（MODE #OFF）；$AXWORKSPACE[2]定义为 A1 轴负侧边界 45° 、正侧边界 160° ，初始监控状态为内侧禁止（MODE #INSIDE_STOP）工作区间时，对应的 KRL 数据表如下。

```
DEFDAT $MACHINE PUBLIC
……
$AXWORKSPACE[1] = {A1_N 0,  A1_P 0,  A2_N 0,  A2_P 0, …, A6_N 0,  A6_P 0, E1_N 0,  E1_P 0, …, E6_N 0,  E6_P 0,  MODE  #OFF}
$AXWORKSPACE[2] = {A1_N 45,  A1_P 160,  A2_N 0,  A2_P 0, …, A6_N 0,  A6_P 0, E1_N 0,  E1_P 0, …, E6_N 0,  E6_P 0,  MODE  #INSIDE_STOP}
……
ENDDAT
```

2. 笛卡儿坐标系工作区间定义

KUKA 机器人的笛卡儿坐标系工作区间需要以全局数据表（数据表名称后需要添加公共标记“PUBLIC”，参见 7.1 节）的形式，在控制系统的设置（STEU）目录下、机器人数据文件夹 Mada 中的用户数据文件$CUSTOM.dat 上定义，文件路径为 STEU\ Mada\ $CUSTOM.dat。

例如，当笛卡儿坐标系工作区间$WORKSPACE[1]定义为 SPACE CS 坐标系原点、方向、正侧边界、负侧边界均为“0”的全范围工作、无初始监控信号输出（MODE #OFF）；$WORKSPACE[2]定义为 SPACE CS 坐标系原点（X 400，Y –100，Z 1200）、方向（A 0 B 30 C 0），正侧边界（X1 250，Y1 150，Z1 1200）、负侧边界（X2 –50，Y2 –100，Z2 –250），初始监控状态为外侧输出（MODE #OUTSIDE）工作区间时，对应的 KRL 数据表如下。

```
DEFDAT $CUSTOM PUBLIC
……
$WORKSPACE[1] = {X 0, Y 0, Z 0, A 0, B 0, C 0, X1 0, Y1 0, Z1 0, X2 0, Y2 0, Z2 0, MODE #OFF}
$WORKSPACE[2] = {X 400, Y -100, Z 1200, A 0, B 30, C 0, X1 250, Y1 150, Z1 1200, X2 -50, Y2 -100, Z2 -250, MODE #OUTSIDE}
……
ENDDAT
```

3. 监控信号定义

KUKA 机器人的工作区间监控信号需要以全局数据表（数据表名称后需要添加公共标记“PUBLIC”，参见 7.1 节）的形式，在控制系统的设置（STEU）目录下、机器人数据文件夹 Mada 中的系统数据文件$MACHINE.dat 上定义，文件路径为 STEU\ Mada\ $MACHINE.dat。

例如，当系统使用 2 个关节坐标系工作区间、2 个笛卡儿坐标系工作区间，并且，关节坐标系工作区间$AXWORKSPACE[1]的监控信号设定为系统 DO 输出$OUT[712]、$AXWORKSPACE[2]的监控信号设定为系统 DO 输出$OUT[713]；笛卡儿坐标系工作区间$WORKSPACE[1]的监控信号设定为系统 DO 输出$OUT[984]、$WORKSPACE[1]的监控信号设定为系统 DO 输出$OUT[985]时，对应的 KRL 数据表如下。

```
DEFDAT $MACHINE PUBLIC
……
SIGNAL $AXWORKSPACE[1] $OUT[712]
SIGNAL $AXWORKSPACE[2] $OUT[713]
SIGNAL $AXWORKSPACE[3] FALSE
……
SIGNAL $WORKSPACE[1] $OUT[984]
SIGNAL $WORKSPACE[2] $OUT[985]
SIGNAL $WORKSPACE[3] FALSE
……
ENDDAT
```

4. 作业区域选择与监控开启/关闭

KUKA 机器人的作业区域（MODE）、监控信号可通过 KRL 程序指令 $AXWORKSPACE [n]. MODE 选择或关闭。

使用以上工作区间监控功能的主程序示例如下。

```
DEF  myprog ( )
……
INI
$AXWORKSPACE[2]. MODE = #OUTSIDE
……                          // $AXWORKSPACE[2]外侧输出 $OUT[713]
$AXWORKSPACE[2]. MODE = #OFF
……                          // $AXWORKSPACE[2]监控关闭
$WORKSPACE[2]. MODE = #INSIDE_STOP
……                          // $WORKSPACE[2]内侧禁止
$WORKSPACE[2]. MODE = #OFF
……                          // $WORKSPACE[2]监控关闭
……
ENDDAT
```

9.4 控制系统状态显示

9.4.1 机器人实际位置显示

1. 位置显示方式

KUKA 工业机器人的实际位置可通过系统显示操作，以关节位置或 TCP 位置的形式在示教器上显示。

选择关节位置显示时，示教器可显示机器人当前的本体轴 A1～A6、附加轴 E1～E6 的关节绝对位置及伺服电机实际位置。关节绝对位置就是系统变量$AXIS_ACT 的数值，回转轴单位为 deg(°)、直线轴（附加轴）单位为 mm，电机实际位置就是伺服电机编码器的计数值，其单位为 deg（°）。

选择 TCP 位置显示时，示教器可显示机器人当前的笛卡儿坐标系位置 *XYZ* 及工具姿态 *ABC*，即系统变量$POS_ACT 的数值。TCP 位置显示的含义与控制系统当前有效的作业坐标系、作业形式（插补模式）有关。

如果控制系统当前未选定任何作业坐标系，即系统变量 $TOOL = $NULLFRAME、$BASE = $NULLFRAME、$ROBROOT= $WORLD，示教器所显示的笛卡儿坐标系位置 *XYZ* 就是图 9.4-1 所示的手腕基准坐标系（FLANGE CS）原点（工具参考点 TRP）相对于机器人基座坐标系（ROBROOT CS）的位置值（*x*，*y*，*z*），工具姿态 *ABC* 的显示为零。

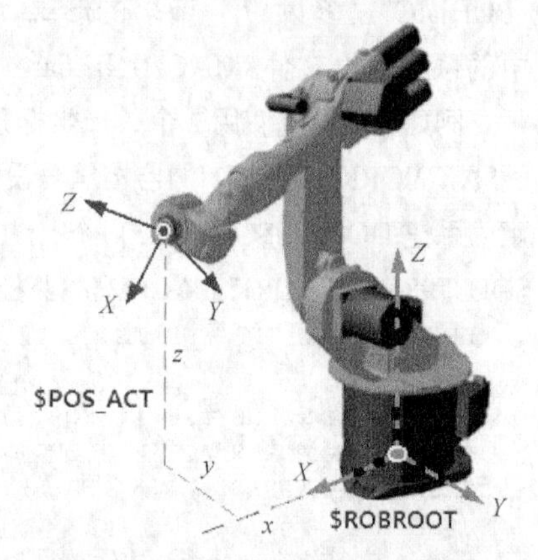

图 9.4-1 无作业坐标系的位置显示

如果控制系统当前选定了作业坐标系，示教器显示的笛卡儿坐标系位置 *XYZ*、姿态 *ABC* 与机器人当前选择的作业形式（插补模式）有关，其含义如图 9.4-2 所示。

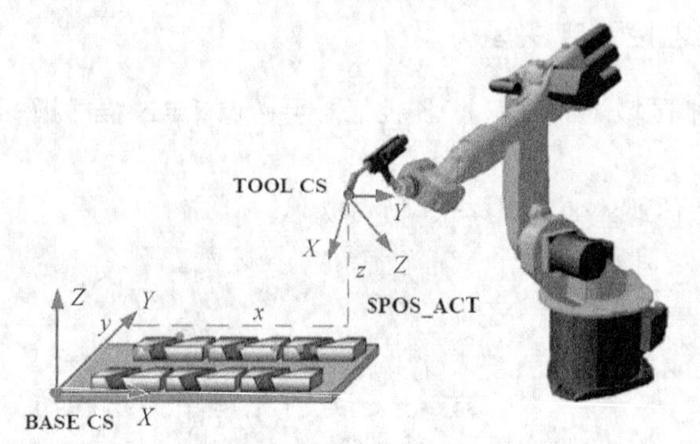

（a）机器人移动工具

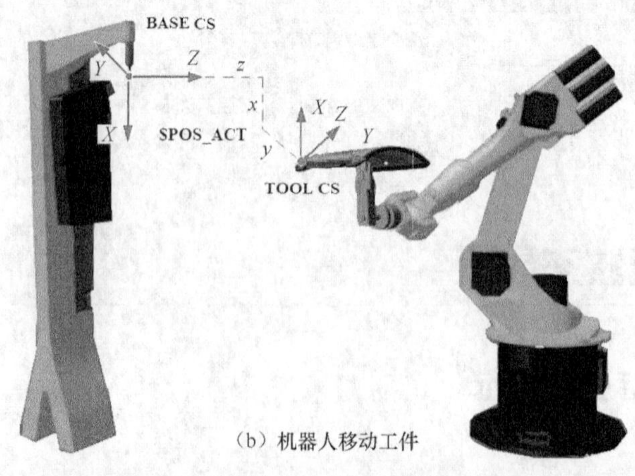

（b）机器人移动工件

图 9.4-2 作业形式与实际位置显示

在图 9.4-2（a）所示的工件固定、机器人移动工具作业的系统上，控制系统的工具坐标系（TOOL CS）用来描述作业工具控制点（TCP）在机器人手腕基准坐标系（FLANGE CS）上的位置及工具的安装方向；控制系统的工件坐标系（BASE CS）用来描述工件基准点在大地坐标系（WORLD CS）上的位置及工件的安装方向。因此，示教器显示的 *XYZ* 就是工具控制点（TCP）在 BASE CS 上的位置值（*x*，*y*，*z*），*ABC* 为工具绕 FLANGE CS 回转的欧拉角。

在图 9.4-1（b）所示的工具固定、机器人移动工件作业的系统上，控制系统的工具坐标系（TOOL CS）被用来描述工件基准点在机器人手腕基准坐标系（FLANGE CS）上的位置及工件的安装方向；控制系统的工件坐标系（BASE CS）则被用来描述工具控制点（TCP）在大地坐标系（WORLD CS）上位置及工具的安装方向。因此，示教器显示的 *XYZ* 就是工件基准点在 BASE CS 上的位置值（*x*，*y*，*z*），*ABC* 为工件绕 FLANGE CS 回转的欧拉角。

2. 位置显示操作

控制系统启动工作后，只要按 Smart PAD 主菜单键或单击 Smart HMI 状态显示栏的主菜单图标，显示 Smart PAD 操作主菜单（参见 9.2 节），并选择主菜单“显示”→子菜单“实际位置”，示教器即可显示图 9.4-3 所示的机器人实际位置显示页面。

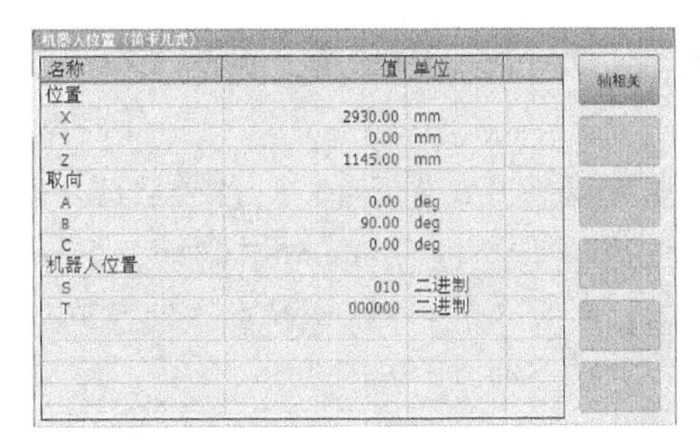

（a）TCP 位置

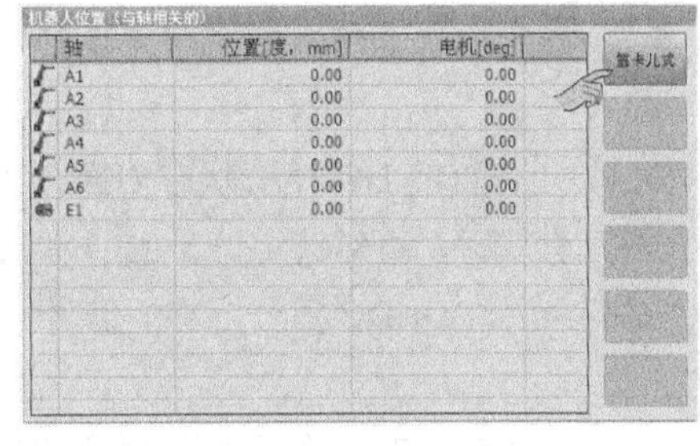

（b）关节位置

图 9.4-3　机器人实际位置显示

单击软操作键〖轴相关〗或〖笛卡儿式〗，示教器可进行机器人关节位置、TCP 位置显示的转换。

9.4.2　系统输入/输出信号显示

1. 基本 DI/DO 信号显示

（1）控制系统启动工作后，控制系统基本 DI/DO 信号的当前状态可随时通过示教器检查。DI/DO 状态显示页面如图 9.4-4 所示，显示内容如下。

① ——编号。显示 DI/DO 信号地址编号，即系统变量$IN[n]、$OUT[n]的“*n*”。

② ——值。显示 DI/DO 信号当前的状态，红色标记代表信号 ON（逻辑状态 TRUE）；白色标记代表信号 OFF（逻辑状态 FALSE）。

③ ——状态。显示 DI/DO 信号当前的控制方式，“SIM”代表仿真；“SYS”代表控制系统实际状态。

④ ——名称。DI/DO 信号名称，系统默认的 DI 信号名称为“INPUT（德文 Eingang）”，DO 信号名称为“OUTPUT（德文 Ausgang）”。

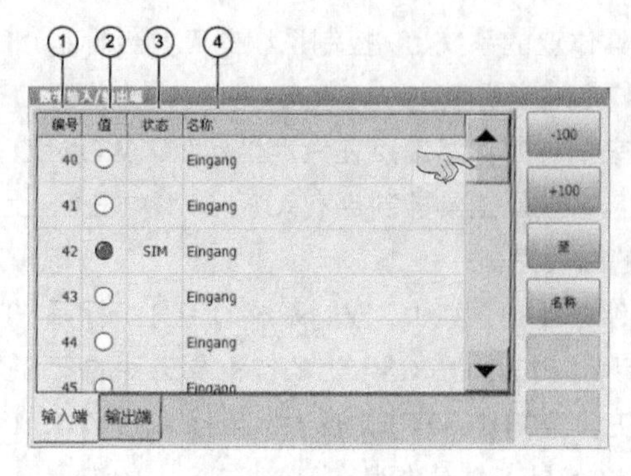

（a）DI 状态显示

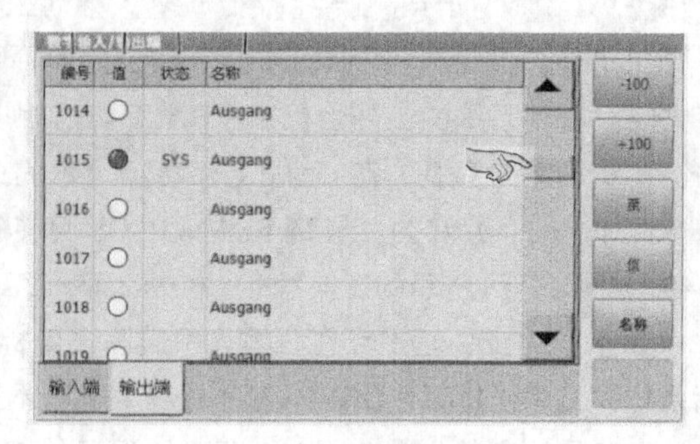

（b）DO 状态显示

图 9.4-4　控制系统基本 DI/DO 信号显示

（2）DI/DO 状态显示页的右侧的软操作键功能如下。

①〖-100〗/〖+100〗：显示页切换，切换到当前地址编号减去/加上“100”的 DI/DO 信号显示页面。

②〖-100〗/〖+100〗：显示页切换，切换到当前地址编号减去/加上“100”的 DI/DO 信号显示页面。

③〖至〗：指定信号显示，单击可显示 DI/DO 地址输入框，直接输入需要显示的 DI/DO 信号地址。

④〖值〗：DI 仿真或 DO 模拟状态切换，当机器人操作模式选择 T1 或 T2、AUT，且手握开关或操作确认按钮有效时，可对选定信号的 DI 仿真/DO 模拟状态进行 ON/OFF 切换。

⑤〖名称〗：更改 DI/DO 信号名称，信号选定后，单击可显示信号名称输入框，更改 DI/DO 信号名称。

（3）显示控制系统基本 DI/DO 信号状态的操作步骤如下。

① 按 Smart PAD 主菜单键或单击 Smart HMI 状态显示栏的主菜单图标，显示 Smart PAD 操作主菜单。

② 选择主菜单“显示”→子菜单“输入/输出端”→“数字输入/输出端”，示教器即可显示图 9.4-4 所示的控制系统基本 DI/DO 状态显示页面。

③ 单击显示栏下方的软操作键〖输入端〗、〖输出端〗，选定 DI、DO 信号显示页。

④ 单击或拖动显示栏右侧的标尺，或者单击软操作键〖至〗，在显示的地址输入框中输入 DI/DO 信号地址，选择需要检查的 DI/DO 信号。

⑤ 如需要，可单击选定 DI/DO 信号后，单击软操作键〖名称〗，在显示的名称输入框中输入新的 DI/DO 信号名称。

2. 远程运行控制信号显示

在使用外部控制器的系统上，控制系统的远程运行控制信号状态可随时通过示教器检查。远程运行控制 DI/DO 信号的常规显示页面与基本 DI/DO 显示页类似，单击显示页的软操作键〖详细信息/正常〗，示教器可显示如图 9.4-5 所示的详细内容。

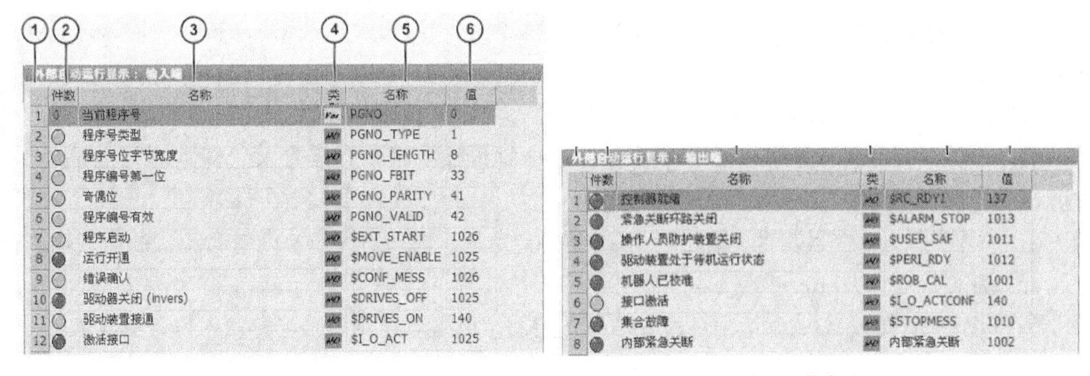

（a）DI 状态显示　　（b）DO 状态显示

图 9.4-5　远程控制信号显示

（1）因中文翻译不同，显示页的部分信号名称可能不甚确切，有关说明可参见 9.2 节，显示页的栏目内容如下。

① ——序号。DI/DO 信号序号由系统自动生成。

② ——件数（栏目翻译不恰当，应为“状态”）。显示 DI/DO 信号当前的状态，红色标记代表信号 ON（逻辑状态 TRUE）；灰色标记代表信号 OFF（逻辑状态 FALSE）或不使用。

③ ——名称。显示远程控制 DI/DO 信号名称（参见 9.2 节）。

④ ——类型。DI/DO 信号类型显示，“*Var*（黄色）”为数值输入信号，“*I/O*（绿色）”为 DI/DO 信号。

⑤ ——名称。用来存储控制参数、DI/DO 状态的程序数据、系统变量名称。

⑥ ——值。控制参数值或 DI/DO 信号地址。

（2）远程运行控制 DI/DO 信号状态显示页的软操作键功能如下。

① 〖配置〗：直接切换到程序远程运行控制的参数与 DI/DO 信号设定页面（参见 9.2 节）。

② 〖输入端/输出端〗：用于远程控制 DI、DO 信号显示页切换。

③ 〖详细信息/正常〗：用于常规、详细显示页切换，常规显示页不能显示图 9.4-5 中的栏目④～⑥。

（3）显示控制系统基本 DI/DO 信号状态的操作步骤如下。

① 按 Smart PAD 主菜单键或单击 Smart HMI 状态显示栏的主菜单图标，显示 Smart PAD 操作主菜单。

② 选择主菜单“显示”→子菜单“输入/输出端”→“外部自动运行”，示教器即可显示远程运行控制 DI/DO 信号的常规显示页面。

③ 如需要，可单击显示页的软操作键〖输入端/输出端〗、〖详细信息/正常〗，进行 DI/DO 信号显示页、常规/详细显示页的切换。单击软操作键〖配置〗，可切换到程序远程运行控制的参数与 DI/DO 信号设定页面，设定或修改参数与 DI/DO 信号地址（参见 9.2 节）。

3. AI/AO 信号显示

在使用模拟量输入/输出功能的控制系统上，系统当前的 AI/AO 状态可通过示教器检查。AI/AO 信号状态显示页可通过以下操作打开。

（1）按 Smart PAD 主菜单键或单击 Smart HMI 状态显示栏的主菜单图标，显示 Smart PAD 操作主菜单。

（2）选择主菜单“显示”→子菜单“输入/输出端”→“模拟输入/输出端”，示教器即可显示AI/AO状态显示页面。

（3）如需要，可按显示页的软操作键，进一步选择以下操作。

①〖至〗：指定信号显示，单击可显示AI/AO地址输入框，直接输入需要显示的AI/AO信号地址。

②〖电压〗：AO信号测试（输出模拟），信号选定后，单击可显示AO信号测试的电压输入框，输入AO测试电压值（–10～10V）。

③〖名称〗：更改AI/AO信号名称，信号选定后，单击可显示信号名称输入框，更改AI/AO信号名称。

9.4.3 标志、定时器状态显示

1. 标志、循环标志显示

KUKA机器人控制系统标志（系统变量$FALG[i]）、循环标志（系统变量$CYCFLAG[i]）的功能、用途可参见7.5节。标志、循环标志的当前状态可随时通过示教器检查，其状态显示页面如图9.4-6所示。

标志、循环标志显示页的栏目、软操作键含义与基本DI/DO显示页的栏目、软操作键含义相同，系统默认的标志名称为“Flag”；循环标志名称为“Maker”。显示标志 、循环标志的操作步骤如下。

（1）按Smart PAD主菜单键或单击Smart HMI状态显示栏的主菜单图标，显示Smart PAD操作主菜单。

（2）选择主菜单“显示”→子菜单“变量”→“标识器”或“周期性旗标”，示教器即可显示标志FALG或循环标志CYCFLAG的状态显示页面。

（3）如需要，可通过显示页的软操作键，进行基本DI/DO状态显示同样的页面切换、信号名称更改、状态模拟等操作。

（a）标志　　（b）循环标志

图9.4-6　标志、循环标志显示

2. 定时器显示

（1）KUKA机器人控制系统定时器（系统变量$TIMER[i]）的功能、用途可参见7.5节。定时器的当前状态可随时通过示教器检查，其状态显示页面如图9.4-7所示，显示内容如下。

① ——编号。显示定时器地址编号，即系统变量$TIMER[i]的“i”。

② ——Status。显示定时器当前的状态，红色标记代表定时器未启动（$TIMER_STOP[i] = TRUE）；绿色标记代表定时器已启动计时（$TIMER_STOP[i] = FALSE）。

③ ——T。定时器标志（系统变量$TIMER_FLAG[i]）当前的状态显示，红色“√”标记代表定时器的计时值大于 0；无标记代表定时器的计时值小于等于 0。

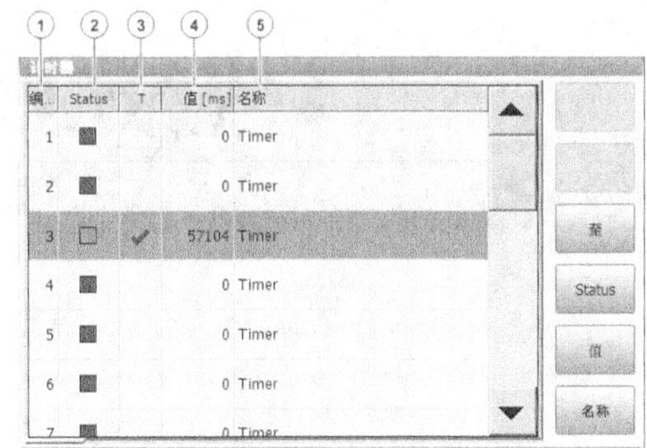

图 9.4-7 定时器显示

④ ——值。定时器当前的计时值显示，单位为 ms。

⑤ ——名称。系统默认的定时器名称为“Timer”。

（2）定时器显示页的右侧的软操作键功能如下。

①〖至〗：指定定时器显示，单击可显示定时器地址编号输入框，直接输入需要显示的定时器地址编号。

②〖Status〗：定时器状态设置，当手握开关或操作确认按钮有效时，可对选定的定时器进行启动/停止切换。

③〖值〗：定时值设定，定时器选定后，单击可显示定时器定时值输入框，直接设定所选定时器的定时值。

④〖名称〗：更改定时器名称，定时器选定后，单击可显示定时器名称输入框，更改定时器名称。

（3）显示控制系统定时器状态的操作步骤如下。

① 按 Smart PAD 主菜单键或单击 Smart HMI 状态显示栏的主菜单图标，显示 Smart PAD 操作主菜单。

② 选择主菜单“显示”→子菜单“变量”→“计时器”，示教器即可显示图 9.4-7 所示的控制系统定时器显示页面。

③ 单击或拖动显示栏右侧的标尺，或者单击软操作键〖至〗，在显示的地址输入框中输入定时器地址，选择需要检查的定时器。

④ 如需要，可单击选定定时器后，单击软操作键〖名称〗，在显示的名称输入框中输入新的定时器名称，或者单击软操作键〖Status〗，按下手握开关或操作确认按钮，对选定的定时器进行启动/停止切换。

第 10 章

机器人安装与调试

10.1 机器人运输与安装

10.1.1 产品安全使用标识

为了保证机器人的使用安全，生产厂家一般会在机器人的相关部位粘贴安全使用标识，机器人运输、安装、使用时，必须根据这些标识进行操作，确保使用安全。KUKA 机器人常用的产品安全使用标识主要有产品标识、搬运标识及警示标记、使用警示标记几种。

1. 产品标识

机器人的产品标识主要有图 10.1-1 所示的铭牌和作业范围两种。

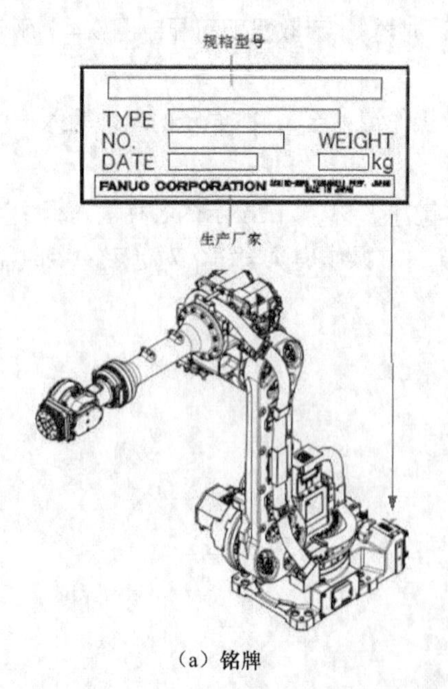

（a）铭牌　　（b）作业范围

图 10.1-1　产品标识

铭牌是产品的识别标记，垂直串联机器人铭牌的一般安装位置如图 10.1-1（a）所示。铭牌上的产品数据主要有机器人规格型号（如 FANUC Robot R-1000iA/80F 等）、订货号 TYPE（如 A05B-1130-B201 等）、出厂编号 NO.、生产日期 DATA、本体质量 WEIGHT（不含控制系统）及生产厂家等。

机器人作业范围是 CE 认证的要求，垂直串联机器人的作业范围标识一般如图 10.1-1（b）所示。作业范围标识上标明了机器人 WCP（手腕中心点）的前后、上下运动范围及机器人承载能力数据。

2. 搬运标识

搬运标识是机器人的安装运输要求，标识通常包括搬运要求标识、警示标记两类。垂直串联机器人常用的搬运标识、警示标记如图 10.1-2 所示。

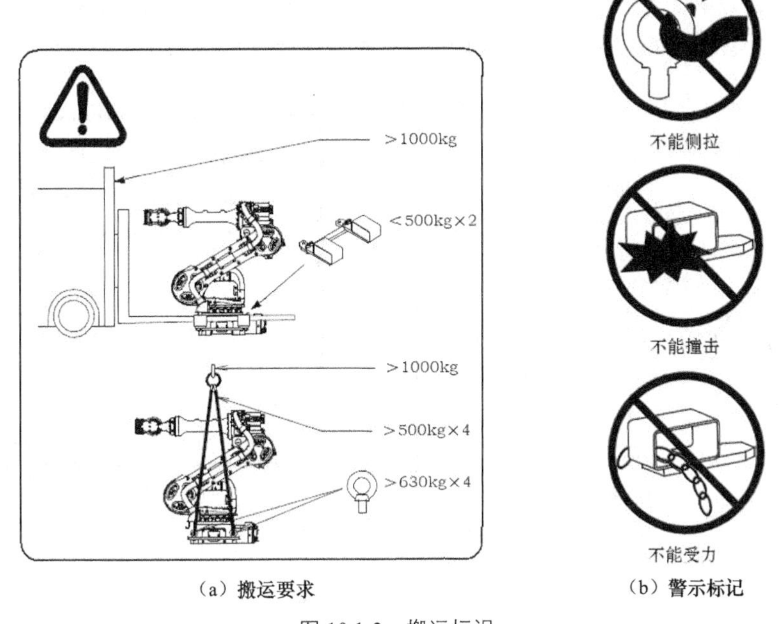

（a）搬运要求　　（b）警示标记

图 10.1-2　搬运标识

搬运要求标识上标明了机器人对运输工具承载能力、机器人固定及起吊设备、钢丝绳、吊环的承载能力的要求，机器人的运输、起吊设备必须符合标识规定的要求。搬运警示标记上标明了机器人不能承受侧拉、撞击、受力的部位，机器人搬运时必须避免警示标记所禁止的操作。

3. 使用标识

使用标识是机器人使用、维护要求，使用标识通常分警示标记、维护标识两类。

机器人是一种机电一体化产品，部分构件的结构刚性不强、承载能力有限。机器人内部还可能安装有伺服电机、阻焊变压器等大功率器件，运行时表面可能产生高温。对于这些部位，产品一般安装有图 10.1-3 所示的禁止踩踏、注意高温等警示标记，在安装有集成电路的控制装置、模块上，还可能安装有预防静电标记。

（a）禁止踩踏

（b）注意高温

（c）预防静电

图 10.1-3　使用标记

安装有禁止踩踏标记的部件，部件的结构刚性较差，作业人员有可能发生踩空、跌落的危险，使用和维修时不能踩踏此部件。安装有注意高温标记的部位，机器人运行时可能产生高温，必须触摸时需要戴耐热手套等防护用具。

机器人机械传动部件（如减速器等）需要有润滑措施。一般而言，为了保证作业环境的清洁，工业机器人大多使用润滑脂润滑。润滑脂需要定期更换，其更换方法通常以维护标识的形式，在机器人的相应部位标记。润滑标识一般有图 10.1-4 所示的操作标记、文字说明两种。

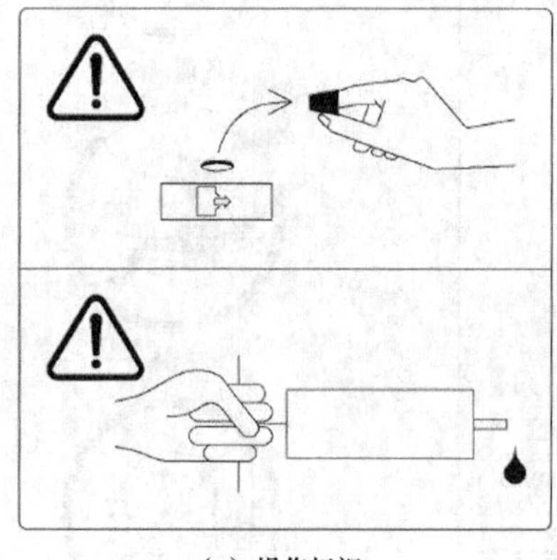

（a）操作标识

（b）文字说明

图 10.1-4　润滑标识

操作标记以图形的形式标明了润滑脂充填要求，文字说明是对操作标记的文字说明，图 10.1-3（b）中文字说明含义如下。

（1）Open the grease outlet at greasing：润滑时必须打开排脂口。

（2）Use a hand pump at greasing：使用手动泵充脂。

（3）Use designated grease at greasing：必须使用规定的润滑脂。

10.1.2　机器人搬运与安装

1. 机器人搬运

机器人在用户的安装运输可利用起重机、行车吊运或叉车搬运等方法进行，不同结构形式、不同生产厂家生产的机器人搬运要求有所不同，具体应参见产品生产厂家提供的产品使用说明书。垂直串联机器人的一般搬运要求如下。

垂直串联机器人的起重机、叉车吊运要求如图 10.1-5 所示。

机器人的重心较高、底座安装面积较小，吊运时必须注意重心位置，严防倾覆。大中型机器人吊运时，应按照图 10.1-5（a）所示，在机器人上方增加支架，使得机器人重心位于吊索之内，或者增加底托和支撑，扩大吊索固定距离。

机器人吊运时，需要在图 10.1-5（b）所示的机器人基座或底托上安装 4 只吊环螺栓，并使用承载能力符合搬运标识或产品使用说明书规定的钢丝绳、起吊设备吊运机器人。

机器人吊运时，应避免吊索损坏电机、连接器、电缆等部件，吊索应尽量避免与机器人接触，无法避免时，应在接触部位加木板、毛毯等衬垫，以免划伤机器人表面。

机器人吊运时原则上应拆除作业工具，在不可避免的情况下，应按照图 10.1-5（c）所示，增加底托和支撑，将作业工具固定稳固。作业工具的安装将使得机器人重心发生变化，因此，机器人吊运时一般不能利用基座吊环安装吊索，而是应将吊索安装在底托上。

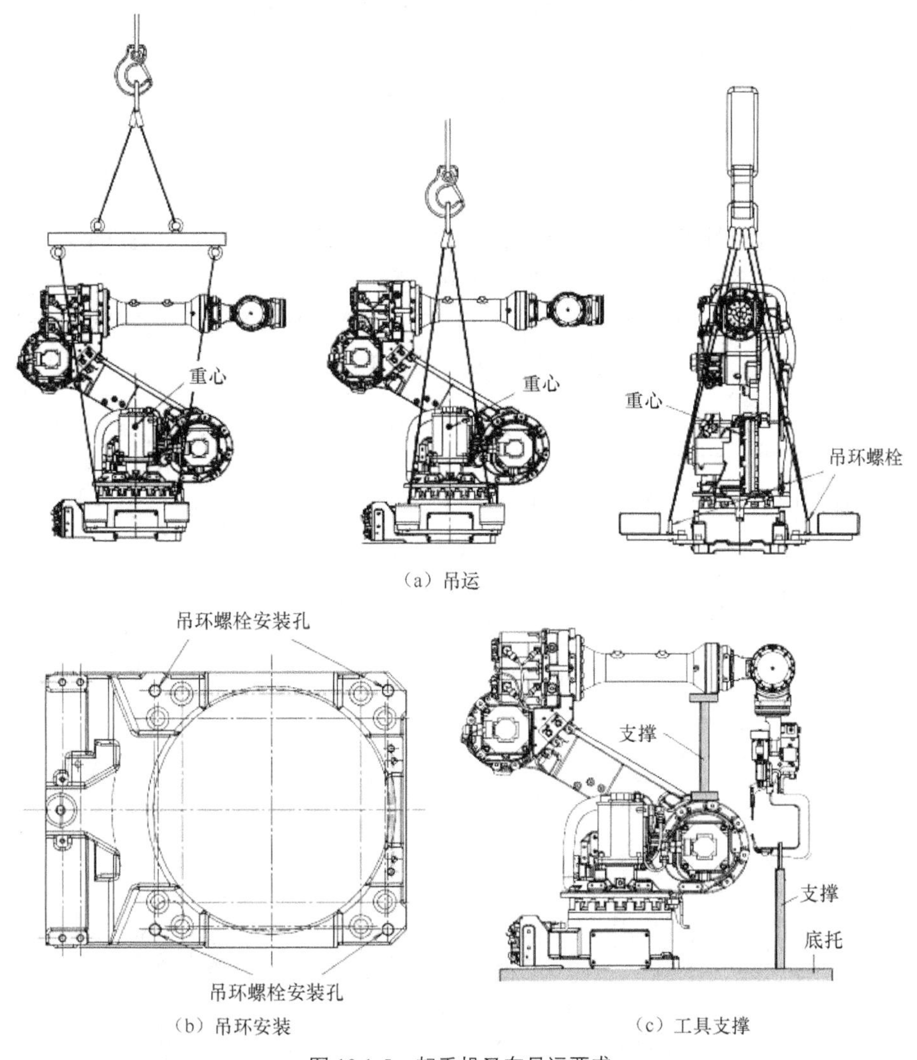

图 10.1-5　起重机叉车吊运要求

垂直串联机器人的叉车搬运要求如图 10.1-6 所示。垂直串联机器人的基座面积小、重心高，利用叉车搬运时，必须安装图 10.1-6 所示的叉车搬运支架或底托，扩大叉钳距离、增加稳定性。

机器人安装有作业工具时，叉车搬运时，同样必须安装图 10.1-5（c）所示的底托和支撑，将作业工具固定稳固。

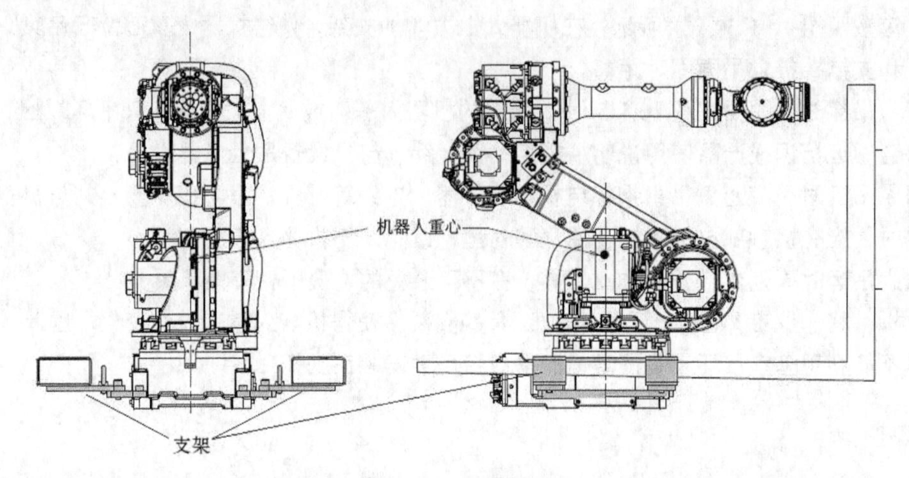

图 10.1-6　叉车搬运

2. 机器人安装

机器人的安装方式有地面、框架上置、壁挂侧置、悬挂倒置等，框架上置、壁挂侧置、悬挂倒置对机器人的结构有特殊要求，产品订货时必须予以说明。

垂直串联机器人安装的一般要求如图 10.1-7 所示，框架上置安装时，可参照地面安装要求固定机器人，壁挂侧置安装时，可参照悬挂倒置安装要求固定机器人。

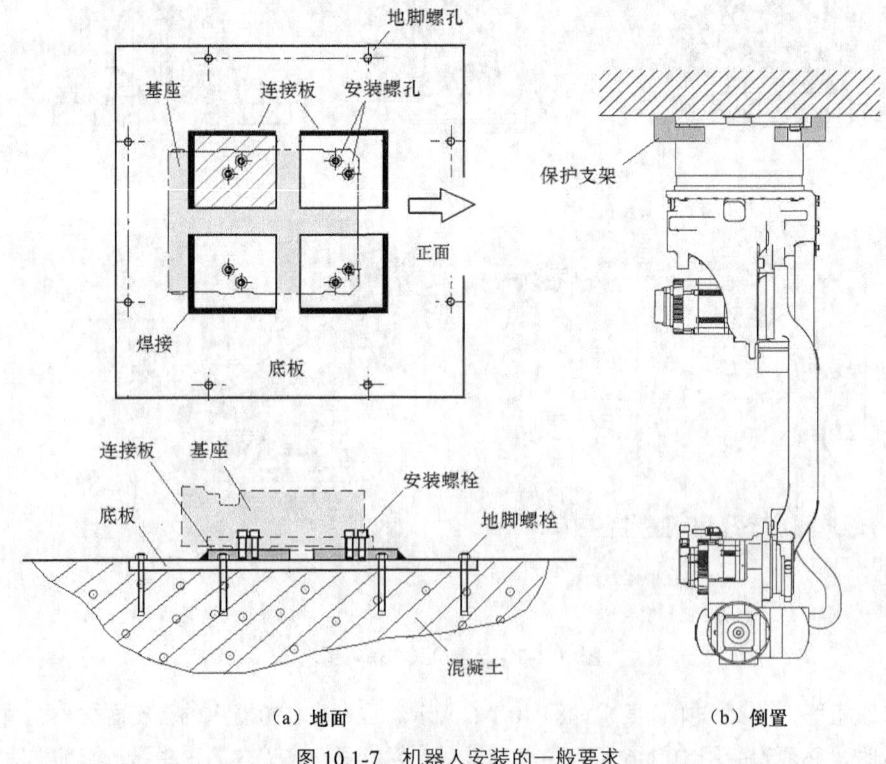

图 10.1-7　机器人安装的一般要求

机器人地面固定安装时，必须按产品使用说明书要求，安装图 10.1-7（a）所示的底板，底板应通过符合规定的地脚螺栓与混凝土地基连为一体。

如果机器人安装高度不需要调整，基座可以直接通过安装螺栓固定在底板上。否则，应在底板上安装图 10.1-7（a）所示的连接板，连接板必须与底板焊接成一体。

壁挂侧置、悬挂倒置的垂直串联机器人，不仅需要按照规定固定机器人，而且还必须安装图 10.1-7（b）所示的保护支架。保护支架的强度应足以承载机器人及作业工具的质量，有效预防机器人跌落。

垂直串联工业机器人各关节轴的负载中心往往远离驱动电机，负载惯性较大，因此，机器人紧急停止时，将产生很大的冲击力和冲击转矩，此外，关节轴位置也将因控制系统动作延迟、运动部件惯性而发生偏移，机器人安装、固定时必须予以注意。

3. 安全栅栏

第一代示教机器人不具备人机协同作业的智能性和安全性，因此，作业区必须增设图 10.1-8 所示的安全栅栏，以防止机器人自动运行时操作人员进入，引发安全事故。安全栅栏不仅应包含机器人的作业范围，而且还应包含机器人实际作业时可能产生的工具、工件最大运动区域。机器人控制柜、示教器等操作部件应安装在安全栅栏的外部，机器人连接管线最好增加保护措施。

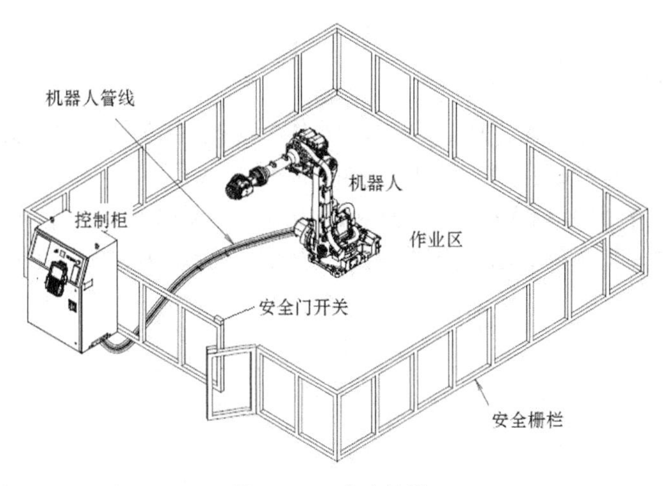

图 10.1-8　安全栅栏

安全栅栏的防护门上必须安装安全门开关，确保机器人自动运行时，只要防护门打开，机器人便可紧急停止。机器人的安全门开关应使用 CE 标准规定的双触点冗余控制方式（详见第 4 章）。

4. 控制柜安装

机器人的控制柜必须安装在机器人作业范围之外，同时又便于操作、维修的位置，在使用安全栅栏的机器人上，控制柜一般应安装在安全栅栏之外的靠近安全门的位置。

控制柜原则上应在敞开空间安装，如果控制柜安装区存在壁、墙、柜、顶板等影响控制柜通风、散热的装置，必须保证控制柜四周有足够的散热空间。

机器人控制柜的散热空间要求与控制柜结构、机器人规格（驱动器功率）、冷却方式等因素有关，具体应参照机器人使用书。KUKA 机器人控制柜的散热空间，至少应保证图 10.1-9 所示的安装距离（单位为 mm）。

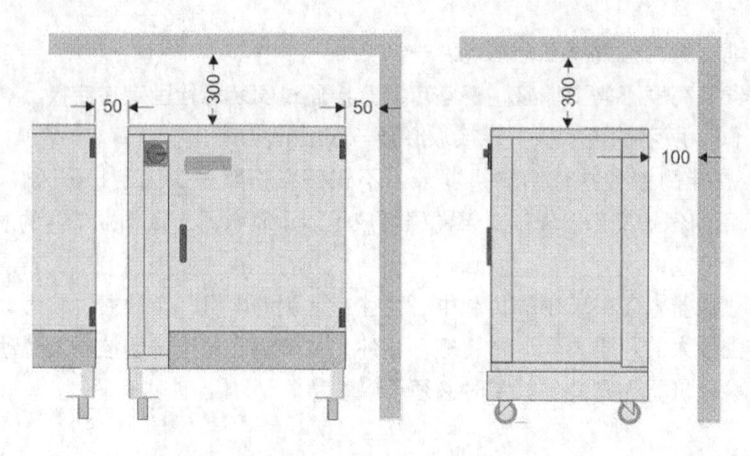

图 10.1-9　KUKA 机器人控制柜散热空间

10.1.3　工具及控制部件安装

机器人的作业工具（末端执行器）安装在手腕上，垂直串联机器人还允许在上臂的指定部位安装部分控制部件，如点焊机器人的阻焊变压器、搬运机器人的电磁阀等，不同规格的机器人对工具及控制部件的质量有要求。

1. 作业工具安装

垂直串联机器人的作业工具（末端执行器）安装在机器人手腕的前端，工具安装基准一般按照 ISO 标准设计，作业工具的安装法兰同样应按 ISO 标准设计。

例如，Φ125mm 的 ISO 标准安装法兰尺寸如图 10.1-10 所示，作业工具可以通过安装法兰的 Φ125h8 外圆或 Φ63H7 内圆、2- Φ8H7 定位销孔进行定位，然后，利用 10-M8 螺栓进行固定。

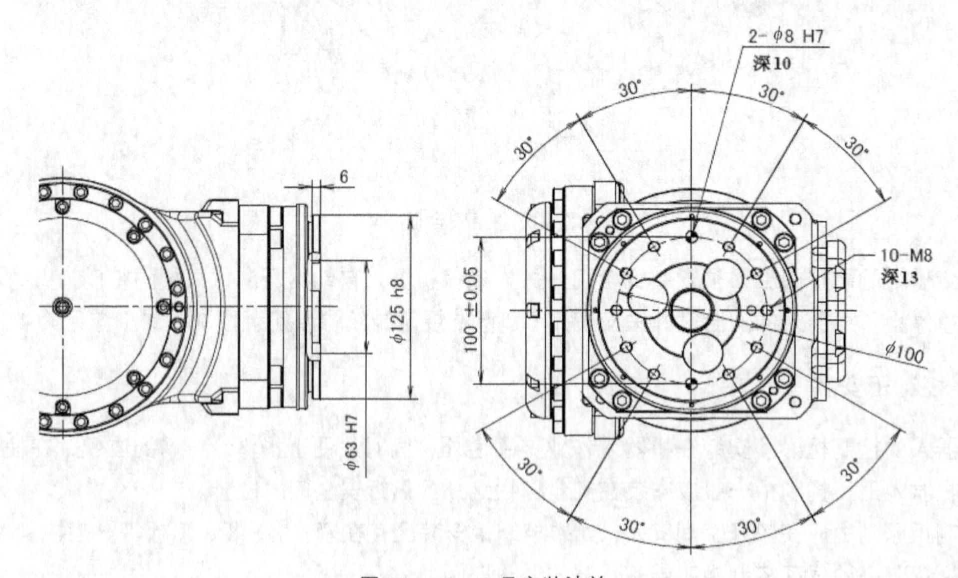

图 10.1-10　工具安装法兰

机器人实际可安装的工具质量与机器人承载能力、工具重心位置有关。例如，KUKA 承载能力 30kg 的 KR30 R2100 机器人，其作业工具安装法兰尺寸如图 10.1-11（a）所示，重心位置与实际允许的质量如图 10.1-11（b）所示。

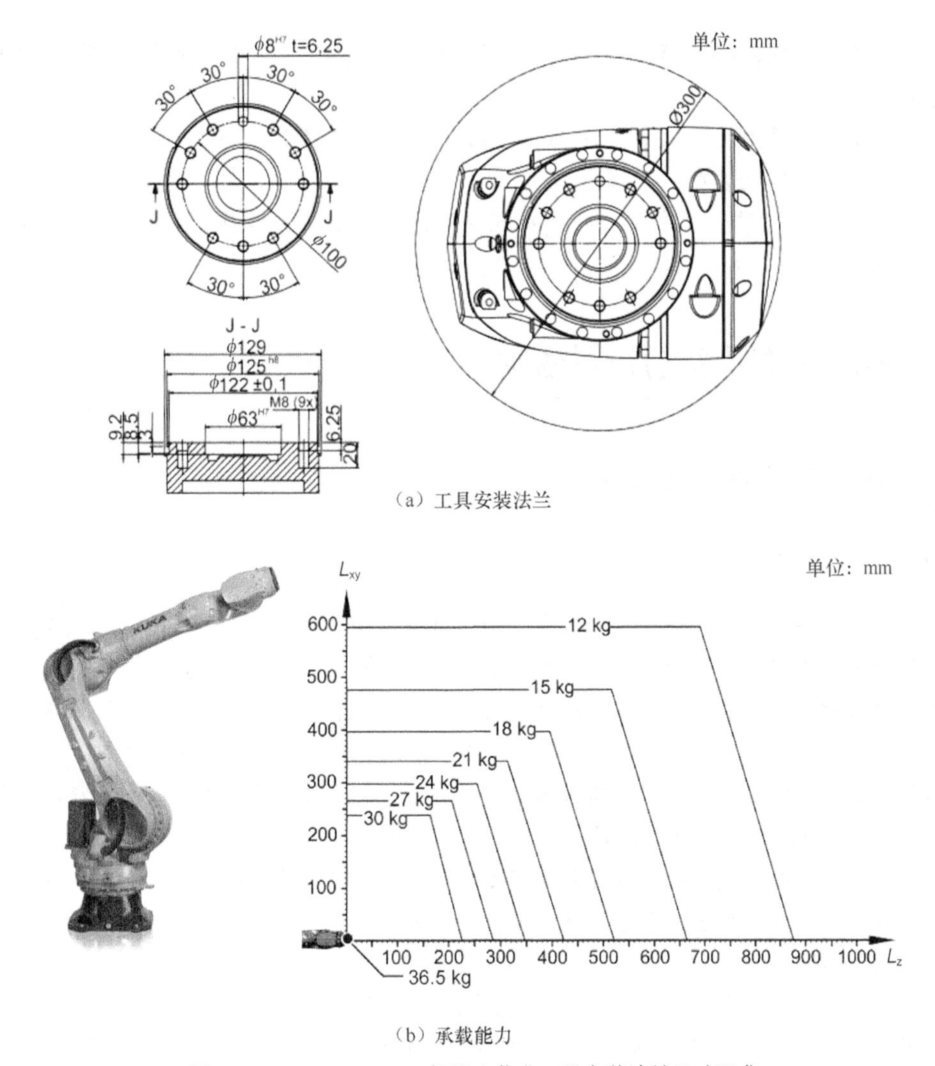

（a）工具安装法兰

（b）承载能力

图 10.1-11　KR30 R2100 机器人作业工具安装法兰尺寸要求

2. 控制部件安装

垂直串联机器人的腰体（随 J1 轴回转）、下臂（随 J2 轴摆动）、上臂（随 J3 轴摆动）一般允许安装少量控制部件，如点焊机器人的阻焊变压器、搬运机器人的电磁阀等，但是，控制部件的最大质量、重心位置有要求，具体应参照机器人使用说明书。

当垂直串联机器人的腰体、下臂、上臂安装控制部件时，关节轴的负载特性将发生改变，因此，需要按照机器人生产厂家的规定，设定负载质量、重心位置等附加负载参数。

KUKA 机器人的附加负载如图 10.1-12 所示。机器人的附加负载数据包括负载质量（单位为 kg）、重心位置，其中，重心位置需要按照以下要求设定。

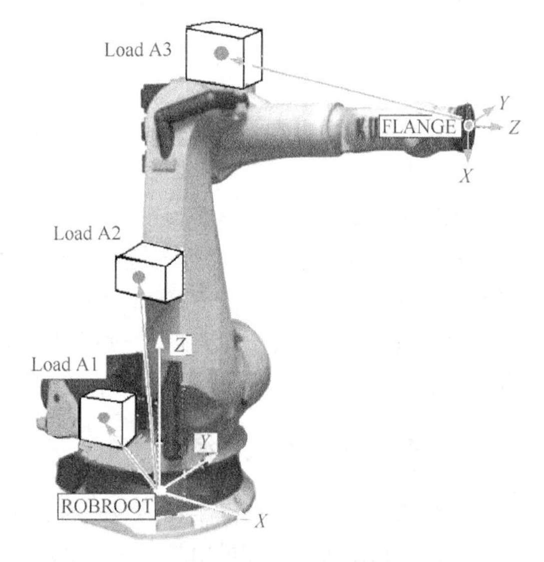

图 10.1-12　KUKA 机器人附加负载

（1）$A1$ 轴附加负载重心：关节轴 $A1=0°$ 时，负载重心在机器人基座坐标系（根坐标系 ROBROOT）上的坐标值。

（2）$A2$ 轴附加负载重心：关节轴 $A1=0°$、$A2=-90°$ 时，负载重心在机器人基座坐标系（根坐标系 ROBROOT）上的坐标值。

（3）$A3$ 轴附加负载重心：关节轴 $A4$、$A5=0°$、$A6=0°$ 时，负载重心在机器人手腕基准坐标系（法兰坐标系 FLANGE）上的坐标值。

10.2 机器人零点设定与校准

10.2.1 KUKA 机器人调试要求

1. 机器人调试内容

机器人调试是确保机器人安全可靠运行、快速准确运动的重要工作，也是机器人程序运行的前提条件。工业机器人调试通常包括本体位置调整和作业数据设定两大内容。

（1）本体位置调整。机器人本体位置调整包括机器人零点校准、运动范围及软极限、作业干涉区设定等。其中，机器人运动范围、软极限、作业干涉区设定用来限制关节轴运动，避免关节轴超越机械部件允许的运动范围，防止机器人运动时发生碰撞和干涉的运动保护参数，它们均可在机器人零点设定后，利用系统软件加以限定。

机器人零点是机器人运动的基准位置，机器人的作业范围、软极限、加工保护区等安全保护参数，以及工件坐标系、工具坐标系等作业数据，都需要以关节轴零点为基准建立，因此，机器人正式运行前必须予以准确设定。

垂直串联机器人采用的是关节、连杆串联结构，部件刚性和结构稳定性较差，当机器人手腕安装作业工具或工件时，减速器、连杆等机械传动部件将产生弹性变形，直接影响机器人定位精度。因此，机器人零点不仅需要设定无负载时的本体零点，而且还需要根据不同的负载调整关节轴零点的位置。

在 KUKA 机器人上，机器人设定无负载本体零点的操作称为“首次调整”或“首次零点标定”（在不同软件版本、不同型号机器人的名称有所不同），安装工具后的零点偏移量设定操作称为“偏量学习”。

（2）作业数据设定。机器人作业设定内容包括工具、工件的坐标系设定，机器人手腕及机身上安装的负载质量、重心、惯量等参数的设定等。

机器人控制系统的工具坐标系是用来确定安装在机器人手腕上的作业部件基准点及安装方向的坐标系，工件坐标系用来描述安装于地面的作业部件基准点及安装方向的坐标系，它们是机器人程序运行的首要条件。由于工业机器人的笛卡儿坐标系运动需要通过逆向运动学求解，工具、工件坐标系的数据计算较为复杂，因此，一般需要通过示教操作，由控制系统自动计算与设定坐标轴原点、方向等负载数据。

2. 机器人调试模式选择

机器人调试需要进行安全保护参数的设定，通常的安全保护措施将失去作用，运动存在一定风险，因此，机器人调试需要由专业调试维修技术人员承担。

为了确保安全，机器人调试原则上在 T1 模式（低速示教）下进行。KUKA 机器人控制系统 KRC4 的调试模式可通过主菜单“投入运行”→子菜单“售后服务”，生效操作选项“投入运行模式”后选定。

投入运行模式一旦选定，控制系统将自动复位外部急停、机器人停止、安全防护门开关等信号，外部停止将无效。为了保证机器人安全，作为控制系统的安全保护措施，在以下情况下，控制系统将自动退出投入运行模式。

（1）“投入运行模式”生效后，30min 内未进行调试操作。

（2）进行了 Smart PAD 示教器热插拔操作，或示教器已从控制系统中取下。

（3）建立了控制系统与上级控制器的网络连接。

为了确保调试安全，除 KUKA 专业调试维修人员外的其他人员，在机器人调试前，必须认真阅读机器人使用说明书和系统安装的机器人调试帮助文件。

机器人调试帮助文件可通过以下操作打开。

（1）确认程序自动运行已结束并退出（取消选择），机器人操作模式选择 T1。

（2）按 Smart PAD 主菜单键或单击 Smart HMI 状态显示栏的主菜单图标，显示 Smart PAD 操作主菜单（参见 8.2 节）。

（3）选定主菜单“投入运行”→子菜单“投入运行助手”，示教器即可显示机器人调试的基本方法与步骤。

3. 机器数据检查

KUKA 机器人调试前，必须检查机器人控制系统的参数文件 Mada（机器数据），确保系统参数与实际机器人一致。

机器人数据检查的基本操作步骤如下。

（1）确认程序自动运行已结束并退出（取消选择），机器人操作模式选择 T1。

（2）按 Smart PAD 主菜单键或单击 Smart HMI 状态显示栏的主菜单图标，显示 Smart PAD 操作主菜单。

（3）选定主菜单“投入运行”→子菜单“机器人数据”，示教器即可显示机器数据显示页面。

（4）检查机器数据显示页面的“机器参数”栏显示内容与图 10.2-1 所示的机器人铭牌上的“$TRAFONAME[] = #......”数据一致。

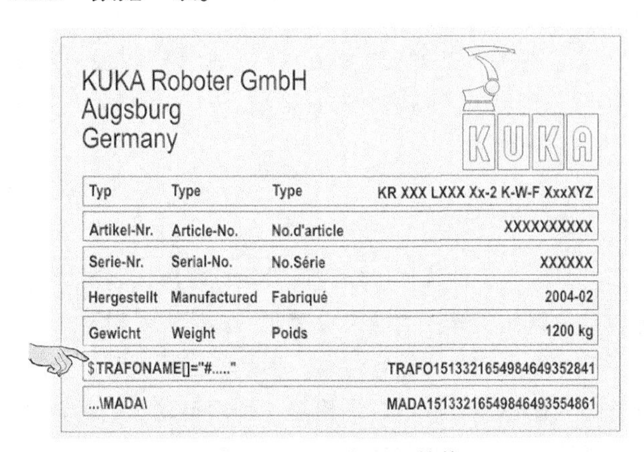

图 10.2-1　机器人铭牌

10.2.2 机器人零点与校准

1. 关节轴零点与设定

关节轴零点是关节轴角度为 0° 的位置，它是机器人运动控制的基准位置，机器人样本、说明书中的运动范围参数均以此为基准标注。

工业机器人关节轴位置一般以伺服电机内置的绝对编码器作为位置检测器件。从本质上说，机器人目前所使用的绝对编码器，实际上只是一种能保存位置数据的增量编码器。这种编码器的结构与增量编码器完全相同，但是，其接口电路安装有存储“零脉冲”计数值和角度计数值的存储器（计数器）。

“零脉冲”计数器又称为“转数计数器（Revolution counters）”。由于编码器的“零脉冲”为电机每转 1 个，因此，“零脉冲”计数值代表了电机所转过的转数。

角度计数器用来记录、保存编码器零点到当前位置所转过的脉冲数（增量值）。例如，对于 2^{20} P/r（每转输出 2^{20} 脉冲）的编码器，如果当前位置离零点 360°，角度计数值就是 1 048 576（2^{20}）；如果当前位置离零点 90°，角度计数值就是 262 144。

因此，以编码器脉冲数表示的电机绝对位置，可通过下式计算。

电机绝对位置 = 角度计数值 +（转数计数值 × 编码器每转脉冲数）

电机绝对位置除以传动系统减速比后，即可计算出机器人关节轴的绝对位置值（关节坐标值）。

保存绝对编码器的转数、角度计数器的计数值的存储器通常安装在机器人底座上，存储器具有断电保持功能。当机器人控制系统关机时，存储器数据可通过后备电池或其他具有断电保持功能的存储器（如 KUKA 的 EDS 存储卡等）保持。控制系统开机时，则可由控制系统自动读入数据。因此，在正常情况下，机器人开机时无须通过参考点操作设定零点，控制系统同样可获得机器人正确的位置，从而获得物理刻度绝对编码器同样的效果。

但是，如果后备电池失效、电池连接线被断开、存储卡损坏，或者驱动电机、编码器被更换，转数、角度计数存储器的数据将丢失或出错。此外，如安装有编码器的驱动电机与机器人的机械连接件被脱开，或者因碰撞、机械部件更换等使得驱动电机和运动部件连接产生了错位，也将导致转数、角度计数器的计数值与机器人的关节实际位置不符，使机器人关节位置产生错误。所以，一旦出现以上情况，就必须重新设定准确的编码器转数计数器、角度计数器的计数值，这一操作称为机器人“零点校准（Zero Position Mastering）”。

设定关节轴零点时，既可以在关节轴 0° 位置上，将零脉冲计数值、角度计数值设定为 0 直接定义零点，也可以在关节特定的角度上，将零脉冲计数值、角度计数值设定为规定值间接确定零点位置。

2. 机器人零点

机器人零点又称原点，它是为了方便操作、编程而设定的机器人基准位置，通常设置在机器人操作方便、结构稳定的位置，该位置在机器人上通常设有明显的标记。机器人零点既是机器人操作、编程的基准，也是用来定义关节轴零点的零点设定位置，但是，它不一定是所有关节轴为 0° 的位置。

KUKA 机器人的零点称为 HOME 位置，它是机器人程序自动运行的起始位置。由于结构区别，不同型号的机器人零点位置有图 10.2-2 所示的区别。

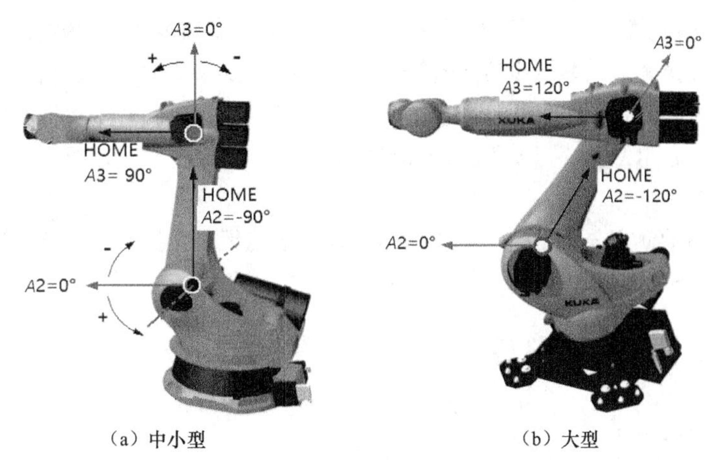

（a）中小型　　　（b）大型

图 10.2-2　KUKA 机器人零点位置

KUKA 中小型机器人（KR 系列等）的 HOME 位置通常设置在图 10.2-2（a）所示的下臂直立（$A2 = -90°$）、上臂水平向前（$A3 = 90°$）、其他关节轴均为 0° 的位置。大型机器人（QUANTEC 系列等）的 HOME 位置通常设置在图 10.2-2（b）所示的机身偏转（$A1 = -20°$）、下臂后倾（$A2 = -120°$）、上臂水平向前（$A3 = 120°$）、其他关节轴均为 0° 的位置。

3. 机器人零点校准方式

机器人无负载时的本体零点在机器人出厂时已经设定，机器人到达用户后，由于运输、重新安装及工具、工件安装等不同，可能导致零点位置的偏移，因此，机器人在用户安装完成后，需要通过零点校准操作重新设定零点参数。

KUKA 工业机器人的零点校准方法有多种。其中，使用 KUKA 专用校准工具的本体零点校准（KUKA 称为“首次调整或首次零点标定”）、带负载零点校准（KUKA 称为“偏量学习”）和本体零点恢复（KUKA 称为“带偏量”）是最常用的零点自动测定、校准操作。此外，也可以通过精密刻度线目测、千分表测量（KUKA 称为“千分表调整”）等方法，测定零点设定位置，直接设定零点数据，有关内容详见后述。

使用 KUKA 专用校准工具的 3 种零点自动测定与校准操作的功能与用途分别如下。

（1）首次调整。“首次调整（首次零点标定）”用于机器人在用户安装完成后的本体零点自动测定与校准，或者机器人发生重大故障，如系统控制板故障，减速器、机械传动部件损坏等情况下的机器人本体关节轴零点重新设定。首次调整需要在机器人不安装任何负载的情况下进行，校准后可重新设定机器人零点，消除因安装、运输或部件更换等引起的零点误差。

首次调整校准可保证机器人空载时的本体定位准确，如果机器人的定位精度要求不高、工具（或工件）的质量较轻，“首次调整”校准完成后，机器人也可以直接投入使用。

（2）偏量学习。“偏量学习”用于机器人安装工具、工件（带负载）后的零点自动测定与校准。当机器人定位精度要求较高，或对于点焊、搬运、码垛等需要安装、抓取大质量工具、工件的机器人，为了提高机器人定位精度，需要通过“偏量学习”操作，测量、计算机器人空载与安装工具后的零点偏差，并将其补偿到机器人实际位置值上。

“偏量学习”必须在完成“首次调整”零点校准的基础上进行，所设定的零点仅对指定工具（或工件）有效，因此，多工具作业的机器人，每一工具（或工件）都需要进行“偏量学习”零点校准操作。

（3）带偏量。“带偏量”校准用于机器人本体空载零点设定值恢复，“带偏量”零点自动测定与校准必须在完成“偏量学习”零点设定的基础上进行。在更换关节轴电机、编码器连接线断开时，保存在存储器中的编码器转数、角度计数器的计数值将产生错误，此时，可以将带负载的机器人定位到零点上，然后，利用偏量学习所得到的零点偏差值，自动推算、设定机器人本体空载时的“首次调整”零点设定值。

以上3种零点自动测定与校准方法都需要准确测量零点设定位置，在关节轴准确定位到零点设定位置后，才能设定零点参数，因此，都需要使用KUKA专用零点校准工具。

10.2.3 零点校准测头及安装

1. 零点设定位置检测

KUKA 机器人的零点设定位置可通过安装在关节回转部位上的零点检测装置检测。检测装置在机器人上的安装位置如图10.2-3所示，由于机器人结构、规格、型号的区别，不同机器人的零点校准位置可能稍有区别。此外，由于结构紧凑，中小规格垂直串联机器人的A6轴通常较难安装零点检测装置，只有精密刻度线。

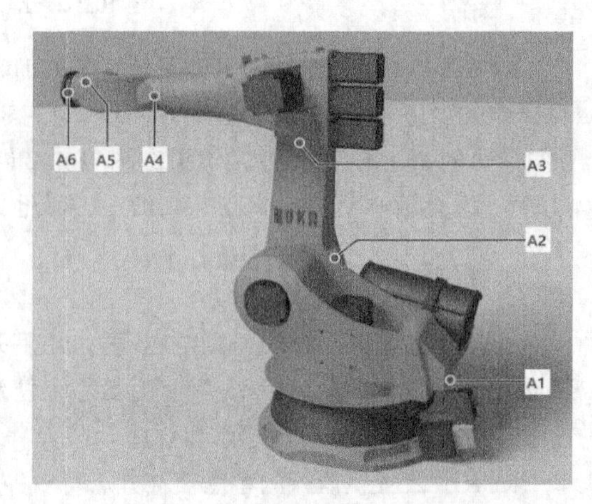

图10.2-3　零点检测装置安装位置

KUKA 机器人的零点检测装置实际上是一个机械发信装置。使用专用工具进行“首次调整（首次零点标定）”“偏量学习”“带偏量”零点自动测定与校准时，检测装置中的探针可推动测头的发信装置运动，使测头在零点设定位置发出零点设定信号，由控制系统自动设定零点数据。检测装置中的探针也可作为千分表的检测杆，用来确定“千分表调整”校准时的零点设定位置。

KUKA 机器人零点检测装置的外形及测量原理如图10.2-4所示，检测装置包括测量探针、发信挡块等部件。

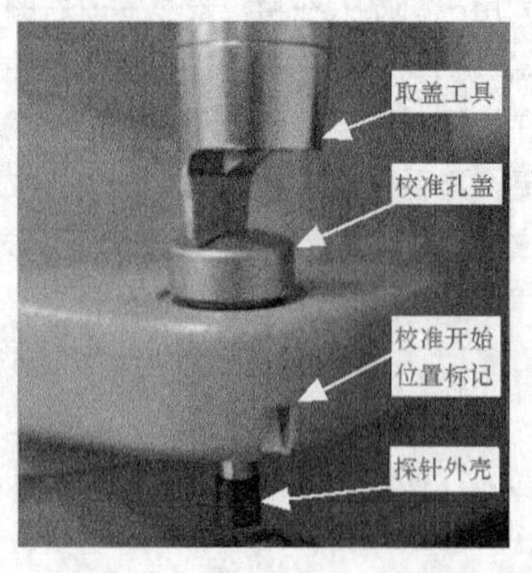

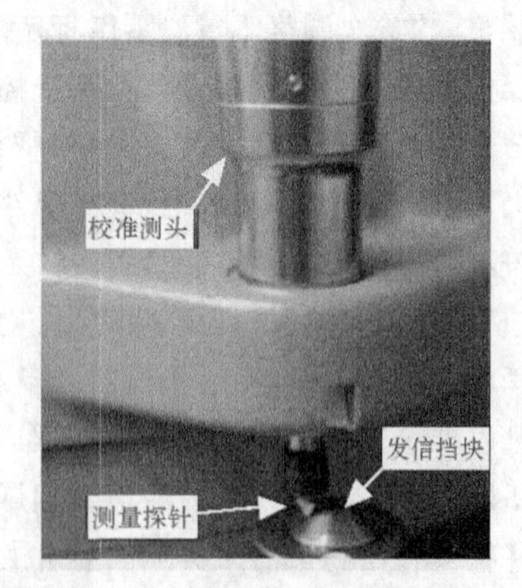

（a）外形

图10.2-4　零点检测装置外形及测量原理

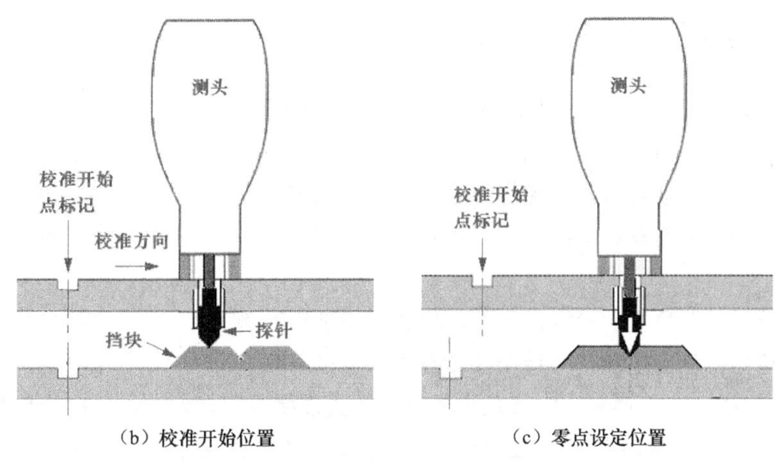

（b）校准开始位置　　（c）零点设定位置

图 10.2-4　零点检测装置外形及测量原理（续）

检测装置的探针为下方带 V 形尖的弹性杆，弹性杆上方是与测头、千分表等测量器具接触的平面。探针通常安装在关节回转部件上，上方带有保护盖。

发信挡块用来推动探针移动，挡块中间加工有探针 V 形尖定位的凹槽。发信挡块一般固定在关节支承部件上。

使用校准工具校准零点时，需要先将关节轴定位到图 10.2-4 所示的校准开始位置，使得探针的 V 形尖与发信挡块的平面接触、弹性杆处于压缩的位置。零点校准启动后，关节轴将自动进行低速负向回转，当探针 V 形尖完全进入挡块 V 形槽、到达挡块最低点时，弹性杆被松开，测头发出零点设定位置到达信号。利用这一信号，控制系统将立即停止关节轴运动、自动设定关节轴零点数据。

2. 专用校准工具

利用“首次调整（首次零点标定）”“偏量学习”“带偏量”操作自动测定与校准零点时，需要使用 KUKA 公司随机器人提供的零点校准专用工具测定零点设定位置。

KUKA 零点校准工具箱内包含的零点测定与校准器件，如图 10.2-5 所示，用途如下。

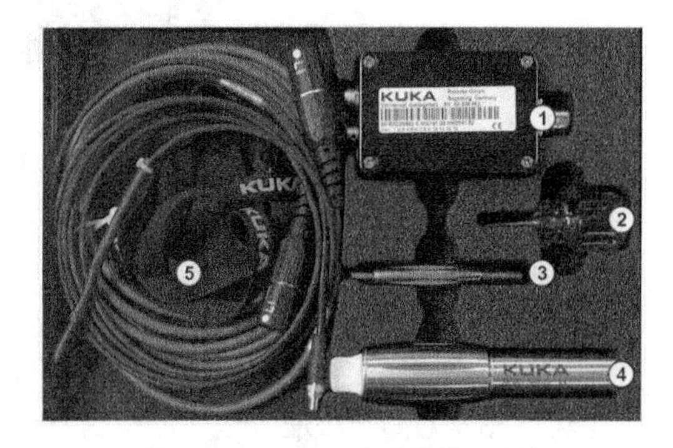

图 10.2-5　KUKA 零点校准工具箱

① 转换接口。用来连接、转换零点设定信号的系统接口电路。

② 螺丝刀。微型测头（MEMD）配套工具。

③ 微型测头（MEMD）。用于小型机器人零点校准的微型测头（Micro Electronic Mastering Device，MEMD）。

④ 标准测头。用于常用机器人零点校准的标准测头（Standard Electronic Mastering Device，SEMD）。

⑤ 连接电缆。包括转换接口与控制系统连接的串行总线电缆（Ether CAT 电缆，较粗）和转换接口与测头连接的测头电缆（较细）。

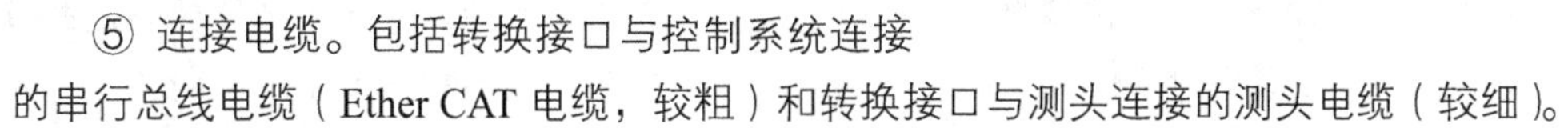

微型测头（MEMD）和标准测头（SEMD）只是外形、体积的区别，两者的原理、功能、安装方法相同。

3. 校准工具安装

KUKA 零点校准工具的安装方法如图 10.2-6 所示，微型测头（MEMD）和标准测头（SEMD）安装、连接方法相同，安装步骤如下。

① 取下机器人电气连接板上的串行总线连接器 X32 盖板。

② 用工具箱中的串行总线电缆（Ether CAT 电缆），将转换接口与电气连接板上的串行总线连接器 X32 连接。

③ 打开关节轴检测装置的探针保护盖，将测头安装到检测装置上。

④ 用工具箱中的测头电缆，将转换接口与测头连接。

在零点校准过程中，更换测头位置只需要取下测头连接电缆，无须取下串行总线连接电缆，串行总线连接电缆只有在全部轴零点校准完成后，才需要从电气连接板上取下。

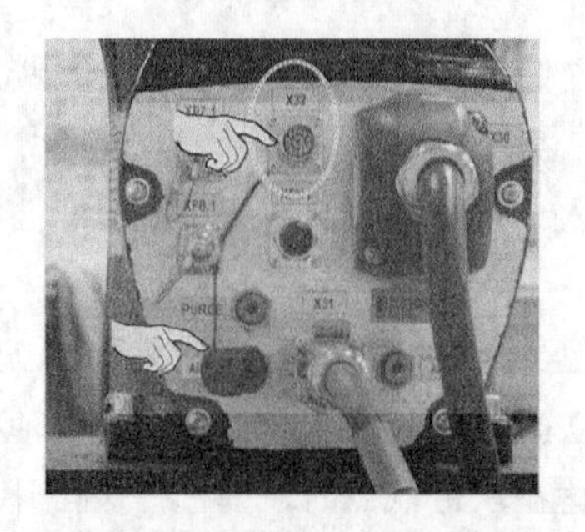

（a）取出 X32 盖

（b）连接接口电缆

（c）安装测头

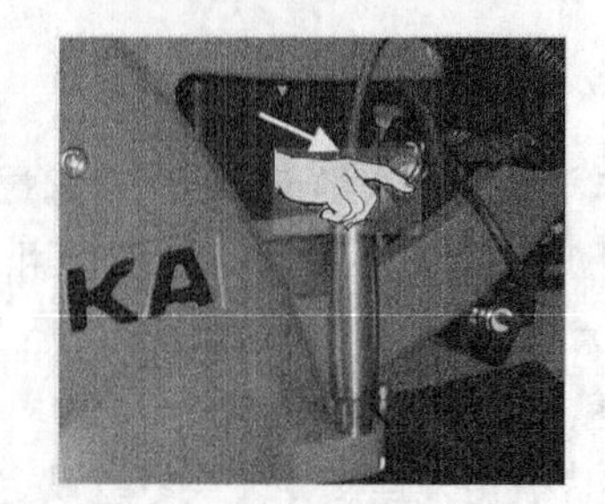

（d）连接测头电缆

图 10.2-6　零点校准工具的安装方法

10.2.4 零点自动测定与校准

1. 零点校准次序

利用 KUKA 零点校准工具，机器人控制系统可以自动寻找零点设定位置、设定零点数据、完成“首次调整”“偏量学习”“带偏量”零点校准操作。

利用“首次调整”“偏量学习”“带偏量”操作自动测定、校准零点时，控制系统需要通过关节轴的负向低速运动自动寻找零点设定位置，因此，启动零点校准前，需要将关节轴定位到图 10.2-4 所示的处于零点设定位置正方向的校准开始点，使得测头的弹性杆处于压缩位置，然后，才能正式启动零点校准运动。

零点自动测定与校准必须按“首次调整”→“偏量学习”→“带偏量”的操作次序进行。因为，只有完成“首次调整”操作、机器人本体（无负载）零点设定后，才能通过“偏量学习”操作，计算出机器人安装工具、工件时的零点偏差，设定机器人带负载时的零点参数；也只有经过“偏量学习”并保存有机器人带负载零点偏差数据的机器人，才能够通过“带偏量”操作，恢复机器人本体（无负载）的零点设定值。

在垂直串联结构的机器人上，后置轴（如下臂）的位置可能影响到前置轴（如上臂）的重心，导致零点位置的偏移，因此，关节轴的零点校准必须按照 A1→A2→…→A6 的次序，逐一进行。如果 A6 轴未安装零点检测装置，A6 轴需要在零点校准前首先将其定位到精密刻度线位置，然后，通过精密刻度线校准操作设定零点数据（见后述）。

KUKA 机器人的校准开始点定位及“首次调整”“偏量学习”“带偏量”零点校准的操作步骤如下。由于软件版本、翻译等方面的不同，部分机器人的操作菜单、软操作键可能显示括号内的名称也有所不同，对此不再一一说明。

2. 零点校准开始点定位

利用“首次调整”“偏量学习”“带偏量”操作自动测定、校准零点时，需要先将机器人的所有关节轴定位到零点校准开始点或精密刻度线（A6 轴）位置，才能正式启动零点校准运动。

关节轴的零点校准开始点指示标记如图 10.2-7 所示，关节轴可通过以下操作定位到零点校准开始点，无开始点标记的 A6 轴精密刻度线及定位方法见后述。

① 机器人操作模式选择 T1，确认机器人的程序自动运行已结束并退出（取消选择）。

② 通过手动移动选项的设定，生效关节轴手动方向键、调整手动移动速度、选定关节坐标系（参见前述）。

③ 通过关节轴手动操作，将关节轴定位到图 10.2-7（b）所示的零点校准开始点位置、对齐零点校准开始点指示标记。

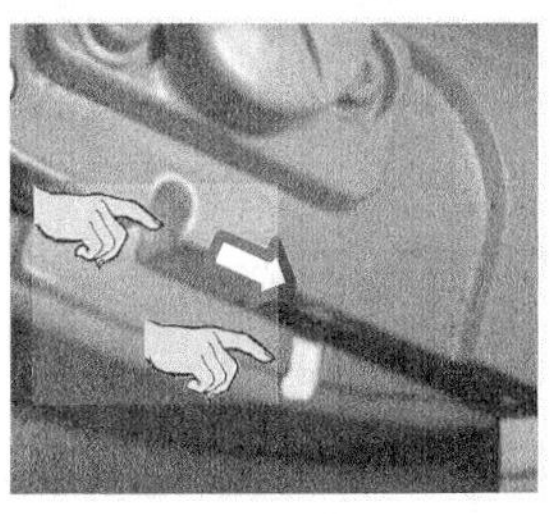
（a）移动

（b）定位

图 10.2-7　零点校准开始点指示标记

对于零点校准开始点指示标记已损坏或无法辨认的关节轴，可通过安装测头、利用测头信号确定零点校准开始点位置，其操作步骤如下。

① 机器人操作模式选择 T1，确认机器人的程序自动运行已结束并退出（取消选择）。

② 通过手动移动选项的设定，生效关节轴手动方向键、调整手动移动速度（参见 8.2 节）。

③ 通过关节轴手动操作，将关节轴定位到零点设定位置+3°～5°的位置（大致值），使得关节轴安装测头后，能通过负向移动靠近发信挡块。

④ 按 Smart PAD 主菜单键或单击 Smart HMI 状态显示栏的主菜单图标，显示 Smart PAD 操作主菜单（参见 8.2 节）后，选择主菜单“投入运行”。

⑤ 依次选定子菜单“调整”→“EMD”→“带负载校准”后，根据随后需要进行的零点校准

操作，选择“首次调整”“偏量学习”“负载校准”选项之一。选择“负载校准”时，还需要进一步选定“带偏量”选项。但是，切不可单击软操作键〖校正（零点标定）〗、〖学习〗、〖检验（检查）〗，直接启动零点校准操作。

⑥ 按前述的方法，连接转换接口，然后，将测头（SEMD 或 MEMD）安装到关节轴 A1 的零点检测装置上，并使之与转换接口连接。测头连接后，示教器可显示图 10.2-8 所示的检测信号状态显示页面，并显示如下内容。

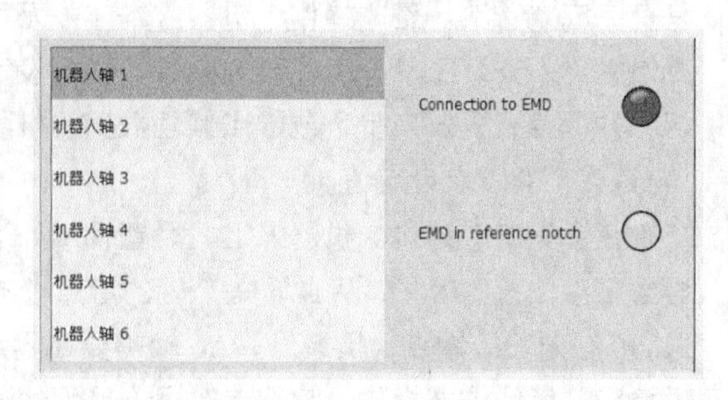

图 10.2-8　检测信号状态显示页面

机器人轴 1～机器人轴 6：测头安装指示，安装有测头的关节轴带蓝色底纹。

Connection to EMD：测头连接指示，绿色代表测头已与系统连接器 X32 正确连接；红色代表测头未与系统连接器 X32 连接或连接不正确。

EMD in reference notch：测头信号指示，灰色代表测头未与系统连接器 X32 连接；红色代表测头已连接，但探针尚未与发信挡块的平面接触、弹性杆处于完全松开的位置；绿色代表测头已连接，并且探针已与发信挡块的平面接触、弹性杆处于压缩位置。

⑦ 确认测头信号指示为红色，然后，通过关节轴低速手动操作，使得测头探针缓慢靠近发信挡块，一旦测头信号指示成为绿色，立即停止机器人移动，此时，探针已与发信挡块的平面接触、关节轴处于零点校准开始点位置。

⑧ 按 A1→A2→…→A6 的次序，将测头移至下一轴（保留转换接口总线连接），重复步骤③～⑦，将所有关节轴定位到零点校准开始点位置。

⑨ 取下转换接口及接口与电气连接板 X32 连接的串行总线电缆。

3. 首次调整

“首次调整”用于机器人在用户安装完成后的本体零点校准。零点校准时，机器人不能安装任何工具、工件及其他负载。“首次调整”零点自动测定与校准的操作步骤如下。

① 确认机器人未安装任何工具、工件及其他负载。

② 通过前述的零点校准开始点定位操作，将关节轴定位到零点校准开始点。

③ 按 Smart PAD 主菜单键或单击 Smart HMI 状态显示栏的主菜单图标，显示 Smart PAD 操作主菜单（参见第 8 章 8.2 节）后，依次选择主菜单“投入运行”→子菜单“调整（零点标定）”→“EMD”，→“带负载校正”→“首次调整（首次零点标定）”，示教器便可显示“首次调整”零点校准页面，并指示必须首先校准的关节轴。

④ 按前述的方法，连接转换接口后，将测头（SEMD 或 MEMD）安装到示教器指示的关节轴零点检测装置上，并使之与转换接口连接。

⑤ 单击软操作键〖校正（零点标定）〗，启动“首次调整”零点自动测定与校准操作。

⑥ 接通伺服驱动器主电源，将手握开关或确认按钮按至中间位置并保持，启动伺服（参见第 8 章）。

⑦ 按下并保持图 10.2-9 所示的示教器正面或背面的程序启动键，关节轴即可向零点设定位置移动。关节轴到达零点设定位置、探针的 V 形尖完全进入发信挡块的 V 形槽后，系统可通过测头发出零点设定信号自动停止运动，并自动设定零点参数。设定完成后，示教器上的关节轴指示将消失。

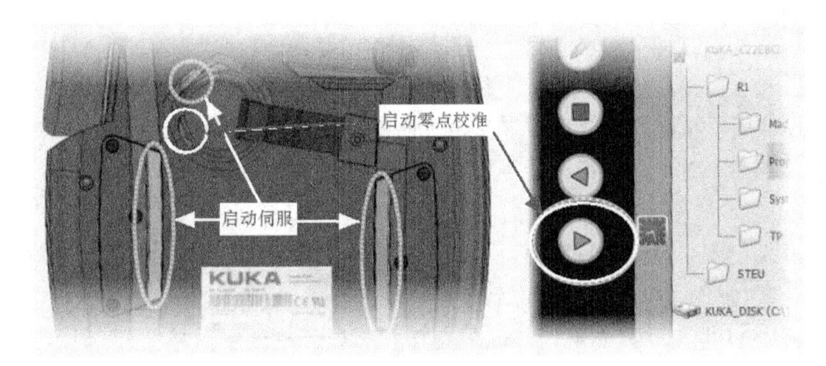

图 10.2-9　伺服、零点校准操作启动

⑧ 按 A1→A2→…→A6 的次序，将测头移至下一轴（保留转换接口总线连接），重复步骤④～⑦，完成所有关节轴的“首次调整”零点校准操作。如果 A6 轴未安装零点检测装置，A6 轴零点需要通过后述的精密刻度线校准操作校准。

⑨ 取下转换接口及接口与电气连接板 X32 连接的串行总线电缆。

4. 偏量学习

“偏量学习”用于机器人安装工具、工件（带负载）后的零点自动测定与校准。“偏量学习”必须在完成“首次调整”的基础上进行，并且，所设定的零点仅对指定的工具（或工件）有效，因此，每一工具（或工件）都需要单独进行“偏量学习”零点校准。“偏量学习”零点校准的操作步骤如下。

① 确认机器人已经安装工具或工件等负载，并已完成“首次调整”零点校准操作。然后，通过前述的零点校准开始点定位操作，将关节轴定位到零点校准开始点。

② 按 Smart PAD 主菜单键或单击 Smart HMI 状态显示栏的主菜单图标，显示 Smart PAD 操作主菜单（参见第 8 章 8.2 节）后，依次选择主菜单“投入运行”→子菜单“调整（零点标定）”→“EMD”，→“带负载校正”→“偏量学习”，示教器便可显示偏量学习工具选择页面。

③ 单击工具号输入框、输入当前安装的工具号后，再单击软操作键〖工具 OK〗确认，示教器即可显示“偏量学习”零点校准页面，并指示必须首先校准的关节轴。

④ 按前述的方法，连接转换接口后，将测头（SEMD 或 MEMD）安装到示教器指示的关节轴零点检测装置上，并使之与转换接口连接。

⑤ 单击软操作键〖学习〗，启动“偏量学习”零点自动测定与校准操作。

⑥ 接通伺服驱动器主电源，将手握开关或确认按钮按至中间位置并保持，启动伺服。

⑦ 按下并保持图 10.2-9 所示的示教器正面或背面的程序启动键，关节轴即可向零点设定位置移动。关节轴到达零点设定位置、探针的 V 形尖完全进入发信挡块的 V 形槽后，系统可通过测头发出零点设定信号自动停止运动。同时，示教器将显示“偏量学习”零点位置及零点位置与“首次调整”设定值的偏差（增量角度）。

单击软操作键〖OK〗，系统可自动设定“偏量学习”零点、保存零点偏差，完成后，示教器上的关节轴指示将消失。

⑧ 按 A1→A2→…→A6 的次序，将测头移至下一轴（保留转换接口总线连接），重复步骤④～⑦，完成所有关节轴的“偏量学习”零点校准操作。如果 A6 轴未安装零点检测装置，A6 轴零点需要通过后述的精密刻度线校准操作校准。

⑨ 取下转换接口及接口与电气连接板 X32 连接的串行总线电缆。

5. 带偏量

“带偏量”校准用于机器人本体空载零点设定值的恢复。“带偏量”校准时，机器人应安装工具、工件（带负载），并且，这一负载必须已通过“偏量学习”零点校准操作。“带偏量”零点校准的操作步骤如下。

① 确认机器人已安装经过“偏量学习”零点校准操作的工具或工件等负载，然后，通过前述的零点校准开始点定位操作，将关节轴定位到零点校准开始点。

② 按 Smart PAD 主菜单键或单击 Smart HMI 状态显示栏的主菜单图标，显示 Smart PAD 操作主菜单（参见 8.2 节）后，依次选择主菜单“投入运行”→子菜单“调整（零点标定）”→“EMD”，→“带负载校正”→“负载校准（负载零点标定）”→“带偏量”，示教器便可显示带偏量校准工具选择页面。

③ 单击工具号输入框、输入当前安装的工具号后，再单击软操作键〖工具 OK〗确认，示教器即可显示“带偏量”零点校准页面，并指示必须首先校准的关节轴。

④ 按前述的方法，连接转换接口后，将测头（SEMD 或 MEMD）安装到示教器指示的关节轴零点检测装置上，并使之与转换接口连接。

⑤ 单击软操作键〖检验（检查）〗，启动“带偏量”零点自动测定与校准操作。

⑥ 接通伺服驱动器主电源，将手握开关或确认按钮按至中间位置并保持，启动伺服。

⑦ 按下并保持图 10.2-9 所示的示教器正面或背面的程序启动键，关节轴即可向零点设定位置移动。关节轴到达零点设定位置探针的 V 形尖完全进入发信挡块的 V 形槽后，系统可通过测头发出零点设定信号自动停止运动。同时，系统将计算“首次调整”的零点位置，并在示教器上显示“偏量学习”零点位置及零点位置与“首次调整”设定值的偏差（增量角度）。

单击软操作键〖备份（保存）〗，系统可保存计算得到的“首次调整”零点设定数据，完成后，示教器上的关节轴指示将消失。

⑧ 按 A1→A2→…→A6 的次序，将测头移至下一轴（保留转换接口总线连接），重复步骤④～⑦，完成所有关节轴的“带偏量”零点校准操作、恢复“首次调整”零点设定数据。如果 A6 轴未安装零点检测装置，A6 轴零点需要通过后述的精密刻度线校准操作校准。

⑨ 取下转换接口及接口与电气连接板 X32 连接的串行总线电缆。

10.2.5 零点直接设定与删除

KUKA 机器人除可以使用零点自动测定与校准操作，自动测量零点设定位置、设定零点数据外，也可以不使用测头，通过精密刻度线目测、千分表测量等方法确定零点设定位置、直接设定零点数据。如果需要，还可通过零点删除（KUKA 称为“取消调整”）操作删除关节轴零点。

1. 精密刻度线校准

图 10.2-10 A6 轴精密刻度线

由于结构紧凑，中小规格垂直串联机器人的 A6 轴通常较难安装零点检测装置，无法通过测头自动检测零点设定位置、设定零点数据，为此，需要通过图 10.2-10 所示的精密刻度线目测定位，直接设定零点数据。

A6 轴零点数据直接设定可用于“首次调整”“偏量学习”“带偏量”零点校准操作。A6 轴使用零点数据直接设定校准零点时，需要在正式启动零点校准操作前，将 A6 轴定位到精密刻度线对齐的位置，然后，在示教器指示 A6 轴校准时，通过如下操作直接设定 A6 轴零点数据。

① 按 Smart PAD 主菜单键或单击 Smart HMI 状态显示栏的主菜单图标，显示 Smart PAD 操作主菜单（参见 8.2 节）后，依次选择主菜单“投入运行”→子菜单“调整（零点标定）”→“参考”，示教器便可显示 A6 轴零点直接设定页面。

② 单击软操作键〖零点标定〗，A6 轴零点数据将被直接设定，示教器零点直接设定页面的 A6 轴显示将消失。

2. 千分表校准

KUKA 机器人的“千分表调整”是通过千分表检测零点设定位置，直接设定零点数据的零点校准操作，由于千分表安装、调整较麻烦，故多用于固定作业机器人关节轴零点的一次性设定。

利用“千分表调整”校准零点时，机器人一般需要安装工具和工件（带负载），零点设定通常只进行一次，因此，它不能像“偏量学习”校准那样，针对不同的工具或工件设定多组不同的零点数据。

采用“千分表调整”校准零点时，可通过千分表对零点检测杆的位置检测，将关节轴准确定位到零点设定位置，其定位精度比普通的刻度线目测定位更高。

图 10.2-11　千分表安装

千分表的安装如图 10.2-11 所示。打开检测装置的保护盖后，千分表可用专用连接杆安装在检测装置上方，使得千分表测头与检测装置测量杆接触，然后，可通过以下操作设定关节轴零点。

① 确认机器人已经安装工具、工件及其他负载。

② 通过前述的零点校准开始点定位操作，将关节轴定位到零点校准开始点。

③ 按 Smart PAD 主菜单键或单击 Smart HMI 状态显示栏的主菜单图标，显示 Smart PAD 操作主菜单（参见 8.2 节）后，依次选择主菜单“投入运行”→子菜单“调整（零点标定）”→“千分表”，示教器便可显示千分表调整页面，并指示必须首先调整的关节轴。

④ 将千分表安装到系统指定的关节轴零点检测装置上。

⑤ 以最低手动速度（倍率 1%）回转关节轴，使探针 V 形尖完全进入发信挡块 V 形槽、千分表指针到达最小值。然后，转动表盘、将千分表指针调整到“0”刻度位置，确定关节轴零点设定位置。

⑥ 通过关节轴正向手动退出零点设定位置，返回零点校准开始点。然后，在通过关节轴负向手动靠近零点设定位置，当千分表指针到达 5～10 刻度位置时，将手动操作模式切换为增量操作，然后，通过最小距离（0.005°　）增量移动，确认千分表指针 0 刻度位置为探针的最低点（零点设定位置）。

步骤⑤～⑥可重复多次，以确保关节轴能在零点设定位置准确定位。

⑦ 确认千分表指针处于 0 刻度位置（零点设定位置），单击软操作键〖零点标定〗，系统即可设定零点参数。零点设定完成后，关节轴显示将从千分表调整页面消失。

⑧ 按 A1→A2→…→A6 的次序，将千分表移至下一轴，重复步骤④～⑦，完成所有关节轴的

"千分表调整"零点校准操作。

3. 零点删除

KUKA 机器人的关节轴零点设定数据可直接通过示教器操作手动删除。零点设定数据一经删除，机器人的软极限将无效，因此，只有在恢复机器人运行的情况下，才能实施零点删除操作。

垂直串联机器人的手腕轴 A4、A5、A6 的机械结构关联性很强，后置轴的位置将直接影响前置轴的定位，因此，如删除 A5 轴零点，A6 轴零点也将由系统自动删除。如删除 A4 轴零点，则 A5、A6 轴零点将被系统自动删除。

机器人零点手动删除的操作步骤如下。

① 机器人操作模式选择 T1，确认机器人的程序自动运行已结束并退出（取消选择）。

② 确认机器人已处于可安全运行的位置。

③ 按 Smart PAD 主菜单键或单击 Smart HMI 状态显示栏的主菜单图标，显示 Smart PAD 操作主菜单（参见 8.2 节）后，依次选择主菜单"投入运行"→子菜单"调整（零点标定）"→"取消调整"，示教器便可显示零点删除关节轴选择页面。

④ 选定需要删除零点的关节轴后，单击软操作键〖取消调节〗，所选关节轴的零点数据将被删除。

⑤ 重复步骤④，可继续删除其他关节轴零点。

10.3 软极限、负载及坐标系设定

10.3.1 关节轴软极限设定

1. 关节轴超程保护

工业机器人关节轴的超程保护措施一般有软极限（软件限位）、超程开关（电气限位）、限位挡块（机械限位）3 种。

软极限是通过控制系统对机器人关节轴位置的监控，限制轴运动范围、防止关节轴超程的运动保护功能。软极限是关节轴的第一道行程保护措施，可用于所有运动轴，机器人出厂设定的软极限通常就是机器人样本中的工作范围（Working Range）。需要注意的是，机器人样本、说明书中的工作范围（Working Range）通常是不考虑工具、工件安装时的最大运动范围的，因此，机器人实际使用时，需要根据实际作业工具、作业区间的要求，在不超出样本、说明书工作范围的前提下，重新设定软极限。

超程开关是通过安装关节轴行程终点检测开关和电气控制线路，通过分断驱动器主回路、关闭伺服的方法，禁止关节轴运动的保护方法，只能用于非 360° 回转的摆动轴或直线运动轴。超程开关是关节轴的第二道行程保护措施，它可以在机器人零点、软极限位置设定错误或被超越的情况下，为关节轴的运动提供进一步的保护。

限位挡块是在机械部件结构允许的情况下，通过机械挡块碰撞，强制阻挡关节轴运动的保护措施，限位挡块也只能用于非 360° 回转的摆动轴或直线运动轴。限位挡块是关节轴行程保护的最后措施，它可在电气控制系统出现重大故障、软件限位和超程开关保护失效或被跨越的情况下，强制

阻挡关节轴运动、避免机器人的机械部件损坏。

在通常情况下，垂直串联机器人的 A1、A2、A3 可使用软极限及可调式超程开关和限位挡块保护，A5 轴可使用软极限及固定式超程开关和限位挡块保护，A4、A6 轴一般只能使用软极限保护。

机器人的超程开关、限位挡块通常为选配件，其安装调整方法可参见机器人使用说明书，超程开关、限位挡块调整后，必须同时改变软极限位置，使之与超程开关、限位挡块的行程保护相匹配。

KUKA 机器人的软极限设定需要“专家”级以上操作权限，软极限设定可采用手动数据输入和根据程序自动计算两种方法，其操作步骤如下。

2. 软极限手动设定

软极限手动设定可以任意设定关节轴的软极限位置、限定关节轴运动范围，其操作步骤如下。

① 确认机器人零点已准确设定。

② 选择专家级以上操作权限（参见第 8 章），机器人操作模式选择 T1 或 T2、AUT。

③ 按 Smart PAD 主菜单键或单击 Smart HMI 状态显示栏的主菜单图标，显示 Smart PAD 操作主菜单（参见 8.2 节）后，依次选择主菜单“投入运行”→子菜单“售后服务”→“软件限位开关”，示教器便可显示图 10.3-1 所示的软极限设定页面，并显示以下内容及相关软操作键。

轴：关节轴选择。

负：负向软极限位置显示与设定。

当前位置：关节轴当前位置显示。

正：正向软极限位置显示与设定。

④ 单击选定需要设定的关节轴软极限显示与设定框，输入软极限设定值。

⑤ 完成全部软极限设定后，单击软操作键〖保存〗，系统便可生效软极限设定数据。

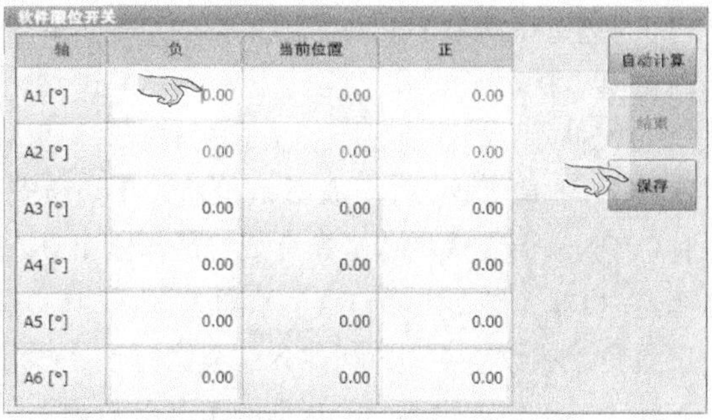

软件限位开关

轴	负	当前位置	正
A1 [°]	0.00	0.00	0.00
A2 [°]	0.00	0.00	0.00
A3 [°]	0.00	0.00	0.00
A4 [°]	0.00	0.00	0.00
A5 [°]	0.00	0.00	0.00
A6 [°]	0.00	0.00	0.00

自动计算 结束 保存

图 10.3-1　软极限设定页面显示

3. 软极限自动设定

KUKA 机器人的软极限自动设定功能用于程序运行时的关节轴行程限制。功能生效时（自动计算启动后），控制系统可通过 1 个或多个程序的自动运行，自动计算、选取程序运行过程中各关节轴曾经到达过的最大、最小位置，并将其设定为软极限。

软极限自动设定的操作步骤如下。

① 通过软极限手动设定同样的操作，使得示教器显示图 10.3-1 所示的软极限设定页面。

② 单击软极限设定显示页的软功能键〖自动计算〗，示教器即可显示图 10.3-2 所示的软极限自动计算页面，并在信息栏可显示“自动获取进行中”操作提示信息。

③ 选定自动运行程序并启动运行，直至程序完全结束。

软件限位开关

轴	最小	当前位置	最大
A1 [°]	0.00	0.00	0.00
A2 [°]	0.00	0.00	0.00
A3 [°]	0.00	0.00	0.00
A4 [°]	0.00	0.00	0.00
A5 [°]	0.00	0.00	0.00
A6 [°]	0.00	0.00	0.00

自动计算 结束 保存

图 10.3-2　软极限自动计算页面显示

④ 退出程序自动运行（取消选择），示教器即可在图 10.3-2 所示的软极限自动设定页面显示程序运行过程中各关节轴所到达的最大、最小位置值。

⑤ 重复以上操作步骤③、④，进行其他程序的自动运行，直至全部程序都被完整执行一次。示教器即可显示在所有程序自动运行过程中，关节轴曾经到达过的最大、最小位置值。

⑥ 单击软操作键〖结束〗，示教器可返回图 10.3-1 所示的软极限设定页面，并在正负极限栏显示各关节轴曾经到达过的最大、最小位置值。

⑦ 单击软操作键〖保存〗，系统便可生效软极限设定数据。

10.3.2 机器人负载设定

1. 机器人负载类别

垂直串联机器人关节轴的重心远离回转中心，负载将直接影响机器人性能，因此，需要通过负载设定来调整驱动器参数、平衡重力，改善动静态特性。

工业机器人的负载一般有图 10.3-3 所示的 4 类，其内容与设定方法如下。

① 本体负载。本体负载由机器人本体构件及机械传动系统摩擦阻力产生，负载参数由机器人生产厂家设定。

垂直串联机器人的手腕（A5、A6 轴）结构复杂、驱动电机规格小，负载变化对机器人运动特性的影响大。如维修时更换了驱动电机、减速器、传动轴承等部件，部分机器人（如 FANUC）需要通过手腕负载校准操作，重新负载参数。

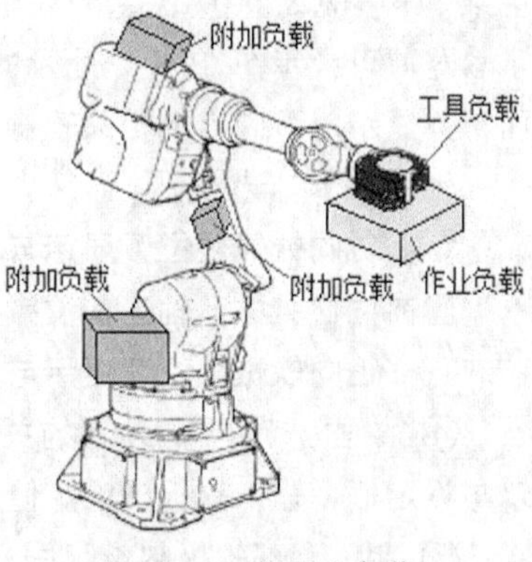

图 10.3-3 机器人负载

② 工具负载。工具负载是机器人手腕所安装的负载统称，手腕安装工具时，工具负载就是作业工具本身。在工具固定、机器人移动工件作业的机器人上，工具负载就是工件。工具负载参数需要通过机器人工具数据设定操作设定，不同工具（或工件）需要设定不同的负载参数。

③ 作业负载。作业负载是搬运、装配类机器人作业时，由物品产生的负载，作业负载的数据会随物品的变化而变化。为此，作业负载通常由机器人生产厂家以样本、说明书的承载能力参数为参考，在机器人出厂时设定。

④ 附加负载。附加负载由安装在机身上的辅助部件产生，如搬运机器人抓手控制的电磁阀、点焊机器人的阻焊变压器等。附加负载通常安装在腰体和上臂上，部分机器人有时也允许下臂安装附加负载（如 KUKA）。附加负载数据一般利用手动数据输入操作直接设定。

机器人使用时，用户通常只需要进行工具负载、附加负载的设定，KUKA 机器人负载的设定要求如下。

2. 工具负载及设定

KUKA 机器人工具负载可通过图 10.3-4 所示的工具数据显示页面的“Load Data”栏显示、设定。

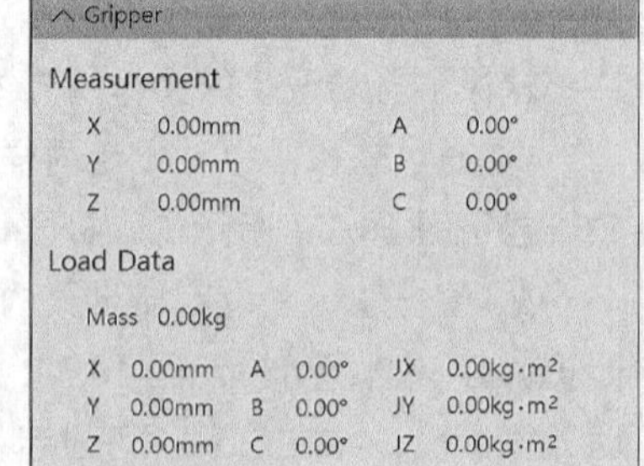

图 10.3-4 工具数据显示

显示页的标题行为工具名称（如 Gripper 等）；Measurement 栏为工具坐标系原点（*X*/*Y*/*Z*）与方向（*A*/*B*/*C*）；Load Data 栏为工具负载数据。

Load Data 栏的“Mass”为工具质量。“*X*/*Y*/*Z*”为工具重心在手腕基准坐标系（FLANGE CS）上的坐标值；“*A*/*B*/*C*”为惯量坐标系方向；*JX*/*JY*/*JZ* 为工具转动惯量值。

例如，对于图 10.3-5 所示的弧焊机器人焊枪，机器人工具负载数据的设定方法如下。

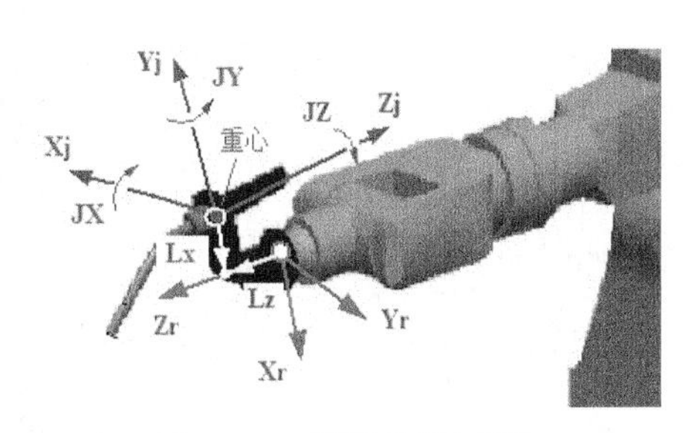

图 10.3-5　弧焊机器人焊枪

Mass 栏：输入焊枪、安装支架及相关管线的质量（单位为 kg）。

X/Y/Z 栏：输入工具重心位置 X = Lx、Y= 0、Z = Lz（单位为 mm）。

A/B/C 栏：输入惯量坐标系方向 A = 90°、B = 180°、C=0°，A、B、C 依次为惯量坐标系按 Z→Y→X 旋转次序绕手腕基准坐标系（FLANGE CS）旋转的欧拉角。

JX/JY/JZ 栏：输入工具绕惯量坐标系 Xj、Yj、Zj 轴回转的转动惯量值（单位为 kg · m^2）。

KUKA 机器人的工具负载设定的操作步骤如下，由于工具负载设定页面可在工具坐标系原点、方向设定后自动显示，因此，如负载设定与工具坐标系设定同时进行，可直接进入操作步骤③。

① 按 Smart PAD 主菜单键或单击 Smart HMI 状态显示栏的主菜单图标，显示 Smart PAD 操作主菜单（参见 8.2 节）后，依次选择主菜单“投入运行”→子菜单“测量”→“工具”→“工具负载数据”。

② 在示教器显示的工具号、工具名称输入页面上，输入当前工具的工具号及名称，单击软操作键〖继续〗，示教器可显示工具数据设定页面。

③ 在 Mass、X/Y/Z、A/B/C、JX/JY/JZ 输入框中，分别输入工具质量、重心位置、惯量坐标系方向、转动惯量值，或者单击软操作键〖默认〗，设定机器人出厂默认值。

④ 单击软操作键〖继续〗。

⑤ 单击软操作键〖保存〗，系统将保存工具负载数据，结束工具负载设定操作。

3. 附加负载及设定

KUKA 机器人的关节轴 A1、A2、A3 允许安装图 10.3-6 所示的附加负载 Load A1、Load A2、Load A3。机器人的附加负载数据包括负载质量（单位为 kg）、重心位置，其中，重心位置需要按照以下要求设定。

A1 轴重心 X/Y/Z：关节轴 $A1$=0° 时，负载（Load A1）重心在机器人基座坐标系（根坐标系 ROBROOT）上的坐标值。

A2 轴重心 X/Y/Z：关节轴 $A1$=0°、$A2$= −90° 时，负载（Load A2）重心在机器人基座坐标系（根坐标系 ROBROOT）上的坐标值。

A3 轴重心 X/Y/Z：关节轴 $A4$=0°、$A5$=0°、$A6$=0° 时，负载（Load A3）重心在机器人手腕基准坐标系（法兰坐标系 FLANGE）上的坐标值。

KUKA 机器人的附加负载需要通过以下操作手动输入。

① 按 Smart PAD 主菜单键或单击 Smart HMI 状态显示栏的主菜单图标，显示 Smart PAD 操作主菜单（参见 8.2 节）后，依次选择主菜单“投入运行”→子菜单“测量”→“附加负载数据”。

② 输入安装附加负载的轴号，单击软操作键〖继续〗，示教器可显示所选轴的附加负载设定页面。

③ 在对应的输入框中，输入负载质量、重心位置，单击软操作键〖继续〗。

④ 单击软操作键〖保存〗，系统将保存附加负载数据，结束附加负载设定操作。

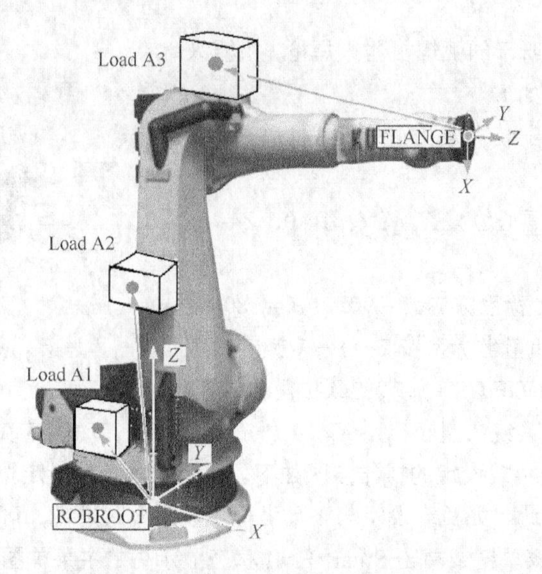

图 10.3-6　KUKA 机器人附加负载

10.3.3　机器人坐标系与设定

机器人的运动需要通过坐标系描述，程序中的机器人移动指令目标位置、工具姿态、机器人实际位置等程序数据都与机器人的坐标系有关，因此，无论手动操作还是程序自动运行前，都必须设定机器人坐标系。

工业机器人的关节坐标系、机器人基座坐标系（KUKA 机器人根坐标系 ROBROOT CS）、手腕基准坐标系（KUKA 法兰坐标系 FLANGE CS）是用来构建运动控制模型、控制机器人运动的基本坐标系，需要由机器人生产厂家设定，用户不能改变。工业机器人的大地坐标系、工具坐标系、工件坐标系等是为了方便用户操作、编程而设置的坐标系，故称为作业坐标系。

机器人的作业坐标系设定与机器人作业形式（插补模式）、系统结构有关，有关内容详见本章后述，作业坐标系的作用及基本设定要求简述如下。

1. 大地坐标系

机器人的大地坐标系（World coordinates）亦称世界坐标系、全局坐标系，简称 WORLD CS，它是用来描述组成系统的机器人本体、固定工件或工具、机器人或工件变位器等部件安装位置和方向，确定各部件相互关系的基准坐标系，每一个机器人系统只有一个也只能设定唯一的大地坐标系。

大地坐标系的设定要求与机器人系统的结构有关，倒置或倾斜安装的机器人、使用变位器的机器人系统、多机器人联合作业系统通常都需要设定大地坐标系。对于只有机器人和固定工件（或工具）的简单作业系统，为了简化调试、方便操作与控制，控制系统出厂时已设定大地坐标系和机器人基座坐标系重合，用户无须另行设定。

KUKA 机器人的大地坐标系通常称作世界坐标系，设定数据保存在系统变量$WORLD 中。控制系统出厂时，默认机器人基座坐标系（ROBROOT CS）与世界坐标系重合，即$ROBROOT= $WORLD。

2. 工具坐标系

机器人控制系统的工具坐标系（Tool coordinates，TOOL CS）是以手腕基准坐标系（KUKA 称为法兰坐标系，简称 FLANGE CS）为基准、用来描述机器人所安装（夹持）的物品方向和基准点位置的笛卡儿坐标系。机器人作业时，手腕上必定需要安装（夹持）物品，因此，TOOL CS 是机器人最基本的作业坐标系，任何机器人都需要设定。

机器人控制系统的 TOOL CS（工具坐标系）只是描述机器人手腕安装（夹持）物品的坐标系代号，它与物品的性质无关。也就是说，如果机器人手腕安装的是作业工具，TOOL CS 即被用来定义工具控制点（TCP）位置与工具方向，如果机器人手腕安装的是工件，TOOL CS 即被用来定义工件的基准位置与工件方向。

KUKA 机器人控制系统最大可设定 16 个 TOOL CS，TOOL CS 的原点、方向数据保存在系统变量$TOOL_DATA[n]（工具数据，$n$=1～16）中，其中，系统变量$TOOL_DATA[0]的工具坐标系名称为$NULLFRAME、数值为 0，代表 TOOL CS 与 FLANGE CS 重合，即机器人手腕未安装任何工具或工件。

在 KRL 程序中，控制系统的 TOOL CS 可以通过系统变量$TOOL 设定与选择。

3. 工件坐标系

机器人控制系统的工件坐标系是以大地坐标系（WORLD CS）为基准设定，用来描述机器人与指定物品相对运动的笛卡儿坐标系，KUKA 说明书中称之为“基坐标系（Base coordinates）”，简称 BASE CS。由于“基坐标系”易与机器人基座坐标系混淆，本书仍按通常习惯称之为工件坐标系。机器人作业时，机器人和物品间必定有相对运动，因此，BASE CS 同样是机器人最基本的作业坐标系，任何机器人都需要设定。

同样，机器人控制系统的 BASE CS（工件坐标系）只是用来描述机器人和物品相对运动的坐标系代号，它与物品的性质无关。也就是说，如果机器人相对工件运动，BASE CS 即被用来定义工件的基准位置与工件方向，如果机器人相对工具运动，BASE CS 即被用来定义工具控制点（TCP）位置与工具方向。

KUKA 机器人控制系统最大可设定 32 个 BASE CS，BASE CS 的原点位置、方向数据保存在系统变量$BASE_DATA[n]（工件数据，$n$=1～32）中，其中，系统变量$BASE_DATA[0]的工件坐标系名称为$NULLFRAME、数值为 0，代表 BASE CS 与 WORLD CS 重合，即不专门指定机器人运动基准。因此，对于机器人基座坐标系（ROBROOT CS）与大地坐标系（WORLD CS）重合的简单系统，如果选择系统变量$BASE_DATA[0]，则 BASE CS、WORLD CS、ROBROOT CS 三者将合一。

在 KRL 程序中，控制系统的 BASE CS 可以通过系统变量$BASE 设定与选择。

4. 外部运动系统坐标系

为了扩大机器人的作业范围，机器人系统经常使用变位器移动机器人本体（机器人变位器）或工件（工件变位器）。

标准的机器人、工件变位器与机器人关节轴一样，需要利用伺服驱动系统驱动，变位器的定位位置、运动速度可通过机器人的附加轴手动操作或 KRL 程序任意改变，因此，需要配套伺服驱动器、伺服电机等部件和相关的控制软件，组成完整的运动控制系统，变位器驱动系统在 KUKA 机器人上称为“外部运动系统”。

KUKA 机器人控制系统最大可控制 6 个附加轴（E1～E6），因此，最多可使用 6 个单轴驱动的机器人变位器、工件变位器。外部运动系统需要通过系统配置操作，在系统的机器人数据文件上设定外部运动系统编号$ETn_KIN（$n$=1～6）、名称，以及用于运动控制的附加轴编号$ETn_AX（n=1～6）、伺服系统控制数据等系统参数。外部运动系统配置操作一般需要由机器人生产厂家完成。

使用变位器的作业系统需要以大地坐标系（WORLD CS）为参考，确定各部件的安装位置和方向，因此，需要设定以下“外部运动系统”坐标系。

① 机器人变位器坐标系。机器人变位器坐标系（ERSYSROOT CS）是用来描述机器人变位器安装位置和方向的坐标系，需要以大地坐标系（WORLD CS）为基准设定，ERSYSROOT CS 原点就是变位器基准点在 WORLD CS 上的位置，变位器安装方向需要通过 ERSYSROOT CS 绕 WORLD CS 回转的欧拉角定义。

使用机器人变位器时，机器人基座坐标系（ROBROOT CS）将成为运动坐标系，ROBROOT CS 在变位器坐标系 ERSYSROOT CS 的位置和方向保存在系统参数$ERSYS 中。ROBROOT CS 在大地坐标系（WORLD CS）的位置和方向保存在系统参数$ROBROOT_C 中。

② 工件变位器坐标系。工件变位器坐标系（ROOT CS）是用来描述工件变位器安装位置和方向的坐标系，需要以大地坐标系（WORLD CS）为基准设定，ROOT CS 原点就是工件变位器基准点在 WORLD CS 上的位置，变位器安装方向需要通过 ROOT CS 绕 WORLD CS 回转的欧拉角定义。

工件变位器可以用来安装工件或工具，使用工件变位器时，控制系统的工具坐标系（BASE CS）将成为运动坐标系，因此，工件数据（系统变量$BASE_DATA[n]）中需要增加 ROOT CS 数据。

5. 坐标系设定方法

工业机器人控制系统的作业坐标系设定方法有示教设定和数据直接输入两种。

① 示教设定。示教设定是通过手动操作机器人进行若干规定点（示教点）的定位，它是由控制系统自动计算坐标系原点和方向数据定义坐标系的一种方法。示教设定无须事先知道需设定的坐标系在基准坐标系上的原点位置和方向数据，故可用于形状复杂、坐标系原点和方向计算较为麻烦的作业坐标系设定。

示教设定时，机器人需要按规定进行多方位运动和定位（示教），由于机器人的定位位置一般依靠目测，因此，示教设定通常不适合精度要求高、机器人无法进行多方位定位的世界坐标系、码垛机器人工具坐标系等作业坐标系的设定。

② 数据直接输入。数据直接输入是通过手动数据输入操作，直接输入坐标系原点和方向数据定义坐标系的一种方法。

数据直接输入可用于任何机器人、所有作业坐标系的设定，坐标系设定对系统的状态无要求，也无须移动机器人。数据直接输入可准确定义坐标系原点和方向，但必须先知道需要设定的坐标系在基准坐标系上的原点位置和方向，因此，通常用于形状规范、尺寸具体、安装定位准确的作业坐标系及无法利用示教操作进行多方位定位的大地（世界）坐标系、码垛机器人工具坐标系设定。

KUKA 机器人作业坐标系的设定与机器人作业形式（插补模式）、系统结构有关，在本章后述的内容中将对此一一说明。

10.4 工具移动作业系统设定

10.4.1 坐标系定义与数据输入

1. 坐标系定义

在工件固定、机器人移动工具作业的 KUKA 机器人系统上，控制系统的工具坐标系（TOOL CS）、工件坐标系（BASE CS）应按照图 10.4-1 所示的要求定义，如果系统配置有机器人变位器、工件变位器，还需要在此基础上增加后述的外部运动系统坐标系。

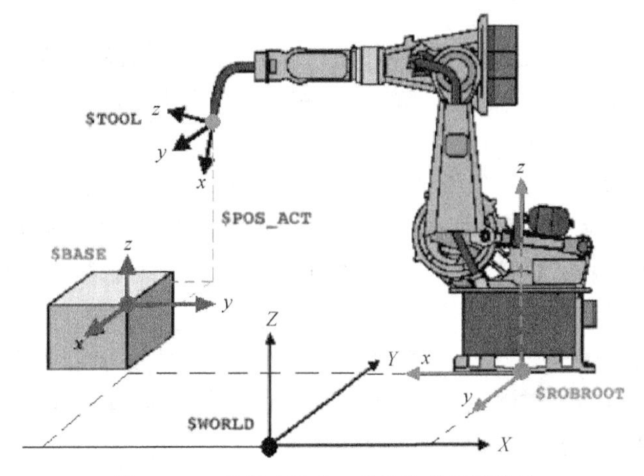

图 10.4-1　机器人移动工具系统坐标系定义

工件固定、机器人移动工具作业时，控制系统的工具坐标系（TOOL CS）用来定义作业工具的控制点位置和安装方向。TOOL CS 原点（*XYZ*）就是工具控制点（TCP）在手腕基准坐标系（FLANGE CS）上的位置。工具安装方向需要通过 TOOL CS 绕 FLANGE CS 回转的欧拉角（*ABC*）定义。工具坐标系可以通过系统变量$TOOL 设定、选择。

工件固定、机器人移动工具作业系统的工件坐标系（BASE CS）用来定义工件的基准位置和安装方向。BASE CS 原点（*XYZ*）就是工件基准点在大地坐标系（WORLD CS）上的位置，工件安装方向需要通过 BASE CS 绕 WORLD CS 回转的欧拉角（*ABC*）定义。工件坐标系可通过系统变量$BASE 设定、选择。机器人实际位置$POS_ACT 是工具控制点（TCP）在 BASE CS 上的位置值。

对于不使用变位器的简单机器人移动工具作业系统，大地坐标系（WORLD CS）、工件坐标系（BASE CS）可根据要求设定、选择。如机器人不设定大地坐标系，系统默认大地坐标系与机器人基座坐标系重合，即$ROBROOT= $WORLD。如不设定工件坐标系，系统默认工件坐标系与大地坐标系重合，即$BASE = $WORLD。

2. 工具坐标系输入

在工件固定、机器人移动工具作业的系统上，如果工具控制点（TCP）在手腕基准坐标系（FLANGE CS）上的位置、工具绕 FLANGE CS 回转的欧拉角均为已知，控制系统的 TOOL CS 可利用数据输入操作直接设定，其操作步骤如下。

① 确认 TOOL CS 原点、方向数据已知，机器人操作模式选择 T1。

② 按 Smart PAD 主菜单键或单击 Smart HMI 状态显示栏的主菜单图标，显示 Smart PAD 操作主菜单（参见8.2节）后，依次选择主菜单“投入运行”→子菜单“测量”→“工具”→“数字输入”，示教器即可显示工具数据直接设定页面。

③ 在设定页的工具数据号、工具名称栏，输入需要设定的工具数据号、名称，单击软操作键〖继续〗。

④ 在设定页的 TOOL CS 输入栏，直接输入原点、方向数据，单击软操作键〖继续〗。

⑤ 在设定页的负载栏，直接输入工具负载数据（见后述），单击软操作键〖继续〗。

⑥ 单击软操作键〖保存〗。

3. 工件坐标系输入

在工件固定、机器人移动工具作业的系统上，如果工件基准点在大地坐标系（WORLD CS）上的位置、工件绕 WORLD CS 回转的欧拉角均为已知，控制系统的 BASE CS 可利用数据输入操作直接设定，其操作步骤如下。

① 确认 BASE CS 原点、方向数据已知，机器人操作模式选择 T1。

② 按 Smart PAD 主菜单键或单击 Smart HMI 状态显示栏的主菜单图标，显示 Smart PAD 操作主菜单后，选择主菜单“投入运行”→子菜单“测量”→“基坐标系”→“数字输入”，示教器则显示工件数据直接设定页面。

③ 在设定页的工件数据号、工件名称栏，输入需要设定的工件数据号、名称，单击软操作键〖继续〗。

④ 在设定页的 BASE CS 输入栏，直接输入原点、方向数据，单击软操作键〖继续〗。

⑤ 单击软操作键〖保存〗。

4. 工具、工件坐标系改名

如果需要，控制系统的工具坐标系（TOOL CS）、工件坐标系（BASE CS）名称，可以通过以下操作修改。

① 机器人操作模式选择 T1。

② 单击 Smart PAD 主菜单键或单击 Smart HMI 状态显示栏的主菜单图标，显示 Smart PAD 操作主菜单后，选择主菜单“投入运行”→子菜单“测量”。

③ 需要修改工具坐标系（TOOL CS）名称时，选择选项“工具”→“更改名称”。需要修改工件坐标系（BASE CS）名称时，选择选项“基坐标系”→“更改名称”。

④ 单击选定需要修改的工具坐标系或工件坐标系，再单击软操作键〖名称〗。

⑤ 在示教器显示的工具坐标系或工件坐标系名称设定页面上，输入新的工具坐标系或工件坐标系名称后，单击软操作键〖保存〗。

10.4.2 TOOL CS 原点示教

利用示教操作设定工件固定、机器人移动工具作业系统的工具坐标系时，控制系统的工具坐标系（TOOL CS）原点、方向需要单独示教。其中，TOOL CS 原点示教可以可采用“XYZ 4 点”“XYZ 参照”两种方法，TOOL CS 方向示教的方法见后述。

1. 原点 4 点示教设定

TOOL CS 原点 4 点示教设定操作在 KUKA 说明书中被称为“XYZ 4 点”。

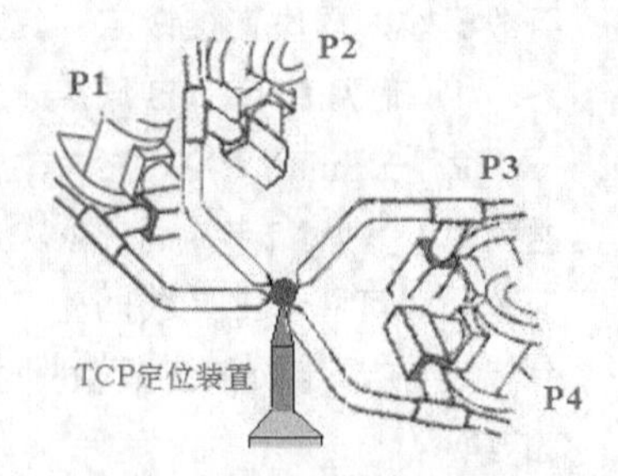

图 10.4-2　4 点示教操作设定

利用 4 点示教操作设定控制系统的 TOOL CS 原点，如图 10.4-2 所示，需要在机器人可自由改变工具方向的位置，安装检测工具控制点位置的 TCP 定位装置。然后，通过手动操作机器人，使工具以 4 种不同的姿态，定位到 TCP 定位装置的测量点上。这样，系统便可计算出 TCP 定位装置的测量点位置，并由此推算工具控制点（TCP）在机器人手腕基准坐标系（FLANGE CS）上的位置，自动设定 TOOL CS 原点。4 个示教点的工具姿态变化越大，系统计算得到的 TOOL CS 原点就越准确。

利用 4 点示教操作设定机器人移动工具作业系统 TOOL CS 原点的步骤如下。

① 将需要测定的工具安装到机器人手腕上，并在工具姿态可以较大范围变化的位置上，安装 TCP 定位装置。

② 机器人操作模式选择 T1，按 Smart PAD 主菜单键或单击 Smart HMI 状态显示栏的主菜单图标，显示 Smart PAD 操作主菜单后，依次选择主菜单“投入运行”→子菜单“测量”→“工具”→“XYZ 4 点”，示教器即可显示 TOOL CS 原点 4 点示教设定页面。

③ 在设定页的工具数据号、工具名称输入栏，输入待测工具的工具数据号、名称，单击软操作键〖继续〗。

④ 手动操作机器人，将待测工具控制点定位到 TCP 定位装置的测量点后，单击软操作键〖测量〗，示教器可显示“是否应用当前位置？继续测量”对话框。

⑤ 单击对话框的“是”，确认示教点。

⑥ 手动操作机器人、改变工具姿态后，重复步骤④、⑤，完成 4 点示教操作。

⑦ 如需要，在设定页的负载输入栏，输入工具负载数据，单击软操作键〖继续〗，或者直接单击软操作键〖继续〗，跳过负载设定操作。示教器将显示系统自动得到的 TOOL CS 原点位置并测量、计算误差。

⑧ 如需要，可单击软操作键〖测量点〗，显示 4 个示教点的具体位置。确认后，可单击软操作键〖退出〗，返回 TOOL CS 原点位置及测量误差显示页面。

⑨ 单击软操作键〖保存〗，系统将保存原点位置、结束 TOOL CS 原点示教操作。如果单击软操作键〖ABC 2 点法〗、〖ABC 世界坐标法〗，系统可在保存 TOOL CS 原点位置的同时，直接进入工具坐标系（TOOL CS）方向示教操作。

2. 原点参照设定

采用原点参照示教操作（KUKA 说明书中称之为“XYZ 参照”）设定控制系统的 TOOL CS 原点时，控制系统需要通过图 10.4-3 所示的参照工具（基准工具）和待测工具在同一测试点定位时的位置比较，计算待测工具的 TOOL CS 原点。

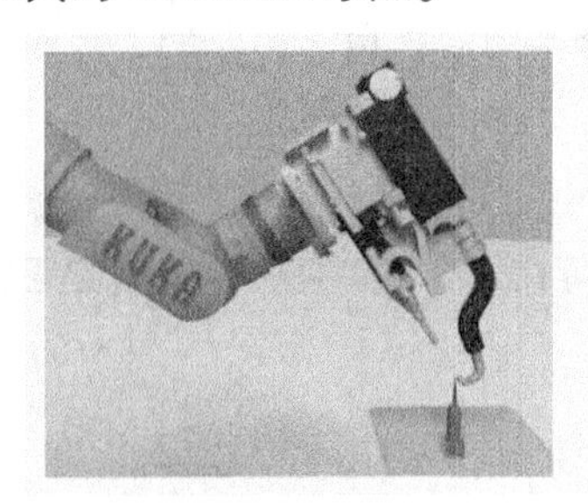

（a）参照工具

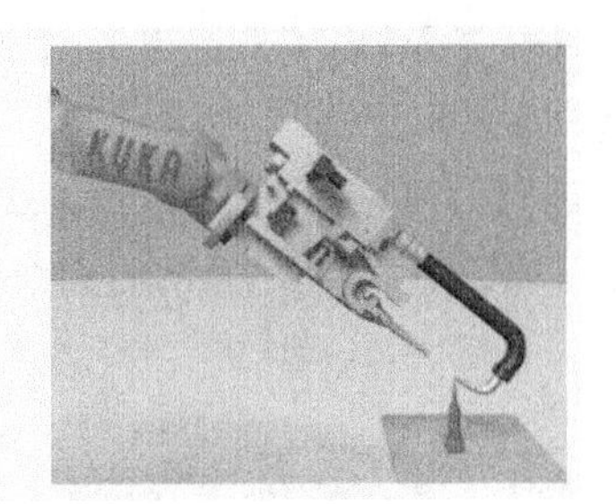

（b）待测工具

图 10.4-3　原点参照示教设定

示教操作时，首先需要通过图 10.4-3（a）所示的 TOOL CS 原点已设定的参照工具确定 TCP 定位装置的测量点（参照点）位置。然后，取下参照工具，换上待测工具，并将待测工具定位到图 10.4-3（b）所示的参照点，这样，控制系统便可根据参照点位置及待测工具在参照点定位时的机器人实际位置，计算出待测工具的 TCP 位置，设定 TOOL CS 原点。

利用原点参照（XYZ 参照）示教设定控制系统 TOOL CS 原点时，首先需要通过以下操作，记录参照工具的 TOOL CS 原点。

① 机器人操作模式选择 T1。

② 按 Smart PAD 主菜单键或单击 Smart HMI 状态显示栏的主菜单图标，显示 Smart PAD 操作主菜单后，依次选择主菜单“投入运行”→子菜单“测量”→“工具”→“XYZ 参照”，示教器显示原点参照示教设定页面。

③ 在设定页的工具数据号、工具名称栏，输入参照工具的工具数据号及名称。由于参照工具的 TOOL CS 原点已设定，示教器可直接显示 TOOL CS 原点数据。

④ 记录参照工具的 TOOL CS 原点数据。

参照工具的 TOOL CS 原点数据记录完成后，便可通过以下操作，测定 TCP 定位装置的测量点（参照点）位置，并以此为参照，测定新工具的 TCP 位置，设定 TOOL CS 原点。

① 在机器人上安装 TOOL CS 原点已设定的参照工具，并选取合适的位置安装 TCP 定位装置后，机器人操作模式选择 T1。

② 按 Smart PAD 主菜单键或单击 Smart HMI 状态显示栏的主菜单图标，显示 Smart PAD 操作主菜单后，依次选择主菜单“投入运行”→子菜单“测量”→“工具”→“XYZ 参照”，示教器即可显示原点参照示教设定页面。

③ 在显示页的工具数据号、工具名称栏，输入待测工具的工具数据号及名称，单击软操作键〖继续〗后，在参照工具原点数据输入栏，输入已记录的参照工具 TOOL CS 原点，单击软操作键〖继续〗。

④ 手动操作机器人，将参照工具的 TCP 定位到定位装置测量点（参照点），单击软操作键〖测量〗，并在示教器显示的操作确认对话框中单击“是”，系统便可自动计算参照点的位置。

⑤ 将参照工具从机器人上取下，换上需要测定的新工具（待测工具）。

⑥ 手动操作机器人，将待测工具的 TCP 定位到定位装置测量点（参照点），单击软操作键〖测量〗，并在示教器显示的操作确认对话框中单击“是”，系统便可根据参照点位置及机器人实际位置，自动计算待测工具的 TCP 位置，设定 TOOL CS 原点。

⑦ 如需要，在设定页的负载输入栏，输入工具负载数据，单击软操作键〖继续〗，或者直接单击软操作键〖继续〗，跳过负载设定操作。示教器即可显示系统自动计算得到的新工具 TOOL CS 原点位置。

⑧ 如需要，可单击软操作键〖测量点〗，显示示教点位置。确认后，可单击软操作键〖退出〗，返回 TOOL CS 原点位置显示页面。

⑨ 单击软操作键〖保存〗，系统将保存原点位置，结束 TOOL CS 原点示教操作。如果单击软操作键〖ABC 2 点法〗、〖ABC 世界坐标法〗，系统可在保存 TOOL CS 原点位置的同时，直接进入工具坐标系（TOOL CS）方向示教操作。

10.4.3 TOOL CS 方向示教

1. TOOL CS 方向示教

工具坐标系（TOOL CS）方向就是工具安装时的初始姿态，KUKA 机器人移动工具作业时，控制系统的 TOOL CS 方向以手腕基准坐标系（FLANGE CS）为基准、按 $Z \to Y \to X$ 次序旋转的欧拉角 A、B、C 表示。

KUKA 机器人移动工具作业系统的 TOOL CS 方向示教，可采用“ABC 2 点法”“ABC 世界坐标法”两种方法，其中，“ABC 2 点法”可用于 TOOL CS 方向的完整、精确设定；“ABC 世界坐标法”

只能进行工具坐标系（TOOL CS）的+X轴方向设定，TOOL CS 的 Y、Z 轴方向将由控制系统自动设定。

需要注意的是，KUKA 机器人的工具坐标系方向的定义方法与 FANUC、ABB、安川等机器人有所不同。采用示教操作设定 KUKA 机器人工具坐标系方向时，控制系统将默认图 10.4-4 所示的方向，所设定的 TOOL CS 是以工具中心线为 X 轴、工具接近工件方向为+X 方向的坐标系。TOOL CS 的 Y、Z 轴方向需要通过示教确定（ABC 2 点法），或者由系统自动设定（ABC 世界坐标法）。

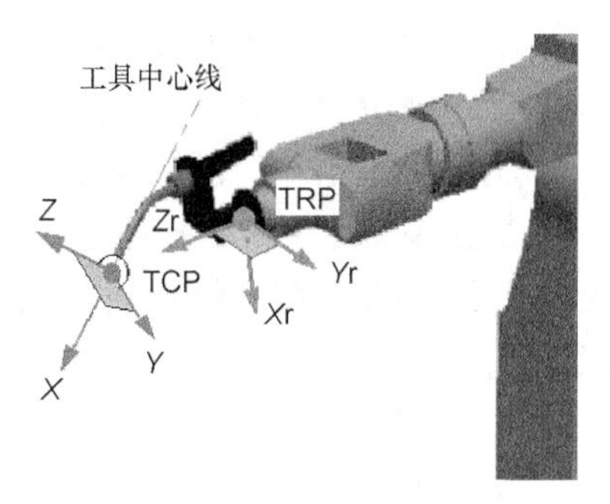

图 10.4-4　工具坐标系方向定义

2. ABC 2 点法

KUKA 机器人的“ABC 2 点法”可用于控制系统 TOOL CS 方向的完整、精确定义，因此，可用于工具需要进行 3 个方向运动的点焊机器人焊钳、搬运装配机器人专用夹具等的 TOOL CS 方向设定。

“ABC 2 点法”示教实际上需要进行图 10.4-5 所示的 3 个示教点的定位，示教点选择要求如下。

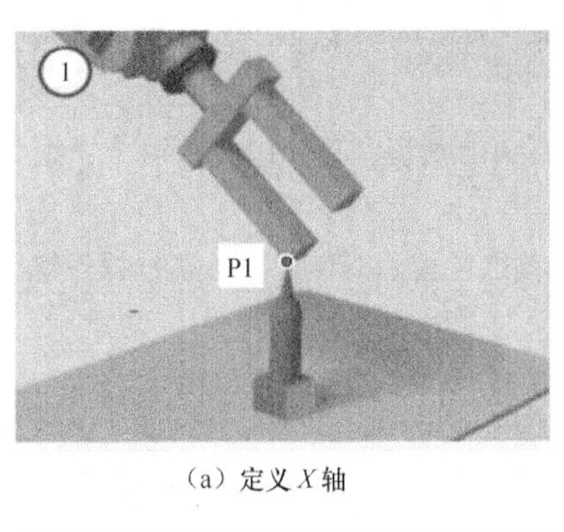

（a）定义 X 轴

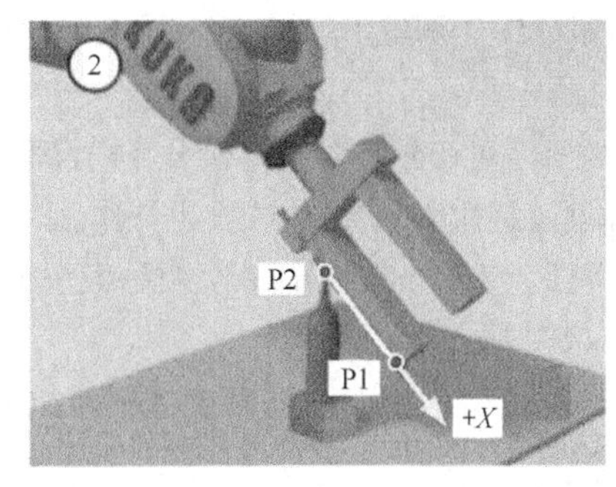

（b）定义 +X 方向

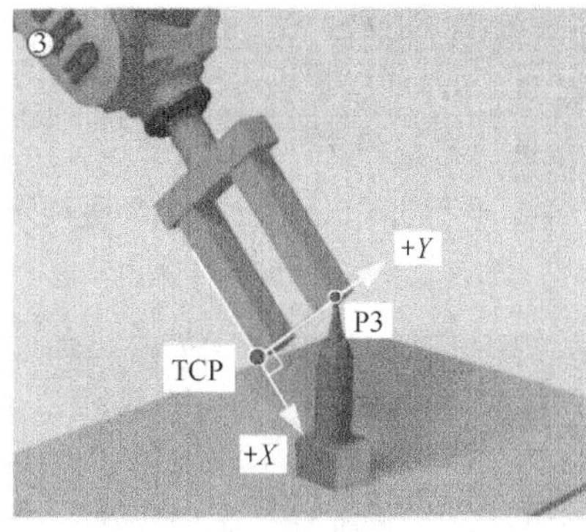

（c）定义 +Y 方向

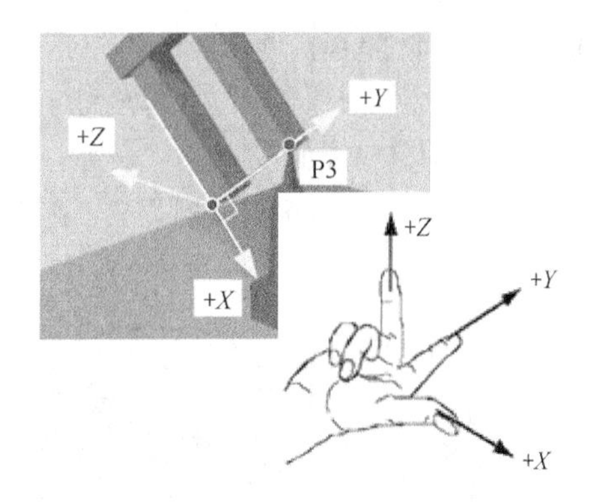

（d）决定 +Z 方向

图 10.4-5　ABC 2 点法示教

示教点 P1：用来确定 TOOL CS 的 X 轴位置，P1 可以为工具坐标系 X 轴上的任意一点，如工具坐标系原点（TCP）等。

示教点 P2：用来确定 TOOL CS 的 X 轴及方向，由 P2 到 P1 的直线方向为工具坐标系的+X 方向。

示教点 P3：用来确定 TOOL CS 的 Y 轴位置与+Y 方向，P3 可以为工具坐标系+Y 轴上的任意一点，示教点 P3 必须位于通过 TOOL CS 原点（TCP）并与 X 轴垂直相交的直线上。

TOOL CS 的 X、Y 轴及方向确定后，系统便可按右手定则自动确定 Z 轴及方向。

利用“ABC 2 点法”示教操作设定 TOOL CS 方向的操作步骤如下。

① 确认机器人安装的工具已完成 TOOL CS 原点设定，机器人操作模式为 T1。

② 按 Smart PAD 主菜单键或单击 Smart HMI 状态显示栏的主菜单图标，显示 Smart PAD 操作主菜单后，依次选择主菜单“投入运行”→子菜单“测量”→“工具”→“ABC 2 点”，示教器即可显示 TOOL CS 方向示教设定页面。

③ 在设定页的工具数据号、名称输入栏，输入当前工具的工具数据号及名称，单击软操作键〖继续〗。

④ 如图 10.4-5（a）所示，手动操作机器人，使工具的示教点 P1 定位到 TCP 定位装置的测量点，单击软操作键〖测量〗，并在示教器显示的操作确认对话框中单击“是”，P1 将被定义为工具坐标系 X 轴上的一点。

⑤ 如图 10.4-5（b）所示，手动操作机器人，使工具的示教点 P2 定位到 TCP 定位装置的测量点，单击软操作键〖测量〗，并在示教器显示的操作确认对话框中单击“是”，由 P2 到 P1 的方向即被定义为工具坐标系的+X 方向。

⑥ 如图 10.4-5（c）所示，手动操作机器人、使工具的示教点 P3 定位到 TCP 定位装置的测量点，单击软操作键〖测量〗，并在示教器显示的操作确认对话框中单击“是”，P3 将被定义为工具坐标系+Y 轴上的一点。

⑦ 如需要，可在显示页的负载设定栏，输入工具负载数据，单击软操作键〖继续〗，或者直接单击软操作键〖继续〗，跳过负载设定操作。

⑧ 如需要，可单击软操作键〖测量点〗，显示示教点位置。确认后，单击软操作键〖退出〗，可返回 TOOL CS 方向设定页面。

⑨ 单击软操作键〖保存〗，系统将保存 TOOL CS 方向数据，结束 TOOL CS 设定操作。

3. ABC 世界坐标法

KUKA 机器人的“ABC 世界坐标法”可用于控制系统 TOOL CS 方向的快捷定义，示教设定时，只需要将工具中心线方向调整到与大地坐标系（WORLD CS，即世界坐标系）Z 轴平行的位置，并使工具方向与 WORLD CS 的$-Z$ 轴方向一致，控制系统便可自动设定 TOOL CS 方向。

“ABC 世界坐标法”可根据实际需要，选择图 10.4-6 所示的“5D”或“6D”两种示教方式，两者的区别如下。

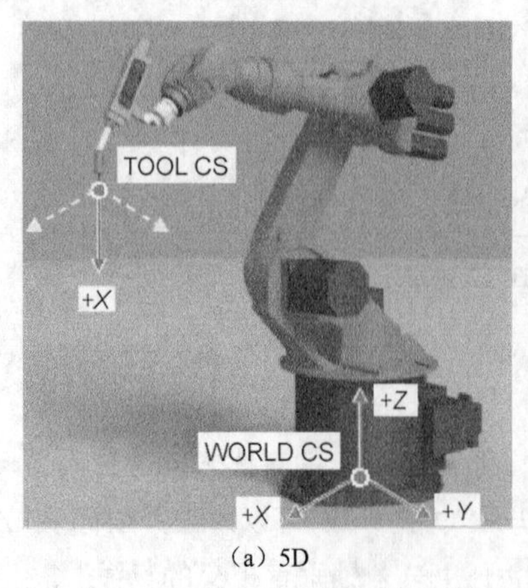

（a）5D

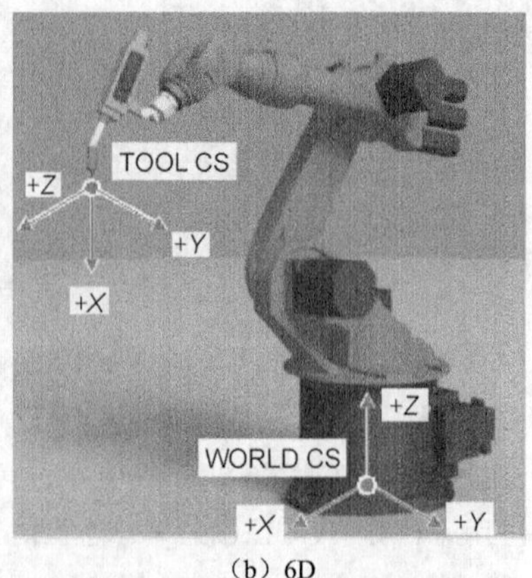

（b）6D

图 10.4-6 ABC 世界坐标法示教

① “5D”示教。5D 示教通常用于只需要在工具中心线方向垂直运动，绕手腕基准坐标系 *Z* 轴回转调整姿态的弧焊机器人焊枪进行激光、等离子、火焰切割枪等作业工具的工具坐标系设定。

5D 示教时只需要调整工具中心线的位置与方向，控制系统便可自动设定图 10.4-6（a）所示的 TOOL CS，将通过工具坐标系原点且与 WORLD CS 的 *Z* 轴平行的直线定义为 TOOL CS 的 *X* 轴、WORLD CS 的–*Z* 轴方向为 TOOL CS 的+*X* 方向；TOOL CS 的 *Y*、*Z* 轴方向将由系统自动生成，用户无须（不能）设定。

② “6D”示教。6D 示教适用于需要进行 3 方向直线和回转运动的点焊焊钳、涂胶喷嘴、气动抓手等作业工具的坐标系设定。

6D 示教时需要按以下规定调整工具方向，使控制系统自动设定图 10.4-6（b）所示的工具坐标系。

X 轴：通过工具坐标系原点且与 WORLD CS 的 *Z* 轴平行的直线为控制系统 TOOL CS 的 *X* 轴，TOOL CS 的+*X* 方向与 WORLD CS 的–*Z* 方向相同。

Y 轴：通过工具坐标系原点且与 WORLD CS 的 *Y* 轴平行的直线为控制系统 TOOL CS 的 *Y* 轴，TOOL CS 的+*Y* 方向与 WORLD CS 的+*Y* 方向相同。

Z 轴：通过工具坐标系原点且与 WORLD CS 的 *X* 轴平行的直线为控制系统 TOOL CS 的 *Z* 轴，TOOL CS 的+*Z* 方向与 WORLD CS 的+*X* 方向相同。

利用“ABC 2 点法”定义工具坐标系方向的操作步骤如下。

① 确认机器人安装的工具已完成 TOOL CS 原点设定，机器人操作模式为 T1。

② 按 Smart PAD 主菜单键或单击 Smart HMI 状态显示栏的主菜单图标，显示 Smart PAD 操作主菜单后，依次选择主菜单“投入运行”→子菜单“测量”→“工具”→“ABC 世界”，示教器显示 TOOL CS 方向的 ABC 2 点示教设定页面。

③ 在设定页的工具数据号、工具名称输入栏，输入当前工具的工具数据号及名称，单击软操作键〖继续〗。

④ 根据需要，在显示页的“5D”“6D”选择栏，单击选定“5D”或“6D”示教方式，单击软操作键〖继续〗。

⑤ 选择“5D”示教方式时，手动操作机器人，将工具中心线调整到图 10.4-6（a）所示的与 WORLD CS 的 *Z* 轴平行的位置后，单击软操作键〖测量〗。

选择“6D”示教方式时，手动操作机器人，将工具方向调整成图 10.4-6（b）所示的方向，单击软操作键〖测量〗。

⑥ 在示教器显示的“要采用当前位置码？测量将继续”操作确认对话框中，单击“是”，确认工具示教位置。

⑦ 在显示页的负载数据输入栏，输入工具负载数据，单击软操作键〖继续〗。

⑧ 单击软操作键〖保存〗，系统将保存 TOOL CS 的方向及工具负载数据，结束工具数据的设定操作。

10.4.4 BASE CS 示教

在工件固定、机器人移动工具作业的系统上，控制系统的工件坐标系（BASE CS）用来定义工件的基准点位置和安装方向。简单作业系统也可以不设定 BASE CS，此时，控制系统将默认 BASE CS 与大地（世界）坐标系（WORLD CS）重合。

在工具移动作业的KUKA机器人上，控制系统的BASE CS示教设定可采用“3点法”“间接法”两种方法。

1. 3点法示教

“3点法”示教需要以TOOL CS已准确设定的移动工具作为测试工具，通过测试工具在图10.4-7所示的工件基准点P1（BASE CS原点）及2个方向示教点P2、P3的定位，控制系统可自动计算BASE CS在大地（世界）坐标系（WORLD CS）上的原点位置与方向。

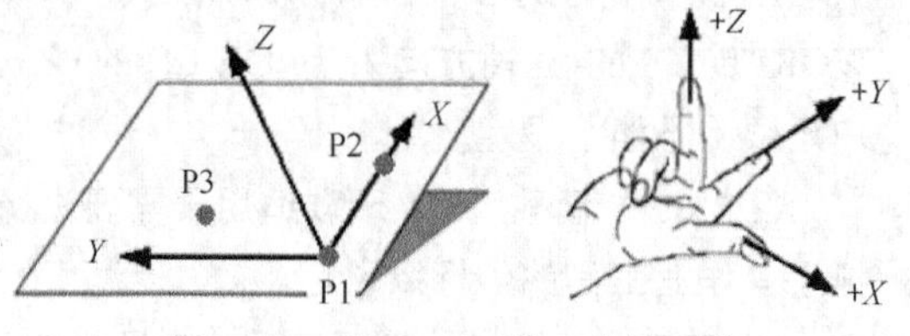

图10.4-7 BASE CS的3点法示教

“3点法”示教设定的示教点选择要求如下。

P1：工件上作为系统BASE CS原点的基准位置。

P2：工件上位于系统BASE CS的+X轴的任意点（除P1外）。

P3：工件上位于系统BASE CS第I象限的任意一点（除P1、P2外）。

“3点法”示教时，机器人需要安装TOOL CS已准确设定的TCP位置及方向已知的工具，作为检测示教点WORLD CS位置的测试工具。示教点P1的定位精度越高，3个示教点的间隔越大，示教设定的BASE CS就越准确。

“3点法”示教时，控制系统BASE CS的Y、Z方向由示教点P3决定。例如，对于图10.4-8所示的示教点P1、P2，如示教点P3在+X轴左侧，所设定的BASE CS方向为+Z向上、+Y向右；如P3在+X轴右侧，所设定的BASE CS方向为+Z向下、+Y向左等。

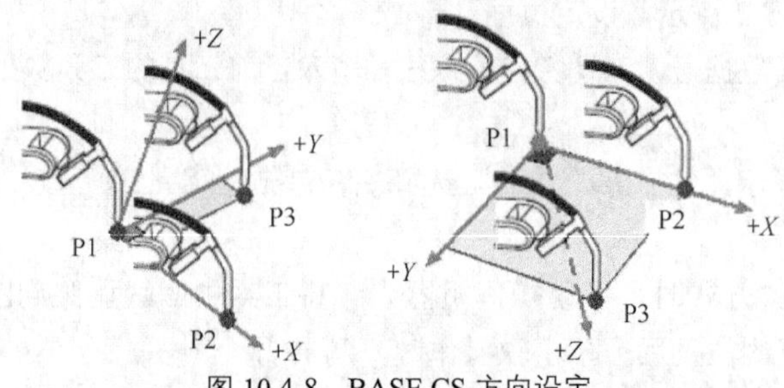

图10.4-8 BASE CS方向设定

KUKA机器人控制系统BASE CS“3点法”示教设定操作步骤如下。

① 确认机器人安装TOOL CS已准确设定的工具，机器人操作模式为T1。

② 按Smart PAD主菜单键或单击Smart HMI状态显示栏的主菜单图标，显示Smart PAD操作主菜单后，依次选择主菜单“投入运行”→子菜单“测量”→“基坐标系”→“3点”，示教器显示工件坐标系3点示教设定页面。

③ 在设定页的工件数据号、工具名称栏，输入需要设定的工件数据号、名称，单击软操作键〖继续〗。

④ 手动操作机器人，依次将工具TCP定位到示教点P1、P2、P3，示教点定位完成后，单击软操作键〖测量〗，并在示教器显示的操作确认对话框中，单击“是”。

⑤ 如需要，可单击软操作键〖测量点〗，显示示教点位置。确认后，单击软操作键〖退出〗，可返回BASE CS设定页面。

⑥ 单击软操作键〖保存〗，系统将保存BASE CS数据，完成BASE CS示教设定操作。

2. 间接法示教

“间接法”示教可用于检测工具无法检测工件基准点、示教 BASE CS 原点的场合，例如，工件基准点位于工件内部，或者检测工具无法移动到工件基准点位置等。

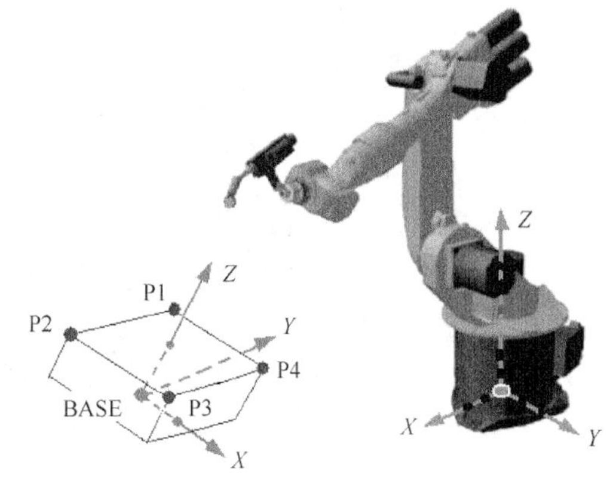

图 10.4-9　BASE CS 间接法示教

“间接法”示教需要以 TOOL CS 已准确设定的移动工具作为测试工具，通过测试工具在图 10.4-9 所示的 4 个 BASE CS 位置已知的示教点定位，控制系统可自动计算 BASE CS 在 WORLD CS 上的原点位置与坐标轴方向。

KUKA 机器人控制系统 BASE CS “间接法”示教设定的操作步骤如下。

① 确认机器人已安装 TOOL CS 已准确设定的工具、4 个间接示教点在需要设定的 BASE CS 上的位置为已知。

② 机器人操作模式为 T1。

③ 按 Smart PAD 主菜单键或单击 Smart HMI 状态显示栏的主菜单图标，显示 Smart PAD 操作主菜单后，依次选择主菜单“投入运行”→子菜单“测量”→“基坐标系”→“间接”，示教器显示工件坐标系间接示教设定页面。

④ 在设定页的工件数据号、工件名称栏，输入需要设定的工件数据号、名称，单击软操作键〖继续〗。

⑤ 在设定页的示教点 P1 输入框上，输入 P1 在需设定的 BASE CS 上的位置值。

⑥ 手动操作机器人，将工具 TCP 定位到示教点 P1 后，单击软操作键〖测量〗，并在示教器显示的操作确认对话框中，单击“是”。

⑦ 对示教点 P2、P3、P4 重复操作步骤⑤、⑥。

⑧ 如需要，可单击软操作键〖测量点〗，显示示教点位置。确认后，单击软操作键〖退出〗，可返回 BASE CS 设定页面。

⑨ 单击软操作键〖保存〗，系统将保存 BASE CS 数据，完成 BASE CS 的示教设定操作。

10.5 工件移动作业系统设定

10.5.1 坐标系定义与数据输入

1. 坐标系定义

在工具固定、机器人移动工件作业的 KUKA 机器人系统上，控制系统的工具坐标系（TOOL CS）、工件坐标系（BASE CS）应按照图 10.5-1 所示的要求定义，如果系统配置有机器人变位器、工件变位器，还需要在此基础上增加后述的外部运动系统坐标系。

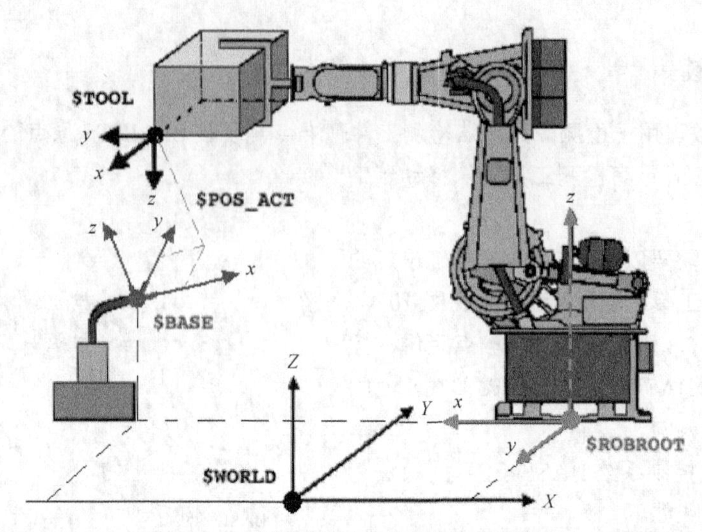

图 10.5-1　机器人移动工件系统坐标系定义

工具固定、机器人移动工件作业时，控制系统的工具坐标系（TOOL CS）将被用来定义工件的基准点和安装方向。TOOL CS 原点就是工件基准点在手腕基准坐标系（FLANGE CS）上的位置，工件安装方向需要通过 TOOL CS 绕 FLANGE CS 回转的欧拉角（*ABC*）定义。TOOL CS 同样可通过系统变量$TOOL 设定、选择。

工具固定、机器人移动工件作业系统的工件坐标系（BASE CS）用来定义作业工具的 TCP 位置和工具安装方向，控制系统的工件坐标系（BASE CS）原点就是固定工具的控制点（TCP）在大地坐标系（WORLD CS）上的位置，工具安装方向需要通过 BASE CS 绕 WORLD CS 回转的欧拉角（*ABC*）定义。BASE CS 同样通过系统变量$BASE 设定、选择。

在工具固定、机器人移动工件作业的系统上，TOOL CS、BASE CS 都必须设定与选择。机器人实际位置（$POS_ACT）为工件基准点在 BASE CS 上的位置。对于不使用变位器的简单系统，大地坐标系（WORLD CS）可根据要求设定，如不设定大地坐标系，控制系统将默认大地坐标系与机器人基座坐标系重合，即$ROBROOT= $WORLD。

2. 工具坐标系输入

在工具固定、机器人移动工件作业的系统上，如果工件基准点在手腕基准坐标系（FLANGE CS）上的位置、工件绕 FLANGE CS 回转的欧拉角均为已知，控制系统的 TOOL CS 可利用数据输入操作直接设定，其操作步骤如下。

① 确认 TOOL CS 原点、方向数据已知，机器人操作模式选择 T1。

② 按 Smart PAD 主菜单键或单击 Smart HMI 状态显示栏的主菜单图标，显示 Smart PAD 操作主菜单后，依次选择主菜单“投入运行”→子菜单“测量”→“固定工具”→“工件”→“数字输入”，示教器即可显示工具数据直接设定页面。

③ 在设定页的工具数据号、工具名称栏，输入代表移动工件的工具数据号、名称，单击软操作键〖继续〗。

④ 在设定页的 TOOL CS 输入栏，直接输入原点、方向，单击软操作键〖继续〗。

⑤ 在设定页的负载输入栏，直接输入工具负载数据（见后述），单击软操作键〖继续〗。

⑥ 单击软操作键〖保存〗。

3. 工件坐标系输入

在工具固定、机器人移动工件作业的系统上，如果固定工具控制点(TCP)在大地坐标系(WORLD CS) 上的位置、工具绕 WORLD CS 回转的欧拉角均为已知，控制系统的 BASE CS 可利用数据输入操作直接设定，其操作步骤如下。

① 确认 BASE CS 原点、方向数据已知，机器人操作模式选择 T1。

② 按 Smart PAD 主菜单键或单击 Smart HMI 状态显示栏的主菜单图标，显示 Smart PAD 操作主菜单后，选择主菜单“投入运行”→子菜单“测量”→“固定工具”→“数字输入”，示教器显示工件数据直接设定页面。

③ 在设定页的工件数据号、工件名称输入栏，输入代表固定工具的工件数据号、名称，单击软操作键〖继续〗。

④ 在设定页的 BASE CS 输入栏，直接输入原点、方向数据，单击软操作键〖继续〗。

⑤ 单击软操作键〖保存〗。

10.5.2 BASE CS 示教

在工具固定、机器人移动工件作业的 KUKA 机器人系统上，利用示教操作设定作业坐标系时，首先需要设定控制系统的 BASE CS（工件坐标系）、确定工具的 TCP 位置与安装方向，这一操作在 KUKA 说明书中被称为“测量外部 TCP”。然后，通过示教机器人上安装的工件基准点和方向设定控制系统的 TOOL CS（工具坐标系），这一操作在 KUKA 说明书上中被称为“测量工件”。

KUKA 机器人移动工件作业系统的 BASE CS 示教设定方法有“5D”和“6D”两种，其作用及操作要求如下。

1. 5D 示教

5D 示教用于固定工具的 TCP 位置和中心线方向测定，设定以 TCP 位置为原点、以工具中心线为+X 轴的 BASE CS，BASE CS 的 Y、Z 轴方向将由控制系统自动生成，用户无须（不能）设定。

5D 示教时，机器人需要安装系统工具坐标系（TOOL CS）已准确设定的工具，将其作为测试工具。然后，通过图 10.5-2（a）所示的测试工具的 TCP 在固定工具的 TCP 上的定位，确定固定工具的 TCP 在 WORLD CS 上的位置，设定 BASE CS 原点。在此基础上，将机器人手腕调整图 10.5-2（b）所示的状态，使手腕基准坐标系（FLANGE CS）的 Z 轴与固定工具的中心线平行，FLANGE CS 的 $-Z$ 方向与需要设定的 BASE CS 的+X 方向一致，控制系统便可自动完成 BASE CS 的 X 轴及方向设定，进而自动生成符合右手定则的 BASE CS 的 Y、Z 轴与方向。

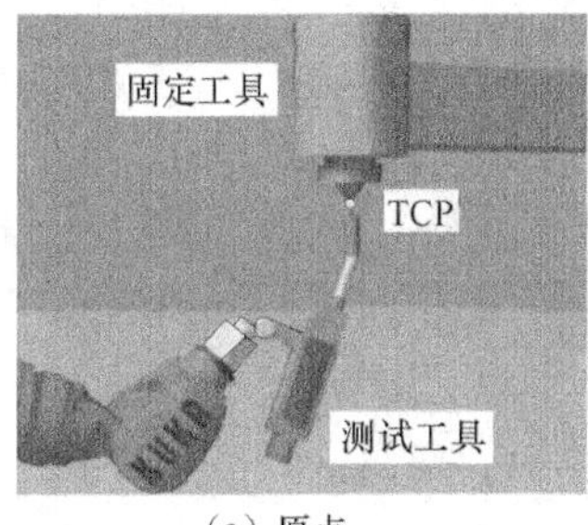

（a）原点　　（b）方向

图 10.5-2　BASE CS 的 5D 示教

利用“5D”示教设定系统 BASE CS 的操作步骤如下。

① 确认机器人已安装完成 TOOL CS 设定的测试工具，需要进行 BASE CS 设定的固定工具已安装在指定位置，机器人操作模式为 T1。

② 按 Smart PAD 主菜单键或单击 Smart HMI 状态显示栏的主菜单图标，显示 Smart PAD 操作主菜单后，依次选择主菜单“投入运行”→子菜单“测量”→“固定工具”→“工具”，示教器显示系统 BASE CS 的示教设定页面。

③ 在设定页的工件数据号、工件名称栏，输入固定工具所对应的工件数据号和名称，单击软操作键〖继续〗。

④ 在设定页的示教方式选择栏，单击选定“5D”示教方式，再单击软操作键〖继续〗。

⑤ 手动操作机器人，将测试工具的 TCP 移动到图 10.5-2（a）所示的固定工具的 TCP 上，单击软操作键〖测量〗后，在示教器显示的操作确认对话框中，单击“是”。

⑥ 手动操作机器人，将机器人手腕基准坐标系（FLANGE CS）的 Z 轴调整到图 10.5-2（b）所示的与固定工具的中心线平行的位置，并使得 FLANGE CS 的 $-Z$ 方向与需要设定的系统 BASE CS 的 $+X$ 方向一致。

⑦ 单击软操作键〖测量〗后，在示教器显示的操作确认对话框中，单击“是”。

⑧ 如需要，可单击软操作键〖测量点〗，显示示教点位置。确认后，单击软操作键〖退出〗，可返回 BASE CS 设定页面。

⑨ 单击软操作键〖保存〗，系统将保存 BASE CS 数据，完成 BASE CS 的示教设定操作。

2. 6D 示教

6D 示教用于固定工具 TCP 位置（BASE CS 原点）和安装方向（BASE CS 方向）的完整设定，控制系统的 BASE CS 原点和方向。

6D 示教时，机器人同样需要以 TOOL CS 已准确设定的固定工具作为测试工具，通过测试工具的 TCP 在图 10.5-3（a）所示的固定工具的 TCP 的定位，由控制系统自动计算固定工具的 TCP 在 WORLD CS 上的位置，设定系统 BASE CS 原点。在此基础上，将机器人手腕调整图 10.5-3（b）所示的符合以下规定的状态，由控制系统自动设定 BASE CS 方向。

X 轴：通过固定工具的 TCP 且与手腕基准坐标系（FLANGE CS）Z 轴平行的直线为控制系统 BASE CS 的 X 轴，BASE CS 的 $+X$ 方向与 FLANGE CS 的 $-Z$ 方向相同。

Y 轴：通过固定工具 TCP 且与机器人手腕基准坐标系（FLANGE CS）Y 轴平行的直线为控制系统 BASE CS 的 Y 轴，BASE CS 的 $+Y$ 方向与 FLANGE CS 的 $+Y$ 方向相同。

Z 轴：通过固定工具的 TCP 且与机器人手腕基准坐标系（FLANGE CS）X 轴平行的直线为控制系统 BASE CS 的 Z 轴，BASE CS 的 $+Z$ 方向与 FLANGE CS 的 $+X$ 方向相同。

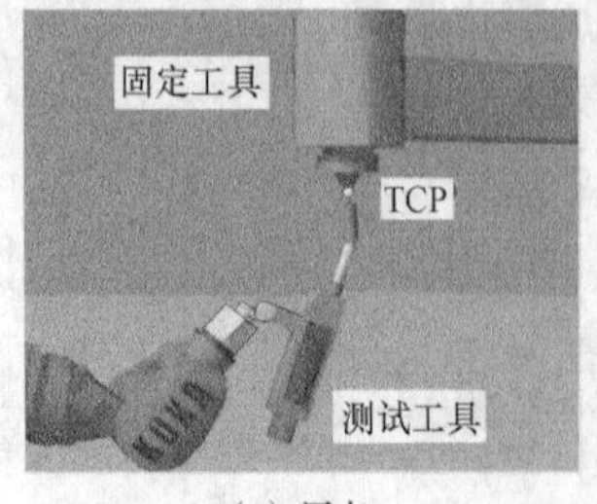

（a）原点

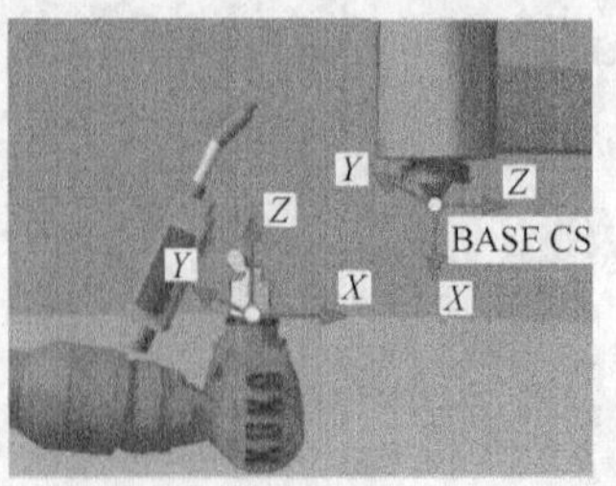

（b）方向

图 10.5-3　BASE CS 的 6D 示教

利用“5D”示教设定系统 BASE CS 的操作步骤如下。

① 确认机器人已安装完成 TOOL CS 设定的测试工具，需要进行 BASE CS 设定的固定工具已安装在指定位置，机器人操作模式为 T1。

② 按 Smart PAD 主菜单键或单击 Smart HMI 状态显示栏的主菜单图标，显示 Smart PAD 操作主菜单后，依次选择主菜单“投入运行”→子菜单“测量”→“固定工具”→“工具”，示教器显示系统 BASE CS 的示教设定页面。

③ 在设定页的工件数据号、工件名称栏，输入固定工具所对应的工件数据号和名称，单击软操作键〖继续〗。

④ 在设定页的示教方式选择栏，单击选定“6D”示教方式，单击软操作键〖继续〗。

⑤ 手动操作机器人，将测试工具的 TCP 移动到图 10.5-3（a）所示的固定工具的 TCP 上，单击软操作键〖测量〗后，在示教器显示的操作确认对话框中，单击“是”。

⑥ 手动操作机器人，将机器人手腕基准坐标系（FLANGE CS）调整成图 10.5-3（b）所示的状态，使 FLANGE CS 的$-Z$、$+Y$、$+X$ 方向与需要设定的系统 BASE CS 的$+X$、$+Y$、$+Z$ 方向一致。

⑦ 单击软操作键〖测量〗后，在示教器显示的操作确认对话框中，单击“是”。

⑧ 如需要，可单击软操作键〖测量点〗，显示示教点位置。确认后，单击软操作键〖退出〗，可返回 BASE CS 设定页面。

⑨ 单击软操作键〖保存〗，系统将保存 BASE CS 数据，完成 BASE CS 的示教设定操作。

10.5.3 TOOL CS 示教

在工具固定、机器人移动工件作业的系统上，控制系统的 TOOL CS（工具坐标系）用于机器人手腕上所安装的工件基准点位置和安装方向定义，利用示教操作设定控制系统 TOOL CS 时，首先，需要利用前述的“测量外部 TCP”操作完成控制系统的 BASE CS（工件坐标系）设定，确定固定工具的 TCP 位置与安装方向，然后，以固定工具作为测试工具，通过“测量工件”示教操作，设定控制系统的 TOOL CS（工具坐标系）。

KUKA 机器人移动工件作业系统的 TOOL CS 示教设定方法有“直接法”和“间接法”两种，其作用及操作要求如下。

1. 直接法示教

“直接法”示教需要以 BASE CS 已准确设定的固定工具作为检测工具，通过检测工具在图 10.5-4 所示的工件基准点 P1(BASE CS 原点)及 2 个方向示教点 P2、P3 的定位，由控制系统自动计算 TOOL CS 在手腕基准坐标系（FLANGE CS）的位置与方向。

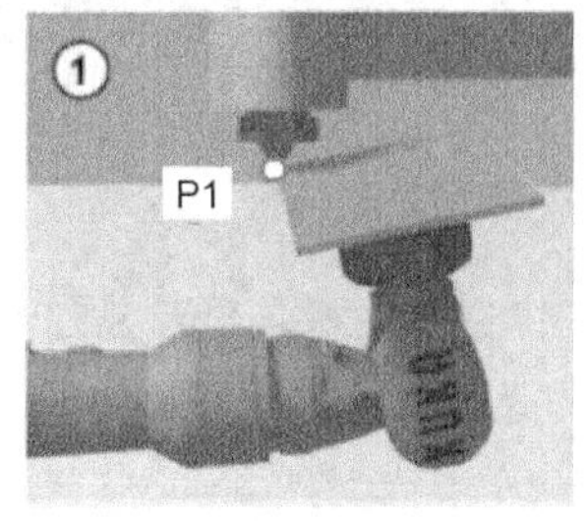

（a）原点

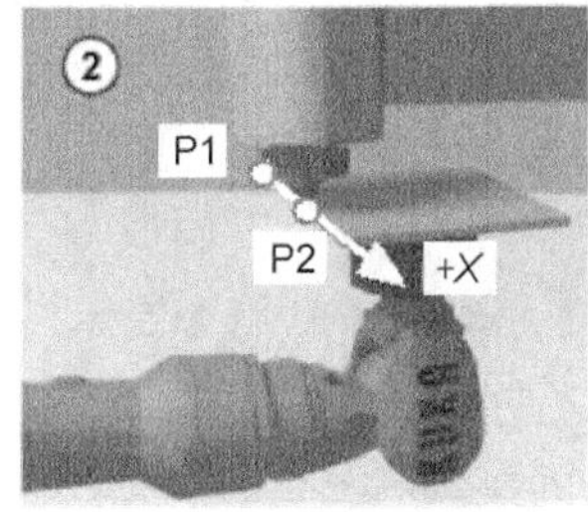

（b）$+X$ 向

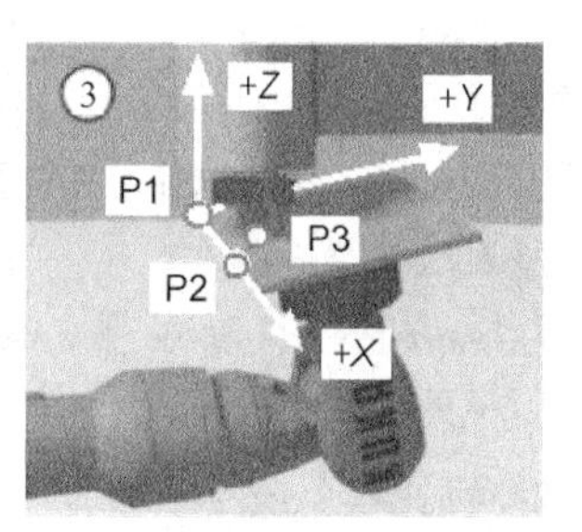

（c）第 I 象限

图 10.5-4　TOOL CS 直接法示教

“直接法”示教设定的示教点选择要求如下。

P1：工件上作为系统 TOOL CS 原点的基准位置。

P2：工件上位于系统 TOOL CS 的+*X* 轴的任意点（除 P1 外）。

P3：工件上位于系统 TOOL CS 第 I 象限的任意一点（除 P1、P2 外）。

利用“直接法”示教设定系统 TOOL CS 的操作步骤如下。

① 确认机器人已安装需要进行 TOOL CS 设定的移动工件，用于测试的固定工具已完成 BASE CS 设定，机器人操作模式为 T1。

② 按 Smart PAD 主菜单键或单击 Smart HMI 状态显示栏的主菜单图标，显示 Smart PAD 操作主菜单后，依次选择主菜单“投入运行”→子菜单“测量”→“固定工具”→“工件”→“直接测量”，示教器可显示系统 TOOL CS 的直接法示教设定页面。

③ 在设定页的工具数据号、工具名称栏，输入移动工件所对应的工具数据号、名称，单击软操作键〖继续〗。

④ 在设定页的工件数据号栏，输入用于测试的固定工具的工件数据号，单击软操作键〖继续〗。

⑤ 手动操作机器人，依次将图 10.5-4 所示的工件示教点 P1、P2、P3 移动到固定工具的 TCP 上。示教点 P1、P2、P3 定位完成后，需要单击软操作键〖测量〗，然后，在示教器显示的操作确认对话框中，单击“是”。

⑥ 如需要，可在显示页的负载设定栏，输入工具负载数据，单击软操作键〖继续〗，或者直接单击软操作键〖继续〗，跳过负载设定操作。

⑦ 如需要，可单击软操作键〖测量点〗，显示示教点位置。确认后，单击软操作键〖退出〗，可返回 TOOL CS 设定页面。

⑧ 单击软操作键〖保存〗，系统将保存 TOOL CS 数据，完成 TOOL CS 的示教设定操作。

2. 间接法示教

“间接法”示教可用于固定工具无法检测工件基准点、示教 TOOL CS 原点的场合，例如，工件基准点位于工件内部，或者固定工具无法移动到工件基准点等。

“间接法”示教需要以 BASE CS 已准确设定的固定工具作为检测工具，通过检测工具在图 10.5-5 所示的 4 个 TOOL CS 位置已知的示教点定位，由控制系统自动计算 TOOL CS 在手腕基准坐标系（FLANGE CS）上的原点位置与坐标轴方向。

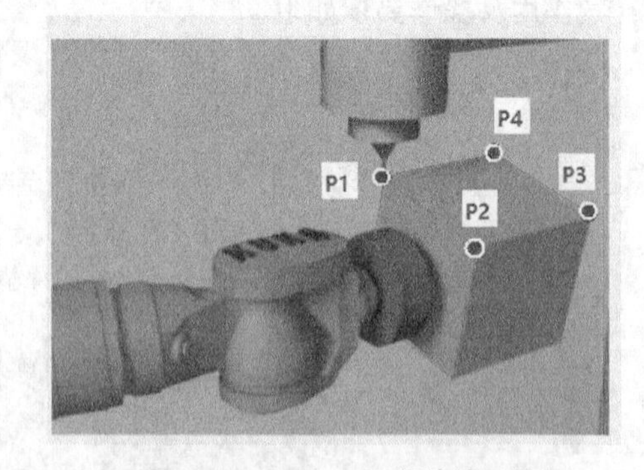

图 10.5-5 TOOL CS 间接法示教

利用“间接法”示教设定系统 TOOL CS 的操作步骤如下。

① 确认用于测试的固定工具已完成 BASE CS 设定。机器人已安装具有 4 个 TOOL CS 位置已知示教点的待测工件。机器人操作模式为 T1。

② 按 Smart PAD 主菜单键或单击 Smart HMI 状态显示栏的主菜单图标，显示 Smart PAD 操作主菜单后，依次选择主菜单“投入运行”→子菜单“测量”→“固定工具”→“工件”→“间接测量”，示教器可显示系统 TOOL CS 的间接法示教设定页面。

③ 在设定页的工具数据号、工具名称栏，输入移动工件所对应的工具数据号、名称，单击软操作键〖继续〗。

④ 在设定页的工件数据号栏，输入用于测试的固定工具的工件数据号，单击软操作键〖继续〗。

⑤ 在设定页的示教点 P1 输入框上，输入 P1 在需设定的 TOOL CS 上的位置值。

⑥ 手动操作机器人，使示教点 P1 定位到固定工具的 TCP 上，单击软操作键〖测量〗，并在示教器显示的操作确认对话框中，单击“是”。

⑦ 对示教点 P2、P3、P4 重复操作步骤⑤、⑥。

⑧ 如需要，可单击软操作键〖测量点〗，显示示教点位置。确认后，单击软操作键〖退出〗，可返回 TOOL CS 设定页面。

⑨ 单击软操作键〖保存〗，系统将保存 TOOL CS 数据，完成 TOOL CS 的示教设定操作。

10.6 外部运动系统设定

10.6.1 机器人变位器坐标系设定

1. 坐标系定义

垂直串联结构的机器人具有腰回转关节（A1 轴），因此，机器人变位器以线性运动的直线变位器为主，单轴、直线移动的机器人变位器在 KUKA 说明书中被译作“线性滑轨”。

使用直线变位器的 KUKA 机器人变位系统需要在基本的工具、工件坐标系基础上，增加图 10.6-1 所示的用来描述机器人本体运动的机器人变位器坐标系。

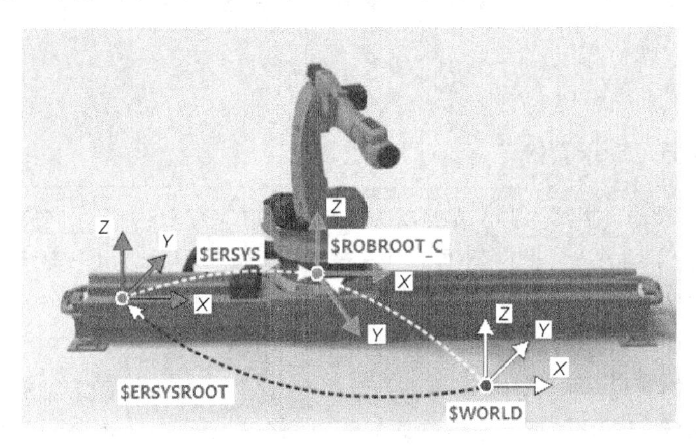

图 10.6-1 机器人变位器坐标系定义

机器人变位器坐标系（ERSYSROOT CS）是用来描述机器人直线变位器（线性滑轨）安装位置和方向的坐标系。ERSYSROOT CS 需要以大地（世界）坐标系（WORLD CS）为基准设定，ERSYSROOT CS 原点就是变位器基准点在 WORLD CS 上的位置，变位器安装方向需要通过 ERSYSROOT CS 绕 WORLD CS 回转的欧拉角（*ABC*）定义。

使用机器人变位器时，机器人基座坐标系（ROBROOT CS）是一个移动坐标系，ROBROOT CS 在变位器坐标系（ERSYSROOT CS）的位置、方向保存在系统变量$ERSYS 中。ROBROOT CS 在大地坐标系（WORLD CS）的位置、方向保存在系统变量$ROBROOT_C 中。

机器人变位系统的机器人本体相对于大地运动，因此，必须通过系统变量$WORLD 定义大地坐标系（WORLD CS）。WORLD CS 具有唯一性，如果系统同时使用机器人变位器、工件变位器，两者的大地坐标系必须一致。

标准的机器人变位器需要使用伺服电机驱动，直接利用机器人控制系统的附加轴进行控制，因此，需要由机器人生产厂家配置相关软硬件、设置系统参数。用户安装调试时，可以直接输入KUKA公司提供的ERSYSROOT CS数据，或者进行后述的ERSYSROOT CS示教修正。

2. ERSYSROOT CS输入

在使用机器人变位器的系统上，如果变位器基准点在大地坐标系（WORLD CS）上的位置、变位器绕WORLD CS回转的欧拉角均为已知，控制系统的ERSYSROOT CS可利用数据输入操作直接设定，其操作步骤如下。

① 确认控制系统已配置机器人变位器，ERSYSROOT CS原点、方向数据已知，机器人操作模式选择T1。

② 按Smart PAD主菜单键或单击Smart HMI状态显示栏的主菜单图标，显示Smart PAD操作主菜单后，选择主菜单“投入运行”→子菜单“测量”→“外部运动系统”→“线性滑轨（数字）”。控制系统将自动检测当前的机器人变位器配置，并显示机器人变位器的数据输入设定页面。

③ 确认设定页的外部运动系统编号$ETn_KIN、名称，以及用于运动控制的附加轴编号$ETn_AX等配置数据准确。

④ 选择附加轴手动操作，单击示教器方向键“+”，利用变位器移动机器人。

⑤ 根据机器人实际运动方向，单击方向设定选项“+”“-”，定义变位器手动操作的方向键，单击软操作键〖继续〗。

⑥ 在设定页的ERSYSROOT CS输入栏，直接输入ERSYSROOT CS原点、方向数据，单击软操作键〖继续〗。

⑦ 单击软操作键〖保存〗。

3. ERSYSROOT CS示教修正

为了便于控制与操作，机器人变位器坐标系（ERSYSROOT CS）的方向原则上与机器人基座坐标系（ROBROOT CS）的方向相同。但是，由于安装、运输等不同，用户安装完成后，两者可能产生一定的误差，此时，需要利用变位器示教操作进行修正。

进行KUKA单轴、直线变位器（线性滑轨）ERSYSROOT CS示教修正时，机器人需要安装已完成TOOL CS设定的工具，作为测试工具，并选择一个固定点（WORLD CS位置）作为测试参照点。然后，通过变位器运动将机器人定位到变位器的3个不同位置，并在3个不同的位置上分别移动机器人，将测试工具的TCP定位到同一参照点。这样，控制系统便可根据3组不同的机器人位置数据，自动计算、修正ERSYSROOT CS位置。

ERSYSROOT CS修正数据保存在系统变量$ETn_TFLA3（*n*为外部运动系统编号）中，机器人在变位器上定位的3个示教点位置间隔越大，所得到的修正数据就越准确。

KUKA单轴、直线变位器（线性滑轨）ERSYSROOT CS示教修正的操作步骤如下。

① 确认控制系统已正确配置机器人变位器。机器人已安装用于测试的、已完成TOOL CS设定的工具。机器人操作模式为T1。

② 按Smart PAD主菜单键或单击Smart HMI状态显示栏的主菜单图标，显示Smart PAD操作主菜单后，选择主菜单“投入运行”→子菜单“测量”→“外部运动系统”→“线性滑轨”，控制系统将自动检测当前机器人变位器配置，并显示机器人变位器直接设定页面。

③ 确认设定页的外部运动系统编号$ETn_KIN、名称，以及用于运动控制的附加轴编号$ETn_AX 等配置数据准确。

④ 选择附加轴手动操作，单击示教器方向键“+”，利用变位器移动机器人。

⑤ 根据机器人实际运动方向，单击方向设定选项“+”“–”，定义变位器手动操作的方向键，单击软操作键〖继续〗。

⑥ 选择附加轴手动操作，通过变位器运动将机器人定位到第 1 个示教位置。

⑦ 选择机器人手动操作，将测试工具的 TCP 定位到测量参照点后，单击软操作键〖测量〗。

⑧ 重复步骤⑥、⑦，完成机器人在变位器第 2 个、第 3 个示教位置的测试。

⑨ 单击软操作键〖保存〗，系统将保存 ERSYSROOT CS 数据，同时，将显示是否需要修改机器人示教点位置的安全询问对话框。

⑩ 单击对话框的“是”，系统将根据新的变位器坐标系（ERSYSROOT CS），修正已保存的机器人示教编程点位置。单击对话框的“否”，系统仅修正变位器坐标系（ERSYSROOT CS），不改变已保存的机器人示教编程点位置。

机器人变位器坐标系（ERSYSROOT CS）修正后，必须重新检查或设定变位器的软硬件限位位置，确保变位器运行安全。

10.6.2 工件变位器坐标系设定

1. 坐标系定义

垂直串联机器人的工件变位器大多为回转变位器。使用工件变位器的 KUKA 机器人系统需要增加图 10.6-2 所示的用来描述变位器运动的工件变位器坐标系（ROOT CS）。

工件变位器坐标系（ROOT CS）需要以大地坐标系为基准设定，ROOT CS 原点就是变位器基准点在 WORLD CS 上的位置，变位器安装方向需要通过 ROOT CS 绕 WORLD CS 回转的欧拉角定义。

在使用工件变位器的机器人系统上，工件（或工具）将随变位器运动，因此，控制系统的工件坐标系（BASE CS）需要以工件变位器坐标系（ROOT CS）为基准设定。如果不设定 BASE CS，系统将默认 BASE CS 与 ROOT CS 重合。

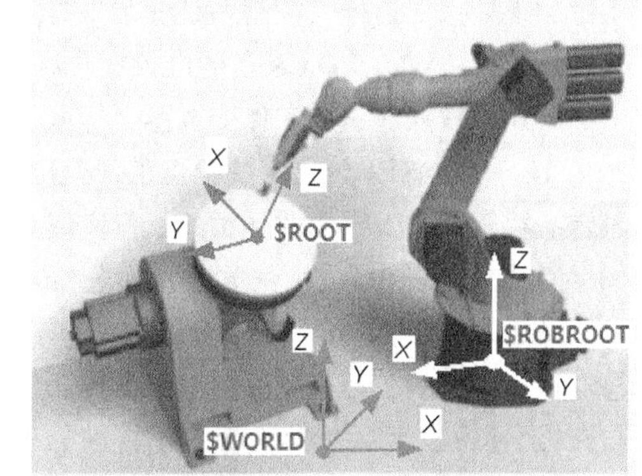

图 10.6-2 工件变位器坐标系

工件变位系统的工件（或工具）相对于大地运动，因此，必须定义大地坐标系（WORLD CS）。WORLD CS 具有唯一性，如果系统同时使用工件变位器、机器人变位器，两者的大地坐标系必须一致。

标准的工件变位器需要使用伺服电机驱动，直接利用机器人控制系统的附加轴进行控制，因此，需要由机器人生产厂家配置相关软硬件，设置系统参数。用户安装调试时，可以根据变位器的安装位置与方向，直接输入 ROOT CS 数据，或者通过 ROOT CS 示教操作，设定变位器坐标系（ROOT CS）。

2. ROOT CS 输入

在使用工件变位器的系统上，如果变位器基准点在大地坐标系（WORLD CS）上的位置、变位器绕 WORLD CS 回转的欧拉角均为已知，控制系统的 ROOT CS 可利用数据输入操作直接设定，其操作步骤如下。

① 确认控制系统已配置工件变位器，ROOT CS 原点、方向数据已知，机器人操作模式选择 T1。

② 按 Smart PAD 主菜单键或单击 Smart HMI 状态显示栏的主菜单图标，显示 Smart PAD 操作主菜单后，选择主菜单“投入运行”→子菜单“测量”→“外部运动系统”→“基点（数字）”。控制系统将自动检测当前的工件变位器配置，并显示工件变位器直接设定页面。

③ 选定保存工件变位器数据的工件数据号，单击软操作键〖继续〗。

④ 在设定页的外部运动系统编号、名称输入栏中输入工件变位器所对应的外部运动系统编号、名称，单击软操作键〖继续〗。

⑤ 在设定页的 ROOT CS 输入栏，直接输入 ROOT CS 原点、方向数据，单击软操作键〖继续〗。

⑥ 单击软操作键〖保存〗。

3. ROOT CS 示教

工件变位器坐标系（ROOT CS）也可以通过示教操作设定。为了便于使用，KUKA 配套的工件变位器上设置有用于 ROOT CS 示教设定的测量基准点（参照点），参照点在 ROOT CS 上的位置、方向已由 KUKA 在系统变量$ETn_TPINFL（$n$=1～6）中设定，用户安装调试时，可以直接利用这一参照点的示教操作，设定工件变位器坐标系（ROOT CS）。如需要，具有“专家”级以上操作权限的用户，可修改系统变量$ETn_TPINFL（$n$=1～6）的设定值，改变参照点位置。

在使用 KUKA 工件变位器的机器人系统上，示教设定工件变位器坐标系（ROOT CS）时，机器人需要安装已完成 TOOL CS 设定的工具，将其作为测试工具。然后，通过变位器运动，将参照点定位到 WORLD CS 的 4 个不同位置，并在这 4 个位置上，分别通过机器人移动，将测试工具的 TCP 定位到参照点。这样，控制系统便可根据 4 组不同的机器人位置数据，自动计算、设定 ROOT CS。4 个参照点在 WORLD CS 上的位置变化越大，示教设定的 ROOT CS 就越准确。

利用示教操作设定工件变位器坐标系（ROOT CS）的步骤如下。

① 确认控制系统已正确配置工件变位器，变位器参照点的位置已在系统变量$ETn_ TPINFL 中设定。机器人已安装用于测试的、已完成 TOOL CS 设定的工具。机器人操作模式为 T1。

② 按 Smart PAD 主菜单键或单击 Smart HMI 状态显示栏的主菜单图标，显示 Smart PAD 操作主菜单后，选择主菜单“投入运行”→子菜单“测量”→“外部运动系统”→“基点”。控制系统将自动检测当前的工件变位器配置，并显示工件变位器设定页面。

③ 在设定页的工件数据号输入栏，选定保存工件变位器数据的工件数据号，单击软操作键〖继续〗。

④ 在设定页的外部运动系统编号、名称输入栏，输入工件变位器所对应的外部运动系统编号、名称，单击软操作键〖继续〗，示教器即可显示变位器参照点位置数据（系统变量$ETn_ TPINFL）设定值。

⑤ 确认或修改（需要专家级以上操作权限）$ETn_ TPINFL 设定值，单击软操作键〖继续〗。

⑥ 选择附加轴手动操作，通过变位器运动将参照点定位到第 1 个示教位置。

⑦ 选择机器人手动操作，将测试工具的 TCP 定位到参照点，单击软操作键〖测量〗，系统将记录机器人位置，单击软操作键〖继续〗。

⑧ 重复步骤⑥、⑦，完成参照点在示教位置 2～4 的测试。

⑨ 单击软操作键〖保存〗，系统将保存 ROOT CS 数据。

10.6.3 工件变位器的 BASE CS 设定

工件变位器既可用于机器人移动工具作业系统的工件变位，也可用于机器人移动工件作业系统的工具变位。在使用工件变位器改变工件、工具位置的作业系统上，工件变位器坐标系（ROOT CS）将成为控制系统工件坐标系（BASE CS）的设定基准，BASE CS 的原点、方向是将随工件变位器的运动而改变的。

使用工件变位器时，机器人移动工具作业系统、机器人移动工件作业系统的 BASE CS 的设定方法分别如下。

1. 机器人移动工具系统

当工件变位器用于机器人移动工具系统的工件变位时，BASE CS 原点为工件基准点在工件变位器坐标系（ROOT CS）上的位置，工件在变位器上的安装方向需要通过 BASE CS 绕 ROOT CS 回转的欧拉角（*ABC*）定义。如果不设定工件坐标系（BASE CS），系统将默认工件坐标系和工件变位器坐标系重合（$BASE = $ROOT）。

使用工件变位器的机器人移动工具作业系统的 BASE CS 可采用数据直接输入、“3 点法”示教两种方法设定，其操作如下。

（1）BASE CS 数据直接输入

在使用工件变位器的机器人移动工具作业系统上，如果工件基准点在变位器坐标系（ROOT CS）上的位置、工件绕 ROOT CS 回转的欧拉角均为已知，控制系统的 BASE CS 可利用数据输入操作直接设定，其操作步骤如下。

① 确认控制系统的工件变位器坐标系（ROOT CS）已准确设定。工件在 ROOT CS 上的方位（基准点位置、安装方向）数据已知。机器人操作模式选择 T1。

② 按 Smart PAD 主菜单键或单击 Smart HMI 状态显示栏的主菜单图标，显示 Smart PAD 操作主菜单后，选择主菜单“投入运行”→子菜单“测量”→“外部运动系统”→“偏差（数字）”，示教器显示 BASE CS 输入页面。

③ 在设定页的工件数据号输入栏，选定保存工件变位器数据的工件数据号，示教器可显示工件坐标系名称，单击软操作键〖继续〗。

④ 在设定页的外部运动系统编号输入栏，输入工件变位器所对应的外部运动系统编号，示教器可显示外部运动系统名称，单击软操作键〖继续〗。

⑤ 在设定页的 BASE CS 原点、方向数据输入栏，输入工件基准点位置、工件安装方向数据，单击软操作键〖继续〗。

⑥ 单击软操作键〖保存〗，系统将保存 BASE CS 数据。

（2）“3 点法”示教

利用工件变位器改变工件位置的机器人移动工具系统的 BASE CS 示教设定方法与固定工件的“3 点法”示教设定方法类似（参见 10.4 节）。

“3 点法”示教设定时，需要以 TOOL CS 已设定的移动工具作为测试工具，通过测试工具在图 10.6-3 所示的工件基准点 P1（BASE CS 原点）及 2 个方向示教点 P2（BASE CS 的+*X* 轴点）、P3（BASE CS 的第 I 象限点）的定位，控制系统可自动计算 BASE CS 在工件变位器坐标系（ROOT CS）上的原点位置与方向。

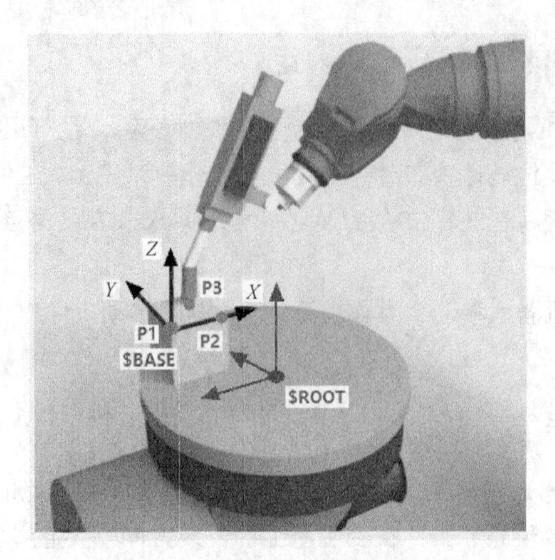

图 10.6-3　工具移动 BASE 示教设定

配置 KUKA 工件变位器的机器人系统，利用示教操作设定工件坐标系（BASE CS）的步骤如下。

① 确认控制系统已正确配置工件变位器，变位器坐标系（ROOT CS）已准确设定。机器人已安装用于测试的、已完成 TOOL CS 设定的工具。机器人操作模式为 T1。

② 按 Smart PAD 主菜单键或单击 Smart HMI 状态显示栏的主菜单图标，显示 Smart PAD 操作主菜单后，选择主菜单“投入运行”→子菜单“测量”→“外部运动系统”→“偏差”，示教器即可显示 BASE CS 示教设定页面。

③ 在设定页的工件数据号输入栏，选定保存工件变位器数据的工件数据号，示教器即可显示工件数据设定的工件坐标系名称，单击软操作键〖继续〗。

④ 在设定页的外部运动系统编号输入栏，输入工件变位器所对应的外部运动系统编号，示教器可显示外部运动系统名称，单击软操作键〖继续〗。

⑤ 在设定页的工具数据号输入栏，输入测试工具所对应的工具数据号，单击软操作键〖继续〗。

⑥ 选择机器人手动操作，将测试工具的 TCP 定位到示教点 P1（BASE CS 原点），单击软操作键〖测量〗，使系统记录机器人位置，单击软操作键〖继续〗。

⑦ 在示教点 P2（BASE CS 的+X 轴点）、P3（BASE CS 的第 I 象限点）上，重复操作步骤⑥。

⑧ 单击软操作键〖保存〗，系统将保存 BASE CS 数据。

2. 机器人移动工件系统

当工件变位器用于机器人移动工件系统的工具变位时，控制系统的 BASE CS 原点为工具控制点（TCP）在工件变位器坐标系（ROOT CS）上的位置，工具在变位器上的安装方向需要通过 BASE CS 绕 ROOT CS 回转的欧拉角定义。

BASE CS 设定可采用数据直接输入和“5D”示教、“6D”示教 3 种方法设定，其设定要求及操作步骤如下。

（1）BASE CS 数据直接输入

在使用工件变位器的机器人移动工件作业系统上，如果工具控制点在变位器坐标系（ROOT CS）上的位置、工具绕 ROOT CS 回转的欧拉角均为已知，控制系统的 BASE CS 可利用数据输入操作直接设定，其操作步骤如下。

① 确认控制系统的工件变位器坐标系 ROOT CS 已准确设定。工具在 ROOT CS 上的方位（TCP

位置、安装方向）数据已知。机器人操作模式选择 T1。

② 按 Smart PAD 主菜单键或单击 Smart HMI 状态显示栏的主菜单图标，显示 Smart PAD 操作主菜单后，选择主菜单“投入运行”→子菜单“测量”→“固定工具”→“数字输入”，示教器即可显示 BASE CS 输入页面。

③ 在设定页的工件数据号、名称输入栏中输入代表工具的工件数据号、名称，单击软操作键〖继续〗。

④ 在设定页的 BASE CS 原点、方向数据输入栏中输入工具控制点（TCP）位置、工件安装方向数据，单击软操作键〖继续〗。

⑤ 单击软操作键〖保存〗，系统将保存 BASE CS 数据。

（2）BASE CS 示教方法

在利用工件变位器改变工具位置的机器人移动工件系统上，控制系统的 BASE CS 示教设定可使用与固定工具类似的“5D”“6D”两种方法设定（参见 11.4 节）。

“5D”“6D”示教设定都需要在机器人手腕上安装 TOOL CS 已准确设定的移动工具，将其作为测试工具，然后，将测试工具的 TCP 定位到安装在工件变位器上的待测工具的 TCP 上，确定待测工具的 TCP 在 ROOT CS 上的位置，设定控制系统的 BASE CS 原点。在此基础上，再利用“5D”“6D”示教，设定 BASE CS 方向。

选择“5D”示教时，需要将机器人手腕调整成手腕基准坐标系（FLANGE CS）的 Z 轴与工具的中心线平行、FLANGE CS 的 $-Z$ 方向与需要设定的系统 BASE CS 的 $+X$ 方向一致的状态，系统便可完成 BASE CS 的 X 轴与方向的设定，并自动生成 Y、Z 轴方向。

选择“6D”示教时，则需要将机器人手腕调整成符合以下规定的状态，由控制系统自动设定 BASE CS 方向。

X 轴：通过工具的 TCP 且与机器人手腕基准坐标系（FLANGE CS）Z 轴平行的直线为控制系统 BASE CS 的 X 轴，BASE CS 的 $+X$ 方向与 FLANGE CS 的 $-Z$ 方向相同。

Y 轴：通过工具的 TCP 且与机器人手腕基准坐标系（FLANGE CS）Y 轴平行的直线为控制系统 BASE CS 的 Y 轴，BASE CS 的 $+Y$ 方向与 FLANGE CS 的 $+Y$ 方向相同。

Z 轴：通过工具的 TCP 且与机器人手腕基准坐标系（FLANGE CS）X 轴平行的直线为控制系统 BASE CS 的 Z 轴，BASE CS 的 $+Z$ 方向与 FLANGE CS 的 $+X$ 方向相同。

（3）BASE CS 示教操作

使用工件变位器的机器人移动工件作业系统的 BASE CS“5D”“6D”示教设定操作步骤如下。

① 确认控制系统已正确配置工件变位器，变位器坐标系（ROOT CS）已准确设定。机器人已安装用于测试的、已完成 TOOL CS 设定的工具。机器人操作模式为 T1。

② 按 Smart PAD 主菜单键或单击 Smart HMI 状态显示栏的主菜单图标，显示 Smart PAD 操作主菜单后，选择主菜单“投入运行”→子菜单“测量”→“固定工具”→“外部运动系统偏量”，示教器即可显示 BASE CS 示教设定页面。

③ 在设定页的工件数据号输入栏，选定保存工件变位器数据的工件数据号，示教器可显示工件数据设定的工件坐标系名称，单击软操作键〖继续〗。

④ 在设定页的外部运动系统编号输入栏，输入工件变位器所对应的外部运动系统编号，示教器可显示外部运动系统名称，单击软操作键〖继续〗。

⑤ 在设定页的工具数据号输入栏，输入测试工具所对应的工具数据编号，单击软操作键〖继续〗。

⑥ 在设定页的“5D”“6D”示教方式选择栏，选定“5D”示教或“6D”示教操作，单击软操

作键〖继续〗。

⑦ 选择机器人手动操作，将测试工具的 TCP 定位到工件变位器上的待测工具的 TCP 上，单击软操作键〖测量〗，系统将记录机器人位置，单击软操作键〖继续〗。

⑧ 根据所选的示教方式，将机器人手腕基准坐标系（FLANGE CS）调整成“5D”“6D”示教要求的状态，单击软操作键〖测量〗，系统将记录机器人位置，单击软操作键〖继续〗。

⑨ 单击软操作键〖保存〗，系统将保存 BASE CS 数据。

第11章 机器人故障诊断与维修

11.1 机器人一般故障与处理

11.1.1 机器人检查与故障分析

工业机器人故障可能是多方面造成的，如果在故障原因不明的情况下，对机器人进行不正确的维修处理，不但不能使机器人恢复正常，而且还可能导致其他问题的产生，因此，故障维修时应认真检查、仔细分析原因，准确判断故障部位，才能排除故障、恢复机器人正常运行。

工业机器人的部分故障可能与环境条件、安装连接、操作等因素有关，维修时应根据故障现象，认真对照机器人与控制系统使用说明书进行相关检查，以确认故障的真正原因，进行相应的维修处理。

工业机器人维修需要进行的常规检查及故障分析的基本方法如下。

1. 常规检查

机器人的常规检查一般包括机器人基本状态检查、连接检查、操作检查等。常规检查的内容通常如下。

（1）基本状态检查。机器人基本状态检查的一般内容如下。

① 机器人的工作环境是否符合要求？输入电源、气动系统的压力等条件是否满足规定要求？

② 机器人是否已经正确安装，并按照规定完成调整？

③ 控制柜、示教器及机器人机械零部件是否完好？是否有变形与损坏现象？

④ 控制柜内部的控制部件、驱动器、电气元件安装是否牢固、可靠？器件表面是否有灰尘、金属粉末等污染？冷却风扇工作是否正常？

⑤ 作业工具、辅助控制部件安装是否符合规定、牢固可靠？

⑥ 润滑脂是否已按规定充填、更换？等等。

（2）连接检查。机器人连接检查的一般内容如下。

① 输入电源是否有缺相现象？电压范围是否符合要求？电源线、系统接地线连接是否可靠？接地线规格是否符合要求？

② 电缆是否有扭曲、缠绕、破裂、损伤现象？动力线与信号线布置是否合理？

③ 伺服电机、作业工具的电缆连接器插头是否完全插入、拧紧？等等。

（3）操作检查。机器人操作检查的一般内容如下。

① 机器人是否处于正常作业状态？作业工具、辅助控制装置是否已正常？

② 作业工具安装是否符合要求？机器人运动是否存在干涉？

③ 控制柜面板上的按钮、开关位置是否正确？急停按钮是否处于急停状态？安全栅栏的防护门是否已关闭？

④ 机器人零点是否准确？软件限位设定、机械限位挡块调整位置是否正确？

⑤ 机器人的工具坐标系、工具质量、负载质量设定是否正确？等等。

机器人维修时需要进行检查的项目较多，而且系统越复杂，需要检查的内容就越多，为了方便检查，防止问题遗留，专业维修人员一般需要事先设计并制作一份专门的机器人维修检查表，以便逐项进行检查。

2. 故障分析

故障分析是工业机器人维修的重要步骤，通过故障分析，一方面可以基本确定故障的部位与产生原因，为排除故障提供正确的方向，维修人员少走弯路。同时还可以检验维修人员素质，促进维修人员提高分析问题，解决问题能力的作用。

通常而言，工业机器人的故障分析、诊断主要有以下几种方法。

（1）常规分析法。常规分析法是通过对机器人的机、电部件常规检查来判断故障发生原因与部位的一种简单方法，常规分析一般只能判定作业条件、器件外观损坏等简单故障，其作用与基本检查类似，常规分析法通常包括以下内容。

① 检查电源（电压、频率、容量等）是否符合要求。

② 检查气动系统的压力是否符合要求，润滑脂是否已按规定充填、更换。

③ 检查电器元件、机械部件是否安装牢固，外观是否有明显的损坏，等等。

（2）动作分析法。动作分析法是通过观察、监视机器人实际动作来判定不良部位，并由此来追溯故障根源的一种方法。一般来说，机器人的作业工具、辅助控制部件，如抓手、焊钳等均可以通过动作诊断来判定故障原因。

动作分析法可以在控制系统电源关闭情况下，通过对气动阀等部件的手动操作，使得机械部件运动，检查动作正确性、可靠性。此外，也利用外部发信体、万用表、指示灯等工具，检查接近开关、行程开关的发信状态。

（3）状态分析法。状态分析法是通过系统监控功能监测执行部件的工作状态来判定故障原因的一种方法，它可以在不使用外部仪器、设备的情况下，通过控制系统的状态监控，迅速找到故障的原因，因此，在工业机器人维修时使用最广。

在现代采用计算机控制的系统中，伺服驱动系统、控制系统的构成模块等关键部件的主要参数都可以通过各种方法进行动态、静态检测。

例如，利用前述的示教器系统监控操作，检查系统的存储器状态、程序定时器、安全信号、运行时间、程序执行情况，或者通过伺服运行状态监控、伺服诊断等操作，对各轴的伺服驱动器工作状态、伺服电机输出转矩、实际位置、超程开关等进行监控与检查。此外，还可通过控制系统的输入仿真及输出强制操作，对机器人控制系统的I/O信号进行仿真，以判别输入/输出装置的连接、工作情况。

KUKA机器人控制系统的状态监控操作可参见第9章。

（4）系统自诊断法。控制系统的自诊断功能主要有开机自诊断、故障显示、在线测试等，其作用与功能如下。

开机自诊断是指系统通电时由内部操作系统自动执行的诊断程序，其作用类似于计算机的开机诊断。开机自诊断可以对控制系统的关键部件，如 CPU、存储器、I/O 单元、示教器单元、模块、网络连接等进行自动硬件安装与软件测试检查，确定其功能、安装、连接状态，只有当全部项目确认无误后，才能进入正常运行状态。

故障显示是控制系统以报警显示的形式，通过示教器显示错误信息，提示维修人员故障内容、原因及处理方法的自诊断功能。故障显示的内容具体、含义明确、提示清晰，是机器人故障时最重要、最常用的维修指南，有关内容可参见后述。

在线测试需要使用专门的测试设备及安装有专用测试软件的计算机，它可以为控制系统故障分析、维修提供更为详细的数据，准确确定故障部位和原因。在线测试通常需要由控制系统生产厂家的专业维修人员利用专门测试设备进行。

11.1.2 机器人常见问题与处理

1. 机器人常见问题

工业机器人运行时，本体常见故障与可能的原因、一般处理方法如表 11.1-1 所示。

表 11.1-1 工业机器人本体常见故障与处理

现象	部位或状态	可能原因	故障处理
运行时振动、发出异常声音	底板、连接板、机器人基座	1. 底板、地脚螺栓松动； 2. 连接板和底板焊接不良、焊缝脱落； 3. 基座和连接板（或底板）连接螺栓松动； 4. 底板或连接板、基座的安装面不平整、存在异物； 5. 底板、连接板厚度、刚性不足	1. 紧固连接螺栓； 2. 检查焊缝、必要时重新焊接； 3. 检查安装面是否存在异物，必要时对安装面进行重新加工； 4. 按说明书要求，保证底板、连接板厚度和刚性
	腰回转时	1. J1 轴与基座连接螺栓松动； 2. 基座与腰的安装面不平整、存在异物； 3. J1 轴与支承轴间隙过大	1. 紧固连接螺栓； 2. 检查安装面是否存在异物，必要时对安装面进行重新处理； 3. 重新调整轴承间隙
	特定姿态或加减速时	1. 负载过大； 2. 速度、加速度过大	1. 减轻负载； 2. 降低速度、加速度
	碰撞后或长期使用	1. 机械传动部件损坏、磨损； 2. 机械传动部件存在异物； 3. 润滑污染或不足	1. 确定不良部位，更换零件； 2. 清理机械传动部件、更换润滑脂
	驱动电机	1. 驱动系统安装、连接不良； 2. 驱动系统参数设定、调整不当； 3. 电枢、编码器电缆断线、连接不良或连接错误； 4. 电机、编码器或驱动器不良	1. 检查安装、连接； 2. 重新调整驱动系统参数； 3. 检查驱动器、电机、编码器连接； 4. 更换驱动器、电机或编码器
	低速运行时	1. 更换的润滑脂规格不正确； 2. 用于机器人长期不使用，更换润滑脂后的开始阶段	1. 使用规定的润滑脂； 2. 机器人运行 1～2 天后，可能自动消失
本体晃动	工作时	机械部件安装、连接不良	检查机器人安装、固定部件连接
	急停时	急停导致的冲击（见后述）	冲击过大时（见后述），应检查机器人安装与固定部件连接

（续表）

现象	部位或状态	可能原因	故障处理
电机过热	长时间工作后	1. 环境温度过高； 2. 电机散热不良； 3. 负载过重或加减速过于频繁； 4. 驱动器参数调整不当； 5. 机械传动系统不良	1. 改善工作环境及电机散热条件； 2. 减轻负载，减少加减速次数； 3. 重新调整驱动器参数； 4. 检查机械传动系统
	开机时	1. 制动器故障或连接不良； 2. 电源输入缺相或电压过低； 3. 电枢、编码器电缆断线、连接不良或连接错误； 4. 电机、编码器或驱动器不良	1. 检查制动器安装、连接； 2. 检查输入电源； 3. 检查驱动器、电机安装、连接； 4. 更换驱动器、电机或编码器
手臂自落	断电时	1. 制动器松开继电器触点熔焊、无法完全断开； 2. 制动器有润滑脂、油渗入； 3. 制动器磨损、老化	1. 检查、更换制动器，松开继电器； 2. 更换制动器
定位不准	运行时	1. 机械传动系统间隙过大，机械传动部件连接不良或损坏； 2. 减速器磨损或损坏； 3. 机器人零点位置不正确； 4. 编码器、电机连接不良； 5. 编码器不良	1. 检查、调整机械传动系统，更换不良部件； 2. 更换减速器； 3. 校准机器人零点； 4. 检查编码器、电机连接； 5. 更换编码器
	急停时	控制系统延迟、运动部件惯性引起的制动偏移	偏移过大时（见后述），应检查机器人安装与固定部件连接
润滑溢出	运行时	1. 密封件老化； 2. 机械部件破损； 3. 密封螺栓松动； 4. 充脂口破损或密封不良	1. 更换密封件； 2. 更换破损机械部件； 3. 紧固密封螺栓； 4. 检查充脂口及密封

2. 机器人急停冲击

机器人运动时出现急停、断电等异常情况时，伺服驱动系统的主电源将被直接分断、伺服电机将以最大电流紧急制动，关节轴运动迅速停止。

垂直串联工业机器人各关节轴的负载中心往往远离驱动电机，负载惯性较大，因此，机器人紧急停止时，机器人可能产生冲击和晃动，同时，关节轴位置将因控制系统动作延迟、运动部件惯性而发生偏移。机器人的冲击和偏移是控制系统急停时必然发生的正常现象，如果机器人安装可靠、不发生碰撞，并且所产生的冲击和偏移都在说明书规定的范围之内，就无须进行处理。

机器人急停时的冲击力、冲击转矩及由于控制系统延迟、运动惯性引起的关节轴位置偏移，与机器人结构、规格及急停时的负载质量、关节轴运动速度、机器人和工具姿态等诸多因素有关。

例如，FANUC R-1000iA/80F 机器人在手腕安装最大负载，关节轴以最大速度在负载惯性最大的极限情况下急停时，将在图 11.1-1 所示的方向，产生如下冲击力和冲击转矩。

水平冲击力 F_H：21.56×10^3N。

垂直冲击力 F_V：21.56×10^3 N。

水平冲击转矩 M_H：14.7×10^3 N · m。

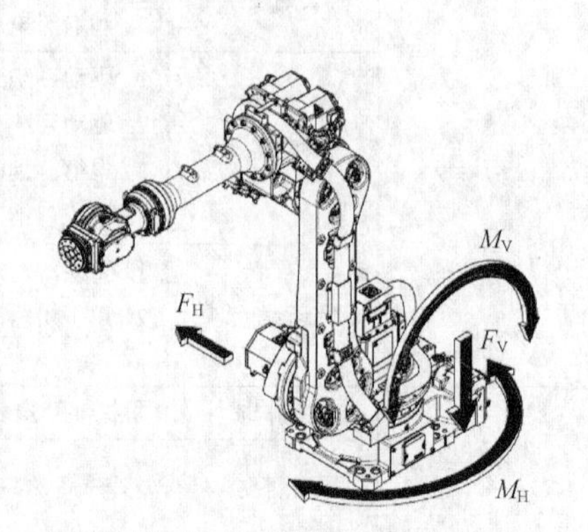

图 11.1-1　机器人急停冲击

垂直冲击转矩 M_V：38.22×10^3 N · m。

因控制系统延迟所产生的 J1、J2、J3 轴最大位置偏移如下。

J1 轴：控制系统延迟 0.362s、最大偏移角度 29.4°。

J2 轴：控制系统延迟 0.231s、最大偏移角度 15°。

J3 轴：控制系统延迟 0.164s、最大偏移角度 14.4°。

因运动部件惯性所产生的 J1、J2、J3 轴最大位置偏移如下。

J1 轴：制动时间 0.698s、最大偏移角度 62.3°；

J2 轴：制动时间 0.756s、最大偏移角度 50.9°；

J3 轴：制动时间 0.652s、最大偏移角度 59°。

11.1.3 电源连接与检查

机器人控制系统必须在所有控制部件正常通电的情况下才能工作，如果出现示教器不显示等问题，应首先检查对照控制系统电源电路，检查控制部件输入电源。

1. 电源连接电路

KUKA 机器人常用的 KRC4 标准型控制系统的电源连接总图如图 11.1-2 所示，图中以虚线表示的控制部件为系统选配部件。

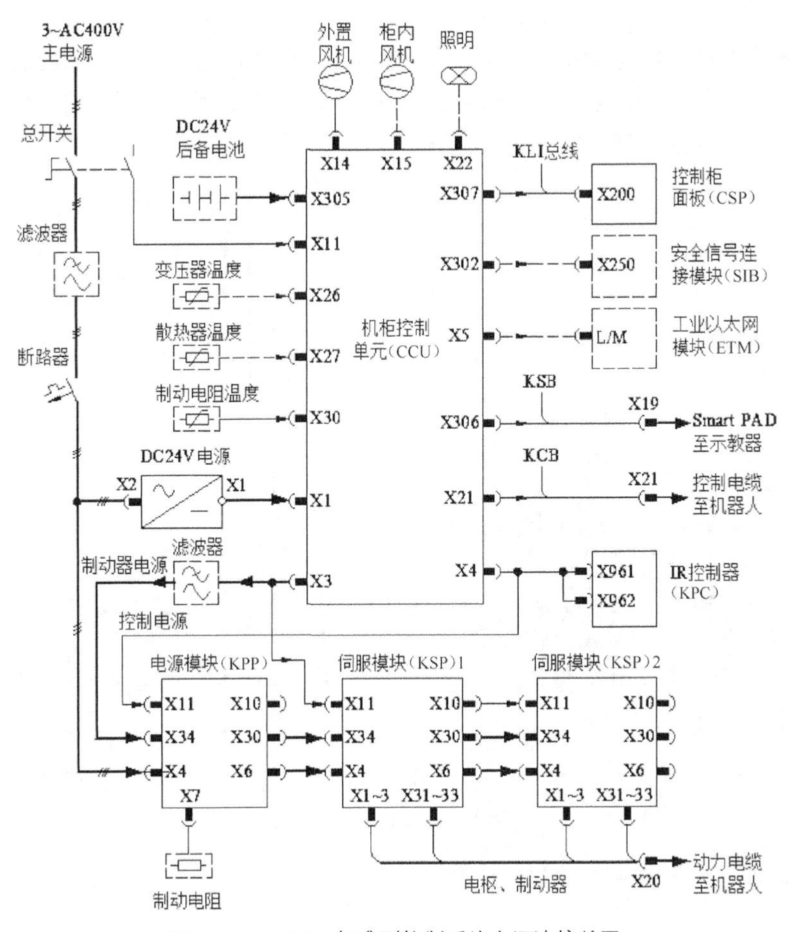

图 11.1-2 KRC4 标准型控制系统电源连接总图

工业机器人控制系统的结构通常较简单，KUKA机器人控制系统主要由DC24V电源单元（PSU）、机柜控制单元（CCU）、IR控制器（KPC）、伺服驱动器（KPP/KSP）、安全信号连接模块（SIB）、工业以太网模块（ETM）、控制柜面板（CSP）及Smart PAD示教器、伺服电机与编码器、编码器接口模块（RDC）等主要部件及电源总开关、滤波器、后备电池（电瓶）、风机、超程检测开关等辅助部件组成。

Smart PAD示教器为可移动手持式结构，利用专用连接电缆与控制柜连接；伺服驱动电机、电磁阀等执行器件及编码器、超程开关等检测器件均安装在机器人本体上，通过动力电缆、串行数据总线、控制电缆与控制柜连接。KUKA机器人的关节轴位置利用断电记忆的EDS存储卡保存；为了简化连接、方便运输安装，用于编码器连接及串行数据转换、位置数据保存的编码器接口模块（RDC）安装在机器人本体（基座）上。控制系统的其他控制部件都统一安装在系统控制柜内。

KRC4系统的3相AC400V输入电源从控制柜电气连接板的电源输入连接器X1输入、利用控制柜门上的电源总开关通断。在控制柜内部，输入电源经过滤波器、短路保护断路器后可分别向DC24V电源单元（PSU）、驱动器电源模块（KPP）提供3相AC400V输入电源。PSU的DC24V输出通过机柜控制单元（CCU）的电源管理板（PMB），分配到系统的各控制部件；KPP的输出可为驱动器伺服模块（KSP），提供逆变主回路的直流母线电压（约DC600V）。

2. 主电源输入检查

KRC4标准型系统的主电源为3相AC400V输入，电源通过图11.1-3所示的控制柜电气连接板的连接器X1输入。在控制柜内部，主电源经过总开关Q1、滤波器K1、断路器Q3，作为伺服驱动器电源模块（KPP）的主电源及DC24V电源单元（PSU）的输入。

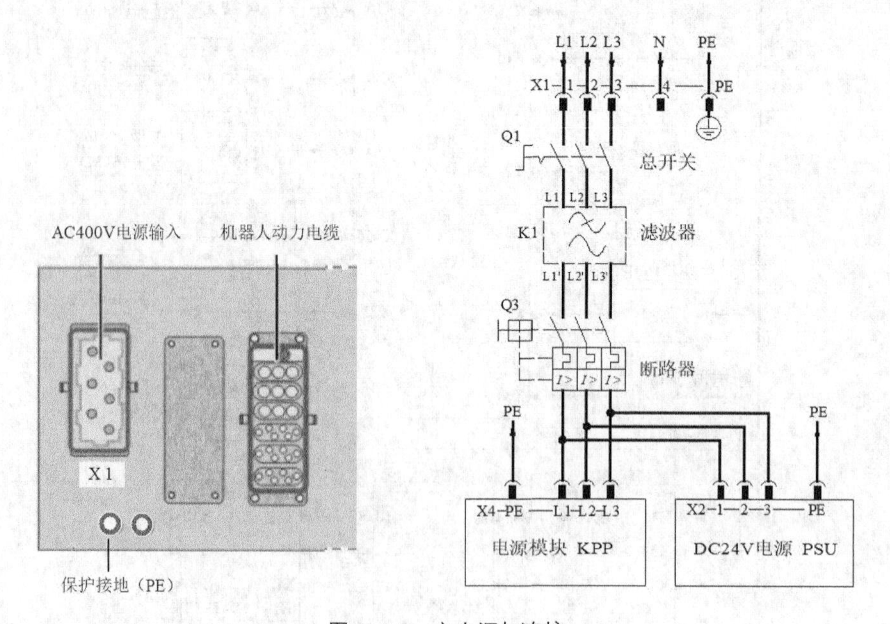

图11.1-3　主电源与连接

系统主电源输入电路的检查方法如下。

① 断开控制系统电源总开关 Q1、短路器 Q3；检查电源进线连接器 X1 的输入电源电压正确、无缺相。

② 检查控制柜电源总开关 Q1 输入侧的电源电压正确、无缺相。

③ 合上总开关 Q1，确认 Q1 输出侧的电压正确、无缺相；如输出侧电压不正确，应检查总开关连接、更换电源总开关。

④ 检查滤波器 K1 的 L1/L2/L3 输入及 L1′/L2′/L3′输出电压正确、无缺相；如输入电源正确、输出电压不正确，应检查滤波器连接、更换滤波器。

⑤ 检查断路器 Q3 输入侧的电压正确、无缺相。

⑥ 合上断路器 Q3，确认 Q3 输出侧的电压正确、无缺相。

⑦ 检查驱动器电源模块（KPP）输入电源连接器 X4 的连接端 L1/L2/L3（参见第 4 章）及 DC24V 电源单元的输入电源连接端 1/2/3，确认电压正确、无缺相。

⑧ 检查 DC24V 电源单元（PSU）的直流输出，确认直流输出电压为 DC27V 左右。

3. 控制电源检查

除伺服驱动器主电源输入为 3 相 AC400V 外，KUKA 机器人控制系统的其他控制部件的输入电源均为 DC24V，并由 DC24V 电源单元（PSU）统一提供。

DC24V 电源单元（PSU）的输出电压与电网电源有关，在 AC400V 额定输入时，其实际输出电压为 DC27V 左右。控制系统各部件的 DC24V 电源保护、管理、分配电路集成在机柜控制单元（CCU）的电源管理板（PMB）上。

提供给机柜风机、照明等辅助部件的 DC24V 电源只有简单的熔断器保护功能，它们在 PSU 输入 DC27V 后便可正常工作。伺服电机的 DC24V 制动器电源需要在伺服启动、闭环位置控制功能生效后接通（松开）。

IR 控制器（KPC）、编码器连接模块（RDC）等需要按规定的关机次序退出软件、保存数据的控制部件，DC24V 电源具有后备电源支持功能。当主开关意外断开、AC400V 输入断电、DC24V 电源单元（PSU）发生故障时，可通过后备电源（DC24V 蓄电瓶）的支持，延迟关机等。

机柜控制单元（CCU）的电源管理板（PMB）的检查方法详见后述。

11.2 指示灯检查与故障处理

11.2.1 CSP 指示灯检查与处理

KUKA 机器人控制系统的控制柜面板（Controller System Panel，CSP）安装在控制柜门上，CSP 安装有 6 个控制系统基本工作状态指示灯及工业以太网及移动存储设备连接的网络接口和 USB 接口。

控制面板（CSP）的指示灯和通信接口安装可参见第 4 章，控制系统电源接通、系统正常工作时，CSP 指示灯状态及故障处理如表 11.2-1 所示。

表 11.2-1　CSP 指示灯状态及故障处理

序号	CSP 指示	指示灯状态	状态说明及故障处理
1		LED1～6 同时亮	CSP 开机测试；CSP 正常时，所有指示灯同时亮 3s 以上 系统启动的正常状态
2		LED1（绿）和 LED3（白）亮	系统正常工作，机器人操作模式为“自动（AUT）” 正常工作状态
3		LED1（绿）亮	系统正常工作，机器人操作模式为“示教（T1 或 T2）” 正常工作状态
4		LED3（白）缓慢闪烁	系统正常工作，但 IR 控制器（KPC）处于待机（休眠）状态 正常工作状态
5		LED1（绿）缓慢闪烁	系统正常工作，等待 HMI（Human Machine Interface，人机界面）软件启动
6		LED1（绿）亮、LED4～6（红）缓慢闪烁	系统正常工作，PROFINET 网络测试中（PROFINET Ping 执行中） 正常工作状态
7		LED1（绿）缓慢闪烁、LED4（红）亮	系统故障，IR 控制器（KPC）的计算机 BIOS（Basic Input Output System，基本输入输出系统）无法正常启动 故障处理：更换 KPC 或重装系统
8		LED1（绿）缓慢闪烁、LED5（红）亮	系统故障，IR 控制器（KPC）的 Windows 或 PMS（电源管理软件）启动时超时 故障处理：更换硬盘、重装系统
9		LED1（绿）缓慢闪烁、LED6（红）亮	系统故障，IR 控制器（KPC）的计算机 RTS（Run Time System，运行时间系统）出错 故障处理：重新安装、设置系统

11.2.2　CCU 指示灯检查与处理

1. DC24V 电源保护熔断器

KUKA 控制系统的 DC24V 电源由 DC24V 电源单元（PSU）统一提供，DC24V 电源在机柜控制单元（CCU）的电源管理板（PMB）控制下，可有序通、断各控制部件；IR 控制器（KPC）、编码器连接模块（RDC）等需要按规定的关机次序退出软件、保存数据的控制部件，还可通过后备电源（DC24V 蓄电瓶）的支持，延迟关机等。

电源管理板（PMB）的每一个 DC24V 电源支路都安装有独立的短路保护熔断器，每一熔断器旁都安装有独立的指示灯（红色 LED），指示熔断器状态。当熔断器熔断时，对应的指示灯将亮。

电源管理板(PMB)的熔断器安装及指示灯如图 11.2-1 所示，熔断器代号、功能及规格如表 11.2-2 所示；当熔断器熔断时，应先检查外部连接电路和连接器件，排除故障。然后，更换同规格的熔断器，重新启动系统。

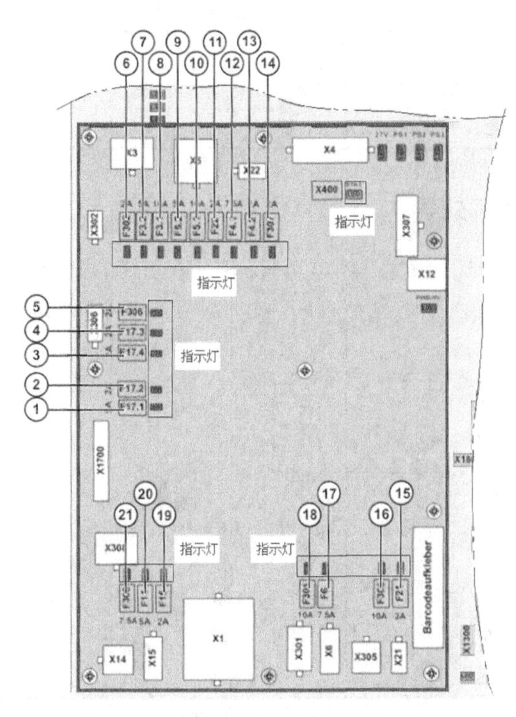

图 11.2-1　PMB 熔断器安装及指示灯

表 11.2-2　PMB 熔断器代号、功能与规格

序号	代号	熔断器功能	规格
1	F17.1	主接触器控制信号（CIB 连接器 X309、X312 输出）短路保护	5A
2	F17.2	快速测量输入电路（CIB 连接器 X23、X25 输入）保护	2A
3	F17.4	安全信号输入电路（CIB 连接器 X310 输入）保护	2A
4	F17.3	CCU 内部控制电路保护	2A
5	F306	Smart PAD 示教器电源保护（PMB 连接器 X306）	2A
6	F302	安全信号接口模块（SIB）电源保护（PMB 连接器 X302）	5A
7	F3.2	伺服驱动器电源模块（KPP1）控制电源保护	7.5A
8	F3.1	伺服驱动器电源模块（KPP1）制动电源保护	15 A
9	F5.2	伺服驱动器第 2 电源模块（KPP2，如安装）控制电源保护	7.5 A
10	F5.1	伺服驱动器第 2 电源模块（KPP2，如安装）制动电源保护	15 A
11	F22	控制柜照明（连接器 X22：选项）电源保护	2 A
12	F4.1	IR 控制器（KPC）电源保护	10 A
13	F4.2	IR 控制器（KPC）风机电源保护	2 A
14	F307	控制柜面板（CSP）电源保护	2 A
15	F21	编码器接口模块（RDC）电源保护	2 A

（续表）

序号	代号	熔断器功能	规格
16	F305	后备电源（电瓶）保护	15 A
17	F6	外部附加控制部件 DC24V 输出电源保护（X6，选项）	7.5 A
18	F301	外部附加控制部件 DC24V 安全输出电源保护（X301，选项）	7 A
19	F15	控制柜内置风机（选项）电源保护	2 A
20	F14	控制柜外置风机（选项）电源保护	7.5 A
21	F308	外部 DC24V 电源输入（X308，选项）保护	7.5 A

2. CCU 状态检查与故障处理

KRC4 系统的机柜控制单元（CCU）的电源管理板（PMB）、机柜接口板（CIB）上安装有图 11.2-2 所示的状态指示灯，指示灯状态及故障处理的一般方法如表 11.2-3 所示。

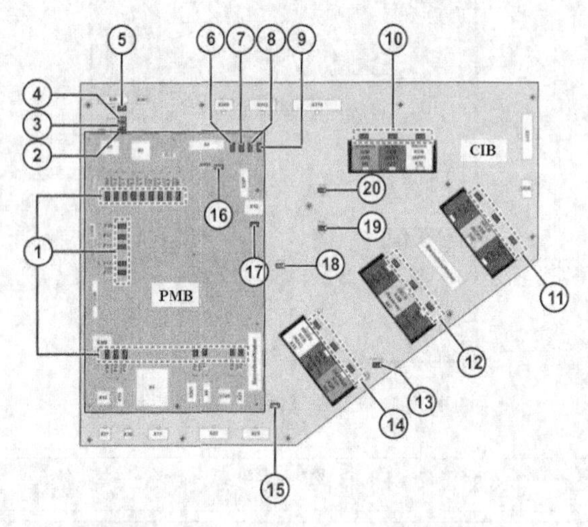

图 11.2-2　CCU 指示灯状态安装

表 11.2-3　CCU 指示灯状态及故障处理

<table>
<tr><th>序号</th><th>代号</th><th>指示灯状态</th><th>故障处理</th></tr>
<tr><td>1</td><td>（红）</td><td>熔断器状态指示，参见表 11.2-1；
亮：熔断器熔断</td><td>检查原因、排除故障、更换熔断器</td></tr>
<tr><td>2</td><td>PWRS
（绿）</td><td>CCU 电源指示
亮：正常；不亮：CCU 电源故障</td><td>不亮：检查熔断器 F17.3，如 F17.3 正常，则更换 CCU</td></tr>
<tr><td>3</td><td>STAS2
（橙）</td><td rowspan="2">安全电路状态指示
不亮：安全电路电源故障
1Hz 闪烁：正常工作；
10Hz 闪烁：系统启动中；
快速闪烁：　安全电路故障</td><td rowspan="2">不亮：检查熔断器 F17.3，如 F17.3 正常，则更换 CCU；
快速闪烁：取下连接器 X309/X310/X312 后，关闭控制系统、重新开机；如果故障仍然存在，则更换 CCU</td></tr>
<tr><td>4</td><td>STAS1
（橙）</td></tr>
<tr><td>5</td><td>FSoE
（绿）</td><td>EtherCat 安全通信状态指示
亮：通信安全；
不亮：功能未生效；
闪烁：功能出错</td><td>不亮或闪烁：检查 EtherCat 网络连接与系统设置</td></tr>
</table>

（续表）

序号	代号	指示灯状态	故障处理
6	27V（绿）	DC24V 输入电源指示 亮：正常；不亮：无 DC24V 电源输入	不亮：检查并确认 DC24V 电源单元、CCU 电源输入连接器 X1 正常
7	PS1（绿）	DC24V 缓冲电源 PS1 指示 亮：正常；不亮：PS1 故障	不亮：检查并确认 DC24V 电源单元、CCU 电源输入连接器 X1 正常
8	PS2（绿）	DC24V 缓冲电源 PS2 指示 亮：正常；不亮：PS2 故障	不亮：检查并确认 DC24V 电源单元、CCU 电源输入连接器 X1 正常
9	PS3（绿）	DC24V 缓冲电源 PS3 指示 亮：正常；不亮：PS3 故障	不亮：检查并确认 DC24V 电源单元、CCU 电源输入连接器 X1 正常
10、11、12、14	L/A（绿）	CCU 网络工作状态指示 亮：网线已插入； 不亮：网线未插入； 闪烁：正常通信中	不亮：检查、确认网络连接及部件工作状态（参见第 4 章）
13	PWR/3.3（绿）	CIB 电源指示 亮：正常； 不亮：CIB 电源故障	不亮：使用外部 DC24V 输入时，检查熔断器 F308 及 X308 输入；不使用外部 DC24V 输入时，检查 X308 短接端及熔断器 F17.3
15	STA1（橙）	CIB I/O 电路工作状态指示 不亮：I/O 电路电源故障 1Hz 闪烁：正常工作； 10Hz 闪烁：系统启动中； 快速闪烁：I/O 电路出错	不亮或快速闪烁：检查熔断器 F17.3，如 F17.3 正常，则更换 CCU
16	STA1（橙）	PMB USB 接口电路工作状态指示 不亮：USB 电源故障 1Hz 闪烁：正常工作； 10Hz 闪烁：系统启动中； 快速闪烁：USB 电路出错	不亮或快速闪烁：检查、确认 DC24V 电源单元、CCU 电源输入连接器 X1 正常； X1 输入正确时，更换 CCU
17	PWR/5（绿）	PMB 电源指示 亮：正常；不亮：PMB 电源故障	不亮：检查熔断器 F17.3，如 F17.3 正常，则更换 PMB
18	STA2（橙）	FPGA 工作状态指示 不亮：FPGA 电源故障 1Hz 闪烁：正常工作； 10Hz 闪烁：系统启动中； 快速闪烁：FPGA 电路出错	不亮或快速闪烁：检查熔断器 F17.3，如 F17.3 正常，则更换 CCU
19	RUN SION（绿）	EtherCat 安全连接状态指示 亮：正常； 不亮：安全连接未建立； 2.5Hz 闪烁：系统调试； 10Hz 闪烁：系统更新	不亮：检查 EtherCat 网络连接与系统设置
20	RUN CIB（绿）		

11.2.3 驱动器、RDC、SIB 检查与处理

1. 驱动器状态检查与故障处理

KRC4 系统的驱动器电源模块（KPP）安装有图 11.2-3 所示的状态指示灯，指示灯状态及故障处理的一般方法如表 11.2-4 所示。KRC4 系统的驱动器伺服模块（KSP）的指示灯安装方法与驱动

器电源模块（KPP）的指示灯安装方法相同，但是，图 11.2-4 中的指示灯 1 为伺服模块的第 1 轴伺服模块指示，指示灯状态及故障处理方法与表 11.2-3 中的指示灯 4、5 相同。

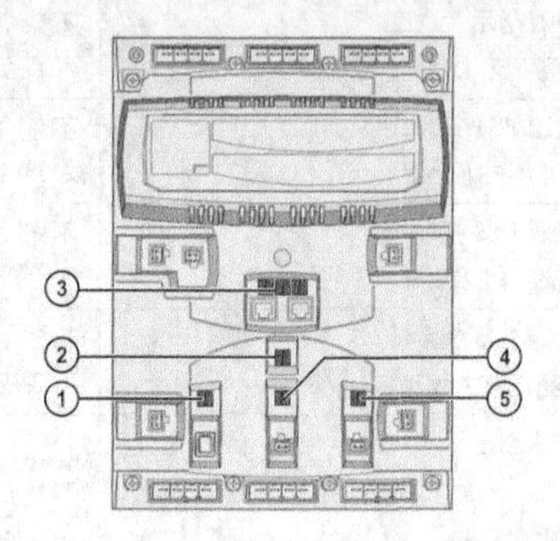

图 11.2-3　KPP、KSP 状态指示灯安装

表 11.2-4　KPP 指示灯状态及故障处理

序号	名称	指示灯状态		驱动器状态	故障处理
		红	绿		
1	KPP 电源指示	灭	灭	无 DC24V 控制电源	检查 X10 连接、确认 DC24V 输入
		灭	闪烁	直流母线充电中	主电源接通、直流母线电压未达到额定值
		灭	亮	正常工作状态	直流母线电压正常
		亮	灭	电源模块故障	确认 DC24V 输入正确，更换 KPP
	KSP 第 1 轴指示	灭	灭	无 DC24V 控制电源	检查 X10 连接、确认 DC24V 输入
		灭	闪烁	伺服未使能	伺服使能信号未加入
		灭	亮	正常工作状态	伺服模块已使能
		亮	灭	伺服模块故障	更换 KSP
2	KCB 通信指示	灭	灭	无 DC24V 控制电源	检查 X10 连接、确认 DC24V 输入
		灭	闪烁	KCB 总线通信未建立	检查 KCB 连接，确认 CCU、KPC 正常
		灭	亮	正常工作状态	KCB 通信正常
		亮	灭	KCB 通信故障	检查 KCB 连接，更换 KPP
3	直流母线指示	灭	灭	无 DC24V 控制电源	检查 X10 连接、确认 DC24V 输入
		灭	闪烁	直流母线未开放	检查 KCB 连接，确认 CCU、KPC 正常
		灭	亮	正常工作状态	直流母线正常工作
		亮	灭	直流母线故障	确认 DC24V 输入正确，更换 KPP
4、5	KPP 集成 1/2 轴、KSP 第 2、3 轴指示	灭	灭	无 DC24V 控制电源	检查 X10 连接、确认 DC24V 输入
		灭	闪烁	伺服未使能	伺服使能信号未加入
		灭	亮	正常工作状态	伺服模块已使能
		亮	灭	伺服模块故障	更换 KPP

2. RDC 检查与故障处理

KRC4 系统的编码器接口模块（RDC）安装有图 11.2-4 所示的状态指示灯，指示灯状态及故障处理的一般方法如表 11.2-5 所示。

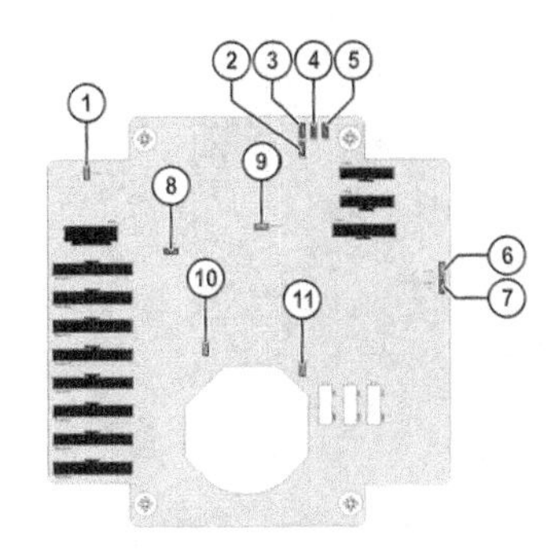

图 11.2-4　RDC 状态指示灯安装

表 11.2-5　RDC 指示灯状态及故障处理

序号	名称	指示灯状态	故障处理
1	电机温度上升指示（黄）	1Hz 闪烁：温度上升正常； 灭：电机过热； 快速闪烁：温度上升检测电路出错	检查电机电枢及编码器、RDC 连接；排除过载因素，更换电机
2	RDC 运行指示（绿）	不亮：RDC 电源故障或模块初始化； 亮：正常工作； 2.5 Hz 闪烁：系统调试； 10 Hz 闪烁：系统启动中； 快速闪烁：RDC 出错	不亮：检查并确认 RDC 连接、CCU 工作状态（参见第 4 章）及系统设置
3	KCB 输入指示（绿）	亮：X18 网线已插入； 不亮：X18 网线未插入； 闪烁：KCB 正常通信中。	不亮：检查并确认 KCB 连接及 CCU 工作状态（参见第 4 章）
4	KCB 输出指示（绿）	亮：X19 网线已插入； 不亮：X19 网线未插入； 闪烁：KCB 正常通信中	不亮：检查并确认 KCB 连接及 CCU 工作状态（参见第 4 章）
5	EMD 连接指示（绿）	亮：EMD 已连接到 X20 不亮：X20 未连接 EMD； 闪烁：EMD 正常通信中	检查 X20 连接
6	RDC 处理器指示（黄）	1 Hz 闪烁：正常工作； 不亮：RDC 处理器故障； 快速闪烁：RDC 处理器出错	检查系统设置、更换 RDC
7	RDC 电源指示（绿）	亮：DC24V 电源正常； 不亮：无 DC24V 电源	检查 RDC 连接、DC24V 电源
8	EtherCat 安全通信指示（绿）	亮：通信安全； 不亮：功能未生效； 闪烁：功能出错	检查 RDC 连接与系统设置
9、10、11	RDC 电路指示（黄）	1Hz 闪烁：正常工作； 不亮：电路故障； 快速闪烁：电路出错	检查系统设置、更换 RDC

3. SIB 检查与故障处理

KRC4 系统的安全信号连接模块（SIB）安装有图 11.2-5 所示的状态指示灯，指示灯状态及故障处理的一般方法如表 11.2-6 所示。SIB 扩展模块与 SIB 模块只是指示灯安装位置有所区别，指示灯代号、状态显示及故障处理方法与 SIB 模块相同。

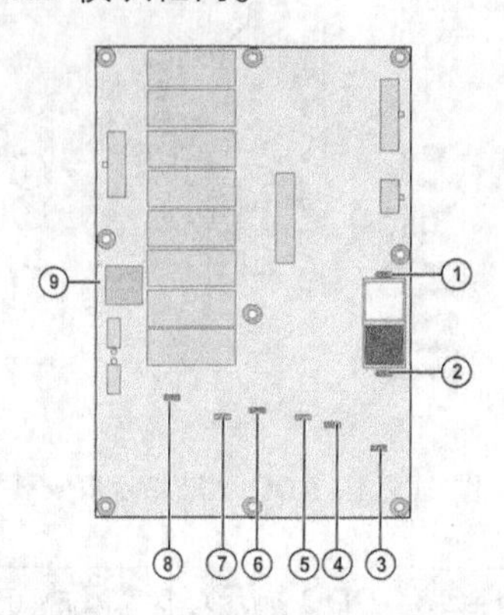

图 11.2-5　SIB 模块指示灯安装

表 11.2-6　SIB 模块指示灯状态及故障处理

序号	代号	指示灯状态	故障处理
1	L/A（绿）	KSB 输入/输出指示 亮：网线已插入； 不亮：网线未插入； 闪烁：正常通信中	不亮：检查并确认 KSB 连接及 CCU 工作状态（参见第 4 章）
2	L/A（绿）		
3	PWR（绿）	SIB 电源指示 亮：正常； 不亮：SIB 电源故障	不亮：检查 SIB 电源输入 X250 连接与 CCU 连接器 X302 的 DC24V 电源； CCU 使用外部 DC24V 输入时，检查熔断器 F308、X308 输入；CCU 不使用外部 DC24V 输入时，检查连接器 X308 短接端及熔断器 F17.3
4	RUN（绿）	SIB 运行指示 不亮：SIB 电源故障或模块初始化； 亮：正常工作； 2.5Hz 闪烁：系统调试； 10Hz 闪烁：系统启动中； 快速闪烁：SIB 模块出错	不亮：检查并确认 SIB 连接、CCU 工作状态（参见第 4 章）及系统设置
5	STAS2（橙）	SIB 通道 B 电路指示 不亮：SIB 电路或电源故障 1Hz 闪烁：正常工作； 10Hz 闪烁：系统启动中； 快速闪烁：I/O 电路出错	不亮或快速闪烁：如 PWR 指示灯亮，更换 SIB 模块；如 PWR 指示灯不亮，进行 PWR 指示灯不亮同样的处理
6	FSoE（绿）	EtherCat 安全通信状态指示 亮：通信安全； 不亮：功能未生效； 闪烁：功能出错	不亮或闪烁：检查 EtherCat 网络连接与系统设置
7	STAS1（橙）	SIB 通道 A 电路指示 不亮：SIB 电路或电源故障 1Hz 闪烁：正常工作； 10Hz 闪烁：系统启动中； 快速闪烁：I/O 电路出错	不亮或快速闪烁：如 PWR 指示灯亮，更换 SIB 模块；如 PWR 指示灯不亮，进行 PWR 指示灯不亮同样的处理
8	PWRS（绿）	SIB 电源指示 亮：正常；不亮：SIB 电源故障	不亮：如 PWR 指示灯亮，更换 SIB 模块；如 PWR 指示灯不亮，进行 PWR 指示灯不亮同样的处理
9	熔断器代号	熔断器状态指示 亮：熔断器熔断	检查原因、排除故障、更换熔断器

11.2.4 CCU_SR 指示灯检查与处理

1. DC24V 电源保护熔断器

KUKA 小型机器人控制系统 KRC4-Smallsize 的机柜控制单元（CCU_SR）同样用于 DC24V 电源管理、网络总线和 I/O 信号连接，单元由电源管理板（PMB_SR）、机柜接口板（CIB_SR）组成。电源管理板（PMB_SR）是用于各控制部件 DC24V 控制电源分配、保护、监控及后备电源支持、充电的控制电路。机柜接口板（CIB_SR）是连接机器人控制系统各控制部件，实现系统控制信号与数据传送的总线通信接口，两者的功能与 KRC4 标准型系统的电源管理板（PMB）、机柜接口板（CIB）相同，但外形和结构与 KRC4 标准型系统有所不同。

KRC4-Smallsize（小型）控制系统的 DC24V 电源同样由 DC24V 电源单元（PSU）统一提供，电源管理板（PMB_SR）的每一个 DC24V 电源支路都安装有独立的短路保护熔断器，每一熔断器旁都安装有独立的指示灯（红色 LED），指示熔断器状态。当熔断器熔断时，对应的指示灯将亮。

电源管理板（PMB_SR）的熔断器及指示灯安装如图 11.2-6 所示，其熔断器代号、功能与规格如表 11.2-7 所示。当熔断器熔断时，应先检查外部连接电路和连接器件，排除故障。然后，更换同规格的熔断器、重新启动系统。

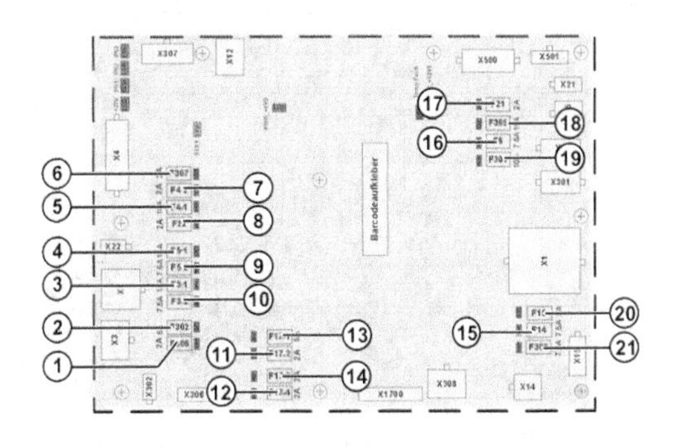

图 11.2-6 PMB_SR 熔断器及指示灯安装

表 11.2-7 PMB_SR 熔断器代号、功能与规格

序号	代号	熔断器功能	规格
1	F306	Smart PAD 示教器电源保护（PMB_SR 连接器 X306）	2A
2	F302	附加 I/O 模块电源保护（PMB_SR 连接器 X302）	5A
3	F3.1	伺服驱动器电源模块制动电源保护	15A
4	F5.1	第 2 伺服驱动器（如安装）制动电源保护	15A
5	F4.1	IR 控制器（KPC）电源保护	10A
6	F307	控制柜面板（CSP）电源保护	2A
7	F4.2	IR 控制器（KPC）风机电源保护	2A
8	F22	控制柜照明（连接器 X22：选项）电源保护	2A
9	F5.2	第 2 伺服驱动器控制电源保护	7.5A
10	F3.2	伺服驱动器控制电源保护	7.5A
11	F17.2	CCU_SR 输入接口电路保护	2A
12	F17.4	安全信号输入电路保护	2A
13	F17,1	主接触器控制信号短路保护	5A
14	F17.3	CCU_SR 单元内部控制电路保护	2A
15	F14	控制柜外置风机（选项）电源保护	7.5A
16	F6	外部附加控制部件 DC24V 输出电源保护	7.5A

（续表）

序号	代号	熔断器功能	规格
17	F21	编码器接口模块（RDC）电源保护	2A
18	F305	后备电源（电瓶）保护	15A
19	F301	外部附加控制部件 DC24V 安全输出电源保护（X301，选项）	7A
20	F15	控制柜内置风机（选项）电源保护	2A
21	F308	外部 DC24V 电源输入（X308，选项）保护	7.5A

2. CCU 状态检查与故障处理

KUKA 小型机器人控制系统 KRC4-Smallsize 的 CCU_SR 电源管理板（PMB_SR）、机柜接口板（CIB_SR）上安装有图 11.2-7 所示的状态指示灯，指示灯状态及故障处理的一般方法如表 11.2-8 所示。

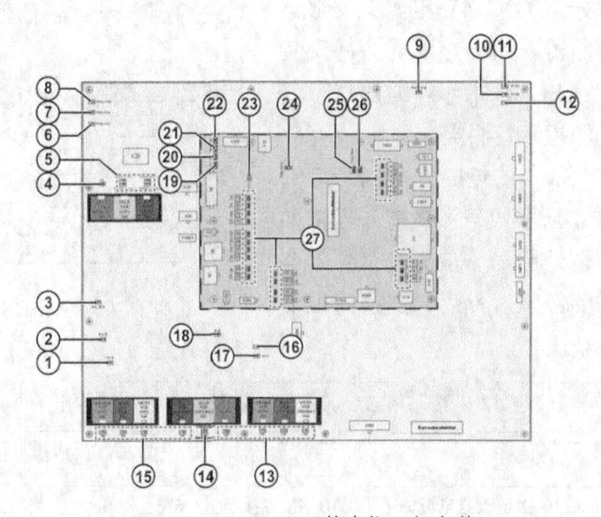

图 11.2-7　CCU_SR 状态指示灯安装

表 11.2-8　CCU_SR 指示灯状态及故障处理

序号	代号	指示灯状态	故障处理
1	PHY4（绿）	CCU_SR 状态指示 亮或闪烁：CCU_SR 正常工作	不亮：检查熔断器 F17.3，如 F17.3 正常，则更换 CCU_SR
2	SW_P0（绿）	CCU_SR 状态指示 亮或闪烁：CCU_SR 正常工作	不亮：检查熔断器 F17.3，如 F17.3 正常，则更换 CCU_SR
3	RUN SION（绿）	EtherCat 安全连接状态指示 亮：正常； 不亮：安全连接未建立； 2.5Hz 闪烁：系统调试； 10Hz 闪烁：系统更新	不亮：检查 EtherCat 网络连接与系统设置
4、5	L/A KSB（绿）	KSB 状态指示 亮：网线已插入； 不亮：网线未插入； 闪烁：正常通信中	不亮：检查、确认网络连接及部件工作状态（参见第 4 章）

（续表）

序号	代号	指示灯状态	故障处理
6	PWR/3.3V（绿）	CIB_SR 电源指示 亮：正常； 不亮：CIB_SR 电源故障	不亮：使用外部 DC24V 输入时，检查熔断器 F308 及 X308 输入；不使用外部 DC24V 输入时，检查 X308 短接端及熔断器 F17.3
7	PWR/2.5V（绿）		
8	PWR/1.2V（绿）		
9	PWRS/3.3V（绿）	CCU 电源指示 亮：正常；不亮：CCU 电源故障	不亮：检查熔断器 F17.3，如 F17.3 正常，则更换 CCU_SR
10	STAS2（橙）	安全电路状态指示 不亮：安全电路电源故障 1Hz 闪烁：正常工作； 10Hz 闪烁：系统启动中； 快速闪烁：安全电路故障	不亮：检查熔断器 F17.3，如 F17.3 正常，则更换 CCU； 快速闪烁：取下连接器 X309/X310/X312 后，关闭控制系统，重新开机；如果故障仍然存在，则更换 CCU_SR
11	STAS1（橙）		
12	FSoE（绿）	EtherCat 安全通信状态指示 亮：通信安全； 不亮：功能未生效； 闪烁：功能出错	不亮或闪烁：检查 EtherCat 网络连接与系统设置
13	L/A KCB	KCB、KSB 状态指示 亮：网线已插入； 不亮：网线未插入； 闪烁：正常通信中	不亮：检查、确认网络连接及部件工作状态（参见第 4 章）
14、15	L/A KSB		
16	RUN CIB_SR（绿）	EtherCat 安全连接状态指示 亮：正常； 不亮：安全连接未建立； 2.5Hz 闪烁：系统调试； 10Hz 闪烁：系统更新	不亮：检查 EtherCat 网络连接与系统设置
17	STA1 CIB_SR（橙）	CIB_SR 板 I/O 电路工作状态指示 不亮：I/O 电路电源故障 1Hz 闪烁：正常工作； 10Hz 闪烁：系统启动中； 快速闪烁：I/O 电路出错	不亮或快速闪烁：检查熔断器 F17.3，如 F17.3 正常，则更换 CCU_SR
18	STA2 CIB_SR（橙）	FPGA 工作状态指示 不亮：FPGA 电源故障 1Hz 闪烁：正常工作； 10Hz 闪烁：系统启动中； 快速闪烁：FPGA 电路出错	不亮或快速闪烁：检查熔断器 F17.3，如 F17.3 正常，则更换 CCU_SR
19	27V（绿）	DC24V 输入电源指示 亮：正常；不亮：无 DC24V 电源输入	不亮：检查并确认 DC24V 电源单元、CCU_SR 电源输入连接器 X1 正常
20	PS1（绿）	DC24V 缓冲电源 PS1 指示 亮：正常；不亮：PS1 故障	不亮：检查并确认 DC24V 电源单元、CCU_SR 电源输入连接器 X1 正常
21	PS2（绿）	DC24V 缓冲电源 PS2 指示 亮：正常；不亮：PS2 故障	不亮：检查并确认 DC24V 电源单元、CCU_SR 电源输入连接器 X1 正常
22	PS3（绿）	DC24V 缓冲电源 PS3 指示 亮：正常；不亮：PS3 故障	不亮：检查并确认 DC24V 电源单元、CCU_SR 电源输入连接器 X1 正常
23	STA1 PMB_SR（橙）	PMB_SR USB 接口电路工作状态指示 不亮：USB 电源故障 1Hz 闪烁：正常工作； 10Hz 闪烁：系统启动中； 快速闪烁：USB 电路出错	不亮或快速闪烁：检查并确认 DC24V 电源单元、CCU_SR 电源输入连接器 X1 正常； X1 输入正确时，更换 CCU_SR

（续表）

序号	代号	指示灯状态	故障处理
24	PWR/5V PMB_SR（绿）	PMB_SR 电源指示 亮：正常；不亮：PMB 电源故障	不亮：检查熔断器 F17.3，如 F17.3 正常，则更换 PMB_SR
25、26	—	不使用	—
27	熔断器指示	参见表 11.2-7	参见表 11.2-7

11.3 系统报警显示与处理

11.3.1 系统报警与简单故障处理

1. 系统报警与原因

工业机器人的机械结构简单，控制系统本身的可靠性较高，对于安装调试完成且正常工作的机器人，控制系统报警大多因操作不当、编程错误或使用环境不合适、伺服驱动系统故障等引起。

（1）操作不当、编程错误报警。工业机器人是一种自动化设备，为了保证操作者人身和设备安全，控制系统的操作必须按规定进行，如操作步骤不正确或操作条件不满足，控制系统将禁止机器人运动，并显示相应的警示信息。工业机器人的程序、指令、系统参数设定等都有规定的格式要求，如果程序、指令、系统参数设定不正确，控制系统将无法执行程序，系统无法正常运行，系统同样可显示相应的警示信息。操作不当、编程错误报警的处理较为简单，在大多数情况下，操作者只需要根据系统的信息提示，通过正确的操作和程序的更改予以解决。

（2）使用环境不合适。工业机器人控制系统对电网电压、环境温度有一定的要求。如电源输入的电压过高、过低或发生缺相，将直接导致伺服驱动器直流母线电压及控制电源电压的变化；当电压变化超过驱动器、控制电源自动调节范围时，控制系统将发生过电压、欠电压等报警。

工业机器人控制系统一般为柜式、箱式结构，系统控制部件大多安装在生产厂家提供的控制柜、控制箱内，其器件安装紧凑、散热空间较小，用户使用时必须保证控制柜、控制箱有足够的散热空间和良好的通风条件。如果机器人使用环境的温度过高或控制柜、控制箱散热不良，将导致器件温度上升过高，从而引发系统过热报警。

（3）伺服驱动系统故障。伺服驱动系统报警大多因机器人使用、维护不当引起，如负载过重、加减速过于频繁、润滑不良、机器人运动时存在干涉或发生碰撞、机械传动系统故障等，此时，控制系统驱动电机将发生过载、过流、过热、位置超差等报警。伺服驱动系统报警是用户使用过程中的最常见问题，原因较多，维修人员应根据实际情况分析解决。

（4）其他。除以上原因外，控制部件安装不稳固、电缆连接不可靠、后备电池失效、外部运行信号不正确及与作业工具有关的气压不正常、工具动作不正确等，也会导致系统报警，维修人员应根据实际情况予以处理。

2. 系统报警与信息显示

系统报警可通过单击图 11.3-1 所示的示教器的“信息提示”图标，在“现有信息”显示窗显示当前各类信息的名称及数量。

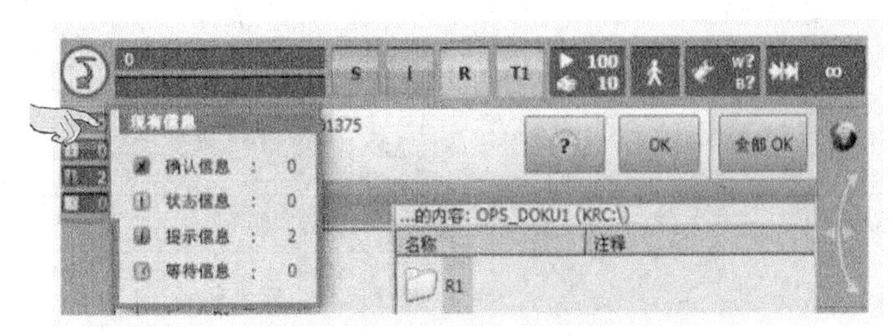

图 11.3-1 “现有信息”显示窗

KUKA 机器人“现有信息”显示窗的显示图标、信息类别、信息性质及需要操作者进行的操作如下。

确认信息（红色图标）：KUKA 机器人的确认信息属于系统报警，出现确认信息时，系统将中断现行操作，机器人停止运动；确认信息必须进行处理，并用确认键〖OK〗确认，否则系统运行将被禁止。

状态信息（黄色图标）：状态信息属于系统警示，表明当前进行的操作不被允许，警示信息需要通过正确的操作解除。

操作提示（蓝色图标）：对操作者的操作提示，当系统发生报警、出现警示时，一般将同时显示操作提示信息，指导操作者进行正确的操作。

等待信息：系统正在等待某一条件的满足。

“现有信息”显示窗的信息类别选定后，示教器的信息显示窗可显示图 11.3-2 所示的最近一条系统信息的发生时间、信息编号 KSS**（报警号、警示号）及内容。单击信息显示空白区，可展开显示其他未处理的信息，单击第一行，可重新收拢显示区。

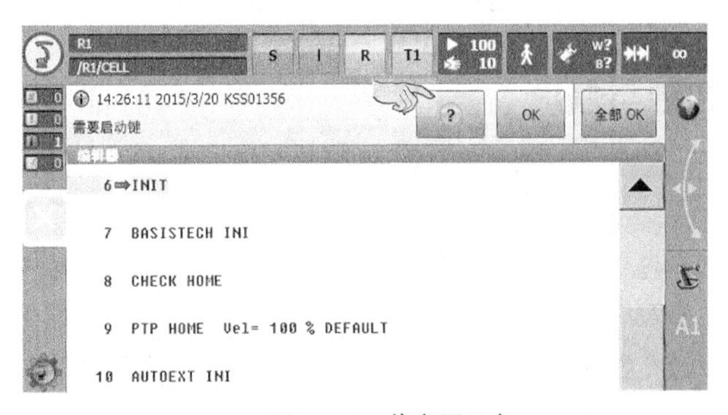

图 11.3-2 信息显示窗

信息显示窗右侧的图标用于信息详情显示与确认。

〖?〗：可打开当前显示信息的帮助文件，显示详情。

〖OK〗：当前信息确认按钮，单击可确认当前信息提示。系统报警（确认信息）必须在排除故障后，用〖OK〗键确认。

〖全部 OK〗：全部信息确认按钮，可一次性确认全部信息提示。

3. 简单故障报警与处理

简单故障是指由于操作不当、环境不合适等引起的控制系统报警，这些报警的处理通常比较简单，操作者可直接根据系统提示，进行相关处理，排除故障。KUKA 机器人常见的简单故障显示、报警原因及故障处理方法如表 11.3-1 所示，由于系统规格、软件版本的区别，在不同时期出厂的机器人上，系统的报警显示可能有所不同。

表 11.3-1 KUKA 机器人常见的简单故障显示、报警原因及故障处理方法

报警号（操作提示、确认信息）	故障内容	故障原因	故障处理
1、20、208	系统急停	急停按钮动作、安全输入动作	复位急停按钮、检查安全输入信号（参见第 4 章）
4、1201	后备电池电压低	后备电池（DC24V 电瓶）长时间未充电或失效	电瓶充电或更换新电瓶
5、6、1052	示教器不良	示教器连接不良或故障	检查示教器连接、更换示教器
9、118、219、226、227、266、286、287、288、289、1063、1064、1065、1066、1067、1072、1136、1230、1231、1233、1234、1254、26039、26040	控制柜、风机或驱动器、IR 控制器、制动电阻等部件过热	控制柜通风不良、风机污染、环境温度过高、温度传感器不良、加减速过于频繁	改善环境、清理或更换风机、检查或更换控制部件、减少加减速
13、208	安全输入信号不正确	安全输入信号动作、信号连接不良	检查安全输入信号连接（参见第 4 章）
15、123、124、224、1223、1124、1224、26035、26036、26046、26047、26048	电源电压过低、中断或缺相	输入电源电压过低或缺相	检查输入电源
26037、26038	驱动器 DC24V 控制电源过高或过低	DC24V 电源单元输入电源电压过低、缺相或连接不良	检查电源单元连接（参见第 4 章）
204、1016	硬件超程	关节轴超程信号动作	检查关节位置、退出超程区
205、1211	软件限位	关节轴到达软件限位区	检查关节位置、退出软极限
207、1212	安全防护门打开	安全门关闭信号断开	关闭安全门

11.3.2 伺服驱动控制与保护

1. 驱动器原理

KUKA 机器人伺服驱动器的一般原理如图 11.3-3 所示，驱动器都可分为整流、调压、逆变 3 部分。工业机器人的伺服电机较小，控制系统通常采用多轴驱动器集成一体结构，其整流、调压部分为多轴共用，所有轴的电源、PWM 逆变控制电路均统一安装在伺服控制板上，逆变部分为各轴独立控制。

① 整流。将 3 相交流输入（主电源）转换为 PWM 逆变主回路所需的直流母线电压。KUKA 整流电路采用晶闸管可控整流器件，同时具有主电源通道控制功能；如果需要，也可以在驱动器外部增加主接触器，由机柜控制单元（CCU）的主接触器通断控制信号控制通断。

② 调压。维持电网波动、电机制动时直流母线的电压不变，机器人的直流母线调压通常采用大功率开关器件（IPM）控制制动电阻能耗的方式调压，伺服电机制动所返回的能量，也可利用制动电阻消耗（能耗制动）。

③ 逆变。采用 PWM 逆变技术，将直流母线电压转换为幅值、频率、相位可变的 SPWM 波，每一伺服电机有独立的逆变回路。

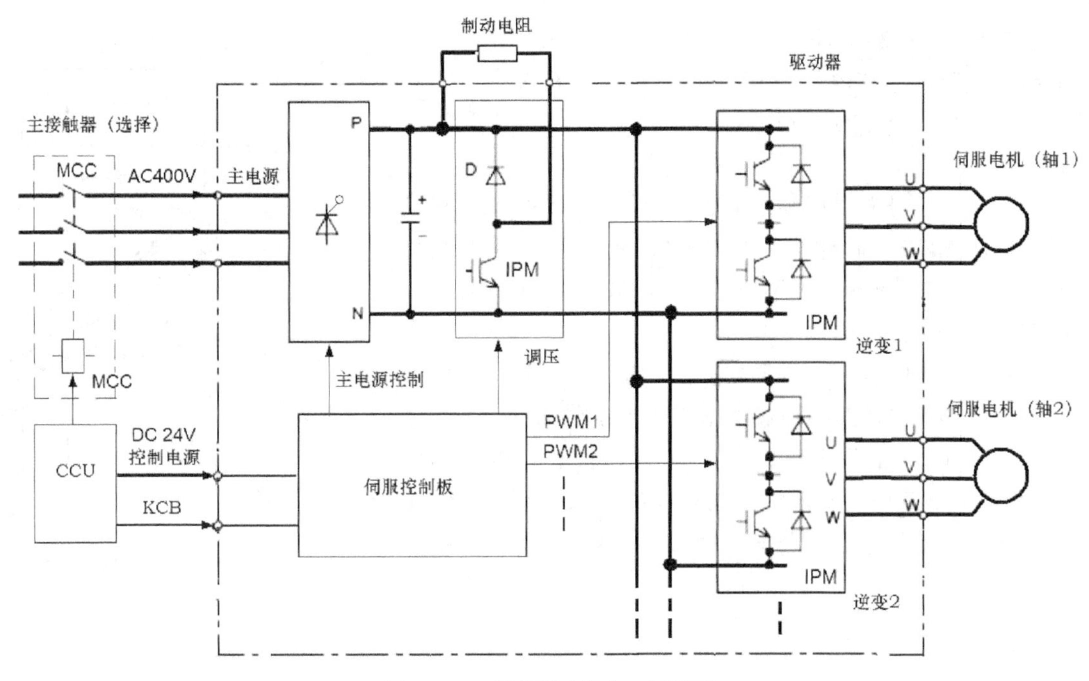

图 11.3-3 伺服驱动器的一般原理

2. 驱动器启停控制

工业机器人的伺服驱动器启动、停止及急停过程一般如下。

① 加入驱动器控制电源（DC24V），启动驱动器控制电路，建立驱动器与 IR 控制器、CCU 的 KCB 通信。

② 若驱动器控制电路及基本软硬件正常、无急停，则驱动器可输出主接触器接通信号和开通晶闸管、接通驱动器主电源。

③ 整流、调压电路启动工作，直流母线开始充电、输出直流母线电压。

④ 输入伺服启动信号（如手握开关、移动使能等），逆变功率管将开通，伺服电机电枢绕组通电，电机输出静止转矩，使得机器人关节轴保持定位状态；与此同时，伺服电机的制动器将通电松开，关节轴进入闭环位置控制的正常工作状态。

⑤ 伺服启动后，只要机器人控制器向驱动器输入轴运动的位置指令脉冲，对应的伺服电机便可以按指令脉冲的要求运动；如果输入了进给保持、程序暂停、程序自动运行结束等信号，运动中的伺服电机将减速停止，并保持闭环位置调节的定位状态。

⑥ 若出现紧急情况、输入急停信号，则驱动器立即以最大输出电流紧急制动电机，运动停止后，输出制动器制动信号，使伺服电机快速制动；接着，驱动器将撤销主接触器接通信号输出，关闭晶闸管，断开驱动器主电源。

伺服驱动系统的过电流保护措施通常有过载（Over Load，OVL）、过流（Over current，OVC）、极限电流（High current，HC，又称高电流）和过热（Over Heath，OH）保护 4 种，其报警原理与保护性能分别如下。

3. 过载保护

过载（OVL）保护一般由驱动器内部的电子热继电器承担。电子热继电器的保护特性用反时限时延曲线表示，如图 11.3-4 所示，脱扣等级（Trip class）一般按 IEC 60947/class 10 设计，热继电器在 $1.05I_n$（I_n 为额定电流）工作时不动作，$1.5I_n$ 的动作时间为 4min，$7.2I_n$ 的动作时间为 10s 以内。

OVL 保护对于持续时间大于 30s、过载电流小于 $2I_n$ 的长时间过载非常有效，但对于频繁启制动、变频运行的伺服电机短时间、大电流过载保护并不理想，小功率多轴集成驱动器有时不安装电子热继电器。

OVL 保护电路安装在驱动器上，因此，不能对环境温度过高、散热不良等原因引起的电机过热提供有效保护；此外，也不能防止工作电流超过极限值时的电力电子器件（IPM）直接损坏和伺服电机永久磁铁的消磁。因此，OVL 保护需要结合驱动器过流、电机过热、极限电流等保护措施一起使用。

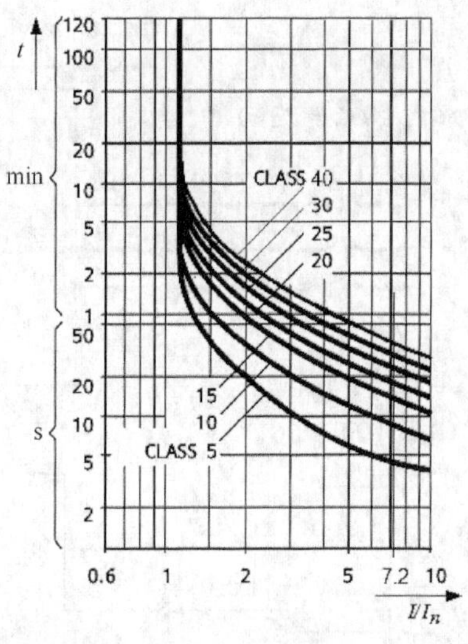

图 11.3-4 电子热继电器的保护特性

4. 过流保护

驱动器过流保护有驱动器过流（OVC）、极限电流（HC）保护两种。

① 驱动器过流。驱动器过流（OVC）保护是通过驱动器的软件运算，限制驱动器的 I^2t 值，预防电枢绕组温度上升过高的保护措施。

对于导线电阻为 R 的电机绕组，如果电流为 I、运行时间为 t，绕组产生的热量将为 I^2Rt，即电流越大、通电时间越长，绕组温度上升就越高。由于电枢绕组的电阻 R 为固定值，因此，驱动器可通过软件的运算，限制驱动器的 I^2t 值，对电机过载进行有效保护。软件计算可综合考虑电流幅值、频率、时间等因素，因此，可弥补热继电器短时过载保护的不足，为电机提供更加准确的保护特性。

OVC 保护结合热继电器 OVL 保护一起使用，电机便可得到图 11.3-5 所示的过载保护曲线。通常而言，对于短时间（30s 以内）、大电流（大于 $2I_n$）的过载，伺服驱动器的 OVC 保护先于 OVL 保护动作；而对于持续时间超过 30s、过载电流小于 $2I_n$ 的长时间过载，OVL 保护将先于 OVC 保护动作。

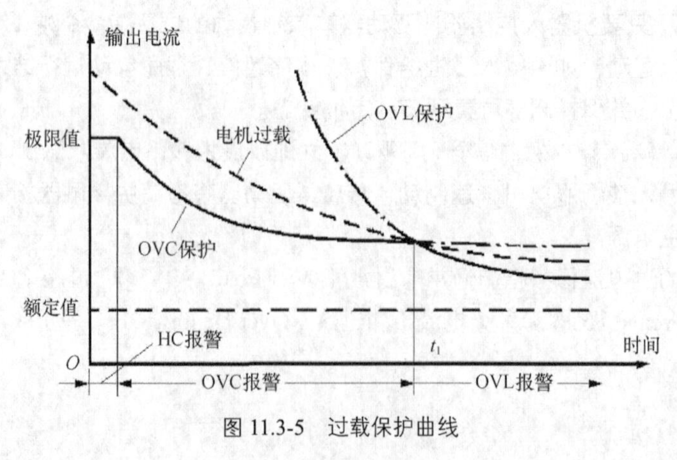

图 11.3-5 过载保护曲线

OVC 保护同样是一种基于电流、时间的保护措施，因此，它也不能对环境温度过高、散热不良等原因引起的电机过热提供可靠保护，也不能防止工作电流超过极限值时的电力电子器件（IPM）直接损坏和伺服电机永久磁铁的消磁。

② 极限电流保护。极限电流（HC）保护是用来限制驱动器最大工作电流的保护措施。伺服驱动器一般采用的“交—直—交”逆变，主回路的整流、调压及逆变电流需要使用二极管、IPM 等大功率电力电子器件。电力电子器件的工作受到最大电流（极限电流）的限制，一旦电流超过极限值，器件将立即烧毁；此外，由于伺服电机转子使用的是永久磁铁，一旦电枢电流超过极限值，电枢磁场将直接导致永久磁铁的消磁。因此，驱动器必须通过 HC 保护来限制电力电子器件及伺服电机的最大工作电流，防止器件直接损坏和伺服电机消磁。

HC 保护直接通过电流检测电路实现，保护动作极为迅速，只要驱动器检测到器件的工作电流超过极限（参见图 11.3-5），将立即发出 HC 报警并迅速切断主电源。

5. 过热保护

过热（OH）保护是一种直接检测温度的物理保护措施，它通过安装在驱动器、电机内的热敏电阻实现。热敏电阻可直接检测实际温度，不但可保护过载，而且还能对环境温度过高、散热不良等外部原因引起的电机过热提供可靠保护。

用于伺服过热保护的热敏电阻一般为具有正向温度特性（PTC），其额定工作温度与绕组的绝缘等级匹配。例如，对于绝缘等级为 F 的伺服电机，绕组允许的最高温度为 155℃，故经常使用 PTC100 热敏电阻，其检测特性如图 11.3-6 所示，在额定温度 ± 5℃范围，热敏电阻阻值将大幅度变化，因此，可较准确地发出过热检测信号，避免绕组温度上升过高。

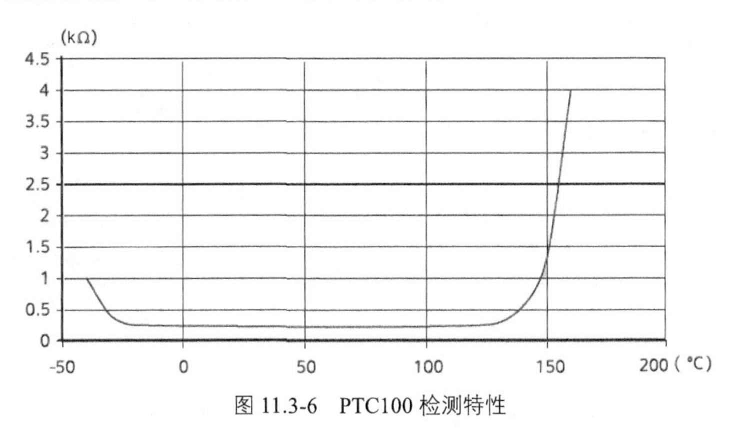

图 11.3-6 PTC100 检测特性

OH 保护动作可靠、控制方便，在伺服驱动系统上，它不仅可用于电机保护，而且还被用于主回路整流、调压，以及逆变功率器件及伺服变压器、控制板等部件的过热保护。但是，它也不能防止工作电流超过极限值时的电力电子器件（IPM）直接损坏和伺服电机永久磁铁的消磁。

11.3.3 伺服驱动报警与处理

1. 系统报警

KUKA 工业机器人常见的伺服报警如表 11.3-2 所示，由于系统规格、软件版本的区别，在不同时期出厂的机器人上系统的报警显示可能有所不同。

表 11.3-2　KUKA 机器人常见的伺服报警

报警号（操作提示、确认信息）	故障类别	故障内容
117、1071、1157、1158	过载报警	伺服驱动器过载
119、1130	过热报警	电机过热
120、125、129、1131、1241	过流报警	驱动器过流（I^2t 报警）
121、1075、1225	过流报警	驱动器超过极限电流报警
130、1042	硬件故障	主接触器通断故障
131、1043、26130	硬件故障	直流母线充电故障
200	操作提示	驱动器未准备好
201、1209、1210	操作提示	伺服未使能
229、1236	硬件故障	温度传感器不良
218、1222、1224、26049、26050	硬件故障	制动电阻或制动电路故障
222、1223、1224	硬件故障	电源模块不良
223	硬件故障	电源模块集成伺服出错
225、1232、26041	硬件故障	电机电枢连接不良
206、228、230、1115、1235、1237	软件故障	驱动器参数错误
214、215、216	硬件故障	伺服模块不良
122、132、1044、1138、1146、1222、26132	硬件故障	制动器故障
19、1057、26041、26046	硬件故障	电机相序错误
102、1204	硬件故障	编码器连接不良
26031、26042、26043、26044、26045	软、硬件故障	KCB 通信出错或模块不良
26032	过流报警	驱动器过流（I^2t 报警）
26033	过流报警	驱动器输入超过极限电流报警
26034	过流报警	电源模块输出超过极限电流报警

2. 极限电流报警处理

工业机器人伺服驱动系统的极限电流报警大多因主回路、直流母线、电枢电缆、电机绕组发生短路或对地短路，或者由主回路功率器件（整流、调压、逆变模块）、制动电阻损坏所引起，故障可能的原因与处理方法如下。

① 主电源输入电流超过极限。3 相 AC400V 主电源输入的电流超过极限值时，如果驱动器无其他过流报警，故障原因一般为主电源输入侧的浪涌电压吸收器、整流模块损坏。可在检查、确认主电源进线存在相间短路的前提下，通过逐一断开浪涌电压吸收器、整流模块的连接，确认故障具体部位；在此基础上，再更换损坏的浪涌电压吸收器、整流模块解决。

② 整流模块电流超过极限。报警在整流电路的实际电流超过极限值时发生，故障一般为直流母线平波电容、调压 IPM、制动电阻等器件损坏所造成的直流母线短路。可在检查、确认整流模块输出存在短路的前提下，通过逐一断开平波电容、调压 IPM、制动电阻的连接确认具体故障部位；在此基础上，通过更换损坏的平波电容、调压 IPM、制动电阻等器件解决。

③ 直流母线电流超过极限。故障原因可能是多个伺服轴同时过载，或者逆变 IPM、电机电枢、制动电阻、调压 IPM 局部短路等。如果在发生故障时机器人工作条件正常或已处于正常停止状态，应逐一断开各轴逆变模块的连接，确定故障部位，然后更换损坏器件。

④ 逆变模块电流超过极限。故障原因通常为逆变输出回路相间短路或对地短路，应检查驱动器与电机的电枢连接电缆，测量电机绕组的绝缘电阻确认故障部位，电机不良时，需要修理、更换伺服电机。

3. OVC 报警与处理

过流报警在驱动器 I^2t 值超过允许范围时发生，故障可能的原因如下。

① 主电源输入电压过低。检查电源电压及驱动器主回路连接，保证驱动器输入电源为 AC400V（±10%）。

② 机器人负载过重或受到外力作用。应检查机器人工具、作业负载，保证机器人负载在允许范围之内，如存在外力作用，应撤除外力、保证机器人能够自由运动。

③ 机器人运动速度过快、加减速过于频繁、负载过重，应降低机器人运动速度、改善机器人工作条件、减轻负载。

④ 制动器故障。制动器未完全松开，应检查制动器电源电压、连接电缆，确认制动器已完全松开，制动器损坏时应予以更换。

⑤ 电机连接或电机不良。电枢线连接不良、相序错误、缺相或绕组存在局部短路，应检查电枢连接、测量绕组绝缘，当电机不良时应更换伺服电机。

⑥ 机械传动系统故障，如减速器、轴承、传动齿轮、传动轴等部件变形、损坏、调整不当等，应检查机械传动系统，更换、调整传动部件。

⑦ 驱动器故障。逆变输出连接不良、局部短路，应检查驱动器连接，当逆变模块不良时，更换逆变模块或驱动器。

4. OH 报警与处理

过热报警在驱动器、变压器、伺服电机温度检测信号值超过允许温度时产生。故障原因通常是环境温度太高、控制柜风机不良，温度检测信号电缆连接不良，应改善工作环境，清理、检查控制柜风机；当温度传感器、变压器、温度检测电路不良时，应更换温度传感器、变压器、急停单元等部件。

伺服驱动系统的过热报警通常有以下几种情况。

① 电源模块过热。报警在驱动器电源模块温度检测信号值超过允许温度时产生，故障的外部原因通常是环境温度太高、风机不良、机器人负载过重、加减速过于频繁等。应检查、改善工作环境和条件，清理、检查控制柜及驱动器风机。此外，主回路局部短路、整流模块或调压 IPM 不良、温度传感器及检测电路故障，也可能导致电源模块过热，应检查、更换驱动器电源板。

② 伺服电机过热。报警在温度检测信号值超过允许温度时产生。故障原因有环境温度太高、机器人负载过重、加减速过于频繁等，应改善工作环境和工作条件。如果故障在开机时发生，且电机确实过热，通常是电机电枢线相序不正确、绕组短路导致的；如果电机未过热，则可能是温度传感器电缆连接不良，或者温度检测电路存在故障。应检查机器人连接，器件故障时，应更换驱动器控制板、伺服电机。

③ 逆变模块过热。报警在驱动器伺服模块温度检测信号值超过允许温度时产生，故障的外部原因通常是环境温度太高、风机不良、机器人负载过重、加减速过于频繁等，应改善工作环境和条件，清理、检查控制柜及驱动器风机。此外，电机电枢线相序不正确、绕组短路、IPM 模块不良、温度传感器及检测电路故障，也可能导致系统发生报警，应检查电机电枢线连接，当电机、驱动器故障时，需要更换电机、驱动器。

11.4 控制系统的部件更换

11.4.1 风机、后备电池更换

1. 控制柜风机更换

控制柜风机用于电气元件散热，当系统发生控制柜通风不良、控制柜温度上升过高等报警时，应检查风机，风机污染时应予以清理，风机不良时，应在系统电源断开的前提下，按图 11.4-1 所示，通过以下步骤更换控制柜风机。

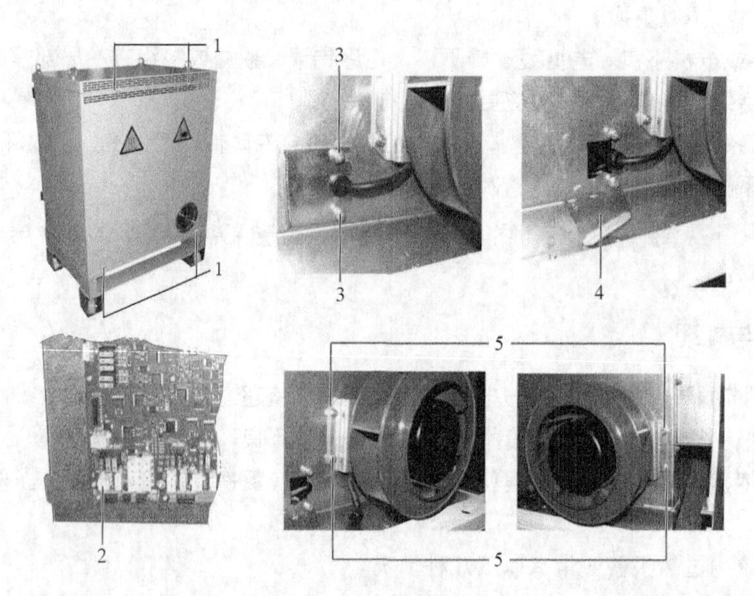

1—盖板螺栓；2—CCU 连接器；3—连接线盖板螺栓；4—连接线盖板；5—安装支架

图 11.4-1 控制柜风机更换

① 拆除系统控制柜背板固定螺栓 1。

② 松开连接线固定螺栓 3、打开盖板 4。

③ 拔出机柜控制单元（CCU）上的外置风机连接器 2（X14，参见第 4 章）。

④ 取下风机安装支架 5。

⑤ 取下并更换新风机。

⑥ 重新固定风机支架。

⑦ 将风机连接线插入机柜控制单元（CCU）。

⑧ 重新安装连接线固定盖板 4、控制柜背板。

2. IR 控制器风机更换

IR 控制器风机用于工业 PC 散热，当系统发生 IR 控制器风机报警时，应检查风机；风机污染时应予以清理；风机不良时，应在系统电源断开的前提下，按图 11.4-2 所示，通过以下步骤更换 IR 控制器风机。

1—风机连接器；2—风机；3—固定螺栓；4—网栅；5—铭牌；6—网栅固定螺栓

图 11.4-2　IR 控制器风机更换

① 拆除 IR 控制器盖板。
② 拔出风机连接器 1。
③ 松开风机固定螺栓 3。
④ 将风机连同网栅 4 从 IR 控制器中取出。
⑤ 松开网栅固定螺栓 6、取下网栅。取下、更换新风机。
⑥ 取出并更换新风机，保证铭牌 4 位置不变。
⑦ 重新安装网栅，固定风机，插入连接器。
⑧ 安装 IR 控制器盖板。

3. 后备电池更换

KRC4 系统的后备电池需要支持 IR 控制器（工业 PC）的正常关机，使用的后备电池为大容量蓄电瓶。蓄电瓶经长期使用后，可能因失效而无法正常充电，导致系统发生报警，此时，需要更换同规格的蓄电瓶（2 只 DC12V）。

后备电池失效时，可在系统电源断开的前提下，按图 11.4-3 所示，通过以下步骤更换。

① 松开冷却槽固定螺栓 1。
② 取出冷却槽 3。
③ 拔下电瓶连接线 4、6。
④ 松开扎带，取下电瓶。
⑤ 安装新电瓶，固定扎带，插入连接线。
⑥ 安装冷却槽。

1—冷却槽固定螺丝；2—蓄电瓶；3—冷却槽；4、6—连接线；5—扎带

图 11.4-3　后备电池更换

11.4.2　电源单元、驱动器及 CCU 更换

1. 电源单元更换

KRC4 系统的电源单元外形及连接如图 11.4-4 所示，当 AC400V 输入正常，但 DC24V（实际为 DC27V）输出不正确时，需要在系统电源断开的前提下，按图 11.4-5 所示，通过以下步骤更换电源单元。

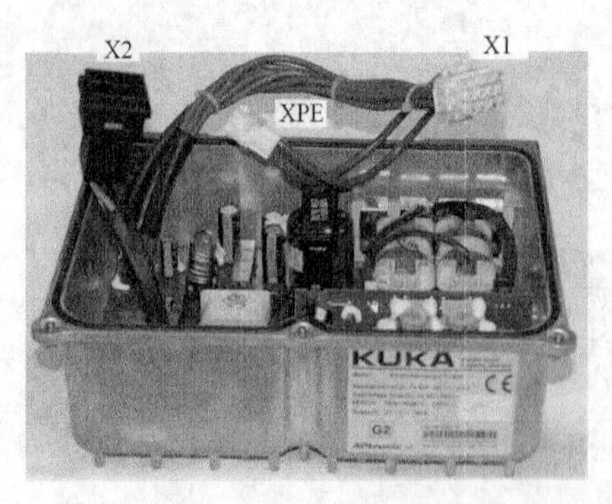

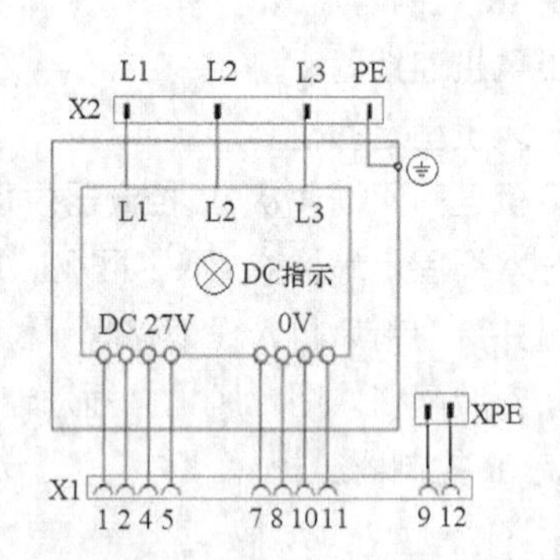

图 11.4-4　电源单元外形及连接

① 取下电源单元连接插头 1、2、3。
② 取下安装螺栓 4，取出电源单元 5。
③ 更换电源单元，重新固定安装螺栓 4。
④ 连接 AC400V 输入插头 1。

⑤ 接通总电源，确认 DC24V 输出正常。

⑥ 断开总电源，连接 DC24V 输出连接器 2、3。

2. 驱动器更换

KRC4 系统伺服驱动器为模块化结构，6 轴垂直串联机器人一般由电源模块和 2 个 3 轴伺服模块组成，当控制系统发生驱动器模块故障时，可在系统电源断开的前提下，按图 11.4-6 所示，通过以下步骤更换驱动器电源模块、伺服模块。

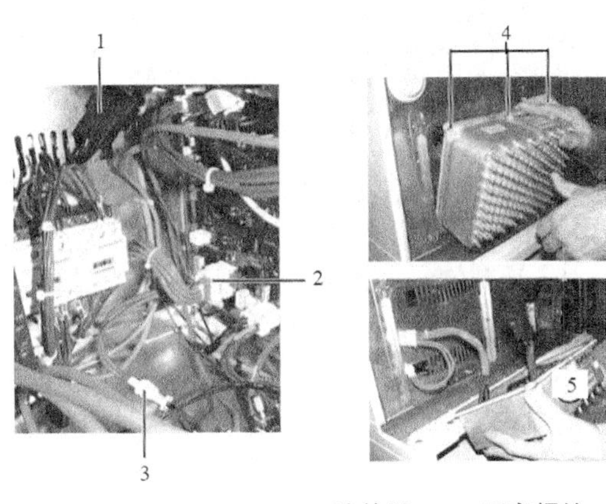

1、2、3—X2、X1、XPE 连接器；4—固定螺栓

图 11.4-5　电源单元更换

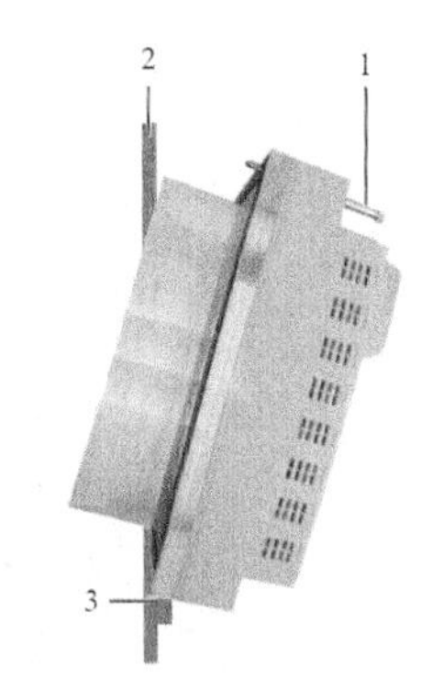

1—固定螺栓；2—控制柜底板；3—支架

图 11.4-6　驱动器模块更换

① 取下模块所有连接电缆。

② 松开模块固定螺栓 1。

③ 向上抬起模块并将其向外倾斜，将模块从支架上取下。

④ 更换新模块，并将新模块卡入支架。

⑤ 重新固定螺栓 1。

⑥ 重新连接模块所有连接电缆。

⑦ 重启控制系统，确认模块工作正常。

3. 制动电阻更换

KRC4 系统伺服驱动器的直流母线电压调节采用的是电阻能耗方式，出厂时安装有 2 个并联连接的 22Ω 制动电阻（标准配置），因此，在正常情况下，制动电阻的阻值应为 11Ω。如果制动电阻连接不良或断开，将导致直流母线电压的异常升高；如果制动电阻短路，则会引起驱动器整流输出、直流母线的过流。

KRC4 系统的制动电阻及温度传感器安装在控制柜的背面，其连接线路如图 11.4-7 所示，制动电阻与驱动器的电源模块（KPP）连接器 X7 连接；温度传感器与机柜控制单元（CCU）连接器 X30 连接（参见第 4 章）。当控制系统发生直流母线过电压、驱动器过流及制动电阻不良、温度传感器不良等报警时，应检查制动电阻、温度传感器的连接；在确认制动电阻不良时，可在系统电源断开的前提下，按以下步骤更换制动电阻。

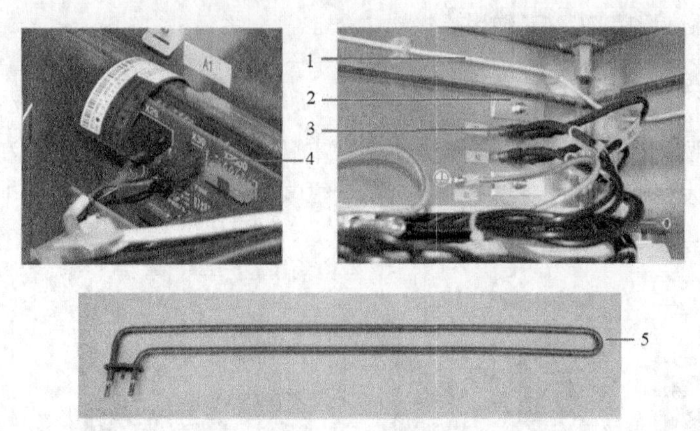

1—温度传感器连接线；2—固定螺栓；3—连接线；4—温度传感器连接器；5—电阻

图 11.4-7　制动电阻及温度传感器连接线路

① 拆除系统控制柜背板。

② 拔出制动电阻连接导线 3（记住极性）。

③ 松开电阻固定螺栓 2。

④ 从控制柜背面取下制动电阻 5 后，更换新电阻。

⑤ 重新固定电阻固定螺栓 2。

⑥ 按原极性插入制动电阻连接导线 3。

⑦ 安装控制柜盖板。

⑧ 重启控制系统，确认制动电阻工作正常。

4. CCU 更换

KRC4 系统的机柜控制单元（CCU）是用于系统各控制部件互联的核心部件，单元包括电源管理板（Power Management Board，PMB）和机柜接口板（Cabinet Interface Board，CIB）两部分。PMB 用于 KRC4 系统各控制部件 DC24V 控制电源分配、保护、监控及后备电源支持、充电；CIB 是实现系统控制信号与数据传送的总线通信接口；当控制系统发生系统电源或通信故障，且在确认其他部件正常的前提下，可在系统电源断开后，按图 11.4-8 所示，通过以下步骤更换机柜控制单元。

① 取下 CCU 上的全部控制电源、控制信号电缆连接器。

② 将 CCU 的网线连接器 1 的锁紧套向外推出，解除连接器锁紧后，取下全部网络连接线。

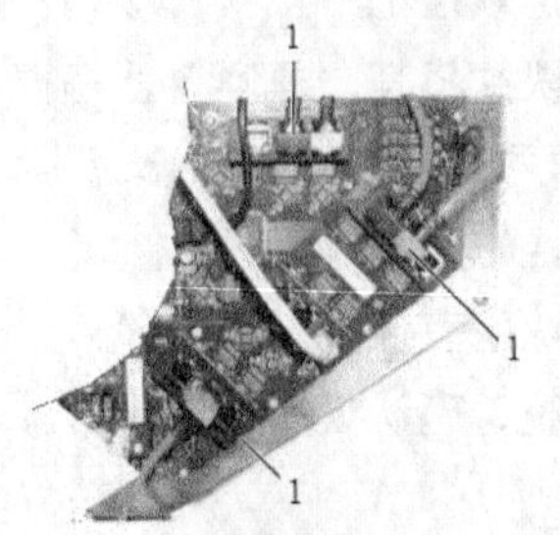

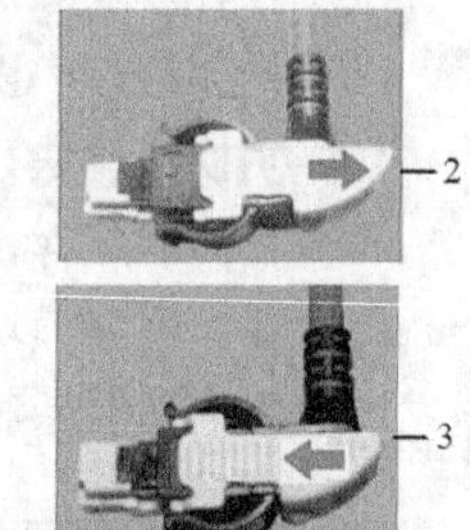

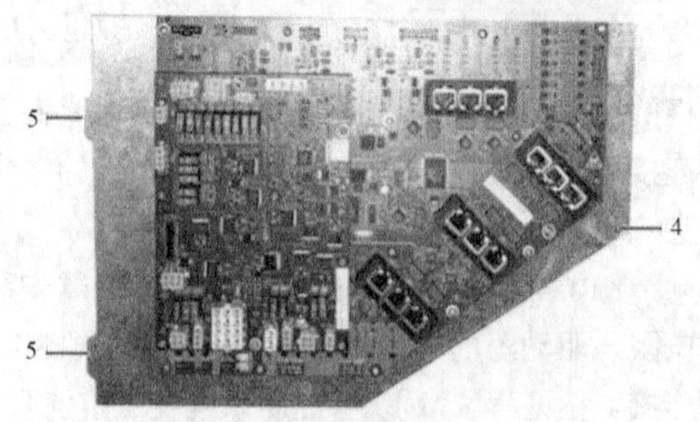

1—网络连接线；2—网线锁紧；3—网线松开；4—底板固定螺栓；5—底板卡爪

图 11.4-8　CCU 更换

③ 松开 CCU 底板的固定螺栓 4。

④ 将 CCU 底板连同 CCU 从控制柜中取下，将新的 CCU 安装到底板上。

⑤ 将 CCU 底板卡爪插入控制柜卡口，固定 CCU 底板的固定螺栓 4。

⑥ 连接全部网络连接线，并将网线连接器的锁紧套向内压入、锁紧连接器。

⑦ 连接 CCU 上的全部控制电源、控制信号电缆连接器。

⑧ 重启控制系统，确认 CCU 工作正常。

11.5 机器人日常检修与维护

11.5.1 日常检修与定期维护

机器人日常检修和定期检修是保证机器人长时间稳定运行的重要工作。利用日常检修，可保证机器人具有良好的使用条件，及时发现、解决可能影响机器人正常运行的各种因素，预防故障发生。通过定期检修，可以使机器人长期保持良好的工作状态，保证产品性能、延长零部件的使用寿命。机器人日常检修与定期检修的基本要求如下。

1. 日常检修

日常检修包括开机前检修与开机检修两部分，基本内容如下。

① 开机前检查。接通控制系统电源前需要对机器人的基本工作条件进行如下检查，对发现的问题予以及时解决。

- 供电电源正常，周边的其他电气设备能够正常运行。
- 连接系统电源的断路器，控制柜内部的保护断路器均处于正常工作位置。
- 机器人处于可正常运行位置。
- 作业工具安装正确、可靠等。

在使用辅助控制设备的搬运、弧焊等机器人时，需要检查辅助设备的工作状态，保证设备正常工作，例如：

- 弧焊机器人应保证保护气体压力、焊丝安装正确；焊接电源、送丝设备处于工作正常状态；
- 使用气动抓手的搬运机器人，应检查压缩空气压力正确、管路无泄漏，气动部件的过滤器水位、油雾润滑油位及油量正确等。

② 开机检查。控制系统电源接通后，需要对机器人的基本工作状态进行如下检查，对发现的问题予以及时解决。

- 机器人是否有振动、发出异常声音，驱动电机是否有异常发热。
- 伺服启动、制动器松开后，手臂是否出现不正常的偏离。
- 机器人的停止位置是否与上次停机时的位置一致。
- 作业工具、辅助控制部件是否有异常动作等。

2. 首次月检与季度检查

对于第 1 次使用机器人的用户，机器人使用 1 个月（大致 320h）后，应对机器人及辅助设备的工作情况进行一次例行检查，对发现的问题予以及时解决。在之后的使用过程中，月检内容可每季度进行一次。机器人首次月检及后续季度检查的内容如下。

- 机器人安装稳固，基座连接部件无松动。
- 控制系统器件安装稳固，表面无灰尘及异物。
- 控制柜、驱动器等部件的冷却风机的过滤网无堵塞、积尘。
- 辅助控制设备工作正常，管路无泄漏。
- 机器人运行顺畅，无润滑脂泄漏等。

3. 首季度检查与年检

对于第 1 次使用机器人的用户，机器人使用 3 个月（大致 960h）后，应对机器人及辅助设备的工作情况进行一次例行检查，对发现的问题予以及时解决。在之后的使用过程中，首季度检查内容可每年进行一次。机器人首季度检查及后续年度检查的内容如下。

- 机器人本体及作业工具的连接电缆和气管无破损、扭曲。
- 示教器、控制柜的连接电缆无破损、扭曲。
- 驱动电机安装、连接可靠，连接螺栓、电缆连接器无松动。
- 机器人部件、作业工具连接可靠，固定螺栓无松动。
- 机械限位挡位正常可靠，挡块无变形、安装牢固。
- 减速器是否有润滑脂渗漏等。

同时，需要对控制系统器件的表面灰尘、冷却风机滤网，以及机器人本体的灰尘、飞溅物进行清理。

4. 机器人定期维护

工业机器人的绝对编码器数据保持电池、减速器的润滑脂有规定的使用期限，使用期到达时应及时予以更换，以免发生故障，影响产品性能和零部件使用寿命。机器人定期维护的基本要求如表 11.5-1 所示。

表 11.5-1　机器人定期维护的基本要求

序号	时间	内容	说明
1	6000h（连续使用 1.5 年）左右	检查、更换后备电池	维护期内如出现电池报警，应立即检查或更换
2	12 000h（连续使用 3 年）左右	更换润滑脂	环境温度高于 40℃或工作转速较高、环境污染严重时，应缩短更换周期；更换方法见后述
3	20 000h（连续使用 5 年）左右	更换内部电缆	根据情况而定，发现破损、出现断线时，应立即更换

11.5.2　控制部件定期维护

1. KRC4 标准型系统

KRC4 标准型控制系统的控制部件定期维护部位如图 11.5-1 所示，各部位的维护要求如表 11.5-2 所示。

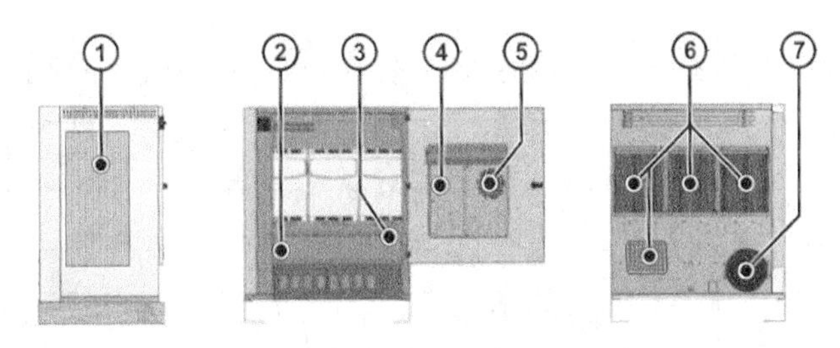

图 11.5-1　KRC4 标准型控制系统部件定期维护部位

表 11.5-2　KRC4 控制部件的维护要求

序号	时间	内容	说明
1	8000h（2 年）左右	散热器表面清洗	用毛刷、抹布等清洗工具，清除表面灰尘和污物
2	出现后备电池报警时	检查、更换蓄电池	按后备电池更换要求更换（参见后述）
3	滤芯变色时	检查、更换滤芯	视实际情况而定，滤芯污染时更换
4	20 000h（5 年）左右	检查、更换 PC 主板电池	按 PC 主板电池更换要求进行
5	20 000h（5 年）左右	检查、更换 KPC 风机	如果出现风机报警，应立即予以更换（参见后述）
6	8000h（2 年）左右	驱动器、DC24V 电源单元散热器清洗	用毛刷、抹布等清洗工具，清除表面灰尘和污物
7	4000h（1 年）左右	风机清洗	如果出现风机报警，应立即予以更换（参见后述）

散热器、风机应使用吸尘器、抹布、清洁剂，按照以下步骤清洗，清洁剂应按照生产厂家的使用说明使用，同时，必须防止清洁剂渗入电气部件；不允许使用压缩空气、水喷射等方法清洗。散热器、风机的清洗方法如下。

① 利用吸尘器将积聚的灰尘吸除。

② 用浸有柔性清洁剂的抹布，清洁散热器、风机及其他部件表面。

③ 用浸有不含溶解剂的清洁剂，对线缆、塑料部件和软管进行擦、抹。

④ 更换已损坏或看不清的文字说明和铭牌，补充缺失的说明和铭牌。

2. KRC4 小型控制系统

KRC4-Smallsize（小型）控制系统的控制部件定期维护部位如图 11.5-2 所示，各部位的维护要求如表 11.5-3 所示。

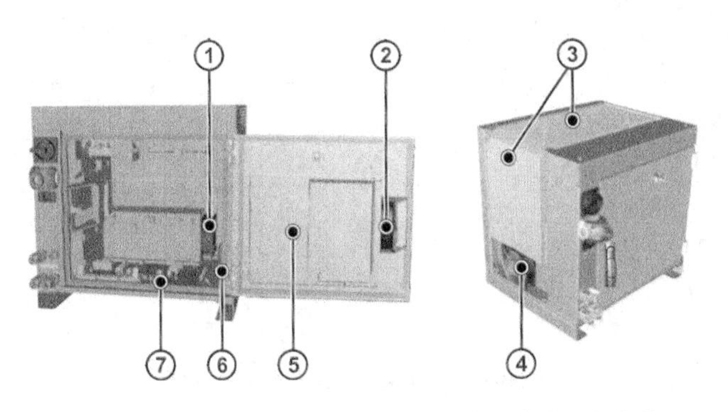

图 11.5-2　KRC4 小型控制系统的控制部件定期维护部位

表 11.5-3 KRC4 小型控制系统的控制部件各部位维护要求

序号	时间	内容	说明
1	20 000h（5 年）左右	检查、更换 DC24V 电源单元冷却风机	如果出现风机报警，应立即予以更换（参见后述）
2	20 000h（5 年）左右	检查、更换 KPC 风机	如果出现风机报警，应立即予以更换（参见后述）
3、4	8000h（2 年）左右	散热器清洗	用毛刷、抹布等清洗工具，清除表面灰尘和污物
5	20 000h（5 年）左右	检查、更换 PC 主板电池	按 PC 主板电池更换要求进行
6	出现后备电池报警时	检查、更换蓄电池	按后备电池更换要求更换（参见后述）
7	2000h（6 个月）左右	安全功能检查	检查急停、安全门开关等安全信号，确认安全保护动作正常

KRC4-Smallsize（小型）控制系统的散热器、风机清洗方法及要求与 KRC4 标准型系统的散热器、风机清洗方法及要求相同。

11.5.3 机器人润滑脂更换

1. 润滑脂更换要求

不同机器人减速器的润滑脂型号、充填量、注油枪压力及充脂时的机器人姿态，都有要求，更换润滑时需要按机器人使用说明书进行。

润滑脂充填要求、位置与机器人及减速器结构有关。一般而言，前驱结构的小型机器人机身（J1/J2/J3 轴）通常使用密封减速器，润滑脂可正常使用 32 000h（连续使用 8 年）以上，故只需要在大修时更换；手腕（J4/J5/J6 轴）减速器的润滑脂需要 12 000h（3 年）更换一次，充填位置一般如图 11.5-3 所示，各轴独立供脂。

后驱手腕的大中型机器人，使用 12 000h（连续使用 3 年）后需要对所有轴充填润滑脂，润滑脂型号、充填量、注油压力在机器人使用说明书上均有具体规定，润滑脂的充填位置通常如图 11.5-4 所示。

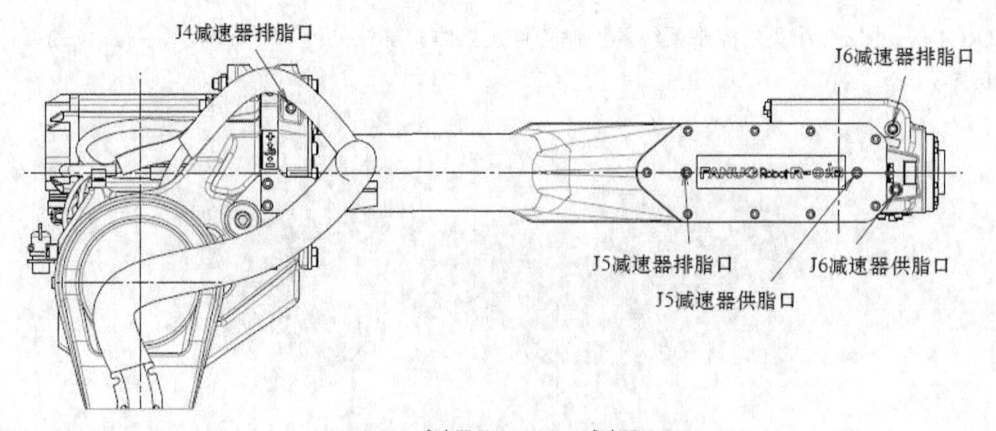

（a）J4/J5/J6 减速器供脂及 J5/J6 减速器排脂口

图 11.5-3 前驱手腕润滑脂充填位置

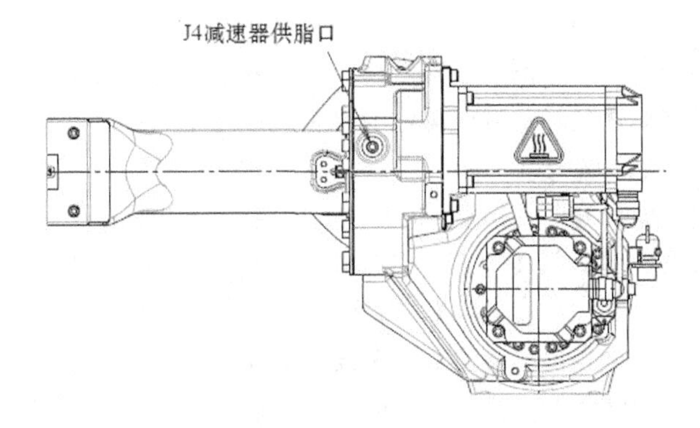

（b）J4 减速器排脂口

图 11.5-3　前驱手腕润滑脂充填位置（续）

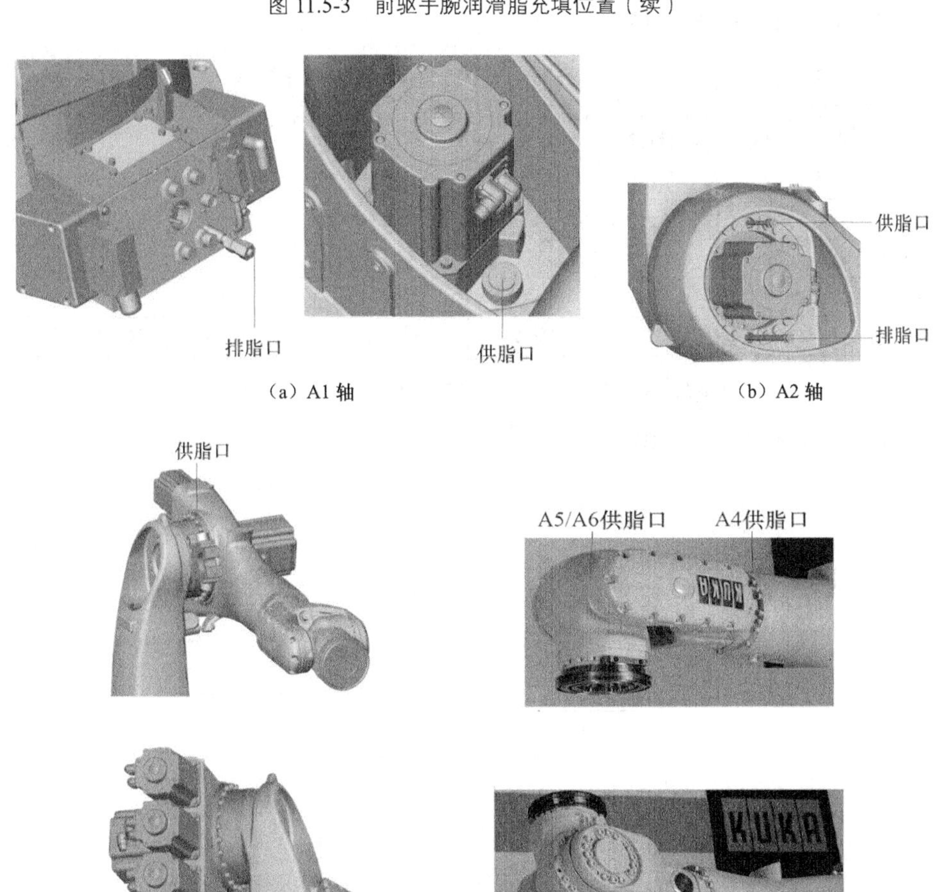

图 11.5-4　KUKA 大型机器人润滑脂充填位置

2. 润滑脂充填步骤

机器人的润滑脂充填步骤一般如下。

① 手动移动机器人到充脂要求的位置后，断开控制系统电源。

② 取下排脂口、供脂口密封螺栓。

③ 通过手动泵，从供脂口注入润滑脂，直至新的润滑脂从排脂口排出。

④ 接通机器人电源，按后述的释放残压操作要求，释放残压。

⑤ 安装排脂口、供脂口密封螺栓。

机器人充脂完成后，需要按机器人使用说明书中的规定进行释放残压操作，以免机器人运行时由于润滑脂压力的上升损坏密封部件，导致漏脂。垂直串联机器人的润滑脂残压释放操作步骤如下。

① 手动移动机器人到充脂要求的位置，断开控制系统电源、完成充脂操作。

② 在供脂口、排脂口安装润滑脂回收袋，避免润滑脂飞溅。

③ 接通机器人电源，进行释放残压操作，释放残压要求如表 11.5-4；如果关节轴运动距离不能达到规定的要求，则应按比例延长运行时间。

④ 安装排脂口、供脂口密封螺栓。

表 11.5-4　FANUC R-1000i/80F 释放残压要求

序号	充填部位	关节运动距离	关节运动速度	运行时间	开启部位
1	J1 轴减速器	大于等于 80°			
2	J2 轴减速器	大于等于 90°	50%最大速度	20min	供脂口、排脂口
3	J3 轴减速器	大于等于 70°			
4	J4/J5/J6 轴齿轮箱	J4≥60°、J6≥60°，J5≥120°	最大速度	20min	排脂口
5	手腕单元	J4≥60°、J6≥60°，J5≥120°	最大速度	10min	供脂口、排脂口、排气孔

机器人的检修、维护要求在不同产品上有所不同，生产厂家提供的使用说明书上通常都有具体说明，实际使用时应参照说明书进行。

参考文献

[1] KUKA. 机器人编程 1[M]. Augsburg: KUKA Roboter GmbH, 2011.

[2] KUKA. 机器人编程 2[M]. Augsburg: KUKA Roboter GmbH, 2011.

[3] KUKA. 机器人编程 3[M]. Augsburg: KUKA Roboter GmbH, 2011.

[4] NABTESCO.RV E 系列减速器样本[M]. 东京: Nabtesco Corporation, Ltd. 2012.

[5] NABTESCO.RV N 系列减速器样本[M]. 东京: Nabtesco Corporation, Ltd. 2014.

[6] KUKA. 最终用户操作及编程指南[M]. Augsburg: KUKA Roboter GmbH. 2014.

[7] Harmonic Drive. 型号选择程序操作说明书[M]. 东京：Harmonic Drive System, Ltd. 2015.

[8] 龚仲华，龚晓雯. 工业机器人完全应用手册[M]. 北京：人民邮电出版社，2017.

[9] 秦大同，龚仲华. 现代机械设计手册（第 2 版）[M]. 北京：化学工业出版社，2020.

[10] 龚仲华，ABB 工业机器人应用技术全集[M]. 北京：人民邮电出版社，2020.

[11] 龚仲华，FANUC 工业机器人应用技术全集[M]. 北京：人民邮电出版社，2021.